尾矿库手册

主　编　沃廷枢

副主编　汪贻水　肖垂斌
　　　　田文旗　杨保疆

顾　问　彭　觥

北　京

冶金工业出版社

2013

内 容 简 介

本书主要介绍了生产矿山矿石选别后产生的尾矿（赤泥）等工业废渣的科学储存及资源利用，包括尾矿设计、建设、管理、安全，以及相关政策、法规等内容。

本书可供从事矿山尾矿专业工程技术人员及高校相关专业师生参考阅读。

图书在版编目(CIP)数据

尾矿库手册/沃廷枢主编 . —北京：冶金工业出版社，2013.8

ISBN 978-7-5024-6254-3

Ⅰ.①尾… Ⅱ.①沃… Ⅲ.①尾矿—技术手册

Ⅳ.①TD926.4 – 62

中国版本图书馆 CIP 数据核字(2013)第 159463 号

出 版 人　谭学余

地　　址　北京北河沿大街嵩祝院北巷 39 号，邮编 100009

电　　话　(010)64027926　电子信箱　yjcbs@ cnmip. com. cn

策划编辑　张　卫　责任编辑　马志春　美术编辑　李　新

版式设计　孙跃红　责任校对　石　静　刘　倩　责任印制　牛晓波

ISBN 978-7-5024-6254-3

冶金工业出版社出版发行；各地新华书店经销；三河市双峰印刷装订有限公司印刷

2013 年 8 月第 1 版，2013 年 8 月第 1 次印刷

787mm×1092mm　1/16；54.75 印张；1327 千字；849 页

180.00 元

冶金工业出版社投稿电话：(010)64027932　投稿信箱:tougao@cnmip. com. cn

冶金工业出版社发行部　电话:(010)64044283　传真:(010)64027893

冶金书店　地址:北京东四西大街 46 号(100010)　电话:(010)65289081(兼传真)

（本书如有印装质量问题，本社发行部负责退换）

《尾矿库手册》

编辑委员会

加强尾矿竹综合

利用 为资源

节约与环境

友好而努力。

壬辰 何建善敬书

序

进入 21 世纪的十余年来，随着我国工业化、城镇化迅速推进，我国矿业进入到空前发展时期，成就巨大。据矿业联合会专家资料：2011 年我国产煤炭 35.5 亿吨、铁矿石 13.25 亿吨、10 种有色金属 3424 万吨；生产水泥 20.85 亿吨（耗石灰石 27.1 亿吨、其他生料 803 亿吨）、大理石板材 6568 万平方米、花岗岩板材 2842.5 平方米、石膏 5500 万吨。矿山采选科技进步显著，如鞍钢铁矿选矿技术在余永富院士倡导下，推行"提铁降硅"技术，铁精矿品位达到 67%，为世界领先水平；在孙传尧院士指导下，柿竹园复杂多金属矿产资源综合利用技术理论转化为经济效益和产能，对今后发展有着深远意义。

众所周知，尾矿是指矿石经过选矿生产出精矿之后，其剩余物（具有潜在价值的补充资源）在堆放中形成尾矿堆。为了安全保管尾矿，根据国家法律和矿山建设生产规章制度，相关矿山生产企业必须建立尾矿库，并进行管理。有关主管部门和各矿山企业已在生产安全、环境保护、土地复垦等方面进行了大量工作，正按照《全国矿产资源发展规划（2008~2015 年)》要求，积极落实资源集约化、矿山生产环保化和矿区环境生态化，认真转变粗放式生产，向资源节约、环境友好型矿山迈进。

根据统计，目前全国共有尾矿 150 亿吨，并以每年 10 亿吨的幅度增长；尾矿库上万座。如广西南丹大厂矿区有尾矿库 61 座，尾矿量达 2522 万吨；辽宁鞍钢铁矿尾矿存量达 6 亿吨，每年以 3500 万吨的速度还在增长（详见 2012 年第 8 期《中国矿业》)。

矿山尾矿既是资源，又是污染源，必须无害化与资源化相结合，而以无害化优先。要倡导矿业循环经济原则：减量化、循环利用。要大力减少废弃物、资源效益最佳化。

尾矿库建设与管理，涉及预防安全事故发生、做好生态环境保护、复垦土地、水体利用等多个学科专业，是一项系统工程。《尾矿库手册》的编著和出版，是这个系统工程生动写照和矿山实践与科研结合的成果。这本书的出版对于促进我国矿业科技发展、矿山企业提高资源利用率和生态建设必将发挥积极作用。

汪贻水

2013 年 5 月 20 日

前　言

我国现有尾矿库 12718 座，含在建 1526 座，已闭库 1024 座。堆放尾矿总计 150 亿吨，占地 1300 多万亩。以冶金矿山尾矿库为例，每吨尾矿投入基建费 1~3 元，产生经营管理费 3~5 元，总耗资达数十亿元。尾矿中含有汞、砷及其他重金属离子，浮选物、pH 值超标，污染环境。尾矿库不仅存在污染因素，而且还存在事故安全隐患，近年来尾矿事故频发，以 2008 年山西襄汾新塔矿业有限公司尾矿库溃坝为例，死亡 277 人，教训惨痛，要引以为戒。我国尾矿库的现状是：占用土地、浪费资源、污染环境、安全隐患。

我们编写这部手册目的，就是为了引导我国从事矿业生产的 2000 万矿业大军重视尾矿库的精心设计、科学施工、严格管理；重视尾矿的安全保障程度，提高尾矿资源化程度；重视行业的各项相关方针、政策及规章制度的落实，使我国尾矿库工作水平赶上发达国家的先进水平。

我们要认真贯彻科学发展观。我们有中国特色社会主义制度作保证，有数千万矿业大军的人力资源，有丰富的宝贵经验与深刻教训，经过我们的艰苦努力，一定会达到提高我国尾矿工作管理水平的目的。

这本手册可供从事尾矿工作的企业、高校、科研院所相关人员以及尾矿库现场工作人员阅读使用。由于时间仓促，水平有限，这本手册定有漏误，恳请广大专业读者批评指正。

编　者

2013 年 1 月 21 日

目　　录

第1篇　尾矿库的精心设计

第2篇　尾矿库的精心施工

第3篇　尾矿库的严格管理

第4篇　尾矿库的安全保障

第 5 篇　尾矿资源的开发技术

附录　尾矿政策法规

第1篇 尾矿库的精心设计

1 尾矿库及尾矿坝

1.1 尾矿库的选择

1.1.1 尾矿库的形式及等别

根据地形条件不同,尾矿库可分为如下三种类型:

(1)山谷型。在山区和丘陵地区,多利用自然山谷,三面环山,在谷口一面筑坝建库,如图1-1所示。

(2)山坡型。在丘陵和湖湾地区,利用山坡洼地,三面或两面筑坝,如图1-2所示。

图1-1 山谷型尾矿库

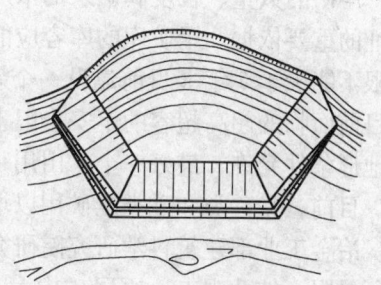

图1-2 山坡型尾矿库

(3)平地型。在平原沙漠地区,平地凹面筑坝建库,如图1-3所示。

尾矿库等别根据各使用期的全库容和坝高分别确定,详见附录2《选矿厂尾矿设施设计规范》(ZBJ1—90)。

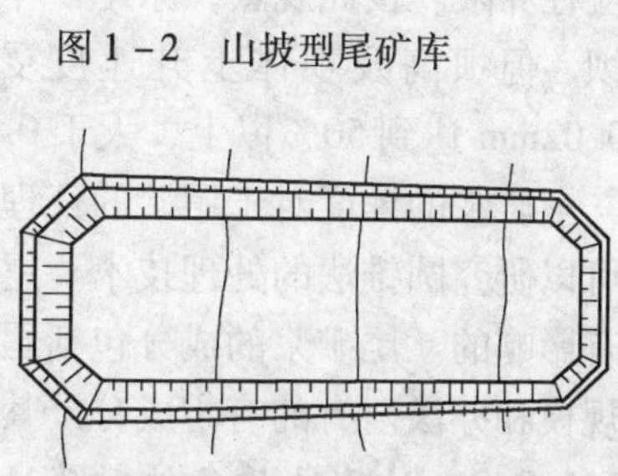

图1-3 平地型尾矿库

1.1.2 尾矿库库址选择

1.1.2.1 技术经济条件对库址选择的影响

其影响有两点:

(1)尾矿设施投资要小。尾矿库是矿山的重要生产设施,它的正确选择影响基本建设投资规模和生产经营成本，应考虑技术经济的影响。例如云锡新冠选厂和尾矿设施的投资比例接近1:1，处理1t矿石的尾矿费用占成本的30%以上，金堆城钼业公司百花岭选矿厂及其尾矿设施的投资比例是2:1，尾矿设施的耗电量占选矿厂总耗电量的30%。

（2）尾矿库位置合理。尾矿输送设施的规模和复杂程度，决定于选矿厂和尾矿库的相对位置。有色金属矿山由于原矿品位低，尾矿量大，因此，选矿厂用水量、尾矿输送的矿浆量和回水返回量均大。尾矿库距选矿厂的平面距离愈大，输送部分的投资和成本愈高。尾矿库与选矿厂相对高差决定了尾矿和回水输送的方式。当尾矿库标高低于选矿厂时，尾矿可以自流或以较低的压力输送，但回水的扬程加大，回水量一般比矿浆量要小。若以20%的矿浆浓度和按70%回水率计算，回水量约为矿浆总重量的56%。回水的扬程要比尾矿输送的高差大，尾矿输送末端和尾矿库水面有一个高差，回水的高位水池和尾矿的出口也有一个高差，这两个高差之和就是回水高差与尾矿输送高差要增加的数。当尾矿库标高高于选矿厂时，则矿浆必须用压力输送，但回水可能自流或以较低的扬程输送。

当尾矿库和选矿厂位于同一流域时，输送系统可以顺河岸布置，如果不在同一流域，尾矿输送设施就要翻山越岭，甚至难以利用某些有利条件。例如某尾矿库和选矿厂不在同一个流域，尾矿库高程高于选矿厂，回水可以自流，但因回水工程需建一条数公里的隧洞，致使尾矿库的这一优势也不能实现。尾矿库和采矿场的位置也关系到废石利用和安全问题。尾矿库距离采矿场近，有可能利用废石堆坝，减少排废量和解决尾矿筑坝的材料。另外尾矿库的渗漏对露天采矿的边坡或井下巷道的安全可能造成影响。因此，尾矿库库址的选择受到采矿和选矿设施的制约，是一个比较复杂的技术经济问题，必须纳入整个矿山系统工程中综合考虑。

1.1.2.2 尾矿数量及特性对库址选择的影响

尾矿的数量、粒度和矿浆的浓度、成分是决定尾矿库规模及形式的重要条件，是选择库址的重要依据。尾矿库的库容应能满足尾矿数量及其相应的服务年限。一般最低的服务年限不能少于5年（目前建设一个新尾矿库需要3~5年的时间），没有这一要求，尾矿库目前面临的超高超容的不安全因素是很难消除的。一般应按矿山的储量来选择尾矿库，如地形条件允许，最好一个矿山用一个库来堆存尾矿。尾矿的粒度决定了是否能用尾矿堆坝。目前，粉砂类和砂类尾矿用以堆坝，也可以堆高坝，泥类尾矿则堆坝高度受到一定限制。冶金工业部建筑科学研究院研究认为，可以尾矿颗粒粒径0.02mm作为有效筑坝颗粒粒径界限。按此观点，原尾矿中大于0.02mm颗粒达25%~30%，就可以考虑用尾矿筑坝，但坝高及坝体上升速度受到限制，如果原尾矿中平均粒径大于0.03mm，大于0.02mm达到50%以上，大于0.037mm达30%以上，则应考虑用尾矿筑坝。

矿浆的浓度对于尾矿的处理方式也有一定的影响，如果能实现50%以上的浓度，就可以研究圆锥法的处理技术。尾矿浓度也影响沉积滩的坡度，这对尾矿库的库容规划也是有影响的。尾矿浆的成分包括尾矿和尾矿水的成分，影响到尾矿库的选型和水处理设施的规模和办法。有的有害成分严禁泄漏，也不能处理，就只能按水库式尾矿库选择库型。

1.1.2.3 地形地质条件对库址选择的影响

（1）地形条件对库址选择的影响。对山谷型尾矿库来说，河床坡度要缓，形似口小肚子大，即有一段窄的口子可作坝址，对于中线式和下游式堆坝法还要求有一定长度，库内比较开阔，同时要考虑邻谷的相互影响；山坡型尾矿库库址要求山坡坡度较缓，平地型尾矿库则以能找到封闭形的洼地为宜。

（2）地质条件对库址选择的影响。库区内有无不良地质构造，如断层、滑坡、溶洞等，对建库后可能产生影响。库址的地质条件应注意渗漏、塌岸和泥石流三个问题。

1）渗漏问题。主要是了解库区周围的岩层性质和地质构造条件，以及地下水位和地下水的补给条件，当库区的岩层不透水，不属岩溶地区，又没有大的断裂破碎，节理不发育，岩层风化不深的构造，形不成导水结构，库区的渗漏问题不大。但是，各种不利的地质条件都可能引起严重的渗漏问题。这种渗漏的恶果不仅表现在漏出的矿浆污染环境，而且还表现在由于严重的渗透变形而引起工程的毁坏，酿成更严重的恶果。贵州铝厂 2 号赤泥库，基础为强风化的砂页岩地层，1986 年 7 月 19 日因基础下原生强风化岩层中发生多渠道贯通，导致管涌而使坝体局部坍塌，造成近百万元损失，就是基础渗透破坏的典型例子，因此防止基础和坝肩的渗透变形是尾矿坝基础设计的一项重要内容。进行基础渗流控制的基本方法主要是上堵下排，也就是库内采用封堵渗流进口的办法。对于大的孔洞裂隙，可用浆砌石、混凝土及钢筋混凝土、喷混凝土等方法进行封堵，对于小的密集的裂缝主要采用铺盖的方法，铺盖的材料主要是黏性土料和尾矿浆，尾矿浆固结脱水后形成良好的铺盖层，在分析尾矿坝下的基础渗透问题时，应当估计尾矿沉积后的有利作用。用尾矿和黏土作铺盖时，其厚度按容许渗透比降设计。当估计尾矿形成的铺盖的作用无效果时，应采用专门的截渗措施。

所谓下排，主要是在下游渗流逸出口用反滤层进行保护。这是防止基础坝肩渗透变形的最基本措施。

2）坝基及库岸的稳定。主要是了解库区有无滑坡体，有没有放矿后引起库岸滑塌的条件，应特别注意坝肩附近及排水构筑物进出口附近有无这种滑坡体。当坝基存在着软弱的结构面和软土层时，则坝的稳定可能受其影响。在设计上要计算沿这些软弱面的坝体稳定问题。如果不稳定，可用调整坝坡等途径解决。还可考虑在下游加压重，或在滑动面的下游临空面采取支挡的措施，或在上游或中间部位采取开挖回填截断软弱结构面的措施。

3）泥石流问题。主要分析库区有无产生泥石流的条件，可能产生泥石流的部位。充分考虑泥石流的产生对泄洪设施及坝体安全可能造成的影响及应采取的防范措施。

1.1.2.4 尾矿库库址选择的其他影响条件

（1）尾矿库的淹没条件经常是选择库坝地址的重要因素。要考虑库区淹没范围的农田、经济作物、林木等数量及居民户数和人口。

（2）对附近居民用水水源及下游水库、河道等水质有无影响。

（3）库区内有无矿产，库区与采矿场的关系，建库后对采场的影响。

（4）对附近铁路、主要公路等及公用设施有无影响。

（5）对周围名胜古迹有无影响，必要时要作文物勘察。

（6）库区最好位于工业和居民区下游与常年主导风向下方。

1.1.3 尾矿坝坝址选择

1.1.3.1 土石坝坝址的选择

尾矿坝中，土石类的坝型是最主要的坝型。土石坝的坝址选择在很大程度上取决于地形和地质条件，但是如果单纯从地质条件好坏的观点出发去选择坝址是不够全面的。选择坝址必须结合尾矿库的布置以及其他技术经济因素等综合考虑。

首先，应尽量选择地形上最有利的坝址，如坝轴线较短、河谷较窄、便于布置泄水建筑物等。选择地形上较有利的坝址，就有可能节省工程造价，除非在坝基地质情况很坏，对可能的处理方案作出技术、经济比较，并考虑了施工条件以后，才能决定放弃。

坝址的地质条件是影响坝址选择的最重要因素之一，条件复杂的尾矿坝，必须将可能筑坝的地段分成若干地质特征差别较大的比较坝段，进行详细地地质勘探和研究。同时还要对各个被比较的坝址分别进行布置，以备最后作技术经济比较。

坝址附近的建筑材料分布情况，也影响到坝址的选择。因为建筑材料的种类、储量、质量和分布情况，影响到坝的类型和造价。

坝址选择应考虑排洪、回水、截渗等系统的合理配置及可能的形式，施工条件、导流难易、交通运输以及各种施工准备等，还要考虑将来的管理运用。

施工工期的长短也影响着坝址的选择。选择工程量少、坝基处理简单的坝址将能缩短工期。而缩短工期，对尽快发挥投资效益有着极其重要的意义。

1.1.3.2 土石坝对地基的要求

在所有的坝型中，土坝和土石坝对地基的要求最低。土石坝由于基础面积较大，承担的应力较小，且坝身有一定的适应地基变形的能力，所以对地基的要求可以稍低。但是绝不可因此而忽视对坝基进行详细勘察研究和采取正确工程措施。尤其是很多土石坝是建造在软基上（黏土、壤土和砂土），对这种坝基的研究便更加重要了。

（1）对岩基的要求。除非是在有天然基岩露头的地方，一般情况下并不需要将土石坝全部建筑在岩基上。但为了阻止冲积层的渗漏而在条件许可时，多半将土石坝的阻水部分延伸到岩基面上。如果岩基地质不良，也会造成坝的毁坏。对岩基提出的一般要求如下：

1）足够的岩石强度。单从岩石的抗压强度来讲，一般岩石强度都是足够的。风化了的坚硬岩石，强度虽然稍低，但作为土石坝的坝基，一般也都可满足强度的要求。但页岩和黏土岩则应作为软基加以研究。

2）岩石的整体性。必须避免活断层，岩层中不能有大的缝隙和裂口。对严重的风化带和破碎软化的岩层，应仔细研究加以处理。

3）没有造成坝滑动的夹层。当坝基由不同的岩层构成时，要避免可能造成坝体滑动的条件，尤其应当避免有可能造成坝基滑动的软弱夹层和自上游至下游容易形成渗漏的夹层。

4）岩石有足够的抗水性。岩石浸水后应不至于溶解和软化。如在坝基中有石膏、酸酐，含石膏很多的岩石及岩盐层时对筑坝非常不利，应当避免在这类岩石上筑坝。石灰岩和白云岩也易被水溶解，产生溶洞，应仔细研究加以处理。黏土质岩石遇水容易软化而引起土坝滑动，也应注意。

（2）对土基的要求。在土基上筑坝时，要求具有下列条件：

1）有足够的地基承载力。在细砂、软黏土、淤泥和泥炭上修筑土石坝时，应考虑到这些土层的承载力很弱，必须加以处理甚至挖除。同时，研究坝基的承载力时应判断出坝建成后地基的沉陷数量。

2）坝基土应有较好的均匀性，没有被渗透水冲刷的夹层或土层。

3）坝基中没有造成坝体滑动条件的软弱层。

4）坝基土的压缩性不应当过大，并且越均匀越好。

5）坝基土应具有足够的抗水性，在水中不溶解、不软化、不产生显著的土体和密度变化。

6）坝基土中渗透水的水力坡降不应超过危险极限，坝基中部分土体应不至于因水压力的作用而被冲刷或浮起。

1.1.3.3 坝址的工程地质条件

各类岩基的地质条件对筑坝有很大影响：

（1）在岩浆岩及坚硬的变质岩上筑坝的地质条件。岩浆岩和坚硬的变质岩的坝址是较优良的坝址。但在个别情况下，岩浆岩产状如为岩盖，则土坝位于其上却是不安全的。

岩浆岩和变质岩本身虽有垂直和水平的节理，但间距较宽，渗透性很小，可以认为是不透水的岩石。石英岩性质较脆，经过动力作用易破碎或产生错动，裂开面或节理擦痕往往很多，方向紊乱，因此会造成严重的渗漏，不可不注意。岩石的节理及裂隙与坝轴方向一致时，将比与轴线垂直时要好一些，因为在这种情况下，沿裂缝的渗径要长一些。倾斜较陡的裂隙比倾斜平缓的裂隙有利，如倾斜平缓的裂隙倾向下游方向，则更为不利。

花岗岩中往往有各种岩脉穿插，如辉绿岩等，含有基性矿物较多，容易风化，致使部分坝基破碎。岩脉侵入时，沿周边发生挤压破碎带。需要根据具体情况加以处理。

岩浆岩及坚硬的变质岩如处在气候温暖、雨量充沛的地区，则表面常常风化达相当的深度。风化带或渗透性较大，或岩质软弱，特别是当进行截水工程时，要增加开挖工程量，尤以含有长石和云母较多的岩石，如花岗石、花岗片麻岩等为甚。风化层很深的情况在其他种类岩石中（变质岩和沉积层）也很常见。但因为花岗岩及其他岩浆岩是较常遇到的岩石，所以更值得注意。

花岗片麻岩如夹有少量花岗片岩或角闪石片麻岩，则因云母和角闪石的成分增多且有明显片理，使岩层抗压强度降低。花岗片麻岩与花岗岩一样，如有基性或中性侵入岩时，则风化较深。

这类岩石中，有时由于岩脉集中造成一定困难，特别是易溶蚀的或已经有溶洞的岩脉如方解石岩脉或变质岩中的大理岩岩脉。

喷发的岩浆岩，不少是破碎的或是多孔的，透水性往往很大，土坝建于其上容易有大量渗漏，甚至引起危险。特别严重的是玄武岩。玄武岩由薄层熔岩流迅速冷却而形成时，会产生柱状节理，节理间距可由几厘米至几米，节理往往张开，形成良好的透水通道。玄武岩中还可能存在熔岩洞，直径甚至可达几米以上，延伸可达几公里以上，建在这种地质条件上的尾矿库，其漏水程度可与岩溶石灰岩相比。

如果玄武岩岩盖下是透水岩层，如砾岩层或火山碎屑岩层，尤其是砂层时，玄武岩和这些岩层接触处的孔隙将更多，透水情况也将更为严重。如果玄武岩岩盖很厚，则随着深度的增大，其紧密度也显著增大，渗透性随之而减少。

经常还会遇到玄武岩层中夹有砂石或黏土层，砂或黏土层是在前后两次喷出玄武岩的间隔时期中沉积的。

有些坝址处的玄武岩砂夹层出露于岸坡，造成漏水通道，需要防渗处理。

由于形成的条件不同，玄武岩中存在孔洞和裂隙情况也就很不相同：有的玄武岩十分致密不透水，而有些玄武岩气孔多得成为浮石；也有一些玄武岩层薄得很像页岩。同一层玄武岩中的透水性也往往不同，表部气孔多而下部少，也有的中部少而底部多。

（2）在火山碎屑岩上筑坝的地质条件。这类岩石包括碎屑凝灰岩、凝灰岩、角砾岩和块集岩等，其稳定性变化很大。一般来说，这类岩石属于抗水的半坚硬的岩石，但有的几乎可承受任何种类的坝的荷重。这类较坚硬的岩层犹如岩浆岩一样，一般问题较少，而火山碎屑岩中较细粒的岩石，如凝灰砂岩和凝灰页岩，却往往给工程带来困难。

凝灰岩通常占有很大的面积，尤其是细薄组织的凝灰岩，在水下喷发时，较粗的碎屑将被搬运到远处。在这种起源的凝灰岩上修坝时，可以认为基础十分均匀。但是，有时情况却并非如此单纯，如凝灰岩是水流带来的沉积产物时，则岩性不一，层次很多，并且还夹有很薄的软弱夹层，将影响坝的稳定。有些凝灰岩或块集岩中夹有次生矿物，例如有的坝基块集岩中夹有绿泥石，用脚一碰，岩芯就像酥糖一样沿绿泥石的节理面掉下来。

凝灰岩的层厚是个重要问题，尤其当凝灰岩与岩浆岩或其他沉积岩交夹时，应充分考虑下垫、包裹或交夹着凝灰岩的那些岩石的工程地质条件。

凝灰岩、块集岩及角砾岩的透水性一般并不大。

火山碎屑岩中原始节理比较发达，两组相互直交，且张开的节理使岩石裂为板状。地下水沿节理渗透，使岩石风化成泥土及高岭土，导致滑动，由于风化作用也可能产生洞穴。含水量很大时，易使岩石崩塌。造山运动及地震也造成或促进节理裂隙的开展，加剧风化，使岩石抗压强度降低。

凝灰岩可能沿层面风化，形成沿层面的软弱泥化夹层，这是在这种岩层中遇到的较麻烦的问题，需要引起重视。

凝灰页岩为不透水岩石，如在其上有透水岩石将水渗至凝灰页岩面上停积，页岩受水浸润也会引起上部岩层的滑动。

（3）在一般的片麻岩、片岩、千枚岩、板岩上筑坝的工程地质条件。片麻岩、片岩、千枚岩及板岩大部属于震旦纪变质岩系，由于矿物成分及其变质程度不同，故抗压强度也有所不同，甚至相差很大，但一般都属于不透水岩层，仍不失为良好的土石坝地基。不过应当注意，含石英较多者，岩石较坚硬，而含云母、角闪石或绿泥石较多者，则强度减弱，且易引起滑动。片麻岩、片岩及千枚岩都有片理，板岩则呈板状劈理。片理呈水平状态者较坚硬，直立或倾斜者则相差很大，且易崩塌，特别是当倾斜方向与岸坡面近乎平行时，更有崩塌可能。

片岩的最大特点是有次生片理或劈理，甚至能形成很薄的层次。在某些片岩中，例如千枚岩中，原生层理及与之成夹角的劈理常易看出。岩石在这两个方向上的抗剪强度都较小。片岩的岩层是单独剥离的，常常在两个层面之间仅呈光滑接触，如果岩层倾向山坡，则易滑坡，尤其当库内有水时更易滑动。片岩中以云母片岩为最弱，常具有隐节理，形成许多软弱面。

如果变质作用较微弱，那么变质岩在工程地质条件方面可能与非抗水性的原岩石相近，不可不加以注意。

片岩等变质岩的裂隙和节理一般要比岩浆岩少，其中又以黏土质板岩最不透水，但是也有的片岩裂隙十分发育，使坝基漏水严重，甚至造成工程困难。

（4）在砾岩、砂岩、页岩及黏土岩上筑坝的地质条件。砾岩和砂岩的胶结物为钙质、铁质或黏土质。钙质或铁质胶结的砾岩，抗压强度约为 40～80MPa。由黏土质所胶结的砾岩，浸水后抗压强度大减，长期浸水可能崩解。由钙质或铁质胶结的砂岩，抗压强度为 30～60MPa，由黏土质胶结的砂岩，强度更低，浸水时间过长时也会自行崩解。

页岩大部分呈紫色或红色，也有成为灰色或绿色薄层的，一般均含钙质。较坚固者，垂直于层理的抗压强度为 20～40MPa，有的抗压强度低至零点几兆帕。页岩浸水后易崩解。

黏土岩不具层理，因系黏土受压固结而非胶结，故浸水后也易崩解。黏土岩富有孔隙，但非肉眼可见。浸水膨胀后表面生成泥浆薄层，如再干燥则又收缩，表面泥浆干成鳞片状而剥落，经多次干湿交替产生大量裂隙，易受压破碎。其次，黏土岩易受水冲刷。黏土岩还易风化，黏土颗粒常被地下水带走，充填于砂岩、砾岩及页岩的节理、裂隙或层面中，成为夹泥层。这种夹泥层可深达地表下几十米，层厚约数毫米至数厘米，近于液态或塑态，手摸之感到腻滑。

砾岩、砂岩、页岩及黏土岩等常交互成层，各种岩石成层均不规则，岩性和厚度也不均匀，不但水平方向逐渐互变，上下层次之间的岩性也常逐渐变换。

砂岩或砾岩中所包含的页岩或黏土岩块，抵抗风化侵蚀的能力较弱，被侵蚀后而留下空穴。

第三纪或第四纪的砂岩和砾岩固结很差，常增加工程的复杂性。

不论是对页岩、黏土岩或砾岩、砂岩，都应有充分的勘测研究。如果处理不当，会使坝遭受危害甚至溃决。砾岩、砂岩中的胶结物有的是碳酸钙、石膏等易被水溶蚀的物质，或因含有易溶盐更易被水溶解，或因黏土质胶结物经水浸后导致岩石崩解，使坝遭受危害。

黏土岩和页岩容易风化，浸水时泥浆化，浸水后再干燥又会破裂。这都会使建筑物基础难以和新鲜的黏土岩与黏土质页岩紧密接合。为了保证工程质量，只有设法使基坑中所遇到的这类岩石避免浸水，不直接或不长期与日光接触。

页岩或黏土岩承受荷重后，可能发生沉陷，或因其他原因，产生不均匀沉陷，必须事先考虑周密。

为了估算坝基的不均匀沉陷，应查明岩层的分布情况、厚度及物理力学性质指标。有时黏土岩和页岩只是规模不大的透镜体，而为坚硬的砂岩或砾岩所包裹，因为后者的拱作用，可能沉陷量不大。

页岩、黏土岩的颗粒细小，抗剪强度低，浸水后表面泥化易使坝基滑动。尤其是当其上覆盖层为有裂缝的砂岩和砾岩时，水由裂缝渗入，到达黏土岩或页岩面时受阻，沿岩层面流动，使黏土岩或页岩逐渐泥化，则会引起上部岩层滑动。黏土岩和页岩可能还包含有泥化夹层，抗剪强度低，也易使坝沿该夹层滑动，施工中经常发生岩层坍坡，土坝剖面也因而很大。

由于页岩和黏土岩较软弱，在这种岩层地区以及砂层、页岩等互层的地区，常出现滑坡体。

砂岩与页岩互层的岩层也会产生上述岩层重力蠕动现象，特别是表部岩层被风化后更易产生。两岸岩层顺着软弱层面向河谷蠕动，使谷底岩石褶皱抬升，岸坡发生大量倾向河谷的裂隙。

胶结不良的页岩，往往是在较大压力下处于紧密状态的黏土。在其上筑土坝亦应视为黏土的坝基。这种坝基，当在其上有较深的挖方时，由于荷载减轻，会产生较大的回弹。特别是在其上修建坝下涵管或其他混凝土建筑物时，须考虑回弹的影响。

总之，在页岩、黏土岩及砂岩等岩层上修建土坝时出现的问题较多，必须慎重对待。

(5) 在可溶性岩石上筑坝的地质条件。可溶性岩石主要包括碳酸盐类岩石，如石灰岩、白云岩和大理岩，硫酸盐类岩石，如石膏、硬石膏。

石灰岩溶解于水，在水的循环下，岩石被溶滤出来，岩层中产生溶洞、溶沟、溶槽等，这种现象称为岩溶。岩溶的存在给堤坝工程带来巨大困难。从地质年代的角度上看，石灰岩的溶解迅速，但从人类历史的角度上看，其溶解则是非常缓慢的，因而在坝的寿命期间内，溶解作用并不会严重到扩大岩石节理裂隙和溶洞的规模。关键问题是岩溶会造成尾矿库和坝基大量渗漏，甚至因渗漏造成坝坡滑坡、坝基土壤冲刷等危险事故。

在坝址勘探时，除了查明岩溶的分布及连续性外，还要查明相对隔水层的分布和地下水分水岭的位置和高程。在选择坝址时，最好充分利用有利的地质条件，以减少处理工程量。

大理岩常常与片麻岩等互成夹层，其表部常常有岩溶存在，由于其范围不大，常用挖除溶洞内充填物后回填混凝土的方法处理。

石膏较石灰岩溶解速率高，建在石膏上的坝比建在石灰岩上的坝问题严重。有许多在石膏上的坝的坝基和岸坡渗漏非常严重。

我国有色金属矿山尾矿库约有1/4以上是建在岩溶地区，关于对岩溶地区的勘测和处理，请参见本书有关章节。

(6) 在非黏性土上筑坝的地质条件。非黏性土主要指漂砾、块石、卵石、碎石、砾石屑及砂。

除了细砂和极细砂以外，建造在非黏性土上的土坝，其坝基承载力都是足够的。坝基夹有薄层细砂和极细砂时，为谨慎起见，应妥善处理。

干燥的风成砂颗粒均匀，最松散，不是土坝的可靠地基。

砂作为坝基有其一系列的优点。砂的孔隙率远小于其他土类（黏土、黄土）的孔隙率，通常为30%~40%，绝不会超过50%。在荷重作用下，砂能很快地被压实，而压缩不大，因而没有产生长期的破坏性沉陷的危险。在干燥及浸湿时，砂并不改变其体积。砂基的主要问题是渗漏量较大，在水力坡降较大时有产生管涌或流土的危险，而且容易液化。这种基础如何处理，将在后面叙述。

在岩堆上修建土坝，由于其渗透性较大，密实度不大，往往将其挖除，但有时遇到很大规模的岩堆，挖除工程量过大，经过详细勘探研究后采取有效防渗等工程措施，也可以成为土坝基础。

有的坝址，无黏性土不在坝基河谷而在坝端出现，这往往是冲积物埋藏了古河道而形成的埋藏谷。这样的地质条件虽然比坝基下无黏性冲积物易处理些，但因其与坝端相接，且往往其范围很大，也是一种不利的地质条件。

(7) 在黏性土上筑坝的地质条件。由于黏性土渗透系数低，自身含有的水分排出困难。当其饱和时，应估计到当承受荷重时达到适应于负荷的密度所需的时间将很长，因而有部分压力系由孔隙中的水所承受，故黏土间的抗剪强度降低，有时甚至降为零。这种现象往往是造成在这种坝基上的土坝坍滑的主要原因，必须充分注意。

坝基冲积层中有时夹有淤泥层，其孔隙比大于1，含水量大于或接近于流限。这种土层在未固结前的抗剪强度很小，甚至等于零。此时应考虑到筑坝过程中，淤泥层本身的逐渐压密，抗剪强度随之增加的情况，故所采用的抗剪强度必须符合该时淤泥的固结程度。

黏性土层的大量沉陷是在这种地基上建坝的另一严重问题。黏性土在荷载下有较大的压缩性。在黏性土上的变形（水平位移和沉陷）有时可达很大数值，此种过量的沉陷或位移可能导致坝体产生裂缝，或使坝体中设置的涵洞等混凝土建筑物发生破坏。

黄土受水浸湿后发生附加沉陷，即所谓湿陷。这种湿陷对水工建筑物是最不利的。土坝如建在未经浸水的黄土地基上，会出现严重的危险。

（8）坝址的地质构造可分为：

1）一般地质构造。河谷和构造的关系，见表1-1的河谷横断面的大概工程地质分类。

表1-1　河谷横断面大概的工程地质分类

河谷对于岩层走向的方向	河谷的类型	坝址断面工程地质特性简述	河谷对于岩层走向的方向	河谷的类型	坝址断面工程地质特性简述
平行于构造走向	背斜褶皱区	因为可能沿某一层次发生向下游渗透，所以是不利的。沿背斜层的轴，岩石通常十分破碎，因而渗透性增大而强度降低	垂直于构造走向	向斜褶皱区	对建筑物的稳定是比较有利的，但对渗透则是不利的
	向斜褶皱区	关于背斜区的意见对于本区仍有效，但本区岩石破碎程度通常较轻		单斜褶皱区（1）顺斜层	对坝的抗滑稳定及渗透都不利，但如倾角较陡时，情况可改善
	单斜褶皱区	一般说来，在所有平行于走向的河谷中，以单斜褶皱河谷最有利。沿某一层次渗透仍有可能，但程度最轻		（2）逆斜层	这是最有利的情况，但如倾角很缓时，对上游坝坡的稳定不利
垂直于构造走向	背斜褶皱区	因为岩石破碎，且岩层向下游倾斜，下游坝坡的部分可产生滑动，岩层渗透能力也较大		水平层理	在一定条件下可能引起滑动或较大的渗透，岩石的破碎程度不大，且常限于风化带

在河谷平行于构造走向的情况下，以单斜褶皱区较为有利，因为这种地质构造中岩石的破坏程度最轻。背斜褶皱区和向斜褶皱区都较破碎，尤以背斜褶皱区为甚。

在河谷垂直于构造走向的情况下，背斜褶皱区仍然是最不利的，因为岩石破碎，尤其是当岩层向下游倾斜时，靠近下游坝坡的坝体部分可能产生移动，且渗漏严重。向斜褶皱区虽然没有不稳定的危险，但渗漏损失也是会有的。在单斜褶皱区中又可分为顺斜层及逆斜层两种情况，前者的岩石层理倾向下游，后者的岩石层理倾向上游。顺斜层在坝的滑动可能性及渗透方面都是较不利的，但如倾角陡时，条件可获改善。逆斜层是最有利的情况，因为层次的逆倾斜阻碍了坝的滑动及渗透。水平层理在一定的条件下可能引起较大的渗透及滑动。例如夹有页岩水平层的情况下，页岩受水及风化等作用变成润滑状态，坝因之滑动。在水平层理情况下，岩石的破碎程度不大，并且通常只限于风化带有破碎现象。

当单斜层倾向河谷的一岸时，层面倾向河谷的那一岸，有时会产生滑坡。

倒转褶皱，如果表面剥蚀则易与单斜构造混淆而把岩层层位弄错较薄的塑性隔水岩层在倒转褶皱区易形成不连续的扁豆体，破坏隔水层的连续性，且使岩层强度不均匀。

褶皱构造中，如岩层中有软弱夹层，常常产生层间错动和顺层断层，这种层间错动的规模也可能很大，其严重性以及处理措施也与断层近似。

裂隙对土石坝基础的危害，一般只是增加渗漏量。特别破碎的裂隙密集带，则应当作与断层破碎带一样处理，岩层不整合面、假整合面、岩浆岩与围岩的接触带等，常为软弱带，也应加注意。

2）断裂构造。坝址完全没有断层或破碎构造存在的情况是罕见的。对断层存在着警惕和采取慎重态度是必要的，但是也不要过分顾虑。主要的问题在于对已发现的断层进行详细地勘探，掌握断层产状、年代、区域性构造以及断层物理、化学和力学等各方面的性质，经过周密研究，采取正确的处理方法，必要时可以降低坝高和改变坝型。当然，在断裂十分严重而且继续活动时，应当放弃筑坝。

对断裂构造区应重视断层活动的可能性、渗漏和管涌、断层内充填物的溶蚀、因断层造成滑动以及坝基的不均匀沉陷和承载力等问题。对坝基中的断层必须对这些问题进行详细研究，特别是前三项，以决定经济可靠的处理方法。

3）滑坡。尾矿库沿岸如发生大量滑坡，对尾矿会产生严重危害。我国虽未出现尾矿库因发生滑坡而造成破坏的报道，但类似尾矿库的水库却发生过滑坡的问题，应当引起重视。例如某土坝，坝高30m，坝长131m，顶宽3.5m，底宽126m，为黄土均质坝。上游坝坡1:2、1:2.5，下游坝坡1:1.5、1:2。库容86万立方米。1973年8月，降暴雨100mm，水库达到满库水位。此时左岸坝肩上游岸坡发生滑坡，总滑坡体积938万立方米，将库水拥高，涌浪超过坝顶30.6m，土坝当即溃决。后经研究，该处原系古滑坡体，但筑坝时未很好做地质勘查工作，以致造成事故。

在坝址上游较近处有滑坡体时，应采取有效的防治措施，使尾矿库运用时不致坍滑。防治的措施有：预应力钢丝束或钢筋锚固；挡土墙支持；抗滑桩；混凝土填塞裂隙并在可能滑坡体外设截水沟使雨水不渗入裂隙；地下排水廊道排除地下水；混凝土或喷浆护面，防止继续风化；在可能滑坡体上部削坡减载。如无条件积极防治或防治不经济时，可考虑改变坝址。

1.1.4　尾矿堆积坝形式

尾矿坝是尾矿库中最主要的构筑物。目前尾矿的湿法堆积形式有上游法、中线法、下游法、高浓度尾矿堆积法和水库式尾矿堆积法（尾矿库挡水坝）等五种。

1.1.4.1　上游式堆坝法

这是我国目前普遍采用的方法，占我国有色金属矿山尾矿库的 80% 左右，筑坝工艺简单，其典型剖面如图 1 - 4 所示。一般多在沉积干滩面上取库内粗尾砂筑高 1 ~ 3m 左右的子坝，常将放矿支管移至子坝上分散放矿（北方地区冬季可用独管冰下放矿），待库内充填尾

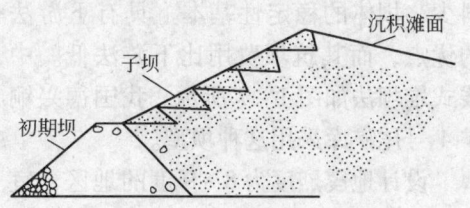

图 1 - 4　上游式尾矿堆积坝

砂与子坝坝平时，再在新形成的尾矿干滩面上，按设计堆坝外坡向内移一定距离再筑子坝。又将放矿管移至新的子坝上放矿。如此层层上升。如尾矿粒度较细，可用水力旋流器分出其中粗粒尾矿堆坝，或用池填法、渠槽法筑坝等方法。子坝也可用当地其他材料堆筑。

上游式尾矿堆积坝的稳定性，决定于沉积滩面的颗粒组成及其固结程度，滩面坡度由矿浆流量、浓度、粒度、库水位诸因素所决定。坡度与距离的关系呈指数分布规律，矿浆流量大、浓度低、粒度粗、库水位低（滩面长），滩面坡度就陡。反之滩面坡度就缓。

上游式堆坝法的缺点是容易形成复杂坝体结构，致使浸润线逸出引起渗透破坏，甚至滑塌，特别是地震时易引起液化，坝体的稳定性较差。

上游式堆坝法在我国已积累了丰富的经验，高度达百米以上的已有 3 座。

上游式堆坝法的静力稳定性是可以解决的，而其动力稳定性，从位于唐山附近的大石河和新水村等 3 座尾矿坝来看，1976 年经受了 7 ~ 8 级大地震后，没有发生溃坝事故，并可继续使用。木子沟尾矿坝高达 122m，采用了定向大爆破加固坝体。这些都说明此类坝型在地震或爆破振动作用下，只要采取必要的措施，液化是可以防止的，动力稳定性是可以解决的。

1.1.4.2　下游式堆坝法

尾矿堆积坝在初期坝下游方向移动和升高，而不是坐落在松软细粒的尾砂沉积物上，基础较好，尾矿排放堆积易于控制。采用水力旋流器分出浓度较高的粗粒尾矿堆坝，粗颗粒（粒径大于 0.074mm）含量不宜少于 70%，否则应进行筑坝试验。坝体可以分层碾压，根据需要设置排渗，渗流控制比较容易，把饱和尾矿区限制在一定的范围。坝体稳定性较高，容易满足抗震和其他要求。下游式尾矿堆积坝如图 1 - 5 所示。

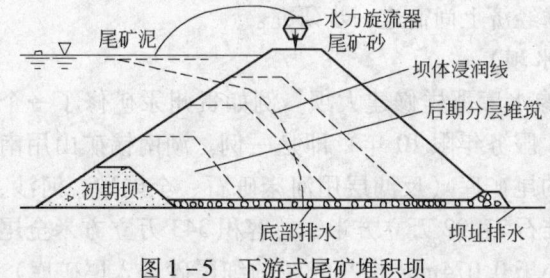

图 1 - 5　下游式尾矿堆积坝

下游式堆坝法的主要缺点是需要大量的粗粒尾矿筑坝，特别是在使用初期，存在粗粒尾矿量不足的问题。其解决的办法是补充其他材料或高筑初期坝。利用废石补充尾砂的不足，见图 1 - 6。国外有此实例，我国峨口铁矿第二尾矿库属此种坝型。

1.1.4.3 中线式堆坝法

中线式筑坝实质上是介于上游法和下游法之间的一种坝型，其特点是在筑坝过程中坝顶沿轴线垂直升高，堆坝尾矿仍需采用水力旋流器分级，和下游筑坝法基本相似，但与下游法比，坝体上升速度快，筑坝所需材料少，坝体的稳定性基本上具有下游法的优点，而其筑坝费用比下游法低。中线式堆坝法如图 1－7 所示。我国德兴铜矿 4 号尾矿库采用这种坝型。

设计地震烈度为 8～9 度的地区，宜采用下游式和中线式堆坝法。断层破碎带一样处理，岩层不整合面、假整合面、岩浆岩与围岩的接触带等，常为软弱带，也应加注意。

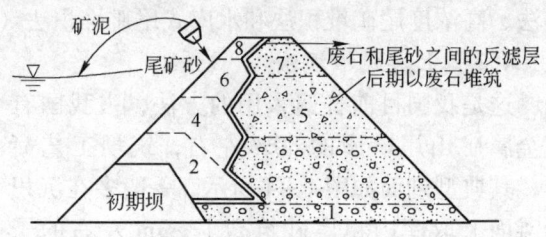

图 1－6 旋流器分级尾砂和废石混合筑坝
（1～8 为堆坝程序）

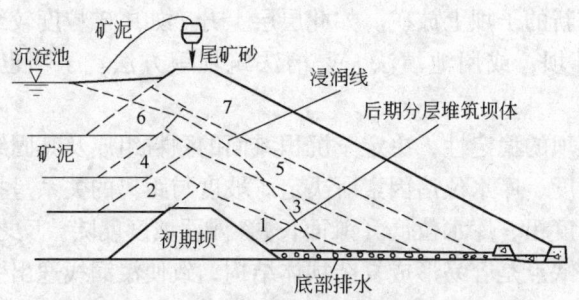

图 1－7 中线法尾矿堆积坝
（1～7 为堆坝程序）

1.1.4.4 高浓度尾矿堆坝法（圆锥法）

近年来，国外兴起了一种浓缩尾矿的堆存方法，它和传统方法不同，将尾矿浆浓缩到 50% 以上的浓度后由砂泵输送到尾矿堆积场的某一部位排放，由于高浓度尾矿成浆状或膏状，分级作用较差，在排放口可以形成锥形堆积体，堆积体的坡度由矿浆的性质所决定。如加拿大一些矿山采用该法沉积体坡度为 6% 左右，实际上形成的尾矿堆场像干碴堆场一样。为了排放尾矿，需要修筑一些坡道，随着堆积体的增高，逐步抬高坡度。为了收集尾矿的离析水以及携带的少量细粒矿泥，在堆积区下游一定部位应建立尾矿水沉淀池，沉淀后的澄清水可以回收利用。为了防止雨水冲刷及砂土流失应设周边堤和排水沟，这种堆存方法等于把一般的尾矿库变成为近于尾矿干碴堆场。这种堆存方式适于在较大面积的平地或丘陵地区排放。高浓度堆坝法在我国尚处于研究阶段。目前，应用这种方法的困难在于矿浆浓缩和高浓度浆体的输送，因此在技术经济上尚需进一步研究。

1.1.4.5 水库式尾矿堆积法（尾矿库挡水坝）

该法不用尾矿堆坝，而是用其他材料像水库那样修建大坝。例如贵州汞矿修了一个 54m 高的三心圆拱坝（库容 200 万立方米，服务年限 10 年）即是一例。湖南锡矿山用南选厂废石场的手选废石也堆筑了一座这样的尾矿库（反滤层用河床砾石、全尾砂、河沙、重介质选矿的尾砂铺成。坝高 68m，坝体堆石 77.92 万立方米，总容积 343 万立方米全尾砂经旋流器分级粗颗粒尾砂作井下充填料小于 0.074mm 占 98% 的细尾砂进入尾矿库）。

凡口铅锌矿修了一座高 30m 的均质土坝作为尾矿库。这种尾矿库和一般蓄水的水库工作条件基本相同，但坝前水升降变化幅度较小，尾矿堆基本是逐渐上升。

　　水库式尾矿库基建投资一般较高，多采用当地土石料或废石建坝。当尾矿粒度过细，不宜用尾矿筑坝或其他特殊原因时才采用。排放位置在坝前不经济或困难大，必须在坝后放矿，矿浆水对环境危害很大，不允许泄漏。

　　水库式尾矿库的大坝称为尾矿库挡水坝，设计时应按水库坝的要求进行。

1.1.5　库址选择方案比较

　　根据现场调查，经多库址方案比较推荐理想的库址。其比较项目如表 1 - 2 所示。

表 1-2　库址方案比较

项　目	内　　容	库 址 方 案			
		1	2	3	4
自然 条件	汇水面积 流域长度 平均坡降 与选厂距离及高差				
初期坝	坝型及高度 主工程量 基建投资				
尾矿 堆坝	堆坝方式 堆坝高 上升速度 库容服务年限				
排水	管　断面、长度				
	井　井径、高度				
	投资				
尾矿 输送	输送条件 基建投资 年经营费				
回水	基建投资 年经营费				
占地	占用农田 迁移住户及人口 占地面积				
经济 比较	基建投资 经营费				
优缺点 评述					

1.1.6 尾矿库库容及坝高

1.1.6.1 库容

尾矿库（坝）址初选以后，根据地形图作出库容曲线，即库容和坝高关系曲线，根据此曲线即可确定尾矿库的各种库容和坝高，见图1-8。

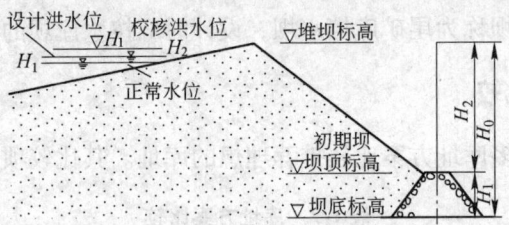

图1-8 尾矿库水位坝高示意图

H_0—坝总高；H_1—初期坝高；H_2—堆积坝高

尾矿库的全库容是指坝顶标高时全部库容。

尾矿库的总库容是指最终堆积标高时的全库容。

初步设计时考虑所需库容计算如下：

$$\overline{W}_y = \frac{NS}{\gamma_d \eta} \tag{1-1}$$

式中 N——设计服务年限，年；

S——年尾矿量，t；

η——库容利用系数，参见表1-3；

γ_d——尾矿平均堆积干容重，参见表1-4。

表1-3 库容利用系数

尾矿库形状及放矿方法	初 期	终 期
狭长曲折的山谷，坝上放矿	0.3	0.6~0.7
较宽阔的山谷，单面或两面放矿	0.4	0.7~0.8
平地或山坡尾矿库，三面或四周放矿	0.5	0.8~0.9

表1-4 尾矿平均堆积干容重

原尾矿名称	尾粗砂	尾中砂	尾细砂	尾粉砂	尾粉土	尾粉质土	尾黏土
平均堆积 干容重/t·m⁻³	1.46~1.55	1.4~1.5	1.35~1.45	1.3~1.4	1.2~1.3	1.1~1.2	1.05~1.1

所需库容确定后，即可根据库容曲线确定总坝高 H_0。

为了确保坝体安全，坝顶与最高洪水位之间需留有最小安全超高和最小滩长，主要是为了防止洪水从坝顶溢流冲毁坝体和防止洪水接近坝顶而使渗水从坝面溢出，因而导致坝体产生渗流破坏。这些都是最危险的也是容易发生的事故。

沉积滩的最小安全超高和最小滩长，详见本书附录2《选矿厂尾矿设施设计规范》（ZBJ1—90）。

1.1.6.2　初期坝坝高的确定

初期坝坝高的确定必须满足一定的初期储存容积、堆积坝稳定、水质澄清和防洪等项要求。

（1）一定的初期储存容积。对于上游法堆坝，用尾矿堆坝的基础就是沉积滩，要形成沉积滩，必须要有一定的坡度和容积，才能满足尾矿分选和储存沉积尾矿分离出的清水的要求，这个要求是由初期坝的一定容积及其坝高来形成的。对于下游式堆坝，初期坝的储存容积主要是要满足平衡堆坝材料数量的要求，即对分级的粗颗粒用来堆坝，细颗粒堆存于初期坝形成的库容内。因此，初期坝的库容应以满足上述两方面要求的最大库容来确定。中线法堆坝也有平衡堆坝材料的要求。设计规范规定，对上游法堆坝，初期坝所贮存的设计尾矿量，一般应根据选矿厂投产后 0.5 年的排出量以及其后因气候条件不能进行尾矿堆坝期间的排出量确定。

（2）堆积坝的稳定性。初期坝的坝高对后期坝的稳定有很大的作用。它是后期坝坡脚的一个支承体。如果采用透水堆石坝，则对后期坝的浸润线有一定的作用。一般初期坝所用材料的抗剪强度比尾矿高，当初期坝增高时，其安全系数也随之增高，但并非成正比例增加，据某些研究提出一般以选用 1/6 ~ 1/4 的总坝高为宜。

（3）水质澄清的要求。根据生产的要求一般排水口处要有 0.5 ~ 1.0m 的澄清水深。为了满足这一要求，取水口与坝顶的距离应为滩长和形成 0.7 ~ 1.0m 水深的距离之和。形成 0.7 ~ 1.0m 澄清水深的距离决定于水下沉积滩的坡度。坝面的计算位置与取水或排水构筑物的形式有关。如果是塔式，则应以塔顶最高取水口对相应的堆积坝顶为准。其他取水形式参照上述原则。按照澄清水质要求确定的取水或排水位置还要与河床坡度结合考虑，河床坡度过陡，有时无法布置，这时应相应提高初期坝的坝高。

（4）满足防洪的要求。当尾矿堆平初期坝顶时，尾矿在库内的沉积坡所形成的库容，必须满足一定频率洪水的调洪库容以及安全超高、最小滩长的要求，如不能满足则应增加坝高或加大排水能力。根据一些设计经验，初期坝高由调洪库容决定。

根据上述要求，初期坝的坝高应首先按要求的初期储存容积，考虑初期的库容有效利用系数，确定初期总库容，根据总库容确定；第二步以满足澄清水质的要求确定排水口的位置和高程，再校核坝高是否合适；第三步作调洪计算，校核是否满足防洪的要求。这里未考虑调节水量，如果有必要可以增加这方面的容积。

1.1.7　尾矿库是一种特殊的水工构筑物

尾矿库属于水工构筑物，尾矿坝属于坝工工程。1978 年在墨西哥召开的国际大坝会议上专门成立了国际大坝委员会——矿山及工业尾矿坝委员会。尾矿库和尾矿坝同以蓄水为目的的水库及其大坝相比，在库址选择、建筑材料、坝体结构、坝体施工、各项附属构筑物的结构、接触的环境和介质等方面都有其自身的特点。因此，尾矿库工程可以说是一种特殊的水工构筑物。其特殊性主要表现在以下几个方面：

（1）在库址选择上受矿山开发方案的约束，库（坝）址选择的范围较小，不能像水库那样选择有利的地形地质条件建库，而是就近找库。因此，库区地面坡度一般较陡，为获得足够的库容，需建坝较高；库址多选在流域面积小的部位。

（2）尾矿堆积坝多系水力冲填坝，所用材料决定于选矿的生产工艺。作为筑坝材料的尾矿的性质随其粒度不同而异，但其基本性质是非黏性土，粒度范围比天然土要小得多，级配不良，不均匀系数小，曲率系数在1~3的范围。这种土作为筑坝材料一般密实度低，颗粒较细，渗透性差，脱水固结慢，渗流稳定性和抗冲击能力差。特别是在振动荷载（地震）作用下，饱和尾矿容易产生振动液化。

（3）在坝体结构上，尾矿坝设计的特点是：一般要求初期坝能透水而不漏尾矿。初期坝有的是上游坝坡陡，下游坝坡缓，这和水库大坝是相反的，尾矿坝起控制作用的是下游坝坡。

（4）在施工程序上，尾矿坝在基本建设阶段只完成初期坝、排水构筑物的输水部位和出口连接部分。排水构筑物的进水部分只能完成部分工程。投产后的生产使用过程实际上也是堆坝的施工过程。即随着尾矿的排放，大坝逐步加高，溢流井也随着尾矿堆积面的上升而逐步加高或封堵将要埋没的部分。由于坝库已经启用，施工中的遗留问题很难处理。运行期间部分尾矿脱水固结尚未完成，安全系数最低，而终期安全系数虽高，却不再有利了，这和其他工程是不一样的。

（5）尾矿工程接触介质不同于水库，一般水工构筑物只要不漏浑水则视为安全。尾矿水常含有其他化学成分，排水的水质要符合国家规定的排放标准以及回水利用问题。一般水工构筑物往往采取排水减压的措施来降低承受的外水压力，在尾矿工程中采取此类措施就要十分谨慎，要考虑排水的水质是否符合要求。另外由于一些尾矿颗粒特别细，能排水就能排尾矿，漏水往往成为漏尾矿的先导，漏水和漏尾矿交替出现。有些尾矿水中还含有一些容易结垢的金属离子，使排水管道结垢，影响过水断面，有的还有腐蚀的问题。

（6）在水库枢纽的水工布置上，溢洪道和放水洞与坝的距离比较近，但在尾矿库上，为了满足澄清距离的要求，排水构筑物进水口距坝的距离往往比较远。排水口和排矿口之间要保持一段距离，这在水库上是没有这种要求的。

尾矿库（坝）和水库相比虽具有上述特殊性，但其基本原理有许多是相同的。例如作为水土构筑物基础的工程水文学、水文地质和工程地质，岩土力学、水文学、工程结构学以及水工构筑物的设计原理和计算方法，施工技术和管理经验等方面都适用于尾矿库（坝）工程。当然，在具体运用中必须注意尾矿工程的特点。如尾矿工程还具有明显的社会性，即它的安危不仅影响矿山企业，对较大范围的社会都可能产生影响。

尾矿工程在矿山工程中是重要的组成部分，精心设计，精心施工，精心管理以保证尾矿库（坝）正常运行。

1.2　初期坝

尾矿坝包括初期坝和堆积坝，尾矿坝的设计可分为初期坝和堆积坝两部分。初期坝是用非尾矿的材料筑成，其主要作用是为以后的尾矿堆积坝打基础，又称基础坝。本节只介绍初期坝。

1.2.1　初期坝的坝型

根据目前国内所用筑坝材料和施工方法，初期坝（包括尾矿库挡水坝）坝型的归类见表1-5。

初期坝按是否透水可分为两种基本类型。

表1-5 初期坝类型

坝 型		材 料	施 工 方 法
土石坝	土 坝	土及砂砾为主	碾 压
			水力冲填
	土石混合坝	土及砂砾占50%以上	碾 压
			水力冲填
		石碴、卵石、爆破石料占50%以上	碾 压
			抛 填
			进 占
			定向爆破
	堆石坝	石碴、卵石、爆破石料	碾 压
			抛 填
			进 占
			定向爆破
砌石坝	重力坝	块石料	干 砌
	重力坝 拱坝		浆 砌
混凝土坝	重力坝 拱坝	水泥及骨料	浇 筑

（1）不透水坝。这是一种以防止渗漏为目的的坝型。它的主要坝型有均质土坝，由黏土、钢筋混凝土、土工薄膜、沥青等材料作防渗体的堆石坝，以及浆砌石坝及混凝土坝等。这种坝型适用于不用尾矿堆坝或用尾矿堆坝不经济以及尾矿水渗漏不符合排放标准而又难以进行水质处理或处理不经济的条件。

（2）透水坝。这是一种在坝体内进行有组织地排水，允许有组织有计划地渗水的坝型。它的排水系统和不透水坝的排水系统的功能和作用不同。在不透水坝内也有排水系统，其目的是将防渗体中的渗漏水有组织地排出，保护防渗体和初期坝，防止发生渗透变形。透水坝的排水系统是将通过坝体的渗漏水有组织地排出，其主要作用是控制堆积坝内浸润线位置。透水坝的主要坝型是各种堆石坝的上游坡加设反滤体，也可以用不透水坝内加设排水设施，使其能降低尾矿堆积体的浸润线。透水坝是初期坝中最基本的坝型，也是理想的一种坝型。

初期坝的坝型选择，主要应根据当地具体条件，贯彻因地制宜，就地取材，因材设计的原则。

是用土石坝还是用浆砌石坝主要取决于地形地质条件。当坝址覆盖层浅，岩石坚硬完整时可以用浆砌石坝；如果河床比较狭窄，宽深比在3以下甚至可以考虑砌石拱坝。否则只能用土石坝。土石坝对地形地质条件要求最低，适应性最强。

在土石坝中选用什么坝型，主要取决于筑坝材料。当地土料丰富时则筑土坝，石料丰富时则筑堆石坝。当地有防渗土料时，可筑不透水坝，也可筑均质土坝或斜（心）墙堆石坝，当地无防渗土料，则可筑混凝土面板堆石坝、塑料斜墙堆石坝。当地石料丰富时则筑堆石透水坝，当地缺乏石料时，也可在均质坝的基础上增设排水设施来实现透水。为了充分利用当地材料，也可筑各种土石混合坝。当筑均匀土坝时，有时为了充分利用基础及排水构筑物的开挖砂石和石碴，则可筑成砂壳坝。所以在这方面主要是有什么材料就利用什么材料，因材设计。

各种施工方法的选择也要立足现有条件，因地制宜，有什么施工设备和手段，就选择与其相应的坝型。当筑堆石坝时，如果地形、地质条件好，环境又允许，可筑定向爆破堆石坝。坝体密度要求高，就选择压实功能高的设备和施工方法。例如筑面板堆石坝，最好用振动碾压实，没有振动碾，也可用板夯。如果对堆石的容重要求不是太高，也可利用抛填或进占的施工方法。

至于选择透水坝还是非透水坝也不完全拘泥于前述的原则。渗流模型试验和实践都指出，如果初期坝不透水，堆积坝的浸润线将在初期坝顶以上高程逸出。据此，尾矿堆积坝的初期坝宜筑透水坝。但有时也可采取初期坝和堆积坝分开处理的原则解决。初期坝为不透水坝，堆积坝再筑排水设施。如昆钢王家滩选厂芦湾尾矿库，初期坝原为土坝，因渗水严重，采用注浆治理，在初期坝内形成一道截渗墙，这样虽治理了初期坝的渗漏问题，却抬高了堆积坝的浸润线，随即又在堆积坝内作了排渗沟，才解决了堆积坝浸润线提高的问题。这是分开处理的一个实例。

1.2.2 筑坝材料的选择及设计

当代筑坝技术能用所有的土石材料（除了含腐殖质太多的有害成分外）筑坝，只要适当地配置在坝体一定部位。关键是如何进行设计和施工。

对于各种不同的筑坝材料，相应配备不同的碾压和运输设备，就能够更经济、合理地利用各种材料。用砂卵漂石、砾质土、风化岩块、泄水建筑物或基础开挖的石碴、石场爆破石料等作坝壳材料是抗剪强度很高的材料，但需用重型夯板或振动碾压实。石碴和堆石料最好用振动碾压实，碾压密实的这种坝壳可以采用很陡的坝坡，从而使工程量大大节省。

筑坝材料的勘察见《天然建筑材料土、砂、石勘探规程》。本节着重介绍筑坝材料的选择及设计。

1.2.2.1 筑坝材料的种类

筑坝的土、砂、石料可概略地分为如下四类：

（1）黏性土。黏性土主要作为坝体防渗材料，亦可用作均质坝或混合式土石坝的坝体材料。

（2）非黏性土。非黏性土主要是指砂、砂砾料，这种材料主要用作填筑坝体和排水、反滤料（或过渡层）等。

（3）砾质土（包括碎石土）。当黏性土或砂土中含有砾石或碎石，称为砾质土或碎石土，并根据其砾石含量的多寡，可选作良好的防渗材料或筑坝材料。

（4）堆石（包括石碴）、块石。堆石、块石主要用作填筑坝体和块石护坡等。

以上四种土石料都可根据其物理力学性质，填筑在坝体的适当部位。

尾矿坝除了用上述天然材料外，经常用废石筑坝。废石的成分很复杂，露天矿的剥离废石可分属上述各类，而地下矿山的废石可归属为第四类。

1.2.2.2　碾压式土坝土料的选择

土坝是就地取材的建筑物。筑坝地点大都储藏着几种土料，因此选择哪一种或几种土料作为筑坝材料，是设计土坝的一个重要组成部分。

任何土料只要不含有大量有机混合物和水溶性盐类都可以用来筑坝，但筑坝土料应该按照坝的重要性及各种不同部位来合理选择。可根据以下各种条件来衡量选择优良的筑坝材料。

（1）有机混合物及水溶性盐类含量。有些试验指出，有机混合物含量较大时，对筑坝并无不良影响，而且降低了土的渗透系数，并增加了它的抗剪强度和抗压强度，降低湿化性、压缩性，改良了土的物理力学性质。根据我国筑坝经验，认为有机混合物含量不超过5%的土料筑坝是合适的。

对于水溶性盐类，亦可放宽标准，只要易溶盐类和中溶盐类的总和不超过8%就可用于筑坝。这些盐类对土的物理力学性质影响极大，当可溶盐溶解并被渗透水带出后，黏性土的物理力学性质将大为改变。例如，某种黏土中所含石膏溶滤后，压缩系数增大一倍，其各种强度也相应降低。因此，黏土中水溶盐含量太大，将不能保证坝的安全。

（2）颗粒组成。颗粒组成是土的最重要的性质。因为土的力学性质是由其颗粒组成、颗粒形状、矿物成分所决定的，而颗粒组成是影响土的力学性质的主要因素。土的级配好，则压实性能好，可以得到较高的干容重、较小的渗透系数及较大的抗剪强度。所以选择级配优良的土料就可以得到优良的物理力学性质。

不透水料的黏粒含量也是影响土料性质的重要因素之一。黏粒含量太大，土块不易分散，含水量不易均匀，故施工操作困难。用肥黏土筑坝，如果填筑后其含水量降低，则坝表面容易干缩，从而出现裂缝。

通常对于均质土坝，黏粒含量为0~30%的砂质或粉质土最为适宜，对于塑性心墙或斜墙，则可用黏粒含量为40%~50%的黏土。但黏粒含量达50%~60%的肥黏土，不宜用于均质坝，如果采用，必须在其表面覆盖非黏性土作保护层，以免黏土干裂。

当然，颗粒组成或级配不好的土料，亦可以用来筑坝，如缺少中间粒径的砂砾料，可以用来填筑坝壳。甚至在地震区亦可筑坝，但要采取正确的设计措施。

颗粒组成是影响土料动力性质的主要因素，故在地震区或有振动荷载作用的条件下，要慎重研究土料颗粒组成或级配对振动液化的影响。

现在的研究与经验表明，级配均匀的砂比级配不均匀的砂易于液化，级配同属均匀，细砂比粗砂、砂卵石易于液化，松砂比密实的砂易于液化，动力荷载的强度愈大、历时愈长，愈容易液化。并且认为，土料抗液化能力大小与土料平均粒径d_{50}关系密切。我国海城地震液化砂的三轴振动试验表明，粒径$d = 0.001~0.25$mm范围内，平均粒径$d_{50} = 0.023~0.074$mm之间的粉砂和轻粉质壤土，抗液化能力都很低，对地震荷载反应极为灵敏。相反，粒径很粗或很细的，抗液化强度都会大大提高，例如砾石抗液化强度为极细砂的2倍，夯实黏土的抗液化强度为极细砂的3倍。所以在选择半透水料或透水料时，应设法避免用类似这些易于液化的级配的砂料。如果当地只有这种砂料，则必须研究在一定的动力荷载强度作用下，可能采取的提高相对密度或加盖重等措施，以避免液化。最好选择级配好的含有砾石、卵石的砂砾料，这种砂砾料的各种性能均好。

（3）可塑性。土的可塑性是指土体在外力作用下，虽改变其形状而不破坏其连续性的能力。

土的可塑性的大小，可用塑性指数来表示。塑性指数 I_p 大于 7 的土一般可用作防渗材料，塑性指数过大，则因其黏粒含量太高（如黏粒含量大于60%），一般不宜采用，塑性指数 I_p 小于 7 的土，可用作弱透水料或半透水料。土的可塑性大小对土坝裂缝将起着重要的作用。

（4）不透水性。筑坝土料需要具有怎样程度的不透水性，是根据具体情况规定的。

一般黏性土的渗透系数如下：

土类	渗透系数/cm·s^{-1}
砂质壤土	$i \times 10^{-3} \sim i \times 10^{-6}$
砂质黏土	$i \times 10^{-5} \sim i \times 10^{-8}$
黏土	$i \times 10^{-7} \sim i \times 10^{-10}$

其中，i 的数值可为 1~9。

心墙或斜墙土料的渗透系数，至少应小于坝壳透水土料的渗透系数的 100 倍。

（5）其他条件。如土料中含有大量石膏，则不允许作为筑坝材料，因为石膏是中等溶解性的，当其溶滤以后，土料的力学性质将随之降低。

土料的物理性质也常随采土方法而变，故在选择土料的同时应考虑到采土方法。例如，冲积砂常常是深层颗粒较粗，表层较细。如分层采砂，则所采得的表层砂常是均匀的细砂，如能采用立面开采，将表层砂与深层砂掺和，则可以得到级配良好的砂砾料。故在设计时应规定采挖方法，以便得到设计上所要求的土料标准。

1.2.2.3 防渗土料选择

作为心墙的土料，曾经用过残积土、风成土、冰碛土、湖积土、古河川沉积土及近代河滩沉积土。在土的颗粒组成上，以残积土、冰碛土、湖积土、古河川沉积土及近代河滩沉积土为宜。其中，以残积土、冰碛土、古河川沉积土和近代沉积土为最好，风成土及湖积土较差。

压实后的不透水料的干体积质量在实践上也有很大的差别。我国建筑的许多大中型土坝，不透水料的干体积质量自 1.35t/m³ 至 2.2t/m³，如毛家村心墙坝，设计干体积质量虽然仅 1.51t/m³，但其渗透系数为 $i \times 10^{-6}$ cm/s；又如横山心墙坝，根据土料中黏粒含量的不同，其压实干体积质量分别为 1.35t/m³（黏粒含量为45%~55%）、1.48t/m³（黏粒含量为 35%~50%）、1.50t/m³（黏粒含量为 20%~35%），渗透系数亦为 $i \times 10^{-6} \sim i \times 10^{-7}$ cm/s。即土料的防渗性能主要取决于土料的性质，而压实干体积质量虽然是重要条件，但不是唯一的条件。

1.2.2.4 水力冲填土和水中填土坝土料的选择

（1）水力冲填坝土料的选择。对水力冲填坝土料的要求比对碾压式坝土料的要严格一些。因为要适用于冲填，颗粒组成就不能太细和太均匀。颗粒太细的黏性土，冲填后固结太慢，将长期保持液体状态，危及坝的安全，或者需要限制冲填的速度，来保证坝坡的稳定，这就要拖长工期，影响建设进度。

冲填坝所用土料应根据下列条件来选择：

1）有机混合物和水溶性盐类含量。其含量与碾压式土坝相同，不需另作规定。

2）颗粒组成。冲填坝采土场土料的颗粒组成，示于图1-9和图1-10中。图1-9为管道压力输泥式冲填坝土料颗粒组成，从该图可看出最粗粒径可达200mm，而黏粒（小于0.005mm）希望不超过5%，其不均匀系数为15.7。但太粗的颗粒也不宜太多，例如，2~100mm的颗粒最好不超过60%，因为这种砾石如超过60%，则细粒就不够充填其孔隙，而得不到要求的密实度。

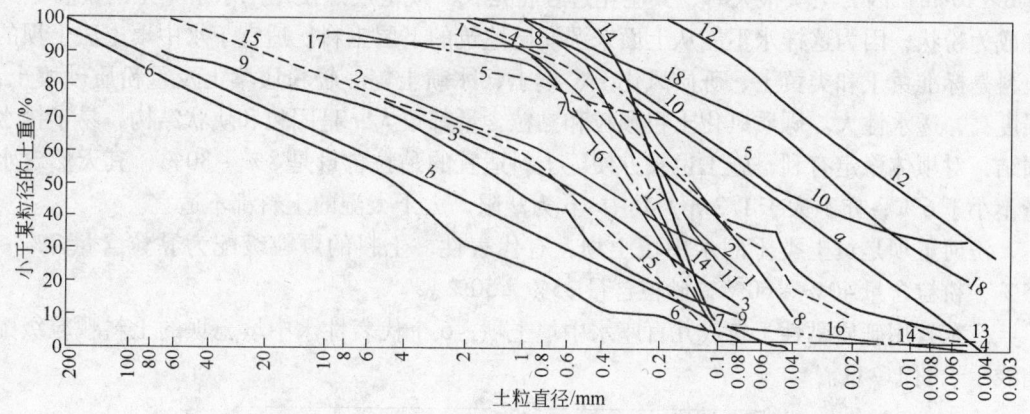

图1-9 中外几个冲填坝土场颗粒级配曲线及建议的土场颗粒级配曲线

1—亨寿坝；2—摇桥坝；3—德乃尔坝；4—大卫斯特坝；5—松莫塞特坝（半冲填）；6—康康诺来坝；

7—帕蒂溪坝（半冲填）；8—林维尔坝（半冲填）；9—铁顿坝；10—沙鲁大坝（半冲填）；

11—马杰克坝（半冲填）；12—亚历山大坝（曾失事）；13—石溪坝；14—寿县堤（中国）；

15—明格乔乌尔坝；16—良坝；17—雪夫坝；18—验坝

图1-10为自流式冲填坝土料颗粒组成，这是陕西省早期建成的几个冲填坝（水坠坝）。实际上，最好避免采用含有较多黏粒的土料。一方面是由于排水不良，冲填时固结慢，不利于坝坡稳定；另一方面是这种土料不易分散，通常冲填到坝上成为泥团，即使能够分散，黏粒将由沉淀中排出，这就增加了不必要的泥浆输送量，增加了造价。

采土场中更不应含有胶质颗粒（粒径小于0.002mm），因为它更不易沉淀和固结。

3）不透水性。所有冲填坝，渗透也是不大的，但应注意防止管涌。边棱部分希望有很好的透水性，以便于水分

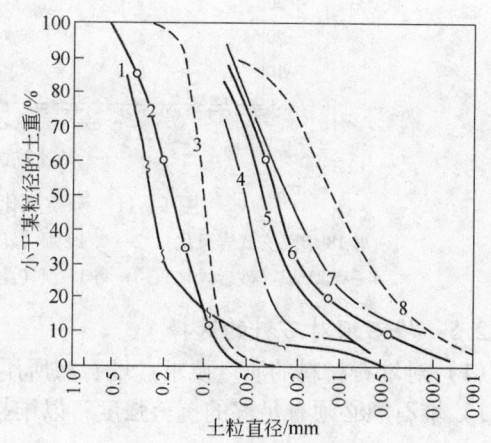

图1-10 陕西几个自流式冲填坝土料颗粒级配曲线

1—18增坝；2—陕13坝；3—陕14坝；4—陕15坝；

5—陕16坝；6—陕17坝；7—陕18坝；8—陕19坝

的排出而加速固结，如果边棱的渗漏系数为心墙渗透系数的100倍，就符合要求了。实际上，有许多坝的边棱渗透系数为心墙渗透系数的1000倍。

（2）水中填土坝土料的选择。在水中填土坝土料中，对有机混合物及水溶盐含量的

要求与碾压式土坝土料的要求相同，土块在水中的湿化性是水中填土坝土料的最重要指标。土在水中的湿化性，根据我国"水中填土筑坝施工技术暂行规范"的规定，这个速度是由一个放在水中的 5cm×5cm×5cm 土块的浸润时间来决定，该土块浸湿的时间不应超过 10min，并有 2/3 以上崩解。同时该规范规定，这种土料应具有足够的透水性，其渗透系数在填筑好的坝内不应小于 1×10^{-6} cm/s。该规范规定，使用成块土，其尺寸不得超过 8~10cm，因为土块很大时，其湿化过程将延长。规范规定使用于水中填土的土料不允许成为粉状，因为这样水不能从上面来湿润已填筑的下层土料。适宜于水中填土法土坝的土料是标准黄土和类黄土、砾质风化土、壤土、冰碛土等。轻粉质壤土及重粉质砂壤土，强度高，透水性大。砾质风化土粗颗粒和黏粒含量都很大，呈团粒和块状结构，易于排水固结，对坝体稳定有利，施工也较方便。土料适宜的黏粒含量是 8%~30%，其天然含水量不小于 6%，亦不大于 1.2wp，其中 wp 为塑限，太干太湿的土料都不适宜。

汾河土坝是黄土类土的水中填土坝，有代表性，土料的颗粒级配为黏粒含量 7%~15%，粉粒含量 40%~60%，砂粒含量 35%~50%。

广东省用砾质黏性土筑成几百座水中填土坝，6 个代表性水中填土坝的土料颗粒级配曲线示于图 1-11。

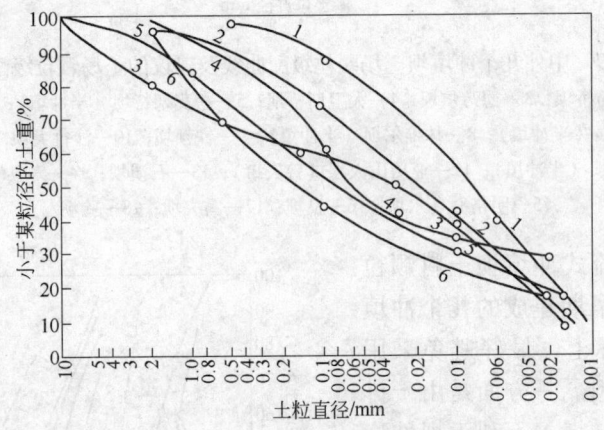

图 1-11 砾质风化土颗粒级配曲线

1—粤 18 坝（玄武岩风化）；2—粤 19 坝（花岗岩风化）；3—粤 20 坝（花岗岩风化）；
4—粤 21 坝（砂岩风化）；5—粤 11 坝（花岗岩风化）；6—大隆洞坝（砂岩风化）

1.2.2.5 堆石坝对石料的选择

（1）对堆石材料的质量要求。堆石坝所用石料的质量，应满足下列两个基本条件：

1）堆石坝必须有足够的抗剪强度，以维持坝的稳定，尽量使坝断面为较小，以节约造价。

2）堆石必须有较小的变形，以免造成土或混凝土等防渗结构的开裂和破坏。

为满足上述两个条件，除了必须提高堆石质量（如减少细料含量增大堆石填筑容重等）以外，对石料也应当要求：

①具有足够的坚固性，也就是具有足够大的力学强度（主要以抗压强度表示），对石料堆石坝抗压强度的要求见表 1-6。

②具有抵抗物理风化（主要是抵抗严寒的作用）和化学风化的能力，也就是要具有抵抗气候和环境水作用的能力。

表1-6 对石料抗压强度的要求

坝高/m	抗压强度/MPa	
	刚性斜墙堆石坝	土斜墙堆石坝重力墙式堆石坝
<10	30	20
10~50	50	30
50~100	60	40

注：试样边长为厘米的立方体。

石料应该足够坚固，在施工中能抵抗填筑时石块相互的撞击力而不致破碎，在运用期能承受得住自重和水压力而不至于过分压碎，不至于使碎块过分增多而降低抗剪强度和增大变形。风化、冰冻等外力的作用也会使石块变成碎块，因而石块需要有抗风化、冰冻、因水软化等的能力。

所谓风化就是在堆石坝可能存在的期限内，经常作用于坝体的气候因素、地下水和渗漏水等使石块产生的综合变化。

因为风化过程之一是化学变化，引起化学变化的因素是空气和水，所以堆筑堆石坝用的岩石在地下水和渗漏水作用下，不应有溶解的痕迹。对地下水和河水要进行化学分析，判断它对石料有无侵蚀性。

含有大量黄铁矿的石料不宜于筑坝。黄铁矿在大气中极易分解，分解时产生硫酸，而硫酸会促使岩石中其他矿物的溶解。所以从化学风化方面来看，一切含有黄铁矿的岩石、抗风化能力都不强。

岩石应能抵抗温度的变化和极寒冷的气候。因温度变化而产生的体积膨胀和收缩常使岩石破坏。

堆石坝所用的岩石的坚固性，在水中不应过分减弱（即过分软化）。岩层的组成中如含有大量黏土质，或为黏土所胶结，则在水中容易软化。水上部分的堆石软化系数（即饱和含压强度与抗干压强度的比值）一般不宜小于0.80，水下部分的堆石材料软化系数，最好不低于0.85。

（2）对堆石材料的级配要求：

1）一般要求。对堆石材料的级配要求与堆筑石料的填筑方法有关，但总的来说，石料尺寸应满足下列要求：

①使堆石坝的沉陷尽量地小。刚性斜墙堆石坝对沉陷量的要求最高，其次是上游部为混凝土或砌石重力墙的堆石坝，对土防渗体堆石坝的要求则较低。为了这个目的，要求较大的石料，较少碎石和使堆石达到尽量大的容重。这是最基本的要求。

②使堆石体具有较大的内摩擦角，以维持较陡坝坡的稳定。

③使坝体堆石具有一定的渗透能力。

2）堆石的填筑方法对石料级配的要求。堆石材料的填筑，有抛填、堆砌和碾压施工法。

①抛填施工法对石料级配的要求：用抛填方法施工时，借高空抛下的自重冲力压实。堆石密度比碾压的堆石小很多，大小石料易离析，大石滚到坡脚，小石留在坡顶，坝的沉陷因而较大。为了避免过多的石料离析，也为了减少坝的沉陷，要求用大石块抛填。

在采石场中会有大量碎石，为了利用这些碎石而不至于损害坝体，堆石中的碎石，包括填筑时碰碎的碎石（重量小于 10kg）在内，不应超过 5%，小块石（重量 10~30kg）不应超过 25%。因为，如果坝体中含有大量碎石，这些碎石除了充填在大块石间的孔隙中外，还将垫夹在大块石接触点之间，在大荷重下将被压碎而使坝发生剧烈地沉陷，同时还降低了坝体的渗透能力。所以，含有大量碎石的石料不宜用抛填法填筑。

坝的边坡，斜墙下的干砌石体和坝基上铺的一层块石应当用形状比较整齐的石块铺砌。所用石料的最小厚度应为 0.2m，长度不大于厚度的 3~4 倍，宽度不小于厚度。

堆石体的块石也力求规整，石块的最大边长不宜超过最小边长的 3 倍。如石块各边长相差太大，极易受压破碎。

对低堆石坝的石料尺寸的要求可适当放宽。

对于坝的上游部是干砌石体和混凝土体的堆石坝，下游部堆石因承受极少的水压力，即使堆石发生沉陷，对于上游砌石体或斜墙的影响也较小，所以下游部分石料可以采用较小尺寸。

我国水电部门一些抛填堆石坝的级配资料见表 1-7。

表 1-7　抛填堆石坝的级配资料

坝　名	坝　型	堆石级配	抛石高度/m
南谷洞	土斜墙堆石坝	200~250kg 为 20%，50~200kg 为 50%，小于 50kg 为 30%	30~65
狮子滩	混凝土重力墙堆石坝	大于 60~80kg 为 75%，30~60kg 为 15%，3~30kg 为 10%	9
百　花	干砌石重力墙堆石坝	60~80kg 为 65%，30~60kg 为 15%，5~30kg 为 15%，小于 5kg 为 5%	7~8
姬昌桥	干砌石重力墙堆石坝	大于 60kg 为 60%，30~60kg 为 20%，10~30kg 为 15%，3~10kg 为 5%	5~15

② 堆砌施工法对石料级配的要求：堆砌施工法要求较大粒径和级配比较均匀的石料。

③ 碾压施工法对石料级配的要求：粒径小的石块只要经过压实就可以得到很大的容重。因此采用碾压施工方法时并不要求石料粒径必须满足某一规定，而只要求石料有适当的级配。根据现有压实机械的功能，压实层一般为 60~100cm，所以石料尺寸也不宜过大。

振动碾压的效果与堆石级配有密切关系。一般规律为，级配良好（即不均匀）的堆石可以得到较大的密度。

堆石粒径大不一定就得到较大的密度，主要因素是级配。

碾压堆石的最大粒径受填筑层厚的限制，一般限制为堆石层厚的 1/2~2/3，个别情况也有等于层厚者。而层厚也与振动碾重量成正比。碾子愈重，层厚可较大，一般可参考下列关系：

振动碾重/t　　3　　6　　9　　12　　15
填筑层厚/m　0.3　0.6　1.2　1.5　2.0

3) 堆石的级配曲线。图 1-12 是一些堆石坝所用石料的颗粒级配曲线的汇总，其中

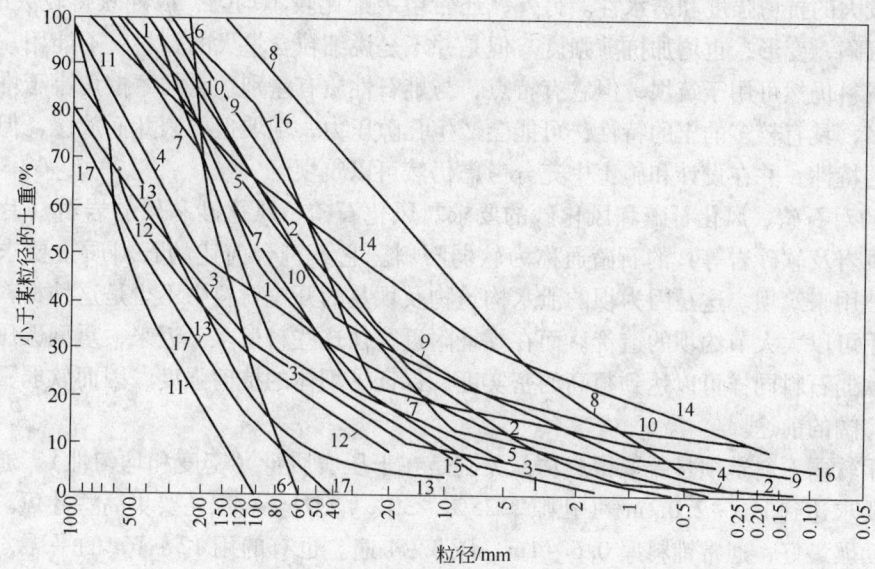

图 1-12　堆石坝石料的级配曲线

绝大多数都是近代的碾压堆石坝。从图中可见，堆石的粒径范围相当广泛，中粒直径 D_{50} 从 15mm 到 500mm；有效直径 D_{10} 从 0.25mm 至 150mm；不均匀系数一般为 30～150，个别的小至 2.5，大至 300。可见，近代对于碾压堆石是不大限制堆石的级配。

图 1-13 是一些堆石坝坝壳应用砂卵石的级配曲线，其粒径比堆石材料的小些，D_{50} 约为 4～80mm，D_{10} 约为 0.10～2mm，不均匀系数约为 25～150，大于 5mm 的砾石含量为 45%～85%。

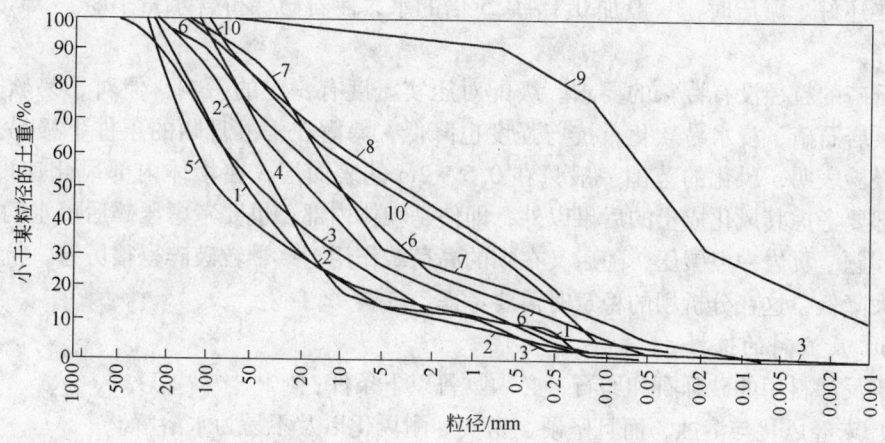

图 1-13　堆石坝砂卵石料的级配曲线

虽然碾压堆石对石料级配的要求不严格，实际采用石料的级配范围很广，但也有其基本要求。如果在坝的稳定设计上把材料视为堆石体（即指内摩擦角在 35°～45°，透水性大的，无孔隙压力的），则一般要求不含细粒土，即不含有小于 0.05mm 的土粒；同时对小于砂粒（2mm）的颗粒也有限制，一般不宜多于 10%，个别的放宽到 15%。这是为了保证有较大的抗剪强度和透水性。另外，还希望级配比较不均匀，以期获得较大的密度，以减少沉陷、变形，也增加抗剪强度。但是并不是说细粒含量大的石料就不能用。细粒含量大的石料仍然可用于筑坝，但它有特点，与堆石性质有差别，它的摩擦角小于堆石内摩擦角很多，具有较多的土的特性，可能会产生孔隙压力，坝坡也要因此而放缓，但只要掌握了它的特性，并在设计和施工中充分考虑仍然可以筑坝。

（3）对石碴、风化石碴和风化砂的要求。风化石碴、风化砂和软弱岩石（片岩、黏土岩、页岩及软砂岩等）的石碴通称为软弱石料。它不符合前述的石料质量要求，但是却经常被用来筑坝。这是因为坝的泄水构筑物及坝基的开挖石料中不少是这种材料，充分加以利用可以大大节约坝的造价。而在坝址附近往往这些料最多。近来，重型碾压设备的发展使软弱石料同样可以达到很高的密实度，保证了坝体的抗剪强度，因而软弱石料的利用更有广阔的前途。

利用软弱石料筑坝是否取得成功，关键是在于压实质量（密度和均匀性）。通常干容重必须要求达到 $1.8 \sim 2.0 t/m^3$（孔隙率 25% ~ 30%），对于高坝还要更高些才可。碾压机械以振动碾最好，通常铺料厚 0.6 ~ 1m，压 3 ~ 4 遍。也有的用 12 ~ 16t 的平碾，铺料厚 0.4 ~ 0.5m，压 6 ~ 8 遍，也有的认为夯板夯压比平碾好。碾压时都需加水，水石比约 0.1 ~ 1.0。细料多的石碴也有最优含水量，通常为 8% ~ 15%，使饱和度达到 90% 为佳；但对于风化黏土岩和排水不良的低强细粒岩层的石碴，不要加水过多。

除了上述软弱石料外，开挖坝基及排水建筑物要排弃的石碴或在岸坡爆破开挖出来的混合料，都被广泛用来筑坝。石碴都要经过碾压，才能保证所需的抗剪强度和较小的沉陷量。用重型振动碾自然可以达到这个目的。我国许多工程的经验，采用重 12t 的平碾，一般铺填层厚 40cm，压 6 ~ 8 遍（控制最大粒径不超过 20 ~ 30cm），干容重可以达到 $1.8 \sim 2.0 t/m^3$。有的工程用夯板夯压 3 ~ 4 遍，最大粒径 0.4 ~ 0.6m，铺填层厚 0.6 ~ 0.8m，效果比平碾还好。碾压时，一般加 0.1 ~ 0.5 倍的水，使石碴保持含水量 10% ~ 15% 左右，效果较好。

对石碴的粒径没有特殊的要求。级配对压实密度有一定的影响，但对于易软化的石碴，如页岩石碴，浸水易软化，抗剪强度也降低，暴露在雨淋日晒的条件下极易风化成土。但经验表明，风化的范围一般只在 0.5 ~ 2m 的表面层，在坝体内部风化速度很慢。除了表部要考虑其风化成土的后果以外，即使是坝体内部，也要考虑压碎后浸水的抗剪强度降低问题。页岩一经碾压，随后又在坝的高荷载作用下，颗粒破碎得很厉害，抗剪强度会有较大降低，这在分析坝的稳定时需要考虑。

1.2.2.6 反滤料的选择

铺筑反滤料用的砂砾石和卵石，必须具备以下条件：

（1）未经风化与溶蚀，而且坚硬、密实、耐风化以及不易为水溶解。

（2）透水性很大，要求其渗透系数至少大于被保护土渗透系数的 50 ~ 100 倍。

（3）具有一定的抗剪强度。

（4）没有塑性。

（5）反滤料用的砂砾石、卵石中有机混合物含量及水溶盐含量的限度与坝体土料的要求相同。

（6）砾石、卵石应具有高度的抗水性和抗冻性，砾石的孔隙率不超过 4%，最好采用岩浆岩的石料。

（7）反滤料所用的砂及砾石中，粒径小于 0.1mm 的颗粒（即含泥量）不应大于 5%（按重计），亦不应含有大量粒径小于 0.05mm 的粉土颗粒。对于心墙两侧的过渡层，经过充分的试验论证，其含量可以适当放宽。

亦可用角砾及碎石代替砂砾石和卵石。但角砾及碎石有棱角，在施工时由于碰擦容易产生石粉，从而淤塞反滤层，故对于高坝或重要性很高的中、低坝的滤水坝趾反滤料，最好不采用角砾和碎石。对坝面护坡的反滤料要求较低，可以采用角砾和碎石。

1.2.2.7　土料设计

土料设计的基本原则是根据土料性质，进行合理设计。就是因材设计，而不是根据设计指标去寻找土料。因此，设计前必须充分掌握土料的数量和性质。

坝工填筑的土料厂需要达到一定的密实度。这是为了使土料能得到预计的抗剪强度、一定的渗透系数和较小的沉陷变形，减少黏性土的表面裂缝，减少其在填筑过程中的孔隙压力，并使碾压时所花费的压实功能为最小，和减少非黏性土液化的可能性。

黏性土的设计质量指标是干容重和含水量，非黏性土的设计质量指标是相对紧密度或干容重，以及砾石含量和含泥量（指粒径小于 0.1mm 的含量）；砾质土的设计质量指标应是混合料的压实干容重、含水量和含砾石含量的范围或上限（对于防渗体，必须规定上限）。

土料设计标准，对黏性土是控制最优含水量于塑限附近为宜。现在的实践与理论研究认为，当黏性土的含水量由小于最优含水量 2% ~ 3%，增加到接近最优含水量值，黏性土的塑性大为增加。若进一步增加含水量，则对改进塑性的作用并不大。当含水量低于最优含水量 5% 时，土坝有可能因湿陷而发生严重裂缝。当含水量相同时，土壤愈压实，其塑性愈低。这一最优含水量即在塑限附近。因此，黏性土的含水量宜按下式控制：

$$w = w_p + BI_p \tag{1-2}$$

式中　w——土的最优含水量；

　　　w_p——土的可塑限；

　　　I_p——土的塑性指数；

　　　B——系数，高坝宜取 ±0.1，中低坝可取 ±0.1 ~ 0.2。

此时，既能使黏性土获得较高的压实干容重，又能获得较高的抗剪强度、较小的渗透系数和较小的沉陷变形，使压实土体具有适应变形的塑性，施工压实也较容易。对于非黏性土、堆石，则应在施工可能的条件下，提高其相对密度、干容重，以获得较高的抗剪强度、较小的沉陷变形和提高其抗震能力。

土料的填筑质量标准，对施工难易程度影响很大，因此对工程投资也有很大关系，所以在技术许可的条件下如何根据土场土料的性质和施工条件正确地设计土料填筑质量，是有重大意义的。

1.2.3　均质土坝及坝体结构

均质土坝是我国有色金属矿山曾经大量运用的坝型。这种坝的主要优点是坝后渗漏少，没有透水坝初期漏浑水的问题，当渗水不符合排放标准需要密闭循环时，所消耗的动力少；因筑坝材料丰富，可以就地取用，如黄土高原的黄土等。其主要缺点是均质土坝的渗透系数比堆积坝要小，起阻水作用，因而控制不了堆积坝的浸润线，堆积坝的浸润线往往在初期坝顶逸出，是当前尾矿库的主要病害之一。虽然有上述缺陷，但它仍是水库式尾矿坝的主要坝型。该坝运行条件和水库的不同点，在于库内的水位逐步上升，没有突然下降的问题，尾矿在库内沉降后，将增加上游坡的稳定性，上游坡的稳定条件较好。由于沉积尾矿的渗透系数较小，有一定的防渗作用，可以降低坝基的渗透压力。这种坝要防渗必然要截断基础的强透水层，坝基坝肩的渗透稳定也是好处理的。

现列举有色金属矿山的均质土坝的几种形式，见图 1-14 ~ 图 1-18。

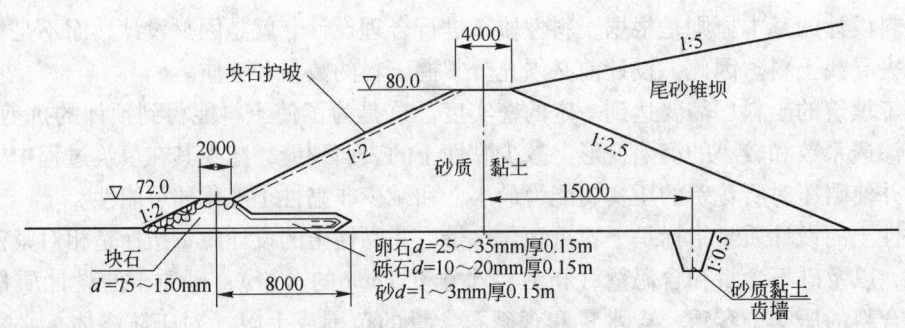

图 1-14　桃林铅锌矿渔塘尾矿库 2 号坝

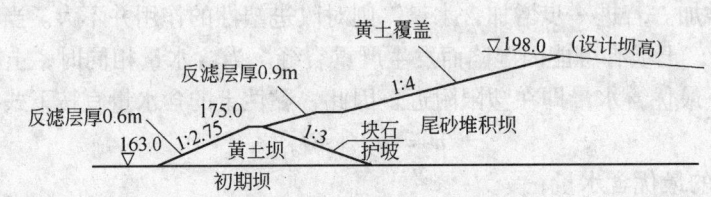

图 1-15　川口钨矿尾矿库 1 号坝

反滤层构造：1）块石护面；2）卵石 $d = 5 \sim 20mm$；3）砾石 $d = 1 \sim 5mm$；4）砂 $d = 0.25 \sim 1.0mm$

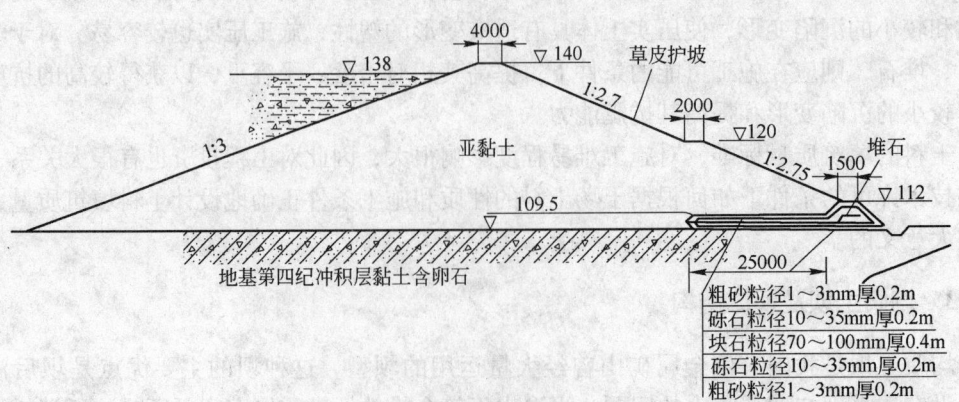

图 1-16　凡口黄子塘尾矿库主坝

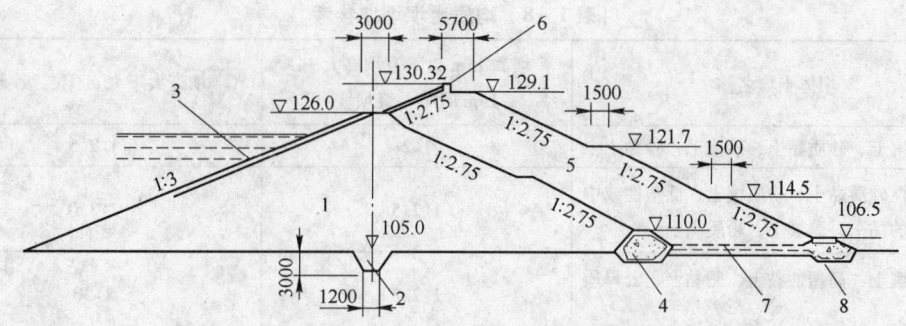

图 1-17 莲花山钨矿白银尾矿库大坝

1—前期均质土坝；2—防渗齿墙；3—上游块石护坡；4—排水棱体；

5—后期加坝；6—防浪石墙；7—排水暗管；8—小排水石坝

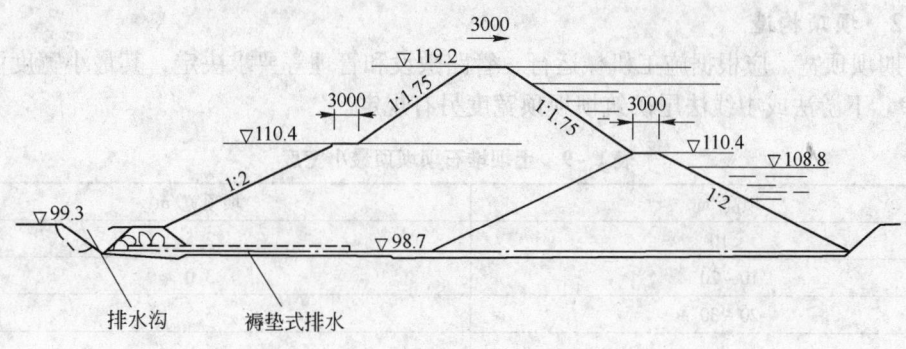

图 1-18 水口山柏坊铜矿林角塘尾矿库大坝

上述五例中，渔塘尾矿库、川口钨矿尾矿库 1 号主坝为均质土坝初期坝；凡口黄子塘尾矿库、白银尾矿库、林角塘尾矿库均为水库式尾矿库挡水坝，都是均质土坝，一个是一次建成，一个是分期建成，一个是采用水中倒土法施工的。

这种坝的筑坝材料可由渗透系数不大于 1×10^{-4} cm/s 的黏土、壤土和砾质土堆筑。其施工方法主要用碾压法，也可用水力冲填法或水中倒土法形成；白银公司的 3 个尾矿库就是用水力冲填法形成的。

均质土坝的各部分构造分述于后。

1.2.3.1 坝坡

坝坡取决于坝高、坝的等级、坝体及坝基材料的性质、承受的荷载、施工和适用条件等因素。

坝坡一般可按已建坝的经验或用近似方法初步拟定，然后进行稳定计算，确定合理的坝体断面。均质土坝的坝坡参考表 1-8。

下游坡根据坝面排水、检修、观测、道路、增加护坡及坝基稳定等不同需要决定是否设置马道。一般在下游坡 10 ~ 30m 设置一条马道，当坝坡坡度自上至下有变化时，马道一般设在坡度变化处，马道宽度视其用途决定，但最小宽度不小于 1.2m。通常，黏性土筑成的坝高于 15m 时，坝坡做成折线形，上部较陡，下部较缓。对于无黏性土筑成的坝，当坝基存在软弱土层或当坝坡土遭受渗水作用时，做成逐渐向下放缓的坝坡。

表 1 - 8 均质土坝坝坡参考

坝体土壤名称	坝高 15m 以下及坝高大于 15m 时第一级坝坡	坝高大于 15m 第二级坝坡
砾质壤土、砂质黏土、砂壤土、砂黏土	1:2	1:2.5
低塑性砂质黏土、粉质壤土、低塑性或中等塑性的黏土、黏壤土，粉质黏土	1:2.5	1:3.0
塑性壤土、高塑性黏土、肥黏土、云母质细砂	1:2.5	1:30

应尽量使沿坝轴线的坝坡具有同一的坡度，以便于施工；但如坝基地质情况沿坝轴线有所不同时，地质情况不同的各段可以分别采用不同的坡度。上游坝坡按不陡于下游坡考虑。

1.2.3.2 坝顶构造

初期坝顶宽，应根据施工机械运行、管路敷设和管理等要求决定，其最小宽度可参考表 1 - 9。下游法或中线法尾矿筑坝坝顶宽度另有规定。

表 1 - 9 土坝堆石坝坝顶最小宽度

坝高/m	坝顶宽/m
<10	2.5
10 ~ 20	3.0
20 ~ 30	3.5
>30	4.0

1.2.3.3 坝顶超高

初期坝设计时，宜考虑初期坝运行期间沉积滩没有形成，有用坝体挡水的可能，确定坝顶超高要考虑这个因素。从初期坝的运行情况看，岿美山和银山尾矿库的洪水溃坝发生在初期坝运行期，栗西沟尾矿库在初期坝运行期，临时将泄洪塔壁炸了一个直径 3m 的孔，将泄洪高程降了 5m，当年的洪水距坝面水平距离仅有 20m。所以初期坝挡水的情况值得注意。

1.2.3.4 坝的护坡及坡面排水

初期坝的上游坡为一临时边坡，服务年限较短，但考虑到以下两方面的原因，仍应设置护坡。

（1）初期坝在尾矿沉积滩尚未形成前，将有可能直接拦洪，坡面将会受到进库洪水的风浪淘刷。

（2）采用坝前放矿时，矿浆将有可能直接冲刷坝面。

上游坡设置干砌石护坡，上游护坡砌石的底脚应置在坝基或戗道上，并伸入戗道内缘的沟内（图 1 - 19），以增加护坡的稳定性。

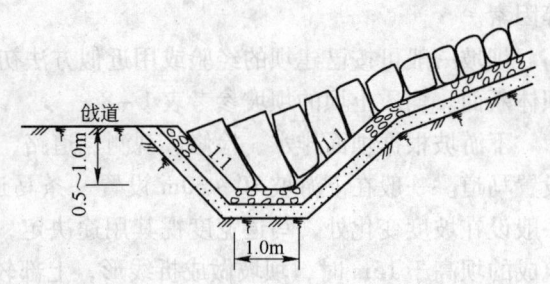

图 1 - 19 干砌石护坡的底脚

护坡所用块石应选择坚固不易风化的石料。一般地讲，岩浆岩和变质岩是较好的石料。页岩一般是很少用的，选择石料时可参照坝址附近曾用来修建过桥梁和房屋的块石的情况。

下游坡通常用块石、碎石或草皮护坡。下游设置护坡的目的在于防止坝体黏性土发生冻结、膨胀和收缩，防止坝被雨水冲刷，防止无黏性土料被风吹散，防止蛇、鼠、土白蚁等类动物在坝坡中造成洞穴，防止根部发达的植物在坝坡上生长，用块石护坡对防止渗流破坏是有利的。下面介绍几种适用的下游护坡方法：

1）草皮护坡。移植在坝坡上的草皮，要尽可能从土壤条件和湿度接近于坝坡土质的草地上选割。移植在干砂坝坡上的草皮，要从轻砂壤土的干草地上选割，移植在潮湿的黏性土坝坡上的草皮，要从潮湿的草地上选割。移植草皮的时间最好是秋季和早春，因为在夏季草皮容易枯萎。

将草皮切割成 20cm×25cm ~ 25cm×60cm 的长方形，或宽约 25cm 长 2.5m 的长条形（图 1-20a），厚 5~10cm。为使接边处更为密合起见，边是斜切的。如果坝坡是砂土，则铺草皮之前应先在坡面铺一层腐殖土，厚 4~10cm，或铺一层草面向下的草皮。

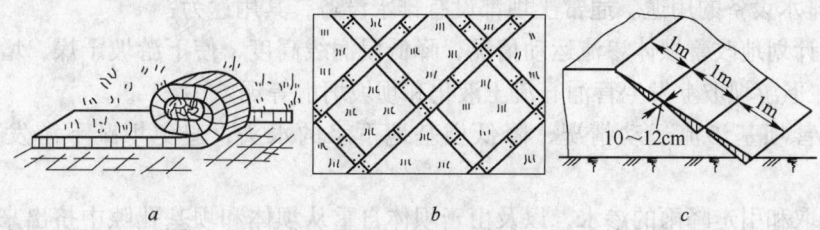

图 1-20 草皮和种草护坡
a—草皮的切割；b—草皮护坡；c—种草护坡

铺设草皮有两种方式；一种是用草皮条铺成每边 1m 的方格，空格中播种矮草——紫苜蓿、猫尾草、三叶草等（图 1-20b）；另一种是全铺草皮。

2）种草护坡。在坡面上顺坝轴方向挖成如图 1-20c 所示的锯齿形沟，在其上撒布腐殖土，加肥料并种下草籽。草籽中混有谷类（麦）种子，用以保护苗芽免遇初寒和暴晒的伤害。为了使播种均匀，尚需掺 3~5 倍湿的大砂粒和锯木屑。草的种类应根据土地所在地区适应坝坡土壤条件的草种中选择。

3）框格碎石护坡，如图 1-21 和图 1-22 所示。

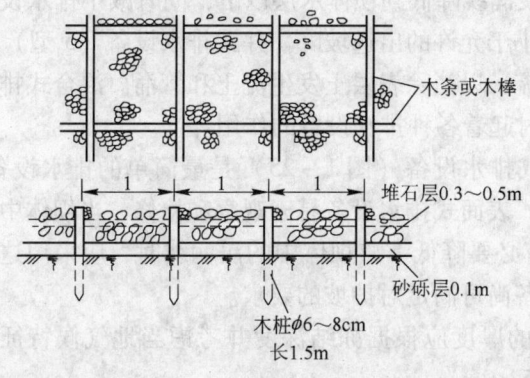

图 1-21 在木桩钉成的方格中填石的护坡

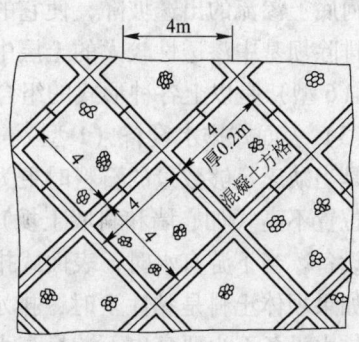

图 1-22 在混凝土方格中填石的护坡

坡面排水。为避免雨水漫流坝坡坡面，造成坝坡冲刷，除了需要设置护坡外，土坝下游坡面还须设置纵横联结的排水沟。但下游坡为堆石或为砌石护坡时，则不必设置排水沟。下游坡面排水构造见图1–23。

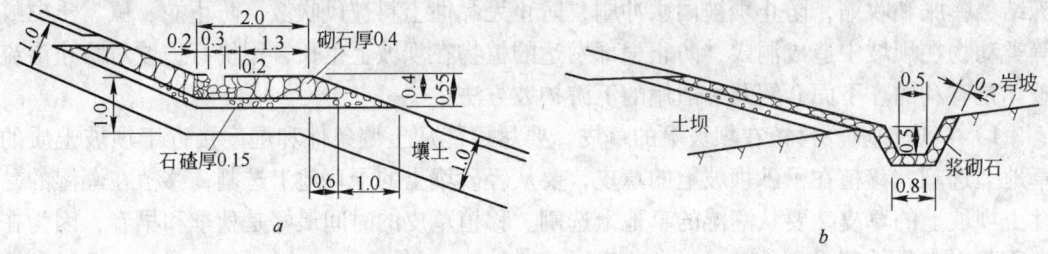

图1–23　岸坡土坝的下游坡排水沟（单位：m）

a—纵向排水沟；b—岩坡排水沟

1.2.3.5　坝体排水设备

（1）排水设备的用途。通常土坝都设有排水设备，其用途为：

1）有计划地改善坝体渗流运动情况，降低浸润线高度，使下游坡干燥，增加坝的稳定，防止在下游坝坡上发生管涌、流土液化和坝坡坍滑等现象。

2）改善坝基渗流运动情况，降低坝基地下水的水头，避免坝趾下游发生管涌和流土。

3）截取和引走降雨的渗水，以及由于坝体自重从坝体和坝基孔隙中挤出来的水，以降低坝体孔隙压力，增加坝的稳定。

设置排水设备后，坝的渗流量有些增加（表面式排水设备除外），应注意靠近排水设备附近坝体和坝基内的渗流水力坡降将加大。

（2）排水设备的形式。排水设备应设置在坝的下游部靠近坝体和坝基相接的地方。排水设备应在任何时候都具有充分的排水能力，以保证排水设备不应妨碍渗透水流将小土粒带出，同时沿排水设备所设置的反滤层应能防止渗水将土料骨架颗粒带出。

排水设备的设置应尽可能地便于观察和检修。

排水设备可分为表面式、内部式、井式和混合式等四类（图1–24）。表面式排水设备（1型）的用途是防止在渗流逸出表面时发生流土，管漏起着保护坝坡的作用。内部式排水设备（2、3、4型）的主要用途是将浸润线降低到坝体水层以下，同时减小排水设备下游河底上渗流的出逸坡降，使它的数值小于允许的出逸坡降。井式排水设备（5型）是用来排除坝基中渗透性较大的土层中的渗流，以消除表层土发生流土和管涌。混合式排水设备（6型）是以上各种形式的组合，同时起着各种排水设备的作用。

（3）表面式排水设备（1型）。表面式排水设备（图1–25）是最简单的排水设备，尤其是当缺乏足够数量的石料时更为适宜。表面式排水设备易于观察和检修，当坝体中浸润线位置不高（如心墙和斜墙土坝），没有必要降低下游坝体中的浸润线时，应采用这种排水设备。当下游有水时，表面式排水设备尚可满足对护坡的要求。

如果坝体土料是黏性土时，排水设备的厚度应根据冻结深度并考虑当地气候特征来定。排水设备至少要高出下游最高水位1.5~2m。

在实际工程中，表面式排水设备形式与图1–25稍有不同。

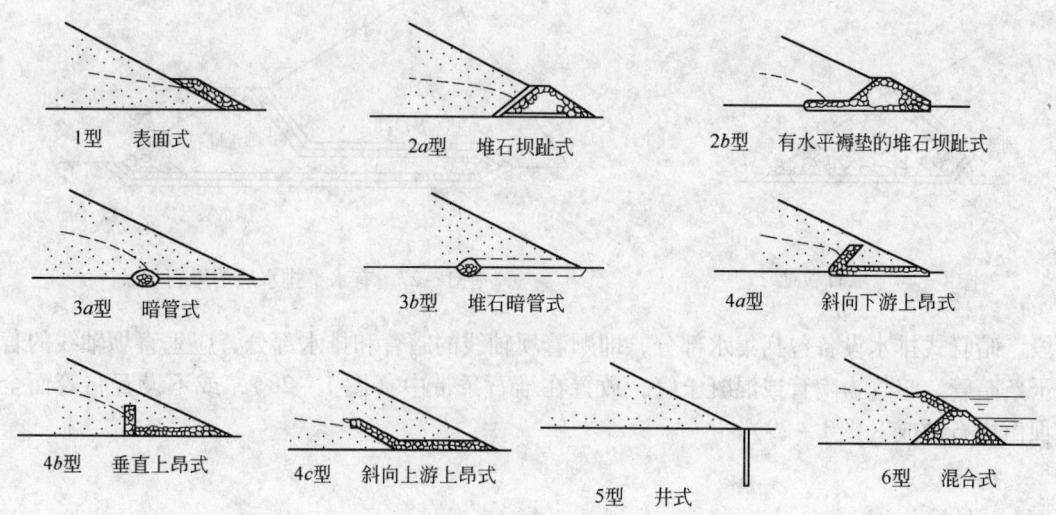

图 1-24　排水设备类型

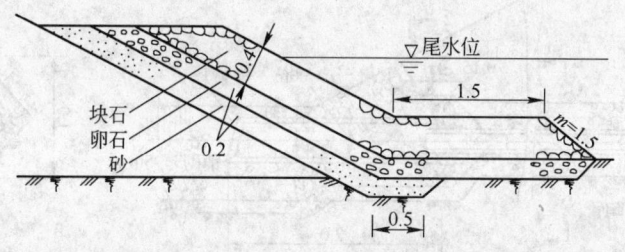

图 1-25　表面式排水设备（单位：m）

（4）堆石坝趾排水设备（2 型）。堆石坝趾是较好的排水设备，它除了可以作为排水设备外，尚可防护坝脚不受尾水的冲刷，防止冻结，有时尚可作为坝坡的支撑。在很多情况下，建筑了这种坝趾就不必再建造围堰。这时，可先向水中抛石建坝趾，然后修建坝体。因此在水中填筑坝体时，特别应该采用这种形式的排水设备。但是，通常即使工地有石料，建造堆石坝趾也是很贵的，因此选择这种坝趾的尺寸时，应在经济上有充分的根据。

堆石坝趾的顶应高出浸润线出逸点 1m 以上，顶部宽度不小于 0.5m，在有必要时应能在顶部行人，以便于检查。内坡为 1:1 或 1:1.5，外坡为 1:1.5 ~ 1:2 或更缓。为了使出逸段的渗流坡降分布得更均匀和减少最大水力坡降起见，如果施工上可能的话，最好削去堆石坝趾的锐角（图 1-26）。

如下游有水时，在堆石坝趾外部，应将石块的尖端向内安砌。坝趾堆石时应将较细的石块填在靠近反滤层处，较粗石块填在斜坡上。为了更有效地降低浸润线，可建造带有水平排水层（褥垫式）的堆石坝趾（图 1-27）。

（5）暗管式排水设备（3 型）。暗管式排水设备用于下游无水或高于下游尾水位的坝

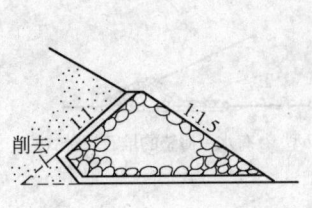

图 1-26 堆石坝趾

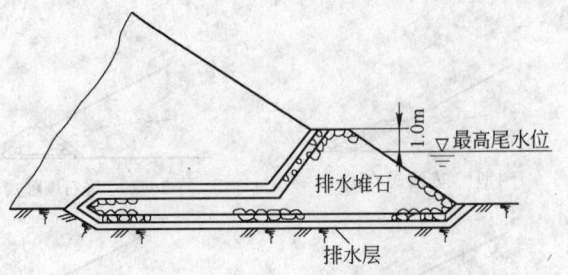

图 1-27 有水平排水层的堆石坝趾

段。暗管式排水设备包括集水部分，即顺着坝轴线的暗管和排水部分，应垂直坝轴线的若干条暗管。暗管为陶管或混凝土管，放置在堆石条带中（图1-28），或不设置暗管而全坝由堆石做成（图1-29）。

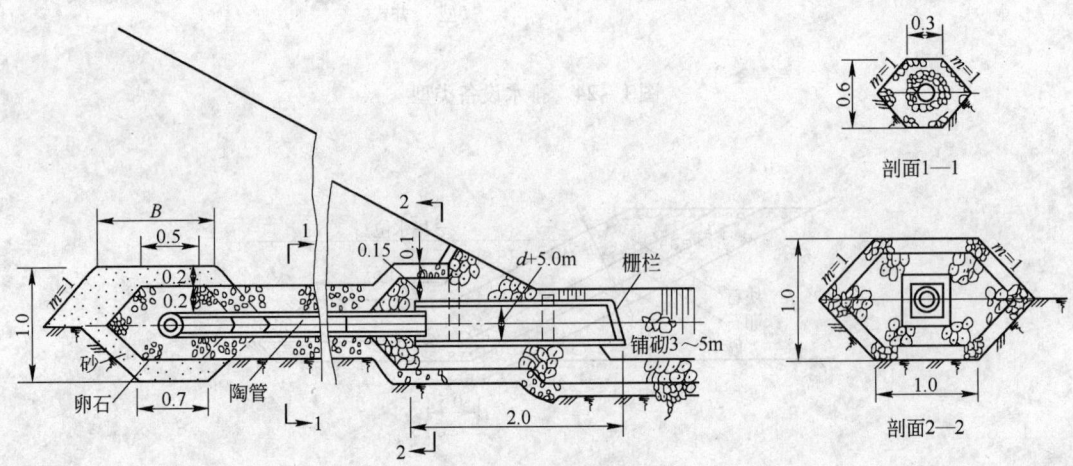

图 1-28 排水暗管（单位：m）

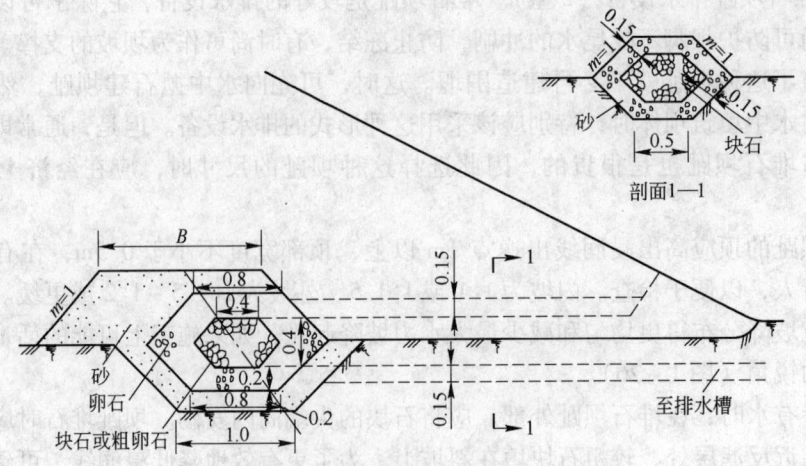

图 1-29 堆石暗管（单位：m）

土坝在岸坡处的坝体排水，常采用堆石暗管。

排水暗管的间距不应超过 50~700m。一条排水带的宽度，在顶部或底部不应小于 0.4m，排水管直径不应小于 0.2m。排水暗管内的水流速度不应超过 1m/s，也不宜小于 0.2~0.25m/s。

排水暗管的充水程度应不大于 0.8。当设计用堆石做导水部分时，亦应计算其过水能力是否足够，此时，渗透系数 k 应采用：对于砾石 $k = 100$m/d，对于卵石和块石 $k = 1000$m/d。同时计算出来的过水能力应除以安全系数 2。

集水条带的顶部宽度 B 应该大于理论受水宽度 1.5~2m，并可根据下式计算宽度 B：

$$B = n\frac{q}{2k} \tag{1-3}$$

式中　q——集水条带单位长度内的入流量；

　　　k——坝体土料的渗透系数；

　　　n——安全系数，根据坝的等级采用 1.5~2.0。

排水暗管的坡度 i 通常不大于 0.01，采用更大的坡度应有相邻土层接触面的渗流稳定性的试验校核作为根据。

当填土质量不良或水平渗透系数远大于垂直渗透系数时，渗流可能从集水条带上面流过，以致排水设备不起作用，所以这种排水设备的作用并非十分可靠。当坝基有较大的不均匀沉陷时，这种排水设备易被折断，也须加以注意。暗管式排水设备已较少被采用。可以用砂卵石或堆石排水垫来代替暗管，既可就地取材，还较可靠，如沙土坝（图1-30）。

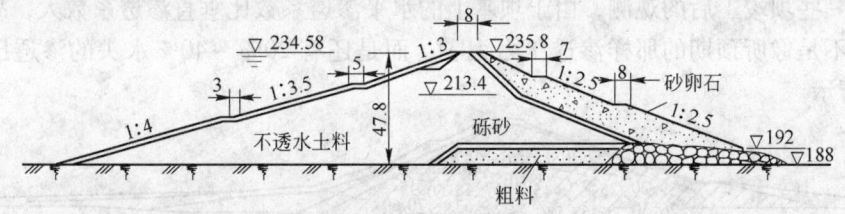

图 1-30　沙土坝剖面图

（6）上昂式排水设备（4型）。上昂式排水设备如图1-31所示，降低浸润线的作用与堆石坝趾相同，其排水工作比暗管式可靠，并且可以做得很经济，尤其是在用黏性土料做土坝中更是如此（但此时是填筑后挖沟，然后铺设）。

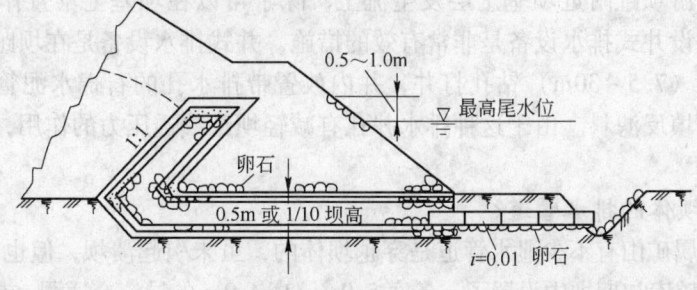

图 1-31　上昂式排水设备

对于坝体大部分是黏性土的坝，或坝的下游部为渗透性很不均匀的土料筑成，特别是这种土料水平成层时，修建上昂式排水可以有效地降低坝体浸润线，有效地截取渗水和加速坝体的固结，例如高 55m 的北哈特兰坝，本来坝体是不透水料均质土坝，由于在中央偏上游处设置了上昂式排水（图 1-32），成为厚斜墙坝的形式，降低了坝的浸润线，下游坡度可以陡至 1:2，又减少了施工期坝体孔隙压力，当坝前水位骤降时又能增加上游坡的稳定。

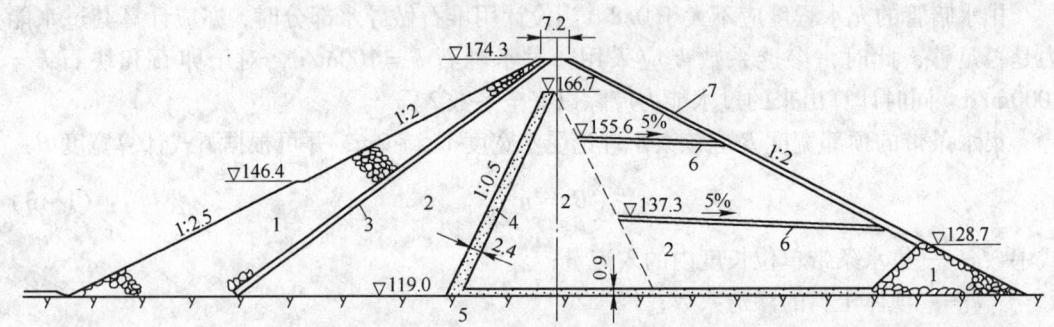

图 1-32　北哈特兰坝（单位：m）

1—堆石；2—不透水土料；3—0.3m 厚卵石层；4—上昂式排水；5—岩石；
6—0.3m 厚透水料；7—0.6m 厚堆石及 6.1m 厚卵石垫层

（7）井式排水设备（5 型）。坝基中如有一层不透水土层，则往往在坝趾处，不透水土层下面仍存在很大的渗透压力，将使该土层发生流土。即使坝基面没有较不透水的土层，而因冲积土的水平渗透系数远比垂直渗透系数大，故在坝趾处仍存在很大的渗透压力。根据一些坝竣工后的观测，由于坝基上的水平渗透系数比垂直渗透系数大，故在下游坝趾处并不是像所预期的那样渗透压力为零，而是还有 20%~40% 水头的渗透压力，如图 1-33 所示。

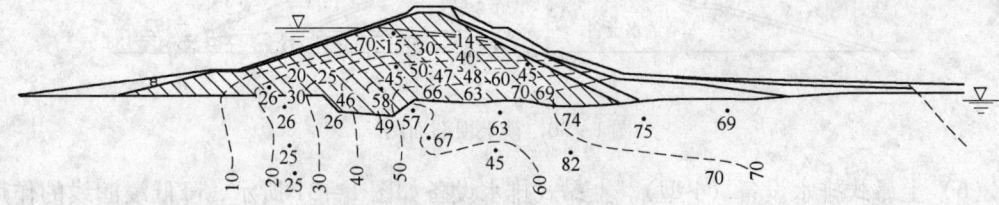

图 1-33　某坝水头降落情况

为了防止下游坝趾附近坝基土层发生流土，除了可以在坝基上堆置作为盖重的土料外，在坝趾处埋设井式排水设备是非常有效的措施。井式排水设备是在坝趾处沿坝轴方向每间隔一定距离（7.5~30m）钻孔打井，井内放置带排水孔的石棉水泥管、钢管或透水混凝土管，管周填反滤料。由于这种排水井孔有减轻坝趾渗透压力的作用，所以又称为减压井。

1.2.3.6　穿越坝体的排水管道

我国有色金属矿山有不少泄水管道是穿越坝体的，虽未引起溃坝，但也出过不少事故。例如，栗西沟尾矿库初期坝内设置了一条宽 5.0m，高 4.9m 的导流交通洞，封堵后初期坝运行初期发生了严重集中渗漏；又如贵州铝厂赤泥库 2 号回水井和密封井之间的管道塌陷，赤泥从管内涌出，被迫封闭阀门，坝底回水系统从此报废。因此泄水管道一般不宜布置在坝下，如果必须设在坝下时，应该认真设计、施工和管理，解决所存在的技术问题。

设在土石坝坝体下的泄水管道，最好建造在岸坡或坝基的开挖岩石槽中，槽深至少高于管道外径一半，如图 1-34 所示。曾有将每节水管置于两墩座上的情况，这种建造方法是非常冒险的，因为当水管下部土发生沉陷时，水管承受上部坝体土重极易断裂，并且水管下部土如发生沉陷也将是集中渗流的途径。

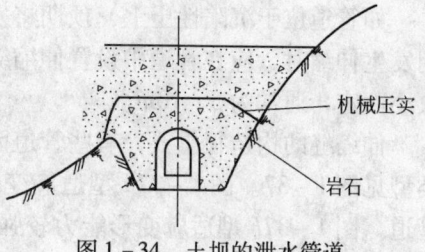

图 1-34 土坝的泄水管道

穿越土坝的管道应尽量建造在不沉陷的岩石基础上。有时不高的土坝也可建造在土基上，但必须加以特殊处理，防止坝基上过分沉陷和剪毁。

设计管道最重要的除了水管应有足够的强度，不致被管内水压和土坝填土所压断以外，应在管道外侧设置截水环，防止沿光滑的管道表面发生集中渗流。其次应特别注意水管接缝的阻水设备。

在土基上的管道，混凝土截水环的设置应尽量靠近每节管道的中央，绝不可设在两节管道的接合处。截水环在坝的上游部分坝体下，或在防渗体下设置。大约沿管道每 5～15m 设一道。截水环突出管表面至少 1m。截水环与管道可用伸缩缝填料分开，或建成一个整体，如图 1-35 所示。对于岩基上的管道，截水环也可以设在管节伸缩缝处。

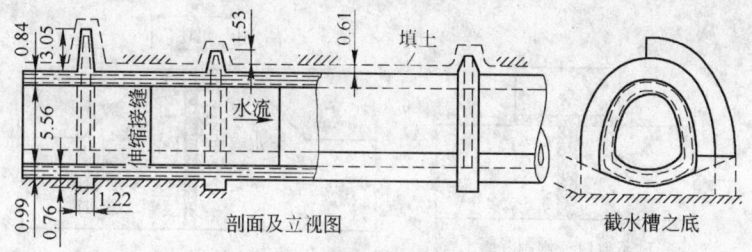

图 1-35 坝下泄水管道的截流环（单位：m）

为了避免因混凝土收缩而产生裂缝，可在建造混凝土管道时，将其分为长短节间隔浇筑。待长节混凝土完全收缩后，气温低于预期的竣工后坝体管道中的温度时，再浇筑短节混凝土。缝为建筑缝，长节混凝土管中的钢筋伸入短节混凝土管中以防止混凝土收缩发生裂缝。通常长节管长 6～10m，短节管长 1m 左右。长短管的接缝是企口形式，企口突出约 5cm，涂有沥青等伸缩缝填料，使混凝土收缩时能挤紧而不透水（图 1-36）。

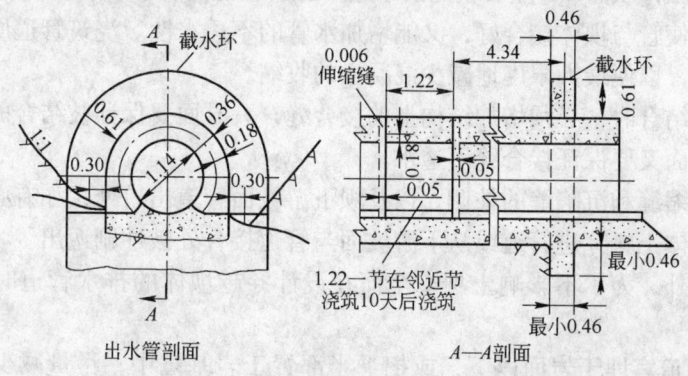

图 1-36 分长短节浇筑的混凝土管道（单位：m）

如管道位于沉陷性土上，预期将发生不均匀沉陷时，或将因温度影响而使管道在运用期发生伸缩时，应在管道中设置伸缩缝。伸缩缝的间距根据不均匀沉陷的程度及温度变幅大小而定，通常为5~10m。

伸缩缝的构造很重要，有些管道因伸缩缝不密实而漏水引起坝体土的冲刷。缝的构造类型见图1-37。图1-37a型适应变形能力不强，但修补较容易，可用于岩石上的无压管道。图1-37b型适应变形能力较强，已有许多成功经验。图1-37c型采用得也较多，可适应内外两面高压水渗透的条件。图1-37d型是适用于预制钢筋混凝土管，适应变形能力不强，也是适用于岩基上的管道。图1-37e型的性能与图1-37d型大致相同。

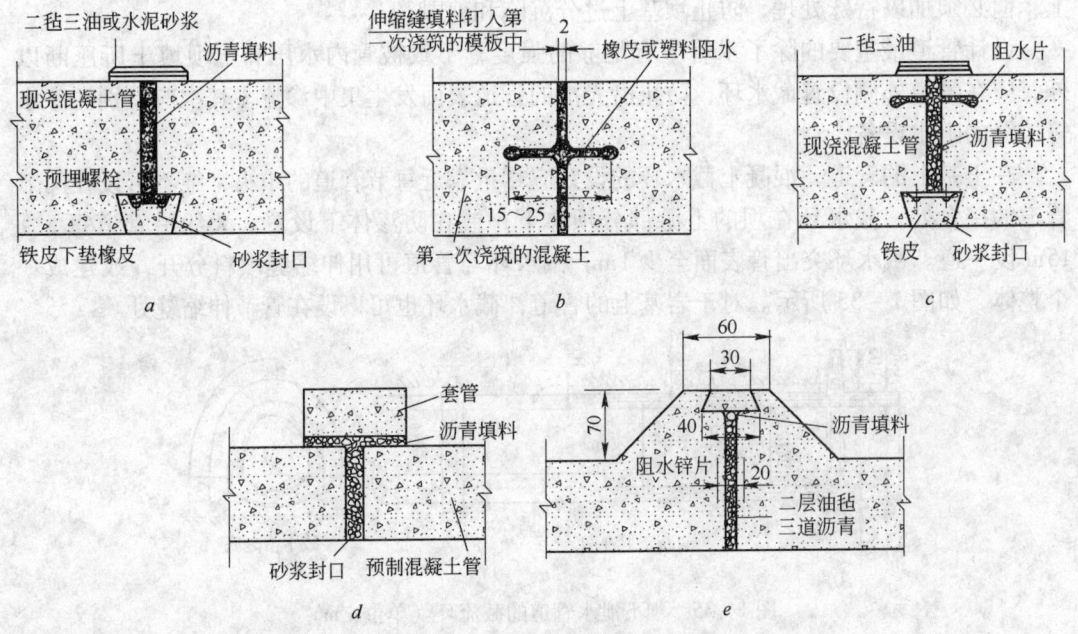

图1-37 坝下泄水管道的伸缩缝构造（单位：cm）

在土坝防渗体下的混凝土管道周围应仔细回填不透水土料，分层压实，层厚应较小（小于10~15cm）。水管外表侧面的坡度最好不陡于1:1，使坝体土料回填后在固结过程中土与管壁结合得更紧密。与管道接触的不透水心墙或斜墙断面宜适当增大以增长渗径。有的坝在管道外围回填厚1m左右较好的不透水土料，然后再按坝体分区土料回填。这层不透水土料既可使管与坝体接合好，又能增加水管的不透水性。浇筑管道所用混凝土的水灰比应尽量地小，以便最大限度地减少混凝土的收缩。

管道与斜墙结合时，必须增加结构上的接合缝，一方面要保证被结合的各个部分的独立沉陷，另一方面又要保证接合缝不透水。

管道所有伸缩缝和沉陷缝的外侧，以及坝下游坡面管道出口处，如有必要，可设置反滤层，以防止坝体土料穿进管道或从下游坡面与管道接合处被冲刷逸出。

除以上所述外，为了不影响土坝安全而在设计穿越坝体的排水管道时，应注意以下几点：

（1）泄水管道宜埋于岩面以下，或把下半部置于岩基之中，尽量减少突出岩面的高度，以减少洞顶与两侧土坝的不均匀沉陷，避免发生横向裂缝。

（2）管道要尽量避免裂缝，不论从管道内向外渗水或从土坝向管道内渗水，都不利于坝的安全。前者会抬高坝身浸润线引起坝体不稳定或造成坝体和坝基土壤管涌；后者的渗水会冲刷坝身填土，因此施工中要十分细致。为避免因温差发生混凝土的裂缝，无论管道是坐落在土基或岩基上，都要在 5～10m 长度内设置一道伸缩缝。在土基上主要是为了防止不均匀沉陷，在岩基上主要是防止温度引起收缩裂缝。

（3）坝下泄水管道要避免处在明流与满流过渡状态下泄流。在这种状态下过流，流量、压力和流速经常在变化，流态极不稳定，管道发生振动，对结构强度产生不利影响。

（4）进水口必须平顺，避免管道进水口的水流偏向某一侧。洞身也要平顺光滑，避免水流脱离边界，局部压力降低而产生气蚀。

（5）坝下管道出口一般都需要消能工，以避免急流冲刷土坝。靠近消能工附近的坝脚需要护坡。

（6）坝下管道与土坝要紧密连接，防止沿管外壁集中渗流甚至冲刷坝身填土。

1.2.3.7 均质土坝的改进方向

根据初期坝采用均质土坝出现的问题，其改进方向主要是解决堆积坝浸润线的逸出和初期坝内的排水问题。

尾矿坝初期坝采用均质土坝后堆积坝浸润线在初期坝顶逸出，易出现坝面沼泽化，严重时会引起滑塌，如大吉山、十八里河、毛家湾等尾矿库都出现过此类问题。这个问题的产生主要是由于均质土坝比堆积坝的渗透系数小，堆积坝的排水受阻。要解决均质土坝对堆积坝渗流的影响，需在初期坝前堆积坝内进行排水，然后通过在初期坝体内预埋的排水设施引出。堆积坝体内排水体设置高程取决于堆积坝内排水的要求，在初期坝内可以设置上昂式排水，如本节排水设施部分所介绍的那些结构及例子。为使排水可靠，宜设置连续排水。漂塘钨矿大江选厂落木坑尾矿库就是在堆积坝内预埋排水管，穿过初期坝引出。

1.2.4 不透水的堆石坝

堆石坝是以无黏聚性的石料作为主要筑坝材料，一般强度高，透水性强，坝坡较陡，坝后无需作排水和护坡，但需整理好坝面。

由于堆石坝有很强的透水性，要筑成不透水的坝就需要防渗结构。组成防渗结构的材料很多，这里主要介绍黏土防渗墙、钢筋混凝土防渗面板、土工膜沥青等形式。

1.2.4.1 土斜墙堆石坝

这种坝型在尾矿工程中得到应用，列举以下三例，见图 1-38～图 1-40。

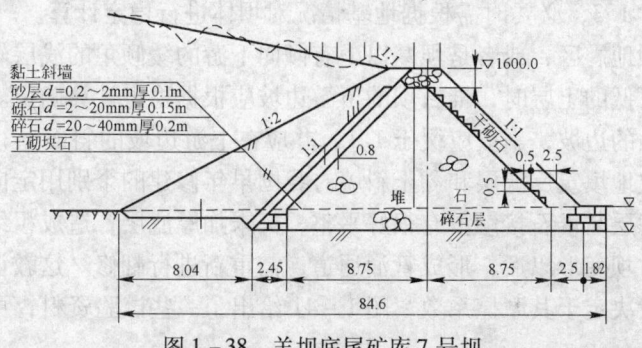

图 1-38 羊坝底尾矿库 7 号坝

土斜墙堆石坝分别由堆石坝壳、防渗斜墙、反滤层、斜墙与基础防渗体的联结，以及上游面块石压重等几个部分组成。

（1）堆石坝壳。定向爆破堆石坝的下游坝坡，缓于自然休止角，堆石孔隙率可小于 25%，远比人工堆石密度要高。人工填筑的堆石，由于影响石料的内摩擦角因素很多，变化在 30°～50°范围以内，但休止角一般为 30°～40°。

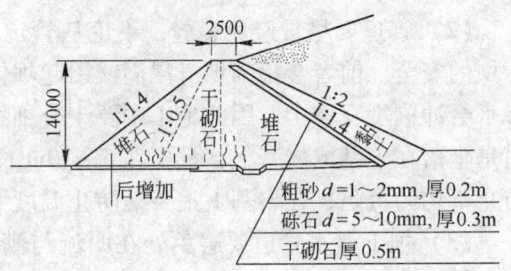

图 1-39 柿竹园矿柴山尾矿库初期坝

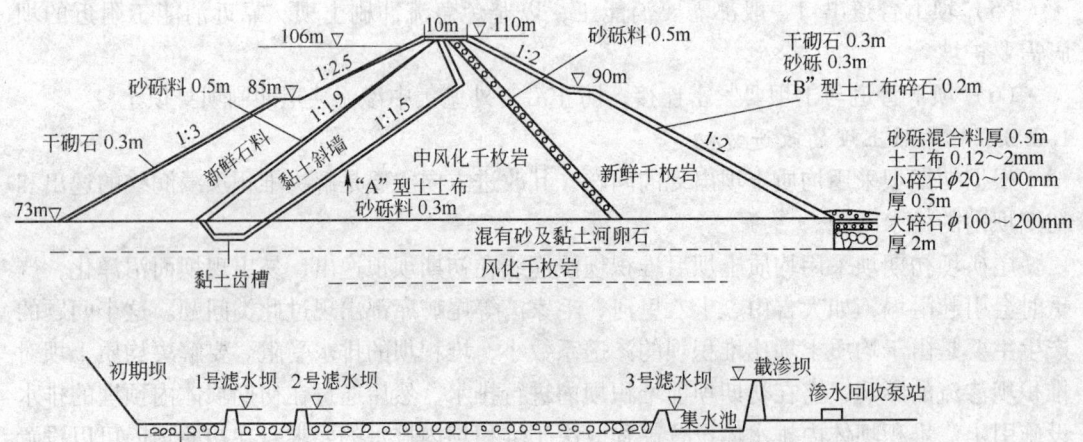

图 1-40 德兴铜矿 4 号尾矿库初期坝

我国群众性的筑坝，常是将堆石稍加砌砌，坡度往往很陡。根据群众性筑坝的实践经验，提出下述建议，供作设计时参考。

利用大块的有比较平整砌面、强度较高的石料，相互砌紧，孔隙率为 25%～36%、坝高在 50m 以下、基础是岩基的砌石边坡，控制边坡不陡于 1:0.6。

孔隙率不大于 35%、坝基是岩石、坝高 50m 以下、坝面是经过整理的大块石时，下游堆石边坡应不陡于 1:1。

坝基不含泥质的致密砂砾地基，防渗体直达基岩，没有渗透变形顾虑的下游堆石边坡，一般稍缓于 1:1.3，必要时需根据地基情况对坝体进行稳定计算。

坝址位于强烈地震区，或者是坝基以下有倾向下游的缓倾角的浅层软弱夹层，或坝基为抗剪强度比堆石低的土层时，堆石坝的下游边坡应根据稳定计算确定。

堆石体上游面的边坡，一般应缓于 1:1，并应在上游边坡的斜面上，整理成一个平整的面，以便有层次地填筑反滤层和黏土斜墙。我国早年修建的个别用定向爆破建成的黏土斜墙堆石坝，反滤层与堆石接触没有很好平整，又未加厚滤层，造成粗细交叉、层次不清的锯齿形反滤层，坝变形以后，形成管涌通道，需重新进行翻修。这教训要认真吸取。堆石坝的坡度，一般决定于其摩擦系数，图 1-41 给出了一些试验资料，可作为初步拟定坝的剖面的依据。

当材料与下游坡相同时，坝的上游坡一般可等于或稍陡于下游坡；对于堆石坝可取堆石的自然坡度位。

初期坝的下游坡是一个永久边坡，应复核在地震时的稳定性。可用下列公式计算：

$$坝坡坡率\ m = \frac{F + K\tan\varphi}{\tan\varphi - KF} \qquad (1-4)$$

式中　F——安全系数，按设计规范选用；

　　　K——地震系数；

　　　φ——堆石的摩擦角。

由于堆石的粒径所致，坝体的反应加速度要比地面震动加速度大，在选择坝面坡度时可参考以下数据。

破坏加速度 0.4g 时所需坝坡度：

粒径/cm	2	5	10	20	30	40
下游坡度	1:2.2	1:2.0	1:1.75	1:1.6	1:1.5	1:1.4

最终的设计边坡，以稳定计算为准。

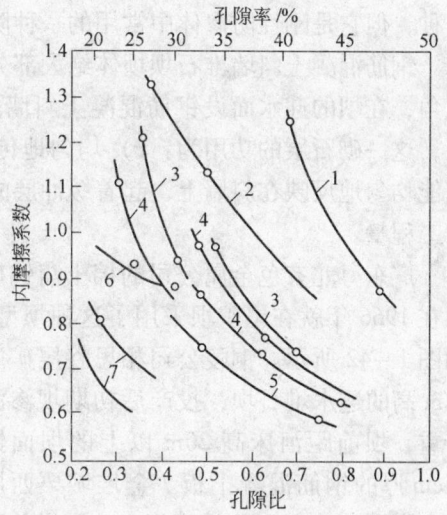

图 1-41　堆石孔隙比与内摩擦系数关系
1—石灰岩；2—花岗岩；3—砂岩；4—硅化黏板岩；5—页岩；6—角砾质凝灰岩；7—千枚质黏板岩

（2）黏土斜墙。在水利工程上建筑在不透水坝基上的黏土斜墙厚度、坝基处的黏土斜墙厚度（垂直于上游面）可等于（1/6～1/8）水头。但如果考虑到黏性土料填筑的不均匀性，以水力梯度不大于 4 为标准。

黏土斜墙土料渗透系数一般为 1×10^{-5} cm/s 以下。考虑到尾矿的防渗作用，尾矿库上的黏土斜墙厚度可以适当减小。从上述土斜墙堆石坝实例可以看出，尾矿库上的斜墙堆石坝的实际比降要比上述标准小，所以上述标准可作设计依据。

（3）斜墙的顶部构造。尾矿坝采用砂砾料作为反滤层时，斜墙的最小厚度应不小于 0.5m，当用土工布作反滤层时为 0.2m，不宜再小。斜墙可以直通坝顶，坝顶做块石护面即可。

（4）斜墙的护坡及压重。斜墙的上游护坡的作用及构造和均质土坝相同，可按均质土坝有关部分设计。斜墙前边的压重是根据稳定的计算确定的，压重对墙有保护作用。因为上游坡要逐步堆填尾砂，尾矿坝一般不需要压重而只设护坡即可。如果采用库后放矿的尾矿坝时，则需考虑压重对稳定影响的问题。

（5）反滤层。反滤层是控制渗流的一项主要措施。堆石坝的坝壳多用大粒径块石填筑，属强透水填料，土防渗体材料的粒径远小于堆石孔隙，堆石变形迅速，土料变形缓慢，土石接触区，由于渗透水压力的作用，容易出现防渗体的渗透变形，引起防渗土料的应力集中，出现裂缝，发生潜蚀，设置过渡区，可防止这种渗透变形。所以在斜墙的两侧均设反滤层，两个反滤层的结构和要求不一致。下游反滤层按本章所述的反滤层设计方法设计；上游反滤层简单一些，可以用小于 20cm 的天然卵石铺设。土斜墙下的反滤层一般为三层。第一层是粗砂，其粒径小于 13mm；第二层用小卵石或碎石，粒径为 13～76mm；第三层粒径为 76～250mm 的卵石或石块。

1.2.4.2　钢筋混凝土斜墙堆石坝

（1）钢筋混凝土斜墙堆石坝概述。钢筋混凝土防渗体堆石坝是刚性防渗体堆石坝的一种，但它是刚性防渗体中常用的一种防渗体。

钢筋混凝土斜墙堆石坝坝体绝大部分由堆石筑成，坝的下游坡等于或缓于堆石自然安息角，在坝的迎水面设钢筋混凝土斜墙。钢筋混凝土斜墙的下面，建造一层不厚的砌石层，这一砌石层的功用为：1）均匀地传递斜墙上的水压力到堆石体上；2）使堆石的沉陷能均匀地反映在斜墙上，起着缓冲层的作用；3）可以使坝坡较自然安息角为陡，以节省工程量。

广东粤北有色金属公司的棉土窝钨矿早在 1966 年就在尾矿坝采用了这种坝型，如图 1-42 所示。铜陵公司相思谷尾矿库 51m 高的透水堆石坝，投产后初期坝渗漏严重，坝前距河床高 20m 以上的坝面铺 25cm 厚的钢筋混凝土板。金堆城栗西尾矿库高 40.5m 的透水堆石坝由于同样的原因也在坝顶 10m 的范围作了 15cm 厚的素混凝土面板。在土料缺乏的地区，用钢筋

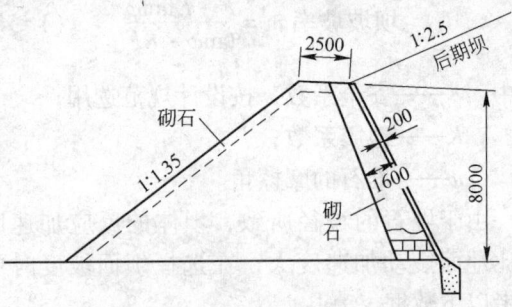

图 1-42 棉土窝钨矿尾矿库初期坝

混凝土防渗斜墙或钢筋混凝土面板堆石坝是比较好的。

钢筋混凝土斜墙堆石坝在自重和水压力的作用下，必然有垂直沉陷和水平位移。并且在最大坝高处变形量最大。对于较窄河谷中的高堆石坝，堆石体有从两侧向河谷中心滑动的趋势，因此采用平直布置的坝轴线时，刚性斜墙常在坝肩附近出现张拉应力区。为了使坝体发生水平和侧向位移时仍然在水平方向保持压力，以免发生张拉裂缝，近代土石坝大部分采用向上游拱曲的弧形坝轴线。

钢筋混凝土斜墙堆石坝由于上游坝面具有巨大的垂直水重，坝体又是强透水体，不存在渗透水压力，因此无整体滑动之虑。坝体断面设计的着眼点，主要在于边坡的稳定。

由于砌石的内摩擦角较堆石自然安息角（大约 40°）大得较多，故早期用手工砌筑的钢筋混凝土斜墙堆石坝的上游边坡，很多陡于 1:1。

我国建成了不少刚性斜墙堆石坝。大部分在坝轴线的上游采用干砌块石，坝轴线的下游采用人工堆石，上游边坡为（1.03~1）:0.6，下游边坡约为 1:1.2~1:1.5。20 世纪 50 年代以后，逐渐采用重型气胎碾或振动碾碾压堆石来代替抛填堆石。为了适应重型碾压设备施工，下游边坡放缓到等于或略缓于自然堆石坡度 1:13。而上游边坡则因有一层干砌石垫层，对坝坡稳定有利，故上游边坡可陡于堆石自然坡度，约为 1:1~1:1.3。

钢筋混凝土斜墙可分为下列六种形式：1）整体式，用于低坝，对沉陷的适应性最差；2）分块式，能适应适量的沉陷变形；3）滑动式，较分块式更能适应沉陷变形；4）多层式，能适应沉陷变形，特别是对可压缩性地基上的坝来说，这种形式较好；5）分层喷混凝土式，能适应沉陷变形，施工较方便；6）预应力式，能增加抗裂能力，但施工较复杂。

（2）斜墙分缝及构造。堆石坝沿着坝轴方向堆石高度各不相同，必然会出现不均匀的沉陷和位移，刚性斜墙与基岩接触处，也由于刚度差异会发生较大的变位。为了防止面板的开裂，一般设置垂直坝轴沉陷缝和沿坝肩、坝基的周边缝。大部分坝考虑到坝面的不均匀沉陷，在平行于坝轴线方向也设置水平沉陷缝。

为温度伸缩和适应变形需要而设置的周边缝以及垂直的水平的沉陷缝，往往是渗水的通道，因此除了验算面板的应力强度以外，还要十分注意面板的接缝形式和止水结构材料。

钢筋混凝土斜墙的接缝可分为周边缝、垂直沉陷缝和水平沉陷缝三种，如图 1-43 所示的斜墙分缝。近代由于堆石碾压得很密实，有的坝已不设水平沉陷缝，如图 1-44 所示的无水平沉陷缝的斜墙分缝。

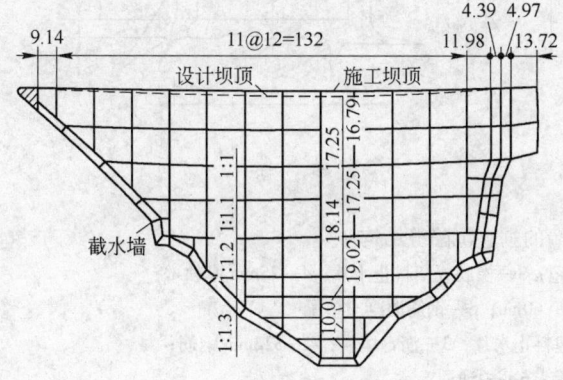

图 1-43　钢筋混凝土斜墙分缝

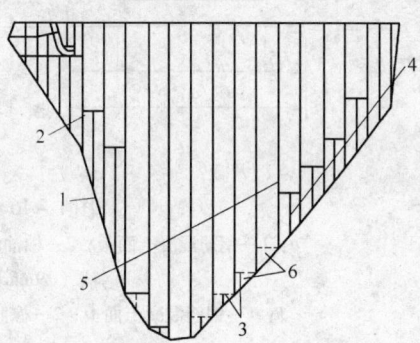

图 1-44　无水平缝斜墙分缝

1—周边缝；2—水平伸缩缝；3—水平施工缝；
4—垂直伸缩缝（型1）；5—垂直伸缩缝（型2）；
6—垂直施工缝

裂缝的构造见图 1-45 ~ 图 1-47。

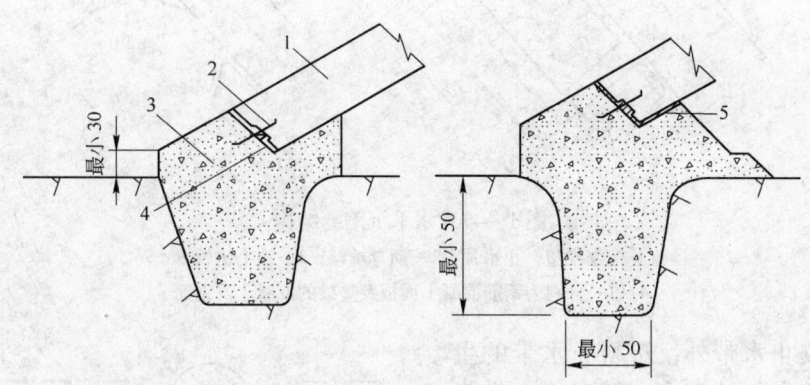

图 1-45　周边缝结构详图

1—钢筋混凝土面板；2—塑料或橡胶；3—混凝土底座；4—沥青填料；5—木板

（3）止水的形式。刚性斜墙的接缝，均填充柔性材料（如沥青、软木等）。但是填充的柔性材料，在温度变化和变形发展过程中，不能确保弥合，常常是渗漏的通路，为了避免接缝处的渗漏，除填料外，均需设置具有一定拉伸能力的止水片。

通用的止水材料，有橡胶止水带和塑料止水带。

橡胶厂生产的带有锚固肋条的橡胶止水带见图 1-48，称之为桥型橡胶止水带，它的强度以及适应变形的性能均较好。

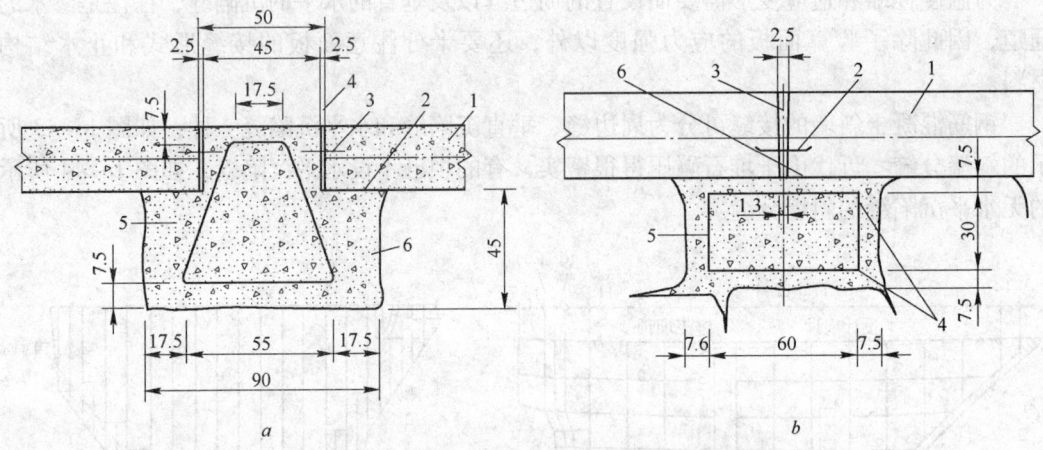

图 1-46　斜墙的垂直沉陷缝结构

a：1—钢筋混凝土面板；2—柏油油毛毡；3—橡胶或塑料止水片；4—25mm 厚软木；

5—钢箍（φ9mm）中距 60cm；6—钢筋混凝土垫梁

b：1—钢筋混凝土面板；2—橡胶或塑料止水片；3—沥青填料；4—φ22mm 钢筋；

5—9mm 钢箍；6—柏油油毛毡

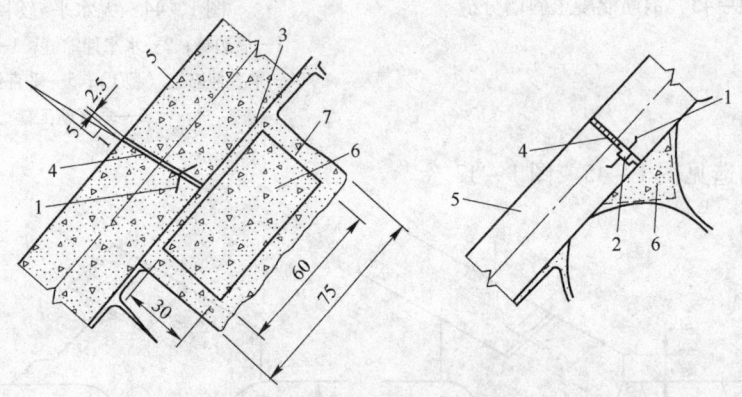

图 1-47　水平沉陷缝结构

1—橡胶或塑料止水片；2—沥青填料；3—油毛毡软木；

4~7—分别为钢筋混凝土面板及垫梁的混凝土及钢筋

　　除橡胶止水带外，塑料止水带的生产也已有几十年的历史。塑料止水带具有相当程度的柔度和抗弯强度，且价格低廉，因此小型水利工程中应用颇广。但是它在受紫外线或有机酸的侵蚀时极易老化变脆，因此在较高坝工中使用这种材料尚需持慎重态度，今后在试验研

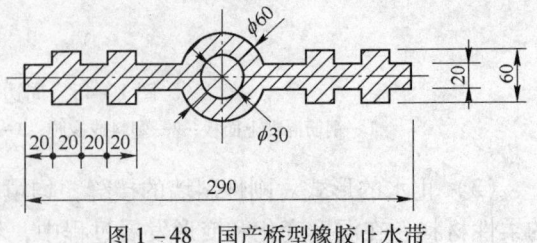

图 1-48　国产桥型橡胶止水带

究中还应继续探索紫外线对混凝土或沥青防水材料的透入深度，以及不同的紫外线射线强度与各种塑料老化的影响，以便进一步确定塑料止水带的埋置深度及其使用寿命。根据现有文献资料，加拿大曾在无紫外线辐射的水工结构上应用塑料止水，经过 15 年运用后检

查，尚未发现变异现象。因此这种材料可用于尾矿库初期坝的钢筋混凝土堆石坝，对于水库式尾矿库坝也可根据服务年限考虑应用。

（4）面板的厚度与配筋。钢筋混凝土的面板，最重要的是要求堆石有较大的密实度（近代都是碾压的），要详细研究面板的分缝，尤其是周边缝的合理位置，而对于面板厚度则多是凭经验加以确定的。国外钢筋混凝土面板最薄的板厚为坝高的 1/200，最厚的板为坝高的 1/50。国内修建的钢筋混凝土斜墙，考虑到机械化施工程度较低，密度与抗渗性能较差，所以有时采用坝高的 1/60 ~ 1/30。

根据前述几个尾矿工程的实例，可以采用 0.2 ~ 0.25m 的厚度。

一般尾矿坝上的面板厚度可在 0.15 ~ 0.25m 之间选取。除素混凝土面板外，坝斜墙的含钢率，纵横两个方向，一般控制在每向 0.5% 以内，可以按构造配筋。面板在沉陷过程中，常形成张拉应力区，因此坝肩周边接触区的含钢率，一般均适量的增加，增加的幅度约 20% 左右。

对于坝体上游部分是干砌石体或浆砌石体的堆石坝的斜墙，因为其沉陷量很小，所以有的斜墙不配钢筋。

（5）干砌石层。刚性斜墙下的干砌石垫层有两种用途：一是支撑斜墙，传导水压力到堆石体上，并使堆石体在沉陷时不致严重地影响斜墙；二是当上游坡陡于堆石自然安息角时支撑坝体，使坝坡稳定。

近来堆石多采用振动碾碾压，堆石孔隙率已远小于干砌石，因而可以取消干砌石垫层钢筋混凝土斜墙，可以在平整的堆石面上浇筑，但需在堆石面铺一层小粒径石料使堆石面易于整平。

石料的性质和工人的熟练程度对砌石的质量有很大的影响。石料要坚固，尺寸要选择得合适，石块与石块之间要完全接触，孔隙之间要充填小石块，以期得到密实而坚固的整体。砌石的孔隙率通常为 25% ~ 32%。

砌石层的表面通常砌成两种形式：一种是水平砌置，另一种是垂直于层面砌置。水平砌置可以使表层砌石与内部砌石结合良好，又便于施工，即使使用形状较不规则的石块，也能完全地结合。垂直于层面砌置时，可以得到较大厚度的垂直于斜墙面的压实层，但所用石料要较规则，砌石表面要砌置平整。

砌石层表面的孔隙中如不填塞小石块，可使斜墙混凝土与砌石层结合得较好，但会使混凝土的水泥砂浆流失过多，因此必须用低水灰比的混凝土。如在砌石层表面填塞小块石，则虽减弱了斜墙与砌石层的结合，但却大大地减少了水泥砂浆的流失。水泥砂浆的流失有时会使混凝土发生蜂窝麻面，并成为使斜墙开裂的原因之一。

砌石层的厚度取决于上游坡度、坝高、石料的尺寸和性质，以及砌石的机械设备等因素，除了陡于自然坡，需砌石维持稳定（按计算确定）外，对尾矿坝砌石层厚度用 0.3 ~ 0.5m 即可。

（6）面板和岩石连接（齿墙）。刚性斜墙总是通过齿墙与坝基衔接。衔接的构造按周边缝设计，齿墙下部插进岩石的深度系根据岩石情况来决定，良好的岩石可能只需插进新鲜岩石 30 ~ 50cm，而不好的岩石则可能必须插入几米。齿墙的最小宽度约为 50cm。

齿墙的顶部及斜墙的底部附近往往回填一些不透水土料以增加斜墙与齿墙连接处的不透水性。

刚性斜墙下面齿墙的开挖要十分小心，以免因爆破作用将基岩震裂。堆石坝的齿墙仅宽90cm，深150cm，开挖得很小心，炮孔间距30cm，装药量少，震裂后用人工撬去石块。齿墙必须坐落在较不透水、裂隙少或系闭合的岩层上。

除高度不大的齿墙可以坐落在新鲜岩层面上外，刚性斜墙的基础齿墙必须嵌入新鲜岩层中。坝越高和岩层裂隙越发育，则齿墙插入岩层的深度要越大。要想在开挖基坑以前确定这种深度是比较困难的，一般需待基坑开挖后才能最终确定。

近来修建的一些堆石坝的齿墙，其插入深度一般只达到使渗径为坝高的5%~10%。

（7）喷射混凝土及砂浆的刚性斜墙。分层铺钢筋分层喷混凝土的刚性面板，是近代刚性斜墙新的发展。面板的基本要求在于具有较高的抗弯强度，使面板在水压力作用下，不致出现过大的应力。喷混凝土每层厚度5~7cm，需要的层数由坝高确定。其总厚度比普通混凝土要小，每层喷筑的混凝土中，铺设直径4~8mm钢筋焊成网格为15~20cm的钢筋网，为了减少坝肩部分不均匀的沉陷值，将钢筋网格缩减到上述间距的2/3以下。这类面板较传统的钢筋混凝土面板更接近均质弹性体材料，因而具有较高的抗弯强度。

20世纪60年代以后，我国已经建成了一些在浆砌块石圬工垫层上加设钢丝网水泥砂浆防渗面板的堆石坝，圬工垫层加钢丝网水泥砂浆面板，目前还只用于较低的坝，但这是一种柔性较好，接近均质弹性的材料。缺点是保护层过薄，钢丝网易被渗水侵蚀，影响使用年限；其次是面板接缝处理不够完善。上述问题，可以在面板表层喷镀高分子树脂涂料封闭，但国内一般高分子树脂价格较贵，采用何种涂料为宜尚未定型。面板的接缝可以在周边加做钢筋混凝土框架式的支托，这是今后值得研究的一种结构形式。

（8）泄水涵洞和面板的连接。当泄水涵洞穿过面板时，应将涵洞和面板由缝分开，缝的构造按垂直沉陷缝来做。涵洞所在分块的混凝土厚度要加大，加大的数量不少于涵洞的断面积乘上原来的分块厚度。涵洞所穿过的混凝土分块可以比其他块体小。

（9）面板坝和堆积坝内排水设施的连接。考虑到降低堆积坝浸润线的需要，坝前堆积坝内应设排水体，排水体和面板的连接有两种方法：

1）面板的一部分可以成条，也可以成块或以洞的形式浇成无砂混凝土，外贴土工布即可。

2）排水体设引水管，引水管穿过面板，管和面板之间设止水管（钢管可焊止水环），进出口用土工布包扎。

（10）面板坝的排水问题。由于面板后为堆石坝，透水性很强，一般无排水问题。但考虑到面板裂缝或止水设施损坏可能有尾砂流失，因此在板与堆石坝之间应铺一层土工布作为反滤，尤其在分缝处更应铺设土工布。

1.2.4.3 土工薄膜防渗

（1）发展概况。用薄膜做防渗斜墙简而易行，施工快。在渠道上用得较多，最近在堆石坝上也开始应用。以往担心的问题是老化和施工期间局部破损，目前一般认为在坝高50m以下，寿命在50年之内是没有问题的，甚至认为即使应用年限超过50年，由于坝的变形已经终止，也不会给薄膜斜墙造成损害。

国外最早是用薄膜修复漏水的坝，例如美国在高23m的马斯特坝设置总厚度为0.8~0.45mm（三层）的聚乙烯薄膜防渗，加拿大铁尔察格坝用厚0.75mm的聚氯乙烯薄膜防止漏水，意大利康达大萨比塔坝用厚2mm的聚异丁烯橡胶薄板铺设在厚10cm的无砂混凝土上作防渗斜墙，捷克多布琴堆石坝用两层预制的波浪形钢筋混凝土板把厚1.1mm的聚氯乙烯薄膜夹在中间，用锚筋将混凝板锚固在堆石中，高73m的阿特巴欣堆石坝的上部42.5m采用聚乙烯薄膜作心墙，混凝土基垫以上设置三层厚0.6mm的聚乙烯薄膜防渗。

薄膜防渗体的堆石坝在我国有色金属矿山尾矿工程也获得了应用，如安庆铜矿尾矿库（见图1-49）就用了土工薄膜，它是由不透水和滤水薄膜复合而成，作为斜墙使用，厂坝铅锌矿七架沟尾矿库定向爆破初期坝用土工薄膜两层，中间夹20cm黏土防渗，郑州铝厂在灰渣库上采用了两层三元橡胶防渗层，沿1:2的内坡漏铺，表面编织袋装土护面50cm厚。图1-50为潘家冲铅锌矿3号尾矿库初期坝。

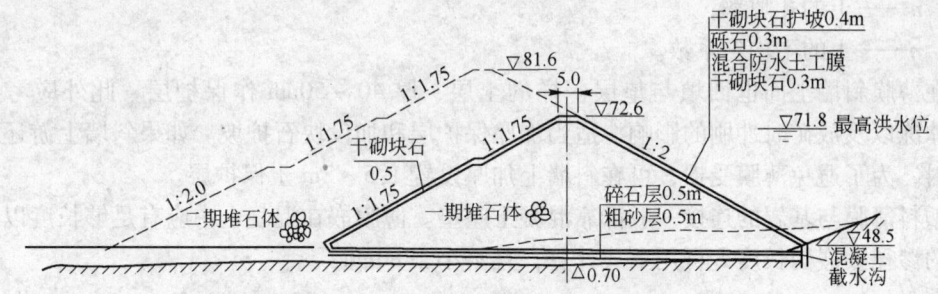

图1-49　安庆铜矿尾矿坝横断面

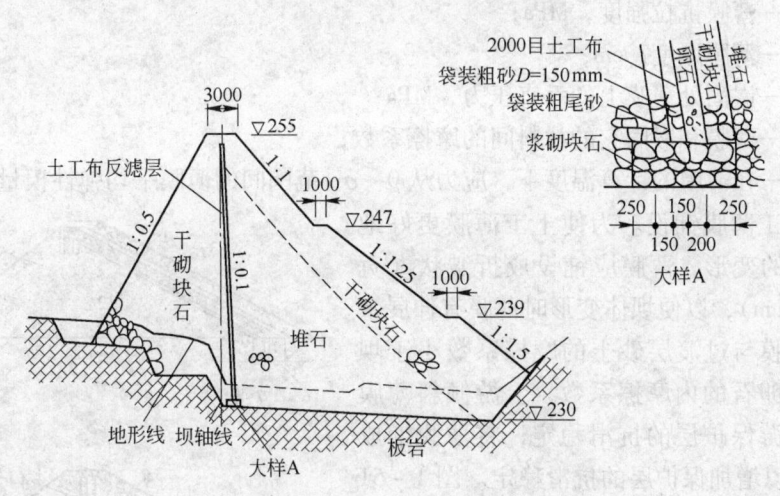

图1-50　潘家冲铅锌矿3号尾矿库初期坝

常用的薄膜材料有聚乙烯、聚氯乙烯、聚异丁烯。我国多用聚氯乙烯薄膜。

（2）土工薄膜的地基和过渡层。铺设于库盘或坝的上游河床作防渗铺盖的土工薄膜，地基应修整平顺，碾压密实，如果是砂壤土或砂土，即可在其上铺设土工薄膜；如果是含卵石较多的砂卵石地面应铺填砂土或中粗砂过渡层，碾压密实，然后在其上铺设土工薄膜，以免薄膜被卵石顶破。薄膜上面均应铺筑厚30cm以上的保护层，该层亦应先铺砂土或中粗砂，然后铺砂卵石。

砂卵石坝壳的中央防渗薄膜，随着坝壳砂卵石的填筑上升，应在土工薄膜的两面填筑壤土或中粗砂过渡层，两面过渡层厚度各为0.5~1.0m。

砂卵石坝壳的上游倾斜防渗薄膜，可待砂卵石填筑高达5~10m，把上游坝坡修整平顺，铺填壤土或中粗砂过渡层，用斜坡碾碾压密实，然后铺设土工薄膜，在薄膜上面铺填壤土或中粗砂过渡层，再铺筑砂卵石保护层或块石护坡垫层及块石。往上继续填筑砂卵石，坝壳高过5~10m，重复上述步骤，铺设土工薄膜。垫层、整平层与堆石间必须符合反滤原理。垫层的厚度一般不小于30~40cm，不均匀系数不大于50，最大粒径不超过6mm，土壤级配应满足下列条件：

$$\frac{d_3}{d_{17}} \geqslant (0.32 + 0.016\eta)\sqrt[6]{\eta}\,\frac{n}{1-n} \qquad (1-5)$$

式中　n——土的孔隙率；

　　　η——土的不均匀系数。

在薄膜斜墙上面也回填与垫层一样的土层，厚40~50cm作保护层。此外应考虑波浪、冰冻以及放矿时冲刷的影响，适当加厚保护层和加设块石护坡。如果斜墙上游还要填筑石料，为了避免薄膜受损，可在斜墙上加厚设置1.5~2m土保护层。

塑料薄膜与基岩的连接一般都靠混凝土座垫。薄膜嵌在混凝土中应有足够长度以维持足够的渗径。嵌固长度L可用下式计算，且不小于80cm：

$$L = \frac{\sigma_p^2\delta}{4PfE} \qquad (1-6)$$

式中　σ_p——薄膜抗拉强度，MPa；

　　　δ——薄膜厚度，cm；

　　　P——嵌固处薄膜上的垂直压力，MPa；

　　　f——薄膜和嵌固它的材料间的摩擦系数；

　　　E——在薄膜的计算温度下，应力从0~σ_p范围间的薄膜平均弹性模量，MPa。

（3）土工薄膜铺设。为使土工薄膜更好地适应土石坝的变形，薄膜应铺设成折皱状（宽度约10~50cm），以便坝体变形时薄膜有伸展余地。由于薄膜与过渡层砂土的摩擦系数小于坝体砂土或砂卵石的内摩擦系数，上游倾斜薄膜将不利于上游保护层的抗滑稳定，将薄膜铺成折皱状，可以增加保护层的抗滑稳定。图1-51表示土工薄膜的折皱状铺设情况，图1-51a为上游倾斜防渗薄膜，图1-51b为中央防渗薄膜。铺设时要防止日光暴晒，铺设后尽快铺过渡料或土砂保护。

混凝土坝常因施工时温控不合要求或受突然寒潮袭击而产生裂缝，施工浇筑缝也会因处理不好而漏水。因此，在上游面用土工薄膜防渗作为补救措施，已有很多实例。坝体裂缝如不补救，则库内有水渗入裂缝多使缝壁受到水

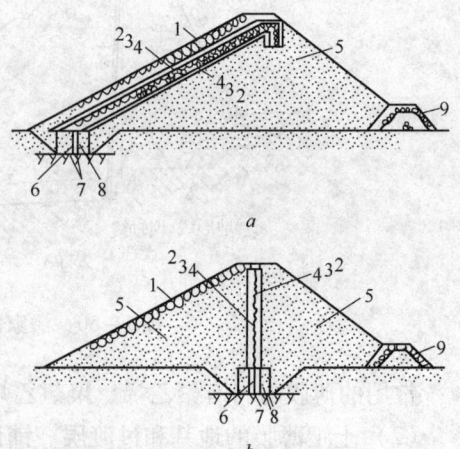

图1-51　土工薄膜的铺设方式

a—上游倾斜防渗薄膜；b—中央防渗薄膜

1—砌石护坡；2—砾石；3—中粗砂；4，6—土工薄膜；

5—砂卵石或堆石；7—水泥砂浆；

8—混凝土座垫；9—滤水坝趾

压力，产生劈裂作用，使裂缝扩展，导致坝体发生险情。上游面铺设土工薄膜可防止库水渗入裂缝，对消除渗透压力，改善坝体应力十分有效。对新设计的混凝土坝，如采用土工薄膜防渗，以简化温控措施，也是合理的。也适用于碾压混凝土坝。

土工薄膜可用沥青马蹄脂或胶液粘贴在混凝土面上，并以锚栓和扁钢压紧加固，然后在上游面浇筑厚50cm左右的混凝土保护层，以防紫外线照射老化和防冰冻损坏以及搬移放矿管道时撞坏或碰伤薄膜。

（4）组合式土工薄膜。为了取消土工薄膜的中粗砂过渡层，简化施工，可用土工织物代替过渡层。把土工织物与土工薄膜叠合，用热焊法或黏结法贴合在一起，成为组合式土工薄膜。这种组合一般在工厂进行，组合好后卷成卷材运至工地。组合所用土工薄膜一般为非纺织针刺压制毡，因为这种土工织物较厚，抗顶破能力强，沿层面方向透水性好。根据工程需要，土工薄膜可用单面组合土工织物，也可用两面组合土工织物。如果土工薄膜一面接触的是砂或壤土，另一面接触的为砾石，则只有与砾石接触的一面需要组合土工织物，故采用单面组合式土工薄膜。如果土工薄膜的背水面需要设置排水带，亦可采用两面组合式土工薄膜，图1-52为两面组合式土工薄膜。

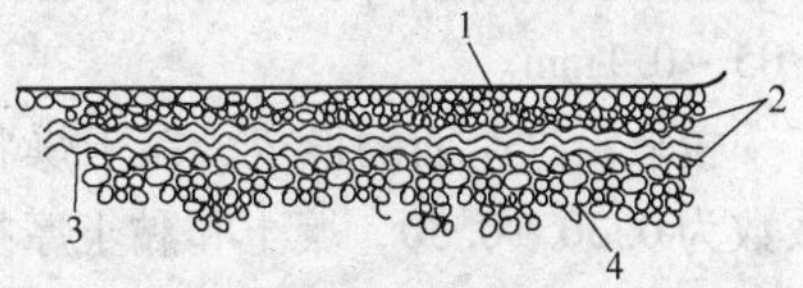

组合式土工薄膜不但可以直接与砾石接触，而且在运输和施工时，薄膜受织物保护，不易损坏。土工织物还可起排水带的作用，使坝体保持干燥，有利于坝坡稳定。

图1-52 组合式土工薄膜
1—块石护坡；2—砾石；3—组合式
土工薄膜；4—堆石

（5）土工薄膜的粘接。工厂最好能生产幅宽5~10m的土工薄膜，以减少粘接缝。如生产的是窄幅，应在工厂粘接成宽幅，然后运往工地。铺设时各幅之间接缝在现场粘接。各种薄膜粘接方法如下：

1）热敏感薄膜，如热塑料、结晶热塑塑料、热塑塑料-合成橡胶，采用加热法焊接。焊接时将薄膜搭接20~30cm，用双电极法、高频加热法、热刀片法加热，或把热空气吹入两搭接片之间焊接。双电极法和高频加热法设备笨重，不适用于工地现场焊接。

2）沥青薄膜及沥青-聚合物薄膜，亦为热敏感材料，可用加热法粘接。将薄膜搭接20~50cm，在表面加热，使搭接的两片粘接。加热的方法有火焰法、热刀片法，或把热空气吹入两片之间粘接。也可用热沥青直接粘接。如加热沥青涂布在两片之间，表面再用热刀片加热，则粘接质量更好。

3）橡胶布的粘接方法，在工厂用热压硫化工艺粘合，将橡胶布搭接5cm，中间夹胶片，在温度150℃条件下硫化25min，搭接5~7cm的两片之间涂布氯丁橡胶冷胶液，压紧24~48h粘合牢固，但粘合力比热压硫化法低30%~40%。

薄膜粘接以后，应检查接缝质量，检查方法有：1）用超声波反射检查仪检查，可在阴极射线屏幕上显示其质量，或由发声指示器表示其质量；2）用负压检查仪检查，可检查接合缝的严密性和粘合强度。

（6）坝坡稳定验算。土工薄膜两面组合土工织物与坝的土石接触，接触面抗剪强度比土石抗剪强度降低不多。单面土工织物组合的土工薄膜或非组合的土工薄膜，薄膜与土砂的接触面抗剪强度低于土砂的抗剪强度。因此，土石坝的倾斜土工薄膜防渗层，对坝坡稳定不利，需验算沿薄膜的滑裂面稳定性。为此需了解薄膜与土砂的摩擦系数。该摩擦系数随土砂粒径的减小而增大，随薄膜厚度的减小而增大。聚乙烯薄膜与土砂摩擦系数试验成果参见表 1 - 10。

表 1 - 10　聚乙烯薄膜与土砂的摩擦系数

土　类	薄膜厚度/mm	摩擦系数	环　境
细　砂	0.2	0.545 ~ 0.577	干　燥
	2.0	0.408	干　燥
	2.0	0.457	水　下
粗　砂	0.2	0.489	干　燥
	2.0	0.331	干　燥
	2.0	0.203	水　下
黏　土	0.2	0.547	干　燥

为了提高薄膜与土砂间的摩擦系数，工厂生产薄膜时可在薄膜面压成纹理，纹理深 0.05 ~ 0.1mm。

校核沿这个面的稳定，在干燥状态，卵石和砾石土摩擦系数为 0.30 ~ 0.45，砂摩擦系数为 0.30 ~ 0.50，壤土和黏土摩擦系数为 0.40 ~ 0.55。聚乙烯薄膜间的摩擦系数不低于 0.40。

1.2.5　透水坝

1.2.5.1　应用概况

用上游法筑坝时，初期坝设计成透水坝是一个合理的坝型。初期坝对于整个尾矿坝来说，相当于均质土坝中的排水棱体，对坝体浸润线的降低、渗流出口渗透变形的控制有良好作用，同时由于是坝趾的支撑体，有利于坝的稳定。透水坝对沉积滩的排水固结有利，和非透水初期坝相比，对尾矿沉积体来说增加了一个排水面，从而可以加快坝体的固结。

从 1964 年起，南芬选厂小庙儿沟尾矿库首先应用滤水堆石坝后，在尾矿坝的设计中比较多地用了透水堆石坝，这些透水堆石坝一般都能起到排水的作用，初期坝内的浸润线比较低。

透水坝的形式可分为两类：一类是在堆石坝前设反滤层形成滤水结构，这是基本的形式；另一类是在各种不透水的坝上设置排水设施形成透水坝。

列举我国几个矿山的透水堆石坝，见图 1 - 53 ~ 图 1 - 57。

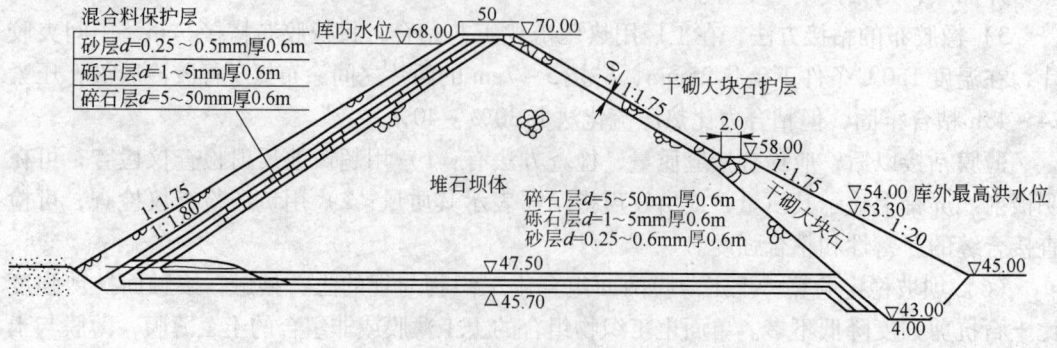

图 1 - 53　德兴铜矿 2 号尾矿库堆石坝

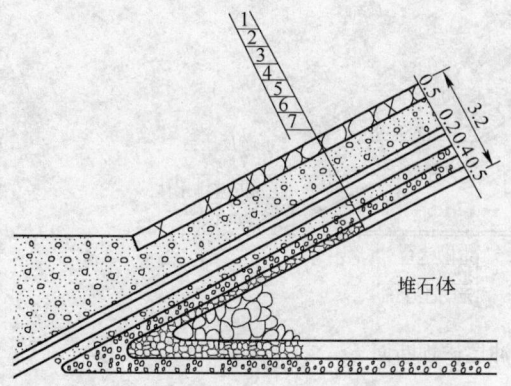

图 1-54 锡矿山龙王池尾矿库坝踵构造
1—片石护坡；2—河床砾砂石；3—全尾砂；4—细砂；
5—粗砂；6—破碎重介质骨料；7—重介质选矿骨料

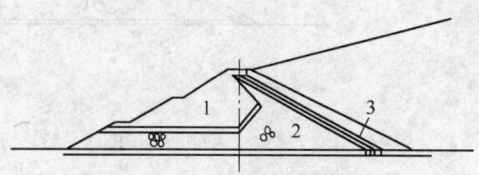

图 1-55 南芬小庙儿沟尾矿库滤水堆石初期坝
1—任意料；2—过水石堆；3—反滤层及保护层
注：反滤层结构：三层
第一层：0.3～0.5mm，500mm 厚
第二层：3～5mm，500mm 厚
第三层：30～50mm，500mm 厚
不均匀系数 8～10

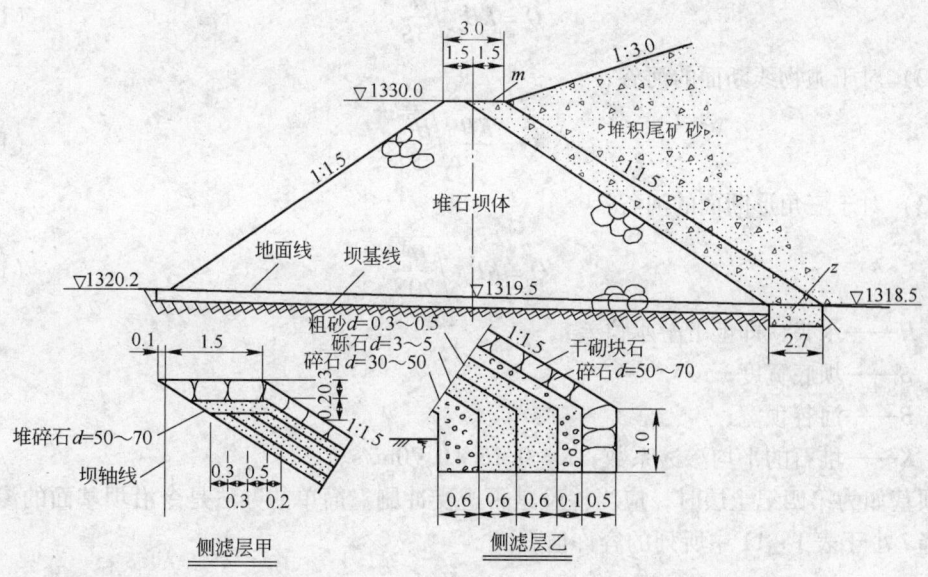

图 1-56 云锡官家山尾矿库堆石坝
注：筑坝石材要求：(1) 干抗压强度不低于 40MPa；(2) 最长边与最短边长度比不大于 3；粒径级配 60kg
以上者占 75%，3kg 以下者占 5%。堆石体孔隙率不得大于 35%，坝顶轴线长 86.36m

这五个坝的反滤层可分为三种类型。第一类是砂砾料反滤层（德兴铜矿 2 号尾矿库，云锡富家山尾矿库和南芬小庙儿沟尾矿库）；第二类是部分利用矿山尾矿作反滤层（锡矿山龙王池尾矿库就利用了重介质选矿骨料、破碎重介质骨料、全尾砂等，而坝也是手选废石堆成的）；第三类是利用土工布作为反滤防渗层（铜陵的水木冲尾矿库）。一般透水堆石坝渗出的水质清澈，其中南芬小庙儿沟尾矿库渗出的清水多年来一直是几千人的生活饮

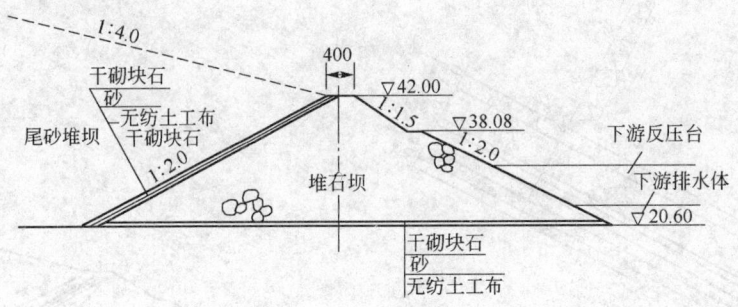

图 1 - 57 水木冲尾矿坝断面

用水源。但有些透水堆石坝，在开始使用时，不同程度的渗漏尾矿。另一个问题是初期坝内尾矿未形成沉积滩以前，遇到洪水，形成空库迎汛；渗流量很大，威胁坝的安全，这些问题应引起注意。

1.2.5.2 透水堆石坝的计算

渗透流量 Q 可以近似地按下列公式计算：

（1）对于矩形断面的河谷：

$$Q = KB\sqrt{\frac{H^3}{3S}} \qquad (1-7)$$

（2）对于抛物线断面的河谷：

$$Q = \frac{KB}{3}\sqrt{\frac{H^3}{S}} \qquad (1-8)$$

（3）对于三角形断面的河谷：

$$Q = KB\sqrt{\frac{H^3}{20S}} \qquad (1-9)$$

式中　H——水头，即上下游水位差；

　　　S——坝底宽度；

　　　B——河谷顶宽；

　　　K——堆石的平均渗透系数，$K = 0.15 \sim 0.70\text{m/s}$。

坝基如为第四纪土层时，应当检验是否遭受冲刷。简单的办法是令沿坝基面的渗透水力坡降 I 小于表 1 - 11 中所列的容许值，而

$$I = \frac{H}{S} \qquad (1-10)$$

表 1 - 11　容许的水力坡降

坝基土的种类	容许的 I 值
大块石	1/3 ~ 1/4
粗砂砾，砾石，黏土	1/4 ~ 1/5
砂黏土	1/5 ~ 1/10
砂	1/10 ~ 1/12

下游边坡的石块受到渗出水流的冲击。当渗透流量逐渐增大时，下游边坡上个别不牢固的石块开始移动，到一定数值时，少数石块被渗流冲出滚落，这时的渗透流量即为临界

流量 q_k。临界流量与下游水深、下游坡度和石块大小有关，根据高尔竞可的试验，临界流量可由图 1-58 求得。

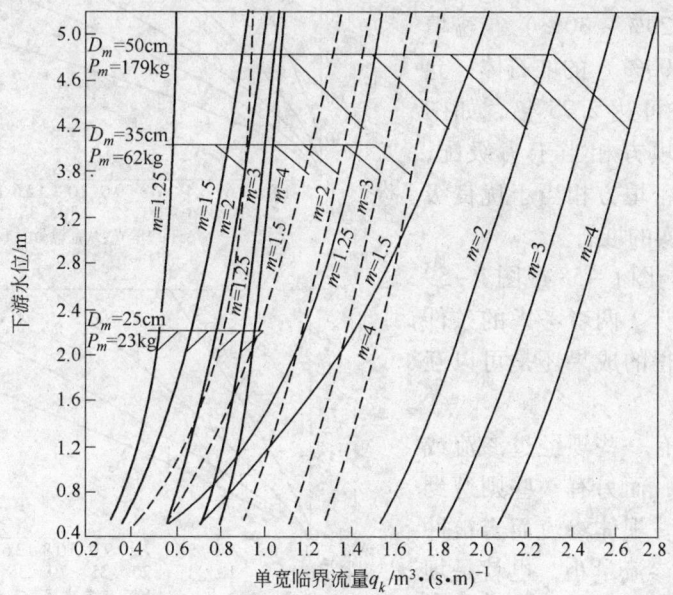

图 1-58 渗透堆石坝临界的流量

D_m—石块球形直径；P_m—石块的重量；m—下游坡度

允许通过堆石的渗透流量 q_d 应小于临界流量：

$$q_d = 0.8q_k$$

施工过程中，堆石坝渗透的允许流量可以等于临界流量。由图 1-58 可看出，允许的渗透流量是不大的，单宽流量约为 $2 \sim 2.5 \mathrm{m}^3/\mathrm{s}$。

图 1-58 的试验成果只适用于平均粒径小于 50cm 的石块（重量小于 179kg），如果按照佛诺德定律扩大其试验成果，见图 1-59，则可以应用到平均粒径为 150cm 的大块石。

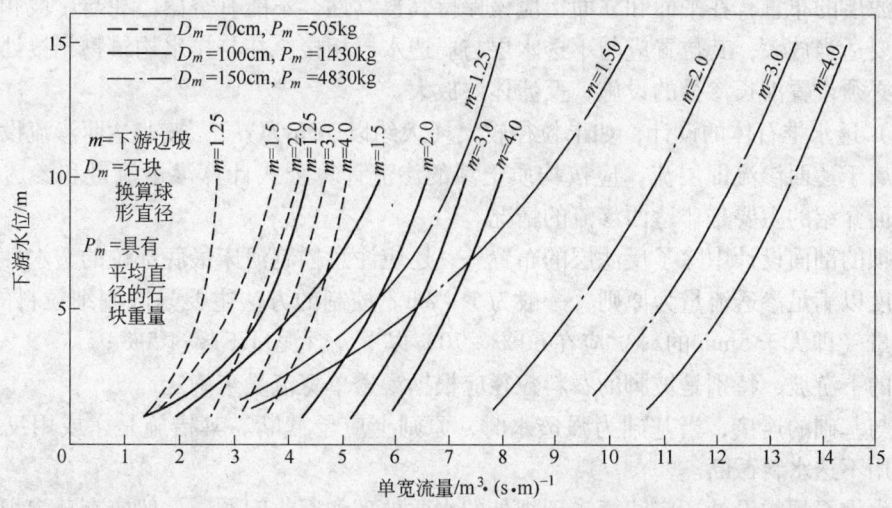

图 1-59 扩大试验成果的渗透堆石坝的临界流量

奥利维尔研究过堆石紧密程度与下游坡稳定性的关系，根据他的试验，松填（相对密度20%~30%）与密填（相对密度接近100%）的堆石体，允许的渗流量相差可达2.75倍，如图1-60所示。松填方相当于劣级配，松抛填的堆石，密填方相当于优良级配并经振动碾压实的堆石。

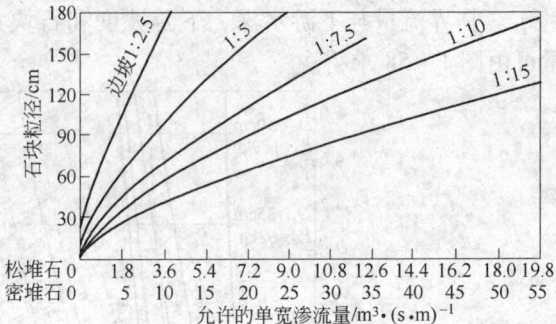

图1-60可与图1-58或图1-59参照着应用于设计。两者考虑的条件不尽相同，但所得的成果还是可以互为印证的。

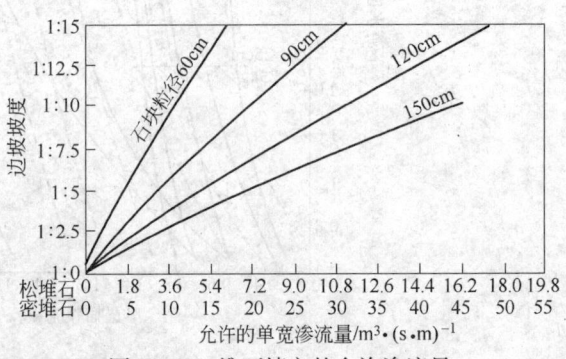

图1-60　堆石填方的允许渗流量

坝工实践中有一些坝经过渗流或溢流而未被冲毁，而另有一些则遭到垮坝或严重损坏。坝体渗流而未被冲毁的原因主要是渗流量小，也就是坝体水力坡降小。坝顶溢流而未被冲毁的主要原因也是溢流量小，溢流时间短。块石粒径较大也是防止垮坝的重要因素。

1.2.5.3　透水堆石坝的设计

透水堆石坝的设计主要是包括反滤层设计和透水堆石体的设计。

（1）反滤层设计，根据尾矿的粒度计算，按既透水又不漏尾矿的原则设计。根据试验，尾矿库第一级反滤层的粒径为0.25~0.5mm效果较好。防止泄漏粉砂颗粒的第一级的反滤层粒径，基本上为0.5~1.0mm的均质砂。德兴铜矿2号尾矿库和小庙儿沟反滤层的设计方法详见后节。

反滤层的布置，在平面和立面上应该保持其连续性，不能有空白。在与岸坡和基础的连接上要适当放大，其位置应与不透水层与弱透水层相接。在与排水构筑物相接处，排水构筑物必须设置沿长渗径的设施，反滤体要放大。

（2）透水堆石体的设计，如果粒径较大（大约以3cm为界），按非达西渗流设计，粒径较小属于达西渗流即层流，应按均质土坝的渗流计算公式计算渗透流量和渗透稳定问题。上面介绍的主要是非达西渗流的情况。

在坝的剖面设计中除了反滤层的布置外，还应注意控制河床最底部位的透水性，该部分的厚度以满足渗透流量为原则，一般为1~2m。控制的方法主要是限制细粒料的含量。砾石含量（即大于5mm的料）应在60%~70%以上，含泥量不超过5%。

坝的下游坡，特别是坡脚的石料粒径应根据渗透单宽流量来确定。

坝与基础的连接，当基础为强透水时，原则上应予截断。其措施是，或用反滤料截断，或用不透水料截断。

透水堆石坝的设计还应注意渗到坝外的水质处理和回收问题。一般应有载渗坝收集渗水。山西铝厂灰渣库因为没有这些设施，使下游农田水位升高，农业减产。

1.2.6 废石筑坝

尾矿库距采场近，运输方便，可考虑用废石筑坝，或用废石加固尾矿堆积坝，以提高堆坝的安全度。用废石筑坝可分为两种情况：一是按正常筑坝方式和要求，用采场排出的废石筑坝，这与一般堆石坝基本是一致的；二是按采场排废方式筑坝，对废石不经挑选，上坝后也不碾压，按这种方式筑坝，与一般筑堆石坝不同：

（1）采矿场排出的废石，岩性差异很大，风化程度、粒径大小及级配等也都有较大变化。如木子沟尾矿库，初期坝高61m，用废石筑坝，其废石主要成分是石英岩和安山玢岩碎块。混入黏性土约30%，粒度差异大，为2~800mm，无层次，呈松散至中密交替出现。这种材料不均一，土、石均有，互相混杂。按排弃方式筑坝，对材料不选择，采场排出的废石，一律用来筑坝。

（2）排废方式筑坝，一般用汽车运料直接上坝卸料，推土机推平并碾压，不另用碾压机械碾压，沿坝轴线堆进，并向上下游两侧加宽。这种方法叫进占施工法。这样筑成的坝体边坡是自然堆积边坡，处于极限稳定状态。坝体孔隙率相对也较大。

按排废方式用废石筑坝，应充分了解废石在自然堆积情况下的性能，分析坝建成后可能产生的各种不良现象，如沉陷、变形、裂缝、滑坡等。采取措施以保证安全使用。用进占法施工，在边坡卸料时，块石沿坡下滑，产生自然分级，大块石滑向坡底，这对坝脚的稳定和渗流都有利。这种施工法在一些工程中常用。如南芬小庙儿沟尾矿库初期坝，大厂灰令尾矿库的初期坝，均为堆石渗流坝，高约23m，其设计边坡分别为1:2和1:1.7，都用此法施工，多年来使用情况都较好。

为使坝体产生沉陷或滑坡不致发生破坏，最简单的措施是加高加厚坝体，使其自然沉实稳定。在验算其稳定时，各种物理力学指标及参数，应按实际不利因素选取。此种废石坝其废石用量较一般堆石坝要多。木子沟初期坝坝顶宽40m。厂坝七架沟尾矿库二期废石坝高85m，设计坝顶宽50m。东鞍山、大孤山用废石加固尾矿库，逐年堆积坝顶宽已超出百米。实际上是废石场与尾矿库结合在一起。上游堆存尾矿，下游堆废石。

由于坝体加厚，其整体稳定安全度是比较大的。外坡虽处于极限平衡状态，由于整体稳定性好，即使产生局部外坡滑动，也不易产生整体破坏。筑坝时可按其实际情况，将外坡筑成几个台阶，每个台阶留一定宽的马道，减缓了边坡，增加了稳定。

用废石筑坝应注意：

1）废石数量，运输必须有保证。

2）迎水坡（内坡）反滤层应适当加厚，以适应坝体变形，不致破坏。如为不透水坝，防渗层最好用柔性材料。

3）推土机推平碾压时，应注意将坝体中大的空隙填实。有条件的地方可在筑坝时掺入一些砂卵石，以减小坝体的孔隙率。

下面列举几个实例。

例1 厂坝七架沟尾矿库

该库设计总坝高为173m，初期坝高36m，二期废石坝高85m，后期采用尾矿堆坝与废石加固方式，见图1-61。设计按各种不利情况分析计算，其安全系数都大于规范要求。为了正确选取各项力学指标，西北水科所进行了试验研究，其成果摘要如下：现场调

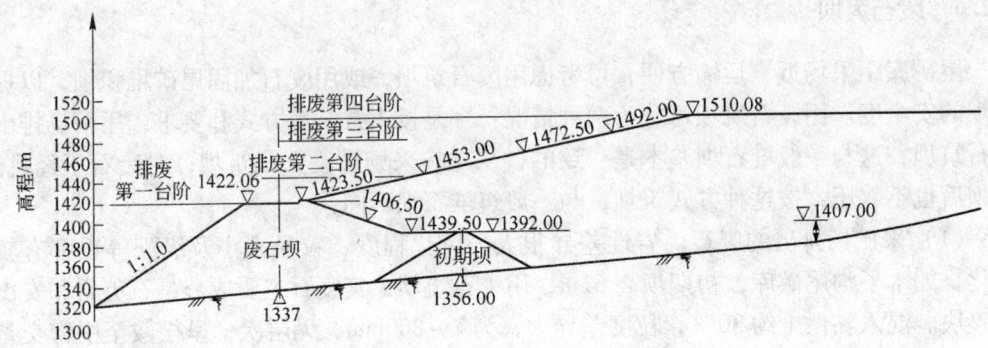

图1-61 七架沟尾矿坝的工程设计断面

查及试验取样为该矿已有的废石堆场。

（1）现场废石场调查：

1）实测现场废石场自然堆积坡面，可简化由三条不同斜率的直线构成，从上至下分别为：上段39.2°占总段高的20%，中段36.5°占总段高50%，下段30.3°占总段高30%。实测边坡段高约110m。

2）边坡表层原位密度（容重）的变化特征为：r_1（坡顶）< r_2（坡中）< r_3（坡底），即 16.37 < 16.43 < 16.93（kN/m³）。

3）在调查范围级配及其特征参数见表1-12及表1-13。

表1-12 现场石堆场某一坡面废石原位级配

取样部位	特征粒径/mm					C_u	C_c	P_g/%	D_r
	d_{10}	d_{30}	d_{50}	d_{60}	d_{max}				
坡 顶	6.8	27.5	36.0	39.0	150.0	5.7	2.85	91.6	0.4
坡 中	1.25	10.3	24.3	32.5	100.0	26.0	2.61	79.5	0.55
坡 底	7.0	138.0	167.0	182.0	560.0	2.4	1.36	100.0	0.88

注：C_u—不均匀系数；C_c—曲率系数；P_g—砾石含量，粒径 $d>5$mm；D_r—相对密度。

表1-13 级配特征参数

取样部位	特征粒径/mm					C_u	C_c	P_g/%	D_r
	d_{10}	d_{30}	d_{50}	d_{60}	d_{max}				
坡 顶	6.8	27.5	36.0	39.0	150.0	5.7	2.85	91.6	0.4
坡 中	1.25	10.3	24.3	32.5	100.0	26.0	2.61	79.5	0.55
坡 底	7.0	138.0	167.0	182.0	560.0	2.4	1.36	100.0	0.88

注：C_u—不均匀系数；C_c—曲率系数；P_g—砾石含量，粒径 $d>5$mm；D_r—相对密度。

（2）试验成果：

1）压缩试验。压缩模量：据 7 组试验，其值 79.5 ~ 182.3MPa，属高压缩性有两组，中等压缩性有三组，低压缩性有两组。

2）大型三轴剪切试验：$\Phi_{中} = 35.81° ~ 38.07°$，$C = 0.05 ~ 0.06$MPa。

三组试验，其中两组试验用料全为砾卵石，砾石含量大于最优界限值，故其渗流实际为堆石体之稳定渗流，在水头升高时只能增大渗流量，试样始终是稳定的。其中一组砾石含量小于最优含量，试样在低水头作用下较稳定，当水力坡降升高到一定程度，方能在粗颗粒之间移动而形成机械管涌，其临界坡降为 0.06，破坏坡降为 0.218。

例2 大厂黑水沟砾石筑坝

该砾石为重介质选厂排出的废碴，其平均粒径为 15mm，粗粒的形状各向近于等径，棱角多。设计系利用此砾石筑坝以储存细泥尾矿。

坝整体设计见图 1 - 62。

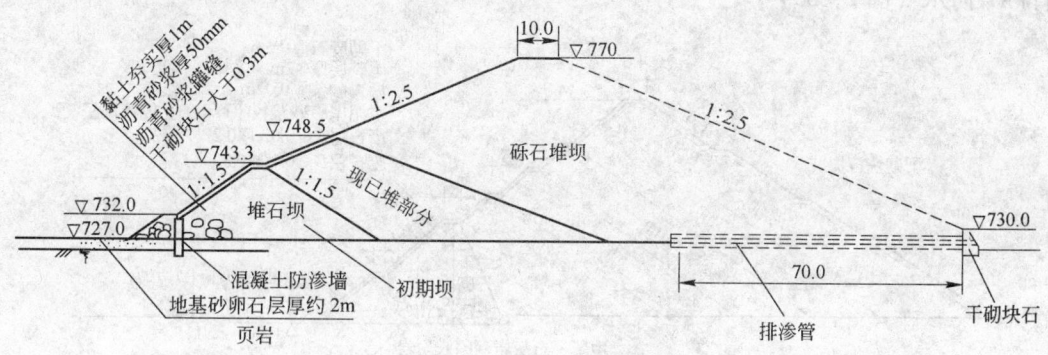

图 1 - 62　大厂废砾石堆坝

初期坝高 16m，为堆石坝，用进占法施工，汽车运料直接上坝，推土机推平并碾压，坝体边坡内外均为 1:1.5，内坡用沥青砂浆防渗。

废石堆坝由汽车运（砾石）沿山坡下卸使其滑至沟底，在沟底用推土机直接推至坝上，并碾压，人工修整边坡，内坡做沥青防渗层。现砾石堆坝已堆高 23m（从沟底算起）。因废砾石数量不多，堆坝暂停。

（1）该废砾石碴粒径级配性能见表 1 - 14。

表 1 - 14　粒径级配性能

颗粒直径/mm	>20	20 ~ 10	10 ~ 5	5 ~ 2	2 ~ 0.1	<0.1	C_u	C_c
所占比例 C/%	16.2	66.8	14.4	1.7	0.4	0.5	2.06	1.08

（2）密度：

最小干容重 1.445t/m³，相对孔隙率 44.6%；

最大干容重 1703t/m³，相对孔隙率 34.7%。

（3）剪切试验：$\phi = 43.3°$，$C = 0.03$MPa；干燥状态下其休止角为 43.5°，与内摩擦角基本相同。

（4）压缩性指标，见表 1 - 15。

表1-15 压缩性指标

压应力/MPa	0.1	0.2	0.3	0.4	0.5
单位沉降量/mm	1.6	4.3	6.7	8.9	11.2
压缩系数	0.04	0.3		0.03	0.03

（5）管涌试验：振至最大密度其水平渗透系数 K 为 12.11cm/s。在渗透流速高达 1.178cm/s 时仍未发生管涌现象。

例3 安徽滁县铜矿尾矿坝

该库初期坝采用堆石与干砌石混合坝型，内坡防渗采用沥青砂浆面层。库内储存粒径小于 0.037mm 细尾矿。后期设计采用废石逐年加高，按废石出窿的数量而分为五期，前三期每次加高 5m，后二期每次加高 4m。坝坡按废石自然堆积后的稳定边坡，经现场废石堆场实测定为 1:1.4，为便于施工，每次加高时各层都留宽 2m 的马道。废石坝内坡用沥青砂浆防水（图1-63）。

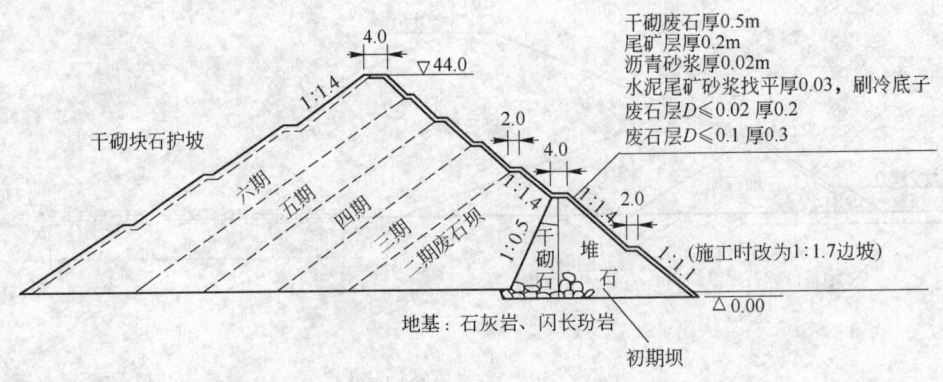

图1-63 安徽滁县铜矿废石堆坝

1.3 尾矿堆积坝

尾矿堆积坝是在初期坝的基础上堆积而成的，形成堆积坝的方法有上游法、下游法和中线法。下游法和中线法堆坝必须对尾矿预先分级，其坝体设计和水库式坝相似。现重点阐述上游法堆积坝。

1.3.1 尾矿的特性

1.3.1.1 尾矿的性质

尾矿是筑坝的原材料。它和自然界的土和岩石一样，其矿物成分、物理力学性质是一致的或相似的。天然的土和岩石是一种自然的组合体，经过漫长的地质历史年代，在各种复杂的自然因素和地质作用下形成，随着形成的时间、地点、环境以及形成方式的不同，其性质亦异。尾矿的原岩具有这种自然特性，但作为坝体材料形成的条件则有其自身的特点，主要表现在选矿过程中经过人工筛分或机械破碎、各种药剂对其成分的影响、形成坝体的主要方式是水力沉积等，所以尾矿是一种特殊的人工土石，既有土石的共性又有其个性。

尾矿和天然土岩一样是组合体，由三相（固、液、气）所组成。固相是尾矿颗粒，尾矿颗粒之间有孔隙，若为液相（通常为尾矿水）充满，则形成饱和尾矿，如果孔隙间液、气相并存，则为非饱和的三相体。研究尾矿的特性时，不能单纯的研究其中的某一相，而必须对同时并存的三相的质和量以及它们之间的相互作用一并加以研究。

通常所说的尾矿是两个概念的总称。从工程实践的角度看，可分为筑坝材料的尾矿，即从选矿厂排出的原尾矿（未分级）以及原尾矿经分选－沉积作用而形成尾矿坝坝体结构的坝体尾矿。

尾矿就其生成方式可分为砂矿型和脉矿型两种。砂矿型矿体的选矿工艺一般不需经机械破碎和碾磨，其尾矿的粒度主要取决于天然风化破碎程度，大者似如天然卵石或碎石，其粒径可以达 20mm，甚至更大，小者如同天然界的黏粒，其粒径可小于 0.001mm 以下，而脉矿在选矿工艺上需经机械破碎和碾磨，粒径变化范围小得多。除钨矿的尾矿粒径含有较多的砾石（大于 2mm）和一些夹杂有红矿的尾矿黏粒（小于 0.005mm）外，脉矿型尾矿粒径变化范围一般为 1 ~ 0.005mm。

尾矿的粒度是一项重要的指标，它能综合反映尾矿的特性和本质，现代土质学、水利工程学、选矿学等研究的结果都表明，粒径和土的性质有着密切的关系。颗粒大于 2mm 的粗尾矿，没有毛细管作用，无粒间联结；2 ~ 0.05mm 砂粒组成的尾矿，有毛细作用、粒间有水联结关系，但无黏着性，0.05 ~ 0.005mm 的粉粒组成的细尾矿，与小于 0.005mm 的黏粒组成的尾矿泥均具有黏着性，但二者失去水分时，前者联结力递减，后者联结力递增。

一些具有代表性的有色金属矿山尾矿的粒度曲线见图 1－64，由该图可见，我国金属矿山（包括黑色和有色）的原尾矿，其粒度大部分（0.5 ~ 0.005mm）的范围，属于粉质，黏粒含量很小。原冶金工业部建筑研究总院提出的原尾矿中作为有效筑坝粒径界限为 0.02mm，按照云锡的生产实践是合适的，即原尾矿中大于 0.02mm 的颗粒均可筑坝。尾矿堆积坝基本上是水力冲填坝。我国水利水电部门对水力冲填坝的研究结果表明，适宜于水力冲填的材料是：土料中黏粒含量 15% ~ 20% 以下的轻、重粉质砂壤土，轻、中粉质壤土以及黏粒含量 30% 以下的砾质土，也是最好的自流式冲填坝料。由此可知，尾矿库筑坝的有效粒径范围还可以放宽。

1.3.1.2 尾矿土分类

由于分选沉积的关系，坝体尾矿在不同部位其沉积性质不同。为了对尾矿进行研究，原冶金工业部建筑研究总院于 1979 年提出了坝体尾矿综合分类的研究报告，1986 年冶金工业部和中国有色金属工业总公司制定的上游法尾矿堆积坝勘察规程中，根据上述研究成果确定了坝体尾矿分类的体系。该分类体系基本是按砾、砂、土三大类区分的，其分界粒径分别为 2mm、0.1mm，即大于 2mm 者，称为尾矿砾石，小于 2mm 大于 0.1mm 者，称为尾矿砂，小于 0.1mm 者称为尾矿土。在尾矿土中又以黏粒组含量（小于 0.005mm）分别为小于 5%、5% ~ 10%、10% ~ 15%、15% ~ 30%、大于 30% 分别定名为尾粉砂、尾亚砂、轻尾亚黏、重尾亚黏、尾矿泥。各类坝体尾矿的物理性质指标变化范围及其平均值、凝聚力、内摩擦角、压缩系数、渗透系数的指标分别列于表 1－16 ~ 表 1－19。

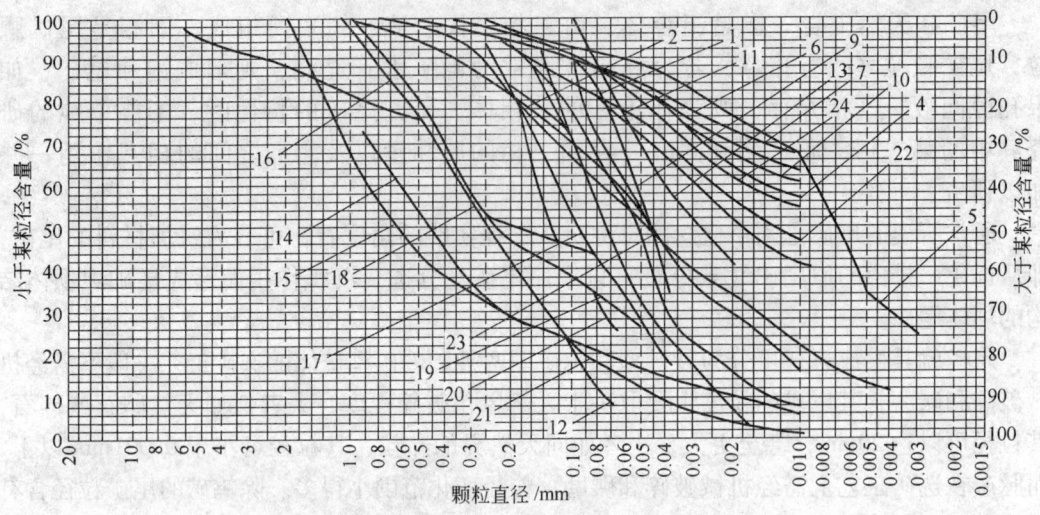

图 1-64 颗粒大小分配曲线

1—德兴铜矿；2—金堆城钼矿；3—中条胡家峪铜矿；4—桃林铅锌矿；5—云锡羊坝底选厂；6—云锡新冠选厂；

7—云锡期北山选厂；8—云锡个旧选厂；9—云锡黄茅山选厂；10—云锡老厂选厂；11—云锡卡房选厂；

12—云锡大屯选厂；13—贵州汞矿；14—漂塘钨矿；15—瑶岭钨矿；16—西华山钨矿；17—大厂巴里选厂；

18—大厂长坡锡矿；19—平桂珊瑚矿；20—水口山铅锌矿；21—天宝山矿；22—白银三冶炼厂；

23—贵州杉树林铅锌矿；24—柿竹园野鸡尾选厂

表 1-16 坝体尾矿物理性质指标变化范围值及平均值

名　称		指标	平均粒径 /mm	有效粒径 /mm	不均匀系数	天然含水量 /%	天然容重 /10^{-2} N·cm^{-3}	干容重 /10^{-2} N·cm^{-3}	孔隙比	密度 /g·cm^{-3}
尾砾砂		F	1.55~1.74	0.14~0.23	5.36~12.5					
		P	1.63	0.19	8.42					2.6
砾质尾砂		F								
		P	1.26	0.15	7.33					2.6
粗尾砂		F								
		P	0.8	0.26	3.0					2.85
中尾砂		F	0.27~0.45	0.07~0.125	2.9~5.7	11~22	1.75~1.95	1.5~1.6	0.75~0.85	2.77~2.88
		P	0.35	0.095	4.0	17	1.85	1.55	0.8	
细尾砂		F	0.17~0.3	0.045~0.086	2.1~5.33	12.5~23	1.65~2.24	1.42~1.99	0.80~1.24	2.77~3.69
		P	0.22	0.067	3.1	17	1.88	1.55	0.90	
尾粉砂	尾砂土	F	0.063~0.23	0.013~0.059	1.6~7.42	10~32	1.55~2.27	1.38~2.03	0.79~1.19	2.77~3.9
		P	0.10	0.033	3.60	20	1.90	1.56	0.90	
	尾粉土	F	0.038~0.058	0.008~0.02	2.55~6.0	11~32	1.9~2.23	1.46~2.0	0.84~1.11	2.76~3.9
		P	0.05	0.0126	3.98	27	1.98	1.54	0.92	

名 称		指标	平均粒径 /mm	有效粒径 /mm	不均匀系数	天然含水量 /%	天然容重 /10⁻² N·cm⁻³	干容重 /10⁻² N·cm⁻³	孔隙比	密度 /g·cm⁻³
尾亚砂	砂质尾亚砂	F	0.053 ~ 0.07	0.0078 ~ 0.021	3.02 ~ 7.95	26 ~ 36	1.95 ~ 2.02	1.44 ~ 1.60	0.74 ~ 1.16	2.78 ~ 3.26
		P	0.062	0.011	6.4	29	2.0	1.56	0.93	
	粉质尾亚砂	F	0.035 ~ 0.049	0.0063 ~ 0.003	1.10 ~ 7.3	31 ~ 33.4	1.94 ~ 2.55	1.47 ~ 1.63	0.86 ~ 1.09	2.77 ~ 3.68
		P	0.042	0.007	5.8	32	2.0	1.52	0.95	
轻尾亚黏	砂质轻尾亚黏	F	0.054 ~ 0.075	0.003 ~ 0.004	12 ~ 21	26 ~ 36	1.81 ~ 2.06	1.37 ~ 1.74	0.64 ~ 1.07	2.77 ~ 3.23
		P	0.06	0.0035	16	32	2.03	1.58	0.96	
	粉质轻尾亚黏	F	0.025 ~ 0.062	0.0032 ~ 0.0047	4.9 ~ 16	29 ~ 36	1.93 ~ 2.10	1.46 ~ 1.63	0.90 ~ 1.24	2.77 ~ 3.65
		P	0.04	0.004	8	33	1.98	1.5	1.0	
重尾亚黏	砂质重尾亚黏	F	0.4 ~ 0.07	0.0013 ~ 0.0038	13 ~ 53	26 ~ 31	1.93 ~ 2.08	1.36 ~ 1.75	0.074 ~ 1.04	2.76 ~ 2.79
		P	0.045	0.0027	33	27	2.0	1.45	0.97	
	粉质重尾亚黏	F	0.015 ~ 0.044	0.002 ~ 0.004	3.5 ~ 14.4	29 ~ 45	1.90 ~ 2.01	1.36 ~ 1.52	0.82 ~ 1.54	2.77 ~ 3.53
		P	0.023	0.0027	7.1	38	1.94	1.41	1.16	
尾矿泥		F	0.007 ~ 0.031	0.0012 ~ 0.003	3.0 ~ 8.5	43 ~ 70	1.64 ~ 1.97	0.98 ~ 1.38	1.04 ~ 1.85	2.78 ~ 3.51
		P	<0.02	0.0019	5.5	53	1.8	1.24	1.47	

注：F 为范围值，P 为平均值。

表 1-17 坝体尾矿凝聚力(C)、内摩擦角(φ)的指标值

名 称		范围值		一般值	平均值		小值平均值	基本类型平均值	
		φ/(°)	C /10N·cm⁻²	φ/(°)	φ/(°)	C /10N·cm⁻²	φ/(°)	φ /(°)	C /10N·cm⁻²
中尾砂		32 ~ 39	0 ~ 0.11	35 ~ 38	36	0.08	34		
细尾砂		30 ~ 39	0 ~ 0.13	34 ~ 38	35	0.08	33		
尾粉砂	尾砂土	27 ~ 39	0.05 ~ 0.20	30 ~ 38	33	0.10	31	32	0.10
	尾粉土	27 ~ 39	0.05 ~ 0.26	30 ~ 36	32	0.11	30		
尾亚砂	砂质尾亚砂	25 ~ 36	0.06 ~ 0.12	29 ~ 35	31	0.08	29	30	0.10
	粉质尾亚砂	24 ~ 36	0.08 ~ 0.15	29 ~ 35	30	0.11	28		

名　称		范围值		一般值 φ/(°)	平均值		小值 平均值 φ/(°)	基本类型平均值	
		φ/(°)	C /10N·cm⁻²		φ/(°)	C /10N·cm⁻²		φ /(°)	C /10N·cm⁻²
轻尾亚黏	砂质轻尾亚黏	14 ~ 35	0.06 ~ 0.09	18 ~ 32	25	0.08	20	22	0.11
	粉质轻尾亚黏	14 ~ 35	0.1 ~ 0.17	18 ~ 32	24	0.14	18		
重尾亚黏	砂质重尾亚黏	8 ~ 33	0.06 ~ 0.07	14 ~ 31	20	0.07	14	16	0.11
	粉质重尾亚黏	5 ~ 33	0.01 ~ 0.3	13 ~ 31	18	0.14	12		
尾矿泥 砂质 粉质	尾矿泥	0 ~ 27	0.02 ~ 0.07	5 ~ 20	12	0.04	8	10	0.04

表 1 - 18　坝体尾矿压缩系数 (a_{1-2}) 指标值　　　　　　（cm²/10N）

名　称		范围值	平均值	基本类型平均值
中尾砂		0.016 ~ 0.018	0.017	
细尾砂		0.014 ~ 0.019	0.017	
尾粉砂	尾砂土	0.01 ~ 0.07	0.016	0.016
	尾粉土	0.011 ~ 0.03	0.016	
尾亚砂	砂质尾亚砂	0.011 ~ 0.027	0.019	0.021
	粉质尾亚砂	0.017 ~ 0.026	0.022	
轻尾亚黏	砂质轻尾亚黏	0.022 ~ 0.05	0.03	0.032
	粉质轻尾亚黏	0.02 ~ 0.06	0.035	
重尾亚黏	砂质重尾亚黏	0.024 ~ 0.07	0.047	0.047
	粉质重尾亚黏	0.027 ~ 0.07	0.048	
尾矿泥 砂质 粉质	尾矿泥	0.073 ~ 1.14	0.09	0.09

表 1 - 19　坝体尾矿渗透系数 (K) 指标　　　　　　（cm/s）

名　称		范围值	一般值	平均值	小值平均值	基本类型平均值
中尾砂		$3.06 \times 10^{-3} \sim 5.06 \times 10^{-4}$	$1.86 \times 10^{-3} \sim 1.16 \times 10^{-3}$	1.5×10^{-3}	1.2×10^{-3}	
细尾砂		$8.4 \times 10^{-3} \sim 1.91 \times 10^{-4}$	$1.65 \times 10^{-3} \sim 1.02 \times 10^{-3}$	1.3×10^{-3}	1.0×10^{-3}	
尾粉砂	尾砂土	$2.7 \times 10^{-3} \sim 9.1 \times 10^{-3}$	$1.2 \times 10^{-3} \sim 2.02 \times 10^{-4}$	5.0×10^{-4}	3.5×10^{-4}	3.75×10^{-4}
	尾粉土	$5.3 \times 10^{-4} \sim 5.10 \times 10^{-6}$	$3.30 \times 10^{-4} \sim 1.84 \times 10^{-4}$	2.5×10^{-4}	1.5×10^{-4}	
尾亚砂	砂质尾亚砂	$7.1 \times 10^{-4} \sim 2.37 \times 10^{-6}$	$2.02 \times 10^{-4} \sim 1.81 \times 10^{-4}$	1.50×10^{-4}	1.25×10^{-4}	1.25×10^{-4}
	粉质尾亚砂	$6.93 \times 10^{-4} \sim 2.51 \times 10^{-6}$	$1.64 \times 10^{-4} \sim 3.5 \times 10^{-5}$	1.0×10^{-4}	6.5×10^{-5}	

名 称		范 围 值	一 般 值	平 均 值	小值平均值	基本类型平均值
轻尾亚黏	砂质轻尾亚黏	$6.1 \times 10^{-6} \sim 3.7 \times 10^{-7}$	$3.55 \times 10^{-5} \sim 4.0 \times 10^{-7}$	7.5×10^{-6}	2.5×10^{-6}	5.0×10^{-6}
	粉质轻尾亚黏	$6.1 \times 10^{-6} \sim 1.1 \times 10^{-7}$	$3.5 \times 10^{-6} \sim 1.9 \times 10^{-7}$	2.50×10^{-6}	1.5×10^{-6}	
重尾亚黏	砂质重尾亚黏	$3.29 \times 10^{-6} \sim 2.1 \times 10^{-7}$	$2.25 \times 10^{-6} \sim 2 \times 10^{-7}$	1.5×10^{-6}	1.0×10^{-6}	1.0×10^{-6}
	粉质重尾亚黏	$3.46 \times 10^{-6} \sim 1.2 \times 10^{-7}$	$1.12 \times 10^{-6} \sim 1.5 \times 10^{-7}$	5.0×10^{-7}	2.5×10^{-7}	
尾矿泥	砂质 粉质 尾矿泥	$2.16 \times 10^{-6} \sim 3.8 \times 10^{-8}$	$2.5 \times 10^{-7} \sim 8.0 \times 10^{-8}$	2.0×10^{-7}	1.0×10^{-7}	2.0×10^{-7}

1.3.2 尾矿沉积规律及坝体结构特点

上游法堆坝是当前我国有色金属矿山尾矿坝的主要堆坝形式。一般采用坝前分散管放矿，矿浆从坝前向库内流动的过程中，由于挟砂能力的变化，矿浆中的尾矿根据其粒度按粗、中、细泥的次序依次沉积，形成尾矿沉积滩。这种沉积滩构成尾矿堆积坝的坝体，脱水固结后有一定的强度，可以在其上继续堆高，承受其上部的尾矿的重量和库内未固结的矿浆及水所形成的压力。构成尾矿沉积滩的尾矿依据其粒度可分为尾矿砂和尾矿土两大类。坝体尾矿分类的物理力学性质指标见本书 1.3.1 节。

1.3.2.1 尾矿沉积滩坡度

尾矿沉积滩的坡度随矿浆流量、浓度、粒度以及在滩面流动的边界条件和库水位的高低、放矿方式等而决定。设计规范（见附录）中提出了确定尾矿沉积滩平均坡度的方法。某些矿山尾矿库实测的数据见表 1 – 20 ~ 表 1 – 22。

表 1 – 20　云锡矿泥类尾矿沉积滩坡度实测表

选厂名称	尾矿库名称	粒径/mm	流量/m³·d⁻¹	滩长/m	坡度/%	说 明
二 冶	火谷都	0.0287	62110	200		
新 冠	牛坝荒	0.0411	30450	南坝100 北坝50		水力旋流器分级沉粗砂。$d_{50} < 0.01$mm，原尾矿属矿泥类
新 冠	水管	0.0411	30450	110		水力旋流器分级沉粗砂。$d_{50} < 0.01$mm，原尾矿属矿泥类
期北山	斗牛坡	0.0265	30856	80		
古 山	广街	0.0393	45000	300		
大 屯	团 山	0.092	56160	起止 0 ~ 30 30 ~ 60 30 ~ 90 90 ~ 120	1.8 1.5 0.8 0.8	不属矿泥类尾矿

选厂名称	尾矿库名称	粒径/mm	流量/m³·d⁻¹	滩长/m	坡度/%	说 明
卡 房	墀牛塘	0.0486	38500	1号坝60 2号坝70 3号坝70 49号坝160	0.98 0.9 1.95 1.0	旋流器分级、池填法、渠槽法混合使用
老 厂	阿西寨	0.0280	12000		1.17	
黄茅山	背阴山冲	0.0230	18000	80	2.5	旋流器分级堆坝

表1-21 砂类尾矿沉积滩坡度实测表

矿山名称	尾矿库名称	粒径/mm	流量/m³·d⁻¹	滩长/m	坡度/%
川口钨矿	三角潭	0.21	706	120	2
棉土窝钨矿	棉土窝	0.9	3700	150	6
瑶岗仙钨矿	水洞	0.8	4665.5	240	7
岿美山钨矿	岿美山	0.76	11520	100	2.5
铁山垅钨矿	杨坑山2号	0.768~0.945	6038	44	4~5
湘东钨矿	4号	0.26	4000~5000	100	6~8

表1-22 粉砂类尾矿沉积滩坡度实测数据表

矿山名称	尾矿库名称	原尾矿粒度/mm	矿浆流量/t·d⁻¹	坝顶长度/m	滩面长度/m	实测剖面位置	实测时间	实测坡度/%			
								i_{50}	i_{100}	i_{150}	i_{200}
金堆城钼业公司	栗西沟	0.0408	41168		600	坝中部 坝西侧 坝东侧	子坝冲填终期,1989年9月30日	4.95 4.13 4.05	3.59 2.80 3.72	2.64 2.26 2.70	2.25 2.02 2.29
						坝中部 坝西侧 坝东侧	子坝冲填中间1989年3月30日	4.24 3.01 3.00	3.16 2.51 2.33	2.33 2.06 1.86	1.97 1.92 1.69
	木子沟	0.0408	24078		420	坝中部	分散管放矿,1989年8月28日	4.56	3.56	2.89	2.57
				495		坝北端集中放矿		4.28	3.39	2.89	2.54
				250			1982年8月	1.54 2.68 0.16	1.10 1.43 0.71	1.1 1.01 0.85	1.16 1.09 0.72
胡家峪	毛家湾			480	250	坝右侧 坝中部	1982年12月16日测	1.08 0.76	1.02 0.47	0.87 0.93	0.80 0.84
狮子山	杨山冲	0.038	13469		50~200		1989年6月	1.47~2.13			

研究放矿口到尾矿库内的滩面纵剖面可知，从滩面到水面往往有一陡坡过渡段，该过渡段坡度一般在 1/8~1/12 之间，中条山毛家湾尾矿库实测数值为 1/11.4，过渡段的分界点为水边线，水边线以上为干滩面，水边线以下为水下滩面。沉积滩是指这个陡坡段以前的滩面，它构成尾矿堆积坝的坝体。

1.3.2.2 沉积滩颗粒分布

沉积滩面的坡度是尾矿矿浆分选的结果，尾矿矿浆的分选可以由下述公式来描述，即：

$$vJ/w \geqslant 1 \quad \text{或} \quad vJ/w \leqslant 1 \quad\quad (1-11)$$

式中　　v——矿浆流动的速度；

　　　　J——矿浆流的水力坡度；

　　　　w——尾矿颗粒的沉速。

当 $vJ/w \geqslant 1$，即尾矿颗粒运动的功能大于它的沉速，这样的颗粒不会在滩面沉积，当 $vJ/w \leqslant 1$，即尾矿颗粒运动的功能小于其沉速，这样的颗粒才能在滩面沉积。所以在坡度陡流速大的条件下，滩面沉积的颗粒粗，这就是沉积滩面的坡度为上陡下缓、其颗粒是上粗下细的原因。从表 1-23 和表 1-24 可以看出沉积滩面颗粒分布的情况。

表 1-23　栗西沟尾矿库沉积滩颗粒分布

纵断面号	距排矿口距离/m	各粒径组所占比例/%								d_{50}/mm
		20~2mm	2.0~0.5mm	0.5~0.25mm	0.25~0.1mm	0.1~0.05mm	0.05~0.01mm	0.01~0.005mm	<0.005mm	
I	0		7	23	43	11	11	2	3	0.1802
	50		4	35	51	5	2	1	2	0.2176
	100		17	36	40	4	1	1	1	0.2712
	150		2	28	53	5	7	2	3	0.1934
	200		6	34	48	6	3	1	2	0.2205
	250		1	12	64	17	4	1	1	0.1634
II	0		9	35	46	3	3	2	2	0.2313
	50		8	41	39	5	3	1	3	0.2473
	100		7	34	49	4	4	1	1	0.224
	150		8	34	48	5	2	1	2	0.2242
	200		5	31	52	5	4	1	2	0.2099
	250		1	17	67	8	4	1	2	0.1795
III	0		1	10	55	13	16	2	3	0.1436
	50		2	18	56	10	10	2	2	0.1695
	100		9	42	43	3	1	1	1	0.2589
	200		7	34	49	6	1	1	2	0.2227
	250		3	23	58	7	6	1	2	0.1877
	275		1	14	66	10	6	1	2	0.1706

表1-24 杨山冲尾矿沉积滩颗粒分布

离水边线距离/m	颗粒分布/%					d_{50}/mm
	0.5~0.25mm	0.25~0.1mm	0.1~0.074mm	0.074~0.05mm	<0.05mm	
10		11	7	10	72	<0.05
34.46	6	56	16	9	13	0.1216
60.65	8	68	12	6	6	0.1418

由表1-24可以看出，在沉积滩沉积的都是尾矿中较粗颗粒部分，这可由尾矿的颗粒分布曲线看出。

对比栗西沟尾矿库和杨山冲尾矿库的粒度特性，两者的粒径基本相同，前者沉积滩上的粒径比后者为粗，主要是栗西沟尾矿库干滩特别长，库水位低，造成了大比降的条件，而且其流量大，即在沉积滩面上的尾矿浆 vJ 的乘积大。

根据以上的沉积规律，尾矿坝多以图1-65所示的理想剖面作为设计的依据。

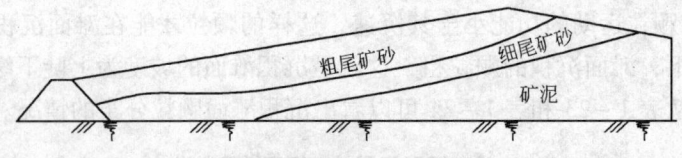

图1-65 尾矿坝理想剖面图

1.3.2.3 坝体结构

通过对上游法尾矿堆积坝的勘察结果表明，尾矿坝的理想剖面和实际有些差别。尾矿坝的实际结构是在理想结构中加上了许多透镜体，这些透镜体规模有大有小，从一个剖面来看尾矿坝是由多种尾矿砂类和土类组成的复杂的互层结构，层面一般近乎水平，其地质剖面图详见第2章实例中所附（栗西沟和木子沟尾矿库）剖面图。

坝体的实际结构远比地质勘探所提供的剖面要复杂得多，像"千层饼"一样。1990年木子沟尾矿坝进行放坡处理时，曾把1179m至上200m高程的坝体挖开，选择其中两个有代表性的剖面加以描述，并实测了一些土层的物理性能指标汇总于表1-25，Ⅰ和Ⅱ分别代表这两个剖面。从该剖面可以看出以下现象：

（1）坝体基本上是层状结构，细粒的含泥轻亚黏土层分布在粉细砂之中，所以地质勘探上所划分的层理面还可分为许多小层，细砂、粉砂、轻亚黏层互相交错。

（2）在浸润线以下的坝体结构中不都是饱和体，而是饱和非饱和相间出现的，饱和的条带也不很厚。

（3）土体黏性大的，粒度细，透水性差、饱和度也高；土体黏性小的，粒度粗，透水性强，饱和度也低。

造成上述结构的原因主要是沉积环境异常复杂和流量不稳定所致。沉积滩面的矿浆流不是均匀的平面流，而是交叉众多，随时演变的小溪在滩面来回移动，使实际的滩面坡度不断变化，沉积和矿浆流互相影响，从而引起沉积颗粒粒径的变化。由于沉积环境的复杂，粗细颗粒和层面相互交叉，这就使得沉积滩的尾矿土（砂）的渗透系数表现出明显的各向异性。表1-26为中条山毛家湾尾矿库渗透系数的试验数据。

以上情况说明，在上游法尾矿堆积坝中不仅存在着具有不同物理力学性质的尾矿层，而且在同一层里又存在着垂直方向和水平方向渗透系数相差数倍的现象。

表1-25 木子沟尾矿坝实测剖面数据

土样编号	取土高程/m	颜色	湿度	结构描述	颗粒组成/% 2.0~0.5mm	0.5~0.25mm	0.25~0.1mm	0.1~0.05mm	0.05~0.01mm	0.01~0.005mm	<0.005mm	曲率系数 C_c	不均匀系数 C_u	天然含水量/%	天然容重/kN·m^{-3}	干容重/kN·m^{-3}	密度/g·cm^{-3}	孔隙比 e	孔隙度/%	饱和度/%
I$_A$	1198.8	灰褐	饱和	层状结构,层厚0.2~5cm,无胶结	6	36	31	14	11	1	1	1.4	7.5	22.8	21.2	17.3	2.99	0.097	41.1	95.3
I$_B$	1197.7	褐	湿	均质、无胶结	4	33	49	8	4	1	1	1.2	3.2	24.6	19.1	15.3	2.96	0.931	48.2	78.2
I$_C$	1197.54	深灰	湿	1~3cm厚,轻亚黏土条带,上部为粉砂	1	20	55	17	5	1	1	1.2	3.4	20.0	19.0	15.8	2.89	0.825	45.2	70
I$_D$	1197.26	深灰	湿	2~3cm厚,轻亚黏土条带		10	55	16	16	1	2	1.8	7.1	21.2	20.1	16.6	2.97	0.791	44.2	79.6
I$_E$	1196.57	深灰	饱和	轻亚黏土条带		5	12	24	49	5	5	1.1	5.6	29.5	20.0	15.4	2.84	0.839	45.6	99.9
I$_F$	1195.5	灰褐	湿	细粉砂,互层7~10cm	1	20	52	20	5		2	1.1	3.5	18.0	18.2	15.4	2.96	0.919	47.9	53.0
II$_A$	1198.927	灰褐	稍湿	粉砂、轻亚黏土互层,轻亚黏土0.2~0.5cm不等	1	20	56	16	4	1	2	1.2	3.4	19.6	19.3	16.1	2.83	0.754	43.0	73.6
II$_B$	1198.4	褐	很湿	轻亚黏土上部,轻亚黏土厚1~3cm		26	50	16	5	1		1.2	3.6	26.2	19.4	15.4	2.90	0.886	47.0	85.7
II$_C$	1198.32	深灰	饱和	轻亚黏土下部		12	39	31	14	2		1.1	4.5	26.5	19.3	15.3	2.88	0.888	47.0	86.0
II$_D$	1197.97	深灰	饱和	轻亚黏土1~3cm		3	11	39	40	5		1.3	4.8	27.6	19.9	15.6	2.80	0.795	44.3	97.2
II$_E$	1197.96	深灰	湿	粉细砂,轻亚黏土下部	1	28	41	17	11			1.4	6.3	20.4	18.4	15.3	2.87	0.878	46.8	66.7

表1-26 毛家湾矿库垂直不平渗透系数 （cm/s）

尾矿名称	水平渗透系数 $\overline{K}_{10}$	垂直渗透系数 $\overline{K}_{10L}$	$\dfrac{\overline{K}_{10}}{\overline{K}_{10L}}$
细尾砂	2.80×10^{-3}	2.05×10^{-3}	1.37
尾粉砂	2.71×10^{-3}	1.20×10^{-3}	2.26
尾亚砂	1.23×10^{-3}	3.40×10^{-3}	0.36

1.3.2.4 尾矿堆积坝的固结

尾矿堆积坝是由子坝和冲填坝体所组成。它和一般的碾压坝不同，在冲填过程中，坝体存在着一个"流态区"（即含水量大于流限的区域）。子坝在冲填初期起阻止矿浆外流和稳定的作用。尾矿堆积坝的设计就是研究坝体脱水固结、强度增长的规律。

（1）坝体固结规律及其计算。尾矿堆积坝冲填坝体的脱水固结，是一个含水量降低，密度增加，孔隙水压力消散和强度增长的过程。

尾矿浆进入沉积滩面时具有较高的含水量，远超过流限，而且有很大的流动性。此时形成的冲填体中具有大量的自由水，土骨架尚未形成。在固体颗粒的自重作用下，一部分自由水被固体颗粒所置换而析出表面，经大气蒸发或自流排走。此时矿浆的含水量降低至 W_o，可以用下式计算：

$$W_o = W_1 - (\frac{1}{\Delta_s} + \frac{W_1}{G})(H_o + Q_o)/10v \qquad (1-12)$$

式中　　W_1——刚进沉积滩的矿浆含水量，%；

　　　　H_o——泥面日蒸发量，mm/d；

　　　　Q_o——表面单位排水量，mm/（m^2·d）；

　　　　v——冲填速度，cm/d；

　　　　Δ_s——尾矿比重，g/cm^3；

　　　　G——饱和度。

泥面蒸发的水分决定于当地的气候条件。通常泥面蒸发比水面蒸发更大一些，如进入坝内的矿浆的含水量为40%，冲填速度为5cm/d，蒸发量为1.0mm/d，没有表面排水，仅仅由于蒸发作用通过计算得出矿浆含水量可降至24.6%。可见蒸发作用是不能忽视的。但蒸发作用仅限于表层，或在一定的毛细作用范围内。随着坝体的升高，下层土体在上层土体的重量作用下，固体之间的孔隙水将引起压力水头，即孔隙水压力。这在透水地基子坝等处，孔隙水压力为零或很小，在毛细作用处甚至为负值。所以对整个坝体来说，不同部位的孔隙水压力是不同的。这样就产生了压差，由压差引起渗透作用。由于渗透作用，孔隙中一部分水被排走，从而使坝体含水量逐渐降低，孔隙水压力逐渐消散，密度相应增加，强度逐渐增大，从而提高了坝体的稳定性。这就是尾矿堆积坝脱水固结的基本规律。

综上所述，尾矿堆积坝固结的快慢，主要决定于冲填尾矿的透水性及坝体的排水边界条件，同时也与矿浆浓度、冲填速度、冲填方式和气候条件等有关。

饱和土体由于孔隙水的排出引起土体压密的现象，叫渗透固结。表征土体固结特性进行渗透固结计算最主要的指标是固结系数。单向渗透固结理论的固结系数 C_v（cm^2/s）用式1-13计算：

$$C_v = \frac{k(1+e)}{\gamma_v a} \tag{1-13}$$

式中　k——渗透系数，cm/s；

　　　e——孔隙比，cm^2/s；

　　　a——压缩系数，$10^{-1}cm^2/N$；

　　　γ_v——水的容重，$10^{-2}N/cm^3$。

德兴铜矿 2 号尾矿库尾矿固结系数的试验值见表 1-27。

表 1-27　德兴铜矿 2 号尾矿库尾矿固结系数　　　　　　　　　（cm/s）

压力/kPa	钻孔尾矿		表面尾矿	
	粉　砂	亚黏土	粉　砂	亚黏土
100	15.60×10^{-3}	16.18×10^{-3}	20.42×10^{-3}	20.0×10^{-3}
200	12.72×10^{-3}	12.29×10^{-3}	15.62×10^{-3}	18.88×10^{-3}
300	9.77×10^{-3}	9.87×10^{-3}	14.53×10^{-3}	13.54×10^{-3}
400	8.47×10^{-3}	9.05×10^{-3}	12.93×10^{-3}	11.51×10^{-3}

　　尾矿堆积坝固结计算的目的，是提出在坝体自重作用下不稳定渗流引起的孔隙水压力或孔隙比（含水量）随时间的变化规律。至于其他因素则可作为初始条件或边界条件加以考虑。

　　作为固结计算的理论基础，目前我国应用的是太沙基固结理论和比奥的固结理论。太沙基的固结理论有一维线性和非线性理论，以及二维和三维固结理论。这些固结理论除了一维线性渗透固结理论比较容易理解和应用外，其他均需进行比较复杂的数学处理。本文只介绍一维线性固结理论及其计算方法，以便对渗透固结的影响因素有一个概括的了解。

　　太沙基提出一维渗透固结理论，是把土体的渗透排水过程用图 1-66 所示的模型来表示。图中的弹簧表示土的骨架，弹簧之间的孔隙表示孔隙水，活塞在外力作用下弹簧产生压缩变形，而孔隙水通过活塞上的小孔排走，以此来模拟骨架变形和渗透排水。

　　此理论是建立在以下一些假设基础上的：

　　1）总应力不随时间而变，且等于有效应力 σ' 与孔隙水压力 u 之和，即

$$\sigma = \sigma' + u \tag{1-14}$$

其中只有有效应力能使骨架产生变形。

　　2）孔隙水的渗透符合达西定律。

　　3）土体仅承受压应力，没有剪应力和剪应变，荷载均匀分布至无穷远处，而且是瞬时加上的，所以土体只有垂直变形没有侧向变形，如图 1-67 所示。

图 1-66　结构模型图　　　　　　　　　图 1-67　一维固结示意图

4）土体是饱和的，骨架和水本身都不能压缩，土体的变形仅仅是由于孔隙水的排走。

根据以上假定，可推导出一维渗透固结的偏微分方程：

$$\frac{\partial u}{\partial t} = C_v \frac{\partial^2 u}{\partial z^2} \qquad (1-15)$$

式中　C_v——固结系数，cm^2/s 或 m^2/d。

上式的物理意义可以这样来理解，即饱和土体在加上一个均布压力后，其孔隙水压力的消散速率 $\frac{\partial u}{\partial t}$ 与固结系数成正比，固结系数越大消散越快，反之，则越慢，它反映了土的物理性质。同时与水力梯度 $\frac{\partial u}{\partial z}$ 沿深度的变化率成正比，即水力梯度的变化越大，消散越快，也就是说排水条件越好，越接近排水边界的地方孔隙水压力消散越快。

吉甫森对此方程做出了解答。

对尾矿堆积坝来讲，荷重并不是一次加上的，而是逐渐增加的，也就是荷载随时间而变，对此，他考虑了两种施工速率，一是冲填体匀速上升，$h(t) = vt$；二是冲填体变速上升，$h(t) = Kt^{\frac{1}{2}}$，同时又考虑了透水地基和不透水地基两种边界条件。

计算结果用图表示。图1-68表示透水地基，图1-69表示不透水地基，两图中的 a

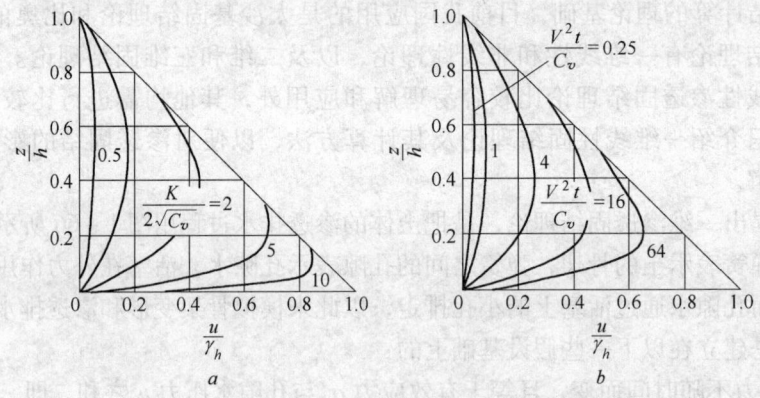

图1-68　透水地基孔隙水压力计算

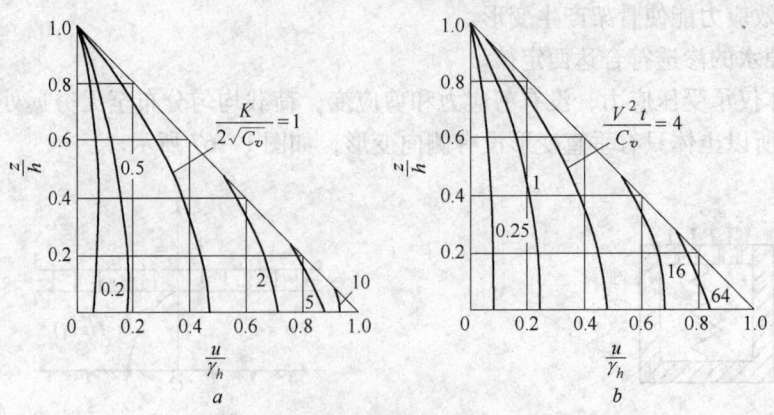

图1-69　不透水地基孔隙水压力计算

图表示冲填体随时间平方根增高，b 图表示冲填体随时间匀速增加。图中曲线表示坝体升高到 h 时孔隙水压力的分布规律，纵坐标表示冲填体中任一点与总高 h 的比值，横坐标表示孔隙水压力与全部填土自重的比值，即孔隙压力系数，C_v 是固结系数，今以德兴铜矿的试验数据为例说明表之应用。假定第一年尾矿库上升 15m，求其不同坝高的孔隙水压力。

已知：$h(t) = 15\text{m}, v = 0.0412\text{m/d}, t = 365\text{d}$。

$$C_v = 15.60 \times 10^{-3}\,\text{cm}^2/\text{s} = 0.135\,\text{m}^2/\text{s}\ (\text{试验数据})$$

$$v^2 t/C_v = 0.0412 \times 365/0.135 = 4.54$$

查图 $1-69b$，$v^2 t/C_v = 4$（也可在 $\dfrac{v^2 t}{C_v} = 4 \sim 16$ 之间内插）的曲线，可得出不同坝高处的 u/γ_h 值，并算出孔隙水压力 u，结果如下（$\gamma = 20\text{kN/m}^3$）：

坝高 h/m	3	6	9	12	15
z/h	0.2	0.4	0.6	0.8	1.0
u/γ_h	0.2	0.24	0.21	0.14	0
u (0.01MPa)	1.2	2.88	3.78	3.36	0

（2）尾矿堆积坝的固结特点。通过对上述固结理论、有色金属矿山尾矿库的部分试验观测资料以及与水利工程上的水力冲填坝的系统观测资料的对比分析，尾矿堆积坝具有如下固结特点：

1）各种尾矿堆积坝在坝前干滩上沉积的尾矿主要是粉砂和轻亚黏土，这些坝体尾矿的渗透系数约在 $10^{-3} \sim 10^{-5}\text{cm/s}$ 之间，在此范围内，孔隙水压力消散比较快，冲填过程中形成的"流态区"的范围较小，而且位置也远离坝外坡。在一般情况下，只要保持适当的干滩面长度，就不致造成对坝坡安全的威胁。

2）冲填速度比较慢，以德兴铜矿 2 号尾矿库每年上升 17m 的速度计算，仅为 4.66cm/d，这和一般水利工程上的水力冲填坝比较起来是很小的。而且其他尾矿库的冲填速度还要小，所以孔隙水压力将会是很小的。

3）狮子山铜矿杨山冲尾矿库在采取降低堆积坝体浸润线的排水工程时，对孔隙水压力作了系统地观测。从这些观测资料可以看出，1988 年 12 月到 1989 年 5~6 月间，坝体的孔隙水压力连续下降，从 0.06MPa 降到 0.01~0.02MPa 而趋于稳定。在同一期间坝体的固结度有了很大的提高。据 20 个观测点统计，固结度的平均值从 0.087 提高到 0.665，大约提高 7.6 倍，其中有 50% 的观测点固结度达到 0.75 以上。与此同时，黏土均质坝的固结度仅从 0.083 提高到 0.167，变化幅度要比尾矿堆积坝小得多。所以尾矿堆积坝的孔隙水压力消散还是比较快的。

4）对现有尾矿堆积坝进行的地质勘探表明，尾矿沉积滩以下的坝体是固结的，有一定的密实度。粉砂类尾矿堆积坝的干容重一般在 15t/m^3 以上，细粒类尾矿的干容重比这个数值要小，约 12t/m^3 以上。饱和快剪强度的摩擦角一般在 20° 以上，有高抗剪强度。这就说明尾矿堆积坝是有一定强度的，不是只有硬壳，内部是未固结的流动体。但地质勘察还表明，在尾矿堆积坝内部存在着一些矿泥夹层或者是矿泥堆积区，成分以黏土和亚黏土为主，渗透系数很小，往往在 10^{-7} cm/s 以下，含水量很高，常处于流塑或流动状态，强度很低，孔隙水压力消散很慢。这些软弱带呈透镜体，如果延续性长，或有临空面，将对坝体的稳定构成威胁，应加以研究。

基于上述，在尾矿堆积坝的设计计算中，一般可不考虑冲积过程中的孔隙水压力，主要是考虑解决好坝体的排水问题，在管理过程中注意均匀放矿，保持必需的干滩面长度，使堆积坝有良好的固结环境，以保证坝体的正常固结。

1.3.3 高浓度尾矿水力堆积规律

在 1.3.2 节所述尾矿沉积规律主要是指我国目前低浓度输送尾矿的沉积规律。尾矿浓度提高以后，沉积规律将会有变化。为了提高企业效益，高浓度输送是发展方向。下面简要介绍两个试验成果。

1.3.3.1 齐大山、司家营高浓度水力堆筑的试验

（1）尾矿堆体形状。由单个固定排放管口排出的高浓度尾矿砂浆，在平坦地面堆积成锥形堆体，形如火山。宏观上看堆体近乎轴对称，由于地形等多种因素作用，堆体并非严格对称。坡面坡度从上到下变化有三，即：上部较平直陡坡，中部连续渐缓变坡，下部趋于水平的缓坡。进一步分析可以证明，在水平地面，单个固定排放点高浓度尾浆水力堆积而成的尾矿堆体，其径向断面轮廓线近似为高斯分布曲线（见图1-70）：

$$y = \frac{1}{\sqrt{2\pi}} \exp\left(-\frac{x^2}{2\sigma^2}\right) \tag{1-16}$$

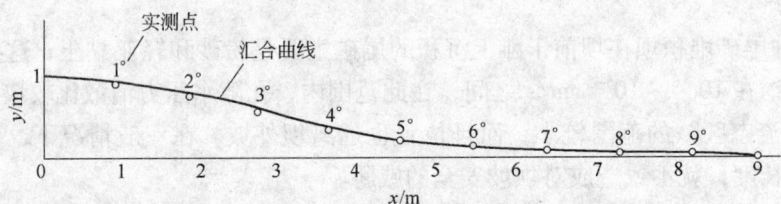

图1-70 齐大山50%浓度尾矿堆积体坡面拟合曲线

以齐大山尾矿为例，由浓度50%、流量 0.71m³/s 的尾矿砂浆堆积而成的9m 直径尾矿堆体，通过利用径向断面上坡面点实测坐标值（x_i, y_i），相对于堆高 H 的归一化坐标值（x_i/H, y_i/H），回归而得该坡面线归一化表达式为：

$$y = \exp\left(-\frac{x^2}{2\sigma^2}\right) \tag{1-17}$$

式中，$\sigma = 2.4602$；相关系数 $R = 99\%$。

图1-70 所示为实测点位置与坡面轮廓线的拟合曲线。图中可见，堆体轮廓线非常近似高斯分布曲线。

齐大山尾矿高浓度水力堆积于水下形成的坡面坡度较陡，约 32°～35°。

我们知道任何几何形体，当形状、尺寸确定，其体积亦随之确定。这样，我们就可以将试验所得堆体轮廓线及其数学表达式，在原型模型相似的原则前提下，用之于尾矿设计。

（2）堆体坡面砂浆运动规律。由于尾矿堆体呈近似轴对称圆锥形，因此，高浓度砂

浆从放矿管落进堆顶冲坑后，从冲坑往四周漫溢。在堆体上部区域浆体呈面流式往下流淌，浆体流沿程逐渐变薄，当浆体流单宽流量小至 0.111 m^3/s 左右，浆体便开始由面流逐渐过渡到细沟流。细沟流如树枝状分枝复合，密布于中、下部坡面。又由于尾矿堆体并非严格轴对称，使在排放过程中，堆体上部的浆体流交替反复出现近似轴对称均匀面流、偏流以及冲沟现象。冲沟现象往往萌发于堆体中下部坡面，而后逐渐向堆顶延伸。堆体上部偏流与下部细沟流汇流，以及排矿浓度突然降低或者排矿流量突然增加，均可导致冲沟。冲沟既会产生也会被淤平，淤平后的新坡面缓于原坡面及邻近坡面。

（3）堆体成形规律。在高浓度尾矿堆积的试验中，肉眼观察可知，尾矿堆体坡面随排放量的增加逐渐上升，堆体坡脚逐渐扩展，体积逐渐增加，以及冲沟现象反复出现又反复消失等现象。

在物料、矿浆流量相同的前提下，一定浓度的浆体要求一定坡度 $S(C)$ 的坡面，使之流经该坡面而维持浓度 C 不变。否则，凡浓度 C 浆体流经坡度 $S < S(C)$ 的坡面，浆体在该处坡面总要淤积，淤积的结果使坡度 S 增加直至 $S = S(C)$。显然坡度 $S(C)$ 的浓度 C 浆体所能堆筑成的最大坡度。分析坡面上浆体浓度变化规律还了解到，在堆积过程中，坡面上的极限坡度并不维持始终，它反复形成又反复消失。图 1–71a 显示，坡面上浆体流浓度沿程逐渐降低，表明此时坡面上各点均有尾砂淤积，各点的高程及其坡度均在增加过程中。图 1–71b 显示，在离排料点相当距离的范围内，如图中 I 段，浆体流浓度大致保持不变，表明浆体于此时此间保持不冲不淤状态，I 段坡面内即存在极限坡度。此时砂浆在图中所示 II 段坡面沉积，II 段坡面上升，随之 I 段坡面坡度由下而上在逐渐减缓中。

试验证实，不同浓度 C 的浆体维持不冲不淤所要求的坡度 $S(C)$ 不同，C 大则所要求的 $S(C)$ 也大。这就是说，排放浓度与堆筑坡度间存在相关关系。图 1–72 为齐大山尾矿排放浓度与堆筑极限坡度间的实验关系曲线。图中可见，对于一定的尾矿，较高排料浓度的尾矿浆可以堆成较陡坡面的尾矿堆体。堆体坡度是决定有效库容量的重要参数。一般来说，在相同尾矿库条件下，堆体坡度大则库容量大。这样，要获得较大的库容量，必须选择较高的排料浓度。

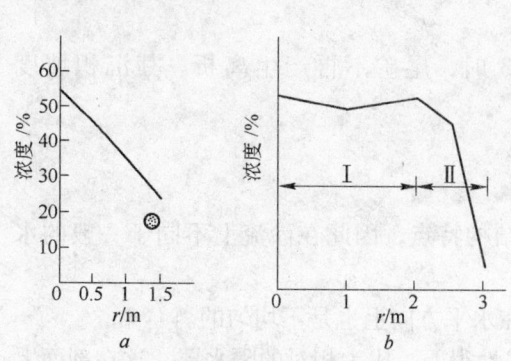

图 1–71 坡面砂浆浓度沿程变化实测曲线

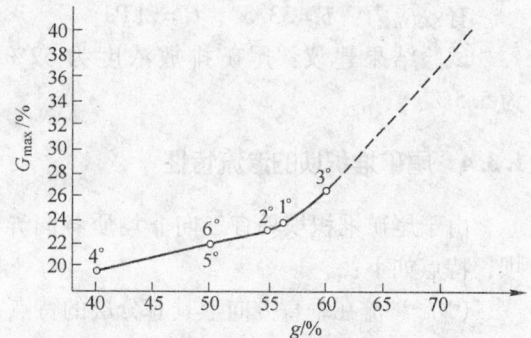

图 1–72 齐大山尾矿堆筑极限坡度与
排放浓度关系实验值

（4）堆积体内的尾砂分布规律。与传统的尾矿低浓度水力堆积结果不同，齐大山尾矿高浓度水力堆积而成的尾矿堆体内尾砂分布呈现如下规律：从排放点到水边线，从尾矿颗粒的粒级分布上看，呈现越靠近排放点细颗粒含量越多，离排放点愈远，粗颗粒含量越多；从尾矿砂的比重上看，大体上愈靠近排放点的尾砂比重愈大，反之愈小；尾矿堆体时密实程度亦是愈靠近排放点愈密实，以及排放浓度越高分离性能越弱等。

司家营尾矿高浓度水力堆积体内尾砂分布大体为：粒级分布呈现越靠近排放点粗颗粒含量越多的规律，其他各种分布规律与齐大山尾矿一致。

综合分析齐大山、司家营两种尾矿高浓度水力堆积的实例可见，尾矿高浓度水力堆积而成的尾矿堆体内，尾矿砂的分布规律似乎主要受尾矿砂的密度与矿浆的浓度所控制。

目前对尾矿高浓度水力堆积特性及其对工程影响的认识还是粗浅的，有必要作进一步深入细致的研究。

1.3.3.2　湖北银矿高浓度筑坝试验

湖北银矿尾矿库因受地形条件限制，主沟坡陡，考虑用高浓度尾矿筑坝，主要是沉积坡加大，便于堆坝。其试验成果摘要如下。

试验所用尾矿物理力学参数：

干容重 $1.43g/cm^3$，密度 $2.68g/cm^3$；

孔隙比 0.8741；

流限 28.9%，塑限 17.1%，塑性指数 11.8；

渗透系数 $8.5 \times 10^{-5}cm/s$，平均压缩系数 $0.13MPa^{-1}$；

压缩模量 14.1MPa；

总应力：$\phi = 32°$，$C = 4kPa$；

有效应力：$\phi = 35.9°$，$C = 1kPa$；

固结系数：

P	100kPa	200kPa	300kPa
C_u	1.97×10^{-2}	1.45×10^{-2}	8.27×10^{-3}

由于筑坝过程中尾水澄清区内尾矿产生离析，致使尾矿坝体底部形成一细粒尾矿层，该层细尾矿将对坝体的安全稳定不利，其抗剪强度指标：

总应力：$\phi = 27.5°$，$C = 7kPa$；

有效应力：$\phi = 33.5°$，$C = 2kPa$。

试验结果建议：尾矿排放浓度为 52% ±3 时，尾矿不再产生离析。其沉积坡度为 5.5%。

1.3.4　尾矿堆积坝的渗流特性

由于尾矿堆积坝具有三向非均质各向异性结构特点，因此在渗流上不同于一般的水坝，特点如下：

（1）渗流在垂直方向上具有分层的特点，在水平方向上也是不均匀的。

尾矿堆积坝由于其多层的特点，有些层透水性很差，成为相对的隔水层，这在剖面上把坝体分隔成几个带，每个带都有自己的自由水表面，即浸润线。

栗西沟尾矿堆积坝在勘察期间发现局部地段分布于Ⅱ~Ⅴ级子坝之间局部地段的上层滞水。勘察初期（6月份）正值枯水季节，于10号钻孔测得初见水位20.3m，在10月份该钻孔8.3m处出现上层滞水。同时在8号、9号、11号和12号钻孔内也发现类似现象，而上层滞水分别在4.8m、7.2m、8.3m、7.5m、6.5m处；而8号~12号孔下部潜水部位分别在 14.9m、19.55m、20.02m、18.9m、11.9m 处，并发现在Ⅴ级子坝东部坝脚处有上层滞水溢出现象。

根据水位观测表明，上层滞水与下部潜水无任何水力联系，在两层水位之间补取的尾砂试验结果也表明，砂样饱和度均小于 85%，处于不饱和状态。

上述结果说明，在垂直剖面上有两条自由水面线即浸润线。

在马钢南山铁矿凹山尾矿坝也发现主坝外坝坡内存在三层以上的层间水位，在一期、二期子坝的分布大体如下：

一期子坝：上层水浸润线埋深在 0~0.5m；中层水浸润线埋深在 2~2.5m；下层水浸润线埋深在 6m 以下。

二期子坝：上层水浸润线埋深在 2~3m，中层水浸润线埋深在 5~6m，下层水浸润线埋深在 9m 以下。

在对木子沟尾矿库的浸润线出逸进行整治中曾将近 15m 左右高的尾矿坝挖开，发现占坝长约 1/3 的地方尾矿仍然是干燥的。这说明从平面上看渗水是在一部分地段发生的，从整个坝体看是不均一的。

（2）尾矿堆积坝渗透水具有多补给源的特点。尾矿坝渗透水的补给源有库水、放矿水、大气降雨。库水是渗透水的主要补给源，对此没有异议，放矿水对浸润线的影响目前已被大家接受。据南芬铁矿小庙儿沟尾矿坝的观测，有无放矿水，浸润线的高程相差 4.0m 左右。大气降雨对尾矿坝浸润线可能产生影响，目前还没有引起人们的重视。水库有的土坝曾发生过由于降雨引起浸润线抬高的问题。所以《碾压式土石坝设计规范》中规定，在多雨地区，应根据填土的渗透系数和坝面排水设备的功能，酌情核算长期降雨坝坡的稳定性，并按非常工作条件取用安全系数。在该规范的附录三中还指出，长期降雨只对坝面不设排水设备，而填土渗透系数为 $10^{-5} \sim 10^{-4}$ cm/s 的坝才有危害作用，因此对长期降雨期的稳定性可酌情进行校核。这说明降雨对坝的安全稳定可能发生影响。

从工程实际的观察中可以看出降雨对坝体渗流的影响。

在雨季，当雨水通过尾矿砂时，遇到透水性较弱的地层则形成上层滞水。枯水季节，上层滞水逐渐消失。木子沟尾矿坝也有这种情况，雨季渗流水逸出很严重，到翌年 2~3 月份，完全干涸。南京九华山铜矿螺丝冲尾矿坝采用 9 个水平滤孔解决堆积坝的浸润线逸出时，观察降雨和排水量与浸润线高低的直接关系。该库 9 根滤水管出水量于 1989 年 11 月投入适用，观察结果列于表 1 - 28。

表 1 - 28　滤管月平均出水量

时　间	1989 年		1990 年					
	11 月	12 月	1 月	2 月	3 月	4 月	5 月	6 月
出水量/m³	127.43	97.84	79.08	72.07	91.76	101.19	90.73	110.89

1989 年 11 月到 1990 年 2 月当地为无雨和少雨季节，2 月出水量降到最低；1 月 30 日至 2 月 21 日普降瑞雪，3 月下旬江南、华南持续阴雨，4~5 月多有阵雨，5 月下旬至 6 月底有小到中阵雨，出水量连续回升。

通过对 1 号和 2 号孔的观察，浸润线分别降低 1.85m 和 1.82m，在雨季于 1990 年 7 月 4 日实测已有回升，仍分别下降 1.35m 和 1.33m。回升值就是降雨的影响值，分别为

0.5m 和 0.49m。

尾矿堆积坝下游坡一般较缓，而且不少应用宽平台，受雨面积大，排水不畅，容易积水。当尾矿的渗透系数为 $10^{-3} \sim 10^{-4}$ cm/s 时，渗透较易。但遇到透水性差的夹层就形成上层滞水。如果和其他水源的渗透联系起来，浸润线将会提高，这和水库是有区别的，也是和层状结构联系在一起的。

（3）尾矿堆积坝的渗流属三维空间问题。尾矿堆积坝上下游断面形状尺寸相差很大，当单面放矿时，上游迎水坡轴线长度大于下游背水坡断面的轴线长度，当多面筑坝时，则可能相反。坝基地面坡度一般较陡，接近水平的是个别的。从多层的坝体结构来看，形成许多大小不同的分层透镜体，这是空间问题。当考虑到放矿水的影响时，在坝前放矿支管之间有一定距离，到滩面上的水流向空间方向扩散，所造成的渗流是空间问题。这些水流在滩面上则以不断变迁的小沟进行渗透，这些渗透也是一个空间问题。降雨覆盖面和坝的平面轮廓一致，坝的轮廓的平面投影不规整，势必形成空间的渗流。所以尾矿堆积坝的渗流问题是空间的三维问题。

1.3.5 尾矿堆积坝的渗流控制

尾矿堆积坝的渗流，对尾矿堆积坝的安全影响表现在三个方面：

（1）渗透压力降低了整体坝坡的稳定安全系数，渗透压力不利于坝体的稳定。渗透压力是水在尾矿颗粒之间流过时施加给尾矿颗粒的拖曳力，其大小取决于渗透坡降，其方向沿流线的方向。

（2）产生渗透变形。渗透变形有流土、管涌、接触冲刷、接触流土等形式。各种渗透变形形式及其含义见有关章节。

产生渗透变形的基本条件是渗透压力能够克服尾矿颗粒间的联结力，同时在其内部或边界有颗粒位移的通道和空间。

（3）振动液化。饱和尾矿砂土受地震作用后，促使土体缩小，孔隙压力猛增，从而减少有效压力，降低抗剪强度，甚至完全丧失抗剪强度，使土体为液体似的流动，或随水冒出地面，这种现象称为液化。水是产生液化的前提和条件。

为了控制渗流对坝体安全的不利影响，应控制坝体的浸润线位置和可能发生的渗透变形，现叙述如下：

1）降低坝体浸润线的主要排水措施：

①初期坝以设计成透水坝为好。其方法可用透水堆石坝，或在其他土石坝坝前做反滤排水带也可在初期坝做一段褥垫式排水，深入到库区，这种排水应和初期坝的排水相连接。

②堆积坝内应布设排水设施，否则堆积坝的浸润线难以控制。尾矿堆积坝的运用实践证明，透水的初期坝，也难以降低堆积坝内的浸润线。我国有几座高尾矿坝，例如本钢南芬铁矿小庙儿沟尾矿库和金堆城钼业公司木子沟尾矿库的初期坝都是透水堆石坝。小庙儿沟的透水堆石坝很标准，木子沟尾矿库的初期坝由露天矿剥离废石堆成，未做迎水坡反滤过渡带，但实测数据表明，初期坝内浸润线很低，其透水性是好的。尾矿坝存在堆积坝浸润线逸出的问题，主要是由于下部沉积的细泥砂透水性差、密实度大、渗透性小所致。因此在堆积坝内要设计排水设施，否则浸润线无法降低。

筑坝过程中,可在沉积滩面预埋水平排渗管,防止渗水从坝坡溢出(图1-73)。在有色金属矿山采取这种布置较多。排水管的材料各异,桃林铅锌矿采用了陶瓷管,岿美山钨矿采用透水混凝管,德兴铜矿2号尾矿库采用了聚乙烯塑料波纹管;木子沟尾矿库采用了钢筋骨架内填砾石外包土工布的排水管。上述几种形式均有一定效果,如桃林铅锌矿排水量达110t/h。

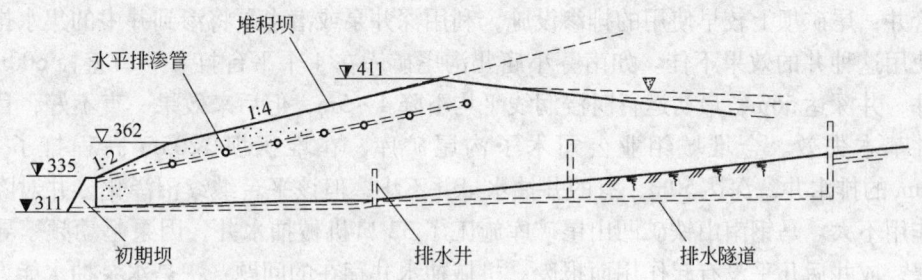

图1-73 瑶岭钨矿坪山选厂尾矿坝剖面示意图

此外,凹山尾矿库1号副坝七期子坝的滩面平行坝轴线50m,设一条水平排渗管,排渗管直径165mm,用 φ10mm 钢筋焊成圆管的骨架,外包土工布形成。

小西沟尾矿库在坝体堆至224m高程时,平行坝轴线50m埋了一条长110m、直径250mm的无砂混凝土管,排水量可达300~500m³/d。运行4年,比较稳定,水质较好。

在筑坝过程中,沉积滩面预砌垂直排渗井是另一种排渗方式,其平面布置大体与坝轴线平行,按降低浸润线的要求布置。浙江漓渚铁矿选厂娄家鸽尾矿库,每10m高布置一层,层间土距8m,排水井高4.5m,断面为1.12m×1.12m,用砖砌成,壁厚为半砖厚,井之间用 φ100mm 钢管连通、井内用反滤料回填,共有22口井,中间设集水并排往下游。1984年12月全部投入运用,日排渗水量达1162m³。

上述水平排渗管可平行坝轴线布置,也可垂直坝轴线布置。在排矿筑坝过程中布置排水系统具有造价低,简单易行,不需动力渗水自流排出的优点。

③加强放矿管理,尽量形成较为理想的坝体结构。放矿管理,除了按规程做好岸坡的处理外,主要是掌握坝前分散均匀放矿,以使粗颗粒沉积于坝前,细颗粒排至库内,在沉积滩范围内没有矿泥沉积。要达到这一要求,必须保持沉积滩面的均匀平整,坝体较长时应采用分段交替排矿作业,使滩面均匀上升;避免滩面出现侧坡、扇形坡,避免细粒尾矿大量集中沉积于坝前区域,严格控制尾矿库的水位,保持足够的滩长,滩长以满足沉砂和防汛的安全要求为准,防止放矿水对子坝内坡、坡趾和初期坝内坡的冲刷。加强放矿设备的维护,提高设备完好率是保证正常放矿的前提,必须加以注意。

④防止雨水冲刷和减少雨水渗漏。坝的下游坡应有防止冲刷的护坡和排水设计,保证这些设施的施工质量和工程的维护,使这些设施处于正常的运行状态。

⑤及时掌握堆积坝内浸润线动态。加强观测工作,及时掌握渗流变化情况,以便及时进行安全分析和处理。目前,观测的手段主要是埋测压管和渗压计。测压管比较简单,具有造价低观测方便的优点,但测压管测到的是进水段的平均水头,又有一定的滞后时间,而且管口暴露在地面,容易遭受破坏,适合在强透水层中埋设。由于尾矿坝为层状结构,

宜分层埋设测压管。

2）处理浸润线逸出和抬高的措施：

①水平排渗孔。南京九华山铜矿利用普通地质钻机钻凿了9个水平滤孔，平均孔深39.18m，孔距14.453m，滤管采用ϕ50mm钢管，孔壁钻有直径10mm滤水孔，外包一层无纺土工布。实测浸润线下降1.85m，日出水量72.07~127.43m³。

②垂直抽水井。目前采用的管井有机械提水井、虹吸井和轻型井点三种。

管井：尾矿坝上较早使用的排渗设施，利用深井泵或潜水泵将渗到井中的集水排出坝外，使用这种井的效果不佳。如南芬小庙儿沟尾矿库在4个平台打了7口直径600mm的排渗井，井深达56m，最初运行时浸润线平均下降4~5m，但后来效果一直不好，目前这几口井基本失效。金堆城钼业公司木子沟尾矿库，在堆积坝1205m高程打了10口ϕ200mm的排水井，深达50m，有的井抽水量并不小，但该平台继续沼泽化，井对降低浸润线作用不大。马钢南山铁矿凹山尾矿库施工了32口机械抽水井，因泵起动频繁导致滤层堵塞，成井后几乎没有起作用而报废。机械抽水井存在的问题：一是水泵抽水能力与井内渗入水量不平衡，前者大于后者，造成水泵开停频繁，烧毁继电器接点，降水半径十分有限；二是频繁的开停，引起井中水位上下波动，使井壁受到周期性的渗透压力，对井周围的尾矿产生扰动，对坝体稳定不利，如果滤层材料选择不当，施工质量不好，势必造成管井堵塞以致无法使用；三是泵体易受腐蚀或锈蚀损坏。

虹吸井：利用虹吸原理代替管井中机械抽水设备进行排渗的设施，它无需动力，管理较方便，造价低（3000元/眼）。虹吸管运行条件是出水标高低于进口水面标高，这个条件在一般尾矿坝上是具备的。虹吸管设计和运行的控制条件为虹吸管顶点处于真空状态，其真空值应小于在使用温度下水的饱和蒸汽压。虹吸井的最大允许降深受水的真空抽吸高度限制，理论最大允许吸上高度为：

$$h_{允许} = \frac{P_a}{\gamma} - \frac{P_s}{\gamma} - h_{(B-A)} \tag{1-18}$$

式中 $h_{允许}$——理论最大允许吸上高度，m；

P_a——大气压力，MPa；

P_s——使用温度下的饱和蒸汽压，MPa；

$h_{(B-A)}$——管中液体流动时从进口到管顶的水头损失，m；

γ——水的容重，kN/m³。

实际上，由于大气压力误差及虹吸管漏气等因素，设计的最大允许高度只能达6~9m。

井内水位和虹吸出口的高差为：

$$\Delta h = \frac{v^2}{2g} + h_{(B-C)} \tag{1-19}$$

式中 Δh——井内水位和虹吸出口高差，m；

v——流速，m/s；

$h_{(B-C)}$——虹吸管全管的水头损失，m。

实际上虹吸管的允许吸上高度是对一定流量而言。当渗水量等于排水量时，井中水位可以恒定，大于设计流量时，井内水位会抬高；小于设计流量时，井内水位会降低，可能引起断流。虹吸管的流量可以调节。

大石河铁矿尾矿库共有 30 口虹吸井，直径 ϕ300mm，间距 15m，深度 20m，虹吸管采用 ϕ50mm 钢管。单井渗流量为 17～18m³/d 左右，但对井间水位的影响不大，这说明井间距偏大。

轻型井点：由地表上的泵造成负压（真空），通过总管和井点管传至埋入地层的针状过滤器。通过泵抽出井点管及过滤器中的水，是基于坝体内形成较稳定的负压带，该法多用于渗透系数较小的地层（1×10^{-2}～1×10^{-5}cm/s）一般可把水降至坝面以下 5～8m 深度，由于是强制抽水，即泵所形成的负压可以传导到针状井点周围的含水层中。使含水层中的水沿着重力和负压合力的矢量方向流动，并汇入井点滤管。每个井点都形成一个负压影响范围，平行坝轴线的一列井点连接起来，形成一道真空墙，起截断地下水和降低地下水位的作用。

轻型井点抽水工作见图 1-74。

现以凹山尾矿库为例说明该法应用情况。北京冶金建筑设研究院在凹山尾矿库首先试验该法成功。凹山尾矿库一号副坝三期子坝上，从坝中心线向两侧各 60m，共设计 60 个井点，间距 2m，井点长度 10.5m（下部 0.5m 沉淀管）。奇数井点连接一套总管与一号泵组连接，偶数井点连接另一套总管与二号泵组连接，井点与总管均设在 1m×1m 的井点沟内。泵组设在 2 期、3 期子坝间的坝坡平台上。该库采用井点降水后，浸润线一般在坝面 5m 以下，即是停止抽水，浸润线埋深在 2.5～3.0m 之间。

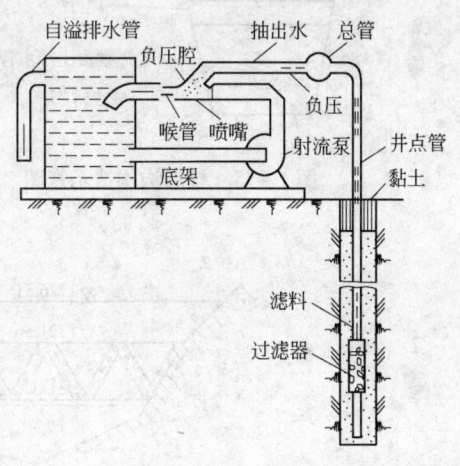

图 1-74 轻型井点抽水工作

③垂直与水平联合自流排渗法。1985 年弓长岭铁矿前峪尾矿库在 95.5m 平台设置了17 口竖直排渗井，井深 22m 左右，井间离 12～15m，然后用顶进机具顶进水平排水管，与竖直排渗井连接，可以自流排水，单井出水量 40～90m³/d，平均约为 60m³/d，井中水位距坝面高度 18.25m、井间水位距坝面高度 10.54～7.63m。

铜陵狮子山铜矿杨山冲尾矿库在抗震加固中也采用了垂直排渗井和水平排渗管联合排渗的方法，它和弓长岭铁矿的水平垂直联合排渗管不同之处是，水平管同时也是渗水管，而不是输水管。垂直井用土工布袋制成，中间为 ϕ50mm 塑料花管，土工布袋内充填 10～30mm 的砾石，水平排渗管为 ϕ90mm。共做了 26 组，平均日排水量 800m³，坝体浸润线逸出点比排渗前下降 6m 左右，坝外坡渗水都完全干涸。

上述方法克服了动力抽排的缺点，效果明显，使用优点突出，但水平管均用顶管法和钻井法施工，施工难度较大，弓长岭铁矿单井造价达 7 万元，狮子山铜矿每组管的直接费用 4 万元。

江苏省铜山钼铜矿尾矿库采用了水平孔和碎石柱群联合排渗方式，碎石柱群孔径 ϕ500mm，孔深 5m，间距 1m，滤料用土工布包裹，每 6 个为一组，与一个水平孔组成一组，水平孔深 36m，间距最近 9m，最远 14m，钻孔仰角 3°左右，用塑料花管。根据观测，该系统从 1989 年 10 月 19 日至 1990 年 6 月，累计排水量 5.1 万吨，尾矿坝体浸润线平均下降3.78m，最深的达4.37m，最小的3.03m。

　　白银公司小铁山尾矿库采用了辐射井自流排水厂先做直径3.0m的沉井，从沉井内以辐射状向坝体内打排水孔，同时向下游打输水孔，为了解决水平相对隔水层的影响，又配合打了一些垂直排渗孔。

　　④坝坡上的排渗管。为了解决坝面渗透问题，当坝面出现渗透水时，沿坡面铺设排渗管沟，管沟深2m左右，其剖面见图1-75和图1-76。盲沟在坡面上排成"人"字或"W"字形，见图1-77。

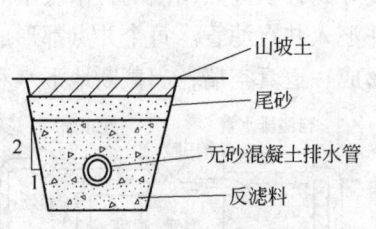

图1-75　排渗沟构造示意图

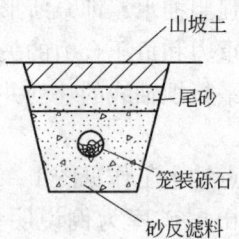

图1-76　排渗管构造示意图

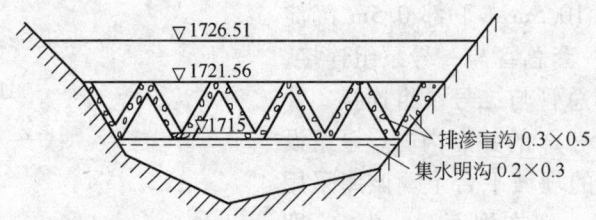

图1-77　云锡卡房4号坝W形排渗立面图

　　这种坝坡排水形式最先用于南芬尾矿坝，可以解决浸润线在坝面出逸，防止坝体渗透破坏对无地震问题的尾矿坝，只要满足其静力稳定性的要求，这种形式也是可行的。

　　⑤压坡反滤排水。当尾矿库出现坍塌，浸润线逸出时往往采用压坡，首先在坡面做反滤排水，再在排水外面铺设一定厚度的盖重。盖重一般多用石料。金堆城钼业公司木子沟尾矿库结合边坡整治，在1179~1200m高程作了尾矿砂压坡。其做法是将堆积坝削成1:1的陡坡，其上作排水带（排水带的做法是：顺坡面满铺两层土工布，中间夹砾石，坡脚下形成排水管，再用钢管引出坝外，最后用尾矿砂在排水体外压坡），压坡排水（图1-78）。压坡厚度以抗震要求为准。这种排水方式虽不能降低浸润线，但可使浸润线不再上升。在饱和堆积尾矿上削坡回填，关键在于做好排水工作。

　　反滤层是防止渗透变形的主要措施。

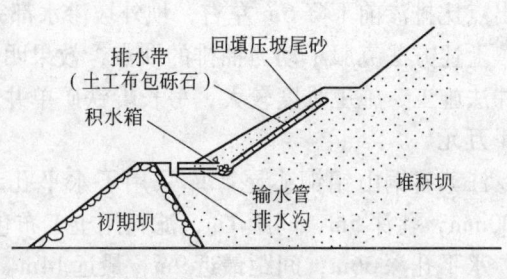

图1-78　压坡排水示意图

尾矿堆积坝浸润线出逸比降超过尾矿的容许比降时，就要产生渗透变形，尾矿堆积坝和初期坝的接触部位，尾矿堆积和岸坡的连接处，尾矿堆积坝内部各种排水设备和坝体的接触部位，以及穿越坝体各种管道（涵洞）和坝体的连接等都存在着渗透变形的问题。渗透变形是产生尾矿堆积坝体各种破坏现象的最主要的原因。防止渗透变形的有效办法是在渗流出口和各种接触部位做好反滤层。根据渗透变形及抗渗措施的研究表明，渗透破坏总是先从薄弱的流出口开始，然后向深部发展。用反滤层保护后改变了土体的渗透破坏条件。设计合理的反滤层，渗流无法带走土体中的细颗粒，因而土体抗渗强度得到提高。

1.3.6 尾矿堆积坝的稳定边坡

影响尾矿坝坝坡稳定的因素很多，诸如尾矿的抗剪强度（内摩擦角 ϕ 及凝聚力 C）、孔隙压力 u 和容重 γ、坝内浸润线位置、沉积滩长度、尾矿冲积分层情况、坝坡的坡度、总坝高与初期坝高的比值、初期坝的材料等，均对尾矿坝的坝坡稳定有直接的影响。为便于参考，特将冶金工业部建筑研究总院关于尾矿堆积坝坝坡的稳定研究成果介绍如下。

1.3.6.1 尾矿的物理力学特性

尾矿的抗剪强度直接影响尾矿坝坝坡稳定性。根据库仑定律抗剪强度为：

$$\tau = \sigma \tan\phi + C \tag{1-20}$$

式中　τ——尾矿抗剪强度，MPa；

σ——作用在某一面上的垂直压力，MPa；

ϕ——尾矿内摩擦角，(°)；

C——尾矿凝聚力，MPa。

尾矿的内摩擦角 ϕ 随尾矿的颗粒组成、孔隙比、含水量、选矿加药类型等因素变化。但一般规律是尾矿的平均粒径越大，其内摩擦角也越大。一般砂性尾矿的内摩擦角为 $28° \sim 36°$，粒性尾矿的内摩擦角为 $12° \sim 25°$。尾矿的凝聚力一般较小，其原因是尾矿内黏粒（$d < 0.005$）含量较小，且冲填形成坝体的时间，要比一般自然土壤的形成时间要短得多，因此颗粒之间的凝聚力也小。

尾矿抗剪强度对坝坡稳定的影响，可用某尾矿坝的计算来说明。该尾矿坝的设计坝高为 120m，尾矿堆积坝坡为 1:5.7。初期坝高 20m，为堆石坝，坝坡为 1:2，沉积滩长为 400m。根据二向渗流电拟试验所得的浸润线水位见图 1-79。如果按均质坝考虑，坝体尾矿内摩擦角的变化对坝坡稳定安全系数的影响见表 1-29 和图 1-80。

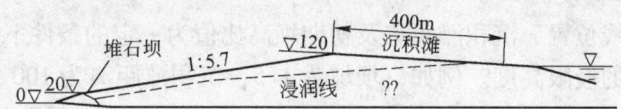

图 1-79　某尾矿坝设计剖面

表 1-29　内摩擦角对坝坡稳定的影响

内摩擦角/(°)	12	15	20	25	28	29	31	33
安全系数	0.684	0.877	1.169	1.496	1.708	1.779	1.930	2.084

由图 1-80 可见，尾矿内摩擦角与坝坡安全系数基本上呈线性关系。这是因为一般尾矿的凝聚力很小，对较高的尾矿坝的坝坡稳定影响甚小。因此尾矿内摩擦角与坝坡安全系

数的关系基本上为通过原点的一条直线。即

$$\tan\alpha = \frac{K}{\tan\phi}$$

$$K = \tan\alpha \cdot \tan\phi \qquad\qquad (1-21)$$

当内摩擦角在 20°~30°之间，每一度的 $\tan\phi$ 值相差 0.02~0.023，也即安全系数相差 0.075~0.086，影响是颇大的。

凝聚力 C 值对坝坡稳定的影响见图 1-81。由图 1-81 可见，也基本上为直线变化。C 值与安全系数的关系为：

$$K = K_o + \cot\beta \qquad\qquad (1-22)$$

式中，K_o 为 $C=0$ 时的安全系数。

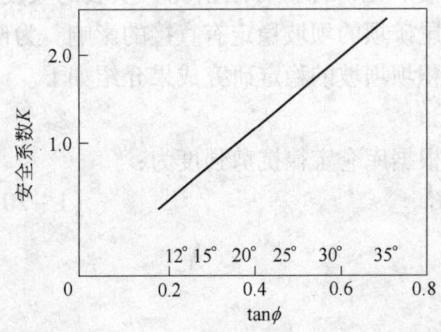

图 1-80　内摩擦角与安全系数的线性关系

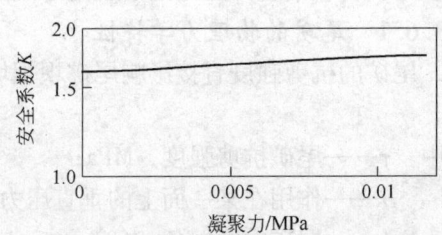

图 1-81　凝聚力与安全系数的线性关系

从图 1-81 可以看到，当 C 值从 0.005MPa 增至 0.01MPa，凝聚力增加一倍，安全系数仅增加了 0.05，影响是甚小的。只有当坝高较低时，滑弧上的垂直应力不大，凝聚力对尾矿抗剪强度才有相当的影响。

由图 1-80 及表 1-31 可见，当坝坡、初期坝高的比例、结构形式、沉积滩长度及浸润线位置等影响坝坡稳定的因素固定不变时，一定的内摩擦角有其极限的筑坝高度。如该坝 $\tan\phi < 0.32$ 时，安全系数就小于 1.0。因此坝坡为 1:5.7，初期坝高为 $H/6$（H 为尾矿坝总高），浸润线位置与沉积滩长度如图 1-79 所示。当 $\phi = 18°$ 时，其极限筑坝高度就为 120m。也就是说在此条件下，坝高需筑至 120m 时，尾矿的内摩擦角不能低于 18°，不然就不可能堆至 120m 高度。

当坝坡、浸润线位置、沉积滩距离及初期坝高比值为一定的条件下，不同内摩擦角的尾矿有其可能筑坝的极限高度。例如，坝坡为 1:5，沉积滩距离为 100~200m，初期坝的高与总坝高度的比值为 1/4 时，不同坝高及尾矿内摩擦角与安全系数的关系见图 1-82。内摩擦角 $\phi = 12°$，极限高度为 20m（$K = 1.0$）；$\phi = 20°$，极限高度可达 200m；$\phi = 25°$，$H = 200m$，此时安全系数 K 大于 1.2。所以当尾矿抗剪强度较高时，就坝坡稳定来说，其筑坝高度基本上不受限制。其他摩擦角的极限高度见表 1-30。

尾矿的容重对坝坡稳定也有一定的影响，如图 1-79 所示的尾矿坝，天然容重在 1.5~1.8t/m³ 变化时，对坝坡稳定的影响见图 1-83。由图可见，其影响是甚微的，当容重相差 0.1t/m³，坝坡安全系数仅相差 3% 左右。

表 1-30　不同内摩擦角对坝坡稳定的影响

内摩擦角 ϕ/(°)	12	14	16	18	20
极限高度 H/m	20	27	40	80	200

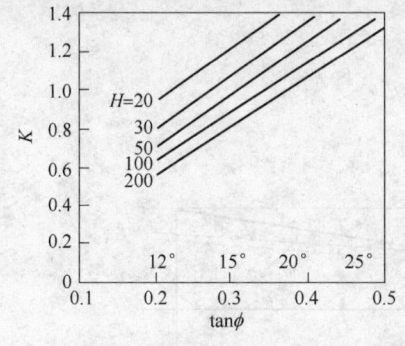 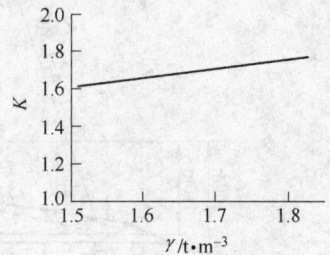

图 1-82　坝高、内摩擦角与安全系数的关系　　图 1-83　尾矿容重的影响

此外，尚有孔隙水压力对坝坡稳定的影响，由于尾矿冲填筑坝速度甚慢，一般均要十几年，甚至几十年才能冲填至设计高度。根据有些尾矿坝的现场实测，孔隙水压力已基本消散。因此在一般情况下，细粉砂类尾矿坝的孔隙水压力可以不考虑，抗剪强度按充分固结计算。只有当尾矿颗粒较细或堆筑速度较快的情况下，才需考虑孔隙水压力的作用。

1.3.6.2　浸润线位置

尾矿坝内浸润线位置的高低，是影响坝坡稳定的主要因素之一。当渗透水通过坝体时，坝体受到渗透水的动水压力，其方向与渗流的流线方向相同，这将降低坝坡的稳定性。图 1-79 所示的尾矿坝，其浸润线升高或降低时，对坝坡稳定安全系数的影响见表 1-31 及图 1-84。

表 1-31　浸润线位置对坝坡稳定的影响

水位/m		干尾矿堆	浸润线降低/m				电拟浸润线位置	浸润线升高/m				平坝面
			10	5	2	1		1	2	5	10	
$L=80$	K	2.502	2.280	2.148	2.062	2.031	2.000	1.964	1.915	1.518	1.232	1.232
	%	125.1	114.0	107.4	103.1	101.6	100	98.2	95.8	75.9	61.6	61.6
$L=100$	K	2.535	2.077	1.948	1.859	1.816	1.770	1.716	1.649	1.441	1.302	1.258
	%	143.2	117.3	110.1	105.0	102.6	100	96.9	93.2	81.4	73.6	71.1
$L=110$	K	2.559	1.998	1.878	1.782	1.745	1.708	1.665	1.620	1.482	1.335	1.270
	%	149.8	117.0	110.0	104.3	102.2	100	97.5	94.8	86.8	78.2	74.4

表 1-31 及图 1-84 中 L 为滑弧深度，是从坝顶向下算起。图 1-84 及表 1-31 中，干尾矿堆是无渗流的情况，因此安全系数甚大。浸润线平坝面是假定坝面由于长期下雨接近饱和的情况，浸润线接近坝面而没有逸出。

由表 1-31 及图 1-84 可见，浸润线位置的高低对坝坡稳定性影响很大，基本上是相差 1m 水位，安全系数 K 就相差 0.03~0.05，也即安全系数相差 1.2%~2.5% 左右。

一般浸润线在正常位置时，滑弧深度越深，

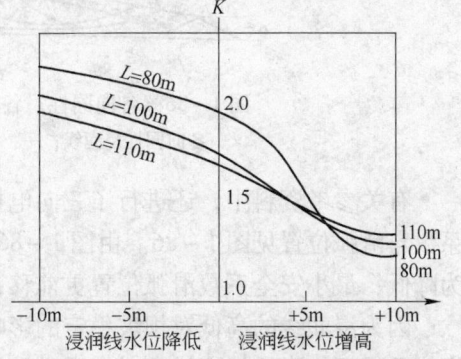

图 1-84　浸润线位置与坝坡稳定的关系

稳定安全系数越低。但浸润线抬得相当高时（接近坝面或在坝面逸出），滑弧深度越浅，安全系数越低（见图 1 - 85），也就是坝坡的最小安全系数滑弧是在坝面下深度不大的范围内。

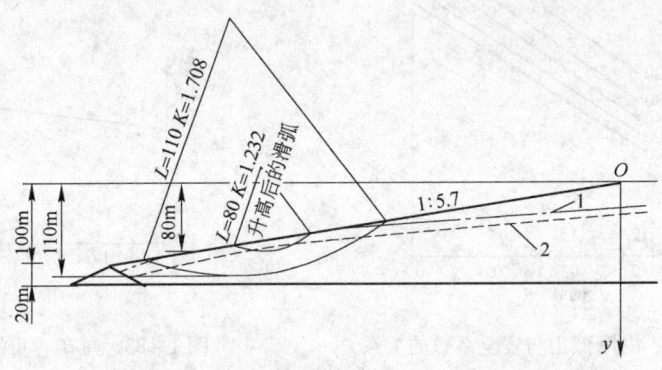

图 1 - 85　浸润线升高后潜在危险滑弧位置的变化
1—升高 10m 后的浸润线；2—电拟试验的浸润线

以上浸润线是由渗透系数各向异性（$KY/KX = 1/4$）的二向电拟试验得来。根据有关资料，与渗透系数各向同性（$KY/KX = 1$）相比，上段基本一致，下游逸出段各向异性比各向同性高，增高率约占坝上游水头的 3%。但是经计算坝坡稳定安全系数，各向异性要比各向同性低 4%，且最小安全系数滑弧位置有很大变化。各向异性由于下游逸出段浸润线升高，最小安全系数滑弧位置前移，滑弧半径也减小，见图 1 - 86。

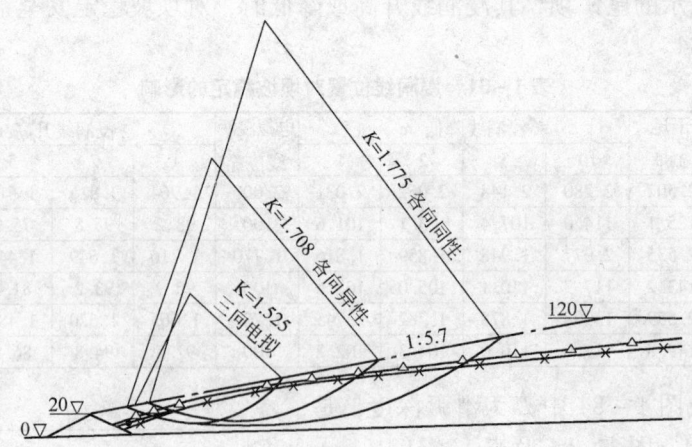

图 1 - 86　各向同性、各向异性、三向电拟浸润线的滑弧比较
—×—各向同性浸润线；—·—各向异性浸润线；—△—三向电拟浸润线

有关参考资料中，还进行了三向电拟的试验比较，其修正后的浸润线及坝坡稳定安全系数与滑弧位置见图 1 - 86。由图 1 - 86 可见，随着浸润线的增高，坝坡稳定安全系数大为降低，最小安全系数滑弧位置更前移，滑弧半径也更减小。

因为浸润线的高低对坝坡稳定的影响是颇大的，故在设计尾矿坝时，正确预计坝内浸润线及尽可能降低浸润线，对合理设计尾矿坝是很重要的。在尾矿筑坝期间，长期观测浸润线位置对维护尾矿坝的安全是相当必要的。在对尾矿坝进行加固时，降低坝内浸润线，对坝坡稳定也是最有效的。

1.3.6.3 沉积滩距离

尾矿坝内坡顶至水边线的一段距离，称为沉积滩长度。根据电拟试验，沉积滩长度对浸润线位置影响很大，也就是对坝坡稳定影响很大。图1-87是前述的120m高尾矿坝，沉积滩长度为200m、400m、600m时的浸润线位置与最小安全系数滑弧位置及安全系数。当沉积滩长度减小时，浸润线增高，最小安全系数滑弧半径及深度减少。

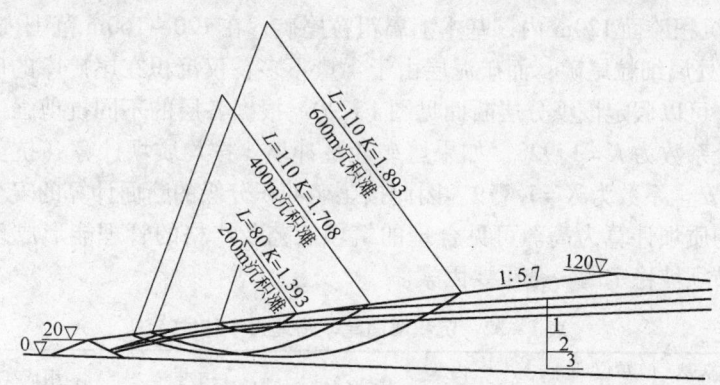

图1-87 沉积滩距离对坝坡稳定的影响

1—200m沉积滩浸润线；2—400m沉积滩浸润线；3—600m沉积滩浸润线

将不同滑弧深度的最小安全系数绘制成曲线，见图1-88。由图1-88可见，当沉积滩长度小于200m时，决定坝坡稳定的最小安全系数是较浅的滑弧深度。当沉积滩长度小于150m时，安全系数将小于规范规定的1.2。将曲线延长可得：当沉积滩长度小于120m时，安全系数将小于1。此时即可能要出现局部坍滑，甚至造成整个尾矿坝的坍滑。

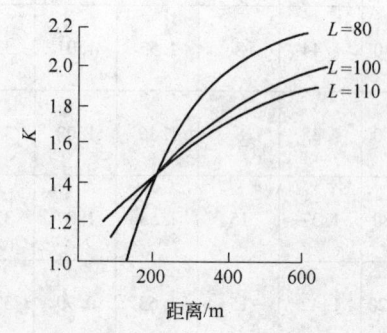

图1-88 沉积滩距离与坝坡稳定的关系

由此可见，以往为了筑坝需要，任意缩短沉积滩距离，或者为了防洪需要，任意减小沉积滩长度，甚至在沉积滩上筑子坝，提高水位，增大库容抗洪，这都是不安全的（以往曾经发生过事故）。

1.3.6.4 尾矿冲积分级

采用冲积法尾矿筑坝，粗粒尾矿沉积在近处，细粒尾矿沉积在远处，沉积滩面冲积分级比较明显。随着冲积坝不断上升，形成基本上与坝外坡相平行的层次，图1-79所示的尾矿坝在冲填高度67m时，工程地质勘察坝体断面见图1-89。由图可见，随着坝体充填升高，尾矿层次基本上是平行坝面。但是，由于有一段时间，筑坝管理未严格按照正确的操作规程进行，以及冬季集中放矿。因而造成层次较乱，细粒尾矿沉积在坝前段较多。随着筑坝管理的日益完善，沉积分层将更为理想。

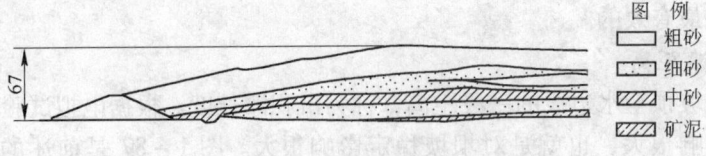

图 1 - 89　某尾矿坝断面示意图

　　根据不同距离的沉积滩面的实测，其颗粒组成及物理力学特性见表 1 - 32。由表 1 - 32 可见，在沉积滩面 120m 内，基本上属粗粒尾矿；在 120 ~ 160m 范围内为中粒尾矿；大约在 200m 远处属细粒尾矿；而矿泥层由于含量不多，仅沉积在尾矿库的底部。根据滩面及坝体勘察，可以假定该坝分层断面见图 1 - 90。根据各层的不同抗剪强度进行坝坡稳定计算，其安全系数为 $K = 1.928$。如果尾矿紊乱冲填，按均质坝计算（抗剪强度采用加权平均值），其安全系数为 $K = 1.779$。因此按尾矿冲积分级的断面计算的安全系数，要比按紊乱冲填的均质坝计算为高。可见合理的筑坝工艺及严格的管理能形成理想的坝体分层，是提高尾矿坝坡稳定的一个重要因素。

表 1 - 32　沉积滩面尾矿物理力学特性

至放矿口距离/m		干单位容重/t·m⁻³	天然含水量/%	单位容重/t·m⁻³	孔隙比	内摩擦角/(°)	凝聚力/MPa	平均粒径/mm	颗粒组成/%			尾矿分类
									>0.15	>0.074	>0.037	
垂直坝轴线	20	1.38	12	1.55	1.08	33.4	0.006	0.115	25	90	97	粗
								0.100	25	68	89	
	40	1.44	8	1.55	1.01	33.0	0.005	0.116	29	89	98	粗
								0.117	33		97	
	60	1.35	8	1.46	1.08	33.0	0.005	0.115	29	88	96	粗
								0.109	27	80	94	
	80	1.37	15	1.58	1.07	32.6	0.004	0.100	19	69	93	粗
									18	60		
	120	1.42	15	1.63	0.99	33.4	0.005	0.103	19	74	94	粗
								0.083	9	45	91	
	160	1.36	35	1.84	1.04	31.0	0.010	0.059		20	67	中
								0.050	3	14	54	
	200	1.31	40	1.84	1.13		0.010					细

　　经不同情况的计算及坝体坍滑破坏工程实例证明，坝体滑动经常是由局部的坍滑引起的，也就是滑弧的深度及半径均不是很大的。如图 1 - 90 所示，该坝只要保持 200m 沉积滩内尾矿有足够的抗剪强度，以形成一个有足够强度的坝壳，200m 远处的尾矿即使较软弱，也能保证尾矿坝的稳定性。因为最小安全系数滑弧不会超过 200m 沉积滩面的连线（图 1 - 90 中的虚线），即是"坝壳"的概念。

1.3.6.5　坝坡变化

　　坝坡坡度对尾矿坝的稳定性是有直接关系的。图 1 - 79 所示的尾矿坝坝坡，如采用不

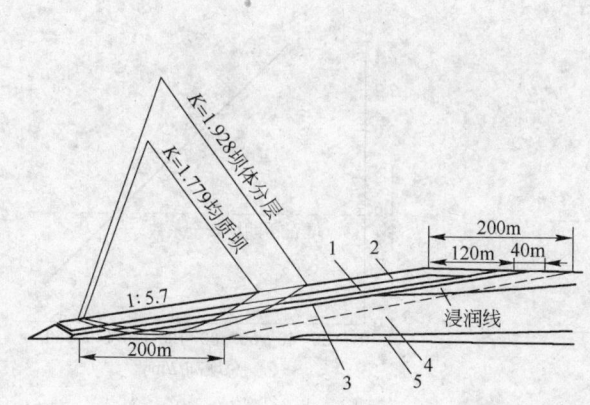

抗剪强度的计算指标

层 次		C/kPa	ϕ/(°)
1	表层粗尾矿	4	30
2	粗尾矿	4	33
3	中尾矿	4	31
4	细尾矿	4	28
5	矿 泥	5	25
均质坝		4	29

图 1-90 尾矿坝分层示意图

同的坡度，其安全系数变化很大，计算结果见表 1-33。

表 1-33 不同坝坡的安全系数

坝 坡	1:2	1:3	1:4	1:5.7	1:7
安全系数 K	0.954	1.188	1.393	1.708	1.892

坝坡变化对安全系数的影响见图 1-91。由图 1-91可见，随着坝坡减缓，如安全系数要求大于 1.2，则坝坡采用 1:3.5，该坝就已足够稳定了。

坝坡越缓越稳定，这是一般的概念，当坝坡太缓时，由于坝外坡增长，浸润线虽然有所降低，但坝坡坡面距浸润线的距离缩小，浸润线就有可能逸出坝面，不利于渗流稳定。例如，当该坝坝坡为 1:7 时，浸润线已接近坝面，再要减缓坝坡，浸润线即要逸出。因此，这里有一个合理坝坡的概念。尾矿坝坝坡坡度的选择，应是在保证有足够的安全系数的前提下，坝坡不宜太缓，以避免浸润线逸出，不利于渗流

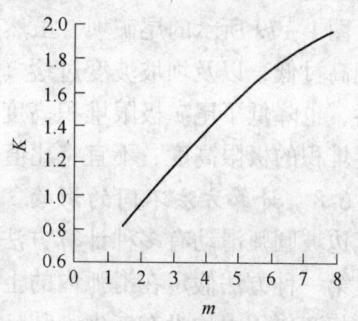

图 1-91 坝坡变化时对其安全系数的影响

稳定。此外，坝坡过缓，就减少了尾矿库的库容及增加筑坝工程量，这也是不经济的。

1.3.6.6 初期坝高的影响

初期坝采用堆石砌筑时，其抗剪强度要比尾矿高。因此，当初期坝增高时，其安全系数也随之增高。图 1-79 所示的 120m 高的尾矿坝，当其总高度为 H，与初期坝高 h 之比为 2~8 时，堆积坝的坝坡安全系数变化见图 1-92。由图可见，当总高 H 不变，初期坝高 h 增高时，堆积坝的安全系数迅速增加。但是初期坝的安全系数是一个常数，因此初期坝不适当的增高并不能增加尾矿坝的总体稳定性。一般 H/h 的值以 4~6 为宜。

1.3.6.7 堆积坝高的影响

尾矿库当初期坝的库容充满后，开始采用尾矿冲填筑坝，扩大库容。随着堆积坝的增高，坝体稳定安全系数逐渐降低，图 1-79 所示的尾矿坝，当堆积高度变化，坝坡安全系数的变化见图 1-93，其变化关系基本上为一直线。当总坝高堆积到 130m 时，堆积坝的

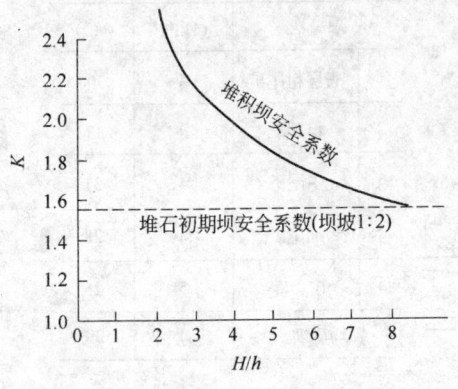
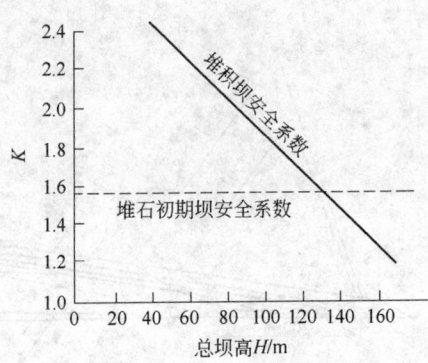

图1-92　初期坝高与安全系数的关系　　　图1-93　堆积坝高变化与安全系数的关系

安全系数小于初期坝的安全系数，此时坝坡稳定完全由堆积坝控制。当总坝高大于170m时，其安全系数要小于规范规定的1.2。所以该坝的初期坝高为一定值时（20m），其允许高度为170m。此时总坝高与初期坝高的比值为8.5。该比值过小，限制了尾矿抗剪强度所允许的极限堆积高度。由图1-82可见，$H/h = 4$，内摩擦角大于20°，尾矿堆积极限高度可达200m以上。

图1-79所示的尾矿坝，虽然尾矿平均内摩擦角为28°，并不算小，但是，由于初期坝坝高过低，以及坝坡坡度过缓（1:5.7），致使浸润线在坝面逸出，大大降低了坝坡稳定性，也降低了尾矿极限堆积高度。所以在选择总坝高与初期坝的比值H/h时，考虑到最终堆积的极限高度，不宜将比值选的过大。

1.3.6.8　计算方法不同的影响

边坡圆弧滑动有多种计算方法，最常用的有两种，即瑞典条分法及毕绍普（Bisnop）法。第一种方法假定在滑弧内的土体为刚性体，绕滑弧圆心旋转而坍滑，对于相邻土条之间的相互作用力均没有考虑，其计算结果是偏于安全的。第二种方法考虑了相邻土条之间的相互作用力。这两种方法在有关参考资料中，均有计算程序。图1-79中尾矿坝的沉积滩为200m时，采用上述两种方法的计算结果见表1-34。

表1-34　两种计算的比较

计算方法		瑞典条分法	毕绍普法
滑弧深度/m	$L = 80$	1.674 100%	1.713 102.3%
	$L = 100$	1.563 100%	1.604 102.6%
	$L = 110$	1.546 100%	1.588 102.7%

由表1-34可见，两者计算结果相接近，相差仅3%，条分法偏于安全。

以上所讨论的均是初期坝为堆石坝时的情况，对于初期坝为土坝的情况应另作研究。

根据以上影响因素提出参考坝坡（见表1-35）。

表1-35 参考坝坡

抗剪强度指标	堆积高度/m（由初期坝顶算起）	坝坡	
		沉积滩长 100~200m	沉积滩长 200~400m
$\phi=15°\sim20°$ $C\geqslant0.02MPa$	<10	1:3	1:3
	10~20	1:3~1:4	1:3~1:3.5
	20~30	1:3.5~1:5	1:3~1:4
	30~50	1:5~1:6	1:4~1:5
$\phi=21°\sim25°$ $C\geqslant0.01MPa$	<20	1:3	1:3
	20~30	1:3~1:4	1:3~1:3.5
	30~50	1:3.5~1:5	1:3~1:4
	50~70	1:5~1:6	1:4~1:5
$\phi=26°\sim30°$	<30	1:3	1:3
	30~50	1:3~1:4	1:3~1:3.5
	50~70	1:3.5~1:5	1:3~1:4
	30~50	1:5~1:6	1:4~1:5
$\phi=31°\sim35°$	<40	1:3	1:3
	40~70	1:3~1:4	1:3~1:3.5
	70~100	1:3.5~1:5	1:3~1:4
	100~150	1:5~1:6	1:4~1:5

表1-35的适用条件是：

（1）初期坝为堆石坝，初期坝高的比例为1/4~1/6。

（2）尾矿冲填分级良好。

（3）非地震区。

（4）尾矿内摩擦角指标为试验所得的小值平均值。

1.3.7 尾矿坝的抗震

我国是一个多地震的国家，许多尾矿坝建设在地震区。国外一些尾矿坝遭遇地震时所产生的震害是令人震惊的，国内一些遭遇地震的尾矿坝，虽然没有形成溃坝的恶果，也发生了明显的震害。国内外的震害经验表明，地震时尾矿坝容易产生液化，使尾矿坝丧失稳定性，所以尾矿坝的抗震稳定性是需要十分重视的问题。地震对尾矿库（坝）的破坏情况见表1-36。

1.3.7.1 地震区尾矿坝震情震害分析

（1）智利尾矿坝的地震破坏。智利是一个多地震的国家，据文献记载早在1928年10月1日经一次持续1540s的大地震之后，几分钟Barahono尾矿坝即破坏。该坝高63m，坝顶与池心高差17m，坝的内坡为40°~45°。这次破坏主要从坝内液化开始，随后造成坝内侧滑动，400万吨尾矿泻入山谷，死亡45人。

1965年3月28日，智利中部发生了具有破坏力的地震。震级为7~7.25级，在距震中100km范围内的许多矿山尾矿坝均遭受破坏（见表1-36），其中埃尔·科布雷的新、旧两座尾矿坝距震中40km，该处地震烈度为8~9度，尾矿坝几乎全部被毁（见图1-94）。200万吨尾矿泻入山谷，几分钟之内泻出12km，死亡达200多人。

表1-36 地震对尾矿库（坝）的破坏情况

所在地	埃尔·科布雷	埃尔·科布雷	耶罗·别霍	洛斯·马基斯	拉·巴塔瓜	拉迈纳
至震中距离/km	40	40	18	15	22	85
坝 名	旧坝	新坝		3号坝	新坝	1号坝
坝高/m	32~35	15	5	15	15	5
最大外坡坡度/(°)	35~40	15	35~40	30~35	35	33
日堆积量/t		2200	23~30	40~50	190	12~15
尾矿单位体积含水/%	85	85		90	70	65
回收水/%	60			70	80~85	30~40
地基坡度/(°)	4	4	1~2	15~20	3~5	30
基土渗透性/cm·s^{-1}	10^{-8}	10^{-8}	低	中等	中到高	低
破裂形状	半圆弧陡坎	半圆弧陡坎	不规则陡坎	半圆弧陡坎	半圆弧陡坎	半圆形陡坎
流失材料/t	1900000	500000	1200	300	50000	200
迁移距离/km	12	12	1	5	5	山脚
坝核试样						
小于0.076mm的/%	29.8	90	99.6	100.0	99.8	99.5
液限/%	19~47.7	26.6	54.7	35.1	42.8	48.7
塑性指数	0~19	4.6	30.5	8.7	17.8	17.9
天然容重与液限之比值	1.18	1.00~1.50	0.83	1.11	0.99	1.14
坝壳试样						
小于0.422mm的/%	95	97	98.8	99.9	99.8	94.5
小于0.251mm的/%	75	80	93.8	96.9	97.1	71.4
小于0.076mm的/%	45	30	61.6	46.3	55.3	25.4
液限/%	18	19	19.6	17.8	21.3	21.6
天然含水量/%	15	15	15.4	6.0	13.9	7.8
筑坝方法	重力法	旋流分段法	重力法	重力法	重力法	重力法

所在地	塞罗·内格罗	埃尔·塞拉多	贝拉维斯塔	埃尔·维塞	塞罗·布兰科
至震中距离/km	38	37	55	66	96
坝 名	3号坝			新坝	
坝高/m	20	25	20	6	8~10
最大外坡坡度/(°)	35~45	35	30~35	30~35	34
日堆积量/t	265		80	35	
尾矿单位体积含水/%			70	70	60
回收水/%					
地基坡度/(°)	20	10~12	7	5	1~2
基土渗透性/cm·s^{-1}	高	中等	中等	低	中等
破裂形状	半圆弧陡坎	半圆弧陡坎	半圆弧陡坎	裂口平行于坝边	裂口平行于坝边
流失材料/t	120000		100000		
迁移距离/km	5		2.5		

所在地	塞罗·内格罗	埃尔·塞拉多	贝拉维斯塔	埃尔·维塞	塞罗·布兰科
坝核试样					
小于0.076mm 的/%	100.0		87.5	92.9	
液限/%	47		25.6	28.5	
塑性指数	17.5		3.4	4.7	
天然容重与液限之比值	0.99		0.98	1.35	
坝壳试样					
小于0.422mm 的/%	100.0	89.0	98.6	99.8	100.0
小于0.251mm 的/%	99.1	74.5	83.1	98.0	99.9
小于0.076mm 的/%	51.6	42.9	43.4	48.7	94.7
液限/%	22.8	17.2	17.1	21.3	30.9
天然含水量/%	12.2	1.5	1.7	10.3	9.39
筑坝方法	重力法		重力法	重力法	堆石坝

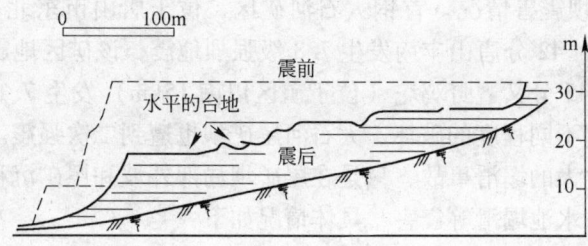

图1-94　埃尔·科布雷旧坝破坏前后的剖面图

据野外调查结果：

1）坝的外壳上发现许多粉砂和细砂管涌。

2）试验分析表明，池心沉积的矿泥中，小于0.005mm 的颗粒约占20%以上。其未固结的矿泥层天然含水量大于液限，贯入阻力几乎等于零，该层即为泻入河谷的矿泥。

3）从表1-36看出，地震破坏的许多尾矿堆积坝坝坡很陡，除了埃尔·科布雷一座新坝为15°之外。其他均为30°~40°。坝核内沉积的尾矿中小于0.074mm 含量占90%以上，极易受地震破坏。

从智利尾矿坝在地震区破坏的情况看，地震对尾矿坝的破坏具有如下特点：

①尾矿坝的破坏是由尾矿坝体材料液化引起的。

②尾矿坝的破坏形式表现为流滑。

③在很低的地震烈度下就可能破坏，例如6度。

④停用或不用的尾矿坝的地震稳定性比在使用的要高一些。

⑤次生灾害触目惊心，包括淹没城镇、土地、堵塞河道以及化学污染等。

由于智利许多尾矿坝的失事，人们常把上游法尾矿冲填坝想象成外部是一个很薄的坝壳，内部均为矿泥，在地震时容易遭受破坏，丧失稳定，人们对上游法筑坝的正确性提出怀疑，甚至主张放弃用上游法建造尾矿坝。

（2）首钢大石河尾矿坝震情：

1）大石河尾矿坝概况。该尾矿坝位于选厂西北面，厂距区 3.5km，为一山谷形尾矿库。初期坝为亚黏土的均质土坝，坝基为淤泥质亚黏土，系风化溶岩，初期坝坝高 14m，长 280m，尾矿库汇水面积 2.8km^2，库内有直径 1m 的排水管道。自 1962 年建成投产使用至 1976 年 8 月，已经堆筑尾矿子坝九级，总高度为 23.5m，库内水位低于尾矿坝坝顶 4.5m，尾矿平均粒径为 0.23mm，尾矿坝沉积滩平均坡度为 1:50～1:80。

1976 年初春解冻期间，发现了土坝的外坡面有四处大面积滑坡，渗水严重的地方在初期土坝坝顶以上至第二级尾矿子坝之间，显然产生滑坡的原因主要是浸润线在坝坡逸出，经几年反复冻溶浸泡土坝而造成。

此后该坝在第四级子坝上打了 13 眼无砂混凝土排渗井，井深 20m，井距 40m，采用深井泵降水。1976 年 7 月 28 日唐山地震前夜，土坝滑坡处理和无砂混凝土排渗井全部施工完毕，并开泵抽水，井内水位距坝面平均约为 16m，土坝经受了这次地震的考验，没有出现大的震害。

2）大石河尾矿坝震害情况。首钢大石河矿区，位于唐山市东北方向 40km 处，1976 年 7 月 28 日凌晨 3 时 42 分唐山丰南发生 7.8 级强烈地震，该矿区地震烈度约为 7 度。同时该区于同日 18 时 45 分又遭野鸡坨（位于矿区以南 15km）发生 7.1 级地震。采选区的厂房、公共设施受到不同程度的破坏。大石河尾矿坝也遭到二次强震。震后经调查，尾矿坝与初期坝没有发生大的塌滑事故，只是在尾矿坝局部外坡和尾矿沉积滩上产生裂缝、喷砂冒水及向尾矿澄清水池塌滑等震害，具体情况如下：

①发现在尾矿坝 4 号子坝东端出现 116 处喷砂冒水现象，在该坝东侧坝外地面上出现 17 处喷砂冒水现象。

②在尾矿沉积滩面上，离子坝 80m 在库水面之间，发生平行水边线的裂缝，越接近水边裂缝越多。最靠近水边的沉积滩面，有朝水边滑动现象，并发生张拉裂缝。

③滩面上出现大小不计其数的喷砂冒水的砂丘，大的直径达 2m。据值班员讲，震时水面涌波冒泡，水波高达几米，震后滩面下沉，水面上升。

④震后第二和第三级尾矿子坝上，发生平行坝中心线的裂缝 2～4 条。

⑤直径 700mm 尾矿输送管道扭动变形，被拉漏水。该坝经受了两次强烈地震表明，在一定条件下，上游法尾矿坝有其成功的经验，如滩面拉得较长，水面与坝顶要有足够的安全高差，尾矿坝坝坡比较平缓，震前采取了无砂混凝土排渗井，降低了下游坝坡的浸润线等，都是有利于尾矿坝抗震的因素。

（3）首钢水厂铁矿新水村尾矿坝震害情况如下：

1）新水村尾矿坝概况。水厂尾矿坝位于选厂西侧 3km 处，初期土坝高 12m，坝长 100m。1970 年建成投产，至 1976 年 7 月，尾矿已堆高达 54m，滩长达 450m，尾矿平均粒径为 0.25mm，尾矿沉积滩坡度为 1:50～1:80，坝顶与水面高差为 6.0m，水下坡度为 1:10。由于坝体浸润线在下游坡面溢出，造成下游坡 2/3 坡面潮湿，渗水冲刷子坝，尾矿流失，石块护面坍塌，之后在尾矿堆积子坝 147.8m 标高处，打了 6 眼无砂混凝土排渗井，采用深井泵抽水降低浸润线。

2）新水村尾矿坝的震害情况如下：

①喷砂冒水区中主要在靠近水边线的沉积滩上，宽度约 30m 范围，最大喷砂锥体直径为 1.2m。

②宽裂缝区发生在距水边 100m 左右的沉积滩上，在裂缝中有三条较大的宽裂缝，缝宽达 0.5~0.6m。

③裂缝区发生在宽裂缝区的上部，分布宽度约 90m，裂缝走向基本与水边线平行，而且距水边越远，裂缝越细小，缝间距离越大。

④土坝顶的子坝外坡块石护面塌陷。

⑤震后整个尾矿坝发生较大的变形，经实测尾矿的沉积滩面最大沉陷 1.2m，而尾矿积堆坝的外坡面向外升高最大达 0.82m。

此外，地震时，库区的水浪猛力向滩面上涌达 100m，左右水面翻起水泡，水喷达几米高（据值班人员讲）。水退下以后滩面上出现大大小小的砂丘。

（4）唐钢张庄尾矿坝震害情况。张庄尾矿坝位于唐山市的东北面，相距约 35km，该地区地震烈度在 8 度和 9 度线上。张庄尾矿坝初期坝是滤水堆石坝，坝基为基岩，最大坝高约 15m，坝长 50m，库内设有两条长 200m，直径为 800mm 的排水管和一座钢筋混凝土溢水塔。1976 年，后期尾矿已堆积三级子坝，平均坝坡为 1:3，总高 11m，坝顶与水面高差 2.5m。唐山地震前，已经堆到第四级子坝，采用面积为 70m×30m 池填堆筑子坝。1976 年 7 月 28 日地震后，池边 0.5m 高的子坝，全部震裂，池内出现很多直径大小不等的喷砂冒水，并分布有平行坝轴线的裂缝。从坝顶到水边线之间的整个滩面，出现密集的喷砂冒水砂丘，越接近水边，喷砂越密集，直径大的有 1.5m，喷出尾砂以细砂为主，水边线附近的滩面向库内滑动。初期堆石坝表面石块仅有局部滑动，下游渗水均为清水。说明堆石坝面对强烈地震适应性很强，尾矿坝两端与岸坡连接段出现横向裂缝，坝体中部出现纵向裂缝，坡面埋设的一条降水管挤成弓形，震后坝体不但下沉而且向外位移。以上震害表明，该坝虽然库内澄清水位高，滩面短，约 100 多米，震后滩面大面积喷砂冒水，但因初期采用滤水堆石坝，不但排渗好，而且具有较好的稳定性。

（5）天津碱厂尾矿库震害情况。尾矿库坝高 18.5m，于 1976 年 7 月 28 日，由唐山地震引起液化破坏，波及范围 0.4km，淹没库区南边利民化工厂，包括厂房、设备、锅炉房、汽车队、运输队和临时工房以及 200 户职工家属住宅。

从我国几座尾矿坝经受地震考验的情况看，除了天津碱厂因地震液化破坏造成损失外，其他几座尾矿库的震害主要表现为库内滩面和个别坡面局部液化，喷砂冒水，局部坝坡开裂、坝体位移等，但仍可使用。这说明我国尾矿坝抗地震稳定性较好，同时也说明，上游法尾矿坝并非是在地震情况下失去稳定，上游法坝体结构的下游面并非都是一个很薄的坝壳、内部均为矿泥；上游法堆坝在一定条件下，可以形成一个稳定的坝体，可以承受未固结尾矿和水的压力。

1.3.7.2　尾矿坝料液化性能及其预估

由于地震时尾矿坝因液化而丧失稳定性，这就促使了人们加强对尾矿坝料的液化性能的研究，通过这些研究可对尾矿坝料的抗液化性能有以下的认识：

（1）与天然砂和粉土相比较，在相同的密度状态下尾矿坝料的抗液化能力较低，其变化范围较窄。变化范围与尾矿坝料的种类有关，尾矿泥的比尾矿砂的要大些。

（2）原状尾矿坝料的抗液化能力比重新制备的要高，其高出的程度至少在30%以上。

（3）同种尾矿坝料具有很相近的液化能力，例如，原状的尾矿泥在20次循环作用下产生5%双幅应变所需要的循环应力比大约为0.25。

（4）尾矿砂的抗液化能力随密度的增大而提高，原状尾矿泥的抗液化能力则与其孔隙比（密度）几乎无关。但应强调，这里所说的密度是指尾矿泥的天然沉积密度。尾矿泥的天然沉积孔隙比随细粒含量的增加而增大，孔隙比的增大使抗液化能力降低，但细颗粒增加本身则使抗液化能力提高。可能是这两种相反的作用相互抵消，原状尾矿泥抗液化能力基本不随密度产生明显的变化。

（5）尾矿坝料的抗液化能力与平均粒径有一定关系。当平均粒径为0.07~0.1mm时液化应力比最低，当平均粒径大于或小于这个范围时液化应力比有所提高，特别是小于这个范围时提高尤为明显。

（6）根据原状尾矿坝料的试验，石原建议了一个预估尾矿坝料循环三轴不排水强度的经验公式：

$$R_L = 0.088 \sqrt{\frac{N}{\sigma_v + 0.7}} + 0.085 \lg\left(\frac{0.50}{D_{50}}\right) \qquad (1-23)$$

式中 R_L——在均等固结条件下，20次循环作用引起5%双幅应变所需要的循环应力比，即：

$$R_L = \frac{\sigma_{a,d}}{2\sigma_3} \qquad (1-24)$$

$\sigma_{a,d}$——轴向循环应力幅值；

σ_3——侧向固结压力；

σ_v——尾料堆积体中土单元所受的有效覆盖压力，以MPa计；

N——标贯击数。

这个公式已被日本规范采用。

（7）根据国外的试验资料，Garga和McAoy给出了相对密度为50%时10次和30次循环作用引起液化所需的应力比与平均粒径的关系线。当一种尾矿坝料的平均粒径已知时就可以利用这些关系线确定相应的液化应力比。如果尾矿坝料的相对密度不等于50%，对尾矿砂则应按比例关系做密度修正，对尾矿泥则不做密度修正，其理由如前所述。这样求得的是在均等固结条件下的液化应力比，在非均等固结条件下的液化应力比，他们建议按下式确定：

$$R_{L,K} = R_{LK_c} \qquad (1-25)$$

式中 R_{LK_c}——固结比为K_c时的液化应力比，仍如式1-24所定义；

K_c——固结应力比，$K_c = \sigma_1/\sigma_3$，σ_1为轴向固结压力，σ_3如前。

上述的研究成果使人们对尾矿坝料的抗液化能力有一个较全面的认识。在预估原状尾矿坝料的抗液化能力时必须考虑如下影响因素：

1）侧向固结压力，它的影响可用式1-24定义的液化应力比来考虑。

2）固结比K_c。

3）平均粒径。

4）原状与重新制备的尾矿坝料抗液化能力的差别。

5）尾矿坝料的密度。

6）地震作用的历时，通常以循环作用次数表示。

可以忽视的因素：

1）颗粒的形状。

2）级配特性。

3）同一种尾料沉积形成的结构。

此外，利用石原公式确定尾矿坝料液化应力比时需要现场测定标贯击数，对于新设计的尾矿坝这是不可能的。在 Garga 和 McAcy 方法中，试验资料既包含原状尾矿坝料，又包含重新制备的尾矿坝料，而且后者或许还多一点，但他们将其作为原状尾矿坝料的试验结果，这是不合适的。再者，用式 1－25 考虑固结比的影响也很不妥，这一点后面还要谈到。

基于这些认识，介绍一种预估尾矿坝料抗液化能力的方法，其基本步骤如下：

1）均等固结条件下液化应力比 R_L 与循环作用次数 N 的关系采用如下表达式：

$$R_{L,N} = \alpha N^\beta \qquad (1-26)$$

式中，α、β 为两个参数。设 $R_{L,10}$、$R_{L,30}$ 分别为循环作用次数为 10 和 30 时的液化应力比，则

$$\left.\begin{array}{l} \alpha = 10 \dfrac{\lg R_{L,10}\lg 30 - \lg R_{L,30}\lg 10}{\lg 30 - \lg 10} \\[3mm] \beta = \dfrac{\lg R_{L,30} - \lg R_{L,10}}{\lg 30 - \lg 10} \end{array}\right\} \qquad (1-27)$$

2）重新制备的尾矿坝料当相对密度为 50% 时，其液化应力比与平均粒径关系如下：

$$\left.\begin{array}{l} R_{L,10} = a_1\left(\dfrac{\Delta}{2.75}\right)^{b_1}\left[1 + \left(\dfrac{D - D_{50}}{D_{50}}\right)^2\right]^{c_1} \\[4mm] R_{L,30} = a_2\left(\dfrac{\Delta}{2.75}\right)^{b_2}\left[1 + \left(\dfrac{D - D_{50}}{D_{50}}\right)^2\right]^{c_2} \end{array}\right\} \qquad (1-28)$$

式中，Δ 为尾矿料的密度；a_1、b_1、c_1、a_2、b_2、c_2、D 为参数，由试验资料的统计分析确定。根据国外的试验资料，初步确定：$D = 0.1$；$a_1 = 0.1526$，$b_1 = 1.33056$，$c_1 = 0.1160$；$a_2 = 0.1295$，$b_2 = 1.7354$，$c_2 = 0.0866$。

3）考虑密度、固结比、固结压力作用的持续时间的影响，抗液化强度按下式确定：

$$R_{L,D} = \alpha_{K_c}\alpha_p\alpha_{D_r}R_{L,N} \qquad (1-29)$$

式中　　$R_{L,D}$——N 次循环作用的液化应力比；

$\qquad R_{L,N}$——相对密度 50% 重新制备的尾矿坝料在均等固结条件下 N 次循环作用的液化应力比，按式 1－28，式 1－29 计算；

α_{K_c}，α_p，α_{D_r}——分别为考虑固结比、固结压力作用持续时间和相对密度影响的修正系数。

$$\alpha_{D_r} = D_r/50 \qquad (1-30)$$

α_p 按表 1 - 37 确定。Garga、Mckar 用式 1 - 25 考虑固结比的影响。试验资料表明，只对较粗的尾矿砂才是适宜的；随细颗粒的增加式 1 - 25 的偏差越来越大，固结比为 2 时尾矿泥的液化应力比甚至会低于固结比等于 1 时的数值。初步的考察表明，α_{K_c} 与尾矿坝料颗粒的粗细，黏粒的含量或塑性指数以及其他一些因素有关，需要进一步研究。

按上述方法确定出来的在均等固结条件下的液化应力比与国外的试验数值相比较，其误差在 ±30% 以内，对于土工试验这样的误差是允许的。

表 1 - 37　α_p 的数值

固结压力作用持续时间	1 天	2 天	100 天	1 年	10 年	100 年
α_p	1.01	1.08	1.24	1.31	1.41	1.47

1.3.7.3　提高尾矿坝抗震液化稳定性的技术措施

提高尾矿坝的抗震液化稳定性，除了改良尾矿的沉积环境外，主要从降低地下水位，提高密度和增加有效覆盖压力着手。

从尾矿坝实际震情和地震的宏观现象来看，为了提高尾矿坝的抗液化能力，应注意以下几方面的问题：

（1）选好库址。在库址选择时，应尽量选择基岩稳定、覆盖层薄及土质条件良好的坝址，特别是应避开饱和砂土、砂壤土、粉质壤土和含砾量不高的砂砾石地区。避开活动断层。

（2）有足够的滩面长度。库内水位远离坝顶时，即使靠近水边线的饱和尾矿沉积滩面液化，坝体剪应力增加，强度降低，但整个坝体仍具有足够的抗剪能力。和国外相比，国内的尾矿坝滩面长度较长，一般约为 100 ~ 200m，或更长一些，而国外尾矿坝的干坡段长度约 30 ~ 40m，这是我国尾矿坝抗液化能力优于国外的重要原因之一。

（3）尽量降低浸润线。使浸润线以上的干燥区域有较大的厚度，其好处是：1）浸润线以上不能饱和，失去了液化的先决条件，无水也就不存在孔隙水压力增加的问题。2）浸润线降低后自然增加了有效压力。如果不降低浸润线，用压盖增加有效应力也具有同样的效力，但必须在压盖下部加强排水，控制浸润线的上升。

（4）提高尾矿坝体的密度。这也是防止震动液化的有效办法。自然沉积的尾矿坝体的密度是不大的，为了提高密度，可采用振冲碎石桩的办法，它的处理深度可达 15 ~ 20m。

（5）加强放矿管理。尽量使透水性较好的中细砂沉积滩面，这样有利于孔隙水压力的消散和脱水固结，避免矿泥类尾矿在滩面沉积。

（6）保持库内水面和坝顶的安全高差，以避免涌波对坝体破坏。

（7）放缓坝坡，满足动力稳定的要求。如一般上游法采用 1:5 左右的下游坝坡，这样在库内发生液化时，增加对下游的水平推力，就有了足够的坝体维持其稳定。

近几年来，我国在降低尾矿坝的浸润线方面做了大量工作，取得了显著成绩。但就所有措施的实际效果来看，要想长期稳定地把浸润线降低到 5 ~ 7m 以下（7 ~ 9 度地震不产生液化的最高地下水位值）是有困难的。而且有的研究指出，对于坝，即使比这个数值大，仍有液化的可能。因此应在增加覆盖压力和提高密度方面下工夫。结合木子沟尾矿库翻压尾矿排水及云锡公司牛坝荒背阴山冲尾矿库用旋流器分级尾矿加固堆积坝下游坡面的经验，可以认为，用分级尾矿在堆积坝下游做压盖，压盖与堆积坝面之间作排水也许是一个简单易行、效果可靠的办法。

1.3.7.4 地震对尾矿坝稳定性作用的分析途径

地震对尾矿坝的作用有二：一是使坝体发生液化，孔隙水压力升高，抗剪强度降低，其破坏形式表现为流滑或过大的变形，直接引起坝体材料物理力学性质的变化；二是增加了坝体材料的地震惯性力，产生附加滑动力，其破坏形式表现为一部分坝体相对于另一部分发生滑动，不涉及坝体性质的变化。这是两种不同的破坏机制和分析方法，前一种是动力分析方法，后一种是拟静力分析法。一个坝用拟静力分析是稳定的，但仍可能由于液化而丧失稳定。因此，必须用动力法进行分析。主要内容为：

（1）液化判别分析。确定坝体内是否存在液化区、液化区的部位和范围。

（2）液化危害性分析。确定液化区尾矿坝地震性能的影响。

液化是一个很复杂的物理力学现象，受许多因素的影响。在液化分析中，应对这些影响因素予以考虑。液化分析的步骤为：

1）确定设计地震及相应坝基基岩运动参数。

2）用静三轴试验确定坝料及坝基土层的静力参数，进行坝体和坝基的静应力分析。

3）确定坝料及坝基土层的动力学参数，进行坝体和坝基的地震应力分析。

4）用动三轴仪做坝料在地震荷载作用下的强度试验，包括液化试验。

5）确定坝体坝基内液化区的部位和范围。

6）根据液化区在坝体中的部位和范围，估价它对坝坡稳定性的影响。

20 世纪 80 年代以来，不少尾矿坝进行了此项工作，但由于地震受多种因素的影响，人们看到的是综合结果，难以深入认识液化本质，也不易找到有效的预防措施。因此，对有关问题通过试验和分析进行深入的研究是必要的，但目前的工作有两个问题：

1）以理想剖面代替实际剖面引起的问题没有被人们重视。我们曾就金堆城木子沟尾矿坝的实测剖面和理想剖面分别作了动力分析，分析的结果表明，液化区的位置是不一致的。

2）把浸润线以下的坝体视为饱和的，实际上尾矿坝是多层结构，有几条浸润线，浸润线之间的坝体是非饱和的，这些非饱和区对于坝体液化有什么影响，目前尚未进行深入研究。

1.3.8 细粒尾矿堆坝

细粒尾矿是指平均粒径不大于 0.03mm，其中，-0.019mm 含量一般大于 50%、+0.074mm 的含量小于 10% 和 +0.037mm 不大于 30% 的尾矿。

根据试验和国内筑坝的实践，一般认为，0.037mm 的尾矿在分散放矿时可形成沉积滩，0.037~0.019mm 的颗粒沉积较好；-0.019mm 的颗粒不易沉积，当其悬液浓度 5%~10%，潜流速度超过 10cm/s 时可能发生异重流。所以把 0.020mm 颗粒作为筑坝的分界粒径。云南锡业公司大多数尾矿属于细粒尾矿，并用它堆积了一批尾矿堆积坝（见表 1-38）。根据云南锡业公司细粒尾矿堆坝的实践经验，当其 +0.019mm 的颗粒含量大于 30% 时就可以考虑用尾矿堆坝。

表1-38 云南锡业公司细粒尾矿特性及堆坝主要参数

| 尾矿库名称 | 原尾矿粒度分析/mm | | | | | 初期坝 | | 尾矿堆坝 | | |
	+0.074	0.037	0.019	-0.019	平均粒径	坝高/m	坝体结构	设计堆高/m	实际堆高/m	堆坝方法
老厂背阴山冲	12.35	7.91	9.88	69.86	0.0272	14	浆砌石坝	25	28	渠槽法
期六寨	9.59	15.16	11.2	64.03	0.027		堆石坝	20	20.07	渠槽法
黄选背阴山冲	14.64	10.31	9.56	65.49	0.0289		贴皮土坝	10	18.33	旋流器分段
卡房墀牛塘	13.11	10.85	9.18	66.86	0.0282		均质土坝	0	17.35	旋流器分段
古山广街	13.4	9.54	8.58	68.68	0.0281		土坝	10	17.95	池填池
火谷都	13.52	12.82	8.2	65.46	0.0287		均质土坝			

根据细粒尾矿堆坝的实际勘察成果可以看出，细粒尾矿的沉积规律和粉砂类尾矿的沉积规律基本上是一致的或相似的。但有其特点，主要表现在以下几个方面：

（1）沉积滩的坡度比较缓，不用旋流器分级时约在0.3%~0.8%之间，一般不超过1%。

（2）沉积"千层饼"的现象更为突出，从试验取的原状土样就可看出，分层明显，粉砂中夹黏泥，黏土中夹粉砂，紊乱沉积的规律更为明显。

（3）尾矿沉积结构比较松散，标贯击数比较低，一般为2.7~3.9，最高的仅为8.33。

（4）坝体尾矿的物理力学指标见表1-39。由该表可以看出，孔隙比都大于1.0，换算的干容重平均数为13.3kN/m³，抗剪强度φ角不算太低，C值较大，这主要是由于黏粒含量较高所致。

（5）尾矿沉积滩下的黏土、亚黏土夹层，其饱和度、含水量、孔隙比、抗剪强度等更具有软土的性质，见表1-40。

由以上这些特点看，细粒尾矿堆坝的安全度较低，管理困难，应特别加强管理。

为了提高细粒尾矿堆坝的安全度，应特别注意以下几点：

1）切实保证滩长，改善堆积坝的固结条件和沉积条件。

2）加强坝体排水，改进堆坝方法。背阴山冲尾矿库从1980年起采用旋流器分级法堆坝，并在其下游加固堆积坝，起到了很好的效果。它的标贯击数是用同样原尾矿堆坝的尾矿坝的3倍。采取多种排水方法，降低坝体浸润线，加速坝体固结。

3）加强放矿管理，采用间断放矿、分段放矿等多种办法，加快坝体固结的速度。

1.3.9 尾矿堆积坝的构造

1.3.9.1 子坝

尾矿堆积坝子坝的作用，主要是阻止未固结的矿浆向外流淌，同时为放矿作业创造一个工作条件。子坝坝顶可以安装放矿管道。子坝坝顶的宽度视放矿管的直径不同，一般为2~3m。子坝的断面形式目前有两种，内外坡均为1:1~1:1.5，对于外坡，一种是按堆积坝的外坡设计，另一种是和内坡相同。见图1-95（虚线表示和堆积坝一致的外坡）。子坝的材料最好用粗粒尾矿堆积，或用其他土、石材料。根据坝的上升速度确定子坝的高度，一般在1~5m之间。

表 1 – 39　云锡细尾矿沉积砂类土的主要物理力学指标

尾矿库名称	尾矿沉积土名称	密度	饱和度/%	含水量/%	天然容量/g·cm⁻³	孔隙比	平均粒径/mm	标贯击数(No.3.5)/击	压缩系数	渗透参数 K/cm·s⁻¹	φ	C/MPa	备注
火谷都	粉　砂	3.12	91	30	2.04	1.04	0.140	3.6		1.16×10^{-3}	28°03′	0.0166	细粒尾矿
	轻亚黏土	3.06	98	35	1.98	1.09	0.036		0.084	7.0×10^{-4}	20°33′	0.0215	细粒尾矿
黄茅山背阴山冲	粉　砂	3.68	77	34	1.89	1.64	0.105	8.33		3.67×10^{-3}	32°13′	0.0208	细粒尾矿
	轻亚黏土	3.54	78	44	1.84	1.77	0.054				30°0′	0.0190	细粒尾矿
牛坝荒南坝	粉　砂	3.51	81	36	1.87	1.56	1.147	2.7		1.0×10^{-3}	32°06′	0.0025	细粒尾矿
	轻亚黏土	3.43	89	42	1.68	1.61	0.072			5.1×10^{-4}	15°0′	0.010	细粒尾矿
古山广街	粉　砂	3.07	79	25	1.95	1.10	0.213	3.9		2.1×10^{-4}	33°24′	0.0014	细粒尾矿
	轻亚黏土	3.05	90	33	1.93	1.08	0.085		0.025	1.4×10^{-4}	29°55′	0.0021	细粒尾矿

注：云锡火谷都等尾矿沉淀土的物理力学指标是根据"尾矿勘察试验结果报告书"的资料整理后的算术平均值。

表1-40　云锡细粒尾矿沉积土（亚黏土、黏土类）与软土地基指标对比

库名	尾矿沉积土名称	统计值	饱和度/%	含水量/%	孔隙比	抗剪强度 φ	抗剪强度 C/MPa	压缩系数	渗透系数 K/cm·s⁻¹	备注
火谷都	黏土	算术平均值	99	53	1.70	9°10′	0.044	0.142	9.75×10^{-8}	
	黏土	小值平均值	98	49	1.47	5°51′	0.0134	0.082	6.40×10^{-8}	
	亚黏土	算术平均值	98	37	1.16	9°47′	0.0212	0.088	5.20×10^{-8}	
	亚黏土	小值平均值	96	33	1.04	5°30′	0.0135	0.055	1.32×10^{-7}	
黄茅山	黏土	算术平均值	95	60	2.04	8°56′	0.0269	0.133	3.45×10^{-8}	
	黏土	小值平均值	81	47	1.84	6°16′	0.0169	0.068	1.81×10^{-8}	
青阴山冲	亚黏土	算术平均值	96	53	1.84	15°16′	0.0329	0.052	6.2×10^{-5}	
	亚黏土	小值平均值	93	49	1.77	11°33′	0.0216	0.050	5.3×10^{-5}	
牛坝荒南坝	黏土	算术平均值	96	55	1.64	10°48′	0.0073	0.095	不透水	
	黏土	小值平均值	95			6°18′	0.0396	0.061	不透水	
	亚黏土	算术平均值	96	50	1.66	6°18′	0.0181	0.088	不透水	
	亚黏土	小值平均值	95			3°09′	0.0145	0.068	不透水	
古山广街	黏土	算术平均值	96	55	1.64	6°35′	0.0212	0.095	不透水	
	黏土	小值平均值	95			3°16′	0.0124			
	亚黏土	算术平均值	96	45	1.42	17°13′	0.0132	0.064		
	亚黏土	小值平均值	95			5°50′	0.0066			
软土地基指标	黏土		95	>40	>1.0	<5°	<0.02	0.05	$<1 \times 10^{-6}$	
	亚黏土		95	>30	>0.8	<16°	<0.012	0.035	$<1 \times 10^{-6}$	

注：本表数据系根据各尾矿尾矿勘察报告书资料整理后得出；软土地基指标系根据《尾矿设施设计参考资料》。

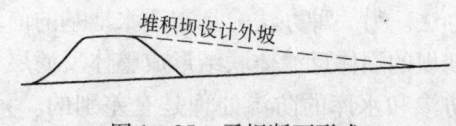

图 1 – 95　子坝断面形式

1.3.9.2　排水及护坡

坝和两岸的交接处设排水。排水沟的断面根据控制的流域面积确定。排水沟必须放在岸坡的原土层上，不得放在尾矿坝上。

坝面上应设平行坝轴线的排水沟。当坝外坡采用宽平台布置时，平台应有排水坡、坡向排水沟。排水沟应纵横联通，组成排水网。

1.3.9.3　上坝交通

坝面应有上坝的交通道路，当坝较高时可设置公路，公路通过坝面时必须做排水边沟，以免雨水沿公路流淌，冲刷坝体。公路应进行专门设计。

1.3.9.4　副坝

当一个尾矿库有几个副坝时，应分析坝前放矿的相互影响。当副坝无坝前放矿的条件时，或者坝前放矿不经济时，应按尾矿库挡水坝设计副坝；当副坝可以进行坝前放矿并用尾矿堆坝时，应对放矿的时间和放矿的地方作出规定。

1.4　坝基处理

坝基处理的范围包括河床及河岸。经过处理的坝基应满足渗流控制（包括渗透稳定和控制渗流量）、静力和动力稳定、容许沉降量和不均匀沉降等方面的要求，保证坝的安全运行和经济效益。

天然地基一般比较复杂，大体可分为岩石地基、砂砾石地基和土基（黏土、壤土）三类。就一个坝基而论，也可能三类坝基都有。河床是砂卵石坝基，两岸是土基或是较陡的岩石。不同的地基类型，采用不同的处理方法。易液化土，软黏土和湿陷性黄土是需要特别注意加以研究处理的地基。今就地基处理中的几个问题分述如下。

1.4.1　坝基防渗

尾矿沉积体一般透水性较小，渗透系数多在 10^{-4} cm/s 以下，由于库内沉积尾矿，对坝基渗流控制很有作用，采用周边放矿是尾矿库防渗的成功经验。因此，在设计中对坝基需进行防渗设计时，首先应考虑尾矿的防渗作用。用尾矿防渗，就其作用而论，相当于作铺盖。用尾矿防渗成功的关键，是沉积的尾矿不产生渗透破坏，也就是排放的尾矿不会通过透水的坝基流失。为此，必须做好以下几点：

（1）要认真清基，拟作铺盖范围之内的弃碴、弃土、乱石、稀泥，以及表层腐殖土等均应清除干净。

（2）要将基础整平，防止高差的突然变化和局部鼓包的存在。基础下面的沟、洞、坟、井等要认真处理，清理之后，分层回填密实。

（3）在无沙或少沙的砂砾石地基上或透水性很强的岩基要在清基整平之后，做好反滤层，反滤层应是满足尾矿不流失。因此，反滤层应连续而封闭，即在防渗的范围保持反滤层的闭合。

以上是按铺盖做法的办法。另一种办法，是在透水地基的前缘做连续的反滤层，截断透水带。该反滤层应和初期坝的坝体反滤体联结形成整体反滤层，以此达到防渗的目的。

应当指出，尾矿库的防渗和水库的防渗处理是有差别的。只有当用尾矿防渗无法实现，或不经济时才采用其他防渗方式。

采用尾矿防渗时，要做好坝趾排水和水平褥垫等坝的下游防渗透变形工程。

1.4.2   岩石地基

对于土坝，一般完整岩石透水性很弱，可视为不透水地基。岩石表层风化裂隙发育，具有不同程度的透水性，由于地质构造作用，岩石地基往往存在断层破碎带以及节理裂隙密集带，这些缺陷，将构成地基的局部强透水带或透水层。对于岩石地基主要是考虑岩石表面和深部强透水层、强透水带以及集中漏水通道的处理，最有效的办法是采用帷幕灌浆，但较为复杂。因此，在选择坝趾时，对于需要进行深部处理的地基应予避开。本节叙述的重点是岩石表面的处理。

在很多情况下，岩基上面覆盖各种厚度的覆盖层，有时需要挖穿覆盖层，再进行岩石表面处理。如加设防渗措施或处理表面缺陷。

1.4.2.1   防渗措施

对于一般岩石地基加设防渗设施，主要目的是加强坝的防渗体与地基的联结，土坝的防渗体一般是用黏土碾压成密实的土体，本身透水性很小，它放在岩石地基上，二者的接触面将是一个薄弱面，它较之坝的防渗体和岩石地基都易于透水。如果不加处理，就有可能沿着这个薄弱面产生集中渗流，从而使坝的防渗体遭到破坏。为了防止产生集中渗流，可针对岩石的不同情况，采取不同措施。

（1）完整岩基。完整岩基的处理方法是沿坝的防渗体中心线或稍偏上游开挖一条截水槽，有的加设齿墙。截水槽底宽不小于 1/4 ~ 1/6 坝高，深入岩基 0.3 ~ 0.5m。如岩基表面风化破碎，裂隙充填又不密实，则应继续挖深，直到没有明显的漏水裂隙为止（见图 1 - 96a）。有的加设一道混凝土齿墙，墙高 1.5m 左右（见图 1 - 96b）。然后用与坝的防渗体相同的黏性土回填。截水槽回填以前，应将基岩表面清理干净，清除积水，再沿岩石及混凝土表面涂以黄泥浆一层，厚约 1cm，而后回填黏土，逐层夯实。截水槽及齿槽开挖时只允许放小炮，以防止基础遭受破坏，开挖毕，应清除表面松动岩石。裂隙用砂浆填补。当采用混凝土齿墙时，应沿长度方向设置伸缩缝，缝的间距不大于 10m。分缝处做好止水。止水的一般做法是在分缝中间加设塑料止水带和经防腐处理过的木板。止水的简单做法是现场热铺油毡，见图 1 - 97。热铺油毡应在混凝土表面干燥的情况下涂以热沥青，将油毡粘在混凝土面上。

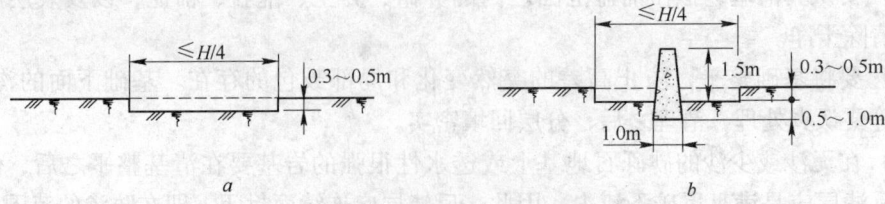

图 1 - 96   完整岩基上的截水槽

两岸岩基表面在开挖齿槽之前应予修整平滑，使其坡度不陡于1:0.75，如岩壁过陡，削坡工程量大，可局部砌筑浆砌块石填补。浆砌石应砌筑密实，最好表面以薄层混凝土包裹，以防止漏水，如图1-98所示。

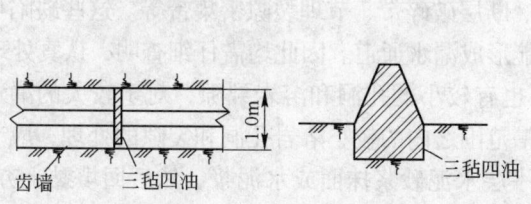

图1-97 齿墙止水缝

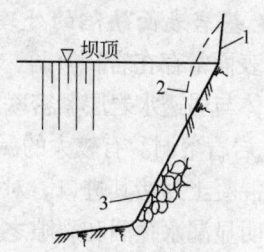

图1-98 岸边岩基削补坡示意图
1—削坡开挖线；2—原岩石；3—浆砌石

（2）风化、软弱基岩。当基岩风化层很厚，截水槽开挖到完整岩层往往工程量过大。软弱岩石，如泥质页岩、板岩等，其本身抵抗渗流侵蚀的能力也较低，表面岩石往往是一层质地软弱的全风化层。对于风化、软弱岩基，齿槽开挖时，应穿透其透水性较强及岩层松软部分，并在齿槽底面浇筑混凝土底板，底板两端，可加设短墙，呈U形混凝土护底，见图1-99a，用以联结坝的防渗体和岩石地基，同时对二者起到保护作用。混凝土板的宽度，视岩石透水情况和软弱情况而定，一般不小于1/4~1/3坝高。

两岸岩坡应保持稳定，一般不陡于1:1，全风化层不陡于1:1.5，岸坡修整之后，开挖截水槽，并设置混凝土护底，在上部全风化层中开挖截水槽，如不能挖透风化层，则至少应深入2m。混凝土护底宽度，自下而上可逐渐变窄，坝底处宽1/4~1/3坝高，坝顶处不小于2m，见图1-99b。

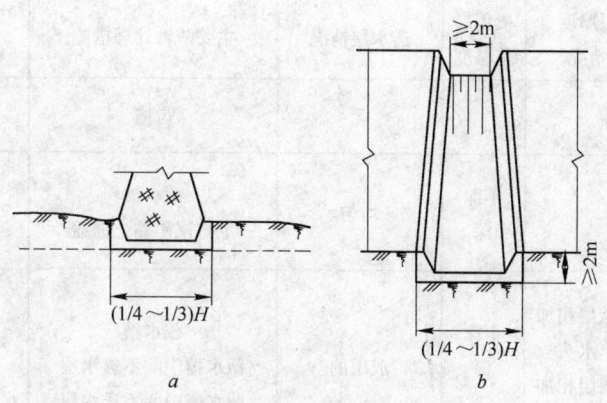

图1-99 截水槽混凝土护底示意图

（3）强透水岩石地基。强透水岩石地基，如第四纪玄武岩，最有效的处理方法是进行帷幕灌浆，但投资往往过多，对中小型工程可能有一定困难。在这种地基上建坝，可采用黏土铺盖或用尾矿防渗，以削减渗流。

（4）岸边联结。建在岩石地基上的土坝，由于岸边岩石边坡一般较陡，在坝头范围内由于高度不同，坝体将产生不均匀沉陷。为此对两岸的坡度应按要求设计。岸坡接触部位是坝的薄弱环节，容易沿接触面及坝体内部发生集中渗流，因此要求在施工中严格控制施工质量，将坡面岩石尽量做到平整，避免出现台阶及高差的突然变化。对于黏土斜墙坝，在与岸坡接触部位，防渗体断面应适当放大，以加长接触渗径，减小防渗体的渗透水力梯度。两岸防渗体放大断面，与河床部分的防渗体联结要做成渐变形式。

1.4.2.2 基岩表面缺陷的处理

基岩表面常存在岩石溶洞、溶岩裂隙、断层破碎带、节理裂隙密集带等。这些缺陷可能影响防渗体与弱透水岩层紧密联结，并可能形成漏水通道。因此均需仔细查明，认真处理。

（1）岩石溶洞。有较大的漏水通道，也有较小的孔洞和溶岩裂隙，对于较大的漏水通道，可用混凝土封堵其进口。对位于截水槽范围之内的较小溶岩孔洞和裂隙的处理，应予挖深到没有明显漏水孔洞和裂隙之后，铺设一层水泥砂浆抹面或水泥浆，然后回填黏土夯实。位于两岸的，为防止产生绕坝渗流，可在清理之后，以水泥砂浆勾缝或铺设黏土铺盖封堵。

位于岸边的溶洞往往有泉水出露，做铺盖之前应首先处理泉水。处理方法是先清理出水口，在泉水出口处铺设碎石及砂砾料做反滤，然后填筑黏土铺盖。如泉水量较大，则应用混凝土埋设导水管封堵，混凝土凝固以后，再封堵管口。有些溶洞往往埋藏在风化残积的黏土夹碎石下面，施工中应仔细查明。

（2）断层破碎带和节理裂隙密集带。位于截水槽底部，且回填不密实者，可开挖一定深度、回填黏土夯实或混凝土回填。位于两岸且走向为顺水流方向或与坝轴线斜交者，可将其表面和附近岩石表面清理之后，加设黏土铺盖封堵。

1.4.3 土基及透水地基处理

不透水的土基（黏土、壤土）及透水地基的分类及处理措施，可归纳为表1-41。

表1-41 不透水的土基及透水地基的分类及处理措施

地基种类	不透水层厚度及分布情况	覆盖层总厚度	透水层情况	主要防渗处理措施	辅助措施（按重要性排序）
不透水地基			无	齿槽	坝趾排水，水平褥垫
单层透水地基		不深 深	均匀	截水槽 上游尾矿黏土铺盖	坝趾排水，水平褥垫 水平褥垫，坝趾排水 坝趾排水，水平褥垫
成层透水地基	与其上覆盖层相加等于坝上水头 与其上覆盖层相加小于坝上水头	不深 深 深	成层的	截水槽 截水槽中间不透水层 截水槽中间不透水层	水平褥垫，坝趾排水 水平褥垫，坝趾排水 必要时，减压井 水平褥垫，排水沟减压井，坝趾排水
双层结构透水地基	小于1m 小于1m 等于坝上水头 大于1m 小于坝上水头	不深 深 无关 深	均匀或成层 均匀 成层的 无关	截水槽 上游尾矿黏土覆盖 截水槽中间不透水层 截水槽 排水沟或减压井 上游铺盖加固	水平褥垫，坝趾排水
第四纪玄武岩		深	强透水	上游黏土铺盖	水平褥垫，坝趾排水

　　无论不透水土基或任何形式的透水地基，在填筑坝体前都必须认真清基，在筑坝范围内（包括铺盖及下游盖重），清除表面腐殖土、植物根茎、乱石、弃土、弃碴、污泥等物。要防止坝基高程的突然变化，对于坝基范围内的天然冲沟、人工洞穴，要进行回填夯实处理。人工地物予以拆除，突变陡坝予以削缓，使坝基形成一个基本平滑，没有突然起伏变化的坚实表面。只有经过如此处理之后，才可防止由于地基的缺陷，造成坝体不均匀沉陷裂隙。

1.4.3.1　不透水土基

　　主要是处理好坝的防渗体与地基的联结，使之结成整体。可沿防渗体范围，先将地基开挖 0.3~0.5m，再沿防渗体中心线稍偏上游开挖齿槽深 1~2m，宽度小于或等于 1/4~1/6 坝高，但不小于 3m，然后用与防渗体相同的黏性土料回填夯实。回填之前，先将地基夯实，表面刨毛，以便使地基与渗体紧密结合。

1.4.3.2　单层透水地基

　　根据深度不同，可用不同处理方法：

　　(1) 不很深的单层透水地基。单层透水地基最有效的处理措施是开挖截水槽直达基岩或不透水土层。当透水层很深时，例如最大深度在 10m 或 15m 以内，应首先考虑采用这种方法。据河北省经验，在冲积层地基上开挖深度 20m，不致给施工造成很大困难。

　　为了防止截水槽土体产生管涌，应在截水槽下游面，沿透水地基开挖边坡设置一层反滤过渡层，厚 0.5~1m，可用中粗砂或粒径不大、级配良好的砂砾料。

　　采用截水槽，一般可利用从槽中开挖的料填筑坝的透水坝壳。如果坝基和坝壳都是透水性良好的砂砾料，则坝的下游部分不需设置褥垫排水。但在下述情况下，应设置褥垫排水，一般可采用单层反滤料。

　　1) 坝体为均质坝或下游坝壳是堆石。

　　2) 坝壳透水性较差。

　　3) 其他特殊情况，渗流从坝基渗入坝体或由坝体渗入坝基，可能产生管涌时。

　　如坝体下游坝壳是堆石，水平褥垫排水的作用是防止地基管涌，水平褥垫应从坝的防渗体下游面开始，沿整个坝壳底面铺设。如坝体为均质土坝，水平褥垫排水是为了降低坝体浸润线，并防止坝体管涌，褥垫长度约为坝底宽度的 1/3 左右。

　　图 1-100 示出三种坝基处理，分别适用于不同深度的透水地基。

　　(2) 深的单层透水地基。透水层很深，开挖截水槽直达不透水层难以实现时，可采用上述的尾矿防渗、黏土铺盖和混凝土防渗墙等防渗措施。

　　黏土铺盖和尾矿防渗的要求是一致的，一般能用黏土铺盖防渗的也可用尾矿防渗，两者对基础处理的要求相同。采用黏土防渗铺盖时，铺盖长度按坝基内不产生管涌的原则，将坝基渗压平均比降控制在 1/10 左右。所以铺盖长度为 $10H—B$（H 为上下游水头差，B 为坝基长），铺盖最大厚度 $\delta = (1/4~1/6)H$，土的碾压干容重要求达到 16~17kN/m^3。

　　垂直混凝防渗墙的做法，一般是先用冲击钻分段造成槽形孔，然后在槽浇水下混凝土，浇成的厚度一般 0.6m，底部深入基岩 0.5~1.0m，顶部深入坝体的深度为土坝上下游水位差的 1/6~1/8，但不得小于 2m。

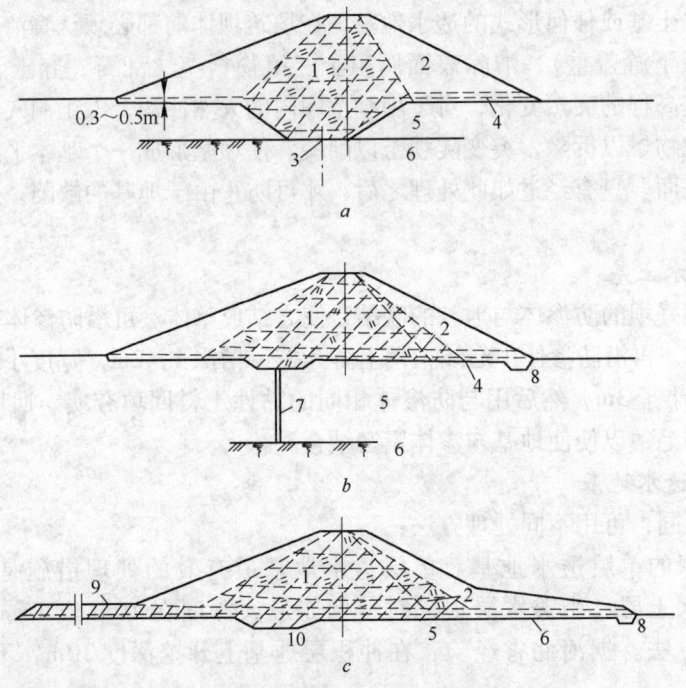

图 1 – 100 透水地基处理

a—截水槽；*b*—混凝土防渗墙；*c*—上游黏土铺盖

1—防渗体；2—透水或不透水料壳；3—混凝土齿墙；4—褥垫，视需要而定；5—透水层；6—不透水岩层；

7—混凝土防渗墙；8—坝趾排水；9—上游黏土铺盖；10—任意尺寸的齿槽

土法修筑垂直防渗墙的例子，如金堆城钼业公司，用这种方法修了 28m 深的防渗墙。其做法为：

1）倒挂井（见图 1 – 101）平面为连续的蚀圆相接，蚀圆缺损部分在施工开挖过程中用木撑，采用的蚀圆直径为 2.2m，厚度为 0.15m，蚀圆缺口留 0.8m。

2）根据工程放线，先在地面做锁口井，锁口井的直径比井柱直径大 0.4m，高 0.5m，内径同设计井柱。

3）挖土直下挖，每次挖深 0.5～1.5m。地质条件差时挖浅些，地质条件好时挖深些。

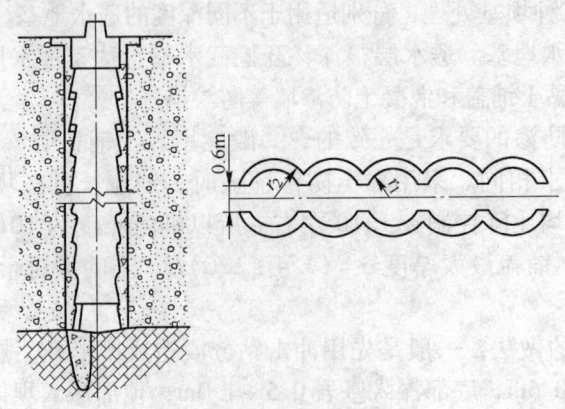

图 1 – 101 倒挂井示意图

4）立内模浇混凝土，混凝土掺早强剂，一天左右即可拆模。

5）接着继续深挖，挖的深浅同前，再立模浇混凝土，这样自上而下边挖边浇混凝土，两层混凝土之间用钢筋连接。

6）挖至设计高程后即可封底，然后自下而上浇填心混凝土或回填黏土。

7）若有地下水用潜水泵抽水向外排出。几个井为一组，一组中不分缝，组之间采用塑料止水带止水。

1.4.3.3 成层透水地基

成层透水地基如果深度不很深，最好采用截水槽直达基岩，下游做水平褥垫及坝趾排水。

如果成层透水地基很深。透水层和不透水层有规律地交互成层，中间不透水层在坝基和坝前相当宽广的范围内查明是连续的，则可将截水槽设置在这层中间不透水层上。这样，中间不透水层相当于天然防渗铺盖，它应具有适当的厚度以满足渗流稳定要求的同时，根据中间不透水层埋藏深度的不同，对下游应采取相应的排水减压措施。当中间不透水层在地面以下的深度和其本身厚度相加，大约等于坝上水头 H 时，则下游坝脚不会产生涌土，只需做水平褥垫和坝趾排水以排出渗流，如图 1-102 所示。

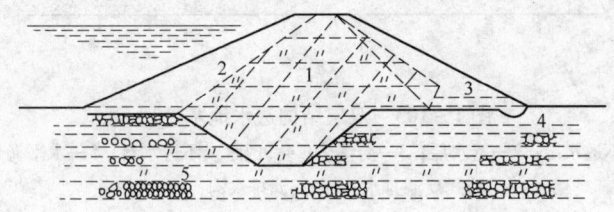

图 1-102 成层透水地基处理

1—防渗体；2—透水或不透水土料；3—水平褥垫；4—坝趾排水；5—不透水层

（1）不透水层厚度很薄，不足 1m。此时，其密度往往很低，而且常常会有局部透水通路，难以起到防渗作用。这种地基的处理，主要根据下部透水层情况而定，如下部为单层透水地基，则按本书 1.4.3.2 节所述原则处理，下部为成层透水地基，则按本书 1.4.3.3 节所述原则处理。而且，无论下部透水层情况如何，都需设置水平褥垫，以防地基管涌。

（2）不透水层厚度大于 1m，小于坝上水头。此时，顶部不透水层可作为天然铺盖防渗。一般需经夯实处理。其厚度应大于 1/4～1/3 坝上水头，视透水层颗粒情况而定，如级配良好可取 1/4，级配不好，（如大颗粒多而细颗粒少者）则取 1/3，厚度不足者，以人工铺盖补足。同时，为降低坝后渗压，防止涌土，下游应设反滤排水沟（明沟或暗管）或减压井，见图 1-103。

1.4.3.4 坝头防渗处理

如前所述，坝基防渗包括河床及两岸，应形成完整的防渗体系。防止任何部位发生渗透破坏，并尽量减少渗透流量，坝的防渗体应与岸边地基紧密联结，设置齿槽深入不透水地基，对黏土斜墙坝，应扩大防渗体断面，使岸边联结部位的防渗厚度不小于 2 倍坝高，以延长绕流接触渗径，同时，为防止由于坝头填土不均匀沉陷而发生横向裂缝，要求岸边的坡度应不陡于 1:1.55。如果坝基采用黏土铺盖防渗，则铺盖应延伸到两岸坝顶高程，

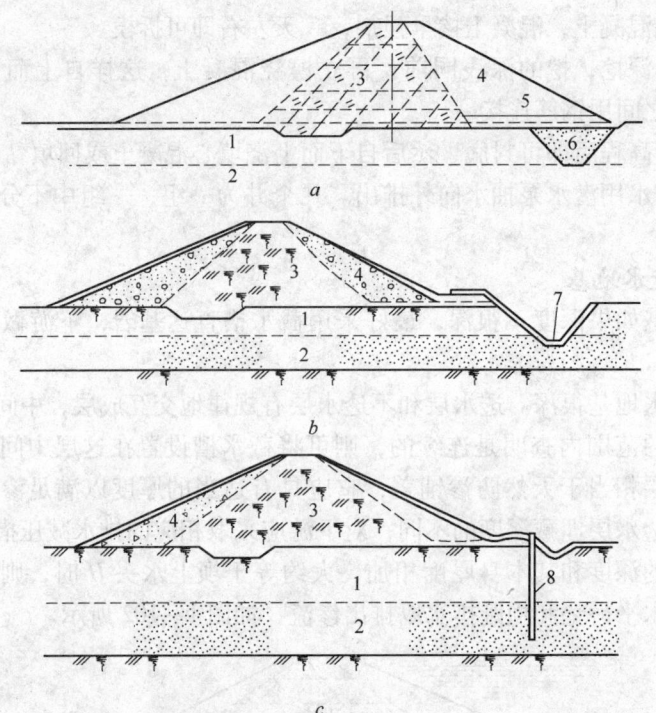

图 1 – 103 双层结构透水地基处理

1—不透水层；2—透水层；3—防渗体；4—透水或不透水料；5—水平褥垫；
6—暗管式反滤排水；7—反滤排水沟；8—减压井

使整个铺盖形成簸箕状的防渗体。位于岸边铺盖应保持自身稳定，坡度不陡于1:3。底部厚度与河床段厚度相同，不小于1m。只有两岸为完整岩石或密实的不透水土层时，才可将铺盖结束在岸边坡脚处，但必须与岸边联结紧密，搭接长度不小于1/4坝高。

此外，两岸地基可能有缺陷，蓄水后可能形成绕坝渗流。这种渗流穿过两岸地基内部，流向坝后，有可能造成岸边地基的破坏或过多的水量漏失，需针对不同情况进行处理。

（1）强透水岩石或岩石中的强透水层、带以及有溶洞出露时，可在上游做黏土铺盖封闭。

（2）多层结构的地层，透水层与不透水层交互成层，一般可在上游做黏土铺盖，必要时，也需在下游加设贴坡反滤排水。如果只是局部的强透水层出露，可局部开挖一定深度，然后回填黏土夯实。如强透水层颗粒级配不好，应在黏土下面铺设一层级配好的砂砾料过渡层，然后回填黏土。

（3）双层结构的地层，强透水层在上游出露，其处理应采用与河床段坝基同样的处理方法，做截水槽或做铺盖，视具体情况而定。

我国西北地区，黄土层下面往往埋藏有底砾层，易于形成渗漏，建坝时应注意解决。

（4）山脊较薄的弱透水性山包。这种山包具有一定的透水性，虽然不致造成库水大量损失，但通过山包将形成渗流。从山包临水面渗入，并从背水坡面上逸出，逸出点往往较高。此种渗流的长期作用，可促使背水面山坡塌滑，失去稳定，从而威胁坝体安全，郑州铝厂灰渣库事故即属此种类型。

对于这种山包的防渗处理，可沿临水面做黏土铺盖，铺盖上游端应做齿墙伸入不透水层，或向上游延伸，以延长渗径。山包背水坡脚可做反滤排水沟或其他形式的排水减压设施。如何处理应视具体条件而定。

（5）施工取土问题。有时为了施工方便，就近从坝头取土，以致将山包挖得很薄，甚至破坏了天然的防渗土层，使强透水层出露，成为绕坝渗流的通道。此问题在施工中应注意，尽量避免从坝头取土，同时也要避免从坝前台地上取土造成台地上的强透水层出露。

1.4.4 可"液化"土层的处理

1.4.4.1 地震时可能发生"液化"的土层

地震时地基发生"液化"破坏，是地基中的饱和土层在地震动力作用下，由于颗粒骨架结构趋于振密而引起孔隙水压力暂时显著增大，使建筑物地基失稳或产生较大变形（包括流动）的现象，较常发生在饱和无黏性土和少黏性土中。这与土层的天然结构、颗粒组成、松密程度、地震前和地震时的受力状态、边界条件和排水条件以及地震历时等有关。由于因素复杂，不易用简单指标加以概括。重要工程一般需进行专门试验研究和分析，对地震惯性力的计算应与所采用的"液化"试验条件和分析方法相适应，不能直接采用规范中关于综合影响抗震系数和地震加速度系数分布的数值。

下面分别介绍两个规范关于地基中可能发生"液化"的土层的评价方法。

（1）水工建筑物抗震设计规范（SDJ 10—78）评价方法。

1）土类范围。地震时常见的发生"液化"的土类为黏粒（粒径小于 0.005mm）含量小于 15%（少数可到 20%）的饱和土，主要包括黏粒含量小于 3% 的饱和砂土（以中砂、细砂、极细砂为多）、粉砂、粉土和黏粒含量大于 3% 的饱和砂壤土、粉质砂壤土、轻壤土、轻粉质壤土等。其中塑性指数 $I_p < 3$ 的可统称为无黏性土，$I_p \geq 3$ 的可统称为少黏性土。但是上述饱和土类在地震时是否发生"液化"，还须参考下列判别指标评价。

下列判别指标只是一种粗略估计，调查数据大都来源于深度小于 $15 \sim 20$m 的土层，在实际应用中，也可作专门试验研究，或借鉴当地实际地震经验。

2）饱和无黏性土的判别指标：

①标准贯入试验击数 $N_{63.5}$。参照《工业与民用建筑抗震设计规范》（TJ 11—74），对于深度 d_s 处的饱和砂土，当其 $N_{63.5}$ 值小于按下式算出的 N 值时，认为是可"液化"的。

$$N = N'[2 + 0.125(d_s - 3) - 0.05(d_w - 2)] \tag{1-31}$$

式中　　d_s——饱和砂层所处深度，m；

　　　　d_w——地面到地下水位的距离，m；

　　　　N'——当 $d_s = 3$m、$d_w = 2$m 时的砂土"液化"临界贯入锤击数，设计烈度 7 度时为 6，8 度时为 10，9 度时为 16。

根据水工建筑物抗震设计的具体情况，建议：

当 $d_s < 5$m 时，N 采用 $d_s = 5$m 的计算值。当进行标准贯入试验时的地面高程和地下水位在建筑物建成和正常运用后有较大改变时，$N_{63.5}$ 值可按与 $(d_s + d_w + 7.8)$ 成正比关系换算。

注：式 1 –31 只适用于 d_s 小于 15m 的饱和砂层。

②相对密度 D_r。当饱和砂土的相对密度 D_r 值小于表 1 – 42 中的数值时，认为地震时可能发生"液化"。

表1 –42   饱和砂土地震时可能发生"液化"的相对密度 D_r 值

设计烈度	7	8	9
D_r 值	0.70	0.75	0.80 ~ 0.85

注：设计烈度为6度时，D_r小于0.65。

3）饱和少黏性土的判别指标。水工建筑物抗震设计规范 SDJ 10—78 规范规定：

对于塑性指数 $I_p \geqslant 3$ 的饱和少黏性土，当其饱和含水量 $W_s \geqslant (0.9 \sim 1.0)W_L$ 时（W_L 为液限含水量）或液性指数 $I_L \geqslant 0.75 \sim 1.0$ 时，认为地震时可能发生"液化"。

（2）建筑抗震设计规范（GBJ 11—89）评价方法：

1）初判条件：

饱和的砂土或粉土，当符合下列条件之一时，可初步判别为不液化或不考虑液化影响：

①地质年代为第四纪晚更新世（Q_c）及其以前时，可判为不液化土。

②粉土的黏粒（粒径小于 0.005mm 的颗粒）含量百分率，7 度、8 度和 9 度分别不小于 10、13 和 16 时，可判为不液化土。

注：用于液化判别的黏粒含量系采用六偏磷酸钠作分散剂测定，采用其他方法时应按有关规定换算。

③采用天然地基的建筑，当上覆非液化土层厚度和地下水位深度符合下列条件之一时，可不考虑液化影响：

$$d_u > d_o + d_b - 2 \tag{1 –32a}$$
$$d_w > d_o + d_b - 3 \tag{1 –32b}$$
$$d_u + d_w > 1.5d_o + 2d_b - 4.5 \tag{1 –32c}$$

式中　d_w——地下水位深度（m），宜按建筑使用期内年平均最高水位采用，也可按近期内年最高水位采用；

d_u——上覆非液化土层厚度（m），计算时宜将淤泥和淤泥质土层扣除；

d_b——基础埋置深度（m），不超过 2m 时应采用 2m；

d_o——液化土特征深度（m），可按表 1 – 43 采用。

表1 –43   液化土特征深度   （m）

饱和土类别	烈　　度		
	7	8	9
粉　土	6	7	8
砂　土	7	8	9

2）标准贯入试验判别：

当初步判别认为需进一步进行液化判别时，应采用标准贯入试验判别法。在地面下 15m 深度范围内的液化土应符合下式要求，当有成熟经验时尚可采用其他判别方法。

$$N_{63.5} < N_{cr} \qquad (1-33a)$$

$$N_{cr} = N_o \left[0.9 + 0.1(d_s - d_w) \right] \sqrt{\frac{3}{\rho_c}} \qquad (1-33b)$$

式中 $N_{63.5}$——饱和土标准贯入锤击数实测值（未经杆长修正）；

N_{cr}——液化判别标准贯入锤击数临界值；

N_o——液化判别标准贯入锤击数基准值，当为近震时，地震烈度为 7、8、9 度时，分别为 6、10、16；当为远震时地震烈度为 7、8 度时，分别为 8、12；

d_s——饱和土标准贯入点深度，m；

ρ_c——黏粒含量百分率，当小于 3 或为砂土时，均应采用 3。

1.4.4.2 "液化"危害性的分析

经判定为可能液化的饱和轻亚黏土层或砂土层，可按式 1-34 计算地基液化指数 P_L，按表 1-44 判定其液化等级和宜考虑的抗液化措施。

表 1-44   地基液化等级和宜考虑的抗液化措施

液化等级	液化指数 P_L	喷水冒砂特点	由液化引起的建筑物震害	宜考虑的抗液化措施		
				A 类建筑物	B 类建筑物	C 类建筑物
Ⅰ（轻微）	≤5	无喷水冒砂现象或仅在局部低洼地、河边有零星冒喷水砂点	液化危害性小，一般不致引起明显的震害	D_1 或 $D_2 + J$		
Ⅱ（中等）	5~15	喷水冒砂的可能性大，多数属中等程度的喷水冒砂	液化危害性较大，可造成不均匀沉降或开裂，有时不均沉降可能达到 200mm	D_1 或 $D_2 + J$	D_2 或 J	
Ⅲ（严重）	>15	一般喷水冒砂都很严重，地裂缝较多，地面变形很明显	液化危害性大，一般可使建筑物产生 20~30cm 的不均匀沉降，高重心建筑物可能产生不允许的倾斜	$D_1 + F$	D_1 或 $D_2 + J$	J

注：1. 建筑物类别：A 类系指对国民经济有重大意义的建设项目中的重要建筑物、对不均匀沉降有严格限制的建筑物以及高重心塔式结构物等。B 类系指对国民经济有重要意义的建设项目中的一般建筑物、对不均匀沉降有一定要求的一般工业与民用建筑物。C 类系指次要建筑物或对不均匀沉降不敏感的建筑物。

2. 抗液化措施：

   D_1——完全排除地基液化沉降的措施（包括桩基）；

   D_2——部分排除地基液化沉降的措施；

   J——结构措施，一般包括减少建筑物不均匀沉降和使其适应地基变形的措施，防止地下室、地下管沟等处因覆盖压力降低发生喷水冒砂的措施等；

   F——辅助措施，包括避免或减轻因不均匀沉降引起管道发生次生危害的措施、合理的总图布置等。

$$P_L = \sum_{i=1}^{n} \left(1 - \frac{N_i}{N_{cri}} \right) D_i W_i \qquad (1-34)$$

式中，N_i 和 N_{cri} 分别为可液化土层中第 i 个标准贯入锤击数和液化临界标准贯入锤击数；n 为可液化土层内标准贯入试验点总数；D_i 为第 i 个标准贯入点所代表的土层厚度（m）。由下列条件之一决定其界面：（1）地下水位或可液化土层的界面，如前者低于后者，则取前者。（2）相邻两个标准贯入试验点的中点。W_i为反映可液化土层层位影响的权函数，当该层中点深度不大于5m时，应采用10，等于15m时采用零值，5～15m时应按线性内插法取值，其单位为m^{-1}。

式1-34中的D_i、W_i等可参照图1-104所示方法确定。

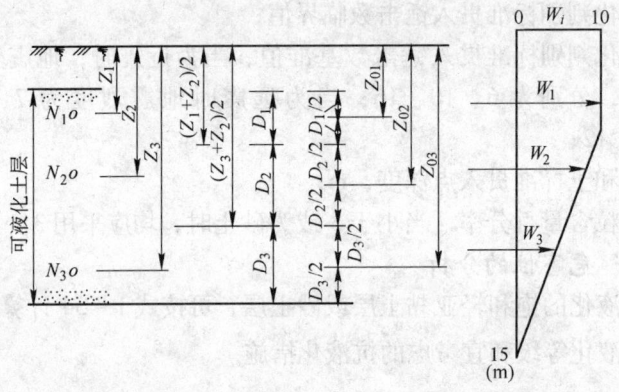

图1-104 确定D_i、W_i示意图

1.4.4.3 增强土抗"液化"稳定性的措施

增强土抗液化稳定性的措施可用表1-45概括。

表1-45 预防液化措施

类 别	原 理	措 施	备 注
I 防止液化发生	减少地震剪应力	选择场地	有时无法实现避开
	增大抗液化强度	换土	要考虑经济效益
		土性改良	一般有噪声和振动
		排水	已建结构物亦可适用
	限制变形	填土及透水地面压重	
II 在发生液化前提下采取的措施	减少不均匀沉降	围封	
		桩基	有水平抗力问题
		筏基	
	防止喷冒	地面压重（不透水）	已建结构物也可适用

实现以上措施的方法可分述如下：

（1）选择场地。实际上是一种避开的方法。当对场地进行液化判别和危害性分析后，凡能避开的尽量避开。因为采取任何处理措施都将会付出很大的代价。

（2）换土。当液化土层在距地表3～5m的范围内时，可以挖去换上非液化土。

（3）土性改良。用强夯法、振冲法、挤密桩法、振密法（其中有插管法、十字杆插管法和爆炸振密法）、旋喷桩法等改良土性。

（4）排水。在建筑物下或周围设置碎石排水桩，以降低孔隙水压力。也可以用井点或轻型井点降低地下水位。

（5）围封。采用打板桩、地下连续墙、碎石桩等把建筑物基础围起来，以免基础的外层"液化"向基础内扩展。

（6）桩基。穿透液化层，设置桩基。

（7）筏基础。主要是一些整体基础，提高基础的强度和刚度。

（8）填土和地面压重。填土提高覆盖压力，使地下水位相对变深，是一种有效的防液化措施。另外一种办法是在基础外侧设置一定宽度的地面压重，改善地基土的初始变化条件，抑制地震孔隙水压力增长。

以上八种措施有的适用坝基，有的不适用坝基而适用构筑物基础，这些方法的具体设计和基本参数可参阅有关文献。尾矿工程的一些成功实例将在本节后面部分介绍。

1.4.5　软弱黏性土层

软弱黏性土层一般包括淤泥、淤泥质土和软黏土。淤泥的主要指标为液性指数 $I_L > 1.0$，天然孔隙比 $e_o > 1.5$；淤泥质土的主要指标为 $I_L > 1.0$，$e_o \geqslant 1.0$；软黏土的主要指标为 $I_L > 0.75$，无侧限抗压强度 $q_o \leqslant 0.05 \sim 0.07\text{MPa}$，标准贯入锤击数 $N_{63.5} \leqslant 4$。这些土类的特性，除了抗剪强度低和压缩性大外，主要是其灵敏度高。这与它们颗粒骨架间天然结构的性质有关。

灵敏度 S 的定义为：

$$S = \frac{q_o}{q_u} \tag{1-35}$$

式中，q_o、q_u 分别为原状土和重塑土的无侧限抗压强度。

灵敏度（S）和液性指数（I_c）有一定的关系，当 $I_L > 0.75$ 时，$S > 4$。

软弱黏性土一般不宜作坝基，但对低坝，经过技术论证并采用有效措施处理后也可应用。软土地基上的土石坝，一般以均质坝和心墙坝为宜，填土的含水量应略高于最优含水量，以适应较大的不均匀沉陷。

抗剪强度低、灵敏度高、压缩性大的饱和软弱黏性土层，在地震作用下，颗粒间的微弱结构被扰动而引起抗剪强度降低和压缩性增大，使建筑物地基滑动或产生较大的变形。重要工程一般需进行专门试验研究和分析。下列指标供综合评价参考：

（1）液性指数 $I_L \geqslant 0.75$。

（2）无侧限抗压强度 $q_u \leqslant 0.05 \sim 0.07\text{MPa}$。

（3）标准贯入试验击数 $N_{63.5} \leqslant 4$。

（4）灵敏度 $S_t \geqslant 4$。

软黏土地基的处理措施，一般以挖除为宜。当厚度较大和分布较广难以挖除时，可打沙井加速排水，使大部分沉降在施工期发生，并调整施工速率，结合坝脚压盖，使地基土强度与填土重量的增长相适应，放缓坝坡，以保证坝基的稳定。对其他构筑物的基础可采用桩基（包括井柱桩、振冲石柱等）、预压加固（包括砂井，砂垫层排水），以提高地基强度，加大基础面积，减轻上部结构的整体性和刚度等办法。大冶有色金属公司周家园尾矿库，其初期坝基础有一层软黏土，采用坝上下游的反压措施加以处理，上游反压50m，下游反压26m。铜陵公司铅山铜矿章家谷尾矿库坝基有一层可塑性的黏土层，采用了在下游做废石压盖的措施。两坝基经反压治理后，稳定性有明显改善。

1.4.6 湿陷性黄土

1.4.6.1 湿陷性黄土地基的变形特征

湿陷性黄土在天然湿度下一般强度高、压缩性低。但是，长期浸水后土中含盐溶解，结构破坏，会发生剧烈变形。此种因浸水引起附加沉降的性质称为湿陷性。

黄土是各类黄土类土的统称，它们的湿陷性很不相同。可用湿陷变形系数 δ_s 进行评价。

表 1-46 中所列的评价界限，是我国水工建筑物中使用的一个标准。

表 1-46 黄土湿陷性评价界限

湿陷程度		等 级	划分界限
非湿陷性黄土		I	$\delta_s \leqslant 0.01$
湿陷性黄土	弱湿陷性黄土	II	$0.01 < \delta_s \leqslant 0.02$
	中湿陷性黄土	III	$0.02 < \delta_s \leqslant 0.07$
	强湿陷性黄土	IV	$\delta_s > 0.07$

附带指出，我国工业民用建筑系统编制的《湿陷性黄土地区建筑规范》中所列标准，与上表中的数值略有出入。

建在湿陷性黄土地基上的水工建筑物，绝大多数长期处于水下，地基的沉降量可分为以下三个分量：

(1) 压缩沉降量 S_p。压缩沉降量系指地基在建筑物荷载作用下由于附加应力引起的沉降量，与一般地基的压缩沉降量性质相同。

(2) 湿陷沉降量 S_s。湿陷沉降量系指在土层自重和建筑物荷载作用下，地基浸水产生的附加下沉量。这是湿陷性黄土地基沉降量的主要部分。对于采用预先浸水法处理的地基，包括处理阶段与运用阶段二次浸水下沉的两个阶段的沉降量。

(3) 溶滤沉降量 S_{wt}。溶滤沉降量系指地基长期受水流作用，土中可溶盐随水流溶滤流失引起的沉降量。

1.4.6.2 沉降量计算

通过勘察和试验，分别求出压缩变形系数 (δ_p)、湿陷变形系数 (δ_s)、溶滤变形系数 (δ_{wt}) 并绘出压力和三个系数的关系 (见图 1-105)。

分别按以下各公式计算出各个沉降分量，求其总和，得地基沉降量。

(1) 压缩沉降量 S_p

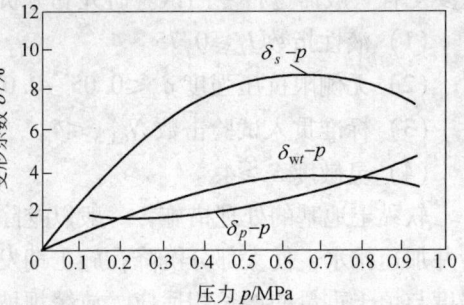

图 1-105 变形系数与压力的关系

$$S_p = \sum_{i=1}^{m} \delta_{pi} h_i \qquad (1-36)$$

式中 m——压缩层范围内的土分层数；

h_i——第 i 分层的厚度。

（2）湿陷沉降量 S_s

$$S_s = \sum_{i=1}^{n} \delta_{si} h_i \qquad (1-37)$$

式中 n——产生湿陷与溶滤的土分层数。

如果求二次浸水的相应分量，上式中以 δ'_{si} 取代 δ_{si}。

（3）溶滤沉降量 S_{wt}

$$S_{wt} = \sum_{i=1}^{n} \delta_{wti} h_i \qquad (1-38)$$

（4）地基沉降量 S

$$S = S_p + S_s + S_{wt} \qquad (1-39)$$

如果需要同时计算预先浸水与其后二次浸水的湿陷沉降量，则需加入后一分量 S'_s，其式为

$$S = S_p + S_s + S'_s + S_{wt} \qquad (1-40)$$

具体计算时，土层厚度可考虑如下：对于压缩沉降量，计算到压缩层。对于后两种分量，计算应达到非湿陷性土层面，或 $\delta_s < 0.01$ 的深度。如有地下水，计算深度应达到常年平均水位。压缩层的厚度按附加应力为自重应力的 20% 为准。

1.4.6.3 湿陷性黄土地基处理

湿陷性黄土地基，应尽量采用挖除、翻压、强夯等方法消除其湿陷性。

对黄土中的陷穴、动物巢穴、窑洞、墓坑等地下空洞，必须查明处理。

为使湿陷量大部分在建坝前或施工期完成，采用预先浸水法处理是一种投资省的处理办法。但是，没有进行预压，往往效果不太理想。当采用水力冲填法筑坝时，为使其上面有一定的压重，预先进行浸水，效果较好。白银公司几个尾矿坝采用这种方法建成，坝体没有出现湿陷问题。

1.4.7 尾矿库矿泥基础处理

1.4.7.1 概述

矿泥是很细的尾矿的总称。在尾矿库中排矿时矿浆流动的终点，往往就是尾矿矿泥的集中区。由于尾矿中的粗颗粒在沉积滩已经沉积，所以这部分矿泥粒度细，含水量高，渗透系数小，强度低，密实性差，属于饱和的少黏性土或软弱的黏性土，通称为矿泥。当要利用这种矿泥做基础时，必须持慎重态度。矿泥往往出现在尾矿库的副坝前，常在主坝的对岸或一侧，其坝前多沉积这种矿泥。若在这些地方用尾矿堆坝时，堆积坝的基础就是矿泥基础。另一种情况是，由于尾矿粒度特细不能堆坝（如将粗颗粒用于井下充填后剩余的尾矿），而在水库式的坝内堆积以后，又要在库前继续堆坝，增加库容，也会遇到在矿泥上加坝的问题。因此，这个问题的正确解决有十分重要的意义。如果处理不当造成事故的危害是严重的。

云南锡业公司火谷都尾矿库的溃坝和大吉山 1 号库矿库的滑坡，都是把坝建在细粒矿泥层上，而又没有认真处理造成事故的实例。

这些事故实例，使我们看到基础正确处理的重要性。下面介绍几个处理较好的工程实例。

1.4.7.2　预压法处理矿泥基础

凤凰山铜矿林冲尾矿库，坝高 27m，储存井下充填分级溢流的细粒尾矿，平均粒径仅 0.015mm，后来为了维持生产，决定在细粒堆积尾矿上堆积土坝。其堆坝过程是：先在原堆石坝内侧沉积尾矿层上用透水的碎石堆置 2 ~ 3m 厚、60m 宽作为预压层，以提高细粒尾矿软基的固结速度和承载能力。

翌年下半年开始在顶压层上筑土坝，每次堆厚 30cm，在堆坝过程中同时监测坝的沉降和水平位移，当这些沉降和位移的变化速度由大变小趋于稳定时再继续加高下一层。用两年时间，在细粒尾矿沉积滩上筑了 9m 高的土坝。后经勘察证明，细泥尾矿，特别是呈不连续的透镜体矿泥夹层有明显固结，改善了坝基的力学指标，坝体处于稳定状态。后来按 1:2.5 的坡比修整了土坝的外坡，并作了块石护坡。这是一个控制加荷速度，用预压透水盖重，使细粒尾矿沉积滩固结成功的例子。

1.4.7.3　振冲法处理矿泥基础

1985 年安徽南山铁矿凹山尾矿库董耳山副坝坝基下沉积有厚度为 4 ~ 10m 的矿泥层，采用振冲法进行加固。加固前董耳山垭口如图 1-106 所示，加固后如图 1-107 所示。

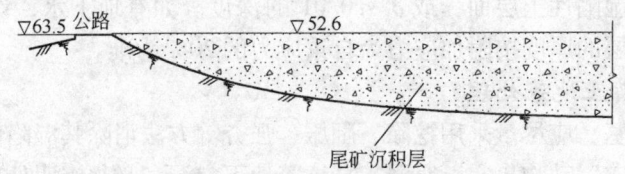

图 1-106　董耳山垭口加固前剖面图

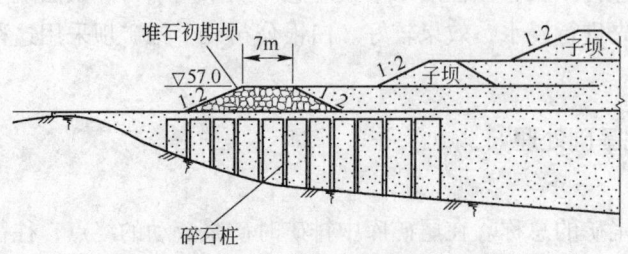

图 1-107　董耳山副坝加固及堆坝示意图

董耳山副坝坝基沉积的尾矿据地质勘察报告介绍属于中砂、细砂、粉砂、轻亚黏土和亚黏土，层次混乱，无规律。总的趋势是由岸边向库内越来越细，说明垭口段已放过一定数量的粗粒尾矿。但勘察报告又介绍该层尾矿砂各种物理力学性质都很差，标准贯入试验仅达 3.75 击，一般强度处于机具自沉和小于 2 击；比贯入阻力 P_s 为 0.79MPa；内摩擦角根据十字板原位测试仅达 7°23′，为松散砂，孔隙大，含水量大，处于饱和状态；有一定的水力梯度和流速，易产生潜蚀与流砂渗透破坏现象，承载力很低，不经处理不能作为天然地基采用。

设计采用振冲法加固。碎石桩直径为 80cm，桩距约为 2m，梅花形布孔。总共成桩 1691 根，总进尺为 1300 余米，投资约 30 万元。现在已在初期坝上用尾矿堆了一期子坝，子坝顶标高达 61m，但坝基经振冲成桩以后沉积尾矿的性能如何还有待勘察。

云南锡业公司火谷都尾矿库，也用振冲法处理了矿泥基础。

1.4.7.4 挤淤法处理矿泥基础

1986 年凹山尾矿库的杨山口副坝坝前沉积了厚达 6~10m 深的极细矿泥层，采用抛石挤淤法置换了矿泥，取得了预期的效果。杨山口位于主坝对岸，与主坝相距 1500 余米。垭口最低处标高 57.0m。原设计要在此处用尾矿堆高 27.5m，但设计文件中没有说明此处堆坝的具体步骤和要求。生产过程中曾将此处辟为溢洪口，库内细泥都流向垭口积存。1986 年 10 月库内液面已达 56.2m 标高，清水层仅有 10 余厘米深，液面以每月 14cm 的速度逼向垭口鞍部，如图 1-108 所示。该垭口在 57m 标高以上地形平坦开阔，不宜再建溢洪道，急需放矿堆坝。

图 1-108 杨山口处理前示意图

由于这里矿泥粒度极细，浓度较低，厚度不算太深，决定采用抛石挤淤法处理坝基，抛石范围如图 1-109 所示。副坝上尾矿堆坝如图 1-110 所示。

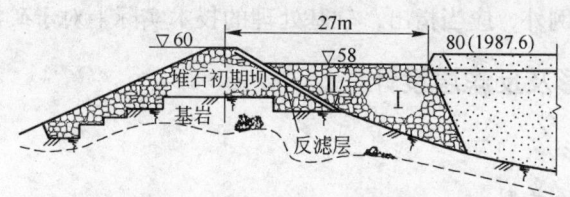

图 1-109 处理后的杨山口副坝示意图

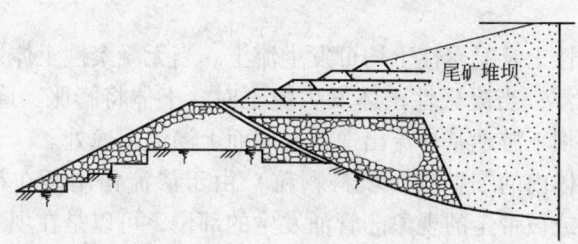

图 1-110 杨山口副坝尾矿堆坝示意图

抛石方法即载重汽车运来块石直接向库内倒入，施工顺序为先在工区抛石，工区顶宽约 12m，边坡约为 75°，完成后既是一条交通要道，又起到了施工围堰的作用。然后用砂泵抽取 II 区的泥浆见到原地为止。清基后建造堆石初期坝。最后再用块石将 II 区填满。1987 年 6 月全部完工。总共抛入块石约有 2 万余吨。根据地形图圈算，抛石基本到底。

实践证明这次处理基本上是有效的。它不仅没有影响尾矿库的正常使用，而且保证了该副坝段 1987 年能安全度汛。更重要的是为即将堆筑的子坝创造了可靠的基础条件。同时通过抛石实践和在抛石区附近钻探取样分析，还可总结以下几条经验：

（1）当副坝附近沉积的矿泥颗粒密度在 3t/m^3 以下，含水量在 50% 以上，矿泥颗粒平均粒径 d_{50} 在 0.02mm 以下，只要抛石块度足够大，则抛石挤淤的效果是能令人满意的。

（2）当矿泥厚度在 9m 以内，抛石堆体顶宽达 12m 以上时，库内上述性能的矿浆不会从堆石孔隙中渗到外面来。因此可用堆石堤作为临时的施工围堰，而不需另设反滤层。

（3）抛石强度（单位时间内的抛石量）不宜太大。因为载重车倒石速度很快，块石之间的孔隙一时不易被矿泥充满。如果抛石过快，会直接影响到抛石下沉的速度，同时易使堆石体上表面产生沉降不均。

（4）如能使用高压水枪在矿泥底部搅动，则抛石效果一定更好。

必须指出，如果已经在细粒矿泥层上排放一段时间的粗砂以后，就不宜使用抛石法。因为阻力过大，块石下沉速度极慢，效果不佳。

云南锡业公司牛坝荒尾矿库西坝在 25m 深的矿泥层中，采用抛石挤淤，经实测，一年的沉降达 1m 以上。

1.4.7.5　置换法处理矿泥基础

1965 年四川会理镍矿的尾矿库初期由一端放矿使另一端积存细粒矿泥，为了增大库容又需在另一端副坝上用尾矿堆坝，为了彻底清除坝前深达 7 ~ 8m 的矿泥，采用高压水力冲枪将矿泥稀释冲走流入下游河道，重新在坝前放矿堆坝，取得了较好的效果。这种方法对于有适当地点排泥的尾矿库，仍不失为一种经济的办法。

除上面介绍的实例外，应当指出，软基处理的技术实际上对于矿泥基础也是实用的。

1.5　土的渗透变形及反滤层设计

1.5.1　土的渗透变形

1.5.1.1　渗透变形的类型

渗透变形是土体在渗流作用下发生破坏的统称，一般可分为流土、管涌、接触冲刷和接触流土等。

流土——无凝聚性土及凝聚性土均可发生流土。当无凝聚性土体发生流土时，土体所有颗粒将同时起动悬浮；当凝聚性土体发生流土时，土体将膨胀、隆起，最终断裂而浮动。流土主要发生于坝下游地基渗流出逸处及坝面上渗流出逸处。

管涌——系指土体内的细颗粒（填料颗粒）由于渗流作用而在粗颗粒（骨架颗粒）间的孔隙通道内移动或被带走的现象。管涌发生的部位，可以是在坝下游渗流出逸处，也可以在地基内部和坝体内。管涌发展过程可以向危险方向发展，也可以向稳定方向转化。

接触冲刷——系指沿着两种不同介质的接触面上的渗流，把其中的细粒带走的现象。这种现象常发生于坝体与地基土的接触面、双层地基的接触面以及坝内埋管时管道与其周围介质的接触面或刚性与柔性介质的接触面上。

接触流土——系指垂直于两种不同介质接触面的渗流，把其中一层的细粒移入另一层中去的现象。例如，在坝下游渗流出逸而将反滤层淤堵的现象，就属此类变形。

水工建筑物及地基的渗透变形，可能以单一形式出现，也可能以多种形式伴随出现。

1.5.1.2　流土和管涌的判别方法

无凝聚性土中可能发生管涌的，称为管涌土；可能发生流土的，称为非管涌土。在设计水工建筑物时，确定地基土是管涌土还是非管涌土有很大意义，否则，将导致设计不合理。凝聚性土只可能发生流土，不会发生管涌。下面建议的方法，可供近似判别。

（1）水利水电科学研究院方法。此法以土体中的细粒（填料）含量 P_z 作为判别依据。

$$P_z > 35\% \qquad 流土$$
$$P_z < 25\% \qquad 管涌$$
$$25\% < P_z < 35\% \qquad 不定，视紧密度而异 \qquad (1-41)$$

区分细粒（填料）粒径与粗粒（骨架）粒径之界限，是颗粒级配组成的微分曲线上的断裂点（见图 1-111）所对应的粒径，大于此粒径者为骨架，反之为填料。此法仅适用于缺乏中间粒径的土，即双峰土，对连续级配的单峰土，不能判别。

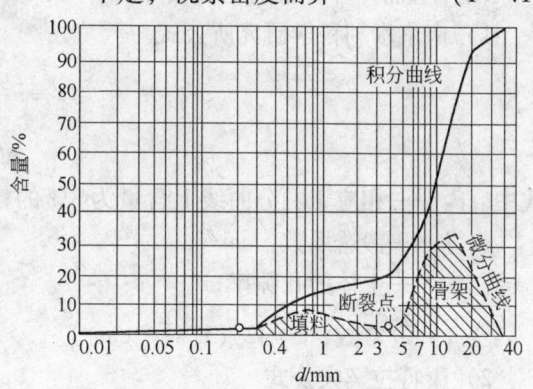

图 1-111　颗粒级配的微积分曲线

（2）南京水利科学研究院方法。此法既适用于双峰土，又适用于单峰土。从土体细粒体积等于骨架孔隙体积这一概念出发，导得下列判别式

$$P_z = \alpha \frac{\sqrt{n}}{1 + \sqrt{n}} \qquad (1-42)$$

式中　n——土体孔隙率；
　　　α——修正系数，取 0.95~1.00。

$$P_z' > P_z \qquad 流土$$
$$P_z' < P_z \qquad 管涌$$

土体中粗细粒区分的界限粒径取为 $d = 2\text{mm}$，大于此者为骨架（粗粒），小于此者为填料（细粒）。P_z' 为土体中粒径 $d \leqslant 2\text{mm}$ 的含量，可由颗分曲线上查得。此法实用上较简便。

（3）伊斯妥明娜法。此法以土体的不均匀系数 $\eta = d_{60}/d_{io}$ 作为判别依据。

$$\eta < 10 \qquad 流土$$
$$\eta > 20 \qquad 管涌$$
$$10 < \eta < 20 \qquad 不定$$

此法简单方便，但准确性差，实践证明，$\eta > 20$ 的土体仍有不少是流土变形。

1.5.1.3　流土和管涌的临界坡降计算

（1）流土计算。在坝下游渗流出逸处，当没有盖重或反滤层时，渗流从下向上的非黏性土流临界坡降 J_c，可按下列公式计算。

1）太沙基公式

$$J_c = \left(\frac{\gamma_s}{\gamma} - 1 \right)(1 - n) \qquad (1-43)$$

2）南京水利科学研究所公式

$$J_c = 1.17\left(\frac{\gamma_s}{\gamma} - 1\right)(1 - n) \tag{1-44}$$

式中　γ_s——土粒容重（当不能直接测定时，一般可采用 $\gamma_s = 2.65\text{g/cm}^3$）；

　　　γ——水容重，取 $\gamma = 1.0\text{g/cm}^3$；

　　　n——土体孔隙率，以小数计。

（2）管涌计算。管涌临界坡降 J_c，可按下式计算（渗流方向由 F 向上）：

1）南京水利科学研究所公式

$$J_c = \frac{cd_3}{\sqrt{\dfrac{k}{n^3}}} \tag{1-45}$$

式中　d_3——相应于颗分曲线上含量为 3% 的粒径，cm；

　　　k——渗透系数，cm/s；

　　　n——土体的孔隙率；

　　　c——常数，$c = 42$ （$1/\text{s}^{\frac{1}{2}} \cdot \text{cm}^{\frac{1}{2}}$）。

2）康特拉契夫公式

$$J_c = \frac{\dfrac{\gamma_s}{\gamma} - 1}{1 + 0.43\left(\dfrac{d_0}{d}\right)^2} \tag{1-46}$$

式中　d——流失颗粒粒径；

　　　d_0——水力当量孔径，其值为

$$d_0 = 0.214\eta d_{50} \tag{1-47}$$

其中，d_{50} 为土体中值粒径；$\eta = \dfrac{d_n}{d_{100-n}}$，而 d_n 及 d_{100-n} 分别为相应于土的颗粒级配曲线上百分含量为 n 及 $100-n$ 的粒径（n 为孔隙率）。

（3）接触冲刷临界坡降计算。当渗流沿着两种不同土层的接触面流动时（见图 1-112），其临界坡降 J_c 可按范德吞方法确定。根据试验资料，$J_c = f\left(\dfrac{d}{D}\right)$ 的关系曲线见图 1-113。

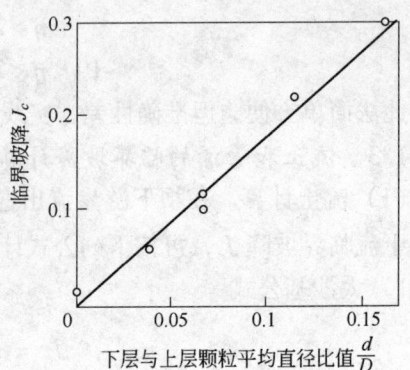

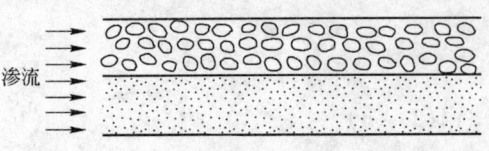

图 1-112　沿两种不同土层接触的渗流　　　　图 1-113　临界坡降 J_c 的关系曲线

　　此图也可用于水平反滤层接触面的冲刷问题。该方法的适用范围为雷诺数 $Re > 5000$ 左右，$D > d$ 以及下层细粒土没有任何凝聚力的情况。其雷诺数 Re 按下式确定

$$Re = \frac{u d_{cp}}{\gamma} \tag{1-48}$$

式中　u——渗流平均速度，cm/s；

　　　γ——液体的运动黏滞系数，cm^2/s（γ 值可查水力学计算手册）；

　　　d_{cp}——下层细颗粒层 d 和上层粗颗粒层 D 的粒径平均值。即

$$d_{cp} = \frac{1}{2}(d + D) \tag{1-49}$$

其中，d 或 D 值按下式确定

$$d(\text{或 } D) = \frac{\sum P_i d_i (\text{或 } D_i)}{\sum P_i} \tag{1-50}$$

式中　d_i（或 D_i）——土的某级粒径；

　　　P_i——相应于该级粒径的颗粒含量，%。

　　（4）接触流土的临界流速计算。当渗流方向自下而上垂直于两土层的接触面流动时（图 1-114），其接触面上的临界流速 v_c（cm/s），可按伊兹巴什和科兹洛娃的研究成果确定。

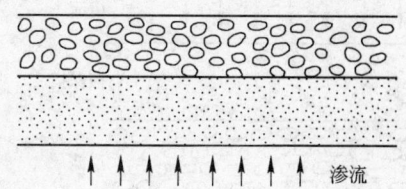

$$v_c = 0.26 d_{60}^2 \left(1 + 1000 \frac{d_{60}^2}{D_{60}^2}\right) \tag{1-51}$$

图 1-114　垂直于两土层接触面的渗流

式中　d_{60}——下层细粒土的含量为 60% 的粒径，mm；

　　　D_{60}——上层粗粒土的含量为 60% 的粒径，mm。

　　（5）坝坡的临界坡降计算。

$$J_c = \frac{\gamma'}{\gamma}(\cos\theta\tan\varphi - \sin\theta) \tag{1-52}$$

式中　γ'——坝坡土的浮容重；

　　　γ——水的容重；

　　　θ——坝坡的角度；

　　　φ——坝坡上的内摩擦角。

1.5.2　砂砾料反滤层的设计

　　在渗流出口处，如坝下游浸润线出逸处、坝地基下游出逸处、渗流进入坝体排水处、渗流在土坝心墙或斜槽或斜墙下游面出逸处等等，铺设反滤层，可以防止土体的渗透变形。

1.5.2.1　对反滤层的要求

　　反滤层的要求如下：

　　（1）当被保护土设置反滤层后，应不出现渗透变形，同时，要求反滤层借本身自重起压盖作用，避免渗流出逸处的地基土连同反滤层一起浮动。

（2）反滤层应有足够的透水性，不致影响地上水的渗出速度而阻碍排水。

（3）反滤层的各层堵塞量，不应超过 5%。

（4）铺筑反滤层的材料，如砂、砂砾、砾石、碎石、卵石等，均应未经风化，而且不应为水流所溶解，同时小于 0.1mm 颗粒的含量不超过 5%。

1.5.2.2　反滤层的类型

根据渗流进入反滤层的方向，水工建筑物反滤层基本上可概括为三个类型：

（1）第一类反滤层。渗流从上向下时，反滤层位于被保护土的下方（见图 1 – 115），渗流方向与重力方向一致，即使没有渗流作用时，被保护土亦可因本身自重坠入反滤层内。因此设计此类反滤层，主要应根据几何关系的原则。

（2）第二类反滤层。渗流从下向上时，反滤层位于被保护土的上方（见图 1 – 116），渗流进入反滤层的方向与重力方向相反，被保护土若没有渗流的带动，就不会进入反滤层。因此，设计此类反滤层除了要满足几何条件外，还要考虑水力条件。反滤层的厚度，应起盖重作用，以保证整体稳定性。

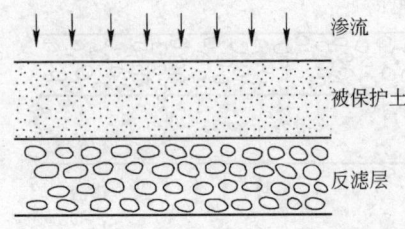

图 1 – 115　第一类反滤层

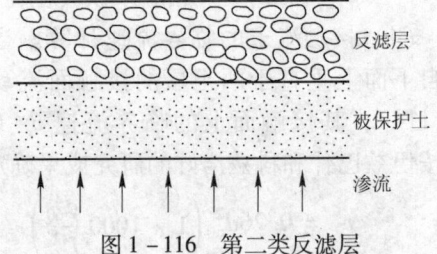

图 1 – 116　第二类反滤层

（3）第三类反滤层。渗流沿水平方向流动，反滤层位于被保护土体的前方，例如，闸坝下游的排水减压井的反滤层（见图 1 – 117）。

所有其他倾斜方向的渗流，均可简化为上述三种类型之一考虑。

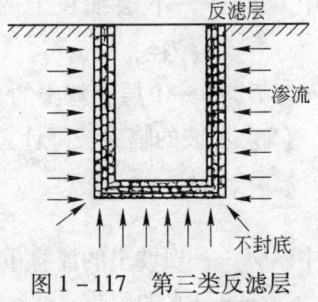

图 1 – 117　第三类反滤层

1.5.2.3　反滤层级配的选择

（1）第一类反滤层级配的选择。对于被保护土的第一层反滤料，建议用下列方法确定，即：

$$D_{15}/d_{85} \leqslant 4 \sim 5 \tag{1 – 53}$$

$$D_{15}/d_{15} \geqslant 5 \tag{1 – 54}$$

式中　D_{15}——反滤料的粒径，小于该粒径的土占总土重的 15%；

　　　d_{85}——被保护土的粒径，小于该粒径的土占总土重的 85%；

　　　d_{15}——被保护土的粒径，小于该粒径的土占总土重的 15%。

当选择第二、三层反滤料时，可同样按以上方法确定。但选择第二层反滤料时，以第一层反滤料为保护土；选择第三层反滤料时，以第二层为被保护土。

对于以下情况，建议作某些简化后，仍用以上方法初步选择反滤料，然后通过试验确定。

1）对于不均匀系数较大的被保护土，可取 $\eta \leqslant 5 \sim 8$ 细粒部分的 d_{85}、d_{15} 作为计算粒径。

对于不连续级配的土，应取级配曲线平段以下（一般是 1 ~ 5mm 以下）的粒径组的 d_{15}、d_{85} 作为计算粒径。

2）不均匀系数 $\eta > 5 ~ 8$ 的砂砾石作为反滤料第一层时：

①选用小于 5mm 以下的细粒部分的 D_{15} 作为计算粒径；

②要求大于 5mm 的砾石含量应不大于 60%。

3）不能以上述方法确定的反滤料，均应由试验确定。

满足上述要求同时，还要求被保护土壤与反滤料的颗分曲线大致上平行，即

$$\frac{D_{15}}{d_{15}} < 20 \tag{1-55}$$

$$\frac{D_{50}}{d_{50}} < 25 \tag{1-56}$$

并应不小于 30cm。需要指出，施工方法不同，要求反滤层的施工厚度也不相同。机械化施工和水下施工以及垂直反滤层等难以保证理论上的均匀厚度时，施工厚度应加大。

（2）第二类反滤层级配的选择。可以采用上述第一类反滤层的设计方法。此外，也可用伊斯妥明娜的研究成果，当被保护土及反滤层的不均匀系数 $\eta < 10$ 时，反滤层的设计如图 1-118 所示。

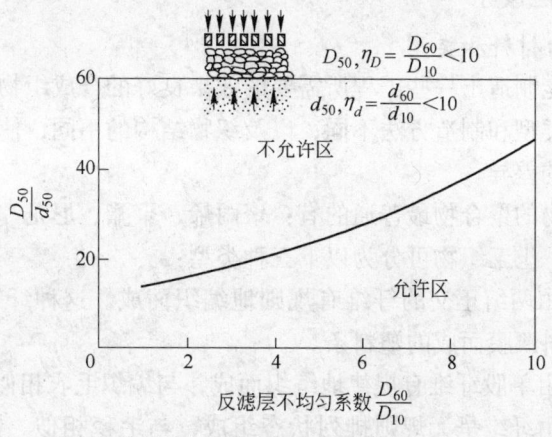

图 1-118 第二类反滤层级配设计

（3）第三类反滤层的级配选择。可参照以上第一、二类反滤层级配选择的方法。所有各类反滤层的设计应尽可能减少层数，一般说来，采用 1 ~ 2 层为宜。如果必须设置多层才能满足过渡的要求，也不必强求减少层次。

（4）保护黏性土的反滤层的选择。黏性土颗粒间存在凝聚力，其渗透变形常在较大的水力坡降下发生。它的反滤层级配选择，可用下法进行：

若黏性土的塑性指数 $I_L \geqslant 7 ~ 10$，饱和度 $G > 0.95$，则反滤层的颗粒中粒径 D_{50} 及不均匀系数 $\eta = \frac{D_{60}}{D_{10}}$，可按图 1-119 和图 1-120 确定。

图 1-119 适用于反滤层位于黏性土的下方（第一类）或上方（第二类），图 1-120 中 δ 表示允许黏性土在接触区域表面有剥落时的剥落深度。

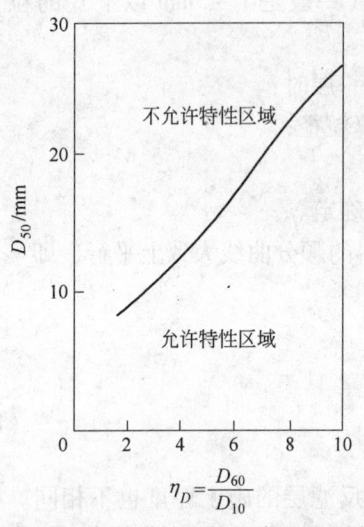

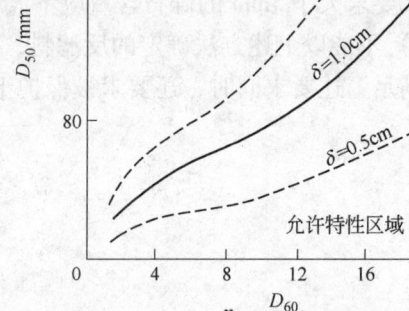

图 1-119　保护黏性土的反滤层级配设计　　　图 1-120　保护黏性土的反滤层级配设计

如果不允许黏性土接触区表面有剥落，则反滤层的选择应按图 1-120 确定。此图适用于上升渗流时坡降在 3 以下以及同下渗流时坡降在 1 以下的情况。

1.5.3　土工织物反滤层设计

1.5.3.1　土工织物的材料和类型

现代纺织工业已能制造出一些工程所需要的效果良好的合成织物。材料主要是聚合纤维。由于聚合纤维的类型和制造方法不同，以及织物结构的不同，使得织物之间在力学和水力性质方面有很大的差异。

用于制造土工织物的聚合物最普通的有：聚丙烯、聚酯、尼龙、聚酰胺和聚氯乙烯。

根据制造的方法，土工织物可分为以下三种类型：

（1）纺织型——由两组正交的纤维有规则地编织而成。这种纤维是挤压成圆形断面的长纤维或是切割塑料薄膜而成的塑料条。

（2）针织型——由单股纤维有规律地编织而成，与编织毛衣相似。

（3）非纺型——由纤维呈无规则排列状态组成，与毛毯相似。制造时，先将纤维无规则地铺成薄层状，构成无强度网状物。随后，按下述三种方法中的一种使之成型并获得强度：

1）化学黏结法。将某种化学物质加在薄层网状物上，使纤维粘连在一起。

2）热黏结法。对网状物同时加热加压，使之部分融化，从而黏结在一起。

3）针刺机械黏结法。用特种小针在薄层网状物上来回反复穿刺，使纤维黏结在一起。用这种方法制成的土工织物较厚，通常为 2~5mm，而热黏结的薄一些，一般为 0.5~1.0mm。

此外，由两种或多种织物混合组成的织物称为复合织物。

1.5.3.2　土工织物的功能

土工织物具有的功能达 16 种之多，可概括为水力功能和力学功能两大类。属于水力功能的有：排水、防渗、固体颗粒料中的反滤和流体中的反滤。属于力学功能的有：支垫、隔离、路面铺护、帷幕、约束受力、韧带、护面、加固、吸收能量、开裂区屏障、黏结和润滑。在使用中，根据所需功能不同，采用不同的布置。

土工织物的水力性质受力学性质的影响，所以须考虑拉应力与压应力的作用。关于拉应力对土工织物的水力性质的影响，尚未能通过试验予以评价。但对于纺织型的土工织物，拉应力将增加线间的距离，其结果是增加液体和固体对它的渗透性。对热黏结的非纺型土工织物也是如此，对针刺非纺型土工织物的影响尚难以估计。对针刺非纺型土工织物，拉应力一方面使织物的长度增加，而另一方面使其厚度减小。所以，当针刺非纺型土工织物受拉应力时，其长纤维之间的距离是增还是减，不易确定。在很多情况下，土工织物承受着拉力，因而有必要进行试验以评定拉应力对织物过滤性的影响。至于压应力对织物渗透性的影响，对纺织型土工织物和热黏结非纺型土工织物来说，由于它们的压缩性很低，很可能是不重要的，仅仅对针刺非纺型土工织物才考虑这种影响。

1.5.3.3　土工织物应用的一般设计原则

土工织物在工程中的应用历史很短，其长效性和耐久性究竟如何，有些问题不很清楚。因此，土工织物的大多数应用设计也还是半经验的。

在选定土工织物时，设计者必须考虑织物的施工问题、作用问题和耐久性问题。施工问题包括储运、加工、修整和减少损耗。织物的厚度和单位面积重量，以及整卷织物的宽度和长度等等因素对于织物的加工、储运和铺设都是重要的。织物还必须有适当的力学特性，能抗御施工过程中的损毁，同时价格应当合理。

土工织物较普遍的应用是反滤、防渗、隔离和加固。在选定织物时，应考虑其特性，能按照要求发挥作用。

织物的耐久性是很重要的。有关耐久性须考虑的因素有生物的、化学的、紫外线、堵塞、机械磨损和温度等。

（1）施工问题。土工织物的宽度、长度、重量、比重和黏结的可行方法等都是设计者需要考虑的因素，但对它们的要求视具体应用情况而定。

在施工中，织物损坏的形式有多种，例如由于张拉强度不合适，织物在铺设时被撕裂。不过，大量的施工经验表明，普遍使用的土工织物，即使是轻量级的，也无问题。但织物却可能被土块或其他坚硬物戳破，可以把标准撕裂试验与施工要求相关联起来。从很高处掉落下来的粒块可能损坏铺在坚硬下卧层之上的土工织物。施工时，为了抗御机械损坏，设计者应考虑施工方法。同时应权衡是采用强度高的织物还是采取小心施工方法，究竟哪种更经济些。

除了机械损坏以外，由于施工方法不当，可能使织物的水力性质退化。当织物铺设在很脏的水中或压入很软的泥泞中，织物的孔隙会大量堵塞，渗透性下降。

在设计时要考虑不使织物承受大量的磨损，可通过设计来保证织物一侧是砂或更细的材料。

（2）耐久性问题。用于一般土工织物的聚合物材料都有高度抵抗有机物侵蚀的能力，对大多数化学侵蚀也有高度的抵抗力。在 pH 值为 4~9 的环境中，对土中可能存在的各种侵蚀作用均能保持稳定。聚丙烯对于 pH 值很高或很低的环境抵抗能力尤强。

某些织物在受到有机溶质如喷气机燃料和柴油燃料的作用时，会产生老化。像聚丙烯暴露在这种有机溶质中时间过长，织物的最后强度可降低 20%~30%，还使弹性模量降低，蠕变增大。但聚酯织物则不受这种溶质的影响。

所有聚合物在紫外线作用下都或多或少地加速老化。所以，除了给予保护或掺用外加剂使其稳定以外，没有一种聚合物可以长期曝光而不受影响。

在一般温度下土工织物是稳定的。

已有实践经验表明，仅仅土工织物受动荷载和夹在粗大颗粒之间才会出现磨损破坏。如在织物的任何一侧为较细的材料，则此问题即可解决。

织物用作反滤排水时，堵塞问题是最为令人关心的。这个问题在设计中根据具体应用情况考虑解决。

在正常的岩土环境中，土工织物的使用寿命可长达几十年。有的专家，如索顿（Sotton）、勒克乐克（Leclerq）等认为，在合理的使用条件下，土工织物的寿命与传统的建筑材料一样长。

关于土工织物耐久性，现今研究的意见是，在埋藏的合理使用条件下它是耐久的，但是暴露在阳光下，它很快老化变质。

应该注意，一些啮齿动物，如老鼠，还有苇根等植物，会在土工织物上打洞穿孔，破坏土工织物。

1.5.3.4 土工织物滤层设计准则

土工织物滤层的设计，主要以被保护土的粒径和渗透系数为依据，选取与之相适应的孔径和透水性的土工织物作滤层材料，以满足防止渗透破坏和保持渗流畅通的目的。为此，设计准则有美国陆军工程师团准则和其他设计准则。

（1）美国陆军工程师团准则：

1）当织物相邻土壤中含有占重量50%或50%以下的粉砂土（即塑性很小或无塑性、能通过200号筛）的土粒时，则：

①织物孔隙尺寸的 E_{os} 应小于土壤 d_{85}，亦即

$$E_{os}/d_{85} \leqslant 1 \tag{1-57}$$

式中，d_{85} 为被保护土小于85%颗粒重量的粒径。

②织物开孔面积不超过50%。

2）当织物邻近土壤黏性很小或无黏性，所含粉砂占50%时，则：

①织物 E_{os} 不能大于70号筛的孔径，即0.208mm；

②开孔面积不超过10%。

3）为了减少淤填的可能性，规定相应于织物当量孔径 E_{os} 的筛号不大于100号，孔径为0.141mm。

4）对于土壤重量85%或其以上颗粒小于200号筛孔（孔径0.074mm）者，要求织物滤层和土壤间铺设一层等于或大于15cm厚的细砂隔层。

5）水力坡降比（c）值，如在24h试验时间内大于3，则表明织物正被堵塞。一般砂土的值大于1。

当量粒径 E_{os} 的定义为：用各种尺寸的玻璃珠在织物上筛分，当筛余某一粒级的玻璃珠为5%时，该粒度玻璃珠的相当粒径称之为 E_{os} 或 O_{95}。

水力坡降比，测量的方法是，在恒水头渗透计中，织物上下两侧放置土柱，然后进行60h水流由上而下的渗透比降试验而得出：

$$c = \frac{h_i}{h_1} \qquad\qquad (1-58)$$

式中 h_i——织物下面土柱 2.5cm 加上织物厚度的水力坡降；

　　　h_1——织物上面土柱 5cm 处的水力坡降。

（2）其他设计准则：

1）美国科罗拉多大学准则

$$O_{90} < 2d_{85} \qquad\qquad (1-59)$$

2）奥金科准则（Ogink）

$$O_{90} < 1.8d_{90} \qquad\qquad (1-60)$$

3）荷兰海岸工程学会准则

$$O_{90} < 10d_{50} \qquad\qquad (1-61)$$

4）基劳德准则：若土料线性均匀系数 $C_u' > 3$ ，则

$$O_{95} < \frac{18}{C_u'}d_{50}$$

土工织物透水性准则一般具有如下形式：

$$k_g > 10^n k_s$$

式中，n 值一般在 1 ~ 2 之间。

上述准则中 O_{95}、O_{90} 为土工织物的有效孔径，d_{90}、d_{85}、d_{50} 分别为被保护土在颗粒组成累积曲线上含量为 90%、85% 、50% 时的颗粒粒径，k_g、k_s 分别为土工织物和被保护土的渗透系数。

1.6　坝的渗流及稳定分析

1.6.1　库矿坝的渗流计算

尾矿坝坝体和坝基的渗流计算是尾矿坝设计中的重要问题。它包括下列三个方面：

（1）通过坝体和坝基的渗流量。

（2）坝体和坝基的渗透比降，决定坝体和坝基是否发生渗透变形。

（3）坝体的渗透压力，它直接影响坝体的稳定。

解决上述问题的基本工作是求出坝体的浸润线及其流网。

由于坝体结构的复杂性，故难以概化出解决上述问题的数学模型。因为其出现的随机性很大，所以尾矿坝的渗流计算是难以与实际相符的。在设计阶段不能预计将来会堆积成什么样子，故只能简化成平面的理想状态的计算模型来计算，这也有助于分析几个因素对渗流的影响。尾矿坝的渗流不仅是三维各向异性的问题，而且流态也不一样。在堆积坝、均质黏土坝中渗流处于层流状态，在堆石中可能就变成过渡流态或者紊流流态。所以在简化计算中要考虑这种流态的变化。

目前，在渗流计算中，主要是按层流平面问题，将初期坝当作堆积坝的排水棱体来计算（其计算详见"土坝设计"及"水力学计算手册"）。也有处理沿流向断面变化、流态变化坡度变化的近似方法。可参看《冶金矿山尾矿库技术交流会文集》（1987 年 8 月）和本书所附规范。

1.6.2　控制尾矿坝稳定的时期及部位

尾矿坝从施工期开始，一直是边填筑边使用，坝体及地基土的抗剪强度以及作用的剪应力都在不断变化。以滑动面上的抗剪强度与剪应力之比表示的安全因数，也是随着时间而改变的。控制尾矿坝坝坡的时期是各个不同堆筑高程的稳定渗流期，由于其上游没有临空面，由下游坡控制坝的稳定。滑裂面的形式基本有下列三类：

(1) 堆积坝的圆弧滑裂面。

(2) 坝体及坝基有软弱层面的滑裂面。

(3) 折线滑裂面。

1.6.3　作用于坝体的荷载及其组合

1.6.3.1　坝体自重

在水面以上部分，可计算其湿容重：

$$\gamma_w = \gamma_d(1 + W) \tag{1-62}$$

式中　γ_w——湿容重，可实测或根据干容重及含水量计算；

　　　γ_d——干容重；

　　　W——含水量。

在静水面以下的土体部分，要按浮容重计算：

$$\gamma_b = \gamma_d - (1 - n)\gamma_o \tag{1-63}$$

式中　γ_b——浮容重；

　　　n——孔隙率；

　　　γ_o——水容重。

在浸润线以下，静水面以上设坝体部分，饱和容重为：

$$\gamma_s = \gamma_d + n\gamma_o \tag{1-64}$$

式中　γ_s——饱和容重；

　　　其余符号同上。

坝坡堆石及滤水坝趾堆石在水面以上按湿容重计算。在水位降落时，堆石中水分大部分排出，仍保留一部分，不论水位缓降骤降，在库水位以上的堆石都按湿容重计算。堆石的湿容重为：

$$\gamma_w = \gamma(1 - n_s) \tag{1-65}$$

式中　γ_w——堆石的湿容重；

　　　γ——块石的容重；

　　　n_s——堆石的有效孔隙率。

堆石的干容重也用式1-62计算，但n_s改用n。n为填筑时堆石孔隙率。

在水面以下的堆石以浮容重计，为：

$$\left.\begin{array}{l} \gamma_b = \gamma_d - (1 - n)\gamma_o \\ \\ \gamma_b = \gamma_s - \gamma_o \end{array}\right\} \tag{1-66}$$

或

式中　γ_b——堆石浮容重；

　　　其余符号同上。

所有土料，其容重都在 $1.0t/m^3$ 左右，饱和容重都在 $2.0t/m^3$ 左右，当概略计算时，可分别按 $1.0t/m^3$ 及 $2.0t/m^3$ 采用，其误差不超过8%。自重压力等于其上的土柱高度乘土的容重，各段容重不同时，分别乘不同容重后相加。

1.6.3.2 筑坝期正常高水位的渗透压力

在设计时，尾矿坝不考虑上游水位的下降，但需考虑稳定渗流。稳定渗流时浸润线即为边界的流线。根据此流线画流网，根据流网计算渗透压力，当浸润线平缓时，也可以该点距浸润线的垂直距离作为渗透压力（见图1-121）。图中 A 点的渗透压力为 $0.5(H-h)$。若按简化法计算，A 点的渗透压力为 $(z_B - z_A)\gamma_o$，z_A、z_B、γ_0 分别为 A 点、B 点的高程和水的容重。

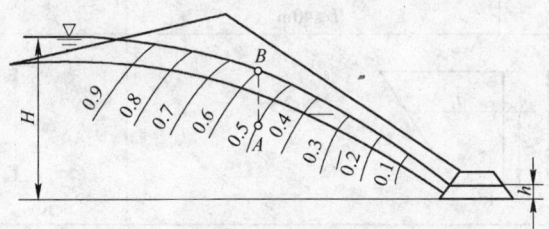

图1-121 尾矿坝渗透流网示意图

1.6.3.3 坝体及坝基中的孔隙水压力（超静水压力）

一般说，土体黏粒（粒径小于 $0.005mm$ 颗粒）含量愈高，渗透系数愈小，压缩性愈大，其孔隙压力也愈大。当填土渗透系数 $k \geq 10^{-4}cm/s$ 时，土的固结十分迅速，孔隙压力消散很快，当 $k \leq 10^{-6}cm/s$ 时，土体易产生较大的孔隙压力，而且消散也十分缓慢，所以对这种土要考虑孔隙水压力。尾矿堆积坝一般不进行计算。特殊情况时作专门研究。

1.6.3.4 最高洪水有可能形成的稳定渗透压力

计算方法与1.6.3.2节相同。

1.6.3.5 地震荷载

主要考虑地震引起的惯性力部分。按拟静力法计算（关于地震引起孔隙水压力的增加，以致引起液化问题）。请参见本书有关章节。

尾矿坝设计地震烈度一般采用该地区的基本地震烈度，特殊情况可根据工程重要性提高或降低。国内因无堆坝抗震规范可循，且尾矿冲积坝断面较大，冲填速度慢，暂按碾压坝抗震规定执行，地震烈度小于或等于6度者不设防；烈度大于10度，应进行专门研究。烈度为7~9度者按下述方法设计。

地震惯性力按下列公式计算

$$E_i = C_z a_i K_H W_i \tag{1-67}$$

$$E_i' = \pm C_z a_i K_H' W_i \tag{1-68}$$

$$K_H = \frac{a}{g}$$

式中　E_i ——水平地震惯性力，N；

　　　E_i' ——竖向地震惯性力（向下为正，向上为负），N；

C_z——综合影响系数，$C_z = 0.25$；

a_i——地震加速度分布系数（见表1-47）；

K_H——水平地震系数，为地面最大平均加速度与重力加速度之比值，K_H 的取值见有关章节；

K'_H——竖向地震系数，$K'_H = \dfrac{2}{3}K_H$；

W_i——集中在质点 i 的重量，N。

表1-47 地震加速度分布系数 a_i 值

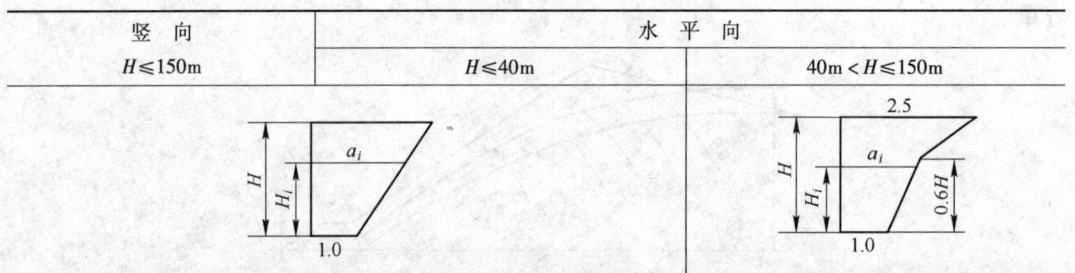

竖向	水平向	
$H \leqslant 150\text{m}$	$H \leqslant 40\text{m}$	$40\text{m} < H \leqslant 150\text{m}$

表1-47所列地震加速度分布曲线不仅适用于水库土坝，按设计规范规定也可用于尾矿坝。

近几年，有关单位对尾矿坝做过动力计算，结果表明尾矿坝的地震反应与土坝的地震反应是不相同的。这可由土坝及尾矿坝的体形不一致来解释。土坝基本上可以简化为三角形，尾矿坝则近似梯形。因此，在计算时应注意这些特点。有人根据其所收集到一些尾矿坝地震反应曲线而概化出尾矿坝加速度分布曲线，可供参考。

1.6.3.6 排渗设施失效控制洪水位的渗透压力

荷载组合见表1-48。

表1-48 荷载组合

荷载组合		1	2	3	4	5
正常运行	总应力法	√	√			
	有效应力法	√	√	√		
洪水运行	总应力法	√			√	
	有效应力法	√		√	√	
特殊运行	总应力法	√			√	√
	有效应力法	√		√	√	√
说 明						

1.6.4 坝基及坝体抗剪强度的确定

（1）确定抗剪强度的方法。确定抗剪强度的方法有有效应力法和总效应力法两种。强度指标的试验仪器及试验方法在设计规范中已作了明确规定，不再重述。

（2）试验成果的整理：

1）强度包线的整理。实测的强度包线不一定是直线，而非线性的强度包线意味着强度指标值随法向压力而变，宜根据可能出现的滑动面上法向应力范围，确定强度指标，如

图 1-122 所示。

2）抗剪强度指标的整理方法。取强度指标的小值平均值的方法是：对于直接剪切试验成果，从不少于 11 组的抗剪强度包线中，查得相当于法向压力 0.1MPa、0.2MPa、0.3MPa 和 0.4MPa 的剪阻力共四组，取各组的小值平均值，它们与相应的法向应力绘出强度包线，定出强度指标。对于三轴剪切试验成果，从不少于 11 组剪切试验成果中取得相当于受压室压力 0.1MPa、0.2MPa、0.3MPa 和 0.4MPa 的应力圆的直径和圆心位置共四组，取前者的小值平均值，绘出四个相应的应力圆，定出强度包线和强度指标。

3）砂土黏土接触面的抗剪强度。斜墙在失去稳定时，往往沿着砂土和黏土接触面的抗剪强度包线，可分别测得砂土的强度包线 OAB 和黏土的强度包线 FAD，并可采用 OAD 线作为接触面的抗剪强度包线，如图 1-123 所示。

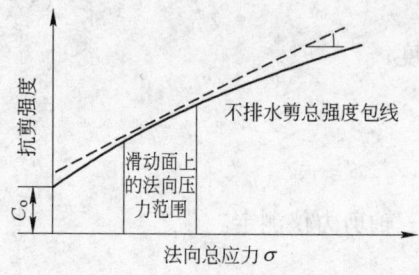

图 1-122 非线性强度包线的强度指标

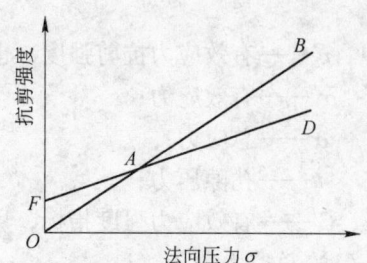

图 1-123 砂土黏土接触面的抗剪强度

1.6.5 静力计算

（1）静力计算的方法按以下原则确定：

1）尾矿堆积坝及土坝可采用圆弧滑动的方法计算。

2）当坝基或坝体存在软弱土层时，可采用改良圆弧法计算。

3）非黏性土质坝（如堆石坝、砂砾料坝等）可用折线法（即按平面滑动）计算。

（2）要求的安全系数按表 1-49 确定。

表 1-49 坝坡稳定最小安全系数

荷载组合	坝的级别			
	一	二	三	四、五
正常运行	1.3	1.25	1.2	1.15
洪水运行	1.2	1.15	1.1	1.05
特殊运行	1.1	1.05	1.05	1.00

1.6.6 用圆弧法计算尾矿坝的坝坡稳定

坝体稳定计算采用圆弧法。坝体稳定分析方法由于对土体抗剪强度计算方法不同，而分为总应力法和有效应力法。总应力法是用快剪来决定土的抗剪强度指标，就是将土中产生的孔隙压力对抗剪强度影响，包括在抗剪强度指标之内，用降低抗剪强度指标的方法表示。总应力法抗剪强度表达式为：

$$\tau = \sigma\tan\varphi + C \tag{1-69}$$

式中　τ——总应力法的抗剪强度；

　　　σ——总应力；

　φ, C——总应力的抗剪强度指标。

有效应力法考虑土体各处孔隙压力随时间的延续不断消散或固结，土体抗剪强度随之不断增加。将土体的孔隙压力、有效应力分别计算。

当仅考虑坝体自重，用三轴不排水剪量测孔隙压力和有效强度指标；对稳定渗流和水位降落时，要用三轴饱和固结不排水剪测量有效强度指标。其有效抗剪强度为

$$\tau' = \sigma'\tan\varphi' + C' \tag{1-70}$$

$$\sigma' = \sigma - u \tag{1-71}$$

式中　τ'——有效应力抗剪强度，也称有效抗剪强度；

　　　σ'——有效应力；

　　　σ——总应力；

　　　u——孔隙压力；

　φ', C'——有效应力强度指标，用量测孔隙压力三轴剪力仪测定。

（1）总应力法。

基本假定：

1）坝体滑动破裂面为圆弧。

2）坝体内只有垂直应力，即其上土柱的重量，不计水平应力及剪应力。

3）滑裂弧内土体认为类似刚性体，绕滑弧圆心旋转而坍滑。

4）土体可以分为单独土条，其重量可分为作用于弧面的法向分力及切向分力。

5）土条间的侧压力视作内力，互相抵消。

如图 1-124 所示，滑裂面为圆弧 abc，圆心 O，半径 R，土条重 W_i，法向分力 N_i；切向分力 T_i、N_i 与 W_i 的交角 α_i；ab 弧长 $l = \sum l_i$

$$N_i = W_i\cos\alpha_i$$

$$T_i = W_i\sin\alpha_i$$

总凝聚力 $= \sum C_i l_i$

总摩擦力 $= \sum N_i\tan\phi_i$

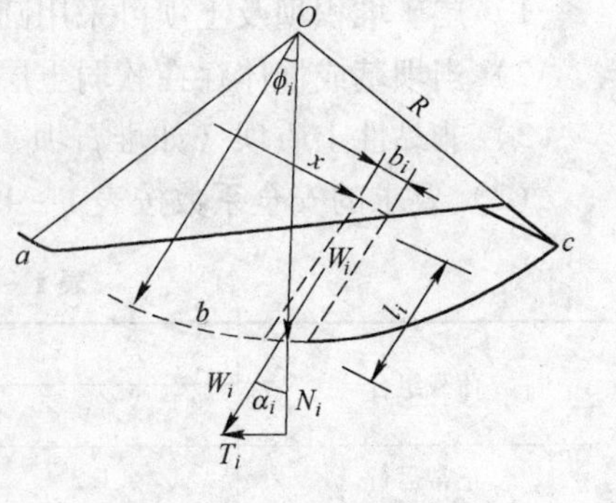

对圆心 O 的滑动力矩：$M_s = R\sum t_i$

对圆心 O 的抗滑力矩：$M_r = R(\sum N_i\tan\phi_i + \sum C_i l_i)$

坝坡稳定安全系数：

图 1-124　滑裂面示意图

$$K = \frac{M_r}{M_s} = \frac{\sum W_i\cos\alpha_i\tan\phi_i + \sum C_i l_i}{\sum W_i\sin\alpha_i} \tag{1-72}$$

$$l_i = b\sec\alpha_i$$

（2）有效应力法。有效应力法基本假定同总应力法，其滑裂面的稳定计算与总应力法基本相同，仅对孔隙压力计算方法和分析抗剪强度指标选取是不同的。有效应力法分析

坝坡稳定的简化法是近似计算坝体稳定渗流期和上游水位降落时的渗透压力，即计算滑动力矩时，浸润线以下、静水位以上的土体用饱和容重 γ_s，计算抗滑力矩时，浸润线以下、静水位以上的土体用浮容重 γ_b，浸润线以上的土体，不论计算滑动力矩及抗滑力矩，均用湿容重 γ_w，对上、下游静水位以下的坝壳部分皆采用浮容重 γ_b 计算。

简化法稳定计算式

$$K = \frac{\sum (W_i)_2 \cos\alpha_i \tan\phi_i + \sum \dfrac{C'_i}{b} l_i}{\sum (W_i)_1 \sin\alpha_i} \tag{1-73}$$

$$L_i = b\sec\alpha_i$$

式中　$(W_i)_1$——计算滑动力矩时块条重；

　　　$(W_i)_2$——计算抗滑力矩时块条重。

滑动力矩计算见图 1 – 125。

$$(W_i)_1 = \gamma_w H_1 + \gamma_s H_2 + \gamma_b H_3$$

$$(W_i)_2 = \gamma_w H_1 + \gamma_b H_2 + \gamma_b H_3$$

式中　γ_s——土体饱和容重；

　　　γ_w——土体湿容重；

　　　γ_b——土体浮容重。

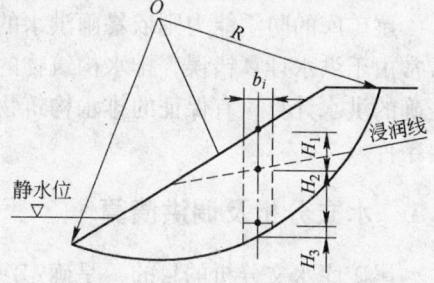

图 1 – 125　滑动力矩计算示意图

关于改良圆弧法及折线滑动的计算见《土坝设计》。

2　排水构筑物

在尾矿库的设计及安全运行中，为了使尾矿澄清水及暴雨洪水有计划、安全地排出坝外，就必须设置排水构筑物。它对确保坝体和尾矿库的安全运行起着决定性的作用。

排水构筑物的排水能力取决于洪水及调洪库容和排水构筑物的形式及尺寸。而排水构筑物的泄流能力又取决于其进水口的泄流能力、中间的输水能力和出水口的泄流承受能力。

尾矿库的防洪能力则依暴雨洪水的来水量、排水构筑物的泄流能力和调洪库容而定。常常由于洪水计算错误，排水构筑物的泄流能力不足和调洪库容不够而导致漫顶。因此，正确的洪水计算，有保证的排水构筑物泄流能力和调洪库容，是确保尾矿库安全运行的必要条件。

2.1　水文分析及调洪演算

尾矿库水文分析的目的，是确定洪峰流量、洪水总量和洪水过程线。

尾矿库调洪演算的任务，主要是确定各种设计标准下的排水建筑物的泄流流量、调洪库容、调洪高度及洪水位。当尾矿库需要调节水量时，则需进行径流调节计算，以确定在保证干滩长度的前提下所需的调节库容和水量。

尾矿库水文分析的特点和难点是其流域面积很小，缺少实测的洪水系列和径流系列，因而给分析带来困难。通常是充分利用当地的水文研究成果和经验，采用多种分析方法进行综合分析，以合理选择参数和合理选用方案为原则。

2.1.1　尾矿库的防洪标准

设计规范规定：尾矿库的洪水标准应根据各使用期库的库容、坝高、使用年限及对下游可能造成的危害等因素按表 2-1 确定。

表 2-1　尾矿库洪水标准

尾矿库等别		一	二	三	四	五
洪水重现期 /年	初　期		100~200	50~100	30~50	20~30
	中后期	1000~2000	500~1000	200~500	100~200	50~100

注：初期指尾矿库启用后的头 3~5 年。

当尾矿库使用年限较短或失事后对下游不会造成严重危害时，宜取下限，反之应取上限。

当尾矿库贮存铀矿等有放射性或有害尾矿，失事后可能对下游环境造成严重危害时，其防洪标准应予以提高，必要时其后期防洪可按最大洪水进行设计。

2.1.2　暴雨洪水计算

2.1.2.1　小流域暴雨洪水特性

小流域暴雨洪水计算具有以下三个特点：

（1）小流域暴雨或流量资料都比较缺乏，甚至完全没有，一般多用经验公式或暴雨公式推求设计洪水。

（2）由于面积小，汇流时间短，洪水陡涨陡落，因此暴雨的研究时段一般只需数十分钟到几个小时。

（3）小流域洪峰流量突出地受到各种自然地理因素的影响。例如两个相邻流域的植被、土壤或其他自然条件可能不同，其洪峰流量就可能有明显的差别。因此，洪水计算公式中各项因素的物理意义应当明确，特别是洪峰流量与暴雨强度的关系必须明显。

1）暴雨公式。小流域由于面积小、集流时间短，一般只是几小时，因此形成洪水的是几小时的短历时暴雨。一场暴雨就其形成径流而论可以分为三部分：一是暴雨头部，二是暴雨核心，三是暴雨尾部。对于小流域，形成最大流量的部分常是暴雨核心中历时较短、强度最大的一部分。

由于所取历时起讫时间的不同，一场暴雨的平均强度（mm/h）可以不同。

我国常用的暴雨公式为

$$i = \frac{S_p}{t^n} \qquad\qquad (2-1)$$

或

$$H_t = S_p t^{1-n} \qquad\qquad (2-2)$$

式中 i——t 时段的最大平均降雨强度，mm/h；

S_p——单位时间的降雨强度，又称雨力，mm/h；

H_t——历时 t 的设计暴雨量，mm；

n——暴雨衰减指数，它有随历时 t 的增加而逐渐加大的趋势。为了简化计算，通常将 n 值分段采用概化平均值。

式 2-1 和式 2-2 两式中的 S_p 随重现期而变，即

$$S_p = A + B\lg N \qquad\qquad (2-3)$$

式中，A 与 B 均为因地区而变的地理参数。

我国各地均已制成 A、B、N 的等值线图，可查各个地方的《水文手册》。

关于设计降雨历时，设计规范规定采用 24h 计算，经论证后也可采用短历时计算。

2）小流域洪水公式。推求小流域暴雨洪水的方法很多，原则上，大流域计算洪水的方法均可适用于小流域。但由于小流域暴雨洪水的上述特点，要求计算方法概念明确，结构简单，计算方便。我国目前生产上应用的方法有下列两类：

①经验公式法。根据地区内实测暴雨洪水资料，直接建立洪水要素（主要是洪峰流量）与有关影响因素（主要是降雨和流域特征）之间的经验关系。各地的《水文手册》、《水文图集》多采用这类方法。

②推理公式。这类公式主要以洪峰流量与主要影响因素之间的关系为基础，建立半理论半经验性质的公式来推算洪峰流量。

除上述两类方法外，还有综合单位线、瞬时单位线和降雨径流流域模型等方法，可参阅有关文献。

2.1.2.2　用经验公式估算设计洪峰流量

（1）经验公式的特点。估算洪峰流量的地区综合经验公式，结构简单，应用广泛，其中包括三类参数：

1）计算参数。计算参数主要反映流域几何特征和暴雨特性等，通过量算或实测资料分析求得。

2）经验参数。经验参数反映流域综合因素如地质、地貌、植被、土壤等下垫面因素，可按地貌类型或地区分类综合。

3）计算参数的经验性指数。这类指数通常由实测资料分析求得，有时也可以根据一定的概化条件推导而得。

（2）经验公式的形式。计算洪峰流量的经验公式形式很多，最常见的是

$$Q_m = CF^n \qquad (2-4)$$

式中　　Q_m——设计洪峰流量，$\mathrm{m^3/s}$；

　　　　C——经验参数；

　　　　F——流域面积，$\mathrm{km^2}$；

　　　　n——经验指数。

如果经验参数带有频率概念，则 Q_m 也带有频率。有些地区提出了计算参数较多的经验公式，例如

$$Q_m = CH_{24p}F^n \qquad (2-5)$$
$$Q_m = CH_{24p}f^m F^n \qquad (2-6)$$
$$Q_m = Ch_p^\alpha f^m F^n \qquad (2-7)$$
$$Q_m = Ch_p^\alpha J_F^\beta F^n \qquad (2-8)$$

式中　　H_{24p}——频率为 p 的流域平均 24h 最大雨量，mm；

　　　　F——流域面积，$\mathrm{km^2}$；

　　　　f——流域形状系数；

　　　　h_p——频率为 p 的最大径流深，mm；

　　　　J_F——流域平均比降（或河道比降）；

　　α,β,m,n——经验指数。

也有些经验公式，直接建立计算参数与实测（或调查）洪峰流量均值 Q_m 的关系，例如

$$O_m = CF^\alpha \qquad (2-9)$$
$$Q_m = CH_{24}f^m J_F^\beta F^\alpha \qquad (2-10)$$

应用这类公式，还应求出该地区小流域洪峰流量的离差系数 C_v 与 C_s/C_v 的比值，才能计算出洪峰流量。这些数值可从有关地区的《水文手册》或《水文图集》中查得。

各地水利、交通部门提出的经验公式很多，各有特点，可根据资料情况和使用条件合理选用。但必须注意，经验公式具有地区性，尤其是经验参数 C 和计算参数的经验指数，不论在公式间和地区上均不得任意移用。

在经验公式中考虑计算参数的目的是使经验参数 C 在地区上的变幅减小，以便于综合。

（3）经验公式参数的确定。建立经验公式通常采用图解法和最小二乘法。

无论采用哪种方法，资料基础都要充分，分析要仔细。使用公式时，还应重视调查研究，结合当地实际情况选用参数，以保证计算成果达到一定精度。

2.1.2.3 用推理公式推求设计洪峰流量

（1）推理公式的概化条件。推理公式是小流域暴雨洪水计算常用的方法。当设计暴雨确定后，通过产流和汇流两部分计算，可给出流域的设计洪峰流量。

由于对暴雨、产流和汇流的处理方式不同，形成了不同形式的推理公式。

在我国，一种推理公式认为小流域可以采用比较简单的概化，比如流域的汇流面积增长率概化为一直线关系（即假定在径流过程中汇流面积随时间均匀增长），计算时间内的汇流速度、降雨和产流都假定为不变的过程。在这种假定下，应当是全流域面积汇流形成最大流量。另一类公式则认为，流域的汇流面积增长率事实上并非直线关系，而且在降雨也不均匀的情况下，最大流量是由部分流域面积同时汇流形成的。考虑到目前我国生产中常用的情况，分别选取了水电部科学院公式和铁道部设计院公式作为上述两种类型推理公式的代表。

（2）水电部科学院公式：

1）基本公式。基本公式将设计暴雨强度过程线概化为长方形，其历时为 t，强度为 i（见图 2 - 1），降雨损失以平均下渗强度 μ 表示，则净雨强度为 $i_t - \mu$。若令 ϕ 为成峰径流系数，则净雨强度也可以用 ϕ_i 表示，即

$$\phi_i = i_t - \mu \tag{2 - 11}$$

$$\phi = \frac{i_t - \mu}{i_t} = 1 - \frac{\mu}{i_t} \tag{2 - 12}$$

图 2 - 2 表示一个小流域，L 代表流域上的最长汇流长度，即自出口断面沿主河道至分水岭的最长距离。设净雨沿 L 从最远点流至流域出口断面的时间为 τ（以小时计），则 τ 称为流域汇流历时。当降雨历时 $t = \tau$ 时，流域出口处出现的最大流量是最早出现在 A 点的净雨和最晚出现在 B 点的净雨同时到达 B 点所形成，也就是全流域内均有净雨到达 B 点形成最大流量，这种情况称为全面汇流。如果 $t < \tau$，则 A 点最早净雨未到达 B 点处而 B 点的净雨已全部流完，在这种情况下流域出口处的最大流量只是部分面积汇流所产生，称为部分汇流。至于 $t > \tau$，则属于全面汇流的持续情况，即全面汇流所产生的最大流量将持续一个时期。

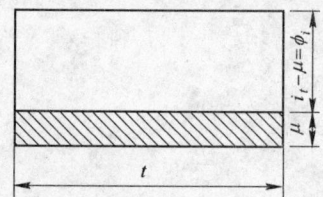

图 2 - 1 概化设计暴雨损失和净雨示意图

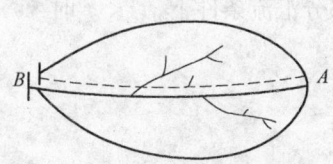

图 2 - 2 流域汇流示意图

为了进一步说明上述汇流情况，将小流域面积概化为长方形，其长度为 L，宽度为 B。当流域上产生净雨 ϕ_i 时，将因为 $t > \tau$ 和 $t = \tau$ 而产生不同的流量过程（见图 2 - 3）。$t > \tau$ 和 $t = \tau$ 均属于全面汇流情况，即全面汇流产生最大流量，当 $t < \tau$ 时属于部分汇流情况，即部分面积汇流产生最大流量。若净雨强度 i 相同，则上述全面汇流的最大流量必然大于部分面积汇流的最大流量。

按上述假定推导出来的洪峰流量计算的基本公式为

$$Q_m = 0.278 \psi i F = 0.278 \frac{S}{\tau^n} F \psi \tag{2 - 13}$$

式中 Q_m——最大洪峰流量，m^3/s；

$\quad\psi$——洪峰径流系数，即汇流时间 τ 内最大降雨 H 与其所产生的径流深 h 之比值；

$\quad i$——最大平均暴雨强度，以 mm/h 计，可按暴雨公式 2-1 求得；

$\quad S$——雨力，mm/s；

$\quad\tau$——汇流时间，h；

$\quad n$——暴雨度随历时增长而递减的衰减指数；

0.278——单位换算系数。

原水电部科学院认为本公式适用于 $500km^2$ 以下的流域。

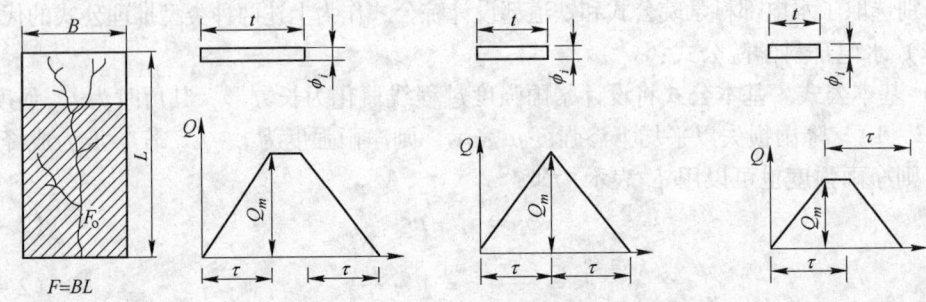

图 2-3 长方形流域净雨和洪水过程线

利用式 2-13 推求设计洪峰的流量，首先必须确定参数 F、S、n、ψ 和 τ。其中流域面积 F 可以从地形图上直接量得；S、n 为暴雨参数，可由实测暴雨资料分析求得或查阅当地水文手册中暴雨参数等值线图；ψ 和 τ 的影响因素复杂，必须在一定概化条件下建立 ψ 和 τ 与有关影响因素之间的关系，间接求得。

根据水电部科学院推导的结果（指导从略），在全面汇流条件下，$t_e \geq \tau$ 时

$$\psi = 1 - \frac{\mu}{S}\tau^n \tag{2-14}$$

在部分汇流条件下，$t_e < \tau$ 时

$$\psi = n\left(\frac{t_e}{\tau}\right)^{1-n} \tag{2-15}$$

这时

$$t_e = \left[(1-n)\frac{S}{\mu}\right]^{1/n} \tag{2-16}$$

$$\tau = \tau_0\psi^{-\frac{1}{4-n}} \tag{2-17}$$

$$\tau_0 = \frac{0.278^{\frac{3}{4-n}}}{\left(\frac{mJ^{1/3}}{L}\right)^{\frac{4}{4-n}}(SF)^{\frac{1}{4-n}}} \tag{2-18}$$

式中 τ_0——当 $\psi=1$ 时流域的汇流时间，h；

$\quad L$——自流域出口断面沿主河道至分水岭的河流长度，km；

$\quad t_e$——净雨历时，又称产流历时，h；

$\quad\mu$——地面平均入渗能力或产流历时内平均入渗率，mm/h；

m——综合汇流参数。

按式 2 – 14、式 2 – 15 分别与式 2 – 17 联立求解，即可求得 ψ 和 τ 值。把求得的 ψ 和 τ 代入式 2 – 13 就可以算出设计最大洪峰流量。

由 ψ、τ 值计算 Q_m，必须首先确定 F、L、J、μ、S、n 和 m 这 7 个参数，下面分别叙述各参数的确定方法。

2）参数的确定。

①流域特征参数 F、L、J 的确定。

F 为出口断面以上的流域面积，可在适当比例尺的地形图上勾绘出流域分水线后直接量取，对地形图精度不高或分水线不清的流域，要进行实地查勘测量，以确定分水线实在位置。流域面积 F 的单位为 km^2。

L 采用自出口断面起沿主河道至分水岭的最长距离，包括主河道以上支沟和坡面的长度，单位为 km。在一般情况下由地形图上量取，必要时需要根据实测资料进行验证。

J 为沿 L 的坡面和河道平均比降，需自分水岭起根据沿流程的比降变化特征点高程，按下式用加权平均法求得

$$J = \frac{(Z_0 + Z_1)L_1 + (Z_1 + Z_2)L_2 + \cdots + (Z_{n-1} + Z_n)L_n - 2Z_0L}{L^2} \quad (2-19)$$

式中 Z_0，Z_1，Z_2，$\cdots$，Z_n——自出口断面起沿程各特征地面点高程；

$\quad\quad L_1$，L_2，L_3，$\cdots$，L_n——各特征点间的距离（见图 2 – 4）。

②暴雨参数 S 和 n 的确定。

雨力 S 可按下列方法求得：

根据设计流域的暴雨资料分析或由本地区《水文手册》查得设计流域的多年平均最大 24h 降雨量 H_{24} 和 C_v、C_a 值。

根据频率计算方程，求出指定频率的最大 24h 降雨量 H_{24p}；

按下述公式计算 S：

$$S = \frac{H_{24p}}{24^{1-n}} \quad (2-20)$$

n 值是反映地区暴雨强度集中程度特性的参数，随气候地形条件不同在地区上变化有一定的规律。地区《水文手册》一般有 n 值的计算方法。n 值一般为 $0.55 \sim 0.8$，北京地区用 n 值与 24h 暴雨量作出关系曲线（见图 2 – 5）。

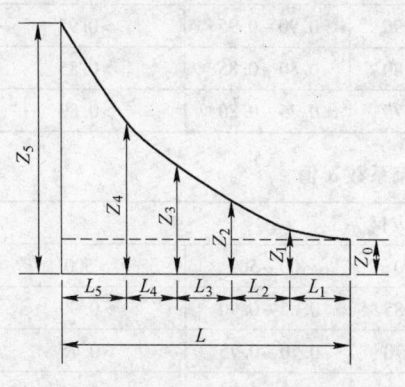

图 2 – 4 河道比降计算示意图

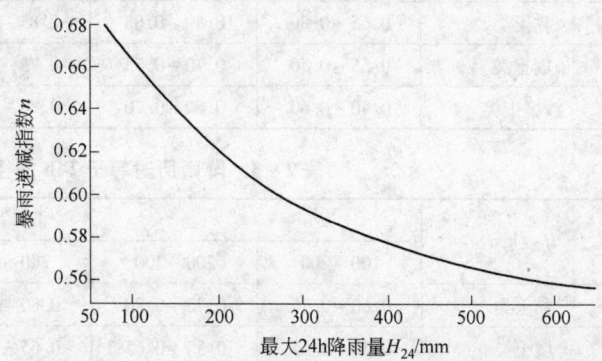

图 2 – 5 北京地区 $H_{24} - n$ 关系曲线

根据雨量资料分析 n 值的方法是将式 2-1 两端取对数，在双对数纸上作 $\lg i - \lg t$ 的直线关系，其斜率即为 n。

③损失参数 μ（mm/h）值的确定。

$$\mu = (1 - n)n^{\frac{n}{1-n}}\left(\frac{S}{h_{24}^n}\right)^{\frac{1}{1-n}} \tag{2-21}$$

式中，如年最大 24h 径流深 h_{24} 值为已知，则可算出 h_{24} 值，然后用 μ 的诺模图（见图2-6）从 $\frac{S}{h_{24}^n}$ 值与 n 值的交点垂直向下直接读出损失参数 μ 值。

$$h_{24} = \alpha H_{24} \tag{2-22}$$

式中，α 为 24h 降雨历时的径流系数，水利电力科学研究院曾对全国 300 个水文站将近 1000 站次的资料进行过分析，得出山区和丘陵区不同土壤种类和不同 H_{24} 值的径流系数 α 的概括数值，当缺乏所设计的小流域 H_{24} 与 h_{24} 关系资料时，可从表 2-2 和表 2-3 中选用 α 值，以便计算 μ 值。

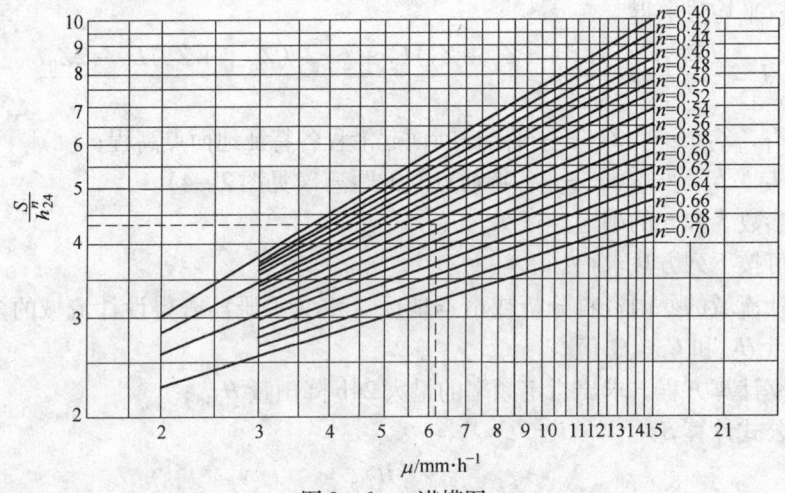

图 2-6 μ 诺模图

表 2-2 降雨历时等于 24h 的径流系数 α 值

H_{24}/mm	山 区				
	100~200	200~300	300~400	400~500	>500
黏土类	0.65~0.80	0.80~0.85	0.85~0.90	0.90~0.95	>0.95
壤土类	0.55~0.70	0.70~0.75	0.75~0.80	0.80~0.85	>0.85
沙壤土类	0.40~0.60	0.60~0.70	0.70~0.75	0.75~0.80	>0.80

表 2-3 降雨历时等于 24h 的径流系数 α 值

H_{24}/mm	丘 陵 区				
	100~200	200~300	300~400	400~500	>500
黏土类	0.60~0.75	0.75~0.80	0.80~0.85	0.85~0.90	>0.90
壤土类	0.30~0.55	0.55~0.65	0.65~0.70	0.70~0.75	>0.75
沙壤土类	0.15~0.35	0.35~0.50	0.50~0.60	0.60~0.70	>0.70

地区性的暴雨、径流、降雨历时三者的相互关系，常用复相关的关系曲线表示。

④汇流参数 m 的确定。m 是反映洪水汇流特征的参数，它与流域河网的调节作用、水力学特性以及气候条件等都有关系。但在小流域上主要受下垫面因素的影响。根据实测暴雨径流资料，可以反推 m 值。再用地区综合的办法建立 m 与有关因素的关系，供无资料地区使用，这可查阅各地《水文手册》。

各地都有这种汇流参数的图表和手册可供应用。也可由表 2-4 查出。

表 2-4 汇流参数 m 值

类别	雨洪特性、河道特性、土壤植被条件简述	在 $\theta = I/J$ 1/3 时		
		1~10	10~30	30~90
I	雨量丰沛的湿润山区，植被条件优良，森林覆盖度可高达70%以上，多为深山原始森林，枯枝落叶层厚，壤中流较丰富，河床呈山区型大卵石、大砾石河槽，有水，洪水多呈缓落型	0.2~0.3	0.3~0.5	0.35~0.4
II	南方、东北湿润山丘，植被条件良好，以灌木林、竹林为主的石山区或森树覆盖度达40%~50%或流域内以水稻田或优良的草皮为主，河床多砾石、卵石，两岸滩地杂草丛生，大洪水多为尖瘦型，中小洪水多为矮胖型	0.3~0.4	0.4~0.5	0.5~0.6
III	南、北地理景观过渡区，植被条件一般，以稀疏林、针叶林、幼林为主的土石山区或流域内耕地较多	0.6~0.7	0.7~0.8	0.8~0.95
IV	北方半干旱地区，植被条件较差，以荒草坡、梯田或少量的稀疏林为主的土石山区，旱作物较多，河道呈宽浅型，间歇性水流，洪水陡涨陡落	1~1.3	1.3~1.6	1.6~1.8

⑤ψ 和 τ 的计算。根据以上确定的参数，按照下列步骤推求 ψ 和 τ：

根据 S、F、$\dfrac{mJ^{\frac{1}{3}}}{L}$ 和 n 值由 τ_0 诺模图查得 τ_0（图 2-7）；

根据 $\dfrac{\mu}{S}\tau_0^n$ 和 n 值，由 ψ、τ 诺模图查得 ψ 和 $\dfrac{\tau}{\tau_0}$（图 2-8 及图 2-9）；

将查得的 $\dfrac{\tau}{\tau_0}$ 值乘以 τ 值。

把 ψ、τ、S、n、F 代入公式 2-13 即可算出洪峰流量 Q_m。

（3）铁道设计院公式：

1）概化条件和基本公式。铁道部第一设计院、西南科研所和中国科学院地理研究所等单位，通过大量实测资料的研究认为，即使形状很规则的矩形流域，汇流面积随时间的增长率也不是直线关系，并得出流域同时汇流面积分配与相应的时间分配有如下关系：

$$\frac{f}{F} = \left[1 - \left(1 - \frac{t}{\tau} \right)^{\gamma} \right] \qquad (2-23)$$

同时汇流面积为

$$f = \left[1 - \left(1 - \frac{t}{\tau} \right)^{\gamma} \right] F \qquad (2-24)$$

式中 F——流域面积，km^2；

$\quad\quad f$——同时汇流面积，km^2；

$\quad\quad \tau$——流域汇流时间；

$\quad\quad t$——同时汇流面积的相应时间；

$\quad\quad \gamma$——流域汇流形状指数，γ 为 $1.9\left(\dfrac{F^{1.2}}{L_1^{1.2}}\right)^{0.05}$，在一般情况下 γ 值接近于 2。

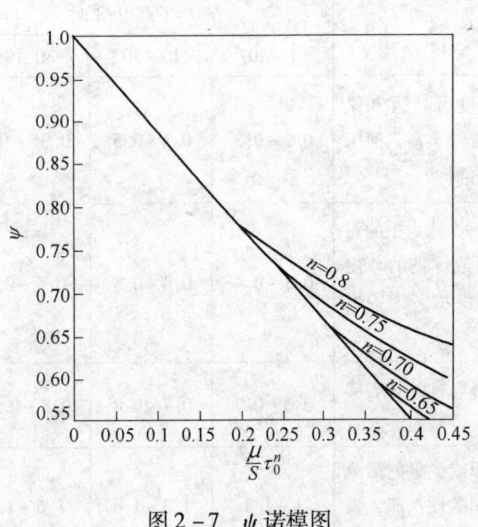

图 2-7 ψ 诺模图

（从 $\dfrac{\mu}{S}\tau_0^n - n - \psi$ 关系求 ψ）

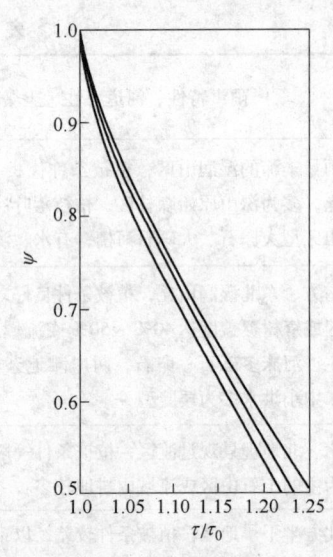

图 2-8 τ 诺模图

（从 $\psi - n - \tau/\tau_0$ 关系求 τ/τ_0）

这些关系说明，在暴雨不均匀的情况下，洪峰流量应当是部分流域面积同时汇流所产生，而前述全流域同时汇流造峰，只有在暴雨均匀分配的情况下才有可能发生。所以，全面汇流造峰理论仅仅是一种特例。

从上述分析可以看出，洪峰流量的发生规律是，当净雨强度和最大汇流面积的乘积最大时才能产生洪峰（见图 2-9）。

图 2-9a 表示净雨（a_1）随时间（t）变化的关系，属减函数；图 2-9b 代表流域汇流面积（f）随时间变化的关系，属增函数；图 2-9c 表示各对应时间净雨与汇流面积组合（相乘）形成流量的规律（但不是流量过程线）。

各时刻净雨与汇流面积的乘积（$a_1 f$）表示流量，它沿时间坐标由小到大，至某一时刻出现流量的最大值，即洪峰流量。然而它的出现并不在 $f = F$ 和 $t = \tau$ 的时候，而是在某一特定时刻，

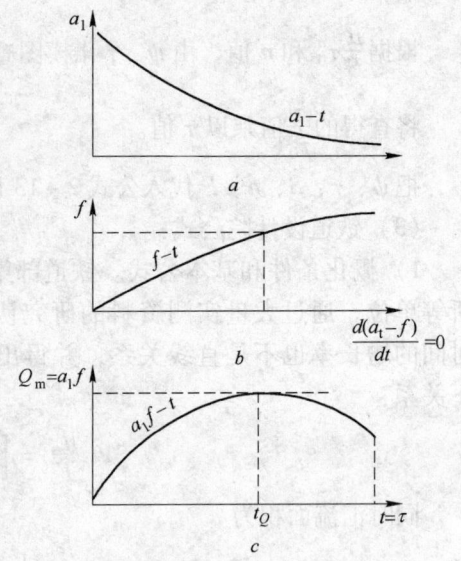

图 2-9 最大流量形成示意图

这个时间称之为形式洪峰历时，以符号 t_Q 表示，其相应的汇流面积即为形成洪峰同时汇流面积。

根据以上分析，铁道设计院等单位提出的计算洪峰流量的基本公式（推导从略）为

$$Q_m = [C_1, C_2]^z \tag{2-25}$$

或写成

$$Q_m = \left[0.278CSF \frac{P}{(xP_1)^n} \right]^{\frac{1}{1-ny}} \tag{2-26}$$

式中，Q_m 为洪峰流量；C_1 为产流因子，$C_1 = 0.278CSF$；C_2 为汇流因子，$C_2 = \dfrac{P}{(xP_1)^n}$；$F$ 为流域面积，km^2；P 为形式洪峰同时汇流面积系数，$P = \dfrac{f}{F}$；f 为形成洪峰的同时汇流面积，km^2；P_1 为形成洪峰历时系数，$P_1 = \dfrac{t_Q}{\tau}$；S 为暴雨参数（雨力，即 $t=1h$ 的暴雨量）；C 为径流系数；n 为暴雨衰减指数；x 为山坡与河槽综合汇流系数，反映了坡面积和河槽的水流运动条件；y 为流域汇流指数。

x 和 y 用下列关系式推求：

$$x = K_1 + 0.95K_2 \tag{2-27}$$

$$Q_m = \left[0.278CSF \frac{P}{(xP_1)^n} \right]^{\frac{1}{1-ny}} \tag{2-28}$$

其中，河槽汇流因子

$$K_1 = \frac{0.278L_1}{A_1 I_1^{0.35}} \tag{2-29}$$

山坡汇流因子

$$K_2 = \frac{0.278L_2^{0.5} F^{0.5}}{A_2 I_2^{0.333}} \tag{2-30}$$

在式 2-28 和式 2-30 中，I_1 为出口断面附近河槽平均坡度，%；I_2 为山坡平均坡度，可由地图上量取，%；L_1 为主河槽长度，即显著河槽起点至出口断面的距离，km；L_2 为山坡平均长度；A_1 为河槽汇流系数；A_2 为山坡汇流系数。

2）参数的确定。上述参数可分类按如下步骤求得：

①流域参数包括流域面积 F，坡度 I_1、I_2，长度 L_1、L_2 等，可按下式计算：

$$L_2 = \frac{F}{1.8(L_1 + \sum l_i)} \tag{2-31}$$

式中，$\sum l_i$ 为流域内所有支沟长度的和。流域参数的量取方法可参照有关规定。

②暴雨参数 S 的确定，可考虑用水科院公式中所讲的方法。但在本公式的推导中强调了暴雨在空间分布的不均匀性，因此必须考虑点面折减关系，其换算公式为

$$S_{面平均} = S_{点}\eta \tag{2-32}$$

式中，$S_{点}$、$S_{面平均}$分别为点暴雨和面平均暴雨参数；η 为点面雨量换算系数，可由表 2-5查算或用公式 $\eta = \dfrac{1}{1+0.016F^{0.6}}$ 计算。

表 2-5 η 值

F/km^2	3	5	7	10	15	20	30	40	50	60	70	80	90	100
η	0.97	0.96	0.95	0.94	0.92	0.91	0.89	0.87	0.86	0.84	0.83	0.82	0.81	0.80

暴雨衰减指数 n，要根据洪峰的计算时间 t_Q 来确定，并选取与 t_Q 相适应的 n_1 或 n_2（其分界线一般为 1h）。在计算洪峰流量时，可首先认定 $n = n_1$ 或 $n = n_2$，然后计算 Q_m 并用下式来检验是否相符

$$t_Q = p_1 x Q_m^{-\gamma} \tag{2-33}$$

③暴雨损失的计算可用径流系数 C 来表示，即

$$C = 1 - RS^{\gamma_1 - 1} t^{n(1-\gamma_1)} \tag{2-34}$$

式中，损失系数 R 和损失指数 γ_1 可按土壤及温度情况由表 2-6查得。此式考虑了 R、γ_1、S、t 等因素（通过 F）的影响，客观上反映了径流系数随时间而变动的特点。为了便于计算，已将式 2-34 制成表 2-7 供查用。

表 2-6 各类土壤损失参数 R、γ_1 值

损失等级		Ⅱ	Ⅲ	Ⅳ	Ⅴ	Ⅵ
特 征		黏土地下水位较高（在 0.3～0.5m），盐碱土地面；土壤脊薄的岩石地区；植被差、轻微风化的岩石地区	植被差的砂质黏土地面；戈壁滩；土层较薄的土石山区；植被中等、风化中等的山区；北方地区坡度不大的山间草地	植被差的黏砂土地面；风化严重土层厚的土石山区、草灌较密的山丘区或草地；人工幼林或土层较薄中等密度的林区；水土流失中等的黄土源面地区	植被差的一般砂土地面，土层较厚森林较密的地区，有大面积水土保持措施治理较好的土质地区	无植被松散的砂土地面，茂密并有枯枝落叶层的原始森林
地区举例		燕山、太行山区、秦岭北坡山区	陕北黄土高原丘陵山区、峨眉径流站丘陵区和山东崂山等地	峨眉径流站高山区；湖南龙潭和短陂桥径流站；广州径流站	广东北江部分地区；土层较厚郁闭度 70% 以上的森林地区	东北原始森林区和西北沙漠边缘地区
前期土壤湿润	R	0.93	0.93	0.98	1.10	1.22
	γ_1	0.56	0.63	0.66	0.76	0.87
前期土壤中等湿润	R	0.93	1.02	1.10	1.18	1.25
	γ_1	0.63	0.69	0.76	0.83	0.90
前期土壤干旱	R	1.00	1.08	1.16	1.22	1.27
	γ_1	0.68	0.75	0.81	0.87	0.92

注：前期土壤和前期土壤干旱的 R、γ_1 值可用实测暴雨洪水资料验证。

表 2-7　径流系数 C 值

土类	前期土壤水分	R	γ₁	t/h	F/km² 高低山	F/km² 丘陵	F/km² 平坦	n=0.4（用于0.25~0.55）S/mm·h⁻¹ 20	40	70	100	200	n=0.7（用于0.55~0.85）S/mm·h⁻¹ 20	40	70	100	200	前期土壤水分对C值改正数 湿润	干旱
II	中等	0.93	0.63	0.1	0.01~1.0	0.01~1.0	0.01~1.0	0.78	0.83	0.86	0.88	0.91	0.87	0.87	0.90	0.91	0.93	1.08	0.92
				0.2	1.01~5.0	1.01~5.0	1.01~5.0	0.76	0.81	0.85	0.87	0.90	0.80	0.84	0.87	0.89	0.91		
				0.4	5.01~20	5.01~20	5.01~20	0.73	0.79	0.83	0.85	0.89	0.76	0.81	0.85	0.87	0.90		
				0.6	20.01~50	20.01~50.01	20.01~50.01	0.72	0.78	0.82	0.84	0.88	0.73	0.79	0.83	0.85	0.89		
				0.8	50.0~100	50.01~100	50.01~100	0.70	0.77	0.81	0.83	0.87	0.71	0.78	0.82	0.84	0.88		
				1.0				0.69	0.76	0.81	0.83	0.87	0.69	0.76	0.81	0.83	0.87		
				2.5				0.65	0.73	0.78	0.81	0.85	0.61	0.70	0.76	0.79	0.83		
III	中等	1.02	0.69	0.1	0.01~1.0	0.01~1.0		0.70	0.76	0.80	0.82	0.85	0.76	0.80	0.83	0.85	0.88	1.12	0.87
				0.2	1.01~5.0	1.01~5.0	0.01~1.0	0.67	0.73	0.78	0.80	0.84	0.72	0.77	0.81	0.83	0.86		
				0.4	5.01~20	5.01~20	1.01~5.0	0.64	0.71	0.76	0.78	0.82	0.67	0.73	0.78	0.80	0.84		
				0.8	20.01~50	20.01~50	5.01~20.0	0.61	0.68	0.73	0.76	0.81	0.62	0.69	0.74	0.77	0.81		
				1.0	50.1~100	50.01~100	20.01~50	0.60	0.67	0.73	0.76	0.80	0.60	0.68	0.73	0.76	0.80		
				1.5			50.01~100	0.58	0.66	0.71	0.74	0.79	0.56	0.65	0.70	0.73	0.78		
				3.0				0.54	0.63	0.69	0.72	0.77	0.49	0.59	0.65	0.69	0.75		
IV	中等	1.10	0.76	0.1	0.01~1.0	0.01~1.0	0.01~1.0	0.57	0.64	0.68	0.71	0.75	0.64	0.69	0.73	0.75	0.79	1.25	0.80
				0.2	1.01~5.0	1.01~5.0		0.54	0.61	0.66	0.69	0.74	0.59	0.65	0.70	0.72	0.77		
				0.4	5.01~20			0.51	0.58	0.64	0.67	0.72	0.54	0.61	0.66	0.69	0.74		

续表 2-7

土类	R	γ₁	前期土壤水分	t/h	\(F/km^2\) 高低山	丘陵	平坦	\(n=0.4\)（用于0.25~0.55）\(S/mm \cdot h^{-1}\) 20	40	70	100	200	\(n=0.7\)（用于0.55~0.85）\(S/mm \cdot h^{-1}\) 20	40	70	100	200	前期土壤水分对C值改正数 湿润	干旱
IV	1.10	0.76	中等	0.8	20.01~50	5.01~20	1.01~5.0	0.48	0.56	0.61	0.64	0.70	0.48	0.56	0.62	0.65	0.70	1.25	0.80
				1	50.01~100	20.01~50	5.01~20	0.46	0.55	0.60	0.64	0.69	0.46	0.55	0.60	0.64	0.69		
				1.5		50.01~100	20.01~50	0.44	0.53	0.59	0.62	0.68	0.43	0.51	0.58	0.61	0.67		
				3.0			50.01~100	0.40	0.50	0.56	0.60	0.66	0.36	0.45	0.52	0.56	0.63		
V	1.18	0.83	中等	0.1	0.01~1.0	0.01~1.0	0.01~1.0	0.39	0.46	0.51	0.54	0.59	0.46	0.52	0.56	0.59	0.64	1.40	0.70
				0.2	1.01~5.0	1.01~5.0	1.01~5.0	0.36	0.44	0.49	0.52	0.57	0.41	0.48	0.53	0.56	0.60		
				0.4	5.01~20	5.01~20	5.01~20	0.33	0.41	0.46	0.49	0.55	0.36	0.44	0.19	0.52	0.57		
				0.8	20.01~50	20.01~50	20.01~50	0.30	0.38	0.44	0.47	0.53	0.31	0.39	0.44	0.48	0.53		
				1.0	50.01~100	50.01~100	50.01~100	0.29	0.37	0.43	0.46	0.52	0.29	0.37	0.43	0.46	0.52		
				2.0				0.26	0.34	0.40	0.44	0.50	0.23	0.32	0.38	0.41	0.48		
				3.5				0.23	0.31	0.38	0.41	0.48	0.18	0.27	0.34	0.37	0.44		
VI	1.25	0.90	中等	0.1	0.01~1.0	0.01~1.0	0.01~1.0	0.16	0.21	0.26	0.28	0.33	0.21	0.26	0.30	0.33	0.37	1.60	0.60
				0.2	1.01~5.0	1.01~5.0	1.01~5.0	0.13	0.19	0.23	0.26	0.31	0.17	0.23	0.27	0.30	0.34		
				0.4	5.01~20	5.01~20	5.01~20	0.11	0.17	0.21	0.24	0.29	0.13	0.19	0.23	0.26	0.31		
				0.8	20.01~50	20.01~50	20.01~50	0.08	0.14	0.19	0.22	0.27	0.09	0.15	0.20	0.22	0.28		
				1.5	50.01~100	50.01~100	50.01~100	0.06	0.12	0.17	0.20	0.25	0.05	0.11	0.16	0.19	0.24		
				3.0				0.03	0.10	0.15	0.18	0.23	※	0.06	0.12	0.15	0.21		
				4.0				0.02	0.09	0.14	0.17	0.22	※	0.05	0.10	0.13	0.19		

注：土壤种类的选用见表2-10，表中前期土壤水分湿润或干旱的指标，主要是在验证实测资料时，参照测站的具体情况选用。此外，使用时尚应注意以下情况：若土壤内有钙质胶结，流域内有沼泽以及地下水位较高，损失等级应降低，流域内有沼泽以及地下水位较高，损失等级应降低1~2级，如Ⅲ类土降为Ⅱ类等；若山坡为岩石或黏土（一般小于0.3m），而下层为岩石层较薄，其计算损失等级应适当降低；若流域内有较多的虫穴，坑洼不平并有两种以上土壤时，应分别按各类土计算流量，再用面积加权损失等级应提高一级，平均求得计算值。※为不产流。

3）汇流系数 A_1、A_2 可按表 2-8、表 2-9 查算。河槽和山坡汇流因子 K_1、K_2 分别按式 2-29 和式 2-30 计算。综合汇流系数和流域汇流指数 y 分别按式 2-27 和式 2-28 计算。为了简化，也可以根据 K_1/K_2 的比值由表 2-10 查 y 值。

表 2-8　河槽流速系数 A_1 值

m_1 ╲ A_1 ╲ α	1	2	3	4	5	7	10	15	20	30	50	主河槽形态特征
5	0.135	0.120	0.110	0.102	0.097	0.089	0.081	0.072	0.067	0.059	0.051	丛林郁闭度占 75% 以上的河沟，有大量漂石堵塞的山区弯曲大的河床，草丛密生的河滩
7	0.172	0.152	0.140	0.131	0.124	0.113	0.103	0.092	0.085	0.076	0.065	丛林郁闭度占 60% 以上的河沟，有较多漂石堵塞的山区型弯曲河床，有杂草、死水的沼泽型河沟，平坦地区的梯田浸滩地
10	0.220	0.195	0.180	0.167	0.158	0.145	0.132	0.118	0.109	0.097	0.084	植物覆盖度 50% 以上、有漂石堵塞的河床，河床弯曲有漂石和跌水的山区型河槽，山丘区的冲田滩地
15	0.293	0.259	0.239	0.222	0.210	0.193	0.175	0.157	0.145	0.129	0.112	植被覆盖度占 50% 以下有少量堵塞物的河床
20	0.358	0.318	0.292	0.272	0.257	0.236	0.214	0.192	0.177	0.158	0.137	弯曲或生长杂草的河床
25	0.420	0.372	0.342	0.318	0.301	0.276	0.251	0.225	0.207	0.185	0.166	杂草稀疏、较为平坦、顺直的河床
30	0.479	0.424	0.390	0.363	0.344	0.315	0.286	0.257	0.236	0.211	0.181	平坦通畅顺直的河床

注：表中 m_1 为主河槽糙率系数；α 为水深 1m 时断面相应河宽的一半（m）。当 m_1 或 α 超过表列范围时，可按

$$A_1 = 0.0526 m_1^{0.705} \frac{\alpha^{0.175}}{(\alpha + 0.5)^{0.47}}$$ 计算。

表 2 - 9 坡面流速系数 A_2 值

类别	地表特征	举例	变化范围	一般情况
路面	平整夯实的土、石质路面	沥青或混凝土路面	0.05 ~ 0.08	0.07
光坡	无草的土，石质地面；水土流失严重造成许多冲沟的坡地	陕北黄土高原水土流失严重地区	0.035 ~ 0.05	0.045
疏草地	种有旱作物、植被较差的坡地、稀疏草地、戈壁滩。对于坡面平顺、植被较差、水土流失明显的坡地和卵石较少的戈壁滩，取较大值；对土层薄有大片基岩外露、植被覆盖差、有些小坑洼的坡面取较小值	新疆戈壁滩，青海胶结砾砂土地区；植被较差的北方坡地和疏草地；山西太原径流站	0.02 ~ 0.035	0.025
荒草坡、疏林地、梯田	覆盖度为50%左右的中等密草地；郁闭度为30%左右的稀疏林地。对无树木的北方旱作物坡耕地取较大值。对疏林内有中密草丛、带田埂的梯田或水田者取较小值	拉萨、林周地区，秦岭北坡山区、四川峨眉径流站保宁丘陵区；山东发城站、湖北小川站、浙江南雁站、福建造水站等	0.01 ~ 0.02	0.015
一般树林及平坦区水田	树林郁闭度占50%左右，林下有中密草丛；灌木丛生较密的草丛；地形较平坦、治理较好的大片水田流域。对中等密度的幼林和丘陵梯（水）田取较大值。对郁闭度50%以上的成林和地形平坦、简易蓄水工程（如冬水田、小塘、堰等）较多的大片水田地区取较小值	陕西黄龙森林区，四川峨眉径流站伏虎山区和十里山平坦区，浙江白溪站，湖南宝盖洞和龙潭站，山东崂山站，广东广州站和新政站，湖北铁炉坳等	0.005 ~ 0.01	0.007
森林密草	森林郁闭度70%以上、林下有草坡或落叶层；茂密的草灌丛林。对原始森林和林下有大量枯枝落叶层者取最小值	东北原始森林、广东海南茂密草灌丛林地区等	0.003 ~ 0.005	0.004

表 2 - 10 y 值

K_1/K_2	0.06	0.06	0.08	0.09	0.10	0.12	0.14	0.16	0.18	0.20	0.22	0.24	0.26	0.28
y	0.479	0.475	0.472	0.469	0.466	0.461	0.456	0.452	0.447	0.443	0.439	0.436	0.432	0.429
K_1/K_2	0.30	0.32	0.34	0.36	0.38	0.40	0.42	0.44	0.46	0.48	0.50	0.52	0.54	0.56
y	0.426	0.423	0.420	0.417	0.414	0.412	0.410	0.407	0.405	0.403	0.401	0.399	0.397	0.396
K_1/K_2	0.58	0.60	0.62	0.64	0.66	0.68	0.70	0.72	0.74	0.76	0.78	0.80	0.82	0.84
y	0.394	0.392	0.391	0.389	0.386	0.386	0.385	0.383	0.382	0.381	0.380	0.378	0.377	0.375
K_1/K_2	0.86	0.88	0.90	0.92	0.96	0.96	0.98	1.00	1.02	1.04	1.06	1.08	1.10	1.12
y	0.375	0.374	0.373	0.372	0.371	0.370	0.369	0.368	0.368	0.367	0.366	0.365	0.364	0.363
K_1/K_2	1.14	1.16	1.18	1.20	1.30	1.30	1.35	1.40	1.45	1.50	1.55	1.60	1.65	1.70
y	0.336	0.362	0.361	0.361	0.359	0.357	0.356	0.354	0.353	0.352	0.351	0.350	0.348	0.347

流域汇流形状指数

$$\gamma = 2.1(K_1 + K_2)^{-0.06} \qquad (2-35)$$

一般情况下可取 $\gamma = 2.0$，这时

$$P_1 = \frac{1-n}{1-0.5n}$$

$$P = \frac{1-n}{1-n+0.25n^2}$$

式中，n、P_1、P 值可按表 2-11 查得。

表 2-11 n、P_1、P 值 $(\gamma = 2)$

n	0.30	0.35	0.40	0.45	0.50	0.55	0.60	0.65	0.70	0.75	0.80	0.85	0.90
P_1	0.82	0.79	0.75	0.71	0.67	0.62	0.57	0.52	0.46	0.40	0.33	0.26	0.18
P	0.97	0.96	0.94	0.92	0.89	0.86	0.82	0.77	0.71	0.64	0.56	0.45	0.33

2.1.2.4 成果的选用与验证

用暴雨推算洪水，取决于暴雨及其参数和暴雨变成洪水的产流汇流情况。前者可从各地区的《水文手册》中查找。后者按前述的推理公式求算。

应当指出，水电部科学院公式的适用范围，是流域面积在 500km² 以下的小流域；铁道设计院公式的适用范围，是流域面积在 30~300km² 以内。

根据我国有色金属矿山尾矿库流域面积的统计，绝大多数尾矿库实际上是特小流域。

近年来，有人对铁道设计院公式作了验证，见表 2-12。

表 2-12 公式验证精度

地 区	地点或站名	流域面积/km²	验证资料数	平均误差/%	备 注
陕 西	永寿等地	0.62~21.3	11	12.1	与洪水调查百年一遇流量比较
甘 肃	平凉、天水	0.15~21	41	12.4	
宁 夏	固原等地	0.35~23.5	18	8.4	
甘 肃	庆阳	1.93~28.9	2	6.8	与实际观测流量比较
陕 西	子洲等	0.18~96.1	12	8.9	
山 西	太原站	2.64~16.4	2	23.1	
河 南	祁仪站	1.66~43.9	3	13.1	
山 东	崂山等站	2.0~90.8	19	14.3	
四 川	峨眉站	0.006~8.44	24	10.6	
广 东	广州等站	0.081~78.2	23	11.2	
湖 南	龙潭等站	1.27~16.2	14	13.2	
湖 北	小川等站	2.63~33.4	6	15.3	
浙 江	黄土岭等站	1.2~64.1	16	12.3	
福 建	造水等流域	10.5~14.2	2	14.3	

　　地区性的经验公式，由于归纳出公式的实测资料范围不同而有差异，如水利部门所称的小流域，其概念和尾矿库的实际流域的概念是有很大差别的。

　　一般地说，验证洪水计算公式的最好办法，是进行历史洪水调查，或是调查本流域，或是调查附近的近似流域。在进行调查时，应注意河流的过水断面积和洪水的重现期。再根据洪水痕迹实测水面比降和过流面积、河床糙率，用水力学公式计算流量。

　　枯水期实测的河道面积要比洪水期小。冲积型河床的特点是，大水时冲，小水时淤。要根据调查的冲刷深度修正枯水期的实测断面积，河床糙率也应按冲淤变化的具体情况予以选用。

　　洪水重现期（即洪水频率），只能根据调查的历史年代来推算。当附近有较长系列的雨量资料时，也可用该资料来计算其重现期。

2.1.2.5　洪水总量及洪水过程线推求

　　（1）洪水总量。设计洪水总量按式 2-36 计算。

$$W_{tP} = 1000\alpha_t H_{tP} F \qquad (2-36)$$

式中　W_{tP}——历时为 t，频率为 P 的洪水总量，m^3；

　　　　α_t——与历时 t 相应的洪量径流系数，α_{24}；

　　　　H_{tP}——历时为 t，频率为 P 的降雨量，mm；

　　　　F——流域汇水面积，km^2。

　　（2）洪水过程线。应用推理公式法求出设计洪峰流量以后，尚需选配洪水过程线。目前常用的有以下几种方法：

　　1）三角形过程线法。将净雨过程分成几段，分别求出各段净雨产生的三角形过程线，按时序相加即得流域出口处的设计地面径流过程线。具体做法如下：

　　①根据已定的洪峰流量 Q_m、汇流时间 τ 和相应的最大净雨深 h_τ，由设计净雨过程中确定 h_τ 出现的位置，如图 2-10 中的第Ⅲ区。然后再将其他的净雨过程分为 h_τ 前和 h_τ 后两部分，若净雨过程为双峰性，次峰可再分一段，如图 2-10 中的第Ⅰ、Ⅱ、Ⅲ区。各区的净雨深分别为 h_1、h_2、h_τ 和 h_4，与其相应的净雨历时分别为 t_{c1}、t_{c2}、r 和 t_{c4}。

　　②先绘制形成最大流量的第Ⅲ区三角形过程线。该三角形为底宽等于 2τ，峰高为 Q_m 的等腰三角形。时段净雨开始点作为洪水起涨点，洪峰出现在起涨历时等于 τ 处，如图 2-10 中的Ⅲ区三角形。

　　③其他各区的净雨深是已知的，三角形的底宽一般取 $t_{c1}+\tau_c$。如第Ⅰ、Ⅱ、Ⅳ区三角形的底宽分别为 $t_{c1}+\tau$、$t_{c2}+\tau$ 和 $t_{c4}+\tau$。如果 $t_{c1}+\tau<2\tau$ 时，则三角形底宽改用 2τ。则各段净雨所形成的三角形的洪峰流量按下式计算：

$$Q_m = 0.556\frac{h_1 F}{t_{c1}+\tau} \qquad (2-37)$$

　　④从调洪结果偏于安生的角度出发，在主峰前的三角形的峰高一般可放在主峰（即Ⅲ区三角形）的起涨点。主峰后的三角形的峰高放在主峰的退水终止点。三角形的起点都与时段净雨的开始点相同。三角形的底宽应等于 $t_{c1}+\tau$，如图 2-10 中的第Ⅱ、Ⅳ区三角形所示。

⑤各时段净雨产生的三角形重叠部分同时间相加即得流域出口处的地面径流过程线。要注意叠加后的洪峰必须等于计算的 Q_m 值。

2）五点概化过程线法。它的计算原则和叠加方法与上述相同，只是主峰段的等腰三角形改为五点概化三角形，如图 2-11 所示。基本要求是涨水段的面积△ADC 应等于退水段增加的△$B'EB$ 的面积。

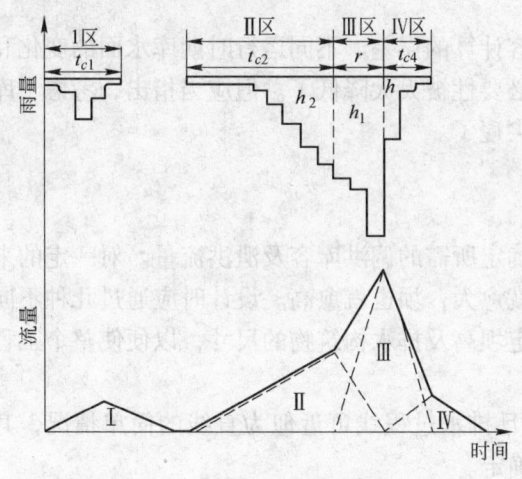

图 2-10　设计洪水过程线

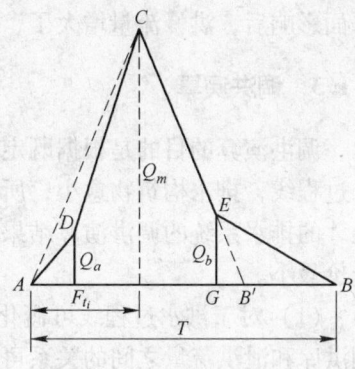

图 2-11　五点概化过程线

折腰点 Q_a、Q_b 和三角形的总底宽 T 可应用实测的单峰洪水过程线统计确定。

3）概化过程线法。主峰 τ 时段三角形用概化过程线，它是用实测资料综合分析所得的洪水过程线模型，一般采用相对坐标。例如横坐标用 t_1/T 或 t_1/t_x，纵坐标用 Q_1/Q_m 来表示。其中 t_1 和 Q_1 分别为各点的时间和流量坐标，T 和 t_x 为洪水过程线的总历时和上涨时。但要注意，应用这种方法计算出的主峰段洪量不一定等于相应的净雨深 h_τ，需要进行修正，使其完全相等。

不论采用经验公式法或推理公式法计算的设计洪峰流量，都需要用各地区已经发生的特大暴雨洪水资料，历史调查洪水或附近具有实测的长系列站推算的设计洪水进行对比分析，检验成果的合理性。

(3) 库水面积对洪水的影响。当库水面积占流域面积 10% 以上时（设计规范规定），要考虑它对洪水的影响。实质上是将原来对初期坝轴线断面的洪水过程线，变为几个洪水过程线的叠加。叠加的部分包括：

1）库回水末端的洪水过程线。

2）库两侧若干支沟的洪水过程线。

3）直接入库的坡面汇流。

4）库水面的集雨过程。

这四部分中，前两部分仍按上述计算洪水的方法确定。第三部分按设计雨力减去损失和设计净雨直接换算，其公式为：

$$Q = 9.278(S - I)F \tag{2-38}$$

式中　S——雨力，mm/h；

I——损失，mm/h；

F——集雨面积，km²。

第四部分直接按雨力折算：

$$Q = 0.278SF$$

式中，符号含义和单位同上。

实际上，由于洪水计算的误差、调洪库容计算的误差、不同运行时期库水面的变化和库容的调蓄等因素的影响，因而上述考虑的必要性被大大降低了。但应当指出，考虑了库水面影响后，洪峰流量增大了，洪水过程更尖瘦了。

2.1.3 调洪演算

调洪演算的目的是根据既定的排水系统确定所需的调洪库容及泄洪流量。对一定的来水过程线，排水构筑物愈小，所需调洪库容就愈大，坝也就愈高。设计时应通过几种不同尺寸的排水系统的调洪演算结果，合理地确定坝高及排水构筑物的尺寸，以便使整个工程造价最小。

（1）对于洪水过程线可概化为三角形，且排水过程线可近似为直线的简单情况，其调洪库和泄洪流量之间的关系可按式 2 - 39 确定。

$$q = Q_P \left(1 - \frac{V_t}{W_P}\right) \qquad (2-39)$$

式中 q——所需排水构筑物的泄流量，m³/s；

Q_P——设计频率 P 的洪峰流量，m³/s；

V_t——某坝高时的调洪库容，m³；

W_P——频率为 P 的一次洪水总量，m³。

（2）对于一般情况的调洪演算，可根据来水过程线和排水构筑物的泄水量与尾矿的蓄水量关系曲线，通过水量平衡计算求出泄洪过程线，从而定出泄流量和调洪库容。

尾矿库内任一时段 Δt 的水量平衡方程式如式 2 - 40 所示。

$$\frac{1}{2}(Q_s + Q_z)\Delta t - \frac{1}{2}(q_s + q_z)\Delta t = V_z - V_s \qquad (2-40)$$

式中 Q_s，Q_z——时段始、终尾矿库的来洪流量，m³/s；

q_s，q_z——时段始、终尾矿库的泄洪流量，m³/s；

V_s，V_z——时段始、终尾矿库的蓄洪量，m³。

令 $\overline{Q} = \frac{1}{2}(Q_s + Q_z)$，将其代入式 2 - 40，整理后得

$$V_z + \frac{1}{2}q_z\Delta t = \overline{Q}\Delta t + \left(V_s - \frac{1}{2}q_s\Delta t\right) \qquad (2-41)$$

求解式 2 - 41 可列表计算，但需预先根据泄流量曲线（$H \sim q$）调洪库容曲线（$H \sim V$）绘出 $q \sim V + \frac{1}{2}q\Delta t$ 和 $q \sim V - \frac{1}{2}q\Delta t$ 辅助曲线备查，然后列表计算。

调洪演算的结果是否符合实际及其符合的程度如何，主要取决于：

1）调洪的起始水位。它关系到正常运行时滩长的控制。控制水位的最后确定，又取决于最高洪水位时滩长的确定。在设计时，主要计算初期坝运行期和终期的情况，在管理阶段应根据每年的度汛情况予以分析。

2）调洪用的库容曲线是沉积尾矿后的库容曲线。事先确定淤积滩面的坡度和形状极为重要。

3）泄流曲线和泄流构筑物的尺寸。

2.1.4 径流分析及其调节计算

径流分析的主要任务厂是确定尾矿库控制流域面积的来水总量厂、年内分配、年际变化等。由于尾矿库对径流的调节程度差，加上工业供水的保证率高（要求达到95%），因此，径流分析可用所在地区水利部门的计算成果。根据地区水文手册，确定95%保证率的年内水量。月分配亦可参考当地的数据。这样，就可求得年径流的月分配过程（见表2-13和表2-14）。

表2-13 以年或月平均水位相应的水面面积降落水深表示

水文地质情况	降落水深/m	
	以年计	以月计
良好（透水性不强）	0.3~0.5	0.04
中等	0.5~1.0	0.04~0.08
不良（透水性大）	1.0~2.0	0.08~0.16

表2-14 以一年或月的渗漏损失占尾矿库蓄水容积的百分数表示

水文地质情况	渗漏损失量（以蓄水容积百分比计）	
	以年计/%	以月计/%
良好（透水性不强）	5~10	0.5~1.0
中等	10~20	1.0~1.5
不良（透水性大）	20~40	1.5~3.0

径流调节计算的任务，是确定尾矿库调节水量的库容量。其计算方法采用逐时段水量平衡法，即：

$$\overline{W}_{来水} - \overline{W}_{用水} = \pm V \tag{2-42}$$

式中 V——余缺水量，+表示余水量，-表示缺水量；

$\overline{W}_{来水}$——尾矿库的来水，主要包括：河道来水量，即上述径流分析结果，以$\overline{W}_{L1}$表示。

矿浆进库的水量，按设计的固水比计算，或按矿浆浓度计算，以$\overline{W}_{L2}$表示，并列出逐月的过程；

$W_{用水}$——选厂生产所需的回水量，以月过程表示，用$\overline{W}_H$示之；

尾矿库渗漏损失，可按类似尾矿库的实测资料计算，且应考虑逢枯水季节的变化，以$\overline{W}_S$示之。

库区蒸发损失是以气象站实测的蒸发量为依据计算。库区有陆面蒸发量，建库后为水面蒸发，因此，库建成后增加的蒸发损失是尾矿库的水面蒸发量减去陆面蒸发量。

蒸发损失 y =（0.6×多年平均水面蒸发量 - 多年平均陆面蒸发量）（mm）

式中，多年平均水面蒸发量系指20cm口径蒸发皿测得的蒸发量，由于20cm蒸发皿观测的蒸发量比大面积水面的蒸发量大，所以须乘一折算系数，一般情况下20cm口径蒸发皿测得的蒸发量资料换算成80cm蒸发皿数值，折算系数为0.75~0.8，80cm蒸发皿测得的蒸发量数值换算成大面积水面蒸发量，折算系数为 0.8。所以将 20cm 口径蒸发皿测得的蒸发量换算成大面积水面蒸发量，折算系数 0.75 × 0.8 = 0.6。

陆面蒸发量 y_o。按照水量平衡方程式，多年平均陆面蒸发量为多年平均降水量减去多年平均径流深。

当缺乏实测资料时，可从各地《水文手册》中的等值线图查得，换算成尾矿库蒸发水量损失的公式为

$$W_{Sh} = 1000(y - y_o)F \quad (m^3) \tag{2-43}$$

式中　y ——折算成库面蒸发的蒸发量，mm；

　　　y_o ——陆面蒸发量，mm；

　　　F ——库面面积，km^2。

由于尾矿库的年内水面变化很小，可按固定数取用，并根据库面积与高程关系图选用。

这样，上述计算过程可列式为

$$\overline{W}_{L1} + \overline{W}_{L2} - (W_H + W_S + \overline{W}_{Sh}) = \pm \overline{V}$$

将上式举例列表计算可以看出，连续枯水期的缺水总和就是所需的调节库容。故本例所需调节库容为 1 + 2 + 1 = 4 万立方米，见表 2-15。

表 2-15　尾矿库水量平衡计算表

月份	来水量/万立方米			用水量/万立方米				余缺水量	
	W_{L1}	W_{L2}	$W_{来水}$	W_H	W_S	W_{Sh}	$W_{用水}$	余	缺
7	25	10	35	8	4	6	18	17	
8	40	10	50	8	3	6	17	23	
9	30	10	40	8	2	6	16	24	
10	30	10	40	8	3	6	17	23	
11	20	10	30	8	4	6	18	12	
12	8	10	18	8	4	6	18	0	
1	5	10	15	8	3	5	16		1
2	4	10	14	8	3	5	16		2
3	6	10	16	8	4	5	17		1
4	18	10	28	8	4	5	17	11	
5	20	10	30	8	3	5	16	14	
6	20	10	30	8	2	5	15	15	

2.2　排水构筑物的类型及布置

2.2.1　排水构筑物的类型

排水构筑物的主要功能，是排泄尾矿库集水面积内的洪水或将库内的澄清水送至坝外，它是预防尾矿坝漫顶溃坝的主要构筑物，有的还负有保证生产回水的任务。因此，尾

矿库随着尾矿不断向高堆积，其排水系统的进水口必须随之提高。

根据排水流量和地形地质条件不同，排水构筑物有以下四种基本类型：

（1）井—涵洞（或隧洞）式排水构筑物。进水构筑物主要是直立的塔式建筑。塔下可以接竖井，也可以无竖井。塔为一次建成，预留泄流孔口，随着尾矿堆积坝的不断升高，逐步封闭即将被尾矿埋没的孔口。目前，塔的类型有窗口式、框架式和砌块式三种。塔的位置则以保持泄洪时所要求的安全超高和沉积滩的滩长及不泄浑水为原则。塔的结构以混凝土和钢筋混凝土为主。塔可以分级建筑，塔与塔之间接力排水。

输水构筑物主要是涵管（洞）或隧洞。涵洞分沟埋式和平埋式两种。涵管的断面形状有圆形、拱形和矩形等。其结构视受力状况不同而有钢筋混凝土、混凝土及砌石三种；流量小时，可以用钢管、铸铁管和预应力钢筋混凝土管等形式。隧洞因岩性、断面、水头不同可以是砌石、混凝土、钢筋混凝土、锚喷和不衬砌等结构形式。

输水构筑物的出口形式有扩散平台、突然放大底流消能及挑流等和下游联接的方式。

从整个排水系统来看，既有隧洞、涵洞共用的，也有单独用涵洞或隧洞的。

（2）斜槽—涵洞（隧洞）式排水构筑物。这种系统和井—涵洞（隧洞）系统的主要区别，是进水部分为斜卧岸坡的明槽。当尾矿堆放到标高前，槽是敞开的，随着尾矿堆积高度上升，逐步封闭明槽。本系统的输水部分和出口的联接与井—涵洞（隧洞）相同。

（3）开敞式溢洪道。这种排水系统同前两种的主要区别，是其进水口和输水部分均为明流开敞式。它同样由进口部分、输水部分和出口消能三部分组成。进口部分视溢流前缘和输水段轴线的方位，分为侧槽式和正堰式两种。输水部分一般为明渠陡坡。出口部分一般采取挑流或底流等形式与下游河道衔接。为了适应尾矿堆积坝的不断上升，正堰式溢洪道采用分次加高的办法，侧槽式溢洪道则采取进水侧槽不断接力的办法，也就是分次修侧槽。总之，采用溢洪道排水，堆积坝的高度不能太大。

（4）分洪截洪式。当尾矿库流域面积较大时，为了减轻尾矿库的洪水负担，采用分洪方式。有的在上游筑坝，使河水改道，洪水不进入库内；有的沿库区筑环库的截洪沟，将洪水引出库外。

尾矿库的排水构筑物按进水口形式可分为塔式、斜槽式和开敞式三种。输水部分又可分为隧洞式、涵洞管式和陡坡明渠三种。以出口形式分，则有挑流式和底流消能等两种。这几种典型的形式，有的在一座尾矿库中可以混合布置，也可以在一套排洪系统中混合使用，有的则可能是某种变形。

2.2.2　排水构筑物的布置

尾矿库中排水构筑物位置的选择及其布置，直接关系到尾矿库的安全和排水效果。
2.2.2.1　排水构筑物布置的一般原则

根据尾矿库的使用经验，排水构筑物布置的基本原则是：

（1）排水构筑物的进口位置应能满足尾矿库不同使用阶段的防洪安全和水质澄清要求。它和堆积坝（包括主坝和副坝）之间的距离和高差应能满足滩长、澄清距离、调蓄库容、调洪库容、安全超高等的需要。

（2）排水构筑物应选择良好的地形条件和地质条件，以节省处理费用。

（3）排水构筑物布置应以长度最短的为宜。

（4）排水构筑物按排水流量和跌差区分流速范围，当流速为高流速时，其布置应满足高流速的要求。

（5）有利施工，方便管理，交通方便。

（6）出口布置应有利于环保的要求，便于水质处理。出口的位置一般应位于工业、民用水源的下方。

（7）排水构筑物应考虑出口沟道的行洪能力，且和下游河道的衔接应简单可靠。

2.2.2.2 进水口位置选择

根据上述布置原则，当用塔式进水口时，塔的基础要完整、坚硬，塔周围的边坡要稳定，塔基开挖及使用期间边坡也较稳定。当在沟谷中布置塔时，应使塔布置在岸坡上，使之避开沟谷主流，以防止可能发生泥石流威胁塔的安全。同时，还应考虑输水涵洞或隧洞的走向。应当注意的是塔若布置在坚硬完整的岩体上，则涵洞的基础不宜放在软基上。当用斜槽排水时，其走向宜和等高线近乎直交，因为斜交的斜槽，由于一边岸坡的影响，进水不均匀，容易形成陡坡上的折冲水流，影响进口的进流能力。当斜槽需放在沟槽时，沟槽应对称开挖，以创造均匀的进流能力。为防止泥石流在主沟堵塞斜槽事故的发生，斜槽应沿山坡布置，其基础应稳固，附近不存在威胁斜槽安全的滑坡。且其沿线基础应比较均匀，避免发生不均匀沉降。

塔和斜槽比较，塔的优点是进水条件好，泄流能力可靠；其缺点是施工、管理都比斜槽复杂、麻烦和困难。斜槽的优点是施工、管理都较方便；其缺点是进口流态较差，泄流能力较小。因此，一般情况是，当泄流能力大时用塔，反之则用斜槽。

尾矿库排洪隧洞进口要和斜槽或塔相连，它没有单独的进口，在施工时，要特别注意洞脸的稳定。由于在运行期间，接近隧洞进口浅埋的洞段承受着尾矿的压力，作用其上的外水压力也较大，因此，进口必须选在地形，地质条件较好的岩体上。

2.2.2.3 隧洞洞线的选择

（1）隧洞进口要求的地形条件：

1）洞口地段的地形要陡，以确保进口段顶盖厚度大，受力均匀。

2）正地形优于负地形，山体厚大比山体单薄好；山沟里比沟口好。一般不宜在冲沟或溪流的源头布置进口。因为在这类地段除有地面径流汇流外，也多属构造破碎的软弱地带。

3）进口段应尽量垂直地形等高线，交角不宜小于30°。

4）当洞口选在悬崖陡壁下时，要避开风化岩，防止岩体产生崩塌，且利于处理危岩。

5）当在地形陡或坡度大的地段选择洞口时，要考虑不削坡或少削坡，必要时可筑人工洞口，以利边坡的稳定。

（2）隧洞进口的地质条件：

1）进出口应布置在岩体新鲜、完整、出露完好，且有足够厚度的陡坡地段。

2）反倾向的岩体有利于洞口的稳定。顺倾向的岩体不利于洞口的稳定。且当倾角在20°~75°之间时，软弱结构面易产生滑动。

3）岩脉，断层、破碎带、岩体软弱及风化破碎严重的地段，一般不宜选作洞口。

4）进口应避开不良工程地质地段，如有滑坡、崩塌、危石、乱石堆、泥石流和岩溶现象等。

（3）隧洞洞线的条件。隧洞洞线的正确选择，有助于降低工程造价，缩短施工工期和运行安全。因此，在满足尾矿库总体布置要求的条件下，洞线宜选在沿线地质构造简单、岩体完整稳定、岩石坚硬、上覆岩层厚度大、水文地质条件简单和施工方便的地段。

1）洞线与岩层，构造断裂带走向及主要软弱带应有较大的夹角。在整体块状结构的岩体中，夹角不宜小于30°。在层状岩体中，特别是层间夹有疏松的倾角大的薄岩层时，夹角一般不宜小于45°。地应力大的地区的隧洞，洞线应与最大水平地应力方向一致，或尽量减小其夹角。

2）洞顶以上和傍山隧洞岸边一侧岩体的最小覆盖厚度，应根据地质条件、隧洞断面形状及尺寸、施工成洞条件、内水压力、衬砌形式、围岩渗透特性、结构计算成果等因素综合分析确定。在有条件的地方，宜厚不宜薄。对于有压隧洞，洞身部位的最小覆盖厚度一般按洞内静水压力小于洞顶以上围岩重量的原则确定。

3）相邻两隧洞间的岩体厚度，应根据布置需要、围岩的受压和变形、应力情况、隧洞横断面尺寸、施工方法和运行条件（一洞有水、邻洞无水）等因素，综合分析决定，一般不宜小于2倍的洞径（或洞宽）。岩体较好时可适当减小，但不应小于1倍洞径（或洞宽）。当洞线穿过坝基、坝肩和其他建筑物地基时，建筑物与隧洞间应有足够的岩体厚度，以满足结构和防渗的要求。

4）当洞线遇有沟谷时，应根据地形、地质、水文及施工条件，进行绕沟或跨沟方案的技术经济比较。当采用跨沟方案时，应合理选择跨沟位置，对跨沟建筑物地基、隧洞的连接部位及其洞脸山坡，应加强工程措施。

5）洞线在平面上应尽可能布置为直线。若由于某些原因需采用曲线时，则应注意以下几点：

①低流速无压隧洞的弯曲半径，不宜小于5倍的洞径（或洞宽），转角不宜大于60°，低流速有压隧洞则不受上述原则限制。

②高流速无压隧洞在平面上应尽量避免设置曲线段。对高流速有压隧洞，其弯曲半径和转角，应通过试验决定。

③在弯道的首尾应设置直线段，其长度不宜小于5倍洞径（或洞宽）。

④当在洞身段必须设置竖曲线时，对高流速隧洞的竖曲线，其形式和半径宜通过试验决定。对低流速无压隧洞的竖曲线半径一般不宜小于5倍的洞径（或洞宽），低流速有压隧洞可适当降低要求。在布置竖曲线时，还应考虑采用的施工方法。

6）洞身段的纵坡，应根据运行需要，上下游衔接，沿线建筑物底部高程，以及施工检修条件等，通过技术经济比较确定。一般不小于0.003，当为轻轨矿车出渣时不大于0.02，当为平推车出渣时，不宜大于0.05。

7）有压隧洞全线洞顶上各处的最小压力即使在最不利的运行条件下也不得小于2m。当隧洞作为导流隧洞，且必须在明满流过渡条件下运行时，则不受此条件的限制。

8）当选择的隧洞洞线较长时，宜开措施支洞，以利缩短工期。支洞的数目及长度以有利于均衡各段隧洞的工程量及工期为准则。

9）当采用分叉隧洞布置（支洞向主洞汇入）时，交汇点可按前述弯道要求处理，也可采取突然放大的联接方式。若采用突然放大布置，在其汇入口主洞的上游应留有足够的空腔，其长度应为主洞洞宽的 2.5 ~ 3.0 倍。

10）隧洞布置，垂直岸坡较为有利。若平行岸坡，浅埋的洞段容易形成偏压。

11）隧洞出口应选在工程地质条件较好的地段。洞脸应尽量避免在高边坡处开挖，若无法避开，则需分析开挖后的稳定性，并采取加固措施。

2.2.2.4　涵洞洞线的选择

（1）涵洞洞线应尽量和坝轴线垂直。这样使涵洞长度最短。若涵洞轴线平行坝轴线或与坝轴线夹角较小，势必跨过河谷，涵洞轴线也容易穿过几个地貌单元，使地质条件不均一。

（2）涵洞顺河向布置时或走河谷，或走岸坡。当沿河谷或岸边台地布置时，地形平坦，涵洞两边边坡高度较低，基础有可能较均一。当沿岸坡布置时，如果坡度较陡容易形成上下两个边坡。当和沟谷交叉时，地基基础不易均一。

（3）布置涵洞时要求地形平缓，沿线不宜起伏太大。地质条件要求基础承载力够，变形小，不易丧失稳定。在满足上述要求的前提下，尽量均一，沿线不要差别太大，避免不均匀变形。涵洞基础下面若遇软弱黏土层，一定要认真加固处理，在布置上尽量避开这些不良的地质条件。

（4）涵洞穿越坝体应严格按照本书有关章节所述要求处理。涵洞一定要沟埋，基础要坚实可靠。涵洞宜按无压明流设计，进口应对称平顺。

（5）若涵洞轴线不能布置成直线时，低流速可用转角井联接，高流速应通过模型试验决定体形。

（6）涵洞出口布置应避免冲刷坝脚，与下游河道的联接应根据河槽地形、地质、水流特性确定消能和防冲加固措施。

（7）涵洞沿岸坡走向布置时，上、下边坡一定要保持稳定，特别是浸水后的稳定。

在具体设计中，常常遇到是选涵洞还是选隧洞。一般说，若在地质条件好的地段构筑隧洞，所需的衬砌材料较涵洞少，反之，两者差不多。隧洞的施工技术较复杂，涵洞较简单容易。在运行安全和维修方面，隧洞比涵洞好。因涵洞的结构节缝较多，且埋于坝和尾矿下，容易出故障。因此，对具体工程来说，是用隧洞，还是用涵洞，需作全面的技术经济比较择优选用。流量小的工程宜用涵洞涵管排水方法。

2.2.2.5　溢洪道轴线选择

溢洪道是在库水位变幅不大，有布置溢洪道的有利的地形地质条件而采用的。

溢洪道选线主要是有利的地形地质条件。这些条件是：

（1）有天然的垭口可以利用，邻谷有较好的排洪条件。这样开挖溢洪道不但方量小，而且不易出现较高的边坡。

（2）坝肩附近有做陡坡的有利地形地质条件，如比较平顺，坡度不太陡也不太缓，较均一，地层坚实稳定，陡坡末端与下游河道的联接比较方便，不会造成危及坝脚及其下游河道的冲刷等。

（3）库内岸坡接近坝头的部分，坡度较缓，有开挖引渠或侧槽的条件，开挖溢洪道时不会出现不稳定的边坡。

（4）溢洪道的轴线要短，一般来说，垭口部位宜做正堰式溢洪道，坝肩部位宜做侧槽溢洪道。

（5）引渠布置应注意平顺，有利于进水均匀。

（6）在陡坡地段布置溢洪道时，应顺应地形。若在非岩基上，当 $\tan\delta \leqslant \tan\delta_e$（$\delta$、$\delta_e$ 分别为陡坡坡角和土壤的内摩擦角）时，可以用多级陡坡或变坡布置。

（7）在大跌差陡坡地段布置溢洪道时，应尽可能采取直线等底宽或对称扩散的布置形式，避免转弯或横断面尺寸的不规则变化，使水流平顺通过，保证工程安全运行。陡坡段的收缩和扩散，必须成渐变式，渐变段总收缩角不宜大于 20° ~ 30°，也就是说边墙收敛（或扩散）不能大于 5∶1 或按下述条件控制：

$$\tan\alpha = \frac{1}{3Fr}$$

$$Fr = \frac{V}{\sqrt{gh}} \tag{2-44}$$

式中　α——边墙和陡坡中心线的夹角；

　　　Fr——弗劳德数；

　V，h——分别为渐变段起点断面和终点断面平均流速和水深。

（8）当在平面上布置溢洪道而又需在陡坡上转弯时，应采取克服折冲波的措施。

（9）溢流堰的基础地质条件要好，尽量减少基础处理工程。

2.3　排水构筑物的水力计算

2.3.1　水力计算的基本任务

（1）研究排水构筑物的过水能力，合理确定排水构筑物的形式和断面尺寸。

（2）研究和改善排水构筑物及河道的水流流态，合理设计排水构筑物，保证其正常运行。

（3）研究水流对构筑物和地基的作用，以便采取有效措施，消除水流对构筑物的破坏作用。

由于尾矿库的排水构筑物体型和一般水利工程上的排水建筑物体型有差别，且现有的水力计算手册的实验数据，是以水利工程体型试验为依据的，难以适合尾矿排水构筑物体型使用，使尾矿排水构筑物设计产生困难。根据已往的设计经验，水力计算的正确与否决定于对流态的正确判断，而流态判别的依据与体型又有很大的关系。一般水力学计算手册上提供的数据难以直接用在尾矿排水构筑物上。因此在水力设计上应当总结尾矿排水构筑物的实验数据，积累这方面的经验。

2.3.2　排水塔—隧洞排水系统的水力设计

2.3.2.1　栗西沟及大厂灰岭尾矿库排水系统模型试验

A　栗西沟尾矿库排水系统模型试验

金堆城钼业公司栗西沟尾矿库排水系统采用排水塔—隧洞的排水系统，共有 1 号及 2 号两个系统。两个系统的差别主要是竖井高度不同。1 号排水井竖井深 52m，2 号排水井竖井深 93m。两个排水塔高均为 48m，是目前国内高度较高的排水系统。1986 年水利水电科学研究院为该工程作了系统的模型试验，现将试验结果简介如下。

（1）系统简介。排水塔高48m，为钢筋混凝土框架结构，共有6个立柱，沿高度方向每3m设圈梁一道，立柱之间随尾矿堆积面的升高，用预制拱板封堵，拱板厚度15cm，拱板外径4m，塔内径3m。塔座下设竖井，竖井内径2m，塔座和竖井之间有高3m、上径2.5m、下径2m的渐变段，井下接消力坑，为圆柱形，直径3.5m，深10m，试验改为6m，后接明流隧洞。2号排水井的结构如图2-12所示。

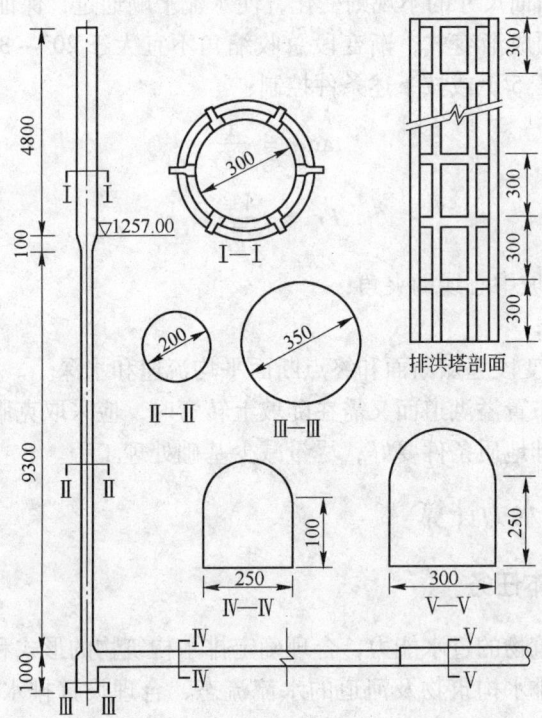

图2-12 2号排水井构造简图

（2）泄流能力。由于进流位置不同，堰的厚度不一，溢流长度也不一，因此按不同进流位置提出流量系数。

计算公式为

堰流

$$Q = ML\sqrt{2g}H^{3/2} \tag{2-45}$$

式中 M——流量系数；

H——进口水头；

L——溢流长度。

孔流

$$Q = \frac{2}{3}\mu b\sqrt{2g}(H_2^{3/2} - H_1^{3/2}) \tag{2-46}$$

式中 μ——流量系数；

b——孔口宽度；

H_1，H_2——孔口顶部和底部水头。

各种不同情况的流量系数如下：

1）圈梁与拱板齐平，堰壁厚度 0.45m，溢流长度 $L = 3\pi - 0.4 \times 6$（m）　　　　（2-47）

H	0.216	0.376	0.628	0.78	0.796	0.858	0.938
Q	3.654	6.733	12.432	16.897	17.524	19.322	21.798
M	0.813	0.652	0.558	0.548	0.551	0.542	0.536

$M_{cp} = 0.482$。

以上为 1 号井实测值，2 号井实测值略高，其 $M_{cp} = 0.50$。

2）拱板在圈梁之上 0.9m 处，堰壁厚 0.15m 溢流长度 $L = \pi \times 3.6 - 0.2$（m）

H	0.216	0.376	0.628	0.78	0.796	0.828	0.938
Q	3.654	6.733	12.432	16.897	17.524	19.322	21.798
M	0.813	0.652	0.558	0.548	0.551	0.542	0.536

$M_{cp} = 0.6$。

3）拱板在圈梁上 2.1m 处，当水头较低时，拱板顶溢流同 2），水头增加到一定值时，变成圈梁和拱板之间的孔口流；当水头再增加，圈梁顶也进水，成为孔堰混合流。有孔口时，泄流能力较 1）、2）两种情况时的泄流能力强。溢流长度同 2）。

	堰流		孔口
H	0.8	0.58	0.64
Q	4.791	9.248	10.746
M	0.457	0.467	0.616

即 $M = 0.457 \sim 0.467$，$\mu = 0.616$。

4）塔顶全部周长溢流，堰壁厚 0.45m，无立柱、溢流长度 $L = 3\pi$（m）。

H	0.198	0.398	0.608	0.742	0.824	0.848	0.902	1.118
Q	1.93	5.12	10.26	14.04	16.43	17.21	19.32	22.68
M	0.525	0.488	0.518	0.526	0.526	0.528	0.540	0.460

$M_{cp} = 0.51$。

5）在 1）的条件对称封 3 孔，3 孔进流。

H	0.46	0.754	0.992	1.222	1.426	1.68	1.886	2.078
Q	2.8	5.67	8.53	11.60	14.38	18.49	22.12	25.75
M	0.577	0.556	0.555	0.552	0.543	0.546	0.548	0.552

$M_{cp} = 0.554$。

6）在 2）的条件下，对称开 3 孔。

H	0.428	0.576	0.824	1.076	1.376	1.516	1.584	1.93

Q	2.64	4.51	7.44	10.30	14.63	17.05	18.31	23.35
M	0.421	0.461	0.444	0.412	0.405	0.408	0.406	0.398

$M_{cp} = 0.42$。

以上各种实测数据 H 以 m 计，Q 以 m^3/s 计。

另外还做了一组试验，2 孔堵，3 孔开的情况是，一孔在圈梁，一孔在圈梁以上 0.9m 拱板，一孔在圈梁以上 2.1m，3 孔同时泄，流量为 $22m^3/s$ 时，水头 2.83m。

（3）水流流态。当流量很小时，水流沿着塔身拱板内面贴壁而下，流量稍稍增大，但小于 $8m^3/s$ 时，进塔水流呈堰流流态，分六股汇集于塔中心，在塔内形成从上至下无掺气透明实心水柱。随着流量的增加，中心水柱从下至上逐渐变为掺气水流溅在井壁上，即使流量大于校核洪水（$Q = 22m^3/s$）时，塔井系统均不会满流。水流夹带大量空气，在消力坑内充分掺混消能。掺气水流从消力坑侧壁往上撞击隧洞进口顶部。然后以无压掺气流进入隧洞。隧洞进口为宽顶堰流态，沿途波动逐渐减小，水流在离隧洞进口 56～60m 处趋于平稳。整个隧洞为无压明流。2 号井隧洞与已建隧洞联接的 60° 转角处，水流撞击已建隧洞右侧壁，形成壅水波，当流量为 $22m^3/s$ 时，撞击右侧壁的水面一直到洞顶附近，水流进入已建隧洞后逐渐平稳流向出口。

堵 3 孔留 3 孔的试验表明，进水塔在这三种泄流情况下振动很厉害。水流自敞开的孔口流入塔内，冲到对面的拱板和圈梁上。撞击后下泄，使整个塔身以低频大幅度振动。因此，应尽量不采取这种泄流方式。

（4）系统消能。由于进塔水流大量掺气，在消力坑内消除了大部分能量，消能率在 95% 以上，水流从消力坑出来进入隧洞后逐渐平稳，隧洞最大流速 1 号井不超过 8.5m/s，2 号井不超过 9.5m/s。系统消能良好，即使有 142m 水头的水流，经消能后，流速也不超过 10m/s。

（5）动水压力。塔身压力：不同进流情况，其压力也不同。进水塔及竖井上部出现负压，最大负压区在塔上部，进流 1) 比 2)、3) 负压大。4) 比 1) 负压大。最大负压值，进流 1) 为 1.9m，进流 2) 为 0.8m，进流 4) 为 2.0m。

在进流 1) 的情况时，当 $Q > 11m^3/s$（$H = 0.8m$），塔身发生振动，这是由于拱板与圈梁齐平重迭进水。立柱内缘与过水堰内壁在同一圆周上，其分流作用不如 2)、3)）。大流量时 6 股水进入塔中心汇合，立柱后的气孔时开时合，引起塔内压力周期性变化。在运行时应增加拱板高度，不使拱板与圈梁齐平，则可避免这种情况发生。进流 4) 为后期塔顶全周堰溢流。没有立柱分流，则负压最大，在塔顶设 6 个三角形对称分流墩，以减少负压值。进水塔身也可以设通气孔以减小负压。

竖井和隧洞压力：竖井压力随流量增加而增加，竖井压力沿程随时间而波动，隧洞全部为无压明流，无负压。

B　大厂灰岭尾矿库排水系统模型试验

大厂灰岭尾矿库，汇水面积 $5.5km^2$，排水系统的平面、纵剖面、塔体结构尺寸分别见图 2-13～图 2-15。大连工学院水力试验室进行了模型试验，现将其试验结果简要介绍如下。

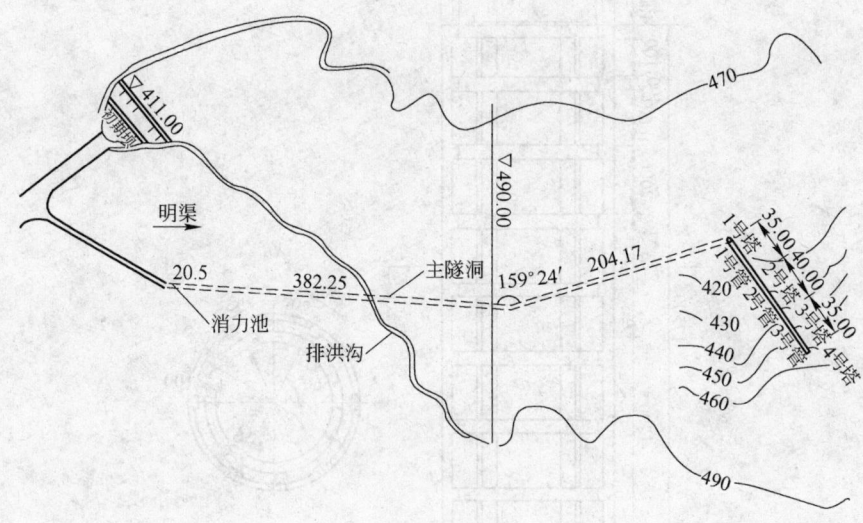

图 2 – 13 大厂灰岭尾矿库示意图（单位：mm）

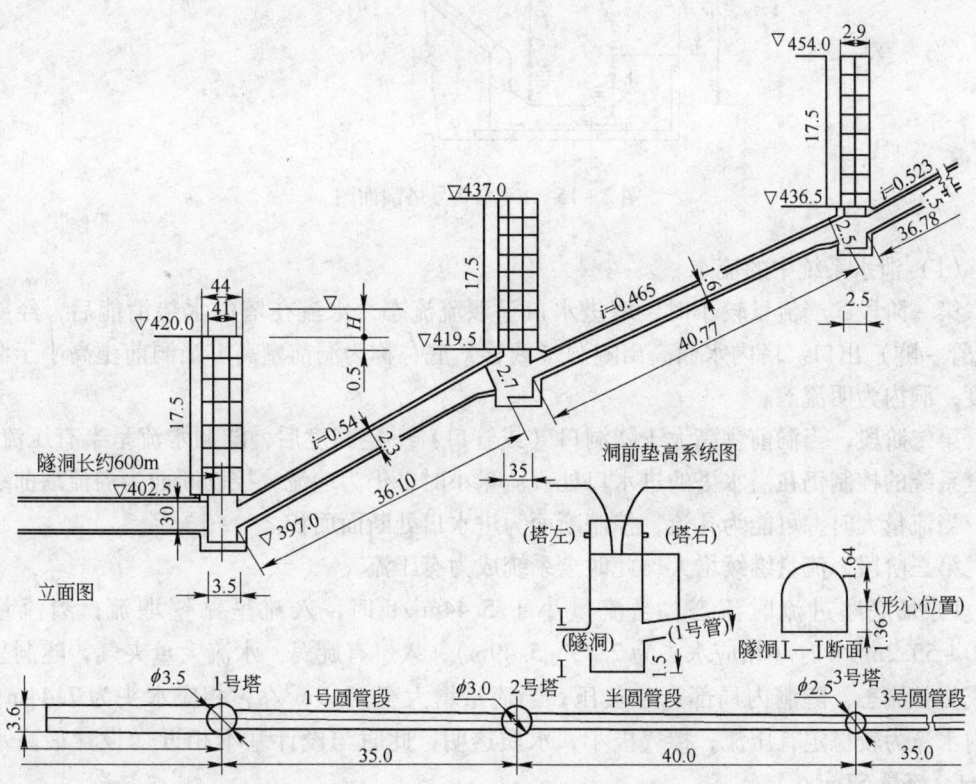

图 2 – 14 大厂灰岭尾矿库水力模型试验示意图

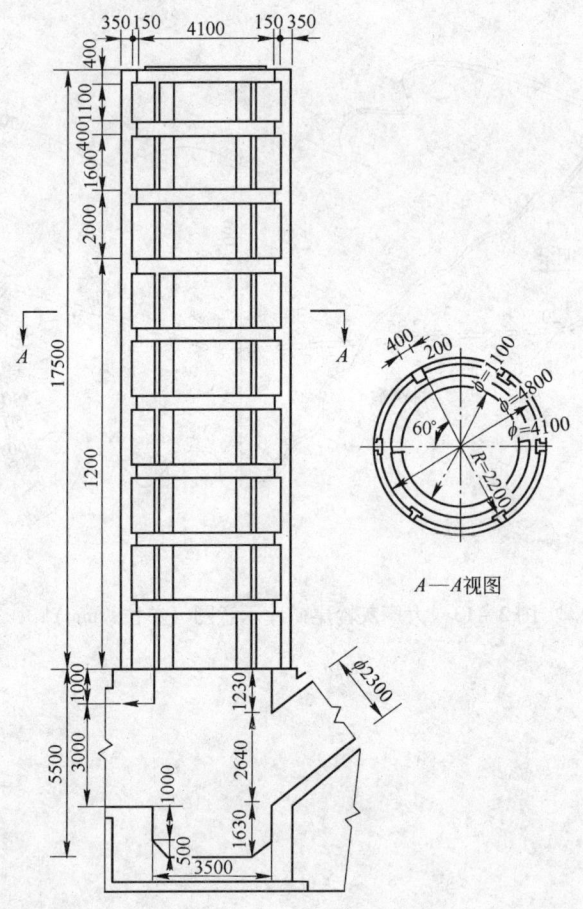

图 2-15 1号、2号塔剖面图

(1) 泄水系统中的流态。

第一阶段，当流量较小时，塔进水口呈堰流流态，水流在塔内水垫消能后，经隧洞（或管－隧）出口。塔内水面高出隧洞（或管）底，称为洞前壅高。当洞前壅高小于洞口高度，洞内为明流。

第二阶段，当洞前壅高大于隧洞口（或管口）一定高度后，隧洞水流呈半有压流态，但全系统的控制仍在溢水塔的进水口处。流量小时，仍为堰流，控制断面为溢流堰前缘长度，当流量大时，可能为孔流，控制断面为进水口处断面面积。

第三阶段，流量继续增大，此时全系统成为有压流。

1) 塔底座进流时流态。当流量小于 $5.44 m^3/s$ 时，入流呈贴壁堰流；当流量为 $46.0 \sim 55.2 m^3/s$ 时（相应水头为 $2.73 \sim 5.49 m$），入口有旋涡，水流大量夹气，隧洞呈明满流交替流态，隧洞内局部产生负压；当流量增大至 $61.9 m^3/s$，相应水头为 $7.44 m$ 时，洞内水流为较稳定有压流，掺气极小，水质透明，此时与设计基本相近（设计最高水头 $7.5 m$，流量 $57 m^3/s$）。

2) 1号塔中部进流时流态。小流量时与底座溢流类似，但水流跌入塔座较高，故掺入水中的空气浓度较底座溢流为大，入隧洞后，水流夹气仍多，随着库水位升高，流态也分为三个，即明流、明满流过渡和满流。明满流过渡的临界流量为 63.7m³/s，相应水头为 2.05m。

3）1 号塔顶部进流时流态。流态基本同前，在流量增加至 64.6m³/s 时，相应水头 1.768m 隧洞发生明满流过渡流态，在塔顶进水口有大旋涡，直至 78.1m³/s，相应水头为 2.74m，隧洞内出现有压流，塔内水位与塔外库水位几乎平齐，整个系统内水流平稳。

4）2 号及 3 号塔进流时流态。进口部分流态与 1 号塔类似，但由于 2 号塔（或 3 号）运转时，1 号（或 1 号及 2 号）塔座已封顶，水流下泄经过塔座消能坑时就发生强迫空间水跃，不仅流态紊乱，且封住上部来水管出口，使通气不足，管内负压较大，尤其是 2 号塔座顶封闭后，3 号塔运转时，需通过 1 号和 2 号塔座，形成二次水跃，使 2 号管内不能从隧洞出口进气，形成 2 号管内负压过大。

5）两塔同时进水流态。两塔同时进水水流较紊乱。尤其 2 号塔下泄的水，流经 1 号塔座，与 1 号塔进的水汇合，形成空间强迫水跃，上下翻滚，此水跃在流量小于70.4m³/s 时都存在。从70.4～84.6m³/s 为明满过渡区，流态不稳定。直至 84.6m³/s 以上时，水流基本稳定为有压流。

（2）进水水头与流量。单塔各部进水与两塔同时进水，其进水水头与流量见表 2－16。

表 2－16　单塔各部进水与两塔同时进水水头与流量

水头	1 号塔流量/m³·s⁻¹			2 号塔流量/m³·s⁻¹			3 号塔流量（未加通气孔）/m³·s⁻¹			3 号塔流量（加了通气孔）/m³·s⁻¹			两塔进水流量/m³·s⁻¹	
	底	中	顶	底	中	顶	底	中	顶	底	中	顶	1 号 2 号	2 号 3 号
0.5	7	9.5	11	5	3	5.5	5	3	5.5	4	3	4.5	24	16
1.0	18	25	33	17	14.5	18	12	9	17	17.5	9.5	12	42	63
2.0	41	612	70	49.5	54	65	30	41.5	45.5	37.5	31	19	83	67.5
3.0	46.5	67.5	76	52.5	62.5	68.5	36.5	45.5	47	38	32	21	89	69.5
4.0	50	69.5	78	53.5	64	69.5	40.5	46.5	48.5	39	33	22.5	92	70.5
5.0	54	71	79.5	54.5	64.5	70.5	42.5	47	49.5	39.5	34	23.5	93	71
6.0	57	73	81	55	65	71.5	43	47.5	50.5	40.5	35	25	94.5	72
7.0	59.5	74.5	82	56	65.5	72	43.5						96	73
8.0	51	78	84	57		73								
9.0				58										

注：1. 表中，"底"代表塔座处进水，"中"代表塔身中部进水，试验时其进水部位为离塔座 10m 处，"顶"代表从塔顶进水。

　　2. 1 号、2 号塔，塔高直径及各部尺寸完全一致；

　　3. 两塔同时进水，1 号和 2 号塔同时进水时，因 1 号塔顶高程比 2 号塔座高程高出 0.5m，故 2 号塔进水水头 = 1 号塔进水水头 + 0.5m，2 号塔顶比 3 号底座亦高出 0.5m。

（3）几点分析：

1）从溢水塔进水流态分析，合乎一般的进水规律，从堰流到孔口流。塔的进水能力对整个排水系统起很大的控制作用。

2）从隧洞（或管）的水流流态分析，亦合乎一般的流态规律，从明流到半压流到满流（压力流），其塔座与隧洞（或管）的进口水头壅高起着控制作用。

3）塔座水垫消能对水流流态起着不良的作用，是水流紊乱主要原因，也是使洞（或管）内产生负压的主要原因之一。为解决此问题，可在封塔座时将水垫填平，或将各塔之间用并联方式联结（试验是串联方式）。水流流态及负压可能有所改善。

4）两塔同时进水，水流流态紊乱。但两塔同时进水情况难以避免。如各塔改为并联，两塔同时进水情况可能有所改善。从两塔同时进水流量增大，亦可说明进水量对流量起很大的控制作用。

5）从全面分析原设计计算结果，与试验结果大致接近，能满足设计要求。但各转折点水头损失等参数的取值，尚需进一步试验研究。

2.3.2.2 排水塔—隧洞排水系统设计方法

根据栗西沟尾矿库排水系统模型试验，提出排水塔—隧洞排水系统的设计方法。

（1）流态选择。为使塔—隧洞系统运行可靠，宜选无压流态。栗西沟排水系统消能效果良好，主要是在塔井、消力池完全形成了掺气水流。许多试验研究和工程实践证明，要使竖井—隧洞排洪系统在各级流量下均呈满流是难以实现的。若在设计流量 Q_3 时，为达到满流工作，当 $Q < 3$ 时，在塔和竖井中将出现很大的负压，在隧洞中将出现不稳定的流态。同时在隧洞和竖井交接处将出现较大负压，且在泄流时也会出现啸声、振动、气团喷射等不良现象。一般说，这种排水系统在流量变化时，从无压流态变为有压流态的过渡段，其主要危险是正压值的气囊，而在洪水消退时由有压流态变无压流态的过渡段，其主要危险是负压值的真空。

（2）塔进水流量公式的选择。进口一般按自由堰流来设计，栗西沟尾矿库的模型试验可供各种排水塔的设计参考。

框架式排水塔：从试验中的几种进水位置中选最不利的一种进行设计，三种主要进水位置的流量曲线见图 2 – 16。

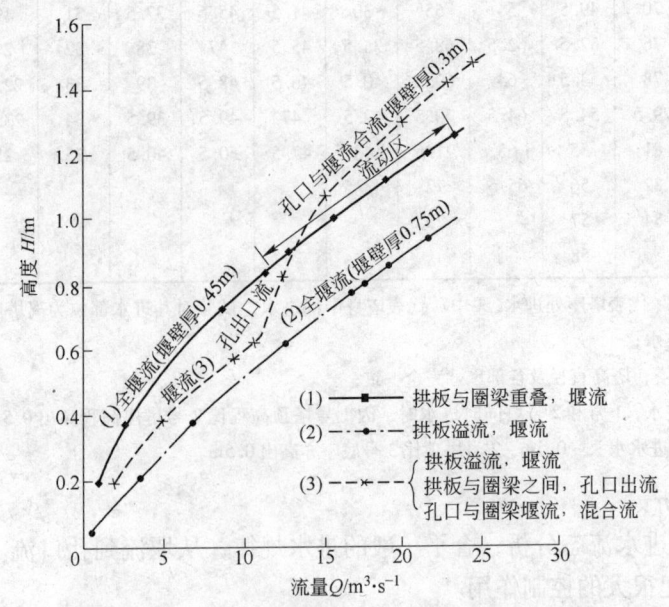

图 2 – 16 1 号井水头流量关系曲线（三种进流情况）

窗口式排水塔：矩形孔口明、堰流选有关章节的结果。

若为圆形孔口可用一般水力学手册的圆孔公式，也可近似地仍用上述 M、L_1 过水面积换成圆形孔的面积。

砌块式排水井可选有关章节的流量系数。

大厂灰岭尾矿库水工模型试验得出的表 2-16 的数据也可供选择流量系数的参考。

（3）塔径及井径的确定。根据试验可知，当水头增加，流速加大，将冲击对面拱板和立柱形成振动，因此对 $\dfrac{H}{R}$（H 为堰上水头，R 为塔的内径）应加以限制，并以 $\dfrac{H}{R}<0.9$ 为宜，据此限值，再根据泄流量，便可确定塔径。

井径：按形成孔口流的断面积来控制，孔口流流量计算公式为

$$Q = \frac{2d^2}{4}\sqrt{2g \times 0.9H_a} \tag{2-48}$$

式中　d——断面直径，m；

　　　H_a——上游水位至所论断面间的高差，m。

其中 $0.9H_a$ 表示为入射流收缩、摩阻、纵向变形损失之和。

根据塔的最低水位分别计算竖井上径和下径，用上径确定竖井的尺寸。

（4）消力井的尺寸。目前，对于消力井的计算尚无合适公式可用。当跌差很小时，可用直落式跌水的经验公式估算（见《尾矿工程》）。对较大工程应参照已成工程的经验确定。

栗西沟尾矿库消力井经水工模型试验，对原设计的 10m 消力井进行了修改，1 号井总跌差 100m，消力井深 4.8m；2 号井总跌差 142m，消力井深 6.0m。流量均为 22m³/s，消力井直径 3.5m。

大厂灰岭水库，塔高 21.5m，泄流量 57m³/s，井深 1.63，消力井直径 3.0m。这些数据可以控制一般尾矿库工程的大体范围。

（5）隧洞流态设计。按明流隧洞设计，进口呈宽顶堰流态，洞身比降按陡坡设计，即隧洞比降 $i>i_k$（临界坡）。进口水深为 h_k（临界水深），洞后为正常水深即 h_o，通过推算水面线由 h_k 变为 h_o 的长度，从水工试验上看只有 60m 左右。

1）正常水深 h_o：按明渠均匀流公式计算

$$Q = C\sqrt{Ri} \tag{2-49}$$

$$C = \frac{1}{n}R^y \quad （舍齐系数）$$

$$R = \frac{W}{X} \quad （水力半径）$$

式中　n——糙率，根据表面平整程度选用，混凝土 $n=0.014\sim0.017$；

　　　W——面积，m²；

　　　X——湿周 m 过水边界周长；

　　　i——隧洞坡降。

X、W、R 根据水深 h 按断面形状计算，y 可取 1/6。

2）临界水深：按下式计算

$$\frac{\alpha Q^2}{g} = \frac{w_k^3}{B_k} \qquad (2-50)$$

式中 α——动能系数，一般 $\alpha = 1.05 \sim 1.1$。

当断面形状确定后，假定 h_k 即可算 w_k、B_k。

对矩形断面

$$h_k = \sqrt[3]{\frac{\alpha q^2}{g}} \qquad (2-51)$$

式中 q——单宽流量。

$$B_k = \frac{Q}{q}$$

$$x_k = B_k + 2h_k$$

$$w_k = B_k h_k$$

$$R_k = \frac{B_k h_k}{B_k + 2h_k}$$

式中各符号意义同1），加脚标 k 表示临界水深对应各数。

3）临界比降：

$$i_k = \frac{g x_k}{\alpha C_k^2 B_k} \qquad (2-52)$$

式中 g——重力加速，9.8m/s^2。

4）水面线的推求：水面线的推求属明渠非均匀流计算，可用分段求和法。

用分段求和法求水面曲线，就是把非均匀流分成若干段，利用能量方程由控制水深的一端逐段向另一端推算，最后将求得的各断面水深连起来就得非均匀流的水面曲线。

计算依据的基本公式为

$$\frac{\left(h_i + \frac{v_i^2}{2g}\right) - \left(h_{i+1} + \frac{v_{i+1}^2}{2g}\right)}{\Delta L} = i - \bar{J} \qquad (2-53)$$

式中 ΔL——流段的长度；

$\bar{J}$——流段的平均水力坡度，由下式计算

$$\bar{J} = \frac{\bar{v}}{C^2 R} \qquad (2-54)$$

其中

$$\bar{J} = \frac{\bar{v}}{C^2 R}$$

$$\bar{v} = \frac{v_i + v_{i+1}}{2}$$

$$\bar{C} = \frac{C_i + C_{i+1}}{2}$$

$$\bar{R} = \frac{R_i + R_{i+1}}{2}$$

式2-53、式2-54中，具有下标 i 和 $i+1$ 的量，分别表示计算流段的下游断面和上

游断面的水力要素。

对隧洞，当已知流量 Q、糙率 n、底坡 i、底宽 b，以及计算流段中一个断面的水深，则取定另一欲求断面的水深值（该值与流段的另一断面水深不要相差太大），利用式 2 - 53就能直接求出该流段长度 Δl。如是逐段推求，即可求得。

5）净空及掺气水深计算：

净空面积和净空高度：为了保证隧洞为无压流，在设计断面时必须在洞内通过最大流量的时候，其洞内水面以上还应留有一定的净空。根据水工隧洞设计规范，对低流速的无压隧洞，在通气良好的条件下，净空断面积一般不要小于隧洞断面面积的15%，净空高度也不要小于40cm。对于不衬砌隧洞或喷锚衬砌隧洞和较长的隧洞，上述数字尚需适当增加。对高流速的无压隧洞的净空，要考虑掺气的影响，在掺气水面以上的净空一般为隧洞断面面积的15% ~25%，且水面线不超出直墙范围（对门洞型），当有冲击波时，应将冲击波限制在直墙范围之内。高速水流的无压隧洞的断面尺寸宜通过试验确定。

无压隧洞掺气水深的计算：隧洞掺气水流不同于溢流坝和陡槽的掺气水流，其特点是隧洞的底坡较缓，水深较大，沿程壅高。有人针对它进行了试验，得出了对矩形过水断面的隧洞掺气水流进行估算的经验公式

$$l\frac{h_a - h}{\Delta} = 1.77 + 0.0081\frac{v^2}{gR} \tag{2-55}$$

式中　　h_a——掺气后的水深；

　　h, v, R——分别为未掺气水流的水深、流速和水力半径；

　　　　Δ——表面的绝对粗糙度，对糙率 $n = 0.014$ 的混凝土，$\Delta \approx 0.002$m。

应用上式，最好不超过如下范围：$h > 1.2$m；0.6m $< R < 1.4$m；15m/s $< v < 30$m/s。隧洞的洞高等于水深加上掺气水深，再加上净空。

2.3.3　斜槽—涵洞排水系统的水力设计

2.3.3.1　石人嶂梅坑尾矿库斜槽的模型试验

斜槽是进水口和涵洞合一的进水构筑物。其纵横剖面见图 2 - 17。

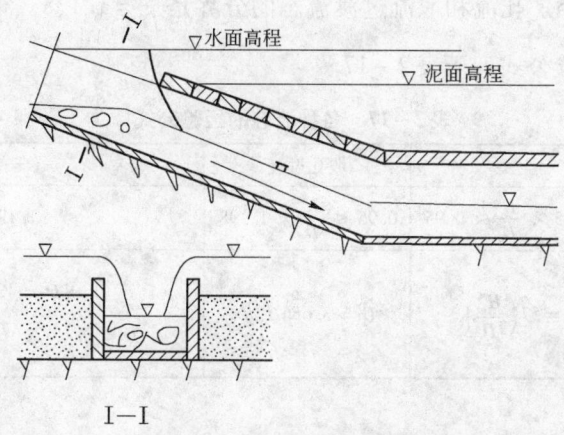

图 2 - 17　斜槽进水示意图

  槽牙为一矩形槽,槽顶为一活动盖板,随着水位上升,盖板逐渐盖上,库内泥面低于最上一块盖板高程,泄洪时水位高程高于盖板高程。进水时,从总体上看,既有盖板顶部的进流,又有两边侧墙变水头的进流,流态十分复杂,水流互相干扰。广东石人嶂钨矿梅坑尾矿库设计时,做了斜槽进水的水工模型试验,该斜槽底坡为0.065,断面为$4m \times 4m$方圆形,由试验可以看出,斜槽进水的流态是十分复杂的。在未采取通气措施前,由于进口形状不光滑,水流条件复杂,局部损失大,加上沿程多弯道,洞内为陡坡,极易形成折冲水流,流态多变。当$H/D < 1.198$(H为从涵洞底算起的水头,D为洞高)时,洞口出现稳定的立轴贯穿吸气旋涡,为半有压孔流。当$H/D = 1.55$时,开始出现间隙性贯穿吸气旋涡,水流进入涵洞时有明显的变形,如水流扭曲,向洞顶爬升,促使洞顶和周边产生真空的封闭区域,间隙性的贯穿吸气旋涡消失时,涵洞内失去补气条件,洞内形成满流;待吸气旋涡再次出现时,空气引入真空区,洞内又恢复明流状态,洞内出现周期性的明满交替的流态,洞内的压力亦处于正压和负压的交替变化中。用测压管测得平均值为$+3.2 \sim -2.1m$水柱,并且正负压交替变化快,难以测准,瞬时脉动值比测压管测的平均值大得多。在吸气的同时还伴随着强烈的振动,威胁涵洞的安全,这种恶劣流态的界限值是$1.55 \leqslant \dfrac{H}{D} \leqslant 2.91$。当$\dfrac{H}{D} > 2.91$时,有可能产生有压流。由此可以看出,斜槽进水口的流态是很复杂的,该斜槽在进口后2m的位置加了40cm的通气孔,使涵洞在整个运行过程中,流态均较稳定,进口为半有压流,洞内呈明流,在流量106.4m³/s时,通气孔后约有6m长的一段内顶部余幅还达不到明流余幅的要求(洞顶余幅为最大流量时清水深度的40% ~ 50%)。加通气孔后,宣泄各级流量时,正负压交替现象完全消失,整个涵洞内无负压发生。从试验观察,涵洞进口流态甚为复杂。当$\dfrac{H}{D} \leqslant 0.95$时,水流沿右侧墙前沿进入斜槽,然后转90°进入涵洞,呈侧堰流态;当流量加大水位上升后,涵洞左侧(靠山坡)也开始进流,受其影响,在洞口呈螺旋阻流态,进口阻力加大,这种流态在水位淹没洞顶后演变成顺时针方向旋转的立轴贯穿吸气旋涡。

  根据试验结果,斜槽泄流的流态可分为堰流、堰孔过渡和孔流三种流态。堰流和过渡流态的分界是$\dfrac{H}{D} = 0.95$。孔流和堰流过渡流态的分界是$\dfrac{H}{D} = 1.198$。根据这次试验,总结出斜槽各种流态的经验公式列于表2-17。

表2-17 各种流态的经验公式

堰 流		堰孔过渡	半有压孔流
$\dfrac{H}{D} < 0.795$	$0.795 < \dfrac{H}{D} < 0.95$	$0.95 \leqslant \dfrac{H}{D} < 1.198$	$1.198 \leqslant \dfrac{H}{D}$
$Q = 0.196\sqrt{g}H_o^{3/12}$	$Q = 57\left(\dfrac{H_o}{D}\right)^{5.6}$	$Q = 3.656H_o^{1.78}$	$Q = 13.655H_o^{0.927}$ $Q = m_\phi\sqrt{2g\left[H_o - 10.708 - 2iD\right]}$

表中公式的符号:

m_ϕ——可由图2-18查用;

 D——涵洞高,m;

H_o——从涵洞底部高程起算水头，包括
　　　行进水头。

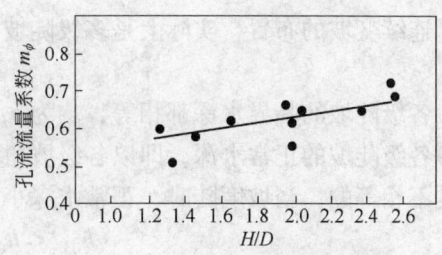

图 2-18 孔流流量系数 $m_\phi - H/D$
的关系曲线

2.3.3.2 斜槽—涵洞排水系统的设计方法

（1）进口进水能力的计算。根据上述试验，对斜槽进水口的泄流能力按下述流态划分标准予以计算。

当 $\dfrac{H}{D} \leqslant 1$ 时，采用侧堰公式，即

$$Q = mb\sqrt{2g}H_1^{3/2} \qquad (2-56)$$

式中　H_1——从侧墙顶算起的水头，一般不考虑进行流速；

　　　　b——进水前沿长度，$b = iH$；

　　　　m——流量系数，0.19。

当 $\dfrac{H}{D} \geqslant 1.2$ 时，半有压孔流，采用半有压洞的流量公式

$$Q = \mu w \sqrt{2g(H_o - \eta D)} \qquad (2-57)$$

式中，$\mu = 0.576$；$\eta = 0.715$。

应当指出，由于堰孔过渡流无合适的计算式，则按孔流和堰流分界值计算结果内插。

（2）涵洞的水力计算。由于涵洞很难形成压力流，所以涵洞的水力计算主要是非均匀流的水力计算。

1）斜槽进口的收缩水深 h。明渠非均匀流计算主要是起始水深，由于斜槽起控制作用的是半有压流，所以主要研究半有压流时收缩水深的计算

$$\frac{h_c}{a} = 0.037\,\frac{H}{a} + 0.573\mu + 0.182 \qquad (2-58)$$

式中　h_c——计算的收缩水深；

　　　　a——洞高；

　　　　H——进口水头；

　　　　μ——流量系数。

h_c 距进口距离 $l_1 = 1.4a$。

当 $h_o < h_c < h_k$ 水流呈 S_2 型降水曲线，趋向正常水深。

当 $h_c < h_0 < h_k$ 水流呈 S_3 型壅水曲线，趋向于正常水深。

2）连续变坡的多级陡坡（见图 2-19）。

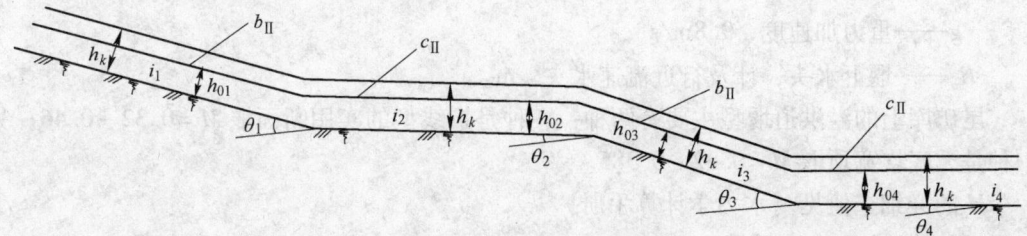

图 2-19 连续变坡的多级陡坡

连续变坡的布置，实际上是多级陡坡，图 2 - 19 所示的各级陡坡的坡度关系是：

$$i_3 > i_1 > i_2 > i_4 > i_k$$

各级陡坡的临界水深都相等，均为 h_k。

各级陡坡的正常水深，即以各级坡角 θ 的正弦值 $\sin\theta = i$ 为坡度计算的明渠均匀流水深是不相等的，当坡度陡时，正常水深小。即：

$$h_{03} < h_{01} < h_{02} < h_{04}$$

各级陡坡的水面线，一级坡为 b_{II} 型，二级坡为 c_{II} 型，三级坡为 b_{II} 型，四级坡为 c_{II} 型，一、三级坡的水深在正常水深和临界水深之间，二、四两级的坡均低于其正常水深（见图 2 - 19）。

3）用跌水井连接起来的布置（见图 2 - 20）。

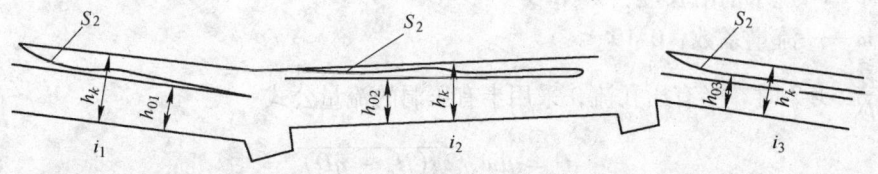

图 2 - 20　跌水井连接起来的多级陡坡

$$i_3 > i_1 > i_2$$
$$h_{03} < h_{01} < h_{02}$$

由于各跌水井为消力池，各池出口相当于堰，堰上水深按临界水深，各段都是 S_2 型降水曲线，各陡坡的水深变化在 $h_k \sim h_o$ 之间。

根据以上分析，陡坡涵洞，可由临界水深确定各级陡坡的水深再加上设计要求的余幅。对于多级连续陡坡，有的陡坡比临界水深小，这时以正常水深为所需水深。但为断面均一起见，仍可用临界水深。

以上叙述了各级陡坡的控制水深，具体计算如下。

2.3.4　溢洪道的水力计算

2.3.4.1　溢洪道泄流计算

溢洪道的泄流计算按堰流计算

$$Q = bM\sqrt{2g}H_o^{3/2} \tag{2-59}$$

式中　b——溢流宽度，m；

　　M——流量系数；

　　g——重力加速度，9.8 m/s^2；

　　H_o——堰上水头，计及行近流速水头，m。

尾矿库上的溢洪道堰型主要有两种：一种是折线型的实用断面堰 $M = 0.32 \sim 0.46$；另一种是无底坎宽顶堰 $M = 0.32 \sim 0.385$。

M 的详细选值见《水力学计算手册》。

2.3.4.2　陡坡水面线计算方法

（1）确定起始断面和起始水深。对大落差陡坡段水面线的推求，先要确定起始断面，起始断面是水面线计算的起点，该断面上的水深和流速是计算的起始条件。长期以来，无论是水力学文献，或是工程设计陡坡水面线中，都是把陡坡起始水深规定为缓变流的临界水深 h_k，然后用缓变流的能量方程推求陡坡水面线；但这种计算法仅适用于小底坡渠槽，其陡坡角通常在6°以内。而在实际工作中，陡坡角度常大于此，因此用上述方法计算大底坡水面线时，导致了计算值与实测值的严重不符。

由于陡坡控制断面附近的水流系急变流，对控制断面水深影响的因素较多，因此只能用经验公式计算。通过大量试验阐明了控制面水深变化的特性见图2－21，并提出陡坡控制断面水深 h_k。与临界水深的关系式为

$$h_{ko} = K_i h_k \qquad (2-60)$$

$$K_i = \frac{0.01 - i_2}{0.35 + 2.65i_2} + 0.953 \qquad (2-61)$$

或

$$K_i = 1.013\left(\frac{i_2}{i_k}\right)^{-0.03776} \qquad (2-62)$$

式中 K_i——陡坡坡度校正系数，见表2－18；

i_2——陡坡坡度；

i_k——临界坡度。

用式2－60～式2－62来确定平底堰陡坡控制断面水深，适用范围 $i_2 = 1 \sim 0.005$。

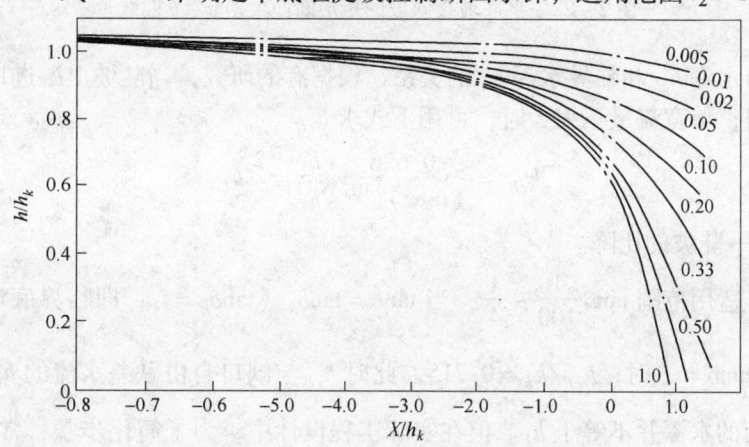

图2－21 平底堰无闸溢洪道水面线

表2－18 坡度校正系数 K_i 计算

i_1	1	0.5	0.33	0.25	0.20	0.167	0.125	0.100	0.067
K_1	0.623	0.6605	0.6908	0.3160	0.7571	0.7551	0.7842	0.8067	0.8454

i_2	0.050	0.04	0.025	0.02	0.0125	0.010	0.0067	0.005
K_2	0.8701	0.8872	0.9170	0.9282	0.9465	0.9530	0.9620	0.9668

由试验得知，在控制断面及向下游的一段距离内，水流呈急剧变化，并渐趋于缓变流，最终向正常水深趋近。这一过渡段的水平长度为 $3h_k$；急变流与缓变流分界断面的水深约等于 $0.6h_k$，二者均与其他因素无关。陡坡控制断面与急变流及缓变流分界断面之间的水面线呈曲线变化，由于距离较短，为简化计算，以直线代替曲线，并以分界断面水深

为下一段水面线的起始水深，再用缓变流方程推求各段水面线。

$$X_B = 3h_k \qquad (2-63)$$

$$h_B = 0.841\varphi_{h_k}\cos\theta \qquad (2-64)$$

进口影响系数 φ 与陡坡坡角 θ 及堰型有关，根据现有资料得出：

对于 $\theta = 8.5°$ 的宽堰顶进口，$\varphi = 0.786$；

对于 $\theta = 30°$ 的实用堰进口，$\varphi = 0.672$；

对于平底坡接斜坡的矩形断面渠槽，φ 随 θ 的变化如图 2-22 所示。

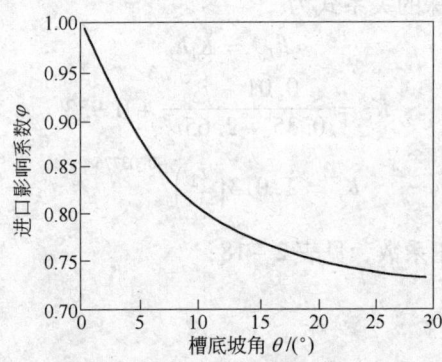

图 2-22 平底坡接斜坡的矩形断面渠槽 $\varphi - \theta$ 曲线

关于堰口水深 h_B 和临界水深 h_k 的关系，根据有的研究，当陡坡上游进口断面为无收缩的矩形缺口，单宽流量不太大时，可用下式求 h_{cB}

$$h_{cB} = \frac{0.626}{(\tan\delta)^{0.077}}\left(\frac{b_c}{h_k}\right)^{0.64} h_k \qquad (2-65)$$

式中 $\tan\delta$——陡坡的比降。

式 2-65 适用范围 $\tan\delta \frac{1}{100} \sim \frac{1}{4}$，当 $\tan\delta = \tan\delta_k$（$\tan\delta_k = i_k$，即临界底坡）时，$h_{cB}/$

$h_k = 1.0$，当 $\tan\delta = \frac{1}{4}$ 时，$h_{cB}/h_k = 0.715$，此时 h_{cB} 与缺口自由跌差水流的 h_k 一致，由此

可知起始断面的水深并不等于 h_k。但在实际工程设计中，为了简化步骤，常采用 h_k 作为起始断面水深，偏于安全，对于一般工程是允许的，但对重要工程则需按式 2-60 ~ 式 2-64 来计算，或由水工模型试验来确定 h_{cB}。

（2）利用分段求和法求陡坡水面线。利用分段求和法计算陡坡段的水面线，陡坡段水流为非均匀流，可用伯努利方程分段求和法来计算水面线，一般可分为 5 ~ 7 段，其精度已可满足工程上的实用要求。

分段求和法的基本公式为（符号参见图 2-23）：

$$\frac{\alpha_1 v_1^2}{2g} + h_1 + i\Delta L_{1-2} = \frac{\alpha_2 v_2^2}{2g} + h_2 + h_{f1-2} \qquad (2-66)$$

即 $$\frac{\left(\frac{\alpha_2 v_2^2}{2g} + h_2\right) - \left(\frac{\alpha_1 v_1^2}{2g} + h_1\right)}{\Delta L_{1-2}} = i - \frac{h_{f1-2}}{\Delta L_{1-2}} = i - \frac{v^2}{C^2 R} = i - J \qquad (2-67)$$

平均水面坡降

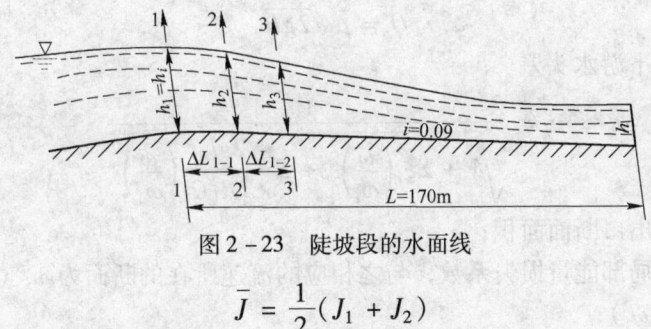

图 2-23 陡坡段的水面线

$$\bar{J} = \frac{1}{2}(J_1 + J_2)$$

任意断面坡降 J 可按下式计算

$$J = \frac{n^2 Q^2}{\omega^2 R^{4/3}} = \frac{n^2 v^2}{R^{4/3}} \qquad (2-68)$$

当陡坡较陡时（$i > 0.3$），用水深 h 表示压能，将出现较大的错误，此时式 2-67 应改为

$$\frac{\alpha_1 v_1^2}{2g} + h_1 \cos\delta + i\Delta L_{1-2} = \frac{\alpha_2 v_2^2}{2g} + h_2 \cos\delta + h_{f1-2} \qquad (2-69)$$

式中　　h_1——断面 1—1 水深，m；

　　　　h_2——断面 2—2 水深，m；

　　ΔL_{1-2}——两断面间距离，m；

　　　　v_1——断面 1—1 平均流速，m/s；

　　　　v_2——断面 2—2 平均流速，m/s；

　　　　g——重力加速度；

$\tan\delta$（即 i）——陡坡比降；

　　α_1，α_2——流速不均匀系数；

　　h_{f1-2}——两断面间的摩擦损失水头，m。

（3）陡坡掺气水深的计算及安全超高。

掺气水深按下式估算

$$\Delta h_c = h \frac{v}{100} \qquad (2-70)$$

式中　h——不掺气时的水深，m；

　　　v——断面平均流速，m/s。

掺气后的水深：　　　　　　　$h_a = h + \Delta$

边墙高度 $= h + \Delta h_c +$ 超高

超高：一般混凝土护面陡坡 30~50cm；浆砌石护面陡坡 50cm。

对大陡坡，由于水流状态复杂，合理定出超高比较困难。美国垦务局提出计算水面以上超高 Δ 的公式为：

$$\Delta = 0.61 + 0.0372 v h^{1/2} \qquad (2-71)$$

各符号意义同前。

2.3.5　压力洞的水力计算

上述排水塔—隧洞和斜槽—涵洞系统若需设计成压力流，其计算公式为

$$Q = \mu \sqrt{2gH} \tag{2-72}$$

式中　H——上、下游水头差。

$$\mu = \frac{1}{\sqrt{1 + \Sigma \xi_i \left(\dfrac{\omega}{\omega_i}\right)^2 + \Sigma \dfrac{2gl_i}{C_1^2 R_1 C_1}\left(\dfrac{\omega}{\omega_1}\right)^2}} \tag{2-73}$$

式中　ω——隧洞出口断面面积；

$\quad\ \ \xi_i$——某一局部能量损失系数，与之相应的流速所在的断面为 ω_i（指根号内第二项中的 ω_i）；

$\quad\ \ l_i$——系统某一段的长度，与之相应的断面面积、水力半径和舍齐系数分别为 ω_1（指根号内第三项中的 ω_1）、R_1 和 C_1。

系统各部分的局部阻力损失数系数可查有关水力学计算手册。

2.3.6　下游消能

2.3.6.1　平台扩散水跃消能

这种布置如图 2 - 24 所示，主要由平台扩散段、渥奇段、消能池三部分组成。平台扩散可使涵洞出口水流单宽流量减少，渥奇段适应射流的运动轨迹。

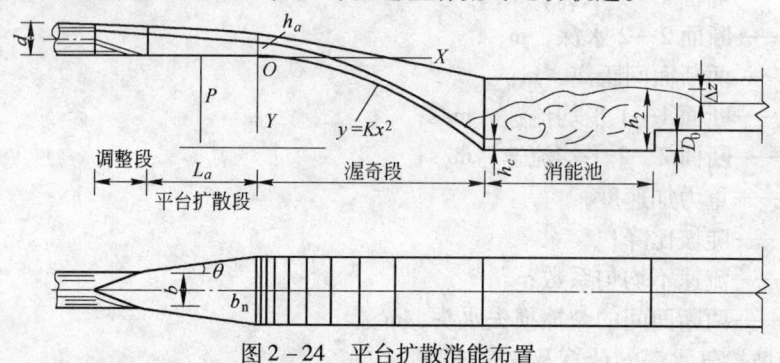

图 2 - 24　平台扩散消能布置

（1）平台扩散段其扩散角为 θ

$$\tan\theta = \frac{K}{Fr} \tag{2-74}$$

式中，$K = 1.0 \sim 1.15$；$Fr = \dfrac{v}{\sqrt{gh}}$ 为涵洞出口断面水流的弗劳德数。当涵洞为圆形断面时，洞出口应接修一与洞径等宽的调整段，使断面由圆渐变为方，其长度约为出口水深的 1.5 ~ 4.5 倍，以此作为平台的始端。

平台段的长度按下列经验公式求得

$$L_a = 5.8 \sqrt{AFr} \tag{2-75}$$

式中　A——平台始端的过水断面积。

平台扩散段末端的宽度为

$$b_a = b + 2L_a\tan\theta \tag{2-76}$$

式中　b——平台始端的宽度。

（2）渥奇段。按平台末端水流质点的抛物线轨迹来设计。平台末端的水流速度，可根据连续方程,近似按平台段无摩阻条件求得。即把该面流速看作是不变的,等于平台始端的流速,即 $v_a = v$,则运动轨迹为

$$y = \frac{gx^2}{2Kv^2}$$ (2-77)

或 $$x = 0.54v\sqrt{y}$$

式中,K 为安全系数,一般可用 1.0;当 $v > 30\text{m/s}$ 时,可用 1.1~1.2。

渥奇段的宽度一般可与平台末端相同。

(3) 消能池的水力设计。对矩形断面情况,池首端的收缩水深按下式计算

$$h_c = \frac{q}{\varphi\sqrt{2g(P + H_o - h_c)}}$$ (2-78)

式中 P——渥奇段的落差,m;

H_o——平台末端的水流比能,m;

φ——流速系数,可在 0.8~0.9 间选用。

为简化计算,通常将根号内的 h_c 可略去。

跃后水深 $$h_2 = \frac{h_c}{2}(\sqrt{1 + 8Fr^2} - 1)$$ (2-79)

其中,$Fr = \sqrt{\dfrac{v_c^2}{gh_c}}$,为收缩断面的弗劳德数。

消能池末端与下游衔接处的水位落差

$$\Delta z = \frac{q^2}{2g\varphi'^2 h_\text{下}^2} - \frac{q^2}{2gh_3^2}$$ (2-80)

其中 φ' 可在 0.95~1.0 间选用。

当跃后水深 h_2 小于下游水深加上池深,即可确定池深,池长按一般经验确定。

2.3.6.2 挑流

当下游具有适当的条件,如尾水较深、基岩较好,或洞出口距河床落差较大等条件时,可考虑在隧洞出口接修一挑流鼻坎,把水舌抛至远方。

挑流鼻坎如图 2-25 所示,常用连续式和差动式。在平面上可以是扩散的或不扩散的,当为扩散鼻坎时,其扩散角可参照式 2-74 确定。

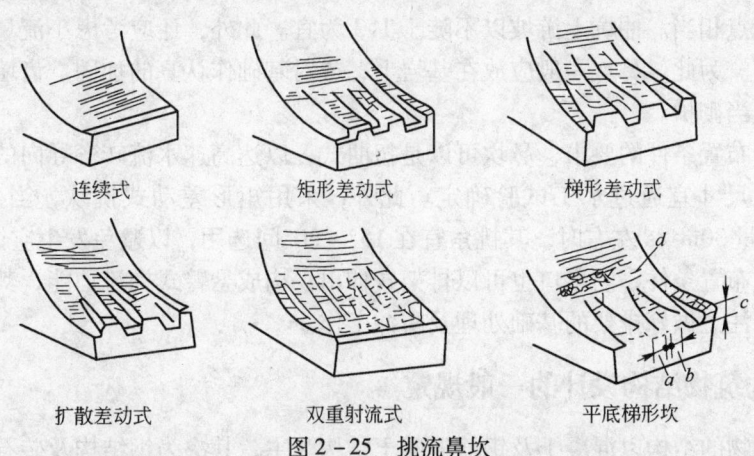

连续式　　　　矩形差动式　　　　梯形差动式

扩散差动式　　　双重射流式　　　　平底梯形坎

图 2-25　挑流鼻坎

鼻坎挑流水舌的射程 L 按图 2 - 26 和下式确定

$$x = L = \frac{v_0^2 \sin\theta\cos\theta}{g}\left(1 + \sqrt{1 + \frac{2gy}{v_0^2\sin^2\theta}}\right) \qquad (2-81)$$

式中　v_0——鼻坎末端平均流速，m/s；

　　　θ——鼻坎挑角，(°)。

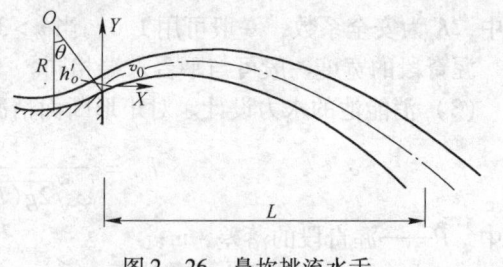

由图 2 - 26 可知，y 值是由坎顶水深中点算起的距离，高于此点时 y 值为正，低于此点则为负，该中心点距坎顶的垂直距离为 $\left(\dfrac{h_o}{2}\right)\cos\theta$。

图 2 - 26　鼻坎挑流水舌

式 2 - 81 表明，在不计空气阻力的情况下，挑距 L 主要取决于 v_0（一般可看作近似等于涵洞出口流速）、挑角 θ 和落差 y。当 y 值较小（指负值，即下游水面在坐标原点以下的高差），θ 选在 30°左右；当 y 值较大时，θ 应适当减小。根据原型观测研究，当 $v_0 < 20$m/s 时，按式 2 - 81 计算的挑距与实测的水舌外缘挑距相当；$v_0 = 20$m/s 时，计算值要较实测水舌外缘挑距值大 10% 左右。此外；为保证水流在鼻顶上作自由的圆周运动，鼻坎的反弧半径最小应为坎上水深的 4 ~ 6 倍，可能时采用 8 ~ 12 倍的坎上水深为好。

挑流水舌对下游河床的冲刷坑深度可由下式估算。

$$t_s = Kq^{0.5}Z^{0.25} \qquad (2-82)$$

式中　q——单宽流量，一般用鼻坎末端的 q 为计算值；

　　　Z——上下游水位落差；

　　　K——与地质条件有关的系数，一般估计可用 1.25，或分别按下列情况选取：坚硬、较完整、抗冲能力强的岩石，$K < 1.0$，半坚硬，完整性较差的岩石，$K = 1.0 \sim 1.5$；岩石破碎、裂隙发育，完整性很差的松软岩层，$K = 1.5 \sim 2.0$。

以上适用于连续式鼻坎，当为差动式鼻坎时，其冲坑深较连续式约减少 15% 左右。

估算下游冲刷主要目的在于对建筑物的安全提供论证。一般认为冲坑最深点大体与水舌外缘的落水点相当。冲坑上游坡以不陡于 1:3 为宜。此外，还应考虑小流量起挑或终挑时的贴流冲刷。为此，鼻坎一般应放在基岩上，或对基础作认真的加固。齿墙应有足够深度，坡脚要适当砌护。

有时由于布置条件的要求，鼻坎可以是扭曲式，以达高速水流转弯导向的目的。扭曲鼻坎的形状及尺寸宜通过水工试验确定。此外，采用矩形差动式挑坎，当落差为 20 ~ 40m、单宽流量 30m³/s 左右时，其挑角宜在 15° ~ 20°间选用，以避免发生空蚀。

根据工程布置条件，洞出口也可以排架式伸出，构成悬臂式挑流消能，其水力计算同上所述，但应注意做好排架的基础处理及防冲工作。

2.4　排水构筑物结构设计的一般规定

排水构筑物的结构以混凝土及钢筋混凝土结构为主，其次为钢结构及砖石结构，本节主要叙述混凝土及钢筋混凝土结构。钢和砖石结构参见相应的规范。

2.4.1 材料

鉴于新的水工结构设计规范尚未颁发，本节仍延用目前执行的规范。

2.4.1.1 混凝土

（1）混凝土应满足强度要求，并根据建筑物的工作条件、地区、气候等具体情况，分别满足抗渗性、抗冻性、抗侵蚀性、抗冲刷性和低热性等方面的要求。

混凝土的各种试验应按专门规定的方法进行。

（2）混凝土标号系指按照标准方法制作和养护的边长为 20cm 的立方体试块，在 28 天龄期，用标准试验方法所得的抗压极限强度（以 MPa 计）。混凝土标号分为：R75、R100、R150，R200、R250、R300、R400、R500 和 R600。

（3）混凝土结构受力部位的标号不宜低于 R100。

钢筋混凝土结构的混凝土标号不宜低于 R150。

钢筋混凝土结构采用Ⅱ、Ⅲ级钢筋时，混凝土标号不宜低于 20.0。

装配式钢筋混凝土结构的混凝土标号不宜低于 R200。

（4）混凝土的设计强度应根据标号按表 2-19 采用。

表 2-19　混凝土的设计强度

强度种类	符号	混凝土标号								
		75	100	150	200	250	300	400	500	600
轴心抗压/MPa	R_e	4.2	5.5	8.5	11.0	14.5	17.5	23.0	28.5	32.5
弯曲抗压/MPa	R_w	5.2	7.0	10.5	14.0	18.0	22.0	29.0	35.5	40.5
抗拉/MPa	R_1	0.68	0.8	1.05	1.3	1.55	1.75	2.15	2.45	2.65
抗裂/MPa	R_f	0.85	1.0	1.3	1.6	1.9	2.1	2.55	2.85	3.05

注：1. 设计现浇的钢筋混凝土轴心受压及偏心受压构件时，如截面的长边和直径小于 30cm，则表中混凝土的设计强度应乘以系数 0.8。当构件质量（如混凝土成形、截面和轴线尺寸等）确有保证时，可不受此限。

2. 离心混凝土的设计强度应按专门规定取用。

（5）混凝土抗渗标号系按 2.8 天龄期的标准试件确定。混凝土抗渗标号分为：S2、S4、S6、S8，S10 和 S12。

设计中根据建筑物开始承受水压的时间，也可利用 60 天或 90 天龄期的增长值。

混凝土抗渗标号应根据建筑物所承受的水头、水力梯度以及下游排水条件、水质条件和渗漏水的危害程度等因素确定，并不得低于表 2-20 的规定。

表 2-20　混凝土抗渗标号的最小允许值

结构类型及运用条件		抗渗标号
大体积混凝土结构的下游面及建筑物内部		S2
大体积混凝土结构的挡水面防渗层混凝土	$H<30$	S4
	$H=30\sim70$	S6
	$H>70$	S8

结构类型及运用条件		抗渗标号
混凝土及钢筋混凝土结构构件（其背水面能自由渗水者）	$i < 10$	S4
	$i = 10 \sim 30$	S6
	$i > 30$	S8

注：1. 表中 H 为水头（m），i 为最大水力梯度。水力梯度系指作用水头与该处结构厚度之比。

　　2. 当建筑物的表层设有专门可靠的防渗层时，表中规定的抗渗标号可适当降低。

　　3. 承受侵蚀水作用的建筑物，其抗渗标号不得低于S4。

　　4. 埋置在地基中的混凝土和钢筋混凝土结构构件（如基础防渗墙等），可根据防渗要求参照表中第3项的规定选择其抗渗标号。

　　5. 对背水面能自由渗水的混凝土及钢筋混凝土结构构件，当水头小于10m时，其抗渗标号可根据表中第3项降低一级。

　　6. 采用抗渗标号大于S8时，应提出论证。

（6）混凝土抗冻标号分为：D50、D100、D150、D200、D250和D300。混凝土抗冻标号按28天龄期的试件确定。经试验论证后，也可利用60天或90天龄期的增长值。

混凝土抗冻标号应根据建筑物所在地区的气候条件、建筑物的结构类别，以及工作条件等确定，并不得低于表2-21的规定。

表2-21　混凝土抗冻标号的最小允许值

气候条件	工作条件 结构类别	水位涨落区的外部混凝土		水位涨落区以上的外部混凝土
		冻融循环总次数		
		≤50 次	>50 次	
严寒气候条件（最冷月平均气温低于 -10℃）	钢筋混凝土	D200	D250	D100
	混凝土	D150	D200	
寒冷气候条件（最冷月平均气温在 -30 ~ -10℃之间）	钢筋混凝土	D150	D200	D50
	混凝土	D100	D150	

注：1. 对于严寒和寒冷地区的1、2、3级建筑物，其水位涨落区的外部混凝土必须掺加气剂。

　　2. 冻融循环总次数是指一年内气温从 +3℃以上降至 -3℃以下，然后回升至 +3℃以上的交替次数，或一年中月平均气温低于 -2℃的期间内，因水位涨落而产生的冻融交替次数（此期间水位每涨落一次算一次冻融）。

　　3. 气温资料应根据连续5年以上的实测资料统计其平均值，一年中月平均气温低于 -3℃期间的水位涨落次数，可根据设计时预定的运行条件估算。

　　4. 对于重要的薄壁建筑物，承受动力荷载的建筑物或一年中冻融循环总次数高于150次的部位，其混凝土抗冻标号应适当提高。

　　5. 在无抗冻要求的地区，即在最冷月月平均气温高于 -3℃的地区，对1、2、3级建筑物水位涨落区的外部混凝土，应根据具体情况提出 D50 或 D100 的要求，以保证建筑物的耐久性。

（7）混凝土的抗侵蚀性系指混凝土抵抗环境水侵蚀作用的能力。当环境水具有侵蚀性时，应采用适当的抗侵蚀性水泥。若各种水泥均不能满足抗侵蚀性的要求时，应进行专门的试验研究或采取特殊的防护措施。

（8）对建筑物中易遭受水流气蚀的部位，应从改善结构形式、通气条件、混凝土密实度、表面平整度或采取专门防护措施等方面提高结构抗气蚀能力。在有泥沙磨蚀的部位，则应使用质地坚硬的骨料，降低水灰比，提高混凝土标号或改进施工方法以提高混凝土的耐磨能力，必要时可采用耐磨护面材料加以保护。

（9）混凝土的水灰比对其耐久性有着重要的影响。必要时，应根据建筑物所处的环境以及抗冻、抗侵蚀、抗水流气蚀、抗泥沙磨损等需要，在设计中提出水灰比的最大限值。

（10）混凝土的计算容重应由试验确定。当无试验资料时，一般情况下，混凝土可按 2400MPa、钢筋混凝土可按 2500MPa 采用。

（11）混凝土受压或受拉时的弹性模量 E_b 可按表 2-22 采用。

表 2-22　混凝土的弹性模量

混凝土标号	弹性模量 E_b/MPa
75	1.55×10^4
100	1.85×10^4
150	2.30×10^4
200	2.60×10^4
250	2.85×10^4
300	3.00×10^4
400	3.30×10^4
500	3.50×10^4
600	3.65×10^4

2.4.1.2　钢筋

（1）钢筋混凝土结构中的钢筋，宜采用Ⅰ级、Ⅱ级，Ⅲ级钢筋、5号钢钢筋和乙级冷拔低碳钢丝。

钢筋的质量应符合冶金工业部部颁标准的要求。采用该标准所规定的安全系数时，钢筋的设计强度按表 2-23 采用。

表 2-23　钢筋的设计强度

钢筋种类	符号	受拉钢筋设计强度 /MPa	受压钢筋设计强度 /MPa
Ⅰ级钢筋（3号钢）	φ	240	240
Ⅱ级钢筋（16锰）	φ		
直径≥28mm		320	320
直径<28mm		340	340
Ⅲ级钢筋（25锰硅）	φ	380	380
5号钢钢筋	φ	280	280
冷拉Ⅰ级钢筋（直径≤12mm）	φ'	280	240
冷拉低碳钢丝（乙级，φ3~5）	$φ^b$		
用于焊接骨架和焊接网时		360	360
用于绑扎骨架和绑扎网时		280	280

注：1. 钢筋混凝土轴心受拉和小偏心受拉构件的受拉钢筋设计强度大于340MPa时，仍应按340MPa取用。

2. 当钢筋混凝土结构的混凝土标号为 R100 时，仅允许采用Ⅰ级钢筋和5号钢钢筋。而且受拉钢筋设计强度应乘以系数0.9。

3. 构件中配有不同种类的钢筋时，每种钢筋采用各自的设计强度。

4. 冷拉Ⅰ级钢筋不宜用于承受冲击荷载或反复荷载的构件。对直径大于12mm的Ⅰ级钢筋如经冷拉，不得利用冷拉后的强度。

5. 冷拔低碳钢丝主要用于焊接骨架、焊接网和箍筋。

（2）钢筋的弹性模量 E_b 按表 2－24 采用。

表 2－24　钢筋的弹性模量

钢 筋 种 类	弹性模量 E_b/MPa
Ⅰ 级钢筋、冷拉 Ⅰ 级钢筋	2.1×10^5
Ⅱ 级钢筋、Ⅲ 级钢筋、5 号钢钢筋	2.0×10^5
冷拉低碳钢丝	1.8×10^5

2.4.2　基本计算规定

2.4.2.1　一般规定

（1）混凝土结构构件应进行强度计算，并在必要时验算结构的稳定性。

（2）钢筋混凝土结构构件应根据使用条件进行下列计算和验算。

1）强度计算。所有结构构件均应进行强度计算，并在必要时验算结构的稳定性。

2）抗裂度或裂缝宽度验算。根据使用条件下不允许出现裂缝的结构构件，应进行抗裂度验算，对使用上需要限制裂缝宽度的结构构件，应进行裂缝宽度验算。

3）变形验算。根据使用条件需要控制变形值的结构构件，应进行变形验算；

（3）强度计算和稳定计算，应根据相应规范的规定，分别按基本荷载组合和特殊荷载组合进行。对分期施工和分期投入运行的结构构件，应进行施工各阶段的计算。

进行抗裂度、裂缝宽度和变形验算时，采用基本荷载组合。

（4）混凝土和钢筋混凝土结构构件的计算，按单一安全系数极限状态设计方法进行。

（5）混凝土结构中，不得采用轴心受拉和偏心受拉构件，对重要受力部位，不宜采用受弯构件和合力作用点超出截面范围的偏心受压构件。

在坚固完整围岩中的隧洞衬砌等可不受上述各项限制。

（6）建筑物在施工和运用期间，如温度和湿度的变化对建筑物有较大影响时，应进行温度（湿度）应力计算，并应尽可能采用结构措施和施工措施以消除或减少温度（湿度）应力。使用中允许出现裂缝的钢筋混凝土结构构件，在计算温度（湿度）应力时，可考虑裂缝开展而使构件刚度降低的影响。

（7）当计算混凝土结构的温度和温度变化所引起的应力时，可考虑混凝土的徐变作用而予以降低。作为估算，施工期的上述应力可降低 50%，运用期由于长期温度和湿度变化（如年变化）所引起的上述应力可降低 35%。

（8）在水工建筑物设计中，应考虑作用在构件截面上的渗透压力，并宜采用专门的排水、止水措施，以降低渗透压力。在截面强度计算时，应考虑上述措施对降低或全部消除渗透压力的作用，并由此确定渗透压力的计算图形和数值。

（9）预制构件尚应在制作、运输及吊装阶段进行强度验算，其强度安全系数可采用特殊荷载组合的数值。预制构件吊装的验算，一般将构件自重乘以动力系数 1.5，并可根据构件吊装时的实际受力情况适当增减。

2.4.2.2 强度安全系数

（1）混凝土结构构件的强度安全系数应按表 2-25 规定采用。

表 2-25 混凝土结构构件的强度安全系数

受力特征	建筑物级别	1		2，3		4，5	
	荷载组合	基本	特殊	基本	特殊	基本	特殊
按抗压强度计算的受压、受拉构件		1.80	1.68	1.70	1.55	1.60	1.45
按抗拉强度计算的受压、受弯、受拉构件		2.80	2.30	2.65	2.20	2.50	2.10

注：1. 当水工建筑物的专门设计规范对安全系数另有规定时，强度安全系数应按专门规范采用。

2. 当结构的荷载情况较为复杂、施工特殊困难、缺乏成熟的计算方法或结构有特殊要求时，经论证后，强度安全系数可适当提高。

3. 对 1、2、3 级建筑物中的某些结构构件，当其强度不影响整个建筑物的安全稳定时，强度安全系数可适当降低。

（2）钢筋混凝土结构构件的强度安全系数应按表 2-26 的规定采用。

表 2-26 钢筋混凝土结构构件的强度安全系数

受力特征	建筑物级别	1		2，3		4，5	
	荷载组合	基本	特殊	基本	特殊	基本	特殊
轴心受压构件、偏心受压构件、局部承压、斜截面受剪、受扭构件		1.70	1.55	1.60	1.45	1.50	1.40
按抗拉强度计算的受压、受弯、受拉构件		1.65	1.45	1.50	1.40	1.40	1.35

注：同表 2-25 注。

2.4.2.3 抗裂安全系数和裂缝宽度

（1）使用中不允许出现裂缝的钢筋混凝土构件，其抗裂安全系数应按表 2-27 的规定采用。

表 2-27 钢筋混凝土结构构件的抗裂安全系数

受力特征	建筑物级别		
	1	2，3	4，5
轴心受拉、小偏心受拉构件	1.25	1.20	1.15
受弯、偏心受压、大偏心受拉构件	1.15	1.10	1.05

注：对抗裂有严格要求的构件，抗裂安全系数可适当提高。

（2）对需要验算裂缝宽度的钢筋混凝土结构构件，计算所得的最大裂缝宽度不应超过表 2-28 规定允许值。

表 2 - 28 钢筋混凝土结构构件最大裂缝宽度的允许值

结构构件所处的条件			最大裂缝宽度 δ_{1max}/mm
经常处于水下的结构	水质无侵蚀性	水力梯度 $i \leqslant 20$	0.30
		水力梯度 $i > 20$	0.20
	水质有侵蚀性	水力梯度 $i \leqslant 20$	0.25
		水力梯度 $i > 20$	0.15
水位变动区的结构	水质无侵蚀性	年冻融循环次数小于 50 次	0.25
		年冻融循环次数大于 50 次	0.15
	水质有侵蚀性或海水		0.15
水上结构			0.30

注：1. 若构件表面设有专门的防渗面层等防护措施，最大裂缝宽度允许值可适当加大，经过论证后，也可不作裂
       缝宽度验算。
    2. 水位变动区包括最高水位以上 2m 的范围。

2.5 排水塔结构设计

2.5.1 排水塔的形式

尾矿库排水塔的形式有窗口式、框架挡板式、砌块式和井圈叠装式（叠圈式）等（图 2 - 27）。

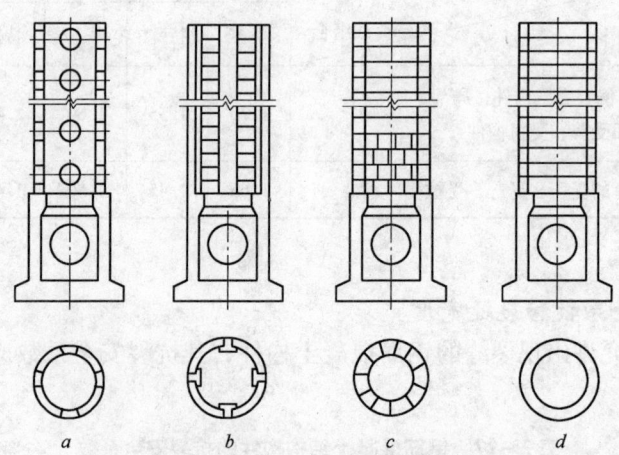

图 2 - 27 排水塔类型示意图
a—窗口式；b—框架挡板式；c—砌块式；d—井圈叠装式

窗口式排水塔系一次建成，具有结构整体好、操作维护简便的优点，但泄水量较小。官家山、铜官山、大吉山等矿均采用这种形式。

框架式排水塔的操作维护虽比窗口式麻烦些，但泄水量较大，故近年采用较多，如金堆城、水木冲等。

井圈叠装式排水塔是随库水位升高用整体井圈逐层叠加而成。为便于安装起见，井圈直径不宜太大。

砌块式排水塔过去多为一次建成，预留窗口，特点与窗口式塔相同，最近发展为随库

水位升高而逐渐加高，呈井顶溢流进水，由于没有立柱，故进水量比框架式更大。

2.5.2　荷载及其组合

2.5.2.1　荷载组合

作用于排水塔上的荷载分为基本荷载和特殊荷载两种。

基本荷载：风载、自重、尾矿及澄清水的压力和浮力。

特殊荷载：地震荷载。

设计时可按下列情况进行组合：

（1）排水塔已建成但未投产使用时，其主要荷载为：

1）风荷载＋自重。

2）25%风荷载＋自重＋地震惯性力。

（2）排水塔已建成塔周无尾矿，但塔外蓄满水时，其主要荷载为：

1）露出水面的风压力＋自重＋水的浮托力＋水重。

2）25%露出水面部分的风荷载＋自重＋地震惯性力＋地震动水压力＋水的浮托力＋水重。

（3）排水塔四周已放满尾矿，塔周围饱和尾砂，其主要荷载为：

1）露出水面的风压力＋自重＋饱和尾矿重＋水的浮托力＋饱和尾矿的水平压力。

2）25%露出水面部分的风压力＋自重＋地震惯性力＋液化后尾矿的动压力＋水的浮托力。

3）25%露出水面的部分的风压力＋自重＋地震惯性力＋饱和尾矿动土压力＋水的浮托力＋高出尾矿面的水压力及地震动水压力。

2.5.2.2　荷载计算

（1）风荷载 W 为

$$W = \beta K_f K_z W_o \qquad (2-83)$$

式中　　W_o——基本风压值，由建筑设计荷载规范查；

　　　　β——风振系数，根据自振周期从表 2-29 查；

　　　　K_z——风压高度变化系数从表 2-30 查；

　　　　K_f——风载体型系数。圆形截面取 0.6，正方形及多边形取 1.3；当为框架式时，支承梁、柱按 1.3 取用。

表 2-29　风振系数 β

周期 T_1/s	0.5	1.0	1.5	2.0	3.5	5.0
钢筋混凝土及砖石结构	1.40	1.45	1.48	1.50	1.55	1.60

注：排水塔自振周期 T_1 根据实测、试验或理论计算确定。一般可按近似公式 2-84~式 2-86 计算。

塔的自振周期用以下各式计算：

1）钢筋混凝土窗口式排水塔

$$T_1 = 0.45 + 0.0011\frac{H^2}{D} \quad (\text{s}) \qquad (2-84)$$

表 2 – 30 风压高度变化系数

离地面或海面高度 /m	K_z		离地面或海面高度 /m	K_z	
	陆上	海上		陆上	海上
≤5	0.52	0.64	70	1.78	1.54
5	0.78	0.84	80	1.84	1.58
10	1.00	1.00	90	1.90	1.62
15	1.15	1.10	100	1.95	1.64
20	1.25	1.18	150	2.19	1.79
30	1.41	1.29	200	2.38	1.90
40	1.54	1.37	250	2.53	2.00
50	1.63	1.43	300	2.68	2.08
60	1.71	1.49	≥350	2.80	2.15

注：一般海岛上的风压高度变化，可按海上采用。

2）砖石排水塔

$$T_1 = 0.26 + 0.0024\frac{H^2}{D} \quad (s) \qquad (2-85)$$

3）框架式排水塔的框架

$$T_1 = 0.35 + 0.039\frac{H}{\sqrt[3]{B}} \quad (s) \qquad (2-86)$$

式中　H——排水塔总高度（自基础顶面算起），m；

　　　D——井筒平均外径，m；

　　　B——验算方向的框架宽度，m。

　　山区的基本风压通过实际调查对比实测资料分析确定，一般可按邻近地区风压值乘以下面的调正系数：山间盆地、谷地等闭塞地区取 0.75 ~ 0.85；与大风方向一致的谷口、山口取 1.2 ~ 1.4。

　　（2）地震惯性力按拟静力法计算。沿进水塔高度各质点的地震惯性力 P_1 为

$$P_1 = K_H C_z \alpha_i \overline{W} \qquad (2-87)$$

式中　K_H——水平地震系数，按下列数值选用

　　　设计烈度　　7　　8　　9

　　　K_H　　　　0.1　0.2　0.4

　　　C_z——综合影响系数取 1/4；

　　　α_i——地震加速度分布系数；按图 2 – 28 计算。

　　　　　　$H≤10 ~ 30m$　　$\alpha_i = 3.0$

　　　　　　$H>30m$　　　　$\alpha_i = 2.0$

　　（3）地震动力压力。进水水塔的地震动水压力分别按两种情况计算。

　　1）当进水塔周围有水时，地震动水压力按下列各式计算。

　　对于圆形断面：

$$\overline{P}(\theta,y) = \overline{P}(0,y)\cos\theta \qquad (2-88)$$

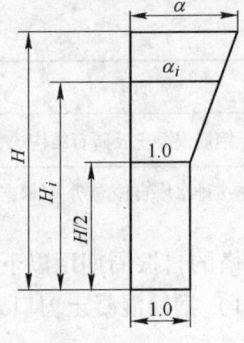

图 2 – 28　地震加速度分布系数计算示意图

$$\bar{P}(0,y) = \frac{2}{\pi} K_H C_z \gamma_0 C_r \gamma_0 f_y \left(\frac{D}{2H_0}\right)^{0.8} H_0 \tag{2-89}$$

沿地震方向作用于断面单位高度上的地震动水压力合力$\bar{P}(y)$为

$$\bar{P}(y) = \frac{\pi}{2} D \bar{P}(0,y) \tag{2-90}$$

作用于建筑物上的总地震动水压力$\bar{P}_0$为

$$\bar{P}_0 = \frac{\pi}{4} K_H C_z \gamma_0 \left(\frac{D}{2H_0}\right)^{0.8} D H_0^2 \tag{2-91}$$

式中　$\bar{P}(0,y)$——与地震作用方向成θ交角的断面上地震动水压力;

$\bar{P}(\theta,y)$——与地震作用方向成0°交角的断面上地震动水压力;

D——建筑物断面正对地震作用方向的宽度（圆断面的直径或矩形断面的边长）;

f_y——水深y处的地震动水压力分布系数,按表2-31采用。

其作用点位置自水面算起为$0.42H_0$。

表2-31　水深y处地震动水压力分布系数f_y

y/H_0	f_y	y/H_0	f_y
0	0	0.6	0.76
0.1	1.06	0.7	0.58
0.2	1.28	0.8	0.44
0.3	1.24	0.9	0.32
0.4	1.10	1.0	0.26
0.5	0.94		

注：1. 如塔内同时有水时,可近似地将动水压力增加一倍。

　　2. 当$\frac{D}{2H_0} > 0.3$时,宜作专门计算。

对于矩形面上的动水压力视为均匀分布,式2-90、式2-91须乘以$4/\pi$。圆形、矩形断面的动力压力分布见图2-29。

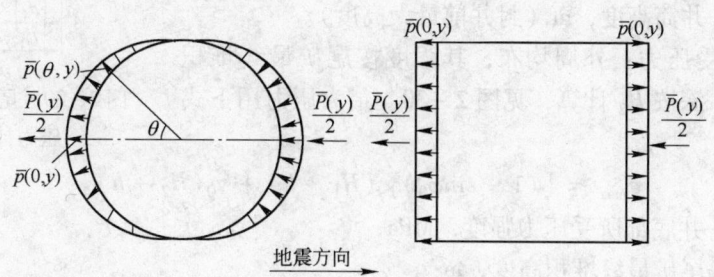

图2-29　动水压力分布

2）刚性建筑物,例如紧靠河岸的深埋进水口建筑物等的地震动力水压力可按下式计算

$$\bar{P}_y = \frac{7}{8} k_H C_z \gamma_0 \sqrt{H_0 Y} \tag{2-92}$$

（4）尾矿的动土压力。水平向地震作用下的总土压力 E'，包括静土压力和动土压力，可按下式计算

$$E' = (1 \pm K_H c_z C_e \tan\phi)E \qquad (2-93)$$

式中，"+" 和 "-" 号分别对应于主动和被动土压力；C_e 为地震动土压力系数，按表 2 - 32 采用；ϕ 为土的内摩擦角；E 为静土压力。

表 2 - 32　地震动土压力系数 C_e

动土压力	填土坡度 /(°)	土的内摩擦角/(°)				
		21 ~ 25	26 ~ 30	31 ~ 35	36 ~ 40	41 ~ 45
主　动	0	4.0	3.5	3.0	2.5	2.0
	10	5.0	4.0	3.5	3.0	2.5
	20		5.0	4.0	3.5	3.0
	30				4.0	3.5
被　动	0 ~ 20	3.0	2.5	2.0	1.5	1.0

注：填土坡度在表列角度之间者，可内插。

（5）尾矿及澄清水压力。当尾矿堆至井顶时，需在井座上加盖封闭，使用即告终止。但井筒的塔座和封井盖板仍承受着尾矿坝的荷载直到终期。故尾矿澄清水压力可分别不同情况计算。尾矿及澄清水压力计算见图 2 - 30。

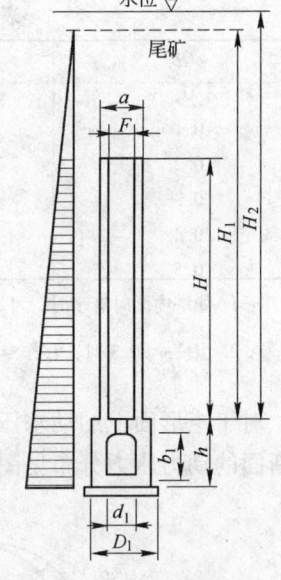

图 2 - 30　尾矿及澄清水压力计算图

1）水平压力：

①井筒所受压力：沿外周分布，其强度按下式计算

$$q_{max} = (1 - \sin\varphi_0)\gamma_f H + \gamma_0 H \qquad (2-94)$$

式中　q_{max}——井筒底部所受压力强度，MPa；

　　　　φ_0——尾矿的有效应力抗剪角，（°）（无资料时，一般取 5° ~ 10°）；

　　　　γ_f——尾矿浮容重，kg/m^3；

　　　　γ_0——清水容重，kg/m^3；

　　　　H——井筒高度，m（封井前最大高度）。

②井座所受压力：外周均布，其强度按尾矿最终堆积高度 H_1 计，水深按 H_2 计算，见图 2 - 30。最大压力用下式计算：

$$q_{max} = \left[(1 - \sin\varphi_0)\gamma_f(H_1 + h) + \gamma_0(H_2 + h) \right] \qquad (2-95)$$

式中　q_{max}——井底部所受压力强度，MPa；

　　　　H_1——尾矿最终堆积高度，m；

　　　　H_2——清水高度，m，一般可取 $H_2 = H_1 + 2$；

　　　　h——井座高度，m；

其余符号同式 2 - 94。

若要计算井筒或井座任一断面的水平压力强度，只需将计算断面到塔顶的高度 H_i 及到塔座顶部的高度 h_i 分别代替式 2 - 94 和式 2 - 95 中的 H 和 h 即可。

2）垂直压力：

①封井盖板的垂直压力强度

$$g_1 = \gamma_1 H_1 + \gamma_0 H_2 \qquad (2-96)$$

②井座的垂直压力强度

$$g_2 = \gamma_1 H_r + \gamma_r H_a \qquad (2-97)$$

式中　H_r, H_a——分别为不同计算情况的尾矿深度及水的深度，总垂直力 $G_1 = g_2 F$；

　　　F——根据不同情况确定的计算面积。

（6）浮托力。塔基础的浮托力

$$W_1 = AH_a \qquad (2-98)$$

式中　A——塔基总面积；

　　　H_a——从塔基算起的水深，可根据不同计算情况确定。

（7）自重。容量和体积相乘

$$G_2 = \gamma_a V \qquad (2-99)$$

2.5.3　窗口式排水井

2.5.3.1　抗倾覆稳定计算

如图 2-31 所示，为满水遇地震时的情况。其全部荷载对 B 点取力矩，由水重 G_1、自重 G_2 产生的力矩为抗倾覆力矩，用 M_y 表示。地震动水压力、地震惯性力、浮托力为倾覆力矩以 M_e 表示。

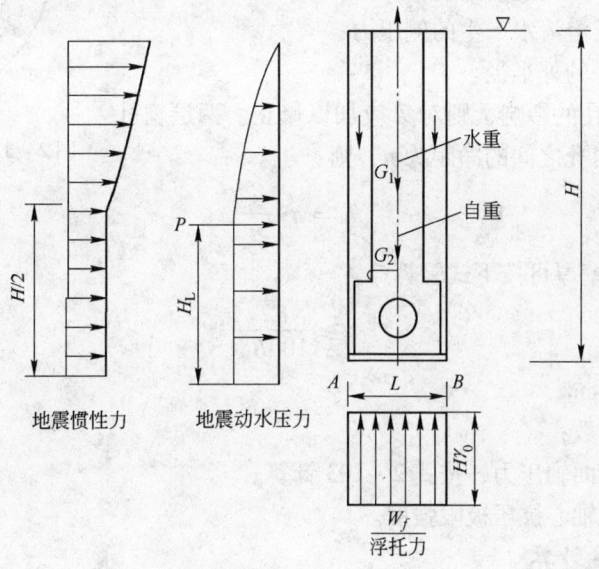

图 2-31　排水井计算图

$$M_y = (G_1 + G_2) \times \frac{L}{2} \qquad (2-100)$$

$$M_e = M_0 + PH_y + W\frac{L}{2} \qquad (2-101)$$

抗倾覆验算应满足下式要求：

$$\frac{M_y}{M_e} \geqslant K_o$$

式中　K_o——抗倾安全系数，在基本荷载组合下，一般取 1.2 ~ 1.3；特殊荷载组合下取 1.05 ~ 1.10。

抗倾验算应根据前述的荷载组合，分别计算。通常，最危险的情况，是发生在满库发生饱和尾砂液化的时候。

2.5.3.2　抗浮验算

应满足下列要求：

$$\frac{N}{W_f} \geqslant 1.1 \qquad\qquad (2-102)$$

式中　N——垂直力，$N = G_1 + G_2$；

　　　　W_f——浮托力，见前所述。

2.5.3.3　环向强度计算

井座及塔壁产生的环向内力。由于尾矿及澄清水的侧压力在井壁周围呈环向均匀分布，故井壁产生均匀的环向轴压力 T，见图 2-32。若沿井高取 1m 作为计算单位，则环向轴压力 T 按下式计算

$$T = qr \qquad\qquad (2-103)$$

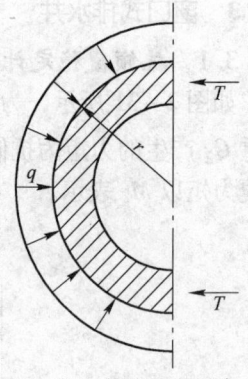

图 2-32　井壁环向压力 T

式中　T——井壁单位高度的环向轴压力；

　　　　q——尾矿及澄清水产生的侧压力；

　　　　r——排水井的外半径。

若考虑塔身开孔的影响，则对 T 应加以修正。两层窗孔中心距离为 s，两窗孔之间的净距为 n，则：

$$T = q\gamma\frac{s}{n} \qquad\qquad (2-104)$$

井筒及井座的壁厚可按下式验算

$$t \geqslant \frac{KT}{100R_a} \qquad\qquad (2-105)$$

式中　t——壁厚，cm；

　　　　K——安全系数；

　　　　T——井壁环向轴压力，按式 2-103 计算；

　　　　R_a——混凝土轴心抗压极限强度。

2.5.3.4　纵向强度计算

(1) 内力计算。排水塔纵向视为固定在基础上的悬壁梁，可以根据侧向荷载的强度分布图形计算弯矩 M。自重产生轴向内力。当结构对称时，则自重只产生轴向压力。

荷载的组合，仍按前述的荷载组合。

(2) 强度计算。当计算出弯矩（M）及轴向压力（N）后，即可计算应力，并先计算偏心矩：

$$e_0 = \frac{M}{N} \qquad\qquad (2-106)$$

当 $e_0 < \dfrac{D_外}{3}$ 时（$D_外$ 为外径），则全面受压，可以采用圬工结构。

当 $e_0 > \dfrac{D}{3}$ 时，则产生纵向拉应力，这时不宜用砌石结构。

混凝土结构允许产生一定的拉应力，其允许值可以按水工钢筋混凝土设计规范的数值选用。

拉应力的计算按下式

$$\sigma = \frac{M}{\overline{W}_0} - \frac{N}{F_0} \tag{2-107}$$

$$W_0 = J/Y_0 \tag{2-108}$$

式中　$\overline{W}_0$，F_0——分别为截面模量和面积。按扣除窗口的断面积计算

　　　　J——惯性矩；

　　　　Y_0——断面形心至最外边缘的距离；

　　　　W_0——按最危险面选用。

根据计算结果，当用混凝土结构时，应按构造配置钢筋，以防止混凝土裂缝。

当拉应力超过混凝土的允许值时，则用钢筋混凝土结构。

（3）井身横断面配筋计算。根据上述计算的内力（M、N），按环形断面偏心受压构件计算。计算方法见钢筋混凝土设计。

（4）基础计算：

1）地耐力的复核。地耐力可按下式复核

$$P_{\min}^{\max} = \frac{N}{F} \pm \frac{M_A}{W_A} < [R] \tag{2-109}$$

式中　N——作用于基础上的（包括基础自重）垂直荷载总和；

　　　　F——基础底面面积；

　　　　M_A——作用于基础底面的弯矩；

　　　　W_A——基础底面的抵抗矩；

　　　　$[R]$——地基土的容许承载力。

2）基础底板的荷载。基础底板荷载计算，应视尾矿库运行条件而定。当塔只有一级时，则以尾砂堆积到塔顶以下一定距离，水位高程在塔顶的安全超高以内为前提。若有几级塔接力时，最低一级塔基所承受尾矿和水的荷载，一直到尾矿库服务终期。

因此，基础板承受的荷载，在正常情况下，应为尾矿库终期的尾砂和澄清水的垂直荷载产生的应力。当尾矿库排洪塔基础以上的尾砂深度为 H_r，水深为 H_a 时，则底板均布荷载为：

$$q = H_r \gamma_f + H_a \gamma_0 + \frac{G_2}{\gamma_\sigma}(\gamma_\sigma - \gamma_0 - \gamma_f) \tag{2-110}$$

式中　G_2——塔体的全部自重（包括基础）；

　　　　γ_0——塔体材料容重，钢筋混凝土结构为 $2.5 t/m^3$。

在非常运行情况时，荷载为前述计算的基础反力，其分布见图 2-33，基础荷载为矩形荷载（其荷载强度为 $R_{\min}$）和一三角形荷载（最大荷载强度为 $R_{\max} - R_{\min}$）的组合。

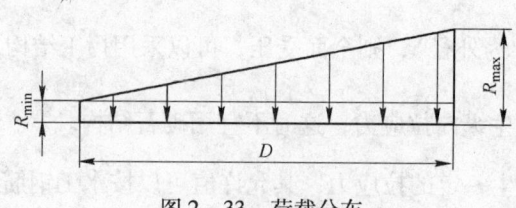

图 2 - 33 荷载分布

3) 内力计算。根据不同布置，选取不同的计算草图。当带有消力池，且其池在基础内时，可分别按塔的形状，选择周边固定的圆板或方板计算内力，可直接查表 2 - 33 和表 2 - 34。

表 2 - 33 周边固定圆形板内力计算表

径向弯矩 $M_r = K_1 qR^2$；

切向弯矩 $M_t = r_2 qR^2$；

$Q_r = K_3 qR$

$\dfrac{x}{R}$	0. 0	0. 1	0. 2	0. 3	0. 4	0. 5
K_1	0. 0729	0. 0709	0. 0650	0. 0551	0. 0412	0. 0234
K_2	0. 0729	0. 0720	0. 0692	0. 0645	0. 0579	0. 0495
K_3	0	- 0. 05	- 0. 10	- 0. 15	- 0. 20	- 0. 25

$\dfrac{x}{R}$	0. 6	0. 7	0. 8	0. 9	1. 0
K_1	0. 0167	- 0. 0241	- 0. 0538	- 0. 0874	- 0. 1250
K_2	0. 0392	0. 0270	0. 0129	- 0. 0030	- 0. 0208
K_3	- 0. 30	- 0. 35	- 0. 40	- 0. 45	- 0. 50

表 2 - 34 周边固定矩形板内力计算表

弯矩 = 表中系数 × $q/2$

式中，l 取 l_f 和 l_y 中之较小者

l_f/l_y	M_x	M	M_x^o	M_y^o
0. 85	0. 0246	0. 0156	- 0. 0626	- 0. 0551
0. 90	0. 0221	0. 0165	- 0. 0588	- 0. 0541
0. 95	0. 0198	0. 0172	- 0. 0550	- 0. 0528
1. 00	0. 0176	0. 0173	- 0. 0513	- 0. 0513

当无消力池，且在一条轴线上两边开洞时，可直接查表 2 - 33 和表 2 - 34 按两边固定两边自由的板的公式计算。

当无消力池，且洞的夹角较大时，可简化为部分固定，部分自由。开孔边按自由，未

开孔段按固定边计算。后两种情况的计算公式可查有关专著。

当基础两边悬臂较多时，按双悬臂板计算。可查表2-35和表2-36。

4）底板厚度的确定。底板一般不配置横向钢筋，故其厚度应由混凝土抗冲剪强度决定，当满足下式要求：

$$\frac{KQ_r}{0.9bh_0} \leqslant R_1 \qquad (2-111)$$

式中　K——冲剪强度安全系数，建议取2～2.2；

　　　　Q_r——径向剪力，由内力计算给出；

　　　　b——冲剪边缘的单位宽度；

　　　　h_0——底板有效高度；

　　　　R_1——混凝土的抗拉强度。

表2-35　周边简支圆形板内力计算表

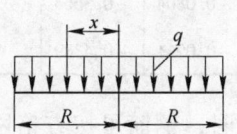

泊桑比 $\mu = \frac{1}{6}$；

径向弯矩 $M_r = K_1 qR^2$；

切向弯矩 $M_t = K_2 qR^2$；

径向剪力 $Q_r = K_3 qR_0$

$\frac{X}{R}$	0.0	0.1	0.2	0.3	0.4	0.5	0.6	0.7	0.8	0.9	1.0
K_1	0.198	0.195	1.188	0.178	0.164	0.148	0.128	0.102	0.072	0.038	0.000
K_2	0.198	0.197	0.194	0.190	0.183	0.174	0.163	0.153	0.139	0.124	0.104
K_3	0	-0.05	-0.10	-0.15	-0.20	-0.25	-0.30	-0.35	-0.40	-0.45	-0.50

表2-36　钢筋混凝土悬臂圆形板内力计算表

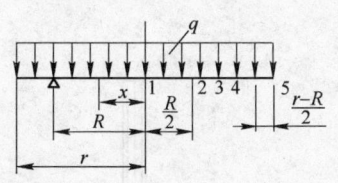

$\rho = \frac{x}{R}, \beta = \frac{r}{R}, \mu = \frac{1}{6}$；

弯矩 = 表中系数 $\times qR^2$；

$\rho < 1$；径向剪力 $Q_r = -\frac{qR}{2}\rho$；

$\rho > 1$；径向剪力 $Q_r = -\frac{qR}{2}\left(\frac{\beta^2}{\rho} - \rho\right)$

β	截面位置									
	1点($\rho=0$)		2点($\rho=0.5$)		3点($\rho=1$)		4点($\rho=\frac{\beta+1}{2}$)		5点($\rho=\beta$)	
	M_r	M_t	M_r	M_t	M_r	M_t	M_r	M_t	M_r	M_t
1.0	0.1979	0.1979	0.1484	0.1745	0	0.1042	0	0.1042	0	0.1042
1.1	0.1840	0.1840	0.1345	0.1605	-0.0139	0.0902	-0.0053	0.0861	0	0.0823
1.2	0.1626	0.1626	0.1131	0.1392	-0.0353	0.0689	-0.0108	0.0631	0	0.0583
1.3	0.1333	0.1333	0.0838	0.1098	-0.0647	0.0395	-0.0167	0.0353	0	0.0323

	截面位置									
β	1 点 ($\rho = 0$)		2 点 ($\rho = 0.5$)		3 点 ($\rho = 1$)		4 点 $\left(\rho = \dfrac{\beta+1}{2}\right)$		5 点 ($\rho = \beta$)	
	M_r	M_t	M_r	M_t	M_r	M_t	M_r	M_t	M_r	M_t
1.4	0.0956	0.0965	0.0461	0.0722	-0.1023	0.0019	-0.0228	0.0024	0	0.0041
1.5	0.0490	0.0490	-0.0005	0.0255	-0.1489	-0.0448	-0.0294	-0.0354	0	-0.0260
1.6	-0.0067	-0.0067	-0.0562	-0.0302	-0.2046	-0.1005	-0.0365	-0.0781	0	-0.0583
1.7	-0.0721	-0.0721	-0.1216	-0.0965	-0.2701	-0.1659	-0.0441	-0.1259	0	-0.0928
1.8	-0.1476	-0.1476	-0.1971	-0.1710	-0.3455	-0.2413	-0.0522	-0.1787	0	-0.1291
1.9	-0.2332	-0.2332	-0.2827	-0.2567	-0.4312	-0.3270	-0.0609	-0.2363	0	-0.1677
2.0	-0.3295	-0.3295	-0.3790	-0.3530	-0.5275	-0.4233	-0.0703	-0.2989	0	-0.2084
2.1	-0.4368	-0.4368	-0.4862	-0.4602	-0.6347	-0.5305	-0.0804	-0.3664	0	-0.2511
2.2	-0.5551	-0.5551	-0.6046	-0.5785	-0.7530	-0.6489	-0.0911	-0.4389	0	-0.2959

5）底板的配筋。底板按受弯构件计算，当井径较小时，钢筋可按方格网状布置；当井径较大时，钢筋宜按径向和环向分别布置。

6）排水井盖板计算。当尾矿淹至井顶时，须及时在井座上设置板式或梁式盖板，以确保该井两侧排水管能继续使用到生产末期。盖板按简支板或简支梁计算，简支圆板的内力按表2-35计算。荷载见荷载计算部分。

2.5.3.5 排水井的构造要求

（1）排水井的位置及窗口的封堵。排水井的位置根据尾矿水的澄清距离而定。一般相邻两排水井至少有一层溢水口重合，如图2-34所示。溢水窗口的封堵，一般应用混凝土等永久材料封堵。曾发生过木塞腐烂，钢板锈蚀造成事故的教训。用钢板封，其厚度应能保证使用期不被腐蚀坏。

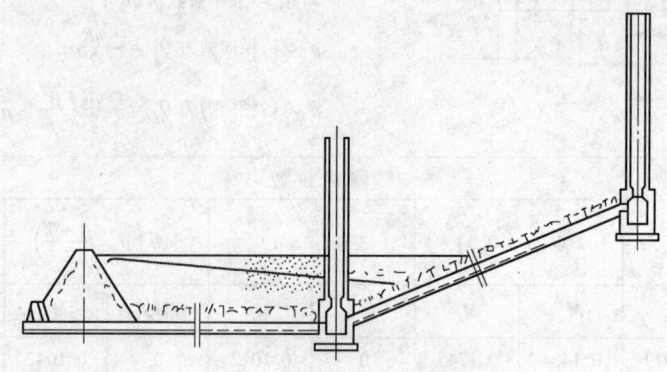

图2-34 排水井布置示意图

（2）排水井的消能。排水井的下部须设消力池，如图2-35所示。池深应按泄流量

和水头落差大小而定，但目前尚无成熟的计算方法，对于中小型排水井设计中池深可取
1~2m，最小不应小于600mm。

（3）排水井的材料、配筋及其他要求。排水井采用200号~250号水工混凝土，基础
垫层采用75号或100号水工混凝土。

钢筋常用Ⅰ级或Ⅱ级钢筋，受力筋直径不小于12mm，钢箍直径不小于6mm；井身纵
向构造钢筋的直径不小于12mm。

保护层厚井身应大于2.5cm；基础底板当有垫层
时为3cm，无垫层时为6cm。

钢筋的最大间距不大于200mm。

排水井的直径一般应不小于1.2m。常见的井身
高度为10~12m，目前国内已建成的有高达50m的
排水井。当井高不大于15m时，井身内力较小，壁
厚大多按构造决定，一般不小于12cm；钢筋按构造
配置，一般不小于截面面积的0.2%（指3号钢）。

为便于检修和封堵窗口，在排水井的内外壁上
均应设置爬梯。

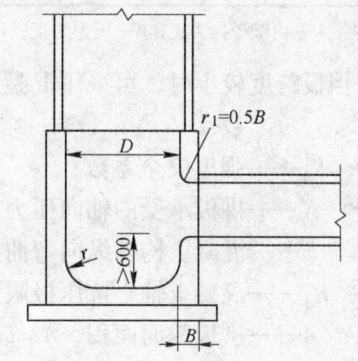

图2-35　排水井底部消力池示意图

2.5.4　框架挡板式排水井

排水井框架随井高及直径大小的不同，可设计成双柱和多柱的形式，当排水井直径大
于2m时，为便于安装挡板，宜采用多柱式框架。

2.5.4.1　框架及挡板的计算

（1）框架。在排水井未投产前，柱及横梁主要承受风荷载，因受风面积较小，故在
柱子不高、风压不大的情况下可不计算。投产后柱子受挡板传来的径向推力而向内变形，
当挡板端部横截面与柱子挤紧后，尾矿的侧压力可近似认为全由挡板的环向轴压力平衡，
不再传到柱子上，故柱子的弯矩及剪力一般较小，也可不必计算，断面尺寸及配筋满足构
造要求即可。

在井身很高或风压很大的情况下，尚应进行内力计算，对于双柱式框架，当风载方向
与框架平面垂直时，按悬臂柱计算，当风载方向与框架平面平行时，可按《建筑结构静
力计算手册》（1975年版）第501页的单跨对称多层钢架在水平荷载作用下的简化计算方
法计算，对于多柱式框架应按空间框架计算。

（2）挡板。挡板可视为双铰拱，承受均布径向荷载，其内力可按表2-37中的公式
计算。

表2-37　公式计算

反力、内力	支座反力		M		N	
荷载	H（水平）	V（垂直）	$\theta=90°$（拱顶）	$\theta=25°12'$	$\theta=90°$（拱顶）	$\theta=25°12'$
均布垂直荷载 q	$0.21229ql$	$0.5ql$	$0.0189ql^2$	$-0.0225ql^2$	$0.2122ql$	$0.5ql$

反力、内力\荷载	支座反力		M		N	
	H（水平）	V（垂直）	$\theta=90°$（拱顶）	$\theta=25°12'$	$\theta=90°$（拱顶）	$\theta=25°12'$
均布水平荷载 q_c	$-0.4244q_cf$	0	$-0.03779q_cfl$	$0.045q_cfl$	$0.5756q_cf$	$0.18q_cf$
无压满管水压力 q_o	$0.2994q_of$	0	$0.01696q_ofl$	$-0.25q_of$	$-0.2006q_of$	$-0.11q_of$

注：M—内壁受拉为正；N—压力为正；V—向上为正；H—向内为正；f—矢高；l—跨度。

挡板跨度较小时，可采用混凝土结构，按式2-112验算强度

$$K_aN \leqslant \varphi R_a A \tag{2-112}$$

式中　K_a——强度安全系数；

　　　N——拱板承受的轴向压力；

　　　φ——混凝土构件纵向弯曲系数；

　　　R_a——混凝土轴心抗压极限强度；

　　　A——拱板截面面积，$A=bh$（b为拱板宽度，h为拱板厚度）。

当用混凝土结构不经济或因重量太大不便操作时，宜采用钢筋混凝土结构，并按式2-113配置钢筋。

$$A'_g = \frac{KN - \varphi R_a A}{\varphi R'_g} \tag{2-113}$$

式中　A'_g——拱板所需的受压钢筋面积；

　　　R'_g——纵向钢筋抗压屈服极限；

　　　R_a——钢筋混凝土的轴心抗压强度；

A、N、φ同式2-112。

框架挡板式排水井的抗浮、抗倾覆及井座筒壁的结构计算同窗口式排水井。

2.5.4.2　构造要求

（1）框架。为便于固定挡板，框架柱最好为T形断面，可采用不低于200号的水工混凝土，在现场一次浇捣完成，可采用Ⅰ级钢筋（3号钢）、Ⅱ级钢筋（16锰）或5号钢钢筋。保护层3cm。当配筋按构造设置时，其面积应不小于柱截面面积的0.3%，柱断面尺寸根据构造和施工要求 $b \times h$ 不宜小于250m×300mm（图2-36），翼缘部分的长度c不宜小于100mm，厚度d不宜小于100mm，挡板与框架柱一般不需设置固定装置。

柱内钢筋应对称放置，翼缘部分每边不少于2根ϕ12mm的构造筋，箍筋均为封闭式，箍筋直径不宜小于ϕ6mm，间距不大于300mm，梁内钢筋按构造配置。

（2）挡板。板厚不小于70mm，混凝土为200～250号，受力筋常采用ϕ8～12mm，间距不宜小于70mm，亦不大于150mm。挡板为预制构件，其尺寸要准确，表面应平整，板的高度应根据井的

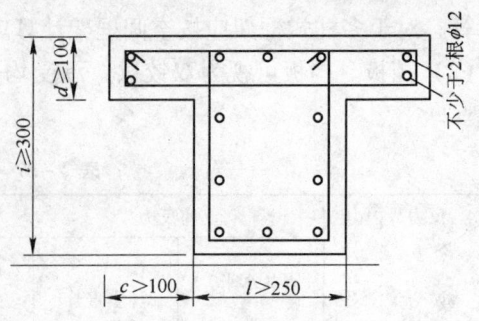

图2-36　框架柱断面图

大小和自重来考虑，一般应按两个人借助于简单的机具能搬动为原则。

（3）其他。因挡板系随库内水位逐渐升高而向上叠加，为此，在横梁上可预埋铁件，临时吊挂手动葫芦，以吊装挡板。

为了便于检修，在排水井一个柱子的内外表面均应设置爬梯。

挡板式排水井基础的构造要求与窗口式排水井相同。

2.6 隧洞

2.6.1 围岩工程地质分类

尾矿库构筑物中，由于排水的需要，往往需构筑隧洞。而隧洞的构筑，必须对其所通过的围岩工程地质有正确的了解。为此，就有关工程地质方面的材料简介如下。

2.6.1.1 岩体结构分类

（1）岩体结构类型 见表2-38，岩性结构类型见表2-39。

表2-38 岩体结构类型

岩体结构	岩性	结构形式	结构面发育程度	工程地质特征	区域构造影响程度
整体	火成岩、变质岩、极厚层沉积岩	巨块状	构造节理闭合，结构面小于3组、面间距>0.5m	整体强度高，岩体稳定、均质，各向同性体	影响轻微
块状	厚层~中厚层沉积岩、块状火成岩、变质岩	块状、柱状	少数贯穿性裂隙或小断层、间距0.7~1.5m，不超过3组，有少量分离体	整体强度较高，结构面互相牵制，岩体基本稳定，接近各向同性体	影响较大，无强烈挤压，单斜
层状	层状~薄层状沉积岩、沉积变质岩	层状、板状、透镜状	层理、片理、节理以风化裂隙为主，常有层间错动	接近均一的各向异性，强度受层面、岩性控制，可视为弹塑性质，稳定性较差	轻微，无明显褶曲，地层产状较稳定
碎裂	构造破碎岩层	碎块	断层、破碎带、片理、层理发育，间距0.25~0.5m，一般3组以上，有许多分离体	完整性差、强度大大降低，呈现弹塑性质，稳定性较差	影响严重，两次以上区域构造变动挤压，错裂明显，地层产状变化大
散体	构造带、风化带	碎屑状、颗粒状	断层破碎带交叉构造及风化裂隙密集（间距<0.25m），结构面组合错综杂乱，充填黏性土、形成分离岩块	完整性、稳定性很差，接近松散体	影响严重，多次区域构造变动，地层强烈挤压，断层发育，地层杂乱

表2-39 岩性结构类型

类型	状态	结构面特征				工程地质评价
		间距	性质	张开程度	充填状况	
整体结构	巨块状	多数>1.0m	多为原生构造型	多密闭,延展不长		岩石在整体上强度较大,变形特征接近均质弹性各向同性体
砌体结构	大块状	多数>0.4m	以构造型为主	多密闭,部分微张	少有充填	评价内容同上,但要注意不利于岩体稳定的平缓节理
镶嵌结构	块(石)碎(石)状	多数<0.4m	以构造型或风化型为主	大部分微张,部分张开	部分为黏性土充填	岩体在整体上强度仍高,但不连续性较为显著,受过度震动易坍
压碎结构	碎砾状	多数<0.2m	以风化型或构造型为主	微张或张开	部分为黏性土充填	岩体完整性差,强度受断层及软弱面控制,并易受地下水的影响,岩体稳定性较差
松散结构	角砾状					岩体强度遭极大破坏,接近松散介质,稳定性极差
松软结构	泥沙角砾状					评估内容同松散结构,但黏性土成分较多,易蠕动

(2) 按弹性波分类见表2-40。

表2-40 弹性波分类

结构类型	地质类型	岩体结构	岩体特性	弹性波			洞室稳定评价
				V_p	$\dfrac{V_p 体}{V_p 岩}$	动弹模	
整体	岩性均一坚硬的火成岩体,厚层沉积岩和变质岩体。构造简单、单斜或平缓褶皱,岩石完整	仅发育节理,裂隙一般闭合、无夹泥、断层很少。呈柱状、块状、棱形等结构体,相互组合紧密	为均一弹性或接近弹性体,岩体强度受节理控制,一般较高,发育裂隙地下水,渗流对岩体特性影响很大	4000~5000	>0.8	20~40	岩体稳定性良好,要注意节理组合及分布。大洞室一般喷锚支护边坡40°~60°,坝基 $\tan\phi$ =0.6~0.7
层状	层状或薄层状沉积岩或变质岩体,软弱岩层或软硬相间的互层状岩体,为单斜或正常褶皱构造	层面及层间错动面发育,相应有反倾向断裂。呈板状、片状结构体,互相叠合	为各向异性弹塑性体或接近弹性体,岩体强度受层面及层间错动面控制。发育裂隙水或层间水,渗流对岩体特性有一定影响	3000~4000	0.5~0.8	10~20	岩体稳定性较好,受层面及层间错动控制,大洞室除一般喷锚外,局部层面需深锚

结构类型	地质类型	岩体结构	岩体特性	弹性波			洞室稳定评价
				V_p	$\frac{V_p 体}{V_p 岩}$	动弹模	
碎裂	风化破碎岩体,岩脉穿插破碎岩体,压碎岩带,断裂密集带,叠瓦式或交叉式断裂影响带,挤压褶皱倒转褶皱带等	断裂交叉发育,裂隙张开,充填夹泥,岩石破碎成碎块或板片状,间有夹泥耦合、局部夹有大块或条块状岩石结构体	为不均一弹塑性体,局部夹泥多呈塑性状,岩体强度受夹泥控制,大幅度下降。发育脉状水、孔隙水渗流对岩体特性影响较大	2000~3500	0.3~0.6	2~10	岩体稳定性较差,有夹泥,洞室边开挖边支护或喷锚,或挂网喷锚,局部深锚加固
散体	剧烈风化破碎岩体,区域性或工程区大断层带,软弱岩层挤压错动带、胶结不良的断层交叉带	岩体极度破碎成碎块、岩粉、碎屑、鳞片状,有大量断层泥充填,呈松散堆积或压密	为不均一的散体或塑性、弹塑性体,岩体强度很低、发育脉状水,孔隙水,渗流下呈塑性,强度大为降低	<2000	<0.4	<2	岩体稳定性很差,注意地下水处理,洞室开挖紧跟支护、大洞室要特殊处理

(3) 岩体分类的力学指标见表2-41。

表2-41 岩体分类的力学指标

结构类型	代号	结构面间距/cm	强度(R)/MPa	tanφ	完整性系数(I)	介质类型	破坏特征	岩体质量系数(z)	地下工程评价
整体	I₁	>100	>60	>0.6	>0.75	连续	脆性	2.5~20	埋深大、地应力大时产生岩爆
	I₂	50~100	>30	0.4~0.6	0.75~0.35	连续或不连续	滑移顺结构面	0.3~10	可能导致岩爆
层状	II₁	30~50	>30	0.3~0.5	0.6~0.3	不连续	沿夹层	0.2~5	岩体稳定受软弱夹层控制
	II₂	<30	20~30	0.3	<0.4	不连续	沿结构面	0.08~3	岩体变形受薄层产状控制
碎裂	III₁	<50	>60	0.4~0.6	<0.35	似连续	镶嵌能力	0.2~2.5	受结构体镶嵌能力控制岩体稳定
	III₂	<100	30	0.4	<0.4	不连续	压缩及滑移	0.05~1	具坍、滑、压缩变形条件
	III₃	<50	20~30	0.2~0.4	<0.3	不连续或似连续	塑性变形	0.05~1	可能坍方、滑移、压缩变形
散体	IV		(无意义)	0.2	<0.2	似连续	变形	0.002~0.1	各种变形均可发生

注:完整性系数:$I = \frac{V_{D体}^2}{V_{p块}^2}$($V_{D体}$为岩体纵波速度;$V_{p块}$为岩块纵波速度);岩体质量系数:$z = I \tan\phi \frac{R}{100}$。

2.6.1.2 围岩综合分类

（1）人工岩石洞围岩分类见表2-42。

表2-42 人工岩石洞围岩分类

| 围岩类别 | 岩体稳定程度 | 主要工程地质特征 | | | 毛洞围岩稳定情况 | 建洞条件 | | 岩体力学计算方法 | 对设计、施工的建议 |
		岩体结构	岩性	地下水		洞跨/m	围岩情况		
甲	稳定	整体	新鲜-微风化A类及部分B类	季节性少量地下水活动对稳定无影响	基本无掉块或偶有小落石，毛洞长期稳定，全断面开挖	<30	稳定	以弹性理论为主验算岩体强度及围岩应力，辅以块体平衡方法综合验算围岩的稳定性	1. 设计：不考虑围岩压力，一般不考虑受力支护结构； 2. 为防止围岩风化及施工爆破围岩裂损，可用喷混凝土或砂浆进行维护； 3. 施工：宜用光面爆破和合理的施工顺序
						30~40	基本稳定		
乙	基本稳定	整体块状	新鲜-微风化B类 弱风化A类	少量地下水活动对岩体影响轻微	有局部落石掉块，大部全断面开挖，局部需进行防护性支护	<20	稳定	以块体平衡为主，计算围岩结构体的平衡状态，确定局部落石荷载的大小，辅以弹性及弹塑性理论，验算洞体的稳定性	1. 设计：考虑松动岩块的局部落石荷载，以局部加固为主； 2. 支护形式根据不同地质、施工及工艺要求，有喷混凝土、局部锚杆加固、离壁式衬砌，半衬砌； 3. 施工：光面爆破及时清理松动岩块，喷混凝土及锚杆加固
						20~50	基本稳定		
丙	稳定性差	I 整体	新鲜-微风化C类	有地下水活动使岩体稳定有所降低	有落石或崩塌，一般不能进行全断面开挖、需及时支护。毛洞自稳时间数日至数月	5~10	基本稳定	以弹塑性理论为主，计算围岩压力与荷载，辅以块体平衡法或有关经验公式（洞跨<15m）综合评价洞体稳定性	设计：一般需考虑受力支护（围岩压力的大小与衬砌刚度和形式、开挖暴露的时间及回填方式有关）； 支护形式及规格，根据现场测试经验类比计算决定，分别采用：喷锚、全衬砌、厚拱薄墙； 施工：快速施工，及时支护以尽量减少岩体松动及围岩压力
		I 层状	弱风化B类			>10	较差		
		II 块状	弱风化B、C类			5~10	较差		
		II 碎裂状	弱风化A、B类			>10	不稳定		

围岩类别	岩体稳定程度	主要工程地质特征			毛洞围岩稳定情况	建洞条件		岩体力学计算方法	对设计、施工的建议
		岩体结构	岩性	地下水		洞跨/m	围岩情况		
丁	不稳定	碎裂	强烈构造及强烈风化 C 类	地下水活动影响较大,对岩体稳定有极大破坏	较大规模崩塌,地下水加剧围岩失稳,支护需紧跟	不稳定		以散体理论为主计算围岩压力及荷载	设计:全衬砌,局部坍落严重处应加强衬砌 施工:快速施工,紧跟支护,不宜用矿山开挖施工
		散体	强烈构造破坏 A、B 类						

注:A 类——中细粒花岗岩、花岗片麻岩、花岗闪长岩、辉绿岩、安山岩、流纹岩、石英砂岩、石英岩硅质,硅质胶结砾岩等。

B 类——厚 - 中厚层灰岩、大理岩、白云岩、砂岩及钙质胶结砾岩、粗粒火成岩、斑岩。

C 类——泥质岩、砂页岩互层、泥灰岩、部分凝灰岩、绿泥片岩、千枚岩、片岩及煤系。

(2)《水工隧洞设计规范》的围岩分类见表 2 - 43。

表 2 - 43 围岩分类表(《水工隧洞设计规范》(SD 134—84))

围岩类别		围岩主要工程地质特征			
类别	名称	岩体特性	结构面及其组合状态	地下水状态	毛洞自稳能力
Ⅰ	稳定	整体结构或大块状结构的坚硬岩体:新鲜或微风化,受地质构造影响轻微,节理裂隙不发育,间距大于 1m,延伸短,多闭合,无或偶有单薄软弱结构面,宽度小于 0.1m,无夹泥充填。 层状岩为巨厚层~厚层,层间结合良好	结构面起伏粗糙,咬合无充填,结构面无不稳定组合。 层状岩与洞轴线正交	洞壁干燥或潮湿或有微弱渗水,不影响围岩自身稳定	无塌落掉块,能长期稳定深埋或高地应力地区可能产生岩爆
Ⅱ	基本稳定	Ⅱ₁ 块状结构的坚硬岩体:新鲜或微风化,受地质构造影响一般,节理裂隙较发育,但连续性不强,间距 1~0.5m,裂隙微张或局部张开,稍有夹泥充填,有少量小型断层等软弱带,宽度小于 0.5m	结构面粗糙,少有充填。结构面组合基本稳定或局部有人字形或梯形不稳定组合	地下水活动微弱,沿裂隙渗水、滴水,除软弱带外,一般不影响围岩稳定	有超挖掉块现象或个别小型塌落。 较长时间能维持稳定
		Ⅱ₂ 中厚层状的中硬岩:受地质构造影响轻微,裂隙不发育,间距大于 1m,多闭合。 层间结合基本良好,无软弱夹层	同上。 层状岩或软弱结构面与洞轴线夹角大于 70°		

围岩类别		围岩主要工程地质特征			地下水状态	毛洞自稳能力
类别	名称	岩体特性		结构面及其组合状态		
Ⅲ	稳定性差	Ⅲ₁	碎裂结构或镶嵌结构坚硬岩体：呈微风化或弱风化，受地质构造影响严重，节理裂隙发育，间距 0.5 ～ 0.2m，多张开或局部张开，有夹泥充填，连续性差，软弱结构面多	结构面多平直光滑，有泥充填、有方形、梯形、尖拱形不稳定组合	地下水活动显著，有大量滴水、线状流水或喷水，对软弱岩体稳定影响严重	毛洞稳定受软弱结构面组合控制，以洞顶局部塌落为主，围岩具有自稳能力，有时有偏压，短时间内可以维持稳定。
Ⅲ	稳定性差	Ⅲ₂	块状结构或层状结构的中硬岩：呈微风化或弱风化，受地质构造影响一般，裂隙较发育，间距 0.5 ～ 1m，多微张或局部张开，有少量夹泥充填，中厚层或软硬互层，有少量软弱夹层，层间结合差	同上。层状岩或软弱结构面与洞轴线夹角一般大于 70°		软岩具流变特征，对裂隙稍发育段自稳能力差
Ⅲ	稳定性差	Ⅲ₃	层状结构软岩：多属微风化，受地质构造影响轻微，裂隙不发育，多闭合，局部微张，有泥膜。厚层或中厚层偶夹薄层，其层间结合一般			
Ⅳ	不稳定	Ⅳ₁	碎裂状结构或层状碎裂结构的破碎硬岩体或中硬岩体：呈弱 ～ 强风化，受地质构造影响严重，节理裂隙发育，间距 0.5 ～ 0.2m，宽张或局部有开缝，有夹泥充填，连续性较好，软弱结构面多断层等，软弱带宽 2 ～ 4m	结构面多平直光滑或起伏平滑，夹泥较厚。带有尖拱形、槽形、圆拱形不稳定体。	地下水活动强烈，并有一定渗透压力，有小量涌水，严重影响岩体强度和抗冲刷能力	毛洞稳定主要受软弱结构而控制。常发生顶拱塌落，有偏压，且时间效应明显，围岩自稳能力差，自稳时间短
Ⅳ	不稳定	Ⅳ₂	薄层状结构或层状碎裂结构的软岩：弱风化，受地质构造影响一般，裂隙较发育，间距 0.5 ～ 1m，多张开有泥，中厚层或薄层，有软弱夹层，层面结合差	层状岩或软弱结构面与洞轴线夹角小于 30°或平行		
Ⅴ	极不稳定		散体结构： 1. 石质围岩呈强 ～ 全风化，受地质构造影响很严重，节理裂隙密集，有较厚泥质充填，多为含泥碎裂结构状态； 2. 挤压强烈的大断层，宽度大于 2 ～ 4m，裂隙杂乱密集； 3. 非黏性的松散土层，砂卵砾石、碎石等	结构面及其组合杂乱，并多有黏土充填	地下水活动剧烈，渗透压力较大、岩体无抗冲刷能力	毛洞稳定受围岩强度控制，塌方形态是边顶拱，经常是边挖边塌

2.6.2　荷载及荷载组合

2.6.2.1　荷载分类及组合

作用于衬砌上的荷载分为基本荷载和特殊荷载。

基本荷载为长期或经常作用于衬砌上的荷载，它包括：

（1）围岩压力。

（2）衬砌自重（包括超挖回填部分的重量）。

（3）稳定渗流情况下的地下水压力（或称外水压力）。

（4）内水压力。

特殊荷载为出现机遇较少，不经常作用于衬砌上的荷载，除基本荷载外，尚有：

（1）校核洪水位时的内、外水压力。

（2）施工荷载。

（3）温度荷载。

（4）灌浆压力。

（5）地震荷载。

荷载组合的原则是分析上述荷载同时存在的可能性及其最不利的情况，以确定设计荷载。荷载组合不同，安全系数亦异。基本组合是由基本荷载的组合。如：

基本组合

Ⅰ（1）+（2）+（3）

Ⅱ（1）+（2）+（4）

Ⅲ（1）+（2）+（3）+（4）

特殊组合为基本荷载和特殊荷载的组合。

特殊组合

Ⅰ（1）+（2）+（5）

Ⅱ（1）+（2）+（8）等。

隧洞荷载的确定，在许多重要方面和地质条件有关，所以地质资料是隧洞设计的重要依据。但在隧洞施工前所能提供的地质资料难以完全反映隧洞的实际地质条件，故在隧洞开挖期间，应加强观测编录，做好地质预报工作，以利于设计和施工。随着施工的进展，揭露出真实的地质情况，应据以修改设计。隧洞荷载的确定过程是，在开工前，根据初步掌握的地质情况，确定荷载，作出设计，在开挖过程中，当发现所选用的数据与实际情况不符时，必须及时予以修正。

衬砌在荷载的作用下会发生变形。变形受到围岩的约束，等于围岩给了衬砌一种作用力（称弹性抗力），它是一种被动荷载。

2.6.2.2 荷载计算

（1）围岩压力。

1）按围岩分类，工程类比计算围岩压力。作用在衬砌上的围岩压力又称围岩松动压力或山岩压力。其大小与围岩条件、埋藏深度、断面形状、尺寸、施工方法、开挖后的支撑条件、衬砌浇筑时间及施工中围岩应力重新分布等因素有关。这些因素及其相互作用是一个错综复杂的问题，不宜用一个简单的理论公式加以概括。因此，确定围岩压力时，必须全面分析，综合考虑。当前比较现实可行的方法，是从分析隧洞具体条件入手，采用工程类比、经验估算的办法。《水工隧洞设计规范》（SD134—84）提出，根据不同的围岩类别用不同的办法来估算围岩松动压力。

①对Ⅰ类围岩，设计衬砌时，不计围岩的松动压力。

②对Ⅱ、Ⅲ类围岩，隧洞开挖前，建议按下式估算围岩松动压力

$$q \approx (0.1 \sim 0.2)\gamma B \qquad (2-114)$$

式中　q——均匀分布的垂直围岩压力，MPa；

　　　γ——岩石容重，t/m^3；

　　　B——隧洞开挖宽度，m。

隧洞开挖后，根据补充的地质资料和实际情况，用块体平衡法或有限元法，分析核算可能作用于衬砌上的压力，进行必要的修正。

③对Ⅳ、Ⅴ类围岩，可按松动介质平衡理论估算围岩压力。

④若用喷锚支护或钢支撑加固围岩，使围岩达到稳定时，或用内衬砌混凝土或钢筋混凝土加固岩层时，可少计或不计围岩压力。

对不能形成稳定拱的浅埋隧洞，围岩的松动压力等于隧洞拱顶以上覆盖围岩的总重量。

根据以上规定，对Ⅱ、Ⅲ类围岩以用规范建议的数值估算。但规范未提及水平围岩压力。所以，我们将1966年水工隧洞设计的山岩压力系数（表2-44）列出供参考，开挖后，仍可用上述围岩分类表，采取工程类比的方法确定围岩压力。

表2-44　山岩压力系数

岩石坚固系数 f	代表性岩石	节理间距 /cm	山岩压力系数		容重/$t \cdot m^{-3}$	
			铅直的 H_y	水平的 S_y	干	湿
坚硬	石英岩、花岗岩	30 以上	0 ~ 0.05	0	2.6 ~ 2.7	1.6 ~ 1.7
	流纹岩、安山岩	5 ~ 30	0.05 ~ 0.1	0	2.5 ~ 2.6	1.5 ~ 1.6
	玄武岩、硅质石灰岩	5 以下	0.1 ~ 0.2	0	2.5	1.5
中等坚硬	砂岩、石灰岩	30 以上	0.05 ~ 0.1	0	2.5 ~ 2.6	1.5 ~ 1.6
	白云岩、砾岩	5 ~ 30	0.1 ~ 0.2	0	2.5	1.5
		5 以下	0.2 ~ 0.3	0 ~ 0.05	2.5	1.5
较软	砂页岩互层	30 以上	0.1 ~ 0.2	0	2.5	1.5
	黏土质页岩	5 ~ 30	0.2 ~ 0.3	0 ~ 0.05	2.5	1.5
	泥灰岩	5 以下	0.3 ~ 0.5	0.05 ~ 0.1	2.4	1.4
松软	风化页岩、风化泥灰岩、黏土、黄土、山麓堆积物严重风化破碎的黏土层及破碎带		0.3 ~ 0.5 或更大	0.05 ~ 0.3 或更大	2.0 ~ 2.4 或更大	1.0 ~ 1.4 或更低

注：此表为水利电力部水工隧洞暂行规范（1966年）。

对Ⅳ、Ⅴ类围岩，规范建议用松动介质平衡理论估算围岩压力，过去常用的普氏坍落拱理论，由于难以确定普氏系数。所以Ⅳ、Ⅴ类围岩仍然用围岩综合分类，直接选用有关系数。

规范还规定，对浅埋隧洞，其松动围岩压力等于隧洞拱顶以上覆盖围岩的总重量。关于浅埋隧洞的含义，将通过下列松动介质平衡理论予以解释。

2）松动介质平衡理论计算围岩压力。在尾矿排洪隧洞设计中，除了浅埋隧洞外，还有表面堆载问题，即尾矿堆在围岩上。这两个问题可以通过以下的普氏坍落拱理论，太沙基理论和毕氏理论来解决。普氏理论给出了浅埋和深埋两种情况围岩压力的计算方法。太沙基理论给出了地面有堆载的计算公式。毕氏理论给出了浅埋的界限，并给出了偏压隧洞围岩压力的计算。

①普氏坍落拱计算。

垂直山岩压力

当 $f<4$　深埋式　$Q = 2bh_1\gamma$　见图 2-37。

浅埋式　$q = \gamma h$　见图 2-38。

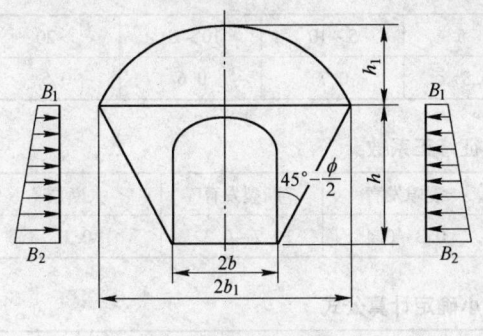

图 2-37　深埋式

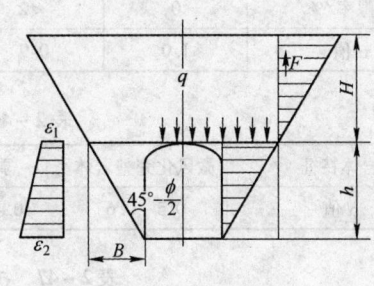

图 2-38　浅埋式

压力拱　　　　　　　　　　　　$h_1 = \dfrac{b_1}{f}$

崩落拱　　　　$h_2 = \dfrac{b_2}{f} = \dfrac{b + h\tan(90° - \phi)}{f}$

式中　f——普氏系数；

γ——岩石容重。

$$b_1 = b + h\tan\left(45° - \frac{\phi}{2}\right) \tag{2-115}$$

$$b_2 = b + h\tan(90° - \phi)$$

侧向山岩压力：

深埋式　　　　　　　　$P = \frac{1}{2}(\varepsilon_1 + \varepsilon_2)h \tag{2-116}$

$$\varepsilon_1 = \gamma h_1 \tan^2\left(45° - \frac{\phi}{2}\right)$$

$$\varepsilon_2 = \gamma(h_1 + h)\tan^2\left(45° - \frac{\phi}{2}\right)$$

浅埋式　　　　　　　　$P = \frac{1}{2}(\varepsilon_1 + \varepsilon_2)H \tag{2-117}$

$$\varepsilon_1 = \gamma H \tan^2\left(45° - \frac{\phi}{2}\right)$$

$$\varepsilon_2 = \gamma(h + H)\tan^2\left(45° - \frac{\phi}{2}\right)$$

当 $f>4$，无侧向山岩压力时，洞顶山岩压力为

$$Q = \frac{4}{3}\gamma \cdot \frac{b^2}{f} \tag{2-118}$$

f 值的选用，目前，仍沿用原来的压力拱计算公式，按 f 值作为综合性的围岩压力系数，即将普氏系数乘修正系数 $f = \dfrac{R}{1000}\alpha$，修正值的确定方法有：按裂隙率确定修正系数（见表 2-45）、按岩体特征修正系数（见表 2-46）、按抗压强度大小确定计算公式（见

表2-47）。压力拱高的修正，先按自己的经验确定f值后，再对压力拱高修正，乘以不同的安全系数（K）（见表2-48）。

表2-45 裂隙率确定修正系数

裂隙率/%	0	<2	2~5	5~10	10~20	>20
α 值	1.0	0.9	0.8	0.7	0.6	0.5

表2-46 岩体特征修正系数

岩体特征	微风化完整岩体	弱风化	裂隙发育	断裂发育	大断层
α 值	0.5~0.6	0.4~0.5	0.3~0.4	0.2~0.3	0.1

表2-47 抗压强度大小确定计算公式

单轴抗压强度（R）/MPa	>70	30~70	<30
F 值计算式	$R/150$	$R/100$	$R/60 \sim R/80$

② 太沙基公式。

$$Q = \frac{b_1\left(\gamma - \dfrac{c}{b_1}\right)}{K\tan\varphi}(1 - e^{-K\tan\phi n}) + qe^{-K\tan\phi n} \quad (2-119)$$

$$b_1 = b + h\tan\left(45° - \frac{\varphi}{2}\right)$$

式中，$e = 2.718$；n 为相对埋深系数 $\left(n = \dfrac{H}{b_1}\right)$；$\phi$、$c$ 为岩石内摩擦角及凝聚力；K 为水平与垂直应力之比（太沙基称为经验系数，其值接近1）；q 为地表荷重（堆载）；γ 为岩石容重。

松散体 $c=0$，地表无荷重时

$$Q = \frac{b_1\gamma}{K\tan\phi}(1 - e^{-K\tan\phi n}) \quad (2-120)$$

表2-48 安全系数

f值	安全系数 K	压力拱高 h_1
4~5	0	0
3~4	1	$0.8B + 0.03H$
2~3	1.5	$0.19B + 0.08H$
1~2	2~2.5	$0.5B + 0.41H$
0.6	3	$1.25B + 1.44H$

注：B 为洞室跨度；H 为边墙高度。

深埋式 $n \approx \infty$ 时

$$Q = \frac{b\gamma}{K\tan\phi} \quad (2-121)$$

当 $K = 1$ 时，$\tan\phi$ 实际上为普氏系数，则

$$Q = \frac{b_1\gamma}{f} \quad (2-122)$$

按普氏公式的完全解是

$$Q = \frac{\alpha_1}{f}\gamma - \gamma\frac{x^2}{f\alpha_1} \quad (2-123)$$

③浅埋洞地层压力计算方法。浅埋洞室地层压力随着埋深的增加而增大，结构荷载按

上覆岩层自重来考虑，并考虑上覆岩体破裂面夹持力的影响。目前多采用毕氏理论法和以松散介质平衡为基础的方法进行计算。

毕氏理论法：对于埋置深度极浅的洞室，通常采用毕氏理论进行计算，即认为作用在洞室支护上的压力等于上覆岩层的全部重量，即

$$P = \gamma h \qquad (2-124)$$

式中　　P——作用在洞室顶部的围岩压力；

　　　　γ——岩体容重；

　　　　h——洞室埋置深度。

由式 $2-124$，围岩压力与洞室跨度大小无关，而仅与洞室埋置深度有关。但实践表明，埋置深度稍大时，按此式算得的围岩压力大于实际压力，因此，必须考虑岩柱应力传递。

图 $2-39$ 考虑到洞室两侧的岩体可能下滑，需将可能滑动的岩柱宽度比洞室宽度适当增大

取

$$a_1 = a + h_0 \tan\left(45° - \frac{\varphi}{2}\right) \qquad (2-125)$$

侧向滑裂面与垂直线的夹角，按挡土墙理论为 $\left(45° - \dfrac{\varphi}{2}\right)$。因此，作用在支护上的围岩压力等于岩柱 $JKHG$ 的重量减去两侧滑动面上的摩擦力和黏结力。作用在岩柱侧面距地表深度为 Z 处的夹制力（摩擦力和黏结力）为

$$t = C + e_z \tan\phi \qquad (2-126)$$

式中　　e_z——距地面深度 Z 处的主动土压力。

以松散介质平衡为基础的计算方法：浅埋洞室围岩压力与地表面形状有关，根据地表是水平的还是倾斜的，可分为对称的（图 $2-40a$）和不对称的（图 $2-40b$）两种情况。

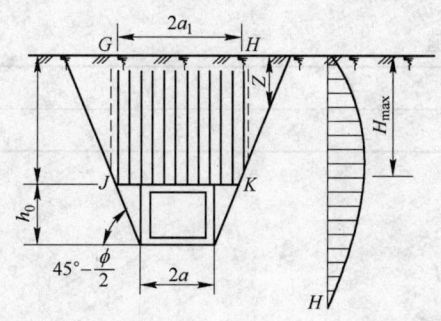
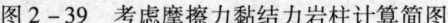
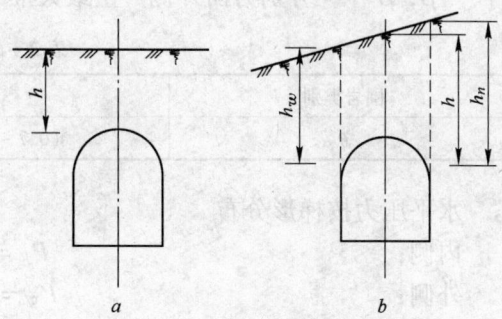

图 2-39　考虑摩擦力黏结力岩柱计算简图　　　图 2-40　洞室上覆岩层地表情况

地表倾斜时浅埋洞室围岩压力计算：

此类情况在工程实践中多为傍山洞室，即洞轴线与山体等高线大致平行或呈小角度相交。洞室横断面上覆岩层表面为倾斜而成不对称情况。当洞室外侧围岩覆盖层厚度 t 不大于表 $2-49$ 中厚度时按偏压考虑。

表2-49 偏压外侧围岩覆盖层厚度 t 值 （m）

地面坡度1:n / 围岩类别	1:1	1:1.5	1:2	1:2.5
Ⅲ石	5	4	4	—
Ⅲ土	10	8	6	5.5
Ⅳ	18	16	12	10

围岩垂直压力

$$p = \frac{\gamma}{2}\big[(h+h')B - (\lambda h^2 + \lambda' h'^2)\tan\theta \big] \tag{2-127}$$

$$\lambda = \frac{1}{\tan\beta - \tan\alpha} \times \frac{\tan\beta - \tan\varphi}{1 + \tan\beta(\tan\varphi - \tan\theta) + \tan\varphi\tan\theta}$$

$$\lambda' = \frac{1}{\tan\beta' + \tan\alpha} \times \frac{\tan\beta' - \tan\varphi}{1 + \tan\beta(\tan\varphi - \tan\theta) + \tan\varphi\tan\theta}$$

$$\tan\beta = \tan\varphi + \sqrt{\frac{(\tan^2\varphi + 1)(\tan\varphi - \tan\alpha)}{\tan\varphi - \tan\theta}}$$

$$\tan\beta' = \tan\varphi + \sqrt{\frac{(\tan^2\varphi + 1)(\tan\varphi + \tan\alpha)}{\tan\varphi - \tan\theta}}$$

式中 h, h'——分别为洞室内外侧由拱顶水平至地面高度；

B——洞室跨度；

θ——土柱两侧摩擦角（见表2-50）；

α——地面坡度角；

φ——计算摩擦角；

β, β'——分别为内外侧产生最大推力时的破裂角。

表2-50 θ 值

围岩类别	Ⅱ	Ⅳ
θ	$(0.7\sim0.9)\varphi$	$(0.5\sim0.7)\varphi$

水平压力按梯形分布

内侧： $P_h = \gamma h_1 \lambda$

外侧： $P_W = \gamma h'_1 \lambda'$

式中 h'_1, h_1——分别为内外侧任一点至地表距离。

地表水平时浅埋洞室围岩压力计算：

地表水平情况只是地表倾斜时的一种特殊情况，即此时 $\beta=0$，$h_w = h_n$ 将倾斜地表围岩压力公式简化即可。

浅埋洞室如遇到表2-51所列情况时，应考虑偏压对洞室的影响，加强支护结构。

表 2 –51 浅埋隧洞考虑地形偏压影响的条件

围岩类别	洞顶地表横向坡度	隧洞拱部至地表最小距离
Ⅱ	1：2.5	<1 倍洞跨
Ⅳ	1：2.5	<2 倍洞跨
Ⅴ	1：2.5	<3 倍洞跨

（2）衬砌自重。地下建筑的衬砌各段多采取等截面形式，如常见的圆拱直墙衬砌，其圆拱、直墙、平底多各为等截面构件，故各段衬砌自重计算比较简单，可用下式计算

$$g = \gamma h_0 l_0 \qquad (2-128)$$

式中　g——单位长度衬砌自重，kN/m；

　　　γ——衬砌容重，t/m³；

　　　h_0——衬砌厚度，m；

　　　l_0——中线长度，m。

在作衬砌的力学分析之前需假定衬砌厚度方可计算自重及应力。当围岩坚固系数及坑道跨度已知时，顶拱厚度可按图 2–41 经验曲线求出，以作为初步假定值。设计计算后如发现厚度过大或过小则进行修改。

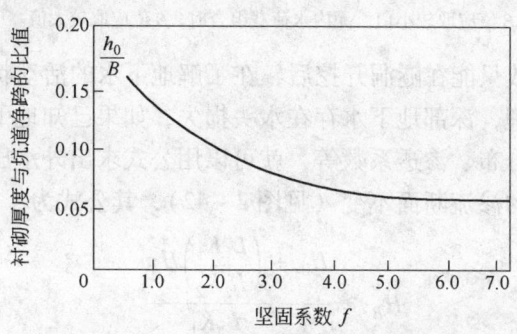

图 2–41　衬砌顶拱厚度经验曲线

侧墙的厚度一般采取与顶拱厚度相等，仅侧向山岩压力较大或为砖石结构时，才酌量增加侧墙的厚度。

底板的厚度随围岩坚固程度和使用上的要求而定，一般可取为顶拱厚度的 60% ~ 80%。因施工方式不同，底板与侧墙的连接可以固结为封闭式的，也可以设缝从结构上分开，但应注意封闭式和非封闭式在应力上是有差别的，封闭式应力要大些。

（3）内水压力。如果建筑有压引水隧洞，洞内将受到内水压力的荷载作用。有压引水隧洞的内水压力在设计中一般有两种考虑，其一种为与洞顶齐平的内水压力；另一种为均匀内水压力。齐顶内水压力，洞顶为零，洞底为洞高；均匀内水压力为洞顶水头。衬砌内表面上所受内水压力强度等于水头与水的容重的乘积；其作用方向与内表面正交。

当为压力隧洞时，其压力则分为齐顶的内水压和均匀内水压。

（4）外水压力。外水荷载是水工隧洞的基本荷载之一。对无压隧洞，可采用排水的方法消除外水压力；对有压隧洞，外水荷载对内水荷载有着抵消的作用，它对隧洞设计有着很重要的意义。"66 部颁暂行规范"中，将外水荷载按作用于衬砌外边缘的边界力考虑，取值原则是将地下水位线以下至隧洞底板以上的水柱高乘以 0.25 ~ 1.0 之间的折减系

数。折减系数见表 2 - 52。

表 2 - 52　外水荷载折减系数 β 值选用表

级别名称	地下水活动状态	地下水对围岩稳定的影响	建议的 β 值
1 无	洞壁干燥或潮湿	无影响	0
2 微弱	沿结构面有渗水或滴水	风化结构面充填物质，降低结构面的抗剪强度，对软弱岩体有软化作用	0 ~ 0.4
3 显著	沿裂隙或软弱结构面有大量滴水、线状流水或喷水	泥化软弱结构面充填物质，降低抗剪强度，对中硬岩体有软化作用	0.25 ~ 0.6
4 强烈	严重股状水流，沿软弱结构面有小量涌水	冲刷结构面中充填物质，加速岩体风化，对断层等软弱带软化泥化，并使其膨胀崩解，以及产生机械管涌。有渗透压力，能鼓开较薄的软弱层	0.4 ~ 0.8
5 剧烈	严重滴水或流水，断层等软弱带有大量涌水	冲刷携带结构面充填物质，分离岩体，有渗透压力，能鼓开一定厚度的断层等软弱带，能导致围岩塌方	0.65 ~ 1.0

注：当有内外荷载组合时，β 值应取较小值，无内水荷载组合时，β 值应取较大值。

表 2 - 52 的折减系数只能在隧洞开挖后，在了解地下水的活动状态后才能应用。在未施工前按地下水运动原理，深部地下水存在水头损失，如果已知地下水位、补给及排泄条件、隔水层位置、裂隙分布、渗透系数等，就可以用公式求出外水压力。如岩体与衬砌体均为均质体，通向隧洞的渗流断面不变（见图 2 - 42），其公式为

$$H_B = \frac{H_0 + \left(\dfrac{L_1 K_1}{L_2 K_2}\right) H_A}{1 + \dfrac{L_1 K_1}{L_2 K_2}} \tag{2 - 129}$$

式中　H_0——0 点内水压力，m；

　　　H_A——A 点对 MN 面位能与压力之和，m；

　　　H_B——B 点对 MN 面位能与压力之和，m；

　　　L_1——地下水渗径，m；

　　　L_2——衬砌厚度，m；

　　　K_1——岩体渗透系数，m/d；

　　　K_2——衬砌体渗透系数，m/d。

当隧洞为圆形时

$$H_B = \frac{K_2 H_0 \ln\dfrac{r + L_1 + L_2}{r + L_1} + K_2 H_1 \ln\dfrac{r + L_2}{r}}{K_2 \ln\dfrac{r + L_1 + L_2}{r + L_1} + K_1 \ln\dfrac{r + L_2}{r}} \tag{2 - 130}$$

式中　r——隧洞半径。

实际上这类公式是理想的状态。在条件许可时，利用长期观测网直接观测运转期的各段实际地下水位，或利用埋设在隧洞内的渗压计，可以确定可靠的外水压力。但对深埋隧

洞或越岭隧洞，观测网的设置是十分困难的，特别是在设计阶段，难以取得外水压力的数据。

岩体的不均一性使得外水压力的计算复杂化，所以一般计算外水压力时运用了折减系数的概念，即用全水头乘以折减系数，确定外水压力。

折减系数的含义，目前有各种不同的解释，由于地下水在裂隙岩体中的运动规律还研究得不够，每一地段乃至每一局部岩块的裂隙分布极不规则，所以岩体的透水性和含水性就因地而异，埋置在天然地下水位以下的地下结构就成为人工的排泄通道，地下水在向排泄区渗流的过程中，产生了水头损失，也就是运动损失，其损失的百分数就可以理

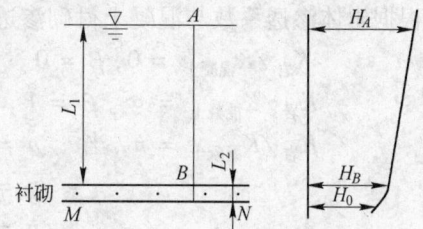

图 2－42　隧洞断面示意图

解为折减系数，这是一种解释。另一种认为，地下结构物修建后，其任一点的外水压力，就是这一点的天然地下水头。从理论上讲，它犹如在静水下放置的一条管子，没有水头损失问题，而结构物本身由于衬砌形式不同，衬砌体有不同的渗透系数，不透水部分理当按全水头计算外水压力，折减系数等于1，透水大的则等于减压作用，衬砌上不受外水压力作用，折减系数为零。

还有一种是面积系数的解释，岩体面积与岩体中裂隙的面积是一个很大的比值，岩体与混凝土衬砌接触面实际上没有外水压力，而裂隙与混凝土衬砌接触面由于存在孔隙，成为水的通道，这部分孔隙占整个岩体面积的百分数称折减系数。也就是裂隙水渗透压力并不传到全部衬砌面积上。

有人认为混凝土与岩石接触面孔隙比等于1，有些人认为因岩石裂隙孔隙比通常不大，所以作用到混凝土衬砌上的渗透压力，实际上并不传到整个面积上，而仅仅传到岩石与混凝土接触处相当于裂隙与不密实的部分面积上。

混凝土往往假定是不透水的，实际渗透系数可达 $10^{-3} \sim 10^{-5}$ cm/s。此时排水作用是显著的。

当衬砌与岩石的渗透系数之比大于 0.003，即可显著降低地下水压力。有的推荐对于微透水的均质岩石，衬砌与岩石渗透系数之比为 0.35；裂隙发育的岩石，为 0.75～1.0；裂隙不发育的岩石，为 0.35～0.5。

这样的推荐论据不足，因为没有考虑回填固结灌浆、衬砌混凝土的质量、混凝土的膨胀、应力状态和性质。

经过某工程计算，当混凝土裂缝开度为 0.01cm，纵向裂缝为 28cm，地下水头 160m，岩体内外水渗入洞内的流量，只比没有衬砌时减少 23%，说明混凝土衬砌的渗透系数对外水压力的影响是很大的。

外水压力折减系数的选择，用下列几种方法确定：

1）水利水电工程地质基本技术规范规定：

①坚硬、完整、裂隙很不发育的岩体，开挖后无渗水现象，且又进行过回填、固结灌浆，外水压力的折减系数 β 采用 0.2～0.5。

②裂隙发育的坚硬岩体，开挖后有地下水渗出地段，即使进行了回填，固结灌浆，外

水压力折减系数 β 采用 $0.5 \sim 0.7$。

③裂隙十分发育的坚硬岩体，或断层破碎带以及松散孔隙体，或出现大量渗水地段，即使进行了回填，固结灌浆，β 采用 $0.7 \sim 1.0$。

2) 根据岩体渗透系数与混凝土衬砌渗透系数的比值确定：

根据岩体渗透系数与混凝土衬砌渗透系数的比值，可以大致给出折减系数。

$$K_{岩} / K_{混凝土} = 0, \ \beta = 0$$

$$K_{岩} / K_{混凝土} = \infty, \ \beta = 1$$

$K_{岩} / K_{混凝土} = n$, 当

$$
\begin{aligned}
n &= 500 & \beta &= 1 \\
n &= 50 \sim 500 & \beta &= 0.86 \sim 0.94 \\
n &= 5 \sim 10 & \beta &= 0.3 \sim 0.6 \\
n &= 1 & \beta &= 0.03 \sim 0.08
\end{aligned}
$$

3) 江西水电设计院提出外水压力的几种情况：

①围岩不透水：衬砌上的外水压力为零。

②衬砌不透水：当衬砌与围岩接触紧密时，无外水压力；当衬砌与围岩间结合不紧密，有连续裂缝时，衬砌承受全水头，且包括衬砌表面。

③衬砌透水：当 $K_{岩} < K_{混凝土}$ 时，无外水压力；当 $K_{岩} > K_{混凝土}$ 时，外水压力随岩石透水性增高而加大，随混凝土透水性增强而减小。同时，还与衬砌厚度有关，衬砌厚，外水压力也就大。

为此提出了折减系数的新概念，即外水压力折减系数 (α) 等于水运动时水头损失系数 (β) 乘衬砌外表面的实际作用面积系数 (α_1)，即 $\alpha = \alpha_1 \beta$。从理论上讲，虽然进了一步，但实际确定两个系数还是有一定的经验性。根据围岩破碎程度、透水性、混凝土衬砌质量、灌浆、排水措施等，提出的参考值如下：

面积折减系数 α_1 见表 2-53，水头损失折减系数 β 见表 2-54。

表 2-53 面积折减系数 α_1

岩体情况	未灌浆段	回填灌浆段
	α_1	
围岩破碎，裂缝很发育	$0.8 \sim 1.0$	$0.6 \sim 0.9$
围岩较破碎，裂隙较发育	$0.6 \sim 0.8$	$0.5 \sim 0.7$
围岩完整，裂隙不发育，仅少量闭合裂隙	$0.4 \sim 0.6$	$0.3 \sim 0.5$

表 2-54 水头损失折减系数 β

岩体透水性	无排水	有排水
	β	
围岩透水性较强，洞中有流水	$0.8 \sim 1.0$	$0.5 \sim 0.8$
围岩透水性较弱，洞中有滴水	$0.6 \sim 0.8$	$0.4 \sim 0.7$
围岩透水性微弱，洞中无滴水	$0.4 \sim 0.6$	$0.3 \sim 0.5$

总之，外水压力的计算是一个比较复杂而尚未完全解决的问题，理论上有不同的看法，经验系数必然会有很大差别，因此不能单纯依靠选择一组折减系数就能解决。一般地

讲，折减系数本身是一个综合指标，它既包含岩体本身透水性及其运动损失，又必然要包括混凝土衬砌的排水能力，以及接触面积大小。而固结、回填灌浆与否，排水孔设置与否也都包括在这些因素之中。

在很多实际工作中，常常采用系统的排水措施，而不计算外水压力。

必须指出，采用排水减压，应视岩石条件。当围岩中软弱面充填物有被溶解和带走的可能时，则不能采用排水措施。巴基斯坦塔贝拉工程有过这种教训。因此，当围岩条件不良时，宜采用固结灌浆加固围岩的措施，以减轻外水压力对衬砌的影响。

(5) 灌浆压力。为了保证衬砌与围岩接触面的紧密结合，常在衬砌完成后进行压力灌浆，这就引起灌浆压力。灌浆压力以灌注时为最大，随着水泥凝固逐渐减小。

灌浆压力的实际分布规律目前尚未深入研究。通常假定沿衬砌表面均匀分布，并与之正交，其最大压力强度和灌浆时压力计读数相等，以后逐渐减少到压力计读数的1/3。

(6) 温度荷载。地下建筑物进行衬砌施工中会产生温度变化，例如，混凝土的水化热将引起衬砌的温度变化。衬砌浇筑温度与围岩温度之差也会引起衬砌的温度变化。

在运用时期，衬砌内部水温和气温的变化也会引起衬砌的温度变化。由于温度变化而产生的应力称为温度应力，引起温度应力的温差称为温度荷载。

(7) 地震力。衬砌所受地震力按下式计算

$$p = \frac{a}{g}W = k_c W \tag{2-131}$$

式中　W——衬砌分段的重量；

　　　a——地震加速度；

　　　g——重力加速度，$\dfrac{W}{g}$ 即为衬砌分段的质量；

　　　k_c——地震系数，$k_c = \dfrac{a}{g}$，随地震烈度而定，如表2–55所示。

表 2 –55　地震系数

地震烈度	地震系数 k_c	地震加速度/m·s^{-2}
6	$\dfrac{1}{80}$（= 0.0125）	$\dfrac{1}{80}g$（≈0.125）
7	$\dfrac{1}{40}$（= 0.025）	$\dfrac{1}{40}g$（≈0.25）
8	$\dfrac{1}{20}$（= 0.05）	$\dfrac{1}{20}g$（≈0.5）
9	$\dfrac{1}{10}$（= 0.1）	$\dfrac{1}{10}g$（≈1）

地震力的方向与地震波传递的方向相同，作用于衬砌分段的重心。

关于地震的影响，由于隧洞衬砌被围岩包围，故与地面结构相比，一般受地震的影响较小。因此，隧洞洞身衬砌可不考虑地震影响。但隧洞进出口段及其洞脸应考虑地震影响。

(8) 地层弹性抗力。上文所述的作用于衬砌上的荷载都是主动性质的荷载，还有一种荷载是被动性质的，如因衬砌变形所引起的地层弹性抗力。

衬砌受到主动荷载的作用将产生变形，有的变形使衬砌脱离围岩，有的使衬砌更靠紧围岩。作用于衬砌的弹性抗力，是因围岩对衬砌变形的抵抗所产生的，在前一种变形的情况下，衬砌与围岩脱离后便不会产生弹性抗力。

地层弹性抗力的大小与围岩的坚固性及变形大小有关，可用下式表示

$$p = k\xi \tag{2-132}$$

为简化计算，通常假定脱离区两端截面与对称中心线夹角均为45°，即在半中心角45°范围内不产生弹性抗力。又假定弹性抗力从半中心角45°处开始，往两侧逐渐增大，至拱脚与墙顶连接处最大，其分布规律近似按式2-133表示

$$\sigma_2 = \sigma_A \frac{\cos^2 45° - \cos^2 \rho}{\cos^2 45° - \cos^2 \alpha} \tag{2-133}$$

式中　σ_A——拱脚与墙顶交接处的弹性抗力强度；

　　　ρ——圆拱内任意截面处的半圆心角；

　　　α——圆拱拱脚处的半圆心角。

直墙上的弹性抗力假定按下列抛物线公式分布

$$\sigma_2 = \sigma_A \left(1 - \frac{y_1^2}{y_A^2}\right) \tag{2-134}$$

式中　y_1——边墙顶到任意截面的纵距；

　　　y_A——边墙顶到边墙脚的纵距。

由式2-134可看出：当 $y_1 = y_A$ 时，$\sigma_2 = 0$，即假定墙脚处直墙所受弹性抗力为零。

弹性抗力系数的参数值见表2-56。

表2-56　弹性抗力系数

岩石坚硬程度	代表性岩石	节理间距 /cm	单位弹性抗力系数 k_0		无压隧洞围岩的抗力系数 K /kg·cm⁻³
			kg/cm³	10⁵ t/m³	
坚　硬	石英岩、花岗岩	30 以上	1000~2000	10~20	200~500
	流纹岩、安山岩	5~30	500~1000	5~10	120~200
	玄武岩、硅质石英岩	5 以下	300~500	3~5	50~120
中等坚硬	砂岩、石灰岩	30 以上	500~1000	5~10	120~200
	白云岩、砾岩	5~30	300~500	3~5	80~120
		5 以下	100~300	1~3	20~80
较　软	砂页岩互层	30 以上	200~500	2~5	50~120
	黏土质页岩	5~30	100~200	1~2	20~50
	泥灰岩	5 以下	<100	<1	<20
松　软	风化页岩、风化泥灰岩		<60	<0.5	<10
	黏土、黄土				
	山麓堆积物				

目前有些衬砌计算理论无须对弹性抗力预先作出假定，参见《水工隧洞设计规范》。

（9）地层摩擦力。地层摩擦力是和地层弹性抗力相伴而生的。凡衬砌上有弹性抗力作用的地方，同时必存在着阻止衬砌向地心移动的摩擦力，这和一般接触面上正压力与摩擦力的关系相同。

如果围岩对于衬砌产生地层弹性抗力 k_δ，地层与衬砌的摩擦系数为 μ，则围岩与衬砌的接触面将产生摩擦力 q，如下式

$$q = \mu k_\delta \qquad (2-135)$$

q 的作用方向与移动倾向相反，故 q 指向上方且与弹性抗力正交。

混凝土衬砌与围岩接触面的摩擦系数 μ 一般随围岩的坚固系数 f 而变化，表 2-57 所列数值可供参考。

表 2-57　混凝土衬砌与围岩接触面间摩擦系数参考值

岩体坚固系数 f	混凝土与围岩间的摩擦系数 μ
20 以上	0.4 ~ 0.5
10 ~ 20	0.3 ~ 0.4
10 以下	0.2 ~ 0.3

在求得荷载以后，隧洞内力计算可用《水工隧洞设计规范》所附的公式，且这些公式已经编成程序可用微机计算。

2.6.3　不衬砌与喷锚隧洞的设计

2.6.3.1　不衬砌隧洞

（1）不衬砌隧洞的条件。在岩石坚硬、完整、渗透性小的岩体中，开挖隧洞后，在库水作用下，岩石的抗压、抗剪强度不致有明显下降，或虽有下降，但仍能保持岩体的稳定。岩体抗冲能力强，洞内水流一般不致冲刷破坏。内水外渗后不致影响相邻建筑物、围岩和山坡稳定。所以采用不衬砌隧洞的围岩应当是其分类中的 I 类围岩。

（2）不衬砌隧洞的设计。

1）隧洞设计流速应限制在 8m/s 以下。限制隧洞设计流速主要是从隧洞岩体不遭冲刷破坏出发的。不衬砌隧洞的表面很不平整，在流速高时有可能发生气蚀破坏。从这个意义上讲，喷锚结构和不衬砌隧洞是差不多的。我国喷锚隧洞中的流速一般为 3m/s，南芬尾矿库的排洪洞和星星哨水库泄洪洞，洞内最大流速 7m/s，经多年运行，未发现破坏，丰满水电站 2 号泄水洞洞径 10.2m，洞内流速 113.5m/s，短期运行未见破坏；墨西哥奇科森水电站导流隧洞，喷混凝土衬砌，流速 12m/s，运行两年后，底部出现局部冲蚀；前苏联莫斯考夫建议，当采用喷混凝土做平整衬砌时，其厚度不能小于 5cm，不平整度不能大于 15cm，流速不能超过 10m/s。我国水工隧洞设计规范修订说明中建议不宜大于 8m/s。所以不衬砌隧洞的允许流速应低于此值。

2）不衬砌隧洞的糙率计算。隧洞糙率系数是决定隧洞断面尺寸的主要依据之一，可以按尼可拉泄公式计算，即

$$n = \frac{D^{1/6}}{22.32 \lg 3.7 \left(\dfrac{D}{\Delta}\right)} \qquad (2-136)$$

式中　D——直径，m；

Δ——起伏差，m。

尾矿库的排水隧洞与水电站排水隧洞是一样的。我国流溪河、刘家峡、柘溪三个水电站导流洞实测为 0.0303 ~ 0.038（流速范围 1.66 ~ 8.2m/s）。

在不衬砌隧洞中往往有局部衬砌，局部衬砌的糙率按下式计算

$$n_0 = n_1 \left[\frac{S_1 + S_2 \left(\frac{n_2}{n_1} \right)^{2/3}}{S_1 + S_2} \right] \qquad (2-137)$$

式中　n_0——综合糙率系数；

　　　n_1——不衬砌糙率系数；

　　　n_2——混凝土衬砌糙率系数；

　　　S_1——不衬砌周边长；

　　　S_2——混凝土衬砌周边长；

$S_1 + S_2$——隧洞断面全周边长。

注：式2-137为美国陆军工程兵团所属工区及澳大利亚一些小水电工程所用公式。

3）光面爆破施工的要求。对不衬砌隧洞的开挖，如采用凿岩爆破法施工时，必须采用光面爆破的方法，以降低糙率，减少水头损失，这对缩小过水断面有很重要的经济意义。

4）岩体稳定性的确定。隧洞是否衬砌，关键是岩体稳定性。当前，决定岩体稳定性比较实用的方法，按围岩分类选用。有条件的也可作有限元法。

5）不衬砌隧洞的局部处理。

①进出口地表位于河床侵蚀面以上，由于风化、水流侵蚀，一般都有软弱结构面，地质条件一般都较差，所以进出口洞段应有衬砌保护。衬砌的长度应根据工程地形地质条件、断面形式和尺寸、内水压力的大小、隧洞的埋藏深度等因素综合分析确定。一般情况下不小于开挖直径（洞高），且不宜小于6m。

对于库内采用不衬砌隧洞，应持慎重态度。如无充分把握，可以将进口的衬砌段加长。因为这段隧洞外水头较高，且在洞顶堆积尾矿工作条件较差，一旦发生故障，容易引起大的灾难，像栗西沟尾矿库排洪隧洞那样。

②为了便于管理，不衬砌隧洞的洞底应抹平。

③洞内及部分软弱破碎地段，应采取局部加固措施。

④不衬砌隧洞，偶有局部掉块、落石，为利于洞外回水系统的机械运转，减少粗颗粒对抽水机械的磨损，应在水进机前的适当地点设落石坑。

2.6.3.2　喷锚隧洞

（1）喷锚隧洞的适用条件。水工隧洞的喷锚衬砌适用于Ⅲ类以上的围岩。它要求岩体较完整、坚硬，但抗风化能力及抗渗性能较差。对有外水，但尚能保证围岩稳定，以及虽因内水外渗尚不致恶化的围岩所在的隧洞洞段，可通过技术经济分析后确定是否采用喷锚结构。

（2）喷锚衬砌隧洞设计的基本技术要求：

1）开挖方法及质量要求与不衬砌隧洞相同。喷混凝土后，洞壁相邻表面的起伏差不超过15cm。

2）允许的水流速，一般不宜大于 8m/s。

3）喷层与围岩间的黏结强度，对Ⅲ类及Ⅲ类以上围岩不宜小于 0.5MPa。

4）喷混凝土衬砌厚度，一般不应小于 5cm，最大不宜超过 20cm。

5）喷混凝土的力学指标应符合下列要求：

①抗压强度不低于 20MPa；

②抗拉强度不低于 1.5MPa；

③抗渗标号不低于 0.8MPa。

6）进出口部位，应采用混凝土或钢筋混凝土衬砌，其长度一般不应小于 2～3 倍洞径（或洞宽）。

（3）喷锚衬砌的类型及其设计。根据隧洞的需要，喷射混凝土可以与其他支护结合，组合成所需的衬砌。其类型有：

喷混凝土衬砌、喷混凝土与锚杆组合式衬砌、喷混凝土及锚杆与钢筋网组合式衬砌、喷混凝土与混凝土及钢筋混凝土组合式衬砌。

各种类型的选用可根据围岩条件、隧洞工作特点、喷锚衬砌的作用和要求分别选择。以下分述各种类型的适用条件及其设计：

1）喷混凝土衬砌，适用于均匀、各向同性围岩，或承受内水压力的圆形隧洞，其喷层厚度按以下方法计算：

围岩均匀、各向同性，当 $\dfrac{\delta}{r_1} < 0.05$ 时，采用无限弹性介质中薄壁圆筒公式，并按抗裂原则考虑，衬砌与围岩共同作用，其喷混凝土衬砌中可能承受的内水压力采用式 2–138 计算

$$p = \left[\sigma_B\right]\left[\dfrac{\dfrac{E_r}{E_B}(r_1 + \delta)}{r_1(1 + \mu)} + \dfrac{\delta}{r_i}\right] \qquad (2–138)$$

$$\left[\sigma_B\right] = \dfrac{\sigma_B}{K}$$

式中　p——静内水压力，10^{-1}MPa；

$\left[\sigma_B\right]$——喷混凝土层中的允许抗拉强度，10^{-1}MPa；

σ_B——喷混凝土的抗拉设计强度，10^{-1}MPa；

K——安全系数；

E_r——围岩的变形模量，10^{-1}MPa；

E_B——喷混凝土的弹性模量，10^{-1}MPa；

μ——围岩的泊松比；

r_i——喷混凝土层的内半径，cm；

δ——喷混凝土层的厚度，cm。

对于非圆形断面，地质条件复杂的水工隧洞，必要时可采用有限元法进行估算。

2）喷混凝土及锚杆组合式衬砌，适用于稳定性较差的围岩。遇有局部不稳定的岩块，可采用悬吊式的砂浆锚杆加固。对整体稳定性较差的围岩，宜采用系统锚杆。

组合式衬砌的设计方法如下：

①对于组合式衬砌，喷锚应及时提供为保证围岩稳定所需要的抗力。为此，需要控制

围岩的塑性区开展深度。

需要控制的塑性区开展深度，按式 2-139 计算。

$$D = C(R_{max} - r_1) \tag{2-139}$$

式中　D——需要控制的塑性区开展深度，cm；

　　　　C——系数，对于软弱围岩，适时支护时，$C \le 0.5$；

　　　R_{max}——无支护时最大塑性区半径，cm，可近似地用式 2-140 求得。

$$R_{max} = r_1 \Big[(1 - \sin\phi_r) \frac{P_0 + C_r\cot\phi_r}{C_r\cot\phi_r} \Big]^{\frac{1 - \sin\phi_r}{2\sin\phi_r}} \tag{2-140}$$

式中　r_1——隧洞的开挖半径，cm；

　　　P_0——围岩的初始应力，10^{-1}MPa；

　　　ϕ_r——围岩的内摩擦力，(°)；

　　　C_r——围岩的凝聚力，kg/cm²。

需要的支护抗力，可近似地用式 2-141 求得。

$$p_i = -C_r\cot\phi_r + (P_0 + C_r\cot\phi_r)(1 - \sin\phi_r)\Big(\frac{r_1}{R}\Big)^{\frac{2\sin\phi_r}{1 - \sin\phi_r}} \tag{2-141}$$

式中　p_i——支护抗力，10^{-1}MPa；

　　　R——控制的塑性区半径，cm；

　　　其他符号意义同前。

需要的喷混凝土层厚度，可近似地用式 2-142 求得

$$\delta = p_i \frac{r_1\cos\alpha\sin\alpha}{\tau_B} \tag{2-142}$$

式中　α——剪切面与隧洞断面垂直中心线的夹角，根据经验一般取为 20°~30°；

　　　τ_B——喷混凝土的抗剪强度（10^{-1}MPa），建议采用 0.2 倍混凝土的抗压强度。

②喷锚衬砌用于顶拱可能局部失稳的块、层状围岩的加固计算。

喷混凝土衬砌，用喷混凝土对个别或局部可能失稳的块，层状围岩加固防止危石的掉落和转动，以达到不出现冲切破坏的目的。喷层厚度按冲切破坏核算。

$$\delta \ge \frac{KG}{0.75uR_B} \tag{2-143}$$

式中　δ——喷混凝土层的厚度，cm；

　　　G——不稳定危石结构体的重量，10N；

　　　R_B——喷混凝土的抗拉设计强度，10^{-1}MPa；

　　　u——危石与喷混凝土接触面的周长，cm；

　　　K——安全系数，一般采用 $K=3$。

喷混凝土与锚杆衬砌，当可能失稳的岩体规模较大，喷层厚度不能满足抗冲切要求时，则可利用赤平极射投影和实体比例投影作图法，求出块、层状围岩中不稳定体结构的出露面积、形状和深度，布置局部加固的悬吊锚杆。锚杆的长度则根据地质的调查，由需要加固的危石深度和锚固长度确定。即

$$S = L_{锚} + h_{危} \ge \frac{d}{4}\frac{R_z}{\tau} + h_{危} \tag{2-144}$$

式中　$L_{锚}$——锚入稳定围岩中的长度，cm；

　　　$h_{危}$——需要加固的危石深度，cm；

　　　d——锚杆直径，cm；

　　　τ——砂浆与锚杆的黏结力，10^{-1}MPa，一般可取 20～30。

锚杆直径则由单根锚杆所要求承受的力确定。通常取锚杆直径为 $\phi18～22$cm，则锚杆的数量为

$$N \geqslant \frac{KG}{FR_g} \qquad (2-145)$$

式中　R_g——锚杆材料的抗拉强度，10^{-1}MPa；

　　　F——锚杆的横截面积，cm^2；

　　　G——不稳定危石结构体的重量，10N；

　　　K——安全系数，一般取 $K=1.5$。

喷锚衬砌类型中的喷层，主要是用来防止锚杆间岩块的掉落。喷层的厚度仍按抗冲切破坏核算。

3）喷混凝土、锚杆与钢筋网组合衬砌，适用于构造、裂隙发育的围岩。

4）喷锚与混凝土及钢筋混凝土组合式衬砌，适用于不良围岩的洞段。这种衬砌应遵守的设计原则是：

①它可按前述的方法和工程类比法选定参数。

②与临时支护结合时，宜紧跟开挖面进行，并应进行施工期的安全监测。必要时，应根据监测结果，修改设计参数。

③内衬的混凝土及钢筋混凝土设计中可不计或少计围岩松动压力。

④应做好喷混凝土与底拱混凝土衬砌的接缝处理。

（4）喷锚衬砌隧洞的断面选择。喷锚衬砌隧洞的断面应根据水力计算的结果选择。压力隧洞选用圆形断面，无压隧洞，选用圆拱直墙形式。

断面形式确定后，再根据隧洞的布置和流速的控制决定纵坡。当断面形式和纵坡确定后，主要影响断面的因素是糙率。

喷锚的糙率计算可按上述不衬砌隧洞的尼可拉泄公式计算。

喷混凝土的糙率：围岩表面平整 $n=0.02～0.025$；围岩表面高低不平整 $n=0.03$。

2.6.4　混凝土及钢筋混凝土衬砌

2.6.4.1　衬砌的作用

（1）使岩石表面平整，减少糙率，满足泄流冲刷的要求。如高速水流要求的平整度和体形，不衬砌或喷锚衬砌无法满足要求的。

（2）防止渗漏，减少水资源损失，或是防止对工程安全和环境的危害。

（3）防止水流、大气、湿度、温度变化等对围岩的破坏作用。

（4）承受围岩压力和其他各种荷载，或加固围岩共同承受内、外压力和其他荷载等。

2.6.4.2　衬砌结构的选择

衬砌结构主要根据围岩条件、隧洞断面尺寸、施工条件等选择。

实践经验表明，无论是尾矿排水还是水利水电工程的各种用途的水工隧洞，主要是砌

石、混凝土及钢筋混凝土结构，这些建筑材料选用的标准，基本是以断面应力来控制的，对不出现拉应力或拉应力小的隧洞，则采用砌石结构；当衬砌应力超过砌石的允许应力时，可选用混凝土结构，其允许应力可按《水工钢筋混凝土设计规范》规定采用。对受内水压力控制的圆形有压隧洞的素混凝土衬砌，混凝土的抗拉安全系数，根据《水工隧洞设计规范》采用如下的抗拉安全系数，见表 2-58。

表 2-58　混凝土抗拉安全系数

隧洞级别	1		2，3		4，5	
荷载组合	基本	特殊	基本	特殊	基本	特殊
混凝土达到设计抗拉强度时的安全系数	2.1	1.8	1.8	1.6	1.7	1.5

当计算的拉应力超过混凝土的允许拉应力时，则选择钢筋混凝土结构。钢筋混凝土的断面尺寸，决定于抗裂或限裂的要求。它视围岩条件、防渗要求、隧洞工作状态和工程的重要性而定。若衬砌作为平整用，则无此要求。凡隧洞衬砌开裂后，内水外渗将危及围岩和相邻建筑物安全时，应按抗裂要求设计，否则按限裂要求设计。尾矿库排水洞，多为明流工作状态，只有在泄稀遇洪水时，有可能成压力流，才发生内水外渗的问题。至于泄稀遇洪水也是按无压洞设计的，无内水外渗，主要是外水内渗，且渗漏通道多是一些构造和施工质量方面的问题，不是衬砌的本身。所以，尾矿库排水洞一般可按限裂要求设计。按限裂设计时，最大计算裂缝宽度不应超过 0.2~0.3mm，水质有侵蚀性时，最大计算裂缝宽度不宜超过 0.15~0.25mm。但实践表明，无论抗裂设计，还是限裂设计也都控制不住裂缝的发展，且裂缝的发展规律及其开展宽度，与计算假定完全不同。这里所提出的抗裂和限裂，以及裂缝宽度等，仅仅是一种相对的设计标准。实际上，只有采取工程措施，方能控制裂缝的产生和发展。

在设计时，除了要考虑材料强度对结构的影响外，还应对材料的其他性能有一定的要求。

砌石时，对石材和砌筑砂浆的要求是，石料一般不低于 40MPa，水泥砂浆不低于 5MPa。混凝土及钢筋混凝土随需要不同，对其强度、抗渗、抗冻、抗磨和抗浸蚀有不同的要求。其强度不应低于 150 号，亦可采用 28 天龄期的后期强度。混凝土和钢筋混凝土的性能，应满足现行《水工钢筋混凝土结构设计规范》的有关规定。

除了材料对结构尺寸的影响外，断面形式、计算理论和施工方法也会影响结构尺寸。

就断面形式论，承受内水压力的压力隧洞和外水压力较大的无压隧洞宜采用圆形断面，岩石较好的无压隧洞宜采用圆拱直墙形式或城门洞形，松弱和较差的围岩宜采用马蹄形和圆形。

圆拱直墙式断面的中心角为 90°~180°，当需要加大拱端推力时，可选用小于 90° 的中心角。断面的高宽比，应根据水力条件及地质条件选用，一般为 1~15。当洞内水位变化较大时，用大值，当侧压力大时，应选小值，侧压力小垂直压力大时，宜选大值。

断面的高宽比，应与地应力相适应。若水平地应力大于垂直地应力，可采用高度较小宽度较大的断面；若垂直地应力大于水平地应力，可采用高度较大而宽度较小的断面。

对于较长的隧洞，应根据洞段的具体围岩条件，采用多种断面形状或衬砌形式，但不宜过多过密。不同断面或衬砌形式之间应设置渐变段。渐变段的边界应采用平缓曲线，并要便于施工。有压隧洞渐变段圆锥角以采用 6°~10° 为宜,其长度不小于 1.5~2.0 倍的洞径（或洞宽）,两渐变段之间的长度不宜过短。高流速的无压隧洞渐变段体形,应通过试验决定。

隧洞衬砌的应力计算,是确定衬砌断面尺寸的重要依据之一。由于诸种因素的影响和制约,仅通过计算难以达到预期的目的。现以水工隧洞设计规范为依据,简述如下:

Ⅰ 类围岩宜采用有限单元法或弹性力学方法计算。

Ⅳ、Ⅴ 类围岩宜采用结构力学方法计算。

Ⅱ、Ⅲ 类围岩中的隧洞,可视围岩条件和所能取得的基本资料选用合适的计算方法。若围岩稳定性较好,有较强的自承能力,衬砌的目的主要用来加固围岩者,或隧洞跨度大、围岩很不均匀者,宜采用有限单元法分析,否则宜采用结构力学的方法。

我国传统采用的计算原理是将衬砌与围岩相互分开,以研究衬砌本身为主,适当考虑围岩的作用,这种方法被称为结构力学的方法。

荷载及其组合是决定衬砌断面尺寸的主要依据,在进行计算时,应力求符合实际。

隧洞横断面尺寸的大小由水力计算确定。但根据施工需要,最小横断面尺寸为:圆形断面的内径不小于 1.8m,非圆形断面高度不小于 1.8m,宽度不宜小于 1.5m。

断面厚度,单筋混凝土衬砌厚度不宜小于 25cm;双层钢筋混凝土厚度不宜小于 30cm。

2.6.4.3 衬砌的构造措施

（1）衬砌分缝。

变形缝:地质条件明显变化地段、井及洞结构尺寸突变处,或其他可能发生较大相对变位处,应设置变形缝,并采取相应的防渗措施。围岩地质条件比较均一的洞身段,只设施工缝。

施工缝:沿洞按每隔 6~12m 设一条,既考虑浇筑能力又考虑温度伸缩,顶、底拱边墙应设在一个断面形成环向缝,不得错开。

无压隧洞的环向施工缝:无防渗要求时,一般分布筋不穿过缝面,混凝土可不凿毛处理,也不设止水。

有压洞和有防渗要求的无压洞,衬砌的环向施工缝,应设止水。

纵向施工缝:应设在衬砌结构拉应力及剪应力较小的部位,必须进行凿毛处理。当采用先拱后墙施工时,拱座下的反缝应进行妥善处理,应有良好联接的设计和施工措施。

（2）灌浆。混凝土、钢筋混凝土衬砌顶部,一般宜进行回填灌浆,即使是无压隧洞,若考虑围岩的抗力,也应灌浆。

回填灌浆的范围、孔距、排距、灌浆压力及浆液浓度等,应根据衬砌结构的形式、隧洞的工作条件及施工方法分析决定。

回填灌浆的范围,一般在顶拱中心角 90°~120° 以内,孔距和排距一般为 2~6m,灌浆压力一般为 0.2~0.3MPa,灌浆孔深入围岩 5cm 以上。

灌浆前必须作好超挖部分的回填工作,拱顶以下必须回填密实。

灌浆的水泥结石,特别是弹性模量应满足设计要求。这主要由灌浆的压力和浓度来保证。

固结灌浆是加固围岩,提高围岩承载能力和减少渗漏的重要措施,特别是当围岩裂隙较发育的洞段进行固结灌浆对围岩稳定,保证隧洞安全运行,延长隧洞使用年限起着明显的作用。是否需要进行固结灌浆，应慎重研究。对于无压隧洞一般不作固结灌浆。

灌浆材料一般用普通硅酸盐水泥，不得采用火山灰质硅酸盐和矿渣硅酸盐水泥，因为这两种水泥的后加填料易分离，结石不具强度，尤其是在稀于1:1的浆液中。当地下水具有浸蚀性时，应选用特种水泥。

（3）防渗和排水。根据隧洞沿线围岩工程地质、水文地质等情况，采取或堵（衬砌、灌浆）、或截（设置防渗帷幕）、或排（如排水孔和排水沟槽）等措施，以改善衬砌结构和围岩工作条件。隧洞进口应作好洞脸和岩石之间的回填工作，防止张口渗漏，必须注意。

在无压隧洞中，只要围岩中软弱面充填物不被溶解和带走，就可以设排水孔。其间距、排距各为2~4m，孔深深入岩层约2~4m。

对有外水压力制约衬砌设计的有压隧洞，可在衬砌外部设立排水沟槽引出洞外，洞身不设排水孔，也不会有内水外渗的问题。

2.7 排水涵洞(管)及斜槽

2.7.1 结构形式

2.7.1.1 排水涵洞(管)的形式

尾矿库的排水管形式是根据泄洪量大小、地形地质情况及当地建筑材料、施工力量等因素决定。

按敷设方法分为：上埋式、平埋式和沟埋式，见图2-43。

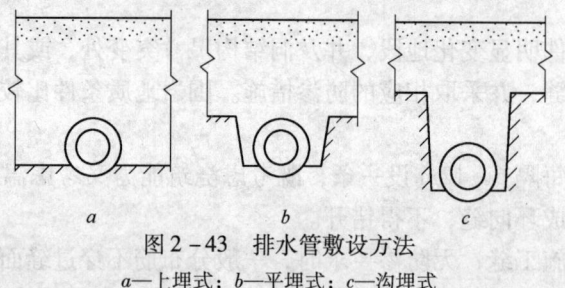

图2-43 排水管敷设方法

a—上埋式；b—平埋式；c—沟埋式

按断面形状分为：刚性座垫管、整体式圆管、拼合式圆管、长圆管、整体式圆拱直墙管、整体式方管，见图2-44。

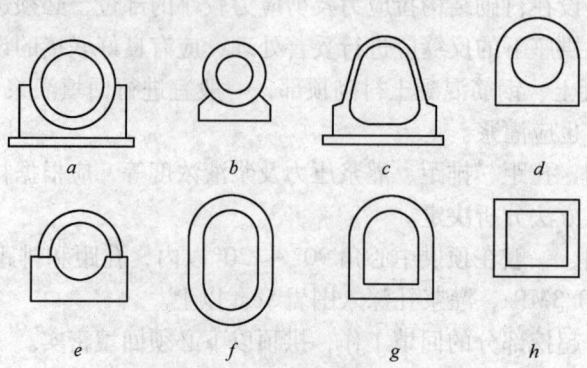

图2-44 排水管断面形状

a~c—刚性座垫管；d—整体式圆管；e—拼合式圆管；

f—长圆管；g—整体式圆拱直墙管；h—整体式方管

2.7.1.2 排水斜槽

排水斜槽一般由流槽和预制盖板组成。当槽宽较大时，为减轻盖板重量，可将斜槽分成双格或多格，见图2-45。

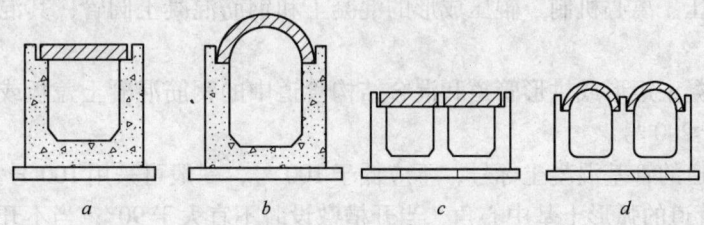

图2-45 排水斜槽

a—单格平盖板；b—单格拱盖板；c—双格平盖板；d—双格拱盖板

当荷载较大时，可采用拱形盖板。槽身常用混凝土或浆砌块石构筑，必要时可在拱座处配少量钢筋，其内力可参照拼合式排水圆管进行计算。当荷载较小时，宜采用平盖板，槽身可用钢筋混凝土或浆砌毛石构筑。

2.7.2 荷载计算

（1）垂直压力、侧压力、外水压力，按本章2.9.1节的相关公式计算。

（2）自重

$$G = \gamma_\sigma t$$

式中 G——自重；

γ_σ——所用材料容重；

t——结载厚度。

（3）地基反力。作用于管道基础底部的地基反力分布随管基刚度、形状及地基性质而变，尾矿库的排水管基础多为刚性基础，置于黏土地基上时，中央压力小而两端大，置于砂土地基上时，中央压力大而两端为零。

一般情况下，建议地基反力分布如下：

如排水管为矩形，当 $h \geqslant b$ 时，地基反力呈均匀分布；当 $h < b$ 时，呈折线形分布，见图2-46。

黏土地基：$q_1 : q_2 = 1 : 2$；岩石地基 $q_1 : q_2 = 1 : 3$。

圆形或马蹄形管的地基反力分布规律与矩形管类似，一般可取 $q_1 : q_2 = 1 : 2$。

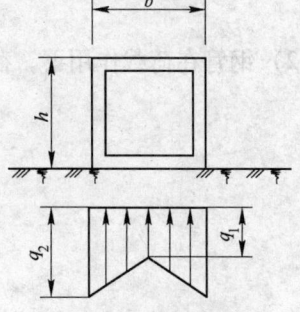

图2-46 排水管地基反力成折线形分布

2.7.3 涵洞(管)结构设计

2.7.3.1 一般规定

（1）地下管道的结构设计，应符合下列规定：

1）各种结构类别、各种形式的管道，均应进行强度计算。根据埋设深度、施工方式和水文地质条件，必要时尚应进行抗浮稳定验算。

2）对钢管，尚应进行横截面的稳定和刚度验算。

3）对预应力混凝土圆管，尚应进行抗裂度验算。一般由抗裂度验算控制截面设计。

4）对钢筋混凝土圆管、矩形或拱形管道以及混合结构中的钢筋混凝土盖板或底板，

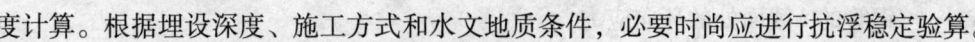

尚应进行裂缝宽度验算。

（2）管道结构的混凝土标号，应符合下列规定：

1）预应力混凝土圆管的混凝土标号，不应低于 400 号。

2）振动挤压、离心机制、辊压成形的混凝土和钢筋混凝土圆管，其混凝土标号不应低于 300 号。

3）钢筋混凝土矩形或拱形管道和混合结构管道中的钢筋混凝土盖板或底板，其混凝土标号不应低于 200 号。

4）圆形管道的管基混凝土标号，不应低于 100 号，一般可采用 100 号。

（3）圆形管道的弧形土基中心角，当开槽敷设时不宜大于 90°；当不开槽顶管施工时不宜大于 120°。对于素土平基上敷设的圆管，可按弧形土基中心角为 20° 计算。

（4）矩形或拱形管道的地基反力，一般可按 2.7.2 节所述计算：对跨度（宽度）较大的管道，宜按弹性地基计算。

（5）管道两侧和管顶上部的回填土的密实度，应在有关设计文件中明确规定要求。圆形管道的两侧胸腔部分的回填土应严格夯实，夯实密度不应低于该回填土的最大夯实密度的 90%，对钢管不应低于 95%。

本节对管道的叙述考虑了坝外管道设计的要求。

2.7.3.2 钢管

（1）钢管的静力计算的荷载组合，应符合下列规定：

1）强度计算时的荷载组合，应包括竖向压力、水平向侧压力（应取最低地下水位计算）、地面车辆或堆积荷载、设计内水压力和温度荷载。

2）稳定验算时的荷载组合，应包括竖向压力、水平向侧压力、地面车辆或堆积荷载和管内真空压力或外水压力。

3）刚度验算时的荷载组合，应包括竖向压力、水平向侧压力和地面车辆荷载。

（2）钢管的强度计算，应按下列规定进行：

1）钢管的强度计算，应满足下式要求：

$$\sigma_i \leqslant \varphi_m [\sigma] \qquad (2-146)$$

2）钢管在荷载作用下，截面 i 处的组合折算应力可按下列公式计算：

$$\sigma_i = \sqrt{\sigma_{ai} + \sigma_{xi}^2 - \sigma_{ai}\sigma_{xi}} \qquad (2-147)$$

$$\sigma_{ai} = \frac{\Sigma N_{ai}}{A} \pm \frac{\Sigma M_{ai}}{w} \qquad (2-148)$$

$$\sigma_{xi} = \mu_g \sigma_{ai} \pm a_g E_g \Delta T_0 \qquad (2-149)$$

$$\Sigma M_{ai} = (m_{1i} p_V + m_{2i} p_A) r_0^2 \qquad (2-150)$$

$$\Sigma N_{ai} = (m'_{1i} p_V + m'_{2i} p_A + p_r) r_0 \qquad (2-151)$$

式中 σ_i——钢管的 i 截面处的组合折算应力，0.1MPa；

$[\sigma]$——钢管材料的容许应力，0.1MPa，按现行规范采用；

σ_{ai}——钢管的 i 截面处的环向应力；

σ_{xi}——钢管的 i 截面处的纵向应力；

ΣM_{ai}——钢管的 i 截面处，在组合荷载作用下的总弯矩；

ΣN_{ai}——钢管的 i 截面处，在组合荷载作用下的总轴力；

p_V——管顶的竖向压力；

p_A——管中心处的水平向侧压力；

p_r——设计内水压力；

m_{1i}——管顶竖向压力对管壁 i 截面处的弯矩系数，可从 2.9.2 节中的有关表查取；

m_{2i}——管侧水平向侧压力对管壁 i 截面处的弯矩系数，可从 2.9.2 节中的有关表查取；

m'_{1i}——管顶竖向压力对管壁 i 截面处的轴力系数，可从 2.9.2 节中的有关表查取；

m'_{2i}——管侧水平向侧压力对管壁 i 截面处的轴力系数，可从 2.9.2 节中的有关表查取；

μ_g——钢的泊松比；

a_g——钢的线胀系数；

E_g——钢的弹性模量；

ΔT_0——钢管的闭合温差，℃；

A——钢管纵向截面的计算截面积，cm^2；

w——钢管纵向计算截面抵抗矩，cm^2；

r_0——钢管的计算半径，cm，可取至管壁中心计算。

（3）钢管的稳定验算，应按下列规定进行：

1）钢管的稳定验算，应满足下式要求：

$$K_w \leqslant \frac{p_{kw}}{p_V + p_a} \qquad (2-152)$$

2）钢管管壁失稳的临界压力，可按下式计算：

$$p_{kw} = \frac{2E_g(n^2-1)}{3(1-\mu_g^2)}\left(\frac{t}{D_0}\right)^3 + \frac{E_0}{(n^2-1)(1+\mu_0)} \qquad (2-153)$$

式中 K_w——钢管横截面的设计稳定安全系数，可取 2.5；

p_{kw}——钢管管壁的临界压力；

p_a——管内真空压力；

n——管壁失稳时的折皱波数，其取值应使 p_{kw} 为最小值并为等于、大于 2.0 的正整数；

μ_0——钢管两侧胸腔回填土的泊松比，应根据土工试验确定；

E_0——钢管两侧胸腔回填土的变形模量，应根据土工试验确定，有可靠经验可根据原状土的试验数据折减采用；

t——钢管的管壁厚度，cm；

D_0——管的计算直径，cm，可取至管壁中心计算。

（4）钢管的刚度验算，应按下列规定进行：

1）钢管的刚度验算应符合 $f_D \leqslant 0.02D$ 的要求。

2）钢管在组合荷载作用下的竖向最大变位可按下式计算：

$$f_D = (\varepsilon_v p_v - \varepsilon_H p_A) r_0 \qquad (2-154)$$

式中 f_D——钢管在组合荷载下的竖向最大变位，cm；

ε_v——钢管在竖向压力作用下的竖向变位系数，可根据土质条件按 4.9.2 节中有关表确定；

ε_H——钢管在水平向侧压力作用下的竖向变位系数，可根据土质条件按 4.9.2 节中有关表确定。

（5）钢管管壁的设计厚度，应根据计算厚度另加构造厚度。构造厚度宜为 2mm。

（6）钢管管壁的最小设计厚度，应符合表 2 - 59 的规定。

表 2 - 59   钢管管壁的最小设计厚度

管内径 D/mm	管壁最小设计厚度/mm
$D \leqslant 700$	6
$700 < D \leqslant 1200$	7
$1200 < D \leqslant 1600$	8

（7）钢管的施工制作的下列重要指标，应在有关设计文件中明确规定：

1）管子制作的椭圆度不得大于 $0.01D$，在管节的安装端部不得大于 $0.005D$。

2）对接管节的管端切口角应吻合，误差不应超过壁厚的 1/4，管端接口间隙量不得大于 2.5mm，如不符合要求时应补加短管连接。

3）对接管口的中心线偏差，管径小于 1200mm 时不得大于 1.0mm；管径等于、大于 1200mm 时不得大于 2.0mm。

4）对接管节的管口平面偏差不得大于 1.5mm。

5）组装管节时，管节的纵向焊缝应放置在与铅直向成 45°的部位，并应将相邻管节的纵向焊缝位置错开。

（8）管壁上的开孔和接入支管部位应避开焊缝，并不应开设矩形孔洞。

（9）开槽埋设的钢管采用 90°土弧基础时，钢管下应铺设砂或细碎石垫层。垫层厚度可按下式确定，但不宜大于 30cm：

$$h_d \geqslant 0.1(1 + D) \tag{2 - 155}$$

式中 h_d——垫层厚度，m；

D——管内径，m。

（10）钢管内水压力的设计是根据工作压力来确定的。当工作压力 $p_w \leqslant 5 \times 10^{-1}$MPa 时，按 $2p_w$ 计算；否则，设计压力为 $p_w + 5 \times 0.1$MPa $\geqslant 9 \times 10^{-1}$MPa。地下钢管运行的真空压力应按 0.5 ± 10^{-1}MPa 计算。

2.7.3.3   铸铁管道

（1）对铸铁管进行强度计算时，荷载组合应包括竖向土压力、水平向侧压力（有地下水时应取低水位计算）、设计内水压力、地面车辆荷载。

（2）铸铁管的强度计算，应符合下列公式的要求：

$$\sigma_{wi} \leqslant [\sigma_{wi}] \tag{2 - 156}$$

$$\sigma_i \leqslant \frac{[R_i]}{K} \tag{2 - 157}$$

式中 σ_{wi}——在组合荷载的作用下，管截面上的最大弯曲拉应力，MPa；

$[\sigma_{wi}]$——在组合荷载作用下，铸铁管的容许弯曲受拉强度，MPa；

σ_i——在设计内水压力作用下，管壁截面上的拉应力，MPa；

$[R_i]$——铸铁管的极限受拉强度，MPa；

    K——设计安全系数，可取 2.5。

（3）铸铁管在组合荷载的作用下，管壁截面上的最大弯曲应力，应按下列公式计算：

$$\sigma_{wi} = \frac{6M_{pm}}{bt^2} \qquad (2-158)$$

$$M_{pm} = (k_{1i}p_V + k_{2i}p_A)D_1r_0 \qquad (2-159)$$

式中 M_{pm}——在组合荷载的作用下，管壁截面上的最大弯矩，N·cm/cm；

    b——计算宽度，cm；

    t——计算壁厚，cm，可取 $t = 0.975t_D - 0.15$（t_D 为铸铁管产品壁厚）；

    D_1——管外径，cm；

  k_{1i}，k_{2i}——竖向压力和水平向侧压力作用下，管壁 i 截面处的弯矩系数，可根据管基情况按 2.9.3 节中有关表确定。

（4）铸铁管在组合荷载作用下的容许弯曲受拉强度，应按下列公式确定：

$$[\sigma_{w1}] = \frac{[R_{w1}]}{K}\sqrt{1 - K\frac{\sigma_1}{[R_1]}} \qquad (2-160)$$

$$\sigma_1 = \frac{P_T r_0}{t} \qquad (2-161)$$

式中 $[R_{w1}]$——铸铁管的极限弯曲受拉强度，MPa；

    P_T——内水压力；

    r_0——管内半径；

其他符号意义同前。

（5）铸铁管当其工作压力为 P_w 时，内水压力 P_T 的设计按原则确定：当 $P_w > 6$ 时，$P_T = P_w$。

2.7.3.4 预应力混凝土圆形管道

（1）对预应力混凝土圆管进行强度计算和抗裂度验算时，荷载组合应包括结构自重、管内水重、竖向土压力、水平向侧压力（有地下水时应取低水位计算）、设计内水压力、地面车辆荷载或堆积荷载。

（2）在组合荷载作用下，管壁截面内力可按下列公式计算：

$$M_{pm} = (K_{1i}P_V + K_{2i}P_A)D_1r_0 + K_{3i}G_w r_0 + K_{4i}G_0 r_0 \qquad (2-162)$$

$$N = P_T b r_0 \qquad (2-163)$$

式中 M_{pm}——在组合荷载作用下，管壁截面上的最大弯矩，N·cm/cm；

    N——管壁截面上由设计内水压力产生的轴力，N；

    G_w——单位长度管内的水重，N/cm；

    G_0——单位长度的管自重，N/cm；

K_{1i}，K_{2i}，K_{3i}，K_{4i}——在 P_V、P_A、G_w、G_0 作用下，管壁 i 截面处的弯矩系数，可根据管基情况按 2.9.3 节中有关表查取。

（3）预应力钢筋时张拉控制应力（σ_K），应按下列规定采用：

1）振动挤压预应力混凝土管和电热法张拉的管芯缠丝预应力混凝土管的环向预应力钢筋，张拉控制应力应按先张法取值。

2）机械张拉的管芯缠丝预应力混凝土管的环向预应力钢筋，张拉控制应力应按后张法取值。

3）管芯缠丝预应力混凝土管的环向预应力钢筋，尚应考虑非同时张拉引起混凝土弹性压缩的影响，张拉控制应力可按公式予以增加。

4）纵向预应力钢筋的张拉控制应力，应按先张法取值。

（4）预应力钢筋的预应力损失值，应按下列规定确定：

1）纵向预应力钢筋和管芯缠丝预应力混凝土管的环向预应力钢筋的预应力损失，可按表 2 - 60 计算。

表 2 - 60　预应力损失值

引起损失的因素	符号	纵向预应力	管芯缠丝预应力 混凝土管的环向预应力
张拉锚具的变形	σ_{s1}	按公式 2 - 164 计算	—
混凝土的局部挤压	σ_{s3}		300
钢筋应力松弛	σ_{s4}	按钢筋混凝土设计规范规定取	$7\% \sigma_K$
混凝土的收缩徐变	σ_{s5}	按表 2 - 61 确定	按表 2 - 61 括号中取值

2）振动挤压预应力混凝土管的环向预应力钢筋的预应力损失，应根据制造工艺的具体条件确定。

（5）纵向预应力钢筋由于锚具变形引起的预应力损失，可按下式计算：

$$\sigma_{s1} = \frac{\lambda}{l} E_s \qquad\qquad (2 - 164)$$

式中　σ_{s1}——由于锚具变形引起的预应力损失，MPa；

　　　λ——张拉端锚具的变形值，mm，可按 1.0mm 计算；

　　　l——张拉端至锚固端之间的距离，mm。

（6）纵向预应力钢筋由于混凝土收缩、徐变引起的预应力损失（σ_{s5}），可按表 2 - 61 计算。

表 2 - 61　混凝土收缩徐变引起纵向（环向）预应力钢筋的预应力损失值 σ_{s5}

σ_{hz}/R	0.1	0.2	0.3	0.4	0.5	0.6
σ_{s5}/MPa	28 (20)	38 (30)	48 (40)	58 (50)	68 (60)	105 (90)

注：1. 表中 σ_{hz} 为管壁环向截面上的法向应力，此时预应力损失仅考虑混凝土预压前的损失。

　　2. 表中数值系适用于预应力混凝土管处于高湿条件的养护情况，如长期处于干燥条件时，宜将表列数值提高一倍采用。

　　3. 表中括号中的数为环向预应力损失数。

（7）管壁的纵向有效预压应力值，不宜低于相应环向有效预压应力的 20%。

（8）环向预应力钢筋的配筋截面面积应满足抗裂度要求，可按下列公式计算：

1）振动挤压预应力混凝土管

$$A_y = \left(\frac{K_1 N}{A_h} + \frac{K_1 M_{pm}}{\gamma W_h} - R_1 \right) \frac{A_h}{\sigma_y} \qquad\qquad (2 - 165)$$

$$\sigma_y = \sigma_h - \Sigma\sigma_{s1} - n\sigma_h \tag{2-166}$$

2) 管芯缠丝预应力混凝土管

$$A_y = \left(\frac{K_1 N}{A_d} + \frac{K_1 M_{pm}}{\gamma W_h} - R_1\right)\frac{A_h}{\sigma_y} \tag{2-167}$$

电热法张拉时

$$\sigma_y = \sigma_h - \Sigma\sigma_{s1} - n\sigma_h \tag{2-168}$$

机械张拉时

$$\sigma_y = \sigma_h - \Sigma\sigma_{s1} \tag{2-169}$$

式中　A_y——环向预应力钢筋截面面积，cm^2；

　　　σ_y——环向预应力钢筋扣除应力损失后的有效预应力，MPa；

　　　A_h——管壁截面面积，cm^2；

　　　W_h——管壁截面受拉边缘的弹性抵抗矩，cm^3；

　　　γ——矩形截面抵抗矩的塑性系数，可取 1.75；

　　　R_1——管壁混凝土的抗裂设计强度，MPa；

　　　K_1——抗裂设计安全系数；

　　　A_d——管芯截面面积，cm^2；

　　　n——钢筋与混凝土弹性模量之比；

　　　σ_h——扣除相应阶段预应力损失后，管壁截面上的有效预压应力，MPa；

　　$\Sigma\sigma_{s1}$——预应力损失之和。

（9）纵向预应力钢筋的截面面积，可按下列公式计算：

$$A_{yz} = A_h \cdot \frac{\sigma_{hz}}{\sigma_{yz}} \tag{2-170}$$

$$\sigma_{yz} = \sigma_h - \Sigma\sigma_{s1} - n\sigma_{h3} \tag{2-171}$$

式中　A_{yz}——纵向预应力的截面面积，cm^2；

　　　σ_{yz}——纵向预应力钢筋扣除应力损失后的有效预应力，MPa。

（10）预应力混凝土圆管进行内压试验时，其开裂压力不得低于下列规定：

1) 振动挤压预应力混凝土管

$$p_{k1} = \frac{A_h R_1 + A_y(\sigma_k - \Sigma\sigma_{s1})}{br_0} \tag{2-172}$$

2) 管芯缠丝预应力混凝土管

①电热法张拉

$$p_{k1} = \frac{A_d R_1 + A_y(\sigma_k - \Sigma\sigma_{s1})}{br_0} \tag{2-173}$$

②机械张拉

$$p_{k1} = \frac{A_d R_1 + A_y(\sigma_k - \Sigma\sigma_{s1} + n\sigma_A)}{br_0} \tag{2-174}$$

式中　p_{k1}——内压试验时管壁的开裂压力，MPa；

　　　b——计算宽度，cm。

（11）管两端的环向预应力钢筋，应加密缠丝 3~5 圈。

（12）环向预应力钢筋的净距不应大于35mm，振动挤压预应力混凝土管的预应力钢筋，除管端外，净距不应小于骨料的最大粒径。

（13）管芯缠丝预应力混凝土管的两端40～50cm长度范围内，应放置非预应力构造钢筋网，直径不应小于4mm，钢筋的网格间距不应大于200mm。

（14）管道的内力计算值，当工作压力 p_w 大于 6×10^{-1} MPa 时，计算内压力 $p_T = (p+3)$ $(10^{-1}$ MPa)。

2.7.3.5 矩形、拱形管道

（1）侧墙为砖石砌体的混合结构矩形管道和拱形管道的荷载组合，应符合下列规定：

1）主要荷载组合应包括结构自重、竖向压力、外侧水平向侧压力和地面车辆荷载或堆积荷载，以及外侧的水压力。

2）双孔或多孔管道需考虑单孔运行时，尚应按一孔有水验算内隔墙。

3）施工阶段的荷载组合，应根据工程具体情况进行验算。

（2）钢筋混凝土矩形或拱形的管道，应按下列荷载组合，确定各部位的最大内力。

1）第一种荷载组合包括结构自重、竖向压力及地面车辆荷载或堆积荷载、管内水压力、外侧水平向侧压力（有地下水时应按最低水位计算）。

2）第二种荷载组合包括结构自重、竖向压力、外侧水平向侧压力（地下水应按最高水位计算）。

3）双孔或多孔管道需考虑单孔运行时，尚应按一孔有水或间隔有水进行验算。

4）施工阶段的荷载组合，应根据工程具体情况进行验算。

（3）混合结构的矩形管道的结构计算简图，可按下列规定确定：

1）盖板与侧墙的连接可视为铰支承。

2）侧墙与底板的连接，当管道的净宽不大于4.0m时，侧墙可按固定支承于底板计算，当管道的净宽大于4.0m时，两者宜视为弹性支承，按节点变形协调进行计算。

3）位于地下水位以上的管道，当地基良好、采用分离式基础时，侧墙可按固定支承于条形基础计算。

（4）钢筋混凝土矩形管道的结构计算简图，应符合下列规定；

1）侧墙与盖板的连接，当盖板为预制装配时可视为铰接，当盖板为整体现浇，并与侧墙内竖筋整体连接时，该连接节点应视为弹性固定，按变形协调进行计算。

2）侧墙与底板的连接应视为弹性固定，按节点变形协调进行计算。

（5）拱形管道的结构计算简图，应符合下列规定：

1）当拱圈为钢筋混凝土、直墙为砌体时，两者的连接宜视为铰接，并应计算直墙顶端水平向位移的影响。

2）当拱圈与直墙为同一种材料时，两者的连接应视为弹性固定，按变形协调进行计算。

3）直墙与底板的连接宜视为弹性固定。

（6）混合结构矩形管道的静力计算，当管道净宽不大于4.0m时，可按下列规定进行：

1）盖板可按两端铰支计算，盖板的计算跨度宜取净宽的1.05倍。

2）侧墙的内力可按下列公式计算

$$M_A = M_{pA} - \frac{1}{2}M_B \qquad (2-175)$$

$$N_A = q_3 + \frac{1}{2}p_v L_0 + q_b \qquad (2-176)$$

$$M_B = \frac{1}{4}p_v L_0(b-a) \qquad (2-177)$$

$$N_B = q_3 + \frac{1}{2}p_v L_0 \qquad (2-178)$$

3）底板的弯矩，可按下列公式计算

$$M_{DA} = M_A \qquad (2-179)$$

$$M_{Dm} = m_0 q_1 L_0^2 - M_{DA} \qquad (2-180)$$

式中　M_A——侧墙底端的弯矩，kN·m/m；

　　　M_B——侧墙顶端由于盖板压力偏心引起的弯矩，kN·m/m；

　　　N_A——侧墙底端截面上的轴压力，kN/m；

　　　N_B——侧墙顶端截面上的轴压力，kN/m；

　　　q_3——墙顶部的土重，kN/m；

　　　q_b——墙自重，kN/m；

　　　L_0——管道的净宽，m；

　　　a——盖板侧墙顶部的搁置长度，m；

　　　b——侧墙的厚度，m；

　　　M_{DA}——底板两端与侧墙连接处的弯矩，kN·m/m；

　　　M_{Dm}——底板跨中的最大弯矩，kN·m/m；

　　　q_1——地基的均布反力，kN/m²；

　　　m_0——跨中弯矩系数，对平板式底板可取 $\frac{1}{8}$，对反拱式底板可取 $\frac{1}{12}$。

（7）砌体侧墙的强度计算及墙顶与盖板的连接强度计算，应按现行《砖石结构设计规范》的有关规定进行。

（8）净宽大于 4.0m 的混合结构矩形管道，拱形管道和钢筋混凝土矩形管道的静力计算，可按整体闭合构架计算。

（9）现浇钢筋混凝土侧墙的墙厚不宜小于 20cm；纵向钢筋的总配筋率不宜少于 0.3%。

（10）砌体侧墙的构造，应符合下列规定：

1）墙厚不应小于 24cm。

2）内墙面应采用水泥砂浆抹面，抹面厚度宜为 15~20mm；砂浆配比宜为 1:2。

3）外墙面自地下水位以上 50cm 高处至墙底，应采用水泥砂浆勾缝，砂浆配比宜为 1:2.5。

2.7.3.6 混凝土和钢筋混凝土圆形管道

（1）强度计算和裂缝宽度验算时的荷载组合，应包括结构自重、管内水重、竖向压力、水压力、管侧水平向侧压力和地面车辆荷载或堆积荷载。

（2）管道的内力和截面计算，应符合下列规定：

1）混凝土圆管的强度计算和钢筋混凝土圆管的截面里层钢筋计算，均可按受弯状态计算。

2）钢筋混凝土圆管的截面外层钢筋计算，应考虑管壁截面上的轴向力影响，按偏心受压状态计算，管道两侧截面上的轴向力可按下式计算

$$N_\sigma = 0.5 p_v D_1 \tag{2-181}$$

式中　N_σ——管道两侧截面上的轴向力，t/m。

（3）钢筋混凝土圆管内，钢筋的混凝土保护层的最小厚度，当管壁厚小于及等于100mm 时，不应小于15mm；当管壁厚大于100mm 时，不应小于20mm。

2.7.3.7　钢筋混凝土圆管及箱涵内力计算公式

尾矿工程常用的单孔箱涵及圆管内力计算可用：

（1）单孔箱涵内力计算表，见表 2-62。

表 2-62　顶板和底板断面不等的单孔箱涵内力计算公式

序号	图示	计算公式
1	刚比 $K = \dfrac{I_2 h}{I_1 l}$　$K' = \dfrac{I}{I_1}$	I——底板断面惯性矩； I_2——顶板断面惯性矩； I_1——立墙断面惯性矩； l——跨度； h——高度； M_A、M_B、M_C、M_D——结点 A、B、C、D 处弯矩（内侧受拉为正，外侧受拉为负）
2		$q_4 = q_3 + \dfrac{2p}{l}$ $M_A = M_B = -\dfrac{l^2}{12} \times \dfrac{q_3(2K+3K') - q_4 KK'}{K(2+K)+K'(3+2K)}$ $M_C = M_D = -\dfrac{l^2}{12} \times \dfrac{q_4 K'(3+2K) - q_3 K}{K(2+K)+K'(3+2K)}$
3		$M_A = M_B = -\dfrac{q_1 h^2}{12} \times \dfrac{K(K+3K')}{K(2+K)+K'(3+2K)}$ $M_C = M_D = -\dfrac{q_1 h^2}{12} \times \dfrac{K(3+K)}{K(2+K)+K'(3+2K)}$
4		$M_A = M_B = -\dfrac{q_2 h^2}{60} \times \dfrac{K(2K+7K')}{K(2+K)+K'(3+2K)}$ $M_C = M_D = -\dfrac{q_2 h^2}{60} \times \dfrac{K(8+3K)}{K(2+K)+K'(3+2K)}$

（2）刚性垫座圆管内力表，见表 2-63。

表 2-63 刚性垫座上的圆管径在各种载荷下的内力计算表

荷载名称	简 图	内力	基础支点弧半角 α			乘数
			45°	67°30′	90°	
管自重 $G_z = 2\pi\gamma_p h\gamma_g$		M_A	+0.0767	+0.0525	+0.0437	$G_{z}r_p$
		M_B	-0.0749	-0.0589	-0.0479	$G_{z}r_p$
		M_C	+0.0790	+0.0510	+0.044	$G_{z}r_p$
		N_A	-0.0617	-0.0196	-0.0007	G_z
		N_B	+0.2500	+0.2500	+0.2500	G_z
		N_C	+0.2557	+0.2990	+0.3187	G_z
管内水重 $G_0 = \pi r_n^2 \gamma_0$		M_A	+0.0767	+0.0525	+0.0437	$G_{g}r_p$
		M_B	-0.0749	-0.0589	-0.0479	$G_{g}r_p$
		M_C	+0.0790	+0.0510	+0.0440	$G_{g}r_p$
		N_A	-0.2210	-0.1790	-0.1600	G_g
		N_B	-0.0686	-0.0686	-0.0686	G_g
		N_C	-0.2220	-0.1790	-0.1590	G_g
管腔土重 $G_Q = 0.1073 D_w^2 \gamma$		M_A	+0.082	+0.058	+0.049	$G_{Q}r_p$
		M_B	-0.110	-0.094	-0.083	$G_{Q}r_p$
		M_C	+0.111	+0.083	+0.076	$G_{Q}r_p$
		N_A	-0.084	-0.042	-0.023	G_Q
		N_B	-0.500	+0.500	+0.500	G_Q
		N_C	-0.278	+0.321	+0.292	G_Q
均布垂直压力 $Q_B = q_a D_w$		M_A	+0.147	+0.123	+0.114	$Q_{B}r_p$
		M_B	-0.138	-0.122	-0.111	$Q_{B}r_p$
		M_C	+0.134	+0.106	+0.099	$Q_{B}r_p$
		N_A	-0.035	+0.007	+0.026	Q_B
		N_B	+0.500	+0.500	+0.500	Q_B
		N_C	+0.229	+0.272	+0.292	Q_B
均布水平侧压力 $Q_c = q_c r_w(1+\cos\alpha)$		M_A	-0.143	-0.157	-0.165	$Q_{C}r_p$
		M_B	+0.143	+0.152	+0.125	$Q_{C}r_p$
		M_C	-0.131	-0.117	-0.085	$Q_{C}r_p$
		N_A	+0.579	+0.674	+0.790	Q_C
		N_B	0	0	0	Q_C
		N_C	+0.421	+0.326	+0.292	Q_C
均匀内水压力	$M_A = M_B = M_C = 0; N_A = N_B = N_C = -P_n r_n$					
均匀外水压力	$M_A = M_B = M_C = 0; N_A = N_B = N_C = P_w r_w$					

注：1. 内力符号规定：弯矩 M—内壁受拉为正；轴力 N—受压为正；

2. 表内 r_n—内半径；r_w—外半径；r_p—平均半径；D_w—外直径；γ_g—管材容重；γ_0—水容重；γ—管腔土容重。

2.7.3.8 涵洞(管)结构构造措施

(1) 排水管的基础一般应设于均质地基上，不宜设于软弱土基上。若遇到淤泥质的软弱黏土必须切实加以处理，以防止发生不均沉降而使涵管断裂。铺设管道基础采用整体式，没有基础的应平基铺管或用弧形土基铺管，这种情况仅适用于小直径涵管。一般来说，铺管均应作混凝土或砌石基础。刚性较大的箱涵一般不作基础，但地质条件较差的地方也应设置垫层，在库内设砂石垫层，坝下设碎石垫层或混凝土垫层。

(2) 为了保证管道的纵向强度，应设置必要的沉降缝。设置的原则是，一般土基 4~6m 设一个；地基地质条件有变化处；基础深度不一，结构分段变化处。沉降缝必须贯穿整个断面，宽约 2~3cm，涵洞沉降缝必须处理好。砌体的沉降缝通常用涂沥青木板或浸过沥青的麻絮填塞。现浇混凝土及钢筋混凝土涵洞应埋设塑料止水。预制圆管平接头和企口接头采用以下办法处理：

1) 平头接口的止水通常采用图 2-47 所示的三种形式。图 2-47a，接缝用沥青；浸炼过的麻絮填塞，并用厚 1~2mm、宽 15~30mm 的铁片缠扎，铁皮缠扎应做成两个半箍的形式然后再夹起来。

图 2-47b，接缝用热沥青填充。在管节上半环从管壁内面填以浸涂沥青的麻絮，而在管节下半环，从管壁外侧填浸油麻絮，以防沥青流出。在管壁外覆盖油毛毡。

图 2-47c 为钢筋混凝土箍接头。涵管接缝采用沥青浸炼过的麻絮填塞后，再套上钢筋混凝土箍。这种接头止水效果好，但由于加钢筋混凝土箍后使涵管纵向刚度增大，适应纵向不均匀变形能力变差，所以当有较大不均匀沉陷时，易导致管体开裂。

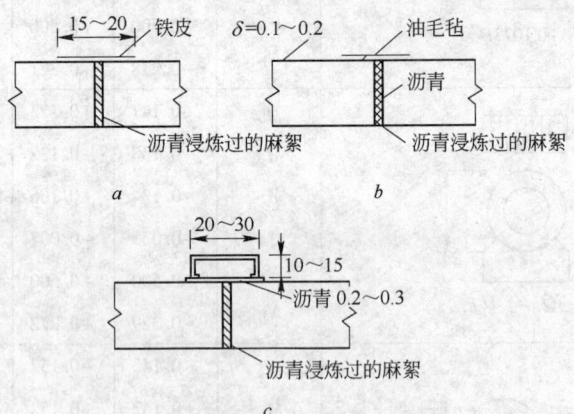

图 2-47 圆涵平头接口止水 (单位：cm)

2) 企口接头止水可根据企口的形式，采用图 2-48 中的三种形式。

图 2-48a，在管壁内侧留有 2cm 的缝隙，缝隙间采用沥青浸炼过的麻绳填塞。在安装管节前，需用热沥青将接头处浸涂。

图 2-48b，企口内外侧缝不等宽，缝隙间采用水泥砂浆或石棉沥青充填。

图 2-48c，企口内缝隙用水泥砂浆充填，缝隙两端用沥青浸炼过的麻绳填塞。

除了沉降缝以外，15~30m 设温度缝一条。对重要的工程还应在沉降缝和温度缝外侧设置反滤层，防止漏尾矿和坝体土料进入管内。

3) 穿越坝体管道应严格按本书第 3 章的要求施工，防止基础不均沉降和集中渗漏。

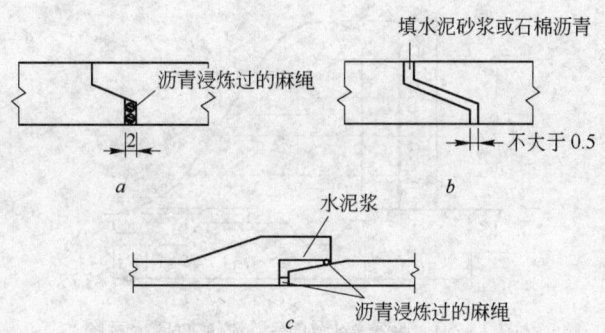

图 2-48 圆涵企口接头止水（单位：cm）

4）现浇涵洞，为防止由于温度产生裂缝，要及时回填。为防止涵洞渗漏作好防渗工作。防渗办法，用防水砂浆抹面，或用沥青涂刷，在洞顶 1m 范围用不透水土料仔细回填，管道分缝处可贴土工布。

5）在冻胀土地区，坝下涵洞出口处 2m 范围内的基础应保持在冻土层以下，其余基础一般不少于 $0.6 \sim 0.7H$（冻土深）。

2.8 溢洪道

2.8.1 溢洪道的构成

尾矿库的溢洪道，除水库式的尾矿库外，一般都有随着尾矿库堆积的逐年增高而逐年抬高溢流水位标高的问题。这一问题的解决办法有两个：一个是峃美山尾矿库的办法，其平面布置如图 2-49 所示，它是逐年提高引水渠的高程；另一个是中条山胡家峪矿毛家湾尾矿的办法，它是逐年抬高溢流堰高度（见图 2-50）。

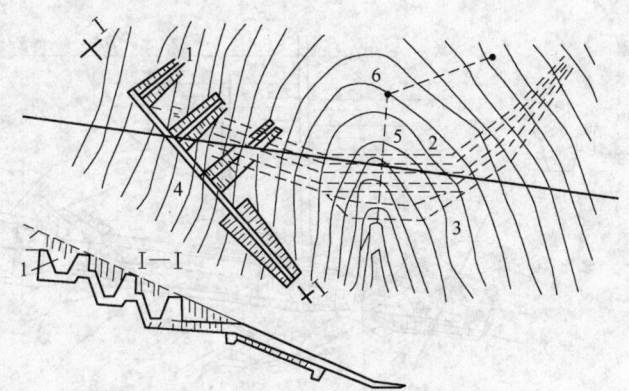

图 2-49 峃美山尾矿库坝端溢洪道平面示意图
1—引水渠；2—堆积坝；3—初期坝；4—溢洪道；5—排水管；6—排水井

尾矿堆积坝，一般都要求泄洪时有一定的滩长。溢洪道进口的布置应满足这一要求。常见的溢洪道布置如图 2-51 和图 2-52 所示。

从上述来看，溢洪道由引水渠、溢流堰陡坡式泄水道以及消能设施等构成，从结构上看，它可分为溢流堰、挡墙和护坡、底板三大部分。

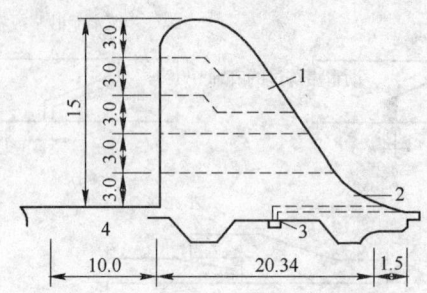

图 2-50 毛家湾尾矿库溢流道加高示意图

1—分层加高堰体；2—堰基齿槽；3—堰基渗水体；4—石英岩

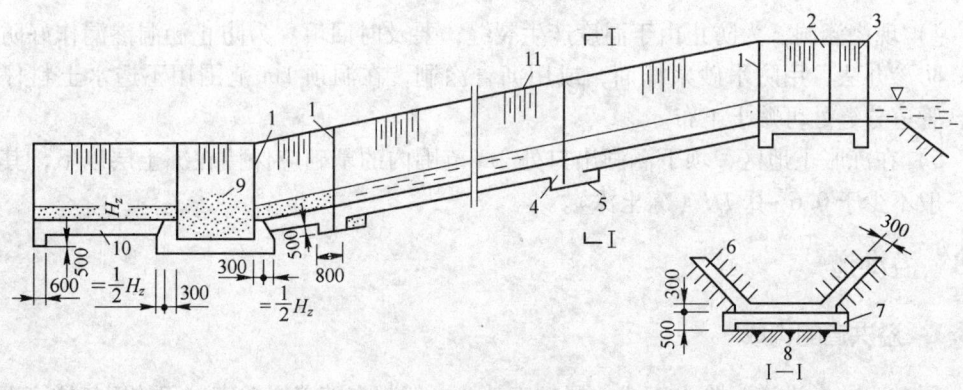

图 2-51 宽浅式等宽溢洪道纵断面示意图

1—接缝（用 10~20mm 厚沥青板填充）；2—进口段平顶堰；3—八字形进水口；4—阻滑齿墙（间距 10~15m）；

5，7—排水设施；6—混凝土或浆砌块石护面；8—350mm 厚碎石和 150mm 厚粗砂层；

9—消力池；10—出口段海漫；11—陡坡段

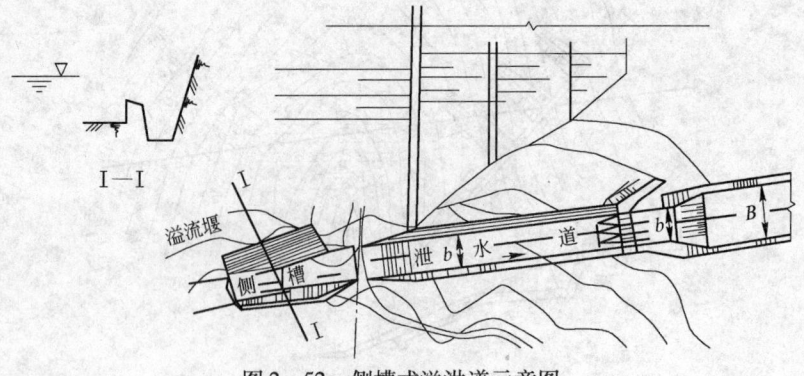

图 2-52 侧槽式溢洪道示意图

2.8.2 溢流堰

溢流堰分为宽顶堰和实用断面堰两种。宽顶堰分为有底坎和无底坎两种。无底坎宽顶堰从结构上看和明渠是一样的。从水流条件看和明渠的区别是顺水流的方向的堰宽和堰上水头之比即 $\frac{\delta}{H} < 10$。泄流和宽顶堰的性质相一致。有底坎的宽顶堰和实用断面堰属同一类

型。不过宽顶堰比实用断面堰有更大的稳定性。宽顶堰和实用断面堰的界限是 $\frac{\delta}{H}=2.5$。

当 $0.67<\frac{\delta}{H}<2.5$ 时为实用堰；$2.5<\frac{\delta}{H}<10$ 时为宽顶堰。现介绍实用断面堰的结构。

实用断面堰承受的荷载主要是水压力、土（尾矿）压力、自重、水重、土（尾矿）重、渗透压力及浮托力，其计算草图见图 2－53 和图 2－54。

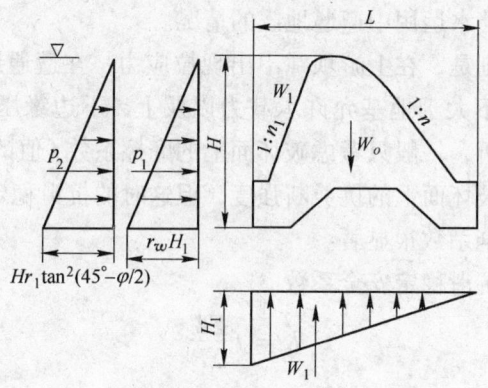

图 2－53 正常挡水时的计算草图

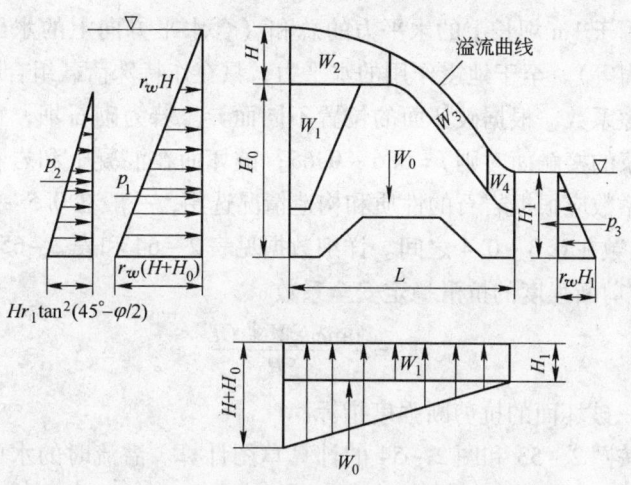

图 2－54 泄洪运用时的计算草图

溢流堰断面形式的拟定对于泄流能力及安全稳定都有十分重要的意义。

尾矿坝上的溢洪道如果采用逐年加高的办法，在尾矿堆积期间只能是折线型的堰，但到终期可采用曲线型堰。曲线型堰比折线型堰流量系数大，且坝面的负压小。由于坝面溢流时存在着负压，所以图 2－54 中的 W_3 的计算值得研究，如果出现负压，那么 W_3 就不存在，从安全角度出发，W_3 在稳定计算中可以适当减少，但下游坡缓于 0.6 时，下部还是有一部分的。故从减少负压出发，下游坡应适当放缓。坝的上游坡，n_1 可以为零。放缓上游坡的目的，是利用上游的水压力和土压力增加坝的稳定性。但上游坡过缓，坝踵应力不易满足设计要求。坝的上、下游各作一个齿槽，目的是延长渗径，增加坝的稳定性。

坝体材料一般可用浆砌块石。当用50号水泥砂浆砌块石时，为保证坝体防渗、坝面防冲，在其外壳可包一层混凝土，也可用75号以上的水泥砂浆勾缝。坝的最终剖面，应以稳定和应力的计算结果为准。

坝的抗滑稳定安全系数，按重力坝规范中的规定，基本荷载组合采用1.05，特殊荷载组合大于1.0。

坝的基本荷载组合设计分为挡水和宣泄洪水两种情况。

坝的特殊荷载组合挡水运用中遭遇地震的情况。

坝的应力控制的原则是，在上游坝踵不出现拉应力，在遭遇地震时可以出现拉应力。若为土基时则应控制在不大于地基允许承载力以及上、下边缘压应力比不大于3的范围内。对坝的抗滑稳定分析，一般只考虑破坏面上的摩擦系数 f 值的计算方法。当有可靠的试验资料时也可以考虑破坏面上的抗剪断强度，但这时的抗滑稳定安全系数应为4。抗剪断强度对提高坝稳定安全系数很显著。

只考虑摩擦系数的抗滑稳定安全系数

$$K = f\frac{\Sigma W}{\Sigma P} \qquad (2-182)$$

式中　ΣW——作用于1m坝长上垂直力的总和（含自重、水重、土重、浮托力、渗透压力等）；

　　　ΣP——作用于1m坝长上的水平力的总和（含水平方向上的水压力、淤积尾砂的压力等）。至于地震作用的水平力，只在作特殊荷载组合时才计入；

　　　f——摩擦系数，根据破坏面的位置不同而异。若为砌石坝，且破坏面在块石和砂浆的接触面时则 $f = 0.6 \sim 0.65$；破坏面在混凝土和岩石的接触面，则摩擦系数应根据岩石的性质和构造情况选用，一般在 $0.5 \sim 0.7$ 之间。

土基的摩擦系数在 $0.3 \sim 0.4$ 之间。详细数据见表 2-64 和表 2-65。

考虑破坏面抗剪断强度的抗滑稳定安全系数

$$K = \frac{\tan\varphi \Sigma W + CL}{\Sigma P} \qquad (2-183)$$

式中　$\tan\varphi$，C——破坏面的抗剪断强度指标。

ΣW 及 ΣP 可按图 2-53 和图 2-54 的计算草图计算。溢流时的水面曲线可按水力学中的有关公式和资料计算。计算 W_1 时用的饱和容重 r_f、f_w 分别为土（尾矿）的浮容重和水的容重。

在地震区，计算水平力时应增加堰体的地震惯性力，饱和尾砂液化后的动压力（按动水压力及动土压力分别计算）。

地震惯性力按下式计算

$$Q_0 = K_H C_Z F W_0 \qquad (2-184)$$

式中　K_H——水平向地震系数；

　　　F——惯性力系数，$F = 1.1$；

　　　W_0——溢流堰的总重量；

　　　C_Z——取 1/4。

表 2 - 64　砌体与各类岩石地基的摩擦系数 f

地 基 岩 石 种 类		摩 擦 系 数
坚硬火成岩	花岗岩、流纹岩、石英斑岩、斑岩、玄武岩等	0.65 ~ 0.75
坚硬沉积岩	砂岩、砾岩、石英砂岩、矽质砂岩、石灰岩等	0.50 ~ 0.665
坚硬变质岩	花岗片麻岩、片麻状花岗岩、石英角岩、长石角岩、砂质板岩等	0.55 ~ 0.70
半坚硬火成岩	半风化花岗岩、半风化流纹岩、凝灰岩、凝灰质熔岩等	0.50 ~ 0.60
半坚硬沉积岩	黏土岩、页岩、沉灰岩等	0.30 ~ 0.50
半坚硬变质岩	绿泥石片岩、石英云母片岩、炭质板岩、千枚岩等	0.40 ~ 0.55

表 2 - 65　摩擦系数 f

材 料 类 别	干燥的摩擦面	潮湿的摩擦面
砌体沿砌体或混凝土滑动	0.70	0.60
木材沿砌体或混凝土滑动	0.60	0.50
钢材沿砌体或混凝土滑动	0.45	0.35
砌体、混凝土沿砂子或卵石滑动	0.60	0.50
砌体、混凝土沿砂质黏土滑动	0.55	0.40
砌体、混凝土沿黏土滑动	0.50	0.30

关于惯性力，沿建筑物高度作用于质点 i 的惯性力 P_i 为

$$P_i = \frac{W_i \Delta_i}{\sum\limits_{i=1}^{n} W_i \Delta_i} Q_D \qquad (2-185)$$

式中　Δ_i——地震惯性力分布系数，见图 2 - 55；

　　　n——建筑物计算质点总数（把堰体重量沿高度分在几个点上）。

地震动水压力，单位宽度总地震动水压力为

$$\overline{P_0} = 0.65 K_H C_Z r_w H_0^2$$

力的作用位置为自水面算起的 $0.54H$。

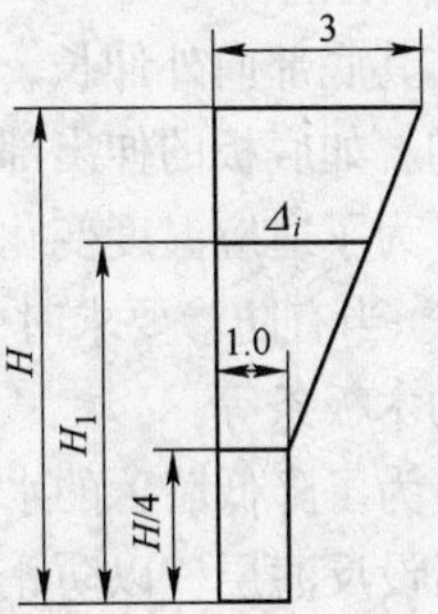

溢流堰的应力计算，按图 2 - 53 和图 2 - 54 的计算草图，分别对基础中心点取力矩，再求出总力矩 M 及总垂直力 W，最后按下列公式计算应力，即

$$\sigma = \frac{\overline{W}}{bL} \pm \frac{6M}{bL^2}$$

式中　b——宽度，取 1m；

　　　L——坝底总宽度。

图 2 - 55　惯性力分布系数图

所以

$$\sigma = \frac{W}{L} \pm \frac{6M}{L^2} \qquad (2-186)$$

按此计算，只要符合前述应力控制标准即可。

对土基，除了进行上述应力和稳定的校核外，还应对基础的渗透变形加以控制。

基础的渗透比降，按简单估算

$$i = \frac{\Delta H}{S} \qquad\qquad (2-187)$$

式中 ΔH ——上、下游水头差；

　　　S——沿基础的渗径总长。

当 $i > [J]$ 时，将发生渗透变形，$[J]$ 为允许的渗透比降。出现这种情况，应采取延长渗径的措施，包括加深齿墙，上游做铺盖，下游做护坡以及下游坝趾做反滤排水等措施。

当溢流堰的抗滑稳定安全系数较低时，应采取下列措施予以提高：

（1）当基础为岩石时，可以把坝基做成倒坡，使基础的坝踵较深，坝趾较浅。

（2）加强排水措施降低场压力，包括基础下打排水孔。

（3）在堰与上、下游的底板相交时，加强防渗及排水，以降低堰基础的渗透压力。特别是当堰下游为混凝土护底时，必须做好分块混凝土接缝的防渗工作及板下的排水工作。

（4）采用锚固的措施，在坝基打锚杆，使坝体能和基岩形成整体。

2.8.3 挡墙及护坡

2.8.3.1 挡土墙

（1）挡土墙的形式。挡土墙通常有重力式、悬臂式和扶臂式等形式，如图 2 - 56 所示。

1）重力式挡土墙可以用混凝土或浆砌石修筑，结构简单，施工方便，墙高一般在 5 ~ 6m 以内。挡土墙的横断面为上小下大的梯形，背坡为 1 : 0.25 ~ 1 : 0.5，顶宽 0.3 ~ 0.6m。

为了缩小合力对底板中心的偏心矩，改善应力状态，常将基础底部面积扩大，例如，预浇一层厚 0.5 ~ 0.8m 的混凝土底板，使两端悬出 0.3 ~ 0.5m，如系混凝土浇筑，则可直接将其底部向外伸长，使合力作用线尽可能通过底部中心，从而使底板下的地基反力分布均匀。如底板的伸出部分较长，则需配制适当的钢筋，见图 2 - 56a。

为了适应温度变化和不均匀沉陷，一般每隔 10 ~ 25m 设置一道伸缩和沉陷缝，缝宽 2cm。当有防渗要求时，缝内需设置止水，填塞止水材料，如沥青防水层，或嵌入涂过沥青的木板条等。

为了降低墙舌的水压力，通常在墙身布置适当的排水孔，孔径 4 ~ 5cm，间隔 2 ~ 3m，孔后设反滤层，以防止水位下降时墙后土粒被带出。当两岸有较高边坡时，在边坡末端设排水沟，以排除地面雨水。

2）悬臂式挡土墙是用钢筋混凝土建造的轻型结构，其基本构造是在底板上做一垂直墙，以挡住墙后的土压力。悬臂式挡土墙由直墙与底板两部分组成。直墙顶部厚度一般不小于 15cm，而底部厚度则由计算决定，一般为挡土墙高的 1/10 ~ 1/12。这种形式挡土墙的特点是厚度小，自重轻，可以调整底板的尺寸，以改善稳定条件和基底压力分布（加长前趾增加稳定性，加长后趾改善其底压力分布）。悬臂挡土墙高度不宜超过 6 ~ 10m。

3）扶臂式挡土墙。当挡土墙高度超过 9 ~ 10m 时，宜采用扶臂式挡土墙。扶臂式挡土墙由直墙、底板及扶臂三部分组成。它以底板上的填土重量来维持其稳定，利用调整前

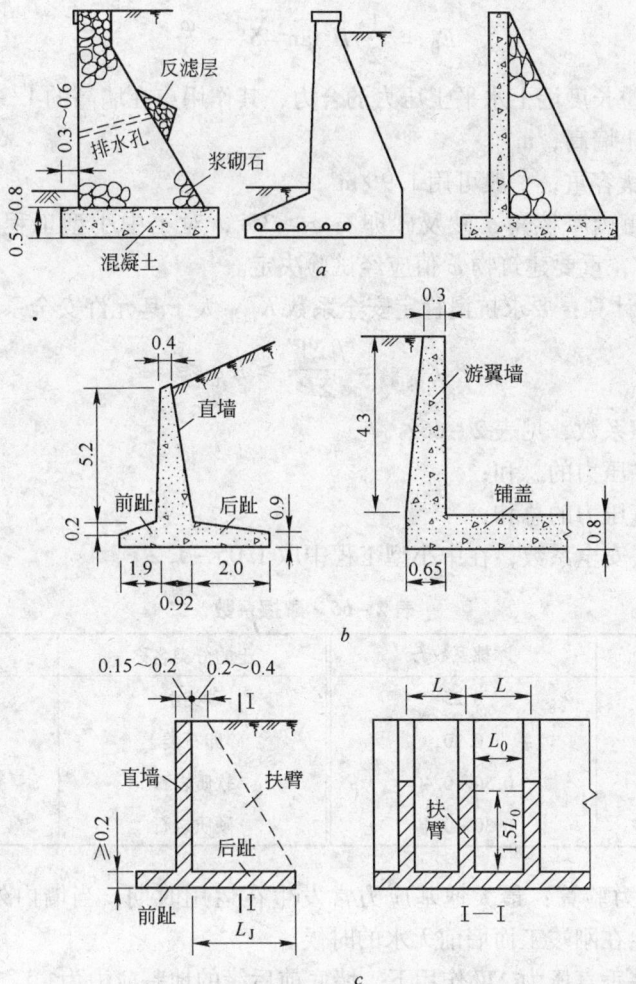

图 2 - 56　挡土墙式样（单位：m）

a—重力式挡土墙；b—悬臂式挡土墙（实例尺寸）；c—扶臂式挡土墙

趾长度以使基底压力均匀，扶臂间距一般在 3 ~ 4.5m 之间可以 3 ~ 6m 跨做一段，段间设沉陷缝，段长为 10 ~ 20m。

扶臂厚度为 30 ~ 40cm，直墙顶厚为 15 ~ 20cm，下部厚度由计算决定。

关于扶臂的计算，对于直墙，可分为上、下两部分，底板以上 $1.5L_0$（L_0 为扶臂净间距）高程以下，按三边固定，一边自由的按双向板计算；在此以上，以扶臂为支座按单向连续板计算。对于底板、前趾计算，与悬臂式同，后趾计算原则与直墙同，即当后趾净宽小于 $1.5L_0$ 时，按三边支承双向板计算，而在此范围外，按单向连续板计算。对于扶臂一般按受弯构件计算。

护坡式边墙的底部厚度与底板同，若为混凝土衬砌，则顶部可适当减薄。沿渠长每 2 ~ 5m 应设沉陷缝一道。

（2）重力式挡土墙的计算。

首先是拟定断面尺寸，然后验算抗滑稳定和地基应力。

1）土压力计算：一般可近似地用式 2 - 188 计算

$$E_0 = \frac{1}{2}rH^2\tan^2 45° - \frac{\varphi}{2} \qquad (2-188)$$

式中　E_0——单位长度墙上水平土压力的合力，其作用点在墙高的1/3处，kN/m；

　　　　H——挡土墙高，m；

　　　　r——土壤容重，一般可用1.9t/m³；

　　　　φ——土壤内摩擦角，砂及砂卵石$\varphi \geq 35°$，对于中小型工程，一般采用25°~30°，重要建筑物φ值应经试验决定。

2）抗滑稳定计算：要求抗滑稳定安全系数$K_{抗滑}$大于其允许安全系数$K_{允许}$，即

$$K_{抗滑} = \frac{f_c\Sigma W}{\Sigma P} \geq K_{允许} \qquad (2-189)$$

式中　f_c——摩擦系数，见表2-66；

　　　ΣP——水平压力的总和；

　　　ΣW——垂直压力的总和；

　　　$K_{允许}$——允许安全系数，在中小型工程中取1.05~1.2。

表2-66　摩擦系数

土的分类名称	摩擦系数f_e	土的分类名称	摩擦系数f_e
黏性土：软土	0.25	砂类土	0.40
硬土	0.30	碎卵石类土	0.50
半硬土	0.30~0.40	软质岩石	0.30~0.50
亚黏土，轻亚黏土	0.30~0.40	硬质岩石	0.60~0.70

3）地基承载力验算：最大地基应力常发生在运用时期，当墙内外水位差最大的时候，也可能是发生在刚竣工而墙前无水的时候。

单位长的墙在垂直压力ΣW作用下，墙底前后缘的地基应力为

$$\sigma_{\max} = \frac{\Sigma W}{B}\left(1 \pm \frac{6e_0}{B}\right) \qquad (2-190)$$

式中　B——墙底宽度，m；

　　　e_0——外力合力作用点离底板中心的偏心距，m。

地基应力分布如图2-57所示。

最大的地基应力应不大于地基允许承载力，最小的地基应力应不小于零。在大型挡土墙中，为了避免地基产生过大的不均匀沉陷，一般常限制$\dfrac{\sigma_{\max}}{\sigma_{\min}} \leq 1.5 \sim 2$（砂土地基）或$\leq 1.2 \sim 1.5$（黏土地基）。

重力式挡土墙的设计，尚可参考表2-67，表中符号如图2-58所示。

表2-67　重力式挡土墙通用设计表

H/m	$\phi = 20°$				$\phi = 25°$				$\phi = 30°$			
	B	b_1	a	t	B	b_1	a	t	B	b_1	a	t
1.0	0.7	0.5	0.2	0.30	0.7	0.5	0.2	0.3	0.7	0.5	0.2	0.3

H/m	$\phi=20°$				$\phi=25°$				$\phi=30°$			
	B	b_1	a	t	B	b_1	a	t	B	b_1	a	t
1.5	1.0	0.7	0.25	0.35	0.75	0.5	0.25	0.35	0.7	0.5	0.25	0.35
2.0	1.3	1.0	0.25	0.35	0.10	0.8	0.25	0.35	0.8	0.6	0.25	0.35
2.5	1.6	1.35	0.25	0.4	1.3	1.05	0.25	0.4	1.0	0.75	0.25	0.4
3.0	2.0	1.7	0.30	0.4	1.6	1.3	0.3	0.4	1.25	1.0	0.3	0.4
3.5	2.3	2.0	0.30	0.4	1.9	1.6	0.3	0.4	1.5	1.2	0.3	0.4
4.0	2.6	2.3	0.30	0.45	2.2	1.9	0.30	0.45	1.75	1.45	0.3	0.45
4.5	3.0	2.6	0.30	0.45	2.5	2.1	0.3	0.45	2.0	1.7	0.3	0.45
5.0	3.3	3.0	0.35	0.5	2.75	2.4	0.35	0.5	2.3	1.9	0.35	0.5
5.5	3.55	3.3	0.35	0.55	3.1	2.7	0.35	0.55	2.55	2.2	0.35	0.55
6.0	4.0	3.6	0.40	0.55	3.55	3.0	0.4	0.55	2.8	2.45	0.4	0.55
6.5	4.4	3.95	0.40	0.55	3.65	3.25	0.4	0.55	3.1	2.7	0.4	0.55
7.0	4.85	4.3	0.45	0.60	4.0	3.5	0.45	0.6	3.35	0.4	0.4	0.6
7.5	5.1	4.65	0.45	0.60	4.25	3.8	0.45	0.6	3.65	3.25	0.45	0.6
8.0	5.5	5.0	0.50	0.65	4.55	4.1	0.5	0.65	3.9	3.5	0.5	0.65

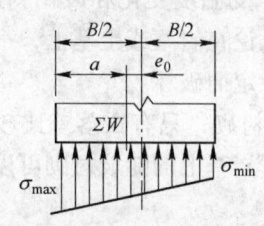

图 2 - 57　地基应力分布

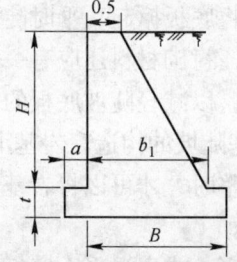

图 2 - 58　重力式挡土墙

2.8.3.2　护坡

溢洪道的引水渠和陡坡的侧墙，除按挡土墙的设计修成矩形外，一般多做成梯形护坡的形式。梯形护坡的坡度对岩石边坡一般为 0.5 ~ 0.75，对土质边坡一般为 1.0 ~ 1.5。

引水渠部分，它的流速一般较低，且多一个永久的过水断面，随着堰的升高，引水渠在溢流堰顶以下部分将被尾矿砂填塞。护坡砌护的主要作用是防止坡面被冲刷，通常用 0.3m 浆砌块石或 0.1m 的混凝土做护面。

陡坡段是一个急流槽，流速也比较高，当其横断面为梯形时，可做成护坡形式，如图 2 - 59 所示。平均护坡厚度可采用 30cm。护坡可在开挖的边坡上做浆砌石或混凝土护面，一般坡度为 1:1 ~ 1:1.5，护坡底部厚度可与底板同，并与底板做构造连接，见图 2 - 59a，上面可适当减小。

护坡在构造上应注意排水和分缝问题，应设沉陷缝或伸缩缝，以适应地基变形差异和温度变化的影响。

在做护坡时，为了减轻岩石中的水对护坡的压力，应做排水孔和排水垫层。

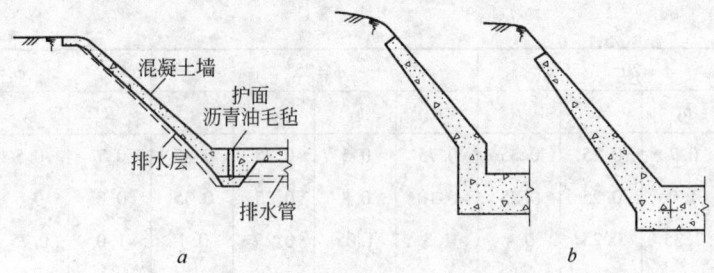

图 2-59   梯形断面护坡式边墙

2.8.4   底板

2.8.4.1   引水渠底板

为了防止冲刷，也常用砌石或混凝土砌护底部。若用砌石时，厚度一般为 25~30cm，下铺 10~15cm 的碎石垫层，若用混凝土时，厚度一般为 10~20cm，在接近堰基处应适当加厚，使之兼作堰的铺盖。混凝土的分缝及防渗措施将在后面叙述。

2.8.4.2   陡坡底板

（1）陡坡底板设计。由于陡坡段的水流流速较高，为了防止地基受高速水流的冲刷和破坏，陡坡段通常均需做衬砌。衬砌材料应能抵抗高速水流的冲刷，同时衬砌表面力求做到光滑平顺，以免引起负压和气蚀。在衬砌接缝处还应做好止水，防止高速水流钻入陡坡底板下，将底板掀起，平时陡坡不过水时，衬砌还要承受温度变化和风化剥蚀的作用。在寒冷地区，衬砌材料还应有一定的抗冻要求。另外，无论在岩基或土基上，都要有防渗和排水设施，以减轻陡坡底板的浮托力，避免衬砌失去稳定而破坏。

1）岩基陡坡的构造。岩基上的陡坡段一般也都要做衬砌，只有在落差比较小，而岩基又坚硬完整时，才可以将岩基表面修平，而不再衬砌。岩基上的陡坡衬砌可以用混凝土或浆砌块石。

钢筋混凝土或素混凝土底板，适用于流速较高的陡坡；水泥砂浆砌块石，适用于流速 15m/s 以下的陡坡，石灰砂浆砌块石、水泥砂浆勾缝的底板，适用于流速 10m/s 以下的陡坡。

水工钢筋混凝土结构设计，可参照水利电力部 1983 年颁布的《水工钢筋混凝土结构设计规范》进行，本书从略。

①陡坡厚度的选定。陡坡底板衬砌需具有防水、防冲刷、防风化的作用。底板承受水压力、水流拖泄力、水流脉动压力、动水压力、浮托力和地下水的渗透压力，还有温度变化、冻溶变化产生的伸缩应力等。由此可知影响陡坡底板的稳定可靠性的因素是多方面的，不易精确计算。设计时应着重分析具体的地基、气候、水流条件和施工条件，采用相应的构造措施。因此，底板厚度主要根据实际经验来选定。

钢筋混凝土和混凝土底板，对于岩基上的重要陡坡底板工程，采取厚 15~20cm 钢筋混凝土。一般工程采取厚 20~40cm 素混凝土，也可底层用 30cm 厚砌块石，面层铺 10~20cm 厚素混凝土。浆砌块石底板，一般采取厚 30~60cm。

②陡坡底板的构造。陡坡底板要承受温度变化的影响，因此衬砌都要设纵横收缩缝，以控制裂缝的发生。接缝的间距一般为 10m 左右。对于混凝土底板，为防止裂缝的扩展，

靠衬砌的表面纵横两向需配制温度钢筋，含钢筋率为 0.1% ~ 0.2%。钢筋不穿过温度收缩缝。

在岩基上应注意将表面风化破碎的岩石挖除，高流速陡坡的混凝土要用锚筋插入新鲜岩石内，以加强衬砌的稳定。锚筋的大小间距和插入深度与岩石的性质和节理构造有关。锚筋的直径 d 不宜太小，通常采用 $d = 20 \sim 25\text{mm}$，间距约为 $1.5 \sim 3.0\text{m}$；插入深度大致为 $(40 \sim 60)d$，上端应很好地锚固在底板内。

垂直于流向的底板横缝比较重要，一般做成搭接式，如图 2-60 和图 2-62b 所示。施工时要注意接缝处衬砌平面的平整，特别防止下游块面板高出上游块面板。在接缝处做好止水，防止渗流和高速水流钻入面板底下。止水材料一般用橡胶、焦油塑料胶泥，PVC塑料止水带等。其他部位用沥青或砂浆填塞。对于平行于水流方向的纵缝，则要求较低，因此可用平接形式，但要做好止水。

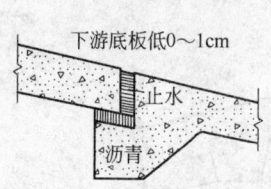

图 2-60 陡坡底板构造图

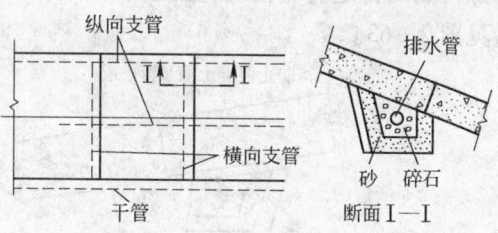

图 2-61 底板下排水系统布置

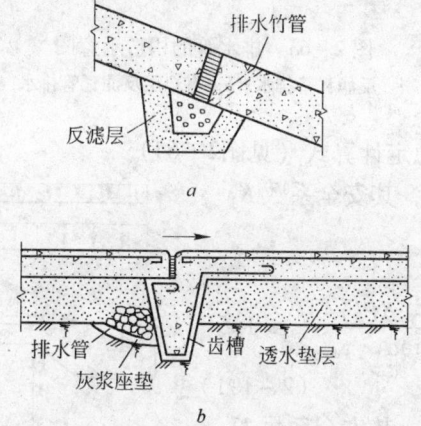

图 2-62 竹管排水与土基排水
a—竹管排水；b—土基排水

③排水设备。排水系统的合理布置和畅通排水，是降低渗透压力的关键问题，必须给以足够的重视。排水设备应按反滤原则进行设计，以保证既能排除渗透水，又不带走地基泥土。应将排水设备分为若干排水系统，分级排出，以防因一条暗沟堵塞而影响整个陡坡的安全。

排水设备均设置在衬砌纵横缝下面（见图 2-61），并应纵横连通成网。纵向排水一般在沟内设置瓦管，直径可选用 10 ~ 20cm，视渗水量大小而定，管的接口不封闭，以便收集渗水。管的周围用碎石填满，碎石顶部应盖以混凝土板或沥青油毡等，以防浇混凝土时灰浆灌入，造成堵塞。当渗量较小时，纵向排水也可在岩基上开挖槽沟，沟内填不易风化的碎石，上用混凝土板盖好再浇混凝土。横向排水通常在岩石上开挖沟槽而成，其尺寸视渗水量大小而定。另外，对于小型或不重要的工程也可做板面排水。板面排水自横向排水支管直接经竹管排在板外，如图 2 - 62a 所示。但当陡坡流速大时，排水孔周围可能发生气蚀破坏，应在结构及材料上设法加以克服，此排水法不耐久也不安全可靠，现已不甚采用了。

2）土基上陡坡的构造。在土基上的陡坡通常也采用混凝土或浆砌块石。由于土基可能发生不均匀沉陷，故在土基上不能采用锚筋。为了满足稳定和强度的要求，一般土基衬砌厚度要比岩基为大，通常采用厚 30 ~ 50cm。混凝土横缝必须采用搭接的形式，保证接缝处的平整。有时还在下板块的上游边做成齿墙，插入地基内，深度为 0.4 ~ 0.5m 左右，以增加衬砌的稳定。底板接缝处止水和排水系统布置，与上述岩基的基本相似。排水管的构造见图 2 - 63。

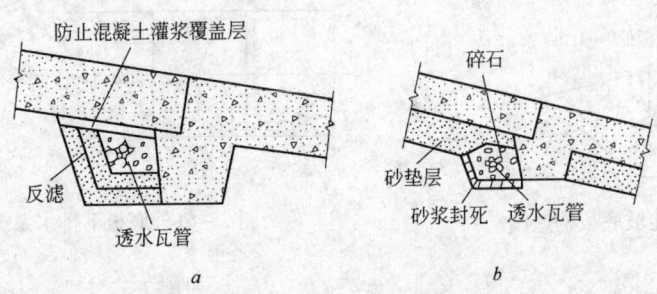

图 2 - 63 排水管的构造示意图

a—反滤瓦管排水；b—有垫层反滤瓦管排水

(2) 陡坡底板的计算稳定计算式（见图2 - 64）。

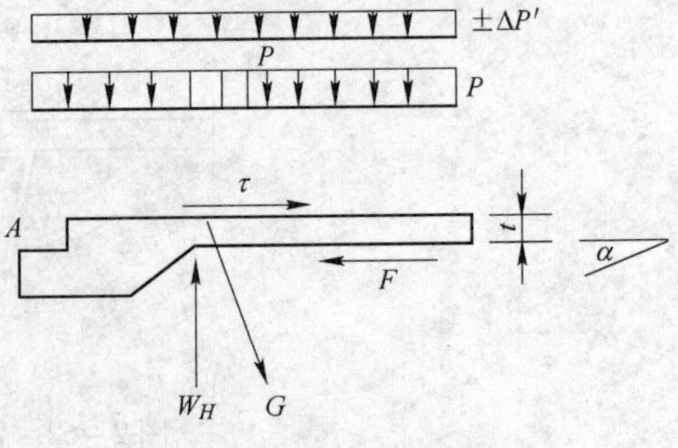

1）滑动稳定 $\Sigma F_x = 0$，其安全系数 K_1

$$K_1 = \frac{F}{\tau + G\sin\alpha}$$

$$= \frac{[G\cos\alpha + (P - \Delta P')A]f}{\tau + G\sin\alpha} \geq 1.5 \qquad (2 - 191)$$

2）浮动稳定 $\Sigma F_y = 0$，其安全系数 K_2

$$K_2 = \frac{G\cos\alpha + (P - \Delta P')A}{W_H A} > 1.5 \qquad (2 - 192)$$

图 2 - 64 陡坡底板

3）倾覆稳定 $\Sigma M_A = 0$，其安全系数 K_3

$$K_3 = \frac{\tau t + (P - \Delta P')L_1 + G\cos\alpha L_2 + \frac{1}{2}G\sin\alpha}{W_H L_3} > 1.5 \qquad (2 - 193)$$

式中 P——总动水压力；

$\Delta P'$——脉动压力，$(0.03 \sim 0.05)\dfrac{V^2}{2g}$，取 $0.1\dfrac{V^2}{2g}$；

G——面板重量；

A——面板面积；

τ——拖曳力，即 $\tau = rRJA$；

r——水的单位容重；

R——水力半径；

F——摩阻力；

f——摩擦系数；

W_H——浮托力；

t——面板厚度。

2.8.4.3 消力塘底板

（1）底板厚度。对于砌石或素混凝土的消力塘底板厚度可按下式计算

$$t = \frac{Kh}{r_1 - 1} \tag{2-194}$$

式中 t——底板厚度，m；

h——底板浮托力，kN/m^2；

r_1——底板材料的容重，t/m^3；

K——安全系数，一般取 1.1~1.3。

对于钢筋混凝土底板，可以稍薄一些，但不应小于0.3m。设计底板时，若底板不分缝则可按倒置梁计算，外荷载为扣除底板自重以后的浮托力。对于地基较差的大型建筑物，则应用弹性地基梁法来计算底板的内力和布置钢筋。

对于小型陡坡工程，消力塘可用水泥砂浆砌块石，或用1:3（10号）白灰浆砌块石，用1:2:9（25号）水泥白灰砂浆勾缝；也可用1:1:6（50号）水泥白灰砂浆砌石，1:3（100号）水泥砂浆勾缝，或者下面用浆砌石，上面用混凝土护面。砌石底板厚度可按以下数字选用：单宽流量 $q < 2m^2/s$ 的小型跌水，$t = 0.3 ~ 0.40m$；$q = 2m^2/s$、落差 $P < 2m$ 时，$t = 0.50m$，$P = 2.5m$ 时，$t = 0.6 ~ 0.7m$；当 $P = 3.5m$ 及 $q > 5m^2/s$ 时，$t = 0.8 ~ 1.0m$。为了节约工程量，亦可采用前厚后薄的衬砌形式。

（2）板块接缝。消力塘底板不仅要承受水流的动水压力、脉动压力、浮托力和地下水的渗透压力，而且还要承受因温度变化、地基不均匀沉陷等而产生的应力，故应将底板与跌水胸墙及侧墙用缝分开。

当消力塘较大时，底板本身也要适当分缝，一般多为纵缝（顺水流方向），也可加设横缝，缝宽 1~2cm。缝的构造如图 2-65 所示。

（3）排水系统。当地下水位较高时，塘底应铺设反滤层，以保护基础土壤不被渗流带走。渗透压力较大，一般还要设置排水系统。在土基上可采用平铺式排水，即沿地基表面铺设透水性大的碎石、砾石或卵石层，其铺设次序应符合反滤要求；同时要在混凝土或浆砌石底板中预留排水孔，使地基渗水经反滤层由排水孔溢出塘中。

修建于基岩上的消力塘，通常采用沟状排水。沟状排水设于底板接缝和排水孔下面，呈互相沟通的网格状布置。排水孔距为 2~3m，孔径 5~10cm，前后排水孔应交错布置。底板排水系统形式见图 2-66。

（4）齿墙。为了增加底板的水平抗滑稳定性，塘底板的始末端均应设置齿墙，其埋

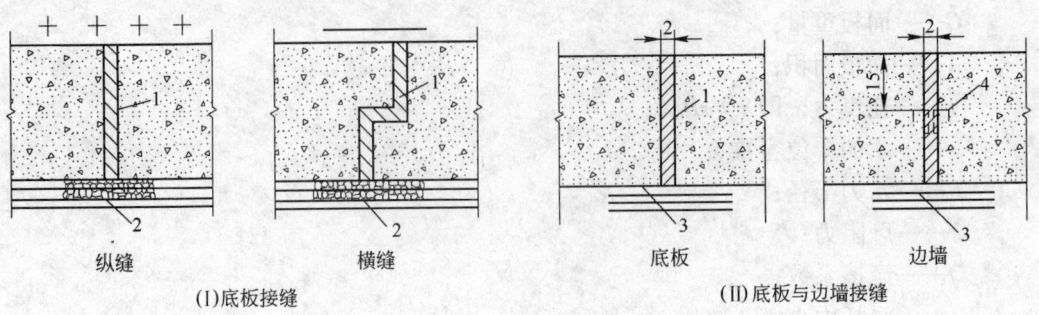

纵缝　　　　　横缝　　　　　底板　　　　　边墙

(I)底板接缝　　　　　　　　(II)底板与边墙接缝

图2-65　底板接缝构造

1—沥青油毡、沥青砂板条填塞（或太原油膏、聚氯乙烯防油膏填塞）；2—反滤层；
3—沥青油毡或麻袋浸沥青铺底（宽50~60cm）；4—紫铜片、镀锌铁皮或塑料止水片

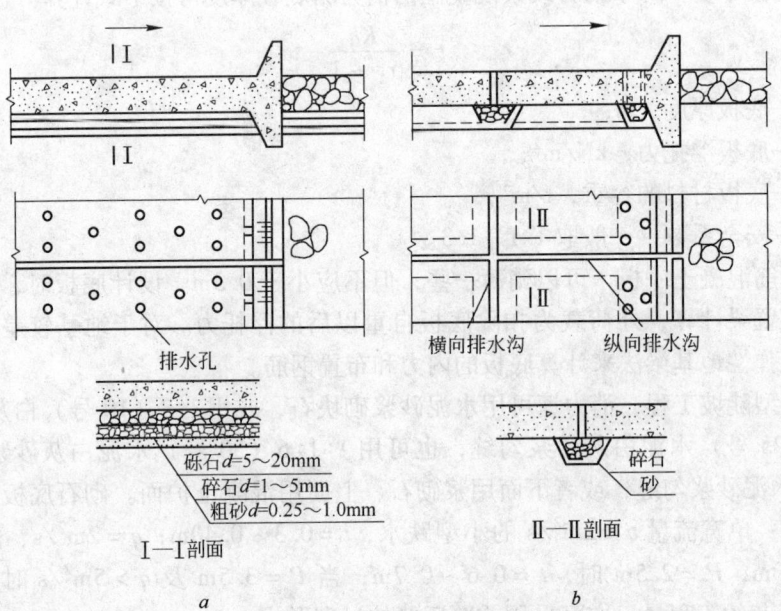

排水孔　　　　　横向排水沟　　纵向排水沟

砾石d=5~20mm
碎石d=1~5mm
粗砂d=0.25~1.0mm

碎石
砂

I—I剖面　　　　　　　　　II—II剖面

a　　　　　　　　　　　b

图2-66　底板排水系统

a—平铺式排水；b—沟状排水

置深度一般在0.5~2.0m以内，混凝土或钢筋混凝土齿墙应与塘底板一起浇注。

2.8.5　急流弯道折冲波的克服方法

在布置弯道时，由于地形、地质及其他因素的影响，往往需布置在陡坡上。这在泄流时必然在陡坡上产生折冲波的现象，甚至向下游传播，恶化消能条件。为了克服这种不良影响，可以采用以下的办法：

（1）弯道段设置消能塘调整流态。例如陕西省石头河水库灌区西干渠五星水电站退水渠为两级陡坡布置，总落差为91.67m，第一级落差为80.97m，比降$i_1 = 0.347$，二级比降$i = 0.1047$，在一级消能塘后，平面上布置弯道127°与下游二级陡坡相接，$Q = 30\text{m}^3/\text{s}$。第一级陡坡末端流速为20.9m/s，工程布置见图2-67。通过试验证明这种布置是令人满意的。这种布置的特点在于：首先将一级陡坡的急流变成缓流，消去大部分

能量，然后用斜堰的形式将水流转向，与下一级陡坡相接。根据实际情况，也可采用弯道消能塘的设置，内加分流墙也是可以的。

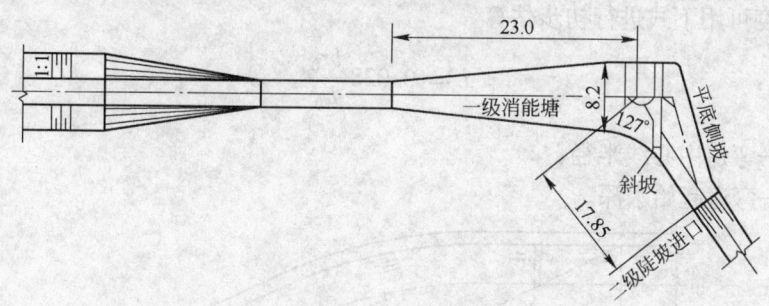

图 2-67　石头河水库五星电站退水工程（单位：m）

（2）弯道最小半径的选择。根据实践证明，急流弯道陡坡的最小半径，应大于陡坡底宽的 10 倍，并在弯曲段的凹岸导墙加以超高

$$\Delta h = \frac{v^2}{g} - 2.3\lg\frac{R_H}{R_B} \qquad (2-195)$$

式中　R_H, R_B——分别为弯曲段内、外半径，m；

　　　　v——弯曲段的平均流速，m/s。

根据美国陆军工程兵团水力设计准则，认为急流弯道（矩形）最小半径 r_{min} 以下式为准

$$r_{min}/B = 4Fr^2 \qquad (2-196)$$

式中　B——弯道底宽，m；

　　　Fr——起始断面弗劳德数，$Fr^2 = V_1^2/gh_1$。

（3）复式曲线干扰法。复式曲线是一种干扰法来消除折冲波。假如弯道的整个转角 θ，如图 2-68 所示，则

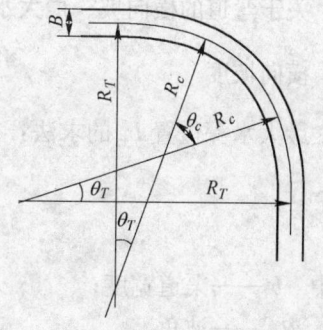

$$\theta = 2\theta_\gamma + \theta_c \qquad (2-197)$$

式中，θ_γ 是过渡曲线所对的角度，θ_c 是主曲线所对的角度。过渡曲线的长度假定等于折冲波长的一半，则 θ_γ 用下面近似式计算

$$\tan\theta_\gamma = \frac{B/\tan\beta_1}{R_\gamma + B/2} \qquad (2-198)$$

图 2-68　复式曲线

式中，R_γ 是过渡曲线的半径，β_1 为波角，$\beta_1 = \frac{1}{F_r}$，Fr 为弯道起始断面水流的弗劳德数，B 为渠道宽度。根据折冲波干扰法的原理，则

$$R_\gamma = 2R_c \qquad (2-199)$$

即过渡曲线半径 R_γ 为主曲线半径 R_c 的两倍，过渡曲线所对的角 θ_γ 求出后，就可用式 2-197 求出主曲线所对的角度 θ_c。最后应当指出，一般急流弯道总转角不要超过 60°。

（4）渠底横向扇形抬高法。西北水利科学研究所通过试验研究，将渠底横向抬高法进一步改为扇形抬高来消除折冲波，效果显著，施工简单，适应流量范围大。

急流弯道横向扇形抬高的工程布置，见图2-69。沿弯道凹岸渠底逐渐抬高。在弯道的上下游用对称的三角形锥体连接上下陡槽。其目的在于平衡水流流动条件。扇形提高三角锥体的长度可用下式进行初步估算

$$L = 0.028 \frac{br_0}{h_0} \tag{2-200}$$

式中　r_0——弯道中心线半径；

　　　h_0——弯道起始水深。

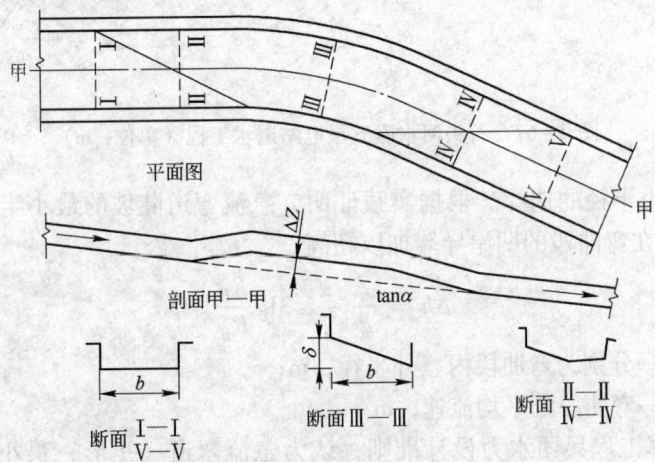

图2-69　急流弯道扇形横坡抬高工程布置图

上下游三角形可采取对称布置。

关于弯道的横向坡、最大水深的位置、最大水深及横向抬高通常用下列公式计算

横向坡度
$$S_0 = \tan\phi = \frac{v_0^2}{gr_0} \tag{2-201}$$

最大水深位置 L_x 的求法：首先用克纳普公式求 θ_x（θ_x 为第一个波峰位置的中心角）

$$\theta_x = \tan^{-1} \frac{b}{\left(r_0 + \frac{b}{2}\right)\tan\beta_1} \tag{2-202}$$

式中　b——渠道宽度；

　　　β_1——波角。

然后求 $L_x = r_2\theta_x$（r_2 为外边墙曲率半径）。

最大水深　　　　　　　　　$h_{\max} = h_x + h_i$

式中　h_x——按一般水面线推求法得的水深；

　　　h_i——折冲波壅高水深

$$h_i = \frac{v_0^2 b}{2r_0 g} \tag{2-203}$$

渠底横向抬高 ΔZ 的推求用下式计算

$$\Delta Z = \frac{v_0^2 b}{gr_0} \tag{2-204}$$

或
$$\Delta Z = -\frac{v_0^2}{g\cos i}\ln\frac{r_2}{r_1} \qquad (2-205)$$

式中　v_0——弯道起始断面流速；

　　r_1，r_2——分别为弯道内外墙曲率半径；

　　　i——渠底纵波。

2.9　排水涵管计算

2.9.1　尾矿库排水涵管计算公式

2.9.1.1　竖向压力计算

（1）尾矿设施设计参考资料公式

当 $H_\omega > H_D$ 时：
$$q = K[\gamma_s(H_\omega - H_D) + \gamma_1 H_D] \qquad (2-206)$$

当 $H_\omega \leqslant H_D$ 时：
$$q = K\gamma_1 H_\omega \qquad (2-207)$$

式中　q——管顶均布垂直土压力，t/m；

　　H_ω——尾矿堆高，m；

　　H_D——管顶水深，m；

　　γ_s——尾矿湿容重，t/m³；

　　γ_1——尾矿浮容重，t/m³；

　　K——垂直土压力集中系数，上埋式管可参照表 2-68 选取，平埋式管 $K=1$。

表 2-68　垂直土压力集中系数值

H_ω/h	0	2	10	20	30	≥40
K	1.0	1.7	1.5	1.25	1.2	1.15

注：h 为管道凸出地面的高度。

（2）顾安全公式
$$q = \gamma_1 H\left[1 + \frac{\left(1 + \dfrac{h}{2H}\right)hE}{w_c B(1 - \mu^2)E_n}\eta\right] \qquad (2-208)$$

式中　q——管顶均布垂直土压力，t/m；

　　γ_1——尾矿计算容重，t/m³；

　　H——尾矿堆积高度，m³；

　　h——涵管高出原地面的高度，m；

　　E_n——涵管两侧地基土壤的变形模量，kN/m²；

　　E——涵管顶部回填土或堆积尾矿的变形模量，kN/m²；

　　B——涵管的外形宽度，m；

　　μ——涵管两侧回填土侧膨胀系数，即泊松比；

　　η——涵管截面外形影响系数，$\eta = \dfrac{B_1}{B}$；

B_1——涵管截面的换算宽度，$B_1 = \dfrac{w_1}{h}$；

w_1——涵管高出地面以上外形横截面面积，m^2；

w_c——涵管长宽比系数，见表2-69。

变形模量与填土高度的压应力有关，其近似直线关系（图2-70），应由试验确定。

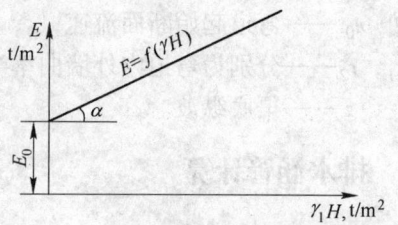

$$E = E_0 + \frac{1}{2}\gamma_1 H \tan\alpha \qquad (2-209)$$

图2-70 变形模量与压应力的关系

$$E_n = E_0 + \gamma_1\left(H + \frac{h}{2}\right)\tan\alpha \qquad (2-210)$$

表2-69 w_c 值表

L/D	w_c	L/D	w_c	L/D	w_c	L/D	w_c
3.0	1.443	7.0	1.924	11.0	2.168	15.0	2.286
3.5	1.525	7.5	1.964	11.5	2.189	15.5	2.294
4.0	1.604	8.0	2.000	12.0	2.208	16.0	2.304
4.5	1.667	8.5	2.034	12.5	2.225	16.5	2.304
5.0	1.725	9.0	2.055	13.0	2.240	17.0	2.307
5.5	1.784	9.5	2.095	13.5	2.255	17.5	2.308
6.0	1.835	10.0	2.120	14.0	2.267		
6.5	1.881	10.5	2.145	14.5	2.277		

注：L—管段长，m；D—圆管外径或其他形状管折算外径，m。

2.9.1.2 侧压力：按静止压力计算

$$P_H = \zeta\gamma_7 H_7\left[1 - \frac{(1 + h/2H_T)hE}{w_c B(1 - \mu^2)E_n}n\right] \qquad (2-211)$$

式中 P_H——侧压应力，t/m^2；

ζ——土壤侧压应力系数，$\zeta = \dfrac{\mu}{1-\mu}$；

H_T——堆积尾矿计算高度（自堆积尾矿顶面至计算点的高差），m；

其余符号意义同前。

2.9.1.3 外水压力计算

$$P_0 = \gamma_0 H_0$$

式中 P_0——外水压力，均匀法向作用于外轮廓面，t/m；

γ_0——水的容重，t/m^3；

H_0——计算水位至涵管重心的高度差，m。

2.9.2 钢管的弯矩系数、轴力系数和变化系数

钢管的弯矩系数、轴力系数和变化系数见表2-70和表2-71。

表 2-70 按 90°弧基础敷设的钢管的弯矩系数、轴力系数和变位系数 ($\mu_0=0.3$)

荷载	系数		$E_0(10\text{N/cm}^2)$ → D_0/t →	40			50			60		
				100	120	150	100	120	150	100	120	150
竖向	弯矩	m_{i1}		0.0812	0.0534	0.0301	0.0689	0.0444	0.0246	0.0598	0.0380	0.0209
		m_{i2}		-0.0821	-0.0580	-0.0287	-0.0693	-0.0436	-0.0230	-0.0598	-0.0369	-0.0192
		m_{i3}		0.1060	0.0727	0.0427	0.0915	0.0613	0.0352	0.0805	0.0531	0.0300
	轴力	m'_{i1}		-0.044	-0.059	-0.071	-0.051	-0.064	-0.074	-0.056	-0.067	-0.076
		m'_{i2}		-0.900	-0.835	-0.872	-0.893	-0.880	-0.868	-0.888	-0.876	-0.866
		m'_{i3}		-0.153	-0.169	-0.182	-0.160	-0.174	-0.185	-0.165	-0.177	-0.188
	变位	ε_V		0.0392	0.0453	0.0506	0.0335	0.0379	0.0415	0.0292	0.0325	0.0352
侧向	弯矩	m_{i1}		-0.0776	-0.0517	-0.0294	-0.0662	-0.0431	-0.0241	-0.0577	-0.0370	-0.0204
		m_{i2}		0.0776	0.0517	0.0294	0.0662	0.0431	0.0241	0.0577	0.0370	0.0204
		m_{i3}		-0.0776	-0.0517	-0.0294	-0.0662	-0.0431	-0.0241	-0.0577	-0.0370	-0.0204
	轴力	m'_{i1}		-0.914	-0.901	-0.890	-0.908	-0.897	-0.887	-0.904	-0.893	-0.885
		m'_{i2}		-0.036	-0.099	-0.110	-0.092	-0.103	-0.113	-0.096	-0.407	-0.115
		m'_{i3}		-0.914	-0.901	-0.890	-0.908	-0.897	-0.887	-0.904	-0.893	-0.885
	变位	ε_H		0.0336	0.0337	0.0430	0.0287	0.0323	0.0352	0.0250	0.0277	0.0293

注：1. 表中 D_0 为钢管的计算直径，可取截面中距计算，t 为钢管的计算壁厚。

　　2. 表中 m_{i1} 或 m'_{i1} 等符号中的 i 系指管壁上计算截面部位，1 点指管顶；2 点指管侧；3 点指管底。

表 2-71 按 90°土弧基础敷设的钢管的弯矩系数、轴力系数和变位系数 ($\mu_0=0.4$)

荷载	系数		$E_0(10\text{N/cm}^2)$ → D_0/t →	30			40			50		
				100	120	150	100	120	150	100	120	150
竖向	弯矩	m_{11}		0.0930	0.0624	0.0358	0.0760	0.0495	0.0277	0.0642	0.0411	0.0227
		m_{12}		-0.0945	-0.0625	-0.0346	-0.0767	-0.0490	-0.0262	-0.0644	-0.0401	-0.0210
		m_{13}		0.1199	0.0840	0.0505	0.1002	0.0681	0.0397	0.0862	0.0573	0.0327
	轴力	m'_{11}		-0.079	-0.101	-0.121	-0.091	-0.111	-0.127	-0.100	-0.117	-0.131
		m'_{22}		-0.865	-0.841	-0.820	-0.851	-0.831	-0.814	-0.842	-0.824	-0.810
		m'_{13}		-0.192	-0.218	-0.241	-0.205	-0.229	-0.248	-0.216	-0.236	-0.253
	变位	ε_V		0.0447	0.0527	0.0600	0.0369	0.0422	0.0468	0.0316	0.0351	0.0383
侧向	弯矩	m_{21}		-0.0885	-0.0602	-0.0349	-0.0728	-0.0481	-0.0272	-0.0619	-0.0400	-0.0222
		m_{22}		0.0885	0.0602	0.0349	0.0728	0.0481	0.0272	0.0619	0.0400	0.0222
		m_{23}		-0.0885	-0.0602	-0.0349	-0.0728	-0.0481	-0.0272	-0.0619	-0.0400	-0.0222
	轴力	m'_{21}		-0.880	-0.862	-0.844	-0.871	-0.853	-0.836	-0.863	-0.847	-0.834
		m'_{22}		-0.117	-0.138	-0.155	-0.129	-0.147	-0.162	-0.137	-0.153	-0.166
		m'_{23}		-0.883	-0.862	-0.844	-0.871	-0.853	-0.836	-0.863	-0.847	-0.834
	变位	ε_H		0.0384	0.0451	0.0511	0.0316	0.0360	0.0397	0.0268	0.0299	0.0325

2.9.3　圆形刚性管道在各种荷载作用下的弯矩系数

圆形刚性管道在各种荷载作用下的弯矩系数见表 2 - 72 和表 2 - 73。

表 2 - 72　圆形刚性管道的弯矩系数（土弧基础）

荷载类别	系　数		土弧基础中心角/(°)		
			20	90	120
竖向压力 P_v	k_1	管底 管顶 管侧	0.265 0.150 -0.154	0.178 0.141 -0.145	0.155 0.136 -0.138
水平向侧压力 P_a	k_2	管底 管顶 管侧	-0.125 -0.125 0.125	-0.125 -0.125 0.125	-0.125 -0.125 0.125
管内水重 G_ω 管自重 G_o	k_3 k_4	管底 管顶 管侧	0.211 0.079 -0.090	0.123 0.071 -0.082	0.100 0.066 -0.072

注：弯矩正负号以管内壁受拉为正、管外壁受拉为负。

表 2 - 73　圆形刚性管道的弯矩系数（混凝土管基）

荷载类别	系　数		管基构造类别			
			$b_j \geq D_1 + 2t$ $h_j \geq 2t$	$b_j \geq D_1 + 5t$ $h_j \geq 2t$	$b_j \geq D_1 + 2t$ $h_j \geq 2t$	$b_j \geq D_1 + 2t$ $h_j \geq 2.5t$
			管基中心角/(°)			
			90	135	180	
竖向压力 P_v	K_1	管顶	0.105	0.065	0.060	0.047
水平向侧压力 P_a	K_2	管顶	-0.078	-0.052	-0.040	-0.040
管内水重 g	K_3	管顶 管顶	0.077 -0.075	0.053 -0.059	0.044 -0.048	0.044 -0.048
管自重 G_0	K_4	管顶 管顶	0.080 -0.091	0.080 -0.091	0.080 -0.091	0.080 -0.091

注：1. 表内 K_1、K_2 仅列出最大值（管顶），管侧截面处的弯矩系数 K_1、K_2 可按最大值计算。

2. 表内 b_j 为管基宽度、h_j 为管基的底部厚度、D_1 为管外径、t 为管壁厚。

第2篇　尾矿库的精心施工

3　尾矿库（坝）施工

　　尾矿库（坝）施工是保证尾矿库正常运行的关键环节。它的施工质量是预防尾矿库事故隐患的主要措施之一。尾矿库在投产前必须完成初期坝、排水构筑物、回水设施、尾矿输送设施及水处理设施工程。回水设施的自流回水系统已包括在排水构筑物之中。机械回水设施、尾矿输送设施及水处理设施均属一般的建筑安装工程，可以用一般工业建筑施工验收规范和标准进行管理和施工，以保证施工质量。本章着重叙述初期坝及排水构筑物的施工，这些工程都是水工构筑物，并有自己的特点。本章重点阐述这些工程的质量控制，也涉及部分施工技术和方法。

3.1　施工前的技术准备工作

　　尾矿库施工前的技术准备工作主要是编制施工组织设计及施工技术措施计划和施工预算。这些任务的完成依赖于对施工对象的了解，施工条件的分析、施工试验以及施工工序的分析等。本节着重讨论技术管理方面的问题。

3.1.1　施工对象的了解

　　初期坝及排水构筑物是施工对象，首先应通过设计图纸和设计文件，对初期坝的坝型、坝高、坝的构造、坝对地基的要求进行了解。如果是砌石坝，还要了解坝对石料及砌筑砂浆的要求、坝体排水构造、坝与基础和岸坡的连接。若为土石坝，则要了解坝对填筑材料的要求。要求达到的填筑质量标准：即干容重或相对密度、填筑含水量、坝体防渗或排水滤水的构造等；对排水构筑物，主要了解结构及构造；对涵洞或涵管，重点了解其厚度，配筋及分段接缝的构造，基础承载力的要求；对隧洞，主要了解其地层围岩特征，衬砌形式及其变化，进出口的构造、分缝；防渗、排水、灌浆的设计、超挖回填的要求；对排水塔，主要了解结构构造；对排水构筑物，还要了解对混凝土的强度、防渗、防冻；抗冲、耐磨，有时还有防腐蚀的要求。作为施工者，不仅了解其构造，还要了解构造的功能和作用，这样可以更加注意这些构造的施工质量。

　　在了解设计的同时，要对设计的基础资料、地质勘察报告加以认真研究。通过地质勘察报告掌握坝址及排水构筑物沿线的地形地质条件、岩性、构造等，以及存在的主要地质问题。同时要了解地质报告中有关建筑材料特别是土石坝的筑坝材料的分布、储量、质量及开采条件等。这是采取各种技术措施最基本的条件，必须认真搞清。测量的平面和高程控制点也应搞清，以备放线应用。除了勘察、设计资料外，还应研究施工技术规范。因为有些技术要求不是载入设计文件，而是在施工技术规范中有专门的规定。虽然尾矿工程尚未制订施工规范，但可以参照水利部门的《碾压式土石坝施工技术规范》、《水工混凝土规范》、《地下工程开挖技术规范》、《水泥灌浆技术规范》等用以指导相应工程的施工。通过以上工作，基本可以掌握初期坝和排水构筑物的基本技术要求，施工单位则应采取符合这些要求的具体施工措施，以保证施工质量。

3.1.2　施工条件的分析

（1）水文气象条件。坝址所在河道、料场附近河道的流量情况，各种频率的洪水流量及总量，枯水期的流量，这些资料是制定导流方案所必需的。气象资料，主要搜集历年雨量和气温资料。雨量资料，主要为确定因雨不能施工及因雨需要采取措施的天数。气温资料主要是为确定因气温低不能施工的天数及需要采取冬季施工措施的时间及天数。以上两项气象资料可以确定一年内的有效施工天数，据此可以根据设计的工程量和要求的工期确定施工进度。并由此确定需要的劳动力和所需的机械设备。

（2）水、电、交通。水是施工的基本条件。无论工程施工还是施工人员都需要水。各种用途的水对水质都有一定的要求。所以必须研究水源及供水方式和设施以满足不同用途的水质要求。

电源是照明和动力的主要能源，必须研究具体的供电方式。

交通主要研究对外交通情况。因为人员、施工机具、设备、生活资料、施工所需要的建筑材料等均需通过运输道路才能到达施工点。场地内部的交通则主要由料场的位置和运输方式所确定。这也是在施工前必须解决的。

（3）施工场地。场地条件对施工是十分重要的。它包括施工人员居住生活场地和生产设施需要的场地两部分。后者包括水、电、风、机修、施工机械存放、仓库等辅助生产设施、混凝土拌和、建筑材料及筑坝材料堆存加工等的场地，以及废弃土石料的堆放等所需场地。这些场地均需统一规划。

3.1.3　料场复查与规划

当施工单位接收施工任务后，建设单位应主动向施工单位提交符合《天然建筑材料土、砂、石勘探规程》详勘要求的料场勘察报告。鉴于料场对土石坝施工的重要性，施工单位应在施工前对提供的上述资料进行认真核查。如发现勘察项目和精度与规定不符，应向建设单位提出，并由建设单位组织勘察单位复查后作出妥善处理。

料场复查内容为：

（1）覆盖层厚度、料层的变化及夹层的分布情况。

（2）料场的分布、开采及运输条件。

（3）料场的水文地质条件与汛期水位的关系。

（4）根据料场的施工场面、地下水位、土质情况、施工方法及施工机械可能开采的深度等因素，复查料场的开采范围、占地面积、弃料数量以及可用土层厚度和有效储量。

（5）进行必要的室内和现场试验，核实坝料的物理力学性质及压实特性。

各种土料的复查要求和方法：

（1）黏性土、砾质土的复查要求：

1）重点复查天然含水量及其随季节的变化情况、颗粒组成（砾质土应复查大于 5mm 的粗粒含量的性质）、土层情况、储量、覆盖层厚度和可开采土层的厚度。

2）压实特性：即最大干容重、最优含水量。

3）物理力学性质：如天然干容重、比重、流塑限、压缩性、渗透性、抗剪强度等。

4）复查方法：黏性土料采用手摇钻或坑探进行取样；砾质土用坑探取样。布孔间距一般为 50~100m。沿钻孔或坑探每 1m 应测定含水量一组，并同时鉴别土质和现场描述。对其他复查项目可在坑内取代表样进行试验。

（2）砂砾料场应重点复查级配、含泥量、砾石含量、最大粒径、淤泥和细沙夹层、胶结层、覆盖层厚度、料场的分布与储量、水上与水下可开采的厚度和范围以及与河水位变化（或汛期）的关系、天然干容重、最大与最小干容重等，并取少量代表样做比重、渗透系数、抗剪强度、管涌比降等物理力学性能试验。

对于反滤料场除上述要求外，尚应重点复查软弱颗粒含量、颗粒形状和成品率。

复查方法用坑探进行，坑距一般采用 50~100m。

（3）石料场应重点复查岩性、断层构造、节理和层理、强风化层厚度、软弱夹层分布、坡积物和覆盖层数量以及开采运输条件等。

复查方法可用钻孔、探洞或探槽进行。

料场复查应注意的几个问题：

（1）对于已确定使用的每个料场，均应设置若干固定基桩，并在地形图上标明位置，以便在料场规划、开采和补充调查时有所依据。

料场调查地形图的比例尺一般可用 1/1000~1/2000，根据需要可适当放大或缩小。

（2）施工前规划料场实际可开采的总量时，应考虑料场调查精度、料场天然容重与坝面压实容重的差值，以及开挖与运输、雨后坝面清理、坝面返工及削坡等损失。其与坝体填筑数量的比例一般为：土料 2~2.5，砂砾料土 1.5~2；水下砂砾料 2~3，石料 1.5~2，反滤料应根据筛取的有效方量确定，但一般不宜小于 3。

（3）料场复查后应写出报告，经过复查的料场必须提出料场地形图、试坑与钻孔平面图、地质剖面图（当土层简单时可省略）、含水量、地下水位随季节变化情况、试验分析成果、代表性土料样品、有效开采面积、实际可开采数量的计算书、料场全部或部分土料适用于填筑坝体某一部位的说明书与应否加工处理的结论，并说明开采和运输条件等。

经过料场复查就确定了最基本的施工条件和设计条件，并为料场的规划提供了最基础的资料。料场复查后，便可制定料场利用的规划。其原则是：

1）料场的使用规划，应根据坝型、料场地形、施工方法、导流方式和施工分期等具体条件，并按照施工方便、投资经济、保证质量以及在施工期间各种坝料综合平衡的原则进行编制，将符合计划要求的各种坝料，按不同施工阶段分别确定其填筑部位。

2）规划料场时，应本着少占或不占耕地的原则进行，应多用库内淹没区的料场。

3）筑坝材料应充分利用符合设计要求的建筑物施工开挖料，以降低工程造价。使用时必须审慎研究开挖和填筑进度的配合及质量管理的措施。宜使开挖料能按指定的填筑部位直接上坝，必要时可在坝址附近设置加工厂和堆料场地，以保证填料质量。

4）在料场使用程序上，应考虑施工期间河水水位与流量的变化以及由于导流而使上游水位升高的影响。在枯水季节应多用河滩料场。应有计划地保留一部分近料场供每年度汛拦洪的高峰强度时使用。

5）进行料场规划时，宜根据料场高程、位置、填筑部位作统一规划，尽可能做到高料高用，低料低用，合理使用上下游料场，尽量避免过坝及交叉运输等现象而减少干扰。

6）机械化施工程度较高的土石坝，应选择施工场面宽阔、料层厚、储量集中的大料场作为施工的主料场，其他料场配合使用，并考虑一定数量的备用料场。

7）对黏性土、砾质土的使用规划，应优先选用土质均匀、含水量适当的料场，并考虑将天然含水量较高的料场用于干燥季节，天然含水量较低的料场用于多雨潮湿季节或冬季。

土层性质变化复杂的料场，应在规定前进行混合开采的工艺试验，经论证符合设计要求后方能使用。

8）对砂砾料的使用规划，应将筑坝料及筛选混凝土骨料和反滤料场统一安排。开采水下料场时，应根据开挖设备的机械性能以及在汛期便于防洪和撤退等施工条件进行规划。

对筛余料的利用应作全面考虑。

9）堆石料场应优先选用岩性单一、覆盖等剥离层较少、开采和运输条件较好、施工干扰少的料场。

离坝区及水工建筑物或居民点较近的石料场，必须对爆破震动和飞石的影响进行论证。

10）反滤料及坝体过渡料应尽可能在天然料场筛选。如难以找到合适的天然料场，可考虑采用人工砂并通过技术经济比较后确定。

11）料场规划应考虑必要的坝料加工和储存场地。

12）料场在未使用完以前，原则上不宜修建建筑物，确有必要时应做出统筹规划，合理解决，排除相互影响。

3.1.4 压实试验及坝料加工

压实是控制碾压式土石坝施工质量的关键工序。由于土料的离散特性，必须通过碾压试验确定施工参数。

对砂砾料等无黏性土料，在一般的压实标准（相对密度不小于0.75）条件下，可根据碾压机械，工程经验初步选定碾压参数，然后结合坝面填筑进行简单的复核试验。

对作防渗土料的碾压试验，若当地有同类土的施工经验，可参照选择压实机械和施工参数，然后结合坝面施工进行复核试验。若当地无此类经验，则应进行碾压试验。

在强烈的地震区（烈度大于8～9度），当要求特殊的压实标准时，必须进行碾压试验。

堆石也应和上述要求一样进行简单的复核试验或碾压试验。由于尾矿坝尚无完善的施工规范，且与水工部门又有许多相似之处，为便于参考和选用，今就水利部门压实机械及压实试验的做法及规范分述如下。

3.1.4.1 压实机械选择

压实机械可分为下列三类：

（1）静力碾压机械，主要依靠碾的静力作用来压实，如羊足碾、气胎碾、平碾、肋型碾、尖齿碾等。

（2）夯实机械，主要依靠冲击能量压实，如夯板、蛙式打夯机等。

（3）振动压实机械，系利用静力与振动力的联合作用压实。

压实机械的选择应考虑以下原则：

（1）可能取得的设备类型。

（2）设计压实标准（压实结果应满足设计要求）。

（3）筑坝材料的性质。黏性土应优先选用气胎碾、羊足碾；砾质土宜用气胎碾、夯板；堆石与含有特大粒径（>500mm）的砂卵石宜用振动碾；块径较小的堆石（块径小于500mm）、砂砾料可用振动碾、夯板；对于含有软弱岩石的土石料，宜用重型尖齿碾来压实。

（4）土料含水量大小。对于含水量高于最优含水量（或塑限）1%~2%的土料，宜用气胎碾压实，低于最优含水量的重黏性土，宜用重型羊足碾、夯板来压实；当含水量很高且要求压实标准较低时，黏性土也可采用轻碾（如肋型碾、平碾）压实。

（5）原状土的结构状态。当原状土体天然干容重高并接近设计标准或有次生节理面或为团粒结构土体时，宜用重型羊足碾碾压。

（6）施工强度大小。气胎碾、振动碾压实遍数少、工效高。适用于高强度施工。

（7）施工场面大小与压实部位。与刚性建筑物、岸坡等的接触带、边角、拐角等部位、可用轻便夯夯实，狭窄场面填土可用夯板夯实。

（8）施工季节。冬季施工，应选择具有大功能的压实机械，如羊足碾、夯板；雨季施工应选择适应高含水量的压实机械，如气胎碾等。

（9）施工单位的经验。

各种碾压机械的适应性如表3-1所示。

表3-1 各种碾压设备的适用情况

碾压设备名称	堆石	砂、砂砾料		砾质土	黏性土	黏土		软弱风化土石混合料
		优良级配	均匀级配			低中强度黏度	高强度黏土	
5~10t 振动平碾	×	○	○	○	×	×	×	
10~15t 振动平碾	○	○	○	×	×	×	×	
振动凸块碾			×	×	○	○	×	
振动羊足碾				×	×	○	×	
气胎碾		○	○	○	○	○	○	
羊足碾			×	○	○	○		
夯 板		○	○	○	○	×	×	
尖齿碾								○

注：×—可用；○—适用。

根据我国目前碾压设备的制造情况，宜用50t气胎碾压实黏性土、砾质土；9.0~

16.4t 的双联羊足碾压实黏性土；13.5t 的振动碾压实堆石、砂砾料；直径 110cm、重 2.5t 夯板夯实砂砾料和狭窄场面的填土；边角及接触带黏性土、砾质土宜用 HW - 01 型蛙式夯夯实。

3.1.4.2 碾压试验

（1）碾压试验目的：

1）核实坝料设计标准的合理性。

2）选择碾压机械的类型。

3）选择相应的施工碾压参数。

4）研究填筑的施工工艺与措施。

（2）碾压试验准备。碾压试验前必须对土场进行充分的调查，掌握各个土场筑坝材料的物理力学性质，以便选择代表性土场进行碾压试验，使其碾压试验得出的参数能代表各个料场。当土场土料性质差异很大时，应考虑分别进行碾压试验。

此外，为了解各土场土料的压实性能，应进行充分的室内试验，以便根据设计要求初步选定压实功能与最优含水量。

（3）碾压试验的基本原理、方法与参数组合。试验前，应根据理论计算并结合各工程的经验，初步选定几种碾压设备和拟定若干个碾压参数，宜采用逐渐收敛法固定其他参数，变动一个参数，通过试验得出该参数的最优值，固定此最优参数和其他参数，变动另一个参数，用试验求得第二个最优参数。依此类推，使每一参数通过试验求得一最优参数，最后用全部最优参数，再进行一次复核试验，若碾压结果满足设计、施工要求，即可将其定为施工碾压参数。

用逐渐收敛法进行试验时，应先根据击实试验确定最优含水量。固定此含水量，当其他参数通过试验确定后，最后再变动含水量，确定含水量的最优值。一般情况下，碾压试验的最优含水量基本是标准击实试验的最优含水量。当料场天然含水量与最优含水量一致或相近时，试验可采用天然含水量进行，这使碾压试验工作量简化，如土场含水量不在最优含水量范围内，应先处理土料含水量，使之合格后再进行碾压试验。

确定碾压试验压实标准的合格率时，应稍高于设计标准（一般可为5%左右），因为碾压试验不能完全与施工条件一致，所以必须留有余地。

按照逐渐收敛法，碾压试验参数组合可参考表3-2进行。

（4）现场描述及取样试验。每一场碾压试验，均应进行以下描述与取样工作。

1）现场描述：

①描述压实土体的结构状态，是否产生剪力破坏，并测量其破坏深度；描述原状土块结构破坏情况。

②对于压实黏性土，应观察羊足碾碾压的工作情况，如土料是否粘碾、表面土层随碾压的翻动情况等；对于气胎碾压实性黏土，应观察轮胎行走情况、有无弹簧、涌土及压实土体表面龟裂的情况。

③对黏性土，应观测上下压实土层的结合情况。

④对于堆石，应观测表面石料压碎及其堆石架空的情况。

2）取样试验：

①当每一场试验土料铺好后，应测量铺土厚度，松土干容重与含水量。

表3-2　各种碾压设备的碾压参数组合

压实参数	平　碾	羊足碾	气胎碾	夯　板	振动碾 压实堆石和砂砾料
机械参数	碾宽压力或碾重（选择三种）	羊足接触压力或碾重（选择三种）	（1）轮胎的气压力；（2）碾重（各选择三种）	（1）夯板重量；（2）夯板直径（各选择三种）	碾重（每一种碾的碾重为定值）
施工参数	（1）选三种铺土厚度；（2）选三种碾压遍数；（3）选三种含水量	（1）选三种铺土厚度；（2）选三种碾压遍数；（3）选三种含水量	（1）选三种铺土厚度；（2）选三种碾压遍数；（3）选三种含水量	（1）选三种铺土厚度；（2）选三种夯实遍数；（3）选三种落距；（4）选三种含水量	（1）选择三种铺土厚度；（2）选三种碾压遍数；（3）充分洒水①
复核试验参数	按最优参数进行	按最优参数进行	按最优参数进行	按最优参数进行	按最优参数进行
全部试验组数	11	13	16	19（16）②	10（7）③
每一参数试验单元大小/m²	3×10	6×10	6×10	8×8	10×20

①堆石的洒水量一般为其体积的30%～50%左右；砂砾料洒水量一般为其体积的20%～40%。

②夯板直径通常是固定的，一般只有16组。

③碾重通常也是定值，一般只有7组。

②压实后应测定表层翻松土层的厚度与有效压实土层的厚度。

③测定压实后的干容重、含水量。

对于黏性土，应用200～500cm³的环刀取样；每一场试验测量坑点数不得少于25～30个，并应均匀分布于试验的土层上。

对于砾质土，用灌砂法或灌水法测定干容重，并同时测定砾石含量。

对于砂砾料、堆石，每一场试验取样数不得少于4个。

④试验过程中，还应取一定数量的代表性试样，进行室内物理力学性质试验。结合层应取代表性试样进行渗透试验，必要时尚应进行现场注水试验。

（5）堆石碾压试验。堆石碾压试验应有下列重型设备：斗容3～5m³的装载机或挖土机1台，10～25t的自卸汽车2台，推土机、振动碾各1台。

1）试验场地布置：堆石碾压试验应根据碾压后量测的铺筑层厚度的压实变形（以铺料厚度的百分数计）和孔隙率进行评价。每一试验单元不小于10m×20m，布置成(1.5～2.0)m×(1.5～2.0)m的方格网，方格网点即为测点，且离边缘不小于3m。

2）试验步骤：平整、处理、压实地基，测量起始高程。堆石铺料采用进占法进行，推土机仔细平整，准确控制铺料厚度与平整度。用振动碾静压（不振动）一遍，以平整表面及凹凸点，然后用喷雾器将方格网点标以颜色，并对每一格点进行水准测量以确定其初始厚度。为了获得每一格点的代表性读数，宜将水准尺安放在约30cm×30cm的钢板突出的大钉上，该钢板易从一点携带到另一点进行同样的测量。完成起始测量后，便可按要求的碾压遍数（如2、4、6遍）进行碾压，并分别量测各网点（预先作好编号）压实后的高程，它与对应点的高程差，便是其压缩变形。然后挖试坑，用灌水法测定容重并计算孔隙率。

（6）成果整理。试验完成后，应及时将试验资料进行系统整理分析、绘制成果图表、编写试验报告。

1）平碾、羊足碾、气胎碾压黏性土、砾质土时，应绘制干容重、含水量与碾重、铺土厚度、碾压遍数、轮胎气压（气胎碾）等的关系曲线，如图3-1所示。对于砾质土（包括掺和土），尚应绘制砾石含量与压实干容重的关系。

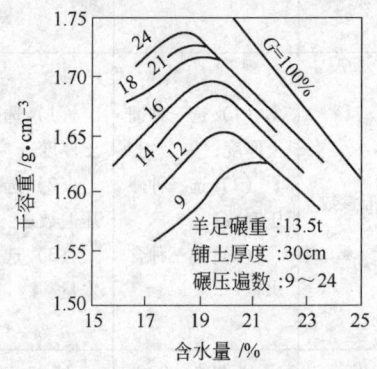

图3-1 压实遍数、干容重与含水量关系

当用夯板夯实黏性土时，应绘制干容重、含水量与夯板重量、落距、夯实遍数、铺土厚度、夯板直径以及取样深度的关系曲线，并应整理剪力破坏深度与各参数的关系。

2）当用振动碾压实无黏性土、堆石时，应绘制相对密度（砂及砂砾料）、孔隙率（堆石）与碾重、压实遍数、铺土厚度的关系。用夯板夯实时，也应绘制与夯板重量、落距、铺土厚度、夯实遍数等的关系。

3）绘制最优参数（包括复核试验）情况下的干容重、含水量的频率分配曲线与累积频率曲线（亦称合格率曲线，以确定设计干容重合格率）。

然后根据以上成果，结合工程的具体条件，确定施工碾压参数及压实方法。在试验报告中应提出以下结论：

①设计标准的合理性。

②适宜各种坝料的压实机械类型及参数。

③黏性土最大干容重、最优含水量及其控制范围，并与室内击实试验成果比较，分析其合理性。

④确定压实干容重的合格率。

⑤压实土的物理力学性质与土体的结构状态、剪力破坏情况等。

⑥提出施工参数、铺土厚度、碾压遍数、落距（夯板）。

⑦上下土层的结合情况及其处理措施。

⑧其他施工措施与施工方法，如压实、铺土、刨毛等。

（7）碾压试验的注意事项。碾压试验所用方法及施工机械均应与施工时采用的相同，并注意下列问题：

1）试验过程中，应严格控制土质、含水量以及各种试验参数，避免试验成果混乱。

2）每组试验开始后，应连续进行，避免时间过长土料含水量发生变化，影响试验成果。试验过程中所有操作人员宜全部固定。

3）试验资料应有专人及时整理分析，找出成败原因，以便修订下一步试验计划及试验参数、方法等。

若复查证明，筑坝土料的含水量或某些性能指标不能满足设计、施工要求时，应进行加工处理，使其达到质量标准。

3.1.4.3 低含水量土料的加水处理

土料加水应符合以下要求：使土料含水量达到施工含水量控制范围；使加水后的土料含水量保持均匀。

土料加水，一般可采用下列方法：

(1) 坝面洒水。当铺土与碾压相隔时间较长，土层表面水分蒸发需补充水量，或者当土料天然含水量与碾压施工含水量相差不大，仅需增加 1% ~2% 左右时，可采用在坝面直接洒水的方式加水。

1) 用洒水汽车洒水：以压力水与压缩空气混合喷出，水呈雾状，可使洒水均匀。此法还可避免坝面铺设水管，减少施工干扰。因此，在有条件的情况下，宜优先采用。

2) 用胶管洒水：在直径 25 ~50mm 胶管上安装一扁口喷嘴，以 0.3 ~0.4MPa 的压力水直接在铺好的土层表面洒水。

无论采用上述何种洒水方式，若要求将土料含水量提高 1% ~2% ，洒水后应以拖拉机牵引圆盘耙使其掺和均匀。

(2) 在开采掌子面加水。当土料的含水量比施工最优含水量低时，可在挖土机开采时直接用上述水管加水，并适当用挖土机掺和，然后将土料另行堆置，间隔一定时间，使含水量均匀，然后用于填筑。但这种加水方式难以精确控制，一般仅在某些特殊情况下采用。

(3) 土场加水。土场加水是提高土料含水量的最好方法，适宜于大面积的土场和土料天然含水量较施工含水量低得多的情况。采用这种加水措施，不仅减少坝面施工工序、减少干扰，且易于控制土料含水量。其具体的加水方式与开采方法、料场地形、土料性质有关。

1) 土场筑畦灌水：当土场天然土料垂直渗透系数较大、地势平坦，且用立面开采时，可在土场筑畦灌水。采用此法时，应预先在土场进行灌水试验，以确定土场的可灌性、灌水深度、渗透时间（或灌水时间）、加水土层的有效厚度、土场加水后的平均含水量、灌水后可开采的时间等参数。

2) 喷灌灌水：喷灌灌水系用喷灌机进行。适宜于地形高差大的条件。此法易于掌握、节约用水，但喷灌时间应经试验决定。为保证喷灌的效果，应保持天然地面不受扰动，以免破坏其渗透性。草皮等的清理可待加水后进行。用此法灌水后需等一定时间，才能使水分均匀。

3) 土场表面喷水：在土场喷水时，随时辅以齿耙耕翻，使其混合均匀。此法适合于砂壤土、轻、中粉质壤土以及用铲运机、推土机平面开采条件的土。此外尚需有较大面积的土场，以便部分土场大量喷洒水，并有足够的停置时间，使其含水量渗透均匀，其余已加水的土场可供开采，实现轮换作业。

3.1.4.4 高含水量土料降低含水量的措施

当土料天然含水量超过施工控制含水量时应采取降低含水量的措施。

(1) 强制干燥。即利用回转烘干机烘烤土料，以降低含水量。烘烤时土料用皮带机送进回转烘干机内，经喷油嘴喷射燃油升温，土料由进口至出口的过程中被烘至所要求的含水量。

（2）翻晒法。土料天然含水量较高且具有翻晒的条件时，可以采用翻晒法降低含水量。对于当地用翻晒法降低含水量的效果，应预先进行翻晒试验，以确定翻晒铺土厚度、每天翻晒的适宜时间和翻晒的方法。

翻晒方法可采用拖拉机牵引多铧犁进行，也可采用人工翻晒。为使土料含水量均匀和加速翻晒过程，必须将土块耙碎。

翻晒合格的土料，应堆成土牛，并加防护。土牛在储备或使用期间，须经常检查，特别是雨前、雨中，应检查排水系统是否通畅、顶部有无因沉陷而形成的坑洼、防雨设施是否可靠等。

（3）掺料。掺料的目的是通过掺入含水量低的土料，吸收含水量高的土料中多余的水分，使土料含水量重新调整，以满足施工含水量的要求。

掺料可用碎石、砾石，也可用含水量较低的土料或风化岩石。掺料方法与坝料加工处理相同。

（4）综合措施降低含水量。当土料天然含水量高于施工含水量时，可在土料开挖、运输及装卸过程中采取措施降低含水量。如采用平面分层取土（用铲运机、推土机进行）、山坡溜土、皮带机运输等。当采用立面开采时，也可用向阳面开采或掌子面轮换开采等方法。

3.1.4.5　防渗土料掺和拌制方法

砾质土料中含有过多的砾石时，必须改变其含量，才能作为防渗土料；对高土石坝，有时需在土料中掺入一定数量的砂砾料，以改善土料的性质，减少其沉陷量。上述坝料可采取逐层铺筑——挖土机立面混合开采或推土机斜面混合开采的方法。

某土石坝高 165.6m，其心墙砾质土系由黏土和砂砾料掺和而成。该砾质土掺和前、后的土砂砾料级配曲线如图 3-2 所示。设计规定掺和料中的最大卵石直径为 50mm（在料场设置筛分厂，以 50mm×50mm 方孔筛控制），允许 5% 的超径，但最大直径不得大于 60mm。根据室内试验和野外试验结果，砂砾料与黏土的掺和配比为 50:50（以重量计），并用下式计算：

$$P_s = \frac{A}{A+B+C} \times 100\% \tag{3-1}$$

式中　P_s——大于 5mm 粒径的砾石、卵石占总土重的百分数；

　　　A——砂砾料中大于 5mm 粒径的砾石、卵石重量；

　　　B——砂砾料中小于 5mm 的砂粒重量；

　　　C——黏土的重量。

掺和时黏土含水量控制在 26% ~30% 之间。掺和的黏土有两种，一种是红黏土，其流限 54%、塑限 34%；塑性指数 20、62.5t-m/m³ 击实功能的最大干容重 1.51g/cm³、最优含水量 29%；另一种是棕黄色黏土，其流限为 41%、塑限 24%、塑性指数 17、同样功能的最大干容重 1.59g/cm³、最优含水量 24.6%。

掺和铺筑施工如图 3-3 所示，料堆黏土层与砂砾层相应厚度是根据三次现场碾压试验结果，并考虑大面积施工、料堆各层厚度难于控制准确的实际情况，以及为减少误差和提高工效而确定砂砾料铺筑厚度为 40cm。然后用下式计算相应的黏土层厚为 65cm。

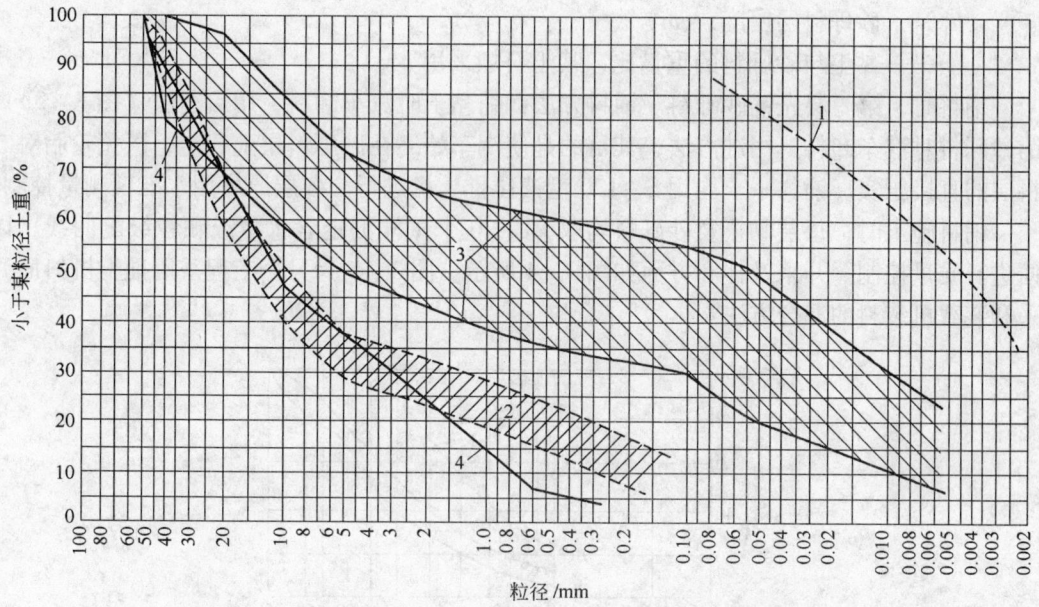

图 3-2　某土石坝掺和土的砂砾料、黏土、掺和料的级配曲线

1—黏土；2—天然砂砾料（设计范围）；3—掺和后的砾质土；4—料堆 42 个砂砾料的平均级配曲线

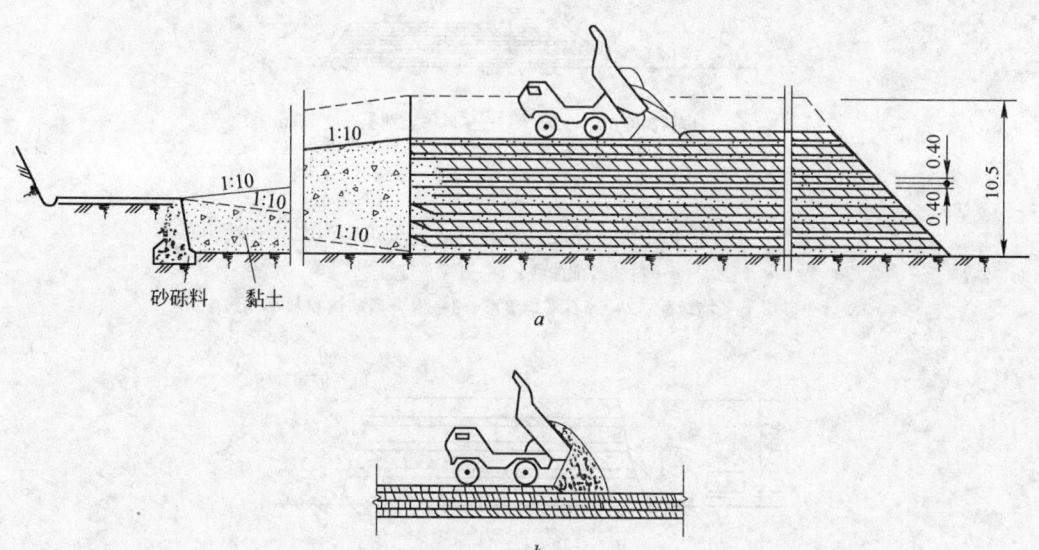

图 3-3　某土石坝掺和铺土施工示意图（单位：m）

a—铺黏土（后退法）；b—铺砂砾料（进占法）

$$h_t = h_1 \frac{\gamma_{d1}}{\gamma_{dt}} n \qquad (3-2)$$

式中　h_t ——黏土层厚度，cm；

　　　γ_{d_1} ——砂砾料中干容重（试验测得平均值为 2.16t/m³）；

　　　γ_{dt} ——黏土层干容重（试验测得平均值为 1.33t/m³）；

h_1——砂砾料层厚度，cm；

n——黏土与砂砾料的重量比，某土石坝采用 $n=1$。

铺料时，第一层先铺砂砾料。铺料方法：铺黏土时汽车卸料，用后退法（图 3 - 3a），铺砂砾料时汽车卸料，用进占法，其目的是使汽车始终在砂砾料层上行走，以免轮胎对二料层的直接压实。铺料平土均用 S - 120 型液压推土机进行。各层厚度用水准仪测量控制。

铺料施工时，每层黏土及砂砾料均取 10 ~ 20 个试样测定含水量或颗粒级配曲线，以便进行质量控制。开采及拌和方面如图 3 - 4 所示。图 3 - 5 为另一工程采用推土机斜面开采和装载机装料的混合方法。

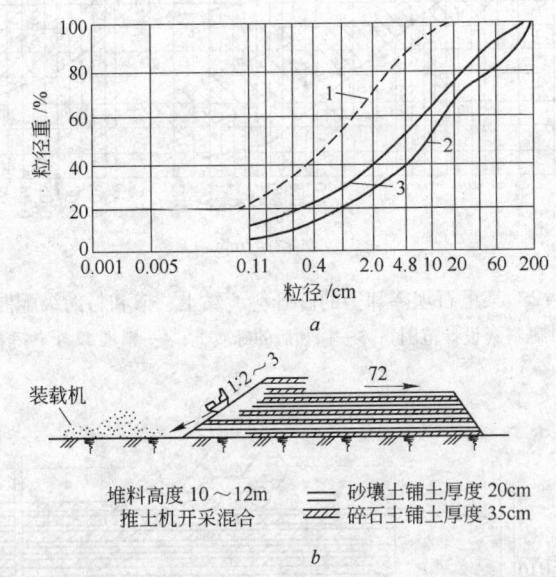

图 3 - 4　推土机斜面开采、装载机或挖土机装汽车掺和法

a—料的级配曲线；b—开采施工工艺

1—砂壤土平均级配；2—碎石平均级配；3—混合后防渗材料平均级配

图 3 - 5　挖土机立面开采掺和法

3.1.5　混凝土的配合比试验

排水构筑物及大坝上的混凝土，不同于一般的工业与民用建筑物的混凝土，在设计文件上和施工技术说明上有明确的规定。鉴于有些试验的周期较长，应当在施工前完成其试验，以便确定保证质量的施工工艺。

从预防混凝土裂缝角度来看，以早期强度高、水化低的水泥为宜。

为了提高混凝土的抗渗标号，采用加气剂作为外加剂，其效果远比单纯降低水灰比显著。

为满足混凝土的耐久性，应根据构筑物所处环境以及抗冻、抗侵蚀、抗水流气蚀、抗磨损等要求，确定水灰比的最大值。

骨料的性质对混凝土的性能有一定的影响。因此，应根据构筑物所需混凝土的性能选用与之相称的骨料。为了保证所需混凝土的质量，应就水灰比对混凝土强度、砂率对混凝土强度、加气剂用量对抗渗标号和强度、抗冻标号和水灰比的关系、砂子细度模数对混凝土强度、各种配合比下的坍落度等进行试验，以求得最佳值。

总之，在开工前，应根据设计要求完成混凝土配合比试验，为施工提供依据。

3.1.6 导流方案的制定

除了平地型和部分山坡型尾矿库外，山谷型尾矿库及部分山坡型尾矿库的大坝都建在沟谷上，都有一定的流域面积，因此在大坝施工时都要处理沟谷的洪水，有的还要处理常流量。如何处理这些洪水和常流量，是大坝施工时的总体安排中一个重要部分。它关系到施工的分期和施工进度。对任何一个导流方案，都有一个与之相应要达到的坝体施工部位，即到达的控制高程。

3.1.6.1 导流方案

导流方案与坝址的地形条件、河道的水文特征、基础处理的难易及大坝工程量的大小以及施工能力等因素有关，可概括为两大类：一类是断流围堰隧洞（涵洞）导流。其特点是在大坝施工前先对排水构筑物的隧洞或涵洞进行施工，利用这些泄水构筑物宣泄施工期的洪水。为了泄水构筑物进流和保护下游基坑，需在进水口和基坑之间修筑围堰。围堰高程视泄流的洪水位确定。采用这种方案，必须事先把排水构筑物进口以下的工程全部竣工。如果有常流量时，导流以后再也没有机会施工了。这种方案的优点是使临时工程和永久工程能合得好，在投资上较省，而且导流程序比较简单，可以一次完成，特别是坝址所在河谷较狭窄、覆盖层较厚、基础处理工作量大、分期导流困难的工程，采用这种方案较好。其主要缺点或者说实现的难点是在总体施工安排上，构筑这一部分排水构筑物要占绝对工期，大坝和排水构筑物之间的距离比较大，同时仍需处理大坝和围堰之间的地面洪水。当然，采取这种导流方式也可以不和永久构筑物结合，即作临时的导流洞（管），但需作技术经济比较确定。

另一类就是分期围堰分期导流的方案。其常用的分期办法是首先在原河道做纵向围堰，将原河道束窄，利用原河道导流，在围堰内部完成基础处理和修建二期导流设施，竣工后，河道进行截流，利用二期导流设施导流，完成原河床的开挖。为了减少截流工作量，二期导流宜在汛期末开始，以便在一个枯水期把坝筑到拦洪高程。在利用原河床导流时，应尽量减少后期工程量，但不能过分束窄河道，前提是，泄洪时不得对纵向围堰产生有害的冲刷。二期导流设施可以是岸边的明渠，也可以是涵洞或涵管，取决于二期导流时坝能达到的高程和泄水量。二期导流也可以用永久排水设施，当二期导流用明渠时，则要在原一期导流河段设导流涵洞或涵管。临时导流建筑的封堵必须严密，洞内必须填实，必要时需采取灌浆措施，管的封堵阀门或闸门应设在上游。

3.1.6.2 导流防洪标准

尾矿库设计规范对围堰导流没有规定防洪标准。坝体拦洪时可以按拦洪坝高及相应的库容确定坝的等级。然后按设计规范确定防洪标准。拦洪时一般情况下，坝高小于 30m，库容小于 100 万立方米为 5 等库。围堰的防洪标准按水利部门的设计规程规定，当构筑物等级为 5 级时，洪水重现期为 10 ~ 20 年。围堰的洪水标准较坝为低，一般以 10 年为宜。

3.1.6.3 导流构筑物

导流构筑物主要是围堰和涵管（或涵洞）。利用永久排水建筑物导流时，隧洞也兼作导流建筑物。导流围堰的高程，一般按设计标准的洪水宽顶堰泄流计算。围堰可用不透水料建筑，当不透水料缺乏时也可用不透水料堆筑，但迎水面需做简易的防渗，围堰边坡应按稳定时要求确定。

导流涵管（洞）的管径可按压力流或半压力流和设计洪水标准确定。再根据管的压力和外荷载确定管材。穿越坝体的部分应严格按坝下涵管设计和施工，以免留下后患。埋在坝内的导流设施是永久建筑的一部分。因此，应按永久建筑那样设计和施工。

3.1.7 施工组织设计和施工技术措施的编制

有了上述基础工作，即可编制实施性施工组织设计和施工技术措施计划。施工组织设计不可能一次性编好，也不能等上述准备工作都做完了才去编制，但必须在施工前完成，作为最后修订施工计划及施工技术措施计划的依据。完成以上的工作后还应制定自己的具体施工规程，建立健全各级技术责任制度、质量检查机构的各制度，制定各分项工程的验收标准和质量控制标准。

3.2 坝体施工

3.2.1 测量

在进行测量放线前，建设单位应向施工单位移交勘测设计阶段所引用及测设的平面控制点、高程控制点、主要构筑物轴线方向桩和起点、坝址附近地形图等有关测量资料，并进行现场交底。施工单位应对原设计控制点进行复查及校测。若发现原设计控制点不符合施工规范对放线的精度要求或妨碍构筑物施工及受爆破震动影响等，应当重新测设。

重新测设的平面和高程控制点（包括观测用的起测基点）必须设置在下列位置：

（1）建筑物轮廓线以外，不碍施工，引测方便，易于保存和不受坝体沉降变形影响的地区。

（2）地下水位以上的基岩上，不被水淹没的平地或平缓的坡地上。

（3）不受爆破影响和不发生崩塌及无岩溶影响、风化破碎的岩石上。

（4）不易隆起、沉降、蠕变的土层上。

平面和高程控制点的设置不应在冰冻期间进行。

这些测量基点必须埋石造标，统一编号。

设置坝轴线的同时，应设置若干纵横副线，作为坝体施工放线的主要控制线。

测量使用的仪器应满足下列精度要求：

（1）平面控制的测设精度：1、2 等库首级控制网按独立三等三角网精度要求，坝轴线、副线的测设按四等三角网或一级导线精度要求。1、2 等库轴线长度小于 500m 者及 3 等库，其首级控制网按一级小三角网或一级导线精度要求；坝轴线、副线的测设按二级小三角网或二级导线精度要求。4、5 等库可采用经纬仪二级导线精度测量。主要技术要求见表 3 - 3 和表 3 - 4。

表 3 - 3　三角网（锁）主要技术要求

等　级	测角中误差 /(″)	起始边边长 相对中误差	最弱边边长 相对中误差	测 回 数			三角形最大 闭合差/(″)
				J_6	J_2	J_1	
三　等	±1.5	1:120000	1:70000		9	6	±7
四　等	±2.5	1:70000	1:40000		6	4	±9
一级小三角	±5.0	1:40000	1:20000	6	2		±15
二级小三角	±10.0	1:20000	1:10000	2	14		±30

表 3 - 4　一、二级导线测量主要技术要求

等　级	相对 闭合差	平均边长 /m	测角中误差 /(″)	边长丈量较 差相对误差	测回数		方位角闭合差 /(″)
					J_6	J_2	
一	1:10000	200	±6	1:20000	4	2	$\pm\sqrt{n}$
二	1:5000	100	±12	1:10000	2	1	$\pm 24\sqrt{n}$

注：1. J_1、J_2、J_6 分别为经纬仪的型号；

　　2. n 为测站数；

　　3. 其余有关技术要求详见《工程测量规范》（TJ 26—78）。

（2）在坝体周围应测设足够数量的高程控制点，其精度：1、2 等坝须符合三等水准精度；3 等坝须符合四等水准精度；4、5 等坝可参照图根水准精度施测。主要技术要求见表 3 -5。各类填筑料的边线也应测出，并绘在断面图中。

表 3 -5　水准网测量主要技术要求

等级	每公里高差中误差 /mm	附合路线长度 /km	水准仪的型号	水准尺	观测次数		往返较差、附合或环线闭合差	
					与已知点联测	附合或环线	平地 /mm	山地 /mm
三	±6	50	S_3	双面	往返各一次	往返各一次	$\pm 12\sqrt{L}$	$\pm 4\sqrt{n}$
			S_1	因瓦		往一次		
四	±10	16	S_3	双面	往返各一次	往一次	$\pm 20\sqrt{L}$	$\pm 6\sqrt{n}$
图根	±20	5	S_{10}		往返各一次	往一次	$\pm 40\sqrt{L}$	$\pm 12\sqrt{n}$

注：1. 计算往返较差时，L 为水准点间的路线长度（km）；计算附合或环线闭合差时，L 为附合或环线的路线长度（km）；

　　2. n 为测站数；

　　3. 其余有关技术要求详见《工程测量规范》（TJ 26—78）。

（3）横断面图比例尺，如供填筑坝体收方及作为竣工资料用，以 1:200 为宜；若为便于测边放桩，则宜采用 1:500 比例尺。

（4）开始填筑前，应测绘清基地形图和横断面，按清基完成后的地形测设填筑起坡

桩。为防止填土时掩埋标桩，距清基边界桩和填筑起坡桩以外一定距离，可加引桩。

（5）坝体削坡前应定出放样控制桩，削坡后应施测断面并与相应的设计断面比较。

（6）施工期间，应定期进行纵横断面进度测量，对各类填筑料加以区分，并将成果绘成图表，算出有效方量。

（7）每个施工阶段结束时，宜测设坝址附近施工区域地形图一次，为下阶段施工提供资料。

（8）每一部分工程竣工时，应即测绘平面图和纵横断面图，其比例尺不应小于施工详图。

（9）各项测量工作应有专人负责检查。坝区所设之平面图、高程控制点，须经校测检查无误后方可引用；施工过程中坝体各部放定的样桩，也须不定期抽查，发现问题，应即复测订正。

为使测量样桩能及时指导施工，应加强管理防护，避免移动丢失。

（10）施工期间所有施工定线、进度、方量、竣工等测量原始记录、计算成果和绘制的图幅，特别是隐蔽工程的资料，均应及时整理、校核、分类、整编成册，妥为保存。当工程全部完工后，上述资料及地面控制网点同其他资料全部移交运行管理单位。

3.2.2　坝基及岸坡处理

（1）坝基与岸坡处理属隐蔽工程，直接影响坝的安全，一旦发生事故，难以补救，因此，必测设时，应与主要水准点相连接，高程采用1956年黄海高程系统。对于在已有高程控制网的地区进行测量时可沿用原高程系统。

（2）坝体周围设置的平面和高程控制点，须分别编号，绘制平面图。施工期间必须妥善保护，且须定期校核（每年可复测1~2次）；如超过允许误差，及时更正；如有遗失，应即补设。若坝区遭受烈度5度以上地震时，对全测区的平面和高程控制点的相对关系，应全面校测，并沿用原有编号，不得任意修改。

（3）施工放样应以预加沉降量的土石坝断面为标准。

（4）开工前，应施测坝基原始纵横断面，放定坝脚清基（考虑富裕宽度）及填筑起坡的边线。零点桩号从左岸开始，施工桩号应与设计采用的桩号一致。施测时，可按下列各点进行：

1）纵断面测量。沿轴线按设计图设置里程桩，一般宜用整数。桩距以20~50m为宜。坝端岸坡、渐变段和地形变化较大地段，桩距可适当加密，并相应施测横断面。高坝或坝宽较大时，应加测平行坝轴线的纵断面。

2）横断面测量。施测范围以超出坝基（包括铺盖）上下游边线20~50m为宜。如坝轴线为圆弧曲线，则横断面应为径向。

在坝体填筑过程中，心墙、斜墙、坝壳每上一层料，必须进行一次边线测量。区分坝的须按设计认真施工。

坝基和岸坡清理的具体要求：

（1）清理坝基、岸坡及铺盖地基时，应将树木、草皮、树根、乱石、坟墓以及各种建筑物等全部清除，并认真做好水井、泉眼、地道、洞穴等的处理。

坝基和岸坡表层的粉土、细砂、淤泥、腐殖土、泥炭均应按设计要求清除。对于风化岩石、坡积物、残积物、滑坡体等按设计要求处理。

（2）坝区范围内的地质勘探孔、竖井、平洞、试坑均应按图逐一检查。对处理质量不合设计要求或遗漏者，必须彻底处理，并经验收，记录备查。

（3）坝肩岸坡的开挖清理工作，宜在填筑前完成；对高坝如有困难，可按年度分阶段进行，禁止边填筑边开挖。清除出的废料，应全部运出坝外，并堆放在指定场地。

（4）凡坝基和岸坡易风化、易崩解的岩石和土层，开挖后不能及时回填者，应留保护层。

对岩层也可喷水泥砂浆或混凝土保护。

（5）坝基和岸坡处理过程中，应有地质、设计人员参加，系统地进行地质描绘、编录，必要时，应进行摄影、取样和试验。

对于非岩石坝基，应布置方格网（边长 50～100m），在每个角点取样（检验深度一般应深至清基表面以下 1m）。若方格网中土层不同，亦应取样。对地质情况复杂的坝基，应加密布点取样检验。

设置在岩石地基上的防渗体（包括反滤过渡层）和均质坝体与岩石岸坡接合，必须采用斜面联接，不得有台阶、急剧变坡，更不得有反坡。岩石岸坡清理后的坡度，应符合设计要求。对于局部凹坑、反坡以及不平顺的岩面，可用浆砌石或混凝土填平补齐，使其达到设计坡度。

非黏性土的坝壳与岸坡岩石接合，也不得有反坡。清理坡度按设计规定进行。

防渗体部位的坝基、岸坡岩面开挖，应使开挖面基本上平顺。开挖时可优先选用预裂爆破法。在接近设计岩面线，应尽量避免爆破，可使用机具、人工挖除，或采用小孔径、浅孔小炮爆破。

高坝防渗体坝基和岸坡的岩面，不应向河流下游方向倾斜过陡。对于基岩中的缓倾角泥化夹层，应按设计规定认真处理。

防渗体部位的坝基和岸坡岩面的处理，视其岩石节理、裂隙缝宽的大小、块体状况以及坝的高低等具体情况而定。一般采用下列处理方法：

1）高坝及 1、2 等坝，应先将岩面节理、裂隙缝口冲洗干净，以水泥浆或水泥砂浆灌注，缝口用水泥砂浆或混凝土堵塞，并加以捣实，且必须在岩面上（包括反滤过渡区）浇注混凝土盖板或喷混凝土、喷水泥砂浆，并进行固结灌浆。

2）低坝，当岩石较完整且裂缝细小时，可在清除节理、裂隙内的充填物后，冲洗干净，根据缝宽的大小，灌入水泥浆、水泥砂浆或混凝土，并加以捣实即可。

对于节理，裂隙发育、渗水严重的岩石，也应浇筑混凝土盖板，或喷混凝土、喷水泥砂浆，必要时进行固结灌浆。

3）中坝，视地质情况，可根据高、低坝处理方法选用。

防渗体部位的坝基和岸坡岩面上的断层或构造破碎带，必须按设计要求慎重处理，不留后患，尤其是顺河流方向的断层、破碎带更应特别注意。一般是将填充物挖除至一定的深度后，浇注混凝土填塞，并进行固结和帷幕灌浆。

防渗体部位的岩石地基，进行灌浆处理时，应先固结灌浆而后帷幕灌浆。所有灌浆工作，宜在尾矿库运行前完成。

砂砾透水性坝基明挖截水槽时，应遵守下列规定：

1）截水槽开挖中心线，必须符合设计规定。

2）开挖断面应考虑施工排水的需要，可将设计断面适当加宽。

3）开挖、回填过程中，必须作好地下水与地表径流的排清工作。排水设备应有足够的备用数量。施工中必须保证排水的电力供应。排水时应防止地基渗流破坏。

4）截水槽底必须挖至不透水的基岩或相对不透水地层，其嵌入深度应符合设计要求。回填前对不透水层或相对不透水层的连续性、土层厚度及其性质应进行复查。有关岩面处理按照（工）坝基和岸坡清理中的有关规定执行。

防渗体如与基岩直接结合时，岩面上的裂隙水、泉眼渗水均应处理。处理方法根据岩石节理、裂隙发育程度、泉眼大小、渗水量、渗水面积以及渗水压力等具体情况确定，严禁在水下填土。

截水槽底部如设置混凝土齿墙，每个仓号宜一次浇筑完成，严禁先填土再挖槽的浇筑方法。混凝土浇筑前，应将基岩面冲洗干净，以保证齿槽基座与岩石结合良好。墙体间工作缝的止水，应切实保证施工质量。

插入防渗体内的现浇混凝土防渗墙与水下浇筑的墙体，必须结合良好，并应认真处理混凝土墙体所出现的缺陷。

铺盖的地基及天然土层作铺盖时的施工要求：

（1）人工铺盖的地基按设计要求清理，表面应平整压实。砂砾石地层上，必须做好反滤过渡层。对于贯通上下游的砾石、卵石、漂石以及胶结不良的砾岩，应予清除或采取其他措施切断渗漏通道。

（2）利用天然土层作铺盖时，应按设计要求检查土的颗粒组成、结构状态、容重、塑性指数、渗透系数、渗透稳定性能，对厚度、长度、分布是否连续、底部是否有强透水层以及根孔结构等也应查明。凡不能满足设计要求的地段，应采取补强措施或做人工铺盖。

凡已确定为天然铺盖的区域，严禁取土，施工期间应予保护，不得破坏。

（3）天然或人工铺盖建成后，应随即在表层设置保护层，以防止干缩开裂、冻裂及波浪冲刷。

天然黏性土作为坝基的处理：

（1）天然黏性土作为坝基和岸坡时，其渗透系数、渗透稳定性能、抗剪强度以及压缩性能，均应满足设计要求。施工单位应根据设计所确定的范围、高程、土类进行清理。

（2）天然黏性土岸坡的开挖坡度，应符合设计规定，岸坡与防渗体的结合应以斜面联结，并考虑可能发生的沉陷差，不致引起上部坝体的开裂。

天然黏性土坝基和岸坡，如与透水性坝壳结合时，应根据两种土的性质，设置反滤过渡层。

特殊岩石的坝基如软黏土、湿陷性黄土、中细砂、膨胀土、岩溶等，应按设计要求认真处理。

基坑排水方法：

土石坝基础开挖截水槽时，应做好基坑排水。当从地基土层表面直接排水而无破坏性渗透变形时，可采用导沟表面排水法；砂层特别是"流砂"等渗透性较小的地基应用井点排水法；砂砾石强透水层地基宜用深层排水法。

（1）导沟表面排水法。开挖截水槽之前，先在基坑上下游两侧开挖导沟，水由导沟引至集水井后直接抽水，在地下水位降低后再开挖。施工时宜始终控制导沟沟底低于开挖面1.0m，使截水槽的开挖工作在水上进行（图3－6）。

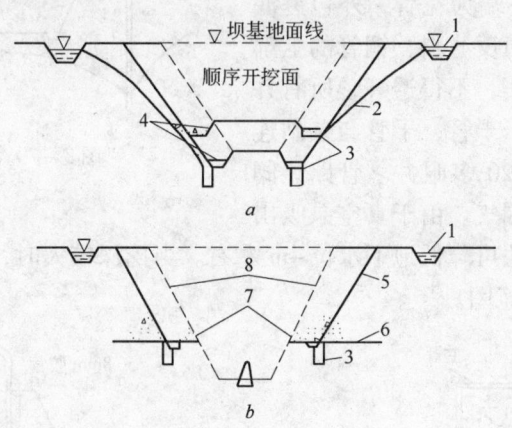

图3－6　导沟表面排水法开挖
a—开挖覆盖层的导沟布置；b—开挖至覆盖层与岩石接触面后拦腰截水墙布置
1—地表截水沟；2—地下水下降曲线；3—集水井；4—导沟；5—开挖边线；
6—砂砾石与风化岩交界面；7—拦腰截水墙；8—截水墙黏土回填边线

当基坑开挖至覆盖层与岩基接触面时，可在基坑四周修筑截水墙，中途将渗水拦截，用水泵直接抽出，排于地面排水沟内，以减少下层开挖中的排水量。

导沟、集水井及泵房均应设置在截水槽黏土回填断面之外，因此基坑开挖断面应大于截水槽黏土的设计断面。

拦腰截水墙不宜用草袋，宜用浆砌块石或混凝土，以减少回填黏土时拆除或处理的工作量。集水井深度一般为1.0～1.5m，井底面积随水泵台数而定（如装设1台0.15m水泵时需1.0m²，装1台0.1m水泵时需0.5m²）。抽水时，集水井四周应做好反滤，防止地基中细小土粒被携出。在回填黏土的过程中，应始终保持填筑的黏土高出水面1.5m，随填土的升高，逐井移泵抽水。迁移水泵时，先在下层井内提高笼头，回填块石，待水位升高至上层井底以上0.6m时，即可在上层井内抽水，同时停止下层井抽水，将下层井用块石回填至高出水面0.5m后，用水泥砂浆封顶。回填时应埋设灌浆管，事后灌注水泥浆。

（2）深层排水法。深层排水法一般用深井泵。当采用深井泵时，每级井可降低地下水位25～30m甚至30m以上。用一般离心式水泵时，每级井降低地下水位的深度小于7m，故只适用于浅井的排水。

截水槽开挖前，根据地基的工程地质及水文地质条件，特别是渗透系数大小，用水力计算和抽水试验，确定布置在截水槽上下游两侧之排水井的井距及井深。

截水槽开挖之前，应在其上、下游两侧（截水槽开挖断面之外），按照设计的井位，用冲击钻凿井（井内应设置预制混凝土井管和滤水管）。同时开挖表面排水沟，使井内的抽水通过排水沟排出基坑之外，从而降低地下水位，使截水槽开挖能在水上进行，图3－7为深层排水法示意图。

（3）井点排水法。用井点法排水时，应在设计开挖线以外适当位置，每隔 1.5~3.0m 设置一封闭井点群，如图 3-8 所示。井管为 50mm 左右的钢管，管下端为花管，外包裹滤水土工布、金属丝网并填反滤料，铜管的上部井管部分用黏土仔细填实，不得透气，所有井内抽水钢管用管路连接于干管，干管与泵站连接，一般一个泵站可接 20 多眼井。管路、阀门必须连接紧密，不得漏气。由于真空泵吸出高度的限制，这种井点法可降低地下水位 4m 左右。当挖深较大时，可采用多级井点。图 3-9 为井点针管结构示意图。

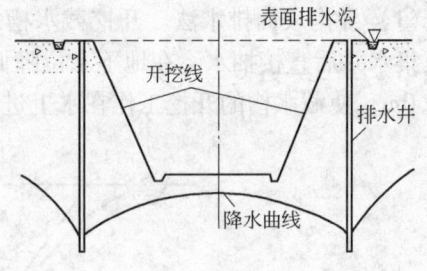

图 3-7　深层排水法

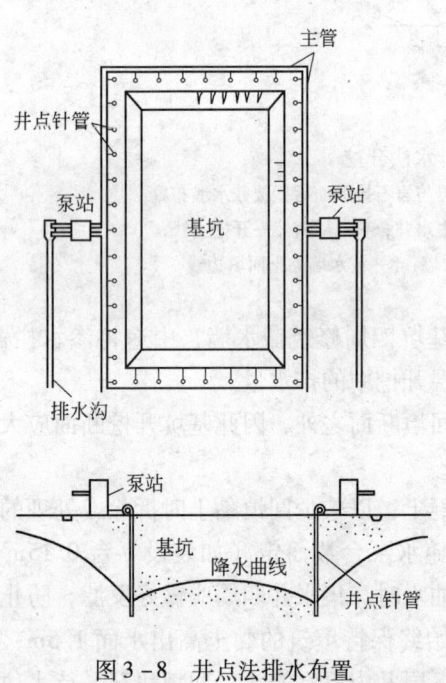

图 3-8　井点法排水布置

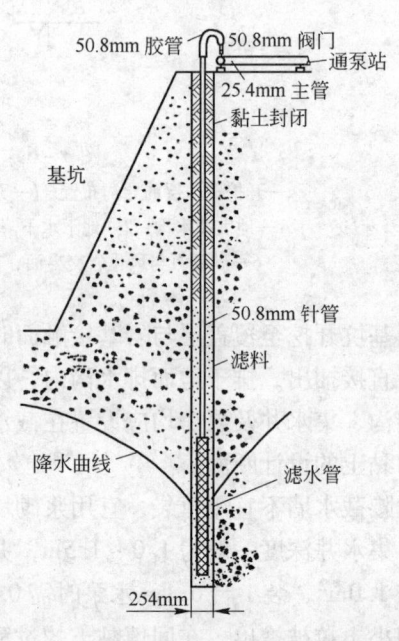

图 3-9　井点针管结构示意图

井点施工采用高压水枪冲孔，并边冲孔边下套管，达到预计深度后，再下针管（即 50mm 抽水管）、填反滤料，拔出套管，用黏土封堵井口部分，接好管路与泵站，即可抽水。

岩面裂隙及泉眼渗水处理：

在截水槽回填不透水的黏性土料之前，应对基坑岩面裂隙及泉眼的渗水进行处理。

渗水处理方法须根据基坑岩石节理裂隙发育程度、渗水量、渗水压力与泉眼大小而定。一般可采用下列方法：

（1）直接堵塞法。若岩面的裂隙不大，裂隙中的渗水不太严重时，对于小面积的无压渗水，可用黏土快速夯实堵塞。若局部堵塞困难，可采用水玻璃（硅酸钠）掺水泥拌成胶体状，用围墙办法，在渗水集中处从外向内逐渐缩小，最后封堵。水玻璃凝结速度较快（与配合比有关，有的工地使用的配合比为水：水玻璃：水泥 = 1:2:3），使用时可根据具体情况配制。

（2）箱填堵塞法：

1）水头较小的泉眼，可在泉眼四周开挖一方坑，底面积约 2m×2m，中间放一直径及高各约 0.75m 的混凝土管，然后在管内设一直径为 100~150mm 的铁管，混凝土管与铁管间填以小砾石（其高度为混凝土管高的 3/4），在铁管末端连以水泵软管后，即可不断抽吸泉水。

混凝土管周围的方坑，填以不透水料（黏土或黏土三合土），分层细致夯实（每次填土厚度不大于 0.15~0.20m）。

混凝土管上部 1/4 的高度灌注配合比为 1:2 的水泥砂浆，在水泥砂浆未硬化以前不断吸水，待其硬化后，停止抽水，将铁管堵塞最后填平方坑（见图3-10）。

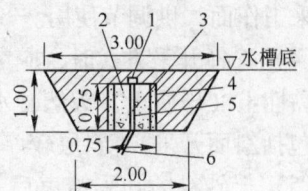

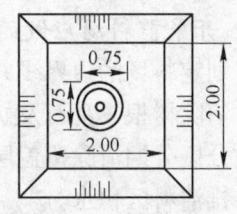

2）水头较大的泉眼，泉水可能自堵塞处涌出时，铁管应高出混凝土管顶，在回填过程中继续抽水，以降低管内水位，并将铁管逐渐加高，直至管中水头高度与泉水水头平衡时再将管口堵塞。

3）抽水灌浆堵塞法。岩面裂隙渗水分散、面积较大时，可在渗水比较集中的地方（如主要泉眼处）挖一个集水坑，并在渗水范围内挖几条导水沟，将分散的渗水全部集中引入集水坑，坑内填卵石，坑顶及导水沟内填以小砾石，在坑内预埋回填灌浆管和排水管。借助排水管用人力手压水泵不间断地抽水。坑顶浇筑一层混凝土盖板，然后回填黏土。待黏土回填至一定厚度时，进行回填灌浆（如图3-11所示）。灌浆压力

图 3-10 箱填堵塞法示意图
1—管塞；2—水泥砂浆；
3—直径 100~150mm 铁管；4—混凝土管；
5—小砾石；6—泉眼出口

不超过 0.2MPa，水灰比 2:0~0.5:1（即由稀变浓），灌至进浆量小于 1L/min 时停止灌浆。24h 后做压水试验进行检验，如渗透系数小于 $1×10^{-4}$cm/s 时，即认为合格，否则需加孔补充灌浆。

当裂缝或泉眼渗水汹涌，不能利用导水沟将分散的渗水全部集中引入集水坑时，可在全部渗水范围内铺一层卵石，上面普遍浇筑一层混凝土盖板（如图3-12所示）。

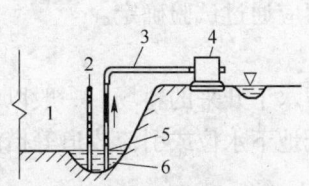

图 3-11 回填灌浆示意图
1—黏土回填；2—灌浆管；3—排水管；
4—水泵；5—混凝土盖板；6—卵石

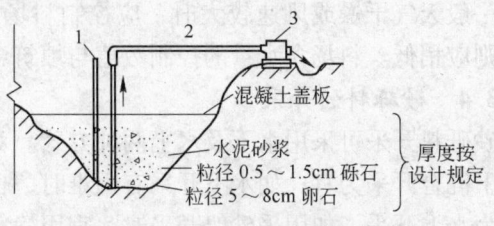

图 3-12 渗水汹涌区的抽水灌浆示意图
1—回填灌浆管；2—排水管；3—水泵

3.2.3 坝料的开采运输

3.2.3.1 坝料开采的基本原则

（1）坝料必须在鉴定符合坝料设计要求的料场内开采，不合格的坝料不得上坝。

（2）料场使用前，应根据施工组织设计提出分期分批用地计划并进行场地布置（包括开采工作面的划分、运输路线、风水电系统、排水系统、堆弃料场地及装料站台等）。布置时应充分考虑不同高程、不同施工阶段、不同施工坝段的运料路线。

（3）开采工作面的划分，应与施工条件及填筑强度相适应，必需时，应划定部分备用开采工作面，供调节使用。

（4）选择开采方式时，应考虑坝料性质、料场地形、开采机具、料层分布、料层厚度、黏性土（砾质土）天然含水量大小及水文地质等因素，确定采用立面开采或平面开采（包括斜面开采）。料层较厚而上下层土料性质不均匀时，宜采用立面开采。

（5）土砂料场开采结束后，应注意平整还田，并应做好水土保持和环境保护工作，石料场应根据情况对危岩进行处理。

3.2.3.2 开采前料场应做的工作

（1）划定料场的边界线并埋设界标。

（2）清除树根、乱石及妨碍施工的一切障碍物。

（3）分区分期清除覆盖层或山坡堆积物和风化层等，清除物应按指定地点堆放。

（4）排清料区积水。

3.2.3.3 黏性土料（或砾质土）开采的要求

（1）除在料场周围布置截水沟防止外水浸入外，并应根据地形、取土面积及施工期间降雨强度在料场内布置排水系统，及时宜泄径流。排水沟应保持通畅，沟底随料场开挖面下挖而降低。

（2）当料场在土料天然含水量接近或小于控制含水量下限时，宜采用立面开挖，以减少含水量损失；如天然含水量偏大，宜采用平面开挖，分层取土。

（3）在冬季施工中，为防止土温散失，宜采用立面开挖，工作面宜避风向阳，并选用含水量较低的料场，必要时，可采取坝前备料措施。

（4）雨季施工时，应优先选用含水量较低的料场，或储备足够数量的合格土料，加以覆盖保护，保证土料及时供应。

（5）应根据开采运输条件和天气等因素，经常观测料场含水量的变化，并作适当调整。一般天气干燥或风速较大时，应控制料场含水量稍高些，在夜间、雾天或湿度较大时，则应稍低。料场含水量的控制数值与填筑含水量的差值应通过试验确定。

3.2.3.4 砂砾料的开采

砂砾料开采可采用水下及水上两种方式。对有条件进行水下开采的料场，一般以水上和水下混合开采为宜；如水下开采有困难时，也可采取降低地下水位或引流改道等措施变水下为水上开采。如用采砂船开采时，宜用静水开采方式。

3.2.3.5 石料开采的要求

（1）石料开采应根据设计要求、料场地形（如山体高度、坡度、临空面条件、冲沟分布等）、地质条件（如裂隙、节理、断层、岩性、岩溶情况等）、水文地质特点、爆破试验参数以及总方量、日上坝强度、装运机具等进行爆破设计。

（2）石料开采方法，一般可采用钻孔爆破法和峒室爆破法。爆破参数应通过试验确定。

两种方法均应采用分层台阶开采。爆破时应注意观测。爆破后的超径石料应在料场进行处理。

（3）石料开采工作面数量应满足上坝高峰强度要求。

（4）根据有关石料爆破安全规程，施工时应编制安全施工细则，充分注意雷电和量测地电对安全的影响。遇雷电时应停止装药，已敷设的爆破网路必须短接，并与地绝缘，人员必须撤离到安全地区。

3.2.3.6 选用开采挖装机具与方法

选用时应考虑下列因素：

（1）坝料性质、料层厚度及储量大小。

（2）坝体填筑工程量及填筑强度。

（3）料场地形及作业条件（如水上开采或水下开采）。

（4）运输机具的种类。

（5）可能获得的开采、挖、装的机具设备。

3.2.3.7 坝料运输方式、机具及道路的选择

（1）运输方式的选择应考虑坝型、坝区地形、运距远近及运输机具种类等因素。当条件许可时，宜采用直接上坝方式，以减少倒运。

运输方式应注意挖、装、运、卸四个环节的配合，组织好机械化联合作业，提高机械利用率。

（2）运输机具的选择，应考虑下列因素：

1）坝体总工程量、坝料性质和上坝强度。

2）坝区地形，料场分布及运距等。

3）开采、填筑的施工条件和设备应与运输条件配套。

4）可能获得的运输设备、配件和机修条件等。

5）运输机具的类型尽可能少些。

（3）运输道路的路宽、路基、路面、坡度、弯道半径、线路布置、视距、排水等均应符合要求。汽车运输时，一般可采用泥结碎石路面或沥青路面。

（4）运输道路的规划与使用，应根据运输机械类型、车辆吨级及行车密度等进行，并考虑以下原则：

1）根据各施工阶段工程进展情况及时调整运输线，使其与坝面填筑及料场开采情况相适应。

2）根据施工计划，结合地形情况，合理安排线路运输任务，尽量提高线路利用率。

3）充分利用地形，尽可能使重车下坡或减少上坡。

4）运输道路应尽量采用环形线路，减少平面交叉，交叉路口应设置安全装置。

5）必须加强道路养护工作，尤其是泥结碎石路面，应经常保持路面平整，排水沟通畅。为此，必须设立专业养护队。雨季施工时，应保证小雨及雨后能正常通车。

6）运输道路通过原有桥涵时，应事先验算，并在必要时采取加固措施。

7）施工期场内道路规划宜自成系统，并尽量与永久道路相结合，一般施工期道路干线的防洪标准宜为 20 年一遇。

8）施工道路应设置良好的照明设施，避免夜间开灯行驶，影响会车和行车速度。一般宜采用高压水银灯，每平方米 0.5W。

（5）为了保证开采和运输设备的正常工作，必须加强设备的保养和维修，工地应设立适当的机修厂，有足够的备用设备和零部件。

3.2.3.8　开采与运输机具的特性

开采、运输机具可根据具体情况及机械的性能、特点选定。

（1）开采机具。单斗挖掘机，它有多种作业装置。正铲，可自挖自装，具有较大的挖掘能力，能铲装较密实的土壤和堆石，以配合自卸汽车、有轨运输为最适宜；反铲，可挖掘停机地面高程以下的土层；索铲，适宜用于开采水下砂砾料。在实际筑坝材料开采中，正铲和索铲应用较多，效率较高。

1）斗轮挖掘机：它是一种连续作业高效率的重型挖掘设备，但庞大笨重、移动不便，适用于填筑方量大、料场集中、储量大、上坝强度高的土石坝施工，可与自卸汽车或皮带机配合使用。

2）装载机：它挖装效率高、机动灵活，适宜于挖装土料、石料及砂砾料，与自卸汽车配合使用。

3）铲运机：铲、装、运、卸连续作业，适合于一般土料的短距离铲运。拖式铲运机适用于 500m 以内，自行式铲运机适用于 500～3500m 范围，在 800～1500m 内效率最高，但需推土机助铲。

4）推土机：它适合于平面（或斜面）开采，推运距离以 50m 左右为宜，多用于料场集料和坝面散料。

5）采砂船：它适合于采挖水下砂砾料，配合窄轨矿车运输或驳船运输。

（2）运输机具。

1）自卸汽车：运用、转移灵活，可直接上坝自动卸料，简化工序，施工管理较简便，为土石坝施工的主要运输方法。自卸汽车有后卸、底卸和侧卸之别。后卸式有较高的适应性，转弯半径小，装卸场地变换时不受限制，爬坡能力较强，各种筑坝材料都可运输；底卸式汽车往返散料可高速行驶，但只适用于运输粒径较小的坝料，不宜运卸大块径的漂石和堆石；侧卸式宜用于运输反滤料。

2）有轨运输：运输量大，但一般不能直接上坝，其临建工程大，设备投资较高，对线路的坡度和转弯半径要求也高，宜在丘陵地区、料场集中、运输量大、运距远的工程中采用。有轨运输可以为窄轨和准轨。窄轨运输以机车牵引 3.5m³ 的矿车，轨距为 762mm；准轨运输以机车牵引 30～60t 车皮，轨距为 1435mm。有轨运输不宜运输堆石。

3）皮带机运输：是连续运输，运输量大，运费、设备费均较低，能适应不同的地形，对于地形高差大或崎岖不平的地区尤为有利。它不仅可用作长距离水平运输，也可配合有轨运输用作转运上坝的垂直运输工具，其操作简便，管理人员少，易于维修养护，但运送线路固定，灵活性小，同时只能运送一种坝料，并需有可靠的电源供应。

有轨运输和皮带机运输均应考虑中转设备，中转均宜设在坝外。

4）手推车运输：应用灵活，可直接上坝或用爬坡机牵引上坝。

几种主要运输机具的适宜运距见表3-6。

表3-6 运输机具的适宜运距

运输机具种类		适宜的运距/km
自卸汽车		<10
窄轨运输		5~15
准轨运输		>10
皮带机运输		<10
手推车运输		<1.0
铲运机运输	拖式	<0.5~1.0
	自行式	0.8~1.5

3.2.3.9 开采机械与自卸汽车的配套

为了充分发挥自卸汽车的效能，应根据汽车斗容（或载重量）选择具有适当斗容的挖掘机械。

3.2.3.10 各种运输机具的线路布置

（1）各种运输机具对道路干线的一般要求见表3-7。

表3-7 运输机具对道路干线的一般要求

运输工具	路面宽度/m	道路坡度		弯道半径/m
自卸汽车 （20~30t）	6~7（单车道） 10~12 或 4 倍车宽（往复道）	6%~8%		<50
窄轨铁路	6.4（双线）	重车上坡 <0.7%		干线 >150
		重车下坡 <1.0%		
	3.2（单线）	轻车上坡 <1.5%		支线 >90
		轻车下坡 <2.0%		
标准轨铁路	4~4.9（单线）	一般 <0.7‰~1.8‰		干线 >350
		最大 3‰		支线 >250
皮带运输机	2.5~3.0	1:3~1:3.5（当运输黏土料时，可采用更陡坡度）		
铲运机	同自卸汽车	<10%		
手推车	4.0（双线）	一般 <2%		

（2）自卸汽车运输线路布置：

1）干线布置有环形线、往复线及环形与往复混合布置等。一条干线应尽可能沟通几个料场的支线。环形线为单车道专用线，宽6~7m，轻重车分道环形行驶。行车安全，运输效率高，一般可优先采用，但临建工程量较大。峡谷地区运输受地形条件限制时，可采用往复线。轻重车在同一道路行驶，路宽应为车宽4倍。

2）上坝线路的布置，应根据坝址两岸地形条件、枢纽布置、坝的高度、上坝强度等因素确定。处于峡谷地区的高坝，当道路与枢纽其他建筑物有干扰时，上坝公路宜直接布置在坝坡上，采取"之"字形往复路线，当坝址两岸地形平缓、河谷较窄时，应沿两岸修建多级上坝往复路线，路的级差可为 15～20m 左右。河谷较宽时，可采用环形线路。

3）一般干线最大坡度宜为 6%～8%，最小曲率半径 50m，能见距离最小为 100m；支线最大纵坡宜为 8%，最小曲率半径 20m，能见距离最小为 50m。

3.2.3.11 汽车运输道路的质量标准

路基必须压实良好。泥结碎石道路一般由加强层、承重层、磨耗层、保护层组成，厚度根据汽车吨位确定，一般不宜小于 0.5～0.6m。

泥结碎石道路的加强层可用块径 20～30cm 的块石（或卵石）铺砌，厚度约为 30～50cm；承重层为粒径约 8cm 以下的碎石或砂砾料经压实而成，厚度约 10～20cm；磨耗层一般厚约 3cm，用粒径 0.5～2.0cm 碎石和土、砂（土、砂比为 0.4∶0.6）加水拌和压实而成；保护层可采用粗砂或土、砂（各 50%）拌和压实，视气候而定。泥结碎石路面必须组织专业养护队加强养护。

公路两侧排水沟大小，应根据一定的暴雨强度设计，路拱以 2%～4% 为宜。在山区尚应考虑泥石流的影响，设置相应断面的涵洞。

3.2.4 填筑

3.2.4.1 填筑的一般要求

（1）坝体填筑必须在坝基处理及隐蔽工程验收合格后才能进行。

（2）坝基、岸坡与刚性建筑物结合的部位以及坝体接缝部位的填筑，应按 3.2.4.5 节的规定进行。

（3）坝体各部位的填筑必须按设计断面进行，并保证防渗体和反滤层的设计厚度。

（4）上坝坝料种类、级配、含水量、土块大小、超径颗粒、填筑部位以及相应的压实标准等，均须符合设计规定。

（5）必须严格控制压实参数。压实机具的类型、规格等应符合施工规定。压实合格后方可铺筑上层新料。

坝壳堆石料难以逐层检查，尤须严格控制填筑压实参数。

（6）坝面施工应统一管理、严密组织，保证工序衔接，分段流水作业，层次清楚和大面平整，均衡上升，减少接缝。

（7）分段填筑时，各段土层之间应设立标志，以防漏压、欠压和过压。上下层分段位置应错开。

（8）填筑过程中，施工人员必须保证观测仪器和测量埋设与测量工作的正常进行，并保护埋设仪器和测量标志完好。

（9）软黏土地基上的土石坝和高含水量的宽厚防渗体以及均质土坝的填筑，必须按设计规定控制施工速度。

（10）由于施工、气候等原因停工的坝面应加以保护，复工时必须仔细清理并经检验合格后方可填土，并作记录备查。

3.2.4.2 填筑施工

（1）洒水：

1）当气候干燥，土层表面水分蒸发较快时，铺料与压实表面均应适当洒水湿润，以保持施工含水量。

2）对砂砾料和堆石，铺料后应充分洒水。在无试验资料情况下，砂砾料的加水量宜为其填筑方量的 20% ~ 40%，碾压堆石的加水量依其岩性、细粒含量而异，一般宜为填筑方量的 30% ~ 50%。中细砂压实时的加水量，应按其最优含水量控制。

3）砂砾料和碾压堆石的加水，应在压实前进行一次，然后边加水边碾压，加水必须均匀。对于软弱石料，碾压后也应适当洒水，尽量冲走表面岩粉，以利层间结合。

反滤料则应符合本节 3.2.4 中反滤层的要求。

4）为保证土层之间结合良好，对于高坝防渗体或窄心墙，除用羊足碾压实外，铺土前必须将压实结合层面洒水湿润并刨毛 1 ~ 2cm 深。对于中、低坝，如不刨毛，应有充分论证。

（2）铺料：

1）为配合碾压施工，防渗体铺筑应平行坝轴线顺次进行，及时平料并应铺筑均匀、平整。

2）必须严格控制铺土厚度，不得超厚。

3）当用自卸汽车卸料时，对于防渗体土料、砾质土、掺和土，必须用进占法卸料，对于砂砾料和坝壳砾质土，可用后退法卸料，对于堆石宜用综合法卸料（即先用后退法卸料，然后在上部再用进占法卸料而达到要求的铺土厚度）。

砂砾料、砾质土与堆石等粗粒土的卸料高度不宜过大，以防分离。如已分离，应混合均匀。

4）一般不宜用胶带机在坝面上卸料。如必须采用胶带机卸料时，机身与料堆所占填筑面，必须随坝面升高及时转移，并按规定清理、分层回填铺平，不得形成较大坑洼或留有虚土层。

5）不应在坝体填筑断面之内的岸坡上卸料。特殊情况下必须卸料时，则应采取有效措施，作好岸坡和卸料场地的清理。

6）心墙应同上下游反滤料及部分坝壳平起填筑，按顺序铺平各种坝料。优先采用先填反滤料后填土料的平起填筑法。

斜墙也应同下游反滤料及坝壳平起填筑。斜墙也可滞后于坝体填筑，但需预留斜墙施工场地，且紧靠斜墙的坝体必须削坡至合格面，方可允许填筑。

7）如填土出现"弹簧"、层间光面、层间中空、松土层或剪力破坏等现象时，应根据具体情况认真处理并经检验合格后方可铺填新土。

8）填筑面进料运输线上散落的松土、杂物以及车辆行驶、人工践踏形成的干硬光面，特别是汽车经常进入防渗体的道路，应于铺土前清除或彻底处理。

9）为保证均质坝或砂砾料坝壳在设计断面内的压实干容重达到设计要求，铺土时上下游坝坡应留有余量，并在铺筑护坡垫层前按设计断面削坡。削坡后，临近坡面约 30cm（水平）范围内的压实干容重，允许低于设计标准，但不合格干容重不得低于设计干容重的 98%。

10）碾压堆石上下游坝铺料时，不留削坡余量，只需按设计断面留有抛填块石护坡厚度，边填筑、边整坡。

（3）碾压：

1) 机械碾压运行方法应符合下列规定：

①行车速度以1~2挡为宜（拖拉机碾压除外）。

②气胎碾、羊足碾、振动碾可采用进退错距法压实。

③夯板应采用连环套打法夯实。

2) 黏性土的碾压应沿平行坝轴线方向进行，不得垂直坝轴线方向碾压。如特殊条件必须垂直坝轴线方向碾压时，需经施工技术负责人批准。但应对碾压操作人员进行专门训练，在碾压过程中施工与质检人员应严格控制，发现问题及时处理。当坝轴线呈弧形，并用重型机械压实时，应特别注意防止欠压、漏压。

压实机械及其他重型机械在已压实土层上行驶时，不宜来往同走一辙。汽车上坝时应经常更换进入防渗体的路口，减少重复碾压遍数。

3) 分段碾压时，相邻两段交接带碾迹应彼此搭接，顺碾压方向，搭接长度应不小于0.3~0.5m；垂直碾压方向搭接宽度应为1~1.5m。

4) 黏性土的铺料与碾压工序必须连续进行，如需短时间停工，其表面风干土层应经常洒水湿润，保持含水量在控制范围以内。如需长时间停工，应根据气候条件铺设保护层，复工时予以清除，并检查填筑面。

（4）截水槽回填：

1) 必须在槽基处理完成，将渗水排除，并经检查验收后方能回填。第一层填土应按接缝处理要求进行。

2) 槽基填土应先从低洼处开始，并应保持填土面始终高出地下水位1.5m以上。只有当填土具有足够的长度、宽度和厚度时，方可用气胎碾、羊足碾等机械压实。

（5）铺盖的填筑：

1) 铺盖地基和第一层土的填筑应符合本章的有关规定。

2) 在坝体以内与心墙或斜墙相连接的部分，应与心墙或斜墙同时铺筑。坝外铺盖的填筑，在任何情况下必须于库内充水前完成。

3) 铺盖填筑应尽量减少施工接缝。如必须分段填筑，其接缝部位应按3.2.4.5节接缝处理中的（4）有关规定进行。

4) 为防止铺盖受到冲刷、冻结和干裂，铺盖完成后应及时铺设保护层，其厚度与材料应符合设计规定。

在坝体内铺盖上填筑坝壳时，必须经检验合格后方能进行。

5) 施工过程中，对已建成的铺盖应加强维护，避免打桩、挖坑、埋设电杆等。如无法避免时，应经技术负责人批准，且事后应妥善处理，并记录备查。

3.2.4.3 雨季填筑

（1）心墙及斜墙的填筑面应稍向上游倾斜，宽心墙及均质坝填筑面可中央凸起向上下游倾斜，以利排泄雨水。

（2）填筑过程中应做好下列防雨和保护措施：

1) 应做好雨情预报。雨前应用气胎碾（或载重汽车）、平碾等快速压实表层松土，并注意保持填筑面平整，以防雨水下渗，且避免积水。雨后填筑面应晾晒或处理经检验合格后，方可复工。

2) 狭窄场面防雨，宜用苫布覆盖。

3）注意雾、露很大时可能使黏性土表面含水量增大。

4）对于心墙与斜墙坝，在防渗体填筑面上的大型施工机械，雨前宜开出填筑面停放在坝壳区。

5）做好坝面保护，下雨或雨后不许践踏坝面，禁止车辆通行。

（3）均质土坝或砂壳坝的临时坡，应做好排水保护措施，以防降雨冲坏坡面。

3.2.4.4 负温下填筑

（1）在负温下施工，应特别加强质量控制工作。施工前应详细编制施工计划，作好料场选择、保温、防冻措施以及机械设备、材料、燃料供应等准备工作。

（2）负温下填筑范围内的坝基在冻结前应处理好，并预先填筑 1~2m 或采取其他防冻措施，以防坝基冻结。若部分地基被冻结时，须仔细检查。如黏性土地基含水量小于塑限、砂和砂砾地基冻结后无显著冰夹层和冻胀现象时，并经工地施工负责人批准后，方可填筑坝体；否则，非经处理不准填筑。

（3）负温下露天土料的施工，应采取铺土、碾压、取样等快速连续作业，压实时土料温度必须在 -1℃ 以上。当日最低气温在 -10℃ 以下，或在 0℃ 以下且风速大于 10m/s 时，应停止施工。

（4）负温下填筑要求黏性土含水量略低于塑限，防渗体土料含水量不应大于塑限的 90%，砂砾料含水量（指粒径小于 5mm 的细料含水量）应小于 4%。

冬季各种坝料填筑应加大压实功能，采用重型碾压机械。

（5）负温下填筑，应作好压实土层的防冻保温工作，避免土层冻结。均质坝体及心墙、斜墙等防渗体不得冻结，否则必须将冻结部分挖除。砂、砂砾料及堆石的压实层，如冻结后的干容重仍达到设计要求，可继续填筑。

（6）填土中严禁夹有冰雪。土、砂、砂砾料与堆石，不得加水。如因雪停工，复工前须将坝面积雪清理干净，检查合格后方可复工。

（7）当日最低气温低于 -10℃ 时，如必须进行土料填筑，宜搭建暖棚施工。土温过低时，可进行土料升温处理。

3.2.4.5 接缝处理

（1）防渗体与坝基、岸坡、刚性建筑物（如混凝土防渗墙、混凝土齿墙、刺墙、廊道、坝下埋管等）的接合部位及防渗体内纵横接缝，必须严格处理，保证接合质量。

（2）斜墙和窄心墙内不应留有纵向接缝。如因特殊情况（如临时度汛）需留纵缝时，应提出论证，取得设计单位同意，并报请上级批准后方可采用。

（3）黏性土、砾质土纵横向接缝的设置应符合下列要求：

1）防渗体（包括砾质土、黏性土）及均质坝的横向接缝之接合坡度，不应陡于1:3，高差不宜超过 15m。如在龙口段或其他特殊情况下，需采用更陡的接合坡度与更大的高差时，应提出论证，经设计单位同意，并报请上级批准。

2）均质土坝可设置纵向接缝（不包括高压缩性地基上的土坝），但宜采用不同高度的斜坡和平台相间形式，坡度与平台宽度应根据施工组织设计要求确定，并满足稳定要求，平台间高差不宜大于 15m。

（4）铺盖纵横向接缝的接合坡度不应陡于1:3，与岸坡之接合坡度应符合设计规定。

（5）所有坝体接缝的坡面，在填土时必须按下列要求处理：

1) 必须配合填筑上升，陆续削坡，直到合格层为止。

2) 防渗体及均质坝黏性土（或砾质土）接合面削坡合格后，必须边洒水、边刨毛、边铺土压实，并控制其含水量为施工含水量范围的上限。

3) 防渗体及均质坝黏性土（或砾质土）的横向接坡，如陡于 1 : 3 时，在接合处应采取专门措施压实，压实宽度不应小于 1 ~ 2m，且距接合面 2m 以内，不得用夯板夯实。

4) 心墙、斜墙内如留有纵向接缝，在接合处也应采取专门措施压实。

（6）防渗体（包括黏性土、砾质土）与岩石地基、岩石岸坡和混凝土接合时，必须按下列要求施工：

1) 混凝土面在填土前，必须用钢丝刷等工具清除其表面的乳皮、粉尘、油毡等，并用风枪吹扫干净。

2) 当填土与岩面直接接合时，应清除岩面上的泥土、污物、松动岩石等，并按本章坝基和岸坡的清理中的规定处理后才能填土。

3) 在混凝土或岩面上填土时应洒水湿润，并边涂刷浓泥浆、边铺土、边夯实。泥浆涂刷高度必须与铺土厚度一致，并应与下部涂层衔接，严禁泥浆干固后铺土和压实。泥浆的重量比可为 1 : (2.5 ~ 3.0)（土 : 水），涂层厚度 3 ~ 5mm。

4) 当在裂隙岩面上填土时，亦应先洒水，然后边涂刷浓水泥黏土浆或水泥砂浆，边铺土、边压实（砂浆初凝前必须碾压完毕）。涂层厚度可为 5 ~ 10mm。

（7）基础结合面上防渗体土料的填筑应符合下列要求：

1) 对于黏性土、砾质土坝基，应将其表层含水量调节至施工含水量上限范围，用与防渗体碾压相同的机械、参数压实，然后刨毛 3 ~ 5cm 深，再铺土压实。

2) 对于无黏性土坝基也应先行压实，然后上第一层填土。铺土厚度可适当减薄，土料含水量调节至施工含水量上限，并用轻型机械压实，压实干容重可略低于设计要求。

3) 对于饱和抗压强度小于 10MPa 的软弱岩基，从表层第一层填土必须用轻型机具压实，1m 以上可用羊足碾、气胎碾压实。

当基岩抗压强度大于 10MPa 或为混凝土盖板时，第一层填土可用轻型碾压机械（羊足碾除外）直接压实，0.5m 以上方允许用羊足碾、重型气胎碾压。

4) 不论何种坝基，当其上填土 2m 后，方可用夯板夯实。

（8）防渗体与岸坡接合处的压实必须符合下列规定：

与岩石岸坡（或混凝土板）或土质岸坡结合处，宽度 1.5 ~ 2.0m 范围内或边角处，不得使用羊足碾、夯板等重型机具压实，应以小型或轻型机具压实，并保证与坝体碾压搭接宽度 1.0m 以上。如岸坡过缓，接合处碾压易出现"爬坡脱空"现象，应挖除补填。

（9）防渗体与刚性建筑物的接合必须符合下列规定：

1) 应满足前述（6）项中的"1)、3)"规定。

2) 混凝土齿墙周围及顶部 0.5m 范围内填土，必须用小型机具压实，2m 以外方可用夯板夯实。齿墙两侧填土应保持平衡上升。

3) 坝下埋管管顶以上及两侧一定厚度的填土，亦需用小型机具压实，并保持平衡上升，其管顶最小填土厚度应根据埋管设计与碾压机械的重量确定。

（10）混凝土防渗墙插入防渗体段之上下游及顶部填土，除必须符合前述（6）中的"1)"，（9）中的"2)"的规定外，其两侧填土与坝基接触带必须符合反滤要求。

（11）负温下施工时，严禁在接合面或接坡处有冻层、冰块存在。

（12）无黏性土料、堆石及其他坝壳纵横向接合部位，应优先选用台阶收坡法，如无条件时接缝的坡度应不陡于其稳定坡度。与岸坡接合时料物不得分离、架空，并应对边角处加强压实。

（13）砾质土、人工掺和料等作为防渗体时，与岩石、刚性建筑物衔接处，应按设计要求施工，避免与粗料接触。

（14）土石坝扩建加高时，必须对原坝面进行清基处理，按坝基处理要求验收合格后方可填土。处理要求同坝基与岸坡处理部分。

防渗体扩建加高时，应特别注意新老土体的接合面处理，并应符合（7）中的"1)"规定。

对于新老坝壳接合面，应按照（12）条要求进行。

3.2.4.6 反滤排水及护坡施工

（1）反滤层：

1）反滤层厚度、铺筑位置及反滤料的粒径、级配、不均匀系数、含泥量等，均应符合设计要求。

2）加工好的各种反滤料经检验合格后，应分别堆放在干净的场地上，并采取适当措施，防止泥水和土块等杂物混入。堆料不宜过高，以免颗粒分离。卵石、碎石材料在转运时如有分离，经处理后，方可使用。

堆存的反滤料应标明编号、规格、数量、检验结果及拟铺筑的工程部位。

经验收合格的反滤料方可使用。

3）防渗体上下游反滤层（或过渡层）的填筑，除遵守一般规定外，尚应遵守下列规定：

①机械化施工时，反滤层的宽度应适应碾压机械宽度，并不得侵占防渗体的有效断面。.

②反滤层填筑应同防渗体平起施工，铺料时应先砂后土，使碾压机具直接压实黏性土料。必须保证反滤层的有效厚度符合设计要求，且"犬牙交错"带宽度不得大于其每层铺土厚度的 1.5~2.0 倍。

4）铺筑反滤层前，应做好排水工作，且不宜在水下铺筑。

5）铺筑反滤层的地基，应按地基清理的要求进行清理和处理。必要时，应取样试验，检查地基是否符合设计要求，并进行地质描述，经验收合格后方可填筑。

地基采用挖除法平整，如需填平时，须按下列要求之一进行：

①用与地基相同之土料，其压实干容重不应小于天然地基土。

②用反滤层的第一层料。

③用符合规定的过渡料。

6）在运输和铺筑过程中，应保持反滤料处于湿润状态以免颗粒分离，并防止杂物或不同规格料物混入。

铺筑反滤层必须自底部向上进行，不得从坡面上向下倾倒。

7）铺筑反滤层，必须严格控制厚度，当层厚较薄时，应采用人工铺筑，一般宜每10m 设样板一个，并经常进行检查。砂和砂砾料应经常洒水，相邻平面必须拍打平整，保证层次清楚，互不混杂。每层厚度的偏小值不得大于设计厚度的 15%。

8）分段铺筑时，必须做好接缝处各层之间的连接，使接缝层次清楚，不得发生层间错位、折断、混杂。不论平面或斜面接头，都必须为阶梯状，即上层应当比下层缩进去一定宽度。在斜面上的横向接缝，尚应收成不小于 1:2 的斜坡。

9）对已铺好的反滤层应作必要的保护，禁止车辆行人通行、抛掷石料以及其他物件，防止土料混杂、污水侵入。

在反滤层上堆砌石料时，不得损坏反滤层。与反滤层接触的第一层堆石应仔细铺筑，其块径应符合设计要求，且应防止大块石集中。

10）负温下施工时，反滤料应呈松散状态，不得含有冻块，下雪天应停止铺筑，并妥善遮盖。雪后复工时，应仔细清除积雪和其他杂物。堆筑排水设备的石料，不得沾有冻土或冰块。

（2）排水设备：

1）排水设备所用的石料必须质地坚硬，其抗水性、抗冻性、抗压强度、几何尺寸均应满足设计要求。

2）堆石应分层进行，靠近反滤层处用较小的石料，外坡表面用较大的石料。人工堆筑时，每层厚度以 0.5~1.0m 为宜，并使其稳定、密实。

3）堆石的上下层面应犬牙交错，不得有水平通缝。相邻两段堆石的接缝，应逐层错缝，不得垂直相接。

4）露于排水设备表面（如滤水坝址外坡或戗台，贴坡排水设备的外坡）的石料，应采用平砌法，力求平整美观。

5）坝内排水管、排水带和排水褥垫的底层或地基，必须按设计要求进行处理，并须有检查验收程序。

6）排水管和排水带的纵坡必须严格按设计要求进行施工。

7）坝内排水管路的地基必须夯实，排水管接头应接好，滤孔及接头部位均应铺设反滤层。坝外排水管的接头处应保证不漏水，并需采取防冻措施。

8）排水减压井的位置、井深、井距、结构尺寸及所用材料均应符合设计要求。

9）排水减压井和深式排水沟的施工应在库水位较低时期内进行。钻井时宜用清水固壁。

10）钻进过程中须随时取样，进行地质鉴定、描述、绘制柱状图。如发现与原地质资料有较大出入，应提请设计单位修改设计。

11）钻孔结束并验收后，方可安装井管。井管连接应牢靠，并封好管底。反滤料回填宜用导管法或分层套网法进行，避免分离。

12）装好井管后，应做好洗井工作。洗井宜采用压水和抽水法，水变清后，再连续抽水半小时，如清水保持不变，即可结束洗井工作。

13）洗井后尚应进行抽水试验，测量并记录其抽降、出水量、水的含砂量以及井底淤积。

抽水试验应按水文地质有关规定进行。

14）施工过程中和抽水结束后，必须及时做好井口保护设施。每眼井均应建立技术档案，并在工程验收后移交管理单位。

（3）护坡：

1）砌筑护坡前，坝坡应按规定对坝面进行整修工作，坡面应符合设计要求。

2）护坡石料须选用质地坚硬、不易风化的石料，其抗水性、抗冻性、抗压强度、几何尺寸等均应符合设计要求。

3）护坡下的垫层材料应按反滤层铺筑规定施工。铺砌块石或其他面层时，不得破坏垫层。

4）上游块石护坡的砌筑应做到：认真挂线，自下而上错缝竖砌，紧靠密实，塞垫稳固，大块封边，表面平整，注意美观。当上游护坡采用砂浆勾缝时，必须注意预留排水孔。

5）抛石护坡的块径及厚度应符合设计要求，并与坝体填筑配合进行，随抛筑随整坡。

6）草皮护坡应选用易生根、能蔓延、耐旱的草料，铺植均匀，洒水护理。白毛根草易招白蚁，不得采用。无黏性土的护面，应先铺一层腐殖土，再种植草皮。

7）坝体与山坡交接处应按设计要求设置排水沟，以拦泄山体和坝坡的径流。排水沟布置及断面尺寸应根据设计确定。

8）坝坡、坝顶道路等，应做到实用、耐久、美观。

3.2.5 观测设备埋设

（1）在施工及运行期，为了监测土石坝的工作状态、及时发现异常现象、分析原因、防止发生事故以及为设计、施工及科学研究提供资料，必须对坝体进行系统的定期观测工作。

（2）观测设备的埋设与观测，必须纳入施工计划，设置专职人员，做到埋设及时、可靠，并做好相应的观测、分析与安全防护及保卫工作。

（3）观测项目、观测设备的类型、规格与数量、埋设位置等，均应遵守设计规定。埋设前应按有关规程编制专门文件，规定各项设备的具体埋设、安装与观测方法，作为施工的依据。

（4）观测设备必须性能可靠，埋设前应仔细检查、率定、编号。

（5）施工期间，对观测设备必须采取有效保护措施，严防机械及人为损害。如有损坏，应及时补救或补设，并记录备查。

（6）坝的表面变形观测标点与深式标点，应在坝体填筑至规定高程时即行埋设。

·标点的形式及其埋设方法按设计要求进行。

观测用起测基点、工作基点、固定觇标的设置，按设计进行。

（7）分层沉降管（固结管）的埋设，应随填筑分层进行。

埋设时，应使管身保持铅直、翼板（或底板）保持水平。套管与导管结合处必须保护良好，管口经常封盖，严防土石、杂物进入管中。管周与翼板上下的填土，应密合无缝，并应适当取样进行干容重、压缩等试验。

机械化施工时，沉降管的埋设宜采用分段（段长约1m）下埋式法，即每一段先填土后挖坑，安装沉降管后，再回填夯实。埋设后管顶至填筑面的距离，必须符合碾压机械通过的要求，或采取其他保护措施，保证碾压时沉降管不被损坏。

（8）测水管宜在大坝启用前设置。管壁周围应与坝体结合良好，顶部管口应加盖，进水段顶部应做好止水，防止雨水流入。

斜墙下游踵部附近的测水管，必须在施工期埋设，并应严格控制埋设质量。

（9）双管式孔隙水压力仪的埋设，应特别注意管路接头的严密性和管路的敷设与保护。

（10）在坝体内埋设土压力盒、孔隙水压力仪等仪器时，应按设计选择适宜土料回填压实。测头附近1m内禁止重型机械通过。

（11）在防渗体内敷设各种仪器电缆、管路时，必须保证有足够的防渗断面，严禁沿防渗体水平上下游贯穿。水平敷设段应设柔性阻渗板，并使其同电缆、管路牢固连接。

电缆、管路应标明相应的测头编号，在防渗体内敷设时不得成束，其沿程并应呈蛇曲状。电缆、管路周围以黏性土或砂料回填（防渗断面以外），严禁与砾石或硬物接触。

施工期间，电缆、管路应集中引入临时防护处予以保护，并经常检查电缆的导电性能。电缆接长后应予率定检验。

（12）坝基、坝肩的渗流等其他必须观测项目的设备埋设与观测，按有关设计进行。

（13）在坝体内埋设测斜仪、水平位移计、应力计簇以及振动加速度仪、振动孔隙水压力计等仪器设备时，应按有关设计规定进行。

（14）施工期间，所有观测项目，均应按时进行观测，及时整理分析资料。遇有异常情况，必须及时向技术负责人汇报。

（15）所有观测设备的埋设安装记录、率定检验、回填土的检验试验和施工期观测记录以及高程与平面控制点的位置等，竣工后均必须编制正式文件，经技术负责人签署后，移交管理单位。

3.2.6 施工质量控制

3.2.6.1 施工质量管理

（1）在土石坝施工中应积极推行全面质量管理，并加强人员培训，建立健全各级责任制，以保证施工质量达到设计标准、工程安全可靠与经济合理。

（2）施工人员必须对质量负责，做好质量管理工作，实行自检、互检、交接班检查的制度。施工单位必须设立在施工主要负责人领导下的专职质量检查机构。

（3）质检人员与施工人员都必须树立"预防为主"和"质量第一"的观点，双方必须密切配合，控制每一道工序的操作质量，防止发生质量事故。

（4）在制定施工技术措施、确定施工方法和施工工艺时，应根据现场实际情况同时制定每一工序的质量指标。施工中必须使前一工序向下一工序提交合格的产品，从而保证成品的总体质量。施工单位应组织施工、质检以及设计、地质等有关人员逐项落实施工技术措施后，方可开工。

（5）质量控制应按国家和部门颁发的有关标准、工程的设计和施工图、技术要求以及工地制定的施工规程进行。质量检查部门对所有取样检查部位的平面布置、高程、检验结果等均应如实记录，并逐班、逐日填写质量报表，分送有关部门和负责人。质检资料必须妥善保存，防止丢失，严禁自行销毁。

（6）质量检查部门应在验收小组领导下，参加施工期的分部验收工作，特别是隐蔽工程，应详细记录工程质量情况，必要时应照相或取原状样品保存。

（7）施工过程中，对每班出现的质量问题、处理经过及遗留问题，应在现场交接班记录本上详细写明，并由值班负责人签署。针对每一质量问题，在现场做出的决定，必须由主管技术负责人签署，作为施工质控的原始记录。

发生质量事故时，施工部门应会同质检部门查清原因，提出补救措施，及时处理，并提出书面报告。

（8）质量检验的仪器及操作方法，应按照部颁的《土工试验工程》（SDS01—79）进行。规程中列入的快速含水量测定、现场容重试验以及其他试验方法，如测量精度能满足要求，施工单位技术负责人批准后也可使用。

（9）试验及仪器使用应建立责任制，仪器应定期检查与校正，并作如下规定：

1）环刀每半月校核一次重量和容积，发现损坏时应即停止使用。

2）铝盒每月检查一次重量，检查时应擦洗干净并烘干。

3）天平等衡器每班应校正一次，并随时注意其灵敏度。

4）灌砂法使用的砂料应保证其级配与容重稳定，并每隔一定时间校正一次。

5）工地使用的测量黏性土和砂容重的环刀体积应为 $500\mathrm{cm}^3$ 以上，环刀直径应不小于 100mm，高度不小于 64mm。

（10）在质量分析时，宜采用数理统计方法，定出质量指标，用质量管理图进行质量管理，以提高质量管理水平。

3.2.6.2　坝基处理质量控制

（1）坝基处理过程中，必须严格按设计和有关规范要求，认真进行质量控制，并在事先明确检查项目和方法。

（2）坝体填筑前，应对坝基进行认真检查验收。

3.2.6.3　料场质量控制

（1）必须加强料场的质量控制，并在料场设置质控站。

（2）料场质量控制应按设计要求与本章有关规定进行，主要内容包括：

1）是否在规定的料区范围内开采，是否已将草皮、覆盖层等清除干净。

2）开采、坝料加工方法是否符合有关规定。

3）排水系统、防雨措施、负温下施工措施是否完善。

4）坝料性质、含水量（指黏性土料、砾质土）是否符合规定。

5）负温下施工应检查土温、冻土含量、开采方法等。

（3）对各种坝料要提出一些易于现场鉴别的控制指标与项目，参见表3-8。其每班试验次数可根据现场情况确定。试验方法应以目测、手试为主，并取一定数量的代表样进行试验。

（4）反滤料铺筑前应取样检查，规定每 $200\sim400\mathrm{m}^3$ 应取样一组，检查颗粒级配、含泥量。如不符合设计要求和规范规定时，应重新加工，经检验合格后方可使用。

3.2.6.4　坝体填筑质量控制

（1）坝体填筑质量应按有关要求，重点检查以下项目是否符合要求：

1）各填筑部位的坝料质量。

表3-8　现场鉴别项目与指标

坝料类别		控制项目与指标	备　注
防渗土料	黏性土	含水量上、下限值	当土料渗透系数接近1×10^{-5}cm/s时，应提出当黏性土黏粒含量下限的控制要求
		黏粒含量下限值	
	砾质土	允许最大粒径	
		含水量上、下限值，砾石含量的上、下限值	
反滤料		级配、含泥量上限值、风化软弱颗粒含量	
过渡料		级配、允许最大粒径、含泥量	
坝壳砾质土		小于5mm含量的上、下限值、含水量的上、下限值	
坝壳砂砾料		含泥量及砾石含量	
堆石		允许最大块径，小于5mm粒径含量、风化软弱颗粒含量	

2）防渗体每层铺土前，压实土体表面刨毛、洒水湿润情况。

3）铺土厚度和碾压参数。

4）碾压机具规格、重量、气胎压力等。

5）随时检查碾压情况，以判断含水量、碾重等是否适当。

6）有无层间光面、剪力破坏、弹簧、漏压或欠压土层、裂缝等。

7）坝体与坝基、岸坡、刚性建筑物等的结合、纵横向接缝的处理与结合、土砂结合等的压实方法及施工质量。

8）与防渗体接触的岩面上的石粉、泥土以及混凝土表面的乳皮等杂物的清除情况。

9）与防渗体接触的岩面或混凝土面上是否涂刷浓泥浆或黏土水泥砂浆等。

10）坝坡控制情况。

（2）施工前应检查碾压机具的规格，重量。施工期间对碾重应每半年检查一次，气胎碾的气胎压力每周检查1~2次。

（3）应对碾压、平土操作人员进行培训，统一施工操作方法，经考试合格后，方可操作。

（4）防渗体压实控制指标采用干容重、含水量；反滤层、过渡层、砂砾料、堆石等的压实控制指标应用干容重，必要时应进行相对密度校核。

（5）坝体压实检查项目及取样试验次数参见表3-9。

取样黏坑必须按坝体填筑要求回填后，始可填筑。

（6）防渗体压实质量控制除在每个压实段有代表性地点取样检查外，必须在所有压实可疑处（如土料含水量过高过低、土质可疑、碾压不足、铺土厚度不匀等）及坝体所有结合处（如坝与基础、岸坡、刚性建筑物结合处、坝体纵横向接缝、观测仪器埋设处等）抽查取样，测定干容重、含水量。这类样品的试验结果应标明"可疑"或"结合"字样，但不作为数理统计和质量管理图的资料。

表3-9 坝体压实检查项目及取样试验次数

坝料类别及部位		试验项目	取样试验次数
防渗体	黏性土 边角夯实部位	干容重、含水量	2~3次/每层
	黏性土 碾压部位	干容重、含水量、结合层描述	1次/100~200m³
	黏性土 均质坝	干容重、含水量	1次/200~400m³
	砾质土 边角夯实部位	干容重、含水量、砾石含量	2~3次/每层
	砾质土 碾压部位	干容重、含水量、砾石含量	1次/200~400m³
反滤料及过渡料		干容重、砾石含量	1次/1000m³
		颗粒分析、含泥量	1次/1~2m厚
坝壳砂砾料		干容重、砾石含量	1次/400~2000m³
		颗粒分析、含泥量	1次/5m厚
坝壳砾质土		干容重、含水量、<5mm含量上、下限值	1次/400~2000m³
碾压堆石		干容重、<5mm含量	1次/10000~50000m³
		颗粒分析	1次/5~10m厚

（7）防渗体填筑时，一般每层经压实和取样测定干容重合格后（当压实土层厚度大于49cm，应沿深度每20cm取样一组，最后一组样应深入至结合层为止），方可继续铺土填筑，否则应补压至合格为止。个别情况，经采取措施，如补压无效但符合本页第（11）条有关规定，经技术负责人同意可不作处理，否则应进行返工，必要时，经工地技术负责人批准，可挖坑复查。

（8）反滤层、过渡层、坝壳等无黏性土的填筑，除按表3-9的规定取样检查外，主要应控制压实参数，如不符合要求，施工人员应及时纠正。每层压实后，即可继续铺土填筑，其测定的铺土厚度、碾压遍数应经常进行统计分析，研究改进措施。

反滤料、过渡料级配应在筛分现场进行控制，填筑时应对接头、防护措施等加强检查。

（9）汽车经常进入心墙或斜墙填筑面上的道路处，应取样检查土层有无剪力破坏等，一经发现必须彻底返工处理。

（10）现场含水量对黏性土、砾质土以手试测定的同时，应取样用烘干法或其他方法测定，并以此来校正干容重。

取样时应注意操作上有无偏差，如有怀疑，应立即重新取样。测定容重时应取至压实层的底部，并测量压实土层的厚度。

（11）表3-9取样所测定的干容重，其合格率应不小于90%，且不合格样不得集中，不合格干容重不得低于设计干容重的98%。

（12）应根据坝址地形、地质及坝体填筑土料性质、施工条件，对防渗体选定若干个固定取样断面，沿坝高每5~10m取代表性试样（取样总数不宜小于30个）进行室内物理力学性能试验，作为核对设计及工程管理的依据。必要时应留样品蜡封保存，竣工后移交工程管理单位。

（13）雨季施工，应检查施工措施落实情况。雨前应检查坝面松土表层是否已适当压实和平整，雨后复工前应检查填筑面上土料是否合格。

（14）负温下施工应增加以下检查项目：

1）填筑面防冻措施。

2）冻块尺寸、冻土含量、含水量等。

3）坝基已压实土层有无冻结现象。

4）填筑面上的冻雪是否清除干净。

同时每班应对气温、土温、风速等进行观测并作记录。

在春季，应对去冬所完成的全部填土层质量进行复查。

3.2.6.5 护坡和排水反滤质量控制

（1）砌石护坡应检查下列项目：

1）石料的质量及块体的重量、尺寸、形状是否符合设计要求。

2）砌筑方法和砌筑质量、抛石护坡石料是否有分离、块石是否稳定等。

3）垫层的级配、厚度、压实质量及护坡块石的厚度。

（2）当采用混凝土板护坡时，应控制垫层的级配、厚度、压实质量、接缝以及排水孔质量等。

（3）在开始铺筑反滤层前，应对坝基土进行下列试验分析。

1）对于黏性土，天然干容重、含水量及塑性指数，当塑性指数小于 7 时，尚需进行颗粒分析。

2）对无黏性土，颗粒和天然干容重需进行试验分析。

从坝基土中取样，一般应在 25m×25m 的面积中取一个样，对于条形反滤层的坝基可每隔 50m 取一个样或数个样。

（4）在填筑排水反滤层过程中，每层在 25m×25m 的面积内取样 1~2 个；对于条形反滤层，每隔 50m 作为取样断面，每个取样断面每层所取的样品不得少于 4 个（应均匀分布在断面不同部位）。各层间的取样位置应彼此相对应。对于所选取的样品，应做颗粒分析，以检查是否符合设计要求。在施工过程中，应对铺筑厚度、施工方法、接头、防护措施等进行检查。

3.2.6.6 压实质量检验与管理

土石坝压实质量的检验方法应遵守部颁的《土工试验规程》。施工单位可根据当地土料性质及现场快速测量的要求，制定若干补充规定。

（1）含水量测定。现场快速判断土料是否适宜筑坝、压实干容重是否合格，可用手试法测定含水量。但正式检验压实填土含水量时，除用手试法估测外，尚应同时取样用烘干法测定，并据以及时校正压实干容重（在统计合格率时，应以校正后干容重为准）。一般采用的含水量快速测定法有酒精燃烧法、红外线烘干法、电炉烤干法、微波含水量测定仪等。酒精燃烧法、红外线烘干法多适合于黏性土，微波含水量测定仪适用于粒径小于 0.5mm、含水量为 0~30% 的黏性土，精度 1%；电炉烤干法适用于砾质土，也可用于黏性土。

红外线烘干法、电炉烤干法与温度、烘烤时间、土料性质有关，用其快速测定含水量时，应事先与标准烘干法进行对比试验，以定出烘烤时间、取土数量（即制定野外操作规程），并用统计法确定与标准烘干法的误差。实际含水量按下式改正

$$w = w' \pm K \tag{3-3}$$

式中 w——恒温标准烘干法测定的含水量；

w'——各种快速法测定的含水量；

K——相应的改正值。

当电炉容量为 1500W 或红外线灯 250W、土重 10~12g 时，其烘烤时间为 10~15min（黏土烘烤时间取大值），含水量测定误差约在 1%~2% 之内。

微波含水量自动仪能自动示出含水量大小，试验时对黏性土仅需取代表性样 3~5g，烘烤时间 3~5min 即可。该仪器重 6.5kg（包括电池），携带方便，适宜于在工地或野外快速测定含水量，唯产品质量尚需进一步提高。

（2）容重测定。黏性土和砂可用体积 500cm³ 以上的环刀测定；砾质土、砂砾料、反滤料用灌水法或灌砂法测定，堆石因其空隙大，一般用灌水法测定。当砂砾料因缺乏细粒而有架空时，应用灌水法测定。

砂砾料、堆石、砾质土、反滤料的容重测量，宜优先采用灌水法，并按以下步骤进行：

1）将地面用铁锹仔细铲平，并用水平尺检查坑面是否平整，当平整有困难时，应加套环进行。

2）按预先估计的试坑大小（试坑的直径为土样最大粒径的 3~5 倍）进行。其取样数量对于堆石不小于 2000~3000kg；砂砾料不少于 50~200kg；砾质土不少于 10~50kg，将坑内的料物仔细挖除，注意使开挖面尽量平整，称其余全部重量，并进行颗分。

3）将塑料薄膜铺在试坑内（尽量防止塑料薄膜过多的重叠一起）。

4）向试坑内灌水至充满为止，记录每次加水的重量（重量法），并测量水温。当坑内水接近盛满时，需用小量筒仔细将水注入，防止溢出。全部水重被水的容重除，即可得试坑体积，从而求得湿容重。塑料薄膜的重量一般与试样重量相比可忽略不计。

冬天负温时塑料薄膜变硬、脆，应将水加温，以满足试验要求。

（3）环刀体积的换算。环刀的体积一般宜为整数，即 200、300、…、500cm³，目的为使容重计算简便。但实际环刀与上述整数体积略有差别。当差值不大时，可采用以下方法将环刀体积近似换算成整数值。

设环刀的实际体积为 V'，整数体积为 V，两者的差值为 $\pm\Delta V$，相应的环刀内土的重量为 g'、g、$\pm\Delta V$，则

$$V = V' \pm \Delta V \tag{3-4}$$
$$\gamma_w V = \gamma_w V' \pm \gamma_w \Delta V$$

式中 γ_w——土的温容重。

故

$$g = g' \pm \Delta g \tag{3-5}$$

由于 ΔV 为常数，且其值很小（当 ΔV 值较大时，这种方法的误差也较大），土的压实干容重一般也近似设计干容重，而含水量也被控制为施工含水量，故可令

$$\Delta g = \gamma_d (1 + W\%) \times \Delta V$$

式中 γ_d——设计干容重；

$W\%$——施工平均含水量。

因此 ΔV 将近似为一常数,这样每一环刀的体积可按照式 3 – 4 换算成整数值,而每次试验只需要按式 3 – 5,将实际环刀内湿土重减去或加上 ΔV 即可,则土体的湿容重为

$$\gamma_w = \frac{g}{V} \qquad\qquad (3-6)$$

式中 V——换算环刀体积(对每一环刀预先确定);

        g——按式 3 – 5 计算,并按每一环刀编号,说明其改正值 $\pm g$。

另一种精确计算湿容重的方法是预先对每一环刀绘制成 $\gamma_w - g$(即湿容重 – 湿土重)曲线,采用查图表法确定湿容重。

(4) 现场质量管理图的绘制。为了便于现场施工控制、分析原因、随时掌握填土压实情况,可绘制干容重、含水量的质量管理图,如图 3 – 13 及图 3 – 14 所示。在干容重管理图中,当填土压实不合格时,应绘制出现场补压前后的情况。含水量管理图是用填筑含水量 W_f 与最优含水量 W(设计或施工规定值)之差值表示。

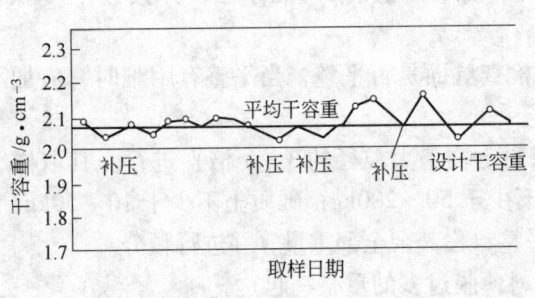

图 3 – 13   干容重现场控制管理示意图

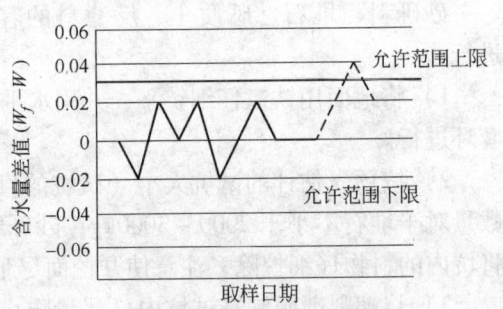

图 3 – 14   现场含水量控制管理示意图

3.3   排水构筑物的施工

排水构筑物(隧洞、涵洞及排水塔)的施工,包括开挖爆破、模板、钢筋、混凝土、喷锚、灌浆、运输、通风、排水等多项作业。具体施工方法可参见《采矿手册》第二卷有关章节。本节仅就开挖基础处理和混凝土工程等工程质量问题予以叙述。

3.3.1   隧洞光面爆破施工及坍方处理

3.3.1.1   隧洞的光面爆破

隧洞的光面爆破对于保护围岩、减少超挖以及在无衬砌隧洞、喷锚隧洞中减少糙率方面都十分重要,是一项既安全又经济的技术措施,应很好推广。

(1) 光面爆破的要求。光面爆破,就是在预定的爆破线(设计开挖边线)上,选择合理的间距,精确地布置周边炮眼,采用特定的装药结构,使周边炮眼同时起爆,各相邻周边炮眼凭借爆炸的张力产生轮廓裂缝,而对岩壁上的压力却低于岩石的抗压强度,不致眼孔周围产生径向裂缝,使围岩少受损伤。

为了达到预期的效果,必须做到:

1) 炮位准、炮眼直。按照设计的周边线、眼位、方向,准确地钻眼,保证炮眼垂直,相互平行。因为光面爆破是许多个周边炮眼联合作用的结果。各炮眼轴线保持平行是

决定效果好坏的主要因素之一。炮眼的方向，常用炮棍定向法控制。即每打完一个炮眼，就插上两根笔直的炮棍，作为相邻炮眼的方向。

2）起爆有序。按照使岩石向自由面方向破裂崩落的顺序，用秒延期雷管、毫秒延期雷管控制，由内向外，分段逐层起爆。并要求在其他炮眼爆破之后，周边眼全部同时起爆（见图 3－15）。

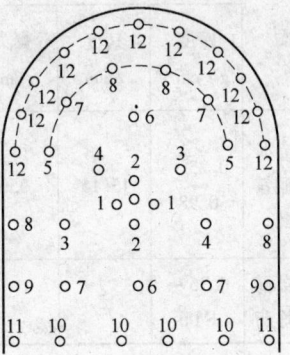

3）少装药、弱爆破。要采用特殊的装药结构，如分段间隔装药、小直径药卷等，以控制装药集中度和爆破威力。宜选用低爆速、低猛度，但感度高、稳定性好的炸药。

4）合理选定参数。根据不同的石质和炸药，经过试验，适当确定合理的炮眼间距（E）、抵抗线（W）、炮眼密集系数和装药量等。

图 3－15 巷道光面爆破炮孔排列及起爆顺序

（2）光面爆破的参数：

1）密集系数 m。炮眼间距 E 和抵抗线 W 的比值称为密集系数，即 $m = E/W$。试验证明密集系数是影响光爆效果的重要因素。对于坚硬岩石，光面层宜薄，m 值可取 1.0 左右。硬度低的岩石，特别是破碎的断层带或风化层，m 值取小一些，最小可用 0.5。

2）周边眼间距 E。岩石破碎、节理、裂隙发育以及拱脚曲线段，间距要小一些。在边墙上或围岩比较完整的部位，间距可适当加大。大药卷用较大的间距，小药卷用较小的间距。

3）抵抗线 W。围岩坚硬，抵抗线要小，岩石松软，抵抗线可适当放大。

4）装药集中度。坚硬岩石多装药，装药集中度大些。松软岩石少装药，装药集中度就小一些。

由于石质情况不同，炸药和装药结构各异，光爆参数应在工地试验确定。在一般情况下的参数值见表 3－10。

表 3－10 光面爆破参数

炮眼直径 /mm	炮眼间距 E /mm	抵抗线 W /mm	密集系数 m	装药集中度 /kg·m^{-1}
38 ~ 46	400 ~ 700	500 ~ 800	0.65 ~ 1.00	0.15 ~ 0.35
52 ~ 64	800 ~ 1000	1100 ~ 1300	0.70 ~ 0.80	0.25 ~ 0.40

（3）光面爆破用的炸药和雷管。目前尚无专用的炮药，一般用硝铵炸药加工成 $\phi 20 ~ 25$mm 药卷应用，规格性能见表 3－11。

硝铵炸药药卷直径的选择，应保证爆炸稳定和足够的威力。同时考虑其吸湿性和爆速。一般以 $\phi 25$mm 药卷为宜。各种药径的性能试验见表 3－12。

光面爆破的雷管，要选用秒延期雷管或毫秒延期雷管，以控制爆破顺序，提高爆破效果。雷管规格性能见表 3－13 和表 3－14。

表 3 – 11　光面爆破炸药性能规格

类型	性能						规格			
	密度 /g·cm^{-3}	猛度 /mm	爆力 /cm^3	殉爆距离 /cm	爆速 /m·s^{-1}	传爆性能	药卷直径 /mm	药卷长度 /mm	药卷重量 /g	装药集中度 /kg·m^{-1}
4号抗水岩石硝铵炸药	0.25 ~ 0.98	15.15	350	13	3600	稳定	25	150	70	0.46
1号岩石硝铵炸药	0.96 ~ 1.06	13		2	2934	稳定	20	630	188	0.35

表 3 – 12　硝铵炸药各种药径性能

炸药品种	药卷直径 /mm	爆速 /m·s^{-1}	殉爆距离 /mm	药卷规格 （直径 mm × 长度 mm × 重量 g）
1号岩石硝铵	20	2800		20 × 250 × 75
	25	3200	80	25 × 250 × 120
	30	3470	180	
	35	3670	250	35 × 175 × 150
2号岩石硝铵	20	2300		20 × 250 × 75
	25	2600	40	25 × 250 × 120
	30	3000	80	
	35	3100	200	35 × 175 × 150
1号抗水岩石硝铵	25	3200	70	25 × 150 × 72
	35	3600	210	35 × 175 × 150
2号抗水岩石硝铵	25	3100	60	25 × 250 × 120
	35	3420	220	35 × 175 × 150
4号抗水岩石硝铵	25	3600	130	25 × 250 × 120
	35	3600	280	35 × 175 × 150

注：炮眼直径为42mm。

表 3 – 13　秒延期雷管规格性能

五　段			七　段		
段别	延期/s	脚线色	段别	延期/s	标志
一	0	黄灰	一	≤0.1	用标牌区分
二	1.5$^{+0.6}$	黄	二	1.0$^{+0.5}$	
			三	2.0$^{+0.6}$	
三	3.0$^{+0.7}$	黄蓝	四	3.1$^{+0.7}$	
四	4.5$^{+0.8}$	黄绿	五	4.3$^{+0.8}$	
			六	5.6$^{+0.9}$	
五	6.0$^{+0.6}$	黄黑	七	7.0$^{+1.0}$	

表 3-14 毫秒延期雷管规格性能

段 别	延期时间/ms	脚线颜色	段 别	延期时间/ms	标 志
1	不大于 13	灰红	11	460±40	用标牌区分
2	25±10	灰黄	12	550±45	用标牌区分
3	50±10	灰蓝	13	650±50	用标牌区分
4	75±$^{15}_{10}$	灰白	14	760±55	用标牌区分
5	110±15	绿红	15	880±60	用标牌区分
6	150±20	绿黄	16	1020±70	用标牌区分
7	200±$^{20}_{25}$	绿白	17	1200±90	用标牌区分
8	250±25	黑红	18	1400±100	用标牌区分
9	310±30	黑黄	19	1799±130	用标牌区分
10	380±35	黑白	20	2000±150	用标牌区分

（4）光面爆破的装药结构。为调整装药集中度，且使药卷沿炮眼长度均匀分布，可采用径向或纵向间隔装药，装药长度应为炮眼长度的 70%～80%。周边眼都要在装药后堵塞。

1）径向间隔装药。径向间隔装药的方法是利用小直径药卷装药。眼底仍用一节 ϕ32mm 或 ϕ35mm 药卷，其余用小直径药卷，连续或间断的置于开挖面一侧（见图 3-16）。

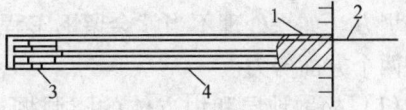

图 3-16 径向间隔装药图
1—堵口；2—导线；3—起爆药卷；4—小药卷

炮眼直径 D 和小药卷直径 d 之比，称不耦合系数。药卷直径过大，不耦合系数小，压缩波对孔壁的破坏大，不宜保留半边眼痕。如药卷直径过小，不耦合系数大，爆炸的破坏作用小，不易爆落岩体。常用的小直径药卷为 ϕ20～25mm，不耦合系数在 1.5～2.5 之间。

理想的"不耦合作用"，要求小药卷在炮眼内有环状空气间隙。可配用翼片扩张式塑料套管，长约 110mm，扩张翼片部分长 40mm，使小药卷与炮眼同心，效果较好，见图 3-17。

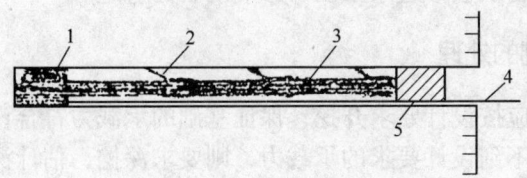

图 3-17 扩张翼片间断装药图
1—起爆药卷；2—扩张翼片；3—小药卷；4—导线；5—堵口

2）纵向间隔装药。用传爆索起爆时，眼底放一节 ϕ32mm 或 ϕ35mm 药卷，其余用小直径药卷，按照装药集中度的要求，均匀地分布在装药长度内。药卷之间的距离 C，不受殉爆距离的限制，见图 3-18。药卷要扎紧在传爆索上。为便于装药，可将药卷和传爆索都固定在顺直的竹片上，一次装入炮眼。

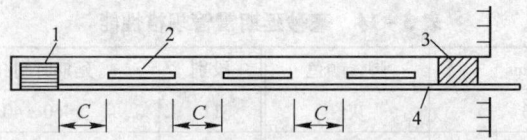

图 3-18 纵向间隔装药图

1—φ32mm 药卷；2—小直径药卷；3—堵口；4—传爆线

如用电雷管起爆，小药卷由内向外均匀排列。为了控制药卷之间的距离，可相间放入长度相同的木棒。木棒长度应小于药卷殉爆距离的80%，见图3-19。

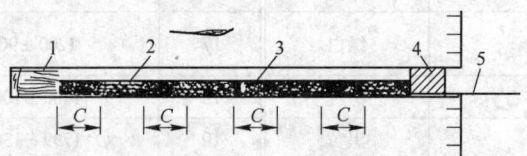

图 3-19 纵向间隔装药图

1—起爆药卷；2—小药卷；3—木棒；4—堵口；5—导线

3.3.1.2 隧洞的坍方处理

在隧洞施工中，当遇到不良岩层，特别是大的断层及构造破碎带，松散的地层时常会发生坍方。如果处理不当就会留下工程安全隐患。为了避免坍方的发生，应从预防和正确处理两个方面努力。

（1）松散地层和坍方体的隧洞掘进。对松散地层应该采取与之相适应的施工方法，以减少或避免发生坍方。概括其施工方法有正台阶法短掘短砌、衬砌紧跟、先拱后墙的施工方法。

（2）坍方的处理。坍方的处理原则是，一般先在坍方体上强行通过，封闭临空面以控制坍方的规模，然后再出渣。强行通过的办法有超前锚杆支架支护短掘短砌等。坍方体通过以后，对其前后的洞段进行加固处理。坍方如果在尾矿库内发生陷坑，应做好回填铺盖工作，以防止尾矿库水和矿浆通过坍落区流到排水洞，从排水口泄漏矿浆。坍方处前后的洞段要仔细灌浆，并做一段固结灌浆，或不设排水孔，避免坍方体中的细粒土、塌方体两侧围岩裂隙中的充填物质被渗透水带出，影响围岩的稳定。

3.3.2 塔基及涵洞基础的处理

塔基及涵洞的基础应按设计要求开挖，保证基础的承载力符合设计要求。当挖到设计标高以后，如果基础达不到设计要求的承载力，则要求深挖，估计深挖还达不到设计要求时，则请设计部门处理。当基础挖到设计标高，承载力虽能满足设计要求，但软硬不一有可能发生不均匀沉降，也要继续加深开挖，或请设计单位作出处理。超挖的部分一律要用砌石或混凝土回填到设计标高。基础的开挖在接近设计线1m时，除非岩石坚硬非爆破不能开挖时，可打浅孔，留一定的保护层外，其他一律用撬挖处理，使基础部分完整。

塔基四周的边坡一定要处理成稳定边坡，防止边坡遇水失稳，威胁塔的安全。

涵洞的上、下边坡的稳定要注意，当涵洞的基础外缘距边坡坡顶距离不足时，要加深开挖。

当塔基和涵洞基础与断层相交时，断层破碎带要挖深至 1.5 倍的宽度，然后回填混凝土作成混凝土塞。

当地基内有湿陷性黄土、软土时，应按设计要求处理。

3.3.3 混凝土工程的施工

混凝土工程施工包括基础清洗、架设钢筋、支模板、浇筑、养护等工序。

混凝土浇筑前必须对基础认真清理，对岩基要用高压水冲洗，清除污泥浮石等杂物及外露裂隙面的锈斑，直到冲刷水完全澄清，可用钢刷刷洗，冲洗干净后要排除积水，堵塞有渗漏的裂隙。如果由于渗漏水很大无法排除干净，则在基础底部衬砌断面之外留排水暗沟，将渗漏水集中排走，大量的流水必须在仓面作导流管引走。对软基则要求夯实，清除杂物，做好碎石垫层，把超挖的基础用浆砌块石或混凝土回填到与基础面高程一致。

钢筋架设基础清理后即可架设钢筋。钢筋必须按设计的直径和位置架设。钢筋接头在受拉区同一断面采用焊接时不超过其 50%，采用绑扎时不超过 25%，在受压区焊接接头不受限制，绑扎时不超过 50%。焊接钢筋（Ⅱ级、Ⅲ级及 5 号钢）的焊缝形式和长度在单面焊时不少于 $10d$（d 为钢筋直径），双面焊时不低于 $5d$。

模板支立与止水埋设，涵洞和隧洞衬砌最好用钢模或用木包铁皮模，模板必须平整，若采用木模时，表面必须刨光合缝，以保证良好的表面糙率。模板支撑必须保证模板的变形要求，架立牢靠，不能在浇筑时跑模或变形过大。

在立模前必须将止水埋设好。止水必须按设计位置固定牢靠。灌浆管需要埋设时必须在模板上固定好。模板上要留混凝土浇筑孔。浇筑前要涂脱模剂。

混凝土浇筑，首先要保证拌制的混凝土的塌落度符合施工要求，浇筑时认真振捣，不得漏振或过振。振捣器振不到之处必须人工插捣，以保证振捣密度。在浇筑时必须设专人保护止水的安装位置，止水附近必须注意振好。混凝土必须连续浇筑，以免出现冷缝。若出冷缝，必须凿毛，保持湿润，在其表面刷水泥浆，上铺与混凝土同标号的砂浆后再浇混凝土。

混凝土浇筑完以后，必须保持一定强度后再拆模，拆模时间和温度有关，温度高拆模时间短，温度低拆模时间长，拆模过早容易引起裂缝。

混凝土脱模后，必须加强养护，严防暴晒失水。失水将大大降低混凝土的强度和防渗、抗冻能力，特别是涵洞和放水塔的混凝土要加强养护。

3.3.4 混凝土的质量控制

水工构筑物对混凝土有多种性能的要求，除强度可以取样检查外，其他性能的无损检查比较困难。因此在施工过程中对影响混凝土性能的各因素必须实行全面控制。

（1）原材料的控制。水泥必须是有合格证的正规产品，存放期时袋装水泥不超过 3 个月，否则应做试验。

砂子要控制细度模数，宜在 2.4 ~ 2.8 之间，细度模数不同，水泥用量也不一，相差 ±0.2 就应调正配合比。砂子的质量技术要求见表 3 - 15。

表 3 – 15　细骨料（砂）的质量技术要求

项　目	指　标	备　注
天然砂中含泥量/% 其中黏土含量/%	<3 <1	（1）含泥量系指粒径小于 0.08mm 的细屑、淤泥和黏土的总量； （2）不应含有黏土团粒
人工砂中的石粉含量/%	6 ~ 12	系指小于 0.15mm 的颗粒
坚固性/%	<10	系指硫酸钠溶液法 5 次循环后的重量损失
云母含量/%	<2	
密度/t·m⁻³	>2.5	
轻物质含量/%	<1	视比重小于 2.0g/cm³
硫化物及硫酸盐含量 （按重量折算成 SO_3）/%	<1	
有机质含量	浅于标准色	如深于标准色，应配成砂浆，进行强度对比试验

　　粗骨料应控制其最大粒径，不应超过钢筋净间距的 2/3 及构件最小断面边长的 1/4；素混凝土板厚的 1/2。骨料应分成粒径级。应严格控制各级屑料的超、逊径含量。其控制标准，以原孔筛检验其超径小于 5%，逊径 10%；当用超、逊径筛检验时，超径为零，逊径小于 2%，粗骨料的其他质量要求见表 3 – 16。

表 3 – 16　粗骨料的质量技术要求

项　目	指　标	备　注
含泥量/%	D_{20}、D_{40} 粒径级 <1 D_{80}、D_{150}（或 D_{120}）粒径级 <0.5	各粒径级均不应含有黏土团块
坚固性/%	<5 <12	有抗冻要求的混凝土 无抗冻要求的混凝土
硫酸盐及硫化物含量 （按重量折算成 SO_3）/%	<0.5	
有机质含量	浅于标准色	如深于标准色，应进行混凝土强度对比试验
密度/t·m⁻³	>2.55	
吸水率/%	<2.5	
针片状颗粒含量/%	<15	碎石经试验论证，可以放宽至 25%

　　外加剂的质量要严格控制和检验，定期检查其性能。
　　控制和养护用水的化学成分要求，见表 3 – 17。

表 3 - 17 拌制和养护混凝土的天然矿化水的化学成分

水的化学成分	混凝土和水下的钢筋混凝土	水位变化区和水上的钢筋混凝土
总含盐量不超过/mg·L⁻¹	35000	5000
硫酸根离子含量不超过/mg·L⁻¹	2700	2700
氯离子含量不超过/mg·L⁻¹	300	300
pH 值不小于	4	4

注：1. 本表试样系用各种大坝水泥、硅酸盐水泥、普通硅酸盐水泥、矿渣硅酸盐水泥、火山灰质硅酸盐水泥和粉煤灰硅酸盐水泥拌制的混凝土。

2. 采用抗硫酸盐水泥时，水中 SO_4 离子含量允许加大到 10000mg/L。

（2）严格控制水灰比。水灰比是保证混凝土各种性能的最重要的因素，必须严格控制。砂子的含水量是影响水灰比波动的主要因素，应采用快速测定法测定砂子含水量，以便确定合理的用水。水灰比最大允许值对于尾矿库主要排水构筑物不应超过 0.5。砂子和小石的含水率宜分别控制在 ±0.5% 及 ±0.2% 之内（指检查误差）。

（3）严格控制砂率。砂率对混凝土强度有较大的影响，应根据实测的砂子细度模数及时予以调正。

（4）骨料的级配应按配合比计量，不得估算。用洗分析法检查，骨料比例差值不大于 10%。

（5）混凝土施工配合比的选择要高于设计强度的数值，按设计的保证率和均质性质指标计算。配料强度是设计标准强度的 K 倍，K 值见表 3 - 18 及图 3 - 20，查图表时，C_v 按施工控制情况估计，一般混凝土标号为 200 号以上时采用 0.18，200 号以下采用 0.20，以后根据实际情况调正。保证率按设计。

（6）严格执行冬、雨季施工措施。混凝土冬季施工必须保证其入仓温度不低于 5℃，模板的保温及拆除时间必须根据温差的要求确定。

雨季由于涵洞或涵管是较薄的结构，施工必须在遮雨的情况下进行。

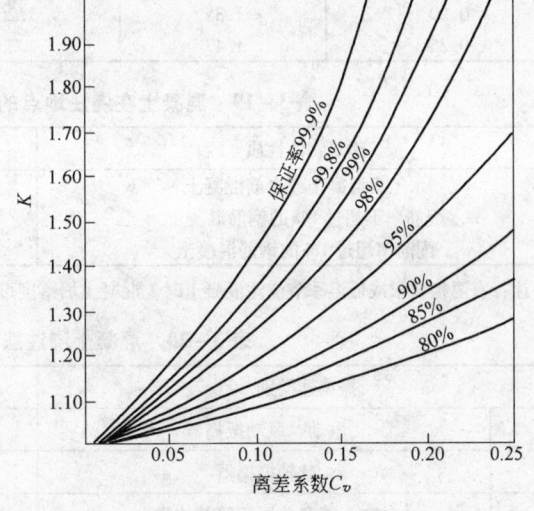

图 3 - 20 K 值曲线

一般雨天不宜施工。隧洞施工不受雨季影响，但对混凝土拌和及运输应予防雨。

（7）坍落度是一个很重要的施工性能指标，其控制值见表 3 - 19。

（8）严格控制混凝土的拌和、运输、浇筑各个环节。

拌和时各组分称量的允许偏差：水泥、混合材 ±1%；砂石 ±2%；水、外加剂溶液 ±1%。拌和时必须将各组分拌和均匀，拌和的最少时间 2.0 ~ 2.5min。混凝土拌和均匀性的检查，采取对一盘混凝土按出料先后各取一个 30kg 以上的试样，测砂浆容重，其差值不大于 30kg/m。

混凝土的运输应尽量缩短运输时间，普通混凝土，当气温为 20~30℃ 时为 30min，气温为 10~20℃ 时为 45min，气温为 5~10℃ 时为 60min。在运输过程中应不致发生分离、漏浆、严重泌水及过多降低坍落度等现象。混凝土自由下落高度以不大于 2m 为宜，超过此限应采取缓降措施。

混凝土浇筑除做好基础或仓面的清理工作外，浇第一层混凝土前，必须先铺 2~3cm 的砂浆，砂浆水灰比应按混凝土的水灰比小 0.03~0.05。混凝土浇注层的最大允许厚度见表 3-20。混凝土浇注应保持连续性，如因故中止且超过允许间歇时间，则应按工作缝处理，若能重塑者，仍可继续浇注混凝土。混凝土能重塑的标准是指用振捣器振捣 30s，周围 10cm 内能泛浆且不留孔洞者。浇注混凝土允许间隙时间见表 3-21。工作缝的处理必须在已浇的混凝土强度达到 2.5MPa 后才可进行；混凝土表面必须刷毛，清理干净和排除积水，按浇第一层混凝土的要求再浇混凝土。

表 3-18　K 值表

C_v ＼ P	90	85	80	75
0.1	1.15	1.12	1.09	1.08
0.13	1.20	1.15	1.12	1.10
0.15	1.24	1.19	1.15	1.12
0.18	1.30	1.22	1.18	1.14
0.20	1.35	1.26	1.20	1.16
0.25	1.47	1.35	1.27	1.21

表 3-19　混凝土在浇注地点的坍落度（使用振捣器）

建筑物的性质	标准圆锥坍落度/cm
水工素混凝土或少筋混凝土	3~5
配筋率不超过 1% 的钢筋混凝土	5~7
配筋率超过 1% 的钢筋混凝土	7~9

注：有温控要求或低温季节浇注混凝土时，混凝土坍落度可根据具体情况增减。

表 3-20　混凝土浇注层的允许最大厚度

振捣器类别		浇注层的允许最大厚度
插入式	电动、风动振捣器	振捣器工作长度的 0.8 倍
	软轴振捣器	振捣器头长度的 1.25 倍
表面振捣器	在无筋和单层钢筋结构中	250mm
	在双层钢筋结构中	120mm

表 3-21　浇注混凝土的允许间歇时间

混凝土浇注时的气温/℃	允许间歇时间/min	
	普通硅酸盐水泥	矿渣硅酸盐水泥及火山灰质硅酸盐水泥
20~30	90	120
10~20	125	180
5~10	195	240

注：本表数值未考虑外加剂、混合材及其他特殊施工措施的影响；所谓间歇时间是指自出料时算起到覆盖上层混凝土时为止。

（9）质量检查和评定。在混凝土浇筑过程中，要随时取试块做强度试验（试块数量按100m³混凝土取3个），计算平均强度、保证率和均质性指标。均质性指标以离差系数C_v来表示。

平均强度为

$$R_m = \frac{\sum\limits_{i=1}^{n} R_i}{n} \qquad (3-7)$$

式中　n——试件个数，一次统计所用试件的数目不少于30组；

　　　R_i——试件强度。

离差系数

$$C_v = \frac{\sqrt{\dfrac{1}{n-1}\sum\limits_{i=1}^{n}(R_i - R_m)^2}}{R_m} \qquad (3-8)$$

强度保证率根据求得的C_v与R_{28}/R_m，从图3-21中即可查得。

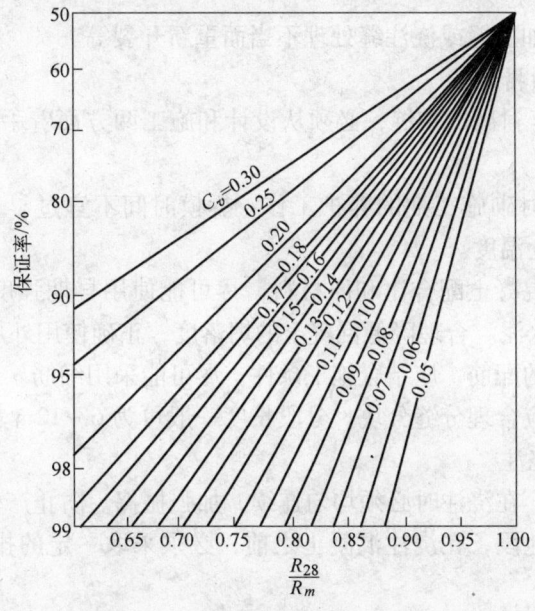

图3-21　混凝土强度保证率曲线

R_{28}—设计要求的28天龄期混凝土强度；

R_m—控制试件的平均强度；C_v—离差系数

统计强度保证率最低不得小于90%，按照离差系数C_v值评定混凝土质量的标准见表3-22。

表3-22　现场混凝土抗压强度离差系数的评定标准C_v

等级 混凝土标号	优秀	良好	一般	较差
<200号	<0.15	0.15~0.18	0.19~0.22	>0.22
≥200号	<0.11	0.11~0.14	0.14~0.18	>0.18

　　（10）无损检查。目前主要是用回弹仪检查，以了解混凝土的质量情况。

　　混凝土质量控制必须在试验、计量器、检验的基础上方可进行。因此为了控制混凝土质量必须首先做好上述工作。

3.3.5　混凝土裂缝及其防止措施

3.3.5.1　裂缝原因

　　水工隧洞混凝土衬砌和现浇混凝土涵洞产生裂缝的原因是错综复杂的，根据目前认识，主要原因约有以下几方面：

　　（1）由于温度应力或干缩应力超过混凝土的极限抗拉强度，特别是现浇混凝土涵洞在太阳照射下混凝土表面和内部温差很大。

　　（2）由于衬砌结构设计不当，致使衬砌内力超过混凝土强度而形成应力缝。

　　（3）由于施工的原因，如混凝土均质性差、模板发生变形、拆模过早、浇注时地下水未妥善处理、不连续浇注产生冷缝，以及超欠挖相差过大而引起衬砌应力集中的影响等。

　　（4）其他方面，如反缝或浇注缝处理不当而重新开裂等。

3.3.5.2　防止裂缝的措施

　　防止或减少混凝土衬砌的裂缝，必须从设计和施工两方面着手。除正确设计计算外，还可考虑以下措施：

　　（1）加强混凝土衬砌施工期的养护工作，拆模时间不宜过早，减少温度突变影响，必要时控制混凝土入仓温度。

　　（2）选择合理的混凝土配合比和原材料，尽可能使用早期强度较高、析水率和干缩较小及水化热较低的水泥。合理降低混凝土的坍落度，正确使用外加剂和掺和料。

　　（3）钢筋混凝土的配筋，应结合施工条件，尽可能采用细筋。

　　（4）浇注过程中应合理分缝分块。分段长度一般可为 6～12m。环向缝尽可能设在同一平面内，避免错缝浇注。

　　（5）同一浇注块，在浇注时必须均匀连续，加强振捣。防止产生冷缝。

　　（6）地下水丰富地段，在浇注混凝土之前，必须采取一定的排水或封堵措施，以免影响混凝土浇注质量。

　　（7）混凝土衬砌的浇注程序，一般应先底拱后边墙再顶拱，以利于浇注缝的紧密结合。如果采用先顶拱后边墙的施工程序，应加强反缝的处理。

　　（8）隧洞开挖面应大致平整，尽量减少超挖和有大的尖棱石块，以避免衬砌应力集中。

　　（9）开挖与衬砌平行作业时，开挖与衬砌的工作面，应保持一定的距离，以防止开挖爆破对衬砌的影响，必要时应采取防震措施。

　　（10）在严寒地区为减少衬砌内外温度剧烈变化，可在洞口采取保温措施。

　　（11）现浇混凝土涵洞及管道要及时回填覆土，避免阳光暴晒。

3.3.5.3　裂缝的处理

　　当衬砌产生裂缝和渗漏时，应先查清产生裂缝的原因，并根据裂缝的原因、开裂和漏水的程度及其对工程的影响，再决定处理或不处理。

处理的方法，一般采用水泥灌浆或加钢筋网喷浆。此外，也有采用磨细水泥灌浆、化学灌浆和环氧树脂合成物填塞裂缝等措施。

有些裂缝还处于发展中的裂缝，有可能继续变形。这类裂缝不宜堵塞，若予堵塞往往在其旁边又出现新的裂缝。出现这种情况时可以用弹性材料填塞，水溶性聚氨酯灌缝，也可以用环氧树脂粘贴橡皮。

总之，有关防止混凝土产生裂缝的设计方法、措施及其处理等，除前述外，尚在今后的工程实践中不断探索、总结和提高。

3.4 工程验收

尾矿库工程的验收应按中国有色金属总公司的有关规定进行。

3.4.1 验收程序

验收分为部分验收和竣工验收。部分验收由建设单位组织，可按分部工程和单位工程进行。初期坝和排水建筑物是两个单位工程，每一个单位工程又有许多分部工程，分部工程的验收应按各分部工程竣工的先后依次进行。隐蔽工程的验收允许分段进行，完工一段验收一段。未经验收前，施工单位不得进行下一工序。根据尾矿库的特点应进行阶段验收。即大坝清基完成后，基础已处理，坝体未填筑前的验收；导流建筑物完成后截流前的验收，排水塔、涵洞基础开挖完浇注混凝土前的验收，隧洞开挖完浇注混凝土前的验收，以及开始投放尾矿前的验收等。上述阶段验收，应请设计人员和地质人员参加，必要时可请有关专家参加。竣工验收，按项目管理权限由批准设计的单位组织。

3.4.2 必备的文件

进行阶段、分部工程验收前，施工单位必须提出下列文件：
（1）竣工图纸。
（2）施工过程中有关设计变更的说明和记录。
（3）试验、质量检验及测量成果。
（4）质量事故记录和分析资料及其处理结果。
（5）隐蔽工程的检查记录和照片。
（6）竣工工程施工说明书和竣工清单（包括施工概况说明、实际工程量、开工日期、完工日期等）。
（7）施工大事日志。

上列文件须经工地技术负责人签署，作为全部工程验收时的重要依据之一。

施工单位应重视施工期间工程资料的搜集、整理和总结工作，建立健全技术档案制度，并指定专人负责。

3.4.3 验收的地质要求

进行隧洞塔基、涵洞以及坝基、岸坡验收时应有地质人员参加，在验收鉴定或验收报告书中要注明坝基的工程性质、水文地质条件及其与设计资料不符的情况。

对全部坝基工程地质、水文地质应测绘地质图，并连同所取岩石、土样妥为保存，作为全部工程验收时的重要依据之一。

3.4.4 验收时应进行下列工作

（1）审查 3.4.2 节中所列规定的文件，并听取关于设计和施工情况的汇报。

（2）检查竣工工程或隐蔽工程的质量，并作出结论。

（3）对工程的遗留问题，提出处理意见并规定完成的期限。施工单位必须认真处理，按期完成。

（4）验收后，提出验收报告书或验收鉴定记录，并以有关章节中所规定各项文件作为附件。

第3篇 尾矿库的严格管理

4 尾矿设施管理

4.1 尾矿设施管理的基本任务和要求

4.1.1 尾矿设施管理的基本任务

中华人民共和国冶金工业部，中国有色金属工业总公司于1990年联合颁发的《冶金矿山尾矿设施管理规程》，以下简称《管理规程》指出："尾矿设施管理的基本任务是做好尾矿的浓缩、分级、输送、回水和筑坝，进行尾矿库内水量调配、防汛、抗震和环境保护以及完成尾矿设施的检查维护监测等各项工作，保证尾矿设施的安全生产，防止发生事故和灾害"。

4.1.2 尾矿设施管理的要求

（1）合理选择库（坝）址，精心设计和施工，是尾矿库安全的基础。尾矿设施管理人员要配合有关部门认真做好设计和施工管理工作，确保设计和施工质量。

（2）从思想上重视尾矿设施管理工作。实践证明，凡是领导重视尾矿设施管理的单位，事故就少，生产稳定，尾矿排放成本低，回水率高，资源流失和环境污染等问题也较少。

（3）认真贯彻"安全第一、预防为主、防重于抢、有备无患"的方针。尾矿库启用后，尾矿设施的管理、操作人员，要根据各时期的运行情况主动作好预防事故的各项工作，如发现隐患或违反设计要求的情况，应及时向主管部门反映，并采取相应的保安措施。

（4）尾矿设施管理应纳入企业生产和质量评比工作。建立严格的奖惩制度，对在确保尾矿设施安全运行方面有突出贡献的管理、操作人员，实行立功受奖，并作为晋级条件之一，对瞎指挥和违反管理规程的人员及酿成事故的直接责任者，要严肃处理。

（5）提高人民群众对尾矿库（坝）的认识，除取得当地政府的支持外，应积极向尾矿库（坝）所在地区群众宣传尾矿库（坝）安全运行的重要性，使其明确它与当地工农业生产的利害关系，从而得到他们的支持。

（6）设置尾矿库（坝）工程安全技术监督站，其成员应具备：1）掌握尾矿设施方面的基本专业知识及其设计文件的要求；2）熟悉尾矿处理的工艺流程；3）了解国家或部门有关的标准和规范。

（7）严格执行《管理规程》，逐步使尾矿设施管理工作走上规范化、标准化的轨道。

《管理规程》对尾矿设施各部分的管理，均作了技术性的原则规定，各企业要结合本单位尾矿设施的具体情况制订实施细则，修订或制订各级尾矿设施管理机构和人员的业务保安条例和职责条例，以及尾矿设施各工种、工序的操作技术规程和作业标准，定期组织有关人员学习讨论，检查执行情况。

（8）重视尾矿设施的中长期规划和运行计划的编制和实施。尾矿设施建设周期较长，且选址、征地等都较困难，尾矿库的扩建或新建工作，应在使用期满之前，至少 5 年甚至更长的时间，及早制订计划并筹备建设，切忌临渴掘井，采取修修补补的临时措施，留下安全隐患。云锡公司 1962 年的新冠火谷都溃坝事故，教训是深刻的。该尾矿坝第一期工程原定坝顶标高 1633m，为了急于投产降为 1627.5m，缩短了使用年限，以致一年以后被迫在滩面上筑了临时小坝，维持生产，留下了隐患。二期坝又将原设计坝顶标高 1650m 降至 1639.5m，为了减少施工土方量，未经详细勘探和技术鉴定，就决定将二期坝压在临时小坝上，而小坝基础又是未经固结的尾矿，边生产、边筑坝，筑坝刚完，尾矿也将装满，又被迫将坝顶加高至 1644m，坝体上升速度适应不了库内水面上升的速度，终于酿成大祸。

尾矿处理应根据企业的生产年限，结合选矿厂的总体规划，做到既有中、长期规划，有久安之计，又有近期安排，解决好当务之急，远近结合，分期实施，确保新、老库的合理衔接。

每年年末，要在实测库内尾矿堆积状况的基础上，结合生产计划拟订第二年的尾矿排放计划，对尾矿堆坝的排洪等库内尾矿增加后的相应措施，必须通过认真核算，一一作出安排，有条不紊，按计划实施。

尾矿库在使用期满之前 3 年，必须按"不留后患，造福人民"的方针，做出闭库设计和安全维护方案，从坝体稳定性验算，库内疏干，截洪排洪，复田还耕等有关方面，作出具体安排，并付诸实施。闭库后的尾矿库，无设计论证不得重新启用或改作他用，必要时可在办妥有关手续后正式移交地方政府管理。

（9）严格执行设计要求，认真抓好技术重点。在尾矿设施管理中，设计意图的有效贯彻是保证尾矿库安全的基础。在管理工作中，从尾矿排放方法、堆坝方法、坝体浸润线、排洪、回水等各个环节都要结合实际，贯彻设计要求。坝体浸润线与干滩长、水位控制、尾矿特性等密切相关，渗流往往是使坝体产生破坏的原因，没有渗流控制就没有坝的安全。尾矿技术管理中，应以坝的渗流控制为重点，全面抓好尾矿库各项运行技术指标的落实。

要修改设计规定的运行技术指标，必须通过技术论证，征得设计单位同意和上级有关部门批准。

（10）抓好尾矿设施的检查、监测，及时发现和处理安全隐患。尾矿设施的检查工作，分为下列四级：

1）经常检查：由厂矿、车间、工段级机构组织进行，分别制订检查制度，确定路线和顺序。

2）定期检查：由上级管理机构组织进行，每年检查 2～3 次（汛期、汛后、冻溶期）。

3）特别检查：当工程遇特大洪水、地震等情况，由管理单位负责人临时组织进行。

4）安全鉴定：定期对尾矿设施运行情况进行评价。

检查工作内容包括查清堆积坝的现状，筑坝工艺是否满足设计要求，排洪、回水是否正常，对坝体安全提出结论性的意见。《管理规程》要求"对大中型及位于高烈度区的尾矿坝，当堆积到总高度的 1/2～2/3 时，应根据具体情况按现行规范进行 1～2 次以抗洪、稳定为重点的安全鉴定，以指导后期筑坝管理工作"。

对各种构筑物的检查内容及基本要求如下：

①当尾矿设施遇到特殊运行情况或遭受严重外界影响时，例如放矿初期，暴风雨、温度骤变或地震等，对工程的薄弱部位和重要部位，应特别仔细检查，发现威胁工程安全的严重问题，必须昼夜连续监视，并采取有效措施。

②对尾矿坝和其他土工构筑物的检查应注意它们有无裂缝、塌陷、隆起、流土、管涌、滑裂和滑落等现象，坝顶高程是否一致，滩面是否平整，滩长、坡比是否符合设计要求，坝坡有无冲刷，渗水是否出逸，排渗设施是否完善等。

③对于混凝土和砖石构筑物应针对不同工程的结构特点，注意检查结构有无裂缝，表面有否剥蚀、脱落，有无冲刷、渗漏。对排水管道应特别注意检查伸缩缝，止水有无损坏，填充物是否流失。对于井、塔应着重检查是否倾斜，联结部位有无异常等。

④对于金属构筑物应重点检查结构的变形、裂缝、锈蚀，焊缝是否开裂，铆钉、螺帽是否松动，管道是否磨损等。

每次检查结果均应仔细记录。如发现异常情况，除详细记述时间、部位、险情和绘出草图外，需同时记录当天的尾矿入库量、库内水位等有关资料，必要时应测图，摄影或录像及时采取应急措施，并上报主管部门。

尾矿坝监测工作是掌握尾矿库（坝）运行性态的耳目，也是搞好尾矿库管理的基本前提，必须高度重视，长期坚持。

（11）尾矿设施的各种技术资料应统一归档，妥善保存。从尾矿库建设开始到闭库，都必须责成有关人员整理相关的资料。每年年末要进行全面总结，将尾矿设施的设计文件、竣工验收资料、生产中的试验报告及各种技术经济指标，以及观测记录、经验总结、事故分析报告、有关的文件、纪要、规章制度、设备仪器图纸和说明书等统一归档，妥善保管。

4.1.3 尾矿浓缩与输送管理

4.1.3.1 浓缩设施管理

浓缩设施管理的任务是使浓缩设备保持良好状态，防止发生事故，使底流和回水都达到设计要求。

（1）浓缩机。浓缩机为一大型设备，是尾矿浓缩系统的核心部分，必须认真做好维护保养工作，严格按操作规程运行。为此应做好以下工作：

1) 在运行中应注意观察驱动电动机的电流变化。为确保浓缩机安全可靠，在操作室内应设过载报警信号及保护装置，做好日常维护和定期检修。

2) 浓缩机在运行中一般不宜时开时停，以免发生堵塞或卡机、扭坏耙子等事故。

3) 保持周边溢水挡板平齐，以便均匀溢水，排水沟应经常清理，底部排矿闸门应定期检修，按给入浓缩机的尾矿量及粒度变化情况，适当控制闸阀，保持均匀排矿，提高底流浓度，保证溢流水水质符合要求。

4) 加强与相关岗位的协作联系。凡需开机或停机，应预先通知主厂房及沉砂输送泵站。停机前应先停止给矿，并继续运转一定时间，给入矿浆前应先开机待矿。

5) 浓缩机给矿流槽进口和溢流出口处的格栅与挡板装置及排矿管（槽、沟）等容易发生尾矿沉积的部位，应定期冲洗清理。

6) 寒冷地区冬季停止运转时，应采取措施，防止冻裂浓缩池。

(2) 平流式沉淀池。平流式沉淀池的管理必须按设施状况、设计要求、实际进矿情况的变化进行调整，要合理调配放矿—停矿—冲矿的池数，控制好异重流排泥的数量，以确保排泥浓度及回水水质。

平流池使用中，要注意养护闸阀，确保闸阀转动良好，制动可靠，操作灵活，启动自如。因此，必须：1) 经常清理闸阀上附着的水生物的杂草污物等，避免钢件腐蚀。2) 防止块石杂物阻塞，门槽处极易被块石或杂物卡阻，使闸阀开度不足或关闭不严，凡停止给矿排干池内水清理沉砂的池子，都要注意清理。3) 清淤，一旦遇到淤泥影响闸阀正常启闭时，可采用高压水冲淤的方法解决。4) 做好闸阀的防振、抗振和防气蚀等工作，防止门叶变形，杆件变曲或断裂。

(3) 挖泥船倒库。使用挖泥船时，要注意做好如下几个方面的工作：

1) 船所在处的水层不宜过深或过浅，一般为 0.5~0.8m。

2) 固定缆线、桩必须牢靠。

3) 绞吸式挖泥船要按挖泥顺序经常移动绞吸头以提高排泥浓度；直吸式挖泥船当吸泥管吸泥困难时，需开启喷水管喷水造浆。

4) 不宜在下述区域挖泥：曾出现过浇水洞群，已进行过处理或已用尾矿覆盖堵漏的区域；尾矿坝附近和堆坝坝基区域；尾矿库周边滞砂防漏的地段。

4.1.3.2 输送设备管理

砂泵的运行维护和管理：往复式泵和液压式泵，虽具有效率高等优点，但结构复杂，易损件使用寿命短，故应用尚不广泛。目前，选矿厂尾矿输送，仍然以离心式砂泵作为主要设备。

砂泵在检修安装以后，投入正常运行之前，必须进行试运行。在试车中要求机组所有的部件都达到正常工作状态，符合质量标准后，方能投入运行。

(1) 砂泵运行前的检查：

1) 机组转子的转动是否灵活，叶轮旋转时有无摩阻的声音。

2) 各轴承中的润滑油是否充足、干净，油量是否符合规定要求。

3) 填料压盖的松紧程度是否合适。

4) 砂泵和电动机的底脚螺丝以及其他各部件的螺丝有无松动。

5) 矿浆池内是否有漂浮物，进矿管口有无杂物阻塞。

6）检查防护安全工作，启动前机组上的工具有其他物件应移开，以免开机后被震落或造成不必要的损失。

（2）砂泵运行中的注意事项：

1）注意机组声响的振动，如果出现机组振动过大或有杂音，就说明机组有了故障。振动和杂音往往是砂泵故障的信号，这时应该停车检查，排除隐患。

2）注意轴承温度、检查油质油量，一般要求轴承的温度不超过70℃，如果温度很高时，必须停车检查原因。用油环润滑的轴承，一般油环被浸沉约15mm左右。滚珠轴承用黄油润滑，黄油加到轴承箱容量的1/3左右为准。换油时间一般为500h/次，新砂泵适当提前换油。

3）注意仪表指针的变化，当运行情况正常，仪表指针的位置总是稳定在一个位置上。如运行中出现了异常情况，仪表就会剧烈的变化与跳动。砂泵一般都装有压力表、电流表、电压表和功率表。而压力表读数的变化，最能反映砂泵运行情况是否正常。在电动机运行符合要求线路电压正常的情况下，电流表读数增加和减小，意味着砂泵轴功率的增加和减小。这时如果压力表的指针也起了较大变化，同时伴随着振动和声响，说明砂泵有了故障，应立即停车检查。

4）注意填料函是否正常，填料不可压得太紧或太松，运转时须有水陆续滴出。

5）注意矿浆仓内的液面变化，一般不准出现抽空现象。

（3）砂泵在运行中的保养：

1）皮带的保养，砂泵在运行时，要随时注意传动皮带是否过松或太紧，一组三角带中更需注意不能有松紧不匀的现象。如果皮带过紧，轴承就会由于受拉力过大而发热，加快轴承的损坏，这就要及时调整皮带的松紧。如果皮带的松紧合适，皮带仍然打滑时，应在皮带上涂皮带蜡。

2）砂泵的保养：

①检查轴承有无磨损，如有磨损或表面有斑点和松动现象时，应清洗或更换。

②检查叶轮上是否有裂痕和被汽蚀的小孔；叶轮固定螺帽是否松动，如有损坏应修理或更换。

③检查泵轴有无弯曲和磨损，如有损坏应进行修理。

④清除填料函上的腐蚀物，重新整修填料函或更换填料。

⑤要经常检查闸阀和逆止阀是否灵活，如有损坏或不灵活应及时更换和检修。

⑥检查叶轮和护套的间隙，如发现排出量和扬程降低要及时更换叶轮和护套。

3）电动机的保养：

①检查接线盒压线螺栓是否松动或烧伤。

②拆开检查轴承润滑油脂，使之填满轴承空腔的1/2～2/3，脏了的应更换。

③检查定子与转子之间的间隙是否均匀合格，以判断轴承磨损情况，如发现磨损严重的应予更换。

④当电停用一段时期后再用时，用摇表测量电动机相间及各相对铁芯的绝缘电阻，如果小于0.5MΩ，说明线圈受潮，此时应用红外线灯泡或白炽灯泡烘干。切忌用明火烘烤。

4.1.4　管、沟、槽的维护与管理

近年来的尾矿设施运行中，管、沟、槽漏矿、漫浆，甚至大面积塌帮、管槽断裂，造成大量尾矿浆外溢等现象，不仅在经济上造成损失，而且污染了环境，要改变这种情况，就必须加强对管、沟、槽的维护和管理。

（1）按班巡视检查输送线路，观察有无淤积、堵塞、坍塌、掏空、磨损、渗漏及桥、架、墩、闸、槽、沟渠洞的内壁和底板的基础及接缝等部位有无腐蚀、松动等损坏现象。对于线路拐弯处，坡度较缓或较陡的地段，管、槽、沟、渠、洞之间的结合部位，更应详细检查。

（2）定期观测输送砂浆的流量、流速、浓度和密度是否符合设计要求，若发现流速太低将产生淤积堵塞等情况时，应及时与主厂房、浓缩池及上下级泵站取得联系，或临时采取加水调节等措施，保证正常输送。

（3）当选厂停产时，必须适时开启输送管路的放空闸门，排放砂浆，避免堵塞。寒冷地区停产时，输送管线必须及时放空，严防发生冻裂。

（4）金属管道定期翻转（每次翻转120°），以延长使用年限。备用管道应保持完好状态，以便随时转换使用。

（5）山区管线应保持沿线边坡稳定，发现塌方及时处理。

（6）输送管线通过填土路堤或栈桥处，应加强巡视，防止洪水冲毁路堤或栈桥，造成塌落。

（7）输送管线通过的隧洞，应加强巡视，发现衬砌破坏、围岩松动、冒顶或大量喷水漏砂及其他险情，必须及时采取措施，保持隧洞内输送沟、管畅通。

（8）自流输送渠槽上设置的挡污栅，应定期维护和修缮，及时清除树枝、石块等杂物，若发现正常使用的沟槽中有液面升高时，应立即查明原因，及时处理。

（9）输送管道支墩所在部位，要注意检查并及时处理地基不均匀沉陷，基础土壤被地面水流或渗透水流逐步冲刷掏空等问题，防止支墩出现不均匀变位导致钢管变形而弯曲等缺陷。

4.2　尾矿坝的管理

尾矿坝是尾矿设施中最重要、最复杂的部分，一旦发生事故，危害极为严重。

尾矿坝发生事故的原因是多方面的，其中重要原因之一是管理不善，由于尾矿坝本身所具有的特殊性和复杂性，这就要求我们要特别注意做好尾矿坝的管理工作。

4.2.1　后期坝的堆筑

后期坝筑坝的基本形式有：上游法、中线法和下游法。当前我国使用较广泛的是上游法。

4.2.1.1　上游法尾矿筑坝的基本要求

从影响尾矿坝坝坡稳定因素的分析中看出，尾矿的平均粒度越大，抗剪强度越高；尾矿的容重及密实度越大，安全系数也越大。为使尾矿冲积坝（尤其是边棱体）形成由粗到细直至矿泥的近似"滤水体结构"有较高的抗剪强度，要求做到：

（1）一般不采用库后放矿和独头放矿。

1）库后放矿：使粗砂及密度较大、较密实的尾砂沉积于库尾，坝前是细泥和澄清水，使尾矿坝变成挡水坝，坝体始终处于饱和状态，安全系数大大降低。1962年云南锡业公司火谷都尾矿库溃坝事故，尾部放矿也是原因之一。

2）独头放矿：即尾矿由坝前的一端集中放矿。矿浆沿坝的纵向流动，尾矿沿程沉积，尾矿溢流从库的另一端引入库内，沿坝轴方向从矿口到尾部由粗渐细，在尾部形成矿泥层，不利于坝体的稳定。例如，云南锡业公司牛坝荒尾矿库南坝，曾一度采用单槽独头放矿，尾矿勘察标贯试验资料表明，从放矿口至尾部，入口带为3.5击，尾部仅0.8击，总平均2.72击。又如该公司卡房垤牛矿4号坝，1976年也是由于独头放矿，结果发生外坡坍滑隆起事故。

从以上实例可以看出，除水库式的尾矿库外，一般都不得采用坝后放矿和独头放矿。

在寒冷地区，冰冻浆期为避免在尾矿冲积坝内（特别是边棱体）有冰夹层或尾矿冰冻层存在而影响坝体强度，采用库内冰下集中放矿，但在冰冻期到来之前，必须通过均匀分散放矿保持比较长的干滩长度，以满足堆坝要求。

（2）每年筑坝高度，应满足调洪、安全超高、回水和冰下放矿要求。

（3）采用坝前均匀分散放矿，使尾矿在沿坝轴线上各放矿口的冲积粒度基本类同，从坝轴线到水边线，滩面上尾矿颗粒分布，越靠近子坝颗粒越粗越密实，结合库内水位的合理控制，使沉积滩面均匀上升，构成较理想的滤水体结构（见图4-1）。

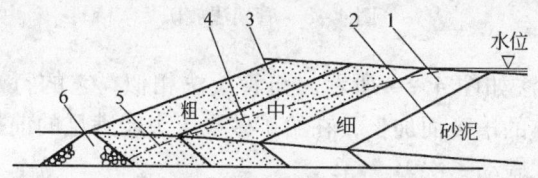

图4-1 坝体理想滤水结构

1—细粒尾矿沉积区；2—矿泥区；3—滤水堆石坝；4—中粒尾矿沉积区；

5—浸润线；6—粗粒尾矿沉积区

（4）每一期堆积坝充填作业之前，必须进行岸坡处理。尾矿堆积坝是由不同粒级尾矿充填而成，堆积坝与库区岸坡岩石接触，未经处理的两种不同介质，往往容易产生渗流破坏或不均匀沉陷、塌陷等事故，因此，在堆坝过程中应将树木、草皮、树根、废石、坟墓及有害构筑物全部清除。若遇有泉眼、水井、地道或洞穴等，应做妥善处理，并做隐蔽工程记录，经主管技术人员检验合格后，方可充填筑坝。

常用放矿方法：

1）管架法。放矿总管支承在架子或支墩上，沿坝轴线纵向铺设，总管上接分散放矿管至坝前，分散管一般用钢管或塑料管，直径75～125mm，其间距为15～20m。为了使各分散放矿管形成的尾矿沉积滩面相互衔接好和均匀，避免在两个沉积砂丘之间，出现细粒矿泥区，可在分散放矿管上接Y型管，如图4-2所示。

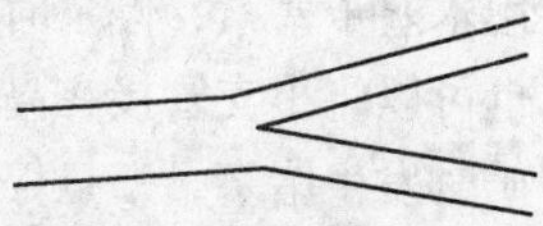

图4-2 Y型管

密度大、粒度粗、浓度高的尾矿，分散管直径可大些，间距可长些。

分散管的长度以放出的尾矿浆不冲上游坡面，并正好能从子坝脚开始沉积为标准。为避免尾矿长时间固定于某一位置排放，可视尾矿砂沉积情况采用可长可短能在一定范围内移动的皮管，以防形成反坡、扇形坡，导致矿浆倒流，影响坝体安全。例如，1982年6月11日凌晨2点，铜陵杨山冲尾矿库主坝中部子坝放矿支管处，因尾矿浆回流冲破子坝而下泄，操作工未及时发现，坝坡上冲出两条长32m，宽8m，深6m的沟槽，尾矿冲入下游农田。云南锡业公司古山采选厂广街尾矿库，1978年11月31日，也曾因分散管排出的尾矿形成砂丘，矿浆倒流，在坝顶上冲出约100mm的洞一个，致使尾矿坝埂长10m的一段产生纵向裂缝。

管架法放矿，如图4-3所示。管架和支墩的高度根据沉积周期来定，一般为0.5～2.0m。管架法适用于堆坝初期和尾矿堆坝上升速度较慢的情况，当堆积坝升高后则改用斜管放矿法。

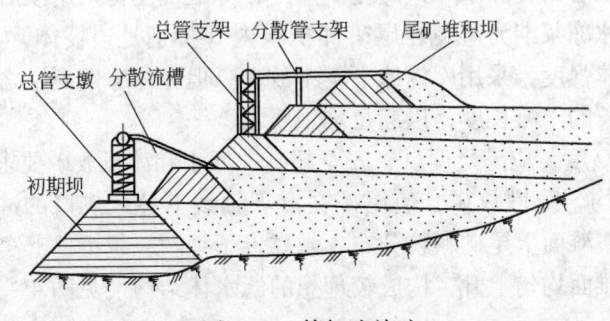

图4-3 管架法放矿

2）斜管法。斜管法如图4-4所示，与管架法相似，它的特点是总管移动不频繁，只是分散斜管随筑坝体的增高而加长，在给矿砂泵压头能满足的前提下，一般每增高5～10m左右，尾矿总管才搬动一次。

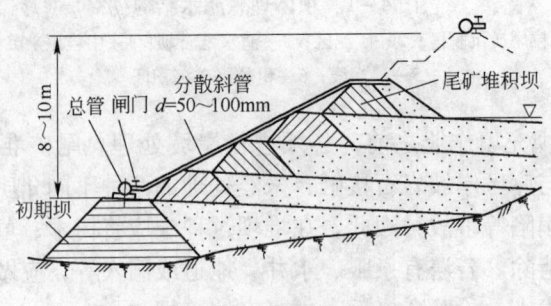

图4-4 斜管法放矿

为了防止停泵时分散斜管堵塞，一般在控制闸阀后安装一个 $\phi25～32$mm 的小支管，平时用木塞子塞紧，停泵时将闸阀关闭，木塞打开，将分散管内的矿浆排空。如坝上有高压水也可以将小支管接在高压水管上，二者之间用闸阀控制。另外，为了防止分散放矿管在停矿时发生堵塞，一旦停止放矿应随即将总管末端的放矿闸阀打开，把总管内残留的尾矿放空（一般在总管末端设一定容积的事故池）。使用中要注意检查分散管的磨损情况，防止管道磨通或接头漏矿，造成冲毁坝堤事故。

在坝前分散放矿中，还应注意下列问题：

①单管流量的控制。放矿中若单管流量大，则尾矿浆在坝前的自然分级作用强，微细粒及细粒尾矿将被冲到离子坝较远处，这样坝前干滩及堆积坝上尾矿的物理力学性质较好。但单管流速过大，尾矿在坝前不易沉积，反将原来已形成的滩面拉开，以致切深，堆坝速度慢；单管流量太小，尾矿在坝前的自然分级作用差，往往使不应在坝前沉积的细粒尾矿也在坝前沉积，影响沉积滩滩面及堆积坝强度。为便于控制单管流量，在尾矿坝坝轴线长或矿浆流量较小时，可在总管上安装一控制闸阀，采用分段交替放矿的办法。

②定期改变放矿总管进矿方向。由于放矿总管内的尾矿浆，在沿坝轴线纵向流的过程中仍有自然分级现象，起始端的分散管排放的尾矿浓度较高、粒度较粗，末端排放的尾矿浓度低、粒度细，这样造成的尾部干滩及堆积坝多为细粒、细泥构成，形成薄弱带。云锡期北山采选厂为改变这种不良现象，采用了双向进矿，即在头部和尾部同时进矿，收到了较好的效果。

③坝前分散放矿管应安放在总管的侧下部位，这样总管内不易沉积尾砂，造成阻塞。

4.2.1.2　上游法尾矿筑坝

（1）冲积法，如图4-5所示。

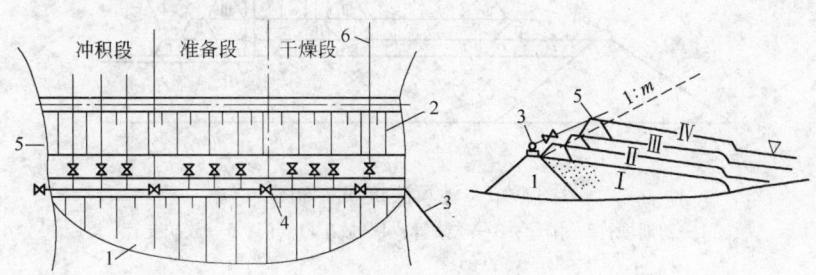

图4-5　冲积法筑坝
1—初期坝；2—子坝；3—矿浆管；4—闸阀；5—放矿支管；
6—集中放矿管；Ⅰ～Ⅳ—冲积顺序

采用管架法在坝前均匀分散放矿，当尾矿堆积到一定高度后，再用人工或机械构筑子坝（一般高3m左右，留栈道子坝边坡1:1，不留栈道子坝边坡1:(3~4)）。将放矿总管移至子坝顶上，继续在子坝前进行均匀分散放矿，向库内冲填，周而复始，逐步堆高坝堤；也有的库坝不搬动放矿主管，采用斜管法放矿，随坝体筑高而逐步加长斜管。

冲积法放矿，按坝轴线长短，可分为冲积段、准备段、干燥段或冲积段、准备段交替作业。目前金堆城、中条山、官家山等采用此法。

（2）池填法，如图4-6和图4-7所示。

1）在一次筑坝区段上，用人工或机械围埝（埝高0.5~1m，顶宽0.5~0.8m，边坡1:1左右，也可用挡板代替围埝）沿坝轴线构筑成若干个20m×40m的矩形池，池子面积按尾矿浓度、尾矿量而定，若给入的尾矿量小，池子面积过大，则细泥排出困难。

云南锡业公司一些选矿厂，在构筑围埝时，内层子坝相间铺上茅草和尾矿砂，既加快了子堤的堆筑速度，又有利于排渗。

2）在靠近库内的子坝上埋设溢流管，溢流管最好能随尾矿沉积层的增厚而抬高。

3）池内充填采用分散放矿，使粗颗粒尾矿沉积于池内，细粒随水由溢流管排往库内。

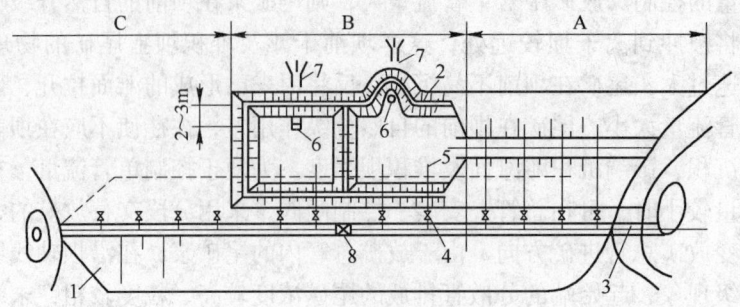

图 4 - 6 池填法筑坝平面图

A—干燥段；B—筑坝段；C—准备段

1—初期坝；2—围埝；3—矿浆管；4—放矿口阀门；5—放矿支管；
6，7—溢流口及溢流管（可采用其中一种）；8—闸阀

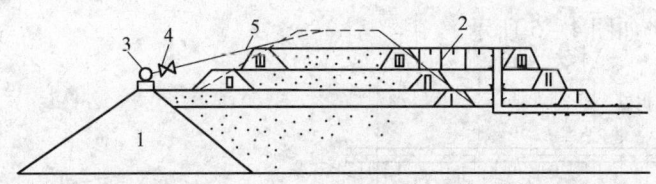

图 4 - 7 池填法筑坝断面图

1—初期坝；2—围埝；3—矿浆管；4—放矿口阀门；5—放矿支管

当充填至埝顶时停止放矿，干燥一段时间再筑围埝，直至达到要求的子坝高度。

每个池子应有 3~4 个分散放矿给矿管，2~3 个排矿溢流管，进矿口与溢流口交错排列，避免直进直出，影响沉积效果。

云南锡业公司古山、中条山、毛家湾矿等采用此法筑坝。

(3) 渠槽法，如图 4-8 所示。

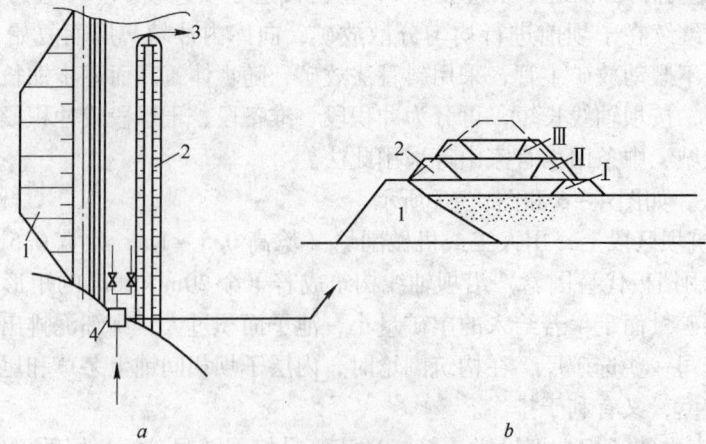

图 4 - 8 单渠槽法筑子坝

1—初期坝；2—小堤；3—溢流口；4—分级设备；Ⅰ~Ⅲ—冲积顺序

在尾矿冲积滩滩面上，平行坝轴线，用尾矿堆筑两道小堤（高0.5~1m，顶宽0.5~0.8m，边坡1:1）形成渠槽，槽宽根据尾矿量、浓度、粒度而定，一般为5~8m，由一端分散放矿，粗砂沉积于槽内，细泥由渠槽另一端随水排入尾矿库内，当冲积至小堤顶时停止放矿，使其干燥一段时间，再重新构筑新槽，开始新一轮作业，直至冲积体达到要求的断面。

渠槽法根据矿量等可采用单槽、双槽或多槽。目前天宝山，云锡老厂背阴山冲等尾矿库采用此法。

（4）水力旋流器法。用水力旋流器对尾矿进行分级，脱除不宜堆坝的细粒尾矿于澄清区，用颗粒粗、密度较大的尾砂进行堆坝，提高尾砂上坝率及坝体堆坝质量。

旋流器在坝上一般按卧式法（与坝纵向垂直，见图4-9）或立式法（垂直沉积坡，见图4-10）布置。尾矿总管铺设在坝顶上，分管接入旋流器的给矿口，两者间皮管连接，旋流器沉砂沉积在坝前，当给矿压力比较大时，旋流器溢流可以并联在一根总管里，从尾矿库的侧向引入库内。

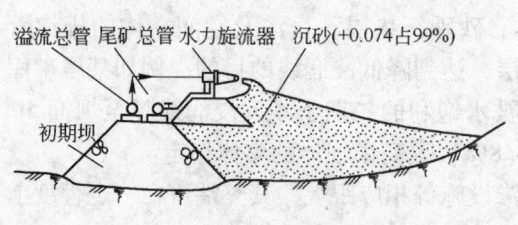 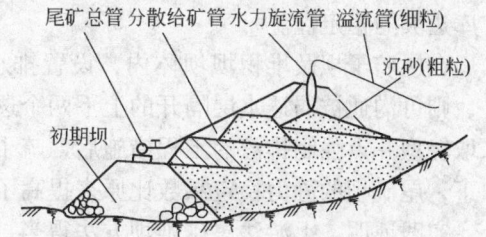

图4-9 卧式法水力旋流器堆坝　　　　图4-10 立式法水力旋流器堆坝

旋流器的数量及规格根据矿浆量大小而定，其安装距离以使沉砂能形成连续砂丘为原则。目前有的选矿厂安装在沿坝轴线的架空轨道（或索道）上，这样旋流器能在一定范围内移动。

水力旋流器法一般常用于细粒尾矿筑坝，云南锡业公司的卡房采选厂、黄茅山采选厂尾矿库等均是采用该法的实例。

在分级式旋流器法运用中，云南锡业公司新冠选厂，在尾矿中粒径仅-0.019mm的量达70%的情况下，为了使坝前能形成一定长度的干滩，采用了在放矿主管上装分砂箱（见图4-11），其工作原理同于重力选矿厂使用的水力分级箱，从进矿端开始，分砂箱的口宽，即分砂箱的尾矿沉降面积由小至大，每一个分砂箱下部装闸阀，以控制流量及沉砂质量，排矿管上接可移动的皮管，在一定区间内合理调配，力求使滩面均匀平整。

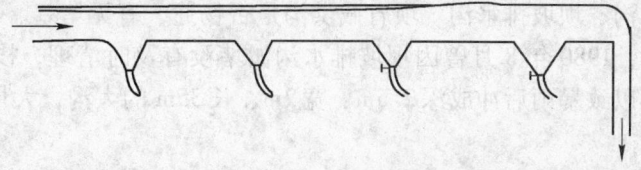

图4-11 尾矿分砂箱

4.2.1.3 上游法尾矿筑坝的改进方向

由于下游法、中线法尾矿堆坝成本高，环保工作量大，及我国人多地少等因素，所以目前大部分选矿厂的尾矿库，仍以上游法筑坝为主。为使上游法尾矿筑坝更为完善，可从以下几方面改进：

（1）采用池填法筑坝时，必须加长溢流管，使连续细尾矿夹层远离堆积边坡。

（2）采用冲积法筑坝时，堆筑尾砂子坝必须适当扩大取砂范围，切忌在坝前滩面上沿坝垂直方向掘沟，以防出现尾砂混合层。

采用上述两种筑坝方法时，可适当加砂砾料充填，以改善局部形成的矿泥层结构。

（3）渠槽法只宜在坝轴线较短时采用，溢流要引至远离干滩的库内，渠槽进矿方向最好定期调换。

（4）采用水力旋流器分级筑坝时，按尾砂特性控制旋流器技术参数，提高分级效率，其溢流也要排至远离干滩的库内。

任何一种上游堆坝法，尾砂沉积体构成都比较复杂，且不均匀，粗细层次混杂交替，导致尾矿堆积坝体垂直方向的排渗不畅，破坏了坝体浸润线的正常运动规律。并且由于矿泥夹层本身的抗剪强度低于粗粒尾矿层，不稳定滑弧有可能通过矿泥夹层，从而降低了尾矿库边坡的稳定性。

在尾矿子坝及堆积坝坝体内，设置排水体、砂砾石垫层、盲沟及空间立体的排渗管井，则可沟通被弱透水层隔开的上下两个透水层，达到降低浸润线的目的。例如某尾矿库采取轻型井点强制排渗的工程措施后，疏干了被水饱和的二期子坝，浸润线降至坝面 5m 以下，尾矿坝的静力稳定系数比原来提高了 15.8%，提高了坝体的整体稳定。

实践证明，上游法尾矿堆坝方法得当，排渗设施等相应跟上，其弊端可在一定程度上得到弥补，仍可形成稳定的坝体。

4.2.2 尾矿坝的维护管理

尾矿坝多数远离矿区，易受自然的、社会的多种不利因素影响，其管理复杂，难度大，必须特别重视。

在尾矿坝的维护管理工作中，首先要严格按设计要求及有关技术规程、规范的规定进行施工、管理，确保尾矿坝正常运行所需的沉积滩长度和坝体安全超高，控制好浸润线。同时，要根据各类尾矿坝的不同特点，做好检查维护工作，防止和减轻外界因素的危害，及时消除坝体出现的隐患，使尾矿库处在正常状态下运行。

4.2.2.1 尾矿坝日常的检查维护工作

（1）经常检查坝体有无裂缝、滑坡、塌陷、表面冲蚀、兽洞、白蚁穴道等。

（2）检查护坡是否完好，是否有砌块松动、崩塌、垫层流失、架空或草皮损坏等现象；检查坝面排水沟、坝坡排水沟、坝肩截洪沟是否畅通，有无堵塞、淤积或积水现象。铜陵扬山冲尾矿库，1980 年 8 月曾因坝坡排水沟淤堵没有及时清理，栈台低洼积水处没有填平，排水不畅以致暴雨后冲成深 2.5m、宽 2m、长 35m 的大沟，大量尾砂被水冲到下游农田。

（3）检查下游坡、坝脚、坝下埋管的出口附近，以及坝体与两岸接头部位有无散浸、漏水、管涌或流土等现象。结合坝的浸润线观测，注意渗水流量和渗水浑浊度的变化，特别是出现浑水时，应尽快查明原因，以便及时养护、修理。

（4）结合日常检查，汛前、汛后要进行全面大检查，在高水位时、大雨中或地震后，应根据情况及时进行检查。

4.2.2.2 尾矿坝正常运行的条件

（1）确保坝前干滩长度。坝前干滩要规则平整，坡度、长度达到设计要求和足够的抗剪强度；尾矿在坝前能按粗、中、细的沉积规律依次沉积，矿泥则在库内澄清区沉积。

坝前干滩是降低坝体浸润线，提高尾矿坝安全稳定性的重要条件。沉积滩越长，意味着上游的入渗水头越低，相应的坝体浸润线也低，沉积滩面尾砂冲积分级越明显，安全系数也随之提高，沉积滩缩短，安全系数则大幅度降低，有时甚至降至 1 以下，坝体处于随时出现坍滑的危险状态。云南锡业公司 1962 年的火谷都溃坝事故，坝前缺乏一定长度的干滩也是原因之一。生产实践中选择合理的筑坝工艺，控制好库内水位，使尾矿尽可能在坝前一定范围内，分层分带合理沉积。切忌为了存水，任意减少沉积滩长度。

（2）确保坝体安全超高。不能用调洪高代替安全超高。坝前一定长度的干滩坡度，有的可以满足安全超高，有的因尾矿粒度极细，沉积滩坡度比较小，所以难以满足安全超高的要求。在生产实践中，不允许占用安全超高来储存尾矿和水；如果安全超高得不到保证，当遇到超标准洪水的情况，就将毫无喘息余地，酿成垮坝事故。

（3）严格控制坝体浸润线位置。浸润线的高低是坝体安全的重要标志，也是防止震动液化的根本措施。在坝高等条件不变时，浸润线位置相差 1m，坝体安全系数相差 0.03~0.05，即安全系数相差 1.5%~2%，因此，必须严格按设计要求控制浸润线位置：

1）保护排渗设施的完整，排渗设施施工符合设计要求。铜陵相思谷尾矿坝，1980 年元月放水试车阶段没有注意保护反滤层，致使反滤层遭受局部破坏，只好推迟投产，在坝上游，坡脚清基重作反滤层。放矿充填作业中，应控制单管流量及流速，既要避免冲毁反滤层，又要使尾矿按沉积规律沉积，形成有足够长度和抗剪强度的干滩。

2）坝内垂直排渗管等设施，应随着尾矿冲积坝体的增高而加高，并按期抽水外排。

3）改进放矿工艺，尽量减少堆积坝体内的淤泥夹层，改善坝体内的渗流状况。

4）当发现坝面局部隆起、坍陷、流土、管涌、渗水量增大或浑浊时，应立即采取处理措施，避免反滤体淤塞或破坏。

控制坝体浸润线，使坝面下有足够的非饱和尾矿的覆盖层，这是防止因渗透失控而导致坝体破坏，提高坝体稳定性最有效的措施。

（4）严格按设计要求控制冲积坝的边坡，堆积坝的坡度过陡影响稳定性，过缓则浪费库容且易造成浸润线从坝面逸出。

（5）注意坝肩、盲沟等异性材料接触处发生集中渗流，造成渗流破坏。

4.2.2.3 设置尾矿坝安全保护区

（1）严禁在尾矿坝的安全保护区内爆破、采石、采矿、挖土、打井。

（2）坝顶上一般不许行驶大型设备和车辆。

（3）坝顶、坝坡、栈台上除堆置放矿管外，不得堆放矿石和其他物料，更不能利用排水沟堆置物料。

（4）不允许在坝顶、坝坡上修筑渠道、敷设水管。坝面、坝坡、坝前干滩上禁止种植农作物、放牧、铲草皮。

（5）坝体导渗工程材料不要随意移动，禁止在排渗设施上打桩、钻孔，坝后导渗沟不许养水禽。

（6）做好坝肩截洪沟的排水工作。

（7）保护好坝上的各项设施。

（8）严寒地区，如冰冻可能破坏坝坡时，应采取破冰措施，减小冰压，坝面、坝坡处的积水，在入冬前应排除。

4.3　排洪回水设施管理与度汛

4.3.1　排洪回水设施管理与安全度汛的重要性及基本任务

4.3.1.1　搞好排洪回水设施管理与安全度汛的重要性

尾矿库发生事故的原因是多方面的，但是绝大多数的事故都与水有密切的关系。根据事故的统计分析，因洪水漫顶、坝身和坝基渗漏等造成的事故率高达85%。

尾矿库回水，直接影响到选矿厂的生产成本。如云南锡业公司，选矿用水比为1:22，水资源匮乏，尾矿库不回水就不能生产，回水率低的尾矿库，则直接影响生产。尾矿库回水不仅有直接的经济效益，更具有不可低估的社会效益和环境效益。

4.3.1.2　排洪回水设施管理与度汛的基本任务

（1）贯彻以"预防为主"的方针，做好汛前的安全防范工作。

（2）根据汛期水情，按计划做好行洪工作。

（3）一旦出现险情，做好抢险、排险工作。

（4）提高尾矿回水利用率。

4.3.2　排洪设施管理与度汛

4.3.2.1　汛前准备工作

（1）入库洪水预报。尾矿库一般流域面积小，河流短，汇流迅速，暴雨发生后，很短时间即产生洪水。因此，不能靠上游实测资料预报洪水，只能凭借当地天气预报的雨量资料来预测洪水。

根据雨量推求洪水主要的依据是设计资料和现场实测数据。

设计时一般均有暴雨和洪水的分析资料，多大的暴雨可产生多大的洪水已建立了关系，这个关系可直接作为预报的依据。

现场实测数据主要是历年防汛时的水情记录资料，主要是降雨量、洪水位、池流量和来水量的推算。

现场实测资料可以验证设计的数据，但一般水情记录不一定能记录到大暴雨的水情资料。所以对大暴雨主要是依据设计时建立起来的暴雨洪水关系。这两方面的资料要互相印证，以对未来的洪水有较正确的预报，这是防汛工作决策最基本的依据。

（2）入库洪水总量预报。根据过去实测过的雨量和入库洪水资料，建立降雨－径流关系图，然后根据流域内雨量观测点测出的降雨量，或天气预报估计的雨量，预报出本次暴雨所产生的洪水总量。

（3）保证泄流建筑物的泄流能力。根据尾矿库及泄流设施现状，摸清它的抗洪能力、调蓄能力、泄流建筑物的泄流能力，安排汛期的具体实施方案，并组织专门的力量对尾矿库及泄流建筑物进行全面检查、疏浚、整修。

1）核实尾矿库的调蓄能力大小、入库量的变化，校准当年尾矿库的实际调洪能力，按设计对安全超高的要求，提出汛期的正常水位，和最高洪水位，确定泄洪口底坎高程，将泄洪口底坎以上调洪高度内的堵板全部打开。

2）全面检查处理尾矿设施隐患，尾矿库不能带"病"入汛。

3）检查涵管、隧洞、侧槽有无裂缝及渗浆漏水现象；闸阀启闭是否灵活，有无锈蚀、焊口开裂、螺栓缺少等现象，及时清除缺陷，定期进行维修、保养、加固。

4）疏浚截洪沟、溢洪道以及相连贯的下游排洪河（渠）道，并检查两岸山坡有无松动滑坡迹象，尽早清除行洪路径上的一切障碍。

5）尾矿库排水井（塔）、管、洞的善后封堵，必须严格按设计要求施工，一般应在井（塔）底部或支隧洞出口处封堵。

（4）从思想上、组织上、物资上做好防洪度汛准备：

1）克服麻痹思想和侥幸心理，立足抗大洪。同时，又要有抗洪保安全的坚定信念。

2）根据汛情及尾矿库实际情况，组织好值班、巡逻人员，排洪口应派专护人员。成立一支抢险队伍。对以上人员应明确任务，划分责任区，并配备相应的通讯、照明和报警器具。

3）根据汛情规模和险情大小，准备好必要的防汛工具和器材，包括土、砂、碎石、块石、水泥、木材、麻袋、草袋、铅丝，圆钉、绳索、爆破材料、照明设备、备用电源、运输、挖掘工具等。

4.3.2.2 汛期行洪

（1）严格控制库内水位，确保调洪库容和安全超高。

1）尽可能使尾矿库处于低水位的工作状态。尾矿库（水库式尾矿库除外）绝不能当水库或近似于水库来使用。在满足回水水质及水量要求下，一般要尽量降低库内水位，使尾矿库处于低水位的工作状态，这样不仅在来洪水时库内的调蓄余地较大，更主要的是有利于尾矿库（坝）的渗流控制，改善安全运行条件。库内水位高对尾矿库安全十分有害，1989年2月25日，郑州铝厂西涧沟灰渣库西侧垭口溃决，造成1人死亡、1410万元的经济损失。事故的重要原因就是由于库内回水管结垢后未及时处理，回水不畅，库内存水多，水位太高。

2）水边线应控制在远离坝顶的安全位置，力求与坝轴线保持基本平行，不得逼近坝前，也不得偏于坝端一侧。

3）降低库内水位应注意控制流量，非危急情况不得高速骤降。若需骤降必须先向下游居民和有关部门发出预报。

4）未经技术论证和上级主管部门批准，不得用于坝拦洪挡水。若在危急时临时使用，应用草袋或编织袋装尾砂压于子坝内坡，防止冲刷破坏。

（2）合理进行行洪水调度。在汛前做好各项防洪准备工作及洪水调度计划的基础上，一旦洪水来临，则按实际情况分析，调蓄多少，排多少，什么时候排，先从哪里排，后从哪里排，都要认真核算，综合平衡，一般来汛初期及中期，在尾矿库内调蓄的量应尽可能少，多留下些调蓄库容以备应急。

行洪调度中，当发现汛情或尾矿库有关设施的实际抗洪能力，与原设计出入较大时，应立即采取补救措施，并报告上级有关部门。

4.3.2.3   抢险

（1）根据水情做好抢险准备。根据库情的研究分析，制订各种抢险措施及下游群众安全转移措施等计划，从思想、组织、物质、通讯联络、报警信号等各个方面做好抢险准备工作。

（2）加强巡查，及早发现险情。险情只要发现早，解决快，采取正确的抢险办法，就可能转危为安。例如，出现坝坡滑动坍塌的险情，其原因是多方面的，但是，只要在出现滑动坍塌之前，严密监视坝体的渗漏、裂缝以及浸润线等情况的变化，就能在险情即将出现之前，采取抢护措施，化险为夷。

汛期，尾矿坝及其他设施的值班人员要充实加强，巡检次数要增加，建立健全交接班、汇报、联络及报警制度，统一领导，分段负责，严防脱节。巡检中发现险情，要立即采取措施，对一般险情要及时处理，对重大险情要一面采取必要的措施，一面向上级汇报。

（3）抢护措施。险情抢护措施，应根据具体情况而定，其中有关裂缝、滑坡等破坏的抢护，可参考 4.4.3.1 和 4.4.3.3 部分的有关内容，下面仅介绍较常见的漫顶、风浪冲击及管涌的处理：

1）防漫顶措施。尾矿坝多为散粒结构，如果洪水漫顶就会迅速冲毁坝堤，造成垮坝事故。出现漫顶后的处理方法：一是抢筑子堤，二是采取非常措施。

①抢筑子堤。当泄水设施已全部使用，而水位仍迅速上升，根据上游水情和预报，有可能出现漫顶危险时，可抢筑子堤，增加挡水高度，其做法一是用土袋抢筑子堤，如图 4 – 12 所示。在铺第一层土袋前，要清理堤坝顶的杂物并刨松表土。用草袋（或麻袋、蒲包）装土七成左右，并将袋口缝紧，铺于子堤的迎水面。铺砌时，袋口应向背水侧互相搭接，用脚踩实，要求上下层袋缝必须错开。待铺叠至高出水面要求的高度时，再在土袋背水面填土夯实。填土的背水坡度不得陡于 1∶1。

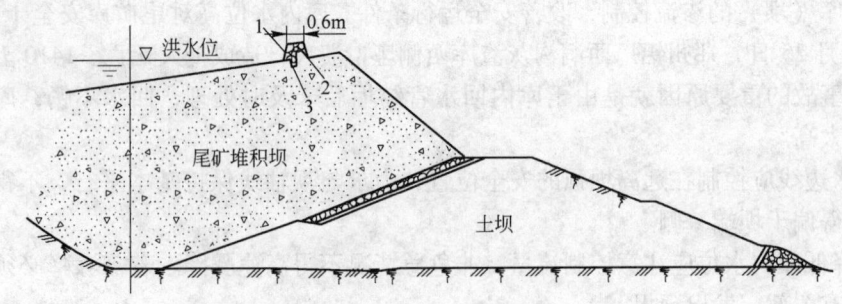

图 4 – 12   土袋子堤示意图
1—土袋；2—填土；3—接合槽

②单层木板或埽捆子堤。在缺土、浪大，堤顶较窄、洪水即将漫顶的情况下，可采用此法。其具体做法是，先在堤顶距上游边缘约 0.5 ~ 1.0m 处打小木桩一排，木桩长 1.5 ~ 2.0m，入土 0.5 ~ 1.0m，桩距 1.0m。再在木桩的背水侧用钉子、铅丝将单层木板或预制埽捆（长 2 ~ 3m，直径约 0.3m）钉牢，然后在后面填土加戗，如图 4 – 13 所示。

非常措施：一旦出现超过设计标准的特大洪水时，应在抢筑子堤的同时，经报请上级批准，可从排洪道、溢水井排出库内部分悬浮矿泥或在事前选定的单薄山坳或基岩较好的

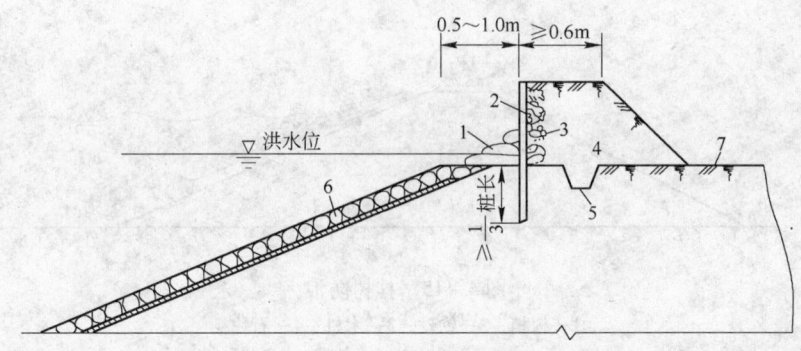

图 4 – 13　埽捆（或木板）子堤示意图

1—砂袋或块石；2—木桩；3—埽捆或木板；4—填土；

5—接合槽；6—护坡；7—原坝顶

副坝炸开缺口；对上游河道则应炸开，预先选定的分洪口门，做到有计划地宣泄洪水，确保主坝坝体的安全。严禁任意在主坝坝顶上开沟泄洪。

2）防风浪冲击。对尾矿坝迎水面的护坡受风浪冲击而破坏的抢护，除参照前面有关章节的有关办法进行处理外，还可采用以下几种防浪措施：

①草袋防浪。用草袋或麻袋装土（或砂）约70%，放置在波浪上下波动的部位，袋口用绳缝合，并互相叠压成鱼鳞状，如图4–14所示。

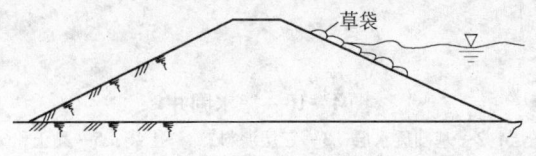

图 4 – 14　草袋防浪

②柴排防浪。适用于风浪较小的工程，其做法是：用柳枝、芦苇或其他秸秆扎成直径为0.5~0.8m的枕，长10~30m，枕的中心卷入两根5~7cm的竹缆做芯子，枕的纵向每0.6~1.0m用铅丝捆扎，在堤顶或背水坡签钉木桩，用麻绳或竹缆把枕连在桩上，然后堆放到迎水坡波浪拍击的地段，根据水位的涨落，松紧绳缆的长度，使柴排浮在水面上。

③挂树防浪。挂树防浪是砍下枝叶繁茂的灌木，使树梢向下放入水中，并用块石或砂袋压住，其树干用铅丝、麻绳或竹缆连接于堤坝顶的桩上。木桩直径0.1~0.15m，长1.0~1.5m，布置形式可为单桩、双桩或梅花桩等，如图4–15所示。

3）管涌的处理。管涌是尾矿坝坝基在较大渗透压力的作用下而产生的险情，其处理方法，可采用降低内外水头差，减少渗透压力或用滤料导渗等措施。处理管涌的具体做法如下：

①滤水围井：抢筑围井应在地基好、管涌影响范围不大的情况下进行，其做法是：

在管涌口砂环的外围，用土袋围一个不很高的围井，然后用滤料分层铺压，其顺序是自下而上分别填0.2~0.3m厚的粗砂、砾石、碎石、块石，一般情况可用三级级配。滤料最好要清洗，不含杂质，级配应符合要求。围井内的涌水，在上部用管引出，如图4–16所示。如出险处水势太猛，第一层粗砂被喷出，可先以碎石或小块石消杀水势，然

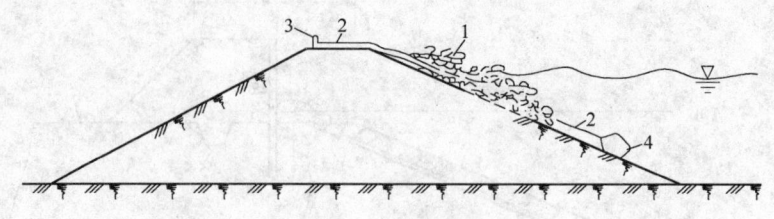

图 4 - 15 挂树防浪
1—树梢；2—铁丝；3—木桩；4—石块

后再按级配填筑，如遇填料下沉，可以继续填砂石料，直至稳定。若发现井壁渗水，应在原井壁外侧再包以土袋，中间填土夯实。

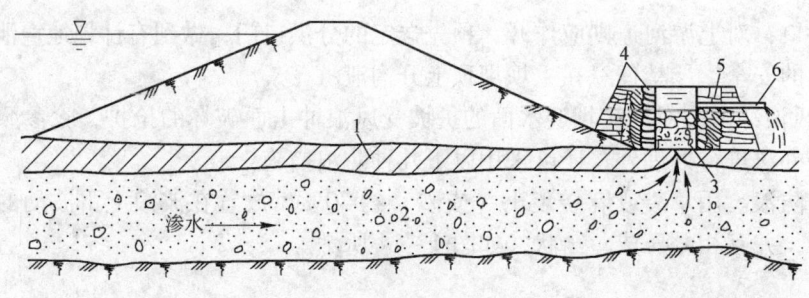

图 4 - 16 滤水围井
1—覆盖层；2—基础透水层；3—三层滤料；4—土袋；5—黏土；6—竹管

②蓄水减渗：险情面积较大，地形适合而附近又有土料时，可在其周围填筑土埂，形成一个水池，不让渗水排走，利用池内水位升高，减少内外水头差，控制险情发展。

③塘内压渗：若在坝后面渊塘、积水坑、闸后渠道、坝后河床内积水水位较低，发现在水中有不断翻花或间断翻花等管涌现象时，不要任意降低积水位，并可采取以下措施进行处理：用芦苇秆或竹子做成竹帘、竹箔、苇箔（或荆笆）围在出险处的周围，然后在围圈内填放滤料，以控制险情的发展。如果需要处理的管涌范围较大，而砂、石、土料又可解决时，可先向水内抛铺粗砂或砾石一层，厚 15 ~ 30cm，然后再铺压卵石或块石，做成透水压渗台，如图 4 - 17 所示。或用柳枝秸秆等做成 15 ~ 30cm 厚的柴排（尺寸可根据材料的情况而定），柴排上铺草垫厚 5 ~ 10cm，然后再在上面压砂袋或块石，使柴排潜埋在水内，亦可控制险情的发展。

④降低水位减少渗透压力：如堤坝后严重渗水，采用一些临时抢护措施尚不能改善险情时，在可能的情况下，降低库内的水位，以减少渗透压力，使险情不致迅速恶化。

4.3.3 尾矿库回水

4.3.3.1 尾矿库回水的意义

矿山是一个用水量较多的企业，又多处于山区，水源均较紧张，常常与农业地方争

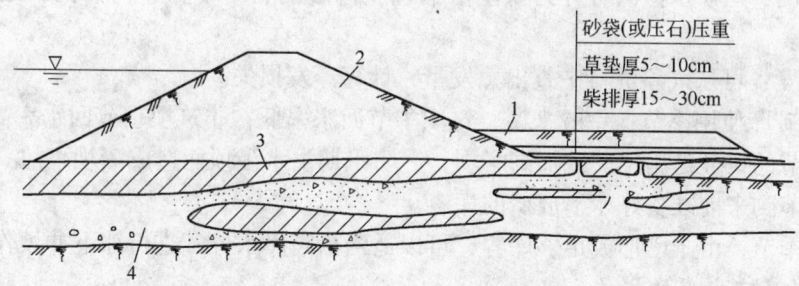

图 4－17　透水压渗
1—压渗台；2—坝体；3—覆盖层；4—透水层

水。有的矿山不得不在枯水季节被迫停产，有的从很远地方取水，水费高达 0.5 元/t 以上，因此，实现矿山废水回用，有着十分重要的现实意义。

选矿厂的尾矿库，由于具有面积大，又处于野外等特点，其对尾矿水的自然净化作用还比较强，从某种意义上说相当于一个废水处理厂，可从以下四个方面发挥净化作用，为回水利用创造条件：

（1）稀释作用：天然降雨和库区溪水的稀释净化作用。

（2）水解作用：黄药和氰化物等在库中极易水解，其自净率达 57% ~ 100%。

（3）沉淀作用：废水排入尾矿库后，按密度和颗粒大小作规律性运动，尾水在库中停留时间愈长，其沉淀效率愈高。

（4）生物作用：尾矿库既是一个大沉淀池，又是一个自然曝气氧化塘。不仅能氧化降解废水中的各种有机物，而且能吸收并浓缩废水中的有害重金属元素。

此外，尾矿水中残留的 Ca^{2+} 离子可使微细胶体颗粒聚沉，并有去除部分选矿残留药剂的作用，尾矿沉积滩面从某种角度讲还是一个大砂滤体，对尾矿水还起着过滤作用。因此，自尾矿库排出的尾矿澄清水一般对下游危害轻或无害，便于回收利用。

一般情况下循环水中残留的选矿药剂，并不会影响选矿指标，运用得当，有的还对提高选矿指标起到一定作用，例如水口山铅锌矿将选矿废水沉淀后，按 1:1 比例加入新水用于选矿，使铅、锌、硫的选矿回收率分别提高 0.64%、0.91%、1.82%，这种混合水在选矿作业中泡沫厚，操作稳定，为选矿作业创造了有利条件。

寿王坟选矿厂原排放废水每日达 1 万吨，自开掘回水隧洞实现废水闭路循环后，废水外排量降低为 2000t/d，废水利用率达 80%。

杨家杖子矿区原废水每日排放量达 1 万多吨，污染白沙河和渤海湾，破坏生态平衡，引起当地群众不满。将各股废水送往尾矿库净化后，回水用于采矿、选矿生产，实现一水多用、串级使用，形成废水回用网络。

为避免工业同农业争水现象，降低选矿厂生产供水系统的基建经营费用，减少工业废水对下游的影响，尾矿水在选矿生产许可条件下，应通过技术经济比较，尽可能多回收利用，少向下游排放。

4.3.3.2 影响回水率的因素

（1）渗漏：尾矿水渗漏可分为坝基渗漏、坝体渗漏、库岸和库内渗漏，是影响回水率主要的因素。

（2）蒸发：可从气象资料中查出蒸发量，计算蒸发损失。

（3）尾矿库使用季节：一般来说，筑坝季节回水率低，非筑坝季节回水率高。

筑坝季节的任务是用尾矿砂加高子坝，严防汛期洪水漫顶而造成溃坝事故。同时也为在非筑坝季节到来前准备好冰下放矿的库容。

非筑坝季节，由于已形成足够库容，可以适当抬高库水位，进行冰下冲填作业。

4.3.3.3 提高回水率的措施

（1）减少渗漏损失。尾矿库工程前期应查明坝基、库岸和库内的地质及其构造破坏和溶洞状况，应针对不同的问题，提前采取相应的处理措施。尾矿库投入使用后，要从放矿方法、水位控制等方面采取防漏措施，岩溶发育地区库内水位应尽量低，力求降低渗透压力，一旦发现渗漏则应及时进行封堵。

坝基和坝体渗出的水量，除属非正常渗漏部分应采取相应解决措施，可在坝下适当位置设集水池回收渗透水，送回选矿厂复用。

（2）减少蒸发损失。尾矿库水边线应远离坝顶在确保水质的前提下，水域范围应尽可能小，尽量缩小水面蒸发面积，减少蒸发损失。

（3）保证必要的回水能力。尾矿库内回水设备的回水能力必须和库内澄清水量相适应，按不同季节分别计算最高和最低回水量，按最高回水量确定回水设施的最大能力，并且回水设施力求机动灵活，做到有水就回，哪里有水就在哪里回。当前，比较广泛地使用囤船和斜坡缆车移动泵站的方式回水。

囤船式回水优点有：

1）不需要坝外调节水池，最大限度地抽取回水，用多少取多少。能充分利用生产排水和天然降水。

2）由于库水位势能被充分利用，避免坝下取水的二次提升，可节约电能和其他费用。

3）去掉库内取水构筑物，如取水井和涵管等，节省基建投资。

4）移动取水位置灵活，保证回水水质。

其缺点是管理麻烦，在北方冬季结冰时难以使用。

斜坡道缆车与囤船类似，要求地形条件适宜，且建有卷扬机室。管理上注意泵的吸程允许高度以防汛期洪水淹没等。一般喀斯特发育地区，若用斜坡道缆车泵站回水，在斜坡道缆车泵站附近的库岸不好进行周边放矿滞砂（因一放矿则影响回水水质）以致容易导致此区域产生喀斯特溶洞，云南锡业公司期北山选厂陡牛坡尾矿库缆车附近的岸坡屡出落洞，新近用混凝土浇灌缆车泵站下部及临近的岸坡，情况有所改善但并未能根治。

（4）高浓度水力输送。随着高效浓缩机，耐磨砂泵及絮凝剂等技术的发展，近年来国内尾矿高浓度输送和堆矿方法有较大进展。

将尾矿浆浓缩达45%以上输送到尾矿堆积场后进行自然锥形体堆放，在其外围修建排水渠，集中废水到沉淀池以便回水或处理达到排放标准后排出。

高浓度水力输送大大提高了废水水循环利用率，降低了选矿厂新水用量和输往尾矿场的尾矿浆量，可从根本上降低水源和尾矿设施投资的运行费。

在有远、近两个尾矿库的选矿厂，采取在近库用挖泥船倒库、就近回水，也可有效地提高尾矿回水率。例如云锡新冠采选厂，先将浓度为 8%～9% 的尾矿送至水菁尾矿库沉淀，自流回水，库内设置一艘 $80m^3$ 绞吸式挖泥船，以 20%～25% 的浓度将尾矿倒至牛坝荒尾矿库，回水率提高到 80% 以上。

（5）设置坝外调节设施。有的库回水井在堵孔前后的回水量是波动的，坝外设调节池用来存蓄不堵孔时的过剩水量，以补充堵孔时的不足水量。这样可以减少外排水量，提高回水率。

调节设施有：在压力回水管的合适位置上设高位调节水池，兼有稳压作用，在回水管的末端设低位调节水池，兼作水泵站吸水池，利用坝外天然水塘调节回水量。

4.4 尾矿设施常见隐患及其处理

尾矿设施在复杂的自然条件和社会条件影响下，在水及细粒尾矿的静力作用下，其状态随时都在变化。若设计、施工不够完善，管理不当，很容易酿成事故。但出现隐患若能及时采取有效的排险措施，则可化险为夷，使尾矿设施保持正常运行。

4.4.1 尾矿设施常见隐患处理的基本原则

（1）快。"千里金堤，溃于蚁穴"。事故的发生，往往都有一个从量变到质变的过程，这个过程有长有短。对尾矿坝而言，从一般事故到灾难性崩溃的过程，有时是很短的。因此，一旦发现隐患，就必须立即采取相应的处理措施，避免隐患扩大或恶化。

（2）准。当尾矿设施出现隐患时，要临危不乱，全面分析隐患的前因后果，根据工程的具体情况，制订相应的对策。本企业难以解决的问题，可请设计、施工、科研等单位共同研究。

（3）好。隐患处理要讲求实效，技术要先进、可靠、经济合理，做到花钱少，效果好。处理方案一旦决定，必须制订好实施办法和计划，使之达到加固排险清除隐患的目的。

4.4.2 浓缩输送系统常见故障及其处理

4.4.2.1 浓缩机常见故障及其处理

（1）埋耙子：因给矿量过大或沉砂排矿口阻塞等原因所致。处理时首先应停止给矿，若发现是沉砂排矿口阻塞，则先疏通排矿口排砂，然后根据埋耙子的严重程度，用高压水冲砂减载。

（2）中心柱断裂：主要是受不均匀扭矩所致，必须停机排矿，若全部断裂，应全部打掉重新制作；局部断裂，可进行修补；若变形可用千斤顶校正。在断裂处固定壳子板，视孔隙大小，分别用环氧混凝土或环氧砂浆浇灌，然后，再通过预先安置的灌浆管，用 3～4kg 的压力灌注环氧树脂浆液，以求进一步密实，然后拆掉灌浆管，修平整，保养一定时间后即可重新投入运行。

（3）池底受损或耙子扭坏等其他机械故障，则根据损坏程度，采取修补或更换局部部件。

（4）溢流跑浑及沉砂管堵塞：溢流跑浑往往是由于给矿量大，浓密机排砂过少，沉砂管堵塞往往是给矿量过大或掉入杂物、排砂闸阀锈死。出现上述情况，必须及时查明原因，对症处理。

4.4.2.2 砂泵常见故障及其处理

离心式砂泵常见故障可分为水力和机械两大类。如泵不上砂或上砂量不足、汽蚀等现象均为水力故障。如泵轴变形或断裂为机械故障。离心式砂泵的故障原因和消除方法见表 4-1。

表 4-1 砂泵故障原因及消除方法

故障现象	原　因	消 除 方 法
砂泵不出液体	1. 总扬程超过规定扬程 2. 砂泵的转向不对 3. 砂泵转速太低 4. 进液口或叶轮被堵塞 5. 叶轮严重磨损 6. 叶轮螺母及键脱出	1. 改变安装位置或更换设备，增加电机功率，提高转速 2. 改变旋转方向 3. 用转速表检查，调整泵或动力机的皮带轮直径 4. 清除杂物 5. 更换叶轮或护套 6. 修复紧固
砂泵出液量不足	1. 来矿量不足或不均衡 2. 进液管或叶轮有堵塞 3. 转速不够 4. 叶轮磨损或护套磨损太多 5. 功率不足 6. 叶轮局部损坏	1. 加水补充或停机 2. 清除杂物 3. 调整动力机和砂泵的传动比或皮带的松紧度 4. 更换叶轮及护套 5. 加大功率 6. 更新或修复
砂泵耗用功率太多	1. 转速太高 2. 泵轴弯曲，轴承磨损或损坏过大 3. 填料压得太紧 4. 叶轮与泵壳卡住 5. 直联传动，轴心不准或皮带传动过紧 6. 叶轮螺母松脱，叶轮与泵壳摩擦	1. 调整降低转速 2. 校正调直，更换轴承 3. 放松压盖 4. 调整达到一定间隙 5. 校正轴心位置，调整皮带松紧度 6. 紧固螺母
砂泵杂声和振动	1. 基础螺丝松动 2. 叶轮损坏或局部阻塞 3. 泵轴弯曲，轴承磨损或损坏过大 4. 直联传动两轴中心没有校正 5. 泵内有杂物 6. 产生汽蚀 7. 叶轮及皮带轮或联轴器的拼帽螺母松动 8. 叶轮平衡性差	1. 旋紧 2. 更换叶轮或清除阻塞物 3. 校正或更换 4. 校正调准 5. 清除杂物 6. 调整安装高程 7. 设法拼紧，使之紧固 8. 进行静平衡试验、调整

故障现象	原　因	消　除　方　法
轴承发热	1. 润滑油量不足，漏油太多或油环不转 2. 润滑油质量不好或不清洁 3. 皮带太紧 4. 轴承装配不正确，间隙不适当 5. 泵轴承弯曲或轴中心没有对正 6. 受轴向推力太大，由摩擦引起发热 7. 轴承磨损	1. 加油、修理、调整 2. 更换适合的润滑油，用煤油或汽油清洗轴承 3. 适当放松 4. 修整、调整 5. 调整和校正 6. 设法减少轴向推力和调整 7. 更换
砂泵在运行中突然停止出液体	1. 进液管突然被杂物堵塞 2. 叶轮被杂物打坏	1. 停车后清除堵塞物 2. 停车后更换叶轮
其　他	1. 护套和叶轮之间有摩擦 2. 轴弯曲 3. 填料与泵轴干摩擦，发热膨胀 4. 泵轴锈住，轴承壳失圆和填料压盖螺丝拧得太紧 5. 轴承损坏被金属碎片卡住	1. 调整间隙 2. 校正泵轴 3. 放松压盖待冷却后启动 4. 检修或调整压盖螺丝的松紧度 5. 调换轴承并清除碎物

4.4.2.3　管、渠常见故障及其处理

（1）压力钢管破坏原因及修理。压力钢管是尾矿输送系统的重要组成部分，它承受较大的内水压力，并且是在不稳定的矿浆流下工作，如在运行时发生破坏，不仅会影响正常排放尾矿或回水，还会造成环境污染。因此对压力钢管的维护保养及修理是一项不可忽略的工作。

压力钢管的破坏形式主要是磨损造成的局部破坏、失稳破坏、脆性破坏。尾矿设施使用的钢管以脆性破坏和局部破坏为常见，现仅就这两种破坏的原因及修理分述如下：

1）压力钢管脆性破坏的原因及修理。钢管脆性破坏一般发生在露天式明管。其主要现象是管壁、焊缝或有关构件突然发生断口，且发展速度极快，断口呈晶粒均匀的平面，并与构件表面垂直。

①压力钢管脆性破坏的原因：

压力钢管的脆性破坏，一般认为与选用的钢材、结构形式和工作时的温度等因素有密切的关系。钢材选用不当，钢材的化学成分、冶炼方法（包括脱氧处理）和晶粒大小等，均直接、间接地影响钢材的脆性。结构形式的影响，如钢管的形状有急剧改变，表面可能有损坏。温度的影响，是由于钢材选用不当，韧性低，容易发生低温冷脆性破坏（特别是沸腾钢）。

②压力钢管脆性破坏的预防及修理。当压力钢管发生脆性破坏的迹象或经分析可能发生脆性破坏时，可采用下述预防性措施：

在钢管外壁上加设钢箍；改变构件外形；将一些有尖锐缺口或外形突变的构件，改为弧形的过渡段；改善焊缝，对一些间断焊缝适当改为连续焊缝；改善焊接质量，对一些焊接质量较差的焊缝进行无损探伤检查，如发现缺陷，应即铲除重焊；增设事故防护设施；为预防钢管发生破坏而影响泵房及机电设备，可在泵房增设事故池或事故排水道。

2）压力钢管局部破坏原因及修理：

①磨损破坏：压力钢管因磨损造成的破坏，应视磨损的程度进行更换或修补。

②裂缝破坏：韧性裂缝的原因：一是由于压力钢管支墩的沉陷或倾斜变位，使支墩面与支座脱开，从而加大了钢管支墩的跨度，引起钢管在自重加水重作用下的弯矩增大，从而使管壁纵向应力也相应地增大。二是由于支墩发生位移或活动部分被杂物卡塞，增大了支座的摩擦力，影响了钢管在温度变化时沿纵向的自由伸缩，在冬季泄空状态下，就导致钢管承受相当大的纵向温度应力。三是钢管或附属设备严重锈蚀，厚度减薄，承受不了原设计的荷载，发生断裂。

疲劳裂缝的原因，主要是构件截面急变处等应力集中部位、表面过热失碳部位、焊接上的缺陷部位等处，受到较大而频繁的反复荷载作用后容易引起弹性疲劳而发生裂缝。

（2）渠道常见故障及处理：

1）局部渗透破坏。由于施工质量差或渠道下有蚁洞、兽穴、溶洞等，造成局部塌陷和渗透，其至引起塌滑和溃决。

渠道局部若出现渠帮崩塌或渠底塌陷等情况，应考虑重新进行回填再作渠槽。渠道若属沉陷断裂，则应处理基础；施工质量引起的渗透，可凿槽用高强砂浆或环氧砂浆填塞，若属正常温差所致，应在适当范围凿开，用沥青砂浆或聚氯乙烯胶泥填塞。

2）渠坡塌方。由于设计、施工等原因，使投入使用的渠道在雨水冲刷等外力作用下造成塌方、淤塞、尾矿浆外溢，将会导致环境污染，影响选矿厂尾矿正常排放。

岸坡塌方处理，如自然条件允许，则改缓岸坡。反之，可视现场情况进行干砌块石、浆砌块石护坡或做砌石挡墙，或在沟渠帮上加装水泥盖板。

4.4.3 尾矿坝常见隐患及处理

4.4.3.1 土坝及堆积坝裂缝的处理

裂缝是尾矿坝上一种较为常见的隐患，某些细小的横向裂缝有可能发展成为坝体的集中渗漏通道，有的纵向裂缝也可能是坝体滑塌的预兆，应予以应有的重视。例如云南锡业公司卡房塂牛圹尾矿库，曾在 1969 年和 1970 年两次在坝前出现陷落事故的 1 号坝，在修复处理后，1976 年 4 月发现坝体位移及开裂，分析是滑塌的预兆，为了确保安全，当即决定停产进行了妥善处理。

裂缝种类，成因及处理办法分述如下：

（1）裂缝的种类与成因。土坝裂缝是较为常见的现象，有的裂缝在坝体表面就可以看到，有的隐藏在坝体内部，要开挖检查才能发现，裂缝宽度最窄的不到 1mm，宽的可达数十厘米，甚至更大；裂缝的长度短的不到 1m，长的有数十米，甚至更长；裂缝的深度，有的不到 1m，有的深达坝基；裂缝的走向，有平行坝轴线的纵缝，有垂直坝轴线的横缝，有与水平面大致平行的水平缝，还有倾斜的裂缝。总之，有各式各样的裂缝，而且各有其特征。归纳起来可见表 4-2。

裂缝的成因，主要是由于坝基承载能力不均衡、坝体施工质量差、坝身结构及断面尺寸设计不当或其他因素等所引起。有的裂缝是由于单一因素所造成，有的则是多种因素所造成。

表 4 - 2　各类裂缝的特征

分　类	裂缝名称	裂　缝　特　征
按裂缝部位	表面裂缝	裂缝暴露在坝体表面，缝口较宽，一般随深度变窄而逐渐消失
	内部裂缝	裂缝隐藏在坝体内部，水平裂缝常呈透镜状，垂直裂缝多为下宽上窄的形状
按裂缝走向	横向裂缝	裂缝走向与坝轴线垂直或斜交，一般出现在坝顶，严重的发展到坝坡，近似铅垂或稍有倾斜
	纵向裂缝	裂缝走向与坝轴线平行或接近平行，多出现在坝坡浸润线逸出点的上、下
	水平裂缝	裂缝平行或接近水平面，常发生在坝体内部，多呈中间裂缝较宽，四周裂缝较窄的透镜状
	龟纹裂缝	裂缝呈龟纹状，没有固定的方向，纹理分布均匀，一般与坝体表面垂直，缝口较窄，深度 10～20cm，很少超过 1m
按裂缝成因	沉陷裂缝	多发生在坝体与岸坡接合段、河床与台地接合段、土坝合拢段、坝体分区分期填土交界处、坝下埋管的部位
	滑坡裂缝	裂缝中段接近平行坝轴线，缝两端逐渐向坝脚延伸，在平面上略呈弧形，缝较长。多出现在坝顶、坝肩、背水坡坝坡及排水不畅的坝坡下部。在地震情况下，迎水坡也可能出现。形成过程短促，缝口有明显错动，下部土体移动，有离开坝体倾向
	干缩裂缝	多出现在坝体表面，密集交错，没有固定方向，分布均匀，有的呈龟纹裂缝形状，降雨后裂缝变窄或消失。有的也出现在防渗体内部，其形状呈薄透镜状
	冷冻裂缝	发生在冰冻影响深度以内 表层呈破碎、脱空现象，缝宽及缝深随气温而异
	振动裂缝	在经受强烈振动或烈度较大的地震以后发生纵横向裂缝，横向裂缝的缝口，随时间延长，缝口逐渐变小或弥合，纵向裂缝缝口没有变化

（2）裂缝的检查与判断。

1）裂缝的检查。为了及时发现裂缝，需加强检查下列情况：

①坝的沉陷、位移量有剧烈变化时。

②坝面有隆起、坍陷时。

③坝体浸润线不正常、坝基渗漏量显著增大或出现渗透变形时。

④坝基为湿陷性黄土，当库内开始放矿后。

⑤长期干燥或冰冻时期。

⑥发生地震或其他强烈振动后。

需特别注意的部位如下：

①坝体与两岸山坡接合处及附近部位。

②坝基地质条件有变化及地基条件不好的坝段。

③坝体高差变化较大处。

④坝体分期分段施工接合处及合拢部位。

⑤不同材料组成坝体的接合处。

⑥坝体施工质量较差的坝段。

⑦坝体与其他刚性建筑物接合的部位。

检查的方法应注意以下几点：

①在开挖或钻探检查时，对裂缝部位及没发现裂缝的坝段，应分别取土样进行物理力学性质试验，以便进行对比，分析裂缝原因。

②因土基问题造成裂缝的，应对土基钻探取土，进行物理力学性质试验，了解筑坝后坝基压缩、容重、含水量等变化，以便分析裂缝与坝基变形的关系。

③要搜集施工记录，了解施工进度及填土质量是否符合设计要求。

④没有条件进行钻探试验的土坝，要进行调查访问，了解施工及管理情况。

⑤近年来，有的单位制成了"暗缝电测仪"，可以探测内部裂缝或隐患。在堤坝上选定若干纵横断面，在断面上插上两个电极通直流电，然后在该断面的堤坝表面依次测量两点不同位置的电位差，据此推算出该处地层的电阻率。在含水量相同的土体中，土质结构较松散的，电阻率较高，土质结构较密实的，电阻率较低。根据不同位置电阻率的大小和突变情况，判断地层内有无隐患或隐患位置。据有关单位总结，效果良好，准确率可达 80%。

⑥要整理分析坝体沉陷、位移、测压管、渗流量等有关资料。

2) 裂缝的判断。裂缝的种类很多，如果不了解裂缝的性质，就不能正确地处理，特别是滑动性裂缝和非滑动性裂缝，一定要认真予以辨别。判断的主要方法，首先应掌握各种裂缝的特征（见表 4-2），并据以进行判断。滑坡裂缝与沉陷裂缝的发展过程不相同，滑坡裂缝初期发展较慢而后期突然加快，而沉陷裂缝的发展过程则是缓慢的，并到一定程度而停止。只有通过系统的检查观测和分析研究才能正确判断裂缝的性质。

内部裂缝的判断，一般可结合坝基坝体情况从以下几个方面进行分析判断，如有其中之一者，即可能产生内部裂缝：

①当库水位升到某一高程时，在无外界影响的情况下，渗漏量突然增加。

②沉陷、位移量比较大的坝段。

③填土碾压不够，沉陷量比设计值大，而且没有其他客观因素的影响。

④个别测压管水位比同断面的其他测压管水位低很多，浸润线呈现反常情况；或注水试验，其渗透系数大大超过坝体其他部位，或当库水位升到某一高程时，测压管水位突然升高的。

⑤钻探时孔口无回水，或钻杆突然掉落。

⑥沉陷率（单位坝高的沉陷量）悬殊的相邻坝段。

3) 裂缝的处理。裂缝的处理，因其性质不同而异。但无论哪种裂缝，发现后都可采取临时防护措施，防止雨水冰冻影响。

非滑动性裂缝的一般处理方法有三个，即开挖回填、灌浆、开挖回填与灌浆相结合，现介绍如下。

开挖回填：开挖回填是处理裂缝的比较彻底的方法，适用于不太深的表层裂缝及防渗部位的裂缝。

开挖回填的处理方法如下：

①梯形楔入法：适用于裂缝不太深的非防渗部位，如图 4-18a 所示。

②梯形加盖法：适用于裂缝不深的防渗斜墙及均质土坝迎水坡的裂缝，如图 4-18b

所示。

③梯形十字法：适用于处理坝体或坝端的横向裂缝，如图 4 –18c 所示。

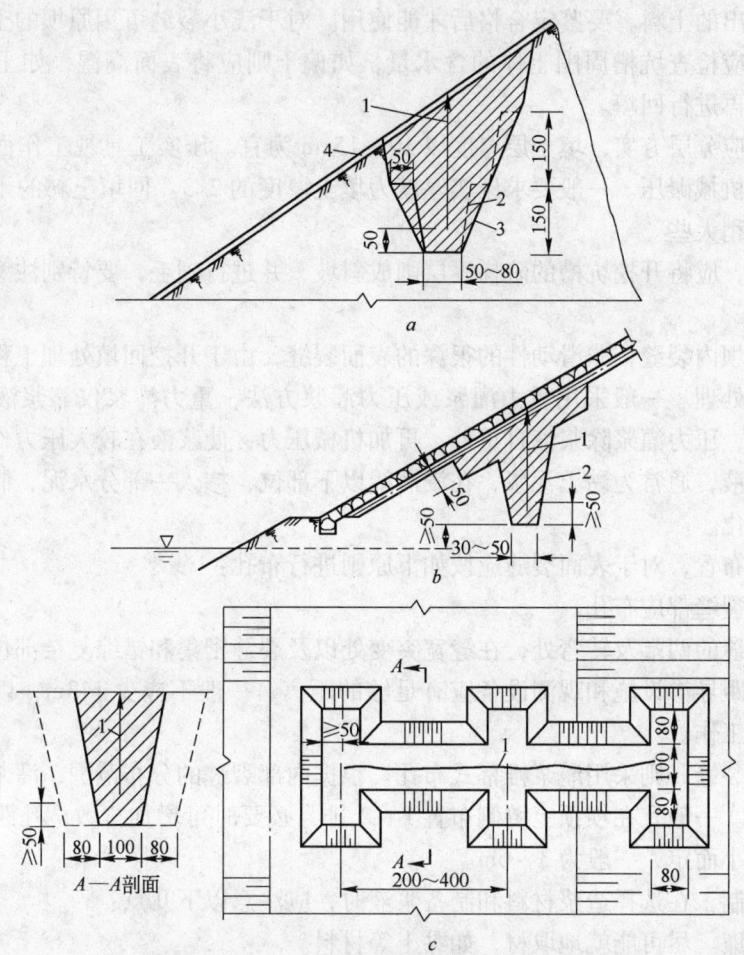

图 4 – 18　开挖回填处理裂缝（单位：mm）

a—梯形楔入法；b—梯形加盖法；c—梯形十字法

1—裂缝；2—开挖线；3—回填时削均线；4—草皮护坡

开挖裂缝的具体要求如下：

①开挖长度应超过裂缝两端 1m 以外。

②开挖深度应超过裂缝尽头 0.5m。

③开挖坑槽的底部宽度至少 0.5m，边坡应满足稳定及新旧填土接合的要求，一般根据土质、碾压工具及开挖深度等具体条件确定。

④开挖前向裂缝内灌入白灰水，以利掌握开挖边界。

⑤较深坑槽也可挖成阶梯形，以便出土和安全施工。

⑥挖出的土料不要大量堆积在坑边，不同土质应分区存放。

⑦开挖后，应保护坑口，避免日晒、雨淋或冰冻，以防干裂、进水或冻裂。

回填土料的具体要求如下：

①回填的土料应根据坝体土料和裂缝性质选用，对回填土料应进行物理力学性质试

验。对沉陷裂缝应选用塑性较大的土料，控制含水量大于最优含水量 1% ~ 2%，对滑坡、干缩和冰冻裂缝的回填土料，应控制含水量等于或低于最优含水量的 1% ~ 2%。

②坝体挖出的土料，要鉴定合格后才能使用。对于浅小裂缝可用原坝的土料回填。

③回填前应检查坑槽周围土体的含水量，如偏干则应将表面润湿，如土体过湿或冰冻，应清除后再进行回填。

④回填土应分层夯实，填土层厚度以 10 ~ 15cm 为宜。压实工具视工作面大小，可采用人工夯实或机械碾压。一般要求压实厚度为填土厚度的 2/3。回填土料的干容重，应比原坝体容重稍大些。

⑤回填时，应将开挖坑槽的阶梯逐层削成斜坡，并进行刨毛，要特别注意坑槽边角处的夯实质量。

灌浆：对坝内裂缝，非滑动性的很深的表面裂缝，由于开挖回填处理工程量过大，可采取黏土灌浆处理。一般采用重力灌浆或压力灌浆方法，重力灌浆仅靠浆液自重灌入裂缝，不加压力，压力灌浆除浆液自重外，再加机械压力，使浆液在较大压力作用下灌入裂缝。灌浆的浆液，通常为黏土泥浆，在浸润线以下部位，掺入一部分水泥，制成黏土水泥浆，以促其硬化。

灌浆孔的布置，对于表面裂缝应按如下原则进行布孔：

①对每条裂缝都应布孔。

②在长裂缝的两端及转弯处，在缝宽突变处以及裂缝密集和错综复杂部位。

③灌浆孔距导渗设施和观测设备应有足够的距离，一般不应少于 3m，以防止因串浆而影响其正常工作。

对于内部裂缝，则采用灌浆帷幕式布孔。根据内部裂缝的分布范围，灌浆压力和坝体结构综合考虑。一般宜在坝顶上游侧布置 1 ~ 2 排，必要时可增加排数，孔距可根据灌浆压力和裂缝大小而定，一般为 3 ~ 6m。

浆液的配制，在选择造浆材料和制备浆液时，应注意以下几点：

①价格低廉。尽可能就地取材，如黏土等材料。

②具有足够的流动性、灌入性。

③凝固过程中体积收缩变形较小。

④凝固时间适宜，并有足够的强度。

⑤凝固时与原土结合牢固。

⑥浆液的均匀性和稳定性较好。

⑦灌注浸润线以下的裂缝，可采用黏土水泥浆，以便加速凝固，提高强度。水泥的掺入量一般为干料的 10% ~ 30%。

⑧在渗透流速较大的裂缝中灌浆时，可掺加易堵塞通道的掺和物，如砂、木屑、玻璃纤维等。

⑨造浆用的黏土及掺和料等，应通过试验来确定。一般造浆选用的水泥为 400 号。

⑩浆液中掺入的其他掺和材料，应严格按有关规范规定进行，或经过试验后确定。

⑪黏土浆液的配合比（重量比）一般可采用 1∶1 ~ 1∶2（水∶固体），浆液稠度一般按密度控制，应尽量采用较浓的浆液。

灌浆压力的大小，直接影响到灌浆质量，要在保证坝体安全的前提下选用灌浆压力，一般要通过试验确定。如采用较大压力，可以加大泥浆扩散半径，减少灌浆孔数，且在较大压力下，浆液析水较快，能够获得较大的泥浆密度，但压力过大，对坝体稳定将会造成不利影响。采用的最大压力应小于灌浆部位以上的土体重量。灌浆压力应由小到大，逐步增加，不得突然增大；在孔口附近灌浆压力不宜过大，并应随钻孔深度而逐渐加大压力；对土体密实度较差的坝，灌浆压力尤应严格控制；在裂缝不深及坝体单薄的情况下，应首先使用重力灌浆，采用的压力大小，应经过试验后确定。

灌浆的注意事项：

①对于长而深的非滑动性纵向裂缝，灌浆时应特别慎重，一般宜用重力或低压灌浆，以免影响坝坡稳定。

②对于尚未作出，判断的纵向裂缝，不应采用压力灌浆处理。

③灌浆后，浆液中的水分向裂缝两侧土体渗入，土体含水量增高，建筑物本身的强度降低，因此采用灌浆处理时，要密切注意坝坡稳定，如发现突然变化，要立即停止灌浆。

④要防止浆液堵塞滤层，也要防止浆液进入测压管等观测设备中，影响观测工作。一般可采取调整孔位的先后顺序、压力大小及浆液稠度等办法解决。

⑤在雨季及库水位较高时，由于泥浆不易固结，一般不宜进行灌浆。

⑥在灌浆过程中，要加强土坝沉陷、位移和测压管的观测工作，发现问题，及时处理。

开挖回填与灌浆相结合：适用条件包括中等深度的裂缝、当库水位较高不易全部采用开挖回填办法处理的部位及开挖有困难的部位。

施工方法是对裂缝的上部采用开挖回填法，对裂缝的下部采用灌浆法处理。先沿裂缝开挖至一定深度（一般为 2m 左右）即进行回填，在回填时按上述布孔原则，预埋灌浆管，然后采用重力或压力灌浆，将下部裂缝进行灌浆处理。

裂缝处理实例：

中条山有色金属公司十八河尾矿库，于 1983 年 3 月 29 日在外坡 516m 标高坡面出现 1~2cm 宽的纵向裂缝一条，同年 3 月 30 日上午裂缝两侧土体发生相对位移下沉达 20cm，下午在标高 496~509m 之间有两条导渗沟面隆起 4 处，513m 标高出现管涌一处，至 4 月 14 日，沉陷及裂缝区域为 134m×44m，下沉量达 60cm，同时在基础坝顶标高 509m 以下坝坡上也出现多条纵向裂缝。为了不让事态进一步恶化酿成滑坡事故，当即决定进行了处理，采取了如下措施后基本控制了事态的发展：

①在 516m 标高以下外坡面上修了间距为 20m，深 2m 的网格状及人字形导渗沟。

②对裂缝进行开挖回填，挖至缝底以下 0.2m，底宽 0.8m，用黏土分层回填并夯实。

4.4.3.2　渗漏的处理

尾矿坝坝体及坝基都有渗漏现象，通常有正常渗漏和异常渗漏之分。正常渗漏有利于尾矿坝坝体及坝前干滩的固结，有利于提高坝体的整体稳定性。异常渗漏在尾矿坝中是常有的，由于设计考虑不周，施工不当以及后期管理不善等原因而产生非正常渗流，导致溢流出口处坝体流土、冲刷及管涌等多种形式的破坏，严重的能导致垮坝事故。因此，对尾矿坝的渗漏现象，必须认真对待，根据情况及时采取措施。

A　渗漏的种类与成因

（1）渗漏的种类及特征见表 4-3。

表 4-3 渗漏的种类与特征

分 类	渗漏类别	特 征
按渗漏的部位	坝体渗漏	渗漏的逸出点均在背水坡面或坡脚,其逸出现象有散浸(亦称坝坡湿润)和集中渗漏两种
	坝基渗漏	渗水通过坝基的透水层,从坝脚或坝脚以外覆盖层的薄弱部位逸出。如坝后沼泽化、流土和管涌等
	接触渗漏	渗水从坝体、坝基、岸坡的接触面或坝体与刚性建筑物的接触面通过,在下游坡相应部位逸出
	绕坝渗漏	渗水通过坝端山包未挖除的坡积层、岩石裂缝、溶洞和生物洞穴等,从下游岸坡逸出
按渗漏的现象	散 浸	坝体渗漏部位呈湿润状态,随时间延长可使土体饱和软化,甚至在坝下游坡面形成细小而分布较广的水流
	集中渗漏	渗水可从坝体、坝基或两岸山包的一个或几个孔穴集中流出。有无压流或射流两种;有清水也有浑水

(2) 渗漏的成因,分别介绍坝体、坝基、接触、绕坝渗漏的成因:

1) 坝体渗漏,其设计方面的原因为:

①土坝坝体单薄,边坡太陡,渗水从滤水体以上逸出。

②复式断面土坝的黏土防渗体设计断面不足,或与下游坝体缺乏良好的过渡层,使防渗体破坏而漏水。

③埋于坝体的压力管道强度不够,或当管道埋置于不同性质的地基未做妥善处理,在地基产生不均匀沉陷后管身断裂,有压水流通过裂缝沿管壁或坝体薄弱部位流出。若管身未做截水环或截水环尺寸不足,而管道周围填土质量又较差时,也有可能成为坝体渗水的通道。

④坝后滤水体排水效果不良,对下游可能出现的洪水倒灌没有采取防护措施,在泄洪时滤水体被淤塞失效,迫使坝体浸润线升高,渗水从坡面逸出。

施工方面的原因为:

①土坝分层填筑时,土层太厚,碾压不透,致使每层填土上部密实,下部疏松,库内放矿后形成水平渗水带。

②土料含砂砾太多,渗透系数大。

③没有严格按要求控制或及时调整填筑土料的含水量,致使碾压达不到设计要求的密实度。

④在分段进行填筑时,由于土层厚薄不同,上升速度不一致,相邻两段的接合部位可能出现少压或漏压的松土带。

⑤料场土料的采取与坝体填筑的部位分布不合理。如把料场表层透水性较小的土料填在坝体下部,料场深层透水性较大的土料填在坝体的上部,致使浸润线与设计不符,渗水从坝坡逸出。

⑥在冬季施工中,对碾压后的冻土层没有彻底处理,或把大量冻土块填在坝内,都将形成软弱夹层,成为坝体渗漏的通道。

⑦坝后滤水体施工时，由于砂石料质量不好，级配不合理，或滤层材料铺设混乱，甚至被削坡的弃土堵塞，滤水体失效，致使坝体浸润线升高。

其他方面的原因为：

①由于白蚁、獾、蛇、鼠等动物在坝身打洞营巢，也是造成坝体集中渗漏的原因。

②由于地震等引起坝体或防渗体发生贯穿性的横向裂缝而产生渗漏。

2）坝基渗漏，其设计方面的原因为：

①对坝址的地质勘探工作做得不够，设计时未能采取有效的防渗措施。

②采用的坝基防渗措施不能满足抗渗的需要，如坝前水平铺盖的长度或厚度不足，垂直防渗墙深度不够等。

③黏土铺盖与透水砂砾石地基之间，未设有效的滤层，铺盖在渗水压力作用下破坏漏水。

④对天然铺盖了解不够，薄弱部位未做补强处理。

施工方面的原因为：

①水平铺盖或垂直防渗设施施工质量差。

②由于施工管理不善，在库内任意挖坑取土，天然铺盖被破坏。

③岩基的强风化层及破碎带未处理，或混凝土截水墙未按设计要求做到新鲜基岩上。

④岩基上部的冲积层未按设计要求彻底清理。

管理运用方面的原因为：

①坝前干滩裸露暴晒而开裂，尾矿放矿水等从裂缝渗透。

②对防渗设施养护维修不善，出现问题后亦未及时进行处理，下游逐渐出现沼泽化，甚至可能形成管涌。

③在坝后任意取土，也可能影响地基的渗透稳定。

3）接触渗漏，其主要成因为：

①基础清理不好，未做接合槽或做得不彻底。

②土坝两端与山坡接合部分的坡面过陡，而且清基不彻底，或未做防渗刺墙。

③涵管等混凝土或圬工建筑物与坝体接触处，因施工条件不好，回填夯实质量差，或未做截水环（墙）及其他止水措施，造成渗水沿此薄弱面流向下游。

4）绕坝渗漏，其主要成因为：

①与土坝两端连接的岸坡属条形山或覆盖层单薄的山坡而且有砂砾石透水层。

②山坡的岩石破碎，节理发育，或有断层通过。

③因施工取土或库内存水后由于风浪的淘刷，岸坡的天然铺盖被破坏。

④溶洞以及生物洞穴或植物根茎腐烂后形成的孔洞等。

B　渗漏的检查与观测

渗漏的检查与观测，着重分析研究以下几个方面：

（1）了解渗漏变化的规律。掌握渗漏的变化规律，方能对渗漏作出正确的判断，对以下各项需做深入细致的工作：

1）根据观测资料，密切掌握渗漏量与库水位的关系，严密注视渗漏与其他有关因素的变化规律。如库水位到达某一高程以上，坝后的逸出点便急剧抬高或渗漏量突然增多，则应在该水位线附近仔细检查坝体和坝端岸坡迎水面有无裂缝和孔洞等现象。必要时，可做渗水染色观察。

2）了解坝体渗漏量与浸润线的关系。在一般情况下，坝体渗漏、绕坝渗漏和接触渗漏等均有可能引起浸润线的抬高和渗漏量的增大。

3）根据渗漏逸出点所在部位的地形、地貌和基础条件，分析渗漏对工程的危害程度。如有些绕坝渗漏的逸出点离坝址较远，岸坡地质较好，可予以监视，以观其变化和影响，如果岸坡比较单薄、节理发育、逸出点较高而又距坝址较近，为了弄清渗漏情况，应在渗漏部位安装测压管进行观测并加以研究分析。另外，在岸坡可适当增设测压管，进一步了解三向渗流对坝体浸润线的影响。

（2）判断坝基的渗漏破坏。土坝坝基在渗透水流作用下发生的渗透破坏，其形式可分为管涌和流土两种。管涌为细颗粒在粗颗粒孔隙中被渗水推动和带出，流土则为土体表层所有颗粒同时被渗水顶托而移动。渗透破坏的发生和发展与地基情况、颗粒级配及水力条件等因素有关。可参照以下情况进行分析判断：

1）不均匀系数 $\eta < 10$ 的均匀砂土，其渗透破坏的形式为流土。

2）对正常级配的砂砾石，当细粒含量小于 30% ~ 35% 时，不均匀系数 $\eta < 10$，产生流土，$10 < \eta < 20$ 时，可能产生流土，也可能产生管涌；$\eta > 20$ 时，将产生管涌。当细粒含量大于 35% 时，其渗透破坏形式为流土。

3）缺乏中间粒径的砂砾料，其细粒含量小于 25% ~ 30% 的为管涌，大于 30% 的为流土；对于坝基不同土料的允许水力坡降，下列数值可供参考：

黏性土	0.5
非黏性土 $\eta < 10$	0.4
非黏性土 $10 < \eta < 20$	0.2
非黏性土 $\eta > 20$	0.1
缺乏中间粒径且细粒含量小于 30% 的砂砾或砂卵石	< 0.1

此外，在研究渗透破坏时，还应对渗水进行化学分析，判断地基岩石及土层化学溶蚀的可能性，是否已发生化学管涌以及对工程可能产生的危害。

（3）核算坝坡的稳定。土坝渗漏，易于引起浸润区的扩大，降低土壤的抗剪强度，并增大浮托力，对坝坡稳定不利。因此，应对坝坡稳定进行核算，特别是要核算最高洪水位情况下的坝坡稳定。其核算步骤如下：

1）推算测压管水位，根据库水位与测压管水位关系曲线的延伸线，推求在最高洪水位时相应的测压管水位。

2）绘制浸润线，按推求所得的测压管水位，绘制出最高洪水位时的浸润线。

3）进行坝坡的稳定计算。

（4）正常渗漏和异常渗漏的识别。正常渗漏和异常渗漏，一般可由表面观察和对渗漏观测资料的整理分析后进行识别。

1）坝后渗流的观察：观察坝后渗出的水色、部位和表面现象。

①从原设计的排水设施或坝后地基中渗出的水，如果是清澈见底，不含土颗粒者，一般属于正常渗漏。

②若渗水由清变浑，或明显地看到水中含有土颗粒者，属于异常渗漏。

③坝脚出现集中渗漏，如渗漏量剧烈增加，或渗水突然变浑，是坝体发生渗漏破坏的

征兆。如渗漏量突然减少或中断，很可能是渗漏通道顶壁坍塌暂时堵塞的结果，是坝体内部渗漏破坏进一步恶化的危险信号。

④在滤水体以上坝坡出现的渗水属异常渗漏。

⑤对于均质砂土地基或表层具有较厚的弱透水覆盖层的非均质地基（上层为砂层，下部为透水性大的砂砾石层），往往有翻砂冒水现象。开始时，水流带出的砂粒沉积在涌水口附近，堆成砂环。砂环随时间延长而增大，但发展到一定程度因渗量增大而砂被带走，砂环虽不再增大，但有可能出现塌坑。

⑥对于表层有较薄的弱透水覆盖层的非均质地基（表层大都为较薄的中细砂或黏性土层，下部为透水性较大的砂砾石层），往往发生地基表层被渗流穿洞、涌水翻砂、渗流量随水头升高而不断增大。

⑦有的土坝，渗水中含有化学物质。这种物质有黄色、红色或黑色等，但都是松软物质，外表很像黏土。其中常见的是红色，俗称铁锈水。它的形成主要是因为在渗漏水中含有酸盐类等化学成分，把砌体灰浆及坝体土料中所含有的矿物质溶解在水中，渗出后遇空气还原成高价铁等沉淀物，凝结成胶体絮状。它对工程的危害，主要是改变坝体填料的物理力学性质，可能造成坝体渗透破坏，或者胶体絮状物质堵塞坝基砂石孔隙或滤水体，甚至使砂层胶结后脱水形成硬块，影响导渗能力。对此，应引起重视。

2）分析渗漏观测资料：根据库水位、测压管水位、渗流量等过程线及库水位与测压管水位关系曲线、库水位与渗流量关系曲线来判断渗水情况。一般来说，在同样库水位情况下，渗漏量没有变，或逐年减少，坝后渗水即属正常渗漏；若渗漏量随时间的增长而增大，甚至发生突然变化，则属于异常渗漏。对于不同情况的分析，可参照本章4.5.3节有关内容进行。

C 渗漏的处理

渗漏处理的原则是"上截、下排"。"上截"就是在上游（坝轴线以上）封堵渗漏入口，截断渗漏途径，防止渗入。"下排"就是在下游采用导渗和滤水措施，使渗水在不带走土颗粒的前提下，迅速安全地排出，以达到渗透稳定。

"上截"除少数水库式尾矿坝可考虑采用在渗漏坝段的上游抛土作铺盖等方式外，一般的尾矿库（坝）主要是在坝前迅速地形成一定长度的干滩。若某坝段无干滩，则应在此处加强放矿，迅速在坝前形成干滩，即可在一定程度上起到"上截"的效果。"下排"常用的方法有反滤、导渗、压渗等。从实际出发改善坝体的整体渗流条件，有针对性地进行综合治理。现将几个处理实例介绍如下：

（1）云南锡业公司卡房埠牛塘3号尾矿坝渗漏处理。

卡房埠牛塘3号尾矿坝，基本坝和地基均不透水，又未设任何排渗体，坝外坡常年渗水外逸使之处于潮湿状态。1982年用贴坡反滤的办法进行了处理（图4-19），基本上控制了渗水在坝坡上流淌，安全状况明显改善。

（2）江西武山铜矿尾矿库初期坝及子坝渗水处理。

武山铜矿尾矿坝初期坝为黏土坝，坝顶标高22m，坝底标高13.2m，上游坡1:2.5，下游坡1:2，坝顶宽2.5m，在下游17.4m标高处设有排水棱体，设计采用尾砂堆坝，堆积坝坝坡1:4.5，最终堆积标高82m，有效库容为500万立方米。

1988年对坝体北端60m区段内，从初期坝至5期子坝之间坝坡逸水，局部出现管涌

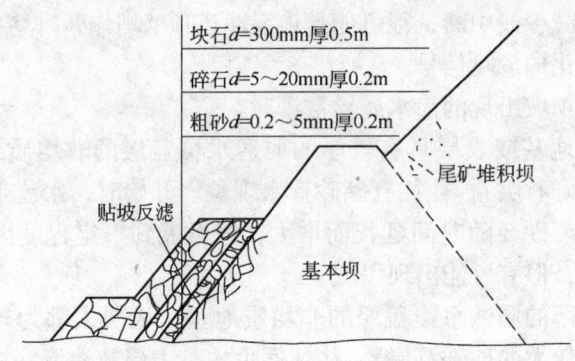

图4-19 云锡卡房埠牛塘3号坝渗漏处理示意图

现象，采用疏导方案进行了治理，每间隔10m开挖反滤沟一条，底宽1m，深1.5~2m，共开挖反滤沟9条，总长145m，收到了较好的效果。

（3）铜陵有色金属公司杨山冲尾矿坝渗漏处理。

杨山冲尾矿库，1979年以前，在初期坝主坝标高24.7~30m一带的外坡上，常年潮湿，尾矿堆积坝在30.0~35.0m一带大量渗水，实测渗水量最高达1139.4m³/d，有25处不同程度向外涌砂，11处因尾矿流失而下陷，在标高35.0~38.0m一带外坡常年湿润，副坝情况也相当严重，在标高46.6m以下的坝坡上，用脚连续蹬踏能很快液化。1979年下半年，狮子山铜矿开始对该库坝坡进行全面整修，在基本坝坝坡增设"y"形排渗体，在尾矿坝坝坡增设贴坡反滤和排水明沟、铺土植被、增加坝前放矿支管等，并加以精心管理，从而基本解决了坝体渗水涌砂问题。1988年4月至1988年6月又正式实施了垂直排渗井和水平排渗管联合自流排渗加固坝体方案，降低了坝体浸润线，坝坡渗水问题得到了彻底整治。

4.4.3.3 土坝及堆积坝滑坡的处理

滑坡是尾矿坝发生事故前的一大隐患，在有色金属系统的尾矿坝中，曾经出现较大的滑坡有：如1973年江西大吉山钨矿1号尾矿坝坍滑，30min内在初期坝上形成8m宽的缺口，最后在堆积坝及初期坝上形成的滑动面长达70m，切深12m，塌方量约34000m³。1982年中条山毛家湾尾矿坝，在746~757m标高处的塌滑，范围达38m×25m，塌陷最深处5m以上，滑坡实测断面如图4-20所示。上述两次滑坡，均因及时采取有效的处理措施而得以制止。

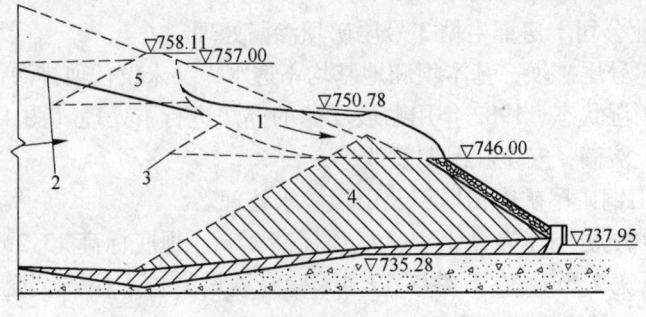

图4-20 毛家湾尾矿坝滑坡断面
1—滑动体；2—滑动面；3—浸润线；4—基础坝；5—堆积坝

规模较大的滑坡，往往是垮坝事故的先兆，但即使较小的滑坡，也不能掉以轻心。有些滑坡是突然发生的，有的先由裂缝开始，如不及时注意，逐步扩大和漫延，则可能造成垮坝的重大事故。如云锡公司1962年的火谷都事故，就是从裂缝、滑坡而垮塌的。

A 滑坡的种类与成因

(1) 滑坡的种类：按滑坡的性质，分剪切性滑坡、塑流性滑坡和液化性滑坡。按滑面的形状分圆弧滑坡、折线滑坡和混合滑坡。

(2) 滑坡的成因：引起土坝滑坡的因素是多方面的，只是在不同情况下，占主导地位的决定因素有所不同。归纳起来有如下几个方面的因素：

1) 勘探设计方面的因素：在勘探时没有查明基础有淤泥层或其他高压缩性软土层，设计时未能采取适当措施。

选择坝址时，没有避开位于坝脚附近的渊潭或水塘，筑坝后由于坝脚处过大沉陷而引起滑坡；坝端岩石破碎、节理发育，设计时未采取适当的防渗措施，产生绕坝渗漏，使局部坝体饱和，引起滑坡；设计中对于稳定分析所选择的计算指标偏高，或对地震考虑不够；排水设施设计不当。

2) 施工方面的因素：在碾压土坝施工中，由于铺土太厚，碾压不实，或含水量不合要求，干容重没有达到设计标准等；水中填土坝填筑时没有严格按照施工技术要求，造成施工质量不好；抢筑临时拦洪断面和合拢段边坡过陡，填筑质量差；冬季施工时，没有采取适当措施，以致形成冻土层，在解冻后或蓄水后，库水渗入形成软弱夹层；采用风化程度不同的残积土筑坝时，将黏性较大、透水性较小的土料填在土坝下部，而上部又填了黏性较小、透水性较大的土料，放尾矿后，背水坡上部湿润饱和；尾矿堆筑坝与基本坝二者之间或各期堆筑坝坝体之间没有很好结合，在渗水饱和后，造成背水坡滑坡。

3) 其他因素：强烈地震引起土坝滑坡是土坝受震害的损坏形式之一；持续的特大暴雨，使坝坡土体饱和或风浪淘刷，使护坡破坏，坝坡形成陡坡；在土坝附近爆破或者在坝体土部堆放物料等人为因素。

B 滑坡的检查与判断

(1) 滑坡的检查与观测的时机：高水位时期；发生强烈地震后；持续特大暴雨、台风袭击时；回春解冻之际。

(2) 滑坡的分析判断：根据裂缝的形状、裂缝的发展规律、位移观测的规律、浸润线观测资料整理分析、孔隙水压力观测成果进行分析判断。

C 滑坡的预防与处理

应尽可能避免和消除促成滑坡的因素，防止滑坡的发生。当发现滑动征兆或稍有滑动但尚未坍塌时，应及时采取有效措施进行抢护，防止险情恶化，一旦发生滑坡，则应采取有效的处理措施，恢复并补强坝坡，提高抗滑能力。

(1) 滑坡的预防。注意做好经常性的养护工作，防止或减轻外界因素对坝坡稳定的影响。

对坝坡稳定有怀疑时，应进行稳定校核。如发现坝体在高水位或其他不利情况（如地震等）下有可能滑坡时，则应及早采取预防措施。一般可采取在坝脚压重或放缓边坡，或采取防渗、导渗措施以降低浸润线和坝基渗透压力。在特殊情况下，可采取有针对性的专门措施。

（2）滑坡的抢护。当发现滑坡征兆后，应根据情况进行判断。如断定必将滑坡且还有一定的抢护时间时，则应竭尽全力进行抢护。抢护中应特别注意安全问题。滑坡抢护的基本原则是：上部减载，下部压重。即在主裂缝部位进行削坡，而在坝脚部位进行压坡。具体的抢护措施，应根据滑动情况、出现的部位、发生的原因等因素而定。一般可参照下述措施进行抢护：

1）尽可能降低库水位；

2）沿滑动体和附近的坡面上开沟导渗，使渗透水能够很快排出；

3）若滑动裂缝达到坝脚，应该首先采取压重固脚的措施；

4）因土坝渗漏而引起的背水坡滑坡，有可能时应同时在迎水坡进行抛土防渗。

（3）滑坡的处理：

1）因坝身填土碾压不实，浸润线过高而造成的背水坡滑坡，在有条件的情况下，一般应以上游防渗为主，辅以下游压坡、导渗和放缓坝坡，以达到稳定坝坡的目的。

背水坡，可在滑坡体下部修筑压坡体固脚。在压坡体的底部一般可设双向水平滤层，并与原坝脚滤水体相连接，其厚度一般为80~150cm。滤层上部的压坡体一般用砂、石料填筑，在缺少砂石料时，亦可用土料分层回填压实。

对于滑坡体上部已松动的土体，应彻底挖除，然后按设计坝坡线分层回填夯实，并做好护坡。

图4-21和图4-22所示的形式，可供参考。

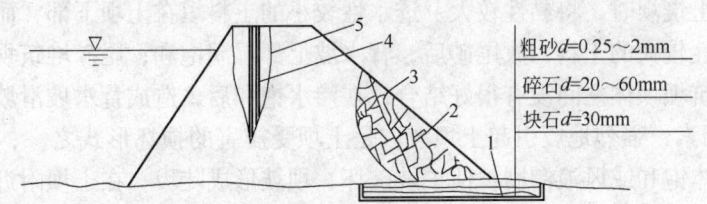

图4-21 上游防渗、下游导渗压坡处理滑坡
1—排渗盲沟；2—块石压坡体；3—滑裂线；4—灌浆花管；5—泥浆或化学灌浆防渗体

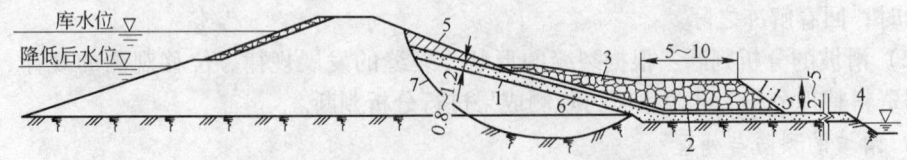

图4-22 导渗压渗处理滑坡（单位：m）
1—导渗沟；2—卵石层；3—块石压重台；4—排水沟；5—补坡填土；6—原坝坡线；7—滑裂线

2）坝体有软弱夹层或抗剪强度较低，且背水坡较陡而造成的滑坡，首先应降低库水位，如清除夹层有困难时，则以放缓坝坡为主，辅以在坝脚排水压重的方法处理。

3）地基存在淤泥层、湿陷性黄土层或液化的均匀细砂层，施工时没有清除或清除不彻底而引起的滑坡，处理的重点是清除这些淤泥、黄土和砂层，并进行固脚阻滑，可先在坝脚外适当距离，修筑一道固脚齿槽，然后将坝脚到齿槽间的泥、土、砂层挖除。施工时应分段开挖，挖完一段就回填一段透水料，切忌全线同时开挖，引起再次滑坡。

分段开挖回填完毕后，即可在上面做压重台。如采用土料压重台，应在压重台与透水料的接合面上设置双向滤层，并延伸至新填坝脚以外（图4-23）。

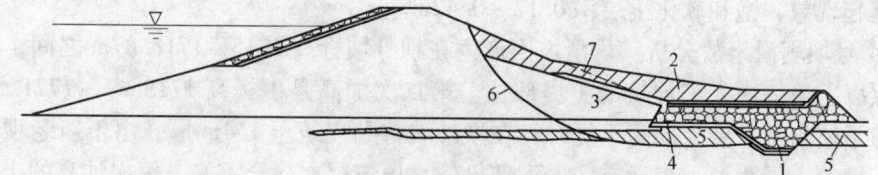

图4-23　软弱夹层地基引起滑坡处理
1—双向滤层的块石固脚齿槽；2—回填土；3—砂层；4—原有滤水体；
5—软弱夹层；6—滑裂线；7—滑坡前坝坡线

4）因排水设施堵塞而引起的背水坡滑坡，主要是恢复排水设施效能，筑压重台固脚。

（4）滑坡处理注意事项：

1）开挖与回填应符合上部减载，下部压重的原则。开挖回填工作应分段进行，并保持允许的开挖边坡。开挖中，对于松土与稀泥都必须彻底清除。

2）填土应严格掌握施工质量，土料的含水量和干容重必须符合设计要求，新旧土体的结合面应刨毛，以利结合。对于水中填土坝，在处理滑坡阶段进行填土时，最好不要采用碾压施工，以免因原坝体固结沉陷而开裂。

3）滑坡主裂缝，一般不宜采取灌浆方法处理。

4）滑坡处理前，应严格防止雨水渗入裂缝内，可用塑料薄膜、沥青油毡或油布等加以覆盖，同时还应在裂缝上方修截水沟，以拦截和引走坝面的积水。

（5）滑坡处理实例——云南锡业公司卡房采选厂塂牛塘4号坝滑坡事故处理。

1）4号坝外坡坍滑情况：1968年下半年，曾在4号坝标高1715m以上的外坡地段发现渗透水，后库内液面增高，渗透水量亦相应增多。1976年4月卡房选厂停产后，库内水面标高为1724.45m，在坝外坡标高1715~1718.87m之间，长34.9m，宽8.5m的块段产生坍滑，并在标高1718.87m布一条纵向裂缝，长30.6m，最大裂缝宽度154mm，坝坡面呈椭圆状隆起（图4-24）。由于放牧的践踏，坡面已沼泽化。饱和软化土层的深度为0.18~1.10m，最严重的坍滑段所形成的陡坎高差0.8m。在同一标高的另一段坝外坡，亦

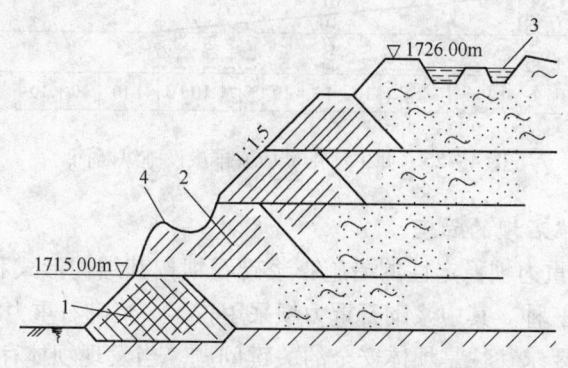

图4-24　塂牛塘4号坝坍滑示意图
1—基础坝；2—尾矿堆积坝；3—尾矿放矿渠槽；4—滑裂线

产生了坍滑面，长 3.10m，宽 3.0m，起点的纵向裂缝长 3.1m，最大裂缝宽 32mm，坝坡面微有隆起现象，饱和软化土层深 0.12～0.42m。

2）4 号坝坍滑事故分析：坍滑坡面产生在坝外坡标高 1715～1718.87m 之间，恰恰是初期坝顶以上第一次人工堆筑的土堤部位。第二次加高是由标高 1718.87～1721.5m，施工单位为了使坝坡一致，加高土堤时，在坝外坡曾贴皮筑土 1.4m 厚，由于新老坝体结合不严密，填筑土层太厚，表面夯实，下部松散，填筑层次接合不好。每次加高的土堤内坡均坐落在坝内的尾矿泥浆层上，由于尾矿不断升高，并随时间的延长尾矿逐渐压密而下沉。初期坝坝前尾矿孔隙水，经不良坝基卵石层，被迫排出而逐渐固结。由于库内水位所产生的水力梯度，便由坝外坡 1715m 标高以上渗出。坝外坡没有铺设排渗设施，因此，使坝坡渗透水出露地段处于极度饱和状态，凝聚力降低，致使坝坡贴皮加固土体的滑动力超过抗滑力而产生坝坡表层坍滑。

3）4 号坝滑坡处理：鉴于 4 号坝的后期坝是分期人工填筑，坝基松软，填筑质量差，在渗透水长期的影响下，使坝外坡产生纵向裂缝，局部坍滑隆起。适值停产，库内水位不高，发展缓慢。但是，渗透水出逸点较高，若不加处理，任其发展，对坝的整体稳定不利。为了预防垮坝事故，作了如下处理。

在坝外坡标高 1715m 修建一条纵向导渗沟，在标高 1715～1721.5m 之间设置横向贴坡反滤排水沟，将坝坡渗透水引至坝外，防止发生管涌现象，如图 4-25 所示。利用废旧铁丝在坝坡围栏，禁止牲畜在坝坡上践踏，保护坝体的完整性。坝前的干滩长，经常保持在 80m 以上，以利降低水力梯度。加强观察，特别注意管涌和出现浑水现象，做好发展变化情况的原始记录。

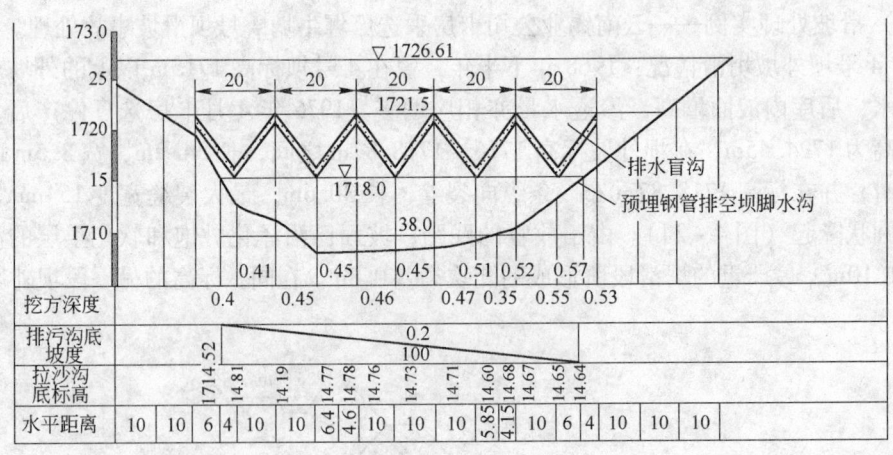

图 4-25　犀牛塘 4 号坝坡排渗设施纵断面

4.4.3.4　砌石坝与堆石坝的管理

（1）增加浆砌石重力坝稳定性的措施：浆砌石坝按其结构形式和传力特点可分为重力坝、拱坝和连拱坝三种。其中浆砌石重力坝采用较多。浆砌石重力坝，应力条件较易满足要求，而抗滑稳定要求往往是坝体安全的关键问题。当发现坝体存在抗滑稳定性不足，或已产生初步滑动迹象时，应详细分析坝体抗滑稳定性不足的原因，并提出妥善的措施，及时处理。

（2）抗滑稳定性不足的重要原因：

1）坝基地质条件不良，坝体建造在较差的地基上。

2）设计的坝体断面过于单薄，自重不够，或坝体上游面产生了拉应力，扬压力加大，使坝体稳定性不够。

3）施工时地基处理不彻底，开挖深度不够，没有达到新鲜基岩，将坝体置于强风化岩层上，以致摩擦系数过小而坝底渗透压力超过设计计算数值。

4）在运用中，由于管理不善，造成库内水位超过设计最高水位，甚至出现洪水漫坝情况，增大了坝体所受水平推力。此外，由于管理不善而造成的防渗排水设施失效，或者下游冲刷坑过分靠近坝体。

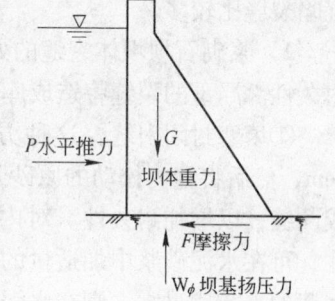

（3）增加抗滑稳定性的措施：浆砌石重力坝所受外力主要有：垂直向下的坝体重力 C、垂直向上的坝基扬压力 W_ϕ 指向下游的水平推力 P（包括水压力和尾砂压力等）和坝体沿地基接触面处的摩擦力 F（如图 4 – 26 所示）。

摩擦力 F 的大小，决定于坝体重力与坝基扬压力之差和坝体与坝基之间的摩擦系数 f 的乘积。而摩擦力 F 与指向下游的水平推力 P 之比，即表示坝体的抗滑稳定性，可用下式表示

图 4 – 26　浆砌石重力坝所受外力

$$K = \frac{F}{P} = \frac{f(G - W_\phi)}{P} \tag{4-1}$$

式中　K——坝体抗滑稳定安全系数，按照浆砌石重力坝的等级和计算情况而定，在 1.00 ~ 1.10 之间。

由式 4 – 1 知，增加安全系数 K（即增加坝体抗滑稳定性）的途径有：减小扬压力 W_ϕ；增加坝体重力 G 增加摩擦系数 f 和减小水平推力 P 等四方面。现将具体的措施分述如下：

1）减少扬压力 W 的措施：减小扬压力的方法有二，一是在坝基上游部分补强帷幕灌浆，二是在帷幕下游部分加强排水能力。

2）增加坝体重力 G 的措施：增加坝体重力 G 的措施可采用加大坝体断面的方法或采用预应力锚索锚固。

3）增加摩擦系数 f 的措施：对于增加的坝体断面要求施工时必须注意清基和注意砌筑的质量。砌筑以前，最好先浇一层混凝土，一方面可改善坝体与地基的结合条件，另一方面也便于砌筑条石或块石。

对于原坝体与地基的连接，则只能通过固结灌浆的措施加以改善。固结灌浆除了能加强坝体与地基的结合，从而提高坝体的抗滑稳定性以外，还能增强基岩的整体性和其弹性模数，增加地基的承载能力，减少不均匀沉陷的发生，并可辅助帷幕灌浆，加强地基与防渗帷幕的衔接，提高帷幕的效果。

4）减小坝体所受水平推力的措施：当坝体受水平推力有可能向下滑动时，可采用增筑支墩在下游面加固，使一部分水平推力通过支墩传给地基，从而减小了坝体所受的水平推力。

（4）浆砌石坝坝体裂缝和渗漏的处理。

1) 浆砌石坝坝体裂缝的原因：

①温度变化，由于坝体比较单薄，水泥用量过多，加上气温变化的影响等，使坝体产生温度裂缝。

②地基不均，由于坝体地基中有软弱夹层、风化岩层、节理裂隙发育，或易于压缩的黏土等岩层，这些岩层受力后坝体容易产生不均匀沉陷裂缝。

③材料不佳，坝体的石料强度不够、砂浆标号过低、砌筑时施工质量控制不严，或结构形式和几何尺寸不合理，在坝体受力后，产生应力裂缝。在实际工作中，遇到的温度和沉陷裂缝比较多。

2) 浆砌石坝坝体裂缝的处理：坝体裂缝破坏坝体的整体性和抗渗能力，影响坝体的耐久性。严重的裂缝将造成库内无法存矿，并威胁坝体的安全，因此，必须及时处理。

①填塞封闭引缝，这种方法是处理裂缝时最经济、最简易的方法。将裂缝凿深约5cm，然后将缝内松动的原砂浆体清洗干净，再用 100 号水泥砂浆仔细勾缝填塞，并常作成凸缝，以增加耐久性。对内部裂缝空隙则以水灰比较大的砂浆灌填密实。为了便于灌注，可在水泥砂浆中加适量的加气剂或塑化剂，以改善砂浆的流动性。应该注意，如果水泥浆的水灰比过大，则在水泥浆收缩后可能形成新的裂缝。

②加厚坝体，对于严重的贯穿整个坝体的沉陷裂缝和由于坝体单薄、强度不够所造成的应力裂缝，宜提高坝体的抗渗能力。为了进一步增强坝体的整体性，改善坝体应力状态，应采用适当加厚坝体的方法，加厚的具体尺寸，由应力核算确定。处理时要注意新旧砌体的结合。由于加厚坝体和填塞封闭裂缝的处理方法费用较高，一般只用在确属必要的场合。

③灌浆处理，对于多种原因所造成的数量众多的贯穿性裂缝，采用灌浆处理可以防止渗漏。当裂缝大于 0.1~0.2mm 时，多采用水泥灌浆，小于 0.1~0.2mm 时，应采用硅酸钠或其他化学灌浆。在水泥浆液中加入适量的硅酸钠浆液，即可进行水泥硅酸钠灌浆。此外，还可以进行丙凝、丙强和环氧树脂等化学灌浆。

④表面粘补，当裂缝不稳定，随气温或坝体变形而变化，而裂缝并不影响坝体结构受力条件时，可对裂缝进行表面粘补。表面粘补是用环氧浆液粘贴橡皮。玻璃丝布或塑料布等于裂缝的上游面，以防止沿裂缝渗沟并适应裂缝的活动变化。表面粘补不能恢复坝体的整体性和提高坝体强度。环氧浆液是用环氧树脂和各种配合料调制成的。

3) 浆砌石坝坝体渗漏的处理：

①环氧材料涂抹：对蜂窝麻面及工作缝，采用环氧砂浆；对混凝土防渗墙墙面采用环氧基液。

②表面处理的要求：对蜂窝麻面，全部凿除后先以 1∶2 水泥砂浆填平；对工作缝，沿缝凿成深约 2cm，宽 5~8cm 的槽，刷洗干净后再擦干；对混凝土防渗墙墙面，先用钢丝刷刷毛，再用清水洗净风干。

③涂抹要求：环氧基液涂抹厚度一般为 1mm 左右，涂后复查，注意补抹针孔气泡及漏抹部位；环氧砂浆的涂抹方法，是先涂环氧基液一层，再抹环氧砂浆，砂浆一次涂层不宜太厚，而后再涂一层环氧基液保护。

④麻丝填塞：对于个别漏水的砌缝，可采用在上游坝面用沥青麻丝填塞后，再用水泥砂浆勾缝方法堵漏；对于某些伸缩缝渗水情况下，可采用沥青麻丝或桐油灰麻丝填塞堵

漏。填塞之前，要将原来残存在缝中的沥青渣清除干净。

⑤增做混凝土防渗层：防渗层的厚度为最大水深的 1/20 ~ 1/30，上薄下厚，顶部不小于 30cm，底部不小于 40cm；防渗层的表层设置温度钢筋，一般可用直径 12mm 钢筋，纵横间距各为 30cm，一般应设伸缩缝，间距视实际情况确定，地形、地质或断面突变处要增设。若砌石坝原来设有伸缩缝，则二者需对应一致。伸缩缝内最好埋设止水片，或采用其他止水方式，以确保防渗效果；防渗层与砌石坝体之间，用锚筋连接，或预埋灌浆管进行接缝灌浆。对防渗层混凝土的技术要求：

标　　号　　抗压一般为 200 号，抗渗为 S8 ~ S8，抗冻标号根据当地气候条件而定

水灰比　　0.5 ~ 0.55

材　　料　　水泥宜用普通硅酸盐水泥，并掺入水泥重量 1/1000 ~ 8/1000 的塑化剂或 5/100000 ~ 1/10000 的加气剂，或二者同时掺用，具体掺用的品种和数量最好由试验确定

（5）堆石坝变形的原因及处理。堆石坝是目前在尾矿坝基础坝构筑中采用较为普遍的一种透水坝。它的主要隐患是变形，使坝的整体稳定性受到威胁。

1）影响堆石坝变形的因素：

①坝的高度和水压力。堆石在自身重量和水压力作用下，石块之间的接触点受巨大压力，石块被压碎，碎石屑便被挤进堆石孔隙中去。

②坝基土的性质。刚性斜墙堆石坝对地基的要求一般比土坝或土防渗体堆石坝为高，故以往修建的堆石坝不是在岩石上，便是在不含黏土、淤泥等软弱土层的孤石、卵石和砂砾上，地基沉陷量都很小。

③两岸坡度和山谷形状。山谷岸坡陡峻，将使山谷中部堆石上的荷重因两岸堆石侧向下压而增大。岸坡愈陡，愈易使刚性斜墙发生开裂或局部破坏，这种破坏发生在斜墙与陡岸坡紧接着的地方。两岸坡度和山谷形状对堆石的沉陷量虽然影响不大，却严重地影响到刚性斜墙。必要时应用人工开凿岸坡使其成为较均匀和较缓的形状。

④石料质量。石料的质量愈高，石块愈不易被压碎，石屑数量也就愈少，沉陷量也自然愈小。同理，质量低的石料，容易风化而破碎，会增加坝的沉陷量。

堆石的孔隙率也影响到沉陷量，施工时堆石孔隙率愈小，沉陷量也愈小。块石的粒径愈大，愈不易在荷重下被压碎，沉陷量也会减小。

因此，石块本身的抗压强度和抗风化性能、堆石的孔隙率以及所用石块粒径的大小都密切地影响着坝的沉陷量。

⑤施工方法。在施工中尽量使堆石紧密，以使沉陷量减少。过去使堆石紧密的主要方法是采取高空抛石结合用水枪冲实，近来采用重碾或振动器来压实堆石，施工中应当避免堆石过分迅速地升高和尽量使刚性斜墙的施工晚于堆石一个相当长的时间。

2）减小和预防变形的措施：

①加沉陷超高和平面做成拱形。坝顶面作成拱形，施工时最大断面处坝顶高度等于设计坝高加预计将来沉陷的高度，两岸端点则不加沉陷高，仍为原设计高程。其余各断面的高度或者按估计的各断面沉陷高度加超高，或者按最大断面的坝顶高程与两坝端连成直线施工。如果不预先加沉陷超高，则将来需在坝顶补充填石，或建造胸墙，以保证坝有足够的安全高度。

在平面上，刚性斜墙的上游面最好做成向上游凸出的拱形，这样做的好处是在堆石变

形后，在斜墙的侧向仍能作用着水压力，否则在坝向下游位移后，面板中将产生拉力，甚至产生裂缝，垂直接缝甚至将张开到超过允许的程度。刚性斜墙堆石坝绝不可以凸向下游。

黏土斜墙或黏土心墙堆石坝，在平面上做成凸向上游也是有益的。因为在水压力作用下会使斜墙或心墙受到水的侧向挤压，可预防发生裂缝，并可使斜墙或心墙与岸墩结合紧密。坝面凸向上游而成弧形也会增加坝的美观。

凸向上游的坝在平面上大多是成圆弧形，在坝中央的凸出距离至少应在估计水平位移外再加相当的安全度。

②刚性斜墙设置接缝。当堆石沉陷时，刚性斜墙随着下沉，如果斜墙是整体的，极易发生裂缝。最好将它分成许多正方块或长方块。

③压实堆石。压实堆石是必要的，压实的方法可以是高空抛填辅以水枪冲实，或者是用机械，例如碾子和振动器等碾压。

近代用机械来压实堆石，可以使堆石体几乎不再发生沉陷，并且也可以放宽对石料尺寸的要求。目前随着施工技术的进步，碾压堆石的方法已成为堆石施工的主要方法。

4.4.4　排水构筑物常见隐患及其处理

尾矿库的排水构筑物主要有排水管、排水斜槽、排水涵洞、溢洪道等。它们的作用是回水及泄洪。有的矿山排洪设施与回水设施分开；有的一套设施兼备两种功能。

回水设施正常运行，是降低尾矿库内水位、确保坝前干滩长度、降低坝体浸润线、改善坝体运行状态的重要条件之一，也是提高企业经济效益的重要途径。溢洪道的安全泄洪是确保尾矿库安全的关键。因此，对排水构筑物的管理维护必须十分重视。

4.4.4.1　排水管斜槽断裂及其处理

（1）地基不均匀沉陷引起的断裂。排水管（斜槽）一般要求修建在完整、同一岩石性质的地基上。由于地基不均匀沉陷引起的管（槽）断裂，往往容易产生较大的错距，且在管（槽）身出现横向裂缝较纵向裂缝为多。

（2）不均匀或集中荷载引起的断裂。穿过坝体的涵洞沿其轴向的填土高度是不同的，在坝顶下方的洞身承受土压力最大。对于浆砌石排水管（斜槽），裂缝则沿着砌缝发展。对于井 – 管排水系统，管与井之间如果不设沉降缝，也会造成洞身断裂。

（3）洞顶回填土施工碾压引起的断裂。排水管（斜槽）在初期坝内段，管（槽）顶及周围的土料及库内段管（槽）两侧回填土土料需要碾压或夯实。但是在管（槽）顶附近 2 ~ 3m 范围内不能用重碾碾压，应采取薄层铺土夯实。有时由于施工疏忽，在管顶填土没有达到一定厚度就用重碾碾压，致使管壁破坏。

（4）洞内水流流态改变引起的断裂。坝下埋管一般宜用无压管（槽）。由于操作运用上的错误或者对管（槽）结构上的要求不清楚，在没有采取必要的补强措施的情况下，使无压管在内水压力的作用下，造成管（槽）的断裂。此外还有其他原因造成洞内明满流过渡，形成半有压或有压流使管身破坏的。

1）排水管（槽）断裂的加固。找出断裂原因以后，要选择适当的加固处理方案。管（槽）断裂加固处理主要是地基加固和加强洞身结构强度。

2）地基加固。由于地基不均匀沉陷而断裂的管（槽），除加强洞身结构强度外，更重要的是加固地基。加固的方法应以地质条件和断裂位置而异。对于坝比较低，断裂发生在洞口附近的，可直接开挖坝体进行翻修。在岩基与土基交接地段主要是提高土基的承载力，减少沉陷。在进行基础加固的同时，洞身应设置沉陷缝。

3）加强管身结构强度。由于荷载作用引起的管顶纵向断裂，一般采用套管加固或开挖坝体从管身外部加强的办法。有时也可采取内衬钢筋混凝土的办法进行加固。

4）另建新管。有些破坏严重，处理工作量较大及无法加固的管（槽）应另建新管。

4.4.4.2 排水管、斜槽漏水

（1）漏水的原因及现象：

1）沿管（槽）壁外的纵向漏水。造成纵向漏水的原因，一是由于管壁外填土质量不好，沿管壁与土坝之间产生的漏水，另一种是由于管壁砌筑不严造成的漏水。

2）穿过管（槽）壁的横向漏水。砌石管（槽）砌筑质量不好，管（槽）如果是非断裂性漏水，则可以直接从表面观察，必要时配合施工回忆和管理运用情况核查：

①从漏水和坝体塌坑部位分析漏水原因。

②从施工回忆分析漏水原因。

③从漏水的性质分析漏水的危害性。

（2）管（槽）漏水的检查。管（槽）与土坝之间的纵向漏水，发展很快，危害性大，需要及时处理抢护。穿过管壁的横向漏水，一般是由阴湿、渗水、逐渐发展成漏水。有的漏水是危险的，有的漏水不一定在短时间内危及坝体安全，需要随时检查正确判断，做出适当处理。

（3）管（槽）漏水的处理。管（槽）漏水，应根据漏水的程度和原因及时采取相应处理措施。整理的方法应根据当地条件，因地制宜地选择。目前常用的有局部堵漏、内部衬砌或喷浆补强等措施。下面介绍几种主要处理方法：

1）局部堵漏。若管壁个别部位漏清水，在运用初期可以采取局部堵漏的方法。先将漏水砂眼凿开，用玻璃纤维或石棉绳将漏水眼填塞，表面抹1:1.5~1:2的水泥砂浆凝固。有条件的还可以用环氧砂浆抹面，但在抹面前一定要将漏水处烘干，以免影响质量。对于浆砌石缝剔成宽4~5cm、深5cm的缝槽，用玻璃纤维塞紧，把水弄干，然后用1:2的水泥砂浆勾缝。如果管（槽）漏水点多，且时间已久，单纯采用局部堵漏作用不大，往往容易堵了原有漏水点，在沿洞壁向下游还会出现新的漏水点，依次向下发展，容易使洞壁外发展成纵向漏水通道。

2）套管和内衬处理。管（槽）漏水范围很大，管壁很薄，而缩小洞径又不影响用水要求者，可进行内部衬砌或套管。堵管或内衬处理，都要求在低水位时进行。

3）钢丝网喷水泥砂浆。管（槽）质量差，漏水严重，而管径较小，断面又不允许缩小很多，可采用钢丝网喷水泥砂浆处理。

4）开挖处理。排水管（斜槽）漏水严重，管径又小，无法进入管内进行检修，可开挖处理或重建。

4.4.4.3 排水管（斜槽）的消能与冲蚀

管（槽）内水流流速过大或流态的改变，容易引起管（槽）进出口的冲刷和气蚀，进而破坏洞身结构。因此，除了经常检查维修管（槽）身外，管内的水流条件和进出口的冲刷、管壁的气蚀等，也是安全运行的重要部分。

(1) 管（槽）的消能设施：

1）消能设施的作用与类型。消能设施的作用是消减水流作用的能量，使出口急流变为缓流，降低水流的速度，保护管（槽）壁及下游河床不受冲刷。尾矿库排水设施的消能分为：井 – 管系统的井底设消力井及管（槽）出口消能两种。井 – 管系统的井底设消能井使局部加大水深，利用水垫消能；管（槽）出口，以水跃进行消能，一般采用消力池。

管（槽）出口消能一般采用两种形式，一是在管（槽）出口下游修建消力池，使泄出的水流在消力池内形成水跃，集中地消杀下泄水流的大部余能，达到改善水流衔接的目的，使水流顺利进入下游水系；另一种是在管（槽）出口修建挑流坎，将泄出的高速水流抛射空中，通过水流在空中的分散、空气阻滞、水流自身的撞击以及水流落入下游河床中的扩散作用，消除大部分余能而达到消能的目的。在尾矿库排水管（槽）出口，经常采用消力池形式。

2）消能设施的检查。消力井和下游出口消力池的检查，一般要进行设计校核和施工质量的检查。消力井的设计，由于目前尚无成熟的理论计算方法，一般是以水流能量的大小来确定消力井的容积，按照每立方米容积能消杀 7.5 ~ 8kW 能量来计算，或通过水工模型试验研究确定。图 4 – 27 为消力井容积与流量关系曲线，可作为估算消力井容积的参考。根据设计流量，由图可直接查出所需要的消力井容积，然后根据已知的涵洞宽度来选定消力井的深度和长度。消力井的容积大小和形状的选择除了按水力估算提出的要求外，还要根据砌筑

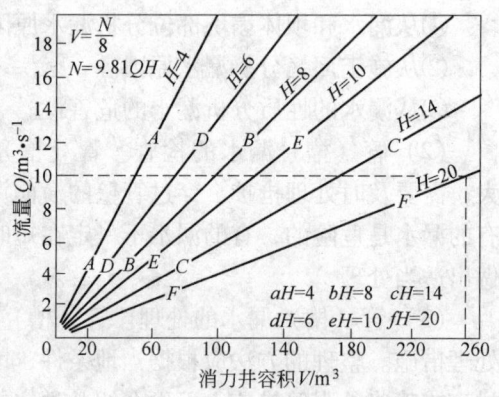

图 4 – 27 消力井容积与流量关系曲线
H—水头（m）

材料、地基情况、进水孔口形式与位置和防冲镶护等条件决定。如果基础坚硬，又采用钢筋混凝土镶护，洞身出口防冲能力较强，一般可能修建较小的消力井。

管（憎）出口下游消能设施的检查，主要是校核消力池的设计尺寸是否满足消能要求，校核在设计泄量情况下，消力池内的水流是否形成淹没水跃，消能的效果如何，同时，校核消力池的结构设计是否安全，消力池出口的断面平均流速是否超过河道的允许抗冲流速，以及下游海漫的长度等。

3）消能设施的加固与修复。消能设施的加固与修复，首先要分析研究消能设施发生破坏的原因。如果是由于水力计算和结构设计方面的问题，则应该重新进行计算和设计并按设计要求进行施工。如果是因为施工质量和材料强度问题，或者在寒冷地区由于冰冻原因引起建筑物镶护材料的损坏等，则主要是加强材料强度，选用高标号水泥砂浆补强抹面，局部损坏可以选用环氧砂浆补强。

对于消力池或海漫的破坏，应采取如下的修复与加固的措施：

①增建第二级消力池。经过校核计算和分析研究，若原有的消力池深度与长度均不满足消能要求，同时下游水位很低，消力池出口尾坎后水面明显地形成二次跌水，可考虑采取加深消力池或增设辅助消能设施的措施。但是，如加深原消力池有困难时，则考虑增建

第二级消力池。使涵洞出口水流形成二级消能的水流衔接，即在第一级消力池末端设溢流堰或斜坡，然后接第二级消力池，具体设计可参阅《水力学手册》或其他参考书中介绍的方法。

②加强海漫长度与抗冲能力。如果原来消力池的消能效果差，消能不充分，水流在海漫末端的流速仍然超过河床允许流速将形成冲坑或冲刷海漫，可以适当降低海漫高程，增加过水断面，减少或消除水流出消力池后的二次水跃，减小流速和加长海漫的长度。另外，还可以选用柔性材料来作海漫，如柔性联结混凝土板和铅丝笼块石等。

（2）管（槽）的气蚀。要防止气蚀破坏，首先是改善管（槽）边界形状，尽量避免水流边界局部产生负压，同时要加强材料的强度和保证施工质量。提高材料抗气蚀强度的措施，一般有环氧砂浆抹面和钢板衬砌两种。

1）环氧砂浆抹面。环氧砂浆是一种抗气蚀强度较高的材料，比一般普通混凝土的强度高3~4倍。因此一般局部地区产生气蚀破坏，可以采用环氧砂浆抹面加固。其施工程序是：首先将混凝土壁用钢钎凿毛，露出新鲜混凝土，凿毛深度至少在2~3cm以上，然后用钢丝刷和毛刷分别清除新凿混凝土面的碎渣，并用清水冲洗几遍，最后，将混凝土表面烘干，抹上环氧砂浆，同时设法加温，使壁面附近的温度保持20℃以上，相对湿度降至85%以下。在处理前如果管内有漏水，可以用速凝混凝土堵塞漏洞，以免影响质量。

环氧砂浆的养护一般需要7天，有条件可延至10~14天。在养护期间，温度要保持在20℃，然后逐渐降温，不能有水滴或杂物黏附于表面。

2）钢板衬砌。有的管（槽）为了提高其抗气蚀强度，采用钢板衬砌。由于钢板造价高，施工技术较复杂，很少采用。

4.4.4.4 排水构筑物隐患处理实例

1982年8月，金堆城钼业公司采用沉砂灌浆法处理木子沟尾矿库回水涵管断裂事故。该管直径450mm，埋在尾矿下约12.5m，经处理后，多年来原断裂处再也没有出现漏砂的现象（图4-28）。处理步骤如下：

（1）堆砂砾料。根据断裂涵管上部塌坑大小，用砂砾料回填直至露出水面，造成工作平台。

（2）打管沉砂。按塌坑大小确定中心及周边布管的数量，分内、外管，外管φ50mm，内管φ20mm，其底部200mm长做成花管，管头都做成喷嘴。打管常用空气锤，打管过程中可用风水分别从内、外管联合冲洗搅动塌坑上部原沉积的尾砂，这时堆积的砂砾料逐渐下沉置换尾矿（砂砾料下沉后上部应随即补充）。

（3）灌浆胶结。用水玻璃及水泥浆从内、外管进行双液灌浆，灌浆前内管花管段用胶皮包裹扎紧上头，防止水泥浆进入水玻璃管造成堵塞。水泥浆浓度及水泥、水玻璃比例按需要控制的凝结时间通过试验确定，一般水泥配成1:1~1:4（先稀后浓），水泥、水玻璃的比例为1:1~1:2，灌浆至管子内以不吸浆为止。

（4）观测检查。检查灌浆效果主要通过检查涵管出口流水的pH值，当pH值和一般回水的pH值相等，即证明已灌好，即可清理现场，重新正常作业。

4.4.5 岩溶地区尾矿库的防漏与落水洞处理

我国有不少尾矿库建在岩溶盆地上。溶蚀洼地，一般都是封闭地形，其上覆盖有一定

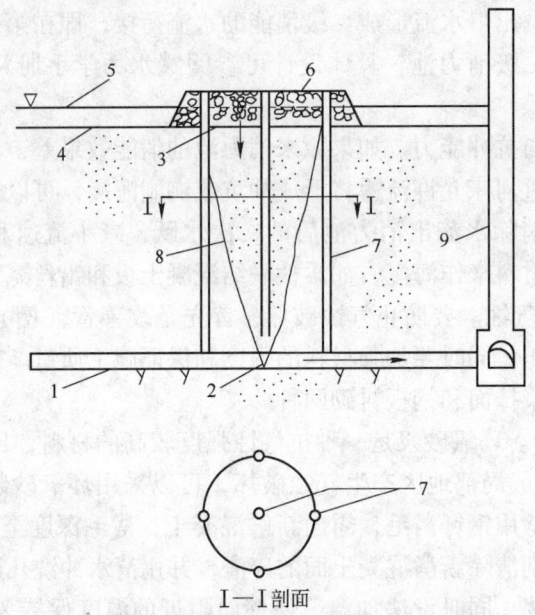

图 4-28 木子沟管道断裂处理方法示意图
1—涵管；2—断裂位置；3—泥石塌坑边界；4—尾砂堆积石；5—水面；
6—欲沉砾石堆；7—风水及泥浆管；8—推测的漏斗杆界；9—排洪井

厚度的黏土层，是兴建尾矿库的合适地点，但溶蚀洼地的可溶性岩层（石灰岩、大理岩，白云岩、大理化灰岩等）长期受水的化学作用和机械作用，可能产生溶洞、裂隙，甚至形成地下通道。有的溶洞暴露于地表，有的则为第四纪残积、坡积层覆盖，还有的埋藏在巨厚的风化壳之下。当尾矿库投入使用后，随库内水位逐渐升高，水压、土压逐渐增大，破坏了溶洞覆盖层和充填物的结构，则可能引起地表塌陷，形成落水洞。尾矿库出现落水洞，轻则流失尾矿和水，重则将库内设施、回水船等陷落，不仅影响选矿厂正常生产，造成资源损失，而且对通道下游出口附近地区造成环境污染等危害。如坑道与采矿坑道相通，则给采矿场造成极大危害。例如，云南锡业公司水箐尾矿库，投产至今已先后出现大小落水洞 250 多个，每次损失程度不同，陷落的尾矿流到 50km 之外、高差 1700m 的红河左岸的马玉田村，可见溶洞之深、通道之长。又如云锡卡房埠牛塘尾矿库，曾于 1969 年 8 月发生一个直径达 40m 的落水洞，将一条 3.8m 的小船吸入，8h 内漏失尾矿 70 余万立方米，造成停产，云锡牛坝荒尾矿库也曾发生类似情况，一次落水洞曾吸入回水船一艘，有一次还造成 3 人落入洞内死亡，云锡老厂大集体尾矿库落水洞，曾几次在采矿坑道内发现陷落的尾矿，影响了坑下采矿作业的正常进行。

4.4.5.1 落水洞处理的基本原则

（1）基建勘察。当必须在岩溶地区兴建尾矿库时，首先应进行库区工程地质普查及勘探，查明落水洞的位置、数目、充填情况、渗透通道的走向、出口等。并在设计中充分考虑防漏和确保尾矿库的构筑物地基稳定的工程措施。

岩溶发育的尾矿库勘察，重点要弄清可溶性岩的岩性与分布规律、岩溶发育情况，查明可能产生渗漏与地表塌陷的具体位置。如：

1）断层线上的强烈破碎带。

2）断层交会地段。

3）背斜轴部。

4）可溶岩与非可溶岩的接触线上。

5）断层陡壁下，地表有坳陷的地方。

6）洼地内径流雨水排泄区。

实践证明，对于隐蔽的岩溶洞穴和可能发生地表塌陷的部位，可结合尾矿库的黏土覆盖层厚度综合判断。一般覆盖层厚度小于8m的地段，陷落次数约占总数的94.9%，因此，黏土覆盖层厚度小于8m的地段，最有可能发生落水洞。

除了地质勘察寻找隐蔽洞穴外，还可用浸水方法寻找。云南锡业公司卡房尾矿库在投产前，曾于雨季引入洪水浸没，很快发现陷落点40余处，经过处理，在浸没过水的范围，很少发生再次陷落。

（2）生产中加强技术管理，力求减少落水洞的出现。尾矿库陷落事故与库内黏土层厚薄有关，同样是喀斯特发育地区，覆盖层厚处发生陷落的几率较少，因此在生产中应加强管理，力求减少落水洞的出现。云南锡业公司职工在实践中发现尾矿沉积可以起到很好的防渗堵漏作用，从而充分利用这个有利因素，采取如下措施：

1）分块使用。尾矿库场地比较平坦，库区面积较大，库内液面上升速度较慢，但喀斯特比较发育，黏土喀斯特潜伏在整个库区内。为了保证安全生产，提高尾矿回水率和回水质量，在基建过程中修筑土堤，将尾矿库分成数块轮换使用，即一块放矿，一块回水，一块晒干堆坝，并起到了互为备用的作用。葫芦塘尾矿库采用此法取得了良好效果。牛坝荒尾矿库初期采用分块堆放尾矿，保证了安全生产。卡房尾矿库晚期采用此法，既有效地减少了出落水洞的几率，同时还在一定程度上，改善了该库的安全状况。

2）周边放矿、水不拢边。在喀斯特比较发育的尾矿库周边，实行周边放矿。即在尾矿输送入库后，顺岩石裸露的周边，按尾矿所需要的坡降，修筑自流沟或自流管，每隔20～30m设置一个放矿口或放矿管；基岩破碎的地段，放矿口间隔要适当缩短，为了不让尾矿浆冲刷库内的天然覆盖层，放矿口应选择在基岩上，否则需架设简易流槽，让尾矿能在岩石裸露区均匀沉积，并逐渐达到一定的厚度，保持砂面高程始终高于库内水位，即可起到一定的防渗堵漏作用，做到水不拢边，出落水洞的几率起码减少一半以上。

3）降低水位、粗砂充填。实践证明，喀斯特发育地区的尾矿库，库内水位越高，出落水洞的几率也越高，因此要尽量降低库内水位，减小渗透压力，最大限度地减少水域面积。尾矿库内某区域喀斯特比较发育，也可采用挖泥船将高浓度尾矿倒至此区域，或采用旋流器沉砂充填等措施，可以减少出落水洞的几率。冶炼厂的废渣或采矿废石用来覆盖尾矿库岩石裸露周边，同样可减少出落水洞的几率。

（3）加强巡逻检查，力争落水洞尚处萌芽状态即被封堵。出现落水洞的地方，一般先出现水面冒气泡、打漩涡、漂于水面的树叶自动往漩涡处跑、库内水位骤然下降、水变浑浊、沉积滩出现裂隙等现象。因此，只要组织专人，加强巡逻检查，就可发现落水洞征兆。一面采取措施降低库内水位，一面在落水洞征兆处用茅草、树枝、黏土、尾矿粗砂覆盖，以使落水洞被封堵于萌芽状态中，防止事故的出现。

（4）处理落水洞的注意事项。发生落水洞事故的过程，往往时间比较短，甚至是瞬时的变化。另外，一处出现落水洞，可能相关联的区域也随之大面积塌落，若有不慎则可能造成伤亡事故。1977 年云南个旧市促进矿职工，在处理云锡牛坝荒尾矿库落水洞时，就因人站立的位置突然陷落，造成 3 名职工死亡。因此，在处理落水洞时，应首先结合有关地质资料、地貌特征、历史情况等进行认真分析，制定处理方案，处理前，凡有条件降低库内水位的，应先降低水位，再注意观察周围裂缝等的演变情况，到落水洞周围作业的人员，应采用必要的安全措施。对人身安全威胁较大的落水洞，应先行处理。暂时危害不大的落水洞可以让其自然发展，待基本稳定后再进行封堵。

4.4.5.2 落水洞的处理方法

尾矿库防漏与落水洞的处理，应本着因地制宜、就地取材、土洋结合、慎重对待的原则，分别采取以下方法：

(1) 圬工封盖法。此法适用于基岩较完整，有明显洞口的石落水洞。根据洞穴形态特点，分以下三种处理方法（图 4 - 29）：

1）水平或微倾斜的洞穴堵塞法。在洞的出口处或狭窄地段选择基岩完整的地点堵塞。施工时先清理周围乱石浮土，再用 50 号水泥砂浆灌入基岩裂隙，然后用 50 号砂浆砌块石厚 3 ~ 4m 将洞穴堵塞，最后在库内方向灌注厚约 200mm 的混凝土板（图 4 - 29a）。处理时必须注意浆砌块石与四周洞壁接合紧密牢固，底部浮土、碎石一定要清理干净，以免因沉陷而使洞顶接触面与浆砌块石体分开，引起渗漏。

2）洞较阔的竖洞堵塞法（图 4 - 29b）。先清理洞口范围的乱石堆积物，然后用毛石封堵洞口，再用黏土充填，用钢筋混凝土板紧密封塞，面上加以黏土铺盖。混凝土板的厚度随库内蓄存尾矿深度及洞口宽度而定，堵塞时要注意将混凝土板嵌入在稳定而完整的基岩内，并用 50 号水泥砂浆填封接触处，以免库内清水沿接触处的基岩绕渗。

3）洞口较窄的竖洞堵塞法（图 4 - 29c）。当洞口较小而且深度不大时，可用浆砌块石或抛石结合堵塞，以便节省钢材水泥，处理过程基本上与上法相同。处理时洞内疏松物质必须清除干净，上部铺盖的黏土层需严密夯实。

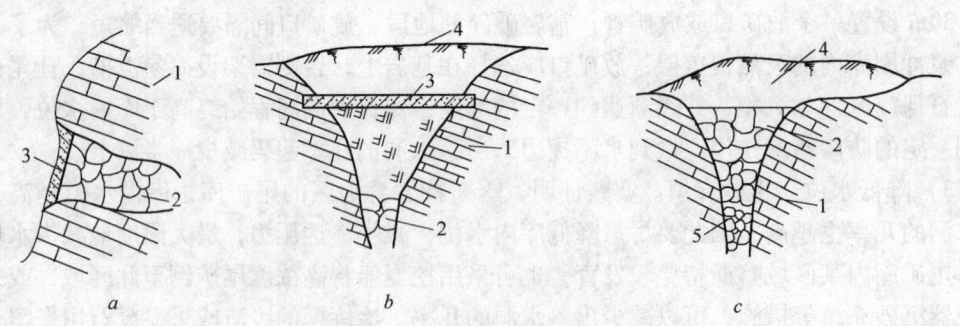

图 4 - 29 圬工封盖法处理落水洞

a—水平或倾斜的石洞；b—洞口较阔的竖洞；c—洞口较窄的竖洞

1—基岩；2—浆砌毛石；3—混凝土或钢筋混凝土盖板；4—夯实黏土；5—抛毛石

(2) 反滤式墙塞法。适用于覆土层较厚、表面形成漏斗但无明显洞口的落水洞（图 4 - 30）。先清基至一定深度，或者清至基岩，抛入大块毛石或树枝将洞堵满，然后向上逐层填以 200mm 厚、直径（平均粒径）为 10mm 的碎石，200mm 厚的砂层做反滤料，最后用黏土夯实封闭洞口，黏土层厚度一般为库内最终水头的 10% ~ 15% 为宜，为防止洞口周围渗漏，黏土覆盖层的宽度应大于漏斗直径 3 ~ 5m。

（3）裂隙充填法。适用于峭壁、陡坡或坡度较大的岩石露头，断层破碎带裸露并查明有无渗漏的裂隙（图4-31）。处理步骤如下：

1）清开裂隙，清除杂物并用清水冲洗。

2）小于50mm裂隙，用水泥砂浆填缝（其厚度应大于30mm，以免超壳）表层养护。

3）50~200mm裂隙，先用碎石充填，表层30~50mm深用水泥砂浆灌实抹平，200mm以上裂隙，用块石与碎石充填，表层100~200mm深用100号混凝土填平、捣实。

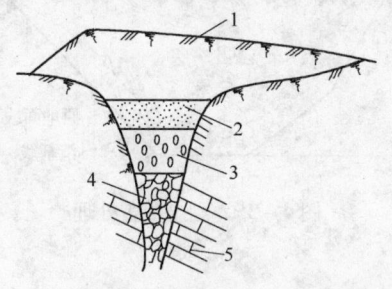 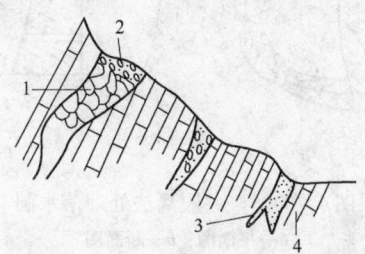

图4-30　反滤式堵塞法处理落水洞　　　　图4-31　裂隙充填法处理漏水裂隙
1—黏土夯实　2—粗砂；3—砾石或碎石；　　　　　1—浆砌块石；2—碎石混凝土；
4—抛毛石及树枝；5—基岩　　　　　　　　　　　3—砂浆填缝；4—基岩

（4）防渗斜墙法。适用于岸坡较陡、灰岩沿坡脚出露、岩脚破碎带与岩壁为主要渗漏区时（图4-32）。先将岩壁裂缝用裂隙充填法堵塞，清出岩脚破碎带，此间如发现明显洞口，先用圬工法封盖，然后把岩壁视为支承体，按土坝施工要求构筑黏土斜墙，墙底部边缘至破碎带外边线的长度不得小于库内水头的1/10。

（5）防渗齿槽法。适用于库内无断层、崖壁完整无裂隙、岩脚破碎漏水的大面积渗漏区（图4-33）。先开挖岩脚，视暴露情况确定齿槽断面，齿槽的深度3m，上口宽5m，下口宽应大于防渗范围1~2m，外边坡为1:1，岩脚破碎严重地带，可先做砂、碎石过滤层，然后用新黏土回填，夯实。

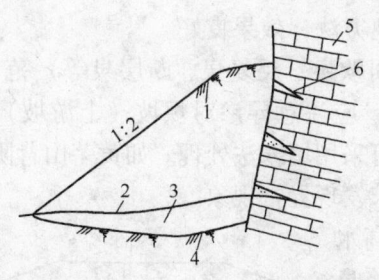 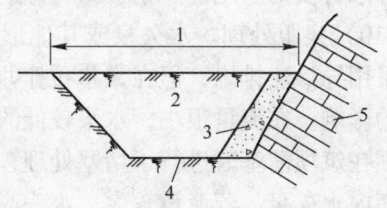

图4-32　防渗斜墙法处理大面积漏水裂隙　　　图4-33　防渗齿槽法处理岩脚渗漏区
1—黏土防渗斜墙；2—原地面线；3—岩脚渗漏区；　　1—齿槽上宽；2—夯实黏土（不小于3m厚）；
4—清基线；5—基岩；6—裂隙充填处理　　　　　　3—岩脚砂石过渡层；4—清基线；5—基岩

（6）竖井隔离法。基岩完整的落水洞的泉水，经清基后，在洞口四周修建围墙，或从洞口顺峭壁砌筑钢筋混凝土竖井，并根据库内尾矿液面上升速度逐年加高，此类落水洞若经过喀斯特流向试验后，探明了出露地点，并对水源、农田、工矿、城镇等无危害时，可以考虑预留排水口，利用其漏洞排洪（图4-34）。

（7）黏土铺盖法。适用于地形平缓，覆土层较薄的大面积断层破碎带（图4-35）。先清除原覆土层，发现大洞穴，视情况用圬工法堵塞，然后用新黏土回填，夯实厚度应大于1/10水头，铺盖范围一般要求超过鼓出的岩层，水边线附近覆盖厚度应加大或加草皮护面，地形较陡处，削平后回填，不得在库内取土。

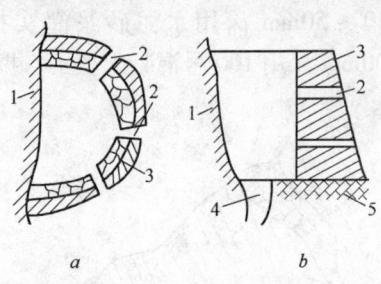

图4-34 竖井隔离法处理落水洞
a—平面图；b—断面图
1—陡壁；2—预留排水口（加闸门）；
3—竖井壁；4—落水洞；5—基岩

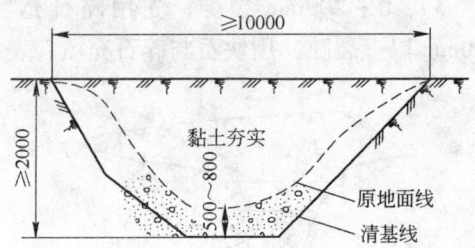

图4-35 黏土铺盖处理

（8）原土压实法。天然封闭洼地，底部为坡积洪积亚黏土层，其厚度在3~5m左右，表层松散，植物茂盛，没有明显的喀斯特溶洞或渗漏通道。汇流的洪水集中在洼地之后经数日即可渗透完毕。对于这种渗透区的防渗处理，首先将低洼地带渗透范围的杂草、树根清除干净，然后将陡坎削平（削成不小于1:1的边坡），用羊角碾或压路机碾压三遍以上。在碾压过程中若有局部压缩量较大时，可在库区附近取土填平后再继续碾压。

（9）筑坝隔离。在尾矿库某一边缘查明有较大的落水洞或比较集中的落水洞群，处理面积较大，一般采用筑坝隔离的办法，割除被落水洞或落水洞群所占居的库容。在尾矿库靠近落水洞（或落水洞群）的边缘修筑坝埂，把尾矿库与落水洞隔离开，使落水洞保持原状。坝体结构应就地取材，隔离坝的高度可以一次修筑尾矿库最终堆积高度，也可以修筑基本坝后根据库内液面上升速度采用尾矿堆坝。黑水塘水库小红岩，个旧湖老阴山落水洞，水菁及卡房尾矿库杨梅山脚等均采用这种隔离方法，效果良好。

（10）泉眼处理。永久泉或其他形式泉眼（如间歇泉、反复泉、断层泉等）范围内，一般采用导渗法排出，但在泉水位于坝体上游侧时，应注意导渗对坝坡（上游坡）渗透稳定的影响。在流量很小，水头较低的情况下，也可采用堵塞法处理。如黄茅山背阴山冲尾矿坝在筑坝清基时进行了堵塞处理，使用十多年未发现异常现象。

库内永久泉，若流量较大，水头高于尾矿库最高水位时，应尽可能采用泉室斜卧管或竖井加以保护，将泉水引入库内或回水构筑物里边，以增加回水能力。牛坝荒尾矿库在最终堆积标高以上有一永久泉，引入个旧市自来水厂，作为生活饮用水部分水源。

（11）通气封堵法（图4-36）。在地下可溶性岩层受水的溶蚀后产生流槽，在空洞区某些空间形成真空，由于真空吸蚀作用，造成地表的大面积塌落，因此，在封堵的洞口埋上一根通气管，让其与大气相通，致使地

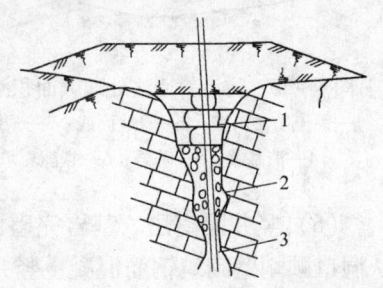

图4-36 落水洞通气法堵塞
1—浆砌块石；2—毛石；3—通气管

下一旦出现溶蚀洞隙时,表面封堵的硬壳不致陷落,云锡公司古山花坟尾矿库落水洞封堵中,曾使用此法,效果尚待进一步观察。

(12)围堰断流封堵法。尾矿库投入使用后,在标高较低处出现大的落水洞,流失现象严重,为减少尾矿和水大量流失,防止其他部位进一步陷落,为落水洞的处理创造条件,首先采取在落水洞周围构筑围堰,把落水洞与库区隔离开;泥浆断流后,用水枪把落水洞底部泥浆冲开,暴露出洞口,使落水洞周围自然安息固结,洞口较大且完整时,先投放大块毛石,填到原地面下200mm后铺一层碎石垫层,厚约100mm,然后浇灌混凝土或浆砌毛石,最后填土夯实或堆放尾矿。

有的尾矿库落水洞位于周边,洞子大,波及范围广,围堰断流后可考虑永久性隔离,不再排放尾矿;有的在其上部继续排放尾矿,应多用粗砂覆盖。

(13)投物固结。有的尾矿库投产使用后,库内出现喀斯特漏斗,由于将漏斗清开比较困难,一般采用向漏斗区投放树枝、石头、砂包、草袋等物料,填到一定厚度形成骨架,使漏斗周围固结。

(14)水下爆破。尾矿库中部出现冒气泡,水面打旋,且有波纹,经多方面观察,判断底部有喀斯特溶洞。但由于库底天热覆盖层较厚,又沉积了一定厚度的尾砂,因此暂时未造成陷落,库内清水与泥浆流失尚不严重,但是随着时间的拖长,此处陷落的可能性将越来越大。此时需进行水下爆破处理,云南锡业公司新冠采选厂在水菁尾矿库曾采用过此种方法,在预定时间内起爆后,水柱冲天,泥浆四溅,喀斯特区瞬间形成真空,落水洞即被封堵,消除了隐患。

水下爆破首先在于判断正确,其次要特别注意安全。

总之,落水洞的处理必须区别对待,石洞注意防漏,土洞注意防渗,石洞多用刚石材料——毛石混凝土或钢筋混凝土;土洞则多用黏土覆盖,有些比较隐蔽的洞和裂隙采用压力灌浆效果较好,有的洞堵塞时使用滤料既可用砂石,也可采用土工布。堵洞中茅草、树枝、废大磨壳、铁丝网等配合使用,都收到了较好的效果。

4.4.5.3 落水洞处理实例

(1)老厂背阴山冲尾矿库坝下落水洞处理。

该库初期坝为浆砌毛石重力坝,高14m,清基深6m。坝趾下有背阴山冲东西向断层通过,落水洞甚多。

清基后发现中段有较大的落水洞两处,均为竖向石洞,洞周基岩完好,上口有部分石块与基岩脱离,洞口最宽处达4m,曲折向下深不见底。两坝肩则多为断层破碎带的溶蚀裂隙。

处理方法如下:

1)对中段石洞,不论大小,先清掉破碎石块,用水枪冲洗清出洞口,由下部较窄处填大块毛石,每填厚50cm左右灌水泥砂浆一层,填至与洞口平。其上用混凝土盖板(洞口大于1m^{2}者用钢筋混凝土盖板)封闭,盖板略大于洞口,四周均放到较完整的基岩上。然后将所有可能漏水的裂隙均清理冲洗,填以水泥砂浆(图4-37)。

2)对坝肩上的裂隙带,先清基,再视裂隙大小用混凝土或砂浆灌实找平。处理范围下游至坝基外不小于1m,上游将所有的明显裂隙均加以处理。

经处理后,该坝从1963年建成至1975年,已用尾矿堆坝15m高,安全工作11年未发生变形、裂缝，坝基稳定。

（2）小凹塘尾矿库防漏处理。

该库基底岩石为中厚层个旧灰岩和岩墙状喷出花岗岩，其上覆盖着火把冲煤系泥质页岩，厚度一般大于6m，起天然覆盖作用，对防漏有利。

基建时对库内石洞及崖壁上的裂隙处理较认真，生产中未发生问题，但对覆土区下的落水洞处理注意不够，使用中多次漏浆，影响生产。

1）基建时的处理。对查明的落水洞，均视具体情况分别进行了处理。

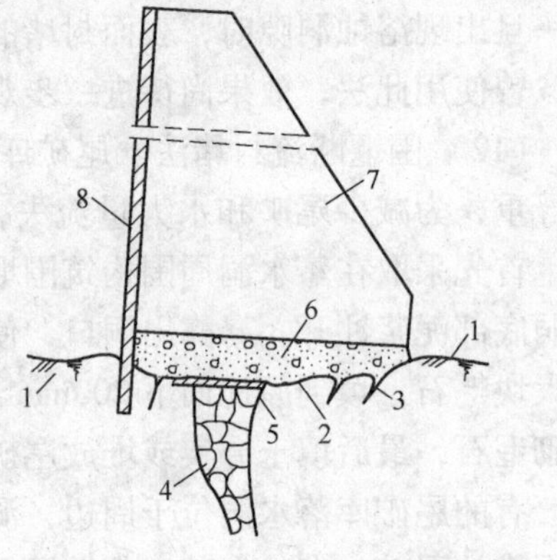

1号落水洞位于库内最低点（图4－38），库内径流水均由此洞漏走，开挖后有明显漏水通道，四周裂隙甚多。处理办法先用砂浆灌缝，再用毛石混凝土垫层和钢筋混凝土板（厚约30cm）

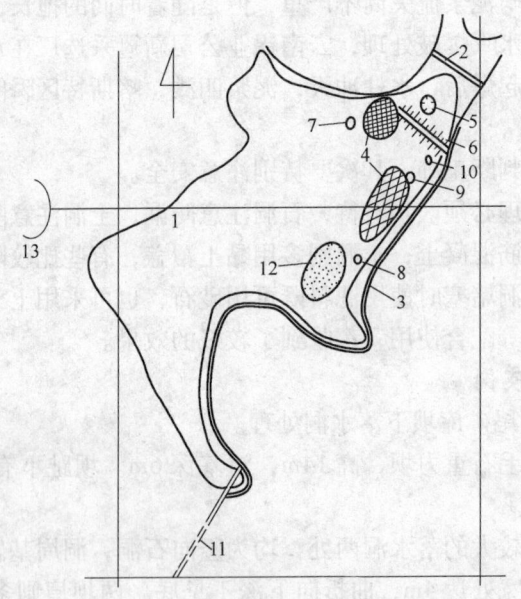

图4－37 背阴山冲尾矿坝落水洞处理
1—原地面线；2—清基线；3—裂隙充填；
4—石洞内填毛石混凝土；5—钢筋混凝土盖板；
6—混凝土垫层；7—浆砌石坝体；8—混凝土截水墙

封盖，其上的空洞充填毛石混凝土，洞口再用钢筋混凝土板封堵（图4－39）。

图4－38 小凹塘尾矿库落水区
1—库区；2—小庙丫口天然坝；3—周边放矿沟；4—灰岩裂隙区；5—土洞落水坑；
6—临时土石围堰；7—1号落水洞；8—2号落水洞；9—3号落水洞；10—4号落水洞；
11—尾矿渡槽；12—砂石黏土胶合区；13—栏马石丫口

2号洞较1号洞高8m，系一狭长洞，洞口小，内部曲折，至8m以下变为细缝。由于内部裂隙过多，面积太大，未采用灌浆处理，仅由洞口抛入大量毛石形成骨架，表面灌浆后用混凝土板覆盖，厚约50cm，面积达20m²。

将洞口周边浮土清除使基岩裸露，所有裂隙均用砂浆或混凝土填补平。3号洞在石灰岩崖壁中间，系一平洞，长约20m，四周横缝交错。对此洞仅在洞口用混凝土板加以封

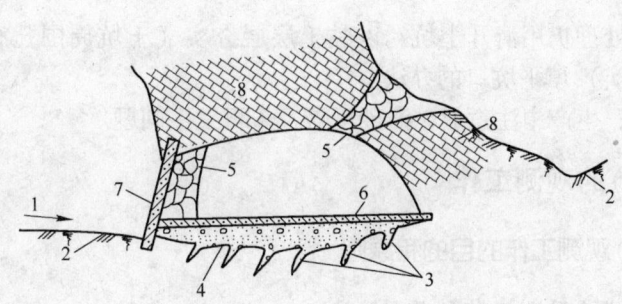

图 4-39 1 号落水洞处理
1—径流水流向；2—地面线；3—裂隙充填；4—混凝土垫层；5—浆砌毛石；
6—平铺钢筋混凝土板；7—洞口钢筋混凝土板；8—基岩

闭，未充填毛石。

4 号洞在 3 号洞以上，为四个洞中最大者，洞口甚小，洞内分两支，向东者转小，向南者渐大，后者空间可容六七十人，裂缝发育，石笋林立。此洞如全部充填费时，施工困难，同时考虑到此洞标高已很高，承受水压已不太大，故洞内未予充填，仅在洞内分支处砌一毛石隔墙，既可断绝水的通路，又可加强岩石顶板的承压力。由毛石隔墙至洞口则用浆砌毛石填充，洞口用钢筋混凝土板封堵。

此外对岩壁上大片灰岩裂隙及 1 号落水洞以上的灰岩裸露地带（面积达 8000m²）亦作了处理。办法是先将浮土草根除去，冲洗干净，再用砂浆或碎石砂浆补缝。

2）生产中的处理。该库尾矿水升至 7~8m 高时，曾在陡壁上及其附近发生小气泡及小旋涡数处，后经尾矿充填即消除。

此后，水位又上升 2m 时，在小庙丫口天然坝前斜坡地段上突然大量漏浆，一夜间即漏掉所蓄尾矿水的 80%，约 10 万余立方米。事故发生后，在漏水区筑围堰并进行清理，发现漏浆处形成一直径 25m，深 6m 的大漏斗，覆土层大部冲走，露出基岩，有 4 个明显漏水洞。对此采用下述方法进行了处理。在洞口打混凝土板封堵，然后清除土坑内的淤泥、尾矿、杂草等，向坑内抛毛石约 1m 厚，毛石表面灌水泥砂浆一层，厚约 30cm，其上再以黏土覆盖。

经处理后再放矿，当水位升高至坑口上缘 1m 左右时，原处又大量漏浆，一昼夜间又形成大坑。

第二次处理办法如下：

1）先将毛石清开，找出所有洞口，用毛石混凝土堵好。

2）覆土层必须分层夯实，保证质量，填平坑口后夯实土与坑边原土接触密实。

处理后再放矿，当水面高出坑口上缘 3m 左右时，不料又发生大量漏浆。

经再次研究，两次堵洞未成功的原因在于对漏水情况没有彻底查清。此区覆盖层下存在落水洞群，覆土层土质松散，遇水后将土粒冲走，形成漏斗而大量漏水。针对这种情况采取以下两项措施：

①在天然坝附近多设尾矿分散管，均匀排放尾矿，利用沉积尾矿覆盖潜在落水洞区，压实原土减少渗透，并保持沉砂面总是高于库内水面。

②利用有利地形，在落水洞区外沿修筑土石围堰，防止清水流入落水区，清水由围堰溢流口排至落水区以外。

对落水漏斗的处理仍用清开土坑,以黏土层层夯实(土坑周围凡有漏水迹象处,均用草包装土层层垒实)填平坑口的办法。

经此次处理后,生产中注意放矿滞砂覆盖,未再发生问题。

4.5 尾矿库(坝)的观测工作

4.5.1 尾矿库(坝)观测工作的目的和原则

4.5.1.1 尾矿库(坝)观测工作的目的

(1) 掌握各种设施的工作状态及其变化规律,为正确管理、处理事故、维修等提供依据。

(2) 及时发现不正常的迹象,分析原因,采取措施,防止事故发生。

(3) 对原设计的计算假定、结论和参数进行验证。

(4) 了解尾矿库对环境的影响。

尾矿库观测工作的宗旨,是为尾矿库(坝)的安全运行服务。当尾矿库投入运行后,将受到自然的、社会的各种外界因素的影响,其工作情况及构筑物的状态都在不断的起着变化,而且受着不同的阶段、环境及运行方式的影响。为及时掌握其变化状态和取得第一手资料,更合理地使用、管理好尾矿库(坝),使隐患得到及时的处理,提高尾矿库(坝)的综合效益,必须重视尾矿库(坝)的观测工作。

4.5.1.2 尾矿库(坝)观测工作应遵循的基本原则

(1) 熟悉观测对象的全面情况,实事求是地做好尾矿库(坝)的观测工作。

(2) 观测项目、测次、时间的确定,要明确目的和计划性,要全面而又突出重点地掌握尾矿库(坝)的运行状况。

(3) 观测设备应符合的条件是:1)所选设备必须达到测量范围需要和精度要求。2)设备的性能稳定可靠,坚固耐用,操作方便。3)不受气温、振动等外界影响。

(4) 测点要合理布置,并能符合掌握尾矿库(坝)变化的全貌。

(5) 制定切实可行的观测工作制度,做到四无(无缺测、无漏测、无违时、无不符合精度要求)、四随(随观测、随记录、随校核、随整理)、四固定(固定人员、固定仪器,固定测次、固定时间),保证资料的系统性、连续性、可靠性。

(6) 在尾矿库的加固和扩建设计中应包括监测设计。

(7) 构筑物状态变化的观测项目应与库内砂、水位、库容、荷载变化及其他影响因素的观测项目同时进行,以求正确反应客观实际情况。

(8) 观测与日常检查相结合。

4.5.1.3 尾矿库(坝)观测的项目

(1) 变形观测:垂直位移、水平位移、裂缝、伸缩缝及固结。

(2) 应力观测:总应力、孔隙水压力。

(3) 渗透观测:浸润线、渗流量、渗水水质、绕坝渗流及扬压力等。

(4) 水文气象观测:库区降雨量、入库流量、库内水位变化、波浪、冰凌、蒸发等。

4.5.2 尾矿坝的变形及应力观测

尾矿坝的变形是从宏观上反应坝体安全的一个综合指标。土、石坝在自重、水、尾砂和其他荷载作用下将会发生变形，为了解变形是否符合规律，是否在正常范围之内，就必须进行观测。

（1）土坝的固结观测，在坝体上选择有代表性的部位埋设固结管，用测量土层的厚度变化来观测。

（2）垂直位移、水平位移，用仪器设备测量出测点在水平方向的位移量或垂直方向的高程变化来进行观测。

（3）孔隙水压力，用专门的仪器设备进行观测。

（4）裂缝观测，土石坝变形过程中由于不均匀位移等而产生裂缝，需进行裂缝观测。

各种观测项目的仪器很多，根据尾矿坝不同建设阶段和埋设条件，按不同要求分别选用。

4.5.2.1 视准线法观测土坝（含堆积坝）水平位移

（1）观测原理。视准线法观测方便、计算简单、成果可靠，因此是目前观测尾矿坝位移的一种常用方法。观测原理如图 4-40 所示，在坝端两岸山坡上设立工作基点 A 和 B，将经纬仪安置在 A（或 B）点上，后视 B（或 A）点，构成视准线。由于 A、B 点在两岸山坡上不受土坝变形影响，因此 AB 构成的视准线是固定不变的，以此作为观测坝体变形的基准线。然后沿视准线在坝体上每隔适当距离埋设水平位移标点，如 a、b、c、d、e。测出标点中心离视准线的距离 l_{ao}、l_{bo}、l_{co}、l_{do}、l_{eo}，作为初测成果，记录下各位移标点与视准线的相对位置。当坝体发生水平位移后，各位移标点与视准线的相对位置发生变化。再用经纬仪安置在工作基点 A（或 B）上，后视 B（或 A）点，可测出各位移标点离视准线的距离

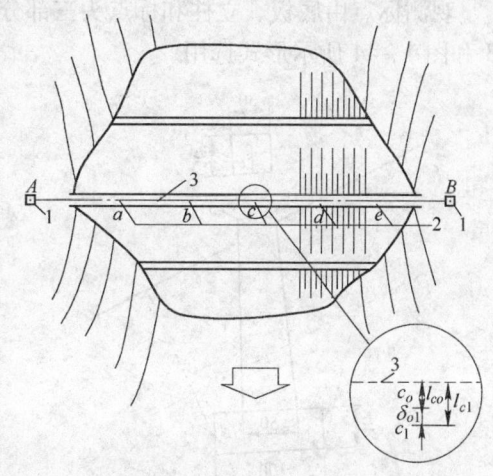

图 4-40　视准线法观测水平位移
1—工作基点；2—位移标点；3—视准线

l_{a1}；l_{b1}、l_{c1}、l_{d1}、l_{e1} 与初测成果的差值即为该位移标点在垂直视准线方向的水平位移量。以 c 点为例，初测成果为 l_{co}，变位后离视准线距离为 l_{c1}，l_{c1} 与 l_{co} 的差值即为位移标点 c 的水平位移量 δ_{o1}。

（2）测点的布设。观测标点设于坝体表层，其布设以全面掌握坝的变形状态为原则，可选择有代表性且能控制主要变形情况的断面，如最大坝高断面、合龙段、有排水管道通过的断面及地基地质变化较大地段布置观测横断面，一般在坝顶布设一排，下游坡布设两至三排。每排测点的间距为 50~100m。每排测点延长线两端山坡上各设一个工作基点。为了校测工作基点有无变动，在两个工作基点延长线上各埋设一个校核基点（图 4-41）。校核基点也可不设在视准线延长线上，而在每个工作基点附近，设置两个校核基点，使两校核基点与工作基点的连线大致垂直，用钢尺丈量以校测工作基点是否发生变位。

为了掌握土坝横断面的变形情况，通常使各纵排上的测点都在相应的横断面上。在最大坝高处、合龙段、坝下埋管，地质条件较差或变化较大的坝段应增设横断面位移点（图 4-42）。

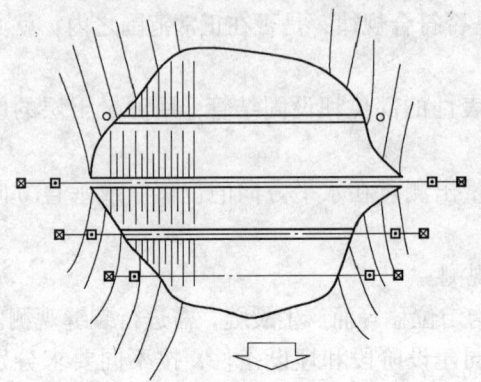

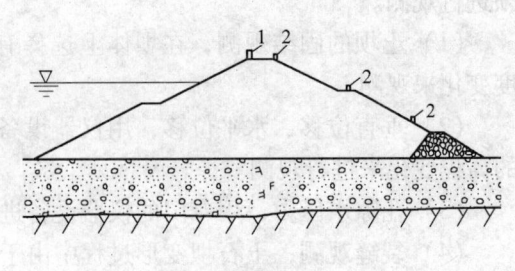

图4-41 水平位移标点平面布置
☐—工作基点；☒—校核基点；○—位移标点

图4-42 横断面水平位移点布置
1—防浪墙；2—位移标点

观测标点由底板、立柱和标点头三部分组成，根据坝面结构和现场条件，可按图4-43和图4-44所示形式选用。

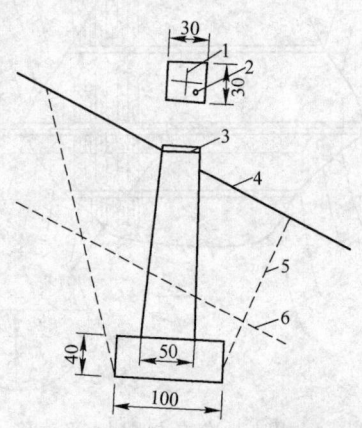

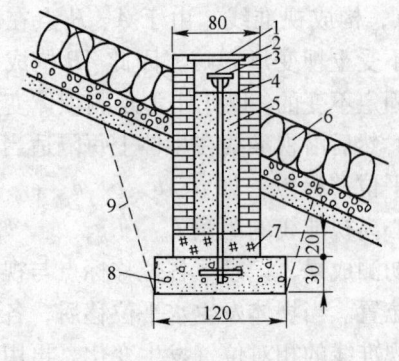

图4-43 无护坡坝体位移标点（单位：cm）
1—十字线；2—垂直位移标点头；3—铁板；
4—坝坡线；5—开挖线；6—冰冻深度线

图4-44 有块石护坡坝体的位移标点（单位：cm）
1—盖板；2—带十字线铁板；3—垂直位移标点；
4—铁管；5—填砂；6—块石护坡；
7—黏土；8—混凝土底板；9—开挖线

位移标点的上部结构与使用的觇标有关。如使用简易的活动觇标，标点顶部只需埋设一块刻有"十"字线的钢板，如图4-43和图4-44所示形式。如使用精密活动觇标，则需埋设上述工作基点的上部结构。

4.5.2.2 前方交会法观测坝体水平位移

（1）观测原理用视准线法观测坝体水平位移，优点多、精度高，但对折线型坝、特别是曲线型坝，则需增加工作基点。因此在采用视线法不方便的情况下，可采用前方交会法和视准线法配合进行测量。

前方交会法是利用两个（或三个）已知坐标的工作基点来交会所需的某点，通过交会角计算出某点的位置（即某点的坐标）。如图4-45所示，A点和B点是两个已知坐标的工作基点。A点与B点之间的水平距离和AB边的方位角均为已知，P是所需观测的未知点。交会时，分别在A点和B点安置经纬仪，测出交会角α和β即可计算出P点坐标值。

利用前方交会法观测土坝水平位移，就是在坝的两岸山坡选择不受大坝变形影响的地点设置工作基点，测出坝体上位移标点随坝体发生位移后的坐标值的变化，计算出该点的位移量。如图4-46所示，A点与B点为工作基点，P_o为初测时位移标点位置。通过前方交会，测出交会角α_o和β_o，即可计算出P_o点的坐标值x_{P_o}和y_{P_o}。当土坝发生变形后，P_o标点即位移至P_1位置，再用前方交会法测出其交会角为α_1和β_1，可计算出P_1点的坐标值x_{P_1}和y_{P_1}。P_1点与P_o点坐标的差就是位移标点P_o在坐标轴上的位移值分量。

$$\left.\begin{aligned} \delta_{x_P} &= x_{P_1} - x_{P_o} \\ \delta_{y_P} &= y_{P_1} - y_{P_o} \end{aligned}\right\} \tag{6-2}$$

而P_o点的位移量为

$$\delta_P = \sqrt{\delta_{x_P}^2 + \delta_{y_P}^2} \tag{6-3}$$

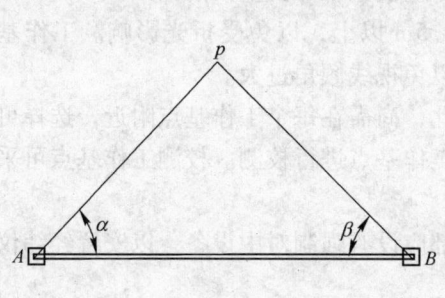

图4-45　前方交会法

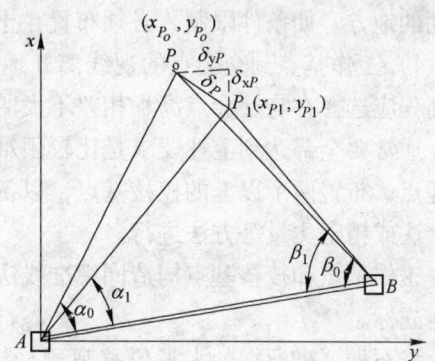

图4-46　前方交会法观测位移

（2）测点的布设。前方交会法观测位移计算工作比视准线法复杂。因此一般只在用视准线法观测比较困难的长坝、折线型土坝上采用前方交会法。

对长底超过600m的土坝，可在土坝中间加设一个或几个非固定工作基点，用前方交会法测定它们的位置，再根据非固定工作基点和固定工作基点用视准线法观测各位移标点的位移量（图4-47）。

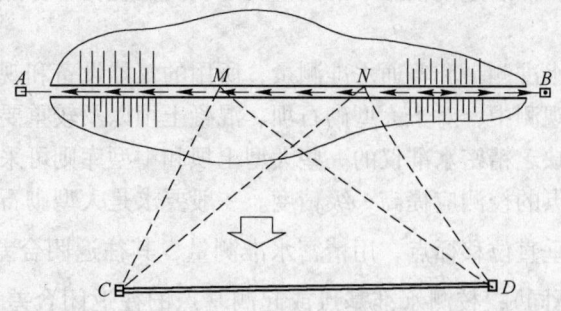

图4-47　长坝用前方交会法测定非固定工作基点

对折线型坝，可在坝的折线点设置非固定工作基点，用前方交会法测非固定工作基点的位置，然后再根据非固定工作基点和两岸的工作基点，用视准线法观测各位移标点的位移量（图 4 - 48）。

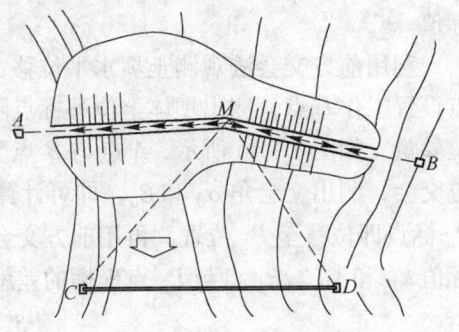

图 4 - 48　折线型坝用前方交会
测定非固定工作基点

坝体的位移标点的布置与视准线法相同，详见上节。

前方交会法的工作基点的布置，直接影响位移观测成果的可靠性，因此，布置时应注意以下几点：

1）前方交会的工作基点的选择，应使交会图形最佳，两工作基点到交会点的交会线夹力求接近 90°。当条件限制，其夹角也不得小于 60°或大于 105°。

2）两工作基点到交会点的边长不能相差悬殊，以减少误差。

3）工作基点应浇注在地质条件良好的坚固岩石上，并尽可能远离大坝承压区和易受震动的地方。如条件限制，必须布置在土基上时，应设置较深而坚固的基础。

4）工作基点到交会点的视线离开地物需在 1.5m 以上，以免受折光影响。工作基点的高程应选择在与交会点高程相差不大的地点，以免视线倾角过大。

通常要全部达到上述要求是比较困难的，为此，尚需在每个工作基点附近，选择可靠的地点，布置两个以上的校核基点，以备定期对工作基点进行校测。校测工作基点可采用交会法或精密丈量等方法进行。

工作基点和校核基点构造同视准线法。其上部应设有强制对中设备，以安置经纬仪和固定觇标。

堆石坝、砌石坝的水平位移观测，与土坝基本相同，可参照进行。其位移标点的布置，对于直线型坝，通常是在坝顶埋设一排位移标点。砌石坝的挠变，通常采用垂直法进行观测，即用垂线作基准线，测量铅垂线不同高程坝体各测点的水平位移。

4.5.2.3　水准测量法观测坝体垂直位移

土坝、堆石坝、砌石坝、混凝土坝的垂直位移，都可以用水准测量的方法进行观测。

（1）观测原理。用水准仪进行水准测量可以测出两点之间的高差。观测大坝垂直位移就是在大坝两岸不受坝体变形影响的部位设置水准基点或起测基点，并在坝体表面布设适当的垂直位移标点，然后定期根据水准测量测定坝面垂直位移标点的高程变化，即为该点的垂直位移值。

水准测量分精密水准测量和普通水准测量，所用的仪器设备和观测的方法和要求都有所不同。在垂直位移观测中，对于大型砌石坝、混凝土坝以及较重要的大型土坝，一般采用精密水准测量，在缺乏精密水准仪的一些大型土坝和中型库则可采用普通水准测量。但对水准基点或起测基点的校测应提高一级精度。一般要求是大型砌石坝、混凝土坝和重点土坝由起测基点观测垂直位移标点，用精密水准测量，其往返闭合差 $\Delta h \leqslant \pm 0.72\sqrt{n}$ mm（式中 n 为测站数，下同）；校测水准基点或起测基点的往返闭合差 $\Delta h \leqslant \pm 0.36\sqrt{n}$ mm；一般大型土坝和中型水库的坝用普通水准测量，其往返闭合差 $\Delta h \leqslant \pm 1.4\sqrt{n}$ mm；校测水准基点或起测基点的往返闭合差 $\Delta h \leqslant \pm 0.72\sqrt{n}$ mm。

用水准测量法观测大坝垂直位移，一般采用三级点位——水准基点、起测基点和位移标点，两级控制——由水准基点校测起测基点、由起测基点观测垂直位移标点。如大坝规模较小，也可由水准基点直接观测位移标点。

(2) 垂直位移标点布设。为了全面掌握坝体的变形，垂直位移应与水平位移的观测配合进行并统一分析，因此垂直位移应与水平位移布设在同一个测点上。

有的砌石坝，垂直位移量很小，要求精度较高，采用连通管法进行观测可取得较好的效果。

土石坝的水平和垂直位移观测，除上面介绍的几种方法外，目前各种型号的测斜仪、沉降仪逐步得到推广应用。如铜陵有色金属公司狮子山矿杨山冲尾矿坝采用 CX - 56 型高精度钻孔测斜仪及 CFC - 40 型分层沉降仪，分别监测坝体的水平和垂直位移，性能稳定、测值可靠，但易受外界干扰，一次性投资也较大。因此，观测仪器应根据尾矿坝的实际情况酌情选用。

土石坝位移观测，使用初期每月观测一次。当坝体垂直或水平变形量已基本稳定，并已掌握其变化规律后，可逐步减为每季观测一次。但遇下列情况应适当增加测次：

1) 地震以后或久雨、暴雨之后。

2) 变形量显著增大时。

3) 渗透情况显著变坏时。

4) 库水位超过最高水位时。

5) 在坝体上进行较大施工后。

4.5.2.4 土坝（含堆积坝）固结观测

(1) 土坝的垂直位移观测成果可以使我们掌握坝体和坝基的总沉陷量。但我们分析掌握坝体的变形，则还需测出坝基的沉陷量，用坝面测得的总沉陷量减去坝基面（即坝底）的沉陷量，即为坝体在荷重作用下的总固结量。土坝每米土厚的固结量随坝高而变化，亦就是说靠近坝面的土体由于荷重较小，每米土厚的固结量也小，靠近坝体的土体由于荷重较大，每米土厚的固结量也较大。为了掌握土坝的固结变化规律，不仅要观测坝体总固结量，还要测出不同高程的沉陷量，以了解坝体分层固结量。为此，需要在坝体同一平面位置的不同高程上设置测点，观测其高程变化。

土坝固结观测，目前常用的有以下几种方法：

1) 横梁式固结管。

2) 静水式沉陷计。

3) 深式标点组。

固结观测测点的布置应据尾矿库的规模和重要性、坝结构形式和施工方法以及地质地形等情况而定，一般应布置在老河床、最大坝高、合龙段以及进行过固结计算的断面内。对水中填土坝，至少应选择两个横断面，每个横断面埋设 2~3 根（组）固结管。在重要碾压式均质土坝中，可在最大坝高处埋设一根（组）固结管。对于土坝较长或地质条件比较复杂的，应酌情增设。

每根（组）固结管的测点间距（即横梁间距或静水式、深标式相邻两底板的间距），应根据坝身土料特性和施工方法而定，一般为 3~5m。最低测点应置于坝基面上（图 4-49）。

土坝固结观测应与水平位移、垂直位移观测配合进行。

(2) 横梁式固结管。横梁式固结管由管座、带横梁的细管和套管组成（图 4-50）。

1）管座：直径为 50mm 的铁管，长 1.1m，底部用铁板封闭。

2）带横梁的细铁管：管径 38mm，每节长 1.2m。在细管中间用 U 形螺栓将一长 1.2m 的角钢与细管直管焊接。角钢规格一般为 60mm × 60mm × 4mm 或 75mm × 75mm × 5mm。角钢两端各焊一块翼板，翼板为 300mm × 300mm × 3mm 的铁板。两翼平面应与细管正交，并在同一水平上（图 4-51）。

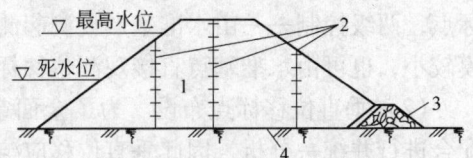

图 4-49 固结观测测点布置
1—坝身；2—横梁式固结管；
3—反滤设施；4—清基线

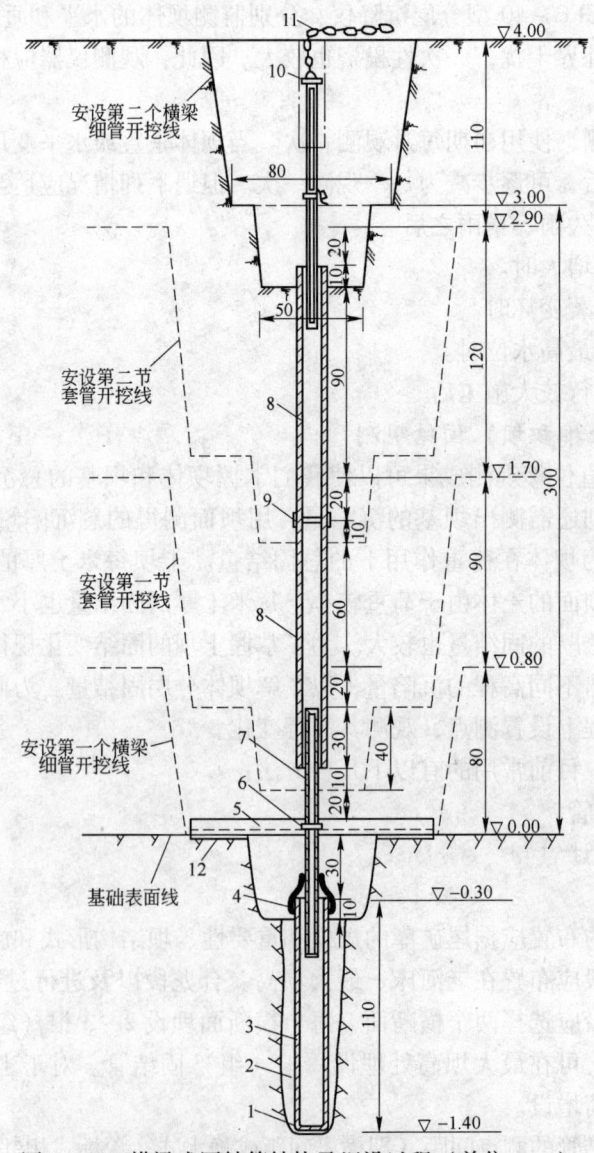

图 4-50 横梁式固结管结构及埋设过程（单位：cm）
1—管座底铁板；2—水泥砂浆；3—φ50mm 管座；4—麻布或橡皮；
5—横梁 60mm × 60mm 角钢；6—U 形螺栓；7—φ38mm 细管；8—φ50mm 套管；
9—φ50mm 管接头；10—保护盖；11—标记铁链；12—铁板 300mm × 300mm × 3mm

3）套管：直径为 50mm 的铁管，管长比测点间距短 0.6m。如测点间距为 3m，则套管长 2.4m。为施工方便起见，可截成两节，每节长 1.2m，安装时用管箍连接牢固，如测点间距为 5m，则套管长 4.4m，可分为四节，每节长 1.1m。最上一层测点至坝面的套管长度按需要而定。坝面套管出口应加保护盖保护。

土坝固结观测设备通常在施工时埋设，在碾压式土坝中埋设横梁式固结管的方法如下：

1）管座的埋设：管座一般埋设在坝基内。当坝基清理完毕开始填筑坝体之前，在标定埋设固结管的位置上进行埋设。如坝基为土质或砂卵石层，采取挖坑的方法挖至预定高程，然后将管座铅直定位，回填原土夯实。如在岩基上埋设，则需钻一直径为 135mm、深 1.4m 的孔，将管座铅直埋入，然后用水泥砂浆灌入固定（图 4-50）。管座埋设时，需在管口带有 2m 长铁链的管盖，避免填土时堵塞管子，并便于沿铁链查找管口。

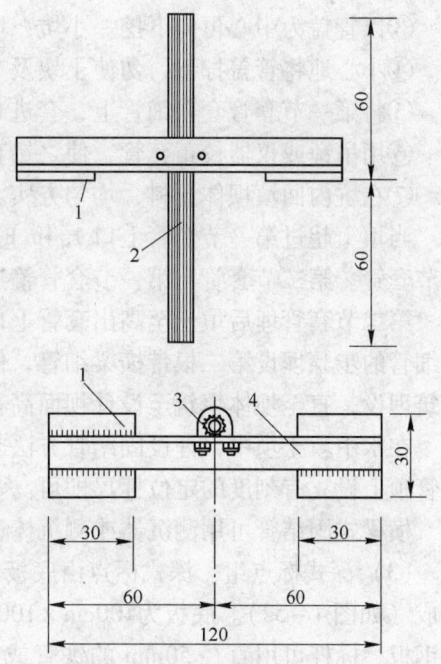

图 4-51 带横梁细管结构（单位：cm）

1—300mm×300mm×3mm 铁板；2—φ38mm 细铁管；
3—U 形螺栓；4—横梁，60mm×60mm×4mm 角钢

2）带横梁细管的埋设。管座埋好后即可进行填筑坝体，分层碾压。当填土超过坝基面 0.8m 时，需按下述步骤进行带横梁细管的埋设：

①沿铁链找到管座位置。

②在管座位置挖坑，坑深 0.8m，坑底（图 4-50 中▽0.00 处）高出管座顶 0.3m，坑底面积为 1.2m×0.8m。在接近坑底时应小量开挖，防止超挖，并保证坑底面平整。

③以铁链露出坑底土面为中心，再向下挖一小坑，坑深 0.4m，坑底面积为 0.5m×0.5m。

④小心地将管座上带铁链的管盖拧下，勿使土块或杂物落入管中。

⑤将带有横梁的细管轻轻插入管座内，翼板放在大坑的坑底面上。

⑥细管上口戴上带有 2m 长的铁链的细管盖。

⑦在管座上口与细管相接处，用浸有柏油的麻袋布或棕皮包裹，并用铁丝扎紧。

⑧用水平尺校正横梁水平和细管铅直，测定翼板底面高程和细管上口高程，并根据细管长度算出下口高程，作为该测点的始测高程。

⑨在坑内回填土料，均匀夯实，使与周围坝体填土的压实标准一致。夯实时应避免冲击管身。

3）套管的埋设：以测点间距 3m，套管每节 1.2m 为例。当埋好带横梁的细管，并将坑回填后，继续填筑土料，至填土面高出细管上口 1.1m 时（图 4-50 中▽1.70 处），按下述步骤埋设第一节套管：

①沿铁链找出细管顶位置。

②在管子所在位置挖坑，坑深 1.1m，坑底与细管顶平，底面积为 0.6m×1.0m。

③以管盖为中心再向下挖一小坑，坑深0.4m，底面积为：0.5m×0.5m。

④小心地将管盖拧下，勿使土块及杂物落入管中。

⑤将第一节套管套在细管上，套进0.3m，设法固定，并在管口拧上带铁链的管盖。

⑥用吊锤或仪器校正套管，使之铅直。

⑦在坑内回填坝体土料，均匀夯实。

当填土超过第一节套管上口1.4m时（如图4-50中▽2.90处），按上述步骤埋设第二节套管。第二节套管与第一节套管箍连接牢固，使之铅直，并继续填筑土料。

第二节套管埋后填土至高出套管上口1.3m时（如图4-50中▽4.00处），按埋带横梁细管的步骤埋设第二根带横梁细管，但横梁方向应与第一根横梁方向成90°。如此继续填筑埋设，直至坝体填筑至设计坝面高程。

在水中填土坝中，埋设固结管方法与碾压式土坝基本相同，但管盖上可不系铁链，而在管顶上设立有刻度的定位标尺即可。

横梁式固结管可用测沉器或测沉棒进行观测。

（3）深式标点组。深式标点由底板、标杆和套管组成（如图4-52）。底板为100cm×100cm，厚10mm的钢板。标杆可用直径50mm的铁管或直径38mm的钢筋焊接在钢板或浇注在混凝土底座中。套管可用直径100mm的铁管。管口需加保护盖。

一个深式标点只能测得坝体内一点的高程，为观测分层固结，需埋设一组若干个深式标点，而每个深标的底板分别埋设在需要的不同高程上，一般也是在施工期间埋设，在碾压式土坝中埋设的深标点，可按前述横梁式固结管的埋设方法每次填土超过标杆顶高，然后挖坑接长，逐节埋设至坝面为止。为避免施工干扰；也可在筑坝上按设计位置和高程埋设深标底板，待大坝竣工后，按设计位置用钻机造孔，钻到距底板20~50cm时下套管。然后用钻头钻至底板，测定底板高程。再钻入底板20cm，插入标杆，灌注水泥砂浆。测定标杆顶高程，计算底板高程，作为始测成果。

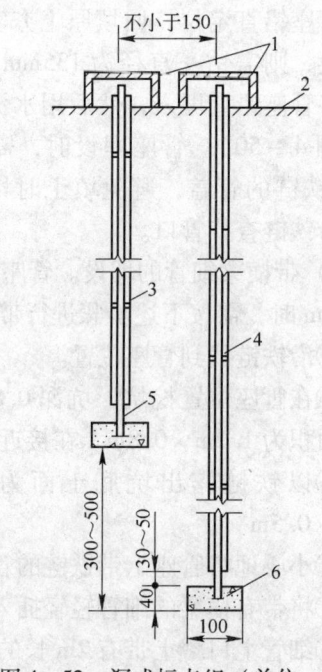

图4-52 深式标点组（单位：cm）
1—保护盖；2—坝面；3—φ100mm套管；
4—管箍；5—φ50mm标杆；6—混凝土底座

深式标点组观测方法与垂直位移一样，用水准测量进行。如不计标杆的温度变形，则标杆顶高程变化，即为底板的高程变化。要求精度较高时，应进行标杆受温差影响的修正。

4.5.2.5 土坝（含堆积坝）孔隙水压力观测

孔隙水压力测点的布置需根据坝的规模大小、重要性、结构形式、地形地质以及施工方法等而定。一般是在最大断面、合拢段等选择两个以上横断面进行布置。在每个横断面上，一般是在不同高程水平地布置几排测点。排与排高差约为5~10m。每一水平排上每隔10~15m埋设一个测点。在坝坡稳定分析的滑弧区和靠近坝基的部位，可增设一些测点。一般每个测压断面上不少于3排，每排不少于3个测点，并应能测出横断面内孔隙水压力等压线为原则。图 4-53 为均质坝孔隙水压力测点布置示意图。其工作原理：孔隙水压力经透水石传入承压腔，作用于承压薄膜中心，薄膜受力后产生变形，引起固定在薄膜上的钢弦伸缩，从而使钢弦的自振频率也随之改变，用频率仪测出频率的变化值，再经换算即可得孔隙水压力值。

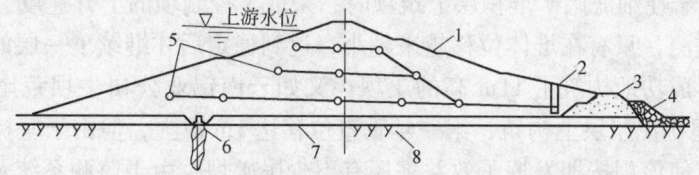

图 4-53 均质坝孔隙水压力测点布置示意图

1—坝坡；2—观测井；3—栈台；4—排渗棱体；5—孔隙水压力计埋设点；6—截水墙；7—排渗褥垫；8—坝基

4.5.2.6 土坝（含堆积坝）裂缝观测

通过检查，发现土坝发生裂缝后，认为有必要掌握其发展情况，分析其产生原因和对坝体安全的影响，以便进行有效的处理，应进行裂缝观测。通常对于垂直坝轴线的横向裂缝，缝宽大于 5mm 或缝宽虽小于 5mm 但长度较长的纵向裂缝、弧形裂缝、有明显垂直错距的裂缝以及坝体与混凝土或砌石建筑物连接处的裂缝，都应该进行观测。

土坝裂缝的观测包括位置、走向、长度、宽度等项目，对较重要的裂缝，则应进行坑探或钻探，观测裂缝深度。

（1）土坝裂缝的位置和走向，可在裂缝地段按土坝桩号和距坝轴线距离，用石灰或木桩划出大小适宜的方格进行测记，并按适当比例绘制平面图。

（2）土坝裂缝长度的观测，可在裂缝两端用石灰划出标记，然后用皮尺或钢尺沿缝迹测量。石灰标记处需注明日期，以掌握其发展情况。

（3）裂缝宽度可在缝宽最大和有代表性的缝段，用石灰等划出标记作为测点，用钢尺测量。钢尺要求有毫米分划，读数估至 0.1mm。测量时，应尽量防止损坏测点处的缝口，在测点处的缝口，可喷洒少量石灰水，以便检查缝口是否遭受破坏。

（4）在需要了解裂缝深度或向下延伸方向时，可在裂缝附近适当位置钻孔进行探测。根据对裂缝的初步分析，钻孔可打成垂直孔或斜孔。

经上级主管部门批准，可对裂缝进行坑探。在裂缝缝宽最大处或选择有代表性的缝段向下沿缝迹开挖方坑。方坑面积根据情况而定，通常采用 100cm × 200cm。如裂缝较深，上段可适当扩大。开挖时还应进行必要的支撑和通风，以免发生安全事故。

进行坑挖时，需小心开挖，对缝迹处的坑壁尤应注意，以保持缝迹完整。检查坑应分段开挖，分段量测，并绘制有缝迹的两面坑壁剖面图，直至裂缝尖灭处。

在钻孔或坑探检查前，可从缝口灌入石灰水，以显示裂缝痕迹。有条件的要在钻孔和坑探时取原状土样作干容重和含水量试验。还可在钻孔中用钻孔照相机摄影或用钻孔电视机观测。钻孔的孔口和检查坑的坑口必须加以遮盖，注意保护。在取得资料后，即应按设计要求予以回填。

（5）土坝裂缝观测的测次应根据裂缝发展情况而定。在裂缝初期可每天观测一次，当裂缝有显著发展和上游水位变化较大时增加测次，在裂缝发展减缓后，适当减少测次。长期观测的裂缝，要与土坝水平位移和垂直位移观测配合进行。

土坝裂缝观测的成果需详加记录，除上述方格平面图和剖面图外，尚应在大坝平面图上绘制裂缝分布图。

尾矿库的位移观测，目前在有色金属系统的绝大多数尾矿坝上已在逐步建立、健全，并已发挥了实际效益。例如安徽铜陵有色公司林冲尾矿库，虽然尾矿平均粒径仅0.015mm，但由于在细泥尾矿堆积层上筑坝时，采取了控制坝的上升速度，对坝体水平和垂直位移进行监测，只有在堆体位移越来越小，达到稳定后才继续下一层的加高施工，在尾矿堆积层上，成功地构筑了11m高的土坝；又如云南锡业公司牛坝荒尾矿库西坝是在深达25m厚的尾矿泥浆层上构筑，第一年垂直位移达1m以上，但由于坚持了监测，及时进行填平补齐，使该坝按期发挥了效益。还有不少尾矿坝，由于监测系统及时提供了发生有关异变的数据，跟踪分析，发现并及时处理了隐患，避免了事故。

4.5.3 尾矿坝的渗流观测

渗流观测的目的是为了掌握尾矿坝的渗流状态、渗流场压力分布，监视尾矿坝防渗排水设施的工作情况和有关土层的渗透稳定性，为进一步采取安全措施提供科学依据。

渗流观测的内容可概括地分为渗流量和渗流压力两部分，通常包括以下项目：

(1) 浸润线观测。

(2) 坝基渗水压力观测。

(3) 绕坝渗流观测。

(4) 混凝土和砌石坝扬压力观测。

(5) 渗流量观测。

(6) 渗透水水质监测。

4.5.3.1 土坝（含堆积坝）浸润线观测

(1) 目的与要求。尾矿库建成放矿后，由于水头的作用，坝体内必然产生渗流现象。水在坝体内从上游渗向下游，形成一个逐渐降落的渗流水面，称为浸润面。浸润面在土坝横截面上显示为一条曲线，通常称为浸润线。土坝浸润面的高低和变化，与土坝的安全稳定有密切关系。土坝设计中先需根据土坝断面尺寸、上下游水位，以及土料的物理力学指标，计算确定浸润线的位置，然后进行坝坡稳定分析计算。由于设计采用各项指标与实际情况不可能完全相符，施工质量也有差异，土坝并非"均质"，防渗、排水等设施也不可能完全符合设计要求等，因此，土坝实际运用时的浸润线位置往往与设计计算的位置有所不同。如果实际形成的浸润线比设计计算的浸润线高，就降低了坝坡的稳定性，甚至可能造成滑坡失稳的事故。为此，观测掌握坝体浸润线的位置和变化，以判断土坝在运用期间的渗流是否正常和坝坡是否安全稳定，是监视坝体安全运用的重要手段，必须予以重视。

土坝浸润线观测最常用的方法是在坝体选择有代表性的横断面，埋设适当数量的测水管，通过测量测水管中的水位来获得浸润线位置。

(2) 测点布置。浸润线的测点应根据尾矿库的重要性、规模大小、尾矿坝坝型、断面大小尺寸、坝基地质情况，以及防渗、排水结构等进行布置。

一般应选择最重要、最有代表性，而且能控制主要渗流情况以及预计有可能出现异常渗流的横断面，作为浸润线观测断面，布置测水管。对于一般大型和重要的中型库，观测浸润线的断面应不小于3个，一般中小型库不小于2个。

每个横断面内测点的位置和数量，以能使观测成果如实地反映出断面内浸润线的几何形状及其变化，并能充分描绘出坝体各组成部分（防渗体、排水体、反滤层等）在渗流下的工作状况为原则进行布置。

1）初期坝为不透水坝，建议在堆积坝坝顶、初期坝上游坡底、上游坝肩、下游滤水体各布置一根测水管，其他中间 20~40m 内插一根，深度预计浸润线下 10m（见图 4-54）。

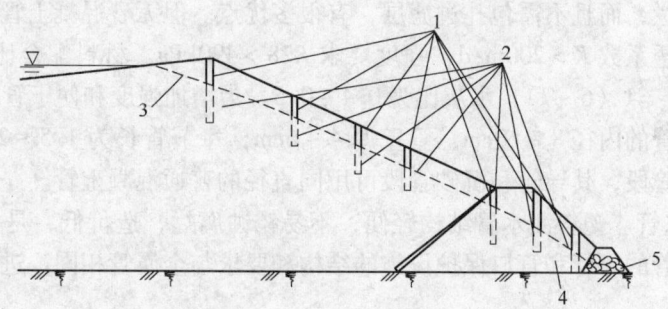

图 4-54　初期坝不透水的尾矿坝测压管布置
1—测水管；2—进水管段；3—浸润线；4—初期坝；5—初期坝排水体

2）初期坝为透水坝，建议在堆积坝坝顶、初期坝上游坡底，初期坝上游各布置一根测压管，其余按1）一样原则内插，深度同前（见图 4-55）。

（3）观测设备。目前最常用的是测水管，它是利用不易变形和腐烂的金属管、塑料管或无砂混凝土管，直接埋入坝体内，靠管中水柱高度与库内水位的连线来表示浸润线的。测水管主要由进水管段、导管和管口保护设备三部分组成。

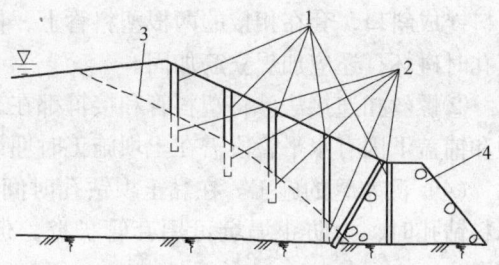

图 4-55　初期坝为透水坝的尾矿坝测水管
1—测水管；2—进水管段；3—浸润线；
4—透水堆石坝

1）金属测水管：

①进水管段，俗称花管。常用的进水管为直径约50mm金属管，下端封闭，上口外缘扣丝，以便与导管连接。为了能使坝体中的水较快地渗入测水管中，进水管壁上需钻有足够数量的进水孔。

进水管要求能进水滤土，因此为防止坝体土粒进入管内，需在管壁外面包裹两层铜丝布、马尾网、玻璃丝布或尼龙丝布、土工布等不易腐烂变质的过滤层。外面还可包以棕皮等作为第二过滤层。最外层再包两层麻布，分别都用12号或14号铅丝缠绕扎紧。

需要注意的是浸润线测水管与孔隙水压力测水管的进水管段长度不同。根据土坝渗流理论，均质坝流网的第一根等势线就是上游坝坡，第二根等势线大致与上游坝坡平行，逐渐向下游变化。因此孔隙水压力测压管进水管段很短，测得水位仍是进水管段位置的等势线水头高。而观测浸润线则要求进水管段的范围高出浸润线才能得到如实的反映。

②导管。导管接在进水管的上面，一直引伸出坝面，以测量管中水位。导管的材料和直径应与进水管相同，但管壁不需钻孔。导管一般为直管，当用于观测斜墙下游或铺盖下

的水位时，则采用 L 形导管。

③管口保护设施。导管引伸到坝面出口处，要用专门的设施加以保护。主要是保护测水管不受人为破坏，不让石块和杂物落入管中将管堵塞，防止雨水或坝面水流入管内，或沿管外壁渗入坝体。

2）无砂混凝土测水管。

测水管的进水管段还可采用无砂混凝土管，结构简单、节约钢材、造价低廉、经久耐用，不易锈蚀腐烂，而且不需包扎过滤层，有很多优点。但无砂混凝土管应有较好的透水性，要求它的渗透系数 $K > 200\mathrm{m/d}$，强度要求 $R28 > 490\mathrm{kPa}$。材料配合比为：水泥:砾石（粒径 5~10cm）=1:（6~7），水灰比为 0.4~0.5。为增加强度和便于管段连接，管壁内可配少量钢筋。管的内径 8~10cm，管壁厚 4~6cm，每节管长为 1.5~2.0m。采用无砂混凝土管作进水管段，其导管和沉砂管段可用同直径的普通混凝土管。

3）塑料测水管。塑料测水管结构轻便，不易锈蚀腐烂，造价低，是一种较为理想的材料。塑料测水管的导管和管口保护设施的结构和要求与金属管相同。进水管构造则有所不同。

塑料管的接头方法有两种形式：

①对接法。可采用与管子同直径的长 10cm 的接箍，加热后撑粗，待冷却后，将接箍里口锉成斜口，套在相接的两根塑料管上，再沿接口用塑料焊条围焊 5 圈。为防止在安装填孔时碰坏，还应加焊立筋加固。

②螺丝扣连接法。将塑料管和接箍都在车床上车丝后进行套接。浸润线测水管除斜墙坝和铺盖下因有水平管段需在土坝施工时埋设外，一般可在土坝建成后进行埋设。

（4）测水管的施工。在黏土坝钻孔时间短，不易塌孔，可不用套管。在砂壤土或砂砾料钻孔时，为防止塌坑可用套管护壁，但不得用泥浆固壁，以免影响测水管的渗水能力。

测水管埋设前应进行细致的检查，如导管和进水管段的构造、尺寸和质量是否符合设计要求。检查无误后需进行编号，逐段下管。管的接头必须连接牢固。管子全部下完后，应校测测水管高程。然后用小砾石填充管底与钻孔底之间的空隙，用吊锤夯实。测水管周围应根据坝体土料级配，选用合适的反滤料，层填层夯。钻孔有套管的，应随回填反滤料逐段拨出。靠近管口 2m 范围应用黏土回填夯实，以防雨水渗入。

测压管埋好后，要及时进行注水试验，检验测水管的灵敏度。

（5）测水管水位观测。观测测水管水位的仪器、设备品种很多，目前常用的有测深钟和电测水位器等，有些单位采用压气 U 形管，还有些单位采用示数水位器以及研制遥测测水管水位计。

1）测深钟。测深钟构造最为简单；一般都可进行自制。最简单的形式为上端封闭、下端开敞的一段金属管，长度为30~50mm，好像一个倒置的杯子。上端系以吊索（见图4-56）。吊索最好采用皮尺或测绳，其零点应置于测深钟的下口。

观测时，用吊索将测深钟慢慢放入测水管中，当测深钟下口接触管中水面时，将发出空筒击水的"砰"声，即应停止下送。再将吊索稍微提上放下，使测深钟脱离水面又接触水面，发出"砰、砰"的声音。即可根据管口所在的吊索读数分划，测读出管口至水面的高度，计算出管内水位高程。

测水管水位高程＝管口高程－管口至水面高度

用测深钟观测，一般要求测读两次，其差值应不大于2cm。

2）电测水位器。电测水位器是利用水能导电或者利用水的浮力将导电的浮子托起接通电路的原理制成的。各单位自行制作的电测水位器形式很多，一般有测头、指示器和吊尺组成。测头可用钢质或铜质的圆柱筒，中间安装电极。利用水导电的测头安装有两个电极，而利用金属测水管作为一个电极。

电测水位器的指示器可采用电表、灯泡、蜂鸣器等。

观测时，用钢尺将测头慢慢放入测水管内，至指示器得到反映后，测读测水管管口的读数，然后计算管内水面高程。

测压管水位高程＝管口高程－管口至水面距离－测头入水引起水面升高值（测头入水引起水面升高值可事先试验求得）。

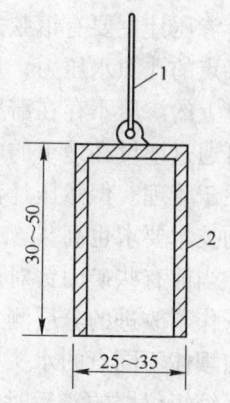

图4－56 测深钟示意图
（单位：mm）
1—吊索；2—测深钟

用电测水位器观测测水管水位需测读两次，两次读数的差值，对大型库要求不大于1cm，对中小型库要求不大于2cm。

3）压气U形管。当测水管内水位只低于管口5m以内的情况下，可采用压气U形管进行观测。压气U形管由金属管头、连通软管、压气球、U形管等组成。

观测时，将金属管头放入测水管中水面以下不少于1m。用压气球压气，以排走金属管内的水体。待测水管内持续冒泡，U形管中的水柱一侧下降，另一侧升高，保持稳定后，即可测读两水银柱的高差H（读至毫米），然后计算测水管水位。

金属管底至管口距离L可在金属管和连通管上刻划长度标志量得。观测时应测读两次，两次水银柱高差H的差值应不大于1mm。

4）示数水位器。有些尾矿库测水管水位较低，变化幅度不太大，而且测水管数量较多，测次频繁，为提高观测效果，可在测水管上安装示数水位器进行观测。示数水位器是利用管内水位升降，使测头带动传动系统拨动示数器，即可直接读出水面高程。

上述各种观测方法表明，测读测水管水位高程都要以管口高程作为依据，因此，管内水位高程观测是否正确，不仅取决于观测方法的精度，同时也取决于管口高程是否可靠。为此，要求定期对测水管管口高程进行校测。在土坝运用初期，应每月校测1次，以后可逐渐减少，但每年至少1次。测头吊索上的距离刻度标志也要定期进行率定。

测水管水位的测次，应根据尾矿库的具体情况而定。尾矿库投用初期应每周1次，以后逐渐减少到10天1次，15天1次，发现不正常渗流情况时应适当增加测次。

上述观测浸润线用的测水管，具有取材方便、构造简单、技术性要求低的优点。缺点是进水段（包括外填砂砾料）较长，自身也有一定容量，故测值反映的是进水段上的平均水头（当上层均匀时），或是强透水通道处的局部水头（当土层有薄透水夹层时），测水管上某稳定值开始变化（升或降）滞后于库内水位开始变化的时间。因此它比较适用于在较强透水层和渗流缓变区埋设，而不宜于在渗流急变区埋设和接触面做点压力测量，也不适于较弱透水层和监测不稳定渗流压力之用。

在尾矿粒度较细，尾矿沉积规律与理想状态有相当距离的尾矿堆积坝上，浸润线观测宜选用渗压计，这种情况下的浸润线位置，应以不同高程的渗压观测点作控制点，通过流网分析来确定。

渗压计主要有钢弦式、电阻应变片式和差动电阻式三种。渗压计可以较准确地测出坝内某点的孔隙水压力，量测土体中孔隙水压力不受土体透水性能的影响，它感应可埋测点位置上的渗压不存在滞后时间。渗压计的测头可以预埋，也可以在坝体钻孔埋设，全部测点可通过埋设在地下的电缆线引到观测房，通过专门仪器测读。因此可以避免人为损坏，也便于管理。但渗压计都需要相应的接收仪表和讯号传输线路，因而造价较高，埋设和测读的技术要求也高。

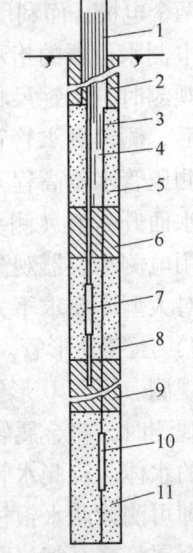

图 4 - 57 分层测压管
1—孔口护管；2, 6, 9—封孔；
3—测水管；4, 7, 10—过滤器；
5, 8, 11—原层尾砂回填

当前有些矿山针对尾矿堆积坝的结构特点，采用了对原测水管作了改进的分层测水管。（见图 4 - 57），各层测水管分别测出坝体不同点的水头值，据此可作出渗流场的实例图。另外为了缩短仪器的滞后时间，测水管进水段做成细而长，也在一定程度上弥补了原测水管的不足。

测水管和渗压计各有优缺点，具体选择时，应根据不同情况的观测和精度要求选用。

4.5.3.2 坝基渗水压力观测

尾矿库投用后，在水头作用下不仅坝体发生渗流现象，同时也在坝基发生渗流。坝基渗流是否正常，对尾矿库安全关系很大，国外有的尾矿坝就因为坝基产生异常渗流而导致溃坝失事。国内的尾矿坝也曾经出现过因坝基异常渗流而导致溃坝失事的情况，因此，对土坝的坝基应进行渗水压力观测，以全面了解坝基透水层和相对不透水层中渗流沿程的压力分布情况，借以分析坝的防渗和排水设施的作用，估算坝基中实际的水力坡降，推测潜水是否可能形成管涌、流土或接触冲刷等破坏。坝基渗水压力通常也是在坝基埋设测压管来进行观测的。测压管的布置应根据地基土层情况，防渗设施的结构和排水设施形式，以及有可能发生渗透变形的部位等而定。一般要求如下：

（1）坝基渗水压力测压管应沿渗流方向布置，每排不少于 3 根。

（2）渗水压力测点一般应设在强透水层中。如是双层地基，应在强透水层中布置测点，但在靠近下游坝趾及出口附近的相对弱透水层也要适当布置部分测点。

（3）为检验防渗和排水设施的作用，在这些设施的上下游都要安设测点，以了解渗水压力的变化。

（4）为获得坝趾出逸坡及承压水的作用情况，需在坝趾下游一定范围内布置若干测点。

（5）在已经发生渗流变形的地方应在其周围临时增设测压管进行观测。当采取工程措施进行处理后，应有计划保留一部分测压管，观测处理前后渗水压力的变化，以评价处理措施的效能。

布置时若坝基为比较均匀的砂砾石层，没有明显的分层情况，一般垂直坝轴线布置 2 ~ 3 排，每排 3 ~ 5 个测点。具体位置根据坝型而定。

具有水平防渗铺盖的均质坝，一般每排 4 个测点。可埋设直测压管，1 根位于坝顶的上游坝肩，1 根位于下游坡，反滤坝趾上下各埋设 1 根。

坝基渗水压力测压管的结构和观测仪器设备、方法与浸润线测水管基本相同，但其进水管段较短，一般为0.5m左右。坝基测压管一般是在土坝施工期或土坝初次蓄水前进行埋设，补设坝基测压管需在库水位较低时进行，并注意操作和封孔，防止人为造成管涌。埋设测压管造孔时，不得用泥浆固壁，可下套管防止塌孔。

坝基渗水压力观测通常应与浸润线观测同时进行，建议在洪水期库内水位每上涨1m、下降0.5m增测一次，以掌握渗水压力随库水位相应变化的关系。

4.5.3.3　绕坝渗流观测

尾矿库投用后，渗流绕过两岸坝头从下游岸坡流出，称为绕坝渗流。土坝与混凝土或砌石等建筑物连接的接触面也有绕流发生。在一般情况下，绕流是一种正常现象。但如果土坝与岸坡连接不好，或岸坡过短产生裂缝，或岸坡中有强透水间层，就有可能发生集中渗流造成渗流变形，影响坝体安全。因此，需要进行绕坝渗流观测，以了解坝头与岸坡以及混凝土或砌石建筑物接触处的渗流变化情况，判明这些部位的防渗与排水效果。

绕坝渗流一般也是埋设测水管进行观测，测水管的布置以能使观测成果绘出绕流等水位线为原则。一般应根据土坝与岸坡和混凝土建筑物连接的轮廓线，以及两岸地质情况、防渗和排水设施的形式等确定。具体要求如下：

（1）两岸绕渗测水管可沿绕流线布置，一般至少埋设两排，每排至少3根（图4-58）。

（2）沿着渗流有可能比较集中的透水层布置1~2排测水管。

（3）对于观测自由水面的绕渗测水管，其深度应视地下水情况而定，至少应深入到筑坝前的地下水位以下。对于观测不同透水层水压的测水管，其进水管段应深入到透水层中。

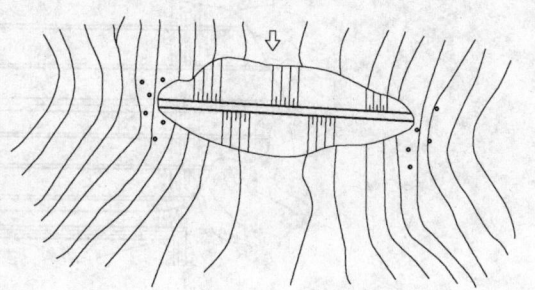

图4-58　绕渗测水管平面布置图
（两岸坝头绕渗测水管）

绕渗测水管的构造与浸润线测水管基本相同，观测仪器、方法以及测次等规定也一样。但对观测透水层的测水管，进水管段可较短，与坝基渗压测压管一样为0.5m左右。如坝端两岸为岩石层而需观测绕渗，则只需在岩石上钻孔，在孔内测量地下水位。

4.5.3.4　渗流量观测

（1）目的与要求。渗流量是直接反映渗流场动态的主要水力要素之一，在渗流处于稳定状态时，其渗流量将与水头的大小保持稳定的相应变化，渗流量在同样水头情况下的显著增加和减少，都意味着渗流稳定的破坏。渗流量的显著增加，有可能在坝体或坝基发生管涌或集中渗流通道，渗流量的显著减小，则可能是排水体堵塞的反映。在正常情况下，随着尾矿堆积坝的逐渐加高，渗流量也将逐渐缓增，因此，进行渗流量观测，对于判断渗流是否稳定，掌握防渗和排水设施是否正常，具有很重要的意义，是保证尾矿库安全运行的重要观测项目之一。

渗流量观测，根据坝型及尾矿库具体条件不同，其方法也不一样。对土坝来说，通常是将坝体排水设施的渗水集中引出，测量其单位时间的水量。对有坝基排水设施，如排水沟等的尾矿库，也应将坝基排水设施的排水量进行观测。有的库土坝坝体和坝基渗流量很难分清，可在坝下游设集水沟，观测总的渗流量变化，也能据以判断渗流稳定是否遭受破坏。对混凝土坝和砌石坝，可以在坝下游设集水沟观测总渗流量，也可在坝体或坝基设集水井观测排水量。

渗流量观测必须与上下游水位以及其他渗透观测项目配合进行。坝渗流量观测要与浸润线观测、坝基渗水压力观测同时进行。混凝土坝和砌石坝，则应与扬压力观测同时进行。根据需要，还应定期对渗流水进行透明度观测和化学分析。

（2）观测方法和设备。观测总渗流量通常应在坝下游能汇集渗流水的地方，设置集水沟，在集水沟出口处观测。

当渗流水可以分区拦截时，可在坝下游分区设集水沟进行观测，并将分区集水沟汇集至总集水沟，同时观测其总渗流量。

集水沟和量水设备应设置在不受泄水建筑物泄水影响和不受坝面及两岸排泄雨水影响的地方，并应结合地形尽量使其平直整齐，便于观测。图4-59为某尾矿坝渗流量观测设备布置图。

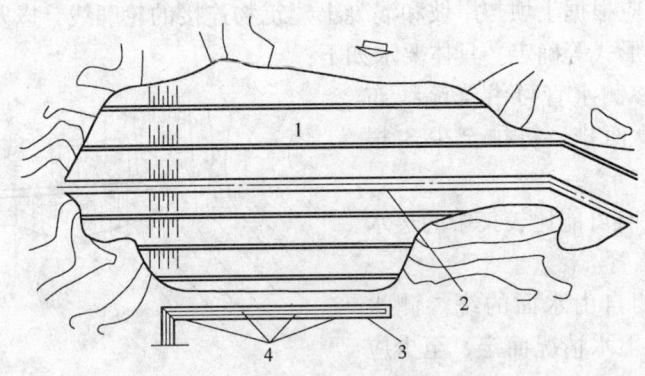

图4-59　土坝渗流量观测设备布置
1—土坝坝体；2—坝顶；3—集水沟；4—量水堰

观测渗流量的方法，根据渗流量的大小和汇集条件，一般可选用容积法、量水堰法和测流速法。

选择时，应根据不同情况的观测和精度要求来选择。

4.5.3.5　渗流水水质监测

水质监测主要是监视渗流水内固体和化学成分的变化。如果由坝体、坝基渗出的水清澈透明，一般是正常现象，如果渗流水中带有泥砂颗粒，或者含有某种可溶盐成分及其他化学成分，则反映坝体或坝基土粒中有一部分细粒被渗流水带出，或者是土料受到溶滤，而这些现象往往是管涌、内部冲刷或化学管涌等渗流破坏的先兆。

选矿厂的尾矿，因原矿性质、作业条件的不同，不同的厂尾矿含水的比例及水质差异也较大，大多重力选矿厂的尾矿，通过尾矿库自然净化后，水质与入选时补充的新水差异甚微，但有些浮选厂，尾矿水中往往含重金属离子或某些选矿药剂、有机质、酸、碱、油脂等，经尾矿库自净后，坝体及坝基渗水中有时还含少量残留成分，对此种情况，在分析渗透水水质时，应该予以考虑，防止因此类成分造成化学管涌的假象。

水质监测的项目及内容，按环保部门的有关规定执行。

4.5.4 水文观测

尾矿库的水文观测，包括降水量、水位、水面蒸发等。观测时必须注意原流量和渗流、变形等反应量，在观测时间上的同步性和协调性，只有二者相互对应，才能客观地正确分析尾矿库（坝）的运行性态，为搞好安全管理提供科学依据。

4.5.4.1 降水量观测

降雨、降雪和降雹等，统称为降水。降水量是指降落地面的雨水（或其他形式降水）深度，以毫米计算。降水是流域地表水和地下水的根本来源。因此，掌握流域上的降水情况，不仅是了解水情不可少的因素，也是进行洪水预报，巡流预报必不可少的因素，而且是一个比自然地理和其他水文特性更富于变化的因素。

（1）观测场的布设。雨量站的观测场地如图4-60所示，应尽可能选四周空旷、平坦、避开局部地形、地物影响的地方。场地周围还应设置栅栏保护仪器设备。

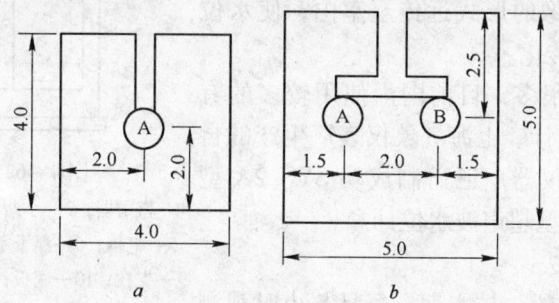

图4-60 降水观测场布置（单位：m）
a——个雨量器情形；*b*——同时有雨量器A和自记雨量计B情形

（2）雨量器和自记雨量计。观测降水量常用的仪器是20cm口径的雨量器（图4-61）和自记雨量计（图4-62）。

自记雨量计是自动连续记录液体降水的仪器，式样有很多种。

（3）观测和记录。使用雨量器观测降水，观测次数和观测时间，应根据测站所在地区和季节，由上级机关统一规定。定时观测，以8时为日分界，从本日8时至次日8时的降水量为本日的日降水量。分段观测，系从8时开始，每隔一定时段（如12、6、4、3、2或1小时）观测一次。在有特殊需要时，还要求观测降水的起止时间，并要求测得每次降水的一次降水量。在有条件的地方或有必要时，除设置雨量器外，还应设置自记雨量计，以便测记完整的暴雨变化过程。

降水量记至0.1mm，不足0.05mm的降水不做记载。历时记至分钟。

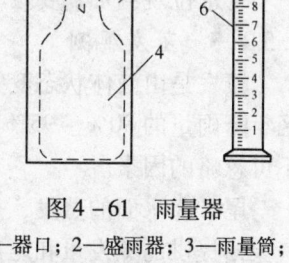

图4-61 雨量器
1—器口；2—盛雨器；3—雨量筒；4—储水瓶；5—漏斗；6—雨量杯

4.5.4.2 水位观测

水面相对于某一水准基面的高程称为水位。显然，若取定的基面不同，则同一水面的水位数值亦不相同。因此，在进行水位观测时，首先要注意基面问题，一般水位观测使用的高程系统，要求与尾矿坝使用的高程系统统一。

（1）水位观测设备。水位是靠各种水位观测设备及仪器来观测的，目前广泛使用的观测设备有水尺和各种自记式水位计，现分别介绍如下：

1）水尺的种类和设置方法。水尺是最简便的水位观测设备，常用的水尺有直立式、矮桩式和倾斜式等数种。必须注意，各种水尺的安设都要能够测得最高洪水位以上 0.5m 和最低水位以下 0.5m 之间的全部水位变幅。

2）自记水位计。我国已研制成功多种自动记录水位的仪器，通称为自记水位计。自记水位计能将水位变化的连续过程自动记录下来，有的并能将记录的水位以数字或图像的形式远传至室内，使水位观测趋于自动化和远传化。

自记水位计种类很多，目前国内使用较多的有 SW40 机械型自记水位计、上海气象仪表厂生产的自记水位计、重庆水文仪器厂已研制成功 SY - 2A 型电传水位计和 SB - Ⅱ型超声波水位计。

（2）水位观测方法：

1）水位观测的时段。枯水期，每日 8 小时观测一次即可，汛期为三段制（每日 7、15、23 时），洪水或特殊情况时适当增加测次。

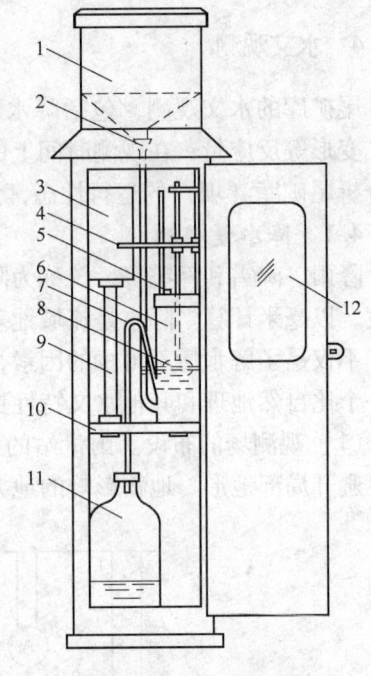

图 4 - 62　自记雨量计
1—盛雨器；2—小漏斗；3—钟业；4—自记笔；
5—笔挡；6—浮子室；7—虹吸管；8—浮子；
9—支柱；10—底板；11—储水瓶；12—观测窗

2）观测注意事项：

①水尺水位观测的精度读至厘米。

②受风和水面起伏影响的水尺，需读取水面起伏的平均值，且同时记录风力和水面起伏的情况。

③若自记水位计，则需按时更换记录，摘录时段水位，定时进行水位校测和设备检查。当自记水位计与校核水尺之间的水位差值超过 2cm 或时间误差每日超过 10min 时，应对自记记录进行订正。

④水位观测资料要按时整理。

4.5.4.3 蒸发观测

蒸发是由液体状态变为气态的过程。我国湿润地区年降雨量的30% ~50%，干旱地区年降雨量的80% ~95%都被蒸发了。因此尾矿库水蒸发在尾矿库水量平衡中仍是一个不可忽略的因素。

尾矿库水面的蒸发，一般使用 80cm 蒸发皿进行观测，记录每天的蒸发量，或用当地气象站提供的蒸发量和尾矿库实际水域面积，计算出尾矿库实际蒸发量。

4.5.5 观测实例

4.5.5.1 铜陵有色金属公司狮子山铜矿杨山冲尾矿库（坝）观测

该库（坝）建立了比较完整的监测系统，必备的监测仪器基本齐全，监测设施布置见第9章图9-6，监测内容如下：

(1) 浸润线监测：在3个断面上布置19个孔位共50个测点。

(2) 孔隙水压力监测：在4个断面上布置8个孔位共29个测点。

(3) 水平孔排渗量监测：共26个测点。

(4) 竖井水位变化监测：共31个测点。

(5) 尾矿库外排水量监测：两天1次。

(6) 尾矿库内水位变化、放矿位置变化监测，每天记录1次。

(7) 坝体垂直位移监测：每周1次。

(8) 坝体水平位移监测：半月1次。

另外，对入库尾矿砂浆浓度，坝前干滩长度等不定期进行监测。具体监测情况及监测数据请参见第9章工程实例。

4.5.5.2 德兴铜矿2号尾矿库坝体监测

德兴铜矿2号尾矿库属国内特大型尾矿库，总库容9800万立方米，有效库容7800万立方米。该库于1984年12月12日正式放矿后，每年以平均15m的速度上升，到1990年初，坝顶高已达129m，库内存放尾矿2621万立方米。在强化该尾矿库的现场安全管理中，坝体监测发挥了重要的作用，2号尾矿库监测仪器埋设如图4-63所示，观测项目有：

(1) 水平位移观测。

(2) 垂直位移观测。

(3) 浸润线观测。

(4) 孔隙水压力观测。

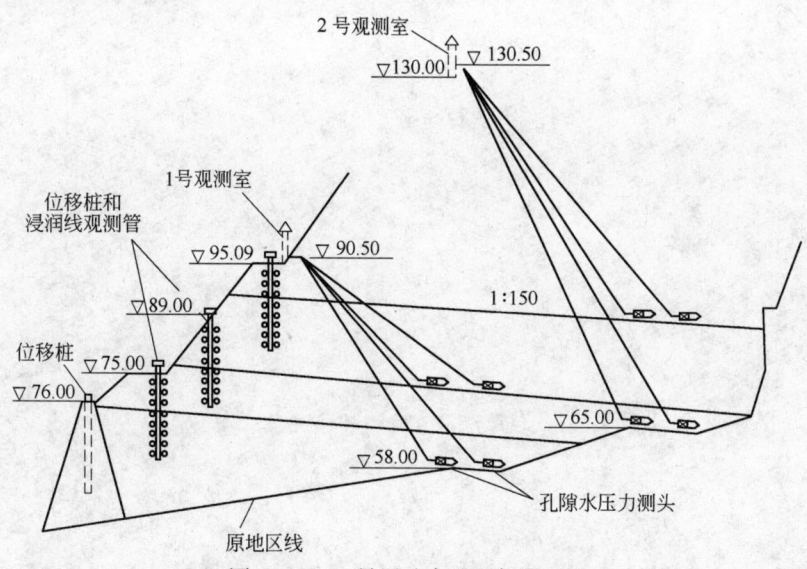

图4-63 2号尾矿库监测仪器埋设

4.5.6 尾矿库(坝)观测成果整理分析

尾矿库进行的各种项目观测，为尾矿库的状态变化和工作情况提供了第一手资料。有了第一手资料以后，还必须对各反应量的监测值进行单项的或综合的分析研究，并写出一定的分析报告，为进一步采取安全措施提供科学依据。观测资料的整理分析，依赖于现场观测所得数据的数量和质量，而又反过来推动和指导现场观测工作更有成效地进行。实践——理论——实践，这就是现场观测与成果的整理分析之间的辩证关系。

尾矿库进行观测的目的，必须通过对观测资料的整理分析才能实现。对观测资料不加整理分析，观测也就失去了意义。实践证明，我国很多尾矿库通过对观测资料的分析，了解尾矿库各个建筑物的状态，掌握工程运用的规律，确定维修措施，改善运行状况，从而保证了尾矿库的安全和发挥效益，并且为提高科学技术水平，提供了宝贵的第一手资料。

当前，世界上一些发达国家（如美国、法国、意大利）已经建成从现场数据采集、数据传输，到资料分析和安全报警的适时控制系统（含计算机软件）。虽然我国在这方面起步较晚，但在微机的开发应用和分析模型研究方面已取得了相当进展，如南京水利科学研究院在尾矿库渗流及模拟试验研究中所提出的空间渗流数学模型采用等参数单元，具有较高精度，基本上能反映尾矿库坝体的多层次非均质和各向异性，适用于待建尾矿库的渗流预测和已建病险尾矿库的渗流安全分析。逐步建立尾矿坝安全监测的自动化系统，实现实地监控，是今后尾矿坝安全监测与管理的发展方向。有条件的单位应逐步建立离线的微机数据库和各种数学模型（如统计性、确定性或混合等模型）对监测资料进行储存整编，并逐步实现用数学模型分析和预报尾矿库工程性态及安全性。

观测资料整理分析的目的在于对尾矿库（坝）工程的安全运行状况获得规律性的认识，为设计、施工、管理和科学研究提供依据，因此，资料的准确性十分重要。

5 尾矿输送系统

尾矿输送系统是选矿厂和尾矿库之间的纽带和桥梁。这套系统无论在生产中的地位还是对社会的影响都是十分重要的。对生产来说，它是保证矿山持续生产的关键环节之一，也是生产成本的重要组成部分。有的矿山尾矿输送成本占选矿成本的20%～30%。输送系统经常发生各种故障造成的跑、冒、滴、漏是造成环境污染的主要原因之一。它发生污染的频率比尾矿库要大，污染的规模却比尾矿库要小。所以尾矿输送系统是环保工作的重点之一。由于这套系统与尾矿库关系密切，是尾矿库安全环保必不可少的内容，所以本章将简略介绍其有关问题。

5.1 尾矿输送系统概述

尾矿输送系统的输送方式，归纳起来有：

(1) 自流输送，利用重力全部实现自流，如中条山有色金属公司等。

(2) 压力输送，依靠动力加压输送，如凡口铅锌矿尾矿输送系统等。

(3) 混合输送，在整个输送过程既有重力输送又有压力输送，如云南锡业公司的华坟尾矿库等。

尾矿输送方式的选择决定于尾矿库和选矿厂的地理位置、地形地质条件和尾矿的特性。尾矿输送系统通常由压力管道（或输送明槽）、砂泵站、浓缩分级设备等组成。

其特点是：

(1) 线路长、环节多、比较分散，工作条件艰苦，管理困难，且多数设备暴露在露天野外，受气候及地形地质条件影响较大，特别是洪水、滑坡、冰冻影响其安全运行。甚至还遭到人为的破坏。

(2) 输送介质对设备的磨损比较严重，运行条件不断变化。

(3) 输送浆体管道易结垢，特别是输送灰渣。

(4) 输送系统除有机械磨损外，还有化学腐蚀和化学成分对输送的影响。

应当指出，当前，尾矿输送技术和设备还存在着不少问题，主要有：

(1) 尾矿明流输送和压力输送的理论研究还有待发展和完善。

(2) 尾矿输送设备效率低，能耗大，耐磨性差。

(3) 浓缩设备效率低，占地面积大。

(4) 耐磨管材质量差，价格高。

由于尾矿输送系统的上述特点和存在的问题，因而反映在生产上是各种事故多，故障点也较多。现就各组成部分的一些主要问题分别予以简述。

5.2　输送明槽的设计

5.2.1　矿浆特性的计算

5.2.1.1　矿浆流量

$$Q_k = KW\left(\frac{1}{r_g} + \frac{m}{r_o}\right) \qquad (5-1)$$

式中　Q_k——矿浆流量，$\mathrm{m^3/h}$；

$\quad\quad W$——干尾矿量，$\mathrm{t/h}$；

$\quad\quad r_g$——尾矿固体重度，简称尾矿重度，$\mathrm{t/m^3}$；

$\quad\quad r_o$——水的重度，$\mathrm{t/m^3}$；

$\quad\quad m$——矿浆中的水重与固体重的比值，简称水固比；

$\quad\quad K$——矿浆流量的波动系数，$K = 0.9 \sim 1.1$，一般在计算管径或槽断面时取大值，在压力输送计算时，矿浆流量还应加入砂泵的水封水量。

5.2.1.2　矿浆重度

$$\gamma_k = \frac{\gamma_g}{P + \gamma_g(1-P)} \qquad (5-2)$$

$$\gamma_k = \frac{1+m}{\dfrac{1}{\gamma_g} + m} \qquad (5-3)$$

式中　γ_k——矿浆重度，$\mathrm{t/m^3}$；

$\quad\quad P$——矿浆的重量浓度；

$\quad\quad \gamma_g$——尾矿固体重度，$\mathrm{t/m^3}$；

$\quad\quad m$——矿浆中的水固比。

5.2.1.3　矿浆的浓度和稠度

矿浆的重量浓度、体积浓度、重量稠度和体积稠度分别以 P、P_v、C、C_v 表示。计算及换算见表 5 – 1。

表 5 – 1　计算及换算表

名　称	定　义	计算式	换算式			
			已知 P、γ_g	已知 P_v、γ_g	已知 C、γ_g	已知 C_v、γ_g
重量浓度	$P = \dfrac{G_1}{G}$	$\dfrac{\gamma_k - 1}{\gamma_g - 1} \cdot \dfrac{\gamma_g}{\gamma_k}$	—	$\dfrac{P_v \gamma_g}{1 + P_v(\gamma_g - 1)}$	$\dfrac{C}{C+1}$	$\dfrac{C_v \gamma_g}{C_v \gamma_g + 1}$
体积浓度	$P_v = \dfrac{V_1}{V}$	$\dfrac{\gamma_k - 1}{\gamma_g - 1}$	$\dfrac{P}{\gamma_g + P(1 - \gamma_g)}$	—	$\dfrac{C}{\gamma_g + C}$	$\dfrac{1}{1 + C_v}$
重量稠度	$C = \dfrac{G_1}{G_2}$	$\dfrac{\gamma_k - 1}{\gamma_g - \gamma_k} \cdot \gamma_g$	$\dfrac{P}{1 - P}$	$\dfrac{P_v \gamma_g}{1 - P_v}$	—	$C_v \gamma_g$
体积稠度	$C_v = \dfrac{V_1}{V_2}$	$\dfrac{\gamma_k - 1}{\gamma_g - \gamma_k}$	$\dfrac{P}{\gamma_g(1 - P)}$	$\dfrac{P_v}{1 - P_v}$	$\dfrac{C}{\gamma_g}$	—

注：1. G_1、G_2、G 分别为矿浆中固体重量、水重和矿浆总重；

　　2. V_1、V_2、V 分别为矿浆中固体体积、水的体积和矿浆总体积；

　　3. γ_k、γ_g 分别为矿浆和固体重度。

5.2.1.4　平均粒径

目前多采用加权平均法计算平均粒径

$$d_p = \frac{\sum \Delta P_i d_i}{100} \tag{5-4}$$

式中　d_p——加权平均粒径，mm；

d_i——各级粒径，mm，等于两相邻筛孔直径的算术平均值；

ΔP_i——d_i 级颗粒重量占总重量的百分数，%。

由于此法受端值影响较大，因此给出粒径组成必须满足应取得颗分的逐级颗粒含量，且最大粒径含量不应大于 5%，最小粒级应分析到 5μm 或其含量不大于 10%。

这时可取：

$$d_{imax} = d_{max}$$

$$d_{imin} = \frac{1}{2}d_{min}$$

5.2.1.5　颗粒自由沉降速度 W_o 及阻力系数 C_D

固体颗粒在水中一面受到重力的作用而下沉，下沉过程中又受到水流的阻力，但到一定程度时，阻力和重力相等，固体颗粒以等速运动沉降，这时固体颗粒的沉降速度称为沉速，以 W 表示。对直径为 D 的圆球，其沉速以公式 5-5 计算

$$W_o^2 = \frac{4}{3}\frac{1}{C_D}\frac{r_e - r}{r_0}gd \tag{5-5}$$

式中　W_o^2——颗粒沉降速度，m/s；

C_D——阻力系数；

d——颗粒直径，m；

g——重力加速度，m/s^2；

其余符号同前。

阻力系数 C_D 的大小与固体颗粒的粒径、重度和液体的黏性等有关，C_D 的数值根据颗粒雷诺数（Re）的不同而采用不同的公式。

（1）$Re < 1$　层流区

$$C_D = 24 / Re \tag{5-6}$$

（2）$1000 < Re \leqslant 2 \times 10^5$　紊流区

$$C_D = 0.40 \tag{5-7}$$

（3）$1 \leqslant Re \leqslant 1000$　中间过渡区

$$\frac{C_D}{Re} = \frac{4g(r_g - r_o)\mu}{3r_o^2 W_o^2} \tag{5-8}$$

或

$$C_D Re^2 = \frac{4g(r_g - r_o)r_o d^2}{3\mu_o^2} \tag{5-9}$$

雷诺数 Re 由下式计算

$$Re = \frac{dwp_o}{\mu} = \frac{dw}{\gamma} \tag{5-10}$$

式中　μ_o——黏度又称绝对黏滞系数。

水的黏度用公式 5-11 计算

$$\frac{1}{\mu_o} = 2.1482\left[(T - 8.435) + \sqrt{8078^4 + (t - 8.435)^2} \right] - 120 \tag{5-11}$$

$$\gamma_o = \frac{\mu_o}{\rho_0} \tag{5-12}$$

式中　t——温度,℃;

　　　γ_o——运动黏滞系数,m^2/s;

　　　ρ_0——水的密度,kg/m^3。

计算的 $\mu_o \times 10^2$ 单位为 cP。

通过试验可求出 $C_D/Re \sim Re$ 及 $C_D Re^2 \sim Re$ 关系曲线,见图 5-1,通过图 5-1 可由式 5-8 及式 5-9 求出 C_D。

根据求得的 C_D 可用式 5-5,求得沉速,当 $Re < 1$ 时,

$$W_o = \frac{1}{18}\frac{r_g - r_o}{r_o}\frac{gd^2}{\gamma_o} = \frac{g(r_g - r)d^2}{18\mu_o} \tag{5-13}$$

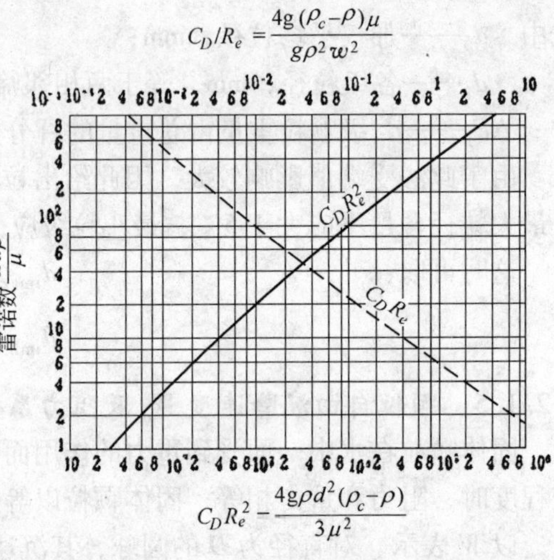

当 $10^3 < Re < 2 \times 10^4$ 时,

图 5-1　球粒的 C_D/Re 和 $C_E Re^2$ 与 Re 的关系

$$W_o = \left[\frac{3.33g(r_g - r_o)d}{r_o} \right]^{0.5} \tag{5-14}$$

中间过渡区通过式 5-8 及式 5-9 和图 5-1 计算。

由于计算 Re 时需要 W,这就要做试验。为了避免试算,丁宏达提出了下列 C_D 和 Re 的计算公式。

当 $1 < Re \leqslant 20$ 时

$$C_D = Re^{-0.7035} \tag{5-15}$$

$$Re = \left[\frac{g(r_g - r_o)r_o d^3}{18\mu_p^2} \right]^{0.8124} \tag{5-16}$$

$$W_o = -4\frac{k_2}{k_1}\frac{\gamma}{D} + \sqrt{\left(4\frac{k_2}{k_1}\frac{\gamma}{D} \right)^2 + \frac{4}{3k_1}\frac{r_g - r_o}{r}gD} \tag{5-17}$$

对天然泥沙:鲁比提出 $k_1 = 2$、$k_2 = 3$;武汉水电学院提出 $k_1 = 1.22$、$k_2 = 4.27$。

窦国仁提出天然泥沙的阻力系数公式为

$$C_D = 1.2\sin^2\frac{Q}{2} + \frac{32}{Re}\left(1 + \frac{3}{16}Re \right)\frac{1 + \cos\frac{Q}{2}}{2} \tag{5-18}$$

式中,$Q = \lg 4Re$。$Re = 0.25$ 时,$Q = 0°$;$Re = 850$ 时,$Q = 2\pi$。

公式应用范围为 $Re = 0.25 \sim 850$。

在水流中同时存在许多固体颗粒时,固体颗粒之间必然产生互相干扰,这些互相干扰的作用,反映为含沙量对沉速的影响。

在反映含砂量对均匀砂沉砂影响的公式中,分为低浓度和高浓度两部分:

含砂量低浓度时:$C_v = 0.35\% \sim 2.25\%$,$Re < 2$

$$W = W_o / 1 + k \cdot 1.24 C_v^{1/3} \qquad (5-19)$$

对 k 值，不同学者提出的数据不同。当 $R = 0.75 \sim 1.16$，且 W_o 为单颗粒清水沉速时，与以上各式中的 W_o 相同。

含砂量为高浓度时，用下式计算

$$W = W_o (1 - C_v)^n \qquad (5-20)$$

式中，n 值的确定见表 5-2。

理查逊及札基认为 n 随 Re 而变（见表 5-2）。

表 5-2　n 随 Re 而变

Re	<0.2	0.2~1.0	1~500	500~7000
n	4.65	$4.36Re^{-0.03}$	$4.45Re^{-0.1}$	2.36

北京矿业学院试验认为 n 随粒径 d 而变，见表 5-3。

表 5-3　n 随粒径 d 而变

d/mm	2	1.4	0.9	0.5	0.3	0.2	0.15	0.08
n	2.7	3.2	3.1	4.6	5.4	6.0	6.6	7.5

丁宏达等人提出金属矿浆沉速的计算式为

$$W = W_o k \exp \left(-\frac{E C_v}{C_{mv} - C_v} \right) \qquad (5-21)$$

式中，$k = 0.0315 \sim 0.178$；$E = 0.417 \sim 1.997$；C_{mv} 为最大沉降速度，其计算见后。

混合砂的沉速，除粗颗粒在另一组细颗粒组成的悬浮体中下沉时的沉速，可按细颗粒组成的悬浮体粒度和密度代替清水的黏度和密度，仍按前述的清水公式计算外，其他具有连续级配的混合砂的沉降规律很复杂，目前只能依靠试验来确定。

以上介绍的单个圆颗粒在静水中的沉速和阻力系数。考虑形状对沉速的影响，鲁比和武汉水利电力学院提出了不同的沉速公式（略）。

级配的混合砂的沉降规律很复杂，目前只能依靠试验来确定。

5.2.1.6　浆体的黏性及流变参数的计算

浆体或流体内部产生摩擦力或切应力的这种性质叫做流体的黏性。根据切应力和切应变的关系表示方式的不同，浆体可分为牛顿体、宾汉体和幂律体等。切应力和切应变的关系式称为流变方程。

$$\tau = \mu \frac{du}{dy} \qquad (5-22)$$

为牛顿体，低浓度的尾矿浆即属此类，μ 称为黏度。

$$\tau - \tau_o = \eta \frac{du}{dy} \qquad (5-23)$$

为宾汉体，大多数高浓度尾矿浆属于此类，τ_o 为初始切应力，η 称为刚度系数。

$$\tau = k \left(\frac{du}{dy} \right)^n \qquad (5-24)$$

为幂律体，$n < 1$ 时，又称为伪塑性体。某些高浓度细粒组成的尾矿浆属于此类。K 称为稠度系数，表征黏流体的系数。K 值愈大，黏性愈大，n 为流动指数，表征流体偏离牛顿体的程度大小。另外当 $n > 1$ 时还有另外一种幂律体称为膨胀体。一般不多见。

各类流变方程的图，见图 5 - 2。$\dfrac{du}{dy}$ 用速度梯度表示切应变。

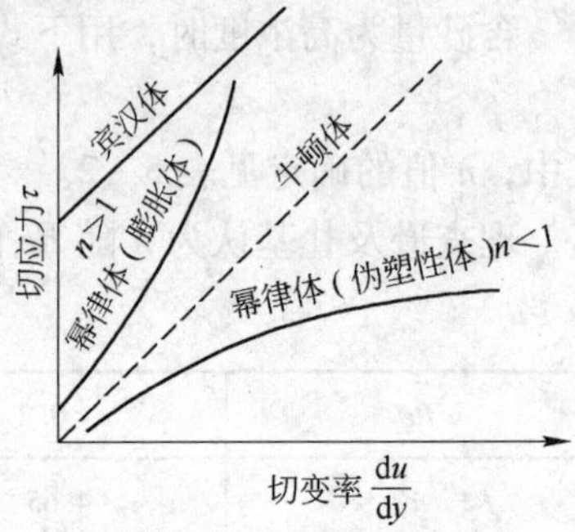

流变参数当前主要通过试验确定。牛顿体、宾汉体的流变参数的估算方法如下：

（1）浆体的黏度 μ_m。含有颗粒较大时（如 $50\mu_m$）浆体具有牛顿的特性，其黏度是物料特性及体积浓度的函数。根据爱因斯坦的研究，对于较稀的浆体，μ_m/μ_o 有效黏度与体积浓度有如下的关系：

$$\mu_m/\mu_o = 1 + 2.5C_v \qquad (5-25)$$

图 5 - 2 典型流变曲线

对于较稠的浆体：

$$\mu_m/\mu_o = 1 + 2.5C_v + 10.05C_v^2 + KEBC_v \qquad (5-26)$$
$$K = 0.00273 \quad B = 16.6$$

式中，μ_o 为水的黏度。

（2）刚度系数（宾汉体 η）。丁宏达、刘德忠等人对多种矿浆试验，得出下式

$$\eta/\mu_o = \exp\left(-\frac{EC_v}{C_{mv} - C_v}\right) \qquad (5-27)$$

$$E = \frac{0.769r_g^{0.443}\sigma^{0.239}}{t^{0.351}} - 0.631 \qquad (5-28)$$

式中　r_g——颗粒的重度，t/m^3；

　　　σ—— -200 目细颗粒百分数，%；

　　　t——浆体温度，℃。

（3）初始切应力 τ_o。丁宏达、刘德忠的公式

$$\tau_o = 0.1626\left(\frac{r_g}{T}\right)^{0.5021}\sigma d_{50}(C_v - C_o)^{1.311} \qquad (5-29)$$

C_o 相应的初始浆体重度 r_{ko} 在没有试验资料时，可用下式估算：

$$r_{ko} = \frac{0.0313r_o^{0.5}}{d_{50}^{0.25}} + 1 \qquad (5-30)$$

式中，d_{50} 的单位为 mm；r_g 的单位为 t/m^3。

以上各式中的 C_{mv} 为浆体在静止沉降时能达到的最大体积浓度，没有试验资料时可按丁宏达公式估算。

丁宏达等人研究了大量金属矿浆的资料，得出的公式为：

$$C_{mv} = 0.5361r_g^{0.2594}d_p^{0.1721} \qquad (5-31)$$

5.2.1.7　腐蚀率 δ 和磨损米勒数 N_M

腐蚀为一种电化学现象，浆体一般比水腐蚀严重。腐蚀率用每年腐蚀的管壁毫米数表示（毫米/年），也可用密耳数表示（密耳/年）。每密耳：0.254mm。

浆体中的固体颗粒对管壁金属表面的冲击和切割会造成管道和设备的磨损。米勒数 N_M 是衡量磨损的指标。所谓米勒数是指磨损中金属损失 G（mg）与时间（h）关系曲线上当 $h=2$ 处的损失率。$G-h$ 曲线一般具有下列关系

$$G = Ah^B$$
$$N_M = CABZ^{B-1} \qquad (5-32)$$

式中，C 为调整标度的常数，取 18.8。

米勒数一般有两个数，第一个表示相对磨损率，第二个表示波动性，即在试验中因颗粒细化带来磨损率的增减值，磨损率降低为负值，增加为正。例如尾矿的 N_M：76（-10），即表示相对磨损率为 76，由于细化磨损率降低 10。一般 $N_M=50$ 以上则有较大的磨损的破坏性。

5.2.2 明槽断面选择

当前，明槽输送的主要问题是淤堵。淤堵不仅迫使选厂停产，而且外溢造成环境污染。造成淤堵的原因涉及设计、施工和管理诸多方面的问题。

5.2.2.1 尾矿明槽的设计方法

尾矿明槽的设计方法主要有克诺罗兹方法和北京有色冶金设计院方法。

（1）北京有色冶金设计院方法：

1）临界断面的确定（适用条件：$d_p \leqslant 0.5mm$，$\gamma_k \leqslant 1.35$）：

$$Q_k = 15A \sqrt[3]{(\gamma_g - 1)gRW_o}\, C_v^{1/6} \qquad (5-33)$$

式中 Q_k——矿浆流量，m^3/s；

    A——自流槽（管）的临界断面面积，m^2；

    γ_g——尾矿密度；

    g——重力加速度，等于 $9.81m/s^2$；

    R——水力半径，m；

    W_o——尾矿 d_{50} 颗粒的自由沉降速度，m/s，应选择最不利的温度；

    C_v——体积浓度，按表 5-1 的公式计算。

2）敷设坡度的确定：

$$I = KI_o \qquad (5-34)$$

式中 I——敷设坡度；

    K——安全系数，$K=1.05 \sim 1.10$；

    I_o——清水自流坡度按下式计算：

$$I_o = \frac{v_L^2}{C^2 R} \qquad (5-35)$$

    v_L——矿浆的临界流速，m/s；

    C——舍齐系数。

（2）克诺罗兹方法：

当 $d_p \leqslant 0.07mm$ 时

$$Q_k = 0.2\beta A(1 + 3.43\sqrt[4]{Ch_L^{0.75}}) \qquad (5-36)$$

当 $0.07\text{mm} \leqslant d_p \leqslant 0.15\text{mm}$ 时

$$Q_k = 0.3\beta A(1 + 3.5\sqrt[3]{C}\sqrt[4]{h_c}) \tag{5-37}$$

式中　C——重量稠度的 100 倍。

1）曼宁（Manning）公式

$$C = \frac{1}{n}R^{1/\beta} \tag{5-38}$$

$$\beta = \frac{r_g - 1}{1.7}$$

式中　R——水力半径，m；

　　　n——边壁糙率，见表 5-4 和表 5-5；

　　　其余符号意义同前。

表 5-4　各种管道的糙率（n）及当量粗糙度（Δ）

代表性管类	糙率 n	当量粗糙度 Δ/mm	等同的管类
新的氯化乙烯管	0.009 ~ 0.012	0.01 ~ 0.30	黄铜、锡、铅、玻璃管
光滑的混凝土管	0.012 ~ 0.14	0.30 ~ 1.33	陶管（涂釉）、新的完全焊接钢管
新铸铁管（未涂漆的状态）	0.012 ~ 0.014	0.30 ~ 1.33	灰浆、砌砖、光滑的木管、离心式混凝土管
旧铸铁管（未涂漆的旧铸铁管）	0.014 ~ 0.018	1.33 ~ 11.1	陶管（无釉）、稍旧的铆接钢管
很旧的铸铁管	0.018	11.1	
石棉水泥管	0.012	0.30	
橡皮软管	0.0091 ~ 0.010	0.01 ~ 0.03	衬胶钢管试验测定：$\Delta = 0.04468\text{mm}$
拉得很紧的、内涂以橡胶的帆布管道	0.0096 ~ 0.0103	0.02 ~ 0.05	
极粗糙的，内涂以橡胶的软管	0.0115 ~ 0.012	0.20 ~ 0.30	
新的无缝钢管	0.0093 ~ 0.0114	0.014 ~ 0.17	
使用数年后的无缝钢管	0.0115	0.19	
混凝土局部衬砌的隧道	0.02 ~ 0.03	22.8 ~ 191	
全部断面无衬砌的隧道	0.03 ~ 0.04	191 ~ 574	

注：表中 n 与对应的 Δ，是利用舍齐系数 C 与水力半径 $R = 1$ 时求出的。

表 5-5　各种渠壁糙率（n）及当量粗糙度（Δ）

渠壁的壁面情况	糙率 n	当量粗糙度 Δ/mm
抹光的水泥抹面	0.012	0.23
不抹光的水泥抹面	0.014	1.07
光滑的混凝土护面	0.015	1.99

渠壁的壁面情况	糙率 n	当量粗糙度 Δ/mm
粗糙的混凝土护面	0.017	5.58
平整的喷浆护面	0.015	1.99
不平整的喷浆护面	0.018	8.49
砖砌渠道（不抹面）	0.015	1.99
砂浆块石渠道（不抹面）	0.017	5.58
干砌块石渠道	0.020 ~ 0.025	17.5 ~ 64.9
刨平木板制成的木槽	0.0121 ~ 0.015	0.25 ~ 2.00
没有刨平木板制成的木槽	0.0128 ~ 0.0157	0.45 ~ 3.00

注：表中 n 与对应的 Δ，是利用舍齐系数 C 与水力半径 $R=1$ 时求出的。

应用式 5 - 38 时必须注意：式中长度单位需用 m；时间单位需用 s，C 的单位为 $\mathrm{m}^{1/2}/\mathrm{s}$。

2）巴甫洛夫斯基公式：

$$C = \frac{1}{n}R^y \qquad (5-39)$$

式中　y——指数，用下式计算

$$y = 2.5\sqrt{n} - 0.13 - 0.75\sqrt{R}\,(\sqrt{n} - 0.1) \qquad (5-40)$$

式 5 - 39 的适用范围：$0.1\mathrm{m} \leqslant R \leqslant 3.0\mathrm{m}$，$n = 0.011$ 至 $n = 0.035 \sim 0.040$。

为简便计，指数 y 的计算也可用下面的简化式

当 $R < 1.0\mathrm{m}$，

$$y \approx 1.5\sqrt{n} \qquad (5-41)$$

当 $R > 1.0\mathrm{m}$，

$$y \approx 1.3\sqrt{n} \qquad (5-42)$$

用曼宁公式（式 5 - 38）和巴甫洛夫斯基公式（式 5 - 39）计算的 C 值，分别列于表 5 - 6 和表 5 - 7。

表 5 - 6　舍齐系数 C 值 （根据曼宁公式 $C = \frac{1}{n}R^{\frac{1}{\beta}}$）

R/m ＼ n	0.010	0.013	0.014	0.017	0.020	0.025	0.030	0.035	0.040
0.05	60.7	46.7	43.4	35.7	30.4	24.3	20.2	17.3	15.2
0.06	62.6	48.1	44.7	36.8	31.3	25.0	20.9	17.9	15.6
0.07	64.2	49.4	45.9	37.8	32.1	25.7	21.4	18.3	16.0
0.08	65.6	50.5	46.9	38.6	32.8	26.3	21.9	18.8	16.4
0.10	68.1	52.4	48.7	40.1	34.1	27.3	22.7	19.5	17.0
0.12	70.2	54.0	50.2	41.3	35.1	28.1	23.4	20.1	17.6
0.14	72.1	55.4	51.5	42.4	36.0	38.8	24.0	20.6	18.0
0.16	73.7	56.7	52.6	43.3	36.8	29.5	24.5	21.1	18.4

续表 5 - 6

n R/m	0.010	0.013	0.014	0.017	0.020	0.025	0.030	0.035	0.040
0.18	75.1	57.8	53.7	44.2	37.6	30.1	25.0	21.5	18.8
0.20	76.5	58.8	54.6	45.0	38.2	30.6	25.5	21.8	19.1
0.22	77.7	59.8	55.5	45.7	38.8	31.1	25.9	22.2	19.4
0.24	78.8	50.6	56.3	46.4	39.4	31.5	26.3	22.5	19.7
0.26	79.9	61.5	57.1	47.0	39.9	32.0	26.6	23.8	20.0
0.28	80.9	62.2	57.8	47.6	40.4	32.4	27.0	23.1	20.2
0.30	81.8	63.0	58.4	48.1	40.9	32.7	27.3	23.4	20.4
0.35	83.9	64.6	59.9	49.4	42.0	33.6	28.0	24.0	21.0
0.40	85.8	66.0	61.3	50.5	42.9	34.3	28.6	24.5	21.4
0.45	87.5	67.3	62.5	51.5	43.8	35.0	29.2	25.0	21.9
0.50	89.1	68.5	63.6	52.4	44.5	35.6	29.7	25.5	22.3
0.55	90.5	69.6	64.6	53.3	45.3	36.2	30.2	25.9	22.6
0.60	91.8	70.6	65.6	54.0	45.9	36.7	30.6	26.2	23.0
0.65	93.1	71.6	66.5	54.7	46.5	37.2	31.0	26.6	23.3
0.70	94.2	72.5	67.3	55.4	47.1	37.7	31.4	26.9	23.6
0.80	96.4	74.1	68.8	56.8	48.2	38.5	32.1	27.5	23.1
0.90	98.3	75.6	70.2	57.8	49.1	39.3	32.8	28.1	24.6
1.00	100.0	77.0	71.4	58.8	50.0	40.0	33.3	28.6	25.0
1.10	101.6	78.2	72.6	59.8	50.8	40.6	33.9	29.0	25.4
1.20	103.1	79.3	73.6	60.6	51.5	41.2	34.4	29.5	25.8
1.30	104.5	80.4	74.6	61.5	52.2	41.8	34.8	29.8	26.1
1.50	107.0	82.3	76.4	62.9	53.5	42.8	35.7	30.6	26.8
1.70	109.3	84.1	78.0	64.3	54.6	43.7	36.4	31.2	27.3
2.00	112.3	86.3	80.2	66.0	56.1	44.9	37.4	32.1	28.1
2.50	116.5	89.6	83.2	68.5	58.3	46.6	38.8	33.3	29.1
3.00	120.1	92.4	85.8	70.6	60.0	48.0	40.0	34.3	30.0
3.50	123.2	94.8	88.0	72.5	61.6	49.3	41.1	35.2	30.8
4.00	126.0	97.0	90.0	74.1	63.0	50.4	42.0	36.0	31.5
5.00	130.0	100.6	93.4	76.9	64.4	52.3	43.6	37.4	32.7
10.00	146.8	112.9	104.8	86.3	73.4	58.7	49.0	41.9	—
15.00	157.0	120.8	112.2	92.4	78.5	62.8	52.3	44.9	—

表 5-7 舍齐系数 C 值

n R/m	0.011	0.012	0.013	0.014	0.015	0.017	0.020	0.0225	0.025	0.030	0.035	0.040
0.05	61.3	54.6	48.7	44.1	39.9	33.2	26.1	21.9	18.6	13.9	10.9	8.7
0.06	62.8	56.0	50.1	45.3	41.2	34.4	27.2	22.8	19.5	14.7	11.5	9.3
0.07	64.1	57.3	51.3	46.5	42.4	35.5	28.2	23.8	20.4	15.5	12.2	9.9
0.08	65.2	58.4	52.4	47.5	43.4	36.4	29.0	24.6	21.1	16.1	12.8	10.3

R/m \ n	0.011	0.012	0.013	0.014	0.015	0.017	0.020	0.0225	0.025	0.030	0.035	0.040
0.09	66.2	59.4	53.3	48.4	44.2	37.2	29.8	25.3	21.7	16.7	13.3	10.8
0.10	67.2	60.3	54.3	49.3	45.1	38.1	30.6	26.0	22.4	17.3	13.8	11.2
0.11	68.0	61.1	55.0	50.0	45.8	38.8	31.0	26.6	22.9	17.8	14.2	11.7
0.12	68.8	61.9	55.8	50.8	46.6	39.5	32.6	27.2	23.5	18.3	14.7	12.1
0.13	69.5	62.6	56.5	51.5	47.7	40.1	32.8	27.7	24.0	18.7	15.0	12.5
0.14	70.3	63.3	57.2	52.2	47.8	40.7	33.0	28.2	24.5	19.1	15.4	12.8
0.15	70.9	63.9	57.8	52.7	48.5	41.2	33.5	28.3	24.9	19.4	15.7	13.1
0.16	71.5	64.5	58.4	53.3	49.0	41.8	34.0	28.5	25.4	19.9	16.1	13.4
0.17	72.0	65.1	58.9	53.8	49.5	42.2	34.4	29.2	25.8	20.3	16.5	13.9
0.18	72.6	65.6	59.5	54.4	50.0	42.7	34.8	30.0	26.2	20.6	16.8	14.0
0.19	73.1	66.0	59.9	54.8	50.5	43.1	35.2	30.4	26.5	21.0	17.1	14.3
0.20	73.7	66.6	60.4	55.3	50.9	43.6	35.7	30.8	26.9	21.3	17.4	14.5
0.21	74.1	67.0	60.8	55.7	51.3	44.0	36.0	31.2	27.2	21.6	17.6	14.8
0.22	74.6	67.5	61.3	56.2	51.7	44.4	36.4	31.5	27.6	21.9	17.2	15.0
0.23	75.1	67.9	61.7	56.6	52.1	44.8	36.7	31.8	27.9	22.2	18.9	15.3
0.24	75.5	68.3	62.1	57.0	52.5	45.2	37.1	32.2	28.3	22.5	18.5	15.5
0.25	75.9	68.7	62.5	57.4	52.9	45.5	37.5	32.5	28.5	22.8	18.7	15.8
0.26	76.3	69.1	62.9	57.7	53.3	45.9	37.8	32.8	28.8	23.0	18.9	16.0
0.27	76.7	69.4	63.3	58.0	53.6	46.2	38.1	33.1	29.1	23.3	19.1	16.2
0.28	77.0	69.8	63.6	58.4	53.9	46.5	38.4	33.4	29.4	23.5	19.4	16.4
0.29	77.4	70.1	64.0	58.7	54.2	46.8	38.7	33.6	29.6	23.7	19.6	16.6
0.30	77.7	70.5	64.3	59.1	54.6	47.2	39.0	33.9	29.9	24.0	19.9	16.8
0.31	78.0	70.8	64.0	59.4	54.9	47.5	39.3	34.2	30.1	24.2	20.1	17.0
0.32	78.8	71.1	64.9	59.7	55.2	47.8	39.5	34.4	30.3	24.4	20.3	17.2
0.33	78.6	71.5	65.2	60.0	55.5	48.0	39.8	34.7	30.6	24.7	20.5	17.4
0.34	79.0	71.8	65.5	60.8	55.8	48.3	40.0	34.9	30.8	24.9	20.7	17.6
0.35	79.3	72.1	65.8	60.6	56.1	48.6	40.3	35.2	31.1	25.1	20.9	17.8
0.36	79.6	72.4	66.1	60.9	56.3	48.8	40.5	35.4	31.3	25.3	21.1	18.0
0.37	79.9	72.6	66.3	61.1	56.6	49.1	40.8	35.6	31.5	25.2	21.3	18.1
0.38	80.1	72.9	66.6	61.4	56.8	49.3	41.0	35.9	31.7	25.6	21.4	18.3
0.39	80.4	73.1	66.8	61.6	57.0	49.6	41.3	36.1	31.9	25.8	21.6	18.4
0.40	80.7	73.4	67.1	61.9	57.3	49.8	41.5	36.3	32.2	26.0	21.8	18.6
0.41	81.0	73.6	67.3	62.1	57.5	50.0	41.7	36.5	32.4	26.2	22.0	18.8
0.42	81.3	73.9	67.6	62.4	57.8	50.2	41.9	36.7	32.6	26.4	22.1	18.9
0.43	81.5	74.1	67.9	62.6	58.0	50.5	42.1	36.9	32.7	26.5	22.3	19.1
0.44	81.8	74.4	68.1	62.9	58.3	50.7	42.3	37.1	32.9	26.7	22.4	19.2

续表 5 - 7

n R/m	0.011	0.012	0.013	0.014	0.015	0.017	0.020	0.0225	0.025	0.030	0.035	0.040
0.45	82.0	74.6	68.4	63.1	58.5	50.9	42.5	37.3	33.1	26.9	22.6	19.4
0.46	82.3	74.8	68.6	63.4	58.7	51.1	42.7	37.5	33.3	27.1	22.8	19.5
0.47	82.5	75.0	68.8	63.5	58.9	51.3	42.9	37.7	33.5	27.3	22.9	19.7
0.48	82.7	75.3	69.0	63.5	59.1	51.5	43.1	37.8	33.6	27.4	23.1	19.8
0.49	82.9	75.5	69.3	63.4	59.3	51.7	43.3	38.0	33.8	27.6	23.2	20.0
0.50	83.1	75.7	69.5	64.1	59.5	51.9	43.5	38.2	34.0	27.8	23.4	20.1
0.51	83.3	75.9	69.7	64.5	59.7	52.1	43.7	38.4	34.2	27.9	23.5	20.2
0.52	83.5	76.1	69.9	64.5	59.9	52.3	43.9	38.5	34.3	28.1	23.6	20.3
0.53	83.7	76.4	70.0	64.5	61.1	52.4	44.0	38.7	34.5	28.2	23.8	20.5
0.54	83.9	76.6	70.2	64.4	60.3	52.6	44.2	38.8	34.6	28.4	23.9	20.6
0.55	84.1	76.8	70.4	65.1	60.5	52.8	44.4	39.0	34.8	28.5	24.0	20.7
0.56	84.3	77.0	70.6	65.0	60.7	53.0	44.6	39.2	34.9	28.6	24.1	20.8
0.57	84.5	77.2	70.8	65.0	60.8	53.2	44.7	39.3	35.1	28.8	24.3	20.9
0.58	84.7	77.3	71.0	65.0	61.0	53.3	44.9	39.5	35.2	28.9	24.4	21.1
0.59	84.8	77.5	71.2	65.0	61.2	53.5	45.0	39.6	35.4	29.1	24.6	21.2
0.60	85.0	77.7	71.4	66.0	61.4	53.7	45.2	39.8	35.5	29.2	24.7	21.3
0.61	85.2	78.9	71.6	66.0	61.5	53.9	45.3	39.9	35.6	29.3	24.8	21.4
0.62	85.4	78.1	71.7	66.0	61.7	54.0	45.5	40.1	35.8	29.4	24.9	21.5
0.63	85.6	78.2	71.9	66.0	61.9	54.2	45.6	40.2	35.9	29.6	25.1	21.7
0.64	85.8	78.4	72.0	66.0	62.0	54.3	45.8	40.4	36.1	29.7	25.2	21.8
0.65	86.0	78.6	72.2	66.0	62.2	54.5	45.9	40.5	36.2	29.8	25.3	21.9
0.66	86.1	78.8	72.4	67.0	62.3	54.6	46.0	40.6	36.3	29.9	25.4	22.0
0.67	86.3	78.9	72.5	67.0	62.5	54.8	46.2	40.8	36.5	30.0	25.5	22.1
0.68	86.5	79.1	72.7	67.0	62.6	54.9	46.3	40.9	36.6	30.2	25.6	22.2
0.69	86.7	79.2	72.8	67.0	62.8	55.1	46.5	41.1	36.8	30.3	25.7	22.3
0.70	86.8	79.4	73.0	67.0	62.9	55.2	46.6	41.2	36.9	30.4	25.8	22.4
0.71	87.0	79.5	73.1	67.0	63.0	55.3	46.7	41.3	37.0	30.5	25.9	22.5
0.72	87.1	79.7	73.3	67.0	63.2	55.5	46.9	41.4	37.1	30.6	26.0	22.6
0.73	87.2	79.8	73.4	68.0	63.3	55.6	47.0	41.6	37.2	30.7	26.1	22.7
0.74	87.4	80.0	73.6	68.2	63.5	55.7	47.1	41.7	37.3	30.8	26.2	22.8
0.75	87.5	80.1	73.7	68.3	63.6	55.8	47.2	41.8	37.4	30.9	26.3	22.9
0.76	87.7	80.2	73.9	68.4	63.7	56.0	47.4	41.9	37.5	31.1	26.4	23.0
0.77	87.8	80.4	74.0	68.6	63.9	56.1	47.5	42.0	37.6	31.2	26.5	23.1
0.78	88.0	80.5	74.2	68.7	64.0	56.2	47.6	42.2	37.7	31.3	26.6	23.2
0.79	88.1	80.7	74.3	68.9	64.2	56.4	47.8	42.3	37.9	31.4	26.7	23.2
0.80	88.3	80.8	74.5	68.0	64.3	56.5	47.9	42.4	38.0	31.5	26.8	23.4
0.81	88.4	80.9	74.6	69.1	64.4	56.6	48.0	42.5	38.1	31.6	26.9	23.5
0.82	88.5	81.0	74.7	69.2	64.5	56.7	48.1	42.6	38.2	31.7	27.0	23.5
0.83	88.6	81.1	74.8	69.3	64.6	56.8	48.2	42.6	38.3	31.7	27.0	23.6

R/m ＼ n	0.011	0.012	0.013	0.014	0.015	0.017	0.020	0.0225	0.025	0.030	0.035	0.040
0.84	88.7	81.2	74.9	69.4	64.7	56.9	48.3	42.7	38.4	31.8	27.1	23.7
0.85	88.8	81.3	75.0	69.4	64.7	57.0	48.4	42.8	38.5	31.9	27.2	23.7
0.86	88.9	81.4	75.1	69.5	64.8	57.1	48.4	42.9	38.5	32.0	27.3	23.8
0.87	89.0	81.5	75.2	69.6	64.9	57.2	48.5	43.0	38.6	32.1	27.4	23.9
0.88	89.2	81.6	75.3	69.7	65.0	57.3	48.6	43.0	38.7	32.1	27.4	24.0
0.89	89.3	81.7	75.4	69.8	65.1	57.4	48.7	43.1	38.8	32.2	27.5	24.0
0.90	89.4	81.8	75.5	69.9	65.2	57.5	48.8	43.2	38.9	32.3	27.6	24.1
0.91	89.5	81.9	75.6	0	65.3	57.6	48.9	43.3	39.0	32.4	27.7	24.2
0.92	89.7	82.1	75.8	70.2	65.5	57.8	49.0	43.4	39.1	32.5	27.8	24.3
0.93	89.8	82.2	76.9	70.3	65.6	57.9	49.2	43.6	39.2	32.6	27.9	24.4
0.94	90.0	82.4	76.1	70.5	65.8	58.0	49.3	43.7	39.3	32.7	28.0	24.5
0.95	90.1	82.5	76.2	70.6	65.9	58.1	49.4	43.8	39.4	32.8	28.1	24.5
0.96	90.3	82.7	76.3	70.8	66.1	58.3	49.5	43.9	39.6	32.9	28.2	24.6
0.97	90.4	82.8	76.5	70.9	66.2	58.4	49.6	44.0	29.7	33.0	28.3	24.7
0.98	90.5	83.0	76.6	71.1	66.4	58.5	49.8	44.2	39.8	33.1	28.4	24.8
0.99	90.7	83.1	76.7	71.2	66.5	58.7	49.9	44.3	39.9	33.2	28.5	24.9
1.00	90.9	83.3	76.9	71.4	66.7	58.8	50.0	44.4	40.0	33.3	28.6	25.0
1.02	91.1	83.5	77.0	71.6	66.9	59.0	50.2	44.6	40.2	33.5	28.7	25.1
1.04	91.3	83.7	77.3	71.8	67.1	59.2	50.3	44.8	40.4	33.6	28.9	25.3
1.06	91.5	84.0	77.5	72.1	67.3	59.4	50.5	44.9	40.5	33.8	29.0	25.4
1.08	91.7	84.2	77.8	72.3	67.5	59.6	50.7	45.1	40.7	33.9	29.1	25.6
1.10	92.0	84.4	78.0	72.5	67.7	59.8	50.9	45.3	40.9	34.1	29.3	25.7
1.12	92.2	84.6	88.2	72.7	67.9	60.0	51.1	45.5	41.0	34.2	29.4	25.8
1.14	92.4	84.8	78.4	72.9	68.1	60.2	51.3	45.6	41.2	34.4	29.6	25.9
1.16	92.6	85.0	78.6	73.0	68.2	60.3	51.4	45.8	41.3	34.5	29.7	26.1
1.18	92.8	85.2	78.8	73.2	68.4	60.5	51.6	45.9	41.5	34.6	29.9	26.2
1.20	93.1	85.4	79.0	73.4	68.6	60.7	51.8	46.1	41.6	34.8	30.0	26.3
1.22	93.2	85.6	79.2	73.6	68.8	60.9	51.9	46.3	41.7	34.9	30.1	26.4
1.24	93.3	85.8	79.4	73.8	69.0	61.0	52.1	46.4	41.9	35.1	30.2	26.5
1.26	93.5	86.0	79.5	73.9	69.1	61.2	52.2	46.6	42.0	35.2	30.4	26.7
1.28	93.7	86.1	79.7	74.1	69.3	61.3	52.4	46.7	42.2	35.4	30.5	26.8
1.30	94.0	86.3	79.9	74.3	69.5	61.5	52.5	46.9	42.3	35.5	30.6	26.9
1.32	94.2	86.5	80.1	74.5	69.6	61.6	52.6	47.0	42.4	35.6	30.7	27.0
1.34	94.3	86.6	80.2	74.6	69.8	61.8	52.8	47.2	42.6	35.7	30.8	27.1
1.36	94.5	86.8	80.4	74.8	69.9	61.9	52.9	47.3	42.7	35.9	30.9	27.2
1.38	94.7	87.0	80.5	74.9	70.1	62.1	53.1	47.4	42.8	36.0	31.0	27.3
1.40	94.8	87.1	80.7	75.1	70.2	62.2	53.2	47.5	43.0	36.1	31.1	27.4
1.42	95.0	87.3	80.8	75.3	70.4	62.3	53.3	47.7	43.1	36.2	31.3	27.6
1.44	95.2	87.5	81.0	75.4	70.5	62.5	53.5	47.8	43.2	36.3	31.4	27.7

R/m ＼ n	0.011	0.012	0.013	0.014	0.015	0.017	0.020	0.0225	0.025	0.030	0.035	0.040
1.46	95.3	87.7	81.2	75.6	70.7	62.6	53.6	47.9	43.3	36.5	31.5	27.8
1.48	95.5	87.8	81.3	75.7	70.8	62.8	53.8	48.1	43.5	36.6	31.6	27.9
1.50	95.7	88.0	81.5	75.9	71.0	62.9	53.9	48.2	43.6	36.7	31.7	28.0
1.52	95.8	88.1	81.6	76.0	71.1	63.0	54.0	48.3	43.7	36.8	31.8	28.1
1.54	96.0	88.3	81.8	76.2	71.3	63.2	54.1	48.4	43.8	36.9	31.9	28.2
1.56	96.2	88.4	81.9	76.3	71.4	63.3	54.3	48.5	43.9	37.0	32.0	28.3
1.58	96.3	88.6	82.1	76.4	71.5	63.5	54.4	48.6	44.0	37.1	32.1	28.4
1.60	96.5	88.7	82.2	76.5	71.6	63.6	54.5	48.7	44.1	37.2	32.2	28.5
1.62	96.6	88.9	82.3	76.7	71.8	63.7	54.6	48.9	44.3	37.3	32.3	28.5
1.64	96.8	89.0	82.5	76.8	71.9	63.9	54.7	49.0	44.4	37.4	32.4	28.6
1.66	97.0	89.2	82.6	76.9	72.0	64.0	54.8	49.1	44.5	37.5	32.5	28.7
1.68	97.1	89.3	82.7	77.1	72.2	64.2	55.0	49.2	44.6	37.6	32.6	28.8
1.70	97.3	89.5	82.9	77.2	72.3	64.3	55.1	49.3	44.7	37.7	32.7	28.9
1.72	97.4	89.6	83.0	77.3	72.4	64.4	55.2	49.4	44.8	37.8	32.8	29.0
1.74	97.5	89.8	83.2	77.4	72.5	64.5	55.3	49.5	44.9	37.9	32.8	29.0
1.76	97.7	89.9	83.3	77.6	72.7	64.6	55.4	49.6	45.0	37.9	32.9	29.1
1.78	97.8	90.0	83.4	77.7	72.8	64.7	55.5	49.7	45.0	38.0	33.0	29.2
1.80	98.0	90.1	83.6	77.8	72.9	64.8	55.6	49.8	45.1	38.1	33.0	29.3
1.82	98.1	90.3	83.7	77.9	73.0	64.9	55.7	49.9	45.2	38.2	33.1	29.3
1.84	98.2	90.4	83.8	78.0	73.1	65.0	55.8	50.0	45.3	38.3	33.2	29.4
1.86	98.4	90.5	83.9	78.2	73.3	65.1	55.9	50.1	45.4	38.3	33.3	29.5
1.88	98.5	90.7	84.1	78.3	73.4	65.3	56.0	50.2	45.5	38.4	33.3	29.5
1.90	98.6	90.8	84.2	78.4	73.5	65.4	56.1	50.3	45.6	38.5	33.4	29.6
1.92	98.7	90.9	84.3	78.5	73.6	65.5	56.2	50.4	45.7	38.6	33.5	29.7
1.94	98.9	91.0	84.4	78.6	73.7	65.6	56.3	50.5	45.7	38.7	33.5	29.8
1.96	99.0	91.2	84.5	78:7	73.9	65.7	56.4	50.6	45.8	38.7	33.6	29.8
1.98	99.2	91.3	84.6	78.9	74.0	65.8	56.5	50.7	45.9	38.8	33.7	29.9
2.00	99.3	91.4	84.8	79.0	74.1	65.9	56.6	50.8	46.0	38.9	33.8	30.0
2.05	99.6	91.7	85.0	79.2	74.3	66.1	56.8	51.0	46.2	39.1	34.0	30.1
2.10	99.8	91.9	85.3	79.5	74.6	66.3	57.0	51.2	46.4	39.2	34.1	30.3
2.15	100.1	92.2	85.5	79.7	74.8	66.6	57.2	51.4	46.6	39.4	34.3	30.4
2.20	100.4	92.4	85.8	80.0	75.0	66.8	57.4	51.6	46.8	39.6	34.4	30.6
2.25	100.7	92.7	86.0	80.2	75.2	67.0	57.6	51.7	46.9	39.7	34.6	30.7
2.30	101.0	93.0	86.3	80.5	75.5	67.2	57.9	51.9	47.1	39.9	34.8	30.9
2.35	101.2	93.2	86.5	80.7	75.7	67.4	58.1	52.1	47.3	40.1	34.9	31.0
2.40	101.5	93.5	86.7	81.0	75.9	67.7	58.3	52.3	47.5	40.3	35.1	31.2
2.45	101.8	93.7	87.0	81.2	76.2	67.9	58.5	52.5	47.7	40.4	35.3	31.3
2.50	102.1	94.0	87.3	81.5	76.4	68.1	58.7	52.7	47.9	40.6	35.4	31.5
2.55	102.3	94.2	87.5	81.7	76.6	68.3	58.9	52.8	48.0	40.7	35.5	31.6

R/m \ n	0.011	0.012	0.013	0.014	0.015	0.017	0.020	0.0225	0.025	0.030	0.035	0.040
2.60	102.5	94.3	87.7	81.9	76.8	68.4	59.0	53.0	48.2	40.9	35.6	31.7
2.65	102.8	94.7	87.9	82.1	77.0	68.6	59.2	53.2	48.3	41.0	35.8	31.8
2.70	103.0	94.9	88.1	82.3	77.2	68.8	59.3	53.3	48.5	41.1	35.9	31.9
2.75	103.3	95.1	88.3	82.4	77.3	68.9	59.5	53.4	48.6	41.2	36.0	32.0
2.80	103.5	95.3	88.5	82.6	77.5	69.1	59.7	53.6	48.7	41.4	36.1	32.1
2.85	103.7	95.5	88.9	82.8	77.7	69.3	59.8	53.7	48.9	41.5	36.2	32.2
2.90	104.0	95.8	88.7	83.0	77.9	69.5	60.0	54.9	49.0	41.6	36.4	32.3
2.95	104.2	96.0	89.2	83.2	78.1	69.6	60.1	54.0	49.2	41.8	36.5	32.4
3.00	104.4	96.2	89.4	83.4	78.3	69.8	60.3	54.2	49.3	41.9	36.6	32.5
3.05	104.6	96.4	89.6	83.6	78.4	69.9	60.4	54.3	49.4	42.0	36.7	32.6
3.10	104.8	96.6	89.6	83.7	78.6	70.1	60.5	54.4	49.5	42.1	36.8	32.7
3.15	105.0	96.7	89.9	83.9	78.7	70.2	60.7	54.5	49.6	42.2	36.8	32.7
3.20	105.2	96.9	90.1	84.1	78.9	70.4	60.8	54.6	49.7	42.3	36.9	32.8
3.25	105.4	97.1	90.2	84.2	79.0	70.5	60.9	54.7	49.8	42.4	37.0	32.9
3.30	105.6	97.3	90.4	84.4	79.2	70.7	61.0	54.9	49.9	42.4	37.1	33.0
3.35	105.8	97.5	90.6	84.6	79.3	70.8	61.1	55.0	50.0	42.5	37.2	33.0
3.40	106.0	97.6	90.7	84.8	79.5	71.0	61.3	55.1	50.1	42.6	37.2	33.1
3.45	106.2	97.8	90.9	84.9	79.6	71.1	61.4	55.2	50.2	42.7	37.3	33.2
3.50	106.4	98.0	91.1	85.1	79.8	71.3	61.5	55.3	50.3	42.8	37.4	33.3
3.55	106.5	98.2	91.2	85.2	79.9	71.4	61.6	55.4	50.4	42.9	37.5	33.4
3.60	106.7	98.3	91.4	85.4	80.1	71.5	61.7	55.5	50.5	43.0	37.5	33.4
3.65	106.9	98.5	91.5	85.5	80.2	71.7	61.8	55.6	50.6	43.0	37.6	33.5
3.70	107.1	98.6	91.7	85.7	80.4	71.8	61.9	55.7	50.7	43.1	37.7	33.5
3.75	107.2	98.8	91.8	85.8	80.5	71.9	62.0	55.7	50.8	43.2	37.8	33.6
3.80	107.4	99.0	92.0	85.9	80.6	72.0	62.1	55.8	50.8	43.3	37.8	33.7
3.85	107.6	99.1	92.1	86.1	80.8	72.1	62.2	55.9	50.9	43.4	37.9	33.7
3.90	107.8	99.3	92.3	86.2	80.9	72.2	62.3	56.0	51.0	43.4	38.0	33.8
3.95	107.9	99.4	92.4	86.4	81.1	72.4	62.4	56.1	51.1	43.5	38.0	33.8
4.00	108.1	99.6	92.6	86.5	81.2	72.5	62.5	56.2	51.2	43.6	38.1	33.9
4.05	108.2	99.7	92.7	86.6	81.3	72.6	62.6	56.3	51.2	43.6	38.1	33.9
4.10	108.4	99.8	92.8	86.7	81.4	72.7	62.7	56.3	51.3	43.7	38.2	34.0
4.15	108.5	100.0	92.9	86.8	81.5	72.8	62.8	56.4	51.3	43.7	38.2	34.0
4.20	108.7	100.1	93.1	86.9	81.6	72.8	62.9	56.5	51.4	43.8	38.3	34.0
4.25	108.8	100.2	93.2	87.0	81.7	72.9	63.0	56.5	51.4	43.8	38.3	34.1
4.30	109.0	100.3	93.3	87.2	81.8	73.0	63.1	56.6	51.5	43.9	38.3	34.1
4.35	109.1	100.4	93.4	87.3	81.9	73.1	63.2	56.7	51.5	43.9	38.4	34.2
4.40	109.2	100.6	93.6	87.4	82.0	73.2	63.2	56.8	51.6	44.0	38.4	34.2
4.45	109.4	100.7	93.7	87.5	82.1	73.3	63.3	56.8	51.6	44.0	38.5	34.2
4.50	109.5	100.8	93.8	87.6	82.2	73.3	63.4	56.9	51.7	44.1	38.5	34.3

R/m \ n	0.011	0.012	0.013	0.014	0.015	0.017	0.020	0.0225	0.025	0.030	0.035	0.040
4.55	109.7	100.9	93.9	87.7	82.3	73.4	63.5	57.0	51.7	44.1	38.5	34.3
4.60	109.8	101.0	94.1	87.8	82.4	73.5	63.6	57.0	51.8	44.2	38.6	34.3
4.65	110.0	101.2	94.2	87.9	82.5	73.6	63.6	51.1	51.8	44.2	38.6	34.4
4.70	110.1	101.3	94.3	88.0	82.6	73.7	63.7	57.2	51.9	44.3	38.7	34.4
4.75	110.2	101.4	94.4	88.1	82.7	73.8	63.8	57.3	52.0	44.3	38.7	34.4
4.80	110.4	101.5	94.6	88.3	82.9	73.9	63.9	57.3	52.1	44.4	38.7	34.5
4.85	110.5	101.6	94.7	88.4	83.0	73.9	64.0	57.4	52.1	44.4	38.8	34.5
4.90	110.7	101.8	94.8	88.5	83.1	74.0	64.0	57.5	52.2	44.5	38.8	34.5
4.95	110.8	101.9	94.9	88.6	83.2	74.1	64.1	57.5	52.3	44.5	38.9	34.6
5.00	111.0	102.0	95.1	88.7	83.3	74.2	64.1	57.5	52.4	44.6	38.9	34.6

常见断面水力要素计算公式见表 5 - 8。

表 5 - 8　断面水力要素计算公式

断面形式	A	χ	R	B
矩形	bh	$b+2h$	$\dfrac{bh}{b+2h}$	b
梯形	$(b+mh)h$	$b+2h\sqrt{1+m^2}$	$\dfrac{(b+mh)h}{b+2h\sqrt{1+m^2}}$	$b+2mh$
复式断面	$(b_1+m_1h_1)h_1+[b_2+m_2(h-h_1)](h-h_1)$	$b_2-2m_1h_1+2h_1\sqrt{1+m_1^2}+2(h-h_1)\sqrt{1+m_2^2}$	$\dfrac{A}{\chi}$	$b_2+2m_2(h-h_1)$
U 形	$\dfrac{1}{2}\pi r^2+2r(h-r)$	$\pi r+2(h-r)$	$\dfrac{r}{2}\left[1+\dfrac{2(h-r)}{\pi r+2(h-r)}\right]$	$2r$

断面形式	A	χ	R	B
圆形	$\dfrac{d^2}{8}(\theta-\sin\theta)$	$\dfrac{d}{2}\theta$	$\dfrac{d}{4}\left(1-\dfrac{\sin\theta}{\theta}\right)$	$2\sqrt{h(d-h)}$
抛物线形	$\dfrac{2}{3}Bh$	$\sqrt{(1+4h)\,h}+\dfrac{1}{2}\ln(2\sqrt{h}+\sqrt{1+4h})$	$\dfrac{4}{3}h^{1.5}/[\sqrt{(1+4h)h}+\dfrac{1}{2}\ln(2\sqrt{h}+\sqrt{1+4h})]$	$2\sqrt{h}$

注：圆形断面中有如下关系式 $\cos\dfrac{\theta}{2}=1-\dfrac{2h}{d}$。

5.2.2.2 明槽淤积原因

(1) 尾矿输送的流量、粒径、浓度和设计条件差别颇大。造成的原因主要是生产不稳定。

(2) 局部水力学现象处理不当，如汇流和非均匀流水流等。

(3) 结构设计中对结构变形考虑不周，引起输送坡度的变化造成淤积。

(4) 施工误差引起冲淤。

5.2.2.3 明槽断面设计注意事项

(1) 明槽设计坡度的确定鉴于目前在设计时往往按不淤设计，而实际运行又是冲淤平衡运行。因此，在考虑输送明槽的设计坡度时应分别不同情况进行选择。

(2) 按不淤明槽输送坡度设计，根据选矿设备配置的情况，考虑到操作，管理可能出现的不利浓度和粒径条件，确定输送明槽的输送坡度。

(3) 冲淤平衡输送明槽设计首先选择一个明槽输送坡度，使其在不利水砂条件下产生的淤积可以在有利的水砂条件下被冲走，并用明槽淤积以后形成的糙率进行计算。用 $n=0.02\sim0.025$，以此决定明槽横断面尺寸，并用最大流量校核。

5.2.2.4 明槽局部水流情况的水力设计

为了保证明槽的正常运行，除了正确确定输送明槽的纵向坡度和横断面尺寸外，还必须正确确定汇流、弯道水流、断面突变和坡度变化等局部水流现象，并分析其对流速的影响。

5.2.2.5 控制架空尾矿渡槽挠度的措施

对于索桥应注意：

(1) 主索必须是全钢丝的，不得用有油芯的钢丝绳。

(2) 索桥的温差计算应考虑钢索受太阳辐射热的影响（据实测比气温大约高15℃左右）。

普通钢筋混凝土结构控制变形，主要是设计时应对变形有严格的限制，应控制在1/1000~1/1500以内，可以提出预拱度的施工要求。在计算挠度时，混凝土的变形模量应考虑混凝土徐变的影响，对基础的沉陷量也应控制，若这些结构处理措施控制有困难时，也可以考虑提高渡槽槽底的坡度。

（3）缩小施工误差，把坡度的施工误差控制在 5% 以下。

5.2.3 明槽设计的其他注意事项

在明槽设计中除了纵向坡度、横向断面尺寸外，还有：

（1）明槽的材料及结构厚度（包括防磨损设计）。

（2）明槽长度上的分缝。

（3）明槽的基础设计及不良地基处理。

（4）明槽的边坡防滑。

（5）明槽的防洪。

（6）明槽的交叉建筑、联接建筑物以及跨山岭的隧洞等建、构筑物的结构设计等。这些问题，应参照相应专业的设计规程进行设计。

5.3 压力输送管道设计

压力输送管道设计时，主要是确定设计管径、计算摩阻损失。

5.3.1 临界不淤流速

5.3.1.1 临界不淤流速的定义及概念

在尾矿输送中，正确确定安全经济的输送流速，不仅对输送的能耗及磨损，而且对设备选型都起着决定作用。根据对浆体管道的研究，流速与输送的能耗，也就是输送的流速与水力坡度有如图 5 - 3 所示的关系。从该图可以看出，当输送流速为 V_{m2} 时，水力坡度最小。从经济角度考虑，应选择 $J_m - V_m$ 曲线的最低点，对应这点的流速称为临界不淤流速 V_k。图 5 - 3 同样算出在不同流速时尾矿颗粒在水流中的状态。从安全角度，希望以悬浮状态输送尾矿。当流速 $V_m > V_k$ 时，则呈悬浮状态输送，但能耗亦随 V_m 指数次方增大。当流速 $V_m < V_k$ 时，管底将形成可动的或固定的床面，阻力增加，输送浓度减少。所以 V_k 不仅决定工程投资的规模、运营费用的高低，而且是安全运行的下限。

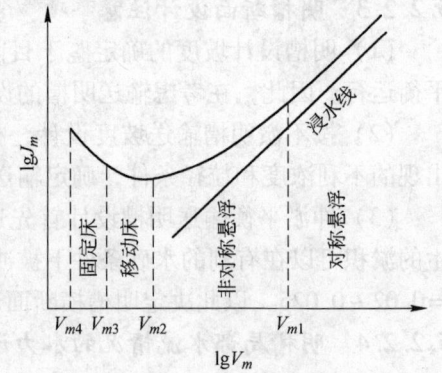

图 5 - 3　两相流管道水力
坡降与流速关系图

5.3.1.2 临界不淤流速的确定方法

目前，确定临界不淤流速的有三种方法：管道试验法（详见《第一届中日浆体输送技术交流会论文集》）、工程类比法和计算法（用经验公式进行计算）。

5.3.1.3 临界流速的计算公式

杜拉德公式

$$V_K = F_L \sqrt{2gD(S - 1)} \qquad (5 - 43)$$

式中　F_L——与固体物料颗粒大小及浓度有关的系数，当固体物料颗粒直径大于 2mm 时，

F_L 几乎不随粒度和浓度而变的常数，$F_L = 1.3 \sim 1.4$；

 g——重力加速度；

 D——管径；

 S——固体物料的密度。

瓦斯普公式

$$V_K = F_L' [\, 2gD(S-1) \,]^{1/2} (d/D)^{1/6} \tag{5-44}$$

式中 F_L'——系数；

  d——固体物料粒径。

克诺罗兹公式

当 $d \le 0.07\text{mm}$ 时，

$$V_K = 0.2(1 + 4.43 \sqrt[4]{C_w D^{0.25}})\beta \tag{5-45}$$

当 $0.07\text{mm} < d \le 0.15\text{mm}$ 时，

$$V_K = 0.255(1 + 2.48 \sqrt[3]{C_w} \sqrt[4]{D})\beta \tag{5-46}$$

$$V_K = 0.255(1 + 2.48 \sqrt[3]{C_w'} \sqrt[4]{D})\beta \tag{5-47}$$

式中 C_w——重量稠度的 100 倍；

  β——矿石重度修正系数，它是对 $\gamma_s > 2.7$ 的情况而言，当 $d \le 1.5\text{mm}$ 时，$\beta = (\gamma_s - 1)/1.7$；

  γ_s——固体物料重度。

乌克兰建筑工业科学研究所公式

当 $d < 0.5\text{mm}$，$r_k = 1.25 \sim 1.7$ 时，

$$V_K = 12.8 \sqrt[3]{D} \sqrt[4]{W} \sqrt{C_m/C_w'} \sqrt[10]{3d_{10}/d_{90}} \tag{5-48}$$

式中 W——固体颗粒自由沉降速度；

 C_m——系数，$C_m = 0.35 \sim 0.40$；

d_{10}，d_{90}——固体物料含量 10% 和 90% 时对应的粒径。

陕西水利科学研究所公式

$$V_K = 0.293 \sqrt{2gD}\, \mathrm{e}^{-[\frac{1}{\sqrt{2}C_v}(C_v - 10)]^2} + \sqrt{2gD}(S-1)^{-1/8} \tag{5-49}$$

式中 C_v——体积稠度的 100 倍。

鞍山黑色冶金矿山设计研究院公式

$$V_K = 3.72 D^{0.312} \left[\left(\frac{\gamma_m - \gamma}{\gamma} \right) \left(\frac{\gamma_s - \gamma_m}{\gamma_s - \gamma} \right)^n W_p \right]^{0.25} \left(\frac{W_{95}}{W_p} \right)^{0.1} \tag{5-50}$$

式中 γ_m——浆体重度；

  γ——水的重度；

  W_p——加权平均自由沉降速度，$W_p = \Sigma W$；

 W_{95}——d_{95} 的自由沉降速度；

  n——干扰沉降指数，$n = 5 - \lg \dfrac{w_o d}{r_o}$，$d$ 为沉降速度，w_o 为当量粒径，cm。

北京有色冶金设计研究总院公式

当 $r_m > 1.3$ 时，

$$V_K = 9.5 \sqrt[3]{(S-1)gDW} p_v^{\frac{1}{6}} \sqrt{1 - \frac{p_v}{K\sqrt{d_{50}}}} \tag{5-51}$$

当 $r_m \leqslant 1.3$ 时，

$$V_K = 9.5 \sqrt[3]{(S-1)gDW} p_v^{\frac{1}{6}}$$

凯夫公式

$$V_K = 1.04 D^{0.3}(S-1)^{0.75} \ln(d_{50}/16)\left[\ln(60/C_v)\right]^{0.13} \tag{5-52}$$

石家庄杂质泵研究所公式

$$V_K = KD^{0.3}(S-1)^{0.75} \ln(d_{50}/16)\left[\ln(60/C_v)\right]^{0.13} \tag{5-53}$$

式中，K 值按公式 5-54 计算。

$$K = 1.021144 - 0.007805S + 0.001458C \tag{5-54}$$

公式适用范围：管径 150～500mm，固体物比重 $S = 2.65～4.7$，$d_{50} = 0.0068～0.17$mm，体积浓度 $\omega = 10\%～40\%$。

武汉水利电力学院公式

$$V_K = K\left[\left(2\frac{3}{m^3}-1\right)83^{\frac{1}{m}}\left(\lg D\frac{\rho_s - \rho_{fs}}{\rho_{fs}\sqrt{C_D}}\right)^{\frac{1.5}{m^3}}(1-f)C_T\right]^{\frac{m^3}{3}} \tag{5-55}$$

式中　f——雷诺数 $Re_s \leqslant 2$ 的细颗粒占全砂的分数；

ρ_s——固料密度；

ρ_{fs}——$Re_s \leqslant 2$ 的细砂与水组成的均质浆体密度，按下式计算：

$$\rho_{fs} = fC_T\rho_s + (1 - fC_T)\rho_f \tag{5-56}$$

ρ_f——水的密度；

C_T——固料输送的体积浓度；

m——球形颗粒的级配修正系数，按下式计算：

$$m = 2 - \left(\frac{d_{90}}{d_{10}}\right)^{-0.04}$$

需要强调的是，d_{10}、d_{90} 及求 C_D 时要用的 d_{50}。均系指除去细颗粒部分后的砂样级配曲线的对应值。

根据对三种物料（尾矿、煤粉、粉煤灰）的计算结果，对不同的物料，其 K 值有所不同。

对金属尾矿：$K = 1.90$

对煤粉：$K = 1.923$

对粉煤灰：$K = 2.976$

尾矿输送的阻力损失的大小及其确定方法，与尾矿浆的形式有关，形式不同阻力计算的方法也不一样。

浆体在管道中的流动形式可分为一相流和二相流。

尾矿浆体大多数是二相流体，由输送粒状材料和载体（大多数为水）所组成。二相流体的管流一般可分为数种流动形式：

均匀悬浮，固体颗粒在管道断面分布均匀，无浓度。

非均匀悬浮，固体颗粒在管道断面分布不均匀，有明显的浓度梯度。

管底有推移层或层面有跳跃颗粒（即移动床），较轻较细颗粒仍以不均匀悬浮状态运动。

管底有固定床的运动。管道底部沉积形成底床。以上几种流态示于图 5-3 中。

（1）均质浆体均质性的定量标准。区别浆体是否为均质体有不同的方法和标准。这里介绍对于浆体管道输送工程更为实用，而且较为安全的瓦斯普的方法。

瓦斯普提出了以管道断面上浓度变化的程度作为定量标准，具体是以某一个最大粒径颗粒在管顶以下 $0.08D$ 处的浓度 C 与管道中心处的浓度 C_A 的比值作为判定均质性的指标：

当 $C/C_A \geq 0.8$，为均质流。

管道断面上浓度计算式为：

$$C/C_A = 10^{-\left(\frac{1.8W}{K\beta U_1}\right)} \tag{5-57}$$

式中　K——卡门常数，一般为 0.4；

　　　β——伊斯梅尔系数，当粒径为 0.1mm 时，$\beta = 1.3$，当粒径为 0.16mm 时，$\beta = 1.5$，为了安全起见浆体管道常取 $\beta = 1.05$；

　　　W——固体颗粒的沉速，m/s；

　　　U_1——摩阻流数，m/s，可用下式计算：

$$U_1 = U\sqrt{\frac{\lambda}{g}}$$

　　　U——断面平均流速，m/s；

　　　λ——达西摩阻系数。

（2）非均匀悬浮的定量判别标准。仍用上述瓦斯普的判别方法，即 $C/C_A \leq 0.1$，为非均匀悬浮。

$0.1 < \dfrac{C}{C_A} \leq 0.8$ 之间，为过游流态，长距离浆体管多选在 $0.5 \sim 0.6$。

（3）固体颗粒开始悬浮的临界条件：

$$Z = \frac{W}{KU_1} < 5 \quad 悬移运动开始出现$$

$$Z = \frac{W}{KU_1} \geq 5 \quad 基本上以推移的形式运行$$

（4）管底开始出现沉积物的临界条件。以临界流速或临界淤积流速为控制，比值一般为 $J_m - U$（流速与阻力损失）关系曲线的最小值。小于该流速将开始出现淤积。此流速的计算见后述。

（5）管道接近淤堵的临界条件。根据美国衣阿华大学在管底有沉积物条件下进行的两相流管道试验，劳尔森提出，当管底沉积物厚度 y_i，所占截面积为 A_i，如果取 $A_i/\left(\frac{1}{4}\pi d^2\right)$ 的比值为 0.5，为管道淤墙的极限，则出现这一情况的临界条件为

$$\frac{Q}{\left(\dfrac{r_s - r_o}{r_o}\right)^{\frac{1}{2}} g^{\frac{1}{2}} d^{\frac{5}{2}}} \left(\frac{Q}{G_T}\right)^{\frac{1}{3}} = 1 \tag{5-58}$$

式中　G_T——全砂输沙率（以体积计）；

Q——水砂混合物的流量。

淤堵时，管底沉积物厚度和水流及泥砂的关系见图5-4。

上述公式应用于具体工程时，往往出入较大，其原因有：具体工程条件的公式的适用范围不尽一致，建立公式的临界条件不同；每个公式都有一定的局限性。为了正确选择计算公式，应特别注意各公式建立的条件及其适用范围，不能生搬硬套。

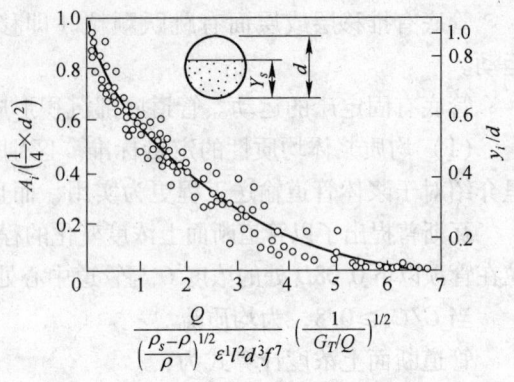

图 5 - 4 管底沉积物厚度和水流及泥沙条件的关系

5.3.2 管道摩阻损失计算

5.3.2.1 清水摩阻损失

清水摩阻损失可分为沿程摩阻损失和局部摩阻损失两部分。

（1）沿程摩阻损失：有两个表达式

$$h_f = \frac{V^2}{c^2 R}l = \frac{Q^2}{K^2}l \tag{5-59}$$

$$K = AC\sqrt{R}$$

$$h_f = \lambda \frac{l}{D} \frac{V^2}{2g} \tag{5-60}$$

式中 l——流程长度；

D——管道直径；

λ——沿程水头损失系数；

其余符号意义同前。

λ 称为达西·韦斯巴赫阻力系数，对不同的流水状态及管道的粗糙度有不同的计算公式：

层流

管道的雷诺数 $Re = \dfrac{VD}{\gamma}$ （<2000~2300 时）

紊流

$$\lambda = 64/Re \tag{5-61}$$

汉滑摩阻区

$$Re \frac{K}{D} < 10$$

布拉修斯公式

$$\lambda = 0.316 Re^{-0.25} \tag{5-62}$$

过渡区

$$10 < Re \frac{K}{D} < 500$$

柯莱布鲁克·怀特公式

$$\lambda = \frac{1}{\left[-2\lg\left(\dfrac{2.5}{Re\sqrt{\lambda}} + \dfrac{K}{3.7D}\right) \right]^2} \tag{5-63}$$

阿尔特舒尔公式

$$\lambda = 0.11\left(\frac{K}{D} + \frac{68}{Re}\right)^{0.25} \tag{5-64}$$

平方摩阻区（完全紊流区）

普朗特 – 尼克拉兹公式

$$\lambda = \frac{1}{4\left(\lg\dfrac{3.7D}{K}\right)^2} \tag{5-65}$$

亦可利用巴甫洛夫斯基或曼宁公式计算

$$\lambda = \frac{8g}{C^2} \tag{5-66}$$

式中 D——圆管直径，m；

V——平均流速，m/s；

γ——水的运动黏滞系数；m^2/s；

K——管壁等值粗糙高度，m；

g——重力加速度，m/s^2；

C——舍齐系数。

（2）局部水头损失：管路的局部水头损失计算，其公式为

$$h_j = \xi\frac{v^2}{2g} \tag{5-67}$$

式中，ξ 为局部水头损失系数。

入口水头损失 ξ_E：

管子入口 $\xi_E = 1.0$

法兰入口 $\xi_E = 0.5$

圆滑的喇叭入口 $\xi_E = 0.05$

喇叭口 $\xi_E = 0.1 \sim 0.2$

弯管水头损失 ξ_B：

90°弯头 $\xi_B = 0 \sim 0.3$

120°弯头 $\xi_B = 0.12 \sim 0.18$

135°弯头 $\xi_B = 0.1 \sim 0.15$

扩散管 ξ_D：当扩散角不同时，ξ_D 值见表5-9。

表5-9 ξ_D 值

$\alpha/(°)$	5	10	15	20	25	30	40	50	60	90
ξ_D	0.04	0.08	0.16	0.31	0.40	0.49	0.6	0.67	0.72	$1-\left(\dfrac{d_1^2}{d_2^2}\right)$

计算损失水头时，除扩散角为 90°采用进口流速水头外，其余均用进出口流速水头差。

收缩损失 ξ_e：

渐缩管 $\xi_e = 0.1 \sim 0.5$，用进出口流速水头差计算损失。

突然收缩 $\xi_e = 0.5\left(1 - \dfrac{d_2^2}{d_1^2}\right)$，用出口流速水头计算损失。

闸阀损失 ξ_T 值（全开时）见表 5 – 10。

表 5 – 10　ξ_T 值

管径/mm	100	150	200	300	>300
ξ_T	0.16	0.15	0.10	0.05	0

出口损失 ξ_Z：$\xi_Z = 1.0$。

5.3.2.2　浆体摩阻损失

浆体的摩阻损失与浆体中固体颗粒的比重、粒径、浓度以及浆体的流型流态等有关。浆体管流的阻力可概括为下列表达式

$$\Delta P = \lambda_m \frac{1}{D} \frac{\rho_m U^2}{2g}$$

式中　P——经过单位距离的压力降；

ρ_m——浆体密度；

λ_m——矿浆以平均流速 U 通过直径为 D 的管道时的阻力系数，如果以浆体的液柱高度表示水头损失，则得

$$\Delta h_m = \frac{\Delta P}{\rho_m g} = \lambda_m \frac{1}{D} \frac{U^2}{2g}$$

此式与清水的水头损失表达式相比较，其形式是一样的。其区别主要是阻力系数不同，液柱高度的含义不同，一个表示浆体液柱高，一个是水柱高。以下按流动形态的区别分别叙述其摩阻损失的计算。

（1）均质浆体的阻力损失。据工程实践经验，对于浆体，当其所有固体颗粒的粒径均小于 $100\mu m$，质量浓度 $C_w \leqslant 30\%$，体积浓度 $C_v \leqslant 15\%$，或者是管道流速大于临界流速 30% 时，基本为均质浆体，其管路阻力损失和清水阻力损失基本一致，可用上述清水的各项公式计算出清水阻力损失，即用浆体液柱表示的阻力损失，换算成以水柱表示的阻力损失须乘以浆体的重度。

对于一般的均质浆体，可根据其流变特性参数分别计算出有效雷诺数：

牛顿体：

$$Re = \frac{\rho VD}{\mu} \tag{5 - 68}$$

宾汉体：

$$Re_1 = Re \frac{(A-1)^2}{A(A+1)} \tag{5 - 69}$$

$$Re = \frac{\rho ud}{\eta}$$

$$A = R/r_p$$

$$r_p = \frac{\tau_B}{\frac{\Delta p}{2L}}$$

简化后
$$Re_2 = Re \frac{A-1}{A+1} \tag{5-70}$$

幂律体：

当幂律体流变方程为 $\tau = k'\left(\frac{8v}{D}\right)^{m'}$ 时，

$$Re_3 = \frac{d^{m'} U^{2-m'} \rho}{8^{m'-1} k'} \tag{5-71}$$

m'、k' 和幂律体流变方程 $\tau = k\left(\frac{du}{dy}\right)^m$ 中的 k、m 有如下的换算关系：

$$m = \frac{m'}{1 - \frac{1}{3m'+1}\left(\frac{dm'}{d\ln\tau}\right)} \tag{5-72}$$

式中，$\frac{dm'}{d\ln\tau}$ 为 m' 和 $\ln\tau$ 关系曲线的斜率，$\ln\tau$ 为切应力 τ 的对数。

$$k' = k\left(\frac{3m+1}{4m}\right)^m \tag{5-73}$$

$$m' = \frac{d\ln \ (d\Delta p/4L)}{d\ln \ (8U/d)} \tag{5-74}$$

通过毛细管黏度计测定 $\frac{d\Delta p}{4L} - \frac{8U}{d}$ 的实验曲线，绘在双对数纸上其斜率即是 m。

利用以上三个雷诺数表达式可以代替清水阻力计算公式中的雷诺数，求出其阻力。其中 Re_3 可以适用于各流型。

均质浆体紊流阻力可用以下公式计算，由于管道水力输送一般尽量采用光滑管，下面介绍几种流型的光滑紊流阻力公式：

牛顿体：
$$\lambda = 0.0056 + \frac{0.5}{Re^{0.32}} \tag{5-75}$$

宾汉体：
$$\lambda = \frac{0.72}{Re_2^{1/6}} \tag{5-76}$$

幂律体：
$$\lambda = 0.0056 + \frac{0.5}{Re_3^{0.32}} \tag{5-77}$$

或
$$\sqrt{\frac{1}{\lambda}} = A\lg\left[Re_3\left(\frac{\lambda}{4}\right)^{1-\frac{m'}{2}}\right] + B \tag{5-78}$$

$$A = 2/m'^{0.75}$$

$$B = -0.2/m'^{1.2}$$

如果 m' 及 k' 根据实际问题中的边壁剪力 τ_w 确定，幂律体介绍公式，同样适用其他流型。

均质浆体中层流和紊流分界的流速，当雷诺数采取一般化的表示方式时：

$$U_L = \left[\frac{(Re_3)_c k' 8^{m'-1}}{d^{m'} \rho} \right]^{\frac{1}{2-m'}}$$　　　　　　(5-79)

$$(Re_3)_c = 2000 \sim 2500$$

（2）水平管道中两相流的阻力计算。对于非均质的浆体来说，它是固液两相流。固体颗粒的存在及其分布对其阻力有一定的影响，其阻力的计算按均匀粒径、多种粒径等的不同分别介绍：

均匀粒径的非均匀体的计算，目前较为广泛的是采用杜兰德公式

$$J_m = J_o \left[1 + k \left(\frac{gD}{v^2} \frac{\rho_s - \rho_o}{\rho_o} \frac{1}{\sqrt{C_D}} \right)^{3/2} C_v \right]$$　　　(5-80)

式中　J_m——浆体在管道中维持流动所需的能坡；

　　　J_o——清水以同一平均流动所需能坡；

　ρ_s, ρ_o——分别为固体颗粒及水的密度；

　　　D——管径；

　　　k——常数，其值为 $80 \sim 150$；

　　　v——流速；

　　　C_D——阻力系数；

　　　g——重力加速度。

资料的取用范围如下：

管径 D	$19.1 \sim 584mm$
粒径 d	$0.1 \sim 25.4mm$
固体颗粒密度	$1.5 \sim 3.95t/m^3$
固体颗粒浓度	$50 \sim 600kgf/m^3$
流速	$0.61 \sim 6.1m/s$

当浆体中含有较多的细颗粒（小于 $0.01mm$ 或 -325 目）或者粒度分布范围较广时则不宜用此式。

当粒度分布范围较广时有两种办法处理。一种办法是将浆体中分布较广的固体颗粒看成混合料，选取适当的代表参数。直接用杜拉德公式计算，这些代表性参数有：

1）加权平均粒径 d_{cp} 或中值粒径 d_{50}。

2）阻力系数 C_D 的平方根的加权平均值代替公式中的 $\sqrt{C_D}$：

$$\sqrt{C_D} = \Sigma \rho_i \sqrt{C_{Di}} / \Sigma \rho_i$$　　　　　　(5-81)

3）阻力系数 C_D 的 0.75 次方的加权平均值代替公式中的 $\sqrt{C_d}$：

$$\sqrt{C_d} = (\Sigma \rho_i C_{Di}^{0.75} / \Sigma \rho_i)^{0.665}$$　　　　　(5-82)

以上选取代表参数的办法适用于粒级组成范围不大，细颗粒含量较少的情况。

对于粒级组成范围较广且含有一定细颗粒的另一种办法就是应用较为广泛的瓦斯普复合系统计算方法。

当尾矿浆的粒度分布范围较广时，输送尾矿浆的管道可以出现几种基本运动形态同时存在的情况。对于非均匀悬浮运动，从整体看颗粒沿断面分布不均匀，但某些粒径较小的细颗粒在断面上的分布可能是均匀的；当管底出现较粗颗粒的推移运动时，也可能存在有

细颗粒的均匀悬浮和较细颗粒的非均匀悬浮。因此瓦斯普把浆体系统看作均匀流和非均匀流的复合系统，引进二相载体的概念。认为一部分均匀分布于管道断面各点的细颗粒与输送介质组合成浆体的均质部分，形成新的载体，而剩下的较粗颗粒成为被载体运载的非均质悬液。总的阻力损失是载体的摩阻损失与剩余固体颗粒的非均质性产生的超压之和。载体的损失按均匀流及一相流的公式计算；而非均质悬液的超压用杜拉德公式计算。因此二相载体的阻力计算公式如下：

$$J_m = \frac{\lambda_m}{D} \frac{v^2}{2g} \frac{r_{m'}}{r_o} + 82(C_v - C_v')\left[\left(\frac{gD}{v_2}\right)\left(\frac{r_s - r_o}{r_o} \frac{1}{\sqrt{C_D}}\right)\right]^{1.5} J_o \qquad (5-83)$$

式中　　r_m'——载体重度；

　　　　C_v'——载体的体积浓度；

其余符号的意义同前。

上述公式是对一个粒组来说的，所有粒组叠加即得一个具有广泛粒度分布的非均质浆体的阻力。由于要区分均质和非均质部分，只能用计算法。

现将瓦斯普本人的计算程序介绍如下：

1) 计算的基本资料：

管道：管径及粗糙度（k）；

固体颗粒：密度（r_8）、形状参数、颗粒组成（$d \sim p$）；

液体：水是运载体，水的黏度（μ_o）；

浆体：固体颗粒浓度（体积）（C_v）；温度（t）；黏度（或其他流变参数及其变化规律）（μ_1）；浆体平均流速（V）。

2) 将浆体中的固体颗粒分成若干粒组，计算各粒组平均粒径在浆体中的沉速 W，以及各粒组的体积浓度 $C_{vi} = C_v P_i$ 各粒组在清水中的沉速，阻力系数 C_D。

采用近似方法，通过第一次、第二次和第三次计算后，直至相对摩阻损失不超过允许的相对误差为止。

计算方法可按表 5-11 进行。

表 5-11　浆体摩阻损失计算表

粒径组	平均粒径 d_j /cm	沉降速度 W /m·s⁻¹	体积浓度 C_v /%	$Z = \frac{w}{BKU_1}$	$C/C_A = 10^{-1.8z}$	载体浓度 /% $C_v' =$ (4)×(6)	底床浓度 /% $\phi = (4) -$ (7)	水中沉速 W_0 /m·s⁻¹	阻力系数 C_D	$C_D^{\frac{3}{4}}$	底床阻力 $J_{m1} =$ $A\phi$×(11)	载体阻力 J_{m2}	浆体阻力 $J_m = J_{m1}$ $+ J_{m2}$ (12)+(13)
(1)	(2)	(3)	(4)	(5)	(6)	(7)	(8)	(9)	(10)	(11)	(12)	(13)	(14)

丁宏达对瓦斯普方法提出如下改进意见：

1) 瓦斯普在计算中用 $\frac{C}{C_A} = 0.8$ 代替 $\frac{C}{C_A} = 1.0$ 作为载体和非均匀悬浮的划分标准。在计算载体浓度时以 $\left(\frac{1}{0.8} \frac{C}{C_A}\right)$ 来乘各粒组成的浓度，当 $\left(\frac{1}{0.8} \frac{C}{C_A}\right) \geq 1$ 时取 1.0。

2) 计算 $\frac{C_A}{C}$ 时，考虑浆体的影响，卡门系数 $k = 0.347$。

3) 计算摩阻系数，把瓦斯普按 $\lambda \sim R$，关系查得 λ 乘以 0.884 作为载体的摩阻系数。

4）采用杜拉德公式计算非均质部分摩阻损失时，阻力系数 C_D 及重度修正项由清水改为载体，即 C_D 近载体特性计算，清水重度改为载体重度。

5）杜拉德公式中的系数 k 由 82 改为 83.1，指数 1.5 改为 1.466。

（3）垂直及倾斜管道中的阻力损失。垂直管道中的阻力损失可用下式计算

$$J_m = J_o \pm C_v \left(\frac{\rho_s - \rho}{\rho} \right) \qquad (5-84)$$

向上运动取正，向下运行取负。该式适用于浆体颗粒沉速 W 远小于平均流速的情况，在尾矿输送中一般属于此种情况。

对于倾斜管道，以清水水柱高度表示的倾斜二相流管道的能坡为

$$J_m(\theta) = J_o + J_s(o)\cos\theta + C_v \left(\frac{\rho_s - \rho}{\rho} \right) \sin\theta \qquad (5-85)$$

根据法国某试验的经验，上式第二项可以表示为

$$J_m(\theta) = J_o - C_V \left(\frac{\rho_s - \rho}{\rho} \right) \sin\theta = 180 C_V J_o \left(\frac{U^2}{gD} \frac{\sqrt{C_D}}{\cos\theta} \right)^{-1.5} \qquad (5-86)$$

上式各符号的意义相同，θ 以向上为正，向下为负。

5.3.3　管径及管材的选择

（1）在临界流速的计算中，已含有管径 D 的因素。根据计算的临界流速 V_k 和相应的直径 D 即可求得临界流量

$$Q_{kr} = \frac{\pi}{4} D^2 V_{kr} \qquad (5-87)$$

当设计的矿浆流量大于临界流量但又不超过 10% 时，即可认为计算直径 D 为设计值，否则应重新缩小管径进行计算临界流速，再作比较。考虑到流量的波动，当设计流量约大于临界流量时，有可能使大多数的运行条件都在临界流速左右，这是比较合理的，也是安全的。但由于临界流速计算公式的误差较大，还不能说这种计算就十分理想。

（2）管材及管壁厚度的确定。目前，用于承压的管材主要是铸铁管和钢管。铸铁管壁厚可以根据其直径、工作压力选择。钢管壁厚可根据需要设计。其厚度按第 2 章所述公式计算。另加上考虑制造不均匀及锈蚀厚度 2mm 以及磨损厚度。磨损厚度根据流速、尾矿黏度、硬度，参照类似工程选用。

为了解决耐磨问题，可以采取钢衬铸石、钢衬胶、钢衬塑料等。衬铸石价格低，缺点主要是笨重，搬移不方便。衬胶主要是价格贵，制造不好有脱胶的问题。塑料管已开始使用，经验有待积累。

5.4　砂泵选择

扬送矿浆或用离心式泵，或用油隔离泥浆泵，应视砂浆输送的距离，扬程等具体条件而定。具体选择参见《尾矿工程》等专著。

5.5　尾矿浓缩计算

尾矿浓缩的设计，首先应通过生产性试验或模型试验来确定有关参数，并据此选择浓

缩设备的型号及尺寸。如无条件进行此类计算，则应进行矿浆静止沉降试验，并参考处理类似尾矿的浓缩设备的实际运行指标计算（详见尾矿设计手册）。

5.5.1　浓缩池的计算与选择

5.5.1.1　所需浓缩池有效面积的确定

（1）按生产性试验或模型试验。所需浓缩池面积，按式 5 - 88 计算

$$A = KaW \tag{5-88}$$

式中　A——所需浓缩池的有效面积，m^2；

　　　K——校正系数，对于生产性试验，可采用1；对于模型试验，可采用 1.05 ~ 1.20，当试验的代表性较好且准确性较高、处理矿浆的量与性质稳定以及选择浓缩池的直径较大时，可取小值，反之取大值；

　　　a——在满足溢流水水质要求的条件下，处理每吨固体所需浓缩池面积，由试验确定，$m^2/t/h$；

　　　W——尾矿固体量，t/h。

（2）按静止沉降试验的两种方法：

1）试验方法。取有代表性选矿试验流程的尾矿浆 100 ~ 200kg（固水比为 1∶4 时），经脱水和自然干燥后将尾矿缩分，再用原矿浆澄清水配制要求浓度的矿浆试样。

① 自然沉降试验：

a. 配制 5 种以上浓度的试样，最小浓度与设计给矿浓度相当，最大浓度与自由沉降带最浓层矿浆的浓度相当（可取比设计排矿浓度稍小一点或等于排矿浓度）；

b. 取刻度相同的 1000mg（或 2000mg）量筒若干个，注入同体积等浓度的矿浆并充分进行搅拌；

c. 测沉降速度：从停止搅拌开始，每隔一定的时序测记澄清界面下降高度 S；

d. 测澄清水水质：测记沉降高度后，即用虹吸管吸取澄清水，测定水中悬浮固体量 M；

e. 测沉渣浓度：测记沉降高度同时，记下沉渣高度，测定其重量浓度 P 和容量 γ_k；

f. 改变矿浆浓度，重复上述步骤试验；

g. 绘制不同浓度试样的 S-t、M-t、P-t 关系曲线（图 5-5）。

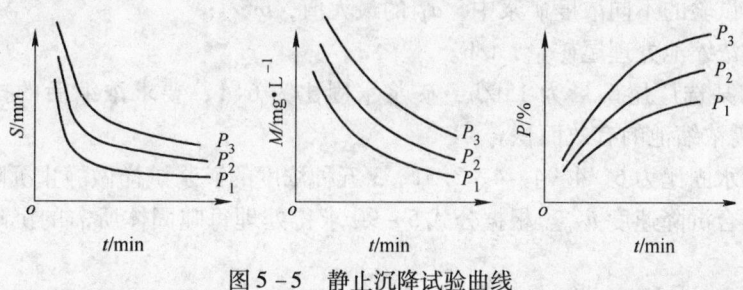

图 5-5　静止沉降试验曲线

② 混凝沉降试验。当自然沉降试验效果不好（静沉 60min 以上，澄清液中悬浮固体量仍超过设计要求）时，则应酌情进行混凝沉降试验。

选择几种常用的凝聚剂，配成浓度各为 1% 的溶液。在几个量筒中盛以等量、等浓度

的矿浆，用滴定管分别注入等量不同种类的凝聚液，经充分混合后，静置观察各量筒中矿浆的沉降澄清情况。按初步对比试验结果，并根据凝聚剂的价格和货源供应情况选择一种或两种凝聚剂进一步做试验，绘出不同凝聚剂添加量时的沉降试验关系曲线。

　　2）计算方法：

　　①对于沉降曲线可由两条直线近似代替的情况：如图 5-6 的沉降曲线，用折线 H_oKL 代替该曲线，则 H_oK 为自由沉降过程线，KL 为压缩过程线，K 为临界点。按下式可求出尾矿的集合沉降速度：

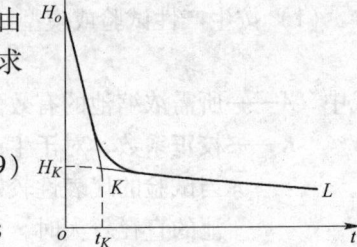

$$u_P = \frac{H_o - H_K}{t_K - t_o} \qquad (5-89)$$

图 5-6　沉降曲线

式中　u_P——矿浆浓度为 P 时的尾矿集合沉降速度，m/h；

　　　　H_o——量筒中尾矿浆的高度，m；

　　　　H_K——临界点的高度，m；

　　　　t_K——由开始沉降时刻到临界点的历时，h；

　　　　t_o——开始沉降的时刻，h。

　　然后按式 5-90 求出处理每吨尾矿所需的沉降面积 a_P，以其最大值 a_m 按式 5-91 计算浓缩池的面积。

$$a_P = \frac{K(R_1 - R_2)}{u_P} \qquad (5-90)$$

$$A = a_m W \qquad (5-91)$$

式中　a_P——试验矿浆浓度为 P 时，处理每吨固体所需的沉降面积，m²/t。

　　　　K——校正系数，一般采用 1.05～1.20。当试验的代表性较好且准确性较高，处理矿浆的量与性质稳定以及选择浓缩池的直径较大时，可取小值，反之取大值；

　　　　R_1——试验矿浆的水固比；

　　　　R_2——设计浓缩池排矿矿浆的水固比，此值应根据矿浆静止沉降资料以及参照处理类似尾矿浓缩池所能达到的正常排矿浓度确定；

　　　　A——所需浓缩池的有效面积，m²；

　　　　a_m——试验的不同浓度矿浆中，a_P 的最大值，m²/t；

　　　　W——浓缩池处理尾矿量，t/h。

　　例：已知某选厂尾矿量为 15t/h，矿浆水固比为 6:1，要求浓缩后的排矿水固比为 2:1，试求所需浓缩池的有效面积。

　　解：配制水固比为 6、4.94、4、3.51、3 五种浓度的矿浆试样做静止沉降试验，分别测得尾矿的集合沉降速度 u_{Po}。根据公式 5-90 求得处理每吨固体所需的沉降面积 a_P 值，列于表 5-12。

表 5-12　处理每吨固体所需的沉降面积计算表

编　号	矿浆试样水固比	$u_P / \text{m} \cdot \text{h}^{-1}$	$a_P / \text{m}^2 \cdot \text{t}^{-1}$
1	6	0.666	7.22

编 号	矿浆试样水固比	$u_P/\mathrm{m} \cdot \mathrm{h}^{-1}$	$a_P/\mathrm{m}^2 \cdot \mathrm{t}^{-1}$
2	4.94	0.36	9.81
3	4	0.27	8.9
4	3.54	0.23	7.87
5	3	0.18	6.67

注：表中 a_P 值按 $K = 1.2$ 算出。

选取最大值 $a_m = 9.81\mathrm{m}^2/\mathrm{t}$ 作为设计依据，则所需浓缩池的有效面积为：

$$A = aW = 9.81 \times 15 = 147\mathrm{m}^2$$

②对于沉降曲线不能由两条直线近似代替的情况：当试验所得沉降不能或不宜用折线代替时，可按下述步骤进行计算：

a. 在沉降曲线上选取几点 $A_i(H_i, t_i)$，分别作切线交纵轴于 $B_i(H_{ci})$ 点（图 5 – 6）；

b. 按式 5 – 92 计算各 B_i 点以下矿浆的平均浓度

$$P_i = \frac{P_o H_o}{H_{oi}} \tag{5 – 92}$$

式中　P_i——澄清界面沉降到 B_i 时，B_i 以下矿浆的平均浓度；

　　　P_o——试验矿浆的浓度，应取浓缩池给矿矿浆的浓度；

　　　H_o——量筒中矿浆面的高度，m；

　　　H_{oi}——纵轴上 B_i 点的高度，m。

③按式 5 – 93 计算沉降曲线上所选各点的沉降速度

$$u_i = \frac{H_{oi} - H_i}{t_i} \tag{5 – 93}$$

式中　u_i——沉降曲线上所选各点的沉降速度，m/h；

　　　H_i——上述各点的高度，m；

　　　t_i——上述各点的沉降时间，h。

④按式 5 – 94 计算沉降曲线上反选各点的比面积

$$a_i = \frac{1}{u_i}\left(\frac{1}{P_i} - \frac{1}{P}\right) \tag{5 – 94}$$

式中　a_i——沉降曲线上所选各点所需的浓缩池比面积，m^2/t；

　　　P——设计浓缩池排矿浓度。

⑤按式 5 – 95 计算浓缩池面积

$$A = Ka_m W \tag{5 – 95}$$

式中　A——所需浓缩池的有效面积，m^2；

　　　W——浓缩池处理尾矿量，t/h；

　　　a_m——沉降曲线上所选各点的 a 值最大值，m^2/t；

　　　K——同式 5 – 91。

（3）理论计算法。当无条件进行试验时，则需借助理论计算确定浓缩池所需面积。

$$A = \frac{KQ_y}{u} \tag{5 – 96}$$

式中　A——所需浓缩池的有效面积，m^2；

$\quad\quad K$——校正系数，一般采用 1.05~1.2。当选用浓缩池直径较大时取小值，反之取大值；

$\quad\quad Q_y$——浓缩池的溢流水量，m^3/h；

$\quad\quad u$——浓缩池应截留的最小颗粒粒径（或溢流临界粒径）的沉降速度，m/h，可先求出该颗粒粒径。

浓缩池应截留的最小颗粒粒径（或溢流临界粒径）可按下述方法确定。

根据工艺对回水水量和水质的要求，求出浓缩池溢流固体颗粒数量在尾砂中所占的比率 α（考虑浓缩池的分级效率），然后从尾矿颗粒组成曲线上查得该颗粒的粒径。

α 值可近似地按式 5-97 计算

$$\alpha = \frac{PQ_y(1-\eta K)}{W\eta K} \tag{5-97}$$

式中　α——浓缩池溢流固体颗粒数量在尾矿中所占的比率，%；

$\quad\quad P$——回水最大允许浓度，%；

$\quad\quad \eta$——浓缩池的分级效率，计算时可取 0.4~0.6，溢流固体颗粒中细粒级多取大值，反之取小值；

$\quad\quad K$——系数，$K = \dfrac{Q_y}{Q_x}$；

$\quad\quad Q_x$——进入浓缩池矿浆中的含水量，m^3/h；

其他符号意义同前。

5.5.1.2　浓缩池高度的确定

浓缩池中心部分的高度 H，按公式 5-98 确定（有关尺寸见图 5-7 和图 5-8）。

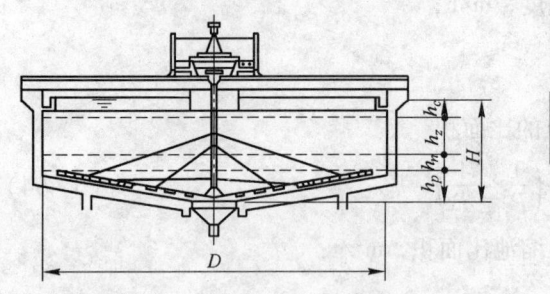

图 5-7　中心传动式浓缩池

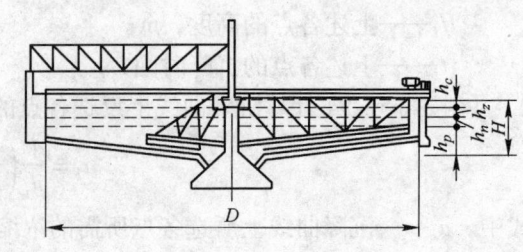

图 5-8　周边传动式浓缩池

$$H = h_c + h_z + h_p + h_n \tag{5-98}$$

式中　H——浓缩池中心部分的高度，m；

$\quad\quad h_c$——澄清带的高度，约为 0.3~0.6m；

$\quad\quad h_z$——自由沉降带的高度，m；

$\quad\quad h_p$——耙子运动带的高度，m；

$$h_p = \frac{D}{2}\tan\alpha$$

D——浓缩池的直径，m；

α——浓缩池池底倾角，(°)；

h_n——浓缩带的高度，m。

浓缩带高度可按式 5-99 或式 5-100 确定。

$$h_n = \frac{W_x(\gamma_g - 1)t}{(\gamma_k - 1)\gamma_g A} \tag{5-99}$$

式中 W_x——进入浓缩池的固体量，t/h；

γ_g——尾矿的密度；

t——矿浆在浓缩带内的停留时间，h；根据静止沉降试验资料确定：对于澄清界面清晰的砂质尾矿，即为矿浆压缩至设计排矿浓度所需的时间与矿浆沉降至临界点的时间之差，对于澄清界面不清的泥质尾矿，则为矿浆压缩至设计排矿浓度所需的时间与矿浆沉降至开始出现沉渣的时间之差；

γ_k——浓缩池底部排出矿浆的密度，根据矿浆沉降试验资料，并参考处理类似尾矿浓缩池所能达到的正常排矿浓度确定；

A——浓缩池的面积，m²。

$$h_n = \frac{W_p(\gamma_g - 1)t_p}{(\gamma_h - 1)\gamma_g A} \tag{5-100}$$

$$W_p = W_x - K(W_x + W_y) \tag{5-101}$$

$$t_p = \frac{nt_o}{d_n^2 - d_0^2}\left[\frac{1}{6}(d_1^2 - d_0^2)(n+1)(2n+1) + \frac{1}{3}(d_2^2 - 3d_1^2 + 2d_0^2)(n^2 - 1)\right] \tag{5-102}$$

式中 W_p——须经耙泥设备刮至池中心并排出池外的沉积物量，t/h；

K——系数，$K = \frac{Q_p}{Q_x}$；

Q_p——浓缩池底部排矿的含水量，m³/h；

Q_x——进入浓缩池的矿浆含水量，m³/h；

W_y——浓缩池溢流水中的固体含量，t/h；

t_p——沉积物在池内的平均停留时间，h；

n——浓缩机的刮板层数；

t_o——浓缩机耙架每转时间，r/min；

d_n——浓缩机最外一层刮板的作用直径，m；

d_1, d_2——浓缩机最里一、二层刮板的作用直径，m；

d_o——浓缩机中心给矿筒的直径，m；

其他符号意义同前。

对于标准规格的浓缩池，其浓缩带的计算高度 h_n，应满足式 5-103 的要求。

$$h_n \leq H - (h_e + h_z + h_p) \tag{5-103}$$

式中符号意义同前。

一般 $h_e + h_z = 0.8 \sim 1.0$m。

当计算的 h_n 值不能满足式 5 – 103 的要求时，则应增加浓缩池的面积。

5.5.1.3 浓缩池的选择

浓缩池的规格，应按定型产品进行选择，使其有效面积，池深以及耙泥设备的荷载能力均应满足设计要求。

浓缩池的个数，应考虑与选矿系列配合，一般不宜少于两个，当采用两个或多个浓缩池时，其型号与规格应力求一致。

选定浓缩池的总面积，应满足下式：

$$A_s \geqslant A + A_1 \qquad (5 – 104)$$

式中 A_s——选定浓缩池的总面积，m^2；

 A——所需浓缩池的有效面积，m^2；

 A_1——其他面积，m^2。

如中心柱断面积以及溢流槽表面积（溢流槽在池内时）。

5.5.2 斜板、斜管浓缩池的计算与选择

斜板、斜管浓缩池效率的提高同斜板、斜管的配置，如板（管）长、倾角、间距（管径）、材质等多种因素有关。通常可通过试验来确定这些因素的最佳条件，并据此确定浓缩池的尺寸。

当无条件进行试验时，须通过理论方法进行计算，但目前尚无完整、成熟的计算方法。下面所列的有关理论计算方法供设计参考。

5.5.2.1 斜板有效长度的理论计算

对于斜板：

$$L_y = \left(\frac{v - u\sin\alpha}{u\cos\alpha} \right) b \qquad (5 – 105)$$

对于斜管：

$$L_y = \left(\frac{1.33v - u\sin\alpha}{u\cos\alpha} \right) d \qquad (5 – 106)$$

式中 L_y——斜板、斜管的有效长度，mm；

 u——尾矿的集合沉降速度或固体颗粒沉降速度，mm/s，前者可根据静止沉降试验确定，后者参见式 5 – 96 符号说明；

 v——斜板、斜管内的水流上升速度，mm/s；

 b——斜板间垂直净距，mm；

 α——斜板、斜管的倾角，(°)；

 d——斜管的内径（圆形）或内切圆直径（正多边形），mm。

5.5.2.2 斜板、斜管浓缩池有效面积的确定

（1）按生产性试验或模型试验，其公式为

$$A = KaW \qquad (5 – 107)$$

式中 A——斜板、斜管浓缩池的有效面积，m^2；

 K——校正系数，对于生产性试验，可取 1；对于模型试验，可取 1.05 ~ 1.20，当试验值的代表性较好且准确性较高、处理矿浆的量与性质稳定以及选择浓缩

池的直径较大时取小值,反之取大值;

  a ——在满足溢流水水质要求的条件下,处理每吨固体所需斜板、斜管浓缩池的面积,由生产性试验或模型试验资料确定,m^2/t;

  W——尾矿总固体量,t/h。

  (2)经验计算法:当缺乏生产性试验或模型试验资料时,可按下列经验公式进行估算

$$A = \frac{K_1 Q}{u K_2} \qquad (5-108)$$

式中 *A*——斜板、斜管浓缩池的有效面积,m^2;

  K_1——校正系数,可采用 1.05 ~ 1.20;浓缩池直径大取小值,反之取大值;

  Q——浓缩池的溢流水量,m^3/s;

  u——尾矿的集体沉降速度或固体颗粒的沉降速度,m/s,前者可根据矿浆静止沉降试验确定,后者参见式 5 - 96 符号说明;

  K_2——斜板、斜管浓缩池上升水流速度系数,即加斜板、斜管后比不加时处理能力提高的倍数。

  对于斜浓缩池,K_2 可按式 5 - 109 计算

$$K_2 = 0.0181 \frac{(100b)^{0.29}}{n(100L)^{0.38}}(1 + mL\cos\alpha) \qquad (5-109)$$

式中 *b*——两板间垂直净距,m;

  L——斜板的计算长度,m,当斜板的实长 $l > \dfrac{1}{\cos\alpha}$ 时,取 $L = \dfrac{1}{\cos\alpha}$;当 $l \le \dfrac{1}{\cos\alpha}$ 时,取 $L = l$;

  n——板面粗糙系数,一般为 0.012 ~ 0.02,当板面有沉积物时,可取 $n = 0.016$;

  m——每平方米面积斜板的块数,$m = \dfrac{0.866}{\delta + b}$;

  δ——斜板厚度,m;

  α——斜板的倾角,(°)。

  为便于计算,将式 5 - 109 以 $\alpha = 60°$,$\delta = 1mm$,$n = 0.16$ 制成表 5 - 13,可从表中直接查得经济合理的板长及板距。

  (3)理论计算法:

  1)所需浓缩池的有效沉降面积

$$A_x = \frac{KQ_y}{u} \qquad (5-110)$$

式中 A_x——所需斜板、斜管浓缩池的有效沉降面积,m^2;

  Q_y——浓缩池的溢流水量,m^3/h;

  u——尾矿集合沉降速度或固体颗粒的沉降速度,m/s,前者可根据矿浆静止沉降试验确定;后者参见式 5 - 96 符号说明;

  K——修正系数。

  2)浓缩池的直径和有效沉降面积:

表5-13 K值表

b/m	0.04	0.05	0.06	0.07	0.08	0.09	0.10	0.11	0.12	0.13	0.14	0.15
m/块	21	17	14.2	12.2	10.7	9.5	8.6	7.8	7.2	6.6	6.2	5.7
L/m												
0.5	2.39	2.14	1.96	1.82	1.72	1.64	1.57	1.51	1.47	1.42	1.40	1.36
0.6	2.61	2.32	2.11	1.96	1.84	1.74	1.67	1.59	1.55	1.50	1.46	1.42
0.7	2.81	2.49	2.26	2.09	1.95	1.84	1.76	1.69	1.63	1.57	1.53	1.48
0.8	3.01	2.67	2.41	2.22	2.07	1.94	1.85	1.77	1.71	1.64	1.60	1.54
0.9	3.19	2.82	2.54	2.34	2.17	2.04	1.94	1.85	1.78	1.71	1.66	1.60
1.0	3.38	2.98	2.68	2.46	2.28	2.14	2.03	1.93	1.86	1.78	1.73	1.66
1.1	3.55	3.12	2.81	2.57	3.38	2.24	2.11	2.01	1.93	1.85	1.79	1.72
1.2	3.72	3.28	2.94	2.69	2.49	2.32	2.20	2.08	2.01	1.92	1.86	1.78
1.3	3.90	3.42	3.07	2.80	2.59	2.42	2.29	2.17	2.08	1.98	1.93	1.84
1.4	4.05	3.56	3.18	2.90	2.68	2.50	2.37	2.24	2.14	2.04	1.98	1.88
1.5	4.22	3.70	3.30	3.01	2.79	2.59	2.45	2.32	2.22	2.11	2.05	1.95
1.6	4.36	3.82	3.42	3.11	2.88	2.67	2.52	2.38	2.28	2.17	2.10	2.00
1.7	4.52	3.97	3.54	3.22	2.97	2.77	2.61	2.47	2.35	2.23	2.16	2.07
1.8	4.68	4.09	3.65	3.05	2.85	2.68	2.53	2.42	2.30	2.22	2.12	
1.9	4.82	4.22	3.76	3.42	3.15	2.92	2.75	2.60	2.49	2.36	2.28	2.17
2.0	4.97	4.34	3.88	3.51	3.24	3.00	2.83	2.67	2.55	2.42	2.34	2.22

注：本表以 $\alpha = 60°$，$\delta = 1mm$，$n = 0.16$ 制成。

① 当斜板布置成圆形时如图5-9所示：

$$D = D_1 + 2\left[L\cos\alpha + \frac{m(b+\delta)}{\sin\alpha} \right] \tag{5-111}$$

$$A_0 = \frac{\pi m L_0 \left[D_1 + L\cos\alpha + \dfrac{m(b-\Delta) + (\delta+\Delta)(m+1)}{\sin\alpha} \right]}{1 + \dfrac{3.13nL_0}{(b-\Delta)^{1.2}}\left(\cos\alpha + \dfrac{L\sin\alpha}{L_0} \right)} \tag{5-112}$$

式中 D——斜板浓缩池的直径，m；

D_1——斜板浓缩池中心给矿筒直径，m；

L——斜板实长，m；

α——斜板的倾角，(°)；

m——斜板层数（不计最里边的一层）；

b——两板间的垂直净距，m；

δ——斜板的厚度，m；

A_0——浓缩池的有效沉降面积，m²；

L_0——$L_0 = L\cos\alpha + \dfrac{b-\Delta}{\sin\alpha}$；

Δ——斜板异重流厚度，m，可通过试验确定；

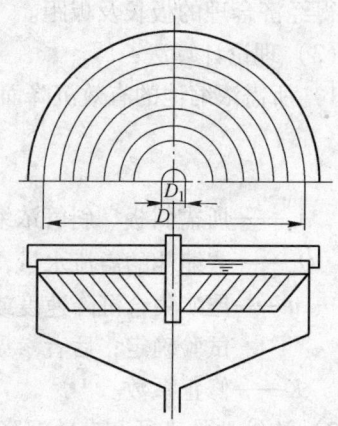

图5-9 圆形斜板浓缩池计算示意图

n——板面的粗糙系数，当板上有沉积物时，n 值可取 0.12 ~ 0.02。

②当斜板布置成正多边形时如图 5 - 10 所示。

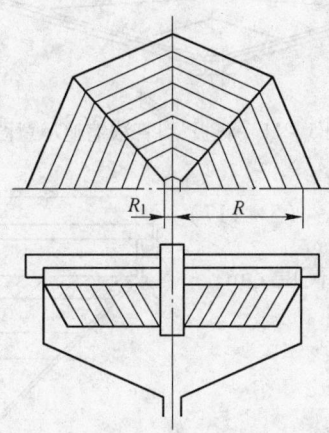

图 5 - 10　正多边形斜板浓缩池计算示意图

$$R = R_1 + \frac{1}{\cos\phi}\left[L\cos\alpha + \frac{m(b+\delta)}{\sin\alpha}\right] \qquad (5-113)$$

$$A_0 = mm_1 L_0 \tan\phi \left[2R_1\cos\phi + L\cos + \frac{m(b-\Delta)(\delta+\Delta)(m+1)}{\sin\alpha}\right] \Big/ \left[1 + \frac{3.13nL_0}{(b-\Delta)^{1.2}}\left(\cos\alpha + \frac{L\sin^2\alpha}{L_0}\right)\right]$$

$$(5-114)$$

式中　R——斜板浓缩池的外切圆半径，m；

　　　R_1——中心给矿筒的外切圆半径，m；

　　　ϕ——$\phi = \dfrac{360°}{2m_1}$；

　　　m_1——正多边形斜板浓缩池的边数；

　　　A_0——浓缩池的有效沉降面积，m^2；

　　其他符号意义同前。

5.5.2.3　斜板、斜管浓缩池高度的确定

（1）带耙泥设备的斜板、斜管浓缩池如图 5 - 11 所示。

$$H = h_c + h_x + h_n + h_p \qquad (5-115)$$

式中　H——浓缩池中心部分的高度，m；

　　　h_c——澄清带的高度，约为 0.3 ~ 0.6m；

　　　h_x——斜板、斜管区的高度，m，$h_x = L\sin\alpha$；

　　　L——斜板、斜管的长度，m；

　　　α——斜板、斜管的倾角，(°)；

　　　h_n——浓缩带的高度，m，见式 5 - 99；

　　　h_p——耙子运动带的高度，m。

（2）自排式斜板、斜管浓缩池如图 5 - 12 所示。

$$H = h_c + h_x + h_w + h_n \qquad (5-116)$$

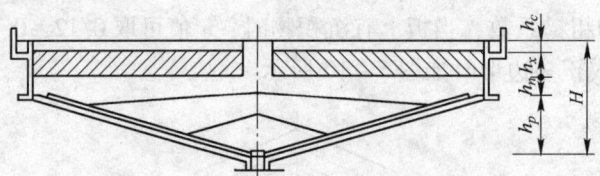

图 5 - 11　斜板、斜管浓缩池示意图

$$h_n \geq 3.82 \frac{(\gamma_g - 1)t}{D_i^2(\gamma_k - 1)\gamma_g} \quad (5 - 117)$$

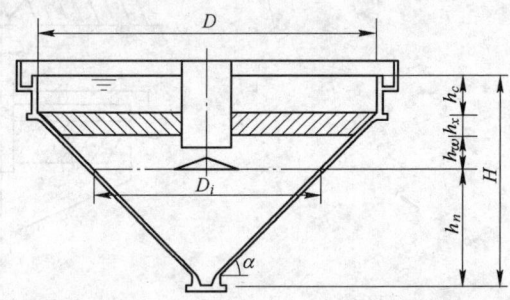

式中　H——浓缩池中心部分的高度，m；

　　　h_w——稳流区的高度，m；

　　　h_n——浓缩带的高度，m；

　　　γ_g——尾矿的密度；

　　　t——同式 5 - 99；

　　　D_i——浓缩带锥体直径，m；

图 5 - 12　自排式斜板、斜管浓缩池示意图

　　　γ_k——浓缩池底部出矿浆的比重，根

　　　　　据矿浆沉降试验资料，并参考处理类似尾矿浓缩池所达到的正常排矿浓度

　　　　　确定；

其他符号意义同前。

5.5.3　斜板、斜管及其主要参数的选择

5.5.3.1　斜板、斜管的选择

斜板，斜管材料应轻质、坚固且价廉，目前尚无定型产品。这里将国内使用效果较好的纸质蜂窝斜管、塑料蜂窝斜管、塑料斜板及木质斜管等介绍如下。

纸质蜂窝斜管系用 $80g/m^2$ 牛皮纸，经酚醛树脂浸泡，140℃高温烘烤、固化成形（图 5 - 13）。

纸质蜂窝斜管的优点是质轻、加工容易、成本较低；缺点是质脆、机械强度较差、浸入水中有可能析出酚。

塑料蜂窝斜管及斜板多采用塑料薄板热轧成半蜂窝形，再用树脂粘合成蜂窝斜管（图 5 - 14），或热轧成波纹形斜板（图 5 - 15）。

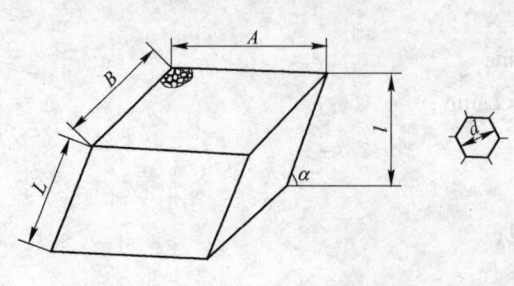

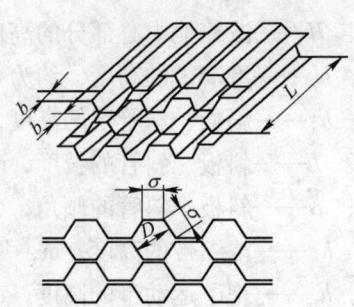

图 5 - 13　纸质六角蜂窝斜管示意图　　　图 5 - 14　塑料蜂窝斜管示意图

塑料蜂窝斜管及斜板具有质较硬、机械强度较好的优点；缺点是加工复杂、成本较

高、浸入水中有微量铅析出。

木质斜管系采用 1~1.2mm 薄板加横肋成矩形斜管（图5-16）。

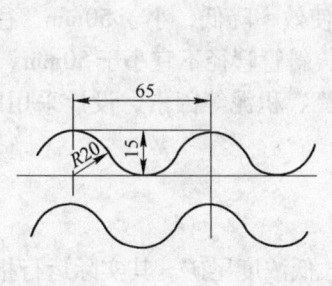

图5-15　塑料波纹斜板示意图

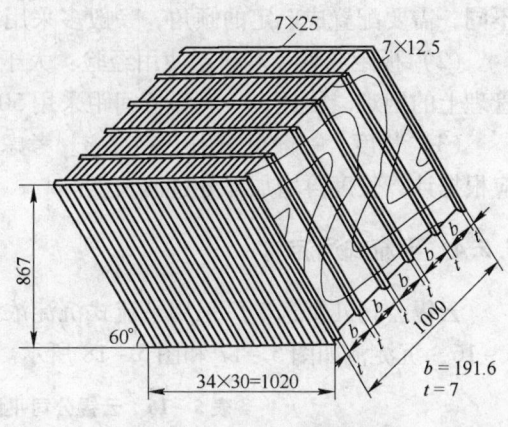

图5-16　木质斜管示意图

木质斜管具有货源广、重量轻、成本低、制作简单、安装维护方便、使用寿命长以及不含有害物质等优点；缺点是木片有时开裂、出现水流串流现象，表面粗糙，易积泥影响沉淀效果。

斜板、斜管使用简况见表5-14和表5-15。

表5-14　斜板、斜管使用简况（一）

使用单位	材质	规格/mm	使用效果
鞍钢烧结总厂	塑料波纹斜板	波高×波距×高度×板厚 15×65×1732×1	较好，自1969年使用至今尚未更换
宝山冶炼厂	塑料波纹斜管	波高×波距×高度×板厚 11×105×10000×1	
歪头山选矿厂	塑料平板	厚1	较差，易老化破损，斜板间距不易控制
祁东试验厂	纸质蜂窝	正六角形，内切圆直径36mm	加工质量差、质脆、易破损

表5-15　斜板、斜管使用简况（二）

材质	规格	每平方米重量/kg	每平方米造价/元	备注
纸蜂窝	垂高0.75m，内径36mm	约20	154	寿命2年，有酚析出，但未超过饮用水标准
聚氯乙烯薄板	厚0.5mm，35mm×180mm方孔，斜高900mm	约30	150以上	析出铅，但24h浸泡后不超过标准
无毒塑料（聚丙烯+聚苯）	厚1mm，35mm×180mm方孔，斜高900mm	约50	172	密度小于水，需挂重物
木质斜管	厚1mm，25mm×200mm，斜高1000mm	约42	47.58（福建）	浸泡后可沉于水，造价视地区而不同
石棉水泥波形瓦	厚6mm，40mm×172mm，斜高900mm，木肋条	约280	150以上	估算

5.5.3.2 斜板、斜管的设计主要参数

（1）倾角。为使颗粒在水下斜板或斜管上滑降，根据颗粒特性及斜板或斜管的材料不同，需要配置成一定的倾角，一般多采用60°。

（2）板距或管径。根据使用经验：大于150mm，使效率降低，小于50mm，往往带来管理上的困难。因此，一般斜板间距采用50~150mm，斜管管径不宜小于50mm。

（3）长度。一般可采用1~1.5m。考虑到管端紊流、积泥等因素，设计采用的实长，应根据计算长度再增加部分过渡长度。

5.5.4 平流式沉淀池

云锡公司几个选矿厂采用平流式沉淀浓缩细颗粒、低浓度尾矿。其实际运行指标见表5-16，沉淀池如图5-17和图5-18所示。

表5-16 云锡公司平流式沉淀池实际运行指标

指标		厂 名	古 山	羊坝底
尾矿特性		尾矿密度/g·cm^{-1}	3.14	3.15
	颗粒组成/%	>0.15mm		2.00
		0.15~0.074mm		7.93
		0.074~0.037mm	1.24	11.16
		0.037~0.019mm	9.65	9.42
		<0.019mm	89.11	69.49
		平均粒径/mm		0.028
运行指标		给矿流量/m^3·h^{-1}	13755	
		给矿浓度/%	3.2~4	
		排矿流量/m^3·h^{-1}		
		排矿浓度/%	7~10①	10
		溢流水流量/m^3·h^{-1}	9450（14400）	
		溢流水浓度/%	≤0.3	0.3
		回水率/%	70左右	51.5
		干矿处理量/t·d^{-1}	450（1350）	2020
		停留时间/h	5.1（2.14）	5.45
		比面积/m^2·(t·d)$^{-1}$	4.33（1.44）	4.57
给排及排泥		给矿方式	每格给矿槽设2~3个直径100mm配矿管	给矿槽设穿孔隔墙
		溢流方式	非淹没宽顶堰	非淹没宽顶堰
		排泥方式	异重流连续排泥和定期水枪清理	0.6m×0.6m 机械闸板连续排泥和定期砂泵冲洗清理
		水枪水压/MPa	0.3	0.3
		砂泵型号及台数		4Ⅱ型2台，1台工作
		每格清理周期/d	15	12~15
		每次清理时间/h	2	4

厂名 指标		古山	羊坝底
结构 尺寸	结构	浆砌毛石砂浆勾缝	浆砌毛石砂浆勾缝
	平面尺寸/m	(20~22)×(7.2~12)共11格	40×8 共12格
	建筑面积/m²	2056	4071
	体积/m³	2921	10752

注：1. 表中①为连续排矿时的矿浆浓度，如集中排矿时浓度可达20%~25%；
2. 括号内数字为最高运行指标。

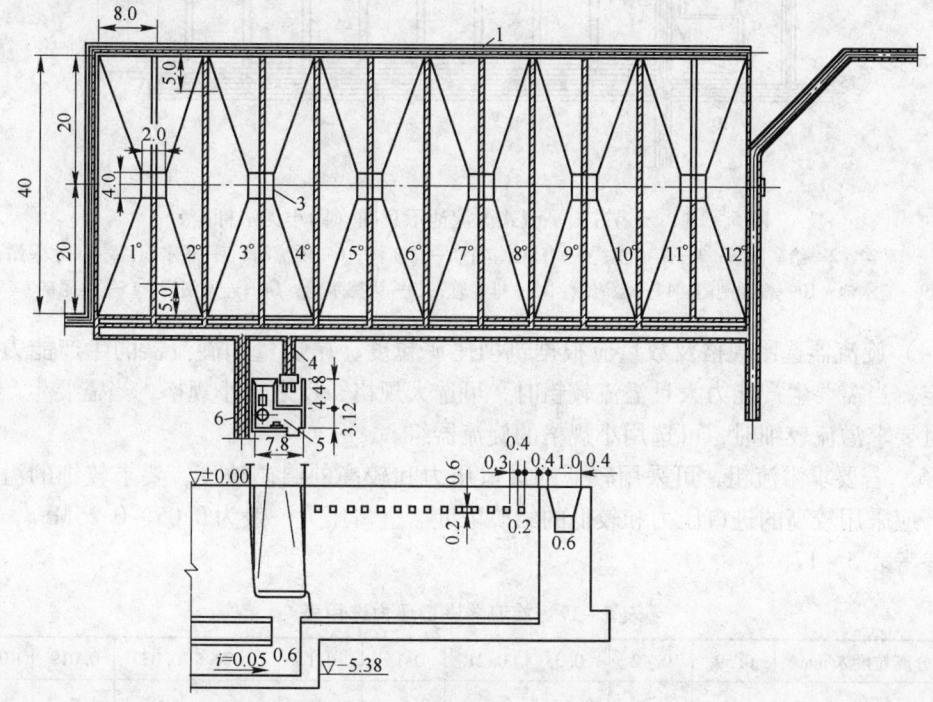

图 5 – 17　云锡羊坝底平流式沉淀示意图（图小无法标全）

1—溢流槽；2—溢流堰；3—机械闸；4—木板闸；5—药剂间；6—泥矿尾矿沟；7—控制闸；
8—砂矿尾矿沟；9—至总水泵；10—尾矿库沟；11—砂泵间

浓缩尾矿一部分借异重流连续排泥，一部分须定期采用高压水或采用砂泵造浆进行冲洗清理。

5.5.5　水力旋流器分级

为了筑坝，需要浓度高、颗粒粗的尾矿，目前主要用水力旋流器，德兴铜矿和云锡公司均常采用此种办法堆坝。对分级效率要求不高的还可用管式自然分级和分级锥斗等。

5.5.5.1　水力旋流器的应用与选择

（1）水力旋流器适用分级粒度的一般范围为 0.01~0.3mm。

（2）旋流器要求恒压给矿，恒压箱液面要稳定，保证其正常工作。

（3）要留有备用台数，对分级粒度细的尾矿备用率要高。

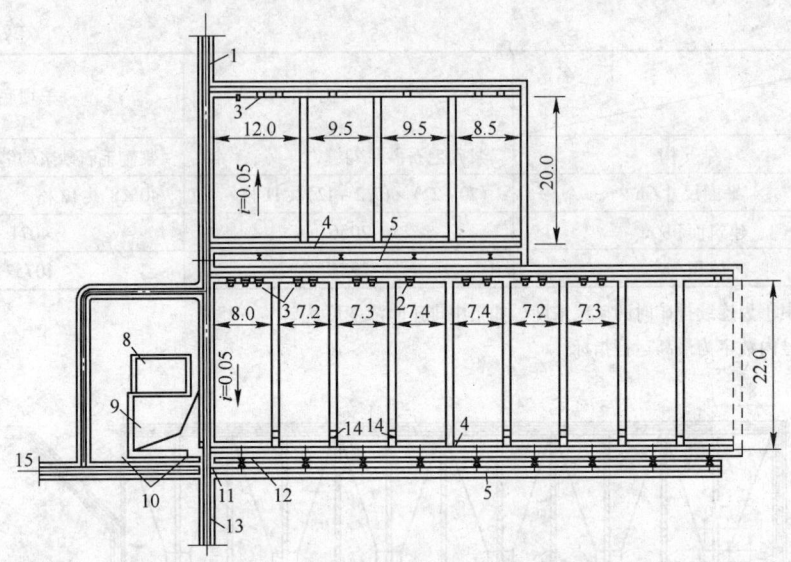

图 5 - 18 云锡古山平流式沉淀池示意图（图小无法标全）

1—来矿沟；2—给矿闸板；3—给矿管；4—澄清水沟；5—排矿沟；6—溢流沟；7—量水堰；8—回水泵站；
9—清水池；10—排泥闸门；11—溢流堰；12—排矿管；13—去黑水塘；14—连通闸门；15—去尾矿库

（4）旋流器选用规格及数量应根据筑坝尾矿粒度、尾矿量和旋流器的生产能力经计算确定。当需要生产能力大且溢流较粗时，可选大规格，反之选小规格，当需要生产能力大，且要求溢流较细时，可选用小规格的旋流器组。

（5）若要求溢流粗，可采用较低的进口压力和较高的给矿浓度，要求较细的溢流粒度时，应采用较高的进口压力和较低的给矿浓度。进口压力一般为 0.05 ~ 0.25MPa，初选时可参考表 5 -17。

表 5 -17　旋流器进口压力选用表

计算分离粒度 δ/mm	0.59	0.42	0.3	0.21	0.15	0.1	0.074	0.037	0.019	0.01
进口压力 P/MPa	0.3	0.5	0.4 ~ 0.8	0.5 ~ 1.0	0.6 ~ 1.2	0.8 ~ 1.1	1.0 ~ 1.5	1.2 ~ 1.6	1.5 ~ 2.0	2.0 ~ 2.5

5.5.5.2　水力旋流器的计算

（1）水力旋流器的生产能力、有关尺寸及分离粒度计算。水力旋流器按给矿浆的体积计算生产能力（图 5 -19）。

$$Q = K_0 d_n d \sqrt{gP} \qquad (5 - 118)$$

或
$$Q = K_1 D d \sqrt{gP} \qquad (5 - 119)$$

式中　Q——给矿口矿浆流量，t/min；

　　　d_n——给矿口直径，cm；

　　　d——溢流管直径，cm；

　　　D——旋流器直径，cm；

　　　g——重力加速度等于 9.81m/s^2；

　　　P——旋流器进口压力，0.1MPa；

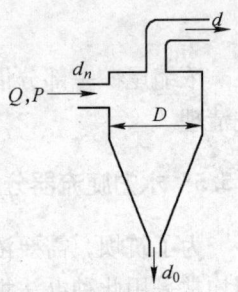

图 5 -19　旋流器

K_0，K_1——系数，由表 5 - 18 查取，$K_0 = K_1 / \dfrac{d_n}{D}$。

表 5 - 18　K_0、K_1 值

$\dfrac{d_n}{D}$	0.10	0.15	0.20	0.25	0.30
K_1	0.58	0.78	0.98	1.22	1.59
K_0	5.8	5.1	4.9	4.9	5.2

水力旋流器一般 $d_n = (0.15 \sim 0.2)D$，此时式 5 - 118 可简化为：

$$Q = 15.5 d_n d \sqrt{P} \tag{5 - 120}$$

其他尺寸 $d_n = (0.40 \sim 1.0)d$，常用 $d_n = (0.7 \sim 0.85)d$，当分离粒度粗时取小值。沉砂口的直径 $d_0 = (0.2 \sim 0.7)d$，而当 $d_0 = (0.3 \sim 0.5)d$ 时，旋流器的分级效率最高。

旋流器用于分级时，其沉砂量与溢流量体积之比，有下列近似关系

$$\frac{V_0}{V} = 1.1 \left(\frac{d_0}{d}\right)^3 \tag{5 - 121}$$

式中　V_0——沉砂的矿浆流量，L/min；

　　　V——溢流的矿砂流量，L/min；

　　　d_0——沉砂口直径，cm。

锥角 20° 的水力旋流器的直径、生产能力、分离粒度如表 5 - 19 所示。

表 5 - 19　水力旋流器直径与生产能力、分离粒度的关系

旋流器直径 D/mm	平均生产能力（当 $P = 0.1$ MPa）/L · min^{-1}	溢流最大粒度/μm	砂泵压力管直径/mm
50	25 ~ 60	0 ~ 50	
75	40 ~ 125	10 ~ 60	25 ~ 50
125	125 ~ 250	13 ~ 80	25 ~ 50
150	200 ~ 350	19 ~ 95	25 ~ 50
200	300 ~ 500	27 ~ 124	25 ~ 100
250	450 ~ 850	32 ~ 125	50 ~ 100
300	800 ~ 1080	37 ~ 150	75 ~ 150
350	1000 ~ 1500	44 ~ 180	75 ~ 150
500	1500 ~ 3000	52 ~ 240	150 ~ 200
700	3500 ~ 6500	74 ~ 340	200 ~ 250
1000	6200 ~ 10000	74 ~ 400	250 ~ 300

分离粒度按式 5 - 122 计算

$$\delta = 0.9 \frac{d\sqrt{DT}}{d_0 \sqrt[4]{P}\sqrt{\Delta - \Delta_0}} \tag{5 - 122}$$

式中　δ——分离粒子的粒度，μm；

D——旋流器直径，cm；

d——溢流管直径，cm；

d_0——沉砂口直径，cm；

P——进口压力，MPa；

T——给矿浓度，%；

Δ——固体颗粒密度；

Δ_0——液体（水）密度。

当采用锥角为20°的旋流器时，可近似按式5-123计算

$$\delta = 2.6\sqrt{\frac{Dd}{d_n P^{0.5}(\Delta - \gamma_k)}} \qquad (5-123)$$

式中　γ_k——矿浆容重，t/m³；
其他符号意义同前。

一般水力旋流器溢流最大粒度（大于该粒度不超过5%）大约为分离粒度的1.5~2倍，即$\delta_{max} = (1.5~2)\delta$。溢流中最大粒度、分离粒度和-74μm的含量关系见图5-20。

（2）水力旋流器分级产品及分级效率计算。

溢流中某粒级的产出率

$$\varepsilon_y = \frac{\gamma_0}{\left(\dfrac{\gamma_0}{\gamma_y} - 1\right)\dfrac{\delta_i^3}{\delta^3} + 1} \qquad (5-124)$$

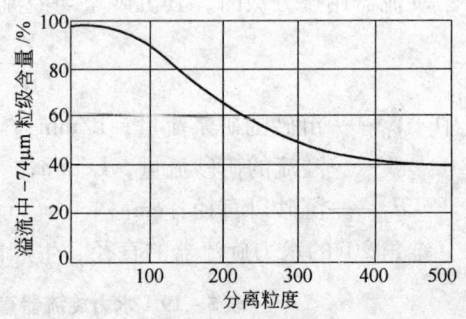

图5-20　分离粒度计算图

$$\gamma_0 = \frac{a - b\gamma_c}{a} \qquad (5-125)$$

式中　ε_y——溢流中某粒级产出率；

γ_0——溢流中水的产出率；

γ_y——溢流中固体产出率；

δ_i——计算某粒级的平均粒径，μm；

δ——分离粒度，μm；

a——给矿的液固比；

b——沉砂固体产出率；

γ_c——沉砂固体产出率。

分级效率一般按式5-126计算

$$E = \frac{(\alpha - \beta)(\gamma - \alpha)}{\alpha(100 - \alpha)(\gamma - \beta)} \times 100\% \qquad (5-126)$$

式中　E——分级效率；

α——给矿中小于分离粒度的含量，%；

β——沉砂中小于分离粒度的含量，%；

γ——溢流中小于分离粒度的含量，%。

如果需要分别计算沉砂和溢流的效率时，可参考式5-127。

$$
\left.
\begin{aligned}
E &= E_y E_c \\
E_y &= \frac{\gamma(\alpha - \beta)}{\alpha(\gamma - \beta)} \times 100\% \\
E_c &= \frac{\beta'(\alpha' - \gamma')}{\alpha'(\beta' - \gamma')} \times 100\%
\end{aligned}
\right\} \tag{5-127}
$$

式中　　E——旋流器分级效率；

$\quad\quad\quad E_y$——旋流器溢流效率；

$\quad\quad\quad E_c$——旋流器沉砂效率；

$\quad\alpha,\ \beta,\ \gamma$——同前；

$\alpha',\ \beta',\ \gamma'$——分别为给矿、沉砂、溢流中大于分离粒度的含量，%。

5.5.6　挖泥船的选用

挖泥船在浓缩上的应用已有多年的历史，也有一些专著。但实际上，目前所称挖泥船的选用多数限于买国家的定型产品。因此主要根据产品的生产能力和效率来选择，在尾矿处理上主要用绞吸式。对挖泥船的结构、性能和使用要求以产品说明书为依据选用所需产品。

6 赤泥库灰渣库

6.1 概述

随着我国铝工业的发展，铝生产的中间产品氧化铝的生产能力也有了很大增长。氧化铝生产过程中排放的尾矿——赤泥，按 1990 年产氧化铝 145 万吨计算，每年赤泥 210 万吨左右，产出率 1:1.45，其体积在 260~310 万立方米（因各厂家赤泥的容重不同而异）。目前，赤泥的综合利用量不足 30 万吨，主要用途为用赤泥生产硅酸盐水泥。每年尚需堆存 180 多万吨，体积 225 万立方米左右。我国赤泥送往堆场的方式均采用湿法管道输送，其液固比在 3.0 以上，附液全碱 Na_2O 3.0~15.0g/L，呈强碱性。

氧化铝生产需要消耗大量的热能——蒸汽，一般厂家都附设有规模较大的热电厂。按吨氧化铝用蒸气耗煤 1.2~1.5t 计算，年灰渣产生量 74~88 万吨，体积 105 万立方米左右，灰渣亦为湿法管道输送，带有大量冲灰水，呈微碱性或微酸性，pH 值为 4.5~9，并视煤质不同而含有一定量的氟、酚等有害物质，目前灰渣的利用率仍然很低。

目前国内在产的 4 家氧化铝厂已建成的赤泥库 7 座，总库容近 4100 万立方米，已使用 2650 万立方米，其中已闭库 2 座、库容约 470 万立方米，建成灰渣库 5 座，库容约 600 万立方米，已使用 250 万立方米，其中已闭库 2 座，库容 80 万立方米。使用中赤泥库、灰渣库各发生过一次大事故，并不同程度地发生过坝体裂缝、库区穿漏等险情，现存在的主要问题为赤泥附液渗漏污染地下水和地表水。

在氧化铝生产中，如何做到赤泥和灰渣的安全堆存，赤泥附液和冲灰水的正常回用及保持库区水位、积水量和碱浓度处于安全水平是氧化铝厂设计、地质勘察、基建和生产运行管理中的一个重要课题。它将直接影响氧化铝生产的连续性、经济效益、环境保护和社会效益等。

我国有关氧化铝厂的赤泥库和灰渣库调查统计资料见表 6-1~表 6-4。

6.2 赤泥、灰渣的理化性质

氧化铝生产方法主要取决于铝矿石品位的高低。目前，世界上主要采用的生产方法有：拜耳法、烧结法、串联、并联、混联式的联合法。拜耳法是按化学成分计量的高铝硅比品位铝矿石、石灰、返回的高浓度苛性碱母液磨制成合格矿浆，经高温、高压溶出；矿石中大部分 Al_2O_3 生成铝酸钠溶液，而 SiO_2、Fe_2O_3、TiO_2 等杂质及部分 Al_2O_3、Na_2O 则生成不溶性尾矿——赤泥，溶出料浆经稀释、沉降分离、过滤得铝酸钠精液，尾矿经多次洗涤后成弃赤泥；精液加 $Al(OH)_3$ 晶种分解得结晶 $Al(OH)_3$，再经过滤、洗涤、焙烧即得 Al_2O_3 产品，分解母液经蒸发浓缩后返回配料。烧结法是按化学成分计量的低品位铝矿石、石灰石（或石灰）、碳酸钠磨制成合格料浆，经高温烧结成熟料，Al_2O_3 在烧结时生成可溶性 $NaAlO_2$，而 SiO_2、CaO、Fe_2O_3 等杂质则生成不溶性 $2CaO \cdot SiO_2$ 等，熟料用碱液湿磨溶出，溶出料浆经沉降分离、脱硅、过滤得铝酸钠精液，加 CO_2 气分解得 $Al(OH)_3$ 再经过滤、洗涤、焙烧得 Al_2O_3 产品，不溶性残渣经洗涤过滤后为弃赤泥，碳分母液蒸发浓缩后返回配料。并联法为上述两种方法并联生产，串联法为用烧结法处理拜耳法赤泥回收 Al_2O_3 和 Na_2O 的两种方法串联生产；而混联法的烧结法部分既处理拜耳法赤泥，同时添加部分低品位铝矿石。

我国在建的平果铝厂采用拜耳法，山东铝厂采用烧结法，郑州铝厂、贵州铝厂、山西铝厂、中州铝厂（在建）均采用混联式的联合法。

拜耳法生产排放的尾矿称拜耳赤泥，烧结法、串联法、混联法尾矿为烧结赤泥；并联法所产生的赤泥两者均有。

拜耳赤泥的主要成分为铝硅酸钠、铝硅酸钙、钛铁铝硅酸钙、钛酸钙等。烧结赤泥的主要成分为硅酸二钙、碳酸钙、赤铁矿等。硅酸二钙为 β 体，是水泥的主要成分，具有较好的水硬胶凝性，自然沉淀养生 28 天的抗压强度在 0.5MPa 左右，后期强度更高，在水中性能稳定，渗透系数 $1.4 \times 10^{-8} \sim 8.8 \times 10^{-8}$ cm/s。新产出的烧结赤泥是较好的筑坝和防渗材料。现将拜耳、烧结赤泥的理化性质、赤泥矿物组成、赤泥附液、灰渣及冲灰水化学成分列于表 6-1，赤泥粒径及物理力学性能见表 6-2。

表 6-1 赤泥化学组成及其含量

单位	项目	SiO₂ /%	CaO /%	Fe₂O₃ /%	Al₂O₃ /%	CO₂ /%	K₂O /%	Na₂O /%	TiO₂ /%	灼减 /%	备 注
郑州铝厂	拜耳赤泥	13.93	14.39	8.75	36.58			4.62	2~4		为历史资料，其余为 1989 年平均值
贵州铝厂		13.30	24.77	3.97	29.22	1.90	0.42	4.82	5.28	15.79	1989 年平均值
平果铝厂											
郑州铝厂	烧结赤泥	15~18	43.91	5~8	7.57			2.52			1989 年平均值
贵州铝厂		20.97	45.06	6.24	8.10	2.56	0.60	2.76	5.19	9.43	1989 年平均值
山东铝厂		21.91	47.92	9.80	7.27	5.30	0.30	2.42	1.99	3.10	1990 年平均值
山西铝厂		25.65	43.90	6.95	9.10		0.37	4.25	3.15	8.03	1988 年平均值
中州铝厂		20.94	48.35	7.15	7.04			2.30	6.22	8.0	设计值

山东铝厂赤泥堆场钻探结果：

山东铝厂赤泥堆场位于氧化铝厂以东，地貌属于山前冲洪积平原。堆场东西长约 670m，南北宽约 600m，经 30 余年排放堆积，目前形成高 40 余米的堆积坝，坡度 45°~50°。

为了解堆场的工程地质条件，对坝体和东、南、西三面自然平地用野外钻探揭露，堆场地层自上而下由赤泥（K·C）、杂填土（K·C）、第四系冲洪积（Q^{al+pl}）亚黏土及石炭系（C）砂页岩组成。按其岩性、物理力学性质及野外特性，可分为 8 个层次。其中第 1~5 层由黄、黄褐、灰、灰绿、灰白色的赤泥组成；第 6 层为杂填土，由碎石、矿渣及黏土组成且不连续；第 7 层为亚黏土层，呈黄褐色，含少量贝壳碎片，上部含少量姜结石，下部富含姜结石及碎石；第 8 层为砂页岩层，呈灰至黄褐色砂岩与泥质页岩互层。各层岩性、物理力学性质及野外特性见表 6-3。

表6-2 赤泥粒径及物理力学性能

单 位	项目	粒径分布/%			平均粒径/mm	干容重/t·m⁻³	密度/g·cm⁻³	水硬性强度/MPa		渗透系数/cm·s⁻¹	压缩系数/MPa⁻¹	黏聚力/kPa	内摩擦角/(°)
		+100①	100~160①	-160①				7d	28d				
郑州铝厂	拜耳赤泥												
贵州铝厂		1.47	1.47	97.0	0.065	0.49	2.63						
郑州铝厂	烧结赤泥	12.0	1.0	87.0	0.041	0.80	2.8~3.2			1.16×10^{-5}	0.87	23.5	27
贵州铝厂		9.40	2.30	88.30	0.072	0.88	2.97	0.34~0.65		1.4×10^{-3} ~ 8.8×10^{-3}	0.24~0.67	28.8	16.3~38
山东铝厂		21.97	7.08	70.96	0.095	0.86	2.6~2.68			$(1.52~3.9) \times 10^{-6}$	0.41~0.59	35~100	24~25
山西铝厂		10.18	24.69	68.13	0.064	0.80	2.67			4.08×10^{-5}	0.24	15.75	27.10

①水硬性能指在自然状态下堆存7天以上的抗压强度。

表6-3 岩性、物理力学性质及野外特征

层别		层高/m	底层标高/m	特征描述及物理力学性质
赤泥	1	1~9	88.4~98.7	未胶结呈流塑状态
	2	0.5~12	83.8~94.9	稍胶结~胶结较好,粗粒、呈硬塑~坚硬层,强度较高属弱透水层
	3	3.5~22	65.8~85.4	胶结~胶结较好,粗粒、坚硬,强度高于2层,属弱透水层
	4	4~17.1	59~75.4	大部分胶结较好,粗粒、硬塑~坚硬状态,强度高于2层低于3层,属弱透水层
	5	3.4~20	54.6~59.4	胶结~胶结较好,粗粒或细粒,硬塑~坚硬状态,强度较高,压缩性大,弱透水层
杂填土	6	0.4~2.8	54.4~58.9	由碎石、矿渣及粉性土组成,不连续
亚黏土	7	1.0~9.0	47~57.3	含少量贝壳碎片,上部含少量姜结石,很湿~饱和,可塑~硬塑
砂页岩	8			灰~黄褐色、砂岩与泥质页岩互层,砂岩为石英长石质,均粗结构,钙质胶结,泥质页岩已风化为土状。强度较高,属中压缩性

从钻探结果可知,赤泥层中有很多夹层,肉眼可见粗、细颗粒,有明显的分选性,呈不等厚的层状,厚度0.5~5cm,有的柱状试料里有一个或几个软弱层,赤泥试料的均匀性很差。赤泥与一般土的物理性质有很大不同,主要是孔隙比很大、含水量很高、容重比较轻、透水性微弱,颗粒分析$d < 0.05$mm占50%以上,东坝平均含量70%~80%,东坝较细、西坝较粗。

根据东、南、西坝三个钻孔的钻探结果,在不同钻孔和不同深度赤泥的化学成分变化不大,SiO_2 21.5%~23.7%,CaO 39.3%~45.3%,Al_2O_3 0.7%,Fe_2O_3 0.9%,Na_2O 2.5%,物相分析结果主要是硅酸钙($2CaO \cdot SiO_2$)和铝酸钙,两种矿物的含量在60%左右，还存在 12% 左右的碳酸钙。

山东铝厂赤泥堆场地下水位较高。赤泥的渗透系数 $K = 1.52 \times 10^{-6} \sim 3.9 \times 10^{-6} \mathrm{cm/s}$，渗透性微弱，且赤泥坝体又高出地平面 40 余米，所以随赤泥排入堆场的水仅有一小部分渗入到赤泥中，并沿着垂直和侧向两个方向渗透，故赤泥堆场中的地下水埋深是中间高四周低，呈倒漏斗状。经钻探坝顶处得知，地下水位埋深 18m，地下水位向赤泥堆场中心方向逐渐上升到堆场表面，稳定水位标高 82～96.5m，而坝外地下水埋深 0.5～0.6m，稳定水位标高 56.8～62.9m。因赤泥透水性微弱，仅在坝坡看到潮湿的表面，而没有涌水现象。有关赤泥矿物组成，附液和灰渣及灰渣回水的主要化学成分分别见表 6-4～表 6-7。

表 6-4 赤泥矿物组成

矿物组成名称	拜耳赤泥含量/%	烧结赤泥含量/%			
	贵州铝厂	贵州铝厂	郑州铝厂	山西铝厂	山东铝厂
$3CaO \cdot 5Al_2O_3 \cdot xSiO_2 \cdot (6 \sim 2x)H_2O$	35.35	7		7	10.7
$3CaO(0.95Al_2O_3 \cdot 0.04TiO_2) \cdot 0.94(0.34SiO_2 \cdot 0.66TiO_2) \cdot 4.2H_2O$	40.50				
$1.04Na_2O \cdot Al_2O_3 \cdot 1.99SiO_2 \cdot 0.66Na_2CO_3$	6.23				
$1.05Na_2O \cdot Al_2O_3 \cdot 1.99SiO_2 \cdot 0.80Na_2CO_3$	3.50				
$0.25CaO \cdot 0.77Na_2O \cdot 0.49Al_2O_3 \cdot 1.98SiO_2 \cdot 0.53MgO$	6.12				
$Ca(OH)_2$	2.70				
$CaO \cdot 2TiO_2 \cdot H_2O$	1.0				
$CaO \cdot TiO_2$	0.70	5		5	3.38
$0.67K_2O \cdot 1.44Al_2O_3 \cdot 2.76SiO_2 \cdot 1.97K_2O$	1.0				
$\alpha - Fe_2O_3$ 或 $Fe_2O_3 \cdot H_2O$	2.80	11		11	10.9
$\beta - 2CaO \cdot SiO_2$		53	50	53	51.49
$Na_2O \cdot Al_2O_3 \cdot 1.7SiO_2 \cdot 2H_2O$		6	5	4.5	8.38
$Na_2O \cdot Al_2O_3 \cdot 2SiO_2$		4	4.5		4.57
$CaCO_3$		14	14		12.04

表 6-5 赤泥附液化学成分

厂家	Na_2OT /g·L^{-1}	Na_2O /g·L^{-1}	Al_2O_3 /g·L^{-1}	Ca^{2+}、Mg^{2+} /mg·L^{-1}	CO_3^{2-} /g·L^{-1}	备注
郑州铝厂	4.94	1.39	3.62	20		
贵州铝厂	14.98	3.50	8.99	11.0	0.174	
山东铝厂	3.54	1.89	2.17			
山西铝厂	7.36	1.28	6.55	43.1		

表6-6 灰渣化学成分表 (%)

厂家	SiO$_2$	Al$_2$O$_3$	Fe$_2$O$_3$	CaO	MgO	TiO$_2$	SO$_2$	备注
郑州铝厂	61.22	20.90	7.79	4.26	2.30			
贵州铝厂	31.40	14.45	16.54	2.84	0.95			
山东铝厂	40~60	15~40	4~20	2~10	0.5~4		0.1~2	
山西铝厂	40~60	15~40	4~20	2~10	0.5~4			

表6-7 灰渣回水化学成分表 (mg/L)

厂家	pH值	F$^-$	As	酚	SO$_4^-$	备注
郑州铝厂	9.0	20	0.035	0.001		
贵州铝厂	7.03	0.58		0.056	766	
山东铝厂	6.0				1017	
山西铝厂	9.07	11.15				

6.3 赤泥库的种类

由于拜耳法赤泥和烧结法赤泥在物理、力学性能上有很大差异，因此按堆存赤泥的种类可分为拜耳法赤泥库和烧结法赤泥库；按堆放方式可分为湿库和干库。我国生产氧化铝厂家使用的均为湿库，在建中的平果铝厂拟采用干库。湿库是因赤泥采用湿法输送决定的，因此带有大量强碱性附液进入库区。碱水需要回收利用，一般都有完善的回水设施。按回水方式还可分为坝下和坝上两种。为防止库区碱水渗漏污染环境，山西铝厂、中州铝厂、郑州铝厂等新建堆场已开始采用人工防渗膜。几种赤泥库的主要差异如下。

6.3.1 拜耳法赤泥湿库

拜耳法赤泥物理力学性能差，胶结性差，难以直接作筑坝材料，在拜耳法赤泥表面上筑后期坝亦困难。因拜耳法赤泥沉降性能差，要求库区有足够的沉降带。拜耳法赤泥湿库一次建成，要充分考虑库区面积、容积和坝体的安全性。贵州铝厂一期库属此类库。

6.3.2 烧结法赤泥湿库

烧结法赤泥的主要成分为 $\beta-2CaO \cdot SiO_2$，具有胶凝性和较好的物理力学性能，且沉降性能较好。因此烧结法赤泥库一般均建有初期坝，待服务期满后，再用烧结法赤泥加高坝体。山东、山西、郑州、中州、贵州铝厂二期库等赤泥库属此类。

6.3.3 干法赤泥库

在建中的平果铝厂为拜耳法生产工艺，产出拜耳法赤泥，厂址地处石灰岩地区，难以防止碱液渗透，为保护环境，拟建成干法赤泥库。

6.4 赤泥库、灰渣库的建设

赤泥、灰渣输送方式，有湿法管道输送、浓相管道输送、干法输送。由于输送方式不同，因而对库区功能和对某种功能的要求也有着明显的差异。

一般赤泥库、灰渣库要求具有废渣沉降、附液回收、较好的防渗漏和废渣安全堆置等多种功能，干法输送只要求有后两种功能。不同品种的赤泥对其功能的要求也有区别。

拜耳法赤泥因沉降性能差、干滩及水下沉积滩坡度较小、防渗性能差，要求澄清面积较大和良好的防渗性能。

烧结法赤泥、灰渣则对库区澄清面积要求较小，防渗性能要求不如拜耳法严。

因湿法输送 1t 赤泥附液量在 3t 以上，附液 Na_2O 浓度大于 3g/L，渗漏和外排都将严重污染环境和增加碱耗，为保护环境和提高经济效益，在赤泥库建设中应遵循附液闭路循环原则，为此要求库区汇水面积小，有可靠和足够的回水能力以保证库区水位深度、积水量处于安全正常水平。

6.4.1 赤泥库、灰渣库的设计及地质勘察

由于输送方式对库区水文地质条件、库区功能有不同的要求，故输送方式的选择，应结合库址选择及环境影响、地质勘察和设计等因素考虑。

6.4.1.1 库址选择及环境影响评价

选择具有良好条件的库址是建设赤泥库、灰渣库的先决条件。因为库区一般都占地面积大，建设周期长，基础设施投资多，一旦建成后，在使用中若出现难以处理的重大隐患，将导致工程报废，贻害无穷，并影响生产的正常进行。新建氧化铝厂在厂址选择时，应考虑在合理的输送半径范围内有无可选的赤泥库址和可能综合利用的途径。

库址选择首先应初步掌握附近的水文、地质、人文、总体规划等资料，先在 10km 半径范围内选择。若因某些条件不能满足，再扩大范围进行多库址比较选择。影响库址选择的诸要素及其基本要求如下：

（1）库区基岩防渗性能及地表覆盖层厚度，渗透系数最好能达水工弱渗漏标准，有条件的应将全部或大部库址选在煤系地质体上，不能选在石灰岩漏斗形和碟形地貌上。

（2）坝址的水文地质、工程地质良好及坝体工程量小。

（3）汇水面积大小、截流措施难易、地表水补给情况、流向、纳污水系污染因子容量、发生事故影响范围和损失程度、下游有无密集居民点和重要工、农业区等，最好是汇水面积小，无常年地表径流。

（4）地下水补给情况、流向，发生事故可能污染的范围和影响程度。不得选在主要饮用水源上游。

（5）库容大，库区占用耕地少，能综合考虑赤泥库及灰渣库，附近有扩建库址。

（6）施工、运行管理中的交通、供电、供水、运行维护等因素。

若地质条件相同，则应选择冲沟或槽沟形地貌。因其地下水流向比溶蚀洼地和漏斗形地貌集中。库址选择应进行多库址比较并进行环境影响评价。

6.4.1.2 地质勘察工作

库址选定审批后，应进行初勘工作。按设计委托要求，查清库区和可选择坝址的基本地质情况，如发现断层、裂隙、溶洞、破碎带等，应在候选库址进行勘察，择优选建。

在初步设计的基础上，再按委托书要求对拟建坝址、库区需进行工程处理的区域、回水系统设置点等进行工程地质详勘。

6.4.1.3 设计工作

设计工作应全面考虑，尽量满足赤泥库、灰渣库各种功能的需要，并做到安全可靠、经济合理。

(1) 坝体及库区设计。拜耳法赤泥库应按防渗型坝设计坝体，并做好坝基、坝肩清理防渗设计。在投资允许和单位库容造价合理的情况下，尽量增加初期坝高度和库容一次成坝。拜耳法生产的氧化铝厂或混联法中烧结法工程不能及时建设的工厂，设计上要考虑后期坝堆筑方式的试验研究和经验总结。坝体应根据需要设置排渗设施，坝体高程和横向位移监测点应在设计中考虑。

烧结法赤泥库，灰渣库初期坝坝基、坝肩清理防渗设计亦应慎重。初期坝高度及库容能保证坝边有一定干滩长度，库内有一定的沉降面积和水容积，能满足筑后期坝的要求。烧结法赤泥库后期坝是用赤泥在坝上堆筑。其方式有池填法、人工或机械堆筑法。池填法围堰方式因赤泥水硬性而异。赤泥水硬性好时，可用人工沉淀的赤泥压密夯实自然养生凝固；赤泥水硬性差时，用化纤、草袋装赤泥，层间用赤泥浆错缝成梯形错缝堆积压实。灰渣库后期坝可采用坝内防渗型黏土坝，新老坝体成台阶形增高且有一定的结合宽度并结合好，同时要做好坝肩防渗设计和赤泥库相邻的可采用烧结法赤泥堆筑。

库区设计应侧重考虑防渗，赤泥库应能达到水工弱渗漏标准，灰渣库要求低些。防渗措施除常用的防渗措施外，可用性能可靠的新型防渗材料。库区在设计上应考虑分区使用，分区情况因地设置，以两个以上为宜。这样可使积水分散，一旦某区发生事故，可将积水转移至他区，以减少跑碱损失和污染环境，并保证生产上有安全缓冲库容。赤泥库分区使用，可将各区水位轮流降低，使干滩部位赤泥养生胶凝。灰渣库分区，有利于灰渣综合利用的取运工作。库内分区的隔离坝可安装排放管排赤泥或灰渣进行堆筑。

库区岸边有可能发生大滑坡的地段，在设计上应考虑加固或应急处理措施，以防滑坡造成水位急剧上升，使堆场内积水大量外溢，冲毁堤坝和污染下游。

输送方式应尽量采用干法输送或高浓度湿法管道输送，以减少积水。库的主要危险在于积水量大、水位深和碱浓度高。

管道输送应尽量减少中间加压站，且加压站越多输送可靠性越差。道路要尽量沿管路修筑或管路尽可能靠近道路，管线应尽可能短。库区管路应沿岸边铺设，并保持一定的坡度，以防止停料时积料结疤。合理设置排放点，使之在库区周边排泥或排渣。

(2) 回水系统及水量平衡设计。回水分为坝下和坝上两种方式：坝下回水工程中的回水竖井、库底回水管为永久性隐蔽工程，对工程地质、工程材质、施工质量要求高。一旦发生事故难以处理，且造价比较高。

坝上回水应根据地质等情况合理设置分区，其方式为岸边式（岸边地质防渗性能好时）或库内式。库内式又分为浮船式、浮台式和缆车式等取水形式，应因地制宜，以安全、经济为准。

回水泵应根据水质，选择经久耐用便于维护的型号。主管、支管流量要满足水量平衡的需要。

工艺上，应考虑带入库区的水量最少；在控制附液碱浓度上，有合理可靠的洗涤过滤措施。回水用水点的能力大于入库水量。要解决用水点对回水温度、水质（悬浮物含量）等的要求，以期达到进出水量（含降雨量）平衡。

（3）运行制度。设计上应明确规定赤泥、灰渣的排放制度。一般为周边排放和重点区域（外围坝体、坝肩、库内渗漏区等）优先排放，形成干滩。上述区域最小干滩宽度和长度以保证安全和防渗为宜。

回水制度应规定合理的回水量、库区的安全积水量、积水深度和碱浓度。

还应规定值班人员的巡回检查制度。

（4）监测系统。监测系统包括观察和监测。

观察应规定值班人员定期巡回检查库区水位渣位变化、有无泄漏点，坝体坝肩水平方向、垂直方向有无明显变化等。

监测包括定期对库区和外泄出露点及地下水监测井、孔水质分析监测，对坝体高程、坝轴线坐标定期测量，以及监测结果管理、信息传递，特别是异常情况下可能存在隐患的判断及处理等。

设计上应对上述项目规定测定监测周期、监测方法等，设专职或兼职监测人员及机构，并配备相应的监测仪器和设备。

（5）库区交通、通讯、供电、供水、管理基地等。鉴于赤泥库、灰渣库的安全运行对氧化铝厂、热电厂生产的连续性、经济效益、环境保护和社会效益所具有的重要性，场外及库区道路、通讯、供电及供水能力等应能满足库区建设、运行管理、事故处理及抢险等工作的需要。这些应本着既满足基本要求，又合理可行、经济的原则设置。对较大的库区除定点电话外还应有一定数量的步话机。

在管理基地上应设置一定数量的值班房、检修间、材料库和抢险物资存放地等。值班点应根据管理工作的需要合理布局，有的还应易于拆迁。

（6）机构定员及工装设备。赤泥库、灰渣库在设计上应考虑设置专门机构，如工段、车间或管理站等。可分别隶属氧化铝厂、热电厂。如赤泥库灰渣库相邻也可设综合管理机构，由某厂统一管理，其编制属生产机构。定员应根据赤泥、灰渣排放工作量、回水浆运行维护工作量、泵、管路、道路维护清理检修工作量、截洪沟维护清理工作量、因堵洞、护坝筑坝等工作所需的管路零星拆、安工作量和库区巡回检查范围大小等而定。因库区一般为边建设、边使用维护，所以定员中应包括运行值班工人、维护检修工人和必须的监测、管理及水工等专业技术人员。工装设备应能满足运行、管理、建设、监测等任务完成的基本要求。如必要的交通运输设备、维护检修用大型工器具、小型的施工抢险设备。有的赤泥库、电解渣库还应配备挖掘机、推土机（在危险区挖干赤泥堆护坡、堵洞、抢险及电解渣场运行用）及经纬仪、水准仪等测量仪器。

赤泥库、灰渣库一般都远离厂区，如果没有管理机构和必要的抢险工装设备，按复杂的程序确定应急方案，一旦发生事故，将使小事故酿成大事故，以致蚂蚁之穴能溃千里之堤。反之则可以防患于未然，至少也可以及时发现和采取应急措施。加强现场监视，防微杜渐，等待进一步处理，并可及时通知下游采取防范措施，减少事故损失。

（7）灰渣库的设计还应考虑锅炉的燃烧制度和选型，尽量降低灰渣可燃物，达到国家建材质量标准，考虑回收利用变废料为材料以减少库容。

灰渣输送及回水系统设计，应考虑钙镁的碳酸盐、硫酸盐等结垢，在管径选择上应留有余地，并有相应的清理措施。

6.4.2 赤泥库、灰渣库的施工

（1）施工队伍资格确认。在选定施工队伍时，应审查其执照有无坝工施工范围，了解技术力量，包括专业技术工人、主要施工机械设备、质量信誉和有无类似工程施工记录、已完工程质量、工期、造价等效果，以便择优选定。

（2）施工方案的编制。选定施工队伍后，乙方应根据施工图设计和甲方要求编制合理可行的施工方案，以保证施工质量和工期。

（3）清基质量。坝基和坝肩清理工作的质量是防止坝基渗漏和绕坝渗漏的重要措施。施工中应严格按设计要求和有关规范清理。清基后，若发现基岩有勘察未发现的严重地质缺陷，如强渗漏层、裂隙、溶洞等，应会同勘察设计部门到现场检查、出具补充设计资料后方可施工。清基完毕，由甲方检查，必要时，由勘察设计单位检查认可后方可继续施工。

（4）隐蔽工程施工。隐蔽工程应严格按施工图和有关规范施工。若发现施工图与实际情况有出入时，应由设计单位到现场查看并出具设计变更通知。乙方应认真做好记录。隐蔽工程隐蔽前，应由甲方代表检查，重要隐蔽工程（或设计要求的）还应由设计单位检查后方可隐蔽。

（5）土质分析与压实度。如属黏土筑坝，筑坝前应在取土场取样分析以保证土质达设计要求。施工中随时注意取土质量，发现变异时及时取样分析。施工中应按设计要求和施工规范分层辗压和夯实，并按规范取样试验，以保证坝体达到设计要求的密实度和有关土工质量标准。

（6）工程质量监督与验收。乙方应配备兼职或专职质量自检员，甲方应指派合格质量检查人员负责现场质量监督，发现问题及时制止，需返工的应令其返工，返工合格后方可继续施工。质量验收应严格按设计和有关规范要求进行。

6.5 赤泥库、灰渣库的运行管理

赤泥库、灰渣库建成投产后，运行工作的好坏将关系到库区安全。运行管理、维护工作做得好，还将弥补地质上的某些不足和施工中可能存在的某些缺陷。运行管理的主要工作为输送、排放与筑坝、水位水量控制及回水，监测、维护，防汛，防震等，它要求做好以下几方面的工作：

（1）定岗、定员和明确职责范围，制定工作标准。

按设计要求和实际情况定岗、定员，指派认真负责的人员负责各岗位工作，并按运行管理、维护工作需要规定岗位职责范围，制定工作标准、操作技术规程、安全规程等。

（2）赤泥、灰渣排放制度与干滩（护坡）的形成。排放是否合理，直接影响到后期坝堆筑和库内干滩的形成及渗漏危险区的保护。所以，应制定排放制度，当为周边排放时，在坝体、坝肩附近、地质缺陷区应优先排放，以便形成干滩。必要时可用机械或人工

堆积护坡，其干滩宽度应不小于设计要求。如设计无明确要求，应根据实际情况制定。排放工作应设专人负责，做到在库区四周均匀、分散排放形成一定长度坡段的干滩。如库区面积允许，可考虑分区使用，隔离坝可用赤泥、灰渣堆筑。

（3）排放、回水与水量平衡。赤泥库、灰渣库应首先按设计的液固比，控制排入库区总水量，并尽量做好回水利用工作，保证库区水量、水位深度处于设计要求的安全范围，设计无要求的应按实际情况制定。回水泵等设施应定期维护、检修，保证设备完好，确保正常的回水能力。枯水期应有计划的降低积水量，为雨季准备充足的缓冲库容。分区使用的库应轮流降低各区水位，以利赤泥成干滩状态提高其水硬性。

（4）赤泥库、灰渣库安全运行的规章制度。赤泥库、灰渣库应制定切实可行的安全运行保障制度和管理细则。如周边排放制度、定期巡回检查制度、截洪沟清理维护规定、防止人畜进入库区规定、险情报告及处理制度、监测制度等，并严格认真执行，保证库区和坝体安全。

（5）赤泥库、灰渣库的监测。监测工作是实现安全运行，判断有无隐患的重要手段之一，应做好下述工作：

1）坝体观察与监测。每班应观察坝体有无下沉和位移、浸润线高程、有无裂缝、坝外有无渗漏等。如有渗漏应及时检查水质是否库内积水外泄，发现险情应有人在现场监护，如有恶化，应立即采取措施并及时向上级领导机关和有关单位报告。坝体监测应按规程要求设置高程和轴线坐标监测点，定期监测。发现异常应相应缩短监测周期。观察和监测工作都应做好记录，以便对比判断有无异常现象和隐患等。

2）库区水位观察和水质监测。库区应设置水位标尺或标杆，每班或每日观察做好记录。水质应坚持每日或每周取样分析并做好原始记录。

3）排入赤泥应分析附液碱度，测定液固比，有条件的还应测定流量。

4）回水应每日或每班取样分析碱度和测定流量。

5）库区地下水的上游设对照点，下游设监测点（孔或井），以监测地下水质变化情况。

（6）后期坝的堆筑技术。

1）烧结法赤泥库后期坝按堆筑方式可分池填法、干滩沉积法和人工或机械堆筑法。

① 当赤泥水硬胶凝性好时，可用人工将刚沉淀略加脱水后的赤泥堆筑成围堰。其高度、厚度视赤泥性质而定。围堰堆筑完毕后，排入赤泥堆筑坝体。

② 当赤泥水硬胶凝性差时，可用化纤袋或草袋装填刚沉淀的赤泥，按错缝排列成梯形堆积，各层间可用浆状赤泥填缝形成防渗堆筑围堰，再排入赤泥堆筑坝体。

③ 池填法为坝体内外两侧均堆筑围堰，并将坝体隔离成若干长方形池子再向各池排入赤泥。干滩沉积法是只在坝体外侧堆筑围堰，赤泥在坝体上排放并自然沉积。前者筑坝速度较快，粗细赤泥粒子均沉降在坝体上，防渗性能较好，但坝体强度较差，筑坝费用较后者高。后者只宜在库区幅度较大、水位较低的库区进行。

④ 各种方法筑坝排放赤泥时都应有人在现场监护，发现渗漏及时处理或改排至库区。

2）灰渣库后期坝，可在老坝体及坝内灰渣干滩上按防渗型均质黏土坝筑坝。用黏土筑后期坝时，其土质和辗压、夯填密实度都应达设计要求，新坝与老坝体的结合、坝肩与两岸山坡的结合都应做好防渗处理。与烧结法赤泥相邻的可用赤泥堆筑后期坝，如山东铝厂供给南定热电厂赤泥修筑尾渣库。

6.6　赤泥库、灰渣库事故隐患及其处理

由于勘察钻孔布点密度所限，施工中隐患未检查出等原因，在投用后可能逐渐暴露出各种隐患。如渗漏，可能引发管涌、坝体含水及浸润线过高、坝体不均匀沉降、裂缝、滑坡、库区渗漏严重及穿孔等。根据具体情况，分析和找出事故原因及隐患部位，必要时借助勘察手段，尽快制定切实可行的方案及时处理。下面列出一些常见事故处理方法，以供参考。

6.6.1　渗漏及可能引发的管涌事故

应急措施是在可能渗漏区域排赤泥或粉煤灰，尽快铺盖干滩。如排赤泥和灰渣来不及时，可用人工或机械排土配合，并压密夯实。同时观察渗量和水质变化。如采取上述措施仍不见效，应查找新的渗漏区域。渗漏事故分为含黏土悬浮物砾石和不含黏土悬浮物砾石两种。前者引发管涌的可能性大，后者引发管涌的可能性较小。应取悬浮物及砾石样分析，并观察其粒度是否随时间的增加而变化，为查找渗漏区域和通道提供依据。

根治处理办法，是用勘察手段找到渗漏通道，用防渗帷幕或防渗墙处理。

6.6.2　坝体含水率高和浸润线过高

黏土坝坝体局部含水量过高、饱和并渗出时，如原设计有排渗设施的，应检查排渗孔有无堵塞现象，设施是否运行良好。若有堵塞现象应及时清理修复；若原排渗设施运行良好，应考虑增设必要的排渗措施。未采取措施前应将坝体渗水开沟引走，并加强监视。

6.6.3　坝体不均匀沉降、裂缝、滑坡

（1）坝体沉降过大或不均匀沉降、裂缝多发生在后期坝，主要原因是坝基土工性能不一。一部分为老坝体，另一部分为赤泥或灰渣干滩，两者压缩系数、压缩模量不一致，后期坝加高时压实密度不均匀、新坝压强过大，将坝基赤泥挤出等原因所致。避免发生这种现象的有效方法是后期一次加坝不宜过高，在施工中采用辗压夯实保证密实度均匀。隐患的处理方法是在沉陷大的一侧（一般为迎水面）排赤泥、灰渣或土，以加大该侧压强使基础所受侧压强平衡，防止基础挤出。对裂缝浅的可扩口加土夯实，裂缝深的应开挖重新夯填，也可用灌浆的方法加固基础。但此方案费用较高、施工周期长，非必要时不采用。当初期坝发生沉降过大和严重不均匀沉降时，应对基础进行灌浆加固处理。

（2）坝体滑坡及处理方法：

1）边坡基础强度不够和坡度太大，采取加固基础，修筑护坝并减小坡度。2）坝体裂缝，雨水浸入造成边坡含水率饱和及侧压力过大，先打桩加支撑稳住坝体，待脱水后按1）修复，如坝体强度不够，应尽快在内侧排赤泥或灰渣铺成干滩。3）库内水位急剧下降，干滩滑坡导致坝体滑坡，可排赤泥或灰渣加固基础，再取赤泥或土修复滑坡处。

（3）库区渗漏或穿孔。库区水位急剧下降，应及时巡查库区和检查泄漏出露点，并察看有无新泄漏出露点。观察测定出露点水量、水质、有无悬浮物、土、砾石等，并取样分析以判断库内可能渗漏的区域。如发现洞口，可采用化纤袋装入赤泥或土投入，或用一定数量化纤袋装草或草及少量土将其揉碎投入，使其能漂浮顺流入洞，在通道咽喉处堵住，然后在

洞口排赤泥或土尽快形成护坡并夯实。如未发现洞口，应在可能渗漏区（可根据地质情况、赤泥细粒子流向、水流向等判断）排赤泥、灰渣及按上述装土或草的化纤袋配合处理。处理时都应派人在出露点监视，及时了解情况以便采取最佳处理方案。如发现大量赤泥、灰渣外泄，特别是外泄水出露后再经阴河流走的，应防止将下游阴河堵塞导致污水溢出地面扩大污染面积。

（4）裂缝处理。当发生坝体开裂时，应查明原因，了解险情，作出果断决策，采取得力措施及时调集人力、设备、物资进行抢险处理。以山东铝厂赤泥堆场的裂缝处理为例（见图6-1），介绍如下：

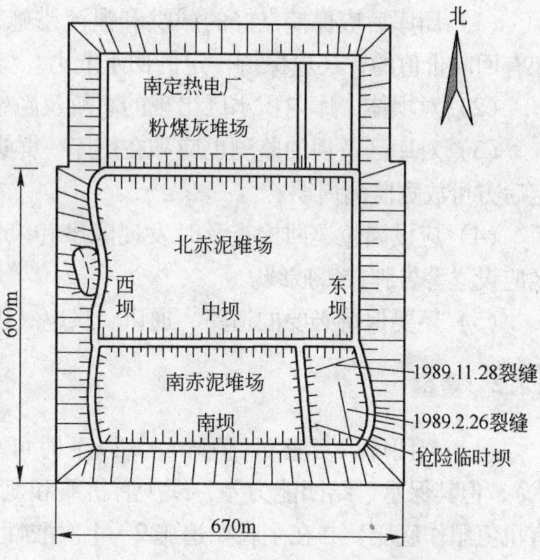

图6-1 山东铝厂赤泥堆场裂缝处理示意图

1989年2月底，在堆场东南角距东坝30m处，出现一条从南向北延伸长约190m的裂缝，裂缝被泥浆冲刷出1m多宽的裂口，使南坝东端60多米宽的范围内出现三股较大的水流和多股小水流，水流夹带赤泥从南坝中部倾泻而下，总流量达500m³/d。发生险情后，为确保坝体安全，厂有关部门及时制定应急措施，全力以赴组织处理。

首先，沿裂缝西侧抢筑一条200多米长的临时堤坝，以隔断赤泥继续往东南部流动。具体做法是，用草袋装满赤泥，沉入堆场内泥浆中，逐渐垫高并往中坝延伸，形成新的堤坝。而后再堵塞裂缝，用废旧过滤布（过滤机上换下的废纱窗布）铺设在裂缝上方，再在其上覆填赤泥，使其沉入裂缝中，而后往里灌注赤泥浆，使赤泥逐渐淤积以填平裂缝。同时，沿裂缝每隔一定距离横放一些废旧铁管，使裂缝两侧被连成整体。

与此同时，加固中坝并为防止含碱废水外流，拦截从坝上渗出的赤泥水，使之汇流到回水池，再泵送到氧化铝生产流程中。

为进一步控制赤泥堆场的险情及评价堆场的安全状况还采取如下措施：1）继续加固堆场四周的坝体，首先加高南坝、东坝和中坝。2）往堆场的东南部泵送赤泥，提高东南部的水平标高，使赤泥附液留存于堆场的北部和西部。3）加强堆场的管理，制定赤泥堆场管理规程，严格管理并定期观察赤泥坝固定坐标的位移。4）委托勘察院对赤泥堆场进行工程地质勘察，以评价坝体的稳定程度、坝基的工程地质和预测赤泥坝继续堆积的临界高度。

对于赤泥库、灰渣库事故隐患及其处理方法，要依据当时当地的具体情况，采取相应对策方能奏效。

6.7 闭库及复垦

6.7.1 闭库措施及管理

凡已达到设计使用高程和库容的，或有严重隐患暂时无法使用的赤泥库和灰渣库，应实行闭库并加强闭库管理。

（1）闭库后应保持良好的截洪和泄流措施，并按期检查清理和维护，对污水不能外泄和有回收价值的，还应保持一定的回水能力。

（2）对坝体、库内积水区出现的事故及隐患要和在用库一样及时处理。

（3）对库区及坝的监测也应和在用库一样进行（包括库区及外泄点水质），直到长期稳定后方可放宽监测周期。

（4）应设岗位巡回检查及时发现隐患和险情，并防止人畜进入未干缩稳定区，对危险区应设立警告牌或警戒线。

（5）还要保持必要的道路、通讯、供电、供水等条件。

6.7.2　复垦

（1）当闭库的灰渣 pH 值降到 9 以下时可直接耕种（pH 值为 9 以上时只能种耐碱树木），但其保水、结团能力差，缺少有机质和氮素。根据徐州江苏电力局试验，种植前需施有机氮肥作底肥，并在生长期追施 2~4 次酸性肥。由于灰渣保水能力差，浇水施肥宜少量多次（如喷灌、滴灌）。含硼高的灰渣，菜苗移栽时应带有土壤营养基，有条件的可在表面掺一定的土壤和生活垃圾以提高保水率和结团能力。经试验可种植树木、牧草和粮食、蔬菜。产量可达当地中等和中等以上水平。农作物茎、叶、果实有害物质含量均符合国家食品卫生标准。但含氟高的灰渣应检查其含氟量。如种饲料和食物应在小型试验的基础上严格按食品卫生标准检测有害物质和跟踪检查，待取得成功经验后再大面积推广。

（2）赤泥堆场复垦。赤泥堆场复垦，目前国内尚在试验。赤泥堆场闭库时，其表层均排放有烧结法赤泥，其土壤性能类似粉煤灰——无有机质和氮素，有一定量的活性无机有效肥。由于其浸出液 pH 值高，不能直接耕种，覆盖土壤由于毛细孔现象，可能将碱返到表面。因此，可能的复垦方式是在赤泥表层铺一定厚度的粉煤灰、碎石或塑料薄膜以破坏其毛细孔，然后再铺 50cm 左右厚的粉煤灰或土壤，掺入一定量生活垃圾进行试验，以期取得较佳效果。贵州铝厂已开始试验工作。以赤泥为主直接耕作，需待赤泥经自然净化到深 90cm 以上，pH 值降到 9 以下，方有可能。如覆盖灰渣复垦试验成功，可在闭库前直接排一定厚度粉煤灰。

复垦方案应立足于从长远看，达到以库养库，恢复植被和自然景观为主，同时要为以后可能的综合利用保留条件。

赤泥库和灰渣库见表 6-8~表 6-11。

表 6-8　贵州铝厂赤泥库和灰渣库调查统计（1990 年止）

库　名	曹官一期赤泥堆场	二期赤泥堆场（扎塘赤泥堆场）	大冲灰渣堆场
厂矿生产能力 /万吨	设计拜耳法年产氧化铝 22，1988 年实产 16.67	设计混联法年产氧化铝 40，1990 年实产 22	设计年产蒸汽量 312~320
总库容/万立方米	400.0	1200	220（使用标高 1343m）
已用库容/万立方米	170.0	140，其中水体积 70	50
占地面积/万平方米	18.20	48	10.52
控制流域面积 /万平方米	20.0	约 150（已截流 30）	13.0

库　名	曹官一期赤泥堆场	二期赤泥堆场（扎塘赤泥堆场）	大冲灰渣堆场
库区地质条件	库区出露地层为二叠系龙潭组煤系地层，库区无其他地质构造。岩层呈单斜产出	库区80%多面积出露二叠系下统阳新灰岩地层，多垂直落水洞和裂隙发育。地层单斜产出，5号、6号隔洪坝建于灰岩上。另近20%面积为二叠系龙潭组煤系地层，3号、4号外围坝建于此地质体上	二叠系龙潭组煤系地层，基岩为砂质页岩和硅质页岩地层
库区地形地貌	两条大致平行的东西向沟谷形地貌，在东部高位连通	由扎塘、雄峰洞、杨柳井3个相邻的岩溶洼地及与雄峰洞、杨柳井相连的两条短冲沟组成	东西向槽形冲沟，东低西高
初期坝	共4条，为均质防渗型土坝，内外坡度均为1:2。坝顶高程1325m。坝高依次为30m、13m、9m、12.5m。坝顶长依次为250m、82m、100m、116m	库区主坝4条：3号、4号、5号、6号。3号、4号以一期堆现使用标高1330m为初期坝，5号、6号及3条副坝无初期坝	堆石渗水型坝，上游设有反滤层。坝高20m，顶长100m，内坡1:1.75。外坡1:2
最终坝高	最终坝顶高程为1345m，坝高依次为50m、33m、29m、32.5m	3号、4号、5号及3条副坝最终高程1355m，6号1330m：坝高依次为39m、42.9m、49m、14m	最终坝高45m，标高1345m
基础地质条件	各坝均建于煤系地层上，由上至下为冲洪积层、风化泥质页岩和砂质页岩层	3号、4号同左，5号、6号坝基础为灰岩地层，上面覆盖1.5~2m冲洪积土	由上至下为冲洪积土、中风化砂页岩、硅质灰岩
后期坝堆筑方式	设计为烧结法赤泥堆坝或其他材料筑坝。因烧结法未及时投产，采用旧大化纤袋装填黄土进行内、外护坡，中间夯填黄土（二次加高外坡筑黄土）加高了2.5~5.7m	5号坝用旧小化纤袋装赤泥分层错缝堆筑围堤，层间用浆状赤泥填缝，再排入赤泥填筑，外坡比1:0.7左右，其他各坝暂未筑	旧大化纤袋装填黄土错排列梯形堆积护内坡，黄土夯筑坝体及外坡。内坡1:0.6，外坡1:1.5
排洪建筑物	坝下游坡面均设有截洪排水沟，1号、4号坝设有坝顶溢洪堰，库区山面设有截洪沟	库区北、西、南西山坡均设有截洪沟。南侧因地未征，且多为耕地及树林，故未设。因库区积水碱浓度高，无排洪设施	无
回水方式	原为南北库区中央设回水竖井，经库底预理管道流至坝外泵送回厂，因库底管塌断已废止，现经3号、4号坝溢流至二期堆场回水	设计为在3个库区岸边设可拆迁式3个泵站，6台回水泵。现实施为2个岸边泵站及1个浮台泵站，安装3台泵，另有1台备用	库尾中部回水竖井，水经库底水管流至坝体泵送回厂。因水量少，水质好，用于农灌，回水系统未使用
截渗设施	坝体下游坡面设排水沟，无坝体排渗设施。现仅2号坝坝体渗清水，正着手设计实施排渗设施	岸边截渗为排烧结法赤泥或混合赤泥铺盖成一定长度干滩，其渗透系数在 $1.4 \times 10^{-3} \sim 8.8 \times 10^{-8}$ cm/s，水硬强度0.5MPa左右	坝下设集流沟，水汇入回水管，并设有一沉淀池
尾矿化学成分/%	拜耳法赤泥：SiO_2 13.30、Fe_2O_3 3.97、Al_2O_3 29.22、CO_2 1.90、K_2O 0.42、NaO_2 4.82、TiO_2 5.28。灼减：15.29。烧结法赤泥同右	拜耳法赤泥同左。烧结法赤泥：SiO_2 20.97、CaO 45.06、Fe_2O_3 6.24、Al_2O_3 8.10、CO_2 2.56、K_2O 0.60、NaO_2 2.76、TiO_2 5.19。灼减：9.43	SiO_2 31.40、Fe_2O_3 16.54、Al_2O_3 14.45、CaO 2.84、MgO 0.95、Na_2O 0.21、K_2O 0.82、C 22.98

续表 6 – 8

库　名	曹官一期赤泥堆场	二期赤泥堆场（扎塘赤泥堆场）	大冲灰渣堆场
尾矿粒度组成 /%	拜耳法赤泥：+100 号 1.47、100 ~ 160 号 1.47、-160 号 97.0，平均粒径 0.065mm。烧结法同右	拜耳法同左。烧结法赤泥：+100 号 9.40、100 ~ 160 号 2.30、-160 号 88.30，平均粒径 0.072mm	+60 号 2.5、+120 号 11.5、+160 号 25.0、-160 号 61.0
水质分析	pH 值 12，Na_2O 15g/L 左右，Al_2O_3 9.5g/L 左右	同左	pH 值 7.03，F 0.58mg/L，酚 0.056mg/L
发生过什么问题、怎样处理，效果如何	1. 库底 2 号回水管塌断后封闭，改为坝上回水；2. 2 号坝因坝基多渠道管涌引起贯通一大洞使坝体局部坍塌，按设计处理缺口和新筑坝体；3. 多次小渗漏、查找通道，有的开挖，用黄土夯填，再用烧结法赤泥铺盖，已无渗漏	1. 80% 多面积为阳新灰岩地质体，多落水洞，裂隙发育，渗漏量大，采取堵洞及排赤泥铺盖，渗漏量减少；2. 附液量、降雨量大于回水用量，积水增加；3. 赤泥附液碱浓度 15g/L 以上。2、3 项采取加强管理，增设用水点，用水量有所增加，但未能平衡	1. 使用 3 个月后发生坝体及坝肩漏灰，用旧化纤袋装土堵塞后排灰覆盖，现只渗水；2. d_{133} 送灰管安装不合理，易变形损坏接头，正进行改造
现存在什么问题、如何处理	2 号坝经钻探揭示坝基下原生基岩强风化层未清除，北坝肩近 10m 长 7m 深，以内有煤洞及强渗层，经多次处理煤洞及渗漏层并排赤泥铺盖增厚防渗层 15 ~ 45m，现已不渗，正勘察检验，采取根治措施	渗漏量仍较大，对下游污染；进出水量不平衡，积水增加，水位上升，附液碱浓度高，大于 15g/L。处理方式为：1. 改变管理方式，加强管理，技术开发，增加回水用量，减少积水量，降低水位；2. 增设赤泥过滤洗涤，降低附液量及浓度；3. 堵洞防渗	d_{133} 送灰管安装不合理，易变形损坏接头。现正增设伸缩补偿器和采取固定管子措施
尾矿库的管理形式	1986 年"7·19"事故前无岗位、无定员、无管理基础设施，由加压三站当班工人兼管。事故后由成立临时管理机构到建立正式管理机构。正完善管理基地，有管理人员而无正式岗位工人，雇用民工负责运行值班。回水泵站管理单位与用水单位不一致，影响回水使用的调度指挥	事故后状况同左	同左，但无回水系统
尾矿库管理的经验及教训	1. 应重视地质勘察、设计、施工和运行维护的全过程管理。应设运行值班岗位及相应的基础设施和工装、设备。加强观察、监测等管理基础工作；2. 设置可靠的回水系统，保证回水量和水位正常；3. 运行维护、回水应由氧化铝厂统一管理	在选址上应重视水文地质条件，进行充分咨询论证和环境影响评价。其他同左	应设运行值班岗位，配备基础设施，加强运行维护管理工作
备　注		厂区附近有一库容约 20 万立方米的工业垃圾场，主要为生产过程中事故排放于流程外的赤泥和清理槽罐的赤泥干法排入此场	厂内附近莲花山灰渣库已基本停用，并大部分采取闭库措施，只有少量库容用作浓缩输送系统发生故障时临时排放。另有一小桥渣场已闭库并建设各种构筑物

表6-9 山西铝厂赤泥库、灰渣库调查统计（1990年止）

库 名	赤泥堆场	灰渣堆场
所属厂矿名称	山西铝厂氧化铝分厂	山西铝厂热电分厂
厂矿生产能力/万吨	一期设计年产氧化铝20；1990年实产19	设计年蒸汽产量
总库容/万立方米	185	120
已用库容/万立方米	95	42.7
占地面积/万平方米	11.9	13.3
控制流域面积/万平方米	11.9	28
库区地质条件	库区地层：自上而下植物层、素填土、第四系全新统冲洪积的非自重湿陷性黄土、非湿陷性黄土、细砂、中砂、粗砂、砾砂、卵石和第三系冲洪积的湿陷性黄土、黏土、细砂和中砂层	库区为一自然河床，地层自上而下为：植物层、块石（由花岗岩碎片组成）、角砾花岗岩（灰岩碎片组成）、碎石花岗岩、湿陷性轻亚黏土含碎石、角砾、轻亚黏土含粉砂、细砂薄层
库区地形地貌	南北向的树枝状自然黄土冲沟。沟长一般130~600m，最长达950m，沟宽一般15~90m。沟壁陡立、稳定，平时无水	自然河床长约400m，宽约350m
初期坝	北面利用铁路路基作坝：高16m，长250m。其余各面直接利用天然冲沟，无初期坝	高21m，长239m，上游坡比1:2.5，下游坡比1:2.5渗水型土坝，坝外用块石护坡
最终坝高/m	27	26
基础地质条件	同库区地质条件	基础下植被、污泥等均清出，地质条件与库区同
后期坝堆筑方式	高9m，北部边坡1:2.5；除东部采用轻亚黏土筑坝外，其余各部用89%赤泥加11%石灰混合筑坝	设计坝高5m，筑于原坝底内侧，目前还未施工
排洪建筑物	无	有引渠段，口宽17.45m，长100m，与水渠相连；陡坡段，断面矩形长52.8m，宽6.6m，深1.2m；消力池，长22m，宽1.2m，深1.95m及河床组成，设计核校洪水量12m³/s
回水方式	插管式回水，有3个插管，回水点距坝轴线60m和80m，回水量200m³/h，用3台泵回水	竖井式回水，回水塔直径2m共3个，流量166.7m³/h，另有24m×6m×5m水平沉淀池1座，污水泵2台，回水泵3台
截渗设施	库区及铁路坝基边均在清理后铺设土工织物并铺盖上500mm厚亚黏土并压实	无截渗设施，有1个720m²的沉淀池，沉淀渗出灰渣水并用污水泵打回堆场
尾矿化学成分及主要矿物组成/%	Al_2O_3 6.54、SiO_2 21.44、Fe_2O_3 5.22、CaO 48.16、$Na(K)_2O$ 2.23、TiO_2 3.4、灼减8.03、其他4.98	SiO_2 40~60、Al_2O_3 15~40、Fe_2O_3 4~20、CaO 2~10、MgO 0.5~4、SO_2 0.1~2
尾矿粒度组成/%	10号2.0、20号7.5、35号7.0、65号7.5、100号4.0、200号7.0、-200号65.0	
水质分析/mg·L⁻¹	pH值14；悬浮物50；SO_4^{2-} 600；SiO_2 17；Al^{3+} 390；$Fe^{2+}+Fe^{3+}$ 1.3；Na^+ 1600；CO_3^{2-} 44；化学耗氧量96	
发生过什么问题、怎样处理、效果如何	至今未发生过问题	1987年9月因施工溢洪道，土方下滑使排渣管法兰漏水；10天后修复，正常运行。因坝体未设防渗层，坝下渗水严重，准备修一截洪沟，将水打回
现存在什么问题、如何处理	无	坝下渗水严重，造成下游农作物减产。现已列入技改项目，在堆场下部修一截洪沟，将渗水打回

续表6-9

库　名	赤泥堆场	灰渣堆场
尾矿库的管理形式	堆场管理及人员由氧化铝厂四车间领导，主要负责赤泥的排放及堆场的回水，实行三班工作制设置泵工7人	整个灰渣库系统由热电分厂锅炉车间领导，实行三班工作制，设置冲渣泵工7人，回水泵工4人
尾矿库管理的经验及教训	应加强堆场的维护，回水管、排水管的管理，不能仅限于回水泵房的操作及维护	灰渣库在设计和施工中应采取适当的防渗措施。应及时回水用来冲渣。因法兰常会漏水，灰渣管及回水管应有巡检人员，另外还应采取措施防止灰渣管结垢

表6-10　郑州铝厂赤泥库、灰渣库调查统计（1990年止）

库　名	二期赤泥库	三期赤泥库	灰渣库
厂矿生产能力/万吨	1990年实产60		设计年产蒸汽574
总库容/万立方米	300	208	180
至1990年已用库容/万立方米	300	208	78
占地面积/万平方米	12	8.7	9.6
控制流域面积/万平方米			
库区地质条件	库区为典型黄土地形，地层分为：1. 植物层 2. 湿陷性黄土地 3. 黄土状亚黏土，其黄土厚度大，地下水位低	同左	同左
库区地形地貌	干涸冲沟形地貌，上段为二期赤泥库，下段为三期赤泥库，中段兼作灰渣库		
初期坝	二期赤泥库坝高18m，坝长65m，上游坡比1:1.75，下游坡比1:2，为梯形黏土坝	三期赤泥坝高4m，长170m，下游坡比1:2，梯形黏土坝	灰渣库由三期赤泥库里坝兼作，坝高4m，边坡50°
最终坝高/m	34	49	44
基础地质条件	与库区地质条件同	同左	同左
后期坝堆筑方式	赤泥排放堆筑边坡比1:1，筑坝方法为池填法，周边放矿	同左	同左
排洪建筑物	无	无	无
回水方式	井-管式排水系统，库内水流入溢流井，经回水管流入回水池，由水泵输送至厂内使用，回水泵房为简易石棉瓦棚（二期）和单层砖混结构	同左	同左

库　名	二期赤泥库	三期赤泥库	灰渣库
截渗设施	二期赤泥库初期坝设有防渗层	同左	南北方向有赤泥库防渗，东西方向无
尾矿化学成分及主要矿物组成/%	烧结法赤泥：SiO_3 15 ~ 18、Fe_2O_3 5 ~ 8、Al_2O_3 7.57、CaO 43.91、Na_2O 2.52	同左	CaO 4.26、MgO 2.30、SiO_2 61.22、Fe_2O_3 7.79、Al_2O_3 20.90
尾矿粒度 d/mm 组成/%	$d > 0.1$，12.5；$d = 0.1 ~ 0.05$，13.5；$d = 0.05 ~ 0.01$，44.0；$d = 0.01 ~ 0.005$，20.0；$d < 0.005$，10.0	同左	
水质分析	pH 值 12.23，碱度 31.5mg/L	pH 值 12.43，碱度 33.50mg/L	pH 值 9
尾矿库的管理形式	由总厂生产到厂长主管，安全环保处设尾矿库监督管理科负责具体的安全监督与协调管理。氧化铝厂五车间设尾矿管理站，负责尾矿库安全运行工作		热力厂锅炉车间负责灰渣库的灰渣输送与回水管理工作
发生过什么问题、怎样处理，效果如何	1989 年 2 月 25 日灰渣库西侧中部突出山体坍塌，导致灰渣库决口，渣水溃泄。后在决口处修筑黏土坝和采用排放赤泥修筑后期坝。现黏土坝已完工，堆筑坝正加紧施工，同时设计新回水井和回水管道，目前已建成并投入使用		
现存在什么问题、如何处理	无		
尾矿库管理的经验教训	1. 要认真把好尾矿库的设计关：①设计必须按有关规定进行；②设计工作要由掌握尾矿库专业技术的专业人员承担。2. 把好尾矿库施工的质量关；3. 认真搞好尾矿库的运行管理：①要健全管理机构，明确管理职责，把管理工作落实到实处；②健全管理的规章制度，做到有章可循，严格执行；③做好尾矿库资料建档工作，不断总结经验，提高管理水平；④做好尾矿库规划工作，保证新老矿区的衔接		

表 6 – 11　山东铝厂赤泥库、灰渣库调查统计（1990 年止）

库　名	赤泥堆场
所属厂矿名称	山东铝厂氧化铝厂
厂矿生产能力/万吨	设计年产氧化铝 50，1990 年实产 45
总库容/万立方米	1855.7（坝高 50m）
已用库容/万立方米	1570
占地面积/万平方米	41
初期坝	无
基础地质条件	由上至下为：杂填土、第四系冲洪积层、亚黏土，石炭系砂页岩
最终坝高/m	50

库　名	赤泥堆场
后期坝堆筑方式	人工翻沉淀后的赤泥堆筑围堰并将坝体隔离成一定面积的池子，待稍胶结后注入赤泥堆筑
排洪建筑物	坝外设积水沟，水流入缓冲池泵送回厂，不能平衡时，外溢排放
控制流域面积/万平方米	41
库区地质条件	库区地层自上而下为：杂填土，第四系冲洪积层，亚黏土，石炭系砂页岩
回水方式	库中设溢流回水斜管，水经堆场中埋设的斜管流至坝下积水沟，流至缓冲槽泵送回厂
截渗设施	沿堆场东西侧南北方向设截渗沟，截面为 $(1.5 \sim 0.7)m \times (3 \sim 2)m$
库区地形地貌	山前冲洪积平原，东西长约 670m，南北宽约 600m，经 30 年堆积，已形成高 45m，坡度 45°～50° 的堆积坝
尾矿化学成分及主要矿物组成/%	SiO_2 21.91、CaO 47.92、Fe_2O_3 9.80、Al_2O_3 7.27、CO_2 5.30、K_2O 0.3、N_2O 2.42、TiO_2 1.99、灼减 3.10（1990 年平均值）
尾矿粒度组成/%	+100 号 21.96、100～160 号 7.08、-160 号 70.96。平均粒径 0.095mm
水质分析/$g \cdot L^{-1}$	Na_2O 3.54、Na_2O 1.89、Al_2O_3 2.17
发生过什么问题，怎样处理，效果如何	1989 年 2 月和 11 月先后在南坝东段和东坝南段发生长 190m 和 160m 的裂缝，缝深 20m 左右，离坝基尚有 20m 高。积水从裂缝涌出并带走部分赤泥。处理方式为抢筑隔离坝将裂缝区隔开，用旧过滤布铺在裂缝上，再在上面覆填赤泥使其沉入裂缝，而后注入赤泥填平。事故后将赤泥主要改在东南方向排放，提高筑坝质量和此区的稳定性。已处理好裂缝，控制事故发展
现存在什么问题、如何处理	1. 已快使用到临界高度，剩余库容不多。2. 东坝和南坝稳定系数较低，处理方式为：①先堆筑东坝、南坝，主要在东南方向排放赤泥，增加东坝、南坝、东南区稳定性。增加使用高程和库容；②筑隔离坝分区使用，使东南区不积水。3. 新建赤泥水泥厂和另选堆场
尾矿库的管理形式	氧化铝厂设赤泥浓缩车间，下设尾矿坝管理工段，由专职干部和工人负责运行、维护和管理
尾矿库管理的经验及教训	1. 保证后期坝质量，特别是修筑坝体两侧的围堰。要控制高度，循序渐进，一定按要求施工，摊平堆紧拍实；2. 控制进入堆场中的水量，降低库中水位和水量；3. 有专人负责，加强巡视和检查，特别是库中水位较高又逢降水量较大时；4. 坝体出现裂缝、较大涌水等险情时，要及时组织力量堵塞或采取隔离措施；5. 平时储备一定数量的抢险物资
备　注	

第4篇　尾矿库的安全保障

7　尾矿库的安全保障

7.1　概述

尾矿库是矿山的一项重要生产设施，它的运行状况好坏，直接关系到矿山的生产和人民生命财产的安全。因此，世界上工业发达的国家，在矿山建设中都非常重视尾矿设施的建设和管理。

新中国成立后，随着我国有色金属工业生产的发展，在矿山建设中，已越来越清楚地认识到，尾矿设施与矿山的其他生产设施一样重要。特别是党的十一届三中全会以来，由于矿山开发的大发展，有色系统各级领导对尾矿设施的建设与安全运行十分重视，坚持常抓不懈，亲自过问，因而使尾矿设施从勘察、设计、施工和生产管理等各个环节的工作日益走上正轨，提高了安全运行的保证程度。

7.1.1　尾矿与尾矿设施

矿山开采出来的矿石，经过选矿，从中选出有用矿物后，剩下的矿渣叫尾矿。通常，它以矿浆状态排出。这是在现有技术经济条件下未能回收利用的工业废料。由于在尾矿中含有许多对人类有用的元素，因此，尾矿仍是一种资源。国内外专家，有的命名尾矿为补充矿产资源，有的称其为二次矿产资源。

尾矿设施，一般是对尾矿的输送系统和堆存系统的总称。其功能在于将选矿后剩下的矿渣妥善地储存起来，防止流失和污染。尾矿设施建设是矿山建设的一项重要工程。

尾矿的堆存处理，通常利用有利地形，围筑堤坝，形成一定的容积，将尾矿排入其中，这种设施称为尾矿库。为此而修筑的堤坝和尾矿堆积而成的坝体总称为尾矿坝。用储存的方法处理尾矿，是保护矿产资源的重要措施。因此，尾矿库也可以说是矿产资源储存的场所。

7.1.2　尾矿设施的建设成就

建国以来，特别是党的十一届三中全会以来，为适应我国有色金属工业的发展，有色金属矿山的尾矿技术有很大的进步。在尾矿设施的建设上取得了很大的成就。据不完全统计，有色金属矿山先后建成了大小尾矿库300余座，总库容量达25亿多立方米，已堆存尾矿为 11 亿吨。保证了有色金属矿山生产的需要，防止了尾矿的流失和对环境的污染。在管理上，制订了一套行之有效的规程、规范和制度，设立各级尾矿技术监督站，各矿山设立了尾矿管理机构，配备了专业管理人员，保证了尾矿库的安全运行。在尾矿设施的建设中，对尾矿特性、尾矿浓缩、输送、筑坝工艺、坝体安全稳定措施、坝体安全观测设施、排水系统的排水能力、尾矿水质处理和建库材料等各个方面都进行了不同程度的试验研究和工业应用，使尾矿库的建设技术水平不断提高。在岩溶地区堆坝、山区、湖区、海滩和沙漠等不同地质堆坝方面也积累了丰富的经验。对细泥尾矿堆坝、废石筑坝和堆高坝等方面有重要进展，尤其用上游法堆筑高坝，我国有着丰富经验，有较高的技术水平，在世界上享有殊誉。有色尾矿库目前用上游法堆筑的坝已高达 120m，设计坝高已达 200 多米。在实际工作中，培养了一大批水平较高的工程技术人员和管理干部，满足了有色金属矿山尾矿建设和管理的需要。在建库开田、闭库复田和尾矿综合利用以及尾矿作充填料诸方面也都进行了大量的试验研究和生产应用。所有这些成就，都程度不同地为促进尾矿库的安全运行和生产发展创造了良好的条件。

7.1.3 尾矿设施在矿山生产中的重要性

尾矿设施是矿山生产中的重要设施。它是保证选矿厂正常、持续生产的必要条件。没有它，选矿厂排出的尾矿无堆存场所，选矿生产就无法进行。它的完善程度决定着企业生产能否正常、持续地进行。例如，某选矿厂，因尾矿设施不正常，5 年间竟造成停产 404 天，又如某选厂因尾矿坝安全受到威胁，竟被迫停产达 469 天之久。

尾矿设施是矿山经营管理中的重要组成部分，经营管理成本较高。据统计，有些矿山尾矿部分的成本占选矿厂成本的 30% 以上。因此，降低尾矿处理成本，提高经济效益，是十分重要的。

我国是一个水资源比较贫乏的国家，人均占有水资源量居世界的 80 多位。不少矿山水资源缺乏，选矿厂又是用水大户。如云南锡业公司，一年的耗水量高达 1 亿 3 千多万吨。尾矿库是一个将浑水澄清的水处理厂，它为矿山利用回水创造了很好的条件。从这个意义上讲，尾矿库是矿山工业用水的重要水源。其回水在矿山生产的总用水量中，通常占 50%~75%。如云南锡业公司的尾矿回水率已达 80%，锡矿山高达 94%。不少尾矿库不仅给回水提供条件，而且为容纳和利用大气降水创造了条件。

尾矿库的安全运行极为重要。据统计，在世界上的各种重大灾害中，尾矿库灾害仅次于发生地震、霍乱、洪水和氢弹爆炸等灾害而居于第 18 位。它一旦发生事故，必将对下游地区人民的生命、财产造成巨大危害，对环境造成严重污染，后果触目惊心！我国有色尾矿库曾发生过几起重大事故。1962 年 9 月 26 日，云南锡业公司火谷都尾矿库发生溃坝事故，死伤 263 人，直接经济损失达 2000 多万元，1985 年 8 月 25 日，柿竹园有色金属矿牛角垅尾矿库发生洪水毁坝事故，死亡 49 人，直接经济损失 1300 多万元，1988 年 4 月 13 日，金堆城钼业公司栗西沟尾矿库排洪隧洞发生塌陷事故，直接经济损失达 3200 多万元。这些重大事故发生后，库内尾矿大量流失，冲毁农田、房舍、桥梁和公路，导致人员伤亡，环境受到污染，不但使矿山被迫停产，也给地方带来灾害。经济损失和政治影响极大。所以，尾矿库的运行必须严格执行安全第一、预防为主的方针，各个企业、各级领导和主管部门都必须高度重视，努力提高尾矿库的安全保证程度。

　　环境保护是我国的一项基本国策。由于尾矿浆中含有一些对环境有害的物质，对环境的影响很大，所以尾矿库是矿山环境保护工作的重点。但从另一方面看，尾矿库本身是一个治理环境污染的设施。它将对环境有害的物质储存起来不使其扩散，同时，它还有一定的自净能力，一些有害物质在尾矿库内被吸附、稀释和转化。正因为尾矿库内存积着大量杂物，一旦泄漏，将对环境造成极大的危害。从这个意义上讲，尾矿库又是一个巨大的污染源。因此，矿山必须将尾矿系统作为环境保护工作的一个重点。

　　尾矿设施的建设，投资较大，一般约占矿山总投资的 5% ~ 10%，占选矿厂投资的 20% 左右，有的几乎与选矿厂相等，甚至超过选矿厂。建设周期长，建设条件差，又无专门建设队伍，而且占用土地，对环境有一定的影响，它本身又不直接创造经济效益，所以，过去往往不太被重视。随着时间的推移，各种安全、环保问题日益暴露出来，从而加深了人们的认识，也越来越引起人们对它的关注，这对尾矿库今后的建设和安全运行无疑会产生积极作用。

7.1.4　尾矿设施存在的主要问题

　　有色金属系统尾矿设施，由于各级领导的高度重视，在生产建设中做了大量的工作，保证了有色金属工业的发展。但是，由于种种原因，尾矿设施的安全管理，仍有许多不尽人意之处，目前尚存在下列主要问题：

　　（1）病库和危库问题。当前，有色金属矿山有不少尾矿库已相继进入中、晚期运行，程度不同的存在着一些不安全因素或隐患。据 1991 年底的概略统计资料显示，我国有色金属矿山正在运行的尾矿库中，正常运行的约占 52%，带病运行的约占 33%，超期服役的约占 9%，处于危险状态的约占 6%，即有近一半尾矿库的运行处于不正常状态。有色金属尾矿库的安全形势不容乐观。病库危库所在矿山，应会同有关单位详细"会诊"，分清轻重缓急，对危害部位应分期处理，保证其安全运行。同时，应进一步总结这些病库、危库病害产生的原因及其防治措施，从中吸取经验，以提高尾矿库的建设和管理水平。

　　（2）土地占用问题。在有色金属矿山中，由于矿石品位较低，从中选出的有用成分较少，尾矿产出率较高，大多数矿山的尾矿产出量约占处理矿量的 90% 以上。按照我国有色金属工业"八五"期间攀登第三高度的要求，预计处理矿量将达 8000 万吨左右，排出尾矿量近 7000 万吨。随着我国有色金属工业的发展，矿山开发、处理的矿量越来越大，尾矿库数量需不断增多，占地面积将不断扩大，尾矿库建设中的土地占用也就成了突出问题。我国人口多，土地有限，除在建设尾矿库时尽量节约用地外，应开展尾矿的综合利用，减少尾矿堆存量。在堆存上多利用荒山沟谷，向高堆发展，以减少土地占用。

　　（3）安全监测。当前，尾矿坝的安全管理，大都处于凭经验判断阶段。多数尾矿坝未设置观测设施，缺乏有效的监测手段。有的虽有一些设施，但需作长期观测，通过积累数据，方可分析其安全程度，达不到应急报警的目的。因此，矿山难以长期坚持。由于观测的数据不全、精度不高、效果不显著，有必要研制行之有效的应急预测预报系统，特别是开发微机在尾矿库管理中的应用。对已设有观测设施的尾矿库，应建立健全观测制度及操作规程，设专人负责。

　　（4）提高管理人员的专业水平。尾矿设施的管理是技术性较强的工作，尾矿的堆存过程也是尾矿库的建设过程，要求管理人员具有一定的专业知识，对尾矿的性能、堆存方式、可能产生的问题和防治措施等都要有一定的认识，对观测设施要有一定的操作和分析能力。总公司为此曾做了不少培训工作，对加强管理起了很好的促进作用。由于科学技术的不断进步，管理人员的知识必须不断更新，而多数矿山尾矿技术管理人员又多属兼职，故应适时举办尾矿管理技术培训班，提高管理人员专业水平，以适应安全运行的要求。

人们对客观事物的认识，是在实践中不断深化的。遵照费子文总经理"总结历史经验，规范尾矿管理"的指示，为了推动尾矿库安全技术的发展，使尾矿库的管理工作更加科学化、标准化和规范化，确保有色金属尾矿库的安全运行，中国有色金属工业总公司在大量调查研究和广泛征求意见的基础上，组织有关专家编写《中国有色金属尾矿库概论》一书。

书中分析了我国有色金属尾矿库的现状，从中找出了存在的主要问题，提出了解决这些问题的途径，并指出尾矿库的安全运行依赖于精心设计、精心施工和科学管理，同时，还就环境保护和尾矿技术今后的发展方向提出了建议。为便于贯彻执行，书中专门辑录了有关尾矿工程的勘察、设计、施工和管理方面的规程、规范。

本书是尾矿设施管理的专著，主要服务于生产。从事尾矿工作的管理机关、科研、设计和教学部门亦可从中受益。

7.2　我国有色金属尾矿库现状

7.2.1　我国有色金属矿山尾矿的特性

我国有色金属矿山遍布全国各地，规模大小不一，选矿方法各异，所产生的尾矿有其固有的特点，主要表现在以下几个方面：

（1）尾矿产率高。目前，有色金属矿山一般原矿的金属品位除铅锌外都比较低，大多数在 1.0% 以下，有的甚至在 0.1% 以下，因此尾矿的产率很高。近几年，由于综合回收技术的发展，有用成分回收量增加，尾矿量相应减少。但从有色金属矿山的总情况来看，尾矿量仍占处理矿量的 90% 以上。所以，尾矿的处理已成为有色金属矿山一个突出的问题。采用尾矿库堆存尾矿，是当前有色金属矿山处理尾矿最主要的措施。因此尾矿库的建设和管理，在我国有色金属工业的发展中有着特殊的重要性。

（2）尾矿成分及尾矿水成分复杂。我国有色金属矿床的成因不同，赋存条件各异，矿石类型多种多样，矿物的共生、伴生现象普遍存在。所以，选矿工艺和流程各不相同，添加的药剂种类繁多。这就决定了有色金属矿山的尾矿和尾矿水中大都含有对生态环境有不利影响的重金属离子和其他化学成分，需经过处理才能达到排放标准。这种复杂成分不只反映在环境问题上，对工程也有影响。

（3）尾矿浓度不一。选矿工艺条件不同，水固比就不一样，尾矿浓度自然就有大有小。如锡矿用重选，水固比达 20 以上，产出的尾矿浓度一般为 3% ~5%。铜、铅、锌等硫化矿采用浮选工艺，尾矿浓度一般达 15% ~25%。总的来说，目前，尾矿多以低浓度输送或沉积堆坝，能耗很高。

（4）尾矿粒度差异较大。我国有色金属矿山的原尾矿（指未经分选输送的尾矿），根据其粒度，基本可分为三类：

1）粉砂类尾矿。这是我国有色金属矿山最常见的尾矿，主要特征是，颗粒 0.02mm

以下的尾矿占20%~50%。如德兴铜矿、铜陵狮子山铜矿、金堆城钼矿、厂坝铅锌矿等。

2）砂类尾矿。这类尾矿在有色金属矿山属于较粗的颗粒，可以钨矿山的尾矿为代表，粒径小于0.02mm的占20%以下，大于0.1mm的却占75%以上。

3）矿泥类尾矿。这类尾矿含泥量大，以云南锡业公司的一些砂锡尾矿为代表，粒径小于0.02mm的占50%以上，甚至达到75%。典型矿山原尾矿粒度特征见表7-1。

由于尾矿粒度不同，因此在筑坝条件和尾矿坝的管理上也有区别。用矿泥类尾矿筑坝，透水性差，强度较低，不易固结，筑坝速度和坝高受到限制。靠自然分选沉积的这类尾矿坝的滩面比较平缓，限制了调洪高度，管理比较困难。砂类尾矿透水性好，强度高，是理想的尾矿堆坝材料。靠自然分选沉积的尾矿坝，其上游沉积滩面坡度较陡，有可靠的调洪高度，但难以保证所需的滩长。当从坝上放矿时，尾矿坝的冲填系数低，尾矿砂不易送到较远的距离。粉砂类尾矿，其特性介于泥类和砂类尾矿之间，兼有它们的某些优点和缺点。总的来讲，后两类尾矿均可不经分级直接用来堆坝，且可堆高坝。

（5）尾矿库遍布全国，自然条件差异大，规模悬殊，各类尾矿库所遇到的问题也不一样。例如北方的冰冻问题、黄土高原地区的湿陷问题和喀斯特地区的岩溶问题等。所以，有色金属矿山的尾矿库建设和管理必须贯彻因地制宜分类指导的原则，建设和管理经验的推广也必须结合各自的特点。

新中国成立以来，我国有色金属矿山已兴建了近300座尾矿库，总库容达25亿多立方米以上。现将我国有色金属尾矿库的工程概况列于表7-2，并对其予以综合分析。有关统计资料见如下相关表：

尾矿库规模的分类见表7-3；

尾矿库控制的流域面积的分类见表7-4；

初期坝的坝型统计资料见表7-5；

初期坝坝高的统计资料见表7-6；

尾矿坝设计坝高的统计资料见表7-7；

尾矿坝已堆坝高的统计资料见表7-8；

尾矿坝总坝高与初期坝高比例的统计见表7-9；

尾矿库设计库容的统计资料见表7-10；

尾矿库尚余服务年限统计资料见表7-11。

7.2.2 尾矿堆积坝的形式

我国有色金属矿山的尾矿堆积坝主要形式为上游法堆坝。下游法堆坝仅有一例，是用重介质尾矿堆筑的，中线法已在德兴铜矿4号尾矿库应用。

上游法堆坝按子坝的材料主要分为两种，一种用尾矿堆子坝，另一种用土石料堆子坝。中条山毛家湾尾矿库用透水性差的黏性土堆子坝，金川公司尾矿库用砂砾石堆坝。

上游法尾矿筑坝方法根据粒度不同而异。

粉砂类尾矿，可用池田法、渠槽法、旋流器分级筑坝法，以及推土机筑坝、人工堆坝等方法筑坝。前三种方法有利于直接在坝前沉积滩面上堆筑较宽较高的子坝，粗细尾矿均能适应。推土机筑坝和人工堆坝只能用滩面沉积的尾矿，主要适用于砂类、粉砂类尾矿，每次堆筑的子坝不高，一般为2~3m左右。

表7-1 典型矿山原尾矿粒度特征

粒径大小/mm，颗粒组成/%

矿山名称	卵砾石 >10	卵砾石 10~2	砂粒 2~1.0	砂粒 1.0~0.5	砂粒 0.5~0.25	砂粒 0.25~0.10	砂粒 0.10~0.074	粉粒 0.074~0.05	粉粒 0.05~0.037	粉粒 0.037~0.02	粉粒 0.02~0.01	粉粒 0.01~0.005	黏粒 0.005~0.001	黏粒 <0.001	中数粒径 d_{50}	平均粒径 d_{cp}	-0.074	不均匀系数 d_{60}/d_{10}	密度/g·cm^{-3}	原尾矿分类
德兴铜矿				>0.2 / 8.81	<0.2 / 6.6	<0.125 / 7.43	<0.097 / 15.71	<0.076 / 5.53	<0.06 / 5.36	<0.05 / 6.60	<0.04 / 6.60	<0.03 / 6.51	<0.02 / 13.59	<0.01 / 17.26	0.05	0.0666	61.45		2.7	粉砂
铜陵狮子山铜矿					2.87	31.2	3.2	12.16	5.49	17.00	14.61	13.57			0.049	0.074	62.83	20.87	3.18	粉砂
云锡新冠牛坝荒			>1.25 / 0.01	<1.25 / 0.73	<0.63 / 2.64	<0.315 / 4.28	<0.154 / 3.74	<0.076 / 8.31		<0.037 / 6.91	<0.019 / 5.14	<0.01 / 68.24			<0.010	0.0411	88.6		2.7	矿泥
云锡老厂期六寨				>0.3 / 1.84	<0.3 / 2.23	<0.15 / 5.17	<0.074 / 11.65			<0.037 / 9.13	<0.019 / 6.12	<0.01 / 63.85			<0.010	0.0297	90.75		2.82	矿泥
桃林铅锌矿			>0.25 / 7.81	<0.25 / 20.12	<0.147 / 17.63	<0.104 / 13.10	<0.074 / 23.15			<0.037 / 18.19						0.109	41.34			粉砂
凡口铅锌矿						>0.15 / 18.09	0.15~0.076 / 14.90	<0.076 / 18.09		3.19	20.20	10.64	<0.005 / 14.89		0.037	0.0593	67.01			粉砂
岩美山钨矿	>4.5 / 0.50	4.5~2.0 / 12.61	15.24	10.99	9.80	11.79		<0.074 / 9.49		6.98	5.58	<0.01 / 13.22			0.248	0.86	35.27			砂

注：表中一栏填两行数字者，上行为粒度范围，下行数字。">" 或 "<" 表示和相邻粒径组成一个粒级，它为这个粒径的上限或下限。

表 7 - 2 有色金属部分尾矿库汇总

矿山名称	规模 /t·d⁻¹	尾矿库名称	初期坝 坝型	初期坝 坝高 /m	初期坝 内边坡 外	后期坝 堆坝方式	后期坝 坝高 /m	后期坝 内边坡 外	汇水 面积 /km²	库容 /万立 方米	库级 别	建库时间 /年·月	存在和发生过的主要问题
贵州铝厂	670	曹官一期 赤泥堆场	均质土坝	30 13 9 12.5	1:2 1:2	池填法	20 20 20 20	1:0.5	0.2	400	4	1978.7	1986 年 7 月,坝基产生管涌、坝体局部缺口,已停止使用;1986 年 8 月 2 日回水管断裂,该系统不能使用
贵州铝厂	1200	扎塘赤泥堆场	赤泥堆坝	14 17.9 24 0	1:0.7	池填法	25 25 25 14		1.5	1200	3		岩溶地区渗漏严重,进出水不平衡,积水较多;附液碱浓度高,大于 15g/L
贵州铝厂	300	大冲灰渣堆场	渗水堆石坝	20	1:1.75 1:20	袋装黄土坝	23	1:0.7 1:1.5	0.13	220	4		坝体、坝肩漏灰
山西铝厂	600	赤泥堆场	土坝	16		黏土、赤 泥混合坝	11	1:2.5	0.119	185	4		
山西铝厂	600	灰渣堆场	渗水土坝	21	1:2.5 1:2.5	土坝	6	1:2.5	0.28	120	4		坝下渗水严重
郑州铝厂	1600	二期赤泥堆场	均质土坝	18	1:1.75 1:20	赤泥池填法	34.5	1:1	0.12	300	4	1971.10	
郑州铝厂	1600	三期赤泥堆场	均质土坝	4	1:2 1:2	赤泥池填法	49 已堆 48	1:1	0.0875	208	4	1980	1989 年 2 月 25 日两侧岸坡滑塌,灰渣库溃池
郑州铝厂	200	灰渣堆场	均质土坝	21	1:2.0 1:2.5	赤泥池填法	23 已堆 12	1:1	0.095	180	4	1981	
山东铝厂	4992	赤泥堆场	赤泥堆坝	50	1:1				0.41	1855.7	3	1954.7	1960 年坝体东南向坍塌方;1989 年 2 月 16 日和 11 月 28 日分别产生南北向和东西向裂缝

续表 7－2

矿山名称	规模 /t·d⁻¹	尾矿库名称	坝型	初期坝 坝高/m	初期坝 内边坡外	后期坝 堆坝方式	后期坝 坝高/m	后期坝 内边坡外	汇水面积 /km²	库容 /万立方米	库级别	建库时间 /年·月	存在和发生过的主要问题
潘家冲矿	450	3号尾矿库	透水堆石坝	20	1:1.2 1:1.6	上游法	43.5	1:4	0.524	121.18	3	1987.12	初期坝跑浑
青城子矿	1600	双顶沟尾库	干砌石坝	9.3	1:2.0 1:1.5	上游法	45 已堆33.5	1:4	>0.55	1200	3	1955	二次扩建,南部坝有渗水;1989年夏季发生陷落、渗水;目前主坝基础仍有渗水
佛子冲矿古益分矿	1000	古益选厂尾矿库	均质土坝	20	1:2.75 1:2.0	上游法	40 已堆30	1:1	10.4	331.67	3	1985.5	排洪管管堵
佛子冲矿砂河三分矿	500	2号尾矿库	浆砌石坝	10	1:0.1 1:0.96	上游法	56.7 已堆23	1:2.92	0.11	290	3	1968.3	
银山铅锌矿	1600		均质土坝	12.0	1:2.5 1:2.0	上游法	52.5 已堆37.5	1:4	0.98	1434	2	1961	1962年7月2日洪水漫坝、初期坝决口。风沙严重;外坡有渗漏、管涌有出逸
桃林铅锌矿	4500	渔潭尾矿库	均质土坝	17.45	1:3 1:2.5	上游法	40 已堆25	1:5	2.52	4300	2	1958	堆积坝和初期坝均有渗水;浸润线曾较高
黄沙坪矿	1500		均质土坝	12	1:2.5 1:2.5	上游法	17 已堆15	1:3.06	0.57	400	4	1965	堆积坝和初期坝均有渗水;部分尾矿作井下充填
西林矿	756			10	1:2.05 1:1.75	上游法	20.5 已堆6.5	1:6	3.75	296.48	4	1967	
八家子矿	750			12	1:1	上游法	36.4	1:4.0	1.0	790	4	1969	坝体有渗水
丙村矿	400	缺牙山尾矿库	土坝	7	1:2 1:2.8	上游法	35 已堆29	1:2.8	0.638	73	4	1974.10	
柴河矿	1000	常地沟尾矿库	堆石坝	8	1:2.5 1:1.5	上游法	已堆47.5	1:4	0.345	230.38	4	1966.1	外坡太陡,稳定有待验算
赤峰梧桐花矿	500			22	1:1.5 1:1.7	上游法	28 已堆20	1:1.7	0.45	267	4	1984.10	坝体有渗漏
贵州汞矿	550	大水溪尾矿库	三心拱坝	54.2					4.13	310	4	1983.1	

续表 7-2

矿山名称	规模/t·d⁻¹	尾矿库名称	初期坝 坝型	初期坝 坝高/m	初期坝 内外边坡	后期坝 堆坝方式	后期坝 坝高/m	后期坝 内外边坡	汇水面积/km²	库容/万立方米	库级别	建库时间/年·月	存在和发生过的主要问题
凡口矿	320	黄子塘尾矿库	均质土坝	32	1:3 1:2.5	一次建坝			0.48	190	4	1976	
凡口矿	320	冲冶泥库	均质土坝	36.0	1:3 1:2.5	一次建坝				80	4	1985	
凡口矿	320	老鸦山尾矿库	均质土坝	24	1:3	一次建坝			0.32	56	5	1966	
宝山矿	2500	宝山尾矿库	均质土坝	20	1:2.5 1:2.25	上游法	27 已堆15	1:4	0.7	976	4	1975.1	排水涵管数处断裂而报废；主坝地基存在大量溶洞，坝出现过塌陷；坝体渗水沼泽化
柴河矿	600	新尾矿库	堆石坝	10	1:1.7 1:1.7			1:4	0.7	910	4	1988.12	
贵州杉树林矿	300	牛头山尾矿库	拱坝 连拱坝	14.2 9.0					0.12	21	5	1984	
会泽矿	300	小黑箐尾矿库（硫精矿）	土坝	6	1:2 1:2	上游法		1:2	0.031	11.9	5	1987.8	
会泽矿	300	小黑箐尾矿库	土坝	4.5	1:2 1:2	上游法	2.9	1:2	0.063	34.91	5	1987.8	1983年3月开始试生产
昌化矿	60			2	1:1 1:1			1:1	0.12	8.64	5	1965	库内无水
务川汞矿	200	二坑选矿厂尾矿库	堆石坝	23.5	1:2 1:1.7	上游法	17 已堆6.0	1:5	0.37	60	5	1982.8	需进行闭库设计
贵州汞矿	500	四坑	土坝	21.5	1:4.2 1:4.2				0.84	95	5	1971	
天宝山矿	100	立山选厂尾矿库	不透水砌石坝	11	1:1.6 1:1	上游法	70 已堆50	1:3	1.50	500	3	1954.2	排水涵洞曾被压裂而报废
天宝山矿	100	东风选厂	黏土坝	19.4	1:1.25 1:1.25	上游法	63.6 已堆48.6	1:3	1.7	700	3	1962	排水涵洞盖板曾破裂1块

续表 7-2

矿山名称	规模 /t·d⁻¹	尾矿库名称	初期坝 坝型	初期坝 坝高 /m	初期坝 内边坡/外	堆坝方式	后期坝 坝高 /m	后期坝 内边坡/外	汇水面积 /km²	库容 /万立方米	库级别	建库时间 /年·月	存在和发生过的主要问题
水口山矿	833	豹市岭尾矿库	斜墙砌石坝	26.4	1:1.15 1:1.5				2.6	240	4	1958	1974 年砌石坝产生纵横裂缝各 1 条，1983 年发展到 8.8~14mm，此后以 1mm/年的速度发展，至 1986 年不再发展
水口山矿务局第六冶炼厂	1600		土坝	12	1:2.0 1:2.0				0.03	7.5	5	1964	
白银公司厂坝铅锌矿		七架沟尾矿库	一期堆石坝 三期废石坝	36 85	1:1.5 1:2.2		88		2.5	71 2061	2	1984	
柿竹园有色金属矿	1350	烟洲沟尾矿库	黏土斜墙堆石坝	14	1:1.5 1:1.75	上游法	86 已堆 46	1:4	1.91	700	2	1965.1	已停用的溢流跨塌导致尾矿从排洪段部分支护排洪洞支护破损；坝体浸润线出逸出现了局部沼泽化，原排洪系统能力不够
柿竹园有色金属矿	570	牛角坡尾矿库	不透水堆石坝	16	1:2 1:1.0	上游法	43 39	1:2.6	3	214.8	3	1966.5	1985 年 8 月 25 日特大山洪跨坝，表中数据为跨坝前的情况
金堆城钼业公司	20500	栗西尾矿库	透水堆石坝	40.5	1:1.7 1:2	上游法	124 已堆 37.5	1:5	10	16500	2	1983.10	1988 年 4 月 13 日排洪洞塌陷；初期坝渗漏下游形成泥石流
金堆城钼业公司	5500	木子沟尾矿库	透水堆石坝	61	1:1.66 1:1.68	上游法	61.5	1:(4~5)	5	2200	2	1970	涵管断裂；坝面渗水；隧洞及回收管跑浑
下垄钨矿	375	樟左选厂尾矿库	堆石坝	7.5	1:1.5 1:1.75	上游法	61.5 已堆 21.5	1:3	2.2	322	3	1959	初期坝与堆积坝比值大小、边坡陡、排洪构筑物断裂

矿山名称	规模 /t·d⁻¹	尾矿库名称	初期坝 坝型	初期坝 坝高/m	初期坝 内边坡/外	堆坝方式	后期坝 坝高/m	后期坝 内边坡/外	汇水面积 /km²	库容 /万立方米	库级别	建库时间 /年·月	存在和发生过的主要问题
湘东钨矿	300	4号尾矿库	浆砌石坝	18.5	1:0.5 / 1:0.5	上游法	66.5 已堆51.5	1:2.5	0.69	222	3	1964	排水隧洞渗漏，库后排砂严重，库前形成反坡，坝前形成侧坡
瑶岭钨矿	375	坪山选厂尾矿库	浆砌块石坝	25	1:0.6 / 1:0.5	上游法	74 已堆14.5	1:4	1.33	115	2	1985.7	基坝排渗设施堵塞，堆积坝浸润线出逸
连花山钨矿	500	白银尾矿库	土坝	26.32	1:2.87 / 1:2.66				0.025	369.5	3	1975.1	
汝城钨矿	580	靖江尾矿库	干砌堆石坝	18	1:1.5 / 1:2	上游法	42 已堆3	1:(3~3.5)	2	270	3	1983.7	存在民采废石堵塞排洪隧洞
石人嶂钨矿	375	梅坑尾矿库	浆砌石坝	24	1:0.6 / 1:0.5	上游法	39.1 已堆5.5	1:5	5.01	310	3	1987.9	
大江选厂落木坑尾矿厂	500	大江选厂落木坑尾矿厂	土石坝	22	1:3 / 1:3	上游法	84 已堆6.0	1:2	2.50	1542	2	1984.4	排水隧洞严重漏水
云锡期北山采选厂	1500	陡牛坡尾矿厂	堆石砂坝	9.74	1:3.5 / 1:2	上下游交替充填	30.5 已堆3.23	1:2	4.43	1570	3	1979	分别于1958年，1979年，1982年三次扩建
杨家杖子矿务局	7000	墨鱼沟尾矿库	透水堆石坝	15	1:0.5 / 1:1.5	上游法	55 已堆50	1:3	0.78	4490	3	1952	1号竖井挡板损坏严重，隧洞渗水严重，初期坝跑浑
大厂车河选矿厂	4000	灰岭尾矿库	透水堆石坝	23.4	1:1.7 / 1:1.6	上游法	78 已堆17	1:5	5.5	2200	2	1974.4	投产后2~3年涵洞裂缝，报废
锯板坑矿	100	1号尾矿厂	浆砌块石坝	6	1:1 / 1:1	上游法	55 已堆54	1:17	0.16	30	4	1982	
广东红岭钨矿	250	第二尾矿	石砌坝	5	1:1.5 / 1:1.5	上游法	22.7 已堆11.5	1:3.5	0.16	115	4	1969	
瑶岗仙钨矿	600	水洞尾矿库	浆砌石坝	20	1:(0.7~1.0) / 1:0.5	上游法	70 已堆40	1:3.5	8.10	3.82	3	1969	堵洞过水面积1/2
羊坝底选厂			堆石坝	12.8	1:1.1 / 1:20				1.5	3240.32	3		

续表7-2

矿山名称	规模/t·d⁻¹	尾矿库名称	初期坝			堆坝方式	后期坝		汇水面积/km²	库容/万立方米	库级别	建库时间/年.月	存在和发生过的主要问题
			坝型	坝高/m	内边坡/外		坝高/m	内边坡/外					
西华山钨矿	3300	大庙前尾矿库	土坝	12.5	1:3 / 1:2.5	上游法	25.5 已堆11.5	1:5	0.59	696	4	1960.4	应完善堆坝程序,协调好排洪排渣拌的建设
岿美山钨矿	1000	选厂尾矿库	土坝	16	1:3 / 1:2.5	上游法	29 已堆18	1:5	6.36	480	4	1958	溢洪道基础差,不能继续加高,尾矿水澄清距离不足;1960年初期坝敞冲跨
川口钨矿	250	2号主坝	土坝	17	1:3 / 1:2.5	上游法	13 已堆5	1:4	0.56	115	4	1984	
川口钨矿	220	1号主坝	不透水土坝	12	1:3 / 1:2.5	上游法	22.7 已堆18.7	1:4	0.4	58	5	1964	初期坝堆积坝渗水
川口钨矿	250	三角潭尾矿库	不透水砌石坝	15	1:0.3 / 1:0.8	上游法	68 已堆21	1:4	4.60	129	3	1985	存在农民洗尾砂,易造成对下游污染
小龙钨矿	650	第二期库	堆石坝	8.1	1:2 / 1:2	上游法	22	1:3	0.006	118.7	4	1956 老 1982.5 新	
荡坪钨矿	450	宝山尾矿库	土坝	8	1:4 / 1:4	上游法	22 已堆8	1:4	5.5	135	4	1967	
荡坪钨矿	250	小障坑尾矿库	堆石坝	30	1:0.2 / 1:1.1	上游法	16	1:3	4.15	143	4	1958	
龙胫钨矿	250	尾矿库	浆砌堆石坝	10	1:2 / 1:0.7	上游法	4.05	1:4	15.3	4.75	5	1985.12	废石占了1/4库面积
汝城钨矿	500	大十一期坝	干砌堆石坝	12	1:2 / 1:1.5	上游法	35 已堆35	1:(2.5~3)	0.24	35	4	1965.2	废石场与尾矿库相通,废石已排至尾矿库埋深40m,截洪沟已堵塞,已危及库安全
汝城钨矿	580	选厂一期库	干砌堆石坝	8.7	1:1 / 1:2.5	上游法	66 已堆65	1:(2.5~3)	0.275	65	4	1966.2	总高与初期坝高之比大,坡陡,需复核
汝城钨矿	500	大十二期坝	干砌堆石坝	23.5	1:1.1 / 1:1	上游法	44 已堆16.5	1:(2.5~3)	0.12	31	4	1980.7	需闭库或扩建,社会干扰大

续表 7 - 2

矿山名称	规模/t·d⁻¹	尾矿库名称	初期坝 坝型	初期坝 坝高/m	初期坝 内边坡外	堆坝方式	后期坝 坝高/m	后期坝 内边坡外	汇水面积/km²	库容/万立方米	库级别	建库时间/年·月	存在和发生过的主要问题
石人嶂钨矿	375	石坑尾矿库	浆砌石坝	18.3	1:0.3 / 1:0.5	上游法	46 已堆26	1:2.5	7.4	289	3	1957.8	1986年进行库扩建,外边坡1:2.5,较陡
漂塘钨矿	250	木梓园尾矿库	透水堆石坝	20	1:2 / 1:2	上游法	20 已堆8	1:5	0.08	104	4	1985.6	初期渗漏严重,对应上游坝脚的堆积坝出现砂坑,采矿废石进入排洪隧洞,磨损严重,可能堵塞
平桂局珊瑚矿	2000	长营岭尾矿库	土坝	13	1:1.75 / 1:1.75	上游法	13		0.45	385	4	1978	不能按设计进行放矿,农民干扰大
平桂局水岩坝锡矿		烂头山尾矿池	土坝	2.4	1:2 / 1:1.3	上游法	7.2 已堆4.2	1:2.0	0.05	47.6	5	1971	
平桂局新路矿	500	白面山浅理尾矿库	草土坝	4	1:1.5 / 1:1.5	上游法	11 已堆11	1:1.2	0.095	75	5	1983.9	
平桂局新路矿	100	石门选厂尾矿库	草土坝	4	1:0.6 / 1:0.75	上游法	5.7 已堆4.5	1:1.0	0.015	32.8	5	1971	
平桂局新路矿	500	建新选厂尾矿库	砂泥混合	4.97	1:1.25 / 1:1.25	上游法	4.27	1:1.5	0.25	130	4	1969	
平桂局新路矿	800	白面山川隆尾矿库	草土坝	17.4	1:2.5 / 1:2				0.27	150	4	1974	民矿"点排"侵占了库容,雨季洪水多次冲坏坝体
平桂冶炼厂	125	精选尾矿厂	草土坝	4.35	1:1.5 / 1:1.75	上游法			0.041	16.4	5	1957.10	尾矿回采过近,引起子坝崩塌;主坝渗水,有溢出现象
平桂矿务局地勘队	125	望高山壮公隆尾矿库	草土坝	6.0	1:1.25 / 1:1.5	上游法	5.6 已堆5.6	1:1.5	0.012	14.4	5	1985.7	
平桂矿务局水岩坝矿	400	新桂厂大庙山脚尾矿池	土坝	8.7	1:2.5	上游法			0.01	8	5	1991.6	
云锡大屯选厂	1800	团山尾矿库	土坝	6	1:2 / 1:2.5	上游法	14.95 已堆14.9	1:7.33	13.72	1505.8	4	1958	1958年洪水漫顶,东坝局部矿泥化,坝外坡渗水严重

续表 7－2

矿山名称	尾矿库名称	规模 /t·d⁻¹	初期坝 坝型	初期坝 坝高/m	初期坝 内边坡外	堆坝方式	后期坝 坝高/m	后期坝 内边坡外	汇水面积/km²	库容/万立方米	库级别	建库时间/年·月	存在和发生过的主要问题
云锡大屯选厂	官家山尾矿库	1800	土坝	8	1:2.5 1:2.5	上游法	25 已堆20	1:4.2	7.05	1000	3	1965.10	回水位置不当
云锡二冶炼厂	火谷都尾矿库	7000	土坝	28	1:2 1:2				2.2	568.3	4	1986.7	1962年9月26日发生溃坝
云锡个旧选厂	小凹塘尾矿库	1500	透水堆石坝	7.18	1:1.0 1:1.0		10		5.3	1075	4	1965	1985年库内发生落水洞4处,损失水28.09万吨
云锡焙选场	大塔冲尾矿库	1800	土坝	12.5	1:3.5 1:3.5	上游法	13	1:5	4.26	910	4	1986	1968年、1970年两次出现暗沟倒塌,1号坝出现大落洞,倒塌下约100m,3号、4号、6号坝
云锡卡房采选厂	犀牛塘尾矿库	2400	土坝	7.7	1:(1.5～2) 1:(1.5～2)	上游法	14.6	1:(2～3.5)	23.30	733.75	4	1965	1974年后多次出现纵向裂缝;4号、6号坝外坡沼泽化多次出现明塌
云锡卡房采选厂	杨梅山脚尾矿库	2400	土坝	12.9	1:2.0 1:2.4				0.52	347	4	1988.12	本输送系统不完善,影响按设计条件放矿;落洞频繁,库上空有高压线路,不安全
云锡卡房采选厂	月牙塘尾矿库	2400	土坝	17.7	1:(1.5～2) 1:(1.5～2)				0.052	52	5	1980.9	岩溶发育,落洞频繁
云锡新冠采选厂	水箐尾矿库	7000	土坝	37	1:2.65 1:2.00		17.45		1.665	594.6	4	1964.1	1965～1970年发生224次落水洞,漏掉尾矿170万吨;1972年回水隧洞拱顶,侧端衬砌开裂
云锡黄茅山选厂	背阴山冲尾矿库	420	土坝	14.5	1:2.0 1:3.5	上游法	17.45 已堆14.9	1:4.53	2.8	661.02	4	1957.0	超储226万吨;发生过落水洞

续表 7-2

矿山名称	规模 /t·d⁻¹	尾矿库名称	坝型	初期坝 坝高/m	内/外边坡	堆坝方式	后期坝 坝高/m	内/外边坡	汇水面积 /km²	库容 /万立方米	库级别	建库时间 /年.月	存在和发生过的主要问题
云锡新冠采选厂	7000	牛坝荒尾矿库	土坝	22 8	1:2.5 1:3.0				4.857	3066.02	4	1964.6	超额130.13万立方米；落水洞110多个；漏矿浆1178万立方米
云锡新冠采选厂	7000	大凹塘尾矿库	土坝						1.12	108	4	1982.3	1990年尾矿沿裂隙溶通天然落洞流漏，从市区天然落洞流出
云锡北期山采选厂	1500	期六兼尾矿库	堆石坝	15	1:2 1:4	上游法	6.15 已堆3.67	1:4	3.4	605	4	1956	超储101.1万立方米；岩溶小，落洞3次
云锡老厂选厂	1800	背阴山冲尾矿库	浆砌石坝	13.8	1:10 1:0.8	上游法	29.45 已堆29.4	1:4.8	0.30	886.73	4	1958	储132.73万立方米
云锡老厂选厂	1800	阿西兼尾矿库	浆砌石坝	14.5 9.2	1:10 1:0.75	上游法	18.3	1:4	1.19	716	4	1963.3	储431万立方米；输送沟倒塌5次，岩溶洞频繁，砌坝上升4万立方米，水位上升快
云锡老厂选厂	1800	白龙井尾矿库	干砌石坝	94	1:1.3 1:(1.3~1.5)	上游法	13.114 已堆3.03	1:4	0.33	555	4	1977	
云锡老厂选厂	1800	阿西兼尾矿库小池	干砌石坝	4.0	1:4 1:0.5	上游法	6.28 已堆6.28	1:4	0.06	81.0	5	1963.3	已闭库，未复垦
云锡古山采选厂	2000	广街尾矿库	土坝	20.5 2.2	1:1.5 1:4.4	上游法	19.65 已堆19.6	1:4.04	0.24	439.16	4	1965	储175.16万立方米
云锡古山采选厂	2000	红土坡尾矿库	土坝	5.39	1:2.5 1:4.0	上游法	22.15 已堆22.1	1:41	0.20	226.53	4	1977.3	已超储75.53万立方米
云锡古山采选厂	2000	白沙塘尾矿库	土坝	2.85	1:2.5 1:2.0	上游法	22.1 已堆22.1	1:3.92	0.08	87.35	4	1980	已超储15.35万立方米
云锡古山采选厂	2000	花坟尾矿库	无坝						1.82	2105	4	1982.8	曾发生过3处4次落洞

续表7-2

矿山名称	规模 /t·d⁻¹	尾矿库名称	初期坝 坝型	初期坝 坝高/m	初期坝 内边坡/外边坡	堆坝方式	后期坝 坝高/m	后期坝 内边坡/外边坡	汇水面积 /km²	库容 /万立方米	库级别	建库时间 /年·月	存在和发生过的主要问题
云锡古山选厂	2000	广古采空区尾矿库	土坝	1.8	1:2.0 / 1:3.0	上游法	16 已堆13	1:3	0.16	94.3	5	1991.3	
云锡古山选厂	2000	葫芦塘尾矿库	土坝	3.0	1:2.0 / 1:2.0	上游法	16.95 已堆16.9	1:3.3	0.094	309.95	4	1960.4	超储146.95万立方米
新华钼矿	550	一期尾矿库	透水性堆砌石坝	16	1:2 / 1:1.7	上游法	34 已堆28.8	1:1.8	100	176	4	1983	干滩长仅40m，堆积坝外坡1:1.8，太陡
天宝山矿	1000	立山选厂尾矿库	不透水砌石坝	11	1:0.6 / 1:1	上游法	70 已堆50	1:3	1.50	500	3	1954.2	排水涵洞曾被压弯而报废
天宝山矿	1000	东风选厂尾矿库	黏土坝	19.4	1:1.25 / 1:1.25	上游法	63.6 已堆48.6	1:3	1.7	700	3	1962	排水涵洞盖板被压裂1块
水口山矿	833	豹市岭尾矿库	黏土斜墙尾矿库	26.4	1:1.15 / 1:1.5				0.26	240	4	1958	1974年砌石坝产生纵横裂缝各1条，1983年发展到8.8~14mm，此后以1mm/年的速度发展，至1986年不再扩大
水口山矿	1650	畜家冲尾矿库	透水堆石坝	18	1:2 / 1:1.75	上游法	47 已堆13	1:5	0.65	526	3	1978	
水口山矿	1600	第六冶炼厂尾矿库	土坝	12	1:2.0 / 1:2.0				0.03	7.5	5	1964	
白银公司厂坝铅锌矿		七架沟尾矿库	一期：定向爆破堆石坝 三期：废石坝	36 85	1:1.5 1:2.2		88		2.5	71 2061	2	1984	
务川汞矿	300	罗溪沟冻家岩尾矿库	浆砌块石尾矿库	13	1:0.3 / 1:0.7	上游法	45	1:5	0.62	600	4	1987	
画眉坳选厂	500	画眉坳选厂尾矿库		32						433.5		1954	
粤北棉土窝钨矿	185		混凝土斜墙堆石坝	8	1:1.2 / 1:1.35	上游法	28 已堆23	1:2.5	0.172	65	4	1966.5	尾矿不能自流到坝前，机械输送问题未解决

续表 7-2

矿山名称	规模 /t·d⁻¹	尾矿库名称	初期坝			堆坝方式	后期坝		汇水面积 /km²	库容 /万立方米	库级别	建库时间 /年·月	存在和发生过的主要问题
			坝型	坝高/m	内外边坡		坝高/m	内外边坡					
大吉山钨矿	3000	2号尾矿库	土坝	12	1:2.5 / 1:2.5	上游法	34	1:5	0.42	550	4	1976	
盘古山钨矿	2000	三期尾矿库	浆砌块石坝	6	1:1.0 / 1:1.0	上游法	71	1:5	0.75	1128	3	1980	排水沟盖板破裂;坝脚北面地面下沉
江西铁山垅钨矿	1350	杨山坑2号尾矿库	透水堆石坝	10	1:1.7 / 1:1.5	上游法	55 已堆40	1:3	0.4	120	3	1981	
江西铁山垅钨矿	1350	杨山坑1号尾矿库	浆砌块石坝	10	1:1.25 / 1:1.3	上游法	45 已堆40	1:3.0	1.7	176	4	1967	1977年、1978年两年发现排水管顶板有纵向断裂，底板部分下沉。1982年报废。由于放矿形成坝面北高南低，南端水边道近坝体，堆积坝面渗水明滑
大厂长坡矿选厂	800	7号尾矿库	草土石坝	8.5	1:2.75 / 1:2.5	上游法	45 已堆40	1:4	0.5	390	4	1957	1989年11月9日因排水涵管管板断，泄尾砂23万立方米，选厂停产2个月
大厂铜坑矿选厂	4000	黑水沟尾矿库	堆石坝	16	1:0.71 / 1:0.71	下游法	22 已堆7.5	1:25	1.52	417.6	3	1974	
大厂巴里选厂	300	巴里选厂尾矿库	土石坝	9.0	1:2.25 / 1:1.75	上游法	74 已堆71	1:5	0.5	82	4	1971	1982年出现排水涵洞被冲垮，造成下游水库冲垮
香花岭锡矿	450	东原矿尾矿库	浆砌石坝	21	1:0.2 / 1:0.4	上游法	14 已堆3	1:1.8	0.2	170	4	1979	泄洪槽拱顶局部段墙底板开裂、隧洞顶段局部下沉
香花岭锡矿	50	安源工区尾矿库	浆砌石坝	15.7	1:0.2 / 1:0.4	上游法	15 已堆6.89	1:1	0.05	5.5	4	1982	

续表7-2

矿山名称	规模/(t·d⁻¹)	尾矿库名称	初期坝 坝型	初期坝 坝高/m	初期坝 内边坡/外	后期坝 堆坝方式	后期坝 坝高/m	后期坝 内边坡/外	汇水面积/km²	库容/万立方米	库级别	建库时间/(年·月)	存在和发生过的主要问题
瑶岗仙钨矿	600	水洞尾矿坝	浆砌块石坝	20	1:1.5 / 1:(0.7~1.0)	上游法	70 已堆40	1:3.5	0.081	382	3	1969	废石堵了隧洞的1/2
栗木锡矿	1000	新木选厂尾矿库	混凝土	9					0.4	398	4		
锡矿山矿务局	1700	龙王池尾矿库	透水废石坝	68	1:2 / 1:1.7			1:2 / 1:1.7	3.5	460	3	1979.3	
下坡钨矿	125	大平尾矿库	浆砌块石坝	21.2	1:0.1 / 1:0.6	废石坝	3.8	1:2	2.3	80.8	5	1960	库相应级别洪水排放,不能满足,尾砂水澄清距离窄,最近处仅5~8m
下坡钨矿	125	下坡选矿厂尾矿库	堆石坝	3.64	1:0.1 / 1:2	上游法	26.06 已堆17.0	1:3	2.35		5	1957	排洪涵洞震裂,虽修复,但仍存在问题
荡坪钨矿	125	荡坪钨矿库	堆石坝	25.6	1:0.4 / 1:1.1				3.95	69	5	1976	
铁山坡钨矿	250	鉴监坑尾矿库	堆石坝	15	1:1 / 1:1.2				0.05	69.12	5	1958	
金字岭锡矿	50	丹竹坑尾矿库	土坝	23.5	1:2.5 / 1:2.5				2.75	25	5	1961.8	
厚婆坳锡矿	250	老尾矿库	土坝	12	1:2.5 / 1:2.5		7 已堆5	1:(1.9~2)	0.182	31.2	5	1967	排洪不能满足要求,调洪库容不足
厚婆坳锡矿	250	家神坑尾矿库	土坝	25	1:2.75 / 1:2.5				0.3	72	5	1988	
白石嶂钼矿	750	下磜库								45	5	1976	
红岭锡矿	250	第二尾矿库						1:4		36~55	5	1970	
香花岭锡矿	200	香花铺工区尾矿库	石砌连拱坝	27					3.3	27.5	5	1983.11	10号、14号拱有两裂缝,最宽达134mm,4处拱墙漏砂、漏水,排洪洞底板被水冲坏

续表 7-2

矿山名称	规模 /t·d⁻¹	尾矿库名称	初期坝 坝型	初期坝 坝高/m	初期坝 内边坡/外边坡	堆坝方式	后期坝 坝高/m	后期坝 内边坡外	汇水面积 /km²	库容 /万立方米	库级别	建库时间 /年·月	存在和发生过的主要问题
宜春钽铌矿	1500	土坑尾库		25			50		0.8	300	3	1986.4	
甘肃稀土公司	52.13	安全堆放坝							0.35	45	4	1971	
赤峰大井银铜矿	300	董家沟尾矿库	土坝	27.9	1:2.75 / 1:1.75				1.43	250	4	1986.4	
河南南阳大河铜矿	350	岗冲北尾矿库	均质土坝	13	1:2 / 1:2	上游法	17 已堆7.0	1:6	0.21	62	4	1973	两处渗小股清水
江西铜业公司德兴铜矿	60000	4号尾矿库	黏土斜墙堆石坝	37	1:2 / 1:2	中线法	178	1:7	14.3	83500	2	1990	
江西铜业公司德兴铜矿	30000	2号尾矿库	透水堆石坝	24	1:1.75 / 1:1.75	上游法 人工堆坝	180 已堆68		3.23	9800	2	1984.11	坝体每年平均上升15m，对坝体稳定不利，村民干扰严重，调洪能力不足
江西铜业公司德兴铜矿	15000	1号尾矿库	均质土坝	14	1:2 / 1:2.5	上游法	78 已堆72	1:8	1.5	2400	3	1965	未搞闭库设计，违章建筑严重
江西铜业公司永平铜矿	10000	燕仓尾矿库	不透水堆石坝	22.6	1:3 / 1:(1.5~2.0)	上游法 人工堆坝	10.9	1:5	2.6	4000	12	1984	反滤层施工质量差，局部漏矿，初期坝安全超高不够，斜槽渗水严重
河北小寺沟铜矿	3000	周家沟尾矿库	透水块石堆坝	12.4	1:1.5 / 1:1.5	上游法	87.6 已堆57.3	1:5	2.3	1400	2	1971	澄清水距离不够，回水紧张，裂缝抬高，浸润线抬高
中条山有色公司铜矿峪矿	16000	十八河尾矿库	均质土坝	23	1:2.25 / 1:(2.25~2.75)	上游法	61 已堆23	1:6	61.25	12500	2	1972	坝面渗水，裂缝沉陷产生管涌，防洪达不到设计要求，风砂污染严重
中条山有色公司胡家峪铜矿	4000	毛家湾尾矿库	均质土坝	18	1:1.9 / 1:2.4	上游法	60 已堆53	1:4	82.5	4220	3	1958	堆积坝外坡实际堆成1:2.75，浸润线过高，一外坡出逸，出现滑塌

续表7-2

矿山名称	规模/t·d⁻¹	尾矿库名称	初期坝 坝型	初期坝 坝高/m	初期坝 内边坡外	堆坝方式	后期坝 坝高/m	后期坝 内边坡外	汇水面积/km²	库容/万立方米	库级别	建库时间/年·月	存在和发生过的主要问题
金川公司	8500	选矿尾矿场二期	砂、砾石坝	6	1:2	上游法	25	1:5	2	6000	3	1988	浸润线抬高,坝体北端60m处沼泽化,农民干扰
江西铜业公司武山铜矿	1200	张家湾尾矿库	土坝	8.8	1:2 1:2.5	上游法 人工堆坝	55 已堆23	1:5	0.588	500	3	1976	初期坝外坡出现冲沟槽
易门铜矿	1800	大沙河尾矿库	土石混合坝	15	1:2.5 1:2.75	上游法 人工堆坝	38 已堆26	1:5	1.12	1113	3	1976	初期坝坍陷,初期坝顶出现4个直径0.7m的落水洞
大冶有色金属公司丰山铜矿	3500	上巢湖尾矿库	均质土坝	8.0	1:2 1:2.9	上游法 人工堆坝	42 已堆30	1:5	4.10	2610	3	1971.1	初期坝无排渗设施,坝面沼泽化,无通讯且交通不便
桓仁铜矿	2000	二棚甸子挡水河尾矿库	干砌石渣坝	10.0	1:2 1:1.5	上游法	63 已堆45	1:3	2.85	1500	3		1号溢水井塌陷,5号溢水井附近支洞放炸,1991年初期坝顶近两支洞冲出两条沟,库内积水有外溢之险
牟定铜矿	1500	波萝竹箐尾矿库	均质土坝	26.5	1:2.5 1:2.75	上游法	59.9 已堆49.6	1:5	0.533	611.2	3	1973	是否进行闭库设计,需查清
牟定铜矿	1500	陈家青尾矿库	定向爆破土石坝	15.1	1:3 1:3	上游法	40 已堆35.8	1:5	0.533	524	3	1980	排洪管断裂,堵塞,堆坝方法未定,管理不完善
大姚铜矿	2320	鱼祖祚尾矿库	堆石坝	26	1:2 1:1.7	上游法	61.6 已堆30	1:5	5.71	1165	3		1988年3月7日发生跑砂事故
通化铜矿	800	新库		35	1:3	上游法	35	1:3			3		需补建排洪系统,干滩长仅20~30m,自流放矿困难
金川公司	7030	选矿尾矿场一期	砂砾堆坝	3	1:2 1:(1.5~2)	砾土堆筑	20	1:2	3.0	600	3	1964	待建二期库

续表7-2

矿山名称	规模/t·d⁻¹	尾矿库名称	初期坝			后期坝			汇水面积/km²	库容/万立方米	库级别	建库时间/年.月	存在和发生过的主要问题
			坝型	坝高/m	内边坡 / 外边坡	堆坝方式	坝高/m	内边坡 / 外边坡					
江西铜业公司东乡铜矿	1200	乌石源尾矿库	均质土坝	16	1:2.5 1:3	周边放矿 上游法	35	1:5	0.3	320	4	1966	1988年6月,3号排洪井发生泄漏事故,后因设计错误、施工质量差,经济损失138万元,造成下游污染严重
石菉铜矿	2000	宝鸡仔尾矿库		18	1:1.0 1:2.0	上游法			1.17	900	4	1976	接近闭库
华铜铜矿	1000	王屯尾矿库	土坝	7.8	1:2 1:1.5	上游法	16	1:2	2.1	146	4	1951.7	一侧干滩过长,一侧临水;现已堆满,无澄清库区,尾砂要回采,不宜堆坝
大冶有色金属公司铜录山铜矿	4000	1号尾矿库	黏土坝	7.0	1:2.5 1:2.5	上游法			0.364	576	4		
大冶有色金属公司铜录山铜矿	4000	2号尾矿库	黏土坝	6.4	1:5.5 1:2	上游法	5	1:2		210	4		1964年坝被洪水冲垮1次;堆积坝在1988年渗水严重,曾出现流渗洞
大冶有色金属公司赤马山铜矿	750	赤马山矿尾矿库	砾质土坝	6	1:1.5 1:2.5	上游法	46 已堆40	1:(2~2.5)	0.528	303.7	4	1960.2	
大冶有色金属公司新冶铜矿	600	周定庄尾矿库	均质土坝	13.0	1:3.0 1:2.5	上游法	已堆16.14	1:2.5	2.88	370	4	1957.4	标高128m处有长150m、宽5~15m渗流带,坝体局部有滑塌,由于坝高超容,特大暴雨时安全无保证,施工边坡比设计陡,局部1:1

续表7-2

矿山名称	规模 /t·d⁻¹	尾矿库名称	初期坝			堆坝方式	后期坝		汇水面积 /km²	库容 /万立方米	库级别	建库时间 /年.月	存在和发生过的主要问题
			坝型	坝高 /m	内边坡/外		坝高 /m	内边坡/外					
大冶有色金属公司铜山口铜矿	3000	周家园尾矿库	主坝:废石透水坝 副坝: II号: 土坝 III号: 土坝 IV号: 土坝	17.5 10 11 7	1:2.0 1:1.7 1:2.0 1:2.0 1:1.5 1:2.0 1:2.5 1:2.5				1.82	500	4	1983.11	尾矿库库处岩溶发育区；一次未施工到设计高程，由于各种干扰不能及时加高，1990年8月16日，加高坝体的临时土规决口，尾矿水流入下游农田；4个坝前交替放矿未能实现，形成集中放矿；主坝两端排洪管通过坝体外表数次饮渗水
宝山铜矿	2500	选矿厂尾矿库	均质土坝	20	1:2.5 1:2.25	上游法	27 已堆13	1:4.5	0.7	686	4	1973.10	库内存在喀斯特溶洞，排水井、管已断裂，浸润线抬高，初期坝长期放水浸泡
寿王坟铜矿	3000	寿王坟尾矿库	均质土坝	20	1:2.5 1:2.5	上游法	53 已堆49	1:3.9	3.5	1492	3	1977.4	1962年发生过坝前渗漏；1987年初期坝塌方近100m；基础坝有沼泽化趋势；堆积坝根由1:5改为1:3
铜陵有色金属公司铜官岭铜矿	5400	五公里尾矿库	土坝	4~6.5	1:1.5 1:1.5	上游法	10~12.5 已堆	1:(2.5~3)	1.05	1050	4	1966	1985年在堆坝过程中出现局部沉降和位移；1990年10月局部地段发生坍塌坝位移

续表7-2

矿山名称	规模 /t·d⁻¹	尾矿库名称	坝型	初期坝 坝高/m	初期坝 内边坡/外	后期坝 堆坝方式	后期坝 坝高/m	后期坝 内边坡/外	汇水面积/km²	库容/万立方米	库级别	建库时间/年·月	存在和发生过的主要问题
铜陵有色金属公司狮子山铜矿	300	杨山冲尾矿库	土坝	12	1:2.5 1:2.7	上游法	45 已堆45	1:4.5	0.54	818.95	3	1964	坝坡被洪水冲坏3次；2次矿浆冲坏子坝；坝坡渗漏，浸润线逸出，渗水量达1139.44m³/d；坝坡局部塌陷
铜陵有色金属公司铜山口铜矿	300	章家谷尾矿库	土坝	18.8	1:2.75 1:2.33	上游法	49.7 已堆28.2	1:4	1.27	1837	3	1957	
铜陵有色金属公司凤凰山铜矿	200	林冲尾矿库	透水堆石坝	27	1:1.6 1:2.0	上游法	9.1	1:2.5	0.95	120	4	1967	
铜陵有色金属公司	250	相思谷尾矿库	透水堆石坝	51	1:1.5 1:2.0	上游法	51		3.54	475	3	1976	
安庆铜矿	3500	朱家冲尾矿库	堆石坝	42	1:2 1:1.75			1.25	912.6	912.6	3	1987	库区为喀斯特地形；溶洞漏砂；溢流井、坝体均漏砂
白银公司第二冶炼厂	1500	选矿厂尾矿库	水力冲填	18	1:3 1:3	上游法	30 已堆11	1:5	1.0	730	4	1980	初期坝局部滑塌；库岸滑塌严重
四川省拉拉铜矿	600	复兴村尾矿库	透水堆石坝	25	1:1.5 1:2.0	上游法	45 已堆16		0.24	98.9	4	1985	刚投入使用时，4个月内连续发生3次渗漏

续表 7-2

矿山名称	规模 /t·d⁻¹	尾矿库名称	初期坝 坝型	初期坝 坝高/m	初期坝 内/外边坡	后期坝 堆积方式	后期坝 坝高/m	后期坝 内/外边坡	汇水面积/km²	库容/万立方米	库级别	建库时间/年·月	存在和发生过的主要问题
铜陵铜官山铜矿		水木冲尾矿库	透水堆石坝	21.4	1:2 / 1:(1.5~2.0)	上游法	38		0.49	670	3	1989	
铜陵铜官山铜矿		响水冲尾矿库	堆石坝	15	1:0.7 / 1:2.0	上游法	20 已堆20		0.04	580	4	1952	
铜陵井边铜矿		井边铜矿尾矿库	土坝	8	1:2 / 1:2	上游法	27 已堆27		0.52	64.8	5	1961	
水口山柏坊铜矿	250	林角塘尾矿库	水中填土坝	22.5	1:(1.75~2.0) / 1:(1.75~2.0)	上游法	13.78 已堆2.5		0.07	65	5	1968	由于村民民扰，截洪沟堵塞
红透山铜矿	1800	新建尾矿库	土石混合坝	17	1:(1.5~2) / 1:2.5	上游法	38 已堆8	1:(1.5~5)	0.47	350	4	1985	
可可托海八七选厂	550	八七选厂尾矿库	废石黏土坝	15	1:1.7 / 1:1.8	上游法	14 已堆6.0	1:5	24	220	4	1974	冬季有两次放矿，加厚了冰层，导致少量尾矿水从坝端流出
白银公司选矿厂	1500	第二尾矿库	水力冲填土坝	23.2	1:3.5 / 1:3.5	上游法	37 已堆8.5	1:4	0.82	2000	2	1975	坝体浸润线较高
白银公司选矿厂	5800	第一尾矿库	水力冲填土坝	18	1:2 / 1:2.5	上游法	27.5 已堆27.5	1:4	1.5	2000	2	1958	回采选硫

表7-3 尾矿库规模分类

统计指标	类型			
	大型（一、二等）	中型（三等）	小一型（四等）	小二型（五等）
座数（座）所占比例/%	16	45	85	34
	8.9	25	47.2	18.9

注：类型划分标准以规范 ZBJ/—90 为准。

表7-4 尾矿库控制的流域面积分类

流域面积/km²	<0.5	0.5~1.0	1~2	2~3	3~5	5~10	10~15	>15
座数/座	67	28	25	17	17	12	4	5
所占比例/%	38.3	16	14.3	9.7	9.7	6.9	2.3	2.9

注：流域面积大于 15km² 的有：中条山胡家峪矿的毛家湾尾矿库 82.5km²，中条山铜矿峪沟的十八里河尾矿库 61.25km²，可可托海八七选厂尾矿库 24km²；云锡公司卡房选厂犀牛塘尾矿库 23.3km²，龙胫钨矿 5.3km²。以上流域面积均含截洪的面积。

表7-5 尾矿库挡水坝及初期的坝型统计

坝型	座数/座	比例/%	最大坝高/m	最大坝高的尾矿库名称
土坝	86	45.74	36	凡口铅锌矿沉泥库、贵州铝厂曹官一期赤泥堆场
堆石坝	36	19.15	43	安庆铜矿朱家冲、荡坪钨矿小樟坑尾矿库
透水堆石坝	23	12.23	68	锡矿山龙王池、金堆城栗西尾矿库
定向爆破堆石坝	2	1.1	36	厂坝七架沟尾矿库一期初期坝
浆砌石坝	20	10.6	25	瑶岭钨矿坪山选厂尾矿库
拱坝	4	2.13	54.2	贵州汞矿大水溪尾矿库
水坠坝	4	2.13	23.2	白银公司选厂第二尾矿库
赤泥初期坝	4	2.13	50	山东铝厂赤泥堆场
混凝土坝	1	0.5	9	栗木锡矿新木选厂尾矿库
草土坝	8	4.3	17.4	平桂新路白面山川窿尾矿库、平桂珊瑚矿长营岭尾矿库

注：1. 堆石坝包括干砌、抛填、碾压等方法修成的坝，材料来源包括矿山剥离废石、爆破石渣及天然卵砾石。表中所列堆石坝为防渗的堆石坝。

2. 尾矿库名称一栏填有两个库名的，前边的表示尾矿库挡水坝，后者是初期坝。只写一个库名者表示该坝为初期坝或者此种坝型没有用作初期坝的。

3. 厂坝铅锌矿三期坝高度达 85m，因系规划设计数，未列入。木子沟尾矿库初期坝高 61m，系废石堆坝，坝的上游未作防渗或透水的处理，也未列入。

表7-6 初期坝坝高统计

坝高范围/m	座数/座	比例/%	备注
<15	80（15）	51.95（49.22）	表中第二列括号内为尾矿库挡水坝的座数；第三列括号中的数为初期坝与尾矿库挡水坝之和所占的比例；木子沟尾矿坝高 61m；七架沟尾矿坝高 85m；龙王池尾矿库高 68m
15~30	64（17）	41.56（41.97）	
30~40	6（2）	3.90（4.15）	
40~50	2（1）	1.3（1.55）	
50~60	（3）	（1.55）	
60~85	2（1）	1.3（1.55）	

表7-7 尾矿坝设计坝高统计

设计坝高/m	座数/座	比例/%	所属矿山
204~215	2	1.0	德兴铜矿
164.5~173	2	1.0	金堆城钼业公司，厂坝铅锌矿
80~122.5	5	2.6	小寺沟铜矿、金堆城钼业公司、漂塘钨矿、大厂车河选厂、柿竹园
80~99	11	5.7	瑶岗仙钨矿、大厂巴里选厂、中条山铜矿峪、牟定铜矿、大姚铜矿、德兴铜矿、湘东钨矿、天宝山矿、瑶岭锡矿、川口钨矿等
60~78	26	13.5	中条山铜矿、盘古山钨矿、宜春钽铌矿等
30~59.4	59	30.6	铜陵铜官山铜矿等
7~29.7	88	45.6	下垅钨矿、可可托海八七选厂、云锡公司等

表7-8 尾矿坝已堆坝高统计（1989年底）

坝高/m	座数/座	所属厂矿及尾矿库
122.5	1	金堆城钼业公司木子沟尾矿库
92	1	德兴铜矿2号尾矿库
86	1	德兴铜矿1号尾矿库
80	1	大厂巴里选厂尾矿库
78	1	金堆城钼业公司栗西沟尾矿库
73.1	1	汝城钨矿选厂一期尾矿库
71	1	中条山胡家峪毛家湾尾矿库
70	1	湘东钨矿4号尾矿库
69~50	16	寿王坟铜矿
49.5~30	37	银山铅锌矿、大厂长坡锡矿选矿厂7号尾矿库等
29.5以下	93	务川汞矿二坑选矿厂、石人嶂钨矿梅坑尾矿库等

表7-9 尾矿坝总坝高与初期坝高比例统计

坝高范围/m	尾矿坝初期坝高与总坝高的比值									
	<0.1	0.1~0.15	0.15~0.2	0.2~0.25	0.25~0.3	0.3~0.35	0.35~0.4	0.4~0.5	0.5~0.6	>0.6
>100		3		3			1			
60~100	2	5	5	6	7	5	3		1	
30~60		3	7	6	7	8	4	11	4	3
<30		4	3		4	3	8	3	4	3
小 计	2	15	15	15	18	16	15	15	9	6
各种比值所占比例/%	1.7	12.7	12.7	12.7	15.3	13.6	5.9	12.7	7.6	5.1

表 7 - 10 尾矿库设计库容统计

库容/万立方米	座数/座	所属企业尾矿库名称
83500	1	德兴铜矿 4 号尾矿库
16500	1	金堆城钼业公司栗西沟尾矿库
12500	1	中条山有色公司十八河尾矿库
9800	1	德兴铜矿 2 号尾矿库
6000	1	金川公司二期尾矿库
4490	1	杨家杖子矿务局墨鱼沟尾矿库
4300	1	桃林铅锌矿渔潭尾矿库
4220	1	中条山毛家湾尾矿库
4000	1	永平铜矿燕仓尾矿库
3240.72	1	云锡羊坝底采选厂羊坝底尾矿库
3066.02	1	云锡新冠牛坝荒尾矿库
2610 ~ 1000	25	大冶丰山上巢湖、德兴铜矿 1 号尾矿库
976 ~ 500	30	宝山铅锌矿尾矿库、安庆铜矿朱家冲尾矿库等
480 ~ 100	66	岿美山钨矿尾矿库、凤凰山铜矿相思谷尾矿库等
<98.9	52	拉拉铜矿复兴村屋、云锡广古采空区尾矿库、凡口铅锌矿沉泥库等

表 7 - 11 1989 年底尾矿库尚余服务年限统计

服务年限	座数/座	说　明
3 年以内	5	
5 年以内	8	
10 年以内	15	
15 年以内	22	
20 年以内	10	
25 年以内	5	
30 年以内	3	
35 年以内	2	
40 年以内	1	

中、细砂类尾矿在充填时，由于尾砂颗粒较粗，渗透快，不易流动，形成的滩面坡度较陡。如钨矿的尾砂，平均粒径可达 0.5mm 以上，当分散管排矿流量较小时，百米滩面平均坡度可达 8% 以上，水下坡度可达 11% 以上，这类尾矿筑坝滩面几乎不受库内水位的影响。但若是小流量分散排矿，则不能实现尾矿向库内充填。为此，常采用集中大流量放矿，增加排矿充填系数。这类尾矿，通过采用池田法或渠槽法可以堆筑较高的子坝。在江西的一些钨矿，采用了在坝前尾矿沉积滩面上架设高排架主放矿管，利用排矿管底孔自然浓缩分级排矿堆积较高子坝，管内细颗粒的尾矿，由排矿管端部集中向库内充填，是一种可取的方法。

矿泥类尾矿，这类尾矿细颗粒含量大，小于 0.02mm 的颗粒达 60% ~ 75%，在坝前分散管排矿很难形成尾矿筑坝的滩面，即使形成了滩面，也往往夹有大量矿泥。这类尾矿库水上的沉积坡度都十分平缓，库水位处于较高的位置，沉积的矿泥不易固结，稳定性较差。云南锡业公司多年来对这种尾矿采用了渠槽法、旋流分级筑坝法、分块轮流筑坝法、自然干燥筑坝法，以及吸泥船倒库等方法，取得了一定的成效，积累了不少经验。由于这类尾矿沉积滩的上述缺陷，因此仅在冲填坝为低坝时采用。

目前我国有色金属矿山的尾矿堆积坝的坡度变化见表 7 - 12。

表 7 - 12　有色金属矿山尾矿堆积坝的坡度变化

坝高范围 /m	不同坡比的座数/座									
	<1:1	1:(1~1.5)	1:(1.5~2)	1:(2~2.5)	1:(2.5~3)	1:(3~4)	1:(4~5)	1:(5~6)	1:(6~7)	1:(7~8)	1:8
>100							1	5		1	1
60~100		1	1		5	10	6	6	1		
30~60			3	2		6	18	12	2	0	
<30	0	2	2	3	2	5	5	3			
小　计	0	3	6	5	12	21	30	26	3	2	1

注：区间下标含本身，上标不含本身，如：1.0~1.5，含坡比为 1.0 而不含坡比为 1.5。

7.2.3　尾矿库的排洪构筑物

我国有色金属矿山除了 10 座尾矿库没有设计排洪构筑物，采用蓄洪运行外，余者均设有排洪构筑物，这些排洪建筑的结构、形式、排洪构筑类型和典型库见表 7 - 13。

表 7 - 13　排洪构筑物类型和典型库

类　型	尾矿库及说明
截洪分流式	中条山十八河尾矿库（上游拦河坝拦 54.6km² 的洪水）汝城钨矿 61 期用截洪沟分流
正堰溢洪道	中条山胡家峪毛家湾尾矿库、铜官山矿五公里尾矿库
侧槽式溢洪道	峃美山尾矿库
斜槽 - 隧洞式	石人嶂钨矿梅坑尾矿库
斜槽 - 涵管式	金堆城木子沟尾矿库老排水系统
井 - 管式	狮子山铜矿杨山冲尾矿库、铜山铜矿章家谷尾矿库
井 - 隧洞式	德兴铜矿 2 号库、铜官山铜矿水木冲尾矿库、桃林铅锌矿尾矿库、金堆城栗西沟尾矿库

7.2.4　尾矿库的回水构筑物

我国有色金属矿尾矿库一般均设有回水设施，且回水是主要生产用水水源之一。现将一些有色金属矿山尾矿库回水有关资料列于表 7 - 14。

表7－14 有色金属矿山尾矿库回水有关资料

尾矿库名称	尾矿水澄清距离/m	回水率/%	水质说明
狮子山铜矿杨山冲尾矿库	244	53.49	回水管内有结垢，水质对选矿无影响
铜官山铜矿五公里尾矿库		60～80左右	选矿厂主要生产用水水源，仅每年夏秋约3～4个月需补充部分长江水及坑下水
凤凰山铜矿林冲尾矿库		初期为60中后期65左右	
杨家杖子北沟尾矿库	350左右	>100	靠雨季储水，为选矿厂主要生产用水水源
白银公司	200	初期40左右中期60～70后期40～50	回水为碱性，游离CaO含量高达600～800mg/L，Ca^{2+}含量较高，经常结垢，易堵塞管道
新冠火谷都尾矿库	450	初期60中期80后期85	回水中的悬浮固体量为0.001mg/L
新冠松树脚尾矿库	150	初期40中期55后期70	回水中的悬浮固体量为0.005mg/L
新冠水簿尾矿库	243	初期60中期70后期80	回水中的悬浮固体量为0.001mg/L
大屯团山尾矿库	292	初期60中期80后期85	回水中的悬浮固体量为0.008mg/L
大屯官家山尾矿库	600	初期60中期85	回水管内易结垢，悬浮物固体量为0.001mg/L
古山葫芦塘尾矿库	120	初期75中后期85	回水中悬浮固体量为0.005mg/L
古山广街尾矿库	150	初期70中期80后期85	回水中悬浮固体量为0.005mg/L
个旧落水洞尾矿库	200	初期80中后期80～83	回水中的悬浮固体量为0.001mg/L
个旧归小凹塘尾矿库	150	初期40中期60后期80	回水中的悬浮固体量为0.003mg/L

尾矿库名称	尾矿水澄清距离/m	回水率/%	水 质 说 明
黄茅山木登洞尾矿库	120	初期70 中后期80	回水中的悬浮固体量 0.005mg/L
黄茅山背阴山冲尾矿库	230	初期50 中期80 后期85	回水中的悬浮固体量 0.005mg/L
老厂阿西寨尾矿库	250	初期45 中期60 后期90	回水中的悬浮固体量 0.005mg/L
老厂背阴山冲尾矿库	230	初期50 中期75 后期85	回水中的悬浮固体量 0.006mg/L
卡房犀牛塘尾矿库	460	初期50 中期70 后期80	回水中的悬浮固体量 0.001mg/L

回水系统构筑物的典型形式有:

(1) 自流静压回水。如金堆城木子沟尾矿库、寿王坟铜矿尾矿库等。

(2) 固定式泵站。属坝内固定式泵站的,有云南锡业公司松树脚尾矿库、黄茅山选厂木登洞和背阴山冲尾矿库、老厂选厂的阿西寨和背阴山冲尾矿库等。

属坝外吸入式固定泵站的有铜官山铜矿水木冲、凤凰山铜矿的相思谷、杨家杖子矿务局的北沟、新冠选厂的火谷都和水簿、大屯选厂的官家山和团山、个旧选厂的落水洞和金堆城木子沟的老回水系统等。

(3) 移动式泵站。属缆车式取水泵站的有个旧选厂的小凹塘、羊坝底、牟定铜矿、白银公司小铁山;属囤船式取水泵站的有云南锡业公司卡房、新冠牛坝荒、铜山铜矿章家谷、胡家峪铜矿的毛家湾和金堆城栗西沟尾矿库回水系统等。

缆车式和囤船式取水泵站的情况见表 7 – 15 和表 7 – 16。

7.2.5 尾矿库的库型类别

有色金属矿山尾矿库型有山谷型、山坡型、平地型三种,以山谷型为主,占尾矿库总数的90%以上。

属于山坡型的有云南锡业公司古山广街尾矿库和大屯大塔冲尾矿库等。

属于平地型的有铜官山铜矿五公里尾矿库,铜录山铜矿尾矿库、云南锡业公司古山葫芦塘尾矿库和金川有色金属公司一、二期尾矿库等。

表 7-15 缆车式取水泵站

使用单位	设计取水量/m³·d⁻¹	泵车数量/台	设备型号及台数	泵车尺寸/m 长	宽	净高	最低最高水位差/m	斜坡道 倾角/(°)	轨距/m	接管直径/mm	接管形式	叉管高差/m	泵车移动一次 人数/人	时间/h	绞车型号	投产日期
个旧小凹槽	3200	1	12Sh-13 2台 N=100kW	6	4.82	2.3	34	17	2.5	300	橡胶软管	2	8	2	8t手动	1964年
羊场底	38000	1	12Sh-6 2台 N=300kW	6.5	5.1	2.3	60	23	3	500	伸缩节接头	3.4	8	2	10t手动	1974年
牟定	3500	1	6DA8×3 2台 N=55kW	4.5	3.5	2.5	65	22°36'	2.55	250	伸缩节接头	2.8	8	1	Sj-8手动	1975年2月

表 7-16 囤船式取水泵站

使用单位	设计取水量/m³·d⁻¹	最高最低水位差/m	囤船 材料	长/m	宽/m	吃水/m	干舷/m	排水量/t	水泵型号及台数	锚固方式	移船 方法	人数/人	时间/h	联络管 管径/mm	材料	输水斜管 接头	管径/mm	材料	坡度	叉管高差/m	投产日期
卡房	60000	5	钢板	9.6	6.2	0.52	0.68	25	14Sh-9 2台 N=130kW	岸边系锚	绞车牵引	5	8	300	钢	球形	400	钢	3%	3	1975年
新冠牛坝荒	20000	24	钢板	6.6	4.4	0.33	0.70	18	12Sh-6 1台 N=260kW	岸边系锚	绞车牵引	2	4	300	钢	球形	300	钢	10%		1972年
大宝山槽对坑	13800	15	钢丝网水泥	12.5	5.0	0.75	0.65	40	8Sh-13 3台 JQ₂83-2 N=55kW	岸边系锚				300	前期为胶管后期为钢管	前期为胶管后期为球形	400	钢	10%~40%	1	
233工程		31	钢丝网水泥	11.5	5.0	0.7	0.7	36	5DA-8×4 2台 J082-4 N=55kW	岸边系锚				250	胶管	胶管	250	钢	10°12' 11°20' 21°32'	1.5	
胡家岭①			钢板	8	4.0	1.0	0.5		10Sh-13 2台 J083-4 N=55kW	岸边系锚	人工	10	4	300	胶管	胶管	300	钢			1967年
篦子沟②			钢木并装结构	8	4	1.0	0.5		6SA-3 2台 J093-2 N=75kW	岸边系锚	人工	多人		300	胶管	胶管	300	钢			1965年

① 泵站为下承式布置，采用水射器排除舱底积水。
② 尾矿库用一艘浮船回收水兼排水，排洪时启动备用泵，生产安全性差。

7.3　我国有色金属尾矿库生产管理现状

随着有色金属工业的发展,在尾矿库的设计、施工、管理等方面积累了不少的经验,取得了一定的成绩,基本上满足了生产的需要,优良库日益增多,病危库不断减少。但是,由于人们对尾矿库的经济效益和社会效益认识不深,只管用,不管维护等短期行为仍然不同程度地存在着。

有色金属矿山尾矿库曾先后发生过多起事故,如 1960 年 8 月 27 日峝美山钨矿尾矿坝洪水漫顶、1962 年 7 月银山铅锌矿尾矿坝的洪水漫顶。1962 年 9 月 26 日云南锡业公司火谷都尾矿坝溃决是新中国建国以后冶金系统第一次发生的特大恶性事故,经济损失巨大,政治影响难以估价。这个教训使人们看到了尾矿库事故危害的严重性,因而对尾矿坝的设计和管理更加重视,调整了尾矿设计机构,成立了尾矿组和水工组,增补水工专业人员,对当时的一些险坝进行了加固处理,编制全国第一个尾矿设施设计规范,使尾矿库的安全状态大大改善。20 世纪 60 年代中期及以后的一段时间,由于"文革"的破坏,在当时建设的尾矿库留下的隐患,现在陆续暴露出来。尾矿设施事故时有发生,危害较大的有,1985 年柿竹园有色金属矿牛角垅尾矿库洪水漫顶垮坝,死亡 49 人,直接经济损失 1300 万元;1986 年 7 月 19 日贵州铝厂赤泥堆场 2 号坝基发生管涌,局部坝体决口,直接经济损失近 100 万元;1988 年 4 月 13 日金堆城钼业公司栗西沟尾矿库排洪隧洞突然塌陷,直接经济损失 3200 万元;1983 年 6 月 24 日江西东乡铜矿发生泄漏事故,直接经济损失95.26 万元;1989 年 2 月 16 日山东铝厂赤泥坝决口,造成重大经济损失;1989 年 2 月 25日郑州铝厂灰渣库库岸滑塌,库水漫溢,死亡 1 人,直接经济损失 1410 万元。通过这些事例,人们更清楚更深刻地认识到,尾矿工程的安全是矿山安全的重要组成部分,也是矿山环境保护工作的重要方面。国家防汛总指挥部(88)国汛字第 3 号文《关于加强尾矿坝等的管理的通知》中,已将尾矿坝的防洪问题纳入全国防汛管理范围。中国有色金属工业总公司于 1988 年 8 月在寿王坟铜矿和 1989 年 3 月在凡口铅锌矿先后召开了有色金属企业尾矿库的防汛工作会议。这两次会议都强调所面临的问题是严重的。为了确保尾矿库安全运行,维护国家、企业和人民群众的利益,一定要采取有力措施,刻不容缓地搞好尾矿库的安全管理。会议要求各级领导进一步提高认识,克服畏难情绪和侥幸心理,坚决执行"安全第一,预防为主"的方针。会议提出了"谁管理谁负责"的原则,建立了安全管理责任制。会议强调:"各企业的主管领导就是尾矿库管理责任人。凡因失职造成尾矿设施事故,要追究领导责任。"这表明,我国有色金属矿山的各级领导,肩负着尾矿库管理的光荣艰巨任务。

为了使尾矿库的管理有章可循,曾先后制订了尾矿设施的勘测、设计和管理的规程、规范。

在地质勘测方面,1975 年冶金工业部颁发了《冶金工业建设工程地质勘察技术规范》,其中,列有尾矿处理设施场地的勘察专章。该规范经 1989 年修改后,定名为《冶金工业建设岩土工程勘察技术规范》,其中,规定了坝址选择、初步勘察和详细勘察三个阶段的勘察技术要求。1986 年颁发了《上游法尾矿堆积坝工程地质勘察规程》。

在设计方面,1984 年冶金工业部和中国有色金属工业总公司颁发了《选矿厂尾矿设施设计规程》(试行),该规程经 1990 年修改后,定名为《选矿厂尾矿设施设计规范》,

编号为 ZBJ 1—90，自 1991 年 7 月 1 日起施行。

在管理方面，1982 年 12 月 7 日以（82）冶矿字第 2065 号文颁发了《冶金矿山尾矿设施管理规程》，该规程经修订后，于 1990 年以（90）冶矿字第 185 号文颁发，并于同年 7 月 1 日起施行。1990 年 3 月 30 日以（90）中色计字第 0256 号文颁发了《有色金属矿山生产技术规程》，其中有尾矿管理章节。

上述规范、规程，对尾矿设施的安全运行起到了积极的作用，但还有待完善和充实。目前，应积极制订施工和验收规范、质量评定标准和观测工作的规程、规范。另外，企业还应根据总的原则制订本企业的实施细则。当前，除少数企业，如云南锡业公司等，多数企业尚待迅速制订本企业的实施细则。

为了进行尾矿坝工程的检查和监督，1985 年成立了中国有色金属工业总公司尾矿坝工程安全技术监督站，各地区公司及一些直属企业也建立了相应的机构，特别是推行尾矿库安全承包责任制以来，到 1989 年 3 月凡口会议期间已有 69 个企业的 87 座库落实了安全承包责任制，明确了承包负责人。凡口会议以后，这项工作继续深入发展，落实了管理机构和人员，建立起岗位责任制，对负责管理的人员进行培训。车间、工段级管理机构是具体负责尾矿设施管理的基层生产组织，担负起了尾矿库运行的职责。现在的情况是尾矿设施有人管，但离真正把尾矿设施管起来还有一段距离。根据《冶金矿山尾矿设施管理规程》的规定，厂矿及车间两级均应设置专业技术人员，并要求这些人员应具备尾矿设施方面的基本专业知识，掌握尾矿设施设计文件的各项规定，了解尾矿处理的工艺流程，熟悉国家或部门有关的标准、规范。用这个标准衡量，从整个有色金属矿山来看，符合这一要求的，为数不多，现有的一些管理人员技术素质不高，有的甚至对于尾矿库的一些基本术语，概念都不清楚。因此，对现有管理人员进行专业培训，特别是尾矿坝安全基本专业知识的培训是十分必要的，使之能真正担负起自己所承担的责任。

尾矿库病害类型：带病运行的尾矿库数量不小，概括其病害类型有：

（1）库区的渗漏、坍岸和泥石流。

（2）坝基、坝肩的稳定和渗流。

（3）尾矿堆积坝的浸润线逸出、坝面沼泽化、坝体裂缝、滑塌、塌陷、冲刷等。

（4）土坝类的初期坝坝体浸润线高或逸出、坝面裂缝、滑塌、冲刷成沟。

（5）透水堆石类初期坝出现渗漏浑水及渗流稳定问题。

（6）浆砌石类坝体裂缝、坝基渗漏和抗滑稳定问题。

（7）排水构筑物的断裂、渗漏、跑浑水及下游消能防冲、排水能力不够等。

（8）回水澄清距离不够、回水水质不符合要求。

（9）尾矿库的抗洪能力和调洪库容不够、干滩距离太短等。

（10）尾矿库没有足够的抗震能力。

（11）尾矿尘害及排水污染环境。

上述病害、险情，就某座库而言，不是同时都存在，而只是其中一两种。但病情险情不除，尾矿库就有发生事故的可能。当前，企业处于不治理不行，想治理又缺资金的两难困境中。根据前述有色金属矿山尾矿库使用年限统计，5 年内有 13 座将闭库，10 年内有 29 座闭库。新老尾矿库若衔接不上，超期服役将会增加。目前同时在用的一些服务年限较长的尾矿库将进入中、后期，一些隐患也将会陆续暴露。

基于以上情况，今后尾矿库的管理工作将更为困难。一些病险库和超期库暂时难以根治，只能靠维护、修理、控制运行等临时措施。这种状况将持续一段时间。

据近年检查，有色金属矿山尾矿库带病或超期服役的状况比较严重。据 1988 年寿王坟会议统计，超期服役的尾矿库占 1/3，带病运行的尾矿库占 1/3，并认定云南锡业公司广街，中条山十八河和广东厚婆坳等尾矿库为险库。经过一年的治理，到 1989 年 3 月凡口会议统计时，险库又增加了新华钼矿尾矿库、八家子铅锌矿尾矿库、瑶岗仙钨矿尾矿库，铜陵公司五公里尾矿库、大冶铜山口尾矿库、山东铝厂赤泥库等 6 座。这样超期服役的库约占 9%，病、险库约占 39%。

凡口会议对全国有色金属矿山的 204 座尾矿库所作的全面检查和初步的评定分类状况见表 7 – 17。

表 7 – 17 有色金属矿山尾矿库运行状态统计

单位名称	尾矿库总数/座	闭库数/座	在用库数/座	正常库数/座	病害库数/座	超期库数/座	险库数/座	企业数/个
昆明公司	36	10	26	14	6	5	1	16
贵阳公司	8	2	6	3	2	1		4
广州公司	27	7	20	8	8	3	1	21
南宁公司	20	6	14	8	6			4
长沙公司	35	15	20	11	8	1	1	13
南昌公司	24	5	19	12	6	1		9
沈阳公司	12	2	10	3	4		2	5
西安公司	7	1	6	4	2			3
兰州公司	4		4	4				2
新疆公司	2		1	1				2
成都公司								2
铜陵公司	7	3	4	3				5
中条山公司	4	2	2	1			1	3
寿王坟铜矿	1		1			1		1
大冶公司	6	1	5	1	1	2		5
江西铜业公司	6		6	2	4			1
锡铁山矿	1		1	1				1
山东铝厂	1		1				1	1
郑州铝厂	3		3	2	1			1
合　计	204	55	149	78	48	14	9	87
占在用库比例/%			100	52	33	9	6	
占总库数比例/%	100	27	73	38.2	23.5	6.9	4.4	

从表 7 – 17 看出，除了闭库的 55 座外，在用的 149 座尾矿库中，正常状态的占 52%，带病害运行的占 33%，超期服役的占 9%，处于危险状态的占 6%，也就是有一半的尾矿库处于不正常状态。从其分布来看也是不平衡的。有的地区公司和企业，尾矿库正常率仍低于全行业的平均水平，有的正常率仅有 20%。造成病害库、超期库、险库的原因是多方面的，有的因资金不足无力建设，有的设计不周造成先天不足；有的施工质量不良留下

隐患；有的生产维护不当，管理不善；也有因外部环境条件造成的。必须指出，已闭库的55座尾矿库，绝大多数未做闭库设计，管理维护不善，仍然潜在着危害。

从以上运行状态的分析中可以看出，有色金属矿山的尾矿库承担着繁重的生产任务，为我国有色金属工业的发展作出了贡献。一大批正常运行的尾矿库为我们提供了建设和管理尾矿库的宝贵经验。但必须看到，带病运行的尾矿库仍然占有相当大的比重。这些病害库、超期库和险库亟待治理，否则后果难以设想。通过对这些库非正常运行状态的改善，将进一步提高我们建设和管理尾矿库的水平。

统计数据表明，有色金属矿山有相当数量的尾矿库存在着隐患。例如当尾矿库达到设计坝高后一般就应闭库。若延长使用年限，就应作延长服务年限的设计，坝高是尾矿库设计中的一个重要参数，它既关系到坝体的稳定，也关系到坝的防洪能力以及排水构筑物结构的安全。据调查，尾矿库超高、超储的幅度较大，如寿王坟铜矿，原设计坝高为52.8m，1989年已达69m，超高16.2m，且坝体尚有浸润线较高的病害。又如铜陵公司五公里尾矿库，属一平地型尾矿库，没有初期坝，在土埂上利用尾砂、城市渣土及黏土等材料，围着库区三面筑坝形成库容。该坝坝基松软，施工时又未作清基处理，加之后期坝材料混杂，部分坝段边坡过陡，使用过程中曾多次发生局部坍塌。坝加高后，出现坝基局部位移，坝顶沿轴线局部开裂。后经对坝体开裂部位卸载减荷，裂缝处夯实，控制每次堆高（小于0.5m），险情才逐渐缓解。由此可见，尾矿库超期服役，实际上是一种隐患。

7.4 尾矿库正常运行的标准及事故、病、险库的划分

为了对尾矿库存在的问题有一个统一的认识，以便管理和采取有效的治理措施。本书就尾矿库正常运行以及划分事故、病、险库提出一个标准。

7.4.1 尾矿库正常运行的标准

（1）尾矿库是经正规建设程序设计和施工建成的。

（2）基础坝稳定，无非正常渗漏、塌陷、裂缝现象，坝体完整无损，堆石坝反滤层工作正常。

（3）排洪设施、排洪能力符合设计标准，保持良好工作状态，排洪设施、能力虽未达到设计标准，但能采取其他排洪措施（如临时溢洪道等），确保库的安全度汛。

（4）后期坝排渗设施运行正常，无流土、管涌、沼泽化、塌坡现象，坝坡坡度符合设计要求，平整美观，坝面排水系统完好，坝面及滩面无飞尘问题。

（5）未经扩容设计，不超期服役。

（6）尾矿排放合理，干滩长度、坡度符合安全要求，水边线平整，澄清距离能满足排水质量的要求。

（7）有完整的排水、回水系统，且排水、回水符合标准，设施能正常运行。

（8）有健全的监测系统，并能按安全要求正常工作。

7.4.2 尾矿库事故、病、险库的划分

尾矿库的安全状态也是变化的。有些尾矿库在某一个时期，可能达不到正常状态，存在某些病害。这种病害有轻有重，有不影响工程正常使用的轻微病害，也有使工程不能使

用或者使用受到很大限制的严重病害。轻微和严重之间是可以转化的，二者之间没有严格的界限。轻微病害，如不及时维修治理，就会发展成为严重病害。反之，虽然发生了严重病害，但由于及时采取适当的治理措施，也可使其不致影响工程的使用，避免酿成事故。病害和事故之间在概念上是有区别的。凡导致尾矿库整体或局部破坏并丧失全部或局部功能，且造成一定损失的尾矿库称为事故库。凡存在隐患，甚至出现局部破坏，但尚能保存基本使用功能、尚能继续使用的尾矿库称为"病库"。尾矿库存在严重病害，甚至出现局部破坏，不能保证整体安全，有可能丧失使用功能的尾矿库称为危险尾矿库，简称险库。险库主要指不能安全度汛、防洪能力不够以及渗流破坏较为严重或已开始滑塌的尾矿库。

事故库、病库及险库的划分，是基于库的运行安全状态而言的。划分的目的是利于分类管理，采取相应的对策。

7.5　影响尾矿库正常运行的因素

我国有色金属矿山的尾矿库曾发生过不少事故。目前，还存在着相当数量的病害库和险库，产生这些事故和病害的主要原因如下。

7.5.1　自然因素

影响尾矿库正常运行的自然因素主要是地形、地质、水文气象等。

（1）地形、地质条件的影响。从有色金属矿山尾矿库的统计资料看，岩溶地区和黄土地区对尾矿库的影响最明显。岩溶地区由于溶洞发育，或成为漏矿的通道，或在库区形成落水洞；黄土地区由于黄土孔隙大和有垂直节理，遇水容易发生湿陷变形和裂缝，常产生滑塌和渗漏。如郑州铝厂灰渣库库岸湿陷事故、白银公司小铁山尾矿库库区塌岸和渗漏就是黄土地区尾矿库事故的实例。

尾矿坝坝基、坝肩的渗漏和稳定与坝址的地质条件有密切关系。贵州铝厂赤泥库发生管涌的原因之一就是坝基原生基岩强风化层未消除，具有煤洞，产生集中渗漏造成的。

排水构筑物的地质条件对其安全的影响也很明显，栗西沟尾矿库排洪隧洞塌陷事故原因之一就是地质条件不良，该处在地形上处于浅埋地段，岩层风化深，抗剪能力差。木子沟尾矿库排洪涵洞断裂事故原因也是不良地质条件造成的。

（2）水文气象条件的影响。水文气象条件对尾矿库正常使用也有影响，特别是大暴雨可以使山洪暴发形成洪水，洪水漫坝造成事故。如峃美山钨矿、银山铅锌矿和柿竹园有色金属矿尾矿库。雨量还会提高尾矿坝的浸润线，甚至使坝面含水饱和，降低堆积坝的抗滑稳定性。许多滑塌事故多与降雨有关。雨水还引起坝面的冲刷破坏坝体的整体性，甚至在坝面拉成大沟，不少尾矿坝均出现过这类情况。风会引起尾矿库干滩扬尘，尤其在干燥地区。气温对尾矿坝的稳定影响还表现在，寒冷地区的尾矿坝为了避免在沉积滩形成冰夹层或冰冻层而影响坝体强度，一般采用库内冰下放矿。在寒冷地区，冬季当土坝含水基本饱和，坝面冰冻，孔隙水冻涨，体积增大。但到春季，天气暖和，坝面冻土融化，坝体结构松软，在冰冻线上的坝体尾矿的抗剪强度较低，可能产生表面坍滑。例如大石河尾矿坝的初期坝为土坝，由于初期坝的盲沟堵塞，堆积坝的浸润线在初期坝顶以上 3.5m 处逸出，渗水流淌在初期坝上使其基本饱和，坝面沼泽化，经过几年冻融，坝面土壤松软，降低了抗剪强度。因此在 1976 年春，初期坝面解冻时出现多处坝面坍滑。

（3）尾矿性质的影响。尾矿性质对坝体正常运行的影响也可谓是一种自然因素。基本情况是，尾矿粒度愈细，对坝的稳定性影响愈大。矿泥夹层颗粒细，抗剪强度低，透水性差，不易排水固结。而且由于颗粒细，沉积滩面坡度平缓，不易形成调洪库容。

（4）地震的影响。地震对尾矿坝的正常运行也有影响。我国有色金属矿山尚无这方面的实例，但国内外其他矿山不乏实例。

7.5.2 设计因素

尾矿库设计，是尾矿库工程建设的重要环节，也是尾矿库工程正常运行的基础。由于建设资金紧张，往往首先压缩尾矿设施必要的投资，使工程造成先天不足。

设计对尾矿库正常运行的影响首先表现在对尾矿库建设环境条件，即对自然因素的认识。由于建库的自然环境是不可改变的，但人们可以通过各种手段，正确的认识它，在设计中尽量利用其对工程的有利因素，避开不利因素的影响。如在库址选择时，应尽可能选择一些地质条件简单、地形条件优越的库坝址，如果找不到理想的库坝址，那就应探清楚选用库坝址存在的问题，采用适宜的工程措施加以处理。从前述自然因素影响某些尾矿库正常运行的实例中可以看出，由于受各种因素的影响，如有的是未作必要的勘察，有的是勘察深度不够，而在设计计算参数的选用上科学依据不足，采取的结构措施不当等造成的。这些设计上的失误造成的工程隐患到管理运行阶段暴露出来后，往往难以作出正确的判断和采取恰当的措施。所以，对建库环境的必要勘察和正确的设计是确保尾矿库正常运行的关键。

设计考虑不周还表现在对尾矿库工作特点的认识上，早期设计的尾矿坝对于坝体排水的重要性认识不够，初期坝采用不透水的均质土坝，子坝也用不透水土建成，坝体没有排水设施，造成坝体浸润线抬高，甚至在坝面逸出造成沼泽化，导致坝面滑塌。1973 年，大吉山钨矿 1 号尾矿库坝坡发生的坍滑事故、1982 年 10 月 17 日中条山毛家湾尾矿库坝外坡的塌陷滑坡、1983 年 3 月 29 日中条山十八里河尾矿库外坡发生的裂缝等，都是这方面有代表性的工程实例。近期设计的尾矿库都重视了坝体排水，初期坝往往做成透水坝，但对渗漏水的处理有些工程设计往往考虑不周，如山西铝厂灰渣库，采用透水坝，但坝后未作截渗设施，渗漏水造成下游的农作物减产，造成不良影响。

对尾矿库来说，明显的设计错误虽然不多见，但确实存在，如 1988 年 6 月 24 日江西东乡铜矿自行设计的排水井强度不够，以致断裂，造成泄漏就是一例。

7.5.3 施工因素

尾矿库的施工质量是其正常运行的关键之一。良好的施工是设计得以实现的保证。从金堆城钼业公司栗西沟尾矿库排洪隧洞塌陷事故和云南锡业公司火谷都尾矿库溃坝事故来看，重要的原因是施工欠佳。栗西沟尾矿库排洪隧洞设计要求围岩和衬砌紧密结合，但未按设计要求施工，致使施工的结构和设计完全不一致。云南锡业公司火谷都尾矿坝为土坝，设计边坡较陡且规定用碾压法施工，但在施工时，铺土厚度达 0.5m，大大超过 0.2m的规定，且碾压工具为滚辗，密实度达不到设计要求。如透水堆石坝，本来是一种很好的坝型，但在使用中漏矿跑泥的事较多，其原因除个别坝是由于设计考虑不周外，主要是尾矿和堆石之间的反滤过渡层施工质量不良。许多施工单位不按设计要求施工，造成尾矿库不正常运行。

7.5.4　管理因素

管理对尾矿库正常运行的影响表现在基本建设阶段和生产运行期间。

(1) 基本建设阶段。尾矿库在基本建设期间的管理非常重要。它是尾矿库正常运行的基础工作。在这个时期如果不按基本建设程序或不遵守建设过程中各个环节的工程标准和规范，或是在各个管理环节中不严格把关，必将给正常运行留下隐患。基本建设时期的管理环节，主要有场地勘察及库址选择、初步勘察及初步设计、详细勘察及施工图设计、施工及施工勘察（或编录）、隐蔽工程中间验收和竣工验收等。这些环节不得有任何疏忽，否则将会给工程留下隐患。栗西沟排洪隧洞塌陷事故就是在基本建设时期没有做好工作而把隐患留到生产运行中的典型工程实例。

(2) 生产运行期间。尾矿库投入运行后的生产管理，对尾矿库的正常运行影响很大。尾矿库初期坝竣工后，交付厂矿企业使用，随之开始了尾矿库的生产管理工作。一般情况下厂矿企业一面放矿一面筑坝，这个过程延续很长，短则几年，长则几十年，要达到既堆存尾矿又符合坝体稳定的要求，不能有任何疏忽，否则将给坝体稳定造成隐患。目前，上游法堆坝中普遍存在的问题之一是浸润线逸出，其原因之一是放矿不善。在坝前形成矿泥层，形成相对不透水层，且强度较低，是一个软弱的层面。在尾矿库的长期运行中年复一年地经受汛期的暴雨洪水冲刷和冬季的冰冻侵蚀，随着时间的推移，干滩距离长，调洪容积也不相同。对废弃的防洪排水构筑物的孔口要进行封堵，封堵质量的好坏对尾矿库正常运行影响很大。有色金属矿山曾有三起因封堵质量不良引起的事故。当在坝面下游坡发现渗流后，及时采取防止渗透破坏措施，一般可以维持静态的稳定。但若不及时治理，渗流汇集，常在坝面上冲成冲沟，宽者可达数米，严重威胁坝体安全。

搞好回水水量分配工作，控制好回水水质也是一项重要管理工作。尾矿库排水水质的控制是环境保护的重要内容。尾矿库运行过程中，规划管理也是十分重要的。事前没有详细的规划，出了问题时去临时应付，这样往往造成事故。云锡火谷都尾矿库的溃坝，除施工质量差、坝坡过陡外，主要是当初期坝满库时，还没有确定能否用尾矿堆坝的规划，直到不加高就不能持续生产时，为了应急，才在沉积滩上堆筑了一个高出初期坝顶6.5m高的子坝。后来又确定在初期坝下游加高，且在施工过程中又改变了坝的下游边坡，新加高的坝体又堆到前述子坝上，最后终于酿成了严重的溃坝事故。由此不难看出，尾矿库在运行过程中，应有详细规划，有必要的事故对策系统，以应付可以预见的各种事故。

设计是基础，管理是关键。但在实际工作中，往往由于对尾矿设施的重要性认识不足，存在侥幸心理和短期行为，因而没有严格执行有关规程、规范的事时有发生。如堆积坡比偏大、坝超高、库超容者有之；发现隐患未及时处理以致酿成大事故者有之；管理机构不健全，管理人员素质不高者有之；规章制度不完善或实施细则不完备者有之。这些问题的存在，严重影响到尾矿库的安全运行。

7.5.5　社会因素

社会因素对尾矿库安全运行的影响表现在两个方面；一方面，尾矿库的建设和管理都是人们的社会活动，这种活动受到当时社会政治体制和思想意识的影响。"文革"期间，各种规章制度遭到破坏，不按科学规律办事，否定科学技术的作用，在尾矿库建设和管理上不按基建程序办事，不进行勘测就作设计，设计审查流于形式；施工中不按规程办事，随意改变设计，没有严格的质量监督；验收在"不要否定成绩"的借口下敷衍迁就，不严格把关。由于各种因素的干扰，当时建成的工程有不少留有隐患，造成尾矿库工程的"先天不足"。在尾矿库投入运用后，也因为没有一套科学的管理办法，不重视工程的维修养护又使这些工程"后天营养不良"，其后果必然是出现"病害"。在"大跃进"时期建成的尾矿库也有类似情况。党的十一届三中全会以来，以经济建设为中心，重申尊重知识，尊重人才，表现在尾矿库的建设、管理上也有很大变化。重新确立按科学规律办事的良好风气，使尾矿库的管理工作跨入一个新的高度。

另一方面是尾矿库的社会环境。当前突出的矛盾是矿农矛盾。农民有意无意地破坏库区，诸如堵塞排洪通道，在坝体上挖砂采石，或在坝体上耕作，或搞违章建筑等，致使尾矿库建设和使用不能按计划实施。如汝城钨矿靖江尾矿库被村民采废石堵塞排洪隧洞，威胁尾矿库安全；平桂矿务局珊瑚矿长营岭尾矿库，因农民干扰不能实现周边放矿；江西德兴铜矿和永平铜矿的村民在尾矿库坝上捞取铜精矿和硫精矿，直接影响尾矿正常排放；川口钨矿的两个尾矿坝村民在坝体上挖砂，影响坝体稳定。尾矿库需占用土地，当前，征地难，搬迁难已成为一个突出的矿农矛盾。建库需征用土地，农民反对占用土地，不愿搬迁。矿山要征地，农民不让地，因而使建库计划受阻，建设时间拖长，适宜的库址不能采用，以致整个工程不能按计划实施，乃至被迫将坝加高，增加库容。这些属于社会性质的问题，需要社会各方面的努力，特别是地方政府的协调，单靠企业很难解决。

7.5.6 技术因素

技术发展水平是对尾矿库的正常运行的影响因素之一。过去由于技术水平低，监测仪器不完善，因而对尾矿库的认识不够，一些治理措施不当，造成尾矿库的病害和险情，有些事故几乎无法处理。随着科学技术的进步，现在，影响尾矿库正常运行的许多病害已得到控制。如堆积坝坝体浸润线逸出，已研究成功一些降低浸润线的方法。如狮子山铜矿杨山冲尾矿库采用垂直排渗井和水平排渗管相结合降低浸润线，白银公司小铁山尾矿库试用辐射井排渗方法降低浸润线等。

排水涵洞或涵管断裂漏水是一个带有普遍性的病害。1986年8月贵州铝厂氧化铝厂赤泥堆场2号回水井断裂，致使整个系统不能使用；1979年11月峁美山钨矿尾矿库排洪涵管发生严重喷漏，致使该涵管被迫封闭；牟定铜矿陈家箐尾矿库因排洪管断裂而堵塞。为了治理这类事故，金堆城钼业公司木子沟尾矿库用灌浆方法处理排洪涵洞和回水钢管断裂泄漏，效果较好。

反滤层是尾矿坝的重要结构，多年来一直用砂砾料筑成，但施工质量不良，产生不少病害。近些年来有色金属矿山尾矿库普遍采用土工布，大大简化了反滤层的施工，保证了工程质量，在治理尾矿坝病害中发挥了积极作用。

尾矿坝的加固，是当前的一个重要课题。金堆城木子沟尾矿库，初期坝加固采用定向爆破法取得了明显的经济效益。该坝是我国有色金属矿山当前最高的尾矿坝，堆积坝上浸润线逸出，局部坡度较陡，在这次定向爆破中装药60t，上坝方量8万立方米，堆积坝实测振动速度为5m/s。堆积坝没有发生破坏，为类似条件的尾矿坝加固提供了经验。

为了提高尾矿库的管理水平，确保尾矿库的安全运行，今后应大力开展尾矿库的自动监测系统、自动报警系统，以及计算机处理系统的研究工作，并逐步在有色金属矿山尾矿库中推广应用，把尾矿库的管理和安全建立在先进的科学技术基础上。

7.6　预防尾矿库病害及事故的主要措施

从以上分析，影响尾矿库正常运行的因素来看，造成尾矿库诸多病害及事故的主要原因，可概括为设计不周、施工不良、管理不善和技术落后。因此要预防病害及事故，首要的措施是精心设计、精心施工、科学管理、提高技术水平。

7.6.1　精心设计

设计是尾矿库（坝）安全、经济运行的基础，因此，在设计过程中应做到：坚持设计程序，切实做好基础资料的收集工作。鉴于尾矿设施的特殊性，设计时必须由持有国家认定的设计执照单位设计，严格禁止无照设计，杜绝个人设计。

（1）未经必要的勘察，没有设计任务书，不准设计。没有主管部门批准的初步设计文件，不能出施工图。没有施工图，不准施工。总结一些尾矿工程出事故的原因，多数是因为在设计前，未做必要的库址、坝基勘察与工程试验，用一般的经验数据作为重要的计算参数，难免与实际有出入。某尾矿库在建排水建筑物时，施工单位把建筑物轴线移到没有做过勘察工作的地点，建成后，由于类似工程因地质条件的缺陷而出现问题，遂做补充勘探，结果证明基础确有问题，不得不将原设计服务年限 30 多年造价 130 多万元的工程缩短为 3 ~ 5 年，且再建一套新的系统，新系统设计总概算达 280 多万元，可见勘察工作的重要。目前，有一种倾向，在勘察工作中，只进行坝址和洪水构筑物轴线的勘察工作，忽略库区勘察。事实证明，库区的地质条件十分重要。有的尾矿库泄漏尾矿的部位恰是在库区，而不是坝址或排水构筑物；有的洪水漫坝恰是由于库区的泥石流堵塞排洪构筑物。勘察工作的深度和质量也是一个需要认真对待的问题。根据尾矿坝的工作特点，勘察报告应和相应阶段的设计文件一起审查。因为勘察工作是设计工作的基础，不可轻视。它是设计者认识建设对象的重要手段。过去那种边勘察、边设计、边施工、边生产的"四边"做法，给工程造成了隐患和损失。应当重申，正确的设计程序，应当是对建设对象先进行调查研究，提出必要的、经过考证的资料，再进行设计。如果设计资料不全或者不正确，应继续收集设计所需的资料，不得草率的进行设计。勘察阶段应和设计阶段相适应。一般来说，在可行性研究阶段应进行选择库址勘察，在初步设计阶段应进行初步勘察，在施工图阶段应作详细勘察；在施工阶段应对坝基础、隧洞、涵洞基础作地质编录，若地质条件复杂还应进行施工勘察。各阶段的勘察工作应满足相应阶段的设计要求。

尾矿库工程各阶段的勘察要求十分明确：

1）在坝址选择阶段。应具有 1/5000 ~ 1/10000 的地形图，作地质测绘和计算库容，并就几个可供选用的库（坝）址作出地质结论。库区主要查明有无邻谷渗漏，库区坍岸等不良地质现象以及产生泥石流可能性，对坝址着重查明有无影响坝基、坝肩的稳定和渗漏。就上述问题对各备选库（坝）址作出结论，提出推荐坝址的意见。

2）在初步设计阶段。应具有 1/2000 ~ 1/5000 的地形图，用以作地质测绘和构筑物的布置，并就供选用的各坝线及各种排水构筑物的布置作出地质评价。对尾矿库坝址，重点是查清渗漏和稳定条件，对排水构筑物的基础，要查清基础的强度、变形和稳定条件，对隧洞应进行围岩分类及进出口处的稳定判断。对控制工程应提出测试数据。

3）在详勘阶段。库区有不小于 1/2000、坝址不小于 1/1000 的地形图，以作地质测绘。还应在初步设计审查已确定的坝型、坝线和排水构筑物形式的基础上，进一步搜集施工图设计所需要的地质资料。

4）在施工阶段。施工阶段主要是对基础的隐蔽部位和隧洞的洞身作地质描绘和鉴定，校核详勘阶段的地质结论。

除了委托勘察单位进行勘察收集设计所需资料外，设计者还应作深入调查搜集水文、气象、地震等资料、选矿工艺及尾矿的特性、类似尾矿库的运行经验等。

（2）勘察设计工作是工程建设的关键环节。在建设项目确定以前，要为项目决策提供依据，在建设项目确定以后，要为工程建设提供技术上和经济上的具体安排。尾矿工程设计应遵循的主要原则是，遵守国家的法律、法规，贯彻国家经济建设的方针、政策和基本建设程序，特别应贯彻执行提高经济效益和促进技术进步的方针。设计标准应按现行"选矿厂尾矿设施设计规范"的规定执行。要贯彻"水法"、"矿产资源法"、"环保法"、"土地管理法"和"土地复垦规定"；保护矿产、水资源，进行综合利用，注意节约能源和工地，保护环境。

（3）严格执行设计审查制度。按照目前的规定，选址报告及初步设计由上级组织审批，施工图设计除主管部门指定需经审查者外，一般不再审批。设计单位对施工图的质量负责，并向生产、施工单位进行技术交底，听取意见。设计文件是工程建设的主要依据，一经批准后不得任意修改。凡涉及建设地点和规模的变更，须经原计划任务书审批机关批准。凡涉及初步设计主要内容的，如总平面布置、筑坝方式和主要技术措施等的变更，须经设计审批机关批准。修改工作须由原设计单位负责进行。施工图的修改，须经原设计单位的同意。"冶金矿山尾矿设施管理规程"明确规定；未经技术论证和主管部门批准，下述涉及尾矿坝安全事宜不得变更：

1）最终坝轴线位置、坝高、坝外坡的平均坡比。

2）放矿流量、浓度和筑坝方式。

3）排水、反滤层等重要措施。

4）非尾矿废料或废水进库与尾矿回采利用等。

设计审查单位要切实履行自己的职责，把好设计审查关。设计审查要严格按设计审批权限履行审查职能，不能层层下放，更不能自编自批。负责设计审查的单位，事先要进行调查研究，了解和掌握情况，做好审查批准工作。在这方面曾经有过教训，如对尾矿工程未作专门认真的审查，对设计文件研究不够；设计审查流于形式；对设计审查的严肃性认识不够；擅自修改设计，不遵守批准权限等，给尾矿库的安全运行留下后患。

（4）勘察设计单位要保证勘察设计质量。勘察单位应做好勘察纲要的编制、原始资料的搜集和成果资料的整理三个环节的质量管理。每个环节都应做到事前有布置、中间有检查、成果有校审、质量有评定。

1）勘察纲要应做到体现规划、设计意图，如实反映现场的地形和地质概况，符合规范、规程的规定，满足任务书要求，勘察方案合理。

2）原始资料必须符合规范、规程规定，及时编录、核对、整理，不得遗失或任意涂改。

3）成果资料必须做到数据准确、论证有据、结论明确、建议具体。

设计单位在编制设计文件时应做到：设计基础资料齐全准确，遵守设计工作原则，各专业采用的技术条件一致，采用行之有效的新技术，选用的设备性能优良，计算依据齐全可靠，计算结果准确，正确地执行现行标准、规范，各个阶段设计文件的内容、深度符合国家规定，设计合理，综合经济效益好。

设计单位要建立健全各级岗位责任制和审查制度，设计文件逐级审核，分别签字或盖章。设计单位对设计文件的质量，必须负责到底。设计文件发出后，必须向施工单位和建设单位详细交代设计的意图和技术要求，从建设开始直到交付生产，应派人到现场及时处理有关设计方面的问题，并参加工程验收和试运转及试生产的工作。

（5）设计标准是国家的重要技术规范，是工程勘察、设计、施工和验收的重要依据，是开展工程技术管理的重要组成部分。目前，在尾矿工程设计中执行《选矿厂尾矿设施设计规范》。该规范明确规定尾矿库排水构筑物结构的设计应按《水工结构设计规范》和《水工隧洞设计规范》，抗震应按《水工建筑物抗震设计规范》进行。

（6）设计资格证书是确保设计质量的一项重要制度。设计单位应按隶属关系向主管部门和省、市、自治区主管基建的综合部门申请，经审查、批准，颁发设计证书后，才具有设计资格。持证的单位可以按证书规定的业务范围和资格等级承担设计任务。没有设计证书的单位，不得承揽设计任务。建设单位不得委托无设计资格证书的单位进行设计。

7.6.2　精心施工

施工是实现设计意图的保证，是把设计图纸变成实物的实践活动。施工质量的好坏直接关系到国家财产和人民生命安全。对尾矿工程来说更是如此。施工必须贯彻"百年大计，质量第一"和"预防为主"的方针。为了确保工程质量应做好以下几方面的工作：

（1）选好施工队伍。施工队伍的素质是保证施工质量的关键。在基本建设时期应选经验丰富的专业施工队伍，特别是熟悉尾矿工程的专业队伍。在生产期间，后期坝及维修工程困难较多，往往不能选择施工队伍，当地农民成了不得不用的施工力量，在这种情况下必须严格加强技术管理和质量监督，以保证工程质量。

（2）认真会审施工图纸。施工单位接到施工图纸后，必须认真组织学习和详细会审，应认真领会设计意图和熟悉各项技术要求。经过会审并经设计单位修改的图纸，施工单位必须按图施工。若因施工条件变动，材料不符合设计要求或因采用新技术、新工艺施工等原因，设计图纸必须进行修改时，应事前征得设计单位同意，并办理设计变更手续。

（3）明确质量标准。工程质量标准应以设计文件的要求为准。设计文件未明确要求的，应以施工验收规范的规定为准。目前，鉴于尾矿工程尚无施工验收规范，应参照水利部门现行的碾压式土石坝施工规范、水工混凝土施工规范、地下工程施工开挖规范以及其他专业工种规范为准。施工单位应据以采取相应的施工技术措施。

（4）施工单位要建立健全质量管理和保证体系。施工单位的质量管理，贯穿在工程建设全过程的每个阶段。它的主要任务是组织职工按照工程质量标准，完成建设任务。其重点是：建立严格的质量管理责任制，抓好施工工艺和关键部位的技术措施，严守操作规程，保证工程质量，建立健全技术责任制、质量检查制、回访包修制三项基本制度。

搞好施工质量，施工单位必须向职工进行技术交底，使施工者对工程的技术要求心中有数。设立质检机构，自检互检结合。加强材料与半成品的检验，加强施工过程的检查监督，严格工序交接检验，对不符质量标准的工程必须采取补救措施或返工重做。工程质量不合格者，一律不准交工。

（5）发挥甲方的技术监督职能。建设单位应对施工单位的施工质量进行全面的检查和监督。利用行政和经济手段管好质量。未进行质量检查和检查后不合格的工程不能计算工作量，也不得作为进度进行工程结算。隐蔽工程必须由甲方代表签证后方可隐蔽。

（6）基础验收工作。大坝基础开挖后，隧洞衬砌以前，排水构筑物和涵洞基础开挖完工后，应由地质勘察部门认真作出地质编录，由建设单位组织勘察、设计、施工单位，或邀请有关专家和上级主管部门参加验收，对工程作出正式结论，并和详勘的地质结论进行比较，若发现差别大时，设计单位应作出修改设计，方可进行下一阶段的施工。

（7）技术档案和竣工图。为了全面鉴定工程质量，合理使用和维护建设工程，各施工单位都要按建设项目和单位工程积累以下技术资料：

1）永久水准点的坐标位置，主要建筑物和构筑物测量记录、沉降和变形观测记录；

2）图纸会审记录和设计变更；

3）材料、构件和设备质量合格证书；

4）施工记录和隐蔽工程验收记录；

5）工程质量检验评定和事故处理资料；

6）设备调整和试压，试运转记录；

7）主体结构和重要部位试件和材料的试验，检验记录；

8）竣工图和其他有关技术文件。

竣工图是真实地记录各种地下地上建筑物、构筑物等情况的技术文件，是对工程进行交工验收、维护、改建、扩建的依据，是国家重要的技术档案。必须在施工过程中（不能在竣工后）及时做好隐蔽工程检验记录，整理好设计变更文件，确保竣工图质量。竣工图一定要与实际情况相符，要保证图纸质量，做到规格统一，图面整洁，字迹清楚，不得用圆珠笔或其他易于退色的墨水绘制。竣工图要经承担施工的技术负责人签字认可。技术档案于正式交工验收后向甲方移交。

（8）竣工验收。竣工验收是建设项目建设全过程的最后一个程序。它是全面检查考核基本建设工作，检查是否合乎设计要求和工程质量的重要环节。竣工验收的依据是，经过批准的设计任务书和各项设计文件，施工图纸和说明，设备技术说明书，以及施工过程中设计、施工等部门的有关资料和文件。竣工验收前，建设单位应进行初检，编制竣工决算和竣工验收报告。竣工验收应由批准初步设计的单位组织，参加验收的单位除了勘察、设计、施工、生产单位人员外，还应请劳动部门、环保部门，工会，档案管理部门和银行的代表参加。经过正式验收合格的工程才能正式投入使用。

7.6.3　科学管理

由于尾矿库具有下列特点，所以，管理在尾矿库建设和运行过程中的重要性及其必要性，已越来越被人们所认识。这些特点是：

（1）尾矿工程具有边使用边施工的特点。初期坝竣工后，交付企业使用直至尾矿堆筑到最终设计标高为止，这期间实际上是使用单位利用尾矿筑坝的施工过程。尾矿筑坝，一般是指利用水力、机械、人工在坝顶进行冲积和堆筑坝堤。所以，从形成坝体的过程来看（主要对上游法筑坝），尾矿排放和堆筑子坝，二者都是利用尾矿进行筑坝的施工过程，这个过程周期很长，少则十几年，多则数十年。随着坝高的上升，还要不断封堵排水构筑物的进口，在这样长的岁月中，需要保持一贯良好的筑坝质量，以保证坝体的安全。

（2）构筑物经常在水中工作，长期受到水压、渗透、冲刷、溶蚀、气蚀、磨损等物理作用，以及侵蚀、腐蚀等化学作用，特别是尾矿水比一般天然水的成分更复杂，这种作用更强烈。汛期暴雨洪水，冬季严寒、风雪、冰冻长期地、周而复始地作用在这些构筑物上，影响着它们的性能。由于尾矿工程承受的这些外力及外界作用，使尾矿库很难保持几十年始终如一的良好运行状态，且有向不好的方向转化的趋势。

（3）由于各种原因，人们对尾矿库工程的诸多特点，无论在理论上还是在技术上，以及实践经验方面尚不完善，因此，使这些构筑物存在一些缺陷和弱点。加上在施工过程中，由于各种因素的限制，以致工程质量不佳，也在尾矿工程中留下不同程度的后遗症。

（4）在长期运行中，构筑物受到设计未能预见的自然因素、社会因素和非常因素的作用，使工作状态发生变化。

（5）在尾矿库内，尾矿表面以下一定深度内的尾矿坝料是一种固结状态，抗剪强度极低。尾矿坝在初期坝建成后即转入使用期，实际上也是修建期。这个时期由于库内存在欠固结状态的尾矿，因此，尾矿的稳定性较低。也就是说，尾矿坝的稳定性在其排放期最低，因此，整个排放都是管理的关键时期。

从上述特点可见，尾矿库在运行期间的任务是十分艰巨的。坝体结构要在运行期间形成，坝的性态向不利的方向转化，需不断维修，坝的稳定性在运行期间较低，需认真监视和控制，坝要承受各种自然因素的袭击，需要认真地对待和治理。放矿、筑坝、防汛、防渗、防震、维护、修理检查、观测等项工作都要在运行期间进行。必须有一套科学的管理制度和与之相适应的组织机构和人员。只有这样，才能弥补工程质量上的疏漏、设计上未能预见到的不利因素，确保尾矿库（坝）能安全运行。

7.6.4 提高技术水平

正如前面所分析的，技术落后是有色矿山尾矿库不能安全经济运行的重要原因之一，尾矿技术是一种综合性的技术，也是新发展起来的边缘学科，无论就其基础理论还是实用技术来说，都还处于开始发展的阶段，人们对尾矿工程认识还很不系统，更难谈到深入。实用上目前多借用水利工程上的理论和技术，但具有尾矿工程特点的一些问题，很难在水利工程的现有技术和理论上找到答案，因此必须加强科学研究，从基础理论到实用技术上都要深入开展工作，研究新理论和新工艺，开发新材料、研制新的设备和仪器，依靠技术进步，提高建库和管理水平，加速隐患治理，并逐步建立起有效的、先进的监测、预报系统和应急事故对策系统，避免事故的发生。

7.7 尾矿库的环境保护

尾矿库是矿山治理环境污染，防止尾矿浆影响环境的一项主要工程措施。它的工作机理就是密闭储存，防止逸出，同时利用库水的自净能力，降解某些有害成分。所以只要尾矿库密闭性良好、工程稳定，对环境造成的不良影响是很有限的。另一方面应该看到，尾矿库的兴建使当地地质历史上长期形成的自然景观、环境要素、生态平衡受到局部破坏和改变，从而使当地环境质量发生一定程度的变化。而且一旦工程发生事故或病害，密闭性遭到破坏，产生泄漏，将使较大范围的环境要素发生重要变化，造成环境污染，其后果是十分严重的。从这个意义上来讲，尾矿库又是一个巨大的面状污染源。1988 年 4 月 13 日发生的金堆城钼业公司栗西沟尾矿库排洪隧洞塌陷事故充分地说明了这一点。

另外还必须看到，尾矿库对环境影响的风险在尾矿库闭库后一段相当长的时间内依然存在。

7.7.1 环境污染物的来源

尾矿中污染物的来源主要有 3 个：一是固体悬浮物，这是尾矿水中最主要的污染物，在各种类型的选矿厂中都存在。二是矿石中含有对环境质量起影响作用的重金属离子，如汞、镉、砷、铬、铅等。这些元素经选矿后，仍然存在于尾矿中。三是选矿工艺中添加的药剂分解出的化学元素和组分等，如氰、酚以及各种盐、酸根和石油类物质等。

7.7.2 污染途径

尾矿库造成环境污染的途径主要是两个：一是以风为载体的粉尘污染；二是以水为载体的水污染。

尾矿库坝粉尘污染的滩面和坡面小则数万平方米，大则上百万平方米，当其脱水后，黏结性很差，一遇风吹就粉尘飞扬，污染附近环境，构成全国一类重要的粉尘污染源。有些尾矿粉尘中含有害、有毒元素，后果更为严重。从尘源向外扩散过程中，受风向、风速、地形地物的影响随距离增加有规律的变化，即由近及远粉尘含量逐渐递减。粉尘的粒度以 $0.005 \sim 0.1\mathrm{mm}$ 之间的粒组为主。气候干燥多风的地方这种污染比较严重。在南方，当风力很强时，这种污染也很严重，云南锡业公司在旱季遇到大风（风速达 $15 \sim 21\mathrm{m/s}$）或龙卷风、旋风时，可将尾矿刮得黄砂骤起，满天飞扬。

水污染主要是从排水构筑物排出的污水造成的。从坝体和山体中渗出的污水，以及雨水冲蚀坝体夹带尾矿砂的污水排入水体后，不但使水中原有物质组成发生变化，而且污染物还参与了能量和物质的转化及循环过程。当水中污染物超过允许浓度时，就破坏了水体的原有用途，甚至危及原有的生态系统。水体遭到污染，对居民健康、工农业生产和鱼类、水生物等自然环境都能造成危害，危害程度取决于废水中污染物的浓度、特性等多种因素。一般来说，尾矿库在正常运用的情况下是不会发生水污染的，但若尾矿库发生病害或事故造成泄漏，则水污染将会发生。

7.7.3 污染的防治

为了防治尾矿可能造成污染应积极予以防治，可采取以下措施。

7.7.3.1 稳定尾矿堆积体的措施

防止冲刷、飞扬，具体办法有：

（1）洒水和水幕法。向尾矿干燥的滩面喷水或者在山谷型尾矿坝的坝顶附近向空中喷射形成一道水幕将尘源和污染区隔开。这两种办法都要加压泵站、管道和喷头，但水幕法所需材料不多。

（2）覆盖膜法。在尾矿表面喷洒覆盖剂使之与尾矿形成一个"膜"，达到防尘的目的。

覆盖剂是一种乳状溶液，具有一定的胶结性能，把表层尾矿黏结成不易被分散的整体，这样就可使尾矿不被风吹走。这种覆盖剂无毒，具有溶水性、抗风性、一定的耐雨性和抗寒性。

（3）植被，种植永久性植物。在尾矿坝坡种植永久性植物，如云南锡业公司在坝面种植覆盖坝面的植物。这些植物植株低矮、枝叶稠密、根茎发达、生长茂盛、繁殖容易、能保土固堤。种植时因地制宜选择栽培种类，云锡古山选厂广街、红土坡、白沙塘尾矿坝栽种芦苇、夹竹桃等；新冠、大屯等地尾矿坝栽种铁线草、龙须草、柳树；铜陵杨山冲尾矿坝坡上种有刺槐、棉槐，高矮适宜，生长茂盛，护坝防尘。栽培要讲究技术，直接在尾矿砂上栽培成活率低，长势较差，有些如硫化矿用的尾矿坝根本不生长，一般采用培土种植，在硫化矿的尾矿坝坡上加一层厚约0.3m的坝土，再铺草块来栽培。在时令上一般选择春季雨天栽种，在栽种技术上一般采用打塘种植为宜，塘深0.4~0.5m，塘内配上有肥力的土壤用水搅匀，再将带根芦苇等植物种上。雨水充沛时也可直接插枝，芦苇插枝前先在水中浸泡到长须根萌芽时再插栽，插枝深度不得少于三道节的深度。柳树可以倒插也可以顺插，夹竹桃必须顺插，深度0.4~0.5m。除了配壤、栽种外，还应加强后期的维护管理工作。另外有的地方还试验成功牛毛草适用于铅锌矿钙质尾矿场，芦苇草适用于铅锌矿污染的酸性尾矿上栽培。

（4）覆盖土石或用其他材料做护坡，防止风沙扬起或被雨水冲蚀，还可将稻草耙入堆顶部的表层上和尾矿填洼造地的地方。

（5）复垦种地。对于服务期满停止使用的尾矿坝以及用尾矿填洼造地的地方可以在表面覆土进行耕种。

7.7.3.2　改革生产工艺、抓源治本，尽量减少污染物进入尾矿库

在选矿上推广无氰选矿工艺，这项技术已在一些选厂得到应用，目前正在金堆城百花岭选矿厂进行工业试验，用硫代硫酸钠代替氰化钠，这样就可以使尾矿库不再有氰化物，当然不存在氰化物的污染了。

7.7.3.3　提高回水利用率，尽量减少污水的排放量

目前，我国的尾矿回水率一般不是很高，大都在70%以下，国外一些先进企业水的循环利用率已达80%以上。提高回水利用率，减少新水补充量，不仅有利于环境保护，而且在一定程度上缓和了日益紧张的水资源。

7.7.3.4　做好综合回收和综合利用，变废为宝

从环境保护的角度看，这可减少污染源的量，从经济意义看，则可回收有用资源和进行废物利用。

由于尾矿中仍然含有许多有用的元素，从这个意义看尾矿是一种资源，有些资源被流失，将成为污染物，如加以回收，则成为财富。因此应做好此项工作。

尾矿还可用作制造建筑材料的原料。

7.8　尾矿处理技术发展方向

我国有色金属矿山的尾矿处理技术虽然已有长足进步，但从维持现有设施的生产能力

和今后矿山的发展来说仍有大量的工作要做,有些技术难题需要探索,有关设施、设备和仪器需要进一步完善。尾矿处理技术发展的方向如下。

7.8.1 上游法堆高坝的研究

上游法堆坝是我国有色金属矿山的主要坝型,由于简单、方便,不需专门的设备而被广为采用。目前已堆高到 122m,设计堆高最高已达 180m,包括基础坝总高已达204m。这种坝型由于生产的需要,有向高发展的趋势。目前存在的主要问题就是动力稳定性差,即抗液化能力较差。发展方向是如何提高这种坝的动力稳定性,提高其抗液化能力。

7.8.2 下游法、中线法堆高坝的研究

德兴铜矿 4 号尾矿库设计采用中线法堆坝,坝高 215m,这种堆坝方法是国外尾矿高堆坝的主要坝型,我国有色金属矿山初次使用。应对其设计、施工、管理运行进行系统的研究,积累建设和使用经验。

7.8.3 细泥类尾矿堆高坝的研究

我国的一些矿山尾矿粒度较细,这种细泥尾矿抗剪强度低、渗透系数小、脱水固结慢,目前已堆的坝高最高为 20 余米,能否再向高发展,从生产上看,希望能再高,因此应进一步研究这种坝向高发展的可能性及应采取的技术措施。

7.8.4 高浓度矿浆堆坝的研究

目前,我国有色金属矿山的尾矿输送及堆坝除个别矿山外均为低浓度输送及堆坝,随着矿山提高经济效益的需要,要求尾矿输送节能愈来愈迫切,提高尾矿的浓度势在必行,尾矿浓度将由目前的20%左右,提高到40% ~70%或更高的水平。为此需要进行尾矿浓缩方式的研究、高浓度尾矿输送阻力及减阻的研究、高浓度输送设备研究、输送管材抗磨蚀的研究和高浓度尾矿沉积规律及对坝体结构影响的研究等。

7.8.5 尾矿坝安全监测及预警的研究

大坝的观测是目前尾矿坝管理工作中的薄弱环节,目前还未引起人们的真正重视,应在安全监测方面进行应用新技术的研究。在传感器、原始数据采集、数据处理和储存方面引进先进的技术和装备。建立尾矿坝安全评价的程序,结合进行试验研究,开展大坝风险和安全度的分析,研究预警技术,完善报警设施,以使安全监测工作真正发挥其应有的作用。逐步能做到自动监测、自动分析、自动报警。确保尾矿坝的安全运行。这项工作应选择典型进行试点。

7.8.6 开展赤泥堆坝的研究

赤泥堆坝在我国铝厂虽已普遍应用,但对赤泥的诸多特性及其堆坝中的各种问题,如自立性、黏性、抗压、抗剪强度等缺乏应有的认识,因而对在堆坝中出现的安全问题难以从根本上进行防治。因此,要在不断总结经验的基础上,开展对赤泥堆坝问题的研究。

7.8.7　发展水质处理技术，治理环境污染

随着我国对环境管理工作愈来愈严格，不少尾矿库排水的水质达不到国家环保要求的排放标准，这就要积极开展水质处理的研究。此外，为了更好地利用循环水，尾矿浓缩也存在一个提高水质的问题。

7.8.8　开展尾矿综合利用的研究

从某种意义上来看，尾矿仍然是一种资源，因此要积极开展从尾矿中回收其他有用金属和矿物的研究，这方面有的已经进行，如铜官山铜矿、铜录山铜矿和白银公司等从尾矿中回收硫或铁，盘古山钨矿从尾矿中选铋，都取得了很好的效益。尾矿作为建筑材料的研究也应积极开展。

7.8.9　开展服务期满的尾矿库的复垦研究

有色矿山已有几十座尾矿库服务期满，应作出闭库的设计，有的可以复垦还田，有的可作它用。对废弃尾矿库的防洪问题应作妥善处理。在这方面我们已有一些好的经验和榜样，应加以推广。

8 尾矿库事故案例

8.1 云南锡业公司火谷都尾矿库溃坝事故

1956 年 6 月由冶金工业部北京有色冶金设计研究总院设计，1957 年 7 月开始施工，1958 年 8 月竣工投入使用，1962 年 9 月 26 日发生了重大溃坝事故，为总结经验，现将有关情况综述如下。

8.1.1 火谷都尾矿库位置及库容情况

云南锡业公司火谷都尾矿库为一自然封闭地形，位于个旧市以北约 6km，西面与火谷都车站相邻，东面高于开远个旧公路约 100m，水平距仅 160 余米，北邻松树脑村，再向北即为乍甸泉水口，高于乍甸泉约 300m，山峦起伏，地势陡峻。库区有两个垭口，北面垭口底部标高为 1625m，东面垭口底部标高为 1615m，设计最终坝顶标高为 1650m，最大库容为 1270 万立方米，设计为东面垭口建筑主坝，待尾矿升高后，再以副坝封闭北面垭口（见图 8 − 1）。

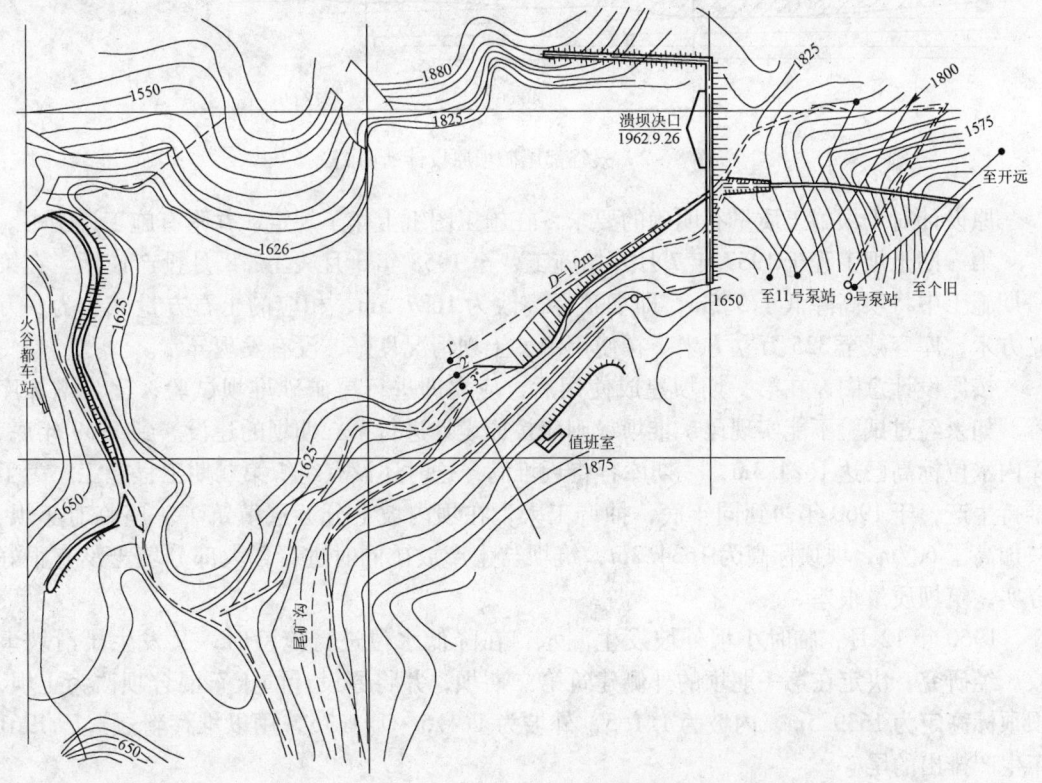

图 8 − 1　火谷都尾矿库平面图

该尾矿库所在地喀斯特不甚发育，但周边仍有少量喀斯特溶洞，为此，仍在尾矿库的四周开设了放矿沟，1958年8月正式投入使用至1962年9月26日发生溃坝事故，共储存尾矿814.3万吨，其中在坝前放矿量为94.3万吨，该部分尾矿中，200目以上仅为20.25%。

8.1.2　尾矿库构筑方式

在东面垭口建设的主坝，原设计为土石混合坝（图8-2），因工程量大，分为两期施工。第一期工程为土坝，坝高18m，坝顶标高为1623m，内坡下部为1:2.5，上部为1:2；外坡为1:2；此时库容为475万立方米，土方量12万立方米。第二期工程为土石混合坝，坝高35m；坝顶标高1650m，库容较第一期增加了800万立方米，土方工程量32万立方米，石方工程量18万立方米。

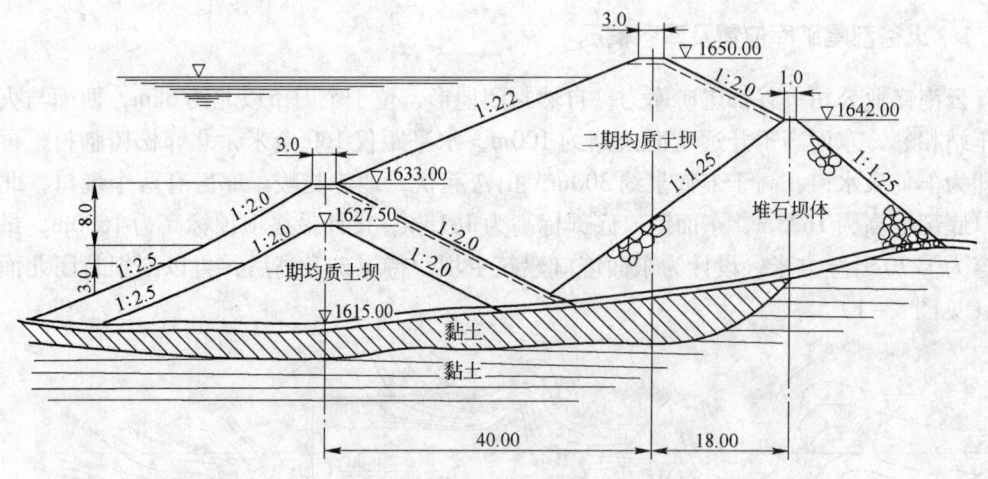

图8-2　火谷都尾矿坝原设计断面图

原设计对土坝施工质量有明确的要求，在施工图纸上作了规定，并附有施工说明书。

第一期土坝工程于1957年7月开始施工，至1958年5月竣工，8月投产使用。在第一期施工中将坝高降低了5.5m，即坝顶标高改为1627.5m，相应的土石方量减少为9万立方米，库容减至325万立方米。在使用中，土坝情况良好，没有发现异常。

按原设计意图，在第一期坝建成使用后，应立即进行尾矿砂堆坝试验，逐步增加库容。如果经过试验不能实现尾矿堆坝，则应按原设计进行第二期坝的建设。到1959年底，库内水位标高已达1624.3m，一期库容将近堆满，这时还没有组织第二期工程施工。为了维持生产，于1960年初到同年底，抽调工人，在坝内坡上分五层填筑了一座临时小坝，共加高了6.7m，坝顶标高为1634.2m，筑坝与生产放矿同时进行，大部分填土没有很好夯实，筑坝质量很差。

1960年12月，临时小坝外坡发生漏水，在降低水位进行抢险时，又发生了滑坡事故。经研究，决定在第一期坝的外侧建筑第二期坝，并将原设计的土石混合坝改为土坝，坝顶标高定为1639.5m，内坡为1:1.5，外坡为1:1.5～1:1.75，用以堆存新冠选厂1961年生产排出的尾矿。

第二期坝应全部按照第一期坝的质量要求进行施工。至于第二期坝工程是否能堆筑在临时小坝上，以减少工程量，必须待工程地质勘察工作作出结论后再作决定。1961 年 3 月，第二期工程已施工至 1625m 标高，但坝体堆高速度落后于库内水位上升速度。为维持选厂的生产和减少土方工程量，在没有勘察资料的情况下，即决定第二期工程可以部分压在临时小坝上。同时，提出进一步查明工程地质及尾矿沉积情况后，再研究决定第二期工程采取前进（全部压在小坝上）或后退（只压 1/3）的方案。1961 年 5 月，在未再进行工程地质工作的情况下，决定将二期坝全部压在小坝上，土坝的内坡为 1∶1.5，外坡自上而下分别为 1∶1.5，1∶1.6 及 1∶1.75，并将二期坝再加高 4.5m，坝顶到 1644m 高程（见图 8-3）。

第二期工程从 1961 年 2 月开始施工，到 1962 年 2 月竣工，按原设计要求，每层铺土厚度为 15~20cm，当土壤含水率为 20% 时，容重不小于 1.85t/m³，修筑二期工程时，曾把土壤容重改为 1.7t/m³，没有规定相应的土壤含水率指标。施工工作和生产放矿齐头并进，其间甚至有 4~5 个月的时间，由于库内的水位上升较快，不得不依靠先堆筑土坝的上游面来维持生产，因此整个坝体的结合面增多（较大的结合面有 6 处）。坝体的结合部位没有采取必要的措施处理，施工质量差，施工过程经试验后规定，每层的铺土厚度为 50cm，实际的铺土厚度大部分为 40~60cm，个别为 80cm，土坝压实仅用平碾压路机，施工中作了质量检查和取样试验，大部分土壤压实后的湿容重为 1.7t/m³ 以上。在施工期间已发现临时小坝后坡有漏水现象，有一段土壤（长约 100m，宽 1m，高 1m，为后来出事故的决口部位）含水较多，没有压实。在临时小坝内部还埋入了 1960 年抢险时投入的一些钢轨、木杆、草席等杂物，在第一期坝的外坡上原有长 43m，高 5~9m 的毛石挡土墙没有拆除，也埋入了第二期坝体内。

第二期工程竣工后不久，于 1962 年 3 月份曾发现坝顶有长 84m，宽 2~3cm 的纵向裂缝一条，多条横向裂缝，经过一个多月时间的观测，发现裂缝仍在发展，便在 5 月间将裂缝挖开，重新填土夯实。

8.1.3 生产管理情况及事故前征兆

由于缺乏经验，从 1961 年 3 月份开始在坝前放矿，尾矿粒度细，平均粒径只有 0.022mm，-0.019mm 的占 74.44%，加之施工和放矿同时并进，互相影响，因此在坝前没有及早形成尾矿砂滩，为调节生产需要，有时又多蓄了一些水，由于蓄水过多，水浪不断对坝体冲刷，造成坝内坡局部坍塌。

尾矿库管理人员共计有 15 人，坝上没有照明设备，汛期也没有特殊看守和戒备。事故前 3 天降了中雨，降雨量共 28.8mm，库内水位上升比较快，9 月 23~25 日，水位升高 26cm，库内水位标高达到 1641.66m，是尾矿库投产以来的最高水位（图 8-3）。

1962 年 9 月 20 日，发现坝的南端和后来决口处的坝顶上各有 2~3mm 的裂缝 2 条，长度均为 12m 左右，另外在迎水坡上，距坝顶约 0.8m 处（事故决口部位上）亦发现同样裂缝一条，9 月 25 日下午 6 时查看，未发现任何变化，事故前在坝外坡未发现渗水、滑坡或坝体变形等现象。

8.1.4 尾矿库发生事故的时间及状况

火谷都尾矿库发生事故的时间是 1962 年 9 月 26 日凌晨 2∶30~3∶00 之间，当时长

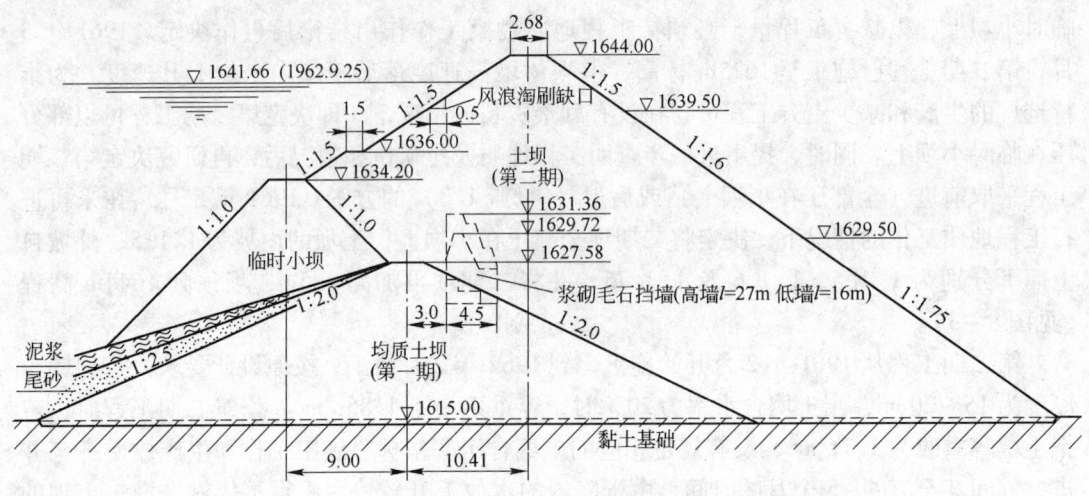

图 8-3 火谷都尾矿坝溃前实际断面

441m 的主坝中部发生溃决，决口顶宽 113m、底宽 45m，深约 14m，库内共储存尾矿 814.3 万吨，至 26 日上午 6 时 10 分共涌出尾矿 330 万立方米，涌出清水 38 万立方米，合计共 368 万立方米，库内水位从 1641.66m 降至 1633m。

8.1.5 事故的后果

这次事故由于在深夜发生，涌出的尾矿浆量大，冲力猛，因而造成了人民生命财产的巨大损失。受灾区有洪寨等 11 个村寨和乍甸农场，冲毁及淹没的田地 8112 亩，甘蔗 81 亩，损失粮食 675t。

河道及水利设施冲刷淤塞，共计长 1700m，另外沿河有 6 条沟由于冲刷、淤塞、塌方受到不同程度破坏的有 3800m，冲坏水闸 1 座，跌水坝 2 道，冲毁房屋 575 间。

乍甸至鸡街的公路、路基全部被破坏的有 80m，部分破坏的有 100m，被泥浆淹没的约 4.5km。

输电线路以及本公司乍甸提水系统的 7 号、8 号泵站，都受到严重的破坏，并影响开远火电厂全部停产，因缺电本公司大部分厂矿和地方部分厂矿被迫停产 110 天。受灾人口约 13970 人，其中死亡 171 人，受伤住院 92 人，伤亡合计 263 人。

8.1.6 事故的原因

（1）坝坡太陡，坝体断面单薄。由于第二期坝的设计经过几次修改，最后施工的边坡，上游为 1:1.5，下游 1:1.6，这对于用粉性壤土堆筑的高 29m 的坝来说显然过陡。坝顶宽度仅有 2.68m，上面还安装了 2 条铸铁输送管，也加重了坝顶的荷载。

（2）在一期坝坝坡上堆筑的临时小坝，当时是作为维持生产的临时措施，施工质量很差，且小坝基础落在尾矿砂和泥浆层上，本身就不稳定，以后未经详细勘探和技术鉴定的情况下，决定将第二期坝压在上面，这就增加了土坝向下滑的危险。

（3）尾矿坝修筑时，为了维持生产，不得不多次分期加高，使土坝的结合面增多，较大的结合面有 6 处，小的接缝为数更多。这些结合缝也没有按照土坝施工规范的要求进行必要的处理，结合情况不好，影响坝的整体性和稳定性。

（4）在修改原来二期坝的设计后，没有对使用的土料进行物理力学性能试验，缺乏筑坝土料必需的数据；决定边坡坡度时没有对坝的稳定性作验算，在施工过程中，又将土壤压实后容重降低至 $1.77t/m^3$（没有指明这是干容重还是湿容重），土壤含水率控制的范围也没有作规定。施工时每层铺土过厚，土料不均匀，并夹有风化石块，这些因素都造成坝的碾压质量不好。

（5）临时小坝下游坡的土壤，施工时没有很好夯实，其中有一段含水饱和无法碾压。抢险时期投入的树木、支架、草皮和施工生产留下的石墩钢轨等也没有清除。在第一期坝的下游坡还有一座长43m的石砌挡墙，也被埋入坝体内，这就有可能造成坝体不均匀沉陷和形成裂隙通道等隐患。另外土坝碾压仅用平碾压路机，由断口处出露的情况可以看出土坝层次分明，层面很光滑，各层间结合情况不好，有些部位上还夹有尾砂矿层，使坝的整体性受到破坏。

（6）在第二期坝设计时，原考虑在上游利用尾矿堆坝，使之对土坝起保护作用，增加坝的稳定性，但在使用过程中，由于没有及时在坝前放矿，尾矿堆筑的上升速度很慢，形成断断续续的砂堆，没有能够将清水逼离坝前。尾矿池内经常储有一定深度的清水，使尾矿坝处于类似水坝的工作状况，水浪对上游坝坡不断冲刷浸蚀，加之坝身断面本来就比较单薄，更减弱了坝的稳定性。

（7）构筑二期坝时又是边施工、边生产，蓄水放矿同时进行，使坝身土壤不能很好固结。加之坝下游没有设置过滤水体，使土坝的浸润线升高，渗透压力加大，容易造成滑坡。

（8）在尾矿设施的运行管理上，缺少严格的防护、维修、观测、记录制度。运行过程中对尾矿砂的堆积情况研究不够。

8.1.7 善后处理

火谷都尾矿坝溃坝后，在上级有关部门的关怀下，及时堵截坝堤决口，突击抢救灾民，对灾民进行抚恤救济和慰问，帮助灾民重建家园以及恢复工农业生产等工作，并成立了事故调查技术组。为了解决决口地段经冲刷后坝体的物理力学性质与溃坝下游地段受冲刷的稳定性，对决口地段进行了工程地质勘察，在长约110m的决口地段，补做了工程地质钻探及物理力学性质试验，为重新筑坝获取依据（见图8-4）。

8.1.8 经验教训

（1）尾矿处理是冶金工业生产的一个重要环节，应当把尾矿处理放在应有的重要位置，做到首尾兼顾。无论在企业投资安排、劳动力安排、经营管理都应把尾矿处理放在重要地位。

（2）尾矿处理应有一个长远规划，才能保证生产的顺利进行。

尾矿工程建设周期长，不提前3~5年进行建设是难以保证生产的，在土地征购困难的地方需要更长时间。选矿厂尾矿排放，不能临渴掘井或采取填填补补的临时措施，必须根据生产规模，保有足够的尾矿堆存库容。

（3）尾矿坝的建设必须特别重视质量，确保安全。

从设计上必须充分考虑可能发生的不利条件，严格执行设计规范；施工中要确保质量，生产管理上要配备足够的技术力量和维护人员，经常进行观测检查，重要的尾矿坝应

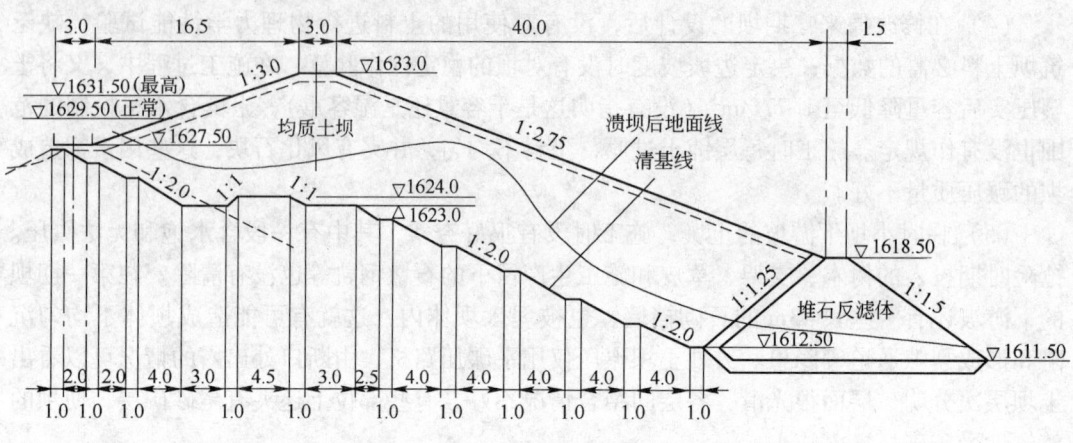

图 8-4 火谷都尾矿善后处理断面图

作为要害设施,日夜巡逻。

对细粒级量大的尾矿来说,必须坚持从坝前均匀分散放矿,使粗粒尾矿压在坝内坡,把细粒泥浆和清水赶到尾矿池中间或末端去。

(4)严格按基本建设程序办事,贯彻落实技术责任制。

尾矿坝工程应该严格按基建程序办事,执行国务院规定的设计文件审批制度和基本建设程序的有关规定。

对施工质量应有严格要求,要有严格的竣工验收手续。

建设尾矿库,必须贯彻落实技术责任制,切忌边设计、边施工、边生产。否则互相影响,造成隐患,一旦坝体溃决,后果不堪设想。

(5)要充分认识尾矿设施在选矿厂的重要地位。尾矿设施直接关系到矿产资源保存,关系选矿厂的持续生产,关系到选矿厂提高回水利用率,直接影响着选矿厂的经济效益以及环境保护,特别是下游人民生命财产的安全。

(6)尾矿设施一定要确保安全。选矿厂的尾矿一般都含有一定比例的水,有的往往还含有氯化物、硫化物、松油、砷等有毒药剂及元素,以及铅等重金属离子或其他悬浮物。尾矿库实际上是人造的、处于高势能位置的"泥砂流形成区",一旦发生事故,其危害的范围和严重性都是不堪设想的。尾矿库的建设,必须安全可靠,万无一失。

"设计是基础,管理是关键"。对尾矿库的复杂性一定要有充分认识,必须建立一套科学管理的规章制度,并严格贯彻执行,及时发现和消除尾矿库的隐患,化不利因素为有利因素,方能确保尾矿库安全。

8.2 郑州铝厂灰渣库溃决事故

8.2.1 概述

(1)灰渣库位于郑州铝厂西南约 2.5km,处汜水河东侧,原系黄土台地中的一条北西向冲沟(西涧沟),处于干涸冲沟中段;左右两岸分别为荥阳县峡窝乡大坡顶、石嘴及西涧沟村,上段是第一赤泥库,下方为第二赤泥库并兼作灰渣坝。赤泥、灰渣堆场概况见图 8-5。

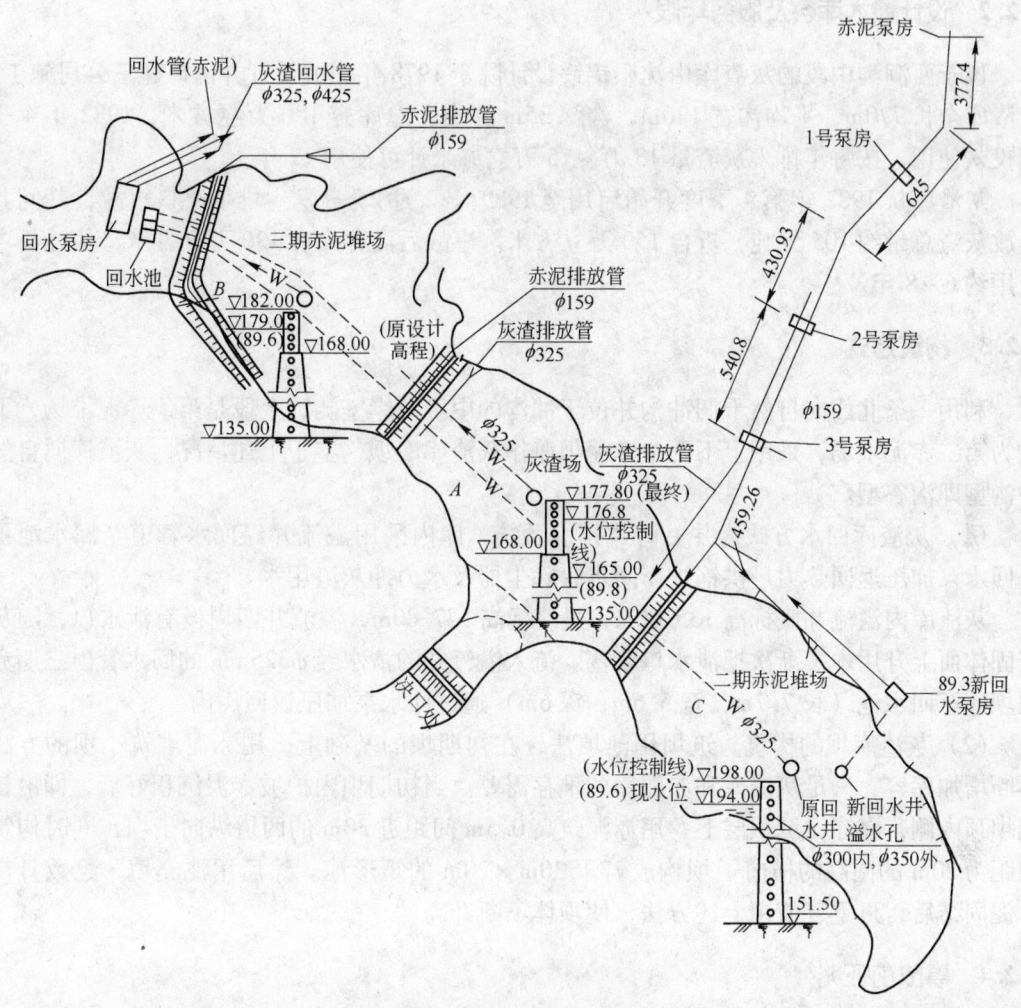

图 8-5 赤泥、灰渣堆场概况

A：1. 库容 180 万立方米（事故后尚存库容 120 万立方米）；2. 1982 年 4 季度投用；3. 服务年限 15 年（尚可用 8 年）；4. 年排放 13 万～15 万立方米；5. 年堆积高 2.5～3m 左右；6. 初期坝▽165.00m，后期坝▽178.00m；7. 库长 770m，平均宽 125m；8. 决口处新坝郑铝设计室设计，工程公司施工（1984 年 4～6 月，7～12 月）；9. 初期坝顶宽 12m，底宽 95m，顶长 55m。

B：1. 库容 208 万立方米；2. 服务年限 7 年；3. 1980 年初建设，1981 年 2 季度投用；4. 年排放量 25 万～30 万立方米左右；5. 年堆积高 3～5m 左右；6. 初期坝▽135m，后期坝设计高▽168.00m；7. 库长 350m，平均宽 250m；8. 沈阳铝镁院设计，矿建施工；9. 坝长 170.27m，87.6m（里侧坝）。

C：1. 库容 300 万立方米；2. 服务年限 10 年；3. 1972 年底建成，1973 年初投用；4. 年排放 25 万～30 万立方米；5. 年堆积高 3～5m；6. 初期坝▽163.5m；后期坝 189.00m；7. 库长 800m，平均宽 150m；8. 郑铝设计室设计，工程公司施工；9. 初期坝顶宽 4m，底宽 69m。

（2）灰渣库溃决处理地理特征。在灰渣库与氾水河间的土体中，被近东西向长约 700m 的一条冲沟所截，但未沟通。其隔挡呈马鞍形处于灰渣库的西缘，顶宽约 30m，高 15～20m，长约 50m。在隔挡的南北两端各有 1 个鼻状体突入灰渣库，北鼻南侧有隐伏窑洞 2 个，南鼻南侧有隐伏窑洞 5 个。

8.2.2　设计最大库容及服务年限

位于西涧沟中段的灰渣库由沈阳铝镁设计院于 1978 年完成设计并由矿建三公司施工。灰渣库全长 770m，平均沟宽 120m，沟深 35m 左右，总库容 180 万立方米，1982 年 4 季度投入使用，按每年排入灰渣量 13 万 ~15 万立方米计可使用 12 年。

灰渣库从 1982 年第 4 季度开始启用至 1989 年 2 月 25 日发生堆场决口事故，其间共排放灰渣总量约 105 万吨，折合 150 万立方米。事故后尚存库容 120 万立方米，估计仍可使用约 6 ~8 年。

8.2.3　构筑方式

利用一条北西向自然干涸冲沟并位于冲沟的中段两岸壁陡，上段是第一赤泥堆场，下方为第二赤泥堆场，采用上下两个赤泥坝兼作灰渣库库坝，鉴于上述情况，灰渣库属自然冲沟型即沟谷型。

（1）灰渣库回水方式为井 - 管式排水系统，库内采用溢流井经回水管道至回水池再经回水泵加压返回热力厂供锅炉车间水膜除尘器及水力冲灰渣用水。

灰渣库内溢流井底标高 135.00m，最终标高 177.80m，溢流井四周设有泄水口，随灰渣固体面上升用木楔渐次把泄水口堵塞。流入溢流井的清水经 $\phi 325mm$ 的回水管由三期赤泥坝底至回水池（长 7.7m，宽 5.6m，深 6m）通过回水泵加压返回厂内。

（2）灰渣库坝的构筑。筑坝用池填法，在初期坝的基础上，用赤泥堆筑小坝的方法不断增加库容，满足灰渣库和赤泥库的堆存需要。当初期坝内护坡赤泥沉积好后，即沿初期坝顶内侧，在赤泥沉积层上，用赤泥筑高 0.5m 间距近 30m 的两道纵向子坝，同时构筑间距为 20m 的同高的横向子坝构成若干 30m×20m 的矩形池。然后用泥充填，经数日待赤泥固结后，再重复使用上述方法，使坝体不断升高。

8.2.4　事故前征兆

西涧沟灰渣堆场西侧垭口处溃决前，垭口背水面第一、二台地土体浸泡，曾出现沉陷。1989 年 2 月 25 日下午 17 时第一台阶地出现了长约 10m、宽 5m 的塌陷。事故发生前约 22 点 30 分在灰渣堆场西侧垭口处，突然发出巨大的塌方声，随即发出由弱至强的溃泄流水声。

8.2.5　事故发生的时间及状况

1989 年 2 月 25 日 23 时 30 分左右，位于该厂西南约 2.5km 的西涧沟灰渣库西侧垭口处突然发生溃决，近 30 万立方米的灰渣水夹带大量灰渣和坍塌土方沿垭口西直冲而下。经现场勘察，溃决口上宽 190m、下宽 90m、切深 15m 灰渣库西侧冲沟切深 3 ~5m，冲刷宽度 20 ~50m。

8.2.6　事故的原因

灰渣库隔挡山体坍塌溃决事故的原因很多，有管理上的原因，也有设计上的问题和自然条件与社会因素等。

（1）库内积水过多，回水管结垢破裂。由于溢流井回水管道在使用中结垢和地基的不均匀沉降使穿过赤泥库底部的灰渣回水管道破裂，致使赤泥附液进入灰渣回水管内，使得灰渣水与赤泥渗液在回水管内产生软化反应，并将钙、镁离子析出，沉积于回水管内壁，加剧管道结垢造成灰渣库回水管不畅。

1986 年开始出现回水管道结垢后，其结垢厚度不断增大，回水量也逐渐减少，约有60%以上的回水管道因结垢而被堵塞，造成库水严重失调，进水比回水多33 万立方米。

该厂 1987 年下半年在灰渣库西南角筑赤泥小坝，向灰渣库内排放了约15 万立方米的水，在对灰渣库西岸低矮隔挡山体敷注赤泥护坡时，向灰渣库内排放了 5 万立方米的水，再加上灰渣堆场内原有的水使灰渣库内水量达 63 万立方米，由于回水管结垢，排水不畅，致使灰渣库内水位过高。

（2）外部干扰，使隐患扩大。在对西岸低矮隔挡山体敷注赤泥护坡加固中，原计划用两个月的时间加固完。但因农民截留出售赤泥和施工上不按要求敷注赤泥等原因，致使渣场西岸低矮隔挡山体不但没有加固，赤泥水反使其顶部进一步浸透和泥化，最后抵挡不住库内积水的压力而溃决。

（3）灰渣库原设计问题。该设计中对地基的不均匀沉降和管道结垢等均没有考虑，设计的回水管直径小（ϕ325mm），管道结垢无法清理。

（4）自然因素。据省水利专家和地质专家论证，该厂灰渣库系自然形成的黄土沟。此种土质透水性好、湿陷性强，垂直理和裂隙非常发育，在浸泡的情况下，比较容易软化、剥落、失稳和塌陷。又因 1989 年 1~2 月份的降水量偏大，仅 2 月份的降水量达41mm，是前 10 年同期平均降水量的 5 倍，1~2 月降水量为 116.8mm，是前 10 年同期平均降水量的 8.36 倍。

8.2.7　事故的后果

（1）冲垮距决口 600m 处厂铁路专用线路基90m，致使正在行驶的一列矿专用列车机车和五节车厢倾覆，调车员不幸遇难。车务组其余 4 名同志脱险。灰渣水经汜水河排泄过程中，造成了荥阳县峡窝、高山、汜水三乡的 6593 亩农田不同程度过水，汜水乡若干农民住房进水，事故期间无其他人员伤亡。

（2）灰渣库溃决所造成的直接损失情况：

1）破坏农田约 282 亩，其中隔挡及两端土体坍塌毁农田约 15 亩，东西冲沟毁坏农田约 42 亩，冲积扇覆盖农田约 225 亩。

2）冲毁专用铁路线路基 90m。

3）冲毁火车机车 1 台，车厢 5 节。

4）死亡 1 人，轻伤 3 人，受灾农家 1 户。

灰渣库溃决事故发生后，经市、县、厂三方协商，由市人民政府核定该厂共支付善后处理费 1410 万元（带扶贫性质）。

8.2.8　经验教训

（1）应进一步贯彻执行"安全第一、预防为主"的方针，提高对安全生产的认识，加强对尾矿库运行管理，充实专业技术人员，建立健全各级管理制度和岗位责任制，明确管理职责，对尾矿库存的问题及时解决，确保安全运行。

（2）应采取措施，解决回水管结垢的清理和检查，适当增大回水管的管径，在回水管上部增设人孔门以便清理回水管结垢。

（3）在设计和施工中应对回水管地基作必要处理，以解决地基不均匀沉降所造成的回水、管道破裂和管道位移问题。

（4）长期以来该厂尾矿库的筑坝工作只能由当地农民承担，否则农民进行干扰，阻碍尾矿库的工作。只有妥善处理好工农关系，排除干扰，才能进一步消除人为的不利因素，更好地做好尾矿库安全运行工作。

8.3　银山铅锌矿尾矿坝决口事故

8.3.1　概况

银山铅锌矿位于江西省德兴县境内，现采选生产能力为 1600t/d。尾矿库建在选厂西北 100m 处的西山两侧袋形山谷中，占地面积 654m²，汇水面积 1.05km²。尾矿库的下游紧连矿山的机关、机修厂和职工生活区，下游 1400m 是德兴市市区（见图 8-6）。

该尾矿库为山谷型，于 1961 年初开始建设，同年底投入使用。原设计最大库容为 570 万立方米，初期坝高 12m（坝顶标高 67.5m），坝长 107m，最终堆积坝标高 100m，可供 1000t/d 选矿厂年排出尾矿量 21.5 万立方米使用 20 年。随着生产年限的延长，库容不能满足生产的需要，于 1981 年 2 月进行了第二期设计，采用原尾矿库继续堆坝加高方案。设计将尾矿库死水位由原设计 97m 提高为 112m，加上调洪高度 2.2m，安全超高 0.8m，最终堆积标高 115m，新增有效库容 400 余万立方米，按年处理矿石量 55 万吨，年尾矿量 32 万立方米计算，服务年限可延长 13 年。为适应矿山的继续发展，1990 年 6 月 2 日进行了第三期扩容设计，将最终堆积坝标高由二期的 115m 提高为 120m，新增库容 423 万立方米，尾矿库工程等级由原来的三级升为二级，总库容量为 1434 万立方米，坝体总高为 64.5m，按年处理矿石量 69.3 万吨，年尾矿量 40.8 万立方米计算可使用年限延长到 2004 年。

该尾矿库 1962 年 7 月 2 日因洪水漫坝，初期坝决口，造成尾矿泄漏。当年坝高为 6m，选厂日平均处理量 335t。

8.3.2　事故发生的过程

1962 年 5、6 月份，德兴地区多雨，5 月份全月降雨量为 340.1mm，6 月份降雨量为 279.7mm，而 6 月份降雨量又以下旬为多。在 6 月 23 日至 26 日降过暴雨后，6 月 30 日至 7 月 2 日又持续降了 50 多小时的大雨。7 月 1 日 24 小时降雨量为 61.5mm，7 月 2 日 24 小时降雨量为 107.0mm。7 月 2 日上午尾矿库洪水漫坝，中午 12 时后坝肩出现决口，在洪水的不断冲击下，决口越来越大，最大时决口 10m 宽，深约 5m。

8.3.3　事故发生的原因

（1）初期坝没有施工到设计高度就投入使用。初期坝的设计高度是 12m，而先期施工高度仅为 6m 就开始投入生产。在坝决口之前，尾矿已堆至距坝顶只有 10~20cm，几乎

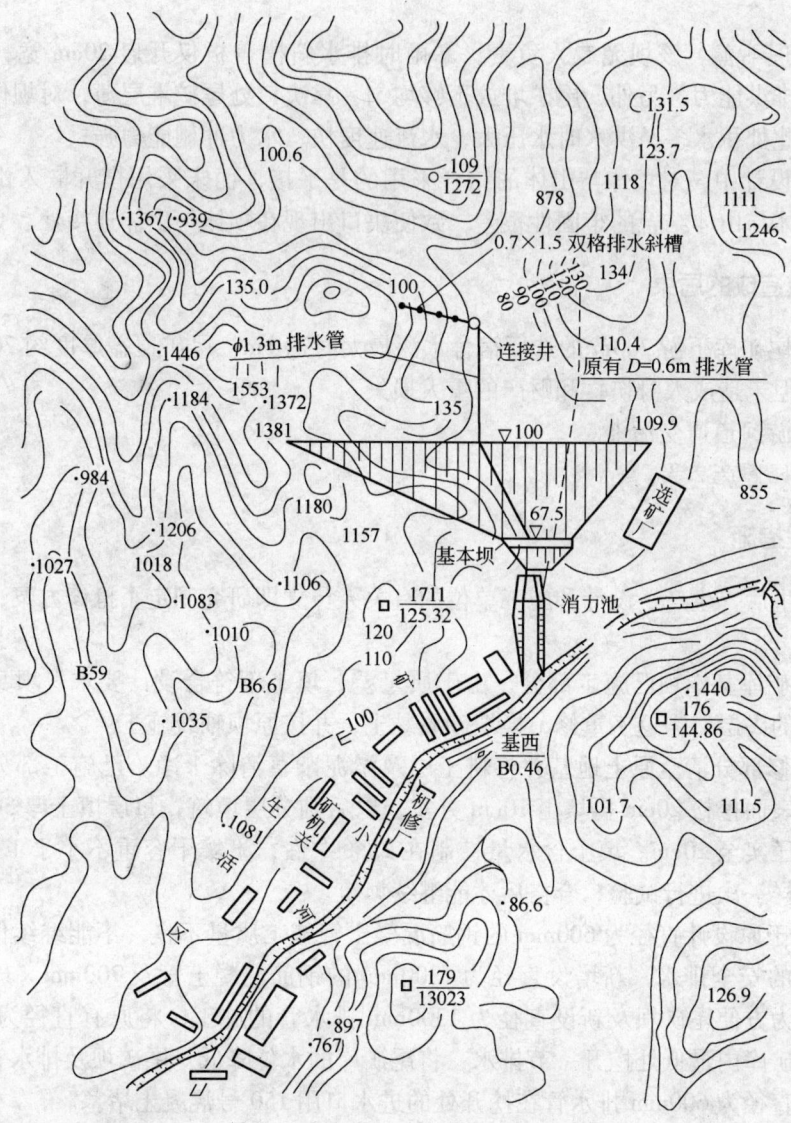

图 8 - 6 银山铅锌尾矿坝平面位置图

没有调洪库容。

（2）坝体施工质量差。原设计是采用黏土类土壤作为筑坝土料，但施工筑坝土料中却夹有大量的强风化性岩石，黏性很差。另外，施工时未按设计要求夯实所填土层。在原设计中要求将 30cm 左右的松土夯实为 20cm 左右的厚度，而实际施工是将 70cm 左右的松土夯实至 50cm 左右的厚度。从决口中可以清楚地看到各填土层的厚度。由于一次填土过厚，打夯时冲击力达不到下层，表面显得很紧，而下层却很疏松，层与层的结合不佳，黏合不够紧密。

（3）排水管施工质量差。在排水管施工后进行试验，出现漏水现象，当时进行过抢修。在施工中排水管基础未能按设计要求施工，因而很难预料到排水管在投产后，由于不均匀沉降以致引起排水管折裂，各管段相互错动，减少过水断面，排水量达不到设计要求。

(4) 管理不善。该坝无专人负责,暴雨时排水斜槽盖板仅开启 20cm 宽,未完全打开,降低了排洪能力。另外,尾矿堆放不够均匀,靠决口处尾矿堆层薄,对坝体的加强作用就弱些,此处积水多,洪水时水压大,水流速度快,水力冲刷能力强。

(5) 原设计中,对坝体与山体的结合采用的是平接,而未采用楔开嵌入山体内的办法,因而坝体与山体结合的牢固性很差,致使决口出现在坝体与山体连接处。

8.3.4 事故造成的后果

(1) 距尾矿库下游 200m 的选厂宿舍水深最大时达 1m,尾矿覆盖厚度约 20cm,部分财产被淹,但未造成人身伤亡和财产的重大损失。

(2) 下游河道遭受污染。

(3) 选厂停产 2 天。

8.3.5 治理措施

事故发生后,生产、设计和施工单位的有关人员立即研究制定了抢修方案,其主要措施是:

(1) 尾矿库基本坝已施工部分,由于质量差,填土不符合设计要求,坝身填土含有大量风化石的夹层,需返工重修,换填砂质黏土,并按原坝轴线施工。

(2) 返修部分清至原土地基并将耕土层及淤泥杂草清除干净。已施工部分坝的地基在返修时将表面挖松 20cm 再填土 10cm 夯实,以后则分层填筑,每层填土厚 30cm,用履带式拖拉机压实至 20cm。填土含水量控制在 25% 左右,土壤干容重不小于 1.5t/m³,每填筑一层取样一次进行试验,合格后才能继续填筑。

(3) 由于原设计直径为 600mm 的钢筋混凝土管施工质量不良,不能继续使用,为了解决尾矿库的安全排水,新增设直径为 1300mm 的钢筋混凝土管及 700mm × 1.500mm 的排水斜槽。为方便尾矿坝及新设直径为 1300mm 排水管的施工,将原有直径为 600mm 的排水管在尾矿库内最低处挖开一节排水,将尾矿库的水位降低,尾矿坝及排水管施工完毕后,将原有直径为 600mm 排水管在挖开处的进水口用 150 号混凝土堵塞。

(4) 为满足尾矿库初期排水能力的要求,将基本坝的坝顶标高由原设计 66.5m,提高到 67.5m。

重修基本坝的断面尺寸见图 8-7。

8.3.6 经验教训

(1) 尾矿库应按设计程序建成后方可投入使用。

(2) 当尾矿充填到初期坝坝顶的高度时,调洪库容最小,必须按这种情况确定排水构筑物的泄水流量,在管理上应及时加高筑坝,否则调洪库容小,若泄水能力不够,势必造成溃坝。

(3) 尾矿坝的施工应特别注意质量。施工时必须严格按设计要求和作业计划及技术规定精心作业。必须有施工记录和竣工验收手续。设计、施工和生产单位要相互协作,共同把好质量关。

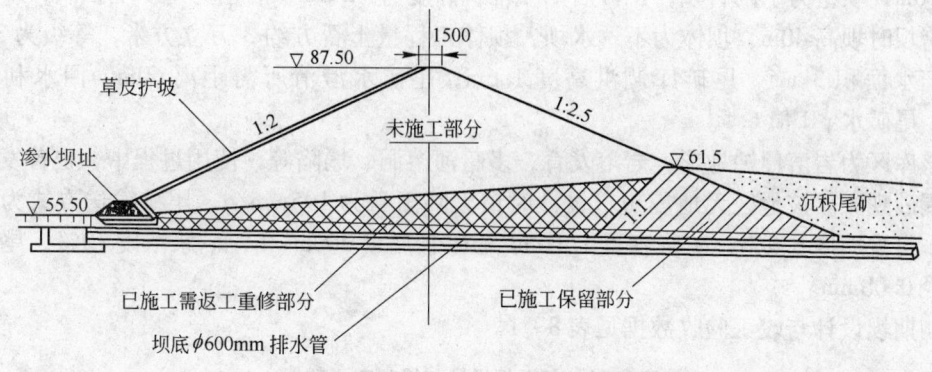

图 8 – 7　尾矿基本坝重修横断面图

（4）加强生产管理和安全技术监测。尾矿库要配备足够的生产维护人员和一定的专业技术人员。建立必要的坝体动态监测系统，定期进行观测检查，分析研究，发现异常及时采取处理措施，以保证尾矿库的安全运行。

（5）在汛期要加强尾矿库的巡视，昼夜值班。汛前要制定好防洪抢险措施，作好组织和物资准备，以防万一。

8.4　柿竹园有色金属矿牛角垅尾矿库溃坝事故

8.4.1　概况

该库于 1971 年 1 月建成投产（见图 8 – 8），设计服务年限 13 年，设计库容 215 万立方米，有效库容为 150 万立方米，选矿处理能力初期为 400t/d，后期为 570t/d，排出尾矿量 425t/d，每年 13 万吨，垮坝前已堆尾矿量 110 万立方米（约 150 万吨）。选矿方法采用浮选，主要矿物为方铅矿、闪锌矿、黄铁矿。尾矿库为山谷型，纵深长度 500m。初期坝

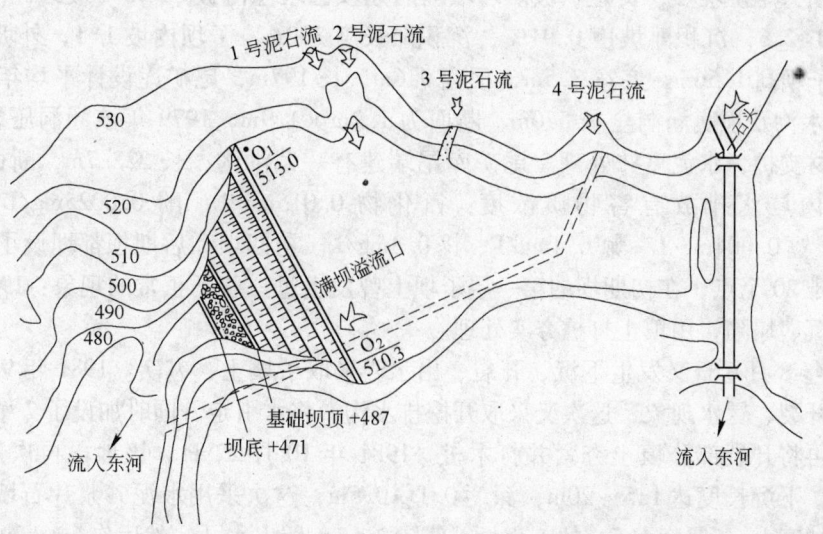

图 8 – 8　牛角垅尾矿库平面图

高为16m，坝型为干砌石坝，尾矿后期坝堆筑高度为41.5m，后期为尾矿堆积坝，外铺黄土，垮坝时坝高40m，坝体为不透水坝，坝体工程量土石方约3万立方米，等级为3级，库区汇水面积3km^2，尾矿库调洪高度1.6m，尾矿水澄清所需距离60m，回水利用率40%，尾矿水pH值6.5。

该库区为岩溶侵蚀地形，岩溶发育，多暗河溶洞、塌陷等，使用过程中，也曾发生过溶洞漏砂现象。该地区无地震史，设计时最大降雨量为195mm/d。尾矿输送方式为明沟自流，自流坡度6.9%，矿浆容重1.1t/m^3，矿浆流量260m^3/h，矿浆浓度10%，尾矿平均粒径0.08mm。

初期坝设计与竣工验收数据见表8-1。

表8-1 初期坝设计与竣工实测数据

初期坝	设计	竣工实测数据
坝底标高/m	471	471
坝顶标高/m	487	487
坝顶宽度/m	3	2.9
坝底宽度/m	53.1	55.78
坝顶长度/m	92	95.7
坝底长度/m	90	90
坝外坡度	1:1.13	1:1.1
坝内坡度	1:2	1:2
坝型	不透水堆石坝	不透水堆石坝
防渗层结构形式	用黏土斜墙防渗 厚度：上0.5m 下1m	用黏土斜墙防渗 厚度：上0.5m 下1m

从表8-1可知，施工质量是符合设计要求的。

后期坝为尾矿堆坝，黄土护坡。垮坝前后期坝已堆至海拔510m（最终标高514m），外坡坡度1:2.6，沉积滩坡度0.91%，沉积滩长度300m，子坝内坡1:1、外坡1:1.1~1:1.79、子坝高1.56m，底宽3.5m，顶宽0.6m，长197m，尾矿库设计平均年上升速度3.6m，排水沟及坝底涵洞全长570m，断面为1.2m×1.9m，1979年该涵洞压裂漏尾砂，后采用钢材支护，水泥喷抹处理。尾矿库尾端建有一截洪沟，长222.7m，断面为4m×2.9m。库内尾水排放有害物质浓度：氰化物0.015mg/L、酚0.0025mg/L、硫化物1.3mg/L、镉0.004mg/L、氟0.4mg/L、锌0.3mg/L。初期坝和后期坝都埋设了位移观察点，计4排20个点，在初期坝的第一层子坝上曾发生过一些不正常的现象：1980年3月发生过下沉、塌陷，用填土打桩夯实处理。

1981年8月6日又发生下沉、开裂、出水，采取了填土、夯实。1981年9月3日又发生下沉开裂、冒水现象，这次又采取开挖排水沟，将水引走，同时加设了7个渗水井将水引出，再将开裂部分填土夯紧并打木桩。1981年10月22日，该地段再次发生下沉、开裂现象，下沉长度达1.5~20m，深度0.1~0.5m，这次采用水泥砂浆片石墙，相当于将初期坝加高1m，厚度1.5m的工程量，每隔2~3m留出水孔，然后作6m高护坡，在砌筑过程中，坝内安设7个滤水井排渗水，该工程于1981年12月27日竣工。竣工后又在尾矿库末端发现一个约 4m² 的溶洞，用水泥砂浆封堵处理。1982 年 1 月 3 日完工，经处理后几年从未发生过异常现象。

该矿为了搞综合回收锡精矿，同时感到该库使用期快满，准备于 1985 年停止使用，并建起了 500t/d 锡选厂和尾砂输送系统，将库内的尾砂采出来选锡，然后将矿砂送至柴山烟冲沟尾矿库。该工程还未全部投产，就被 1985 年 8 月 25 日发生的特大洪水冲垮。

8.4.2 洪水漫顶垮坝

1985 年 8 月 25 日凌晨，该矿区内连续降暴雨，达 4h 之久（表 8-2），当即发生山洪暴发，造成了数百年不遇的特大洪水和洪灾，这场大暴雨是受当时 10 号台风的影响，加之矿区及牛角垅尾矿库的四周为高山，坡陡水急，暴雨形成的山洪直泻而下，8 月 25 日，矿区的降雨量为 429.8mm，其中零时至 2 时 50 分降雨量为 211mm，最大小时降雨量为 75.6mm，分别为郴州地区日最大降水量 180mm 的 2.39 倍，小时降雨量 63.7mm 的 1.19 倍。凌晨 3 时左右，最大的金狮岭水系洪水暴涨，带来大量的泥砂、巨石、树木、杂草冲垮了矿区两栋房屋，淹没一栋三层楼房，同时淹没了矿区的供应科仓库、汽车队、机修车间、职工医院、东波商店等单位的厂房和宿舍，冲翻了 4 台汽车，情况十分危急。

表 8-2 降雨量测定登记表

时 间	具体时间	雨量/mm	备 注
8 月 24 日	3:00~4:00	4.7	阵雨
	8:00~11:00	24.4	阵雨
	13:30~16:30	39.1	大雨
	16:30~17:30	16	暴雨
	17:30~24:00	46.1	间断暴雨
8 月 25 日	0:00~2:50	211.6	连续暴雨
	2:50~3:20	37.8	秒表测半小时
	3:20~3:50	（垮坝）20.7	秒表测半小时
	3:50~9:30	49.6	间断暴雨
	9:30~14:10	23.1	间断暴雨
	14:10~15:40	51.3	间断暴雨
	15:40~20:30	28.2	间断暴雨
8 月 26 日	20:30~凌晨 1:00	7.5	小雨

牛角垅尾矿库系单独一条山谷，洪水中夹杂着大量的泥砂石、杂草，尾矿库的排洪沟及排洪涵洞都满负荷通过最大水量，凌晨 3 时 40 分左右，10.8m² 的截洪沟和 2.28m² 的排洪涵洞都无法泄洪，因此洪水越过排洪沟直接冲入尾矿库，加之离尾矿库坝基 100m 处发生 1 号及 2 号泥石流直冲尾矿库内（见图 8-8），造成洪水漫过尾矿库的坝面，仅几分钟，洪水就冲垮了牛角垅尾矿库，尾矿与巨大的洪水、泥石流汇合将东波区洗劫一空，下游农田严重受损。

8.4.3 垮坝的损失

（1）在矿区内，冲毁房屋 39 栋，计 17810m²，造成危房 22 栋，计 13268m²，淹没房屋 27 栋，计 8100m²，矿区内死亡 49 人（其中在职职工 24 人、退休职工 4 人，家属 16 人，外单位职工 2 人，民工 2 人，外来家属工 1 人）。同时还冲毁设备 25 台，冲走钢材 200 多吨，水泥 1200 多吨，各种原材料价值 84.7 万元，冲毁输电线路 3.5km，通讯线路 4.38km，矿区自备公路 4.3km、国家公路 3km，冲垮桥梁 3 座，通讯和供电、交通全部中断。矿区直接经济损失 1300 万元。

（2）下游部分，倒塌部分大型临时工程，一些房屋进水，尾矿污染东河两岸农田，面积 15454 亩，污染生活水井 29 个，农作物中的铅、锌、镉、铜重金属的含量偏高。还造成东河河堤缺口 39 个，冲垮拦河坝 17 座、涵洞 15 个，渠道 11 条，河床淤塞泥石量 20.1 万立方米，水系污染不堪设想，据测定无放射性污染。

8.4.4 垮坝后现场勘察

1985 年 8 月 25 日凌晨 3 时 40 分左右，垮坝后矿和政府等有关部门对现场进行了详细勘察。

（1）该坝为一长条山谷型的尾矿坝，东南方向为高山，植被较好，汇水面积 3km²。初期坝坝基的 2/3 全部冲毁，冲出了基岩，后期坝全部被洪水冲走。

（2）坝内堆积的 150 万吨尾矿被冲走 100 万吨左右，8 月 25 日垮坝后，用麻袋和片石临时拦截尾砂，26 日下暴雨又冲走近 10 万吨尾矿，库内残存尾矿约 40 万吨。

（3）垮坝后排洪涵洞内畅通无阻，无任何堵塞物，从痕迹看是满巷道的过水断面，排洪涵洞的出口处，还冲垮了一栋砖瓦结构的厕所和一栋平房。

（4）库尾端的截洪沟在拐弯处稍有阻塞物（几块大石头），拦截约 1/5 的断面，但该截洪沟仍可见满载通过流水的痕迹。截洪沟无任何垮塌现象。

（5）坝的东边方向山谷内有四股泥石流及洪水流入坝内，冲成的流水沟断面达 43.2m²。

（6）截洪沟拐弯处由于有石头阻塞，洪水越过截洪沟，造成一股新的洪流进入尾矿库，该流水道的断面达 27.3m²。

（7）初期坝为干砌石坝，坝内衬黄土层，为不透水坝，现在仍然可见。

（8）垮坝后对库内残存尾砂进行测量，为 45 万吨左右。

8.4.5 垮坝原因分析

从上述现场勘察资料分析：

（1）该坝达到了设计要求，不论坝基、排洪涵洞都无异常，无阻塞物。

（2）设计时收集的气象资料日最大降水量为 180mm，因此没有考虑这么大的排水量，设计时考虑的最大日降雨量为 195mm，而实际达 429.6mm，因此排洪设施无法满足要求。

（3）设计部门只按最大日降雨量和最大小时降雨量进行设计，造成了排洪溢洪不够的现象。

（4）从断面来分析总排洪能力，截洪沟仅 10.8m²，排洪涵洞仅 2.28m²，合计仅

13.08m² 的排水断面，而 8 月 25 日进入尾矿库的流入断面除排水断面外还有 1 号、2 号、3 号、4 号及排洪道处的大股流水流入库内，超过 7.05m² 的断面水流，因此该库无法排洪，造成垮坝。

（5）垮坝决口的分析，从坝基上的测量标志来看东端标高 O_1 点为 513m，西端标高 O_2 点为 510.3m，因此满坝后，洪水即从 O_2 开始外溢，冲垮子坝继而冲垮整个基础坝。

（6）多方面综合分析及现场勘察，认定为不可抗拒的自然灾害冲垮了尾矿坝。

8.4.6　善后处理

（1）塌坝后，为使残留尾矿不再下河，26 日由部队和民工灌装了数千个麻袋拦截尾矿，被 26 日的大水冲走，28 日又用麻袋加石块拦截，又再次冲走，30 日开始用水泥砂浆碎石拦截加之天气没有下雨，方才堵住。

（2）随后由长沙有色冶金设计院设计，采用 3 道坝将其残留尾矿作短期保存，将倒塌的库区分成 3 个区，Ⅰ区为初期坝以上 125m 范围，残存尾矿 3.25 万立方米，筑坝高 10m，长 15m，坝底宽 33m，坝顶宽 3m，拦截尾矿；Ⅱ区在Ⅰ区上游的 225m 范围内，残存尾矿 8.59 万立方米，用片石砌筑透水坝；Ⅲ区为Ⅱ区上游的 175m 范围内，保护残存尾矿 6.38 万立方米，用草袋及编织袋筑坝。

（3）残存尾矿要求 10 年内搬走。

8.4.7　经验教训

牛角垅尾矿库虽然是被一场不可抗拒的洪水、泥石流冲垮的，但给我们留下的经验教训极为深刻。

（1）设计前的汇水面积、降雨量、降雨频率、排洪能力大小等主要因素应反复调查论证，切不可马虎。

（2）库址选择不能光顾经济效益，还要考虑下游居民、农田及其他工业建设等因素。

（3）山谷型尾矿库的排洪设施要建立防堵塞设施，该矿在截洪沟和排洪涵洞入口的前 3m 处安装了可靠的防护格筛防止泥石流堵住入口。

（4）选用山谷型的尾矿库时，要考虑库区周围的泥石流情况，解决泥石流对尾矿库侵害的可行措施。

（5）岩溶发育区，溶洞漏尾矿很难处理，有时一次、两次也无法堵塞住，因此在岩溶发育区建尾矿库，工程地质要摸清，要有堵溶洞的措施。

（6）尾矿库的汇水面积不能只计算地表面积，还要考虑地下水的流量及地下水的汇水面积。

（7）尾矿库的供电照明及通讯线路，要选择可靠的线路，绝对不能从坝基方向向上输送，该矿这次垮坝首先是冲垮了高压线路和通讯线路，中断了供电和通讯。

（8）值班室不能建于坝下，要建在安全可靠地点。

（9）坝下游尽量避免建筑生活、生产设施，否则倒塌后果不堪设想。对已建好的山谷型尾矿坝，其下游已建好的生活、生产设施有条件时应有计划地组织一些撤退演习，要有明确的疏散通道，防止出事时手忙脚乱走错方向。

设计时应考虑可行的措施解决泥石流对山谷型尾矿库的侵害。

（10）尾矿库绝对禁止超役服务。

（11）采用 3 道坝拦截牛角垅尾矿库残留的 40 万吨尾矿，这是应急的措施，为搬走这些尾矿还得花巨额资金。

8.5　岿美山尾矿库洪水漫顶事故

8.5.1　概况

江西岿美山尾矿库位于岿美山河谷下游。初期坝距岿美山河河口上游 200m，距选厂主厂房 800m。坝顶标高为海拔 316m，尾矿库的终期坝顶标高为 345m。尾矿库汇水面积 6.381km²，流域长度 6.24km，历年平均最大降水量 105mm，洪峰流量 100m³/s，原设计（尾矿库垮坝前）洪水蓄于尾矿库内，回水由定期搬迁的泵站扬送至选厂，多余的水经由 0.5m×0.6m 双孔排水斜槽和库底一条直径为 16m 的地下主排水管排至尾矿库的外区，流入三亨河（见图 8-9 和图 8-10）。

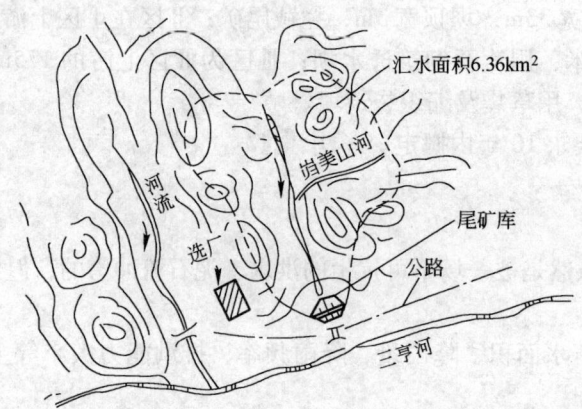

图 8-9　岿美山河流域地形

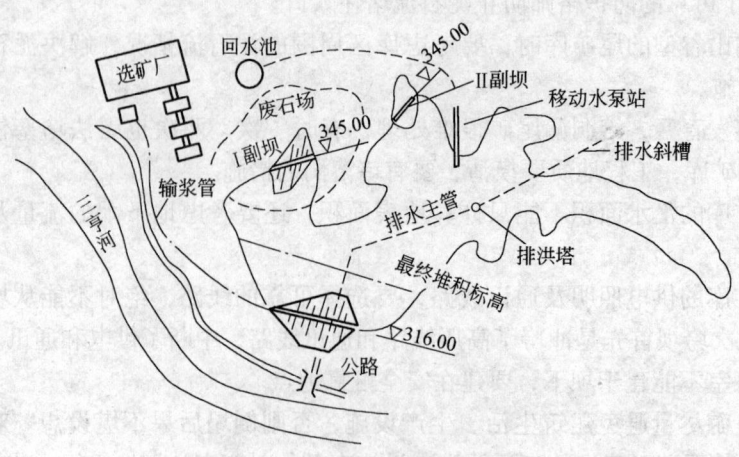

图 8-10　岿美山原设计尾矿库

8.5.2 垮坝过程

尾矿库于 1959 年建成，1960 年投产，当时的排洪能力只有 $10m^3/s$，经复核要求排洪能力 $58m^3/s$，不能满足要求。投产不久，1960 年 8 月 27 日晨基础土坝因洪水漫顶而溃决，1963 年修复，1964 年在堆积坝左侧增设侧槽溢洪道，以满足泄洪要求，1979 年堵塞侧槽溢洪道，另设溢洪道，泄流量为 $50m^3/s$。坝底的双孔排水斜槽由于渗水严重，于 1980 年堵塞。

尾矿库设计库容为 480 万立方米，按原设计选厂每年排放 32 万立方米尾矿，服务年限为 15 年。截至 1989 年底止，尾矿库堆存尾矿达 274.6 万立方米。剩余库容 205.4 万立方米。若按现有生产水平，每年往尾矿库排放 12.6 万吨或 7.9 万立方米尾矿计，尾矿库剩余服务年限为 26 年，完全能服务到矿山终期。

尾矿库于 1961 年 8 月 27 日上午 10 时 20 分基础坝被洪水冲垮，垮坝前连续降暴雨 16h，降雨量超过历年平均最大降水量，达 1.36mm。库内水位离初期坝坝顶只有 2.5m（见图 8-11）。下暴雨的当天晚上位于上游的排水斜槽，其水下盖板又被上游泥沙覆盖，人工挖开已不可能，据实际观测，下游排水主管出口的充满度为 0.75 ~ 0.8，远不能满足排洪要求。虽然垮坝前夕在坝侧采取了人工决口（宽 5 ~ 6m，深 5 ~ 6m），仍然没有挽回洪水上涨而漫顶溃坝局面。垮坝后，全矿总动员，组织了抢救队，使损失降到最低限度。由于水量太大，被大水冲走一人，冲垮基础坝带走土方 4 万立方米，尾矿 3 万立方米，下游近千亩田地遭到不同程度的危害，经济损失约 100 万元。

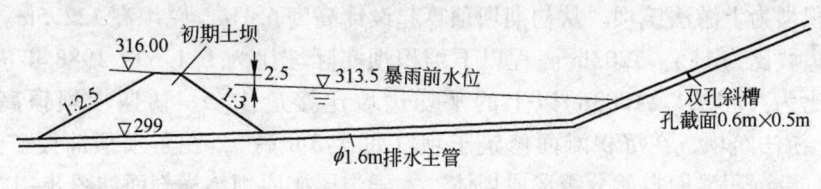

图 8-11　暴雨前库内水位图

8.5.3 溃坝的主要原因与教训

（1）雨量考虑不周。这也与当时缺乏地区性气象资料有关。设计对 50 年一遇采用最大日降雨量仅为 100mm，且采用的径流系数仅为 0.4，造成洪水计算错误。

（2）对汇水面积大，库容小的峃美山尾矿库，在排洪设施设计中未认真采取有效排洪措施，保证坝体的安全。

（3）初期库内蓄水位太高，暴雨之前仅剩 20 万立方米库容，由于施工时取消了初期排洪塔，且该库上游的排水斜槽被河谷急流中所挟带的大量泥沙覆盖，不但失去了排水控制能力，而且大大降低了排洪能力。

（4）垮坝前无专人负责，没有搞好回水泵站清除树枝等维护与管理工作，又未能开动回水泵站。

峃美山尾矿库溃坝表明，对于这类尾矿库的排洪设施及其排洪能力，必须给予充分保证，上述第一、第二条原因是关键，否则势必造成漫顶垮坝危害。同时也反映了，该库使用不到 2 个月，在暴雨之前即失去排水控制能力，这也与尾矿库设计不周和使用不当有关。正常的尾矿库的设计使用，应随着坝前尾矿冲填形成滩面，而将库内澄清水位逐步提高，也应引起重视。

8.6　木子沟尾矿库排水涵洞断裂事故

8.6.1　概况

木子沟尾矿库位于秦岭南麓的陕西省华县金堆城镇百花岭村上游的木子沟内，为木子沟系文峪河右岸的支流，文峪河直接入南洛河。木子沟尾矿库是金堆城钼业公司卅亩地选矿厂的尾矿排放地，在选矿厂西南约 1.5km 处，为山谷型，流域面积 5km²，流域长4.5km，尾矿库先期设计堆积坝标高为 1210m，总库容 1050 万立方米，后为延长服务年限，堆坝标高提高到 1240.5m，总库容为 2200 万立方米。该库 1970 年投入使用，目前堆积坝已堆至 1240.5m 高程，即将闭库，服务年限 20 年。

木子沟尾矿库初期坝为堆石坝，坝顶标高为 1179m，高 61m，坝顶长 160m，坝体填筑材料为采矿废石，主要成分是石英岩和安山玢岩碎块，混入黏土约 30%，粒度差异大，由 2~800mm，无层次，呈松散至中密交替出现，干容重平均为 1.695t/m³，钻孔壁常有坍塌、掉块现象。建成后的坝体轮廓尺寸：坝顶宽 40m，下游坡比为 1:1.68，上游坡比为 1:1.66。由于坝体结构不均匀，不密实，坡面曾出现不均匀沉降所造成的台阶，使边线呈"S"形。1986 年 6 月对该坝进行了定向爆破加固，将下游边坡比改缓为 1:3~1:3.5，坝顶宽削去了 10m。

尾矿堆积坝为上游法筑坝。从初期坝顶算起设计高度 6.1m，总坝高 122.5m。堆积坝的设计平均边坡比为 1:5。1203m 高程以下堆积坝实际坡比为 1:1.69。1988 年进行了调坡，平均坡比为 1:4.04。1203m 以上的平均边坡比接近 1:5。初期坝坝顶高程调为1180m，用上游法筑坝，在沉积滩面修筑子坝（每次 3m 高），在子坝顶铺设矿浆管道，分散管放矿，沿沉积滩面自然分级形成坝体。木子沟尾矿库坝体横剖面如图 8-12 所示。

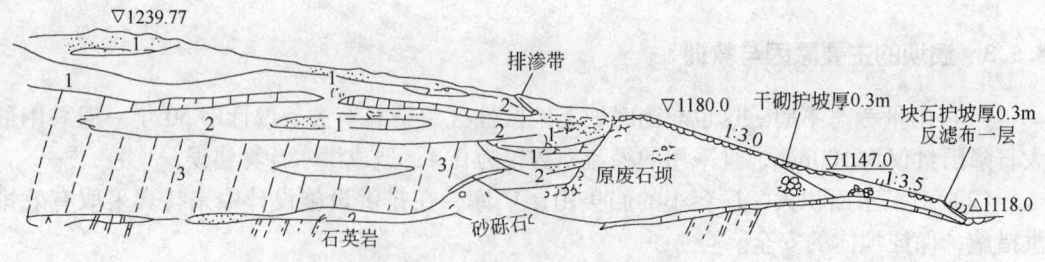

图 8-12　木子沟尾矿坝横剖面
1—尾细砂；2—尾粉砂；3—尾轻亚黏

该库的最初排洪系统由隧洞、涵洞、排水井和排洪斜槽等组成。隧洞全长 604.2m，坡度 2%，断面积约 4m²，涵洞长 317.07m，断面积约为 2m² 蛋形的钢筋混凝土结构，排水井为框架式，高 12m；斜槽是两个断面为 800mm×800mm，长 50m 的钢筋混凝土构筑物。涵洞壁厚因埋深不同而异，为 200~500mm，坑度变化介于 0.072~0.400 之间，涵洞各段结构厚度见表 8-3。尾矿库平面布置如图 8-13 所示。

表8-3 涵洞各段结构厚度

洞段	起止井号	段长/m	坡度	洞壁厚度/mm	基础简述
1	2~3	26.9	0.400	250	风化岩石
2	3~4	39.84	0.259	300	一半为基岩，一半为淤泥质亚黏土，亚黏土砌有块石
3	4~5	44.4	0.232	350	全淤泥质亚黏土厚44m
4	5~6	30.4	0.333	400	碎石混亚黏土
5	6~7	33.6	0.310	450	岩石基础
6	7~8	139.4	0.072	500	两端岩石，中间为原河结构覆盖层

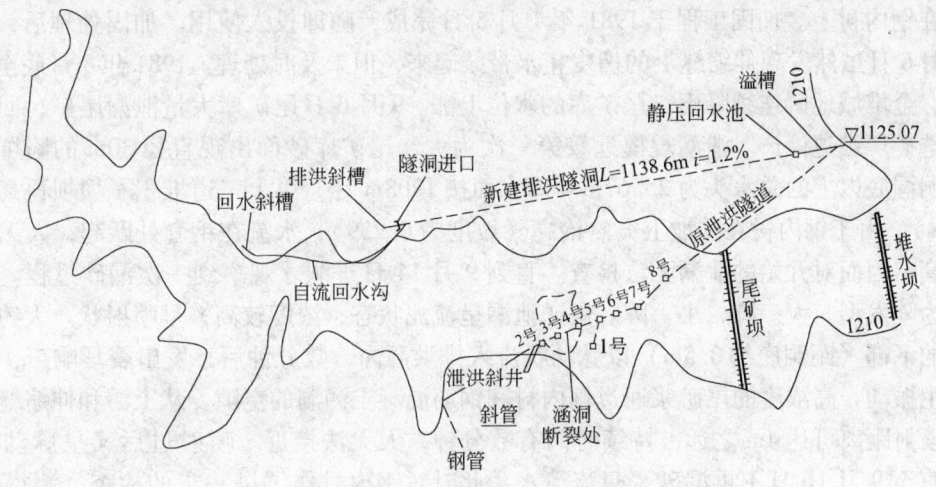

图8-13 木子沟尾矿库平面布置

原有回水系统，从2号井向上延伸1000m铺设钢管一条，直径ϕ450mm，管线沿岸坡铺设，进水口为斜管孔口自流引水。

上述排洪系统和回水系统使用到1988年封堵废弃。

由于延长了尾矿库服务年限，1985年又新建了一套排洪系统和回水系统，布置在库区的左岸，新的排洪系统由进水斜槽、排洪隧洞、出口陡坡3部分组成。进口斜槽断面为2孔1m×1.5m，纵坡度为0.839，长26m，排洪洞口高程1220.623m，纵坡1.2%，断面为2m×2.5m的方圆形，全长1099.125m，出口陡坡宽2.11~3.0m，深1.0~2.5m，陡坡纵坡度为0.516~0.55，长101.212m。回水系统由隧洞进口向前延伸沿岸坡布置，由进水部分和输水部分所组成。进水部分为斜槽，输水部分为钢筋混凝土方形无压涵管，断面为0.5m×0.5m，全长602.59m，这套系统1986年8月26日验收投入使用。

8.6.2 事故的发生及处理

该库投入使用后，前10年即1980年前基本没有出现大的异常现象，在1980年后，接连发生数次漏水漏砂事故。

1980年12月卅亩地选矿厂停产检修时，发现尾矿库沉积水面出现直径为8.6m的陷坑，进洞检查后发现5号井封堵不严漏砂，在3号至4号井之间涵洞横向严重断裂，裂缝位置距 3 号井斜距为 19m，裂缝为环向不等宽，呈左宽右窄，下宽上窄状，最大裂缝为 180mm，最小裂缝宽度为 20mm，裂缝深度在 250mm 以上。当时为了防止漏尾砂用棉花填塞，共用棉花 30 多斤，可见裂缝之大。裂缝基本上为环向贯通缝，在裂缝处间距为 200mm、12mm 的水平分布筋全部在裂缝处断开，断裂口宽度为 30mm 以上。在上述裂缝两边，斜距 3m 以内还有较小的裂缝 10 余条，其宽度为 2~8mm 不等。距 3 号井约 25m 处（即在上述严重断裂位置下游 6m 处）有一施工沉降缝，中间夹有 25mm 的木板，原设计 30mm，此时缝宽达 120mm，有较大的变化，在底部形成上高下低的明显台坎。

事故发生后，决定用钢内衬从洞内进行加固，利用原裂缝作为永久沉降缝，钢内衬结构如图 8－14 所示。两节钢内衬之间留有伸缩沉降缝，沉降缝用橡皮封闭，橡胶带用螺栓固定在钢内衬上。加固工程于 1981 年 1 月 5 日完成，随即投入使用。加固处理后，1981 年 5 月 6 日虽然发现伸缩缝上的橡皮止水带鼓起来，但未及时处理。1981 年 8 月底至 9 月上旬，金堆城地区连续降雨，尾矿库的水位上涨。9 月 6 日尾矿库大量泄漏尾矿，回水变浑，选矿厂被迫停产。泄漏规模远较第一次为大，尾矿库砂面出现直径 30m 的陷坑。这时涵洞洞底以上的总水头为 25.67m（库水面按 1208m 计，第十三道堆积子坝坝顶高程为 1213m）。由于钢内衬在陡坡上突然抬高（坡度为 0.259），水流在钢套处跃起，人无法接近钢套，因而对开始的泄漏无法检查。直到 9 月 14 日进洞才观察到一次漏砂过程。这种漏砂为阵发型，大一阵，小一阵。尾矿泄漏呈流泥状态，浓度较高，呈喷射状。大约先从裂缝的下部（距洞底约 0.5m）以脉动状流入排洪洞内，数分钟后，发出震耳响声，钢内衬发生振动，高浓度的尾矿浆通过钢内衬和钢筋混凝土涵洞的空隙，从上游和伸缩缝处喷出，喷射距离可达 4m 之远，持续时间有数分钟，人无法接近。喷射过后又呈脉动状流出，直至 9 月 16 日不再漏砂，只流清水，此时对钢内衬作了进一步的检查，测得以下

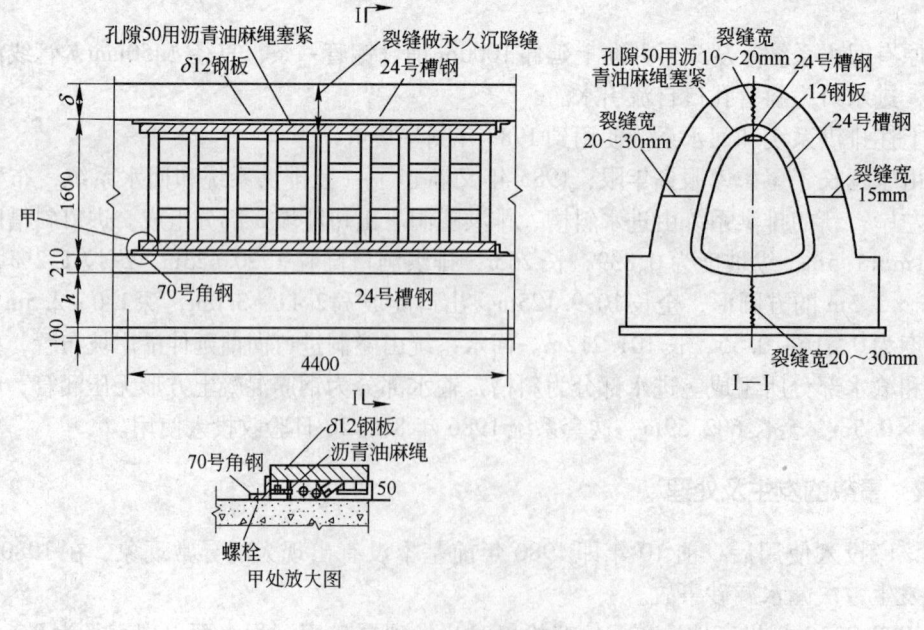

图 8－14　钢内衬结构

数据:

钢内衬和钢筋混凝土洞壁之间的间隙:

上游端右侧底部	160mm
上中部	80mm
上游端左侧底部	50mm

钢内衬沉降缝宽度

左	50mm
右	70mm
顶	80mm

钢内衬本身没有明显变形和破坏,但上游端用作挡板的角钢已脱落,止水橡胶带大部分被撕裂破坏,钢内衬和钢筋混凝土洞壁之间充填的油麻绳被冲走。

由于钢内衬的阻隔,钢筋混凝土洞壁无法检查,但用手摸、钢尺探测发现,裂缝有进一步的贯通,个别地方有混凝土掉块现象已形成孔洞。摸到在距管底 0.5m 处,洞的直径约有 20cm,于是采取了进一步封闭钢内衬端部和钢筋混凝土洞壁间隙及改进沉降止水结构处理方案,止水结构为钢板内套管结构。这次处理于 1981 年 9 月 27 日完成,选矿厂开始恢复生产。这次处理后,原断裂处虽不漏砂,但仍漏水且量不小。造成漏水的主要原因是钢内管不封闭,特别在施工过程中对底部结构作了修改,即用一根角钢代替钢板套管,这样就使钢套管和角钢在结合部位无法密封。另外由于没有导流,也不掌握水下焊接技术,钢内衬和套管的一些缝没有焊接。原设计要求填塞油麻绳处,有的无法施工,有的也未填实。由于漏水问题没有得到彻底解决仍然孕育着漏砂的危险。1982 年 5 月 28 日,下了一天雨,原断裂处又泄漏尾砂,库面出现塌坑,与此同时,原 3 号井的消力坑中的积水也泄漏一空,这次测定钢内衬的漏水量为 20m³/h。迅速封闭了漏水通道没有造成更大的损失。

最后采用了灌浆的办法处理了这个断裂事故,先用水泥、水玻璃双胶液灌浆封住了钢套和钢筋混凝土涵洞之间的空隙,再用聚氨酯浆液进行了断裂处的固砂堵水。这次处理完成后,直到 1988 年该排洪系统全部封堵为止,该断裂处没有再发生漏水漏砂的问题,固砂堵水取得成功。

在钢筋混凝土涵洞断裂漏水、漏砂的同时,回水钢管在距出口(2 号排洪井)约 30m的地方,于 1980 年 12 月、1981 年 9 月、1982 年 5 月也多次出现库面塌坑,1982 年 8 月 4日该处又出现了直径 4~5m 的塌坑,回水变浑。漏砂持续了 4 天,回水才又变清。由于该钢管上覆尾矿砂厚 12m 左右,当时水位距管顶的深度约为 12.35m,管径仅有 450mm,人无法去断裂位置检查,和涵洞相比,处理更加困难。当时采取的处理办法是沉砾排砂,以砾石充填漏砂漏斗和钢管断裂周围,再用水玻璃、水泥浆液对回填的砾石进行灌注。用填石换砂,解决了水泥水玻璃浆液在尾矿砂中的可灌性问题,又用灌浆的办法解决回填的砂砾石孔隙大,滤不住尾砂的问题,这次处理解决了回水钢管漏砂问题。

新的排洪洞投入运行后,又发生过多次泄漏尾矿砂问题,发现的现象是库内水面有小的旋涡和气泡,隧洞内设置的减压排水孔排出浑水。处理办法是除在库面发现的漏水点用土工布和黏土覆盖外,主要是在给排水管中塞进一个端头缠有土工布的小管,使其排水不排砂。

8.6.3 事故产生的后果及原因

事故产生的直接后果有两个方面,一个方面造成环境污染,另一个方面是给企业带来经济损失。

每次事故少则 3~5 天，长则数十天，库内堆积的尾矿砂向库外排放，直接进入文峪河河道，使水体污染，即使不生产，这种污染也无法控制，对社会危害是严重的。

事故期间，回水水质满足不了生产要求无法生产，仅排洪洞断裂事故就迫使处理能力为 5000t/d 的卅亩地选矿厂停产 28 天。1980 年 12 月 25 日起停产 5 天，企业损失产值 73.15 万元。为恢复生产，采用钢套加固，需用 10.2 万元的直接费用，企业利润损失 26 万元，企业直接损失 36.2 万元，共造成经济损失 83.35 万元。1981 年 9 月 6 日因事故迫使企业停产 23 天，工业产值损失 336.55 万元，临时处理及以后的化学灌浆彻底处理的直接费用共计 17.35 万元，企业利润损失 119.7 万元，企业直接损失 137.05 万元，共造成 353.9 万元的经济损失。仅这两次事故的停产及事故处理，累计产值损失 409.7 万元，工程处理直接费用累计 27.55 万元，利润损失 145.7 万元，企业直接损失 173.25 万元，共造成经济损失 437.2 万元。

其他几次事故的损失尚未计算，由于漏砂使回水浑浊，虽未中断生产但影响了选矿实收率，仅以 1981 年 5 月 6 日的漏砂为例，5 月份的实收率比 4 月、6 月份低 0.5% 和 3.6%，也给企业带来损失。

产生排洪洞断裂事故的原因，主要是基础产生不均匀沉降和侧向位移所致。断裂处基本位于基岩淤泥质亚黏土之间的过渡段。该处基础下部就是基岩，但基础并未置于基岩之上，而是置于淤泥质亚黏土上，在钢筋混凝土涵洞和土层之间砌有一部分块石。另外从地貌上看，管线在此段处于一些低凹地区，由于砌置基础阻碍了地面水排水通道，致使雨水积聚，极为不利，而下伏基岩较浅，基岩倾向与地形一致，且倾角较陡（为 40°），这些不利的地质条件是产生不均匀沉降和侧向位移的内在因素。

在处理过程中，前几次处理均未彻底解决问题，主要在于没有一个能控制裂缝漏水的止水结构，水止不住，砂也难以控制，也是这次事故在近两年的时间未能得到彻底处理的关键所在。

钢管断裂的原因主要也是地基不均匀沉降所致。

新建排洪隧洞漏水漏砂的原因主要是，该隧洞平行库岸布置，隧洞在跨沟处均为浅埋段，而基岩的表面裂隙又特别发育，库水通过这些裂隙进入隧洞处由预留的排水孔泄出，而排洪洞顶部的回填灌浆未能灌好，又加大了渗漏量和渗漏的范围。另一个原因，是施工时洞井和塌方处的回填止水工作没有做好，留下了渗漏通道。

8.6.4 经验教训

木子沟尾矿库排洪回水系统多次发生泄漏事故的经验教训是：

（1）采用尾矿下埋管的排洪回水涵洞（或管道），应特别注意基础的不均匀沉降问题，沿管线的不均匀沉降应严格控制，不要放在变形较大的软弱基础上，特别应避免将管线的一部分放在变形较大的岩石或密实的土层上，而另一部分放在软弱基础上。若无法避免时，要加以处理。

（2）尾矿下部埋管的止水设计和施工应十分慎重。凡是有渗漏水的地方，就有可能泄漏尾矿。伸缩缝、沉降缝以及施工中的质量缺陷可能是渗漏通道，止水结构的强度应满足承受外水压力的需要。

（3）沿库岸布置的隧洞工程，和沟道交叉是不可避免的，跨沟处如沟道采用明洞，明洞两端均为浅埋隧洞，跨沟处若用隧洞，隧洞的埋深一般较浅。对于这些段落应结合具体的地质条件，加强防水设计，一般宜采用封闭的衬砌结构，洞周围应做好回填灌浆。设置排水孔减压应十分谨慎，最好不要设排水孔，因为这部分岩石一般风化破碎强烈，透水强烈，设置排水孔容易形成尾矿泄漏的通道，一旦泄漏尾矿将容易堵塞排水通道使排水失效。

8.7 栗西尾矿库排洪隧洞塌陷事故

8.7.1 概况

栗西尾矿库位于陕西省华县金堆城镇的大栗西村上游的栗西沟。栗西沟属黄河水系的南洛河的四级支流，栗西沟流入麻坪河，麻坪河流入石门河，石门河流入南洛河。栗西尾矿库控制的流域面积为 $10km^2$，尾矿库的洪水泄入相邻流域的栗峪沟，栗峪沟流入麻坪河。

尾矿库设计库容 1.65 亿立方米，坝高 164.5m，服务年限 32 年。尾矿坝初期坝为透水堆石坝，系人工堆筑而成。坝高 40.5m，上游坡为 1:1.7；下游坡为 1:2.0，留有两道马道，马道宽 2.0m，上游设计有 0.7~1.0m 厚的反滤层。

后期坝坝高从初期坝坝顶算起高 124m，采用上游法尾矿堆，每次堆坝高度 3m，用推土机、装载机装运沉积滩的尾矿堆筑，堆筑好子坝后，在坝顶铺设尾矿管进行分散放矿，尾矿自然分级形成沉积滩，也为后期堆积坝的坝体。

栗西尾矿库坝体剖面如图 8-15 所示。尾矿库的排洪系统设于库的左岸，原设计由排洪斜槽、排洪涵管、排洪隧洞及两座排洪井组成。后因排洪涵管基础存在不均匀沉陷，原设计排洪系统使用 3~5 年后，另建新的排洪系统。距排洪隧洞进口 49.5m 处新建一座排洪竖井和框架式排洪塔，井深 46.774m，塔高 48m，该系统简称新 1 号井。排洪隧洞全长 848m，纵坡度为 0.0125，进口有 30m 为马蹄形明洞，内径 3.0m，衬砌厚度 1m，其余均为隧洞，断面为宽 3.0m，高 3.72m 的城门洞形，衬砌段衬砌厚度除底板 0.2m 外，其余均为 0.3m，进出口各 30m 配有钢筋，其余均为素混凝土。全隧洞有 614m 长的洞段拱顶未衬砌。

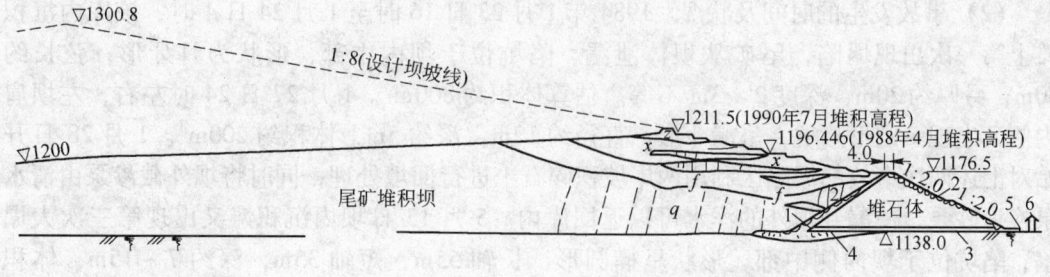

图 8-15 栗西尾矿坝横剖面图

1—反滤层：粗砂 $D=0.25~2mm$、$\delta=0.3~0.5mm$；碎石 $D=20~60mm$、$\delta=0.3~0.5mm$；
2—块石护坡 $\delta>1.0m$；3—块石垫层 $\delta>1.0m$；
4—砂卵石坝基；5—截渗坝；6—截渗泵房；
z—尾中砂；x—尾细砂；f—尾粉砂；q—尾轻亚黏

　　尾矿库的回水系统原采用浮船泵站进行扬水，现决定改用隧洞自流回水。

　　栗西尾矿库的平面布置如图 8 – 16 所示。该尾矿库 1971 年开始设计，1973 年 11 月开始施工，1983 年 10 月开始运用。投入使用后，该尾矿库发生过 3 次大的事故，现将这 3 次事故的情况分述于后。

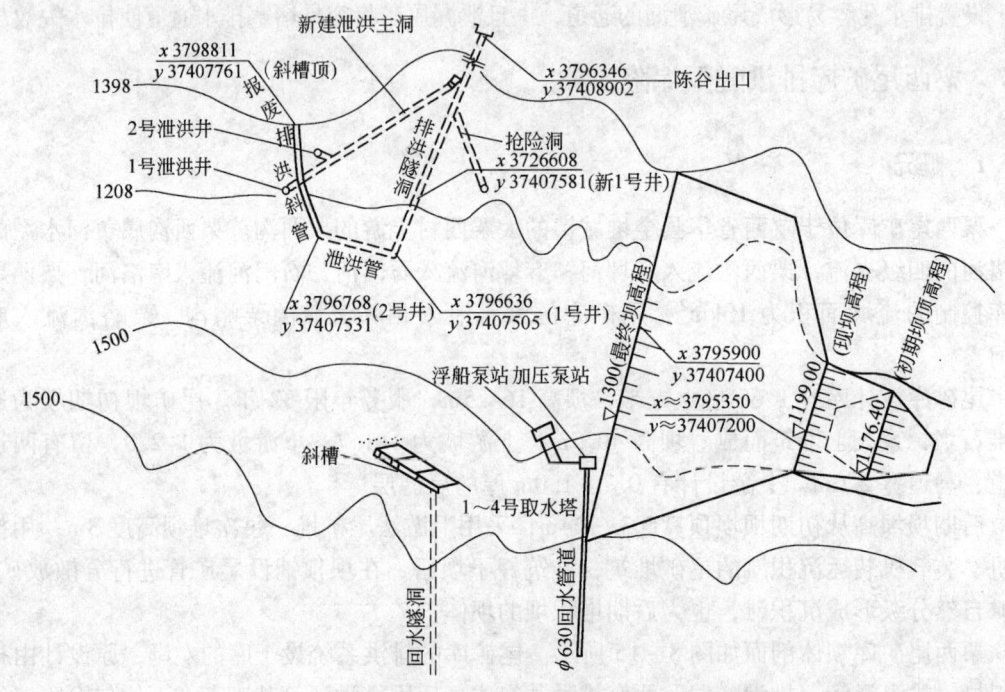

图 8 – 16　栗西尾矿库平面布置

8.7.2　初期坝泄漏事故

　　（1）事故前的状况。栗西尾矿库 1983 年 9 月封堵完了导流洞，基本建成，当时尾矿库虽未投产，但蓄水后渗水严重，库内水位高程有多高，坝下游坡渗漏点的高程就有多高。当时在坝的上游坡铺了草袋，在草袋下面还铺了塑料布进行防渗处理。

　　（2）事故发生的时间及状况。1984 年 1 月 23 日 16 时至 1 月 24 日 4 时，该库内沉积滩上第一次出现塌陷，尾矿从坝体泄漏。陷坑位于坝内中部，形状为月牙形，弦长约 30m，弓厚约 20m，深度 2 ~ 3m 不等。估算体积约 800m³。1 月 27 日 24 时左右，左坝肩内侧又出现一圆形陷坑，呈漏斗形，直径约 12m，深约 5m，体积约 200m³。1 月 28 日开始对上述两次事故的塌陷区利用两岸坡积碎石土进行回填处理，同时将坝外截渗泵由清水泵换为砂泵，使漏到坝外的浑水可以返回库内。5 月 13 日坝内沉积滩又出现第三次大塌陷，陷坑位于坝内侧中部，形状呈椭圆形，长轴 55m，短轴 35m，深约 7 ~ 15m，体积约 10000m³。

　　（3）事故产生原因。产生事故的原因，主要是交通洞和导流管未封堵严实，交通洞部分反滤层不连续，坝肩部位没有处理好，局部反滤层不起作用，产生集中渗漏所致。

　　初期坝施工时，为了导流和坝内外交通的需要，在坝体内设置了一条宽 5.0m，高 4.9m 的导流交通涵洞，涵洞基础为砂卵石，由于先施工涵洞，坝前的反滤体在涵洞底部中断不连续。封堵涵洞时，又在洞内设了一条导流钢管，该导流钢管没有引出坝外，只作了 54m，在坝内中断，钢管首部没有设严密的封堵装置，只利用抛草袋的办法断流，很难封严。导流涵洞的封堵是在首部 12m 的范围内，两端各做了厚 1m 的钢筋混凝土板，中间又做了厚 1m 的五道浆砌石隔墙，隔墙之间用块石回填。导流洞和坝坡反滤体之间，封堵隔墙和导流洞之间，导流管和封堵隔墙之间均为平接，没有延长渗径或止水的设施。竣工的栗西尾矿库交通洞封堵（见图 8 - 17）。后来，在坝体作钻探证明，沿导流洞轴线形成了一个集中渗漏的通道。抽查反滤层施工情况时发现有的检查孔只有碎石而无砂层，反滤层施工质量差也是事故的原因之一。

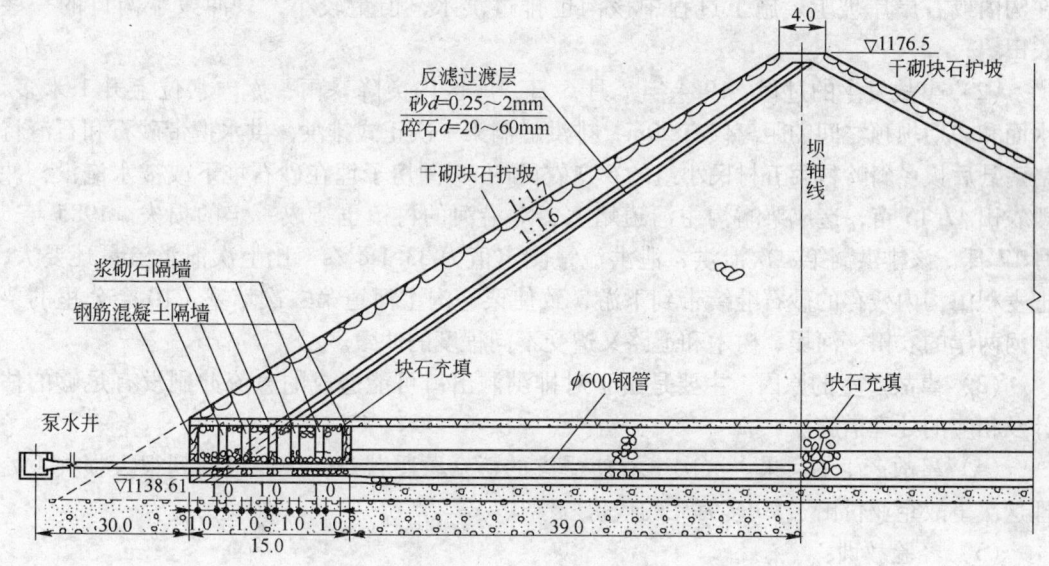

图 8 - 17　栗西尾矿库交通洞封堵结构竣工图

（4）事故的后果。这次事故的后果是直接威胁大坝的安全，造成对下游的污染，迫使选矿厂停产。

由于集中渗流，坝体的小石子被带出坝外，又由于尾矿从坝内泄出，在坝前将不能形成沉积滩。为了及时排洪，安全度汛，确保大坝安全，当时采取了凿开排洪塔塔壁，在坝外坡脚用预制透水混凝土砌块和铅丝笼护脚，初期坝内坡、坝顶以下 7m 宽范围做了 150mm 的混凝土护坡，7m 以下用双层草袋对坝面进行护坡；用两岸坡积碎石土铺盖上游坝坡等抢险措施，这些抢险措施共耗资约 67 万元。

这次事故致使 15000t/d 的选矿厂停产 23 天。

从坝体泄出的尾矿对河道造成了一定程度的污染，在一年多的时间内坝体一直渗漏浑水，流量达到 280m³/h 左右，只是采用了砂泵回收，才没有使污染扩大。事隔 6 年之后，坝体渗漏水有时仍携带粒径达 2mm 的粗砂，堆积坝上仍然有陷坑出现，仍然是一个不安全的因素。

（5）事故的主要经验教训。在坝体内设置大型涵洞或管道应取慎重态度，要有可靠的防治集中渗漏的技术措施，并根据这些技术措施认真施工。

对于初期坝初期放尾矿的渗漏污染问题及渗漏水量问题应引起足够的重视。

采用透水堆石坝时，坝上游设置的反滤层应使其形成连续体，它与基础、岸坡和其他建筑物的接合部位的连接尤应注意。反滤体级配的设计应符合滤水不漏砂的原则，反滤体的施工应严格控制质量。

8.7.3　排洪洞排洪形成泥石流冲毁事故

（1）事故前的状况。栗西尾矿库排洪隧洞出口位于洛南县后拔乡斜岭村的麦积山沟内，麦积山沟的洪水流入栗峪沟，排洪洞出口到栗峪沟之间水平距离 500m，落差 70m，坡度 1/8。泄漏以前当地村民在麦积山沟内修成梯田种地，施工时有一部分洞内石渣也排在沟内或右岸岸坡上。施工过程中该沟也排过洪水，但量较小，只冲毁了沟口的一些农田。

（2）事故发生的过程。1984 年 7 月 6 日，库区内突降暴雨，库内水位上升 1 米多，水面和初期坝顶之间的距离仅有 20m，排洪隧洞第一次正式排洪，洪水携带砂石和石渣将洛南县后拔乡斜岭村第五村民小组的 6 户农民的 29 间房子埋在砂石堆下或被水淹没，冲毁农田 47.15 亩，造成栗峪沟主河道堵塞，对沿河的村镇也造成一定的损失。1985 年 5 月 17 日，该排洪洞第二次泄洪，泄洪流量测定值为 33.1m³/s，比上次泄洪流量还要大，把麦积山沟内残存的砂石继续带到下游，致使栗峪沟主河道第二次堵塞，10 余公里的栗峪河两岸的农田、河堤、树木和道路又遭受不同程度的冲毁。

（3）事故产生的原因。主要是由于对排洪洞出口可能造成的急流冲刷没有足够的估计及相应的处理措施。

（4）事故产生的后果。这次事故使受灾的群众蒙受苦难，企业也受到很大损失，处理这次事故企业付出了 90 多万元的代价。

（5）经验教训：

1）必须重视排洪洞出口水流的消能防冲设计，隧洞出口须有妥善的水面衔接，并充分考虑由于支流泄洪可能对主河道变迁的影响。

2）施工的废渣应安排合理的堆放位置，以免被洪水带走造成灾害。

3）库内洪水应考虑到下游的承受程度，根据实际情况进行适当的调节控制。

8.7.4　排洪隧洞塌陷事故

（1）事故前的基本情况。栗西排洪隧洞 1973 年 11 月开工，1974 年 6 月贯通，1974 年 12 月竣工，尾矿库 1983 年 10 月开始投入使用，1934 年 7 月 6 日开始排洪，从 1985 年 6 月开始，库水位逐年抬高，排洪隧洞承受堆积尾矿及库水的荷载。这时，尾矿排洪隧洞的漏水日益突出，1987 年 5 月 20 日，库水位为 1185.5m，高出隧洞进口洞顶约 17.8m，测定的漏水流量为 0.074m³/s；到 1988 年库水位继续上升到 1189m 高程，漏水量有了增加：1988 年 1 至 4 月每月一次的测流量基本稳定在 0.0923m³/s 左右。最后一次的流量测定是在 1988 年 4 月 6 日，距事故发生仅有 7 天时间，所观察到的漏水点除明洞和隧洞的接头处外，均为设计的排水孔排水，排水已形成射流，射程约为 2.5m。

新建的排洪井（称新 1 号）距隧洞进口 49.5m，1987 年开始施工，为了加快施工进度，同时打了一条断面为 2m×2.2m 的措施洞，措施洞洞口高程为 1191.5m，长 28m，与原隧洞轴线夹角为 20°38′08″，措施洞与排洪洞施工时发生过的塌方区外缘的最小距离为

17.6m。1987 年 5 月 20 日措施洞施工后，岩层基本稳定，仅在进口处架设了 10m 木棚作为进口维护外，其他均未支护。1937 年 10 月 19 日排洪井下掘至原排洪洞并与其贯通。此时发现在竖井和排洪洞交接处，排洪洞轴线两侧有长 2 ~ 3m、宽 0.5 ~ 1m、高 1 ~ 2m 的不规则状孔洞，排洪洞顶两侧均有流水，洞顶水流呈明流，水深 0.15 ~ 0.2m，排洪洞洞壁素混凝土厚 0.2 ~ 0.3m，壁后孔隙 0.2 ~ 0.6m，当时对孔洞作了混凝土回填处理。以上情况说明，事故前隧洞拱顶和围岩之间至少有一些段落是不接触的，是相互脱离的。

根据以上情况，在事故前从未发现衬砌表面裂缝、变形、掉块或地表出现裂缝、坍塌等现象，也未发现漏水量突然增加、水质变浑等危险征兆或迹象。直至发生事故的当天白班还有工人在事故现场施工，更说明当时没有发现危险的预兆。

（2）事故发生的时间及状况。1988 年 4 月 13 日 23 时左右，事故区发现第一个漏水旋涡，漏水旋涡位于隧洞轴线偏南 1.5m 左右，距新建 1 号井中心距离约为 43 ~ 45m 处，据在隧洞出口调查，库内大量泄水开始于 23 时零 5 分，23 时 40 分左右库水位下降约 1 米左右，当时回水值班工人测得的数字为 10min 下降约 10cm，按此计算，估算泄流平均流量约为 47m³/s，14 日零点 15 分，观察到水位继续下降 1 米多，2 时 10 分左右，上述旋涡北侧地面出现塌陷，其位置距新 1 号井 35m 左右。3 时 30 分许，库内存水基本泄完。所以大量泄水时间持续 4.5h，以后流量变小，到 14 日 8 时左右塌陷区扩大至措施洞口，在泄洪隧洞上方形成一个塌坑，即 1 号塌落区，塌落体的最大长、宽、高各为 26.5m、42m 及 27m，塌落总体积约 18000m³。随着 1 号塌坑的形成，隧洞基本断流（据调查仅有碗口粗一股水），随之在新 1 号井和塌陷区之间出现了两条近乎平行、方向 N40°E 的断裂和裂隙，宽度约为 30cm 和 3cm，倾角为 85°左右。当天白天，可以间断听到洞内的塌落声。14 日晚 9 时许，塌落的响声加剧，到 20 时至 21 时之间，在新 1 号井又出现了第二个塌陷区。塌陷区的塌落体最大长、宽、高分别为 14m、27m、48m，体积约 15000m³。这个塌方区的后缘基本沿前述地面裂缝发展。两个塌落体总体积为 33000m³，两个塌区之间尚有 10m 的岩体的上部没有塌落，直到 5 月 7 日在 1 号塌区的后缘又塌落了一些，同时可以观察到这部分未塌落岩体下面的孔洞不断扩大。

在泄洪隧洞口部分（即和明洞相接处）长约 5 ~ 6m，尚未塌陷。

根据对塌落情况观察可知：洞顶首先塌陷部位约在新 1 号井前方 40m 处，该处大量水砂泄出，水流的巨大能量造成对隧洞的进一步破坏，在其后面形成了很大的掏空区，根据两个地表塌坑的实测体积推算掏空区的体积约为 5000 ~ 6000m³。掏空区的形成为两个塌陷区提供了临空面，在此临空面及多组裂缝切割作用下，岩体失稳塌落，地面形成两个相互隔开的陷坑。

这次事故共泄水砂 136 万立方米，最大瞬时流量测算值为 80m³/s，洞内流速很高，流态十分复杂，事后在洞内发现滚动的石块有长 2.9m、宽 2m、高 1.66m 的巨石。

这次事故的塌落次序及塌坑位置如图 8 - 18 所示。

事故发生时，堆积坝已堆高至 1196.4m 高程（坝总高 60.9m）库容量 1150 万立方米，堆有尾矿 1307 万吨，库内水面高程为 1189.64m。

（3）事故的后果。由于隧洞突然塌陷，致使库内的 136 万立方米的尾矿水携带大量尾矿砂并含有氰化物和重金属，在 4 个小时内基本泄完，严重地污染了栗峪河、西麻坪

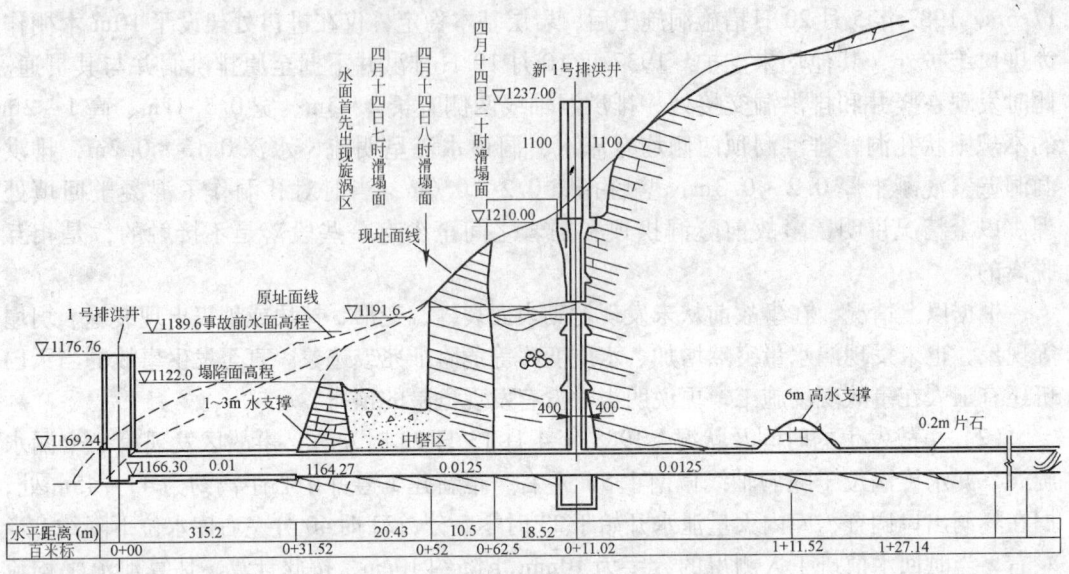

图 8-18 栗西尾矿库排洪洞塌陷段纵剖面图

河、石门河、洛河、伊洛河，在横跨两省一市长达 440 多公里的河床内，淤积了大量尾矿砂，最大厚度为 40cm，水头所到之处，冲垮桥梁、冲倒树木和电杆，破坏农灌水渠、渔塘，沿岸工厂和水力发电站也受到不同程度的影响。陕西省洛南县受灾最重，经核查，直接经济损失约 530 万元，其中：麦田 736 亩，大小树木 235 万株、中小桥（简易桥）132 个、涵洞 14 个，公路 8.9km、河堤 18km、水井 118 眼，电杆 44 根，企业（小型或乡镇企业）停产 16 个，死亡牲畜、家禽共计 6885 头（只），沿河 8800 人饮水发生困难。河南省的损失没有精确的统计调查，他们提出的赔偿要求是 2100 万元。

这次事故是一次突发性的水环境污染事件，在泄漏期间测得的河水中总悬浮物达 69.2～470.4g/L，超出清洁对照面 854.7～4162.6 倍；氰化物浓度浑水时高达 0.449～2.393mg/L，清水时为 0.265～1.142mg/L，超过渔业水质标准（混水时为 22.5～119.7 倍，清水时为 13.4/57.1 倍），所以河道水在泄漏期间受到严重污染。泄漏被控制后，滞留在河道的尾矿砂是河水再次污染的污染源，该年 4 月中旬至 6 月下旬，从水质监测结果看，污染程度逐渐减轻，但水质污染继续存在，除易降解的有毒物质氰化物未检出外，重金属均有不同程度的检出。7 月初雨季监测，由于河床中淤积的矿砂冲入水体，水质污染有所加重，按地面水二级标准评价，大部分低于标准。对农业环境的污染主要表现在被泄漏水淹没的土壤中，这些土壤钼含量为重度污染，镍为中度污染，铅、镉为轻度污染。粮食中也以钼污染为重，其含量已超过食品卫生标准。由于河水环境突然恶化，鱼类也遭灾难，名优水产资源甲鱼、大鲍均有致死者，要使南洛河恢复到事故前的生态条件，尚需一些时间。

这次事故对金堆城钼业公司也是一场灾难，使长达 276m 的排洪隧洞塌陷或堵死，新建的排洪系统报废，给尾矿库当年安全度汛带来了巨大威胁，同时使占钼业公司 2/3 产量的百花岭选矿厂全面中断生产达 4 个月之久。为了防止事故的扩大，进行了多项抢险工程，花费了大量的投资。包括工程报废、停产损失、抢险工程投资及对下游的赔偿等经济损失为 3200 万元。

这次事故破坏了洛河、伊洛河流域的生态环境，影响了工农业生产，危害了人民生活，造成农民、职工和干部的心理紧张，在一定的意义上也影响了社会安定。

(4) 事故原因。事故发生后，中国有色金属工业总公司和陕西省人民政府组织了专家组，对事故发生的原因进行了技术方面的调查，根据专家组的技术报告及以后发现的情况对于发生这次事故的主要原因分析如下：

1) 工程地质条件差。排洪洞穿过的岩层为震旦系硅质灰岩、浅灰、灰白色中厚层构造。较大的百花岭向斜轴线在排洪洞南侧战魁沟通过，与隧洞轴线夹角 23°，向斜轴线与隧洞轴线距离为 40~230m。进口段岩层产状 NE25°~30°，倾向 SE，倾角 20°，岩体呈碎裂结构，硅质灰岩层理、节理、裂隙很发育、风化层厚。据资料统计，洞口附近每米节理数为 5~25 条。排洪洞进口地段主要有两组节理发育，一组节理走向 SN，倾向 W，倾角 70°，节理平直光滑，延伸长，间距 5~20cm，基本与洞轴线垂直。2 号塌坑的一壁就是沿此组结构面发育。另一组节理走向 NW80°，倾向 NE，倾角 88°，节理面粗糙、短小、延伸不长，间距 10~40cm，其方向基本与隧洞平行。还存在着隐蔽节理密集带。隧洞进口段施工开凿后，毛洞成形条件差，拱顶塌落严重，侧墙失稳。全洞顶拱、侧墙塌方在 1m 以上的地段总长约 100 多米。一般 1.5~3.0m，大者达 8m。事故塌方区约在该区段内。所以，事故段岩体属于稳定性差和不稳定。从工程的角度看这个地方的主要地质问题是：沿洞线地质变化大，均一性差，事故区进口一段有 5~6m 没有塌，两个塌坑之间有 10m 以上的岩体没有塌，而且这部分保留的岩体有一部分是在原来施工时发生过高达 8m 塌方的顶部。岩层倾角缓，对隧洞拱顶稳定不利，特别是沿层面有一层破碎夹泥层，其厚度为几十厘米至 1 米。这种软弱层面和其他的几组节理裂隙组合使塌方体往往形成"歪头状"，这表明隧洞很可能承受偏压荷载。岩石接近地表风化强烈，裂隙多被泥土状物质充填，遇水易于冲刷，降低了裂隙面之间的抗剪强度。

岩石遇水容易软化，事故区临近取样试验测得软化系数为 0.34~0.4，说明岩石遇水后，强度大大降低。

隧洞顶部覆盖岩石较薄，特别是一些塌方体上部的岩层厚度更薄，不符合坍落拱的形成条件，故有些段落坍落拱的理论不再适用。而且这部分岩体上还堆积着尾矿，如果岩体的强度不能承受尾矿荷载，这部分荷载势必要作用到衬砌上去。

由于岩体裂隙比较发育、透水性强，加上岩层厚度比较小，容易形成大比降的渗流，对岩体稳定很不利。

2) 隧洞开挖过程中，洞口及洞身处发生大量塌方，最大坍落高度在洞顶以上为 8m，宽达 10~13m（包括设计宽度），开挖时对塌方段采用了临时木支护，衬砌时未进行回填，普遍存在隧洞衬砌与顶部和两侧围岩脱空，没有形成洞身与围岩的整体联合作用。

3) 由于当时的特定历史条件，隧洞的结构设计是在未作地质勘察的情况下进行的，隧洞开挖后又未能对实际的工程地质条件作出正确的判断，竣工的隧洞结构又和设计条件不一致。因此，作用于隧洞衬砌上的实际荷载与原设计荷载相差较大。一是隧洞的垂直山岩压力按普氏理论 $f=4$ 计算，根据洞口的地质条件明显偏大，因此设计的围岩压力较实际的偏小。二是由于处于库内，洞顶未作回填混凝土处理，进洞未作洞脸，渗透水压力必然很大，但设计考虑衬砌与围岩紧密结合，并在加密排水孔的条件下，未计外水压力，因此结构承受的外水压力与设计条件不相符。三是隧洞衬砌计算采用侧向地层弹性压缩系数 $K = 0.4 \times 10^5 t/m^3$，基底地层弹性压缩系数 $K = 0.5 \times 10^5 t/m^3$。实际工作的结构由于顶部和两侧脱空，围岩能分担的外荷载和设计条件有很大的差别。由于围岩压力和外水压力的增大和弹性抗力的减小，隧洞衬砌结构强度显然是不够安全的。

在库水位升高和渗透压力的作用下，岩体稳定性将进一步降低，木支护长期使用势必会腐朽而失去支承能力，隧洞运行条件逐渐恶化以致岩体失稳坍落，外荷载超过了隧洞衬砌结构的承载能力而使隧洞遭到破坏。

4）建设过程中，由于各个管理环节的问题，在施工、竣工验收和新 1 号井修建时，对隧洞围岩的不良条件和非永久性支撑可能给生产造成的不良后果没有引起足够的重视，未能及时采取必要的加固处理措施。

8.7.5　经验教训

这次事故发生在“文化大革命”之中，有其特定的历史条件，整个工程建设均受到干扰，造成先天不足。在技术上和工作上应吸取的经验教训是：

（1）排洪隧洞的进口段是一个长期在尾矿库下面工作的地下工程，往往具有浅埋、水下的工作特点，隧洞设计的围岩压力、外水压力以及防排水的各项构造措施都应考虑这个特点。它一旦出事造成的危害十分严重，对社会影响很大，对此必须有足够的认识。

（2）隧洞的地质资料是隧洞设计的重要依据，也是施工、安全运行的重要资料，特别要注意隧洞开挖后的地质资料的整理分析，无论设计、施工或运行都必须根据开挖后提供的地质情况及时作出相应的修改，确保安全运行。

（3）隧洞建设期间的各个环节，从勘察资料和设计方案的审查，施工期间的隐蔽工程的验收和最终的竣工验收都应有完善的制度，并应严格执行这些制度。不能流于形式，切实起到工程质量的把关作用。

（4）尾矿库的建设，从工程一开始，使用单位应派专人参与其全过程，包括库址选择、库（坝）及其有关设施的设计、施工和竣工验收，达到对整个工程全面了解，据以指导投产后的安全运行。

（5）要加强使用期间的安全监测，不仅要有安全监控的设施，而且要有监测的制度和控制的标准，以便捕捉到事故的预兆和掌握报警的标准。

8.8　贵州铝厂赤泥库 2 号尾矿坝管涌溃坝事故

8.8.1　概况

赤泥库位于贵州铝厂氧化铝厂西侧 5km 处，为南北走向的山脉中形成的东西向槽沟地貌，属煤系地层带。东部地表水经大路河小溪入麦架河至猫跳河，西部地表水由石灰岩漏斗形地貌底部落水洞经西南、西北两个方向地下水分别流至猫跳河百花水库和尖山段。由 2 号、3 号坝和 1 号、4 号坝在帽顶山南北两侧封闭两个相连的槽成沟组库区，1 号、2 号坝封闭东部山谷出口，3 号、4 号坝将西部石灰岩漏斗形地貌隔在库外，库区有简易公路与厂区相通。其具体位置及库区情况如图 8 - 19 所示。

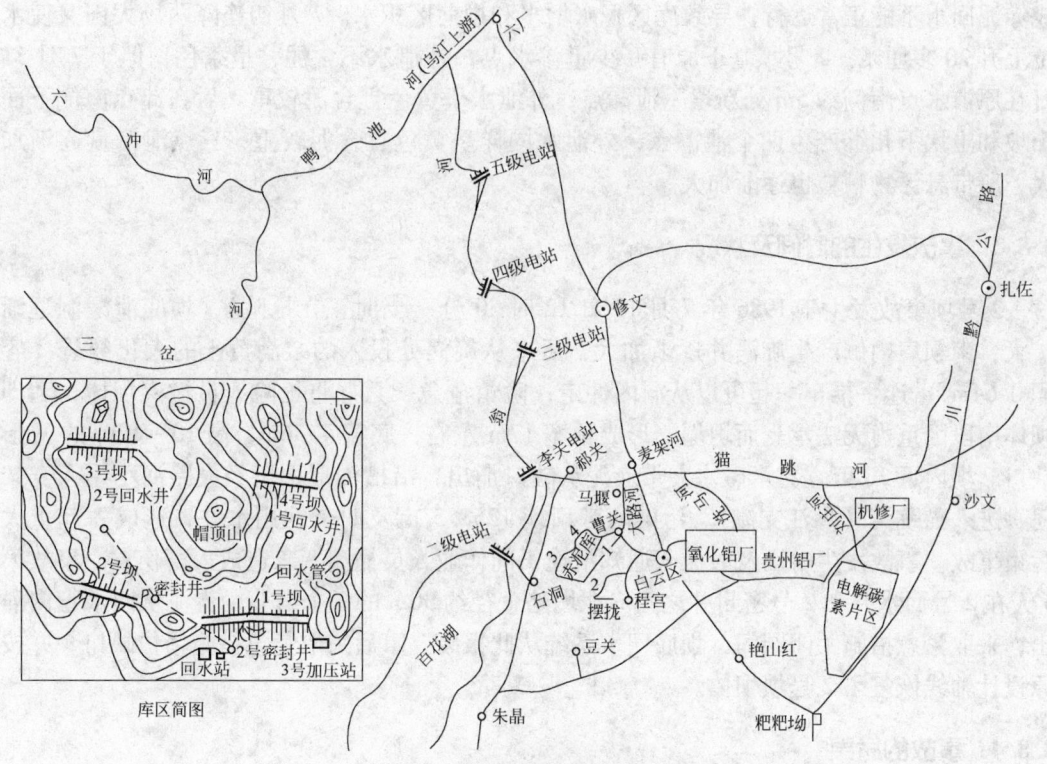

图8-19 赤泥库位置及库区情况

（1）赤泥库（一期）设计最大库容为400万立方米，贵铝拜耳赤泥化学组成见表8-4。

表8-4 赤泥化学组成

化学成分	SiO₂	CaO	Fe₂O₃	Al₂O₃	MgO	K₂O	Na₂O	TiO₂	灼减
含量/%	12.34	34.34	2.80	23.13	0.37	0.07	3.25	6.27	17.43

注：赤泥附液含碱度：$3\sim 4g/L$（以 Na_2O_7 计），pH值大于13。

（2）赤泥库（一期）构筑方式。赤泥库初期坝为海拔1325m高的防渗型土坝（坝底标高1299~1312m），内外坡度均为1:2，坝顶宽6m；后期坝设计为烧结法赤泥堆坝。但由于烧结法生产未能及时投产，1985年底赤泥堆满并开始翻坝，决定后期坝采用黄黏土筑坝，内外均用大化纤袋（容积0.64m³）装土成梯形堆积护坡，坡度为1:0.5，于1986年初完成加高工程，各条坝均加高2.5m。

（3）一期赤泥库服务年限。初期坝库容80万立方米，设计服务年限为3~4年，因一期氧化铝生产未能达产，实际服务年限7年，后期库容设计服务年限为4~5年，1987年经专家鉴定为"危坝"，建议停止使用。但因二期扩建区主要为漏斗形石灰岩地貌，在铺盖底部和库四周不宜用一期拜耳法赤泥，故1986年至今拜耳法赤泥仍主要排在老库区。但在使用中严格保持外围1号、2号坝边成干滩状态，坝体原有微量渗漏点两处均已处理好，至今安全运行。

8.8.2 事故前征兆

1986年5~6月，2号回水井至2号密封井之间坝底回水管塌陷，使赤泥进入管内造成赤泥回水不能正常运行,导致库区积水增多和坝前区积水。7月初连降两场大雨又使水位上升20多厘米。2号坝基下原有一少量渗水点,外泄水不含泥,呈茶色,但于7月11日在原渗水点南侧约5m处新增一泄漏点,外泄水呈黄色且含泥较重。后在此点南侧下面山坡和土坎下相继产生两个泄漏点,外泄水同样呈黄色且含泥较重,三点泄漏量逐渐加大,所带悬浮物颗粒也逐渐加大。

8.8.3 事故发生的时间及状况

2号坝事故发生于1986年7月19日12时30分(当时正在抢险),坝底泄漏洞逐渐扩大,南坝肩内侧产生旋涡并逐渐加大,后来从旋涡处投入的装满黄土的大化纤袋(容积0.64m³)连手推车一起可以从洞内冲走,险情危急,只好将抢险人员撤离坝体,随即坝体南段因重力无法承受而坍塌,形成顶宽17m左右,底宽4~6m,高10~12m的V形缺口。坝内近10万立方米碱水夹带赤泥从缺口涌出,沿槽沟形稻田经大路河小溪入麦架河,进入猫跳河(乌江支流)。污染两旁田地1258.5亩及两个饮用水井,造成一起重大污染事故。事故发生时因及时派人通知沿途田间作业人员撤离,未造成人畜伤亡。事故第3天在2号回水井和2号密封井之间赤泥塌陷直径约30m的一个漏斗,赤泥从回水管内涌出,采取紧急措施关闭阀门,坝底回水系统从此报废。事后采取紧急措施堵住缺口,并按原设计轴线恢复了2号坝坝体。

8.8.4 事故的后果

大路河小溪、麦架河长约20km的水系及猫跳河局部区段受到严重污染,两旁1258.5亩农田受到不同程度污染,近千名村民饮用水发生困难,造成直接和间接经济损失近百万元。被污染农田经过治理已大部分恢复耕作能力,但由于村民未按治理协议将堆积较厚的赤泥清运回库区而堆积在田边土角造成二次污染,致使近百亩稻田至今未能完全恢复耕作能力。

8.8.5 事故发生的原因

事故发生后,经中国有色金属工业总公司贵阳公司组织联合调查组反复调查确认:事故直接原因为该坝坝基地质条件复杂,经四次选址勘察才确定唯一可供筑坝的砂页岩地层,在堆存赤泥时造成坝下原生强风化岩层发生多渠道穿通,导致管涌而使坝体局部坍塌。间接原因:

(1)该坝勘察设计、施工均在"文化大革命"期间,基本建设采用"大包干",技术决定采用"三结合",规章制度大部分被破坏,使勘察工作深度不够,未能对坝基下岩层构造通过钻探揭露等手段进行必要的定量工程地质评价,致使在设计中未能采取相应的有效措施。

(2)施工单位建议对2号坝设计轴线位移(南坝肩东移约40m、北坝肩东移约18m),而设计部门未提出补做必要的工程地质工作。在设计和施工中对坝肩与山坡结合部位均忽视处理。

(3)施工中坝基清理深度不够(未清理到原生基岩强风化层)。用于坝体的部分黏土含水率偏高,压实质量难以达到设计要求,对防渗作用有所影响。

（4）使用中在加高后期坝时，由于在技术上不能采用坝内子坝，只好采用大化纤袋装土护坡的坝上黏土坝的应急措施。坝底回水管因塌陷影响正常回水，加上连降大雨使库区积水过多。坝前区积水和水位升高等在一定程度上减少了坝体原设计的安全系数。

8.8.6　经验教训

从造成事故的直接和间接原因看，应吸取的经验教训为：

（1）在库址选择上对附液呈强碱性、浸润能力极强的赤泥库，应选择防渗性能好的地质体。

（2）在设计和施工中对原生强风化层中的渗漏渠道应提出可行性处理方案和进行可靠处理。

（3）工程地质勘察的深度应符合施工设计对工程地质要求的精度，如需做渗水试验时，应用赤泥附液做试验。

（4）施工中须按设计要求和施工规范严格施工，坝体轴线的改变必须和原工程地质勘察和设计部门研究，并经原设计审查部门审批。

（5）设计上应保证有完善可靠的回水系统。

（6）应建立管理机构和必要的规章制度，在库区设置岗位，专人负责安全巡回检查。

（7）应对库区合理布局，库内有必要的干滩区、沉降带和清液带。

（8）制定合理的操作使用规程，保证坝边和薄弱区处于干滩状态。保证正常回水，保持合理的水位和蓄水量。

（9）应建立经常性的监测管理机构和维护检修队伍，发生险情时即可成为抢险应急机构。

（10）在抢险过程中情况危急、无法补救时，应将人员尽快撤离危险地段，并尽快通知下游撤离人畜和重要财产、截断灌渠等，使事故损失和污染面积控制在最小范围。

8.9　东乡铜矿尾矿库排水井泄漏尾砂事故

1988年6月24日，江西东乡铜矿尾矿库3号泄水井，发生一起泄漏尾砂的危害事故。这次事故导致全矿被迫停产6天；机修厂厂房被毁，机器设备被淹埋，经3个月的清理才恢复生产；部分河流和农田被污染。造成经济损失138.06万元，其中直接经济损失95.26万元，间接经济损失42.8万元。幸无人身伤亡。

8.9.1　概况

该尾矿库于1966年由南昌有色冶金设计研究院设计，于1973年建成投产，尾矿坝为上游法筑坝，初期坝为均质土坝，坝顶标高85m，坝底标高69m，坝轴线长94m，在坝后坡标高71.5m处设有堆石排水棱体，最大高度3m，顶宽1m。

库型为山谷型尾矿库，用尾砂堆筑子坝，坡比为1:5，最终标高120m，有效库容320万立方米，汇水面积0.3km²，目前，库内已堆积尾矿约96万立方米。

原设计尾矿库的排水构筑物，有1号，2号和3号排水井。这种排水井是在3m高的钢筋混凝土筒体为基础和两根与筒体为一体的T形井架上，随库水位上升，依次叠加两个半圆井圈而成的竖井式泄水井。泄入井内的水从排水管经涵洞和坝体排出。尾矿库内回水利用囤船泵送至选矿厂的高位水池。

随着生产的发展，库内尾矿堆积不断上升，1 号和 2 号排水井相继投入使用，而且状况良好。为了提高尾矿库回水率，1980 年矿山曾提出从尾矿库自流回水、利用水泥船回水、坝外取水 3 个方案，经比较认为自流回水方案较好，决定采用自流回水方案，并决定由本矿自行设计和对外承包施工，1983 年 9 月，工程竣工投入使用。与此同时，1 号和 2 号排水井停用封堵。自流回水工程投产后，取得了显著的经济效益和社会效益。

自流回水工程由 3 号泄水井、隧洞（长 165.5m，断面 1.6m×1.8m）、大明槽（长 75m，断面 1.6m×1.2m）、小明槽（长 135m，断面 0.4m×0.45m）、铸铁管（长 250m，ϕ300mm）和排洪沟（断面 0.8m×0.8m）等部分组成。其中，隧洞、明槽和排洪沟，首先由该矿生产科设计并负责施工管理。而 3 号泄水井，则是在隧洞等部分竣工后，由该矿基建科负责设计和施工管理。

泄水井为圆筒形，平底状，高 26m，内径 3.26m。它是由井架和随着库水位上升而双叠加的弧形井套构成的挡板式漫顶泄水井。井架是由 4 根立柱和 2.5m 高的基础为一体的钢筋混凝土结构。事故前，井套已加高达 8m（含基础高）。井基础的北侧（断面 1.6m×1.8m）与隧洞连接，南侧（朝库侧）为施工预留孔（断面 2.0m×1.7m），竣工时，用 12 块弧形钢筋混凝土井套（长 2.74m，宽 10cm，高 20cm）封闭。

8.9.2　事故的发生

1988 年 6 月 19 日至 23 日，矿区连降暴雨，平均每天（24 小时）降雨量为 55.5mm，其中，6 月 20 日降雨量达 102.1mm。致使尾矿库水位猛涨，外排水量骤然剧增。由于排洪沟闸门被当地农民关闭，使排洪沟完全失去排洪的作用，导致 6 月 22 日回水明槽一侧被排水冲垮长达 26m。又在 6 月 24 日，选矿厂几位工人在被冲垮明槽处安装管子时，突然听到一声巨响，看到从回水隧洞中爆发出大量矿浆，继续冲垮明槽，并冲刷山坡，一股来势凶猛的泥石流，将该矿机修厂外的两道围墙和部分厂房毁坏，并涌入流经该矿的竹山河和部分农田。据事故后实测，这次事故共跑漏尾矿 54649m³，外排尾矿水 6 万立方米，冲刷山坡泥石 5892m³。致使农田 671 亩、渔塘 22.1 亩和 7 条灌溉渠道被污染。

8.9.3　原因分析

根据对事故现场的勘察和对泄水井破损部件的试验表明，这次泄水井跑漏尾矿事故，是由于在暴雨之后，尾矿库处于高水位状态下工作，使泄水井基础部分预留孔的弧形井套断裂造成的。

（1）直接原因。由于 3 号泄水井设计错误和施工质量差，造成隐蔽工程存在严重缺陷而处于不安全状态。

1）设计错误。事故发生后，曾请南昌有色冶金设计研究院，对 3 号泄水井自行设计的有关资料进行分析表明，3 号泄水井的设计，存在 3 个方面的错误：一是弧形井套（包括预留孔封堵用的和叠加用的）配筋错误。即井套的钢筋，本应配在圈内受拉区，却错误的配置在外圈的受压区，钢筋不起作用。二是封堵用的井圈与井架无固定的连接，即预留孔两侧立柱，虽设计采用 ϕ12mm 钢筋作固定铰，但井圈端作用力与立柱平面并非垂直，而是斜交，极易发生位移，起不到固定铰的作用。三是井底（平底状）无消能设施。

由于存在上述错误，再加上泄水井顶到井底板落差达 30 余米，泄水对井底的冲击巨大，脉动压力强烈，气蚀严重。又由于事故发生前，泄水井周围已滞留尾矿厚达 9m。据此进行井圈强度复核，其安全系数 $K_L = 0.029$，大大小于钢筋混凝土结构设计规范（SDJ 20—78）规定 $K_L > 2.5$ 的要求。因而，致使井圈从跨中折断并脱落，预留孔封堵处被毁成 $8m^2$ 的缺口，大量尾矿涌入井内，而爆发此次事故。

2）施工质量差。施工期间，曾发现施工单位在现场预制的弧形井圈，有 $23.01m^3$ 因不合格而报废。投产后，由该矿劳动服务公司预制的井圈中，又发现有 $19m^3$ 的井圈不合格，并经矿领导召开有关人员会议鉴定，宣布报废。然而，这次事故中断裂的井圈，竟是过去曾经宣布报废的井圈。经江西省建筑科学研究所对断裂井圈作回弹强度试验，回弹值为 270MPa，强度不合格。

预留孔两侧立柱上，原设计有 $\phi12mm$ 圆钢并外露 350mm 的预埋件，作为井圈与立柱的固定铰，但事故后发现，井圈与立柱并没有用固定铰牢固接合。

原设计泄水井的基础及井架的钢筋混凝土均为 200 号。在施工期间，曾对井基础及井架拌料 3 次取样作强度试验，经江西省建筑科学研究所试验结果为：127 号混凝土（井基础）、336 号混凝土（井架）和 147 号混凝土（井架）。可见，3 次试验中就有两次的拌料强度是不合格的，但却没有查到对不合格拌料处理的任何记录。

（2）间接原因。领导对这次工程设计及施工的管理有失误。

1）尾矿库自流回水工程，是一个生产技术措施项目，也是尾矿库的一个构筑物，虽然投资额和工程量都不很大，技术性也不很复杂，但是，尾矿库是边使用、边施工筑坝，具有长期性和复杂性的建筑工程。而且，尾矿库内贮存着大量的尾矿和水，是一个处于高势能位置的"泥石流形成区"。尾矿库的任何构筑物，如坝体、井、塔管、洞等，只要其中一处发生故障，都将有发生危害事故的可能。然而，当时的矿领导对尾矿库建设的重要性和复杂性认识不足，不够重视，把尾矿库自流回水工程作为一般的日常生产管理来对待，因而对工程的设计、施工及工程验收等过程，缺乏全面考虑、集中领导、统一指挥和严格的管理。

2）缺乏科学的态度，没有按有关程序慎重设计和施工。该尾矿库的排水和库内回水，早就有成型的设计，如果需要改变原设计方案，理应事先与原设计单位共同商榷，认真研究，但是，矿方却忽视了这一基本的常识。我们知道，3 号泄水井是处在浸蚀环境中的结构，非同于工、民用房屋和一般构筑物的建筑。设计这种结构，除必须遵守钢筋混凝土结构的设计规范外，尚应符合水工专业的专业规范。而且需要专门的专业技术人员才能设计，并非一般土建技术人员所能胜任。然而，该项工程矿领导却交给了一个土建工程师，按一般构筑物进行施工图设计。而且设计后，也没有进行认真复核和组织专门的会议进行审查，以致对设计中的错误没有发现就对外承包施工了。

3）施工管理人员失职。在施工过程中，矿方曾派人作为驻工地的甲方代表，负责施工监督检查。而且《施工合同》规定："应认真做好工程各项目检查记录，发现问题，要求施工单位及时返工。"但是，负责施工管理的同志，工作很不负责任，不但没有对施工情况认真的进行检查，做好隐蔽工程和施工情况的记录，而且施工中已发现井基础和井架强度不合格，也没有向领导汇报，给危害事故的发生埋下了隐患，也为 3 号泄水井的管理和这次危害事故的调查分析造成了很大的困难。

4）尾矿库自流回水工程，是对外承包，当年施工，当年竣工投产的。《施工合同》规定："施工单位必须严格按正式施工图及批准的设计变更正式文件和施工验收规范施工，双方按现行质量及检验评定标准进行验收评定。"然而，工程竣工后，并没有组织有关人员进行检验、评定、验收，只是由生产单位与施工单位简单地交代就投入使用，根本没有任何验收移交手续的资料。

8.9.4 经验教训

为了避免类似的尾矿库危害性事故发生，必须吸取如下教训：

（1）尾矿库的任何构筑物，都必须由持国家执照的单位按有关规定进行设计，设计方案须经上级有关部门审批。施工设计，必须按照水工建筑标准进行，并履行"设计程序"，进行严格的技术把关。

（2）必须按有关程序进行施工，并保证施工质量。首先，未经设计或设计方案未经上级有关部门审批，不得擅自施工建筑，其次，施工中必须按施工设计图进行，并严格检查监督，以便及时发现问题，及时解决。

（3）凡有关设计、施工、竣工的图纸、资料、说明、记录等，必须由建设单位统一归档妥善保管，以免失散，便于需要进行安全技术鉴定、事故处理等分析研究时有所依据。

（4）当生产实践中，有某方面需要对原设计作方案性修改或变更时，生产单位和设计单位应共同商榷，认真分析研究，使修改方案更符合实际，并须报上级有关部门审批。

（5）必须加强领导，进行严格的科学管理。对于与尾矿库安全关系重大的构筑物设计、施工，乃至投产后的管理，都必须以科学的态度，进行严格管理，决不能马虎凑合。

（6）尾矿库发生危害性事故的原因是多方面的，但绝大多数都与水有密切关系，而且事先总是有预兆的。鉴于这种状况，在每年的洪汛期，必须对尾矿库可能由于洪水而发生异常的部位，组织巡回检查。并做到领导组织落实、抢救队伍落实、物资措施落实，一旦发现险情，就能迅速有效地组织抢险，化险为夷。

8.10 智利埃尔尾矿坝溃坝事故

智利埃尔、科布雷等 12 座尾矿坝的基本情况是，坝高 5～35m 不等，坝坡 1:1.43～1:1.75 之间，其中有一座坝，其高为 15m，堆坡 1:3.73 的低坝。尾矿流失量最多的一座库达 190 万立方米。上述坝的共同点是，坝坡过陡，堆积体内含水量过高，尾砂过细，颗粒 200 目的占 90%。

这些坝于 1965 年 3 月 28 日发生溃坝事故。溃坝的原因，是在圣地亚哥以北 140km 处发生 7.25 级的强烈地震，导致这些坝坝体溃决，尾矿大量流失。失事时，尾矿库内的矿浆冲出决口，涌到对面山坡上，其高达 8m 以上，顷刻间下泄 12km。

事故的直接后果是，造成 270 人死亡，矿浆外泄造成严重污染，这是世界尾矿史上最严重的灾难性事故。

从事故中应吸取的经验教训是，构筑尾矿坝时，必须考虑地震因素及其相关的防范措施。

8.11 美国布法罗河矿尾矿坝溃坝事故

8.11.1 概况

布法罗河尾矿坝，位于美国西弗吉尼亚州。该坝采用煤矸石、低质煤、页岩、砂岩等材料堆筑，坝高45m，坝长365m，顶宽152m。在其上游180m和364m处用煤矸石各建有新坝1座，坝高13m，坝长167m，顶宽146m，其库内设有直径610mm管道以控制上游库水位。

8.11.2 事故前征兆

1972年2月23日起，连续降雨3天，降雨量达94mm，库内水位上涨，并高出坝顶2m，坝体出现纵裂缝，继而产生大滑动，塌滑体挤压第二库容，造成库内泥浆急速涌起并越过坝顶。

8.11.3 事故发生的时间及状况

1972年2月26日，库内泥浆迅速涌起越过坝顶，高达4m之高，泥浆急流将下游坝冲开一个决口，宽15m，深7m，泥浆倾泻而下，将上游库内48万立方米的煤泥废水在15min内排泄一空，流速达8km/h，决口3h，下泄24km，直达布法罗河口。

8.11.4 事故的主要技术原因

库内未设溢洪道，原有泄水管的泄水能力小，无法抵挡洪水漫顶。

8.11.5 事故的后果

这次溃坝造成125人死亡，4000人无家可归，冲毁桥梁9座，公路1段，经济损失达6200万美元。

8.11.6 应吸取的经验教训

尾矿库内的排水设施应齐全，应构筑溢洪设施，特别是多雨地区。同时，应具有必要的防拱抢险措施。

8.12 南斯拉夫兹莱托沃铅锌矿尾矿库溃坝事故

8.12.1 概况

兹莱托沃铅锌矿4号尾矿库，是该矿的尾矿库之一，它位于南斯拉夫马其顿共和国首府以东约100km的普罗比什蒂普·基塞利卡（Kiselica）河流域的一个山谷（图8-20）中。该库的设计最大库容为360万立方米。

8.12.2 尾矿坝构筑

坝基为黏土质冲积层和凝灰岩。冲积层下部为凝灰岩，透水性差，冲积层上部的透水率较高。地下水位距地面1~3m。坝基岩土的内摩擦角为16°~22°，筑坝材料为黏性细粒砂（含量为 0 ~ 6%、粒径小于 0.002mm）和尾砂，其内摩擦角为 32° ~ 36°，透水系数 $3.5 \times 10^{-5} \sim 9 \times 10^{-4}$ cm/s。

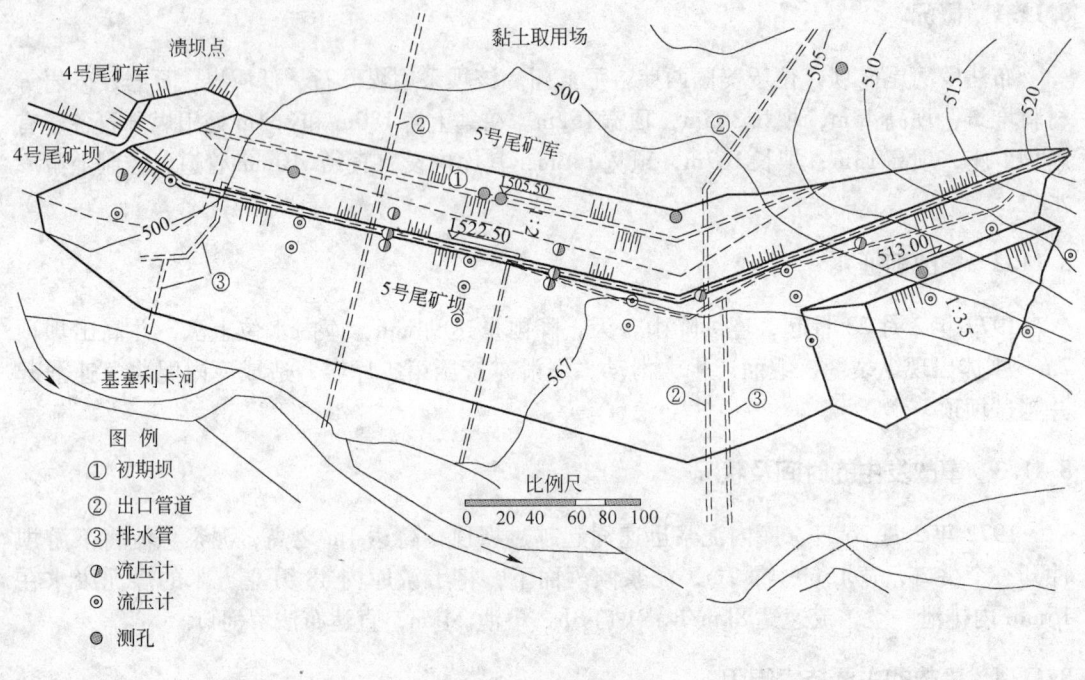

图 8 - 20　4 号尾矿库

8.12.3　构筑方式

尾矿库为山坡型，采用下游法筑坝。坝最终高度为 28.0m，外坡比 1:2，坝顶最终长度为 509m，最终宽度 4m。初期坝筑于尾矿库下游端，坝高 6m。坝用尾砂和填料全筑。

8.12.4　溃坝事故

1976 年 3 月，4 号尾矿库发生大溃坝。当时溃坝高度达 25m，约有 30 万立方米的尾砂（占总库容量约 30%）流入基塞利卡河，给河流造成严重污染。

8.12.5　溃坝原因

兹莱托沃矿在构筑尾矿坝方面已有几十年的历史，经验丰富。由于前 3 个尾矿库运行良好，未料到 4 号尾矿库会发生溃坝事故。事故发生后，该矿立即组织力量对现场进行事故原因调查。据钻孔取样分析结果表明，4 号尾矿库有部分坝体已完全饱和，且初期坝筑坝材料的透水性差，而排水设施的截渗与排渗效果又不好，所以地下水位上升并浸润下游坝而造成溃坝。

8.12.6　事故解救措施

为不影响矿山生产，该矿采取了应急措施，即在 2 号与 3 号尾矿库筑小坝以暂时堆放尾矿，并开始设计 5 号尾矿库。新坝于 1976 年中开始构筑，1978 年 3 号坝高已达标高

510.0m 水平。为适应当时矿山生产的需要，5 号尾矿库采取边筑坝边运行的方式。

8.12.7　经验教训

该矿吸取了 4 号尾矿库溃坝的教训，在 5 号尾矿坝设计、构筑与管理中采取了以下措施：

（1）加强截渗与排渗设施。初期坝用不透水物料填筑，并设有横沟、斜沟、滤水层、排水沟底板、排水管、溢流井等设施（图 8－21）。排水沟底板与滤水层用天然砾石填筑以提高渗滤作用。在坝体中设置宽为 1m 的排水斜沟，坝下部排水沟与滤水层沟通，并用直径为 300mm 的多孔钢筋混凝土管道铺设在滤水层中以滤出和排放渗水至下游河流。

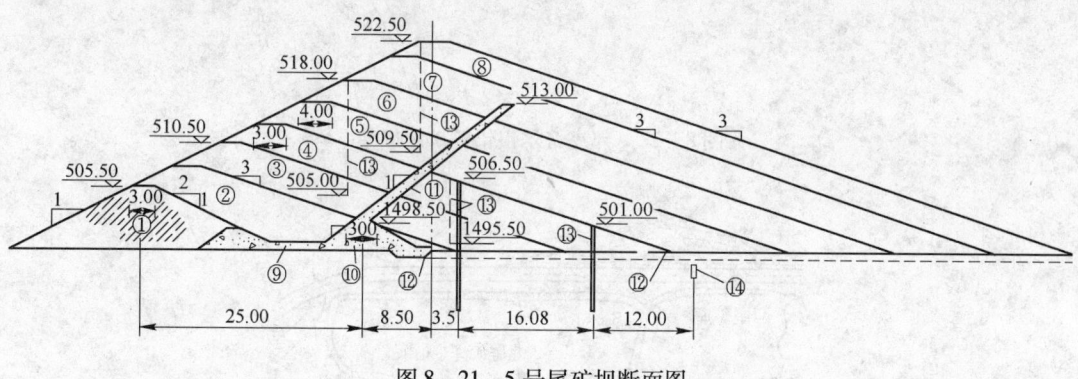

图 8－21　5 号尾矿坝断面图

（2）提高坝体抗震能力。为确保坝体稳定，5 号尾矿坝按 7 级地震设计。上游坝坡比取 1:2，下游坝坡比为 1:3。坝顶最终长 590m、宽 4m。

（3）对尾矿库运行实行监测。为确保尾矿库安全运行，兹莱托沃矿对 5 号尾矿库采取了监测措施，即设置流压计，测量坝体渗水量及其水平与垂直位移等。

（4）提高筑坝材料的质量。填筑坝体的尾砂一律用水力旋流器处理，旋流后的尾砂粒径为 200 目（0.074mm）。5 号尾矿坝最终高度达标高 522.5m 水平，共用筑坝材料约 95 万立方米，各材料用量为：旋流尾砂 87.5 万立方米，过滤材料与天然砾石 3 万立方米，初期坝填筑的黏土 4.5 万立方米。

8.13　美国邦克希尔银铅锌矿尾矿库渗漏事故

8.13.1　概况

邦克希尔尾矿库位于美国爱达荷州凯洛格的迈洛河附近（图 8－22），建于 1927 年。现面积为 647497.6m^2。

8.13.2　尾矿坝构筑

尾矿库为山谷型，采用上游法筑坝（图 8－23）。筑坝材料为 12.7~25.4mm 的粗粒跳汰尾砂和砾石。坝距地面高度为 19.8m，目前坝顶长 213.4m。用粒状炉渣构筑 2.4384m 高的平台以作为初期坝。

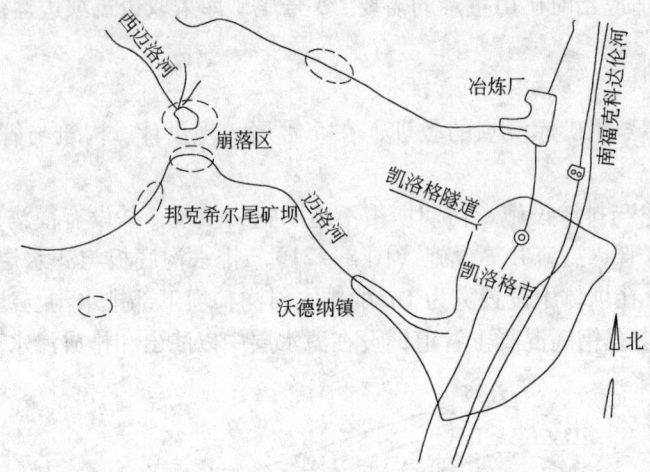

图 8-22 邦克希尔银铅锌矿尾矿库

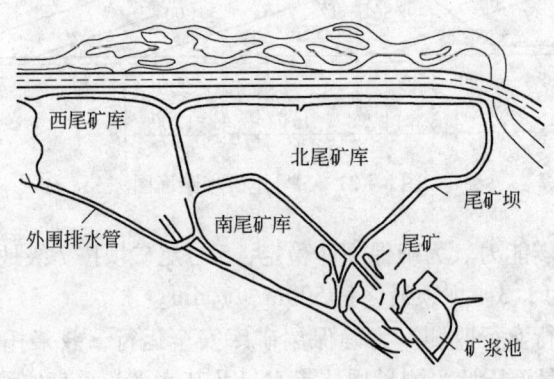

图 8-23 邦克希尔尾矿库

8.13.3 渗漏事故简述

邦克希尔尾矿库渗漏发生于 1973 年。渗流水的 pH 值很低，含锌金属，呈酸性，给迈洛河、科达伦河和戴德伍德河造成污染。尾矿库渗流量达 2100L/min 左右（见表 8-5 和图 8-24）。

表 8-5　邦克希尔矿尾矿库渗漏情况

测　点	尾矿堆积厚度/m	渗透速度/cm·s^{-1}	渗透率/m^2·min^{-1}
T-1		2.5×10^{-5}	0.176×10^{-4}
T-2	9.144	7.8×10^{-6}	0.562×10^{-5}
T-3	9.144	5.4×10^{-6}	0.393×10^{-5}
T-4	10.3632	4.4×10^{-6}	0.3174×10^{-5}
T-5	6.4008	1.6×10^{-5}	0.11577×10^{-4}
T-6	9.144	1.1×10^{-5}	0.798×10^{-5}

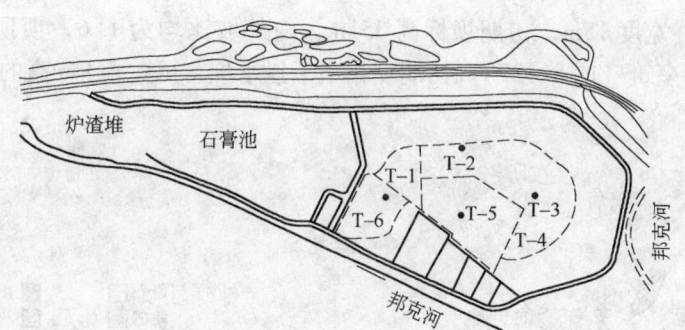

图 8-24　邦克希尔尾矿渗漏测点

据测定，尾矿库渗漏率达 50% ~ 70%，上游与下游的渗漏流量差值为 0.6744 × $10^{-4} m^3/min$。

8.13.4　渗漏发生原因

据水文地质钻探结果表明，渗漏主要是由于邦克希尔采矿公司尾矿库内堆积的大量尾矿上表层的细粉泥沉积层被带走所致。此外，河区有一条走向与迈洛河大致平行的卡特断层（Cate Fault），该断层与地下天然裂缝系统大量排水有密切关系，运走细粉泥沉积层后，水就可能通过尾矿库底部。渗漏流量虽不致使尾矿库底部的全厚度冲积层饱和，但却形成一些渗水通道从尾矿库向外排泄。这种通道受到下游河谷地下水梯度的影响。

8.13.5　解决渗漏的措施

针对尾矿库渗漏情况，邦克希尔矿采取了以下措施：
（1）废弃现有库区，在附近建一新的污水处理设施。这项工程大约花费 1860 万美元。
（2）在渗漏部位安装土工膜衬层，费用大约 100 ~ 500 万美元。
（3）扩大尾砂滩面积。
（4）用截流方法以阻止渗水流入河流。

8.14　美国帝国铁矿尾矿库粉尘危害

8.14.1　概况

帝国铁矿位于美国明尼苏达州梅萨比铁矿区，距苏必利尔湖很近（图 8-25）。帝国矿按选矿球团厂日产铁 6 万长吨尾矿设计尾矿库。

当时，帝国铁矿未建尾矿库，而是将尾矿直接排入苏必利尔湖。这种做法遭到公众反对，并于 1977 年 6 月 1 日被上诉到法院。在这种情况下，该矿才开始修建尾矿库。

8.14.2　尾矿坝构筑

坝基下部为冰川泥砂、火山岩、辉长岩等，水密性较好（图 8-26）。采用 -0.005mm 的粗粒尾砂作为主要的筑坝材料。尾矿坝上游用细粒尾砂滩密封。

8.14.3　构筑方式

尾矿库为平地型，采用下游法筑坝。坝的最终高度为标高 395m，内外坡比均为

1:2.5，坝顶最终宽度 15m，初期坝标高 351m，内外坡比均为 1:6，坝顶最终宽度 12m，坝用砂子和砾石垒筑（图 8−27）。初期坝相当于拦水坝，可贮蓄 9m 高的初期尾矿水。

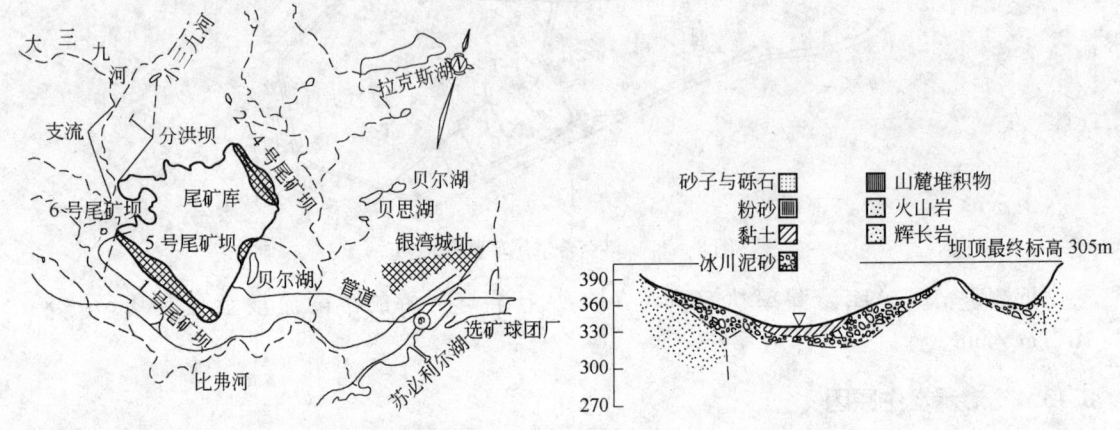

图 8−25　帝国铁矿尾矿库位置图　　　　图 8−26　帝国铁矿尾矿库坝基地质剖面图

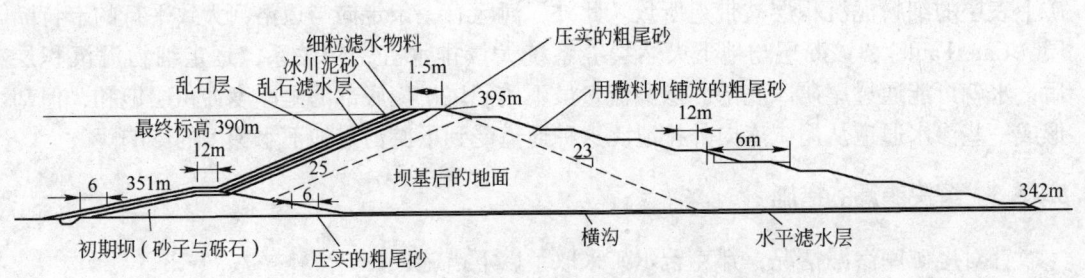

图 8−27　帝国铁矿尾矿坝剖面图

8.14.4　尘害事故

帝国铁矿尾矿库含有一种石棉状纤维。尾矿库有部分干尾砂产生粉尘，给周围环境造成严重污染。据测定，这种石棉状纤维是一种致癌物质。若空气和水一旦被这种物质污染，对人体健康是有害的。因此，当地司法部门要求帝国铁矿对尾矿库尘害进行治理。

8.14.5　尘害发生原因

据调查，尾矿库砂滩长期暴露、干化是产生粉尘的主要原因。

8.14.6　事故解救措施

为了减少尾矿库粉尘，该矿采取了以下临时措施：
（1）向尾砂滩和尾矿堆洒水，以控制粉尘的产生。
（2）将细粒尾砂堆积在水下，以减小尾砂干滩面积。
（3）在尾矿库水中分散堆积粗尾砂，以免粗尾砂形成砂堆。
（4）缩小尾砂排放面积并在非排放区使用抑尘剂，以免形成粉尘。

8.14.7 经验教训

根据尾矿库尘害所带来的后果，该矿采取如下有效措施以治理尾矿库环境：

（1）在坝上游面铺放不透水的冰川泥砂。

（2）坝基的截流槽沟通不透水的冰川泥砂或黏土层。

（3）对尾矿坝不透水层和滤水层下部的岩面进行注浆。

（4）在岩层交接处进行滤水层注浆。

（5）上游不透水层向下游滤水与排水。

（6）溢流井的水经由穿过坝体底部的排水管排出，以降低坝体水位。

（7）初期坝基底排水向下游滤出。

9 尾矿库安全保障经验实例

9.1 云南锡业公司尾矿库管理经验

9.1.1 概况

云南锡业公司目前有 9 座大、中型选矿厂，11 个选矿车间，年排出尾矿 600～700 万立方米。随着生产的发展，先后兴建了 31 座尾矿库，共投资 7000 多万元，到 1990 年底已储存尾矿资源近 1.6 亿万吨，含锡金属 20 多万吨。目前仍在使用的尾矿库有 21 座，共有坝体 43 座。在用的尾矿库中有较大一部分库不同程度的存在一些问题，有 6 座库超期服役，3 座库已接近设计使用标高。有些库配套设施不够完善，设计库容得不到充分利用，特别是古山选厂广街尾矿库的问题比较突出，1988 年被确定为险库之一。

为了确保安全，各选矿厂都针对所属尾矿库的实际情况，采取了一系列保安措施。6个超期服役的尾矿库除广街尾矿库外，其余的库都严格控制水位，只作为厂前回水调节和事故放矿池使用。在目前使用的 21 座尾矿库中，只有广街尾矿库险情比较严重，其余的尾矿库如遇到较大洪水时，排洪能力不足，为保证尾矿库的安全运行，公司采取了有效的安全运行措施。

9.1.2 尾矿库安全运行的措施

（1）责任明确。公司决定选厂主管生产的副厂长为尾矿库安全包库负责人，加强了对尾矿库安全工作的领导，做到"谁管理谁负责"。

（2）领导重视。公司和各厂矿领导经常深入尾矿库现场，帮助基层解决困难。生产副经理多次带领公司有关处室人员到卡房等几个尾矿问题较多的选厂研究落实排放尾矿计划及防洪度汛措施，并亲自到各主要尾矿库现场进行检查。选厂领导在下雨时，一般都亲自到尾矿库现场巡视或值班。调度系统密切注视尾矿库的运行情况并及时向有关领导汇报，各单位领导还注意逐步解决尾矿管理人员的一些具体困难和实际问题，如劳保、交通工具等，以充分调动这些职工的积极性。

（3）加强对尾矿管理人员的技术培训和对职工的宣传教育，提高管理人员的技术素质，使大家都懂得坝前要有足够的干滩长度，要保证安全超高，汛前要低水位运行等关键措施，做到思想明确，重点突出。

（4）在原有基础上，进一步挖潜配套。卡房采选厂为进一步做好尾矿安全排放工作，组织大批人力挖砂沟，筑子堤，并加速杨梅山脚尾矿库配套措施的施工，大大减少了犀牛塘尾矿库的压力。新冠采选厂牛坝荒尾矿库，在排洪隧洞竣工验收的基础上，在原有坝体上设置了 1.2m 高的防浪墙，加强了尾矿库的调洪能力。火谷都尾矿库完成了全部坝基加固处理工作。采取振冲加固的办法，共加固坝基面积 27000m^2，打碎石桩 68.41 根，总长

58418m，灌入石料44434m³，为火谷都尾矿库安全和恢复使用打下了基础。黄茅山背阴山冲尾矿库采用旋流器沉砂进行堆坝，改善了堆坝的条件，缓解了黄茅山选厂尾矿排放的矛盾，并提高了回收率。

（5）加强尾矿坝安全技术监督站的活动。1988年6月份，公司组建了"云南锡业公司尾矿坝安全技术监督站"，统一监督尾矿坝的安全技术管理工作。监督站由主管生产的副经理担任站长，设计院分管水尾的副院长、选冶处分管选矿的副处长和安全处处长担任副站长。成员有水尾专业技术人员和部分选矿厂的生产副厂长。监督站设立办公室，处理日常工作，办公室主任由尾矿管理科科长担任，办公室副主任由设计院水尾室主任担任。这样既加强了领导，又提高了监督站的权威性，能及时解决问题，且不与日常生产管理工作脱钩，减少了脱产人员，工作各负其责，取得了好的效果。

（6）进一步健全和充实厂矿的尾矿管理机构。古山选厂、大屯选厂和羊坝底选厂将尾水工段升格为尾水车间，增加管理人员。公司对尾矿管理人员讲授防汛安全知识，提高其业务水平。

（7）进一步建立健全尾矿设施的档案工作。各选矿厂对尾矿设施的历史资料和技术资料普遍进行了清理和复查，对尾矿库的历史状况有了进一步的了解。这对加强管理工作有很重要的作用。

（8）表彰先进。为进一步调动尾矿职工的积极性，公司定期召开尾矿安全工作表彰会，表彰在尾矿工作中做出成绩的先进个人和先进集体。

（9）管理工作经常化。公司要求厂矿要扎扎实实地做好尾矿管理工作，要跟上时代的步伐，不能老停留在一个水平上，尾矿管理工作要逐步实现正常化、制度化、标准化，要继续巩固和发扬我公司经过多年努力所形成的行之有效的管理办法和制度，要继续坚持汛前安全检查、汛期安全值班、厂矿之间安全互检等安全措施，进一步完善坝体的巡检制度，对超高、超容的尾矿库特别要加强监测和管理，并注意抗震问题。

（10）落实防汛措施。在雨季前要组织专门力量对所属尾矿设施进行一次全面检查，对检查中发现的问题要分类排队，采取有效措施进行解决，确保尾矿库安全度汛。

（11）积极与有关部门协商，建立尾矿库安全保护区。

9.2 中条山有色金属公司坝体滑坡和管涌的处理经验

中条山有色金属公司，是一个采、选、冶大型联合企业，位于山西省垣曲县境内。20世纪50年代末建矿以来，先后使用了4座尾矿库。其中韩家沟及莫家洼尾矿库已于1975年及1980年服役期满并复垦，正在使用的有胡家峪铜矿毛家湾尾矿库及铜矿峪铜矿十八河尾矿库。下面就尾矿库概况、管理机构设置和坝体滑坡、管涌处理方法作如下介绍。

9.2.1 概况

（1）毛家湾尾矿库（见图9-1）建于1958年，由北京有色冶金设计院设计，属山谷型拦河尾矿库，上游法筑坝，属3级尾矿库，初期坝为均质黏土坝，高18m，坝顶长135m，内外坝坡分别为1:1.9和1:2.4，后期子坝堆筑设计外坡1:4，最终堆积标高785m，净堆高53m，总库容3280万立方米，汇水面积82.5km²。

现在堆至785m标高，内储尾砂1100万立方米。由于"文革"期间管理放松，致使

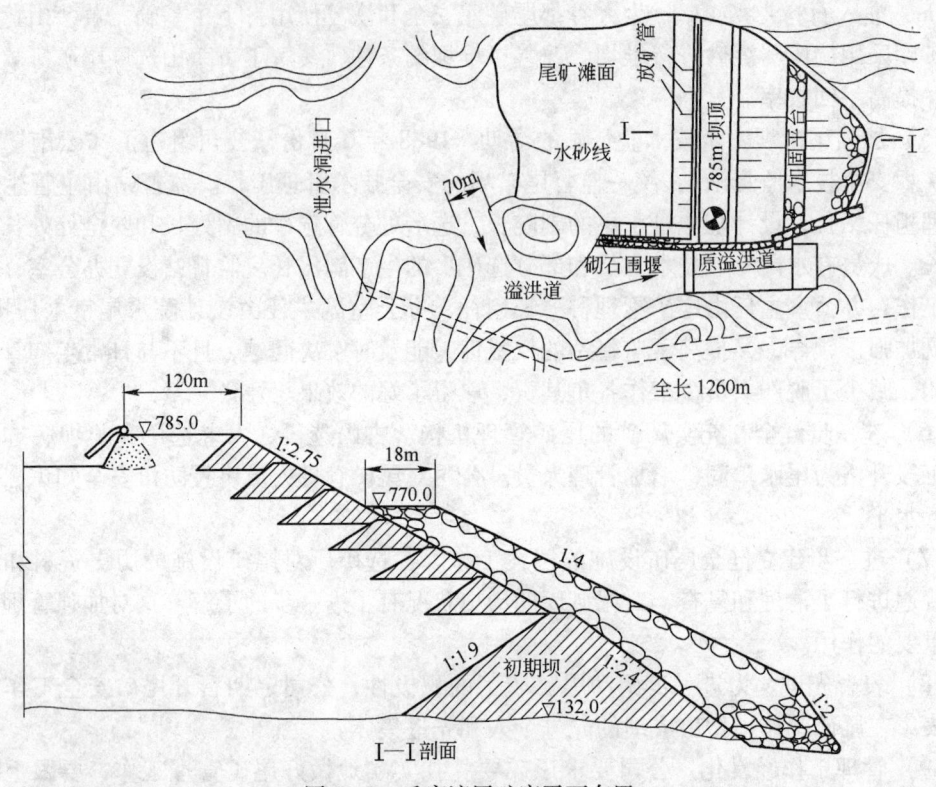

图9-1 毛家湾尾矿库平面布置

实际平均坝外坡只有 1∶2.75，且子坝均由透水性较差的黏土堆成，使坝内浸润线过高，从坝外坡面溢出。大坝整体稳定性不够，防洪抗震能力偏低，加上矿山探明矿量的增加，于 1985 年由北京有色冶金设计研究总院开始对此库进行扩建设计。防洪标准提高至 50 年一遇洪水的设计，500 年一遇洪水校核。抗震设防裂度为 7 度。改扩建现已完成 400 多万元的工程，还剩溢洪道及排水隧洞的衬砌、隧洞出口消能工程和压坡部分工程。改扩建工程主要包括：1）大坝毛石压坡 1.2 万立方米；2）溢洪道由原来 38m 扩宽至 70m；3）引水渠开挖宽 70m；4）围堰砌筑长 210m；5）排水隧洞 1260m（2m×2.5m 城门洞型）。改扩建后最终设计堆积标高由原 785m 增加到 792m，总库容达 4220 万立方米，能储尾砂 2117 万立方米。能够满足胡家峪矿现探明的储量尾砂堆存。尾矿库的库容利用系数也由原设计的 0.4～0.5 提高到 0.65～0.70。改扩建后坝的级别为 3 级，坝坡稳定最小安全系数是：

基本荷载 $K_{min}=1.20$

特殊荷载 $K_{min}=1.05$

（2）十八河尾矿库建于 1972 年，也属拦河成库，设计最终堆高 84m，平均外坡 1∶6，库容 12500 万立方米，能储尾砂 8500 万立方米，属 2 级尾矿库。防洪标准为百年一遇洪水设计，千年一遇洪水校核，抗震设防裂度 7 度。初期坝为均质黏土坝，高 23m，坝顶长 210m，内外坝坡分别为 1∶2.25 及 1∶（2.25～2.75），现已堆高 46m。库容达 3000 万立方米，已储尾砂约 1300 万立方米，此库区汇水面积 6.65km²。洪水通过 1.8m 直径的溢流井进入 1.2m 直径的坝下涵管排出。当库水位继续上升至 527m 时，此排洪系统封堵，起用 2

号排洪系统。2 号排洪系统是由框架式进水井和库区左岸的 $2m \times 2.5m$ 的隧洞构成。此库上游建有拦洪坝，坝高 23m，顶宽 5m，迎水坡 1:3，背水坡 1:2.5，拦洪坝以上流域面积 $54.6km^2$，设计标准同尾矿库。溢洪道宽 24m，最大过水能力 $1065m^3/s$。

（3）尾矿水性质、尾矿粒度和化学成分（见表 9-1~表 9-3）。

表 9-1 尾矿库排放水检测情况

检测项目	国家规定容许排放标准/mg·L⁻¹	检测值/mg·L⁻¹	
		毛家湾尾矿库	十八河尾矿库
悬浮物	500	6	36
Co	100	2.3	2.94
pH 值	6~9	6~7	6.7
硫化物	1.0	—	0.4
酚	0.5	0.02	—
F	10	0.36	6.44
Cu	1.0	0.001	0.004
Cr	0.5	0.008	—
Zn	5		

表 9-2 尾矿粒度组成 （%）

单位	+100 目	+150 目	+200 目	+270 目	+320 目	+400 目	-400 目	合计
胡家峪	4.49	23.82	6.97	7.92	—	10.50	46.30	100
铜矿峪	10.33	0.72	8.17	9.54	11.11	-320 目 60.13	—	100

表 9-3 1989 年总尾元素分析 （%）

产地 元素	Cu	CoO	S	SiO₂	Pb	Zn	Fe	Ca	MgO	Al₂O₃	As	F	Mo	Mn	Au
胡矿	0.038	0.016	1.17	46.35	0.004	0.002	3.70	10.52	5.65	10.60	0.002	0.041	0.003	0.159	0.05
篦矿	0.047	0.010	0.44	46.17	0.008	0.008	3.92	11.01	6.60	9.66	0.001	0.035	0.002	0.214	0.08
铜矿	0.069	0.005	0.13	57.65	0.008	0.007	5.35	2.42	4.91	14.71	0.001	0.016	0.001	0.052	0.02

产地 元素	Ag	Ni	TiO₂	Bi	Sb	P	V₂O₅	Sn	CuO	结合 Cu	In	C	K₂O	Na₂O
胡矿	2.3	0.007	0.586	0.001	0.003	0.108	0.037	0.006	0.005	0.005	<0.00004	2.92	1.964	2.750
篦矿	3.06	0.007	0.517	0.001	0.008	0.091	0.036	0.005	0.005	0.003	<0.00003	2.34	2.675	0.890
铜矿	2.30	0.008	0.778	0.001	0.002	0.110	0.059	0.006	0.032	0.022	<0.00003	0.26	3.748	0.903

注：Au、Ag 的单位为 g/t。

9.2.2 管理机构设置及日常监测与维护

根据《冶金矿山尾矿设施管理规程》的要求，生产技术处负责尾矿设施的技术管理工作，各选矿厂先后组建了尾矿工段，分管各自的尾矿设施，包括砂泵站、尾矿管槽及尾矿库。尾矿设施的施工，如子坝堆筑、导渗沟、排水沟等一般由矿工程科负责，报工程处备案，重要工程由工程处处理。尾矿工段的护坝工主要从事分散管放矿管理、坝体巡视检查、浸润线观测与记录等。分别制订有《护坝工岗位职责》及《护坝工岗位责任制》，要求护坝工人不定时经常调节分散放矿管，保持滩面平整、均匀上升，特别是冬春季节，坚持分散放矿，保持滩面平整、潮湿。

9.2.3　坝体滑坡和坝面裂缝管涌处理方法

尾矿设施（尤其是尾矿库）能否正常运行，直接关系到整个矿山企业的正常生产，一旦发生事故，则后果严重，影响重大，威胁着人民生命财产的安全。特别是近年来，老的尾矿库大多都服役期满或超期服役，且"文革"期间工程质量差，致使各地尾矿库大小事故不断发生。所以公司也非常重视尾矿库的安全管理，并制订了一系列的制度措施，保证了尾矿库的正常运行。

（1）毛家湾尾矿库坝体滑坡过程和处理办法。1982 年 10 月 17 日下午 2 时，发现毛家湾尾矿坝外坡 747～753m 标高处，有塌陷滑坡迹象，范围约 34m×18m，最大塌陷深度 0.7m，并有少量尾砂随渗水流出。经现场观察，塌陷仍在发展。10 月 20 日塌陷深度达 1m 以上，并在塌陷区沿坝轴线方向出现长 50m，宽 1～2cm 的纵向裂缝。险情出现后，矿、公司有关领导都十分重视，立即组织生产处、基建处等有关人员亲临现场，察看分析，认为险情严重，情况紧急，如不立即处理很可能就要发生重大滑坡事故，威胁着整个尾矿库的安全。决定立即报总公司并与北京有色冶金设计研究总院取得联系。10 月 25 日设计院根据事故情况，发出了"坝面作导渗沟处理"的设计通知。胡家峪矿根据公司指示依照处理方案立即组织施工。首先对塌陷区的贴面毛石进行全面清除，处理过程中，11 月 8 日原塌陷区突然出现大面积坍塌下沉，范围达 38m×25m，塌陷最深处达 5m 以上，11 月 15 日北京有色冶金设计研究总院与公司生产技术处通过现场再次查看，提出了 5 条措施：1）立即将坝下部水沟挡墙与导渗沟打通排出渗水；2）将池填放矿改为均匀放矿；3）在塌陷区上部打 4 口井；4）正在施工的清泥办法立即停止；5）设计院尽快拿出处理方案。11 月 22 日，北京有色冶金设计研究总院来函给出了塌陷处理方案，对施工方法提出的具体措施是首先打通排水沟内侧，放置滤层，然后由下而上分段作导渗沟，并采用强制排水法打井排水。根据处理方案和设计通知对施工方法做了具体安排。为对塌陷区标高 747m 以上塌陷深度较大的部分贴坡反滤处理，为防止施工过程中发生滑坡事故，采用了打钢轨桩的方案进行淤泥加固。桩深大于 3m、桩距 1m、排距 3m，桩与桩之间以铁丝连结，反滤层采用粗砂、细石子、小石子、碎石子 4 层结构，每层厚 0.3m，表面用干砌石贴面。对陷区 747m 标高以下作导渗沟处理。对 50m 的裂缝采用开挖回填处理，即以裂缝为中心向下开挖，挖至缝底以下 0.2m，底宽 0.8m，用黏土分层回填并夯实，并每隔一定距离作一齿沟，对外坡原有导渗沟加密至间距 5m。图 9-2 所示为毛家湾尾矿库塌陷滑坡处理前实测断面图。

（2）十八河尾矿库坝面裂缝和管涌发现过程及处理办法。1983 年 3 月 29 日，发现十八河尾矿坝外坡 516m 标高面出现 1～2cm 宽的裂缝一条。3 月 30 日上午裂缝两侧土体发生相对位移下沉达 20cm。下午 509～496m 标高间有两条导渗沟面隆起 4 处，513m 标高出现管涌一处。至 4 月 14 日沉陷及裂缝区域达 134m×44m，下沉量达 90cm，同时在基础坝顶标高 509m 以下坝坡上也发现多条纵向裂缝。以上征兆表明，若不及时处理，很可能

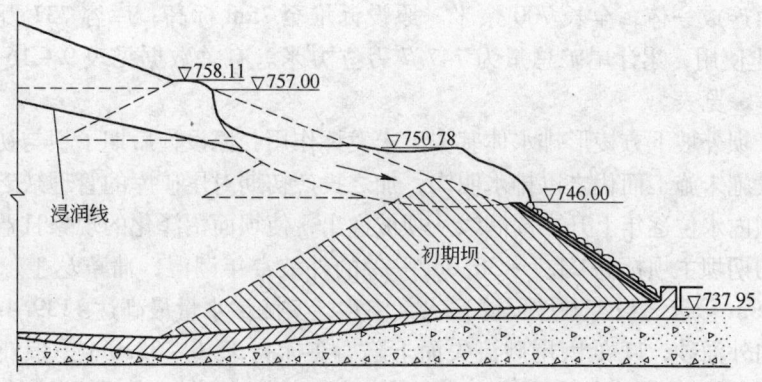

图9-2　塌陷滑坡处理前实测断面

发展成像毛家湾尾矿坝一样的塌滑事故，处理起来将更加困难。后来采用的处理方案为：1）在516m标高以下外坡面修间距20m的网格状及人字形导渗沟，沟深2m；2）主要裂缝均采取开挖回填处理。处理后沉陷及裂缝虽有所阻止，但上面提到的管涌不但没有控制反而增加一处。1988年4月，发现管涌上游方向坝面517m标高出现局部下沉，上口直径0.6m，下部较大直径约1m，沉陷坑深2.3m，证明管涌已威胁到坝体的安全。1988年7月对管涌做了处理。方法是：沿管涌方向开挖直至尾砂面，然后铺25cm厚的粗砂，再在其上铺土工布（$400g/cm^2$），然后回填块石。最后在表面用水泥砂浆勾缝、回填（见图9-3）。

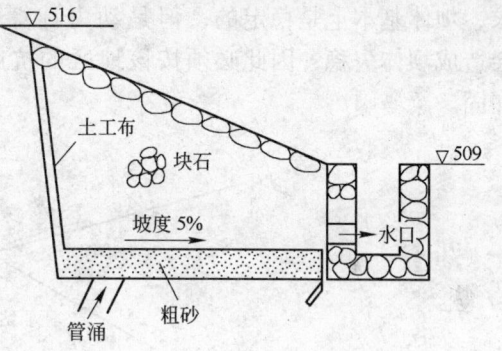

图9-3　十八河尾矿库管涌处理方案

9.2.4　经验教训

（1）抓住隐患实质进行彻底整治。对毛家湾尾矿坝及十八河尾矿坝的几次隐患处理，虽对坝体安全起到了一定的作用，但并未从根本上解决大坝的安全问题。两坝还需二次加固，既浪费了资金，又延误了时机。因此，对大坝的隐患处理，不能采取头痛医头、脚痛医脚的办法草率处理，应通过认真细致的调查，必要时请勘察设计部门共同分析找出问题的主要原因，进行彻底整治，这样可为国家节约大量资金又能保证工程的安全。

（2）尾矿库的管理一定要坚决执行"安全第一，预防为主"的方针，任何时候都不能存有侥幸心理和畏难情绪。

9.3　杨山冲尾矿坝联合排渗经验

9.3.1　概况

狮子山铜矿杨山冲尾矿库距矿区1.5km，初期坝为亚黏土均质坝，主坝长150m，高12m，副坝长80m，高6.7m。库内设井-管式排水设施，有内径1.2m窗口式溢流井6座和1.04m框架式溢流井1座。尾矿子坝采用上游法堆筑，随着坝体的升高，主、副坝逐渐靠拢相接而连成一体，全长 700 余米。原设计堆至 75m 标高，库容 737 万立方米，于 1990 年底停止使用，累计尾矿总量为 747.7 万立方米。有关数据见表 9 - 16 铜陵有色金属公司尾矿库一览表。

该库由于坝外坡下方棱形排水体基本上未发挥作用，原设计后期子坝与初期坝接合处的暗管排水设施未施工而代之以排水明沟，加之投产初期对尾矿库的管理缺乏认识，管理不善，随着坝内水位逐年上升，浸润线从坝坡逸出，使坝面沼泽化的现象日益严重。1979 年以前，在初期坝主坝标高 24.7 ~ 30.0m 一带的外坡常年潮湿，蒲草丛生，尾矿堆积坝在 30.0 ~ 35.0m 一带（设有贴坡反滤）大量渗水，实测渗水量最高达 1139.4m³/d，有 25 处不同程度向外涌砂，11 处因尾砂流失而下陷。在标高 35.0 ~ 38.0m 一带外坡常年湿润（见图 9 - 4）。副坝情况也相当严重，在标高 46.6m 以下坝坡上，用脚连续蹬踏能很快液化。1979 年下半年开始，狮子山铜矿开始对坝坡进行全面整修，增设贴坡反滤和排水明沟，铺土种草及槐条树，增加放矿支管等，并加以精心管理，从而大大改善了坝坡外观，整治了坝体渗水、涌砂，提高了坝体的安全度。但上述措施并未从根本上解决浸润线降低的问题，初期坝仍然处于潮湿状态，虽然静力最小安全系数符合规范要求，坝体基本上是稳定的，但是动力计算稳定性差，特别是地震作用下的矿泥液化，会造成坝体失稳，因此必须按该地区的抗震要求重新校核尾矿坝的安全度并进行抗震加固。

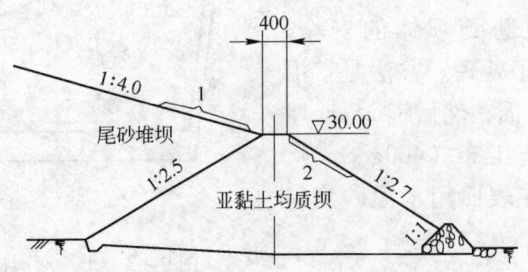

图 9 - 4　杨山冲尾矿库初期坝
1—多处发生尾砂流失，致使坝面下陷；2—坝顶范围内长期处于潮湿状，长满蒲草芦苇

9.3.2　垂直与水平联合排渗法的应用

在经过了堆石压坡、竖井排水、振冲、轻型井点等各种加固坝体方案的反复比较和研究之后，决定采用垂直排渗井和水平排渗管联合自流排渗法，即用滤水式竖井穿通坝身各水平矿泥夹层，井中汇集的水再通过水平滤水管自流到坝外。施工前铜陵有色金属公司狮子山铜矿、南昌有色冶金设计院、武汉勘察研究院、河海大学、南京水利科学院合作攻关，在室内、外进行了各种试验研究工作。

9.3.2.1　排渗方案及构件特性的试验研究

（1）排渗方案。根据坝体地质勘探剖面，将弱透水层概化为在不同高度、不同的延伸长度，针对这些情况进行了仅有水平排渗和垂直加水平的联合排渗方案试验。试验表明，当水平排渗管上面存在弱透水层时，仅用水平排渗对降低坝体浸润线的作用是很微小的，研究的结论是，对成层各向异性结构的坝体应同时设置垂直与水平排渗方案更为合理。水平排渗管的贯入长度，并非愈深入愈有效，无限往坝内延伸，并不能明显地增加排渗效果。对坝体的勘探情况进行分析，确定合理、有效的经济贯入长度是很重要的。根据该库坝体勘探剖面和水平顶管机的能力确定水平管的最佳贯入长为50m。垂直水平联合体之间也存在一个最合适的距离，但这是一个复杂的空间渗流问题，应根据排渗效果和设计要求在实践中修正，如该坝原设计设置38组排渗设施，后根据实际的排渗效果，改用26组。

（2）水平排渗管的开孔率。确定开孔率应充分考虑所采用的施工设备的能力和水平排渗管的材料强度。开孔率也并非愈大愈好。确定开孔率的原则是，既能满足水平排渗管的排渗能力，又保证其具有足够的承受送管荷载和拉压强度。

（3）土工布的水力学性能。对土工布在不同荷载下的渗透系数及厚度变化、不同规格土工布的渗透系数（$K_土$）和尾矿的渗透系数（$K_尾$）的比值、土工布在无压和有压条件下的孔隙率和孔隙分布、土工布的淤堵等进行了一系列的充分的试验研究。选择土工布的原则是，凡是用于压力条件下的无纺土工布都应在相应压力条件下选择土工布的品种规格，在有压条件下，只要土工布的渗透性大于被保护土的渗透性，就表明所选土工布的渗透性是良好的。试验研究表明，土工布的孔隙在使用初期出现了"调整匹配"现象并造成轻微的淤堵，但这种淤堵不会继续发展，也不会威胁土工布的长期渗透性，由于土工布的主要排水孔径段所占的百分比变化不大，所以土工布淤堵前后的渗透性变化不大，淤堵后的土工布的渗透系数仍能满足 $K_土 > K_尾$ 的要求，对于该尾矿坝，最合适的土工布为400B$_2$，保砂性能良好，出水清澈透明，无尾矿管涌的危险性。

（4）土工布的力学性能。所选择的土工布必须具有足够的拉伸强度，模拟施工过程中的旋进和顶破试验表明，所选择的土工布能适应施工中的各项特殊要求。土工布的老化是客观存在的，如聚酯纤维土工布直接暴露在日光下两年后，其强度损失50%以上，而置于堆石下使用6年后强度损失甚微，埋设于尾矿中其老化过程将更为缓慢。一般大大超过尾矿库的使用期。

（5）水平排渗管管接头选型及强度。水平排渗管的接头必须保证施工顺利并有抗腐蚀的能力。为了严防尾矿进入排渗管内，接头外可包扎土工布。由于水平排渗管为硬塑料，且长径之比极大，在施工中能否承受足够的推进压力是十分重要的。为此进行了构件、接头强度及50m水平管顶推的整体受力模拟试验，以确定水平管设置时应采用的顶推力和拉拔力。

9.3.2.2　排渗方案的实施

根据上述试验研究及稳定分析，认为采用垂直排渗井和水平排渗管联合自流排渗加固坝体方案是可行的。并于1987年开始实施，首先于1987年8月至1988年4月施工3组试验排渗体（其中报废1组），1988年4月至1989年6月正式施工24组，完成了坝体加固任务。

（1）排渗设施结构。竖井采用 ϕ800mm 的袋装砾石反滤井，井中设 ϕ90mm 塑料滤水管做水位观测用，水平滤水管采用开孔的聚乙烯塑料管外包无纺土工布，水平排渗管穿入竖井内。

（2）排渗设施的布置。一根长50m的水平排渗滤水管和一座深15m的垂直排渗井对接构成。1组排渗设施（图9-5）。主坝段布置21组，副坝段5组每组间的距离根据地形和实际情况而定（图9－6）。

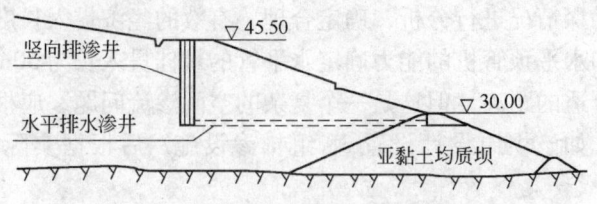

图9－5 杨山冲尾矿坝排渗剖面

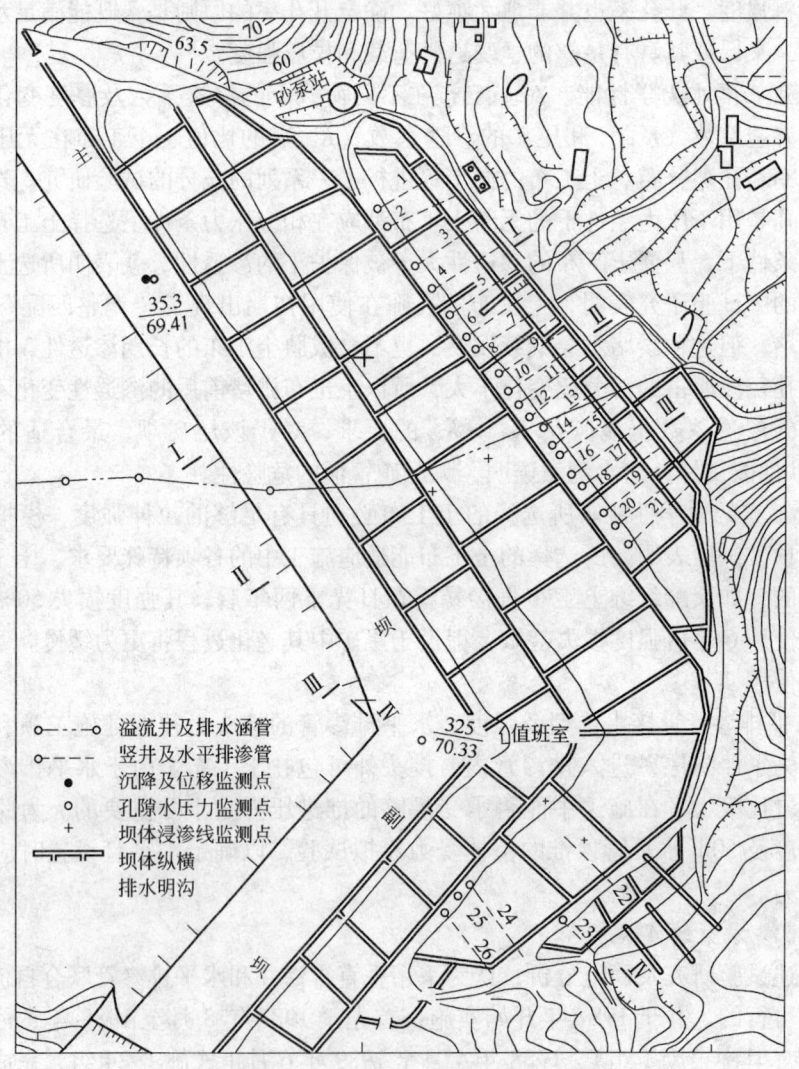

图9－6 杨山冲尾矿坝排渗监测设施

（3）施工。施工前必须做好坝体浸润线的观测工作。先用GLP－150水平钻机施工水平钢套管至设计位置，然后用PX－1型水平测斜仪找到水平钢套管的正确位置，再用振动打桩机施工竖井并使水平排渗管和竖井管对接，填满滤料后拔出水平套管和竖井套管。施工完毕后，必须坚持测量每组排渗设施的排渗量、竖井水位、浸润线、库水位等，查看坝坡变化，为分析积累可靠的数据。

（4）排渗效果。对接完毕 24h 后，平均每组流量为 105.36m³/d。据 1990 年 5 月统计，全库 26 组排渗设施平均日排水达 800m³，坝体浸润线比排渗前下降 6m 左右，原来坝坡渗水部位已完全干涸，动力最小安全系数由 0.49 提高到 1.9 以上，同时按设计最终坝顶标高可由 75m 加高至 90m，可增加库容 200 万立方米。

（5）工程特点：1）根据坝体勘探剖面、孔隙水运动规律设计的既有垂直排渗井又有水平排渗管的组合排渗体比单一的排渗体具有明显的优越性，使坝体浸润线大幅度降低，安全系数大大提高。2）新颖的结构打破了沿袭多年的单一井结构的束缚，解决了长期存在的渗排不平衡的矛盾和井结构易淤堵的问题。3）排渗体所选择的制作材料价格低、能防腐，可降低工程造价。4）无需动力排渗法的繁琐管理和长期运行的生产维护费用。5）由于排渗设施埋在坝体内，不易人为破坏，既安全可靠又减少了矿农矛盾。6）联合排渗措施可供类似情况的坝体或边坡处理参考。7）对新建或尚处于使用初期的尾矿坝，可在堆坝时预埋排渗体，从而以低廉的造价提高坝体的安全度。

该法已于 1990 年 12 月由中国有色金属工业总公司主持在铜陵通过技术鉴定，1986 年 6 月由中国专利局批准授予实用新型专利权（专利号 26641）。

9.3.3 尾矿坝的动态监测

为了改善杨山冲尾矿库的状况，消除隐患，狮子山铜矿从 1979 年开始对坝坡整治、坝体抗震加固进行了一系列的工作，并从 1981 年开始开展尾矿坝的监测工作，特别是在坝体中设置垂直井和水平管联合排渗体前后，为了掌握坝体和排渗设施的工作状态、运行规律，以便判断和分析坝体所处的稳定条件而建立了比较完整的监测系统，所必备的监测仪器基本齐全，对该坝进行了系统而有成效的监测工作。

（1）监测内容及监测设施的布置如图 9-6 所示，主要监测内容如下：

1）浸润线监测，在 3 个断面上，布置 19 个孔位共 50 个测点。

2）孔隙水压力监测，在 4 个断面上，布置 8 个孔位共 29 个测点。

3）水平孔排渗量监测，共 26 个点。

4）竖井水位变化监测，共 31 个点。

5）尾矿库内水位变化、放矿位置变化。

以上各项每天监测记录 1 次。

6）尾矿库外排水量，两天监测 1 次。

7）坝体垂直沉降，每周监测 1 次。

8）坝体水平位移，半月监测 1 次。

9）尾矿库内干滩长度、尾矿浆浓度变化等不定期测量。每个测点分别计算 5 日平均值和月平均值，库内水位变化、孔隙水压力变化、竖井水位变化、水平管排渗量变化都要分别画出每个点的变化曲线。动态监测遇有特殊变化需及时写出分析报告上报有关领导。

（2）监测项目介绍。

1）浸润线监测。该矿于 1981 年开始浸润线的监测工作，施工了一孔一个测点的浸润线观测孔 19 个，主坝设 3 个断面，副坝设 2 个断面。上述观测孔两年内被破坏，1986 年又重新施工了 19 个观测孔，多孔设 2~3 个不同高程测点的浸润线观测孔，主坝设 2 个断面，副坝设 1 个断面。垂直 - 水平联合排渗体施工前后的监测结果是排渗后Ⅰ、Ⅱ、Ⅲ断面浸润线分别降低了 5.8m、7.34m 和 6.50m。

2）孔隙水压力、排渗量、库内水位变化监测。根据坝体厚度不同，每个钻孔按不同高程埋设孔隙水压力仪探头。主坝设 3 个断面 13 个钻孔共 20 只探头，副坝 1 个断面 5 个钻孔共 9 只探头。全部探头通过埋在坝中的电缆与 DKY - 51 型电脑全自动孔隙水压力仪连接，该机能实现多路全自动数据采样、数据处理和打印输出，每月取出打印结果。排渗量用秒表和量筒按排渗点逐个测量，库内水位按水位标尺读数记录。

由于孔隙水压力不断消散，浸润线不断下降，过去严重渗水的坝坡已全部疏干，坝体得到固结。由孔隙水压力计算的尾砂固结度见表 9 - 4。

表 9 - 4 根据孔隙水压力计算的尾砂固结度

断面	孔号	测点编号	测点距坝面高/m	固结度 \ 埋设地点	时间/d 31	121	212	304	396	486
I	1	1	6.20	黏土坝	-0.01	0.03	0.06	0.06	0.05	0.04
	2	7	13.00	尾矿坝	0.04	0.25	0.48	0.61	0.68	0.76
	3	4	11.84		0.09	0.45	0.91	0.87	0.80	0.93
		3	16.64		0.13	0.52	0.88	0.81	0.70	0.74
	4	5	26.30		未施工					
II	5	6	8.50	黏土坝	0.13	0.48	0.12	0.03	0.24	0.66
	6	2	13.00	尾矿坝	0.12	0.50	0.85	0.88	0.85	0.86
	7	9	15.00		0.11	0.57	0.90	1.05	1.08	1.15
		8	21.00		0.04	0.16	0.34	0.59	0.70	0.69
	8	11	15.50		0.12	0.64	0.99	0.93	0.79	1.15
		10	27.00		0.12	0.23	0.38	0.42	0.40	0.46
	9	14	18.00		0.20	0.73	0.91	0.86	被毁	
		13	24.20		0.12	0.54	0.79	0.84	被毁	
		12	30.80		0.02	0.12	0.24	0.26	被毁	
III	10	15	9.50	黏土坝	0.13	0.33	0.32	-0.16	-0.07	0.15
	11	16	13.00	尾矿坝	0.10	0.45	0.69	0.83	0.92	0.94
	12	17	15.00		0.11	0.50	0.77	0.94	1.08	1.17
		18	20.60		0.06	0.37	0.62	0.79	0.85	0.94
	13	20	16.40		0.08	0.54	0.81	0.85	0.76	0.87
		19	27.10		0.02	0.14	0.30	0.33	0.30	0.30
IV	14	1	9.70	黏土坝	0.03	0.19	被毁			
	15	2	9.00		0.04	0.13	0.17	被毁		
	16	4	15.30	尾矿坝	0.16	0.52	0.69	0.81	0.85	0.86
		3	20.60		0.02	0.19	0.31	0.42	0.49	0.57
	17	7	16.00		0.18	0.61	1.27	1.46	1.39	1.42
		6	22.60		0.03	0.11	0.15	0.20	0.20	0.23
		5	27.40		0	0.02	0.04	0.06	0.06	0.12
	18	9	20.70		-0.01	0.09	0.30	0.43	0.41	0.65
		8	26.50		0.04	0.13	0.21	0.25	0.22	0.30

3）水平位移监测。所采用的仪器为 CX－56 型高精度钻孔测斜仪。在坝体有代表性的部位事先钻孔（ϕ150mm）至不受坝体影响的基岩下，再安装内径 65mm 的塑料管，监测时，将仪器放入孔内不同高度，通过视频电缆将信号引到监视器，读出其顶角和方位角，计算钻孔的斜度位移量 x 和 y，再画出钻孔斜度与深度（$x-h$ 和 $y-h$）曲线，可真实地反映钻孔在地下的空间位置。

4）沉降监测。使用的仪器为 CFC－40 型分层沉降仪。监测点也应预先钻孔至不受坝体影响的基岩下，钻孔内安装每隔一米套一铁环的塑料波纹管（内径 80mm），波纹管内再安装一根外径 75mm，内径 65mm 的塑料管。监测时将仪器探头（振荡器）从孔口放下或从孔底上升，通过波纹管的铁环时产生磁场的变化，此时仪器上的电表指针出现摆动，通过与探头连接并一起上下的测尺就可读出各铁环之间的距离变化，以测出坝体内不同层位的沉降情况。各层之间变量之和即为坝体沉降量。该坝 3 个沉降监测点的观测数据见表 9－5，可以看出，由于坝体渗水大量外排，加速了坝身的固结密实。实测表明，垂直排渗的附近都出现过下沉现象，至 1989 年 10 月以后都基本稳定下来。

表 9－5 观测数据

监测点		监测年月日时	上下金属环间距/m	两次差/m	沉降量/m	备 注
主坝	沉₁	1988. 11. 29 9：30	19.72	0.03	0.14	
		12. 2 15：25	19.69	0.06		
		1989. 4. 25 9：45	19.63	0.05		
		5. 3 9：00	19.58	0		
		12. 30 9：00	19.58	0		
	沉₂	1988. 11. 22 11：35	19.855	0.165	0.255	由于坝体上沉降监测点布置得太少，因此所测数据只能代表该监测点的沉降情况
		12. 6 10：10	19.69	0.09		
		1989. 4. 27 10：15	19.60	0		
		5. 3 10：05	19.60			
副坝	沉₃	1988. 11. 22 14：45	8.66	0.01	0.06	
		12. 1 15：50	8.65	0.02		
		12. 28 14：50	8.63	0		
		1989. 1. 3 15：00	8.63	0.025		
		4. 27 9：35	8.605	0.005		
		5. 3 10：45	8.60	0		
		12. 30 10：00	8.60			

5）尾矿水质监测。该尾矿库外排水按《有色金属工业环境监测管理办法实施细则》，由铜陵有色金属公司安环处环境监测站每月分 3 次取样进行分析。外排水能达到

GB 4913—85 国家标准规定的《重有色金属工业污染物排放标准》。从分析结果可以看出，尾矿库内蓄水经过坝体的过滤后水质发生明显变化，pH 值由 9.3 降至 7，矿化度升高，大量有机成分被吸收，硝酸根和亚硝酸根离子在还原环境中转变为 NH_4^- 离子，特别是浮选剂黄原酸盐全部被吸收，尽管库内蓄水中 CS_2 含量达 0.574mg/L，但水平排渗管出口水和尾矿坝面渗水的 CS_2 却为零。

（3）提高动态监测系统的水平。每一座尾矿库，几乎都孕育着不安全因素。每一座失事的尾矿库，几乎都造成了严重的灾害，给下游人民生命、财产和环境造成巨大损失。尾矿坝失事原因是多方面的，其中没有进行严格的、系统的监测，因而无法预报险情是重要原因之一。由于尾矿库的投入往往表面上算不出经济效益而得不到足够的重视，在安全监测上凭经验办事，致使 20 世纪 60 年代以来常有垮坝事故发生。狮子山铅矿尾矿库的监测工作，在有色金属系统率先走了一步。通过严格的、系统的监测，证明尾矿库日益稳定，安全度越来越高。根据监测所得到的静力和动力安全系数远远超过规范要求，让企业领导放心，更让下游居民安心，其效益无可置疑。如若一座尾矿库通过严格的、系统的监测证明其运行状况越来越糟，稳定性越来越差，安全度有明显下降趋势，就可准确预报险情，及时采取对策，避免灾难发生。因此对大型尾矿库或对下游可能造成很大威胁的中、小型尾矿库均应进行严格监测，并且随着技术的发展应不断提高监测水平、观测精度，向系统化和自动化方向发展。

根据狮子山铜矿尾矿库在监测方面所做的工作和经验，对大型尾矿库或稳定性有疑问的尾矿库建立如图 9-7 所示的用计算机进行处理的动态监测系统是需要的，也是可能的。建立坝体稳定分析的数学模型，将与坝体稳定有关的各种因素，其中有的是设计中已有的数据，有的是现场的观测数据，输入计算机处理。如果尾矿库是安全的，则可解除企业和下游居民的心理压力，如果尾矿库安全度不高，则可根据计算机的结果采取相应对策，在现场最通常的安全措施是降低库内水位和对坝体进行加固加高。这些措施可返回计算机进

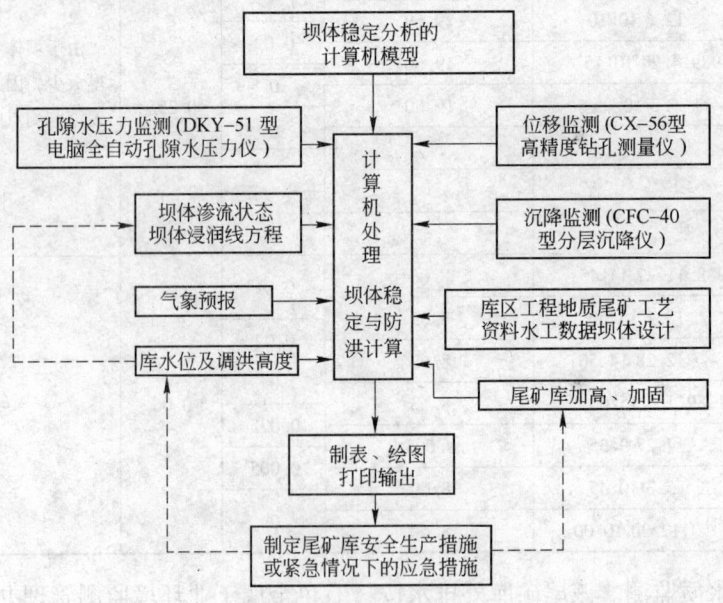

图 9-7　尾矿库监测系统

行校核计算以评价措施方案的效果。如果通常的安全措施方案无法取得满意效果，则须采取包括停止生产使用在内的应急措施直至在危险到来之时及时发出警报以避免灾害发生或将灾害损失减小到最低限度。

对于险库、稳定性差的露天边坡、山坡，可考虑采用 CX - 56 型高精度钻孔测斜仪和 CFC - 40 型分层沉降仪与报警设备组成警报系统。垮坝、滑坡前的水平位移、垂直沉降是有变化的，有一个从小到大的变化过程，在变化初期，人的感官是观察、感受不到的，但仪器的观测可预告危险的来临。CX - 56 型钻孔测斜仪有监视屏幕显示，顶角和方位角测读直观方便、准确可靠，数据整理可在小型计算机上通过事先编好的程序进行并打印和绘制曲线图。CFC - 50 型分层沉降仪精度高、小巧可靠，只需工人便可观测，且水平位移和垂直沉降也可使用同一钻孔进行监测。使用这些仪器，缩短观测周期乃至实现连续观测是可能的，在此基础上就可进一步研究自动监测和自动报警系统。

9.4 相思谷尾矿库的渗漏治理

凤凰山铜矿在初步设计中，曾对矿区附近的字冲、林冲、宝山陶、仙人冲、冷冻岩、和尚宕、相思谷等尾矿库址进行了方案比较，但由于库容、占地、溶洞、裂隙、输送距离等多方面原因，找不到满意的库址，最后经各方结合，报部批准，定在相思谷建设新尾矿库。该库位于矿区东南方，距选矿厂2km。坝址下游有相思河，沿河有相东、相西两座村庄，因有相思树、滴水崖、古柏、凤凰落脚石等自然景点，后被铜陵市圈定为自然保护区。

9.4.1 概况

尾矿库所在地相思谷山沟为一开口喇叭形凹地，库内覆盖有黏土层，周围山坡有大面积裸露的三叠系中统青龙群灰岩，谷底地层为植物层、黏土、块石、大理岩。库区裂隙、岩溶发育并有断层，建库时曾查出落水洞5个，泉眼7个，其中6号泉位于坝体中心，2号、7号泉位于坝外坡脚附近。1号泉距坝脚90m，常年清泉涌出。坝体施工中基本上将覆盖层全部清除见到基岩，库区所有探井、钻孔及所发现的溶洞、泉眼等全部用块石、砾石、细砂组成的反滤层充填。

坝体设计为高度51m的堆石高坝，所用块石为大理岩和石灰岩，坝前坡设置反滤层，由块石护坡、0.25~1mm黄砂、1~25mm碎石、25~100mm砾石组成，厚度均为1m。坝底标高81m，坝顶标高132m，总库容440万立方米，于1975年开工建设，1980年1月投入使用。

9.4.2 渗漏情况

由于库址选择在喀斯特地形发育的山沟中，勘察中难以查清所有的洞、泉、裂隙，建坝前对漏砂的严重性和对使用后漏砂治理的艰难性估计不足，加之反滤层质量不好，从1980年1月开始使用，仅1年就发生了6次重大漏砂事故，造成下游污染并影响矿山生产。该库1月19日开始放砂，2h后尾矿几乎全部从库内漏至下游。这种渗漏的原因是：

（1）反滤层施工质量不高。

（2）砂泵清水试车阶段没有注意保护反滤层，致使反滤层遭受局部破坏。为消除这种状况，尾矿库推迟投产，坝上游坡脚清基重作反滤层。以后库内开始能存住尾矿，但仍有浑水从库内裂隙向坝外逸出，时好时坏。

在以后的使用中，库内曾几次出现新的溶洞，出洞初期，坝下游坡脚及 1 号、2 号泉浑水涌出，经堵洞后有所好转，但不稳定，至 5 月份逐步正常，下游渗水及泉水均为清水。但在 6 月 15 日上午坝面反滤层又突然出现 5 个塌坑，大量尾矿外流，经过处理，6 月 16 日又恢复生产。总之，投产以后，尾矿库的使用状况反复无常，下游坝脚先后出现 7 处漏砂点，经采取各种堵漏方法封堵，有 6 处漏砂点止住了涌砂现象。

9.4.3 治漏措施

（1）见洞堵洞。库内发现小旋涡立即以块石、碎石、黄砂填堵。

（2）以砂治洞。使坝面及库底尽快形成尾矿铺垫层，保护坝面反滤层和防止库底裂隙破碎带漏水漏砂，但由于该矿井下充填料不够，没有足够的尾矿用于尾矿库治漏，未能达预期效果。

（3）上游坝坡堵漏。101m 标高以下重新施工反滤层，101m 标高以上全部改为不透水坝面，上铺 25cm 厚的钢筋混凝土板。由于从坝基 81.0m 标高至 101.1m 标高为反滤层，仍具有透水坝的性质（见图 9 - 8）。

（4）坝外拦截。由于库内工程地质复杂，无法确保渗水清澈，为尽量减少或避免漏砂对下游的污染，在坝外增设拦污坝，将漏砂点包围起来，尾矿泥浆用砂泵返回库内。

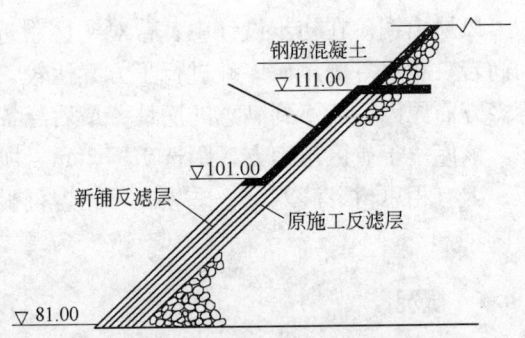

图 9 - 8　相思谷尾矿库的坝体防漏处理

采取上述措施，虽然维持了尾矿库的正常运行，但漏砂并未得到根治，特别是雨季，暴雨过后，1 号、2 号泉涌砂现象比较严重。现在尾矿库水位高程约 117m，距最高水位还有 11m，随着库内水位的上升，上、下游压差越来越大，下游泉洞的涌砂量有可能还会越来越严重，库区四周解理、裂隙贯通性好，这种渗流的天然通道也有可能再次造成坝外坡脚较严重的漏砂。此外，渗流对尾矿坝体可能产生的渗透变形对坝的安全影响是必须注意的问题。

9.5 林冲尾矿库在细泥尾矿上筑坝的经验

林冲尾矿库系凤凰山铜矿第一尾矿库，由北京有色冶金设计研究总院设计，1970 年底竣工投产，1979 年 12 月停止使用，共堆尾矿 120 万立方米。虽然该库所堆存尾矿很细，平均粒径 0.015mm，但该库自投产以来坝体稳定性较好，从未发生漏砂、污染情况，在设计、施工和使用上是很成功的，并且在使用后期成功地在细泥尾矿堆积层上堆筑了 9.1m 高的土坝。

9.5.1 地形和工程地质条件

尾矿库位于选厂西北 1.23km 的山沟，为一向东开口呈喇叭形的盆地，地形标高 73 ~

107m。库内无大的水体，有一小溪从库左侧通过，雨季水量较大，枯水季节水量很小。库区构造大体属第四纪坡积亚黏土层，周边山坡有裸露面较大的块状结晶灰岩，裂隙不甚发育，没有发现喀斯特溶洞。坝基地段主要为第四纪坡积亚黏土、碎石含黏性土层和三叠纪石英闪长岩，植物层厚度0.3～0.4m，亚黏土厚度0.5～0.8m。坝体中心地段石英闪长岩有不同程度的蚀变，铁质、矿质富集呈团块状，岩质坚硬、强度大于围岩，节理比较发育，沟部有矽质充填物。清基时把植物层及腐殖土全部挖除，已见基岩。坝的二肩将黏土清除与山坡的强风化岩相接，坝底向任何方向的接触面坡度必须小于或等于1:3，地层透水性作用很小，基本上不透水。

9.5.2 坝型结构和施工

初期坝为块石斜墙堆石体，内设砂石反滤层，坝高27m、顶宽4m，外坡平均坡度1:2，内坡1:1.6，初期坝库容80万立方米（见图9-9）。

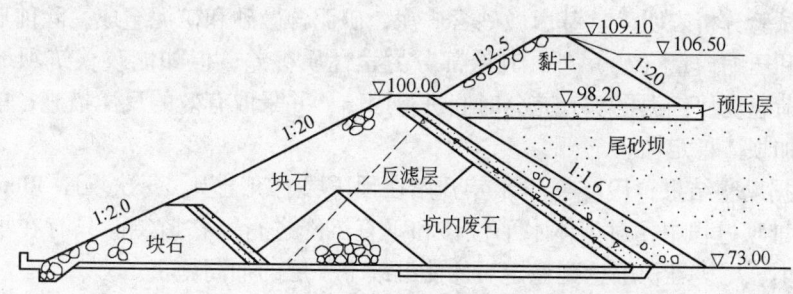

图9-9 林冲尾矿坝剖面图

坝体施工要求较严。石料抗压强度大于80MPa，干容重大于1.6t/m³，软化系数大于0.85，形状方正，最大边与最小边之比小于3，不允许使用针状或片状石料，块度不小于100mm。坝基第一层堆石厚度为1m，选用较大块石铺砌，在底部反滤层之上先铺块石1～1.5m后再进行堆坝以保护滤层。坝下游坡尽量堆放大块，孔隙内以碎石填密，除堆石与反滤层的接触面用小石块砌平外，各层面必须犬牙交错，堆石底部的齿墙嵌入强风化岩内2m，以增加抗滑稳定性能。

坝体内设有三道反滤层。坝的上游坡反滤第一层用25号砂浆砌块石护坡0.5m，护坡下块石厚度2m，第二层是粒度为0.25～1mm的天然砂，第三层是粒度为1～20mm的黄砂、砾石，厚度各1m；坝的后坡反滤层高度为7m，第一层为粒度1～20mm、厚度200mm的砾石，第二层为粒度20～100mm、厚度200mm的碎石；坝基底反滤层第一层为1m厚的大块石砌成，第二层是粒度20～100mm、厚度200mm的碎石，第三层是粒度1～20mm、厚度150mm的砾石，第四层是粒度0.25～1mm、厚度为150mm的黄砂。

由于设计、施工质量较高，投产后使用正常，排渗清澈透明，坝下居民常在坝脚排水沟内洗涤衣物乃至蔬菜。

9.5.3 后期坝的建设

凤凰山铜矿坑下采用充填采矿法，尾矿+37μm粒级用作充填料，细粒尾矿输入尾矿库，平均粒径仅为0.015mm，无法用于堆筑尾矿子堤，因此尾矿坝需一次建成，本不存在后期坝问题。考虑到一次建坝投资大,建矿初期进行了细泥尾矿制砖、肥料等综合利用方面的研究,企图解决细尾矿的出路。研究结果,细泥尾矿制砖是可以的,但是加上制砖掺和料,砖厂的规模很大,需要更多的投资,运输、销售也成问题,故重新决定建新库堆存尾矿。至1984年春,林冲尾矿库所余库容不多,新库尚在设计之中,为了维持矿山生产,被迫考虑在细泥尾矿堆积层上加筑土坝,以延长该库服务年限。

在细泥尾矿上堆坝是一项新课题,为了确保堆坝的安全,特邀请了南京水利科学研究所、华东水力学院、北京有色冶金设计研究总院、北京建筑研究院、安徽水电设计院和云南锡业公司等单位十多位专家来现场察看并进行研讨,通过了《凤凰山尾矿坝加高问题讨论纪要》。1984年下半年开始堆坝,加高方法大致如下:

(1) 先在堆石坝内侧尾矿层上用透水的碎石堆置2~3m厚、宽60m的预压层,通过预压来提高细泥尾矿层软基的固结速度和承载能力。

(2) 第二年6~7月由武汉勘察公司对该库的预压层下及其附近的细泥尾矿进行取样试验。土工试验分析表明,软基由微砂含矿泥、矿泥含微砂和矿泥组成,除前后具有一定的抗剪强度和压缩模量(E_s)外,其余部分力学性质很差,但如能改善筑坝地段排水条件,控制加荷速度使细泥尾矿有充分时间进行固结,并采取有效的反压措施,能提高其力学强度,增加坝体稳定性。

(3) 根据勘察结果,1975年下半年开始在预压层上筑土坝,每次堆厚30cm。

(4) 在堆坝过程中,对坝体水平位移和垂直沉降进行严格监测。只有在坝体位移和沉降越来越小、尾矿堆积层达到稳定后才能继续下一层的加高施工。

(5) 由武汉勘察公司再次对软基进行取样试验分析表明,细泥尾矿,特别是呈不连续的透镜体矿泥夹层有明显固结,改善了力学指标,坝体处于稳定状态。

(6) 在监测控制下将土坝加高至109.1m标高,按1:2.5坡比修整外坡并加盖大片护坡。

(7) 在坝西北部山口开凿宽2m、深1.5m的溢洪道作为永久泄洪措施,溢洪道沟底比坝顶低1.9m。土坝堆筑后库容扩至120万立方米,使用至1979年12月闭库。目前库内有小型房屋建筑,当地农民已在部分库面覆土种植庄稼,庄稼及潮湿库面芦苇长势良好。

9.6 章家谷尾矿库加固加高扩容经验

铜山铜矿所属章家谷尾矿库,位于选厂东北部的山谷中,于1959年10月建成投产,在该库即将服务期满时,采用对原坝进行加固加高的方法,充分利用地形地利,避免了大面积征购土地和大量的资金投入,使库容增加2倍。

9.6.1 加固前的概况

该库主、副坝初期坝均为均质黏土坝,后期子坝以尾矿、黏土用上游法堆筑。原设计最终使用标高72m、总库容640万立方米,服务年限15年。投产不到两年,库排水管发生局部沉降,库内临时小直径铁制溢流井锈坏造成跑砂,故曾将排水涵管前出口段改道,原排水管出口用混凝土封堵(留ϕ500mm排水管减压),再外加反滤层堵砂。1983年发现初期坝漏水,为此增设了斜卧式排水体及坝脚排水明沟。1973年标高52.7m以下堆积坝坡出现渗漏，补作了贴坡反滤，初期坝下游作了顶宽7m，边坡1：1.56的后栈。以后随着坡体增高，浸润线也不断上升，标高52.7m以上坝坡多处渗漏，局部严重。1983年7月一次暴雨后，在标高52.7m以上坡左侧出现了沿坝轴线长约20m、顺坝坡斜长约8m的塌陷区，塌陷深最大约30~40cm，进行了反滤层排水铺盖处理后基本稳住了塌陷。且当时子坝的平均堆积坡度为1：2.88，再加上组成尾矿坝坝基的地层为第四纪坡积和冲积的黏土、亚黏土，使坝体处于稳定的临界状态，即使不继续加高也必须进行加固。

9.6.2 加固加高方法

由于至1983年尾矿库已使用了24年，堆存尾矿已接近原设计的最终标高，除了原坝的加固之外，还存在原库扩建或另建新库的问题。北京有色冶金设计研究总院的论证结论是原库扩建比另建新库经济合理。在对扩建进行方案比较之后，确定了对原主、副坝进行加固，继续使用尾矿堆坝，使用后期增建第二副坝——老虎口副坝，子坝最终标高达98.0m，当矿山终期闭坑后，于寒山副坝开设溢洪道，解决永久性排洪问题。

（1）原主坝加固。主坝的薄弱环节是地基的黏土层，设计中曾考虑对软基进行"旋喷法"处理和清基处理，最后确定以排水盖重法加固，盖重材料为废石，该矿露天矿排土场的大量废石均可使用。用电子计算机对不同加固断面进行了反复比较后，采用如图9－10所示的断面。

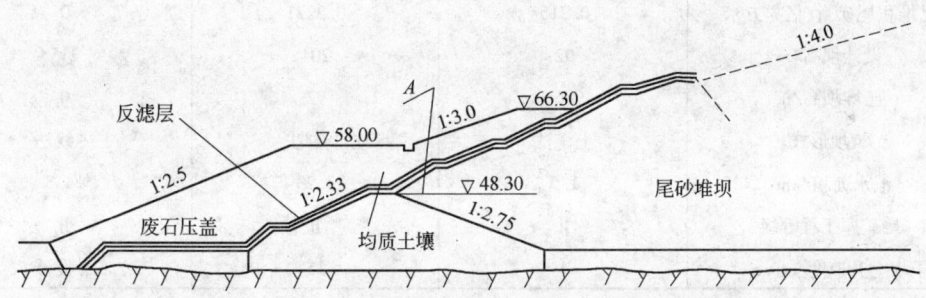

图9－10 铜山矿章家谷尾矿坝加固断面

A—未加固前，此范围内长期积水不干

（2）原寒山副坝加固。寒山副坝为一质量较差的小坝，对坝体稳定不利的是基础中约5m厚的硬塑性黏土下有1m左右厚的可塑性黏土，若全部清除不但工程量大，还影响生产，经比较后采用废石压坡加固土坝，以增大地基抗滑能力，然后用尾矿继续加高。

（3）新建老虎口副坝。当库区沉积标高达82.0m时，需新建一老虎口副坝，坝高14m。

考虑到该处为回水趸船位置，主坝与寒山副坝尾矿堆坝的工作量较大，故不再用尾矿堆坝，直接建一座黏土斜墙堆石坝拦蓄尾矿和水。为节省工程量，该坝内脚压在尾矿上，故要求放矿时提前将该处填平，坝体竣工后应尽快在黏土斜墙外堆放部分尾矿压坡。

该库坝体加固加高工程于1985年4月开工，1987年12月基本结束，仅用两年多时间，投资3百多万元，使库容由640万立方米增至1837万立方米，取得了很好的效益。

9.7 德兴铜矿2号尾矿库安全运行管理经验

德兴铜矿是我国目前有色金属矿山中最大的露天开采矿山。1985年开始建设，现有采选生产能力为3万吨/日。三期工程扩建规模为6万吨/日。1995年总生产能力可达10.5万吨/日，是我国最大的铜生产基地。

矿山共建尾矿库3座：1号尾矿库设计库容2400万立方米，坝高92m，1964年建成，1985年停止排放尾矿，使用23年，累计堆积尾矿2150万立方米，堆积坝高86m，该库停而未闭。目前，库内储水作为选矿厂调节水库使用；2号尾矿库设计库容9800万立方米，坝高204m，1984年12月建成，截至1990年12月底累计堆积尾矿3221万立方米，堆积坝高92m，年平均上升速度15m，可供日处理3万吨选矿厂使用15年；4号尾矿库是德兴铜矿三期扩建的配套工程，现已竣工，1991年投入使用。设计库容8.35亿立方米，设计坝高215m，可供日处理4.5万吨规模的一、二选矿厂使用31年，同时供日处理6万吨规模的三选厂使用42年。以上3个尾矿库总库容9.47亿立方米，基本满足德兴铜矿尾矿堆积的要求（见表9-6）。

表9-6 1号、2号、4号尾矿总库容

尾 矿 库	1号库	2号库	4号库
设计库容/亿立方米	0.24	0.98	8.35
已堆积尾矿量/亿立方米	0.215	0.3221	0
设计坝高/m	92	204	215
已堆坝高/m	86	92	0
筑坝形式	上游法	上游法	中线法
汇水面积/km²	1.5	3.23	14.3
尾矿库工程等级	Ⅱ	Ⅱ	Ⅱ
子坝上升速度/m·a⁻¹	4	15	6（设计）

从表9-6中可以看出，德兴铜矿库容之大、坝体之高、上升速度之快均为全国有色矿山之首。尾矿库下游为人口稠密工矿城镇居民区，万一出现险情就是灾难性的，后果不堪设想。因此，搞好尾矿库的安全工作，确保尾矿库坝的稳定，是一项非常重要和繁重的工作。

几年来，矿山为满足大规模生产和建设的要求，强化了尾矿库、坝的安全管理，今就在用的2号尾矿库基本情况和安全生产管理及今后对策概述如下。

9.7.1 基本概况

德兴铜矿2号尾矿库位于一、二选矿厂东面约2.5km处，在乐安江南岸之山谷中。主坝距江岸只有十余米，峡谷内部底宽200m，上部最大宽度1100m，谷底有一条常年流水小溪，属山谷型尾矿库。库坝地区地层属前震旦系变质千枚岩，地质构造较为简单，库区汇水面积3.23km²，设计工程等级为Ⅱ级。地震基本裂度为Ⅳ度。

2号尾矿库由长沙有色冶金设计研究院分两次设计，第一次是以日处理原矿2万吨的尾矿排放量，服务年限23年为依据，1984年底竣工并投入使用。随着德兴铜矿生产的发展，需要2号尾矿库承担日处理采选原矿4.5万吨的尾矿排放量。因此，在2号库投入生产不久又进行第二次设计，经过对2号尾矿库扩大库容，增加服务年限进行可能性论证后，认为采用库底增设排渗层、加速矿泥固结和将初期尾矿分散管伸入库内，改善部分矿泥工程性质两项技术措施，库容可以扩大，服务年限可以延长。经用太沙基有效应力法对坝体稳定进行分析，证明坝体是稳定的。说明2号尾矿库可以容纳一、二期工程挖潜后的日处理原矿4.5吨选厂尾砂排放量，服务年限可达12年。这样，就可不建3号尾矿库，并能确保三期工程中4号尾矿库的接替和合理安排。

尾矿性质：

尾矿产率	96.5%
尾矿密度	$2.68 \sim 2.7t/m^3$
重量浓度	26.36%
堆积容重	$1.5t/m^3$
尾矿平均粒径	0.073mm
中间粒径	0.06mm
其中	<0.5mm 占35%
	>0.2mm 占5%

基础坝为透水堆石坝类型，设有排渗棱体，坝底标高46m，坝顶标高70m，基坝绝对高度24m，坝顶长148.5m，坝顶宽5m，上游边坡比1:1.75，下游边坡比1:1.75。

堆积坝设计最终标高250m，坝体总高204m，坝外坡比1:7，沉积滩坡度1:250。截至1990年底，堆积坝标高139m（坝高92m），累计堆放尾矿3221万立方米，为设计有效库容的41.3%。坝体于1987年上升了17m（见表9-7）。

表 9 - 7　1984 ～ 1990 年尾矿堆积坝上升速度

时　间	堆放尾矿量 /万立方米	累计尾矿量 /万立方米	尾矿堆积坝坝顶标高 /m	尾矿堆积坝上升速度 $/m \cdot a^{-1}$
1984 年 1～12 月	33	33	初期坝以下	—
1985 年 1～12 月	270	303	72	2
1986 年 1～12 月	380	683	84	12
1987 年 1～12 月	590	1273	101	17
1988 年 1～12 月	678	1951	116	15
1989 年 1～12 月	670	2621	128	12
1990 年 1～12 月	600	3221	139	11

在库内不同标高处共设有8座装配式井顶流形式排洪井（高23.5m，内径2m）与排洪隧洞相接（断面2m×2m），井圈随库内尾砂上升而拼砌钢筋混凝土预制拱圈来加高，每座排洪井使用到顶时予以封闭。

尾矿库调洪库容95万立方米，调洪高度3.8m，洪峰流量$152m^3/s$，泄洪量$11.8m^3/s$。回水利用率70%，1990年7月起用自流取水取代浮船的水。

9.7.2　安全生产管理和防范措施

为了加强尾矿管理工作，德兴铜矿成立了精尾综合厂（属矿山二级单位），矿、厂、工段都配备专职管理人员和专业技术人员，建立了一套行之有效的规章制度，明确职责岗位，做到层层有人管，事事有人抓。近几年主要做了以下几项工作。

9.7.2.1　现场生产管理

（1）解决了坝体上升快、连续放矿条件下的堆坝困难。2号库坝体堆筑原设计为机械堆坝，即装载机、自卸式汽车和推土机配套作业，进行尾砂堆坝和坝面黄土覆盖工作。然而，在实际生产中，由于放矿量大，坝体上升速度快，坝前尾砂尚处在液化状态，即进行下一子坝的堆积，工程机械无法在坝上正常工作，设备全部被陷入尾砂中难以开动，加上高炮放矿管的阻挡，子坝上只有 0.5～2m 的空间高度，限制了机械车辆的作业。为此，采取了三项有效措施：一是用人工取代机械堆筑子坝，这样既无设备被陷入问题，又节省了堆坝经营费用；二是将部分尾砂经旋流器分级，沉砂堆筑子坝的方法；三是采取东西分段放矿堆坝的措施（即先西后东分段堆坝，中间堆一条垂直子坝的小堤延伸库内），克服了连续放矿无法堆坝的困难。

（2）按照设计要求组织堆坝工作。2号尾矿库的大坝边坡设计为1:7，矿山按此要求组织堆坝，考虑到堆积坝因砂土松散会自然下沉的因素，调整到按1:5坡比推进堆筑，经过自然压实下沉后就能保证1:7的实际边坡要求。

（3）加强坝面坝肩排水，及时砌筑排水沟和截洪沟。目前，坝面已堆筑36条子坝。每4条子坝间砌筑1条与其平行的横向排水沟。每条横沟与子坝两侧及中间的纵向排水沟相贯通。横沟断面为 0.6m×1m，纵沟断面为 1m×1m。在施工中保证工程质量，从未发现坍塌现象。此外，定期清理沟内杂物和淤砂，确保大坝坝面排水沟和坝肩截水沟真正起到排水排洪作用。防止雨水对坝面的冲刷破坏，减少雨水渗透到坝体中。

（4）坝面上覆土植被。目前，2号尾矿库坝面标高为139m，库前子坝距初期坝水平距离约610m，整个大坝外坡面积约26万立方米。在坡面上覆盖有厚0.5m左右的黄土物风化碎石，覆盖速度与坝面上升速度同步。为了加速坝面固结、防止泥土流失，1989年春在大部分坝面种植了生命力旺盛的茅草。按3m×4m间距从附近山坡移植，目前，茅草长势良好，对大坝表层固结、防止坝面沙土流失，起到了显著的作用。

9.7.2.2　强化安全管理

（1）加强坝面排渗处理。坝面排渗主要有两个方面：一是在筑坝时预埋排渗塑料管，采用（上海生产的）微孔聚氯乙烯管来代替过去使用的混凝土排渗管。塑料管直径为100mm，在堆筑子坝时铺设在坝底，每条间隔15m，平行排列。每根排渗管长 15～20m，管头伸露在坝面排水沟内，以利尾砂渗水的排出。二是在坝外坡布设直径为 1.5m 的13座排渗井。该井为无砂混凝土预制块砌筑而成。

（2）严格筑堆的质量监督。为了保证子坝符合安全要求，对于坝走向，东西两头高差定期进行测量，发现差异时及时进行修正。使长达六七百米的大坝基本平行，标高保持一致，有效地杜绝了子坝倾斜或高差不一而导致漫顶事故的发生。

（3）尾矿库上游建筑截洪沟。为了降低库内水位标高，减少排洪隧洞负荷，尤其是减少汛期泄洪量，将2号尾矿库内西侧128m标高以上的常年流淌的山泉水及山坡汇水引入128m标高上的回水明渠内，使这部分清水沿明渠自流到选厂用于生产。这样，既节省了输水电耗，又为保证大坝安全起到积极作用。

（4）狠抓排洪井拱圈的质量检查。库内排洪井是泄洪的重要通道，使用完毕后要进行严格封堵。2 号库内 8 座排洪井是随着库内尾砂上升用拼砌钢筋混凝土预制拱圈来加高。我们对预制拱圈的强度和质量十分重视。鉴于东乡铜矿井圈断裂事故的教训。对拼砌井圈的预制拱圈强度有一套严格的检查制度。由于管理严格，先后查找出十多块不合格拱圈，排除了事故隐患，避免了因拱圈断裂而造成尾砂外泄的重大恶性事故的发生，保证了尾矿库的安全运转。

（5）经常清理排洪隧洞砂石淤堵。2 号库底设计建有断面 2m×2m 的上圆下方的主泄洪隧洞，多年来，由于泄洪隧洞内进入因山涧冲刷带来的大量砂石，使泄洪洞内严重积堵，导致泄洪断面严重减小，如不进行清理，势必造成汛期泄洪不畅通，甚至会造成漫坝恶性事故的发生。为此，矿山曾几次组织力量进行清除，先后共清除 1000 多立方米砂石，为多年来汛期安全泄洪提供了可靠保证。

（6）加强巡视检查，改善通讯系统，做好抢险物资准备。值班人员负责对坝面进行经常性检查，如发现异常及时向有关部门和负责人报告。同时改善大坝夜间照明设施，将原固定式定点大灯泡改为移动式多点沿库前子坝均衡照明。沿子坝每隔 20m 均衡设架装灯，方便坝前巡回检查。随着子坝上升、放矿管重新铺设，电杆也同步上移，灵活固定。

坝面值班房装有对矿、厂各部门的联系电话，同时还配备手持式无线通话器，与矿、厂调度保持通讯联络。

除了成立防洪抢险机构和指挥系统外，在尾矿库附近还准备大量水泥、砂石、草袋、木材等防洪抢险物资，做到有备无患。

每年在汛期之前，由生产矿长亲自组织有关安全部门参加的安全大检查，检查出的隐患指定专人及时予以排除和解决。矿山自检后由公司安全处、公司尾矿坝监测站组织的尾矿库防汛安全检查组再次进行复查。

（7）完善排洪设施封堵。2 号库内建有 8 座排洪井，当尾砂渣至井顶，即后一座井开始排水时，前面排洪井就要封堵。设计中要求在排洪水平支隧洞中干砌一道宽 1.5m 的预制混凝土挡墙，以隔绝库内尾砂逼进主隧洞而外泄。实践证明：支道干砌封堵不能杜绝细粒尾砂及淤泥外排，造成尾砂淤泥下河，严重污染环境，为此要进行完善，其方法是，在排洪竖井与水平隧道交接处设置一反滤层，即往竖井内抛填 3m 厚的块石，而后再填 1m 厚的卵石，上面覆盖 1m 厚的粗砂。采取上述措施后，有效地杜绝了细粒尾砂外流（图 9－11）。

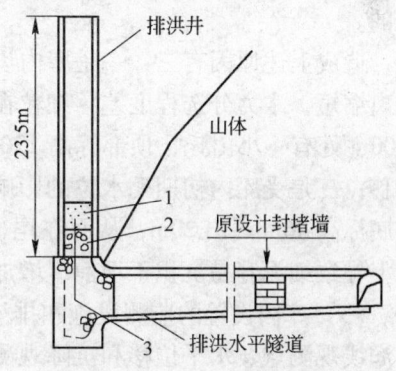

图 9－11　排洪井封堵示意图
1—粗砂层；2—砾石层；3—增设反滤层

9.7.2.3　建立监测系统

（1）孔隙水压力观测。2 号尾矿库西侧分别在 90.5m 和 130.5m 标高建两间孔隙水压力观测室，室内装有封闭双管式孔隙压力仪。堆积坝体内分别在不同标高埋设 8 个孔隙水压力测头，通过观测室孔隙压力仪进行观测。

（2）浸润线观测。在坝外坡相应位置施工 16 个浸润线观测孔，孔深 20m，直径 50mm。按设计规定进行定期观测。

（3）坝体动态观测。在初期坝顶部及下游坡脚处各设置有水平位移观测桩 3 个。同时在坝面上埋设有 4 个观测坝体沉降桩进行观测。

9.7.3 存在的问题及今后对策

几年来，矿山对尾矿库的现场生产管理和安全防范做了大量工作，满足了选矿厂生产的要求，保证了坝体的稳定，但也存在许多不容忽视的问题，亟待采取相应对策，以确保今后安全持续的运行。

9.7.3.1 存在主要问题

(1) 调洪高度不足，沉积滩面太缓。2 号尾矿库自 1984 年底投产以来，调洪高度始终未能达到设计要求，设计要求是 3.8m，实际只有 2 ~ 3m。由于水面距坝前太近，在毛细现象作用下，难以正常进行子坝堆筑工作。同时，因调洪高度不够，对大坝安全度汛和后期坝体稳定都会带来极为不利的影响。

导致上述问题的原因在于 2 号库初期放矿时，由于坝轴线短，放矿集中，且流速和流量很大，故实际沉积滩面坡度在 1/200 ~ 1/250 之间，难以达到设计要求的 1/150。尤其在汛期，其滩面更缓，从而造成实际干滩面即使控制在 600m，调洪高度也达不到 3.8m 的要求。

(2) 坝前黏土层增厚，后期大坝失稳。根据长沙勘察院 1987 年 5 月对 2 号尾矿库钻探勘察结果可知，目前在已堆筑的子坝下黏土层过早形成，尤其在距初期坝 600m 地段内黏土层厚度比设计增加了 10m 左右。大量细泥尾砂沉积于坝前，延长了细泥层排渗固结距离，降低了细泥层固结速度，使前期坝体强度增长缓慢，坝体稳定安全系数不足。长沙有色冶金设计院 1988 年 10 月经太沙基有效应力法对 2 号库最终坝体的稳定性进行计算，安全系数仅为 0.67，远远小于规定的 1.05。若不经处理继续堆坝，到以后坝体是很不稳定的。

造成上述原因有三：一是库内设置浮船，为了满足取水要求，将库内水位抬高，干滩距离缩短，水力分选程度差，细粒在坝前沉积；二是受库内坝前地形因素影响，距初期坝 1100m 处有一小山丘，顶部标高 120m，限制了初期尾矿砂土排放自然规律，迫使黏土层前移；三是受库内初期死水位的影响。由于 2 号库初期死水位是在 66m 标高上，比初期坝底标高 46m 高出 20m，从而在尾矿库投用近一年的放矿期内，尾砂是在水下沉积，客观上导致细泥容易沉积于坝前，增加了坝前黏土层厚度。

(3) 库内设置的监测设施和排渗系统全部被毁坏。坝体上埋设的孔隙水压力观测点、浸润线观测点、水平位移和沉降观测点全部被当地村民毁坏，致使有关坝体稳定的监测工作无法进行。

(4) 使用旋流器对坝体的影响。由于 2 号库年上升速度太快，给子坝堆筑带来了很大困难。为了解决这一问题，生产中采用了旋流器分级工艺。但若过多使用旋流器，易造成粗尾砂集中在坝前，细泥溢流于库内排放。从而导致人为改变库内尾砂自然分布状况，对大坝后期稳定也会产生一定影响。

(5) 村民在库区内捞铜精矿严重干扰尾矿正常排放。当地农民成群结队在尾矿库坝区内和旋流器旁捞取铜精矿，无法禁止，严重破坏尾矿设施，不能有计划进行排放和筑坝，打乱了尾矿在库内沉积规律，影响后期坝体的稳定和安全。

9.7.3.2 今后采取的相应对策

（1）对坝体进行勘察和稳定性评价。2 号尾矿库已运行 6 年，坝体上升速度太快，坝前沉积大量淤泥，直接影响坝体稳定和安全，目前坝体已堆积高度 92m，接近设计最终高度的一半，根据《冶金矿山尾矿设施管理规程》要求，对大中型尾矿坝，当堆积到总高度的 1/2 ~ 2/3 时，应根据具体情况按现行规范进行 1 ~ 2 次以抗洪、稳定为重点的安全鉴定，以指导后期筑坝管理工作。为此，2 号尾矿库的勘察和稳定性的全面评价应尽早进行，查明坝内细泥尾矿分布范围和物理力学指标，尤其是渗透性能和强度指标，以便根据评价意见采取有效对策。

（2）全面恢复和建立尾矿坝监测系统。由于尾矿库坝监测系统已全部毁坏，无法取得各种参数进行分析研究，以掌握各种设施的工作状态及其变化规律，为正确管理、处理事故、维修提供依据，所以恢复监测系统非常重要，必须在短期内付诸实施。

（3）提高尾矿坝防洪能力。改善尾矿排放工艺，加强日常生产管理，尽量降低库内水位，沉积滩长度严格控制在 600m 以外，以促使矿泥远离坝前沉积，增大安全防洪能力。

减少使用旋流器分级尾矿，克服由于过多使用旋流器而造成大坝后期不稳定的影响。

（4）加强安全检查，确保安全度汛。平时要加强对坝面维护和巡视，特别在汛期暴雨来临时要仔细检查工程薄弱部位和排洪设施，发现隐患及时采取有效措施予以补救。同时还要做好防洪抢险物资准备，确保安全度汛。

（5）采取有效措施，配合当地政府共同制止村民在尾矿库内捞取铜精矿而破坏坝体设施，扰乱尾矿库正常排放尾矿。同时还要严格禁止在库区内开山取石的爆破工程，避免因此造成尾矿液化、浸润线溢出的情况发生。

9.8 凡口铅锌矿尾矿库安全运行经验

9.8.1 概况

凡口铅锌矿是中国有色金属工业总公司下属的大型铅锌矿山，位于广东省仁化县境内，离韶关市 48km，距仁化县城 17km，交通较为方便，并有准轨铁路与京广线连接。该矿始建于 1958 年，当时名"仁化硫磺厂"。后经勘查，地下储有大量铅锌矿石，且原矿品位较高，含 Pb 4%、Zn 9.75%、S 20%，经国家批准，于 1965 年开始设计施工兴建铅锌选矿厂。1968 年 8 月一期工程完工，并试车投产，到 1989 年止，已经处理原矿石 1001.49 万吨。通过 1988 ~ 1990 年两期扩大生产能力技术改造，目前已形成日处理原矿 3200t，年产铅锌金属量 12 万吨的选矿生产能力，预计到 1992 年全部改造完成后，日处理原矿达 4500t，年产铅锌金属量 15 万吨。1990 年进入国家一级企业，成为有色总公司第一家"国家一级企业"的生产矿山。

20 多年来，尾矿库的安全使用，不仅保证了该矿生产的顺利发展，而且为完成生产任务、保护环境、减少尾矿水污染以及协调工农关系起了重要作用。

9.8.2 尾矿输送及排放

9.8.2.1 尾矿特性

（1）全粒级尾矿（原尾矿）。尾矿密度 $3.0t/m^3$，干容重 $1.6t/m^3$，矿浆密度 1.115$t/$

m^3，浓度 12% ~ 17%，产率 50%。

（2）分级尾矿（细泥尾矿）。密度 $2.8t/m^3$，干容重 $1.5t/m^3$，浓度 7%，产率 25%，粒度极细，$+20\mu m$ 6.65%，$-20\mu m+10\mu m$ 20%，$-10\mu m$ 73.35%。

9.8.2.2　尾矿输送

尾矿采用 8PSJ 和 8/6AH HARMAN 两种泵四段接力输送，尾矿管由 $\phi300mm$ 铸铁管 2 根为 1 组，$\phi350mm$ 钢管 1 根为一组组成，其中一组工作，一组备用，第一段输送管长 1825m，输送全粒级尾矿，在第二段前设有浓密池，分级尾砂，粗粒级尾砂（$+20\mu m$）用作井下充填，细泥尾矿由第二段起输送到尾矿库，第二段输送管长 4496m，第三段输送管长 2750m，第四段管长 1600m。

9.8.2.3　尾矿排放

尾矿排放采用支管分散排放的方法，视库内尾砂堆积情况不断延伸主管，使尾矿沿库两侧均匀向库尾堆放，支管径为 100mm，正常放矿使用 5 根支管，间距为 20 ~ 60m，每根支管流量 26L/s。

9.8.3　尾矿库安全运行主要经验

通过对尾矿库 20 多年来的使用与管理，该矿尾矿库能够安全运行的主要经验是：

（1）正确选择尾矿库址。该矿自 1968 年先后使用了两个尾矿库，即老鸦山尾矿库和黄子塘尾矿库。这两个尾矿库相距较近，均位于矿区东南方向约 9km 处。尾矿库所在地地形极好，特别是黄子塘尾矿库，近似水库，洪水及尾矿水排放容易，安全可靠。两个尾矿库的基本情况如下：

1）老鸦山尾矿库。该库设在一个地形较为平坦的沟谷中，属山谷型尾矿库。谷底标高 113.5 ~ 132.4m，库内两侧山坡较缓，坡度 25° ~ 30°，山顶标高 160m 左右。尾矿坝设计一次筑成 24m 高（标高 139.00m），尾矿最终堆放标高为 136.00m，其有效容积为 56 万立方米，服务年限 3 年。坝址建在沟谷进口约 200m 处，坝址自上而下为第四系坡积层、残积层及砂砾岩层，适合于作为天然地基。筑坝选用亚黏土填筑，坝外坡比 1:2.5，内坡比 1:3，筑坝前清除了沟底 0.5 ~ 0.7m 厚透水性较强的松软亚砂土层，使坝基落在第四系坡积层的亚黏土层上，坝基情况良好。

该库洪水频率按二级标准设计，库的汇水面积为 $0.32km^2$，据广东省水利电力厅水文总站资料，该矿所在地百年一遇日最大降雨量为 240mm，计算洪水径流总量为 $53200m^3$，千年一遇日最大降雨量为 316mm，洪水径流总量为 $74500m^3$。由于尾矿库内调洪幅度从 137.00m 至 138.00m 时，调洪容积为 $82000m^3$，表明尾矿库能容纳下日最大降雨量。库内排水，采用窗口式排水井与 $\phi800mm$ 钢筋混凝土管组成排水设施，排水管长 52.0 多米，水力坡度 0.03，尾矿水经排水井、排水管排入尾矿坝出口，汇入山溪。排泄时间在一天内，排水能力有余，可以保证尾矿库安全。

该库从 1968 年开始使用，由于当时选矿生产能力仅为设计的 1/3，致使该库延续使用到 1976 年才装满尾砂，开始使用第二个尾矿库。

2）黄子塘尾矿库。该库设计时所需原始数据及洪水频率标准均与老鸦山库设计时相近，但其库址更佳。

该库由主坝及 1 号、2 号、3 号、4 号副坝围成，汇水面积 $0.48km^2$，毗邻东南约

300m 的老鸦山尾矿库，场地属低山上陵剥蚀地形，沟谷长约 700m，宽度 150 ~ 200m，沟谷较平坦开阔，多呈 U 形。山坡较缓，坡度 10° ~ 25°，地面标高 108 ~ 160m。库区地层较简单，为第四系坡积、冲积、残积及砂砾岩层，其下卧岩层为白垩系南雄群砂砾岩。该库本应按四级尾矿库设计，考虑到大岭冶炼厂在其下游，将等级提高，按三级尾矿库设计，主坝和 4 个副坝均采用亚黏土填筑，最终标高 140.00m，主坝在库北端，坝长 257m，高 31m，坝顶宽 4m，外坡比 1:2.5，内坡比 1:3，在外坡标高 112m 处设高度 3m 褥垫式排水体。1 号、2 号副坝位于主坝的西、东两侧，3 号、4 号副坝在库南端，坝顶宽 3m，内外坡比均为 1:2，外坡设贴坡排水体。在 4 号副坝西侧开挖溢流口，底部标高 138m，梯形断面，下接 0.5m × 1m 排水沟，与原老鸦山尾矿库排水沟相连，将水排至下游山沟（见图 9 - 12）。

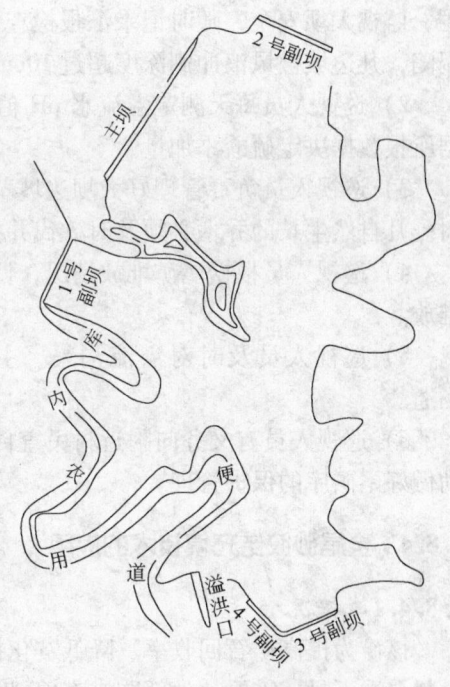

图 9 - 12　黄子塘尾矿库

（2）一次建坝。该矿所使用的两个尾矿库、尾矿坝都是按设计的最终高度一次用土筑成的。其原因是该矿输送到尾矿库的尾砂粒度极细，不宜用来筑坝。尽管一次筑坝投资大，但有利于在短时间内监督施工质量，施工合格，以后只是如何维护堤坝的工作，比起用尾砂筑坝需长期监督筑坝质量有一定的优越性。粗粒级尾砂用作井下充填料，既节省了充填材料，又减轻了尾矿库负荷，也给矿山带来了经济效益。

（3）管理机构健全。如果说设计正确和施工质量合格是保证尾矿库安全运行的充分条件，那么，加强管理与维护则是尾矿库安全运行的必要条件。只有从设计、施工、使用和管理 4 个方面都严格做好，才能保证尾矿库安全运行。否则，不管在哪个环节有缺陷，尾矿库都将有潜在事故的危险。凡口矿的领导和尾矿库使用管理人员充分认识到了上述必要条件的重要性，认真加强了对尾矿库的管理，并制订了正确使用尾矿库的具体措施。其做法是：

首先，有健全的管理机构。除了生产副矿长、选矿厂厂长直接对尾矿库的安全、环保负责以外，日常的现场监督、隐患和险情的预防、预测、预报，都由尾矿库（坝）巡视班负责。环保处每旬要到尾矿库取溢流水，分析尾矿溢流水中有害物质含量，认真做好记录和汇报，并有旬、月报表。如果环保处所测结果偏高，超过或有可能超过排放标准，则由环保处召集选矿厂等有关单位人员找出原因，提出治理措施。

其次，矿其他职能处室，如选矿处、技改处、总调度室等，也经常派人到尾矿库查看，掌握尾矿库安全运行状态，参与对尾矿库的监督管理，形成全矿各主要职能处室都关心尾矿库安全运行的局面。

另外，派有专职人员对尾矿库进行监护，具体使用维护措施是：

1）巡视人员每天对尾矿坝进行安全巡视检查，如遇暴雨，巡视人员必须在库边巡逻，监视大坝安全，随时记录汇报检查情况，平时还要检查主、副坝内侧是否被风浪冲刷塌陷，凡边坡被风浪冲刷深度超过 10cm，必须报厂主管部门采取措施处理。

2）巡视人员每天测定溢流水 pH 值，用电话汇报选矿厂调度室，领导和技术人员根据所报数据决定硫酸添加量。

3）巡视人员负责管理好大坝边坡草皮，阻止当地村民在坝坡上放牛、种农作物及植树。凡自然生长的乔木必须及时砍伐并挖除树根，防止白蚁做窝，消除隐患。

4）巡视人员根据尾矿堆放情况，调整尾矿分散管闸门，使尾矿沿库两侧均匀向库尾堆放。

5）巡视人员及时对溢流沟渠、主副坝沟渠、山坡排洪沟渠进行清理，保证沟渠畅通。

6）巡视人员有义务向附近村民宣传尾矿坝管理规定，搞好工农关系，使当地村民协助做好尾矿库的保护管理。

9.8.4 全尾砂胶结充填技术的应用

9.8.4.1 概况

该矿为提高矿石回收率、降低贫化损失，采矿方法选用了充填采矿法。过去由于充填材料严重不足，需要从外部购进充填料予以补充，造成充填成本增高，同时被废弃的大量细颗粒尾砂用以筑坝，费用较高，污染环境和影响生态平衡，为解决上述矛盾进行了"高浓度全尾砂胶结充填新工艺和装备的研究"工作。并于 1991 年 5 月通过了部级鉴定，共充填 4~5 个分层采场，充填量近 3000m³。

根据室内半工业性管道输送试验提供的资料，高浓度全尾砂胶结充填料浆浓度为 75%~78% 时，其输送倍线为 3。为保证工业试验的顺利进行，实际倍线取 2 左右。由于工业配套试验期间，全尾砂粒度组成变化较大，特别是 $-20\mu m$ 粒径含量的增高，料浆的黏度也随之增加，输送困难，而全尾砂回收率达 90% 以上。但由于工业配套试验时尾砂粒度组成变细，尤其 $-20\mu m$ 粒径的含量超过 25% 时，虽其组成的混合料浆重量浓度仅为 65%，同样具有触蚀变浆体即近似宾汉流体的特点，因此输送浓度定为 65%~75% 较宜。到 1991 年底，使用全尾砂 2.6 万立方米（含鉴定前的 3000m³）。为将全尾砂胶结充填扩大应用于生产，1991 年 12 月份开始内部挖潜和改造工作，计划全尾砂利用量为 5 万立方米，并初步拟定扩大应用于东区各胶结充填的试验工作。

9.8.4.2 产生的效益

（1）经济效益：

1）凡口铅锌矿年产矿石量 132 万吨，全尾砂产出率按 37% 计，扣除原用分级粗尾砂占尾砂产出率的 50% 估算，全尾砂胶结充填体内尾砂用量为 1.365t/m³，考虑充填流失系数为 1.04，高效浓密机回收率以 90% 计，则每年多回收的全尾砂充填料为 3.76 万立方米。

据磨砂胶结充填与全尾砂胶结充填单位成本差额计算，年经济效益为 327 万元。

2）按尾砂松散容重为 1.28t/m³ 和水浸沉缩率为 1.05 计算，凡口矿尾矿库容每年可减少 14.5 万立方米，据该矿技改设计预算，每立方米有效库容需投资 2.50 元，则每年可节省尾矿库投资 36.25 万元。

上述两项合计，年直接经济效益为 363.6 万元。试验阶段按 2.5 万立方米计，直接经济效益约 50 万元。

（2）社会效益：

1）基本解决了凡口铅锌矿充填料严重不足的困难。

2）大大缩小了地表尾矿库的容积，少占农田，缓解了工农矛盾，有利于矿山环境保护和周围生态平衡，这对地处城郊或风景区的矿山具有特别重要的意义。

3）新工艺可降低充填成本，为扩大应用创造条件。

9.9 桃林铅锌矿尾矿库安全运行 30 年

9.9.1 尾矿库基本情况

桃林铅锌矿尾矿库于 1958 年动工勘探，由长沙有色冶金设计院设计，1960 年建成投入使用，至今已有 30 年。尾矿库由 3 个主坝 2 个副坝组成。主坝坝高最高 17.5m，副坝最低 8m，主坝最长 1.71m，副坝最短的 65m。坝型为砂质黏土坝，外坡坡比 1:2.5，内坡坡比 1:3，坝顶宽 2.5~3m，库区汇水面积 2.52km^2，库容原设计 1700 万立方米，1983 年由长沙有色冶金设计院进行扩容设计，1989 年竣工，库容增加至 4300 万立方米，总服务年限 50 年，还可服务 20 年。

选厂处理能力 4500t/d，尾矿产率 89%，尾矿矿浆浓度 17.4%，尾矿平均粒径 0.118mm，尾矿粒度特性见表 9-8，尾矿采用 895 衬胶泵三段输送，由 φ300mm、φ350mm 两条铸铁管组成，其中一条工作，一条备用，第一段输送管路长 1056m，标高 76~85m，第二段输送管路长 150m，标高 85~105m，第三段输送管路长 1100m（3 条管路至 3 个坝放矿），标高 105~120m（最高点）。

表 9-8 尾矿粒度分析

网 目	1978 年 2 月测定		1980 年测定		备 注
	含量/%	累计含量/%	含量/%	累计含量/%	
+55	7.81	7.81	16.37	16.37	
+75	12.21	20.02	13.76	30.13	
+100	7.91	27.93	7.67	37.80	
+120	8.77	36.70	3.24	41.04	
+150	8.86	45.56	5.79	46.83	
+200	13.10	58.66	6.92	53.75	
+400	23.15	81.81	11.69	65.44	
-400	18.19	100.00	34.56	100.00	

9.9.2 尾矿排放和筑坝

9.9.2.1 尾矿排放

（1）尾矿特性。该矿尾矿粒度较粗（见表 9-8），平均粒径 0.118mm，尾砂密度 2.6t/m^3，容重 1.4t/m^3。

（2）尾矿排放。尾矿排放采用支管排放与主管排放（集中排放）相结合的方法，支管 $\phi100mm$，正常放矿 2 ~ 3 支，间距 25 ~ 30m，放矿点沿管路由近变远轮流进行，主管放矿点选择在远离子坝的山坡上。干滩长度 150m（平均），干滩坡度 2.48%。采用这种放矿法主要的特点是：

1）能保证尾砂粒径较粗的颗粒沉积于筑子坝的位置。支管放出的尾砂粒径较大，第一根支管放出的尾砂较第二根支管的要粗，依此类推，较细的泥浆则从主管的尾部排出，排放到离子坝较远的库内，这样给堆筑子坝创造了较好的条件，确保筑坝质量。

2）能保护原子坝不被破坏，因支管放出尾砂较粗、沉淀速度快，很快形成子坝的护坡层。放砂的时间愈长，形成的护坡层愈厚，原子坝就愈牢固，能很快起到子坝的拦洪作用。

3）细泥大部分从主管排出到离子坝较远的库内，这样，子坝附近就很难形成不透水的细泥夹层，这对坝的稳定性很有好处，对浸润线的降低起到良好的作用。

4）减轻了尾矿工的劳动强度，如全部采用支管放矿，至少要 23 根支管同时放矿才能满足要求，这样多的支管放矿，尾矿工操作繁忙，不便于管理。

9.9.2.2　子坝堆筑方法

子坝的位置、断面尺寸确定后，采用推土机加人工相结合的上游筑坝法，子坝主要由推土机完成，人工只是对子坝坝坡按规定尺寸进行整修。推土机边推砂边进行碾压，然后进行人工洒水（要洒透）使尾砂致密度接近自然沉积的程度，这样才能保证筑坝质量。子坝外坡坡比 1 : (3.5 ~ 4.0)，内坡坡比 1 : 3.0，坝顶宽 3.0m，每次（层）筑坝高度 2 ~ 3m。预埋渗水管，渗水管采用 $\phi200mm \times 500mm$ 的陶瓷管，陶瓷管一边（上部一边）带孔（$\phi20$），孔成梅花状排列，管路坡度 2‰ ~ 5‰，过滤材料为粗河砂（小于 2mm）、细卵石（10 ~ 25mm）、粗卵石（30 ~ 50mm）3 层。各层厚度为 150mm（见图 9 - 13），渗水管下部垫有细卵石、河砂层，各厚 50mm，有的情况下不垫垫层，效果同样可以，因为渗水主要是从旁边及上部进入渗水管。预埋渗水管是一项很重要的极其仔细的工作，来不得半点马虎，尤其是新使用的尾矿库其基础坝顶上游坡开始几层子坝的渗水管尤为重要，如果埋好了，对于以后坝的排渗效果和坝的安全极为重要。为了降低筑坝成本，减少预埋渗水管的工作量，正准备使用 400g/m^2 的涤纶土工织物，其成本约为河砂、卵石过滤材料成本的 1/9，大大减轻了劳动强度和工作量，简化了操作程序，容易施工。

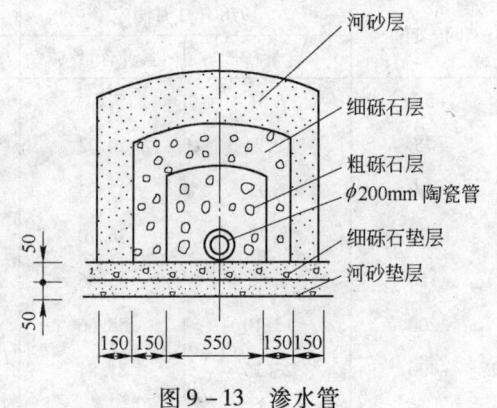

河砂层
细砾石层
粗砾石层
$\phi200mm$ 陶瓷管
细砾石垫层
河砂垫层

图 9 - 13　渗水管

9.9.3　防洪度汛

尾矿库受水面积 2.52km², 洪峰流量 78.6m³/s，洪水总量 97.3 万立方米，调洪高度 3m，调洪库容 250 万立方米，安全超高 1m。排水系统原设计为窗口式溢流井，$D = 2m$，$H = 10m$，排水涵洞断面为 1.2m × 1.5m 的拱形，泄洪量 4.68m³/s，扩容设计的排水系统为框架叠圈式溢流井，$D = 2.5m$，$H = 18m$，排水涵洞断面为 1.8m × 2m 的拱形，泄洪能力 10.7m³/s，这样总泄洪能力为 5.38m³/s，在特殊情况下还备有断面 2m×3m 的溢洪道可以使用，以上总蓄洪能力为 250 万立方米。从能力看，尾矿库的抗洪能力是相当大的，大大超出了Ⅱ级库的抗洪标准。

9.9.4　尾矿库的管理和维护

（1）领导重视。

（2）组织机构人员落实。

（3）健全规章制度，主要的规章制度有：

1）桃林铅锌矿尾矿设施管理规程。

2）尾矿工安全操作规程。

3）尾矿库施工管理规程。

4）砂泵工安全操作规程。

5）环保工安全操作规程。

6）建立各工种岗位责任制。

（4）加强设计、施工的管理。属于设计院设计的工程项目，由主管尾矿工程的技术人员编出年度计划，报矿总工程师审批备案，落实资金后，分别按分工程序由有关单位（基建处或选厂）组织施工，由施工单位负责施工质量，组织有关单位和人员进行工程验收。

（5）排渗设施的管理。尾矿库的排渗设施是否运行正常，是尾矿坝坝坡稳定的关键因素，也是尾矿库管理最难的一项重要工作。对于尾矿库排渗设施应加强维护管理。该矿尾矿库的排渗设施由于预埋时严格把住了质量关，对库的正常运行起到了决定性的作用。现已测定：1 号坝渗水量为 76m³/h，2 号坝 26m³/h，加上 3 号坝和两个副坝的渗水量总计为 150m³/h。排出的渗水清澈透明，据检测完全符合排放要求。

尾矿库总排水水质情况：

pH 值 7.3，S 116.4mg/L，Pb 0.173mg/L，Zn 0.419mg/L，Cu 0.02mg/L，Cr^+ 0.056mg/L，S^{2-} 0.793mg/L，F^- 9.507mg/L，酚未检出。

当然个别地方的排渗系统由于种种原因，效果不大理想，出现沼泽化现象，但由于采取了维护措施，很快地解决了。如 1 号坝东区两头由于渗水高度集中，溢出坝面使其沼泽化，1984 年和 1985 年进行了处理，采取的处理办法是补埋渗水管。补埋时间宜在秋冬旱季，采用的办法为沉箱法，这样便于下挖，减少垮方量，操作安全得多，沉箱为两个 4m×1.5m×15m 铁板箱，由于渗水从上游坡往下渗，沉箱沉降速度不均，上游坡一边下沉得快，下游坡一边下沉得慢，采用小葫芦吊住下得快的一边，使两边下沉速度保持均衡，渗水管安好后，将渗水通过管或沟引出坝外（渗水管安装同筑坝安装法），其反滤层上部再用河砂、卵石覆盖，外表用块石干砌而成，或者只在安好渗水管的滤层上铺好尾砂，盖好表土也完全可以，这可降低成本。只要渗水管的安装质量有保证，不会出现问题。处理坝面渗水是带有抢险性质的，准备工作必须做好，为此过滤材料最好不用河砂卵石，而采用土工织物较好，这样工程进度快。要注意的问题是：工程开工后，就不能停顿，白天黑夜三班进行，否则就延误了时间，工作量会增加很多，工程难度也增大。补埋渗水管主要用在溢水面积较大、渗水量较多的区域，对于小区域、小流量的地方的渗水坝面，可根据实际情况，选用反渗层或排渗沟均可。对于极细的尾矿砂要慎重使用。处理过的坝经过几年时间运行考验，效果是明显的，运行是正常的。

（6）坝面的管理。子坝筑好后，坝面外坡进行覆土，土厚 250~300mm，大部分为砂质黏土，该土密度大，透水性好，有一定的强度，砂中有土，易长草，覆土采用蛙式打夯机夯实（两遍），这样不易被雨水冲走而形成沟槽。然后在春季植草（马鞭草按斜菱形图案植）。坝面水沟必须形成完整的排水系统，该矿采用每两层子坝，在坝肩上游坡处砌横沟，每隔 100m 砌纵沟，纵沟的位置与坝内的渗水管的出口位置统一起来，坝两端与山相交处砌傍山截水沟，经这样处理的坝面，经多年雨水冲刷，仍然完整无损，坝面平整美观，绿草丛生，雨后坝干，行走自如。从坝基至坝顶有石砌宽 1m 的道路，工作、检查都很方便，坝上设有汽车环形公路，天晴下雨均可行驶，对抢险、维护、筑坝均很方便。

9.9.5 检查与观测

对地表水、排渗水的观测。通过坝下的测量设施测量渗水量，根据水量的大小分别设有三角堰、梯形堰。三角堰是 90° 的三角形断面，以水淹没深度来计算，水量公式 $Q = 1.4H^{2.5}$；梯形断面公式 $Q = 1.86bH^{1.5}$。式中，H 为水头，m；b 为堰口底宽，m；Q 为水量，m^3/s。晴天和雨天，春季和冬季进行比较分析，找出其变化情况，同时对水质进行分析，地表水也是用同样方法测量的。采用柱点法定时测量、比较分析坝坡（体）变形。在基础坝设有三点一线，两点设在两端的山基上，一点设在基础坝顶中部；子坝也用同样方法进行测量。对防洪设施、坝面和滩面情况，定期组织检查，发现问题，研究措施进行处理。对库的防洪能力加强检测，每年雨季前，对坝的高程、库水面位置、排水点标高（库水面标高）等进行测量，按洪水标准核对，直至满足标准为止。对溢流井、隧道、排水渠道等排水设施进行重点检查，使其畅通无阻，确保安全。目前库水面标高 101.5m，坝面标高（最低点）106m，库排水点标高 101.5m，基本符合 II 级库标准。库的蓄洪排洪能力大，对洪水是不成问题的。每年雨季前组织以生产矿长为组长的防洪领导小组，对坝上交通、通讯、照明、材料进行检查落实，抢险的器材任何单位、个人都不能占用，设有专人、专用仓库保存。

9.9.6 环境保护措施

（1）预防尾矿输送管道炸裂、穿管、检修等造成的尾砂水污染农业的措施：

1）尾砂桥下两边砌墙、砌水沟与农田隔开，防止砂水流入农田。

2）管路经过农田区靠农田边（或民房一边）砌墙、砌水沟与农田（或民房）隔开。

3）加强管路维修，提高维修质量，加强调度的责任心，减少事故的发生率和事故的蔓延。

（2）污水处理。为了降低尾矿库排水有害元素的含量，采取如下措施：

1）初期加硫酸铝处理。

2）目前加聚合硫酸铁处理。

3）总溢流井周围加过滤层围堤过滤尾砂水，降低尾砂水浑浊度。

以上 3 种方法虽然取得了一定的效果，但不能根本解决问题。

（3）防止尾砂飞扬采取如下措施：

1）干滩面上洒水。

2）干滩面上覆盖乳化沥青。

3）干滩面上覆盖黄土。

4）干滩面上植草栽树。

以上4种方法虽也取得了一些效果，但未能从根本上解决问题。尾矿库滩面是随着生产的进行而不断升高的，这个月覆盖好了，下个月可能又被尾砂覆盖了。根据尾矿库的特点，只能用正常放矿来解决，即当天气预报有大风来临之前在放矿滩，放一遍尾矿，即能防止尾砂飞扬，这是最经济，也是最理想的一种方法，要做到这一点当然要做很多的工作。人员、器材可能要多一点，但与其他单独处理尾砂飞扬的方法相比，要经济得多，这可能是一种很好的途径。

桃林铅锌矿尾矿库安全运行了30年，在尾矿管理方面也做了一定的工作，但存在的问题还是不少的。特别是尾矿库的安全监测方面还是一个薄弱环节，有时还出现一些不安全因素。尾矿库尾砂、废水的污染问题，还没有根本解决，这些都是今后要加以解决的课题。

9.10 永平铜矿尾矿库管理经验

9.10.1 概况

燕仓尾矿库属江西铜业公司永平铜矿，该矿日采、选能力为10000t/d。燕仓尾矿库总库容为4000万立方米，汇水面积2.6km²，至1990年底已用库容59.72万立方米。

尾矿池由几条相连的树枝状山沟构成，并开垦为耕地。库内覆盖着厚约5m左右第四系土层，山坡及谷底地段分布着三叠系大冶组页岩，库内周边未见不良的地质现象。

洪水计算按频率 $P=1\%$ 设计，按 $P=1‰$ 校核，计算的洪峰流量为120m³/s，一次洪水总量60.7万立方米。调洪高度2m时，调洪库容100万立方米，大于一次洪水总量。有关系数根据江西水文手册提供的数据，结合铅山县河口与铁路坪水文气象站资料及永平地区情况加以修正。

设计考虑到坝下游是乡政府所在地及大片农田，因此设计按Ⅱ级坝考虑。总坝高33.5m，基础地质条件见表9-9。

表9-9 初期坝基础地质条件

初期坝序号	基础地质条件
1号	该坝置于二叠系龙潭组细砂岩夹页岩基岩上，允许承载力3.5×10⁻¹MPa
2号	位于地形平缓的小丫口处，坝建于黏土含碎石的老土层上，允许承载力1.5×10⁻¹MPa
3号	位于一缓平山间鞍部，建在黏土含碎石的老土上
4号	该坝建于亚黏土含碎石的地基上
5号	该坝尚未建，设计坝基础在亚黏土含碎石地基上

9.10.2 初期坝和堆积坝

（1）初期坝见表9-10。

表 9 – 10 初期坝

初期坝序号	坝高/m	坝长/m	内坡坡比	外坡坡比	筑坝材料及结构类型
1 号	22.6	100	1:3	1:1.5 ~ 1:2	堆石坝坝内坡设反滤层（不透水）
2 号	10.4	87	1:3	1:3	重力式均质土坝
3 号	4.0	65	1:2.5	1:2.5	重力式均质土坝
4 号	8.0	50	1:3	1:2.5	重力式均质土坝
5 号	5.5	50	1:2.5	1:2	重力式均质土坝

（2）堆积坝。

堆积高度：10.9m。

堆积坝总边坡比：1:5。

筑坝方法：目前 1 号、2 号、3 号坝均已排放尾矿，采用各坝交错放矿，在坝前形成干滩后人工筑坝，堆积坝的外坡及顶部覆盖 500mm 厚砂砾土。

放矿方式：在堆积坝顶设分散放矿管，均匀分散放矿。

放矿管径及流量：放矿管径 200mm，每个放矿管流量 50 ~ 60L/s。

9.10.3 排洪构筑物

尾矿库排洪设施采用斜槽—连接井—隧道—明渠的排洪系统。

（1）斜槽：为双格斜槽，每个斜槽断面 $B \times H = 0.75m \times 1m$，长 126m。

（2）连接井：高 7.6m，直径 3.0m，连接排水斜槽和隧道。

（3）排水隧道，长 275m，断面 2m×2m，坡度 1%。

（4）排水明渠：底宽 2m，两侧边坡坡比 1:1.5，深 1.6m 的梯形断面渠道，长 1190m，与杨村河相接。

9.10.4 回水

（1）回水点距 1 号初期坝 1100m，距 2 号初期坝 500m，距 3 号与 4 号初期坝 1700m。

（2）回水方式，前期以移动式水泵站扬送至回水竖井，经连接回水竖井的隧道（长 87m，断面 2m×2m，坡度 1%）连接直径 800mm 铸铁管流至选厂 5000t 回水池。后期水位达 124.7m 标高，直接从回水井—隧道—铸铁管（长 3.5km）流至选厂 120m 标高的 5000t 回水池。

（3）回水泵站设置 14SH – 19 型水泵 3 台，扬量 285L/s，扬程 32m，每日回水量 2 万立方米。

9.10.5 截渗及其他水处理设施

堆积坝排渗设施，在堆积坝内距坡面 4m 处，沿坝轴向埋设直径 200mm 铸铁排渗管，在排渗管周围埋设由卵石、粗砂组成的滤层。排渗管沿堆积标高每 6m 埋设一层，由直径为 200mm 的铸铁管（坡度 1%）导流出坝面，流入排水沟。

9.10.6 尾矿的成分及粒度组成

尾矿的成分、粒度及水质分析分别见表 9 – 11 ~ 表 9 – 13。

表 9-11 尾矿化学成分

元 素	Cu	S	SiO₂	Fe	Al₂O₃	CaO	MgO
含量/%	0.11	2.5	52.3	8	6~8	5~11	1~2
元 素	As	F	WO₃	Bi	Au	Ag	
含量/%	0.001~0.003	0.12~0.2	0.05~0.06	0.004~0.01	0.02（g/t）	1.5~2.5（g/t）	

表 9-12 尾矿粒度组成

粒度范围/mm	占有率/%	累计/%
+0.25	9.34	
-0.25~+0.15	9.21	18.55
-0.15~+0.074	19.35	37.90
-0.074~+0.045	14.57	52.47
-0.045~+0.038	7.02	59.49
-0.038~+0.030	11.13	70.62
-0.030~+0.020	7.83	78.45
-0.020~+0.001	3.70	82.15
-0.001	17.85	100.00
合 计	100.00	

表 9-13 尾矿水的水质分析

项目或离子	含量/mg·L⁻¹
pH 值	6.7~8.64
ΣS	0.024~0.039
Cu²⁺	<50
Pb²⁺	0.005~0.008
Zn²⁺	0.013~0.08
Cd	0.006~0.008
As³⁺	0.003~0.388
Cr⁶⁺	0.001~0.009
F	0.335~3.5

9.10.7 尾矿库发生的问题与处理

（1）尾矿库1号初期坝（堆石坝），放矿距坝顶约2m处，由于反滤层施工质量问题造成局部渗漏矿浆至堆石坝体，因及时发现，由施工单位处理好。

（2）尾矿库使用初期，在堆积尾砂接近初期坝顶时，发现由于施工的偏差，排水斜槽最低排水点和回水泵房标高偏高，其水位超过了安全标高，无法排水和回水，威胁尾矿坝的安全。为解决排水，以降低水位，在排洪斜槽与排洪隧道间的结合井壁打开一个直径800mm的孔排水。堆积坝提高后，于一年之后将结合井临时开的孔洞封闭。

（3）目前尾矿库已使用 6 年，还存在如下问题：

1）排洪斜槽的底部和侧面，由于施工质量问题，渗水严重。

2）设计的 1 号、2 号堆积坝，堆积到一定高度时合为一体，2 号初期坝距回水点较近，将使尾矿水澄清距离或干滩过小，对堆坝或回水有一定影响。

3）该矿处理的矿石为铜硫矿石，原矿含硫 14% 以上，尾矿中尚残存少量的硫铁矿。尾矿排放时，会在坝内局部沉积富集，附近农民无视劝阻，在排放时进入坝内回收硫铁矿，随意开关放矿分散管，造成无法在坝前均匀分散放矿。

9.10.8 尾矿库的管理形式

尾矿库的日常管理由选矿厂负责，选矿厂下设尾矿工段，尾矿工段具体管理范围包括尾矿输送、尾矿回水与排洪、尾矿库堆坝等生产工作。尾矿的技术管理原由工段、选厂技术副厂长和矿生产技术部门三级管理，如堆坝的规划、堆坝与排渗设施的设计，由工段负责技术工作的技术人员设计经主管厂长和矿生产技术部门审核，经矿总工程师批准实施。安全部门监督尾矿设施的安全工作。

最近根据总公司的有关文件，尾矿库的管理工作由安全技术部门管理，但还不够明确，希望明确管理工作范围。

9.10.9 尾矿库管理的经验教训

尾矿库管理与包括尾矿输送设施的管理等在内的整个尾矿管理有着密切的关系。尾矿库的 1 号、2 号、3 号初期坝，基建时同时建完，1 号、2 号坝是投产初期的主坝，3 号坝坝底标高较高，且距已生产运行的 1 号泵站较远，必须续建 2 号泵站和约 3.5km 的输送管线才能在 3 号坝排放尾矿，根据尾矿堆积及水位上升速度，预计在水位接近 3 号坝底标高前，提前两年设计建设 2 号泵站及其输送管线，计划 1989 年内投入运行，由于附近农民干扰施工，拖延了工期，致使水位淹没 3 号初期坝体近 3m，2 号泵站才投入运行。导致 1 号、2 号坝排放的尾矿堆积过快，尾矿水集于 3 号坝前，并造成回水泵前几乎没有澄清距离，不能正常回水，生产供水紧张。从这件事得到的经验教训是：1）尾矿处理必须根据生产规划进行规划设计，尾矿排放、堆坝，尾矿设施的建设要根据总的规划设计进行。2）关键的尾矿设施工程，要考虑各种因素的影响，提前安排资金、设计、施工，保证按时投用。

9.11 金川公司尾矿库加强技术管理的经验

金川有色公司选矿厂尾矿库设在厂区和市区的北面，距厂区 4km，距市区 1km，在市区的下方。尾矿库库容达 1215m³，占用戈壁滩面积 3km²，1964 年投入运行以来，已有 26 年的生产历史，至 1990 年底，已堆积尾矿砂 3400 万吨。金川公司二矿、龙首矿、露天矿（1990 年 7 月份闭坑）3 个矿山总设计出矿能力为每年 238.5 万吨，1990 年实际出矿量 245.5 万吨，选矿厂设计处理能力每年 297 万吨，1990 年实际处理矿石 245.5 万吨。

金川公司选矿厂建筑在戈壁滩上，附近无适当的山沟可选作尾矿库。因此，尾矿堆存不采用修筑尾矿库的形式，而是将尾矿有组织地向戈壁滩上堆积。尾矿堆积场地区域的地形坡度为 0.01，区域的地层，属于潮水盆地洪积 - 冲积平原，该地区绝大部分地表有厚约 0.2~0.5m 的风积亚黏土，在其下及少数地段从地表起为洪积 – 冲积的卵石层，渗透性很好，渗透水系数 $K=403.2m/d$。

尾矿库采用四面堆积筑坝，堆积坝方法采用"渠槽法"。用砂砾土筑成路堤，堤高为 2m，顶宽为 1.5m。沉淀池排出的尾矿砂，经管道输送到砂泵站内，由砂泵扬送到路堤上，向尾矿堆积场内分散排放而沉积，等路堤下游的尾矿沉积坡面达到路堤顶部时，即用尾矿堆筑小坝，以致尾砂可以继续向下游分散排放和堆积。

尾矿库中间设有回水井 2 座，回水采用库中水塔，由设在尾矿池外的尾矿回水泵站扬送到选矿厂。回水系统设有 2 个水泵站，1 号水泵站设在浓缩池附近，2 号水泵站的位置靠近厂区，尾矿回水输送管道直径为 400mm，年用水大约 400 万吨左右。

尾矿砂平均粒径小于 0.074mm。尾矿砂成分及水质分析分别列于表 9 – 14 和表 9 – 15。

表 9 – 14 尾矿砂成分分析 （%）

化学元素	一选富矿	二选富矿	二选贫矿
Ni	0.22	0.24	0.25
Co	0.0148	0.0139	0.017
Cu	0.15	0.25	0.13
Fe	9.28	9.50	9.12
S	0.63	1.86	0.82
CaO	3.92	2.99	2.33
SiO_2	37.78	38.35	35.64
MgO	28.98	29.67	32.39
Cr	0.25~0.35	0.25~0.35	0.25~0.35

表 9 – 15 尾矿水分析

pH 值	8.70	Cr^{6+}	0.029mg/L	Cu^{2+}	0.766mg/L
ΣS	45.80mg/L	As^{3+}	0.004mg/L	Co	0.400mg/L
Hg	0.0003mg/L	Pb^{2+}	0.052mg/L	S^{2-}	5.735mg/L
Cd	0.014mg/L	Ni^+	0.850mg/L		

金川公司选矿厂尾矿库，经过 26 年生产使用，至 1990 年底，东库区的沉积砂表面已高出库堤 1m 多。由于计划 1991 年 4 月份新尾矿库投入运行，老尾矿库封闭，所以不准备采取大的堆坝维护措施。因此，采取防范措施，确保尾矿库 1991 年上半年的安全生产运行，杜绝重大污染事故就成为当务之急。金川公司加强对尾矿库及设施和回水系统的管理，实行责任制，以承包的形式把责任落实到个人和班组，做到选矿厂每月组织一次检查，车间每周组织一次检查，每班专人巡回检查，发现隐患及时处理。做好预防工作，防患于未然，在尾矿库外设防洪排水沟和储水池，并准备堵漏用的草袋、铁锹、镐等工具，一旦发现有漏砂现象，及时堵漏。

根据实际情况，采用科学的运行管理办法，随着季节的变化，采取不同的放矿方式，保证子坝的合理堆筑，合理安排回水量和排水量，做到旱季高水位，雨季低水位，并根据实际情况做好堆坝工作。同时加强尾矿沟和回水系统的巡回检查，确保尾矿沟畅通，避免堵沟溢浆事故的发生。

9.12　铜陵有色金属公司尾矿库概况

9.12.1　概述

铜陵有色金属公司现有 5 座生产矿山（铜官山铜矿、凤凰山铜矿、狮子山铜矿、铜山铜矿、金口岭铜矿），1 座即将投入试生产的基建矿山（安庆铜矿），1 座已经闭坑（井边铜矿）。上述各矿均下属 1 座选矿车间（厂），先后共建设了 9 座尾矿库。目前，其中 3 座正在使用（相思谷尾矿库、章家谷尾矿库、水木冲尾矿库），1 座即将投入使用（朱家冲尾矿库），2 座即将停止使用（五公里尾矿库、杨山冲尾矿库），3 座已停止使用（响水冲尾矿库、林冲尾矿库、井边尾矿库），详见表 9－16。

该公司有较系统的尾矿库管理制度，有专人负责尾矿库安全技术及管理。近几年来，特别是 1986 年黄梅山铁矿尾矿库事故后，公司各级领导对尾矿库安全的重要性有了进一步的认识，加强了尾矿库的汛前安全检查，克服"以包代管"，强调"谁使用、维护，谁负责"的原则。各矿成立了尾矿库安全领导小组和尾矿库安全监测小组。狮子山铜矿和铜官山铜矿还配备了主管尾矿库的技术人员，狮子山铜矿负责尾矿库管理的技术人员，不但将尾矿库的技术资料（包括坝体监测资料）整理得井井有条，而且在尾矿库整治、抗震加固工作中发挥了重要作用。公司成立了由公司领导、处室人员、厂矿人员及设计人员组成的尾矿库工程安全技术监督小组，并在总公司支持下，拨出大量费用，请许多设计、研究院所帮助，对杨山冲尾矿库、章家谷尾矿库、相思谷尾矿库、五公里尾矿库进行了整治、加固，并做好了井边铜矿尾矿库及凤凰山铜矿尾矿库及凤凰山铜矿林冲尾矿库的闭库工作。

由于尾矿库多，库址分散，管理工作量大，加之部分尾矿库已到后期，部分初期坝系黏土坝，浸润线逸出坝坡，少数管库职工失职，一些尾矿库曾发生过局部跑砂、漏砂、坝坡渗水和塌陷现象。由于贯彻了安全第一、预防为主的方针，全公司所有尾矿库未发生过重大事故。

9.12.2　5 座尾矿库的治理加固

在这 5 座尾矿库中，有 3 座库（杨山冲尾矿坝联合排渗经验、章家谷尾矿库加固加高扩容经验、相思谷尾矿库的渗漏治理）的治理，已在前面介绍过，现就五公里尾矿库加固和响水冲尾矿库治理情况概述如下。

9.12.2.1　铜官山铜矿五公里尾矿库加固工程

该库由北京有色冶金设计研究总院于 1964 年进行扩初设计，工程中的基本坝、排水渠道及排水构筑物的布置由安徽省水电厅勘察设计院负责，系平地型尾矿库，1967 年底投入使用。当时设计库区面积约 105 万平方米，长约 2.4km，坝高 10m。库区濒临长江，两边为城市下水道。

由于库区原为芦苇滩，生产初期未建初期坝，尾矿是利用其中的低洼地、小塘和田埂形成的容积堆存的，中后期则在土埂上利用尾砂、城市垃圾及黏土等材料，围着库区三面

库名 杨山冲尾矿库 章家谷尾矿库 林冲尾矿库 相思谷尾矿库 五公里尾矿库 水木冲尾矿库 响冲尾矿库 井边尾矿库 朱家冲尾矿库

库　名	杨山冲尾矿库	章家谷尾矿库	林冲尾矿库	相思谷尾矿库	五公里尾矿库	水木冲尾矿库	响冲尾矿库	井边尾矿库	朱家冲尾矿库
矿山名称	狮子山铜矿	铜山铜矿	凤凰山铜矿	凤凰山铜矿	铜官山铜矿金口岭铜矿	铜官山铜矿狮子山铜矿	铜官山铜矿	井边铜矿	安庆铜矿
初期坝类型	土坝	土坝	透水性堆石坝	堆石坝	土坝	透水性堆石坝	堆石坝	土坝	堆石坝（沥青混凝土斜墙）
初期坝高/m	12	18.8	27	30	4~6.5	21.40	15	8	30
初期坝上游坡	1:2.5	1:2.33	1:1.6	1:1.5	1:1.5	1:2.0	1:0.7	1:2	1:2.0
初期坝下游坡	1:2.7	1:2.75	1:2.0	1:2.0	1:1.5	1:2.0~1:1.5	1:1.2	1:2	1:1.75
后期坝高/m	57.0	68.5	36.1	51	10~12.5	59.4	35	33.42	42
后期坝类型	尾砂堆坝	尾砂堆坝			土、石混杂料	尾砂堆坝	尾砂堆坝	尾砂堆坝	堆石坝
汇水面积/km²	0.54	1.27	0.95	3.54	0.40	0.49		0.52	1.25
总库容/万立方米	818.95	1837	120	475	105	670	850	64.8	912.6
排水构筑物形式	窗口式排水井与钢筋混凝土排水管	窗口式排水井与钢筋混凝土排水管	窗口式排水井与钢筋混凝土排水管	窗口式排水井与钢筋混凝土排水管	溢水口加溢流钢管	框架式排水井加排水隧洞	排水井加排水管	排水井加排水管	窗口式排水井加排水管
设计洪峰流量/m³·s⁻¹	9.37	49.65	43.2	94.5	12.6	24		16.49	37.5
设计洪水总量/万立方米	7.97	37	15.2	63.0	15	17.4		2.66	73
起用时间/年	1966	1959	1970	1980	1967	1989	1952	1961	即将投产
设计服务年限/年	23	60	9	35	10	19	15	20	31
坝级别	Ⅲ	Ⅲ		Ⅲ		Ⅲ			
使用情况	即将停止使用	正在使用	闭库	正在使用	正在使用	正在使用	闭库	闭库	即将投产
尾矿库类型	山谷型	山谷型	山谷型	山谷型	平地型	山谷型	山谷型	山谷型	山谷型
设计单位	南昌有色冶金设计研究院	北京有色冶金设计研究总院	北京有色冶金设计研究总院	北京有色冶金设计研究总院	北京有色冶金设计研究总院	铜陵公司设计研究院	北京有色冶金设计研究总院	北京有色冶金设计研究总院	北京有色冶金设计研究总院
其他				原为透水堆石坝，1989 年总公司定使用过程中改为不透水堆石坝	1989 年总公司定为"险库"，争取1991 年摘帽		已实行库内尾矿再选硫铁		

筑坝形成的库容进行尾砂堆存。

由于坝基松软，施工时又未作清基处理，加之后期堆坝材料混杂，部分坝段坝坡过陡，故使用过程中曾多次发生局部坍塌、跑砂。至1984年库区面积还剩50万平方米，其余库区约65万平方米在贮满尾砂推平后，已被各种建筑物覆盖。

1985年前后，由于新尾矿库迟迟不能投产，在逐步加高坝体的过程中，又一再出现坝基局部位移，坝顶沿坝轴线局部开裂。后经对坝体开裂部位卸载减荷420m³、裂缝处夯实控制每层堆坝高小于0.5m、向坝内侧填大块废石，才逐步控制住险情。

1987年对该库进行加固加高设计，经电算，说明其下游坝段外无水时不稳定，部分坝段有震时不稳定，故提出堆石压坡加固方案。但由于种种原因，加固措施未能及时实施，加之库容（尤其是调洪库容）一再告急，故于1989年被总公司定为"险库"。1990年一季度加固工程动工，施工进程较快，加之新库投产，铜官山矿尾砂不再进入库区，险情大大缓解，目前正采取措施，进一步加快施工进度，争取1991年摘掉"险库"帽子。

9.12.2.2 响水冲尾矿库排水管渗水治理

该库是公司在解放初期最早建设的尾矿库，也是铜官山铜矿第一尾矿库。

该库建设时，由于库址工程地质原因（裂隙、煤系等），初期坝坝址数次向库内移动，直至目前位置。其初期坝为砌石坝。

投入使用后，1~3号溢流井之间的排水涵管接头部分渗水严重。后期曾发生了3号溢流井封顶木板腐烂，库内尾砂从该溢流井涌入并堵塞排水涵管，库区处于无法排水的险境。抢险措施是，先做一个大混凝土球，从两面山坡上用钢丝绳拉紧，再慢慢拉至3号溢流井顶，封住井口，然后在初期坝前排水涵管出口处，用几十台小板车轮子做架子（轮子的轮轴缩短至轮子可送入涵管），每组轮子的轴上架水管，水管连接起来后，依靠轮子把管子依次送入涵管，高压水通过管子冲洗涵管内的尾砂，涵管冲通时，里面积聚的水和尾砂奔腾而下，一泻数公里，使排水涵管畅通。

9.12.3 土工布在尾矿库工程中的推广应用

该公司从1984年开始在尾矿库工程中大规模推广应用无纺土工布。在章家谷尾矿库加固加高工程中，堆石压坡前，先在坝坡上（从当时坝顶+66m标高至坝脚）及反压台的齿槽里，都覆盖了一层厚4~6mm的土工布（用量5500m²），全部代替900mm厚的反滤层，加快了施工进度，节约了工程投资。水木冲尾矿库建设约用20000m²土工布，全部代替各部位的反滤层。杨山冲尾矿库坝体抗震加固工程，垂直滤井的滤料也是用土工布袋装起来后放到滤井中的，水平排渗管的四周都包了土工布。

为了研究土工布随使用时间增长的淤堵规律，曾在杨山冲尾矿库垂直-水平排渗工程中，进行了土工布渗水的室内试验及长达5000h的连续测试，结果表明，土工布的渗透系数在开始的100h是随压力加大而减小。但当压力继续加大时，其渗透系数随之趋于稳定。试验结果还表明，土工布也和人工堆砌的反滤层一样，都存在着机械淤堵和化学淤堵的可能性，但土工布的淤堵不一定比反滤层严重。为了充分发挥土工布的过滤作用，关键是使土工布的孔径与尾砂颗粒特性相适应。

9.12.4 林冲尾矿库的运行管理

林冲尾矿库是凤凰山矿第一尾矿库，也是该公司在设计和使用上都比较成功的尾矿库。它由北京有色冶金设计研究总院设计，初期坝为透水堆石坝，构造基本与相思谷尾矿库相同。1967 年开始施工，1970 年底竣工。由于其库址地质条件简单，初期坝型选得好，施工时较认真，反滤层质量好，虽然尾砂的平均粒径仅 0.0158mm，但在 9 年的使用中，坝体及其稳定性未出现问题，也从未发生漏砂。特别是 1975 年坝顶已达到设计最终标高（100m），尾砂面达到 98.2m 标高时，继续在细尾砂软基上，先用碎石预压，再在上面用黏土筑成高 9m、底宽 33m，外坡 1:2.5 的子坝，使库容由 80 万立方米增加到 120 万立方米后仍能正常运行。由于该库初期坝透水性好，尾矿泥固结良好，故该坝一直延续使用至 1979 年底，尾砂面标高达到 106.5m，运行情况始终良好。闭库时为了确保排洪，在库区后部山口处，依地形开设了一条溢洪道，并派专人长期看守，设有固定的测量标桩，定期监测。目前，当地农民已在库面覆土上种庄稼，长势良好。

9.12.5 几点体会

（1）尾矿设施管理从选址、库区勘察开始，包括设计、施工、使用乃至闭库的全过程。尾矿设施的使用过程也是一个建设过程，如大部分尾矿库要定期堆筑后期坝、部分尾矿库尚需整治加固，随着坝顶不断上升，部分尾砂输送设施还要增加砂泵扬送级数、库内增加溢流井、排水涵管等。因此必须建立完整的尾矿设施管理体系，确保有专业人员管理，建立技术档案，实行坝体监测，取得专业院所的技术指导，不断提高管理水平。

（2）尾矿库建设应提前 5~10 年开始前期工作。目前，尾矿库选址及征地工作的难度越来越大，施工过程中，种种人为障碍特别多。如该公司水木冲尾矿库建设，从前期工作开始，整整用了 10 年多；朱家冲尾矿库也用了 6 年以上。如不提早作准备，必将严重影响生产。

（3）尾矿库闭库后，表面覆土，还田于民是环保的需要，也深受群众欢迎。如在库区内设置建筑物，一定要进行工程地质勘察及地基处理和抗震对策。

（4）尾矿库的初期坝应尽可能采用透水堆石坝型；库区选址时应尽量避开溶洞、裂隙发育地带，施工时要特别注意反滤层、溢流井、排水涵管等隐蔽工程的质量；投产初期要避免尾砂直接冲击损坏坝坡及反滤层，使用过程应确保溢流井封堵质量及尾砂堆坝的坝肩质量与坝外侧坡度。

（5）有条件的尾矿库，应通过加固坝体提高坝体稳定性，再在原库址进行坝体加高，增加库容，延长尾矿库使用期限，是充分利用地理资源，缓和工业、农业用地矛盾，提高投资效果和企业经济效益的有效途径。

（6）鉴于我国大多数尾矿库为上游法筑坝及均质黏土初期坝，且许多尾矿库已到后期，浸润线逸出坝坡矛盾十分突出，有待采取有效排渗措施，以降低浸润线。该公司杨山冲尾矿库采用的"垂直-水平自流联合排渗技术"，由于具有能自流排渗、排渗效率高、管理方便等优点，是尾矿库坝体排渗的一种有效方法。这种方法不仅适用于尾矿库坝体后期排渗，也可用于在坝体堆筑时预埋水平滤管、预设垂直滤井并实行对接，这将大大降低工程造价，提高坝体整体排渗性能。

9.13 响水冲尾矿库从尾矿中回收硫、铁

铜官山铜矿是有色金属行业最早进行尾矿再选回收资源的矿山，取得了明显的效益。

　　响水冲尾矿库是铜官山铜矿的尾矿库之一，建于解放初期，1952 年投产，1967 年停止使用，共堆存尾矿量 860 万吨。为重新利用资源，1972 年 9～10 月，由铜陵有色公司地质队对尾矿库进行钻探、全面取样、勘察评价，共施工 22 个钻孔计 460m，探获可供回采再选的尾矿量 620 万吨，尾矿平均含硫 5.82%、含铁 28.7%，其铁物相分析见表9－17。

表 9－17　老尾矿的铁物相分析

矿物名称	Fe_3O_4	Fe_7S_3	FeS_2	Fe_2O_3	ΣFe
含量/%	10.98	5.81	2.41	9.64	28.84
分布率/%	38.07	20.15	8.36	33.42	100

　　1973 年 2 月进行了回收硫、铁的可选性试验，获得了初步结论后进行选矿试验。试验主要内容为：（1）老尾矿单独处理直接选硫、选硫尾矿选铁；（2）老尾矿与现场铜尾矿按 1∶1 比例混合后直接选硫、选硫尾矿选铁，并基本上沿用现场生产流程，所得指标见表 9－18。

表 9－18　老尾矿回收硫、铁的试验指标

流　程	硫精矿		铁精矿		铁精矿含硫/%
	品位/%	回收率/%	品位/%	回收率/%	
老尾矿单独处理	29.40	85.68	63.30	31.34	1.22
老尾矿与铜尾矿混合处理	28.85	90.47	64.92	34.43	1.14

　　试验表明，响水冲尾矿库所堆存的尾矿，不论是单独处理，或与现场铜尾矿混合处理，采用常规的选矿药剂和流程，硫、铁均可回收，且混合处理比单独处理指标优越。

　　1974 年起投资 146 万元，增建了尾矿回采、运输系统，选矿主要利用选厂的原有设备，于 1975 年 8 月投产。尾矿由电铲挖掘用电机车送至选厂尾矿仓，经磨矿后与现场选铜尾矿混合，优先选硫再磁选铁，最后铁精矿脱硫，获得硫精矿和铁精矿。设计年处理量为 30 万吨，年产硫精矿（35%）3 万吨，铁精矿（60%）4 万吨。1980 年改用汽车装运尾矿，年处理尾矿量扩大到 40 万吨。1982 年再次扩建，增加了电铲、汽车，修建了采区防洪渠道和疏水设施，使年处理能力扩大到 50 万吨，可年增产硫精矿 2.5 万吨，铁精矿4 万吨。

　　该尾矿库的老尾矿再选投产以来生产成绩显著，至 1989 年底，共处理尾矿 470 万吨，产出含硫 35% 的硫精矿 62.3 万吨（最高年产量为 7.6 万吨），含铁 60% 的铁精矿 35.7 万吨（最高年产量为 10 万吨），累计实现利润额 2500 多万元，不仅充分回收了资源，发挥了矿山闲置设备能力，也为缓解铜官山矿的经济困难起了重要作用。

9.14　井边铜矿尾矿库的闭库处理

　　井边铜矿尾矿库位于选厂西侧 300m 处的山谷中，呈南北走向，东西长 150m，南北长 300m，底部为闪长斑岩，工程地质条件较好。原设计尾砂堆放最终标高 150m，库容57 万立方米，服务年限 10 年。1971 年后由于库容不够，新坝建设受阻，为了维持矿山生产只好继续堆放尾矿，拆迁了库区附近 1700m² 建筑，扩大库面，延长了服务年限近 10 年，

至 1979 年基本停用,尾矿堆积坝最高标高 156.92m,内储尾矿 64.8 万立方米。因矿山闭坑,尾矿库采取如下闭库措施。

9.14.1 坝坡处理

(1) 对坝坡比较大的坝段,采用削坡处理,使堆积坝的坡比满足原设计 1:3 的要求。

(2) 在基础坝西段 129m 标高上,有两处约 20m² 的渗漏区,渗水地段形成鳞片状塌落和呈饱和湿润状态,为此 1978 年在该坝段做了 13 道 Y 形导渗沟,导渗沟平整与原坝一样,渗水沿导渗沟引入排水沟中,消除了基坝西段溶蚀、塌落及湿润现象。为了保证坝面不受损坏,在基坝标高 131.5m 以下重新铺设反滤护坡及纵横排水沟,坝面种植草皮护坡,并向对方提出两点要求:一是对坝面要给予维护,绝对不允许在堆积坝面上种植庄稼和放牧;二是基础上铺设的反滤片石护坡绝对不许搬走,否则就会产生不安全的因素危害坝体稳定。

9.14.2 坝体稳定分析与校核计算

尾矿坝自投产使用 20 年,除了初期土坝局部地段饱和渗水及堆积坝坡被雨水冲刷有局部拉沟现象外,没有发生过其他问题,坝体总的情况是良好的。闭库后不再储水,浸润线随时间推移将逐渐降低,尾砂逐渐密实,抗剪强度有所提高,所以其稳定性也将有所提高,只要避免洪水漫顶,该坝体在正常情况下应该是稳定的。

该坝为Ⅳ级,按规定其主要构筑物的安全系数为:基本组合(设计)$K > 1.20$,特殊组合(校核)$K > 1.05$。用圆弧滑动法计算,采用原冶金部建筑研究院 DJS - 6 型电子计算机通用程序进行,后来所掌握的各项指标均高于计算时的选用值,因此计算是偏安全的,其计算结果如下:

(1) 当 $C = 0.05 \times 10^{-1} MPa$,$\phi = 30°$时,7°地震烈度,$K_{min} = 1.239 > 1.05$;

(2) 当 $C = 0$,$\phi = 28°$,7°地震烈度,$K_{min} = 1.113 > 1.05$;

(3) 当 $C = 0$,$\phi = 28°$,不考虑地震,$K_{min} = 1.244 > 1.2$。

坝体安全系数均能满足要求。

9.14.3 尾矿回填

由于井下采用浅孔留矿法回采矿房形成 44 万立方米采空区,地表有 5 处不同程度的塌陷,因此将尾矿回填井下采空区及地表陷落区,可以使井下地压较为稳定,防止地表陷落区进一步扩大,对保护地貌、山林、人畜安全均具积极意义,同时由于原尾矿坝超高,局部坡比较大,把超高部分尾矿和坡度较陡的堆积坝尾矿回填井下,也是提高坝体稳定性的措施。

充填工作从 1980 年 3 月开始,至 1983 年上半年结束。充填后尾矿坝顶标高由 155.84m 降至 150.00m,总坡比为 1:3.1,尾矿库的安全进一步提高。

9.14.4 库外截洪

为了保护尾矿库下游农田,防止洪水带走尾矿污染水源,避免特大洪水冲坍堤坝的危险,闭库后,为阻止洪水进入尾矿库,专门修建了东、西截洪沟,分别将毕架山与白蛟疤山受雨面积的降水单独排入涧沟，这样既保证了坝体的稳定和安全，又有效地利用库内近60亩土地，还田利民。设计中根据安徽省水利局（77）皖水农字第55号文件对截水沟进行水力计算，截洪沟的减洪能力用频率标准来衡量，其排洪能力能满足千年一遇的特大洪水。在排洪沟的施工过程中，由于地形复杂，根据地形地貌，断面和坡度不强求统一，地基松软地段采用了钢筋混凝土底板或地梁。在东排洪沟的最末端有2m多高的跌水，底部制作消能池以防洪水下泄冲坏排洪沟。

9.14.5　库内排洪

库内有一废石坝将尾矿库分为两部分，前部受雨面积29000m²，洪水由圆形溢流井排出，后部受雨面积7700m²，洪水由方形溢流井经涵道排至涧沟。经计算，圆形溢流井启开四层溢水孔即能满足排洪要求，方形溢流井的泄洪能力也是足够的。为了保证人畜安全，在溢流井顶部加固定隔网，防止人畜掉入井内。1981年7月，由铜陵有色公司有关领导、处室和北京有色冶金设计研究总院、原井边矿等有关工人技术人员对尾矿库溢流井、排洪涵道进行了安全检查与技术鉴定。

在闭库工作中，每项工程完毕，双方公司与地方各级领导都亲自上坝检查，对于当地政府的合理要求给予认真研究解决，该库各项闭库工程完成后将其于1985年移交给枞阳县。当地居民在闭库的库区3.6万平方米尾矿滩上进行覆土，土中掺入适量草木灰，并在库区四周种植树木。1988年曾派人沿途察看现场，见库内农作物长势良好，库区周围树木茂盛，呈现一派青山绿水的景色。

9.15　韩家沟和莫家洼尾矿库闭库复垦经验

中条山有色金属公司20世纪70年代末80年代初先后对已服役期满闭库的莫家洼尾矿库及韩家沟尾矿库投入资金40多万元，覆土造田526亩，有效地防止了水土流失，控制了环境污染。下面主要从尾矿库治理项目的提出、治理方案的选择、治理过程及环境、经济、社会效益方面作一简单介绍。

9.15.1　尾矿库治理项目的提出

莫家洼尾矿库是该公司首座服役期满而闭库的尾矿库，天长日久、风吹日晒，整个尾矿库成为一座面积几十万平方米的小沙漠。在旱季，表面干燥砂随风飞扬，砂雾弥漫，影响家属区及附近农村的正常生活和生产；雨季，砂随水流污染水系、淤积河道，破坏生态平衡，恶化自然环境。因此，对服役期满的尾矿库必须及时彻底治理。

9.15.2　治理方案的选择

可供选择的治理方案有化学固化、表面喷水、直接植被、覆土植被几种。经过反复调查研究和论证，确认覆土植被是治理服役期满尾矿库环境污染的最佳方案。采用覆土植被方法，不仅可以覆土盖砂消除污染、保护环境，而且同时又能覆土造田、还田于农、化害为利。根据这一方案，当时制定了三期治理规划。一期是结合覆土造田，建立知青农场，用3年时间取土盖砂、覆土造田。边治理、边耕种，实现一年建场、二年粮菜自给、三年作出贡献的目标，二期是根据莫家洼尾矿库治理经验，待韩家沟尾矿库闭库后，用1年时间治理完毕。三期是巩固成果、综合完善，利用植树种草办法护堤固坝防止水土流失。

9.15.3 治理方案的实施

根据以上治理规划，于 1975 年冬，在当地人民政府的大力支持下，创办了知青农场，组织广大矿山知青，利用肩挑、筐抬、小车推等办法，经过近 3 年艰苦努力，在莫家洼尾矿库沉积滩面上平均覆盖黏土厚 0.4~0.6m。累计投工 9.9 万个，挖运土方 10.7 万立方米，造田 320 亩，提前 3 个月完成了一期治理规划。

有了莫家洼尾矿库的治理经验，更坚定了治理韩家沟尾矿库的信心。1980 年韩家沟尾矿库一闭库治理工程就开始了。根据矿山的实际情况，组织动员了家属及退休职工 168 名，抽调了公司的汽车、推土机、铲运机、小平车等设备工具，采用了机械与人力相结合的办法，加上广大职工积极参加义务劳动，使治理工程进度大大加快。奋战 4 个月，造田 115 亩，垫土 3.8 万立方米，投资 8.05 万元，之后又通过填平补齐造田 91 亩。前后投资 40 余万元，投入 16.5 万个工日，挖运土方 17.5 万立方米，造田 526 亩。

9.15.4 尾矿库复垦的环境与经济及社会效益

（1）环境效益。经过复垦后的尾矿库，由原来的灰色砂丘变成今日的人造小平原。种植了小麦、玉茭、高粱、豆类、瓜果、蔬菜等几十个品种 400 多亩，植树 2670 余株，并在坝坡上种植牧草 2 万多平方米。如今举目遥望人造平原上绿草如茵、树木成行、麦浪翻金、瓜果飘香。呈现在人们面前的是一幅郁郁葱葱、生机勃勃的风景画。

复垦植被锁住了风砂，使过去尾矿库周围的砂雾弥漫景象再也见不到了，治理了污染、保护了环境、调节了气候、改善了生态，使大气中的含尘量由原来的超标几倍以至几十倍降至符合国家标准。植树种草、保水固土，防止了水土流失。

（2）经济效益。根据县土地局勘查，莫家洼、韩家沟两个尾矿库复垦后较建库前增加可耕土地 53.1 亩，等于土地增值 470 万元。近年来复垦后的土地上种植了多种农作物，据不完全统计，仅 1989 年产值即达 3.9 万元，除去生产成本，纯收入是复垦时总投资的 1.03 倍。并且随着土地条件的改善，效益将逐年提高。

（3）社会效益。莫家洼尾矿库复垦后交给了当地农民耕种，既缓解了矿山生产占地与农业生产的矛盾，又改善了工农关系。韩家沟尾矿库复垦后的土地由退休职工和家属耕种，既调节了他们的单调生活又增加了收入，还丰富了职工的菜篮子。

9.15.5 结语

在尾矿库闭库后的治理方面尽管做了一些工作，取得了一定的成绩，但还存在不少问题，如复垦后尾矿库的防洪排水问题、选矿药剂对农作物的污染情况、覆土层厚多少为宜等都有待进一步研究。

9.16 五公里尾矿库建筑物的覆盖情况

五公里尾矿库为铜官山铜矿第二尾矿库，于 1964 年进行扩大初步设计，1967 年底投入使用，共堆存尾矿 1000 多万立方米，该库位于铜陵市西北角。距长江 1km，东南至西北长 2400m，平均宽度 440m，坝长达 5600 多米，库区总面积 105 万平方米，建于标高

8~10m的芦苇滩上，属平地形尾矿库。库区地层工程地质条件差，属第四系地层，由淤泥、黏土、亚黏土、亚黏土碎石组成。投产初期没有正式堆筑尾矿坝，尾矿直接排入芦苇滩中，以后随尾矿逐步堆高，将四周原有小埂加高加大成尾矿坝体，加坝材料为黏土、粗尾矿、废石乃至建筑垃圾。由于库容不足，堆坝过程中一再出现坝体局部开裂、沉陷现象，1989年被有色总公司定为险库。该矿正在根据设计进行第五次加固工程（图9-14和图9-15）。

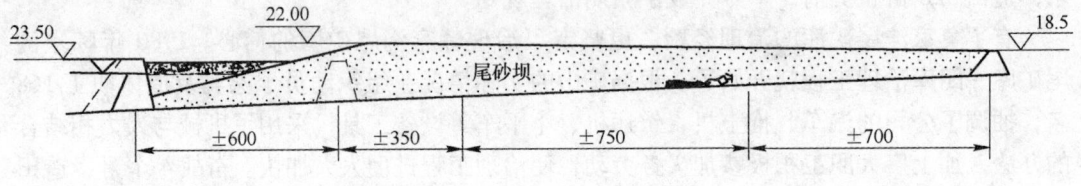

图 9-14　五公里尾矿库纵断面

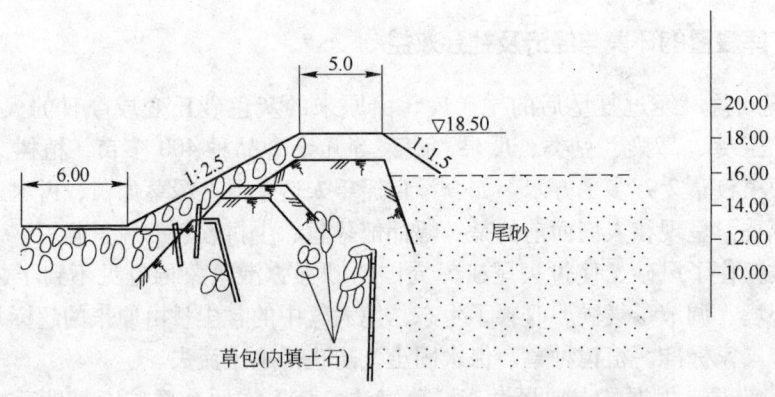

图 9-15　逐渐加高的剖面

该库由于其特殊的地理位置而成为一座特殊的尾矿库，随着城市建设的发展已逐渐为城市所包围并成为市区的一部分。20世纪70年代初修筑的铜芜铁路横贯库区将尾矿库分割为南北两部分。南区面积近40万平方米，1972年闭库，在库面覆盖土厚130cm。1976年以后，为利用土地，开始在库区内大量建造房屋。北区面积65万多平方米仍在使用中，已有约25万平方米尚未来得及覆土即被用作建筑场地。建筑物多为3~4层楼房，建房单位达15个，建筑面积15万多平方米，主要有淮河南路、天桥南路、市体委、五松新村（居民区）、市第十中学、市公交公司、有色职工大学、第三建筑公司等，最大建筑物为两年前竣工的铜陵市体育馆，能容纳3000多名观众，已多次在这里举行国家级的各种体育比赛。还有铜陵市自来水管（ϕ1000mm混凝土管）通过北区库内（见图9-16）。

特别值得一提的是，原尾矿库靠长江路一侧的堤坝和排水沟已成为街心公园。尾矿库内种植的树木主要有冬青、香樟、法国梧桐、柳树、白杨、水杉、刺槐等。昔日尾砂滩，如今绿树成荫、花草茂盛，房屋鳞次栉比，库内居民已达8000人以上。现存40.3万平方米尚未被建筑物覆盖，也已部分种植了上述的各种树苗。

必须指出的是，在闭库的尾矿库内兴建构筑物，特别是居民住宅的安全性能是应认真研究的问题。为对该库尾矿堆积体的强度、变形特征和在地震烈度7°时是否液化等问题作出结论，铜陵有色公司曾于1983年委托武汉冶金勘察研究院进行勘察，结果表明；松散的尾矿在一定条件下具有一定的承载能力，但在地震烈度为7°以上产生液化时将失去承载能力，而且根据国内外大量资料和以黏粒（粒径小于0.005mm）含量小于12%的标准来分析，该尾矿存在着液化的可能性。因此尽管库内已建有大量建筑物并已经受了10多年的考验，但如在房屋建筑时对基础未作特殊加固处理，对在地震状态下这些建筑物的安全必须给予足够重视。

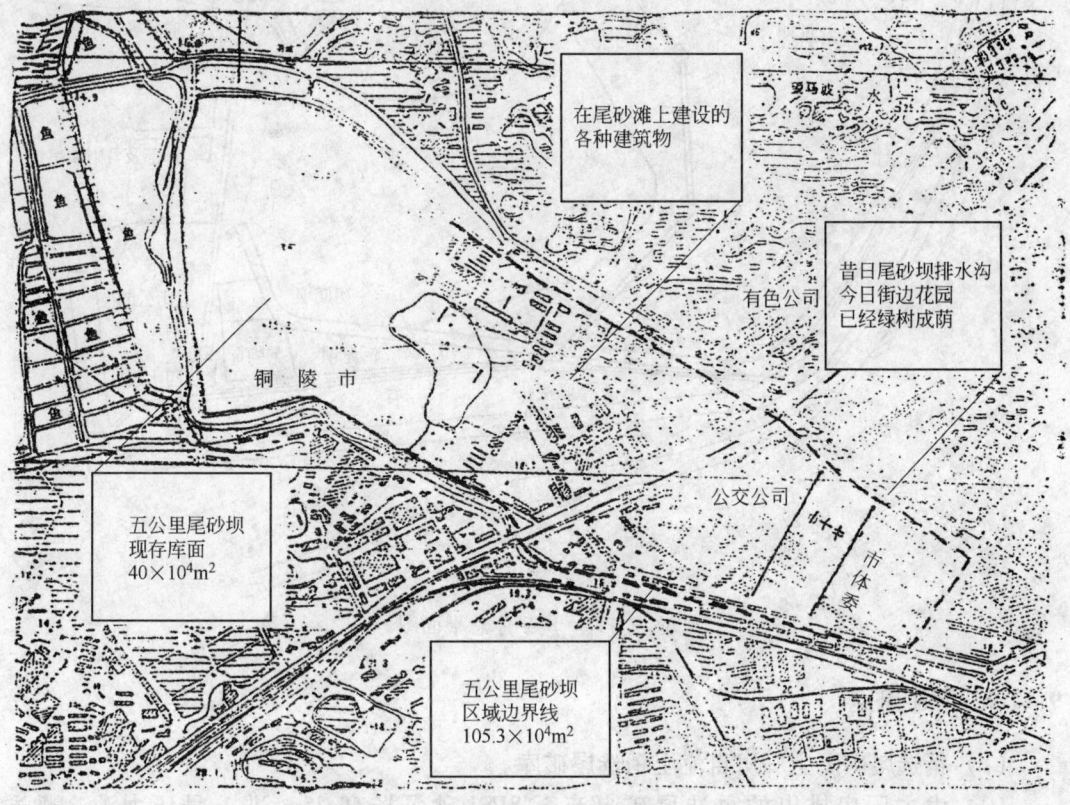

图9-16 五公里尾矿库区建筑覆盖情况

9.17 盘古山钨矿尾矿库安全运行与绿化

9.17.1 概况

盘古山钨矿已有70余年开采历史。是个以钨为主的多种有色金属矿山。

选矿厂日处理原矿1900~2000t，通过反手选丢弃50%以上大于23mm的废石，排出尾矿量为933.78t/d。

该矿尾矿库系平地堆坝。自1954年初建库至目前已进行三期扩建。1954~1956年为第一期，1957~1976年为第二期，两期总堆积量达256.85万立方米，这两期尾矿库的初期坝均采用黏土掺碎石用人工压实而成。由于三期库未能及时建成，致使老尾矿库超期服役4年之久。1980年4月开始使用新库（三期库），总面积49万平方米，连同一、二期在内，设计总容量可达1128万立方米。总平面布置见图9-17。

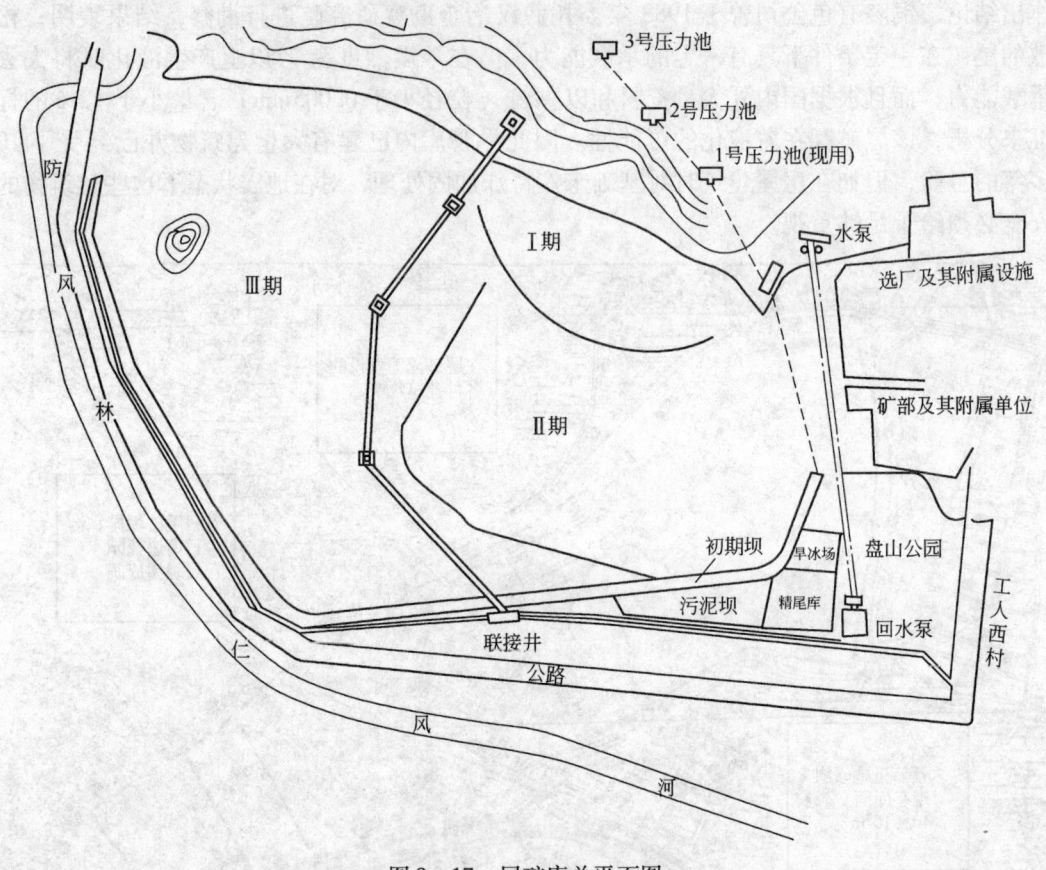

图 9 - 17 尾矿库总平面图

9.17.2 尾矿输送

（1）精选尾矿由主厂房自流至精选尾矿库。

（2）由主厂房排出的重选尾矿自流至 8PSJ 砂泵扬高 25m 进 1 号压力池，通过 ϕ250mm 铸铁管压力自流输送至三期尾矿库。

尾矿粒度组成：0~2.5mm，-74μm 占 2.91%，-37μm 占 0.43%，-5μm 占 0.08%。

平均粒径：0.77mm，尾矿容重 1.7t/m³。

尾矿回水利用率：27.76%。

尾矿中含有大量的 SiO_2 和 S，并有微量的其他有害元素存在，详见表 9 - 19。

表 9 - 19 尾矿样品分析

元 素	BeO	Pb	Bi	WO₃	S	As	Ca	Cu	SiO₂
成分/%	0.023	0.016	0.028	0.0318	0.26	0.035	0.083	0.007	91.12

9.17.3 尾矿库自然状况

（1）自然条件。尾矿库设在距选厂约 0.5km 的西南侧山脚下，库址建在背靠山坡，面向农田近乎平地的田野中（库内原大部分为农田），初期坝为半环形平地块石砌坝。

（2）尾矿库工程地质情况。尾矿库的工程地质情况较简单，原地形自上而下由以下地层构成：上层为腐殖质砂土，厚约 0.5m；中层为卵石含少数黏性土层，厚约 5m，透水性好，其容许承载力 5×10^{-1} MPa，可做天然地基；最下层为灰岩。

9.17.4 初期坝

三期尾矿库初期坝为块石浆砌而成，其基本参数见表 9-20，尾矿坝基本参数见表 9-21。

表 9-20 初期坝参数

坝顶标高/m	256.0	坝顶宽/m	1.5
坝底标高/m	250.5	坝顶长/m	1050
外坡坡度	1:1	内坡坡度	1:1

表 9-21 尾矿坝基本参数

现在坝顶标高/m	266~313	最终坝顶标高/m	327
沉积滩长度/m	>100	沉积滩平均坡度/%	10
子坝内坡坡度	1:8	子坝外坡坡度	1:5
平均年上升速度/m	2.2		

9.17.5 尾矿堆积坝

库区汇水面积 0.75km²，为了排放尾矿澄清水和洪水，1975 年建库时修建了一条由长 46m 的排水斜槽（1m×1m）及长 728m 的水泥涵洞，中间设有 3 个框架式溢水井（1.6m×1.6m）构成的排水系统，排水涵洞从主坝底部穿过。

初期坝排水，采用坝体内渗排（用排渗管）引入坝外暗沟，子坝与坝顶排水用铸铁管引入坝外环坝明沟。

涵洞出口设联接井（5m×5m），是涵洞、明沟、暗沟三股水汇合处，排洪沟（1.5m×1.8m）和净化沟（0.7m×0.5m）与联接井相通，均用闸板控制。

雨季时洪水主要来自北面山坡，利用农村建在半山坡的北灌渠（1.2m×1.2m）将山洪水分段引入，向东西方向排泄洪水，从而大量减少洪水进库。重选尾矿水水质分析见表 9-22，精选尾矿水采用 2210m² 的两个斜坡式平流沉淀净化池处理，在入水口添加石灰浆提高水的 pH 值和除去一部分重金属离子。废水经净化澄清后，合流进 300m² 的贮水池，用水泵返回生产使用。

表 9-22 重选尾矿排出废水水质分析

离子名称	mg/L	项 目	mg/L
Fe^{3+}	1.07	氧耗量	0.073
Cu^{2+}	0.76	Hg	<0.005
Pb^{2+}	<0.1	As	<0.01
Zn^{2+}	1.8	Ca（硬度）	不小于 0.03
Cr^{6+}	<0.02		
SO_4^{2-}	20.45		
硫化物	<0.01		

9.17.6　尾矿库的管理

9.17.6.1　组织机构

盘古山钨矿尾矿库的管理严格按照矿制订的"尾矿设施管理规定"执行。尾矿设施由生产副矿长领导，技术上由选矿副总工程师负责，环境保护科负责尾矿设施的日常领导工作。选矿厂设环保工段，执行尾矿设施各组成部分的生产运转和生产管理工作，选厂生产副厂长和环保段长均担负着尾矿设施的日常生产指挥工作。

"尾矿设施管理规定"详细明确了环境保护科及选矿厂对尾矿设施管理的基本职责，便于分工负责。

9.17.6.2　尾矿排放设施管理

（1）选厂环保段下设尾矿库管理班，共有 8 人，分三班作业，每班巡视，检查尾矿沟和尾矿输送管，发现堵塞、跑、漏及时处理。同时，根据子坝的堆积和尾矿量的大小及时调整放砂眼。

（2）定期翻转尾矿输送管，以延长其使用期限，防止产生漏砂而使尾砂排入子坝外坡造成环境污染。

（3）对管、架每月进行 1～2 次小修，年终由地测科勘测管路后，按全输送段 4%、放砂段 1%～1.5% 的坡度要求重新调整、架设管路，确保管路安全运行。

（4）应用新材料，确保支架牢固。架设输送管时，支架埋设深度须大于 0.5m。以前用圆杂木制成支架，虽然架设时高、低切制灵活，但易裂、易腐，且耗用量大，来源困难等缺点。于是在 1988 年始试用水泥预制支架及脚手架支撑，经试用证明有如下几点好处：1）支架与砂接触由圆形（木）变为方形（预制件），稳定性增强。2）可重复使用，回收率达 90% 以上。3）安装方便，水泥支架只要套进预埋铁管中即可，无需像木支架要用马钉固定横梁。4）节约大量木材。1989 年起，该矿尾矿库大量使用水泥预制支架，经两年运行，管架稳定性很好。

（5）尾矿输送管及事故管均安装有一条保持完好状态的备用管路。因此，在生产管路发生事故或其他原因造成不能使用时能及时转换使用，不致出现因突然停电淹没尾砂泵房。

9.17.6.3　尾矿排放与子坝堆筑

（1）尾矿严格按外坡坡度 1:5 的要求进行排放与堆筑，且保持子坝外坡边线低于坝体顶高 0.5m。由于尾砂是利用地形压力自流输送，在尾矿管的尾部细砂多而难以堆积形成标准子坝。因此，每年终修时地测科对尾矿子坝坡度进行勘测后，用推土机对不符合要求的子坝进行人工堆积，确保子坝符合设计要求。

（2）保持子坝外坡的平整美观，防止受雨水冲刷而拉沟，破坏坝面稳定性，每逢雨季来临，护坝班职工加强巡查，一旦发现有拉沟现象，立即采取分流措施。若已拉沟，及时组织选厂义务抢险队员平坝。对人工堆积子坝则要求随堆随平坝，未达要求即返工。

9.17.6.4　尾矿水的控制

尾矿水不仅关系到选厂的回水量和环境污染，而且是直接威胁尾矿库安全的关键性因素。按设计要求和环境保护条例严格控制，保持必要的澄清距离和水体深度，不从溢水井口排出尾砂和浑水。

（1）库池水边线控制在距坝顶线的安全位置，由地测科定期测定水边线及最低坝顶高差，在最大调洪位置时，保持水边线不低于坝顶1.5m，且水边线与坝顶轴线基本平行。

（2）及时清理坝外排水明沟、渗排水管淤集的泥砂或尾砂。

（3）在尾矿库运行过程中，随着坝体的升高严格按设计要求封堵排水井井口。

（4）雨季前，对排洪、排水设施进行全面检查，尤其是进出水口、闸门等关键部位，发现问题及时组织力量处理。建立了以基干民兵为主体的业余防洪突击队，遇有险情及时组织抢险救灾工作，同时常年备有专门的防洪抢险器材（麻包、铁锹等）。

（5）每年年终选厂终修期间，由矿领导带队组织安防科、环境保护科、基建科、选厂等单位的有关人员，对尾矿库进行全面检查。重点检查排水涵洞的情况，并在涵洞内每隔20m设立一个标志点，将每两个标志点段内涵洞洞壁的腐蚀程度、渗漏点数、渗水量大小等逐一详细检查，作好记录，对洞壁附着物取样化验，确定是水泥还是块石的腐蚀物或水体絮状物。经过数年积累，现已形成了较完整的排水涵洞运行情况资料，据此判断涵洞的稳定性，使一些隐患问题得以及时发现和处理。

9.17.7 尾矿库的治理与综合利用

9.17.7.1 老尾矿库的治理

老尾矿库在环境污染方面存在如下问题：

（1）尾矿区设在山谷主风口，每当冬季，西北风起，刮起大量含尘尾砂，飞入住宅区及附近农村，对人身体健康危害极大。

（2）坝基已高出住宅区37.5m，距住宅区只有100m，离材料总库工作场所只有10m左右，SO_2的蒸发气味直接灌入，造成空气污染，影响居民健康。

（3）尾矿在阳光照射下，产生强烈的辐射热使气温上升。为了解决这个问题，该矿于1983年发动职工进行了卓有成效的综合治理。

在老尾矿东坡坡面上，挖坑填土植草皮、种松树，覆盖面积达24300m²。尾矿坝脚下植树造林，开挖人工湖，建楼、亭、榭、湖、儿童火车等设备，建成了占地7万多平方米的盘山公园。1984年在已闭库多年的第一座精选尾矿堆中，又建了一座1800m²的花样式的旱冰场。

近10年来，该矿对矿区进行规划和绿化，植树45万多棵，种绿篱32000多米，植草皮38000多平方米，建起花坛、花圃、果园197个，用自己的双手把一个只见黄砂、黄土的老矿山建成了公园化的绿色城。1987年6月，国家环保委员会授予盘古山钨矿"环境优美工厂"称号。

9.17.7.2 综合利用

（1）全矿建筑用砂在重选尾矿库取用。

（2）30多年来，在两座精选尾矿库中，堆积了丢弃的大量精选尾矿，累计矿量达6万多吨，其综合含铋品位约0.8%左右，累计含铋金属量近500t。1988年该矿分别建成投产了从现生产系统精选尾矿、重选细泥尾矿中回收低度铋和从堆积精选尾矿中回收低度铋浮选车间，每年可回收含铋品位为10%的低度铋金属量45t，既减少了尾矿对环境的污染，又回收了大量有用金属，社会效益和经济效益显著。

9.18 美国霍姆斯特克金矿尾矿库

霍姆斯特克金矿，位于美国南达科他州西南芳伦斯县黑山北麓，故又名黑山金矿。它是美国最大的金矿山，年产金量占美国黄金产量的 30% 。年产矿石量 1600 万吨，平均含金品位 7.24g/t；选厂日处理矿石 6000 ~ 7000t，年排放尾矿量 2000 万吨，尾矿浓度 35% ~ 55%，其中 - 200 目的占 60% 。

尾矿库距选厂约 2km，是一座山谷型尾矿库，初期坝为黏土心墙砂石坝，坝高 82m，边坡坡比 1:2，库容 790 万吨，筑坝材料为当地土石，采用下游法筑坝。设计最大坝高 117m，总库容为 6700 万吨，服务年限 53 年，库的周边构筑截洪沟，库内干滩长度在 400m 以上。尾矿库采用浮船回水，回水率超过 90% 以上。

厂区设有水处理站，对矿山井下水和尾矿库回水采用细菌处理工艺进行处理，经处理后的水质可以达到排放标准。

9.19　美国平托谷铜矿尾矿库

平托谷铜矿位于美国亚利桑那州迈阿密城以西约 10km 处。由玛格玛铜业公司经营。该矿保有铜矿石储量 3.7 亿吨，平均含铜品位 0.41% 。选厂日处理规模 7 万吨，年排尾矿量 2400 万吨。尾矿经厂区两座 ϕ100m 浓密机浓缩后，以 50% 浓度自流到尾矿库，尾矿粒度 - 200 目的占尾矿量 30% 。

该矿共建有尾矿库 4 座，1 号、2 号库已经闭库。目前在用的库为 3 号和 4 号，且两库交替使用，3 号库占地 607029m^2，4 号库占地 101.17 万平方米。3 号库将于 1993 年底闭库。4 号库设计库容 2.34 亿吨，最终坝高 165m，目前坝高 105m。根据库容需要，经修改设计后，坝顶最终坝高 189m，总库容可达 3 亿吨。

尾矿坝过去采用尾矿直接排放，用上游法筑坝，1986 年后改用旋流器分级，仍用上游法筑坝。旋流器底流浓度为 70%，粒度为 - 200 目的在 10% 以下。旋流器为 Krebs 型 14 英寸，正常工作时 8 ~ 10 台，在坝顶采用单台布置，台间距 15 ~ 20m，旋流粗砂堆用推土机推平碾压，库内设有回水系统。

该库地处干旱地区，蒸发量大于降雨量，且库容很大，故库内未设排洪设施。

9.20　美国克莱马克斯钼矿尾矿库

克莱马克斯钼矿，位于科罗拉多州莱克县的丹佛西南 61km，由阿马克斯公司的克莱马克斯钼业公司经营，是世界上最大的钼矿床，保有矿石储量 4.48 亿吨，平均含钼品位 9.352%，选厂规划的日处理规模 5 万吨，由于受当前钼价低的影响，实际日处理矿石 0.9 万吨。

该矿根据生产发展需要，先后共建有 5 座库，其中有 3 座属山谷型尾矿库，1 座为水库。堆存尾砂量约 5 亿吨，尚存 5 亿吨的库容。尾矿坝采用上游法堆筑。

目前，该矿主要使用的是 2 号库。该库坝高 161m，长 2090m，堆积坡度 1:2.5，尾矿沉积坡 0.01，干滩长度控制在 300m 以上。库内设有 ϕ760mm 的两座排水井，可以同时排水，该矿目前正将坝的堆积坡削为 1:4 的坡度，以利复垦。

3 号库坝高约 50m，坝长 400m，堆积坡比 1:4，干滩长度控制在 450m 以上。该库在使用前，首先用 +200 目粗尾矿铺于库底，坝内设排渗盲沟。

该矿的 3 座尾矿库均设有截洪沟，库内采用回水泵站回水。3 号库的下游设有水处理站，尾矿水经处理后可以达到排放标准。

9.21 美国雷铜矿尾矿库

雷铜矿位于美国亚利桑那州雷县矿物河，由肯尼科特铜业公司经营。选厂日处理规模3万吨，溶浸厂日处理硅酸盐矿石1.5万吨。

尾矿经厂区 $\phi98m$ 和 $\phi75m$ 两座浓密机回水后，以40%~45%的浓度扬送至尾矿库，尾矿粒度 +100 目的占尾矿量的35%。

尾矿库位于选厂南部，共建有3座尾矿库，占地607万平方米，已堆尾矿2.5亿吨。1号、2号库位于 Gila 河北岸，两岸相连，为平地周边筑坝型尾矿库，坝长约8km，坝高90~105m、采用上游法筑坝，堆积坡度1:3。库内设虹吸管和固定式排水井管，将库内水排至下游，经自流渠、加压泵站送回选厂重复利用。库内干滩，北部较长，约200m，南部较短，约70m。

3号库位于 Gila 河南岸，呈三面筑坝的傍山型尾矿库，坝高约30m，坝长3km，采用上游法筑坝，库中间设隔堤，将其分成两库，库外设截洪沟，库内设有井管式排水系统。

为使尾矿干燥固结，3座库交替使用，每座库每年上升速度不超过3m。

9.22 美国尾矿库的安全管理及其安全技术

世界各国对尾矿库的安全管理和安全技术都十分重视。其目的在于求得尾矿库的安全运行。美国在这方面有许多经验是值得我们借鉴的。现简介如下。

9.22.1 尾矿库的安全管理概况

美国现有大小各类矿山万余座，尾矿库约2250座，其中煤矿尾矿库约1500座（因大多数煤矿没有尾矿库），坝高超过6m，占地80937.2m² 以上的大中型尾矿库约750座，非煤矿山尾矿库约750座。过去，由于种种原因，溃坝事故也曾发生过。但在近20多年来，美国政府致力于安全法规的制订、完善和推行，使矿山死亡率、事故率大大下降。非煤矿山死亡人数已由20世纪70年代每年死亡200余人降至1989年的48人。据称，目前美国矿山尾矿库安全管理的重点是放在大、中型尾矿库上。因而这部分尾矿库的安全状况较好，而中、小型尾矿库的安全状况则相对差些。尾矿库（坝）管理包括下列内容：

（1）安全法规的制定。美国联邦政府的法典中有详尽的矿山安全卫生法规及条例，其中包括矿山尾矿库方面的有关规定。美国劳工部矿山安全卫生局所属的技术中心还制定有尾矿坝安全检查指南。具体介绍检查的主要内容、方法、报表格式等。此外，各州还根据具体情况，有一些更详细和具体的规定。

（2）安全管理机构的设置。美国的安全管理机构按三级管理设置。第一级在联邦政府劳工部设矿山安全卫生局，其内分设法规部、技术部、煤矿山部、非煤矿山部和培训部等，其职责是负责全国矿山安全卫生法规的制定修改、监督检查、技术监督、人员培训和事故处理。第二级，将全国非煤矿山分为6个区，区内设有检查总部，负责本区矿山的安全监督检查。第三级，各检查总部下设7~8个检查站，站内设有检查员7~8人。各企业设专职安全管理人员。

（3）安全技术的监督检查。尾矿库设计必须由有资格的设计部门承担，设计必须符合有关的法规。有关设计中的安全技术问题由安全卫生局下设的布鲁斯顿安全卫生技术中心和丹佛安全检查中心进行审查。审查的主要内容为尾矿坝的稳定性和尾矿库的防洪能力。他们提出的审查意见供6个区属检查总部作是否批准设计的参考。设计须经检查站和检查总部批准后才能实施。在尾矿坝施工中，技术中心随时进行检查监督，看其是否达到设计要求。

各检查站对地下矿山每年检查4次，对露天矿山每年检查2次，将检查结果上报检查总部，由总部汇总报安全卫生局。

检查的主要内容包括坝体浸润线高度、位移、边坡稳定、渗漏、排洪能力等。对检查出的安全隐患，及时发出通知，限期治理。对未及时处理而又没有充分理由说明原因的，处以严厉的经济处罚甚至起诉。

（4）事故处理。发生溃坝及人身伤亡事故后，矿山立即报检查站和检查总部，总部立即用电话向矿山安全卫生局报告，然后直接报劳工部部长，并立即着手调查，写出快报报矿山安全卫生局。矿山安全卫生局接报告后派人进行最后调查，写出结论，根据定性意见对责任者提出经济和法律处理意见。

9.22.2　尾矿库的安全技术

同其他国家一样，美国对矿山尾矿库的安全技术要求很高。具体表现在设计、施工和生产管理3个方面。

（1）设计方面：

1）尾矿库的洪水设计标准较高。最低标准为百年一遇的洪水，大、中型尾矿库均需按最大可能的洪水（PMP）或最大可能的洪水的一半进行设计。

2）尾矿坝设计的稳定性安全系数大，规定标准为1.5。

3）尾矿库上游或库外一般设截洪设施，以最大限度减少入库洪水量。

4）尾矿库内保持较长的干滩段，尽量降低库内水位，使水面远离坝体。有条件的矿山在库内设多级澄清池，以保证排水水质要求。

5）在筑坝方式上，美国东部矿山多采用稳定性较好的下游法筑坝，西部矿山多采用上游法筑坝，为增加坝体稳定性，尽量采用旋流粗尾砂筑坝。

6）尾矿坝设有完善的观测设施，如溅压管、位移桩等。

7）有条件的矿山如雷铜矿，设多座尾矿库轮流使用，以延缓坝体上升速度，利于加速尾矿固结。

8）尾矿库设有完善的交通、通讯设施，便于安全管理和事故处理。

9）尾矿尽量采用高浓度输送，以减少入库水量和节约能源。

（2）施工方面：许多尾矿坝需要筑坝时，采用工程招标的办法，在施工过程中随时会受到检查站抽查，严格监督控制施工质量。

（3）生产管理方面：

1）各矿对尾矿库都有严格的管理细则、操作规程。

2）尾矿库配备素质较高、安全意识较强的专门管理人员。

3）经常注意观测坝体，发现异常情况时则及时分析、研究和处理。

4）尾矿库设有安全警戒门，未经许可，不得进入库区。

5）矿山对尾矿库的运行，给予资金上的保证。

6）尾矿库的服务年限终结之前，如需继续生产，必须提前进行设计，不允许出现超高、超库容尾矿库。

第5篇 尾矿资源的开发技术

10 黑色矿尾矿资源的开发技术

我国现有矿山企业 15.5 万多个，各类中小矿山 14.5 多万个。至于全国矿山已堆积的废石和尾矿及其继续排放量究竟有多少，目前说法不一，例如，有人说：各类矿山 2000 年的年排放尾矿约 6 亿吨（尚未计排放的废石）；也有人说：金属矿山堆存的尾矿超过 50 亿吨（尚不包括化工等非金属矿的尾矿）；还有人说：煤矸石年排放 1.4 亿吨，煤矸石的堆放量已达 70 亿吨，占地约 70km^2，而且每年以大约 1.5 亿吨的速度增长。但是，刘宝琚院士发表的文章中提到："从全国来看，我国每年矿石采掘量有 50 多亿吨，矿业固体废弃物已经积存了 65 亿吨，每年还要净增 6 亿吨"。从 2004 年发表的参考文献来看，仅仅煤矸石的堆放量就已达到 70 亿吨。笔者认为这是由于还没有进行过全国范围有组织的详细调查统计的缘故：如果进行详尽的调查统计，各类矿山总的废石和尾矿的堆存量可能还要超过现有不同学者的统计量。

这些矿山排放的废弃物，不仅占用堆放土地，而且污染土壤及江、河、湖、海等水体，影响农、林、牧、副、渔等生产，乃至影响人类的健康。但是，如果能加以利用，却可能化废为宝，化害为利，而有利于生产建设的持续发展，特别是将废石尾矿当作原料用，还可节省开采乃至破碎、细磨成本。可惜目前我国尾矿的利用率仅为 8.2% 左右，煤矸石接近 20%，而废石的堆放及利用率尚未见统计。这些矿山废弃物的利用率，较之粉煤灰利用率 45%，冶金渣利用率 50% 低得多，因此，怎样尽快解决尾矿和废石的利用问题是当务之急，不仅是国民经济持续发展的需要，更是老矿业基地振兴的需要。

尾矿和废石的利用率为什么这样低？除了某些矿山不够重视的因素外，主要是由于这些废弃物的利用牵涉到其他非地质或采选专业的知识，因而还不知其有何用途，而没有将其利用起来。对于尾矿中存在的金属或稀有元素等有用组分的选、冶回收利用，多数矿山已经较重视，以及其他方面的用途。

广西南丹首批通过评审的 5 份尾砂矿床详查地质报告赫然显示：尾矿中"藏"有锡、铅、锌、锑 4 座中型矿床。这预示着南丹的尾矿资源具有巨大的开发潜力。

南丹位于全国重点锡多金属聚集区——丹池成矿带上，世界最富的锡金属矿田大厂矿田就在南丹县境内。据统计，南丹县境内有选矿企业 69 家，总选矿能力为年处理量 730 多万吨。长期以来，由于生产厂家均以锡石为主要目的矿物，加上技术等方面原因，致使南丹选矿回收率不高，综合利用率低，资源浪费严重，尾矿中多种有价元素含量较高。有的残余金属含量甚至超过原矿中的含量，多种非金属脉石矿物综合利用问题很少顾及，其研究程度低。

为查清尾矿资源家底，自2002年9月开始，南丹县国土资源局携手中国冶金地质一局南宁中冶岩土工程有限责任公司筹集资金180万元，依法对境内各种权属的尾矿进行概查和地质评价。第一批于2003年10月8日通过评审的《广西壮族自治区南丹县车河镇龙泉中心库锡多金属尾砂矿床详查地质报告》等5份报告显示，在获控制的内蕴经济资源量矿砂量161.41万吨中，提交金属量：锡9546t，平均品位0.58%；铅15428t，平均品位0.99%；锌24954t，平均品位1.63%；锑15386t，平均品位0.99%；银79.15t，平均品位50g/t。按其储量规模和品位，报告提交了锡、铅、锌、锑4个中型矿床。特别引人注目的是，尾矿中锡矿的平均品位为0.58%，比南丹云锡公司原矿地质品位0.546%还要高；大厂矿区从没对金进行综合利用，现已查明金625.68kg，品位高于综合利用指标。

尾矿资源属于地表矿产资源，适于露天开采，采矿成本低。据了解，南丹目前正按照尾矿整体利用资源化，治理尾矿环境污染，变废为宝的方向，通过科技攻关，回收各种有用元素，减少最终尾矿量和有害矿物含量，为最终尾砂的再利用创造条件，以实现南丹矿业的第二次腾飞。

10.1 铁尾矿中铁矿物的回收

武钢程潮铁矿属大冶式热液交代矽卡岩型磁铁矿床，选矿厂年处理矿石200万吨，生产铁精矿85.11万吨，排放尾矿的含铁品位一般在8%~9%，尾矿排放浓度20%~30%，尾矿中的金属矿物主要有磁铁矿、赤铁矿（镜铁矿、针铁矿）；其次为菱铁矿、黄铁矿；少量及微量矿物有黄铜矿、磁黄铁矿等。脉石矿物主要有绿泥石、金云母、方解石、白云石、石膏、钠长石及绿帘石、透辉石等。尾矿多元素分析见表10-1，尾矿铁矿物物相分析见表10-2，尾矿粒度筛析结果见表10-3。

表10-1 尾矿多元素分析结果

成 分	Fe	Cu	S	Co	K_2O	Na_2O	CaO	MgO	Al_2O_3	SiO_2	P
质量分数/%	7.18	0.018	3.12	0.008	2.86	2.17	13.52	11.48	9.00	37.73	0.123

表10-2 尾矿铁物相分析结果

相 态	磁性物中铁	碳酸盐中铁	赤褐铁矿中铁	硫化物中铁	难溶硅酸盐中铁	全 铁
品位/%	1.75	0.45	3.75	1.20	0.03	7.18
占有率/%	24.37	6.27	52.23	16.71	0.42	100.00

由表10-1~表10-3可知，程潮铁矿选矿厂尾矿中，磁性物中含铁量为1.755%，占全铁的24.37%；赤褐铁矿中含铁量为3.75%，占全铁的52.23%。而磁铁矿多为单体，其解离度大于85%，极少与黄铁矿、赤褐铁矿及脉石连生；赤褐铁矿多为富连生体，与脉石连生，其次是与磁铁矿连生，在尾矿中尚有一定数量的磁性铁矿物，它们大部分以细微和微细粒嵌布及连生体状态存在。

表 10 - 3 尾矿粒度筛析结果

粒度/mm	产率/%		品位/%	回收率/%	
	部分	累计	TFe	部分	累计
+0.9	1.27	1.27	5.54	0.89	0.89
-0.9 ~ +0.45	6.06	7.33	4.46	3.57	4.46
-0.45 ~ +0.315	5.95	13.28	4.40	3.31	7.77
-0.315 ~ +0.18	14.00	27.28	4.94	8.75	16.52
-0.18 ~ +0.125	7.63	34.91	6.32	6.10	22.62
-0.125 ~ +0.098	2.54	37.45	7.28	2.34	24.96
-0.098 ~ +0.090	2.39	39.84	7.52	2.27	27.23
-0.090 ~ +0.076	6.16	46	8.18	6.37	33.60
-0.076 ~ +0.061	4.89	50.89	8.66	5.36	38.96
-0.061 ~ +0.045	7.13	58.02	8.93	8.05	47.01
-0.045	41.98	100.00	9.98	52.99	100.00
小 计	100.00		7.91	100.00	

程潮铁矿选矿厂选用一台 JHC120 - 40 - 12 型矩环式永磁磁选机作为尾矿再选设备进行尾矿中铁的回收。选矿厂利用现有的尾矿输送溜槽，在尾矿进入浓缩池前的尾矿溜槽上，将金属溜槽两节（约 2m）拆下来，设计为 JHC 永磁磁选机槽体，安装 1 台 JHC 型矩环式永磁磁选机，将选矿厂的全部尾矿进行再选，再选后的粗精矿用渣浆泵输送到现有的选别系统继续进行选别，经过细筛—再磨、磁选作业程序，获得合格的铁精矿；再选后的尾矿经原有尾矿溜槽进入浓缩池，浓缩后的尾矿输送到尾矿库。尾矿再选工艺流程如图10 - 1 所示。

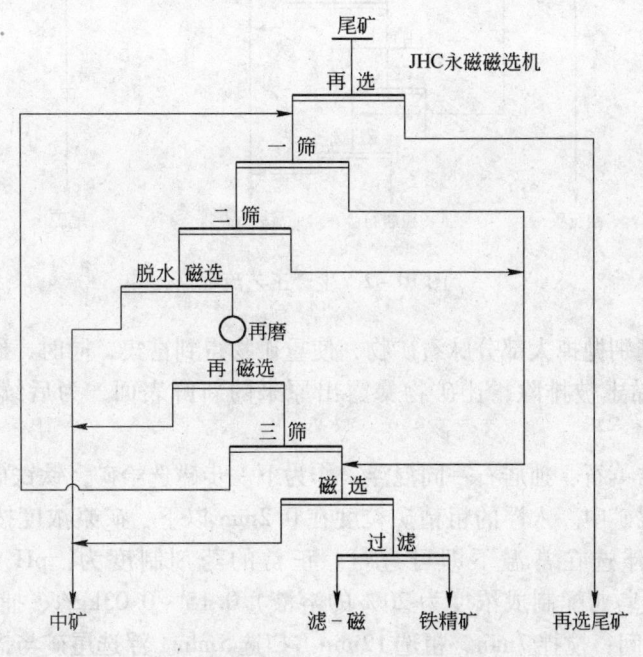

图 10 - 1 尾矿再选工艺流程图

程潮铁矿选矿厂尾矿再选工程于1997年2月份正式投入生产，通过取样考查，结果表明，选厂尾矿再选后可使最终尾矿品位降低1%左右，金属理论回收率可达20.23%，每月可创经济效益10.8万元，年经济效益可达124.32万元。尤其所选用的JHC型矩环式永磁磁选机具有处理能力大、磁性铁回收率高、无接触磨损的冲洗卸矿、结构简单、运行可靠、作业率高、成本造价低、使用寿命长等优点。

10.2 伴生矿的综合利用

广西北部湾海滨钛铁矿矿砂矿床中伴生有锆英石、独居石、含铁金红石等可综合利用的有用矿物。钦州、防城等地的小型选矿厂采用干式磁选生产单一的钛铁矿产品，尾矿中仍含有大量的有用矿物：细粒级的钛铁矿10%~20%，含铁金红石与锐钛矿1%~3%，锆英石7%~22%，独居石1%~5%；其次尾矿砂中含有大量石英砂、极少量的电气石、白钛石、石榴子石、黑云母等矿物。对尾矿砂进行筛析表明，粒度大都在-0.2~+0.05mm之间，矿物的单体解离度十分理想，连生体仅偶见。为了达到综合利用的目的，选厂采用重—浮—磁的联合生产工艺流程对选钛尾矿进行分离回收，只在选厂原有的PC3×600型干式磁选机基础上，增加1台6-S犁细砂摇床及1台3A单槽浮选机。选厂生产工艺流程如图10-2所示。

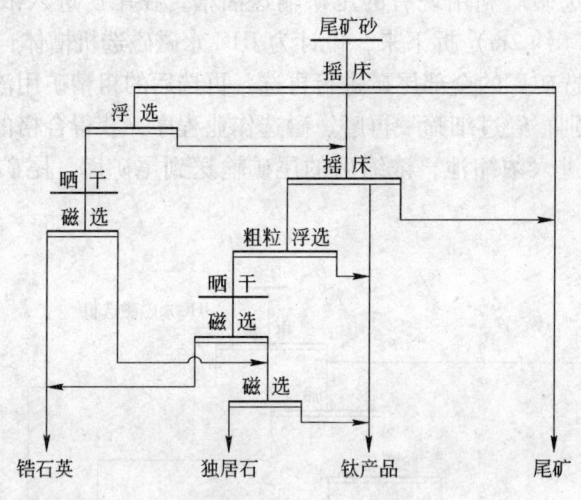

图10-2 生产工艺流程

尾砂经摇床选别抛掉大部分脉石矿物，使重矿物得到富集，同时，经过摇床选别，包裹在重矿物上的黏土被排除，让矿物暴露出原来的新鲜表面，为后续的浮选作业提供条件。

浮选作业将锆英石、独居石一同混浮，作为下一步磁选给矿，钛铁矿和含铁金红石则基本被留在浮选尾矿中。入浮的粗精矿粒度在0.2mm以下，矿浆浓度按入浮品位高低控制在50%左右，浮选在常温下即可进行。正常的药剂制度为：pH值调整剂碳酸钠0.31kg/t、市售肥皂（配制成浓度为20%的溶液）0.15~0.03kg/t、捕收剂煤油0.05~0.01kg/t，浮选时间：搅拌7min、粗选12min、扫选5min。浮选尾矿与摇床中矿合并，进行第二次摇床选别，回收较粗粒的锆英石、独居石。

晒干的混合精矿进入 PC3×600 型干式三盘磁选机进行磁选分离，经一次磁选可获得（ZrHf）O_2 大于 60% 的锆英石合格精矿，而磁性产品经再一次磁选尾矿即为独居石产品（TR51%）。

利用该工艺选别民采毛矿选钛后的尾砂中的重矿物，在获得合格锆英石精矿产品同时，产出含钛产品和独居石两种副产品，而且锆英石精矿回收率高，技术指标较好，提高了矿石的综合利用率，明显地提高了选厂的经济效益。

10.3 从铁矿尾矿中回收硫、磷

马钢南山铁矿属高温热液型矿床，矿石自然类型复杂，各型矿石中含有不同程度的磷灰石、黄铁矿。南山铁矿凹山选厂生产能力为年处理原矿量 500 万吨，每年尾矿排放量 290 万立方米，尾矿中磷、硫平均含量较高，选厂建立了选磷厂采用浮选工艺回收尾矿中的硫磷资源。其矿浆准备工艺流程及浮选工艺流程分别见图 10-3 和图 10-4，其中选磷工艺为一粗二精一扫，所得磷精矿含磷量 14%~15%；选硫工艺为一粗二精，所得硫精矿含硫量为 33%~34%。每年可从尾矿中回收磷精矿 30 万吨，硫精矿 9 万吨，相当于一个中型的磷、硫选厂的精矿产量。

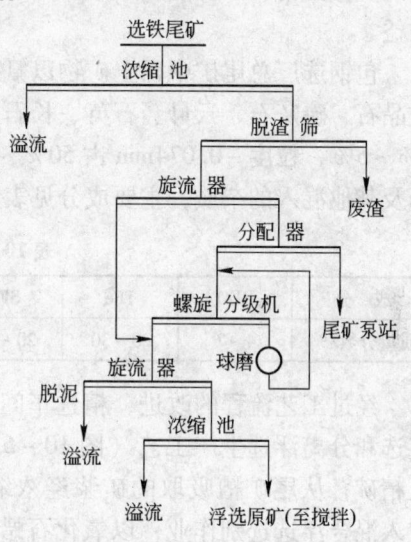

图 10-3 矿浆准备工艺流程图

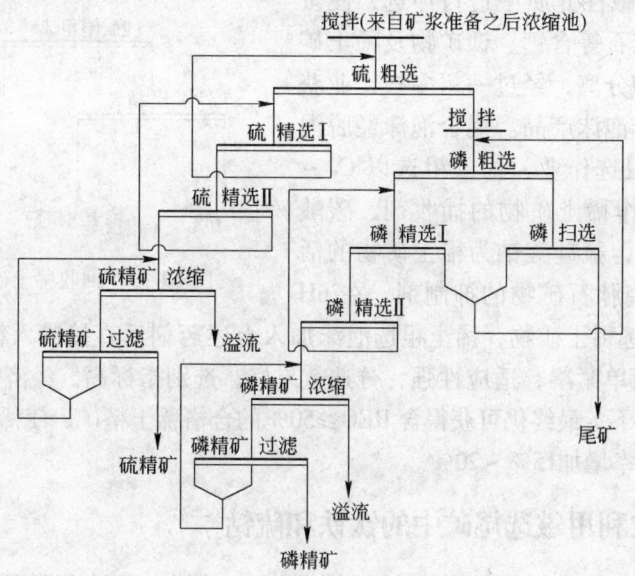

图 10-4 选别工艺流程图

10.4 从选厂尾矿中回收稀土精矿

包头铁矿是世界上罕见的大型多金属共生矿床，富含铁、稀土、铌、萤石等多种有价成分，稀土储量极为丰富。包钢选矿厂自投产以来主要回收该矿石中的铁矿物，其次回收部分稀土矿物，大部分稀土矿物作为尾矿排入尾矿坝中。为了加强稀土回收，包钢稀土三厂利用现有工艺、设备、人员，在1982年组建了新的选矿车间，开始从包钢选矿厂总尾矿溜槽中回收稀土精矿的生产。近十几年来，生产工艺流程不断改进，大大地提高了稀土精矿选别指标，降低了生产成本，增加了产品种类，并能够根据市场需求灵活生产产品，所产的稀土精矿不仅能满足本厂需要，还可向市场提供部分商品精矿，获得了显著的经济效益。

包钢选厂总尾矿中稀土矿物以氟碳铈及独居石为主，脉石矿物主要为铁矿物、萤石、重晶石、磷灰石、云母、石英、长石以及碳酸盐等。稀土含量为4%~7%，矿浆浓度为2%~5%，粒度 -0.074mm 占50%~70%，稀土单体为50%~70%，含大量的矿泥、残药及其他混入的杂质，主要成分见表10-4。

表10-4 入选原料及其成分

成分	REO	TFe	SFe	F	P	CaO	BaO	SiO$_2$
质量分数/%	4~7	20~30	20~30	10~15	0.7~2	20~25	2~5	10~20

经过工艺流程的改进，精选车间采用混合浮选和分离浮选生产工艺（图10-5）回收稀土精矿，从尾矿槽吸取的矿浆经浓缩分级后，进入混合浮选选别作业，以氧化石蜡皂作捕收剂，碳酸钠、水玻璃作调整剂和抑制剂，在pH值为9~10的碱性介质中进行浮选，使萤石、重晶石、磷灰石等含钙、钡矿物及稀土矿物与铁硅酸盐矿物分离，经过一粗多扫作业获得萤石、稀土混合泡沫产品。混合泡沫经脱泥脱药后进入稀土粗选作业，稀土粗选以 C$_5$~C$_6$ 烷基异羟肟酸作稀土矿物的捕收剂，碳酸钠为pH值调整剂，氟硅酸钠为稀土矿物的活化剂以及作为某些脉石矿物的抑制剂，在pH

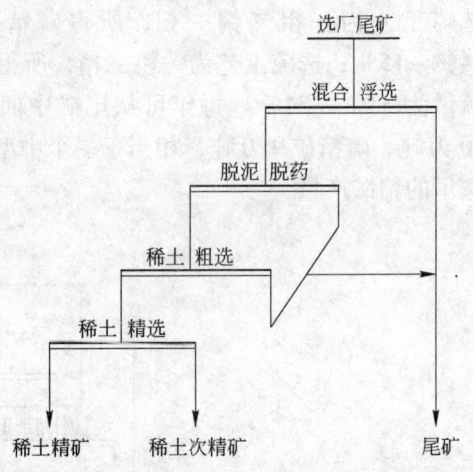

图10-5 回收稀土矿物原则流程

值为9~9.5时浮选稀土矿物，稀土粗选泡沫加入上述药剂后直接进入精选。该生产操作稳定，流程结构简单紧凑，适应性强，分选效果好，选别指标高，经济效益显著。在原料可选性较差的情况下，最终仍可获得含REO≥50%的合格稀土精矿，使稀土精矿产率平均提高2%~3%，回收率增加15%~20%。

10.5 综合回收利用磁选尾矿中的钛铁和硫钴

四川攀枝花选矿厂每年可处理钒钛磁铁矿1350万吨，年产钒钛铁精矿588.3万吨。磁选尾矿中还含有有价元素 Fe 13.82%、TiO$_2$ 8.63%、S 0.609%、Co 0.016%。为了综合回收利用磁选尾矿中的钛铁和硫钴，采用粗选——包括隔渣筛分、水力分级、重选、浮选、弱磁选、脱水过滤等作业；还有精选——包括干燥分级、粗粒电选、细粒电选、包装等作业处理加工磁选尾矿。每年可获得钛精矿（TiO$_2$ 46%~48%）5万吨，以及副产品硫钴精矿（硫品位 30%，钴品位 0.306%）6400t。

其余的随洗矿后的矿石和矿浆进入磨矿作业，给铜硫分离带来很大困难，直接影响选矿指标。在原设计和生产中，均采用抑硫浮铜的原则流程，为抑制被铜离子活化的黄铁矿，确保优先浮铜的精矿品位，在磨矿过程中添加 15kg/t 的石灰，铜粗选 pH 值高达 12，在强碱高钙的作用下，黄铁矿被强烈抑制（可浮性较差的铜矿物也受到不同程度的影响），加之 A 型浮选机充气搅拌效率不高，较粗粒级难选上来而损失于尾矿中，因此，铜、硫选别指标均不高，浮选尾矿中仍含有 22%～26% 的硫。

根据现场实际，通过小型试验、设备选型、工业试验和生产实践，选厂采用重选流程回收浮选尾矿中的硫铁矿，生产流程为：从生产上的最后一槽选硫浮选机中引出矿浆，筛除木屑后，由 3 号沃曼泵扬至固定式矿浆分配器，再由旋转式矿浆分配器均匀地分别给入 20 台螺旋选矿机。重选尾矿自流进入尾矿取样和输送系统；硫精矿由 2 号胶泵扬入生产主系统的硫精矿取样和脱水系统中，中矿返回 3 号沃曼泵。重选回收硫工程于 1989 年 6 月正式投产，每年可从选硫尾矿中回收 1.6～1.7 万吨硫精矿，使硫的总回收率提高 6.23%～12.24%，每年实际净增利税 60.38～105.03 万元。

10.6　用铁尾矿制作免烧砖

马鞍山矿山研究院采用齐大山、歪头山铁矿的尾矿，成功地制成了免烧砖，这种免烧墙体砖是以细尾砂（$SiO_2 > 70\%$）为主要原料，配入少量骨料、钙质胶凝材料及外加剂，加入适量的水，均匀搅拌后在 60t 的压力机上以 19.6～114.7MPa 的压力下模压成形，脱模后经标准养护（自然养护）28 天，成为成品，工艺流程见图 10-6。齐大山、歪头山两种尾矿砖经测试，各项指标均达到国家建材局颁布的《非烧结黏土砖技术条件》规定的 100 号标准砖的要求。

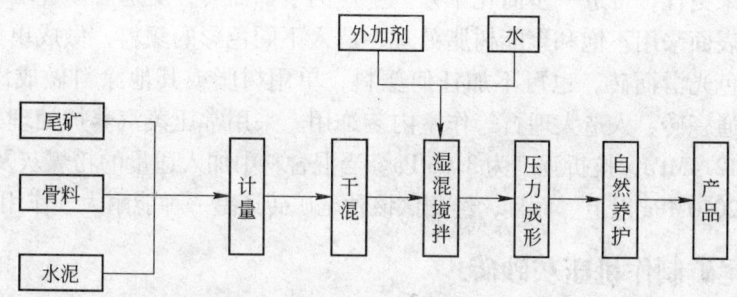

图 10-6　尾矿免烧砖生产工艺流程

大连理工大学与鞍钢大孤山铁矿协作，利用铁尾矿和石灰为主要原料，加入适量改性材料及外加剂，研制成的蒸汽养护尾矿砖，物理力学性能都比较好，其标号可以达到 100 号以上标准砖的要求。

梅山铁矿选矿厂利用梅山尾矿加入一些中砂（矿∶砂 = 3∶1），再加入 3% 水泥，8%～10% 水和 2%～3% 的 F-1 外加剂，制成 240mm×115mm×53mm 的标准砖样，然后进行抗折、抗压强度和耐火性能等多项测试。主要技术指标均达到《非烧结黏土砖技术条件》的要求，标号可达 75 号以上。

10.7　用铁尾矿制作装饰面砖

马鞍山矿山研究院利用齐大山和歪头山铁矿的细粒尾矿，加入少量的无机胶凝材料、普通硅酸盐水泥、白色硅酸盐水泥和适量的水，经均匀混合、搅拌后，采用两层（基层、面层）做法，加工成装饰面砖，其生产工艺见图 10-7。产品经测试证明，其抗压强度平均为 19.6MPa，抗折强度为 5.0MPa，耐碱性、耐腐蚀性均较强。铁尾矿制作装饰面砖，工艺简单，原料成本低，物理性能好，表面光洁、美观，装饰效果相当于其他各类装饰面砖（如水泥地面砖、陶瓷釉面砖）。

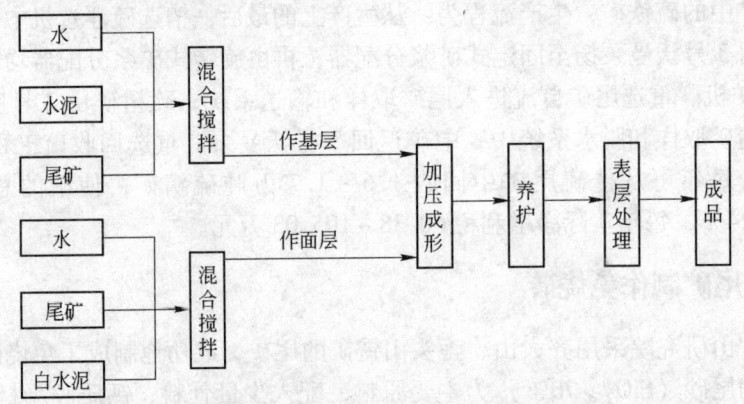

图 10-7　装饰面砖生产工艺流程

同济大学与马钢姑山铁矿合作，利用粒度为 0.15μm 以下的尾矿粉为主要原料，掺入 10%～15% 的生石灰粉，压制成各种规格和外形的砌墙砖、地面砖。生产的砖块在不加任何颜料的条件下为褐色，色彩均匀，且不褪色，适宜于砌筑清水墙。如采用硅酸盐水泥作胶合料，则效果更佳，可进一步简化工艺。生产的装饰面砖，更适合作外墙贴面砖，也可在已制成砖的表面采用不饱和聚酯树脂处理，调入不同色彩的颜料，做成单色或仿天然大理石花纹的彩色光滑面砖，也可不加任何颜料，单用树脂或其他涂料做成深褐色的光面砖，可代替普通瓷砖、人造大理石等作室内装饰用。采用常压蒸汽养护处理的尾矿砖，测其抗压强度为 12.4MPa，抗折强度为 3.0MPa。当混合料中加入适量的粉煤灰及少量石膏后，强度可提高到 20.0MPa 以上。而且，经测试该种尾矿砖还是一种能耐大气作用的材料。

10.8　用铁尾矿制作机压灰砂砖

金岭铁矿选厂结合矿山的特点，利用尾矿生产机压灰砂砖，该主要矿物成分为蛇纹石、橄榄石、透辉石、透闪石、角闪石等硅酸盐类矿物。其磨矿粒度细而均匀，一般为 -0.256mm，含量为 85%，就其矿渣的矿物成分、化学成分、粒度等物理化学特性而言，可直接用于制作砖、瓦等普通民用建筑饰面材料的主要原料。

10.8.1　蛇纹石矿渣釉面砖、瓦制作原理

蛇纹石矿渣釉面砖、瓦制作原理主要是根据其矿物的熔融—结晶特性。矿物由固相转化成固液相的高温熔融过程中，物料中各分子间的斥力增加，分子间键的结合力减小；而由固液相转化成固相的结晶过程中，物料中分子间的吸引力增加，分子间键的结合力增

强。以富含 SiO_2、Al_2O_3、CaO、MgO、Fe_3O_4 为化学特征的蛇纹石矿渣釉面砖瓦型坯，经高温熔融结晶，完成固相→固液相→固相的物理化学反应过程，使其物料分子间的结合力增强，导致烧成的砖瓦在硬度、强度、耐蚀性、浸水性等方面发生变化，改善了原有的各种物理性能。

10.8.2 制作工艺

蛇纹石矿渣釉面砖、瓦的主要制作工艺是：原料配备、毛坯成型、釉面加工、热气干燥、熔融结晶。

原料配备：主要根据矿渣化学成分及物理特征，制备出高于普通砖瓦耐火度及细度的制坯原料。制坯原料一般应满足下列要求：化学成分为 SiO_2 60%~70%、Al_2O_3 10%~25%、$CaO + MgO$ 0~25%、Fe_2O_3 3%~15%，粒度大于 0.25mm 的占 2%，0.25~0.05mm 的占 40%，0.05~0.005mm 的占 45%，小于 0.005mm 的占 12%。可塑性指数小于 7（按液限塑限），干燥线收缩小于 12%，烧成线收缩小于 8%。

毛坯成型：制备好的原料经搅泥机调配成可塑状，并切割成坯料，将坯料送入模具用压力机压制成毛坯送干燥室干燥。

釉面加工：近干毛坯经表面光洁度处理后，喷涂釉料，即根据需要喷涂基釉、彩釉等。经干燥室热气干燥，使其水分含量低于 1% 后入窑。

熔融结晶：干燥好的毛坯入窑，一般采用耐火材料特制多孔窑、隧道窑等。第 0~14h 可平均每小时升温 50℃，第 14~20h 可平均每小时升温 30℃，恒温烧至 25~28h，窑内温度达 1000~1050℃，物料呈固熔态时，停火 4~6h，降温结晶。

这种釉面砖制作工艺简单，原料广泛，成本低廉，具有广阔的利用前景。

10.9 用铁矿尾矿制作三免尾矿砖

鞍钢以铁矿尾矿粉为主要原料制作出了免压、免蒸、免烧的三免尾矿砖，这种砖经测试完全符合 JC153—75MUIO 标准的要求，已通过省级技术鉴定。

10.9.1 主要原料及质量要求

该砖的主要原材料是以铁尾矿粉为主要材料，石灰为固化剂，水泥为黏结剂。

铁尾矿粉：鞍山地区三烧选矿厂生产的铁尾矿，其化学成分、物理性质及颗粒级配见表 10-5 和表 10-6。密度为 2.85g/cm³，堆积密度为 1480kg/m³，含泥量不大于 3%，含水量不大于 2%。

表 10-5 铁尾矿粉化学成分

化学成分	SiO_2	FeO	MgO	Al_2O_3	CaO	$FeCO_3$	S	P	烧失量	其他
质量分数/%	70.53	4.07	2.74	1.06	2.44	8.17	0.1	0.033	3.68	3.11

表 10-6 铁尾矿粉颗粒级配

筛孔尺寸/mm	0.6	0.4	0.3	0.15	0.1	0.08	+0.076	-0.076
分计筛余/%	0.26	1.6	9.0	33.8	26.5	0.43	10.01	18.41

石灰：生石灰粉为固化剂，其有效 CaO 含量不小于 65%，松散容重为 1100kg/m³，其颗粒级配见表 10-7。其合适掺量为 10%~20%。

表 10-7 生石灰粉的颗粒级配

筛孔尺寸/mm	0.6	0.3	0.08	+0.076	-0.76
分计筛余/%	14.6	27	25.6	0.25	32.51

掺合料粉煤灰：粉煤灰是来自广泛的工业废渣，其密度为 2.2g/cm³，松散容重为 1000kg/m³、细度为 0.08mm 方孔筛的筛余不大于 8%，烧失量不大于 7%，SO_3 含量不大于 3%。化学成分见表 10-8。其合适的掺量为 15% 左右。

表 10-8 粉煤灰化学成分

化学成分	SiO_2	Al_2O_3	Fe_2O_3	CaO	MgO	S
质量分数/%	47.74	35.76	5.30	3.06	1.19	0.26

激发剂与复合外加剂：激发剂为半水石膏（$CaSO_4 \cdot 1/2H_2O$），复合外加剂为自配的 K 剂。其掺量为 0.5%~1.0% 为宜。

水泥：325 号或 425 号硅酸盐水泥，普通硅酸盐水泥或矿渣硅酸盐水泥均可。其掺量由造价控制，一般水泥掺量不大于 15%。

10.9.2 机理

实现尾矿粉砖免压、免蒸、免烧，必须以其原料在常温下形成硅酸盐、铝酸盐及水化硫铝酸盐水化物为前提。经光衍射分析表明：砖坯中含有较多 C—S—H 托勃莫来石凝胶或晶体，并有少量水化硫铝酸钙针状晶体存在。因为制砖中加入的复合外加剂为一种高效的表面活性剂，分散、吸附效应使水泥水化点增加，改善了水泥、石灰、尾矿粉、粉煤灰微粒的界面状况，水化反应得以加速，并在常温下硬化产生相当的强度。水泥水化产生的 $Ca(OH)_2$ 进一步与尾矿粉、粉煤灰中活性 Al_2O_3、SiO_2 反应，形成低碱性硅酸盐、铝酸盐水化物，促使砖坯结构致密、强度提高。

10.9.3 工艺过程

主要包括配料、搅拌、陈化、成形、养护。

按尾矿粉:水泥:粉煤灰:石灰 = 6:1.5:1.5:1 或 7:1:1:1 的比例配料，再加入激发剂（石膏），干拌均匀。将水和 K 剂加入，人工搅拌均匀。其中用水量一般为尾矿粉重的 20%~30%。搅拌后静置 20~30min，陈化后装入模具，抹平表面，24h 后拆模，在空气或水中养护一个月即可。在水中其强度要比在空气中高约 20%~30%。

利用该工艺制砖可大量应用工业废渣，有利于开辟材料资源、节约能源，成本比现有灰渣砖降低近 10%。

10.10 用铁矿尾矿制作玻化砖

北京科技大学进行了利用大庙钒钛磁铁矿型尾矿制作玻化砖的试验研究，利用大庙铁矿的全尾矿制成了各项性能指标均符合商品玻化砖要求的实验室制品。

10.10.1 原料

大庙铁矿尾矿：主要矿物为斜长石、辉石、绿泥石、绿帘石等脉石矿物。将尾矿磨细后做化学分析，其结果见表10-9。

表 10-9 尾矿化学分析结果

化学成分	$Fe_2O_3 + FeO$	Al_2O_3	MgO	K_2O	Na_2O	CaO	TiO_2	P_2O_5	MnO	SiO_2
质量分数/%	16.48	16.26	3.62	1.02	3.02	6.79	4.28	0.62	0.15	43.02

黏土：主要矿物成分为蒙脱石，化学成分为：SiO_2 68.04%、$Al_2O_3$16.46%、K_2O 0.22%、Na_2O 2.31%、CaO 0.29%、MgO 6.20%，烧失量5.92。其掺入量为10%。

10.10.2 工艺过程

将尾矿按一定比例与黏土混合，混合物料磨至 -0.043mm，不小于98%，再将烘干后的物料加入 5% 水造粒，将此粒料在 38MPa 压力下制成圆柱体湿坯，然后在 1145 ~ 1150℃煅烧，烧成的试样经抛光后即可得咖啡色玻化砖，经检测，其各项性能指标均符合商品玻化砖的要求。

如在还原气氛下煅烧，即把砖坯与木炭粉放入同一匣钵中，密封起来，而砖坯与炭粉不直接接触，否则与炭粉直接接触的部分磁铁矿被还原成氧化亚铁和金属铁而发生熔流现象。结果得到的是黑色坯体，抛光后具有亮黑颜色。

大庙铁矿的原尾矿可以制成质量符合商品玻化砖标准的咖啡色玻化砖和黑色玻化砖。从生坯强度和烧成温度范围看，可以进行扩大实验和工业实验。

10.11 用铁矿尾矿生产新型玻璃材料

用铁矿尾矿熔制高级饰面玻璃材料是尾矿综合利用、企业可持续发展的一个有效途径。同济大学以南京某高铁铝型尾矿为主要原料进行了熔制饰面玻璃的试验研究。

10.11.1 原料

主要原料：铁尾矿，其颜色为浅粉红色，粉状，细度小于 0.589mm。主要矿物是石英、长石、硫化矿，含铁和氧化铝较高，各种氧化物含量见表10-10 铁尾矿在晒干后无需加工，可直接应用。

表 10-10 铁尾矿的化学成分

化学成分	SiO_2	Al_2O_3	CaO	MgO	TFe	S
质量分数/%	30.28	10.80	9.59	2.51	15.76	1.43

辅助原料：砂岩、石灰石、白云石，将砂岩、石灰石、白云石细磨，粒径小于0.589mm，也可用石英砂或硅石代替砂岩。

10.11.2 工艺流程

原料制备→熔制→成形→退火→玻璃。

　　将铁尾矿与辅助原料按一定配比人工称量筛、混制备，采用高温加料方式在 1000～1200℃将制备的配合料加满坩埚，剩余的配合料分期分批加入，加料间隔以坩埚中的配合料烧收下去为准。加完料后，将炉温升至 1400～1450℃，并保温 60～120min。在保温过程中，通过炉前观测、挑料、拉丝等方式来确定坩埚中配合料的熔化情况。当挑料、拉丝发现坩埚中的配合料已完全熔融、玻化，且无浮渣、未融砂粒、气泡后，再将炉温下降 100～250℃，并保持 10～20min 后取出坩埚浇注或压制成形。成形模具为铁板，成形尺寸为 70mm×70mm×10mm，100mm×10mm×10mm。经过 2～3min 玻璃脱模并送入马弗炉退火，退火温度 520～620℃。玻璃在该温度保持 15min 左右切断电源，在炉中自然降温至 50～100℃取出。也可将脱模后的玻璃直接放入膨胀珍珠岩中用自身的余热退火。

10.11.3　试验结果

　　通过反复试验，确定了铁尾矿玻璃的化学成分，其化学成分为：SiO_2 48%～62%、Al_2O_3 9%～10%、CaO 8%～19%、MgO 2%～3%、Fe_2O_3 18%～20%。铁尾矿玻璃的主要工艺参数为：铁尾矿用量（占配合料重量）70%；辅助原料用量：砂岩 10%～30%，石灰石 5%～25%；配合料熔成率大于 70%；玻化温度 1400～1450℃；成形温度 1000～1200℃；退火温度 520～620℃。

　　经退火后的铁尾矿玻璃漆黑光亮，均匀一致，无色差、无气泡、无疵点。表面可磨抛加工，磨抛后平整如镜，其表面光泽度不小于 115（不抛光的自然光泽度为 110）。与天然大理石、花岗岩相比（光泽度为 78～90），这种尾矿饰面玻璃更加庄重典雅。其理化性能甚至有的优于同类材料。经初步成本分析，铁尾矿饰面玻璃有较好的经济效益，附加值高，有开发应用前景。

10.12　用铁尾矿制作微晶玻璃

　　北京科技大学以大庙铁尾矿和废石为主要原料制成了尾矿微晶玻璃花岗岩（微晶玻璃的一种）。其抗压强度、抗折强度、光泽度、耐酸碱性等性能均达到或超过天然花岗石材，可制成异形，花纹美丽，颜色可按市场需要人为调配，尤其是可配出自然界没有的蓝色等，且色差小。

10.12.1　工艺流程

　　工艺流程为：配料→熔化→水淬→升温晶化→切磨抛光→成品

　　（1）配料。微玻岩的化学成分最主要是 SiO_2，其次是 CaO、Na_2O、Al_2O_3，少量 MgO、K_2O、ZnO、BaO。主要晶相是硅灰石及少量透辉石。需针对尾矿的成分，通过试验确定最佳配方。

　　（2）熔样。熔样温度约 1450～1500℃，熔样时间 2～5h，要求搅拌均匀，熔化彻底，不留未熔的结石，气泡充分逸出，否则也将影响微玻岩质量。

　　（3）水淬。将熔化充分的原料倒入冷水中，水淬成 5mm 以下玻璃颗粒。

　　（4）晶化。将烘干的玻璃颗粒铺放在耐火模具中，升温晶化。700～800℃以前，升温速度可以快一些，每小时 300℃或更快一些。玻璃在 700～800℃时开始软化、析晶，升温速度不宜过快，否则析晶不充分，约每小时 120～180℃。升温至 1100～1200℃，玻璃材料呈半熔融状态，表面流平，保温 1～2h。然后开始缓慢降温，降温速度不宜过快，否则产品易炸裂。晶化后，半透明的玻璃相与不透明的结晶相共存，形成与天然花岗岩类似的美丽花纹。

（5）切磨抛光。晶化后的产品平面已经平整，但略有凹凸，用一般石材切磨抛光设备，即可达到理想的抛光效果，而且比一般石材研磨厚度小，因而效率高。

10.12.2 产品性能

经测试大庙铁矿尾矿微玻岩性能见表 10－11。

表 10－11 尾矿微玻岩性能

性 能	微晶玻璃花岗岩	性 能	微晶玻璃花岗岩
密度/g·cm^{-3}	2.7	光泽度	95，无变化
抗折强度/MPa	45	耐酸性①	无变化
抗压强度/MPa	240	耐酸性②	<0.1
莫氏硬度	6.5	吸水率/%	

① 15mm×15mm×15mm 的样品，在 3% HCl 中，25℃下浸泡 650h 后失重（%）；
② 15mm×15mm×15mm 的样品，在 3% NaCl 中，25℃下浸泡 650h 后失重（%）。

由表 10－11 可见，尾矿微玻岩性能优良，是很有前途的新型人造石材。

沈阳建筑工程学院与东北大学联合研制利用歪头山铁尾矿及新城金尾矿加入调整氧化物及适当晶核剂混匀后，在 1450℃温度下经熔炼、退火、核化、晶化热处理，在成核温度和析晶温度下分别保温 2h，然后自然冷却，可形成以透辉石为主晶相的建筑用微晶玻璃，尾矿掺量可达 65% 以上。经试生产，金属尾矿建筑微晶玻璃的最佳组成范围为 SiO_2 50%～60%、Al_2O_3 6%～9%、CaO 11%～13%、MgO 3%～5%、K_2O 3%～5%、FeO + Fe_2O_3 2%～8%。

10.13 用铁尾矿生产其他建筑材料

10.13.1 生产加气混凝土

利用铁尾矿可生产加气混凝土，所用的主要原料为铁尾矿、水淬矿渣和水泥。此外还有发气剂（铝粉）、气泡稳定剂和调节剂等，生产加气混凝土对铁尾矿的要求如下：$SiO_2 > 65\%$，游离 $SiO_2 > 40\%$，NaO < 1.5%～2%，K_2O < 3%～3.5%，Fe_2O_3 < 18%，烧失量 < 5%，黏土含量 < 10%。游离二氧化碳指的是铁尾矿中 SiO_2 有一部分以石英状态存在，它在蒸压养护条件下与有效氧化钙起反应。石英的含量虽无法直接测得，但由于石英含量与 SiO_2 含量有一定的关系，故一般通过估算来了解铁尾矿中石英的近似含量。例如当铁尾矿中 SiO_2 含量为 75% 时，其中大约有 40% 的石英。

用铁尾矿制作加气混凝土，并生产加气混凝土砌块、楼板、屋面板、墙板、保温块等材料，在工业上获得了成功的应用；鞍钢矿渣砖厂利用大孤山选矿厂尾矿配入水泥、石灰等原料，制成加气混凝土，其产品重量轻、保温性能好，该厂年产 10 万立方米的加气混凝土车间，每年尾矿用量约 3 万吨。

10.13.2 生产其他建筑材料

北京科技大学利用石人沟选矿厂细粒尾矿，研制成轻骨料仿花岗岩系列产品。该产品质轻、强度高、且具有保温、隔声、抗震等特点。

铁尾矿可大量用作路基的基础材料，将铁尾矿配以适量的黏土、石灰等材料，经配制、搅和、土基处理、摊铺、辗压、养护等工艺过程，制成公路垫层。比如 1 万公里国家二级公路，仅砂石就需要数亿立方米，若以尾矿代替砂石作路基垫层筑路，费用可节省1/3。

10.14 尾矿用于污水处理

矿山尾矿可以用于直接降解重金属。最早利用矿山尾矿处理污水的是瑞典，早在 30 多年前瑞典已经在利用波立登和克里斯廷贝两座选矿厂的尾矿来净化酸性污水和城市污水。尾矿净化污水的原理是：用尾矿泥加入城市污水，矿泥能将重金属离子吸附于尾矿的表面，形成沉淀物从水中分离，而且比一般的氢氧化物吸附分离要充分。研究表明，如果吸附是纯表面的结合，那么每吨尾矿可吸附几磅金属；如果能兼起化学反应，例如像磁黄铁矿对于汞离子起化学作用那样，那么每吨尾矿可吸收数百磅金属。据我国 www.biox.cn 互联网 2004 年 10 月 13 日的报道："天然磁黄铁矿，已有的研究表明，它具有极好的处理含六价铬废水的能力。"这又是一个例证，而且说明磁黄铁矿不仅可以用于处理含汞废水，还可以处理含铬废水。

我国有的矿山如福建尤溪某多金属矿，由于当地不让用硫铁矿提取硫磺（怕污染环境），尾矿中磁黄铁矿含量高达30%多，理应可利用于这个领域。

10.15 用磁化铁矿尾矿制作磁性肥料

磁肥是近年来国内外公认的新型肥料之一。我国马鞍山矿山研究院早在 20 世纪 80 年代就曾研究用磁化铁矿尾矿作为磁肥并取得成效。我国现在开采的铁矿山，采出的矿石以磁铁矿矿石占多数，所以这个用途，值得重视。

11 有色矿尾矿资源的开发技术

11.1 金矿尾矿、钾长石尾矿用作生产矿物聚合物的原料

矿物聚合物 (Mineral Polymer) 又名地质聚合物 (Geopolymer)，是近年来新发展起来的碱激发胶凝材料，它在许多场合可代替水泥；较之生产水泥，能耗可减少 70%，排放污染物可减少约 90%；同时，它具有高抗折强度、耐腐蚀、耐高温、隔热以及更好的体积稳定性，特别是阻止重金属从构筑物中溶出方面性能优异。但是，与水泥相比较价格优势不明显，因而尚难以完全取代水泥；目前还主要用于对强污染废弃物的固化等方面。但是，现在已经有人开始研究利用尾矿来制造这种材料，并获得初步成功。例如，以中国地质大学马鸿文教授为首的实验室，已经利用福建沙县田口钾长石尾矿和北京平谷将军关金矿尾矿试制这种材料，试验结果都表明是可行的。由于原料中以尾矿为主（平谷金矿矿的配加量可达 80%），所以降低了生产成本，而且可以享受减免税费的优惠，使其与水泥有了一定竞争力。

能用作矿物聚合材料的尾矿要求是成分中以铝硅酸盐为主，并含有一定量的碱金属；但最重要的是，其中非晶质物质的含量要较高。

11.2 尾矿用作物理法处理污水的滤料

物理法处理污水常用于一级处理，是为了去除污水中的悬浮物或乳浊物。物理法有多种，其中过滤法常用的滤料是石英砂、石榴石粒、磁铁矿粒、白云石粒、花岗岩粒等，国外还有用钛矿砂者。这些物质是尾矿中所常见的。但是，能用作这种滤料对粒度有一定要求，例如对石英砂的粒度要求是 $0.5 \sim 1.2$ mm，对石榴石粒的要求是 $0.2 \sim 0.5$ mm。某些钨矿山的尾矿中常以石英粒或花岗岩粒为主，故有可能从其跳汰粗选尾矿中筛选出符合粒度要求的这种滤料。

11.3 尾矿用作微量化学肥料

微量化学肥料被认为是植物生长的"维生素"。已发现的微肥至少有十几种，如：Zn、Mn、B、Mo、V、Co、Li、Ti 以及某些稀土元素等。微肥的增产效果显著，针对作物和土壤特点，其增产幅度为 5% ~30%。多数微肥是化工产品，施肥量以每亩几克计。但前苏联用锰矿尾矿作为微肥已经取得成功，并认为较之锰的纯盐，对植物有更好的作用，因为它们往往是一种综合肥料，除了锰之外，还可含有磷酐、氯离子、硫酸盐离子等；尤其是锰尾矿中的锰往往呈 MnO_2 状态，它进入土壤中时，可使土壤中的有机体迅速发生氧化而使其中营养物质迅速析出，变成易被吸收状态。笔者认为，某些硫化物矿石尾矿，如钼矿尾矿有可能作为微肥，但尾矿中应不含重金属有害杂质。

11.4 用含镁高的废石或尾矿生产钙镁磷肥

适用于生产钙镁磷肥的是含镁高的废石或尾矿，如蛇纹岩、橄榄岩或超基性岩矿床的尾矿等。某些含镁高的金属矿石，如果是难选矿石，还可通过生产钙镁磷肥富集其中的金属，例如，某地曾用含镍蛇纹岩配加一些含磷等原料进行熔炼，其中镍等金属因密度大富集于炉底而形成人工富矿，熔融体上部的"炉渣"经水淬细磨后即可成为钙镁磷肥。

11.5 用高钾尾矿和废石生产钾肥

虽然我国青海有丰富的钾肥资源，但现在仍然有 60% 的钾肥需要靠进口，所以有许多研究者都在研究利用含钾高的岩石来制造钾肥，例如，利用碱性岩或含钾砂、页岩等来制造钾肥，但问题是这些岩石中的钾多呈非可溶性，因此要采用活化剂加以活化才能加以利用。笔者曾利用某铁矿顶板的含钾页岩（含 K_2O 约 10%，大部分钾赋存于钾长石和黏土矿物中不可溶），添加活化剂并中温焙烧后，直接浸取出钾肥，而其浸钾后的残渣还可以烧制建筑陶粒或曝气生物滤池的滤料。所以利用高钾尾矿或废石以提取钾肥，可能成为解决我国钾肥不足的重要途径。

11.6 尾矿用于造纸工业

虽然纸张主要是利用植物纤维来制造的，但高级的纸张往往需要一些非金属矿物粉末作为填料，包括硅灰石、滑石、云母、水云母、叶蜡石及蛭石（后者具有装饰、防火、防潮、隔声、抗菌等功能）等。这些矿物都可能在矿山废石或尾矿中出现，并可能通过选矿选出。例如，某铌钽矿就曾经通过其尾矿再选，提取出钾长石精矿、石英精矿及云母精矿。后者当时是作为油毛毡的填料。

11.7 综合回收铜、金、银和铁

铜录山铜矿系大型的矽卡岩型铜铁共生矿床，铁品位高，储量大，并伴生金、银。矿石分氧化铁矿和硫化铜铁矿，两种类型的矿石进入选矿厂，分两大系统进行选别，选矿厂采用浮选－弱磁选－强磁选的工艺流程生产出铜精矿和铁精矿，产出的强磁尾矿总量约300 余万吨，其中铜金属量 2.5 万吨，铁 132 万吨。强磁尾矿中铜矿物有孔雀石、假孔雀石、黄铜矿、少量自然铜、辉铜矿、斑铜矿、极少量蓝铜矿和铜蓝；铁矿物主要有磁铁矿、赤铁矿、褐铁矿和菱铁矿，非金属矿物主要有方解石、玉髓、石英、云母和绢云母，其次有少量石榴子石、绿帘石、透辉石、磷灰石和黄玉。尾矿的多项分析及物相分析见表11 - 1 ～表 11 - 4。

表 11 - 1 强磁尾矿多项分析结果

成 分	Cu	Fe	CaO	MgO	SiO$_2$	Al$_2$O$_3$	Mn	Au	Ag
含量/%	0.83	22.59	13.73	2.32	33.99	3.74	0.24	0.97 (g/t)	11 (g/t)

表 11 - 2 铜物相分析结果

相 态	游离氧化铜	原生硫化铜	次生硫化铜	结合氧化铜	总 铜
质量分数/%	0.25	0.10	0.18	0.26	0.79
占有率/%	31.65	12.66	22.78	32.91	100.00

表 11 - 3　铁物相分析结果

相　态	磁性铁	菱性铁	赤褐铁矿	黄铁矿	难溶硅酸铁	总　铁
质量分数/%	7.38	2.39	11.95	0.10	0.51	22.53
占有率/%	32.76	11.50	53.04	0.44	2.26	100.00

表 11 - 4　金、银物相分析结果

相　态	单体金	包裹金	总　金	单体硫化银	与黄铁矿结合银	脉石矿中银	总　银
含量/g·t^{-1}	0.26	0.62	0.88	3.0	7.0	1.0	11.0
占有率/%	29.56	70.43	100.00	27.27	63.64	9.09	100.00

在试验的基础上，选矿厂设计建立了日处理 1000t 的强磁尾矿综合利用厂，采用常规的浮 - 重 - 磁联合工艺流程综合回收铜、金、银和铁。强磁尾矿经磨矿后，添加硫化钠作硫化剂，丁黄药和羟肟酸作捕收剂，2 号油作起泡剂进行硫化浮选回收铜、金、银。浮选尾矿采用螺旋溜槽选铁（粗选），铁粗精矿用磁选精选得铁精矿（见图 9 - 6）。其中工艺条件为：磨矿细度 -0.074mm 60%，Na_2S 2000g/t，丁黄药 175g/t，羟肟酸 36g/t，2 号油 20g/t。最终获得含铜 15.4%、金 18.5%、银 109g/t 的铜精矿、含铁 55.24% 的铁精矿，铜、金、银、铁的回收率分别为 70.56%、79.33%、69.34%、56.68%。按日处理 900t 强磁尾矿，年生产 300 天计算，每年可综合回收铜 1435.75t、金 171.26kg、银 1055.92kg、铁 33757t。经初步估算，年产值可达 1082 万元，年利润约 1000 万元。

11.8　从铅锌尾矿中综合回收多种有价金属和有用矿物

我国铅锌多金属矿产资源丰富，矿石常伴生有铜、银、金、铋、锑、硒、碲、钨、钼、锗、镓、铟、铊、硫、铁及萤石等。我国银产量的 70% 来自铅锌矿石。因此铅锌多金属矿石的综合回收工作意义特别重大。从铅锌尾矿中综合回收多种有价金属和有用矿物，是提高铅锌多金属矿综合回收水平的重要措施。

11.9　从铅锌尾矿中回收萤石

湖南邵东铅锌矿是一个日采选原矿石 200 余吨的矿山，矿床属中 - 低温热液裂隙萤石 - 石英脉型铅锌多金属矿床。选厂采用铅锌优先浮选的选矿工艺回收铅锌两种金属，年排尾矿量 6.0 ~ 6.3 万吨，尾矿矿物组成较简单，主要为石英、板岩屑、萤石，少量的方解石、长石、重晶石、白云母等，其中主要矿物石英、板岩屑、萤石含量达 90% 左右，尾矿主要元素含量及矿物组成分别见表 11 - 5 和表 11 - 6。

表 11 - 5　尾矿主要元素含量

成　分	SiO_2	CaF_2	Al_2O_3	$BaSO_4$	K_2O	TFe	P	CaO	Na_2O	Fe_2O_3	Pb	Zn
质量分数/%	73.09	13.92	3.74	2.86	1.09	0.63	0.69	2.72	0.12	0.17	0.43	0.18

表 11 - 6　尾矿矿物组成及含量

矿　物	石英	板岩屑	萤石	重晶石	方解石	氧化铁矿物	长石	白云母	方铅矿	闪锌矿	白铅矿	合计
质量分数/%	52.5	25.0	13.5	3.0	2.0	0.8	1.5	0.5	0.2	0.3	0.2	99.5

长沙有色金属研究所对铅锌选别后的尾矿进行利用研究，根据原料性质，采用分支浮选流程（图11-1）回收萤石，试验结果表明，得到的萤石精矿品位为 CaF2 98.78%、CaCO3 0.46%、SiO2 0.64%，达到了化工用萤石要求，按年产尾矿量6万吨计，可年回收萤石4500余吨，利润60余万元。

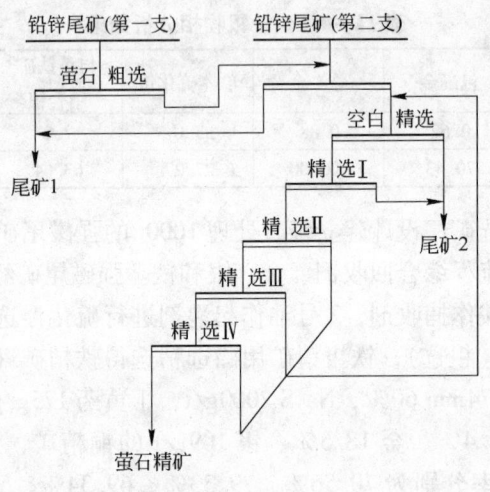

图11-1 分支浮选流程

11.10 从铅锌尾矿中用重选法回收硫

广东粤西和粤北地区多处铅锌浮选尾矿采用螺旋溜槽重选回收尾矿中的黄铁矿。粤北、粤西铅锌浮选尾矿的矿物组成、硫铁矿单矿物分析、铅锌尾矿多项分析、筛分分析分别见表11-7~表11-10。

表11-7 矿物组成

粤北铅锌尾矿	粤西铅锌尾矿
黄铁矿及少量方铅矿、闪锌矿、脉石以绢云母、石英、方解石、绿泥石为主，其次有白云石等	黄铁矿、少量铅锌矿物及赤、褐铁矿；脉石矿物为石英、长石、高岭石、白云石、方解石等

表11-8 粤北硫铁矿单矿物分析结果

成 分	S	Fe	Pb	Zn	Cu	合 计
质量分数/%	52.73	43.35	0.49	0.071	0.005	96.85

表11-9 粤北铅锌尾矿多项分析结果

成 分	S	As	SiO2	Al2O3	CaO	Ag
质量分数/%	30.5	0.21	16.33	2.80	7.21	64.0（g/t）

表11-10 筛分析结果

项 目	粤 北			粤 西		
粒级/mm	产率/%	品位/%	分布率/%	产率/%	品位/%	分布率/%
+0.2	7.06	14.85	3.73	—	—	—
-0.20+0.10	27.00	23.22	22.31	7.16	2.32	0.71
-0.10+0.076	12.25	33.54	14.62	30.18	14.37	18.68
-0.076+0.043	18.87	35.92	24.12	24.55	31.85	33.68
-0.043+0.030	6.08	38.85	8.41	17.65	32.85	24.96
-0.030	28.74	26.21	26.81	20.46	24.93	21.97
合 计	100.00	31.46	100.00	100.00	23.22	100.00

经试验，铅锌尾矿经螺旋溜槽一次选别（流程见图11-2）可获得品位39.75%~44.08%、回收率58%~74%的硫铁矿精矿。

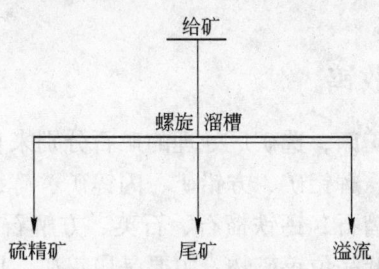

图11-2 粤北铅锌尾矿试验流程

11.11 从铅锌尾矿中回收重晶石

高桥铅锌矿是中国有色金属工业总公司扶持的地方小型有色企业，该矿经改扩建，目前日采选铅锌原矿石的能力为200t，属中温热液充填硫化矿床，现以回收铅、锌两种金属为主，年产尾砂6万吨左右。经考查尾矿中重晶石的含量为7.4%，且已基本单体解离。选厂采用重、浮流程对尾矿进行再选，回收重晶石，同时，铅锌在重晶石精矿中也有明显富集，故通过二次回收，达到了资源综合利用的目的。

回收重晶石的生产流程见图11-3。通过再选高桥铅锌矿每年可从尾矿砂中获重晶石精矿约3000t，年利润约30万元，回收的重晶石精矿含$BaSO_4$为97.8%，符合橡胶填料II级产品要求。目前重晶石主要用于石油钻井的泥浆加重剂，也可作为橡胶、油漆中的锌钡白原料以及生产金属钡和各种钡盐的原料，产销前景乐观。

11.12 从铅锌尾矿中回收银

八家子铅锌矿选矿尾矿堆存量300万吨以上，其中银含量较高，达69.94g/t，将其再磨至-0.053mm 91.6%解离银，用碳酸钠作调整剂（3000g/t），丁铵黑药（53g/t）和丁黄药（63g/t）作捕收剂，2号油（8g/t）作起泡剂，栲胶（100g/t）作抑制剂，浮选出含银精矿，品位达1193.85g/t，回收率63.74%。按尾矿处理量800t/d、年生产天数250天计，每年可回收银 8.92t，产值约 223 万元。

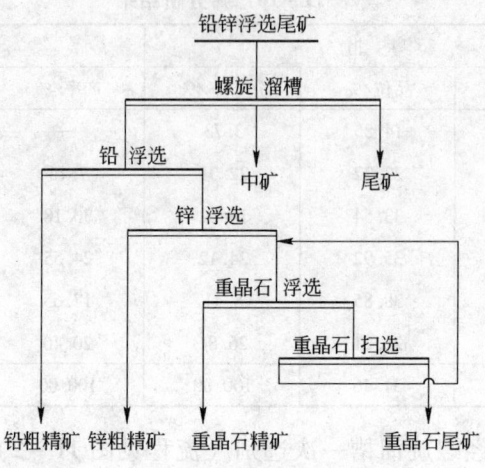

图 11 - 3　重晶石回收生产流程

11.13　从铅锌尾矿中回收钨

宝山铅锌银矿为一综合矿床，选矿厂处理的矿石分别来自原生矿体和风化矿体。矿石中的主要有用矿物为黄铜矿、辉钼矿、方铅矿、闪锌矿、辉铋矿、黄铁矿、白钨矿、黑钨矿等；主要脉石矿物为钙铝榴石、钙铁榴石、石英、方解石、辉石、角闪石、高岭土等。选厂硫化矿浮选尾矿中含有低品位钨矿物，主要是白钨矿。原生矿浮选铅锌后的尾矿中含 0.127% 的 WO_3，其中白钨矿约占 81%，黑钨矿占 16%，钨华占 3%。白钨矿的粒度 80% 集中在 -0.074 ~ +0.037mm 内；黑钨矿的粒度 65% 集中在 -0.037 ~ +0.019mm 内。原生矿浮选尾矿中的主要矿物含量及粒度组成分别见表 11 - 11 和表 11 - 12。

表 11 - 11　原生矿浮选尾矿主要矿物含量

矿物名称	钙铝榴石	钙铁榴石	钙铁辉石	方解石	白云母	石英	褐铁矿	白铁矿	赤铁矿	其他
质量分数/%	39.2	7.1	13.1	12.5	11.4	8.2	3.2	0.06	0.3	4.98

表 11 - 12　原生矿浮选尾矿粒度组成与金属分布

粒度/mm	产率/%	$w(WO_3)$/%	WO_3 占有率/%
+0.074	31.74	0.12	30.23
-0.074 +0.037	22.61	0.13	23.32
-0.037 +0.019	8.34	0.013	8.60
-0.019 +0.010	12.97	0.12	12.35
-0.010	24.34	0.13	25.50
合　计	100.00	0.126	100.00

风化矿石浮选尾矿的性质与原生矿类似，WO_3 含量为 0.134%，但黑钨矿的含量比原生矿的稍高。白钨矿的粒度较细，大部分集中在 -0.074 ~ +0.019mm 之间。脉石矿物以钙铁辉石为主并有较多的长石和铁矿物。

试验研究表明，选用旋流器、螺旋溜槽及摇床富集浮选尾矿中的钨矿物，可减少白钨浮选药剂消耗和及早回收黑钨矿。即尾矿先用短锥水力旋流器分级，后用螺旋溜槽选出粗精矿，粗精矿用摇床选出黑钨矿然后再浮选白钨矿（图 11 -4），可获得 WO_3 含量为 47.29% ~ 50.56%、回收率为 18.62% ~ 20.18% 的精矿，同时选出产率为 26.95% ~ 34.027% 的需再进行白钨浮选的粗精矿，与单一浮选相比，浮选白钨的矿量减少了 73.05% ~ 65.97%，从而可大量节省药剂用量，降低选矿成本。

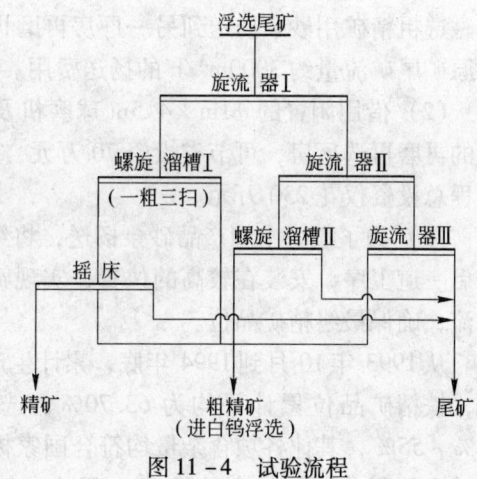

图 11 -4 试验流程

11.14 钼尾矿的再选与铁的回收

金堆城钼业公司日处理原矿 2.1 万吨，采用优先浮钼、再浮硫、后丢尾，钼粗精矿集中再磨、多次精选，钼精选尾矿再选铜后再丢尾的原则流程，共有钼精矿、硫精矿、铜精矿 3 种产品，其中钼硫尾矿占原矿总量的 95%，矿浆浓度为 28% ~ 32%，-0.074mm 含量为 50% ~ 60%。含铁品位为 5.7% ~ 8.3%，MFe 平均为 0.8%，硫品位 0.4% ~ 0.6%，铁矿物物相分析见表 11 -13，粒度分析结果见表 11 -14。

表 11 -13 铁矿物物相分析结果

相 态	硫化铁	磁铁矿	赤铁矿	硅酸铁	全 铁
质量分数/%	2.51	0.77	0.84	3.78	7.90
分布率/%	31.77	9.75	10.63	47.85	100.00

表 11 -14 选铁原矿粒度分析结果

粒级/mm	产率/%	MFe/%	铁分布率/%
+0.28	17.40	0.453	10.97
-0.28 ~ +0.154	16.50	0.560	12.72
-0.154 ~ +0.098	8.05	1.013	12.22
-0.098 ~ +0.076	5.60	1.393	13.05
-0.076	52.45	0.707	51.04
合 计	100.00	0.727	100.00

为综合回收磁铁矿，金堆城钼业公司与鞍钢矿山研究所合作，采用磁选 - 再磨 - 细筛选矿工艺，成功地回收了钼硫尾矿中的磁铁矿，生产工艺流程见图 11 -5，采取的技术措施为：

（1）利用生产厂房场地空隙，将一段磁选机配置在选硫浮选机和尾矿溜槽之间，利用高差使钼硫尾矿自流给入磁选机选别，磁选尾矿再自流到尾矿溜槽，而将产率不到 2%

的磁选粗精矿用砂泵扬送到另一厂房再磨再选,可节省磁
选原矿尾矿流量约 3000m³/h 的扬送费用。

（2）借用闲置的 φ1m×4.5m 球磨机及厂房作为磁铁
矿的再磨再选厂房,可节省投资 70 万元,缩短期 6 个月,
工程总投资仅花 230 万元。

（3）为了减少中间产品砂泵扬送,将细筛改为选别的
最后一道工序,安装在较高的位置,实现筛上、筛下产品
自流,确保最终精矿品位。

从 1993 年 10 月到 1994 年底,累计生产铁精矿 1.5 万
吨,铁精矿品位累计平均为 63.70%,选铁总回收率为
50%～55%,其他各项含杂量均符合国家标准。如果钼硫
尾矿全部回收,可年产铁精矿 4 万吨,创效益 200 万元
左右。

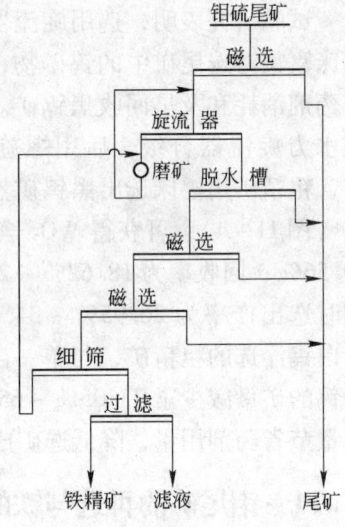

图 11-5　铁精矿生产工艺流程

11.15　从锡尾矿中回收砷

平桂冶炼厂精选车间是一个集重选、磁选、浮选于一体,选矿设备较为齐全,选矿工
艺灵活多变的精选厂。随着平桂矿区锡矿资源的枯竭,精选厂大部分时间处于停产状态,
企业的生产和经济效益受到严重影响。为了充分地利用矿产资源,综合回收多种有用金
属,充分利用现有的闲置设备,增加企业的经济效益,精选厂对锡石-硫化矿精选尾矿进
行了多金属综合回收的生产。

该尾矿是锡石-硫化矿粗精矿采用反浮选工艺,在酸性矿浆中用黄药浮选的硫化物产
物,长期堆积,氧化结块比较严重。其中金属矿物主要有锡石、毒砂(砷黄铁矿)、磁黄
铁矿、黄铁矿,其次有闪锌矿、黄铜矿及少量的脆硫锑铅矿,脉石为石英及硫酸盐类。锡
石主要以连生体的形式存在,与脉石矿物关系密切,并多呈粒状集合体,硫化物中锡石主
要与毒砂、闪锌矿结合较为密切,个别与黄铁矿连生。粒度越细锡品位越高,含砷、含
硫高。

根据试验研究情况,最终采用重选-浮选-重选原则流程对尾矿进行综合回收,即先
破碎、磨矿,再用螺旋溜槽和摇床将锡和砷进行富集,得混合精矿,丢掉大量的尾矿,然
后用硫酸、丁基黄药和松醇油进行浮选;选出砷精矿,浮选尾矿再用摇床选别得出锡精矿
和锡富中矿。生产指标见表 11-15。

表 11-15　生产指标

产品名称	品位/%	回收率/%	原矿品位/%
砷精矿	28	65.0	As 14.82
锡精矿	34.5	35.20	Sn 0.97
锡富中矿	2.6	15.60	

通过生产,获得了锡品位为 34.5%、回收率为 35.2% 的锡精 3.3 万吨,老尾矿(含
Sn 0.297%)中一年回收锡精矿 31t,品位为 61%,回收率为 34%～35%。

11.16 从尾矿中回收锡

云南云龙锡矿所处理的矿石为锡石－石英脉硫化矿，尾矿矿物组分较简单，以石英为主，其次为褐铁矿、黄铁矿、电气石、少量的锡石、毒砂、黄铜矿等。尾矿含锡品位为0.45%，全锡中氧化锡中锡占96.26%，硫化锡中锡占3.74%，铁占2.71%，其他含量较低，锌0.051%、铜0.08%、锰0.068%，影响精矿质量的硫、砷含量较高，硫1.88%、砷0.1%。

1992年云龙锡矿在原生矿资源已日趋枯竭的情况下，开始在100t/d老选厂处理老尾矿，为了在短期内取得更好的社会效益和经济效益，又提出在选厂基础上改扩建为200t/d，采用重选—浮选流程，于1994年4月正式生产，在生产过程中不断地改进工艺流程，最终确定的生产工艺见图11-6。

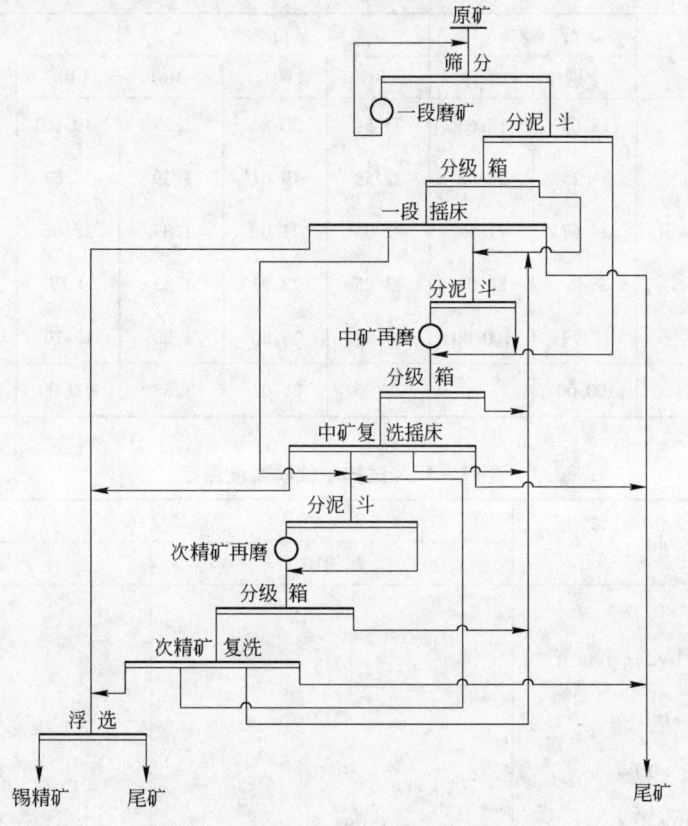

图11-6 云龙锡矿尾矿选矿生产流程

为适应生产，其中筛分所用筛面前半部分为0.8mm，后半部分为1mm。分泥斗为φ2500mm分泥斗，利用该工艺可获得含锡56.266%、含硫0.742%、含砷0.223%、锡回收率68.3%的锡精矿和含硫47.48%、含锡0.233%、含砷4.63%的硫精矿。

云锡公司有28个尾矿库、35座尾矿坝，现有累计尾矿1亿多吨，含锡达20多万吨，还有伴生的铅、锌、铟、铋、铜、铁、砷等。公司有一个50t/d试验车间和两个选矿工段专门处理老尾矿。1971～1985年间再选处理尾矿112万吨，回收锡1286t，选出铜精矿含铜443t。

11. 17　从钨尾矿中回收钨、铋、钼

棉土窝钨矿是以钨为主的含钨铋钼的多金属矿床，在棉土窝钨矿每年选钨后所产生的磁选尾矿中，含 Bi 20%、WO_3 10% ~ 20%、Mo 1.45%、SiO_2 30% ~ 40%，铋矿物以自然铋、氧化铋、辉铋矿及少量的硫铋铜矿、杂硫铋铜矿存在，其中氧化铋占 70%；而钨矿物主要是黑钨矿和白钨矿；其他还有黄铜矿、黄铁矿、辉钼矿、褐铁矿以及石英、黄玉等。镜下鉴定表明，钨铋矿物互为连生较多，钨矿物还与黄铜矿、褐铁矿及脉石连生，也见有辉铋矿被包裹在黑钨矿粒中，极难实现单体解离。尾矿取样测定的粒度组成和单体解离度见表 11 - 16 和表 11 - 17。从表中可以看出，试样中 + 0.074mm 的产率仍占 75.55%（且 3 种主要矿物也主要分布在 + 0.074mm 的粒级中）。

表 11 - 16　试样粒度筛析结果

粒级/mm	产率/%		品位/%			占有率/%		
	个别	累计	Bi	WO_3	Mo	Bi	WO_3	Mo
- 0.63 ~ + 0.32	18.63	18.63	23.54	20.84	1.27	19.10	18.47	17.76
- 0.32 ~ + 0.16	34.25	56.88	22.58	19.61	1.39	33.67	31.95	35.73
- 0.16 ~ + 0.074	24.67	77.55	22.03	21.00	1.37	23.66	24.65	25.37
- 0.074 ~ + 0.04	9.46	87.01	23.95	23.03	1.33	9.87	10.37	9.44
- 0.04	12.99	100.00	24.22	23.56	1.20	13.70	14.56	11.70
原　矿	100.00		22.96	21.02	1.33	100.00	100.00	100.00

表 11 - 17　试样单位解离度测定

粒级/mm	解离度/%	
	黑钨矿	铋矿物
- 0.63 ~ + 0.32	59.9	69.4
- 0.32 ~ + 0.16	62.8	71.5
- 0.16 ~ + 0.074	82.2	82.0
- 0.074 ~ + 0.04	91.5	89.8
- 0.014	98.5	96.4

选厂根据小型试验结果在生产实践中采用重选 - 浮选 - 水冶联合流程（图 11 - 7）处理磁选尾矿，综合回收钨、铋、钼。考虑到磁选尾矿中含硅高达 30% ~ 40%，远远超过了铋精矿的含硅标准（小于 8%），故在选铋作业前先用摇床重选脱硅，重选精矿经磨矿分级后，进入浮选作业，先浮易浮的钼和硫化铋，后浮难浮的氧化铋；为进一步回收浮选尾矿中的微粒铋矿物及铋的连生矿物，在常温下对得到的浮选尾矿（钨粗精矿）进行浸出，再通过置换而得到合格的铋产品和剩下的钨粗精矿产品。生产实践表明，通过该工艺可得到含铋分别为 36% 和 71% 的硫化铋精矿和氯氧铋，铋的总回收率高达 95%，还得到

了含钨36%、回收率90%的钨粗精矿，使选钨厂的总回收率提高了2%。

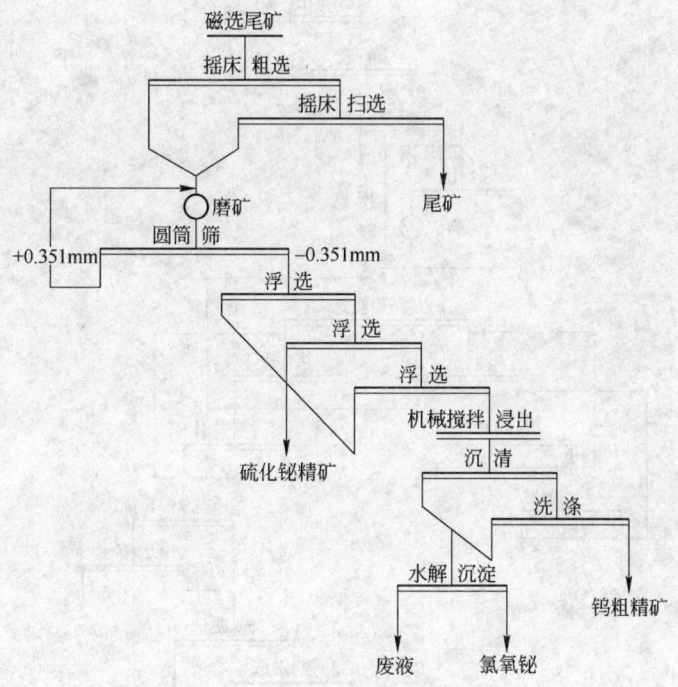

图 11-7 铋钨综合回收流程

11.18 从钨尾矿中回收铜、钼

　　赣州有色金属冶炼厂钨精选车间建于1954年，1958年投产，主要采用干式磁选、重力扫浮、白钨扫浮、浮选和电选加工处理江西南部中小型钨矿及全省民窿生产的钨锡粗精矿、中矿，设计能力为30t/d，回收钨、锡、钼、铋、铜5种金属。在几十年的生产过程中，每天都有大量的尾矿排入尾矿坝贮存，尾矿内仍含有多种有用金属矿物，为充分利用矿产资源，实现老尾矿的资源化，精选车间对尾矿坝的尾矿进行了综合回收铜、钨、银等有用金属的研究并在生产实践中获得成功。再选流程见图11-8。

　　尾矿中主要金属矿物有黄铜矿、辉铜矿、辉铋矿、黑钨矿、白钨矿、辉钼矿、黄铁矿、毒砂、磁黄铁矿等，非金属矿物有石英、方解石、云母、萤石等，尾矿含泥较多，矿物表面有轻微氧化。各矿物间铜铋连生且可浮性相近，黑钨和锡石、石英连生，贵金属银伴生在铅铋硫等矿物中。铜矿物以黄铜矿为主，呈致密状，部分解离。尾矿物料粒径为 $-0.043 \sim +0.010$mm，有用矿物基本解离。物料松散密度 1.8g/cm^3，密度 2.76g/cm^3。尾矿多元素分析结果见表11-18，物料筛析结果见表11-19，由表11-19可看出矿物粒度特性，细粒级较多，其中 $-0.114 \sim +0.074$mm 占49.92%，且有用金属三氧化钨、铜在该粒级中分别占55.41%、56.08%，物料中含砷、铁、硫、铋高且和铜矿物可浮性相近，以至于浮选铜品位难以富集提高。生产测定工艺条件见表11-20，生产测定结果见表11-21。

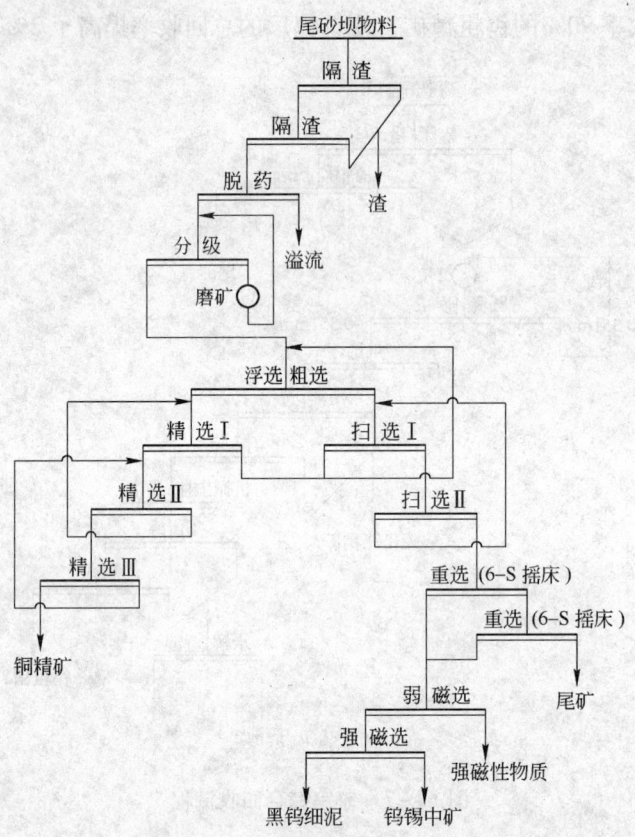

图 11 – 8 尾矿再选生产流程

表 11 –18 尾矿多元素分析结果

成 分	Cu	WO$_3$	Sn	Zn	Bi	白 WO$_3$	As	Ag	Fe	SiO$_2$	S
质量分数/%	2.02	5.47	1.06	3.67	1.35	2.22	2.15	0.025	8.9	30	24.08

表 11 –19 物料筛析结果

粒级/mm	产率/%		品位/%		金属分布率/%	
	个别	累计	WO$_3$	Cu	WO$_3$	Cu
+ 0.495	3.89	3.89	3.27	0.74	2.32	1.44
– 0.495 ~ + 0.351	5.54	8.43	3.91	0.81	3.25	1.83
– 0.351 ~ + 0.246	7.46	15.89	3.99	1.28	5.45	4.77
– 0.246 ~ + 0.175	11.34	27.23	3.56	2.04	7.40	11.55
– 0.175 ~ + 0.124	11.02	38.25	3.20	1.78	6.46	9.80
– 0.124 ~ + 0.104	2.92	41.17	3.20	2.01	1.70	2.93
– 0.104 ~ + 0.074	49.92	91.09	6.05	2.25	55.41	56.08
– 0.074 ~ + 0.0043	4.86	95.95	9.54	2.15	8.50	5.21
– 0.043	4.05	100.00	12.81	3.16	9.51	6.39
合 计	100.00		5.49	2.01	100.00	100.00

表 11 – 20　生产测定工艺条件

作业名称	工艺条件（药剂用量单位 g/t 原矿）
脱　药	硫化钠 3600
磨　矿	质量分数 58%，–0.074mm 占 77%，石灰 3800，水玻璃 2000
浮选搅拌	质量分数 30%，亚硫酸钠 1400，硫酸锌 1400，丁基黄药 120，丁黄腈酯 50
浮选粗选	煤油 30，松醇油 60，pH 值为 8.5 ~ 9
浮选精选 II	亚硫酸钠 1600，硫酸锌 1600，石灰 1000
浮选扫选 II	丁基黄药 60，丁黄腈酯 20
重选丢尾	质量分数 20%，冲程 12mm，冲次 310r/min
弱磁除铁	质量分数 30%，磁场强度 1.15 × 10^5 A/m
湿式强磁选	质量分数 28%，背景场强 11.94 × 10^5 A/m，磁间隙 1.45mm

表 11 – 21　生产测定结果　　　　　　　　　　　（%）

原矿品位			精矿品位			回收率		
			铜精矿		钨细泥精矿			
Cu	Ag	WO$_3$	Cu	Ag	WO$_3$	Cu	Ag	WO$_3$
1.99	0.032	5.57	13.41	0.1479	23.64	83.88	58.23	41.16

11.19　钨尾矿综合利用与环保治理示范工程案例

尾矿利用是宝，丢弃即害。当前，国家非常重视尾矿综合利用问题，已将资源的综合利用及环境保护列为"中国 21 世纪议程" 4 个主要内容之一，其中明确指出尾矿利用，二次资源开发作为 21 世纪的优先领域和项目之一，开展尾矿综合利用，是落实科学发展观、坚持资源节约和环境保护的基本国策，是建设资源节约型，环境友好型和谐社会的重要措施。国家工业和信息化部已经编制出"工业尾矿综合利用 2009 ~ 2015 年发展专项规划"。为此，中国地质学会矿山地质专业委员会根据国家《循环经济促进法》相关规定，向工业信息化部，国土资源部主管部门推荐，经过选择创新的官山钨尾矿综合利用与环保治理示范项目。其目的是树立样板，利于赣南地区钨尾矿综合利用产业化全面开展。此项目属于全国首次，由北京春天矿源科技开发有限公司和赣州节友矿源科技开发有限公司联合实施。并得到赣州市县两地政府大力支持，已列入全南县招商引资项目。

按照国发〔2006〕4 号《国务院关于加强地质工作的决定》要"开展共伴生矿产和尾矿的综合评价、勘查和利用"的规定。我们委托中国冶金地质总局第一地质勘查院衢州分院对"官山钨尾矿进行综合评价"工作。因尾矿系第一次有目标的选矿消费排出的"废物"，未选的共伴生有用矿物重新组合富化的"人工矿床"，故在评价工作上与原生矿不同，其综合评价工作是以资源和环境保护为中心展开的，确定人工矿床中金属和非金属全部物质组分可利用性和环境污染、安全隐患可处置性。借鉴砂金矿勘查方法，尾砂库深部用砂钻手段控制，根据国家《矿产资源综合勘查综合评价规范》标准"综合工业品位指标"圈定矿砂段，对尾矿资源进行评价。尾矿还涉及到土地占用、环境保护、安全隐患等问题，也是评价内容之一。

11.19.1　尾矿的源头——官山钨矿地质概况

1958 年建矿，1965 年江西冶金地质勘探公司 613 队提交的《江西省全南县官山钨锡矿评价地质报告》中计算矿量表内（$C_1 + C_2$）金属量：WO_3 14604t 平均品位 0.178%、Sn1053t 平均品位 0.134%，矿化属于高温热液细脉带型、规模属于中型，其品位较低，属于贫矿。

矿石主要为脉石英，金属矿物有黑钨矿、锡石，次为黄铁矿、黄铜矿、闪锌矿、辉铜矿、方铅矿、绿柱石、毒砂等，次生矿物有褐铁矿、孔雀石、蓝铜矿，矿石都为隐晶质结构，块状、梳状构造，偶见条带状构造。

光谱分析矿石中的各元素大致含量：大于 1% 的有 Si、Fe，1% ~ 0.1% 之间的有 Mn、Cu、W、Sn，0.1% ~ 0.01% 的有 Be、As、Mg、Pb、Zn、Bi，大于 0.01% 的有 Mo、Ni、Co、Tl、V、Ca、Ag 等。

矿山 1958 年建矿，属集体所有制，1978 年改制为地方国营县办矿，现为私人承包矿山，选矿厂日处理 125t，实际产能大于 200t。采用重选流程，原矿破碎分级—碾磨—分级，水选采用摇床，流槽回收钨、锡精矿。最终产出 65% 钨精矿和 60% 锡精矿，其共伴生的金属硫化物并未回收，属于原始粗放型选矿工艺流程。

11.19.2　现有尾矿库

（1）石背尾砂库。该库原是石背水库养鱼，由于上游官山钨矿在 20 世纪六七十年代开发未设尾矿库，其尾砂顺山沟无序排放，将水库填成尾矿库。尾砂中含水量已达到饱和程度，官山溪流水经过库区表面直接由废弃的泄洪道排入下游水竹山溪，流入赣江二级水系黄田江，因受污染，竹山村附近黄田江河段水中没有鱼虾。勘查期间钻孔初见水位在 0 ~ 0.5m 之间，静水位基本上在 0 ~ 0.10m。主要充水因素为天然降水、泉水以及沟谷溪流汇集的地表水，还有上游选厂生产期间排放尾砂所携带的生产污水和生活污水，水质条件极差，水文地质条件给矿床的开采带来了一定的困难。

经地质评价工程查明，库存尾砂量 17.39 万吨，其中含钨（WO_3）92.2t、锡 58.65t、铜 195.37t、银 1.783t、金 8.31kg、铋 6.14t，根据目前矿产市场价概算潜在价值 2600 万元。

（2）冷水角库。该库始建于 20 世纪 80 年代末，位于石背尾矿库上游约 3km 的竹山溪沟中，也没设排污管道，目前尾砂已将坝内库容基本占满，由于坝底没有设计排水管道，上游流水只能从坝溢水道溢出，尾砂中含水量已达饱和程度。勘查期间整个库区表面基本上都被流水覆盖，钻孔初见水位 0m，静水位 0m。主要充水因素为人工降水、泉水以及沟谷汇集的地表水，还有上游选厂生产期间排放尾砂所携带的生产污水和生活污水，水质条件极差，水文地质条件给矿床的开采带来了一定的困难。

初步查明，尾矿量 58.32 万吨，其中含钨（WO_3）247.30t、锡 202.60t、铜 362.38t、银 3.097t、金 18.92kg、铋 5.38t。其产品按照市场潜在价值为 8500 万元。

以上两库统计：尾砂量 75.71 万吨；金属量：钨（WO_3）339.5t、锡 261.25t、铜 557.75t、铋 11.52t、金 27.23kg、银 4.88t，按矿产品现价概算，金属矿潜在价值 1.11 亿元。尾矿中非金属成分，试做建材品原料，其价值待计。

11.19.3　回收流程

（1）建一综合厂，共分两大部分，一是金属矿回收，二是非金属矿利用。首期选厂规模为300t/d处理量，一年半即可回收成本。金属矿回收工艺引进"北京焱杰"公司，环保型物理系列全自动旋流重选机先进设备和我公司自主研制的针对细微级矿物回收的"丹池风选机"及园方重力选矿机进行半工业试验，已见成效，目前已在完善回收流程。

（2）非金属组分做骨料，采用北京中材建科研究所有限公司研制的QT4-15C型液压全自动砌块成型机生产标砖、3C砖、空心砌块、路面砖、路沿砖和护坡砖等建材产品。生产能力两班制日产砌块270m^3。标砖13.44万块。其产品可供当地新农村建设用。

11.19.4　环保治理

目前官山溪南部自北向南连续有9km地段，由于官山钨矿粗放式的生产，早期不设尾矿库，尾矿、污水顺沟排放，已造成很大环境污染，后期所建的尾矿库又违规建在河道中，致使整个官山溪环境污染和安全隐患加剧，入江口竹山村受害最深，当地村民反映很大。目前已引起地方政府关注，我们正在编制环保治理方案。

综上说明，本项目是一个综合价值大、易采、易选、投资小、周期短、见效快的资源回收和环保治理、经济效益和社会效益双赢的好项目。

11.20　用磁－重联合回收工艺从金矿尾矿中回收铁和金

陕南月河横贯安康、汉阴两市县，沿河有五里、安康、恒口、汉阴4座砂金矿山，9条采金船，3个岸上选厂。月河砂金矿经采金船和岸上选厂处理后所得尾矿中共有21种矿物，矿物以强磁性矿物为主，弱磁性矿物为辅，夹杂有微量的非磁性矿物，目前可利用的只有4种：磁铁矿（42%）、赤铁矿（18%）、钛铁矿（18%）、石榴石（17%），其中石榴石以铁铝石榴石为主。以磁铁矿为主的铁精矿作为强磁性矿物，在砂金尾矿中含量最多，一般为60%，小于1mm粒级中含量达90%以上。

考虑到选厂尾矿中的粉尘已被重选（砂金矿山均采用重选法）介质——水浸洗过，故可采用干式分选工艺分选铁精矿，既可简化工艺设备，又可减少脱水、浓缩和过滤作业，减少占地面积和选矿用水。

安康金矿根据选厂尾矿特性，通过实践，采用ϕ600mm×600mm（214.97kA/m）永磁单辊干选机和CGR-54型（1592.36kA/m）永磁对辊强磁干选机顺次从尾矿中分选磁铁矿、赤铁矿（合称铁精矿）及钛铁矿与石榴石连生体的两段干式磁选工艺（图11-9），在流程末还增加了两台摇床，用来分选泥砂废石中的金。利用该

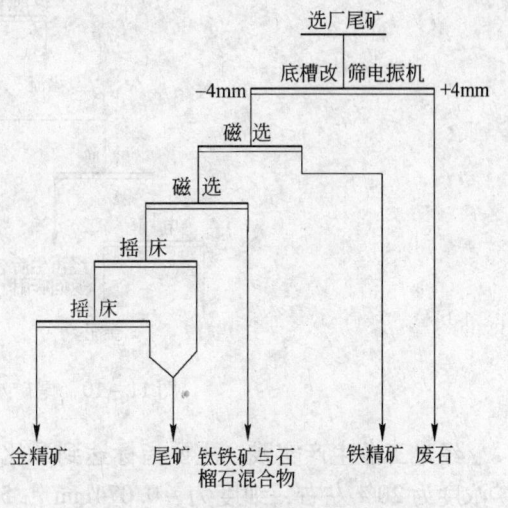

图11-9　安康金矿分选铁精矿工艺

工艺，安康金矿每年可从选厂尾矿中获得铁精矿 1700t，回收砂金 2.187kg，铁精矿以保守价 136 元/t、黄金以 96 元/g 计算，年共创产值 44.12 万元。

陕南恒口金矿采用单一的 $\phi600mm \times 600mm$（87.58kA/m）永磁单辊干选机从选厂尾矿中分选铁精矿，精矿产率达 31.2%，选得铁精矿的品位为 65% ~68%，从尾矿中可产铁精矿 1100t/a，借助摇床从中可选砂金 1.5309kg，共创产值近 30 万元。

11.21　用炭浆法从金尾矿中回收金银

银洞坡金矿于 1981 年建成投产了 100t/d 的选矿厂，1985 年以后选矿工艺为炭浆工艺，生产能力提高到 250t/d。在 1992 年新尾矿库建成之前，老尾矿库堆存了达 90 万吨左右含金较高的可回收尾矿资源，含金量约 1665kg，含银 25t。

选矿厂于 1996 年开始利用原有的 250t/d 的炭浆厂进行处理尾矿的工业实践，采用全泥氰化炭浆提金工艺回收老尾矿中的金、银。生产工艺流程为：尾矿的开采利用一艘 250t/d 生产能力的简易链斗式采砂船，尾矿在船上调浆后由砂泵输送到 250t/d 炭浆厂，给入由 $\phi1500mm \times 3000mm$ 球磨机和螺旋分级机组成的一段闭路磨矿。溢流给入 $\phi250mm$ 旋流器。该旋流器与 2 号（$\phi1500mm \times 3000mm$）球磨机形成两段闭路磨矿，其分级溢流给入 $\phi18m$ 浓缩池，经浓缩后浸出吸附，在浸出吸附过程中，为了扩大处理能力，更进一步提高指标，用负氧机代替真空泵供氧，采用边浸边吸工艺，产出的载金炭，送解吸电解后，产成品金。其选冶工艺原则流程见图 11-10。

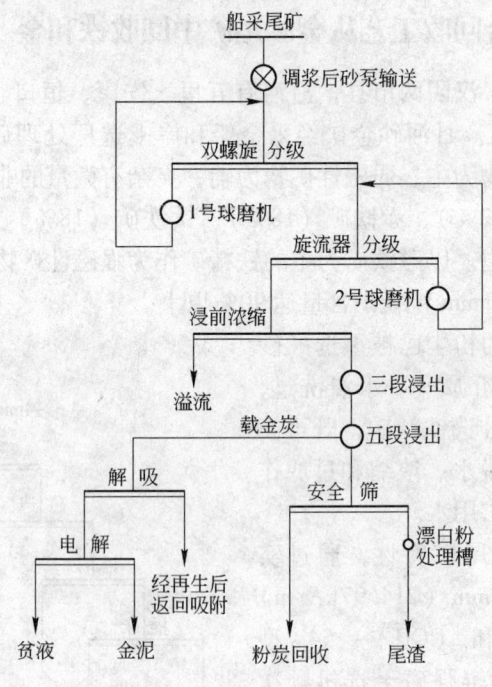

图 11-10　尾矿炭浆法提金选冶流程

经过工业生产实践，主要指标达到了比较满意的结果。生产能力为 250t/d 以上，尾矿浓度为 20% 左右，细度为 -0.074mm 占 55% 左右，双螺旋分级机溢流为 -0.074mm 占 75%，旋流器分级溢流 -0.074mm 占 93%，浸出浓度为 38% ~40%，浸出时间为 32h 以上，氧化钙用量 3000g/t，氰化钠用量 1000g/t，五段吸附平均底炭密度为 10g/L。各主要指标如下：浸原品位：金 2.83g/t，银 39g/t，金浸出率为 86.5%；银浸出率为 48%，金选冶总回收率为 80.4%，银选冶总回收率为 38.2%。

据老尾矿库尾矿资源的初步勘察，含金品位大于 2.5g/t 的尾矿约 38 万吨，可供炭浆厂生产 4 ~ 5 年，按工业生产实践推算，则可从尾矿中回收金 760kg、银 5t，创产值 7000 多万元。同时指出，由于处理尾矿的直接成本较低，因而处理大于 1g/t 的尾砂也稍有盈利，它不仅增加了黄金产量，也可降低企业的生产费用，因此处理 1g/t 以上的尾矿也是有利的。

11.22　从金尾矿中回收硫

山东省七宝山金矿矿石类型为金铜硫共生矿，金属硫化物以黄铁矿为主，另有少量黄铜矿、斑铜矿，含金矿物主要有自然金、少量银金矿；金属氧化物以镜铁矿、菱铁矿为主，脉石矿物主要有石英、绢云母等。选别工艺流程采用一段磨矿、优先浮选流程，一次获得金铜精矿产品。1995 年以来，从选金尾矿中回收硫精矿，最初采用硫酸活化法回收硫，但由于成本太高，于 1996 年下半年采用了旋流器预处理工艺，使选硫作业成本降低了 45%，取得了很好的效果。

对优先浮选的尾矿进行分析发现，矿浆不仅 pH 值高，而且含有许多细小的石灰颗粒，同时由于矿石中黄铁矿的散布粒度粗，密度比脉石矿物大，因而采用旋流器对选金尾矿矿浆进行浓缩脱泥，丢掉细泥部分，沉砂加水搅拌擦洗可以恢复黄铁矿的可浮性，通过下一步的浮选作业，获得硫精矿。ϕ350mm 旋流器安装在搅拌槽上方，沉砂进入搅拌槽，同时补加清水，选硫浮选中采用一次粗选、一次扫选流程，加黄药 60g/t、松醇油 40g/t。

该工艺不使用硫酸，使选硫精矿成本降低，获得的硫精矿品位达 37.6%，回收率 82.46%，且精矿含泥少，易沉淀脱水，可年增加效益约 120 万元。

11.23　用铅锌尾矿制耐火砖与红砖

湖南邵东铅锌选矿厂尾矿在利用分支浮选回收萤石的生产流程中，第一支浮选尾矿经水力旋流器分级的部分溢流的主要成分为 SiO_2 和 Al_2O_3，其耐火度为 1680℃。利用该溢流产品，再配加部分 2.362mm 黏土熟料和夹泥，这些原料经混炼成形后自然风干，在 80℃ 和 120℃ 条件下烘干，然后在重烧炉中烧成即得到最终产品，其性能经测试可达到国家高炉用耐火砖标准。

在回收萤石的浮选流程中精选产生的部分尾矿富含二氧化硅和氟化钙。

若返回萤石浮选回路将会影响萤石精矿质量，故作为一部分单独尾矿产出。为使该部分尾矿得到合理应用，进行了烧制红砖试验。将尾矿与黏土按 3:2 的比例进行混合，然后经烘干（120℃，4h）、烧制（1000℃，3h），即可得到成品。

11.24　蒸压硅酸盐砖

江西铜业公司下属的银山铅锌矿尾矿化学成分比较稳定，主要成分为：SiO_2 58.52%、Al_2O_3 11.42%、Fe_2O_3 8.74%、CaO 0.23%、MgO 0.42%、烧失量 1.3% ~ 1.5%，粒级组成比较理想，其粒级与占率为：+ 0.175mm 占 18.50%、+ 0.124mm 占

7.25%、+0.074mm 占 17.00%、+0.048mm 占 10.50%、
−0.048mm 占 46.75%，适宜用来生产蒸压硅酸盐砖，
其生产工艺流程见图 11−11。

工艺流程的技术要求：

配比：尾矿 85%，石灰 15%；

氧化钙含量：65% 以上；

消化温度：80℃以上；

消化时间：6h；

蒸汽压力：0.8MPa；

蒸汽温度：170℃以上。

生产的成品砖强度高，色泽美观。经检测，其抗
压强度为 18～21MPa，抗折强度为 3.7～5.5MPa，抗
冻性能良好（17 次冻融合格），其他物理力学性能全
部满足使用要求，测定结果为国标 150 号砖，比普通
黏土砖标号要高，可在一般工业与民用建筑中广泛
使用。

目前，银山铅锌矿已建成一个年产 1000 万块砖的
尾矿砖厂，每年可消耗尾矿 3 万吨，且产品质量好，
用户满意，销路广，估计年产值 160 万元，利税 17
万元。

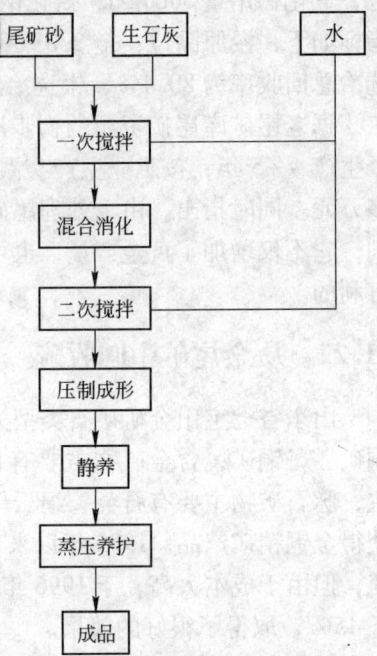

图 11−11　银山铅锌矿蒸压硅酸盐砖
生产工艺流程

11.25　用铜尾矿制灰砂砖

月山铜矿每年生产排出的尾砂达 7.5 万吨，目前堆存量达 110 多万吨。本矿铜尾砂是
以石英为主的由十多种矿物构成的细砂，经技术分析，证明无综合回收价值。该矿进行了
利用尾矿制砖的扩大试验，已取得成功。

（1）原料性质。从国内灰砂砖厂用砂的资料看，其主要成分二氧化硅含量一般不低
于 65%，有害成分云母不宜过高。而本矿尾砂的主要化学成分为：SiO_2 60.43%、
Al_2O_3 14.27%、Fe_2O_3 4.69%、CaO 6.22%、MgO 1.40%、K_2O 3.4%、Na_2O 3.86%，基
本符合制砖用砂要求。

（2）生产工艺。以尾砂和石灰为原料（可加入着色剂掺加料），经坯料制备、压制成
形、饱和蒸压养护而成。

所制灰砂砖经检验，质量均达部颁标准，按外观指标为一等砖，其技术指标均超过红
砖，其利用前景广阔。

11.26　用金尾矿制陶瓷墙、地砖

山东建材学院利用焦家金矿尾砂，添加少量当地的廉价黏土研制出符合国家标准的陶
瓷墙、地砖制品。

（1）主要原料。主要原料为金尾砂和坊子土。尾砂选自焦家金矿的尾砂，其主要矿
物有：SiO_2、$NaAlSi_3O_8$、$KAlSi_3O_8$、$NaCl$、$Al_2O_3 \cdot SiO_2$（红柱石）。坊子土为当地的一

种黏土，如来源有困难时，可用其他同类黏土代替。

（2）生产工艺。生产工艺流程为：配料→加水搅拌→轮碾打粉→困料→100t 摩擦压机成形→60min 辊道干燥器干燥→辊道窑素烧（90min）→素检→上釉→辊道窑釉烧（90min）→检选包装。其中配料中坊子土占18%，尾砂含水量约为8%～17%，生产中可根据实际需要调整加水量。素烧与釉烧均采用50m 烧煤辊道窑，烧成周期均为 90min，烧成温度为 1140～1180℃。釉料配方见表 11－22。

表 11－22　釉料配方

名称	长石	石英	高岭土	石灰石	萤石	烧 ZnO	锆英砂	熔块	烧滑石
底釉	40	21	12	4	5	4	5	3	6
面釉	46	11	5	5	3	3	10	11	6

底釉和面釉，在生产中厂方可根据市场现状及用户的要求而选择不同的彩色釉和艺术釉，从而提高产品的附加值。

烧成的制品经测试，其物理力学性能符合有关的国家标准，外形尺寸及外观质量也符合有关国家标准。

用金尾砂生产陶瓷墙、地砖产品，同生产水泥免烧砖相比，成本低、售价高，为尾矿的利用开辟了一条新途径。

11.27　用选金尾矿研发新型墙体材料

山东省教委科技发展计划课题 TM94J5 项目"利用选金尾矿开发系列新型墙体材料研究"于 1996 年 5 月通过了技术鉴定，该课题利用选金尾矿为主要原料研制生产出蒸压标准砖、榫式砖。

（1）生产工艺。本课题选用的主要原料为岩金矿山的选金尾矿，生产蒸压标准砖的工艺流程与生产蒸压选金尾矿榫式砖的生产工艺流程基本相同（图 11－12），只是在压砖工序上，不是采用转盘式压砖机，而是采用 HQY 型液压地砖机，并应配备不同规格的制砖模具。

（2）工艺条件。为了保证制品的强度，一般要求尾矿中可溶于水的 SiO_2 与石灰中可溶的 CaO 之比约等于 1:1。生产时的物料配合比为：

尾矿　　89%～91%

生石灰　8%～9%

石膏　　0.5%～1%

晶坯　　0.2%～0.5%

在相同成形压力条件下，尾矿越粗，制品越致密，强度越高。其主要原因是由于物料在拌合时，必然会混入大量空气，当受压时，这些空气被迅速压缩，而压力退去后又会反弹，致使砖坯结构受到损害。然而，当物料颗粒较粗时，部分空气可以通过颗粒间的空隙而逸出，从而使上述反弹效应减弱。

（3）养护制度。所谓的蒸压养护制度，主要包括升温时间和升温速度、最高温度及恒温时间、降温速度以及后期堆放环境等。通过试验研究及经济技术比较，确定尾矿砖的养护制度（表 11－23）。

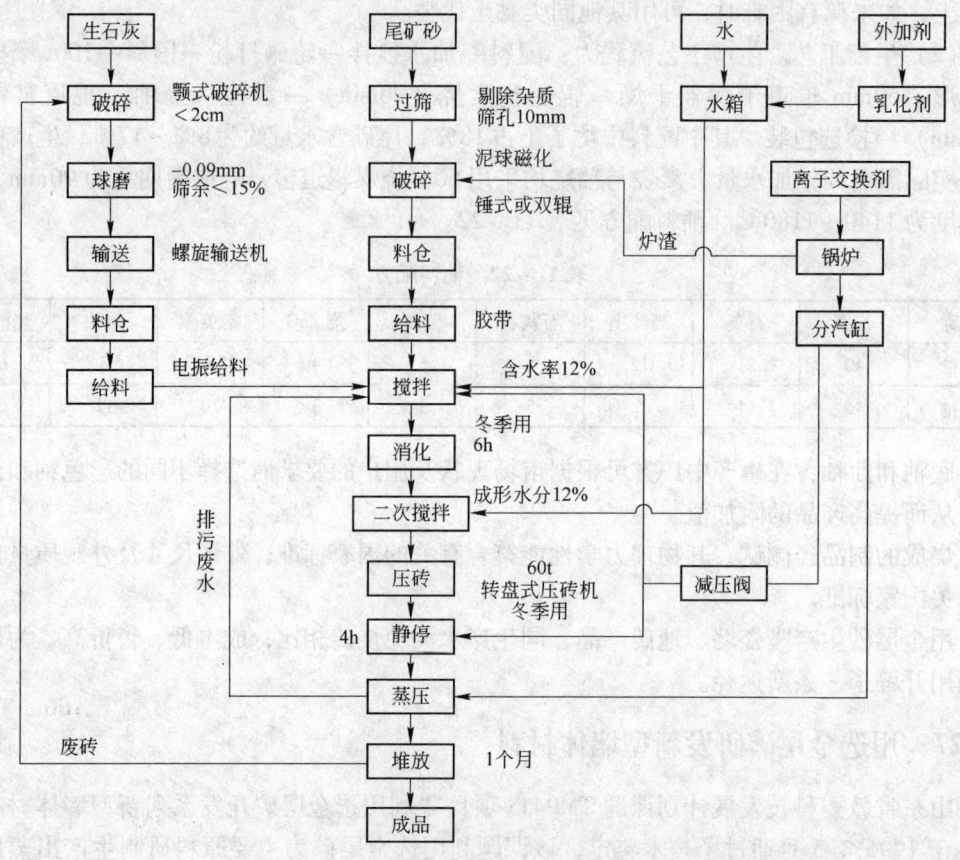

图 11 - 12   选金尾矿砖厂工艺流程

表 11 - 23   尾矿砖最佳养护制度

养护过程	温度区间/℃	养护时间/h
静 停	25 ~ 45	4
升 温	25 ~ 191	0.5
恒 温	191	2.5
自然降温	191 ~ 120	2.5
降 温	120 ~ 60	1.5
常温养护	>0	720

生产的成品经测试满足 FB11945—89 质量标准。

11.28   利用金矿矿渣制作饰面砖

丹东市建材研究所利用金矿矿渣为主要原料,加入部分塑性较好并显示颜色的黏土原料,经烧结而制成一种新型建筑装饰材料——废矿渣饰面砖。这种面砖可用于外墙和地面装饰,具有吸水率低、强度高、耐酸碱、耐急冷急热性能和抗冻性能优良等特点,经试验产品性能达到并优于饰面砖的技术标准。

（1）原材料。废金矿渣：选用五龙金矿废渣，细度为 -0.074mm >97%，其化学组成为：SiO_2 79.11%、Al_2O_3 8.92%、Fe_2O_3 3.5%、CaO 0.60%、MgO 3.16%、烧失量2.0%。

紫土：因废矿渣塑性差，颜色不理想，采取掺加部分黏土来解决废矿渣作饰面砖的不足。选用喀左县小营子的紫土作原料，来料需经球磨粉碎，使细度达到 -0.074mm >97%，其化学成分如下：SiO_2 60.7%、Al_2O_3 15.5%、Fe_2O_3 6.02%、CaO 3.45%、MgO 1.21%、烧失量9.67%。

经试验，废矿渣饰面砖的理想配方为：废矿渣：紫土 =（60~65）∶（35~40）。

（2）生产工艺。废矿渣饰面砖试制工艺流程见图11 - 13。

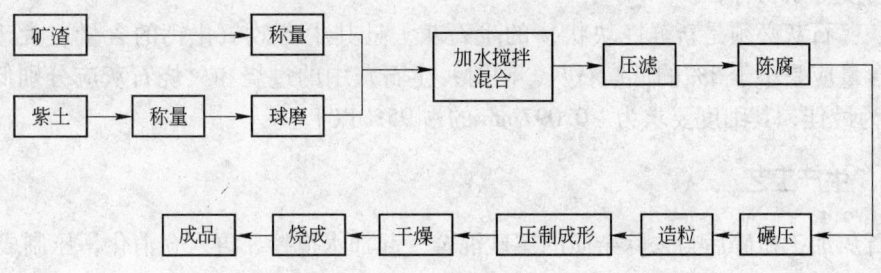

图 11 - 13 废矿渣饰面砖试制工艺流程图

（3）工艺条件。混合料造粒必须要有合理的颗粒级配和密实性。颗粒细度控制在 -0.074mm 97% ~98%，陈腐好的坯料经碾压后过筛，形成团粒，其大小为 0.25~2mm，团粒中粗、中、细的比例要适当。

加水量应控制在5% ~7%，并且水分要均匀分布。

合理控制成形压力和加压时间，必须保证空气的顺利排出。

干燥制度：干燥温度控制在 60~80℃，一般干燥时间 3~4h；坯体各部位在干燥时受热必须均匀，以防止收缩不均而造成开裂；坯体放置要平稳，以防产生变形。

烧成制度：在烧成阶段的低温阶段，升温速度可快些；在氧化分解阶段，为了使碳氧化和便于盐类分解，在 600~900℃ 采取强氧化措施和适当控制升温速度；在瓷化阶段，从900℃到烧成温度（1100~1120℃）需低速升温，提高空气过剩系数，采用氧化保温措施；在高温保温阶段，保温时间为 1.5h；在冷却阶段，不过快冷却。

经烧结制成的饰面砖，密度为 2.19g/cm³，吸水率为 6.07%，抗折强度为 26.85MPa，抗冻性、抗热震性能、耐老化等性能都超过规定标准。

11.29 用钨尾矿制作钙化砖

西华山钨矿的钙化砖厂在1989年建成，1990年投入批量生产，利用尾矿与石灰生产钙化砖，年生产砖达1000万块，每年创利20多万元。

11.29.1 主要原料及质量要求

钙化砖又名灰砂砖，它的主要原料是尾砂和石灰，尾砂为西华山钨矿生产的尾砂，其化学组成及粒度分布见表11 - 24。

表 11－24　尾砂粒级组成表

粒级/mm	1.651	0.833	0.351	0.246	0.175	0.147	0.097	0.074	−0.074
质量分数/%	2.05	26.15	21.82	14.77	4.65	6.42	7.12	4.54	9.48
累计/%	2.05	28.2	50.02	64.79	72.44	78.68	85.98	90.52	100.0

尾矿在钙化砖中占其总量的 80% 以上，必须保证尾矿中二氧化硅的含量大于 65%，另外，尾矿中不容许含有成团的泥土块，均匀分散的细粒泥土含量应小于总量的 10%；水溶性钾、钠氧化物的含量不得大于 2%；其粒度要求：0.3～1.2mm 的占 65% 以上，+1.2mm 的占小于 5%，−0.15mm 不超过 30%，同时尾砂绝不容许有大小卵石、炉渣、草根、树皮等杂物存在。

石灰：石灰必须是新鲜（块状）的生石灰，且其中有效氧化钙的含量应大于 65%，氧化镁含量应是小于 5% 的低镁石灰，同时，生石灰中的过烧和欠烧石灰应分别低于 5% 和 15% 为最佳，其细度要求为 −0.097mm 的占 95% 以上。

11.29.2　生产工艺

将石灰加工粉碎后与去除杂质的尾砂混合一起加水搅拌，再入仓消化，压制成形，经蒸汽养护后成为成品。

在灰砂混合过程中，为使灰砂相互分散达到均匀混合，应采用机械充分搅拌以扩大灰与砂的接触面，控制好加水量，使石灰得到充分的消解，生成尽可能多的水化产物。理论加水量为有效氧化钙含量的 33.13%，在敞开容器中消化时，实际加水量为理论加水量的 1～2 倍；混合消解时间一般在 30min 之内，温度需控制在 55℃ 以上。

砖坯成形是保证钙化砖质量的重要手段，钙化砖是采用半干法压制成形，含水率仅 8%～10%。要保证砖坯重量达到 2.75～2.89kg/块，极限成形压力必须达到 20MPa（或 200kg/cm²）以上，填料深度 80～85mm，成品尺寸 240mm×115mm×53mm。

蒸压养护一般采用压力为 0.8MPa（或 8kg/cm²）的饱和蒸气压，蒸压 6h。

经检测，该成品各项指标均达国家 150 号标准砖的要求，符合国家建材放射卫生防护标准，可在建筑业上普遍使用。

11.30　用钼铁尾矿生产水泥

众所周知，水泥是经过二磨一烧工艺（配料 $\xrightarrow{粉磨}$ 生料 $\xrightarrow{煅烧}$ 熟料 $\xrightarrow{粉磨}$ 水泥）制成的，水泥质量即强度的高低取决于熟料烧成情况及熟料中的矿物组成。熟料一般由硅酸三钙（C_3S）、硅酸二钙（C_2S）、铝酸三钙（C_3A）和铁铝酸四钙（C_4AF）四种矿物组成，其中对水泥早期强度起作用的是 Ca_3S、Ca_3A；后期强度起作用的是 C_2S、C_4AF 和 C_3S。C_3S 是水泥熟料中的主要矿物（约占 40%～60%）。尾矿用于生产水泥，就是利用尾矿中的某些微量元素影响熟料的形成和矿物的组成。

杭州市闲林埠钼铁矿，研究了用钼铁尾矿代替部分水泥原料烧制水泥的生产技术，并在余杭县和睦水泥厂的工业性生产中一次试验成功，收到了明显的经济效益。按该厂年产水泥 3.5 万吨计，每年仅降低生产成本一项就可节约资金 24.8 万元，还可多增产水泥 4600 多吨。

钼铁尾矿中含有一定比例的微量元素钼，在用该尾矿配料烧制水泥时，引入的微量元素钼促进了水泥熟料的形成，其作用机理为：能促进碳酸钙分解，使碳酸钙开始分解温度和吸热谷温度分别提前了；通过改变熔体性质，如降低液相的出现温度、液相黏度和表面张力，加速熟料形成过程中的固相反应和熔体中的质点迁移速度，促进 C_3A 形成及 C_2S 吸收 F_{CaO}，生成 C_3S 的反应，使熟料易于形成；对水泥熟料矿物组成无不利影响，并可降低熟料中的 F_{CaO}，提高熟料的早期强度。

11.31 用铜、铅锌尾矿生产水泥

11.31.1 作用机理

掺加铜、铅锌尾矿煅烧水泥，主要是利用尾矿中的微量元素来改善熟料煅烧过程中硅酸盐矿物及熔剂矿物的形成条件，加快硅酸三钙的晶体发育成长，稳定硅酸二钙晶体的结构转形，从而降低液相产生的温度，形成少量早强矿物，致使熟料质量尤其是早期强度有明显提高。

11.31.2 尾矿的矿物成分

对于铜、铅锌尾矿，当尾矿中 CaO 含量较高，而 MgO 含量又较低时，则可用作水泥的原料，具体要求为：

当尾矿的矿物成分主要是由石英、方解石组成，钙硅比 $CaO/SiO_2 > 0.5 \sim 0.7$，其中 $CaO > 18\% \sim 25\%$、$Al_2O_3 > 5\%$、$MgO < 3\%$、$S < 1.5\% \sim 3\%$ 时可烧制低标水泥，当 CaO 含量小于 18%，而 $CaO/SiO_2 < 0.5$ 时，可采用外配石灰或加石灰石的方案，以调节生料中 CaO 含量，满足上述技术要求。

尾矿中 Fe_2O_3 是水泥的有益成分，适量的 Fe_2O_3 能降低熟料的烧制温度，而 MgO、TiO_2、K_2O、Na_2O 等化学成分则是水泥原料中的有害成分，其含量应控制在 $MgO < 3\%$、$TiO_2 < 3\%$、$K_2O + Na_2O < 4\%$、$S < 1\%$。

经试验，对满足上述技术要求的尾矿用来作水泥的混合材料时，其用量可达 15% ~ 55%，当掺入 15% 的尾矿熟料作混合材料时，水泥标号可达 600 号，掺入 30% 时，水泥标号可达 500 号，掺入 50% 时，水泥标号可达 400 号，且水泥性能良好，凝结性、安全性正常。

11.32 用稀土尾矿配以钨尾矿制作陶瓷

据有关资料介绍，陶瓷瓷坯的化学成分为：SiO_2 59.57% ~ 72.5%、Al_2O_3 21.5% ~ 32.53%、CaO 0.18% ~ 1.98%、MgO 1.16% ~ 1.89%、Fe_2O_3 0.11% ~ 1.11%、TiO_2 0.01% ~ 0.11%、K_2O 1.21% ~ 3.78%、Na_2O 0.47% ~ 2.04%。利用化学成分与陶瓷瓷坯化学成分相近的尾矿就可烧制陶瓷。

南方冶金学院进行了用稀土尾矿配以钨尾矿制作陶瓷的试验，所用钨尾矿为赣南某尾矿，尾矿中钨金属矿物占的比例很少，大部分为非金属矿物，主要为石英、长石，还有萤石、石榴石等，SiO_2 含量较高；所用稀土尾矿为赣南地区的稀土尾矿，尾矿中 SiO_2 及 Al_2O_3 的含量均较高，两种尾矿的主要化学成分分别见表 11-25 和表 11-26。

表 11 - 25　某钨尾矿的主要化学成分

化学成分	SiO$_2$	Al$_2$O$_3$	Fe$_2$O$_3$	MnO	MgO	CaO	K$_2$O	Na$_2$O	TiO$_2$	P$_2$O$_5$	S
质量分数/%	83.51	5.46	1.54	0.93	0.23	1.55	0.34	0.30	0.05	0.29	0.79

表 11 - 26　某稀土尾矿的主要化学成分

化学成分	SiO$_2$	Al$_2$O$_3$	Fe$_2$O$_3$	CaO	MgO	K$_2$O	Na$_2$O	TiO$_2$
质量分数/%	49.6	30.96	2.85	0.7	—	3.77	0.18	0.20

由表中数据知，尾矿的化学成分与陶瓷瓷坯的化学成分十分相似，可以通过加工制作成性能优良的陶瓷原料。

（1）试验配方。配方试验表明，以稀土尾矿 65% ~ 70%，钨尾矿 30% ~ 35% 的配方较佳。

（2）制作工艺如图 11 - 14 所示。工艺过程中的烧成温度为 1100 ~ 1130℃，烧成率在 90% 以上，烧制成的瓷坯坯体产品表面光滑，有较强的玻璃光泽，颜色为暗红色，声音清脆，强度较大，充分利用了钨尾矿及稀土尾矿在成分上的互补性及稀土尾矿中某种元素的着色效果，烧成率也较高。该工艺为尾矿的开发和利用提供了一条有效的途径。

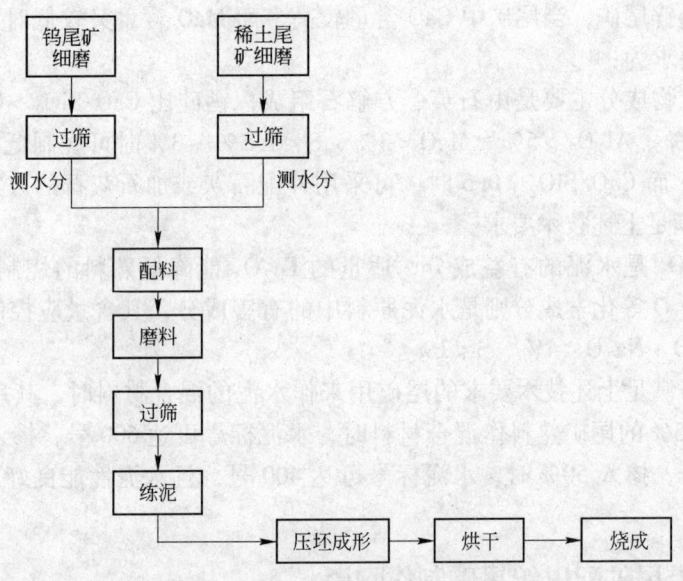

图 11 - 14　钨尾矿烧陶瓷材料制作工艺

11.33　用铜尾矿制作饰面玻璃

同济大学以吉林地区高铝铁硫铜矿尾矿为主要原料，在实验室研制的基础上，用某玻璃器皿厂的坩埚窑完成了铜尾矿饰面玻璃工业性扩大试验。

11.33.1　原料

铜尾矿饰面玻璃的主要原料为铜尾矿，其矿物组成主要是石英、长石和硫化矿，外观灰色，粒度 -0.589mm 的为 100%，化学成分见表 11 - 27，铜尾矿的烧结性能见表11 - 28。熔体急冷后，成为充满气泡、浮渣、未熔砂粒的铸石相和玻璃相的混合体，颜色为黑色。辅助原料为硅砂、方解石。

表 11 -27 铜尾矿的化学成分

化学成分	SiO_2	Al_2O_3	CaO	MgO	K_2O	Na_2O	Fe_2O_3	FeO	SO_3	TiO_2
质量分数/%	60.40	12.24	3.79	1.18	2.40	2.48	6.00	2.46	3.90	0.45

表 11 -28 铜尾矿烧结性能

烧结温度/℃	1200 ~ 1250	1250 ~ 1300	1300 ~ 1350	1350 ~ 1400	1400 ~ 1450
烧结情况	部分烧结	烧结	开始出现液相	大部分成液相	全部熔融，熔体很黏，充满气泡

11.33.2 工艺流程

工业性试验的工艺流程与铁尾矿饰面玻璃的工艺基本相似：

原料制备→加料→坩埚熔制→浇注、压制、吹制成形→室式退火炉退火→切割磨抛。其中的配料比例为 60% 左右的铜尾矿与 40% 左右的辅助料混合。

11.33.3 工艺参数

主要工艺参数见表 11 -29。

表 11 -29 铜尾矿玻璃熔制的主要工艺参数

配 料	配合料熔成率/%	熔化温度/℃	成形温度/℃	析晶温度/℃	退火温度/℃
铜尾矿 60% 左右 辅助原料 40% 左右	70	1350 ~ 1450	1100 ~ 1300	860 ~ 1000	580 ~ 640

铜尾矿饰面玻璃漆黑光亮，无杂质、气泡，可进行切割、磨抛等加工，磨抛后其表面光泽度不小于 100，与天然大理石相比，颜色更黑，而且均匀一致，具有高贵典雅、庄重大方的装饰效果；其理化性能均能满足有关饰面材料的技术性能要求，外观装饰效果优于天然大理石。经初步成本分析，生产铜尾矿饰面玻璃有较好的经济效益，附加值较高。

11.34 用钨尾矿制取建筑微晶玻璃

微晶玻璃是由基础玻璃经控制晶化行为而制成的微晶体和玻璃相均匀分布的材料，具有较低的线膨胀系数、较高的机械强度、显著的耐腐蚀、抗风化能力和良好的抗震性能，广泛地应用于建筑、生物医学、机械工程、电磁等应用领域。建筑微晶玻璃最主要的组分是 SiO_2，而金属尾矿中 SiO_2 的含量一般都在 60% 以上，其他成分也都在玻璃形成范围内，均能满足化学成分的要求。

中南工业大学与中国地质学院合作，经试验研制出了一种新型钨尾矿微晶玻璃，工艺简单，成本低廉，是一种新型的建筑装饰材料。

11.34.1 原料

主要原料为钨尾矿，此外采用长石和石灰石作为辅助原料，原料的化学组成见表 11 -30。

表 11 - 30 原料化学组成

原 料	SiO$_2$	Al$_2$O$_3$	CaO	MgO	K$_2$O	Na$_2$O	Fe$_2$O$_3$
钨尾矿/%	86.33	7.11	0.54	0.48	2.44	1.64	0.67
长石/%	73.14	13.82	0.28	0.30	2.44	4.77	0.17
石灰石/%	0.88		53.18				

11.34.2 工艺流程

制备的工艺流程为：配料→熔制→淬粒→成形→微晶化→加工

（1）由配料到成形。将配料混合均匀装入刚玉坩埚，在硅钼棒电阻炉中进行熔制。本实验采用 1% Sb$_2$O$_3$ 和 4% NH$_4$NO$_3$ 作为澄清剂，加料温度 1200℃，熔制温度 1550℃，保温 2.5h 后于 1580℃澄清 1.5h。玻璃液淬入水中制成玻璃粒料，然后在耐火材料模具中自然摊平。为了易于脱模，模具内表面涂有石英砂和高岭土泥浆，装模成形后送入炉中微晶化。

（2）微晶化处理工艺。微晶化处理在硅碳棒箱式电炉中进行，根据差热分析结果选定的熔化温度为 760℃，晶化温度为 960℃，晶化处理制度采用阶梯温度制度（图 11 - 15）。

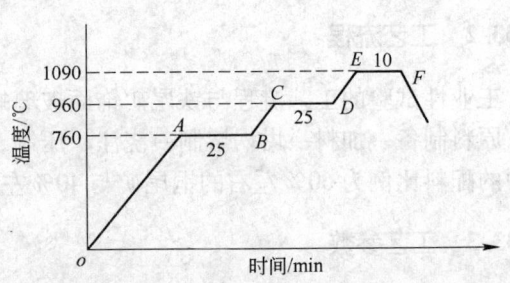

图 11 - 15 阶梯温度制度曲线

升温速率：oA 段 4℃/min；BC 段 2℃/min；DE 段 4℃/min

11.34.3 产品性能

按照以上工艺可制得 100mm×100mm×10mm 的淡黄色微晶玻璃样品，其结构较致密均匀，且气孔极少，外观平整光亮无变形现象，表面呈现出类似天然大理石的花纹。样品性能见表 11 - 31。

表 11 - 31 微晶玻璃的性能

性 能	样品	性 能	样品
抗折强度/MPa	70.1	吸水率/%	0.001
抗压强度/MPa	393.6	耐酸性（1% H$_2$SO$_4$）	0.09
抗冲击强度/MPa	0.49	耐酸性（1% NaOH）	0.06
莫氏硬度	5.9		

该微晶玻璃的抗折、抗压、抗冲击强度以及抗化学腐蚀等性能均好，优于天然大理石和花岗岩。

11.35 用铜尾矿制取微晶玻璃

同济大学与上海玻璃器皿二厂合作，以安徽琅琊山铜矿尾砂为主要原料，经过工业性试验，已研制出可代替大理石、花岗岩和陶瓷面砖等具有高强、耐磨和耐蚀的铜矿尾砂微晶玻璃材料。

11.35.1　原料

本研究所用主要原料为安徽琅琊山铜矿尾矿，其主要化学成分及粒度组成分别见表11-32和表11-33。

表11-32　铜矿尾砂的化学成分

化学组成	SiO_2	CaO	Al_2O_3	MgO	$FeO_3(FeO)$	MnO	S	烧失量
质量分数/%	36.41	27.59	5.64	2.31	14.19	0.19	0.55	12.5

表11-33　铜矿尾砂的颗粒分析

粒径/μm	质量分数/%	累计/%	粒径/μm	质量分数/%	累计/%
+450	1.74	1.74	+74	8.27	43.03
+320	1.53	3.27	+56	4.98	48.01
+200	6.98	10.26	+43	6.14	54.15
+154	8.53	13.78	+21	21.56	75.71
+100	15.98	34.76	-21	24.29	100.00

11.35.2　工艺流程

工艺流程为：配料→熔制→退火→晶化

（1）配料。为了满足制备矿渣玻璃的合适条件和制品规定的技术性能要求，在配料中尽量多地利用尾砂（使尾砂用量在65%以上）。为此参照CaO-FeO（Fe_2O_3）-SiO_2系统相图，拟定合适的玻璃组分，经实验研究，最后确定基础玻璃成分（表11-34）。

表11-34　基础玻璃的成分

化学成分	SiO_2	Al_2O_3	$Fe_2O_3(FeO)$	CaO	MgO	R_2O	其他
质量分数/%	55~60	5~8	10~15	17~20	1~2	2~4	1~2

（2）熔制。将混合好的玻璃配合料加入坩埚熔制，加料温度为1350℃，熔制温度为1450℃，保温4h。澄清匀化好的玻璃液，用以成形。

（3）退火。成形的玻璃板材，移入550℃的退火窑中退火，然后供晶化使用。

（4）晶化热处理。按玻璃板材大小、厚薄不同情况，确定不同晶化制度，对于规格为300mm×300mm×（8~10）mm的基础玻璃板材，宜采用的晶化处理制度如图11-16所示。

制得的矿渣尾砂微晶玻璃，采用XRD仪分析及光学显微镜观察表明，其主晶相为钙铁辉石相及硅灰石相，且晶粒尺寸分布均匀，大部分为5μm，结晶率高达95%以上。

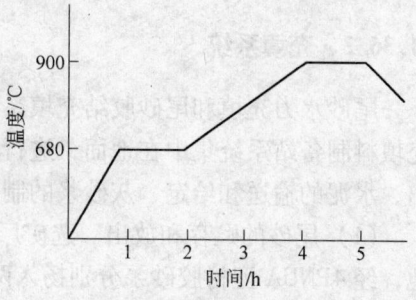

图11-16　晶化温度和保温时间的关系

11.35.3　产品性能

经测试，矿渣微晶玻璃的主要物化性能技术指标为：

抗折强度	163MPa
抗压强度	200MPa
硬度	HV = 67.2
耐磨度	$0.058g/cm^2$
抗冲击强度	2279 钢球离地面 50cm 落下 3 次
抗冻性	－20℃，20 次循环试样无变化
线膨胀系数	69×10^{-7}/℃
耐酸性	99.64% （36% HCl）
耐碱性	99.06% （20% NaOH）
吸水率	0

根据上述物化性能测定所研制的铜矿尾砂微晶玻璃抗折、抗压强度提高，化学性能稳定，抗冻、抗冲击性能亦佳，不仅可作建筑装饰材料，也可用作化工、冶炼工业的耐磨、耐腐蚀材料。

11.36 尾矿充填

11.36.1 采场的充填

三山岛金矿井下采用的主要采矿方法有点柱法、分层充填法、进路法和混合法四种。其中，进路法包括盘区进路法、分区进路法和单条进路法。各种采矿方法采场的充填均采用尾砂水力充填和尾砂胶结充填系统。采场的回采和充填，由下向上按水平分层进行，采场分层回采束后，进行分层充填。分层充填高度一般为 3.0m，其中，底部 2.6m 高，采用废石和尾砂充填，即先用井下开拓和采准工程的废石回窿充填至 1.5m 左右，再用尾砂充填，并找平；表层 0.4m 高，采用灰砂比为 1:4 的胶结充填，充填后形成采场下一分层的作业底板。点柱法和分层充填法采场充填后留有 1.0 ~ 1.5m 的爆破补偿空间；进路法采场接顶充填，其中，盘区进路法采场中先施工的进路，其底部 2.6m 高，采用灰砂比为 1:10 的胶结充填。

1991 年，北京有色冶金设计研究总院与三山岛金矿合作，进行了点柱式机械化分层充填采矿法充填工艺试验研究。在试验研究成果的基础上，经多年实践，尾砂水力充填和尾砂胶结充填系统在三山岛金矿得到了改进与完善，从而满足了充填要求。

11.36.2 充填系统

尾砂水力充填和尾砂胶结充填系统包括地面充填料制备站系统和井下充填系统。地面充填料制备站系统集中在地面，进行充填料的制备和输送。该系统主要由尾砂的贮存和放出、水泥的输送和给定、灰砂浆的制备与输送及供水供风系统四部分组成。

(1) 尾砂的贮存和放出。选矿厂的质量分数为 25% 左右的分级尾砂送到制备站吸砂池，经 4PNUA 型衬胶砂泵分别扬入两个半球形底的立式砂仓内贮存，并沉淀成饱和尾砂。饱和尾砂经过再造浆，通过砂仓底部 4 个放砂口等阻力放砂汇集于缓冲漏斗，经总放砂管放入高浓度搅拌筒内。另外，砂仓上部均布有 8 个溢流口汇集至溢流槽，经溢流管溢流出砂仓中多余的水。

(2) 水泥的输送与给定。散装水泥罐车运来的散装水泥，用风力输送到两个水泥仓内。水泥经水泥仓底部的单向螺旋闸门及弹性叶轮给料机，按所需量将水泥经螺旋输送机送到1.5t稳料仓，然后，再经单向螺旋闸门及弹性叶轮给料机按给定数送到高浓度搅拌筒。

（3）灰砂浆的制备与输送。符合浓度要求的尾砂浆与按灰砂比1:4配比要求的水泥，直接在高浓度搅拌筒内混合，搅拌均匀，制成所需的灰砂浆。

（4）供水供风系统。砂仓环形喷管的喷嘴和造浆喷嘴的压力水、搅拌筒用水和充填管道冲洗及其他用水，均由两台离心式清水泵并联供给，根据用水需要可以单台工作或两台同时工作。水泥用风力输送和水泥仓顶脉冲喷吹袖袋除尘器及水泥仓仓底吹松管回风，均由矿山空气压缩机站通过气水分离器经减压阀供给。在地表搅拌站高浓度搅拌筒内将制好的尾砂浆或灰砂浆，先经充填钻孔下放至−70m中段，由−70m平巷到服务井，再到各生产分段巷道和采场联络道口，用增强聚乙烯软管从采场联络道引进采场内，进行充填。尾砂浆及灰砂浆浓度和流量由安装在总放砂管中的U形管上和高浓度搅拌筒出口的管道上的γ射线浓度计和电磁流量计进行测定。水泥加入量通过安装在稳料仓下的弹性叶轮给料机与高浓度搅拌筒之间冲击式流量计来进行测定。

11.36.3 采场充填工序

采场充填工序主要包括废石回窿充填、采场安全检查、泄水墙的架设、泄水笼的安装、渗水坝的堆筑、充填管路的铺设、尾砂充填和胶结充填及污水处理等工序。

（1）废石回窿充填。采场分层回采结束后，先用井下开拓和采准工程的废石进行充填，充填高度约1.5m，为废石回窿充填。废石回窿充填提供了采场尾砂充填和胶结充填的筑坝材料。这是因为废石充填渗水条件好，也能增加尾砂充填体的强度。

（2）采场的安全检查。尾砂充填和胶结充填前，必须对采场顶板和上盘进行检查，发现隐患及时处理，以确保充填期间的安全。

（3）泄水墙的架设。在采场两翼通风泄水小巷上，一般采用方木支撑，并迎砂面敷设金属网和尼龙编织布的方法架设泄水隔墙。泄水墙的架设一方面便于充填料泄水，另一方面防止充填时充填料的流失。

（4）泄水笼的安装。为加强采场充填泄水，一般在采场两翼通风泄水井附近、采场联络道口附近或采场内面积较大的区域，安装预制泄水笼。泄水笼是用废旧锚杆焊接而成的，直径1.0m，高2.4m。泄水笼中的充填料泄水，一般采用钻孔或泄水管泄至采场两翼的通风泄水井内或采场联络道中。

（5）渗水坝的堆筑。在采场联络道口，一般采用废石堆坝，并迎砂面敷设尼龙编织布，以利于充填泄水。

（6）充填管路的敷设。采场联络道及采场内均使用100mm增强聚乙烯管，在采场联络道口处与分段巷道中，充填主干管用三通法兰盘连接；在进路法采场进行接顶充填时，还要将充填管吊挂在采场顶板上。

（7）尾砂充填和胶结充填。打开采场联络道口的三通法兰盘，放清水冲洗管路，清水直接排到分段巷道水沟中，看到充填料浆时，立即关闭排水口，料浆即从充填管进入采场。采场充填一般采用从采场联络道口向两翼前进式充填，在宽度方向上从下盘向上盘充填。3m高的分层一般分3次充填。第一次用废石和尾砂充填至1.5m高左右；第二次用尾砂充填至 2.8m 高，然后，进行平场找平；最后进行胶结充填，胶结充填厚度为 0.4m。每次充填结束后，用清水冲洗充填管路，冲洗水直接排到分段巷道水沟中。

（8）污水处理。充填过程中脱出的含泥污水，一部分经采场两翼泄水隔墙渗滤到通风泄水井，流到下部中段风井联络道内，最后流到下部中段巷道水沟中；一部分经采场联络道渗水坝渗滤到本分段巷道水沟中，最后流到下部中段巷道水沟中。下部中段巷道内设置有沉淀池处理充填污水。

11.37 凡口铅锌矿高浓度全尾砂胶结充填自流输送工艺

由凡口铅锌矿、长沙矿山研究院和长沙有色冶金设计研究院共同合作，于 1991 年完成了高浓度全尾砂胶结充填新工艺和装备的研究。

凡口铅锌矿充填系统见图 11-17。来自选厂的尾矿浆（15%~20%），经 $\phi9000mm$ 高效浓密机一段脱水，沉砂（50%）进入圆盘真空过滤机二段脱水，含水率约 20% 的滤饼由皮带机运至卧式砂仓。湿尾砂由 55kW 电耙间断耙运到中间贮料仓，经带破拱架的振动放料机、计量皮带运输机给入双轴桨叶式搅拌机。水泥经水泥筒仓、双轴螺旋喂料机、冲量流量计进入搅拌机，与尾砂和水混合搅拌。充填料浆再自流入高效强力搅拌机进行二次强力活化搅拌后，经垂直钻孔和充填管路（$\phi125mm$）自流到井下充填采场。

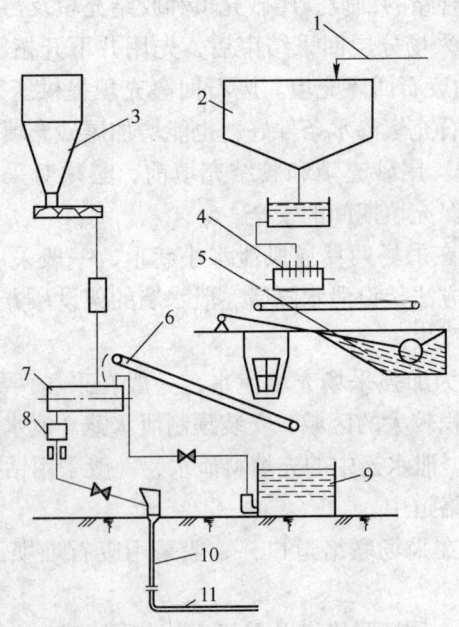

图 11-17 凡口铅锌矿充填系统
1—选厂尾矿管道；2—高效浓密机；3—水泥仓；4—真空过滤机；5—卧式砂仓；
6—计量皮带运输机；7—双轴搅拌机；8—高效搅拌机；
9—水池；10—充填钻孔；11—充填管路

由检测仪表、中央控制台和微机组成的自动检测与综合处理系统，检测尾砂的含水率、水泥添加量、加水量及充填料浆的质量分数和灰砂比。

11.38　焦家金矿高水固结充填系统

焦家金矿高水固结充填系统是在原有尾砂水泥胶结充填系统的基础上改扩建而成。原尾砂胶结充填材料制备站，采用地面集中搅拌方式。它由立式砂仓（900m³ 1 座、455m³ 2 座）、水泥仓（容量150t 1 座）、搅拌桶（φ1.5×1.5m 2 台）、砂泵及管路、辅助设施等五部分组成。充填能力为 40 ~ 70m³/h。由于高水充填材料为甲、乙两种粉料，需要分别与尾砂浆混合搅拌。搅拌好的甲、乙两种高水固结充填料浆输送至靠近充填工作面进行混合后，再充填采空区。因此，新增了一套高水材料仓和给料、搅拌、泵送、管路和除尘系统。新增的这套系统与原有的 900m³ 半球形底立式砂仓系统的组合构成为高水固结尾砂充填搅拌站制备系统。充填能力可达 60 ~ 100m³/h。图 11 – 18 所示为水泥胶结充填与高水固结充填两用的充填料制备站示意图。为了实现水泥胶结充填与高水固结充填兼用，新建的高水材料仓断面为方形，外形尺寸是 4m×4m×7m（长×宽×高），其有效容积可装料150t，钢筋混凝土结构，料仓从中间隔开，分为两相，每格均可装料75t，分别贮存甲、乙两种粉料。分格后的高水料仓底部受料漏斗，均接刚性叶轮给料机、冲量流量计，由电磁调速电动机控制甲、乙高水材料的给料量。

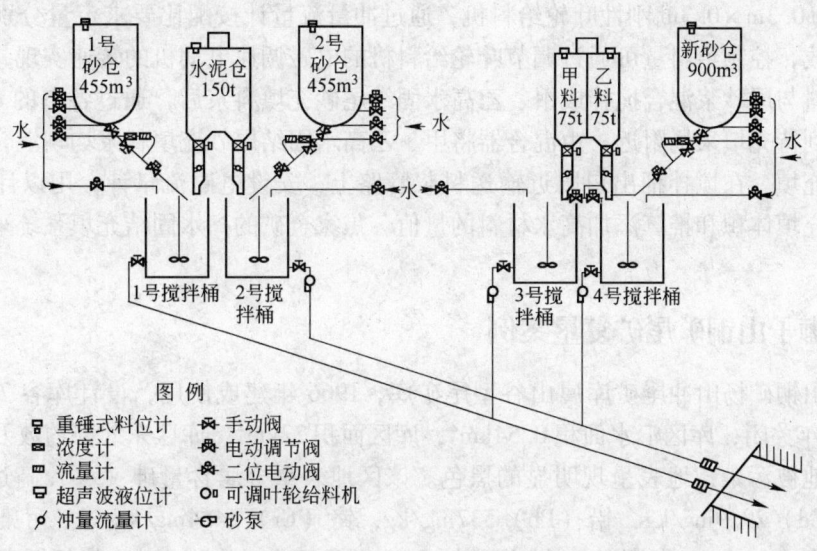

图 11 – 18　焦家金矿高水固结充填材料制备站示意图

焦家金矿水泥胶结充填料制备站的水泥仓顶采用手动振打收尘器，用其对 0.5μm 以上的颗粒进行捕捉，其收尘效率可达 95% ~ 99%。因此，新建的高水材料仓仓顶仍选用手动振打收尘器两台。DMC60 – Ⅰ型脉冲袋式除尘器用于搅拌站的收尘，经水泥胶结充填多年使用，证明其收尘效率甚高，故高水固结搅拌站收尘选用了改进的 MC60 – Ⅱ型脉冲袋式除尘器，该产品质量较 DMC60 – Ⅰ型有进一步的提高。

高水固结充填料制备的工艺流程如下：选厂浓度为 25% ~ 35% 的全尾砂浆，由 0 号砂泵站将其输送到充填搅拌站的吸砂池，经搅拌站 4PNL 型衬胶砂泵将全尾砂分别打入容积为 455m³×2、900m³×1 的 3 个半球形底立式砂仓仓顶的 φ0.5m 水力放流器。经一段分级脱泥，水力旋流器上部的溢流管将分级后细泥浆溢流到马尔斯泵站，用马尔斯泵站将溢流细泥浆输送至尾矿库；脱泥后的粗粒尾砂贮存于半球形底的立式砂仓中，作为充填骨料（对高水固结充填来说，骨料可以不脱泥，即用全尾砂。但焦家金矿的高水固结充填系统是在原水泥胶结充填的基础上改扩建而成，且高水固结充填与水泥胶结充填兼用，因此供砂系统沿用原有工艺设施）。充填时，仓中已分级的粗粒尾砂先要造浆，造浆用水由2台（其中1台工作，1台备用）离心式清水泵供给，水泵来水经电动水阀调节流量后进到砂仓底部的两层环形管上的喷嘴喷水进行造浆。两层环形管，下层为主造浆管，上层为辅助造浆管。通过选浆，使砂浆浓度控制在65%左右，此尾砂浆由砂仓底部经 $\phi6m$ 放砂管再经分叉后流入两个 $\phi1.5m \times 1.5m$ 搅拌桶。放砂管上安设射线浓度计及电动调节管夹阀，前者用来检测砂浆浓度，据此调节给水量使砂浆浓度保持为定值；后者用来调节搅拌桶液位，液位太高，容易溢流跑浆，液位过低，不仅高水料扬灰厉害，而且高水材料容易搅拌不均匀，影响充填质量，因此对高度为1.5m的搅拌桶来说，使液位保持在1.3m上下较好。为此在搅拌桶上方安设有超声波液位计。高水材料有散装和袋装两种，散装料可利用运料罐直接将料由压缩空气吹入料仓。袋装料需拆装后倒入料仓内，料仓进料口安设筛网，以防止料内杂物及袋装碎片进入料仓，影响输送。焦家金矿因自己生产高水材料，用的是散料。充填加料时，甲、乙两种高水材料通过高水材料仓仓底 $0.3m \times 0.3m$ 单向螺旋闸门放入 $\phi0.3m \times 0.3m$ 刚性叶轮给料机，通过冲量流量计按配比要求定量分别向对应的搅拌桶投放，控制给料量可通过调节叶轮给料机的电磁调速电动机的转速实现，在搅拌桶内高水材料与尾砂浆混合搅拌成甲、乙高水固结尾砂充填料浆后，通过各自的 $\phi0.07m$ 输送管路输到待充填采场附近，由混合器将甲、乙高水固结尾砂充填料浆均匀混合后进入采空区进行充填。在搅拌桶出口附近输送料浆管路上，安设电磁流量计，用以计量料浆流量、累计充填体积和推算添加高水材料的量值。焦家金矿的高水固结充填系统采用了微机自动控制。

11.39 狮子山铜矿尾矿复垦案例

狮子山铜矿杨山冲尾矿库属山谷型尾矿库，1966年建成使用，设计库容747万立方米，1990年关闭，库区汇水面积 $0.54km^2$，库区面积 $22km^2$。库区东北部约数万平方米的地带严重地被污染，地表呈现明显的黑色。该区地表重金属含量砷（As）高达8000mg/kg，镉（Cd）29.9mg/kg，铅（Pb）537mg/kg，铬（Cr）24.4mg/kg等。污染区地表氰化物含量高达25mg/kg。另外，库区原有水域也严重污染。水域水pH值超标高达10，总盐量高达1.04g/L，水中氰化物严重超标，高达7.28mg/L。库区扬尘污染严重，影响当地下游社区环境和居民生活。

为了既保护二次资源的再利用，又要防治污染，1997年由北京矿冶研究总院对该尾矿库进行了不覆土建立植被的研究工作。经过两年的努力，主要取得了以下成果：

（1）盆栽试验结果。已从5个抗耐品种中筛选出3个适应品种；从8个二元、三元、多元品种匹配试验中筛选出3个最佳匹配品种；筛选出熟化剂两种及其适宜配比和投加量；从15个种植密度试验中筛选出4组适宜种植密度条件。

（2）小区试验结果。依据盆栽试验结果，1998年秋季进行了无土小区种植试验，共设置87个小区。依据库区所在的立地条件，已从10个品种3个匹配品种中筛选出抗旱、耐贫瘠、耐寒的适生品种，3个单一品种和1个双匹配品种以及1个适生三匹配品种。试验区试验结果表明，最佳种植条件下的植被地表覆盖率高，根系发育，根深已达 20cm 以下，最深者达 24cm 之深；可明显观察到植被已有效地控制了冬春季尾砂的严重风蚀和夏天雨季的水土流失。

（3）田间扩大实验结果。1999 年进行了无土田间扩大种植试验。经过 1 年多观察，试验区长势良好，成活率大于 60%，有的单元覆盖率达到 80% 以上。已筛选出适合当地气候条件和尾矿特性的最佳种植条件。复垦区植被草类根系发育好，已形成根系网络结构，雨季草根系控制直径达 1m 以上。部分豆科草已开花结籽，自行繁育，扩大覆盖尾砂区，有效地防止了尾砂粉尘污染，具有显著的生态环境效益。

12　非金属矿尾矿资源的开发技术

12.1　石灰石、大理石和白云石用作化学法处理酸性污水的碱性滤料

化学处理常用于工业废水的处理。有多种方法，其中过滤中和法（适用于酸的浓度不太大时）的滤料有三种：石灰石、大理石和白云石。这三种岩石在矿山废石中是常见的，但由于其量少而块度又不大，既不能用作建筑饰材，也不能用作烧石灰或用作冶炼熔剂，而附近如果有工厂需要进行酸性污水处理，则挑选出来用作滤料却不失为物尽其用。

12.2　尾矿或废石用作曝气生物滤池（BAF）的滤料

目前尾矿或废石用于污水处理的最大用途，却可能是先进的曝气生物滤池污水处理的滤料。其中专业名称为"Arlita"的滤料，经笔者研究，完全可以用黏土矿物含量高的尾矿或废石中的页岩（包括煤矸石），并添加少量辅料来制造。符合这种原料要求的是必须含有较多的伊利石或蒙脱石等黏土矿物，这些矿物的特点是当高温焙烧时，熔化与膨胀基本同步。

12.3　废石用作矿物棉

矿物棉是岩棉和矿渣棉的统称。是纤维状材料，具有绝热、防火、吸声、抗震等性能。可用于制造板、管、毡、带、纸以及仓库或超市的防火帘等各种制品，可用于建筑和工业装备、管道、窑炉及仓库等。近年来，由于我国开始禁用石棉（因石棉有致癌作用），矿物棉的需求激增。尽管某些高炉渣可用于生产矿物棉，其成本虽低，但往往成分波动大而影响到质量的稳定；如果用废石来生产，虽然成本稍高，但易于通过配料来保证成分的稳定。有许多废石或其组合都可以用作矿物棉的原料；例如，镁质泥灰岩、玄武岩（辉绿岩）或辉长岩掺加石灰岩、黏土岩掺加白云岩和白云质灰岩、砂岩掺加白云岩、65% ~70% 的花岗岩配加 30% ~35% 的白云质泥灰岩、正长岩掺加少量白云岩等。一般通过饱和系数来衡量岩石的组合是否可用，当饱和系数稍大于 1 时，才适于制造矿物棉。饱和系数 = $(SiO_2 + Al_2O_3)/(CaO + MgO + Fe_2O_3 + FeO + MnO)$。

12.4　尾矿或废石用作铸石原料

铸石具有耐磨、抗腐蚀的特点。其耐磨性是锰钢的 5 ~ 10 倍，是铸铁的几十倍，除了氢氟酸外，几乎不与酸、碱起反应。因而广泛用于化工、矿山、冶金、水电等部门。玄武岩或辉绿岩最适于制造铸石，而这两种岩石也可以是矿床的围岩，据报道云南已在玄武岩中找到超大型铜矿。此外，在生产铸石时，为了补充主原料中某些成分之不足，还常用角闪石、蛇纹石、石灰石、重晶石等作为辅料；还可用铬铁矿、钛铁矿尾矿作为核化剂。

12.5 废石中的方解石、白云石用作重质碳酸钙原料

重质碳酸钙主要用作塑料、橡胶、玻璃、陶瓷、牙膏等行业的主要原料或填充料。它主要以方解石、白云石为主要原材料，其要求是纯度高、含铁低、无硫，对人体无害。有些矿床的废石中存在大型方解石脉或白云石脉的碎块或纯净的大理岩、白云岩，可从废石中挑选出来作为此原料。目前我国每年重质碳酸钙的需求量已超过 200 多万吨，所以这个应用领域值得重视。

12.6 用煤矸石制造人造 4A 沸石

传统的洗涤剂的助剂是三聚磷酸钠（STPP），但由于它会造成洗衣废水的磷污染，近年开始采用 4A 沸石取代 STPP。近年我国已有学者研究成功利用含高岭石为主的煤矸石来制造 4A 沸石；据笔者研究，煤矸石虽不是都含高岭石，但有些煤矸石的确含高岭石为主；而且有的研究表明蒙脱石也可用于制造 4A 沸石。同时，如果废石中铁含量较高，也已有脱铁的办法。这就为利用矿山废石制造 4A 沸石开辟了广泛的前景；因为不仅煤矸石才含高岭石或蒙脱石，有些非煤矿废石中的页岩、火山岩或热液蚀变岩也可含大量高岭石或蒙脱石。

12.7 含黄铁矿的尾矿用作土壤改良剂

某些尾矿中如富含碳酸钙或碳酸镁，可用作改良酸性土壤的矿物原料。例如，日本原大峰选矿厂的尾矿属于盐基性尾矿，经水稻种植试验证明，该尾矿适用于中和酸性的土壤，有助于改善土质。某些尾矿中如含有石膏，可作为改良碱土或弱盐土的矿物原料。含黄铁矿的尾矿可用来酸化含碳酸盐高的土壤，特别是含碳酸钠的土壤。当利用尾矿作为土壤改良剂时，要检查其中有害组分是否超标。

12.8 尾矿用于生产煤矸石砖

自从我国决定在 170 个主要城市禁用黏土砖以来，煤矸石砖已成为取代黏土砖的主要墙体建筑材料之一。不仅可烧制矸石红砖，还可以烧制空心砖。据报道：2000 年我国国有重点煤矿共建成煤矸石砖厂 120 座，年生产能力 20 亿块标准砖。在过去的 5 年间，仅替代传统红砖一项，就相当于节约土地 2 万亩。据笔者研究，不仅煤矸石可以制砖，实际上许多页岩废石也适用于制砖，只不过能耗较煤矸石砖要高。煤矸石由于其中常含有一些碳质，烧制时可少用或不用煤炭。

12.9 用尾矿围池造田

这种技术是河北理工大学杨福海教授创造的。这种技术是将河滩荒地变成可耕地，称为"围池造田法"。在华北、西北等干旱地区，往往有许多间歇河或半间歇河，河滩很宽，即使下雨时所占水道亦很窄；而河道两侧的河滩有着大量大小不一的河卵石而不能用作耕地。围池造田法是在河滩上用石块垒起高 3.5m 的围坝，每个围池的面积约 40 亩地；将尾矿直接排入池中，当池子将满时，就接着排放到另外的新围池中去。填充尾矿后的池子，河卵石已埋到尾矿之下，在其上覆盖约 25cm 的可耕土，就使这种池子成为了可耕地。这种方法已在冀东某些矿山获得成功，例如马兰庄铁矿造田 90 亩，靠山庄铁矿造田

40 多亩。这样做的结果不仅减少了尾矿库中尾矿的堆放量，而且又增加了可耕地。

12.10 废石中的石灰岩、白云岩用作冶炼熔剂

有颇多矿床的围岩是石灰岩或白云岩。例如，某些热液交代矿床、矽卡岩矿床以及某些沉积矿床等。无论是坑采的掘进或露采的剥离，都可能排放这些岩石的废石；如果其成分合适，不言而喻当然可以用作熔剂。

12.11 石灰石、大理石砂用作"七〇"砂

这是我国在 1970 年独创的型砂。实质上是石灰石或大理石砂。应用这种型砂的优点是：消灭了铸造行业中的矽肺病，可消除铸件黏砂现象，从而提高铸钢表面的光洁度，并减轻清砂工作量。根据笔者的研究，虽然任何石灰岩或大理岩都可以加工成"七〇"砂，但是成砂率最高的是半风化结晶灰岩。

12.12 用作镁橄榄石砂

镁橄榄石砂是工业发达国家生产铸钢件所普遍采用的优良造型材料。镁橄榄石砂具有较高的耐火度（1710℃）和抗金属氧化侵蚀的能力，化学稳定性好，在高温下膨胀缓慢，没有石英砂那种骤然膨胀的特性，能有效地防止铸件产生粘砂、夹砂等优点。可得到光洁的表面和清晰的铸件轮廓，无游离的 SiO_2，不会产生矽肺病。镁橄榄石常存在于某些矽卡岩矿床的蚀变围岩中或某些超基性岩的矿床中，因此有可能从废石中回收。

12.13 尾矿用作耐火黏土

耐火黏土是耐火度高于 1580℃ 的黏土。是当前制造耐火材料用量最大，使用最广的耐火原料。矿山的废石中，如有富含高岭石、富含高岭石－水云母或富含高岭石－铝土矿的黏土岩，可以考虑用作硬质耐火黏土，但需要通过试验。

12.14 用尾矿生产有机和无机复合材料

这是目前发展迅速的材料，例如，原昆明工学院创造用废塑料薄膜与尾矿或炉渣相结合，生产出强度高而又具有韧性的复合材料；已用于制造道路上的各种井盖，在昆明市已得到推广。大城市到处需要有各种井盖，如自来水管、煤气管、污水暗沟、电缆等管道的井盖。过去传统的井盖是用铸铁制造的，易于被盗卖，而用这种材料做的井盖当然没有人会去偷盗，而且成本低廉，又能满足强度要求。据说创造者还将其用于制造脚手架等。同时，也可以用废轮胎为胶结剂。

12.15 用废石作为铁路道砟

这是众所周知的用途。对铁路道砟的要求是在震动压力下不易碎，片理或层理发育的岩石当然不适用于作为道砟，而石灰岩、玄武岩等就较适用于作为铁路道砟。

利用废石中的某些矿物作为研磨或抛光材料：如果废石中含有硬度大的矿物如刚玉或石榴子石等可选出作为磨料。有的尾矿也可以从中选出抛光材料，可用于电视机玻壳或电脑显示屏的抛光。

12.16 尾矿长石粉用作防火硅酸钙板

目前纤维增强硅酸钙板在我国发展较快，市场看好。传统的硅酸钙板的硅质原料主要采用石英粉，工艺成熟，但石英粉售价较高，影响企业经济效益。为此有关单位利用钽铌矿精选后排放的尾矿长石粉代替石英粉制造硅酸钙获得成功，不仅变废为宝，保护了环境，而且降低了生产成本。

12.17 用煤矸石发电

煤矸石是煤矿的主要废石，如果其中含碳量较高，完全可以用于发电。截至2002年，我国已有综合利用煤矸石、煤泥发电厂163座，装机容量270万千瓦。根据笔者对北京门头沟煤矸石发电厂炉渣的研究，该电厂发电产生并排放的炉渣还可以用于制造曝气生物滤池的滤料，实现二次废料的再次利用。

12.18 尾矿用于生产涂料

随着我国生产建设的迅速发展，涂料需求量很大，而且品种繁多，有建筑涂料、防热涂料、防锈涂料，乃至军用涂料等等；其中建筑涂料约占总量的50%。有许多涂料按其特殊要求，需要添加一定量的填料，这些填料多是天然矿物粉末，如绢云母粉、滑石粉、碳酸钙粉等。这些矿物粉末都可能在尾矿中出现，并已有从尾矿中选取成功而进行生产的先例。因此，尾矿在这方面的应用值得重视。

12.19 尾矿用于造纸工业

虽然纸张主要是利用植物纤维来制造的，但高级的纸张往往需要一些非金属矿物粉末作为填料，包括硅灰石、滑石、云母、水云母、叶蜡石及蛭石（后者具有装饰、防火、防潮、隔声、抗菌等功能）等。这些矿物都可能在矿山废石或尾矿中出现，并可能通过选矿选出。例如，某铌钽矿就曾经通过其尾矿再选，提取出钾长石精矿、石英精矿及云母精矿。后者当时是作为油毛毡的填料。

12.20 以尾矿为骨料生产尾矿人造石

由北京矿冶研究总院研制的尾矿人造石是一种以尾矿为主要骨料，以 $5Mg(OH)_2 \cdot MgCl_2 \cdot 8H_2O$（简称518相）为黏合剂，内掺憎水剂、活性剂等，在常温常压下先合成石材制品，然后根据石材制品的种类、性能和要求，选用外涂憎水剂对其表面进行处理后，获得的具有不同特性的石材制品。

为了使镁质胶凝材料生成518相，也为了不使518相在水中或湿度大的环境中发生相变，一般需按照 $MgO/MgCl_2 > 4.27$、$H_2O/MgCl_2 > 4.98$ 配制样品；内掺一定的憎水剂，降低518相遇水或水蒸气时的相变速度，外涂憎水剂，进一步降低518相遇水或水蒸气时的相变程度，以提高石材的耐水性和质量。

经测试尾矿人造石的各项主要性能，耐水性、耐碱性等均达到合格，而且无论什么样的尾矿都能合成尾矿人造石，合成工艺简单，无三废，成本低，无毒、无味、强度高、造型随意，适宜作内外墙仿石装饰材料。

附录 尾矿政策法规

附录1 冶金工业建设岩土工程勘察技术规范

关于颁发《冶金工业建设岩土工程勘察技术规范》的通知
(88) 中色基字第 0848 号
(88) 冶基联字第 007 号

冶金部勘察研究总院、武汉、沈阳、成都勘察研究院、勘察科技研究所、中国有色金属工业总公司西安、长沙、昆明勘察院：

现将在原《冶金工业建设工程地质勘察技术规范》基础上修订的《冶金工业建设岩土工程勘察技术规范》（YSJ202—88，YBJ1—88）颁发给你们，作为冶金工业部和中国有色金属工业总公司系统岩土工程勘察的统一标准，自 1989 年 4 月 1 日起执行，原《冶金工业建设工程地质勘察技术规范》同时废止。希各单位在执行中注意总结经验，积累资料。如有意见和建议，请与中国有色金属工业总公司标准规范管理处联系。

中国有色金属工业总公司
冶金工业部
1988 年 4 月 28 日

尾矿处理设施场地的勘察

第 3.0.1 条 尾矿处理设施场地的勘察包括：初期尾矿坝、尾矿库、排水井、排水管（渠）、排水隧道、泵站、尾矿输送管（渠）、回水管（渠）及筑坝材料的勘察。当有环境保护勘察项目要求时，还应进行专门研究。

泵站的勘察按第二章进行，尾矿输送管（渠）和回水管（渠）的勘察按第四章进行，排水隧道的勘察按第五章进行，筑坝材料的勘察按《天然建筑材料土、砂、石勘探规程》进行。

第 3.0.2 条 勘察阶段分为选择坝址勘察、初步勘察和详细勘察

对于地层单一、地基性质好、无不良地质现象和永久渗漏、不会酿成污染环境或危及工程设施，且初期坝高小于 20m 的尾矿场地，可简化勘察阶段或减少勘察工作量。

第一节 选择坝址的勘察

第 3.1.1 条 选择坝址勘察，应在坝址方案比较的基础上，选出最佳坝址，推荐坝型。

第 3.1.2 条 尾矿场地的选择，应根据下列条件综合考虑确定取舍：

一、应选在地层较单一完整、无软弱层（带）、透水性小、无永久渗漏的地层（带）。

二、应选在没有不良地质现象影响库容量以及对坝基（体）无威胁的地带。

三、不应选在有开采价值的矿床上面，并要与采矿场有足够的安全距离。

四、应选在汇水面积小，有效库容大，坝址处土、石方用量小，堆坝方便的地带。

五、应选在建坝对环境无污染或危害程度最小的地段。

六、应位于企业和大居民区的下游，且在常年主导风向的下方。

七、不应选在重点名胜古迹或重点风景保护区上方和近距离处。

第 3.1.3 条 选择坝址的勘察，应查明影响建坝稳定性的不良地质现象（如滑坡、泥石流及断裂）及其危害程度；对回水的，或虽不回水但有永久渗漏恶化周围工程地质和水文地质环境，或影响工程设施、农田的，应作出初步评价。

第 3.1.4 条 勘察工作应以搜集文献资料及现场踏勘为主。工程地质测绘的精度比例尺可采用 1:10000 或 1:5000。当已有资料满足不了要求时，可对列入方案比较的场地进行工程地质测绘或工程物探。

第 3.1.5 条 工程地质测绘只着重调查影响场地取舍的稳定性问题及渗漏问题。测绘范围按工程需要确定。在研究渗漏问题时，一般宜扩及到分水岭以外尾矿水渗漏有影响的地段。

测绘内容可参照第 2.3.3 条及第 3.2.3 条的有关规定进行，在岩溶地区还应满足下列要求：

一、查明碳酸盐类岩层及其夹层的岩性、厚度、结构和展布特征，划分岩溶层组的类型。

二、查明区域构造、新构造特征，构造裂隙与裂隙的发育和分布，及不整合面的

特征。

三、查明区域岩溶的地貌、微地貌形态、组合类型及其分布，地表水文网的分布、变迁及其和地下水文网的关系，各级夷平面的分布高程及其与岩溶发育的关系。

四、查明区域侵蚀基准面及水文地质条件，研究岩溶含水体的特征，地下分水岭的位置，地下水位及其补给、径流、排泄条件，地下水的开采历史、开采量、降落漏斗，以及覆盖土层中的地下水和下伏岩溶水的水力联系。

五、查明岩溶的开发、洞穴围岩的岩性结构、溶洞顶板的岩性厚度、洞穴堆积物类型、充填程度和堆积时代等。

工程地质测绘的精度比例尺可采用 1:2000 或 1:5000。

第 3.1.6 条　岩溶地区尾矿设施勘察，除应参照本章有关条款进行外，还应编制专门的勘察纲要，着重查明场地的岩溶及土洞的分布情况、发育规律和发育程度，对场地的稳定性与渗漏性作出初步评价。

第二节　初 步 勘 察

第 3.2.1 条　勘察项目包括坝址、库区及筑坝材料。

勘察要求为确定坝基的稳定性，分析、研究坝基、坝肩和库区的渗漏性，或因渗漏导致环境污染，及因渗漏对工程设施、铁路，公路路基稳定性的影响，并为防治和处理措施提供资料及建议确定筑坝材料的产地、产量。

第 3.2.2 条　勘察工作包括工程地质测绘、勘探、测试和工程物探等。

第 3.2.3 条　工程地质测绘应着重对下列方面进行研究：

一、区域水库或尾矿场的建筑经验。

二、河谷成因类型、地貌特征及有无永久性渗漏。

三、不良地质现象的分布范围、发展趋势及危害程度。

四、断裂成因、力学属性、展布范围及其对工程的影响程度。

工程地质测绘的精度比例尺可采用 1:5000 或 1:2000，测绘的结幕应编制工程地质图，并应附主要工程地质条件说明。

第 3.2.4 条　勘探方法以钻探为主，辅以井、槽探。

第 3.2.5 条　坝区的勘探与测试应按下列各条进行：

一、勘探线应平行坝基（或坝轴线）；地质条件简单时，可布置一条，地质条件复杂时可酌情增加勘探线。

二、勘探点间距 40~60m，且每一条勘探线上不少于 3 个点。

三、勘探深度对一般性勘探点为 10~15m，控制性勘探点应以查明软弱夹层、可能的滑动面以及可能渗漏和发生管涌的地层为准，但最浅不得少于初期坝高的 1 倍。

控制性勘探点可按勘探点总数的 1/3~1/4 考虑。

四、采取岩、土试样和进行原位测试时，每个主要岩土层不少于 10 件次，对沉降或稳定性有影响的岩、土软弱夹层，不宜少于 6 件次。

五、对回水的或虽不回水但因渗漏对周围环境和工程设施可能有影响的，应进行压水、抽水或注水试验。

第 3.2.6 条　库区的勘探与测试应按下列各条进行：

一、沿沟谷底布置一条主勘探线，并尽量与尾矿排水管及排水井的勘探线相结合。

二、勘探点间距可按 60~120m 考虑，当排水井井位已定时，应尽量与井位的勘探点相结合。

三、勘探深度一般为 5~8m。当和排水管、排水井勘探点相结合时，应以满足地基要求为准，其勘探深度可适当加深或至坚实稳定地层内 1~2m。

四、当需研究沟谷两侧的坡体稳定性和渗漏性时，可布置垂直沟谷的辅助勘探线。勘探线数量、间距和勘探深度，可根据所需要研究的问题和地层条件决定。

五、采取岩、土试样和原位测试的数量，可按第 3.2.5 条第四款考虑。对可能构成永久渗漏的地层或构造带，应进行注水、压水或抽水试验。

第 3.2.7 条 岩溶地区尾矿设施的初勘工作应在选择坝址勘察阶段的基础上进行。着重查明岩溶、土洞的发育和分布、构造与岩溶的关系，构造带的渗漏和塌陷对坝址稳定性的影响程度，并为防治措施方案提供工程地质资料。

第 3.2.8 条 工程物探常用电测剖面法和电测探法，探查覆盖层厚度、埋藏的岩溶洼地、槽谷、较大的暗河通道和洞穴的分布、深度和方向。还可用地震、微重力和钻孔无线电波透视等方法。

第 3.2.9 条 进行岩溶水的示踪试验，以查明洞穴通道系统，了解地下河和岩溶水的补给来源等。常用的方法有化学示踪法、染色示踪法等。

为了解碳酸盐类岩层的溶蚀性质，需进行相对溶解度或比溶蚀度试验。

第三节 详细勘察

第 3.3.1 条 详细勘察应详细查明以下情况：

一、尾矿坝基和坝肩的岩土层及地基承载力标准值、变形性质、抗滑稳定性和渗漏稳定性，在湿陷性黄土地区和膨胀土地区，尚应对绕坝渗漏、潜蚀及坍渗等进行预测性评价。

二、坝基（包括初期坝和下游坝）、排水管线及排水井的地层结构及其物理、力学性质。对排水管应着重分析评价管基的压缩性及变形的均匀性。

三、坝体山坡处有无冲沟、浅谷，预测其对坝体冲刷的可能性，并提出整治措施的建议。

四、尾矿库的渗漏对附近河流、水源、农田的污染可能性并预测其影响程度，有无岩溶和强透水层及产生渗漏的方式，并预测渗漏量，特别是在靠近坝址处有湿陷性黄土时，应着重预测、评价发生坍岸的可能性。

五、尾矿库内有无滑坡、泥石流等及其分布范围。当影响尾矿库容量时，还应查明其影响程度，并提供防治和处理措施所需的资料和建议。

第 3.3.2 条 勘察工作应以勘探和测试为主。当地质条件复杂时，应在尾矿坝地段及尾矿库中可能有渗漏的地段进行工程地质测绘。测绘精度比例尺；在尾矿库地段不小于 1:22000，在尾矿坝地段不小于 1:1000。

第 3.3.3 条 坝基的勘探与测试按下列原则进行：

当坝基地质条件简单、地基性能好，且无永久渗漏和管涌发生时，可沿坝轴线布置一条勘探线。

当地质条件复杂、地基性能较差、有软弱夹层和强透水层，且坝高和坝底宽度较大时，应在坝轴线的上下游各增加一条勘探线。

勘探点间距一般按 25～50m 考虑，但在微地貌单元变化处和构造破碎带上均应有勘探点。

控制性勘探点应布置在坝轴线上，其勘探深度为初期坝高的 1.0～1.5 倍，一般性勘探点为初期坝高的 0.6～1.0 倍。当地层性能良好，且透水性小时，勘探深度应取小值。在岩溶地区，有强渗漏性地层或抗滑稳定性差的地层时，勘探深度应取大值。在预定深度内遇见基岩，除部分勘探点钻入基岩中等风化层外，其余各勘探点达到基岩顶面即可。

控制性勘探点可占勘探点总数的 1/3～1/4，但每个地貌单元上应有控制性勘探点。

采取岩、土试样和原位测试的要求，按第 3.2.5 条执行。

计算坝基稳定性所需要的抗剪强度值，应视强度计算方法的不同选取相应的试验方法。

第 3.3.4 条 尾矿库的勘探与测试，根据工程地质测绘结果，应按下列不同情况区别对待：

一、回水的尾矿库和虽不回水但因渗漏污染水源、影响农田和工程设施的尾矿库，应进行勘探测试工作。勘探点的数量和深度，应以查明渗漏途径及透水层厚度和分布为原则。

二、渗漏对水源、农田及工程设施等无危害的不回水尾矿库，一般不进行勘探测试工作。

三、尾矿库周边的分水岭上的鞍部狭窄地段，当回水标高与鞍部地面标高相接近时，为评价尾矿坝后期鞍部的稳定性，应进行勘探测试并预测评价。

第 3.3.5 条 排水管线的勘探点间距一般为 50～100m，但当地质条件复杂，地基性能较差时，在管道转角处以及在排水井的位置上，均应有勘探点。

勘探深度应根据排水管基的埋置深度、尾矿最终堆积高度、地基土的性质及地面超载条件来确定。当管基地层均匀，且压缩性低时，勘探深度一般为 8～10m；当管基地层变化大，且压缩性高时，勘探深度应加深至紧密的地层或基岩顶面，或深入到标贯锤击数大于 10 击的地层，但最深不宜超过 1.5m。

第 3.3.6 条 在尾矿坝、排水管和排水井地段，每一主要地层取土试样或进行原位测试的数量，不少于 6 件次。遇有软弱夹层时还应增加。

压缩性和湿陷性试验的参数应根据坝的高度确定，最终的加荷压力应和坝的单位荷载相当。

当采用有湿陷性的黄土做坝材时，应提供最大干重力密度时的湿陷性和渗透性资料。

第 3.3.7 条 为确定尾矿坝基和尾矿库的渗漏性，应查明强透水层、裂隙发育带和断裂带的分布、延伸范围，确定能否构成永久性渗漏。对确能构成永久性渗漏的地层或带，应进行注水、压水或抽水试验，估算渗漏量，评价其危害性，并提出防治处理的建议。

第 3.3.8 条 岩溶稳定性，应根据覆盖层的厚度、岩溶发育程度及地下水位埋深，结合岩溶塌陷的发育现状、人为因素作用的性质和强度，地质环境的变化对岩溶塌陷发展、趋势的预测等综合评价岩溶对尾矿设施的危及程度。

第 3.3.9 条 岩溶地区勘探点应着重布置在下列地段：

一、物探异常带。

二、控制岩溶发育构造的破碎带。

三、可溶性岩层与非可溶性岩层的接触带。

四、地形低洼、地表有塌陷及地表水突然消失的地段。

五、土洞发育带。

第四节 尾矿堆积坝的勘察

第3.4.1条 勘察目的如下：

一、验证已建尾矿堆积坝的稳定性。

二、为已建尾矿堆积坝继续加高的可行性及其设计提供依据。

三、为同类型的新建尾矿坝提供可借鉴的工程资料。

第3.4.2条 勘察要求如下：

一、查明尾矿堆积体的组成、密实程度及其沉积规律。

二、查明尾矿堆积体的物理、力学性质，包括动力性质及高应力状况下的强度与变形性质。

三、查明勘察期间浸润线的位置，当渗漏较严重或因渗漏而污染自然环境时，尚应查明渗漏途径。

四、研究尾矿坝及坝基的稳定性，查明各种不稳定因素，提出相应的工程措施方案。

第3.4.3条 勘探目的如下：

一、为坝体变形与稳定分析及加固方案取得地质剖面。

二、选取各种土试样进行试验。

三、测定地下水位。

四、查明坝与库区可能渗漏的途径。

第3.4.4条 尾矿堆积坝的勘察方法与稳定性评价，可按《上游法尾矿堆积坝工程地质勘察规程》（YBJ11—86）进行。

附录 2　选矿厂尾矿设施设计规范

ZBJ1—90
中华人民共和国行业标准
关于发布行业标准《选矿厂尾矿设施设计规范》的通知
（90）建标字第 695 号

　　根据原国家计委计标发〔1986〕28 号文的通知，由中国有色金属工业总公司北京有色冶金设计研究总院主编的《选矿厂尾矿设施设计规范》已经有关部门会审，现批准为行业标准，编号为 ZBJ1—90，自 1991 年 7 月 1 日起施行。

　　本标准由中国有色金属工业总公司管理，其解释等具体工作由北京有色冶金设计研究总院负责。

中华人民共和国建设部

1990 年 12 月 30 日

选矿厂尾矿设施设计规范

ZBJ1—90

第一回 总 则

第 1.0.1 条 为使我国选矿设施设计符合国家的有关方针、政策和法令，达到妥善贮存尾矿和保护环境的要求，特制定本规范。

第 1.0.2 条 本规范适用于新建、扩建、改建和选矿厂尾矿设施设计。

第 1.0.3 条 选矿厂必须有完善的尾矿设施，严禁尾矿排入江、河、湖、海。

第 1.0.4 条 尾矿设施设计除应遵守本规范的规定外，尚应符合国家现行有关标准、规范的规定。

第 1.0.5 条 尾矿设施设计应符合下列要求：

一、符合企业建设的总体规划，尾矿库使用年限与选矿厂的生产年限相适应；当采用多库分期建设合理时，应制定出分期建库规划，确保后期库的竣工投产时间比前期库的闭库时间提前 0.5～1 年，每期尾矿库的使用年限，小型选矿厂不宜少于 5 年，大、中型选矿厂不宜少于 10 年。

二、在满足生产要求和确保安全的前提下，充分利用荒地和贫瘠土地，不占、少占和缓占农田，有条件时可考虑造地还田和尾矿库闭库后复田。

三、对有现实利用价值的尾矿考虑综合利用的要求。

四、充分回收利用尾矿澄清水，少向下游排放。

五、提交的最终设计文件中有专供厂矿生产管理使用的设计要点说明及有关的主要图纸。

第 1.0.6 条 尾矿设施设计视其工程规模、设计阶段、项目组成和重要性等因素，应具有下列相应的基础资料：

选矿工艺资料；

尾矿量和尾矿的物理、化学性质资料；

尾矿浆的沉降和浓缩试验资料；

尾矿水水质分析和水处理试验资料；

尾矿水力输送试验或流变学试验资料；

尾矿土力学试验资料；

尾矿堆坝试验及渗流试验资料；

气象及水文资料；

尾矿库库区、坝址、排水构筑物沿线、筑坝材料场地和输送管槽线路等的测量、工程地质与水文地质勘察资料；

尾矿库上、下游居民区工农业经济调查资料；

尾矿库占用土地、房屋和其他设施拆迁及管道穿越铁路、公路、通航河流等的协议文件、环保资料。

第二回 尾 矿 库

第2.0.1条 尾矿库库址的选择遵守下列原则：

一、不宜位于工业企业、大型水源地、水产基地和大居民区的上游。

二、不宜位于大居民区及厂区最大频率风向的上风侧。

三、不迁或少迁村庄。

四、不应位于全国和省重点保护名胜古迹上游。

五、不宜位于有开采价值的矿床上面。

六、汇水面积小，有足够库容和初、终期库长。

七、筑坝工程最小，生产管理方便。

八、工程、水文地质条件好。

九、尾矿输送距离短，能自流或扬程小。

第2.0.2条 所需尾矿库的有效库容按式2.0.2-1确定。尾矿库内的尾矿平均堆积干容重应根据试验或以尾矿库的实测资料确定；当缺少该资料时，颗粒密度ρ_g为2.7t/m³的尾矿可按表2.0.2选定，其他密度的尾矿，应将表中数值乘以校正系数β。β值可按式2.0.2-2确定。

$$V_y = \frac{W}{\gamma_d} \qquad (2.0.2-1)$$

$$\beta = \frac{\rho_g}{2.7} \qquad (2.0.2-2)$$

式中　V_y——所需尾矿库的有效库容（m³）；

　　　γ_d——尾矿库的平均堆积干容重（t/m³）；

　　　W——尾矿库设计年限内需贮存的尾矿量（t）。当采用上游式尾矿筑坝时，即为选矿厂排出的尾矿量，当采用下游式尾矿筑坝时，则为选矿厂排出的尾矿量扣除筑坝用粗尾砂量。

表2.0.2 尾矿平均堆积干容重

原尾矿名称	尾粗砂	尾中砂	尾细砂	尾粉砂	尾粉土	尾粉质黏土	尾黏土
平均堆积干容重（t/m³）	1.45~1.55	1.4~1.5	1.35~1.45	1.3~1.4	1.2~1.3	1.1~1.2	1.05~1.1

第2.0.3条 尾矿库的有效库容和调洪库容应按不同坡度的尾矿沉积滩面和库底地形计算确定。

尾矿沉积滩的坡度i_t可按尾矿物理性质及放矿条件类似的其他尾矿库实测资料或由试验确定。当缺少该资料时可按附录2计算。计算有效库容时可取较大值（1.0~1.2i_t）；计算调洪库容时可取较小值（0.8~1.2i_t）。

第2.0.4条 尾矿库各使用期的设计等别应根据该期的全库容和坝高分别按表2.0.4确定。当两者的等差为一等时，以高者为准；当等差大于一等时，按高者降低一等。

尾矿库失事将使下游重要城镇、工矿企业或铁路干线遭受严重灾害者，其设计等别可提高一等。

第 2.0.5 条 尾矿库构筑物的级别根据尾矿库的等别及其重要性按表 2.0.5 确定。

表 2.0.4 尾矿库的等别

等 别	全库容 V (10000m³)	坝高 H（m）
一	二等库具备提高等别条件者	
二	≥10000	H≥100
三	1000≤V<10000	60≤H<100
四	100≤V<1000	30≤H<60
五	V<100	H<30

表 2.0.5 尾矿库构筑物的组别

尾矿库等别	构筑物的级别		
	主要构筑物	次要构筑物	临时构筑物
一	1	3	4
二	2	3	4
三	3	5	5
四	4	5	5
五	5	5	5

注：主要构筑物指尾矿坝、库内排水构筑物等失事后难以修复的构筑物；次要构筑物指库外排水构筑物；临时构筑物指尾矿库施工期临时使用的构筑物。

第 2.0.6 条 尾矿库的设计应视其筑坝工程量、排水构筑物形式和操作要求以及库区距矿区的距离等因素。

第三回 尾 矿 坝

第一节 一 般 规 定

第 3.1.1 条 尾矿坝的选择应以筑（堆）坝工程量小，形成的库容大和避免不良的工程、水文地质条件为原则，并结合筑坝材料来源、施工条件与排水构筑物的布置等因素综合考虑确定。下游式尾矿筑坝宜选择具有一定长度的狭窄谷口作为筑坝坝址。

第 3.1.2 条 尾矿坝宜以滤水坝为初期坝，利用尾矿筑坝。当遇有下列条件之一时，才可全部采用当地土石料或废石建坝。

第 3.1.3 条 初期坝坝高的确定应满足下列要求：

一、贮存选矿厂投产后半年以上的尾矿量。

二、澄清尾矿水。

三、调蓄洪水。

四、利用尾矿库调蓄生产供水时，贮存所需的调蓄水量。

五、冰冻地区容纳冰层和冰下排矿的容积。

第 3.1.4 条 坝基处理应满足渗流控制和静、动力稳定要求。

第 3.1.5 条　尾矿筑坝的方式，对于设计地震烈度为 7 度及 7 度以下的地区宜采用上游式筑坝，设计地震烈度为 8～9 度的地区宜采用下游式或中线式筑坝。

第 3.1.6 条　下游式或中线式尾矿坝应设上游初期坝，下游可设置滤水坝址，二者之间的坝基应设置排渗褥垫或排渗盲沟。

第 3.1.7 条　尾矿库挡水坝应按水库坝要求设计。

第二节　沉积滩的最小安全超高和最小滩长

第 3.2.1 条　上游式尾矿坝沉积滩顶至最高洪水位的高差不得小于表 3.2.1 的最小安全超高值，同时，滩顶至最高洪水位水边线的距离不得小于表 3.2.1 的最小滩长值。

表 3.2.1　上游式尾矿坝的最小安全超高与最小滩长

坝的级别	1	2	3	4	5
最小安全超高（m）	1.5	1.0	0.7	0.5	0.4
最小滩长（m）	150	100	70	50	40

第 3.2.2 条　下游式与中线式尾矿坝坝顶外缘至最高洪水位水边线的距离不宜小于表 3.2.2 的最小滩长值。

表 3.2.2　下游式及中线式尾矿坝的最小滩长

坝的级别	1	2	3	4	5
最小滩长（m）	100	70	50	35	25

当坝体采取防渗斜（心）墙时，坝顶至最高洪水位的高差亦不得小于表 3.2.1 的最小安全超高值。

第 3.2.3 条　尾矿库挡水坝坝顶至最高洪水位的高差不得小于表 3.2.1 的最小安全超高值、最大风拥水面高度和最大波浪爬高三者之和。风拥水面高度和波浪爬高可按《碾压式土石坝设计规范》推荐的方法计算。

第 3.2.4 条　地震区的尾矿除应符合第 3.2.1 条的规定外，尚应符合下列规定：

上游式尾矿坝沉积滩顶至正常高水位的高差不得小于表 3.2.1 的最小安全超高值与地震涌浪高度之和，滩顶至正常高水位边线的距离不得小于表 3.2.1 的最小滩长值与地震涌浪高度对应滩长之和。

下游式与中线式尾矿坝坝顶外缘至正常高水位水边线的距离不宜小于表 3.2.2 的最小滩长值与地震涌浪高度对应滩长之和。

尾矿库挡水坝坝顶至正常高水位的高差不得小于表 3.2.1 最小安全超高值与地震涌浪高度之和。

地震涌浪高度可根据设计地震烈度和水深确定，可采用 0.5～1.5m。

第三节　渗流计算与渗流控制

第 3.3.1 条　上游式尾矿坝的渗流计算应考虑尾矿筑坝放矿水的影响。

第 3.3.2 条　上游式尾矿堆积坝可采取下列措施控制渗流：

一、尾矿筑坝地基设置排渗褥垫、水平排渗管（沟）及排渗井等。

二、尾矿堆积体内设置水平排渗管（沟）或垂直排渗井等。

三、与山坡接触的尾矿堆积坡脚处设置贴坡排渗或排渗管（沟）等。

四、适当降低库内水位，增大沉积滩长。

五、坝前均匀放矿。

第四节 稳定计算与稳定措施

第3.4.1条 尾矿初期坝与堆积坝坝坡的抗滑稳定性应根据坝体材料及坝基土的物理力学性质，考虑各种荷载组合，经计算确定。计算方法宜采用瑞典圆弧法。当坝基或坝体内存在软弱土层时，可采用改良圆弧法。考虑地震荷载时，应按《水工建筑物抗震设计规范》的有关规定进行计算。

非地震区的5级尾矿坝，当坝坡取1:4～1:5时，除原尾矿属尾黏土和尾粉质黏土以及软弱坝基外，可不做稳定计算。

第3.4.2条 尾矿坝稳定计算的荷载分下列五类，可根据不同运行情况按表3.4.2进行组合：

一、筑坝期正常高水位的渗透压力。

二、坝体自重。

三、坝体及坝基中的孔隙压力。

四、最高洪水位有可能形成的稳定渗透压力。

五、地震荷载。

表 3.4.2 荷载的组合

荷载类别		荷载组合 1	2	3	4	5
正常运行	总应力方法	有	有	—	—	—
	有效应力方法	有	有	有	—	—
洪水运行	总应力方法	—	有	—	有	—
	有效应力方法	—	有	有	—	—
特殊运行	总应力方法	—	有	—	有	有
	有效应力方法	—	有	有	有	有

第3.4.3条 坝坡抗滑稳定的安全系数不应小于表3.4.3规定的数值。

表 3.4.3 坝坡抗滑稳定最小安全系数

坝的级别 运用情况	1	2	3	4.5
正常运行	1.30	1.25	1.20	1.15
洪水运行	1.20	1.15	1.10	1.05
特殊运行	1.10	1.05	1.05	1.00

第3.4.4条 尾矿坝坝体材料及坝基土的抗剪强度指标类别，应视强度计算方法与土类的不同按表3.4.4选取。

表3.4.4 尾矿及土的抗剪强度指标类别

强度计算方法	土的类别	强度指标类别		使用仪器	试样起始状态
		试验方法	强度指标		
总应力方法	无黏性土	固结不排水剪	C_u、Φ_u	三轴仪	一、坝样起始状态 1. 含水量及密度与原状一致; 2. 浸润线以下和水下要预先饱和; 3. 试验应力与坝体实际应力相一致。 二、坝基用原状土
	少黏性土	固结快剪		直剪仪	
		固结不排水剪		三轴仪	
	黏性土	固结快剪		直剪仪	
		固结不排水剪		三轴仪	
有效应力方法	无黏性土	慢 剪	C、Φ	直剪仪	
	黏性土	固结排水剪		三轴仪	
		慢 剪		直剪仪	
		固结不排水剪、测孔压		三轴仪	

注: 1. 少黏性土指黏粒含量小于15%的尾矿。

2. 软弱尾黏土类黏性土采用固结快剪指标时,应根据其固结程度确定;当采用十字板抗剪强度指标时,应考虑土体固结后强度的增长。

第3.4.5条 上游式尾矿坝的计算断面应考虑到尾矿沉积规律,根据颗粒粗细程度概化分区。各区尾矿的物理力学指标可参考类似尾矿坝的勘察资料或按附录4确定。必要时通过试验研究确定。

第3.4.6条 上游式尾矿坝堆积至1/2～2/3最终设计坝高时,宜对坝体进行一次全面的勘察,以验证最终设计坝体的稳定性和确定后期的处理措施。

第3.4.7条 当尾矿坝抗滑稳定性不够时,除可采取第3.3.4条有关措施外,还可根据具体情况采取如下一种或几种措施:

一、坝下游坡脚加反压平台。

二、处理软弱土层。

三、放缓尾矿堆积坝的下游坝坡。

四、提高坝体的密实度。

第五节 构 造 要 求

第3.5.1条 初期坝坝顶宽度,当无行车要求时,不宜小于表3.5.1规定的数值;当有行车要求时,坝顶宽度及路面构造应符合厂矿道路设计规范要求。

表3.5.1 初期坝坝顶最小宽度

坝高（m）	坝顶最小宽度（m）
<10	2.5
10～20	3.0
20～30	3.5
>30	4.0

第3.5.2条 下游式或中线式尾矿筑坝坝顶宽度不得小于表3.5.2的规定。

表3.5.2 下游式、中线式尾矿筑坝坝顶最小宽度

坝高（m）	坝顶最小宽度（m）
<30	3～10
30～60	10～15
>60	15～20

第3.5.3条 透水堆石坝堆石体上游坡坡比不宜陡于1:1.6；土坝上游坡坡比可略陡于或等于下游坡。初期坝下游坡坡比在初定时可按表3.5.3确定。

表3.5.3 初期坝下游坡坡比

坝高（m）	土坝下游坡坡比	透水堆石坝下游坡坡比	
		岩 基	非岩基（软基除外）
5～10	1:1.75～1:2.0		
10～20	1:2.0～1:2.5	1:1.5～1:1.75	1:1.75～1:2.0
20～30	1:2.5～1:3.0		

第3.5.4条 尾矿坝设计应有防止初期放矿直接冲刷初期坝上游坡面的措施。

第3.5.5条 上游式尾矿坝的初期坝下游坡面，应沿高程每隔10～15m设一马道，其宽度不宜小于1.2m。尾矿堆积坝有行车要求时，也应沿下游坝坡每隔10～15m高设一马道，其宽度不小于5m。

第3.5.6条 尾矿堆积坝下游坡与两岸山坡结合处的山坡上应设置截水沟。

第3.5.7条 上游式尾矿坝的堆积坝下游坡面上，可结合排渗设施每隔6～10m高差设置排水沟。

第3.5.8条 透水初期坝上游坡面采用土工布组合反滤层时，土工布嵌入坝基及坝肩的深度不得小于0.5m，并需用土料填塞密实。

第3.5.9条 4级及4级以上的尾矿坝，应设置坝体位移和坝体浸润线的观测设施。必要时还宜设置孔隙水压力、渗透水量及其浑浊度的观测设施。

第四回 尾矿库排洪

第一节 一般规定

第4.1.1条 尾矿库的排洪方式，应根据地形、地质条件、洪水量、调洪能力、回水方式、操作条件与使用年限等因素，经过技术经济比较确定。宜采用排水井（或斜槽）——排水管（或隧洞）系统，有条件时也可采用溢洪道或截洪沟等排洪设施。

第4.1.2条 尾矿库的防洪标准应根据各使用期库的等别，综合考虑库容、坝高、使用年限及对下游可能造成的危害等因素，分别按表4.1.2确定。

当确定库等别的库容或坝高偏于该等下限，尾矿库使用年限较短或失事后对下游不会造成严重危害者宜取下限，反之应取上限。

表4.1.2　尾矿库防洪标准

尾矿库等级		一	二	三	四	五
洪水重现期（年）	初期	—	100~200	50~100	30~50	20~30
	中、后期	1000~2000	500~1000	200~500	100~200	50~100

注：初期指尾矿库启用后的头3~5年。

第4.1.3条　贮存铀矿等有放射性或有害尾矿，失事后可能对下游环境造成极其严重危害的尾矿库，其防洪标准应予以提高，必要时其后期防洪可按可能最大洪水进行设计。

第二节　水文及高调洪计算

第4.2.1条　尾矿库洪水计算应符合下列要求：

一、应根据当地水文图册或有关部门建议的适用于特小汇雨面积的计算公式进行计算。当采用全国通用的公式时，应采用当地的水文参数。有条件时应结合现场洪水调查予以验证。

二、库内水面面积不超过流域面积的10%，则可按全面积陆面汇流计算。否则，水面和陆面面积的汇流应分别计算。

第4.2.2条　设计洪水的降雨历时应采用24h计算，经论证也可采用短历时计算。

第4.2.3条　当一日洪水总量小于调洪库容时，洪水排出时间不宜超过72h。

第三节　排水构筑物

第4.3.1条　尾矿库排水构筑物的形式及尺寸应根据水力计算及调洪计算确定。对一、二等尾矿库及特别复杂的排水构筑物，还应通过水工模型试验验证。

第4.3.2条　尾矿库排洪构筑物宜控制常年洪水（多年平均值）不产生无压与有压流交替工作状态。无法避免时，应加设通气管。当设计为有压流时，排水管接缝处的止水应满足工作水压的要求。

排水管或隧洞中的最大流速应不大于管（洞）壁材料的容许流速。

第4.3.3条　排水构筑物的基础应避免设置在工程地质条件不良或需要填方的地段。无法避开时，应进行地基处理设计。

第4.3.4条　排水构筑物的进水构筑物位置，应根据回水和排放的水质要求经计算或参考类似尾矿库的实际运行经验确定。

进水构筑物的形式应根据排水量大小、尾矿库的地形条件和是否兼作回水设施等因素确定。当排水量较小时，宜采用窗口式排水井或斜槽，否则宜采用框架式、砌块式排水井。当采用排水井时，其内径不宜小于1.2m。

第4.3.5条　排水井井底应设置消力坑。排水管或隧洞变坡、转弯和出口处，应视具体情况采取消能防冲措施。

第4.3.6条　排水管或斜槽的净高不宜小于0.8m，对于小型工程其净高不宜小于0.5m，隧洞的净高不小于1.8m，净宽不小于1.5m。排水管或隧洞的最小设计坡度不宜小于0.003。排水隧洞的最大坡度（短距离的斜井除外），当为轻便铁轨矿车出渣时，不宜大于0.02，当为手推车出渣时，不宜大于0.05。

658 · 附录 尾矿政策法规

第4.3.7条 排水构筑物可采用钢筋混凝土和砌石结构。排水构筑物的结构设计应按《水工结构设计规范》和《水工隧洞设计规范》进行。

第4.3.8条 排水构筑物应按岩土压力、自重、内外水压力、弹性抗力、风荷载、地震力和施工吊装等荷载的最不利组合进行设计。

第4.3.9条 排水管应根据地基和气温条件确定分缝长度。建在岩基上的排水管,宜每隔15～25m设一条温度缝,在岩性变化或断层处应设沉降缝;建在土基上的排水管,宜每隔4～8m设一条沉降缝。接缝处可采用橡胶或塑料止水带,无压管亦可采用反滤接头。当排水管的地基为软弱土层或沉陷量过大时,应进行地基加固处理。

第4.3.10条 排水管通过土坝地段,宜每隔10～15m设一道截水环。管道两侧及管顶以上0.5m的回填土应人工夯实,其密实度不应低于坝体的填筑标准。排水管道过堆石坝地段,应在管周围填筑级配良好的碎石过渡层。厚度不小于0.5m。

第4.3.11条 尾矿库库区内的沟埋式和平埋式管段可就地取土回填,管道两侧回填土必须夯实,管顶部应松填,其厚度不小于0.5m。

第4.3.12条 设计排水系统时,应考虑终止使用时在井座上或支洞末端进行封堵的措施,并做出封堵设计。

第4.3.13条 在排水构筑物上或尾矿库内适当地点,应设立清晰醒目的水位标尺。

第五回 尾矿库回水

第5.0.1条 当回收尾矿水供选矿厂生产复用时,回水量应结合生产供水要求,通过尾矿库水量平衡计算确定。回水设计保证率应与新水水源的设计保证率相同。

第5.0.2条 尾矿库回水水量平衡计算中,降雨量的设计保证率应与尾矿库回水设计保证率一致;水面蒸发量的设计频率应与尾矿库回水设计保证率对应。渗透损失水量可按表5.0.2所列损失水层厚度估算。对于特殊工程地质情况的尾矿库,则需分别计算坝体、坝基、库底和沿岸的渗透量。

表5.0.2 尾矿库渗透损失水量

水文地质条件	渗透损失水层厚度（m）	
	年	月
渗漏较小（不透水地层）	0.5	0.04
中等渗漏	0.5～1	0.04～0.08
渗漏较大（不含水的透水地层）	1～2	0.08～0.16

第5.0.3条 尾矿库回水设计应充分利用库中水的位能以节约能源。有条件时应采用静压回水方式。对于尾矿坝较高,回水率和回水均衡性要求较高以及水面结冰期较短的尾矿库,宜采用库内缆车或囤船式回水泵站回水。

第5.0.4条 回水泵站的设计应留有富裕能力,以增大回水量。

第5.0.5条 尾矿库内回水取水点距尾矿沉积滩水边线的距离,在尾矿库全部使用期间均应满足不小于澄清距离的要求。澄清距离可参照类似尾矿库实测数据或通过计算确定。

第5.0.6条　尾矿回水水池的容积，对于中、小型选矿厂不宜少于6~8h的回水供水量，大型选矿厂不宜少于3~4h的回水供水量。

第六回　尾矿浓缩

第6.0.1条　尾矿流量较大、浓度较低的尾矿输送系统宜考虑尾矿浓缩，并结合地形条件通过技术经济比较确定。

第6.0.2条　尾矿浓缩设计应满足选矿工艺对水质的要求和尾矿输送、筑坝对浓度的要求。溢流澄清水供选矿厂使用时，其悬浮物含量不宜大于500mg/L；向下游排放时，则应符合第9.0.3条的要求。排矿浓度不宜小于30%。

第6.0.3条　当一段浓缩满足不了溢流水水质或排矿浓度的要求时，可采用多段浓缩、分流浓缩或投加絮凝剂等处理方式。

第6.0.4条　浓缩池所需面积和深度，应视要求的溢流水悬浮物含量和排矿浓度，根据有代表性矿样的静态沉降试验成果或参照尾矿浓缩的实际运行资料，经计算确定。必要时还应通过半工业性或工业性试验验证。

第6.0.5条　浓缩池规格和数量的选择应根据选矿厂生产规模、系列数、投产过程及地形条件等因素确定，以直径大、数量少为宜，不设备用。

第6.0.6条　浓缩池的布置应结合选矿厂及尾矿设施总体考虑，做到布置紧凑，管槽线路短，工程量少，管理方便。

第6.0.7条　在有可能出现冰冻的地区，周边传动浓缩机应采用齿轮传动。严寒地区浓缩池的防冻措施，应通过热工计算并参考类似生产实例确定。

第6.0.8条　浓缩池给矿口前应设置拦污格栅。栅条净距宜采用15~25mm。

第6.0.9条　浓缩池给矿管（槽）应安装在桁架上，并留有便于检修的人行通道。通道宽度不应小于0.5m。

第6.0.10条　溢流堰形式可采用孔口、三角或平顶堰，但应满足均匀出水要求。当浓缩池直径较大或地基条件较差时，不宜采用平顶堰，宜采用可调式溢流堰。当矿浆中含有泡沫或漂浮物时，在溢流堰前应设置挡板，必要时尚应设置清除装置。

第6.0.11条　浓缩池周边溢流槽和排水口的断面应通过水力计算确定，但槽宽不得小于0.2m。

第6.0.12条　浓缩池底部排矿口不宜少于2个，其上应设置双阀门。阀门之间应装设清堵水管，其水压不应小于300kPa。排矿管穿过池壁处应设置填料式穿墙套管。

第6.0.13条　浓缩池底部通廊内排矿管、槽断面及水力坡降应通过水力计算确定。管道水力计算时的静压头可按浓缩池溢流液面减2m计算。压力管道应设备用。

第6.0.14条　底部通廊的净空高度不宜低于2m，人行道宽度不宜小于0.7m。通廊内应设有排水边沟，地坪的纵、横方向应有不小于0.01的坡度。通廊内应有安全照明、并应考虑通风要求。当自然通风无法满足时，应设置机械通风。

第6.0.15条　浓缩机应装设过载报警及必要的保护装置。有条件还应考虑必要的计量、检测仪表。

浓缩池需操作、检修的部位应设有照明设施。

第6.0.16条　浓缩池可不设事故排矿设施。

第七回　尾矿管槽

第一节　一般规定

第7.1.1条　尾矿水力输送可根据地形条件采用无压自流输送、静压自流输送和加压输送等方式，也可以采用几种形式联合的输送方式。

第7.1.2条　尾矿输送管槽线路的选择和设计，应综合考虑并符合下列原则：

一、符合企业及线路通过地区总体布置要求。

二、尽量自流或局部自流输送。

三、不占或少占农田。

四、线路短，土石方及构筑物工程量小。

五、减少及减小平面与纵断面上的转角，避免形成 V 形管段。

六、避免穿过居民住宅区、铁路及公路。

七、避开不良工程地质地段和洪水淹没区。不得通过陷（崩）落区、爆破危险区和废石堆放区。

八、邻近道路、水源和电源，便于施工及维修。

第7.1.3条　尾矿管槽的输送能力应与选矿厂排出尾矿量相适应。当选矿厂各期尾矿量变化较大，设置一条工作管道不经济不合理时，可分期敷设多条工作管道。

第7.1.4条　无压自流输送管槽可不用设备。静压自流和加压输送管道应用设备，但矿浆对管道磨蚀较轻或采用耐磨管材及管件时也可不用设备。

第7.1.5条　寒冷地区的输送管槽经热工计算矿内有可能冻结时，应采取防冻措施。

第二节　水力计算

第7.2.1条　选矿厂排出的尾矿浆正常流量可按式7.2.1-1计算。

$$Q_k = W\left(\frac{1}{\rho_g} + \frac{m}{\rho_3}\right)\frac{1}{86400} \tag{7.2.1-1}$$

$$m = \frac{1}{P} - 1 \tag{7.2.1-2}$$

式中　Q_k——尾矿浆正常流量（m³/s）；

W——尾矿固体量（t/d）；

ρ_g——尾矿颗粒密度（t/m³）；

ρ_3——水的密度（t/m³）；

m——矿浆中水重与尾矿固体重的比值（水固比）；

P——矿浆的重量浓度。

第7.2.2条　厂区不设浓缩池或其他流量调节装置时，尾矿输送管槽的设计流量应在正常流量的基础上考虑一定的波动范围。选矿工艺提供不出确切数据时，波动范围可取±10%，即上限流量 $Q_{max} = 1.1Q_k$，下限流量 $Q_{min} = 0.9Q_k$。

第7.2.3条　尾矿输送管槽的临界流速（临界管径或断面）及摩阻损失（水力坡降），可根据计算或经验数据确定。但对线路较长、矿浆浓度较高、固体密度较大的输送管槽宜通过试验确定。

尾矿自流管槽水力计算中，计算过流断面时的流量取 Q_{max}，计算水力坡降时的流量取 Q_{min}。

尾矿压力管道水力计算中，应按 Q_{max} 及 Q_{min} 分别计算其临界管径 D_{max} 及 D_{min}，并据此选用适当标准管径 D。计算摩阻损失时，流量与管径的取值应按最不利情况考虑：

一、当 $D < D_{min}$ 时，流量取 Q_{max}，管径取 D；

二、当 $D > D_{max}$ 时，流量取 Q_{min}，管径取 D_{min}；

三、当 $D_{min} < D < D_{max}$ 时，应取 Q_{min} 和 D_{min} 及 Q_{max} 和 D 分别计算，取其中大者。

第7.2.4条　尾矿输送自流管的最大设计充满度可按表7.2.4确定。

表7.2.4　自流管最大设计充满度

管径（mm）	最大设计充满度
150～300	0.5
350～500	0.6
600～900	0.65
≥1000	0.7

第7.2.5条　尾矿输送自流槽的断面可采用矩形或梯形，槽底最小宽度0.2m。自流槽的水面超高宜采用0.15～0.4m，断面大、流速大者取大值，反之取小值。转角处或坡度由大变小处的超高可根据经验或计算适当加大。

第7.2.6条　尾矿输送自流管及压力管的最大设计流速不宜超过临界流速的1.3倍，自流槽的最大设计流速不宜超过临界流速的1.4倍。

第三节　管槽敷设

第7.3.1条　尾矿管道可明设或半埋设，尾矿对管道磨蚀较小，气温温差较大则可埋设。尾矿自流槽宜明设，管槽明设对交通运输和环境有影响时，管道可暗设在地沟或通廊内，自流槽可加设盖板或敷设在通廊内。

第7.3.2条　自流槽的平面转角不宜大于60°并应做成曲线，曲线半径不得小于槽宽的5倍。当转角大于60°，或虽不大于60°，但受地形限制不能按要求做成曲线时，可采用转角井，有落差时可采用跌落转角井。

第7.3.3条　管道转角使用的弯头不宜大于45°。当转角角度较小时，可利用接头偏转调整。

第7.3.4条　自流槽与管道连接时，应设跌落井。井高按水力计算确定。平面尺寸按施工和检修要求确定。

第7.3.5条　管槽路基面的宽度，应根据管槽断面大小、管槽外壁之间和外壁至路缘的距离以及人行道或简易车道的宽度等因素决定。其中管槽外壁之间的距离不应小于0.4m，外壁至路缘的距离不应小于0.3m，人行道宽0.5～0.7m。

第7.3.6条　管槽路基的排水，应根据地形和工程地质条件设一侧或两侧排水沟。路基面应有 0.02 的横向坡度坡向排水沟。排水沟的纵向坡度与路基纵坡相同。

第 7.3.7 条 管槽路堑的边坡坡度，可根据岩性、层理及路堑高度按表 7.3.7 确定。在具有不同物理力学性质的地层中，路堑边坡可设计成折线形，当有地下水时，边坡应通过稳定验算确定。

表 7.3.7   路堑边坡坡度

序号	岩 土 种 类		边坡高度（m）	边坡坡度
1	黏性土		<15	1:1 ~ 1:1.25
2	黄土及类黄土		<15	1:0.3 ~ 1:1.25
3	碎石（角砾）和卵石（圆砾）土	胶结密实	<15	1:0.5 ~ 1:1.1
		中 密	<15	1:1 ~ 1:1.5
4	强风化岩石		<15	1:0.35 ~ 1:1.25
5	中等风化岩石		<15	1:0.2 ~ 1:1
6	微风化岩石		<15	直立 ~ 1:0.75

第 7.3.8 条 管槽路堤的边坡坡度，可根据岩性及路堤高度确定。对于中等密实的岩土，可按表 7.3.8 确定。

表 7.3.8   路堤边坡坡度

序 号	岩 土 种 类	边坡高度（m）	边坡坡度
1	黏性土	<12	1:1.5 ~ 1:1.75
2	砾石土、粗砂、中砂	<12	1:1.5
3	碎石土、卵石土	<12	1:1.5
4	易风化的石块	<8	1:1.5
5	不易风化的石块	<8	1:1.3

路堤受水浸淹部分的边坡坡度，应采用 1:2，必要时应采取边坡加固和防护措施。

第 7.3.9 条 输送管槽与铁路或公路交叉时应符合下列要求：

一、与铁路或公路宜垂直交叉。

二、管桥或渡槽跨越公路时，路面上的净高不应小于 4.5m，柱（墩）边与公路边缘的距离不应小于 1m；跨越铁路时轨顶以上的净高，对蒸汽机车及内燃机车不应小于 6m，对电力机车不应小于 6.55m，柱（墩）边与铁路中心线的距离不应小于 2.44m。

三、管槽从铁路或公路下面穿过时，应首先考虑利用已有桥涵敷设。当不能利用上述构筑物时，应设专用的涵洞或套管。套管管顶至铁路路基面的净距不应小于 1m，至公路路面的净距不应小于 0.5m。套管管径应比输送管道大 0.2 ~ 0.3m。

四、与铁路或公路的交叉设计应取得有关部门的同意。

第 7.3.10 条 输送管槽与河流交叉时应符合下列要求：

一、与河流宜垂直交叉。

二、跨越河流时，应考虑利用已有的桥梁。当需新建管桥或渡槽时，对于通航河流，桥（槽）下的净空应符合航运部门的要求；对不通航河流，桥（槽）梁底应比洪水重现期 20 ~ 50 年一遇的洪水位高 0.5m。

三、与河流的交叉设计应取得有关部门同意。

第7.3.11条　尾矿输送管道架空高度4m以下可不设管桥。当设置管桥时，桥上应设人行道及保护栏杆。人行道宽度宜为0.5~0.7m，栏杆高度宜为0.9m。

第7.3.12条　敷设尾矿输送管槽的暗沟，应根据管槽设置深度与检修要求的不同，设计成可通行的或不可通行的。可通行的暗沟，走道宽度不应小于0.5m，净高不应小于1.8m。当与其他地下设施相交时，局部高度可以降低至1.2m。暗沟沟壁同管壁之间以及管壁与管壁之间的净距不应小于0.3m。对于较长的可通行暗沟，应采取通风措施。

第7.3.13条　尾矿自流槽的设计坡度，应等于或稍大于计算坡度。当地形坡度过大时，应采取陡坡人工加糙、单级或多级跌水及跌落井等消能措施。

第7.3.14条　尾矿压力管道在停泵时不需排空者，其敷设坡度不应大于尾矿颗粒在管内的下滑坡度；需排空者，敷设坡度不宜小于0.003。寒冷地区小于200mm的管道，其敷设坡度不宜小于0.03。

第7.3.15条　尾矿输送管道V形管段的管径，不得大于临界管径。最低处应设置排矿口。排矿口的操作根据需要可采用人工或自动控制。

第7.3.16条　对于线路较长、断面较大的尾矿输送管槽，应结合尾矿泵站和尾矿库（坝）的施工及检修，统一考虑修建简易车道。

第7.3.17条　坝顶放矿支管的间距宜采用8~15m。同时放矿的支管断面面积之和应为主管的1.5~2倍。较长的尾矿坝可用矿浆阀门将主管分成几段，以便分段放矿及检修。

第7.3.18条　为满足坝顶放矿管移管堆坝的需要，应设置向库内集中放矿的管道。寒冷地区还应采取冰下放矿的措施。

第四节　管槽材料及附属装置

第7.4.1条　尾矿管道工作压力1MPa以上的高压管道、V形管段及架空管宜采用钢管或球墨铸铁管；需加内衬的管道宜采用钢管；坝上放矿管宜采用钢管或塑料管，自流槽可采用混凝土、钢筋混凝土或砖石结构。架空渡槽也可采用钢结构。

第7.4.2条　尾矿管槽应设计磨耗层或衬板。自流槽可用混凝土原槽壁预留磨耗层、水泥砂浆磨耗层或铸石衬板等；压力管可预留磨耗壁厚或加衬橡胶、铸石及其他耐磨材料。

第7.4.3条　铸铁管宜采用承插连接，接口材料可采用膨胀水泥、石棉水泥或橡胶圈（与橡胶圈接口铸铁管配套使用）。钢管可采用焊接、法兰或拆装方便的快速接头连接。

第7.4.4条　明设在路基和管桥上的尾矿管道应放置在枕垫上。枕垫可用混凝土预制，净高不应小于0.2m。间距视管材及管径大小而定：对于铸铁管宜为2~3m，但每节管不宜少于两个；钢管可取3~5m。

第7.4.5条　明设管道伸缩节的设置及设置的数量与地点，应视当地温差、管道布置情况、接口连接方式和强度等因素经计算确定。采用快速管接头或其他措施能补偿伸缩量时可不设伸缩节。两平行管道上相邻伸缩节的位置应错开布置。

第7.4.6条　尾矿管道上的截流阀门应选用耐磨性能好的矿浆专用阀门，不宜采用清水阀门。

第7.4.7条　尾矿管道明显隆起点应设置排气装置。

第7.4.8条 直径300mm以上明设管道的垂直或水平转角处和斜坡段，应根据气温、管材、矿浆特性、工作压力及管道敷设情况进行推力计算，并设置必要的固定支墩（架）。

第7.4.9条 钢管及钢制管件的外表面应采取必要的防腐措施。

第7.4.10条 输送管槽起点附近或适当位置可根据需要设置取样、计量装置和拦污格栅。栅条净距为15～25mm，栅条间隙的总面积不小于管槽过水断面的1.5～2倍。

第八回 尾矿泵站

第一节 一般规定

第8.1.1条 矿浆泵应根据输送的矿浆流量、所需扬程、矿浆浓度、尾矿粒度及磨蚀性等因素进行选型。

第8.1.2条 泵站的数量应根据所需扬程和选用的泵型经计算确定。在设备允许的前提下，应减少泵站的数量。

第8.1.3条 泵站位置的确定应符合下列要求：

一、宜设计成地上式，并避免大的挖方。

二、泵站的事故矿浆及外部管道放空的矿浆可自流排往附近的事故池。

三、设在稳定的地基上。

四、避免设在洼地或洪水淹没区，当不能避免时，泵站的地坪应高出洪水重现期为50年的洪水位0.5m以上，或考虑其他防洪措施。

五、有适当的交通能源条件。

第二节 矿浆池

第8.2.1条 每台（组）泵宜设单独的矿浆池。矿浆池的容积，对于离心式矿浆泵，可采用1～3min的扬送矿浆量；对于油隔离、水隔离泥浆泵，可采用10min的扬送矿浆量。兼起调节和事故池作用的矿浆池容积可适当加大。

第8.2.2条 矿浆池池底应有1:1～1:3的坡度坡向吸入管口，必要时可设置搅拌装置。

第8.2.3条 矿浆池可设于室外，并应设有上下用的斜梯、池内爬梯以及有栏杆围护的操作平台。

第8.2.4条 矿浆池应设溢流管，其泄流能力应按最大矿浆流量计算。溢流矿浆应引入事故池。

第8.2.5条 需加水冲洗、调节的尾矿输送系统，给水管应接至第一泵站各矿浆池，其控制阀门应设在便于操作的地方。必要时应设计成自动、半自动控制的。在寒冷地区，室外给水管道应采取防冻措施。

第8.2.6条 矿浆泵吸入管穿越矿浆池池壁处，应设置填料式穿墙套管。

第8.2.7条 油隔离、水隔离泥浆泵矿浆池前应设格网。

第三节 设备选择与配置

第8.3.1条 矿浆泵的总扬程应大于输送矿浆所需的总扬程。

输送矿浆所需的总扬程按式 8.3.1 - 1 计算，离心式矿浆泵的总扬程按式 8.3.1 - 2 计算，油隔离、水隔离泥浆泵的总扬程按式 8.3.1 - 4 计算。

$$P_k = 9.8H\rho_k/\rho_s + Li_k + P_j + P_n + P_z \qquad (8.3.1-1)$$

$$P_b = \Sigma P_s\rho_k/\rho_s K_P K_m \qquad (8.3.1-2)$$

$$K_P = 1 - 0.25P \qquad (8.3.1-3)$$

$$P_b = \Sigma P_c K \qquad (8.3.1-4)$$

式中　P_k——输送矿浆所需的总扬程（kPa）；

　　H——提升矿浆的几何高度（m）；

　　ρ_k——矿浆的密度（kg/m³）

　　ρ_s——水的密度（m）；

　　L——管道长度（m）；

　　i_k——管道沿道摩阻损失（kPa/m）

　　P_j——管道局部摩阻损失（kPa），可按沿程摩阻损失的 5% ~ 10% 计；

　　P_n——泵站内管道零件的摩阻损失（kPa），可计算确定或每座泵站取 20 ~ 30kPa；

　　P_z——所需的剩余压力（kPa），每个排出口可取 20 ~ 30kPa；

　　P_b——矿浆泵输送矿浆时的总扬程（kPa）；

　　P_s——矿浆泵的清水扬程（kPa）；

　　K_P——矿浆泵输送矿浆时的扬程降低率，可根据式 8.3.1 - 3 确定；

　　K_m——矿浆泵磨蚀后的扬程折减率，在 0.85 ~ 0.89 间选取。对于磨蚀性较大，口径小于等于 100mm 的小型敞开式泵轮宜取小值；对于磨蚀性较小，口径 200mm 或 200mm 以上的大型、封闭式泵轮可取大值；

　　P——矿浆的重量浓度；

　　P_c——泵的额定压力（kPa）；

　　K——泵的压力储备系数，油隔离泵取 0.85 ~ 0.95，水隔离泵取 0.95 ~ 1.0，对于停电时不需排空的尾矿管道宜取小值。

第8.3.2条　离心式矿浆和油隔泥浆配用的电动机，其功率分别按式 8.3.2 - 1 和式 8.3.2 - 2 计算。

$$N = k_1 \frac{q_b P_3 \rho_k}{1000 \eta_J \eta_b \rho_3} \qquad (8.3.2-1)$$

$$N = k_1 \frac{q_b P_k}{1000 \eta_v \eta_j} \qquad (8.3.2-2)$$

式中　N——泵所需的电机功率（kW）；

　　k_1——电动机的功率储备系数，$N \leq 40$kW 时取 1.2；$N > 40$kW 时取 1.1；

　　q_b——泵输送矿浆的计算流量（1/s）；

　　η_J——机组的传动效率，联轴器传动取 1.0，三角皮带传动取 0.95 ~ 0.90；

　　η_b——泵扬送清水时的效率；

　　η_v——泵的容积效率，按制造厂提供的数值采用或取 0.85 ~ 0.90；

　　η_j——机械总效率，可取 0.94。

第8.3.3条　矿浆泵的备用数量应根据尾矿的磨蚀性、选用矿浆的类型、材质、泵站的工作条件以及检修水平等因素，按表8.3.3确定。

表8.3.3 泵的备用数量

泵　型	规　格	工作泵台（组）数	备用泵台（组）数
离心式矿浆泵	口径≤200mm	1 2 3～4	1 2 2～3
	口径>200mm	1 2 3～4	1～2 2～3 3～4
油隔离泥浆泵		1 2 3～4	1 1～2 2
水隔离泥浆泵		1～4	1

对磨损严重或其他条件不利者取大值，反之取小值。

当用矿浆冲洗管道时，备用泵的台数应满足冲洗要求。

第8.3.4条　离心式矿浆泵需要水封用时，其水量、水质与水压应按设备要求而定。当无具体要求时，水量可按矿浆流量的1%～2%计算，水中悬浮物含量应小于或等于300mg/L，水封水在矿浆泵进口处的压力必须比矿浆泵工作压力大50～200kPa。

水封水泵应设有备用。

第8.3.5条　泵站内的排水应排往附近的事故池，不得任意排放。

第8.3.6条　采用离心式矿浆泵多段扬送矿浆时，泵与泵之间宜采用矿浆池衔接或在同一泵站内直接串联。当采用在同一泵站内直接串联时，其总扬程应在泵体强度允许范围之内。

第8.3.7条　离心式矿浆泵在生产中需要随时改变转数以改变泵的扬程、流量时，可采用调速电机、液力耦合器或可控硅调速装置。多级串联泵的调速装置应放在末级泵上。

第8.3.8条　当离心式矿泵采用三角皮带或联轴器传动时，应设置安全罩。

第8.3.9条　油隔离泥浆泵空气室，宜采用高压充气方式。泵站内应设专用的空气压缩机，并有一台备用。

第8.3.10条　泵站内应设有加油装置及调节油位的给水管道。给水水压不应小于100kPa。

第8.3.11条　尾矿泵站的起重设备按表8.3.11确定。

表8.3.11 泵站起重设备

泵或电机的重量（t）	起重设备名称
<0.5	手动或电动固定单轨吊车
0.5～1.5	电动固定单轨或手动桥式吊车
1.5～4.0	手动或电动桥式吊车
>4.0	电动桥式吊车

泵的重量对于离心泵按整体计算，对于油隔离、水隔离泥浆泵按最大部件计算。

矿浆泵磨蚀较严重，检修较频繁，工作泵在三台（组）以上或为地下式泵站时，起重设备装备水平应取高者。

第8.3.12条 泵站内矿浆管上操作较频繁的阀门，直径小于300mm时，应采用手动或液压矿浆阀；直径等于或大于300mm时，宜采用电动或液压矿浆阀。

第8.3.13条 矿浆泵的配置应设计成压入式，水隔离泵给矿压力不宜小于100kPa。

第8.3.14条 泵站内的矿浆管道应采用钢管。在管道的适当位置上应设置便于拆装矿浆泵和管道的快速管接头或伸缩接头。

第8.3.15条 泵站内矿浆泵、管道及阀门的布置应符合下列要求：

一、在设备、阀门、管件等发生故障时，对泵站的正常工作影响最小。

二、技术经济比较合理时，宜布置成一台（组）泵配置一条输送管道的独立系统。

三、阀门的设置地点应考虑操作及检修方便。当阀门的手轮高出地面1.2m以上时，应设置操作平台。

四、管道布置应力求线路短、阀门少、转角小、转点少并避免直交和死角过长。

五、管道应设置在地面或平台上，管壁与地面、墙壁间的净距不应小于0.3m。管道有碍通行时，应设跨越管道的走台。

六、管道的最低管段应设有放空管。

七、管道不得在电气设备上方通过。

八、管道及阀门应设置必要的支撑。

第四节 泵站配置

第8.4.1条 泵站平面布置应符合下列规定：

一、泵机组基础之间、机组伸出基础部分之间以及机组伸出基础部分与墙壁之间的通道宽度，应按表8.4.1确定。

表8.4.1 泵站内通道宽度

泵的类别及工作条件		基础间的通道宽度（m）	机组伸出基础部分间的通道宽度（m）	机组伸出基础部分与墙之间的宽度（m）
离心式矿浆泵	设集中检修场地，低压电机	≥1.2	≥1.2	≥1.0
	设集中检修场地，高压电机	≥1.5		
	不设集中检修场地	比机组宽度大1.2		
油隔离泥浆泵		2.5		
水隔离泥浆泵		2.0		

二、配电盘前的通道宽度不应小于2m，在通道的个别地点如有建筑物凸出部分时，其宽度可减为1.5m；当为高压开关柜时，应设隔墙与机器间离开。

三、泥浆泵站内应设检修场地，其面积为30~50m²。

第8.4.2条 泵站的高度应符合下列要求：

一、地上式泵站机器间的有效高度，应根据吊起物的底部与跨越物顶部之间的距离大于0.5m的条件确定，但不得小于3.2m。

二、地下式泵站地面以上部分的高度，应根据设备装卸的要求而定，但不得小于3m。

第8.4.3条 水隔离泥浆泵站的给料泵和高压水泵部分宜设隔墙与主机隔开或设在单独的偏跨内，偏跨房高可降至4.5m。

第8.4.4条 配电室的地面宜高出机器间0.15~0.3m。

第8.4.5条 泵组基础的顶面应高于室内地面0.1~0.3m，地下式泵站宜取大值。

第8.4.6条 泵站大门的宽度应大于最大设备（部件）的宽度，大门的尺寸宜考虑汽车直接进入的需要。矿浆池设于室外的泵站，尚应设置便门。

第8.4.7条 泵站内应设有地沟，其宽度不得小于0.2m，坡度视尾矿性质而定，但不应小于0.01。室内地面坡向地沟的坡度不应小于0.01。

第8.4.8条 尾矿泵站应设有下列辅助设施：

一、泵站内应有存放备品、备件、材料、检修工具和必要的检修设备的场地，泵站外应有堆积废品的场所。

二、泵站距厂区及工人居住区较远时，应有适当的生活设施。

三、泵站范围内宜设有围护设施。

四、泵站内宜设隔声电话间。

第五节 供电、通讯及其他

第8.5.1条 矿浆池应设液面批示器，其指标部分应设于室内便于观察的位置，并应有最高、最低液面的警报信号（音响及批示灯）。

第8.5.2条 泵站内、外及矿浆池上应设照明，必要时尚应设检修照明。

第8.5.3条 泵站内可根据需要，设置流量、压力及浓度等检测仪表。

第8.5.4条 泵站内应设有冲洗地坪的水管。

第8.5.5条 泵站内应根据需要考虑采暖与通风。

第九回 尾矿设施的环保措施

第9.0.1条 尾矿库储存含有害成分浓度较高的尾矿，宜选择渗透性较小的库址，采用不透水坝型，必要时应采取防渗措施。

第9.0.2条 尾矿坝渗出水中有害成分超标时，应在坝下游设截渗坝和渗水回收泵站，将渗漏水扬回尾矿库内。

第9.0.3条 向下游排放的尾矿水，其水质如达不到国家工业"三废"排放标准时，应设计尾矿水处理系统。

第9.0.4条 尾矿堆积坝外坡面应随着尾矿堆积坝的加高，用碎石、土覆面或种植草皮、灌木。

第9.0.5条 为防止尾矿库使用期间沉积滩面尾矿飞扬对附近环境产生污染，可采取洒水喷淋或喷洒化学固结剂等措施，保持滩面湿润固结。

第9.0.6条 尾矿泵站和尾矿输送管V形管段最低点的附近应设事故池，当地形条件有利时也可设事故池库。

事故池可采用人工清理、装运设备清理或水力机械清理。应优先采用水力机械清理的事故池。

第9.0.7条　事故池的设计应满足下列要求：

一、尾矿泵站事故池的容积按10~20min正常矿浆量、倒空管段的矿浆量及矿浆池一次事故放空量之和确定。

二、尾矿输送管V形段事故池的容积按向池内倒空管段容积的2~3倍计算确定。

三、人工清理和装运设备清理的事故池，其容积应适当增大，池子至少分成两格，并根据清理工作量的大小，配备必要的设备和工具。还应确定清出尾矿的堆积地点和修建必要的运输道路。

四、水力机械清理的事故池，池底应有不小于3%的底坡。其设备和输送管道不设备用。清理出的尾矿浆应送回尾矿输送系统内，但输送系统的能力应按此进行校核。

事故池冲砂装置的水量和水压必须在给水系统中给予保证。

五、事故池尾矿清除设备能力的选择，可按每次事故尾矿清除时间不超过3天计算。

六、严寒地区的事故池应采取防冻措施。

附1　原尾矿定名表

类别	名　称	判别标准	备　注
砂性尾矿	尾砾砂	粒径大于2mm的颗粒占全重的25%~50%	定名时应根据粒组合含量由大到小，以最先符合者确定
	尾粗砂	粒径大于0.5mm的颗粒超过全重的50%	
	尾中砂	粒径大于0.25mm的颗粒超过全重的50%	
	尾细砂	粒径大于0.074mm的颗粒超过全重的85%	
	尾粉砂	粒径大于0.074mm的颗粒超过全重的50%	
	尾粉土	粒径大于0.074mm的颗粒不超过全重的50%，塑性指数小于等于10	
黏性尾矿	尾粉质黏土	塑性指数为10~17	
	尾黏土	塑性指数大于17	

附2　尾矿沉积滩的平均坡度确定方法

任意滩长的平均坡度可按下式计算：

$$i_1 = i_{100}\left(\frac{100}{L}\right)^{0.3}$$

式中　i_1——计算滩长的平均坡度；

L——计算滩长（m）；

i_{100}——百米滩长的平均坡度，可由附2表查得。

附2表　百米滩长的平均坡度 i_{100}

尾矿的平均粒径	放矿流量Q（L/s）	i_{100}（%） 当放矿浓度为P（%）时				
		10	15	20	25	30
0.03	3	0.64	0.74	0.82	0.94	1.04
	10	0.47	0.54	0.60	0.69	0.77
	30	0.35	0.41	0.45	0.51	0.58
	100	0.26	0.30	0.33	0.38	0.42

尾矿的平均粒径	放矿流量 Q (L/s)	i_{100} (%)				
		当放矿浓度为 P (%) 时				
		10	15	20	25	30
0.05	3	1.24	1.44	1.60	1.83	2.04
	10	0.91	1.09	1.17	1.34	1.49
	30	0.68	0.79	0.88	1.00	1.12
	100	0.50	0.58	0.64	0.73	0.82
0.075	3	2.10	2.44	2.70	3.09	3.43
	10	1.54	1.78	1.98	2.26	2.52
	30	1.16	1.34	1.49	1.70	1.90
	100	0.85	0.98	1.09	1.24	1.39
0.10	3	2.59	3.00	3.33	3.80	4.24
	10	1.89	2.19	2.43	2.78	3.10
	30	1.42	1.65	1.83	2.09	2.33
	100	1.04	1.20	1.34	1.53	1.71
0.15	3	3.47	4.01	4.46	5.09	5.68
	10	2.54	2.94	3.26	3.73	4.15
	30	1.91	2.21	2.45	2.80	3.12
	100	1.39	1.61	1.79	2.05	2.28
0.20	3	4.37	4.94	5.48	6.27	6.99
	10	3.12	3.61	4.01	4.58	5.11
	30	2.35	2.71	3.01	3.44	3.84
	100	1.71	1.98	2.20	2.52	2.81
0.40	3	7.03	8.13	9.02	10.32	11.52
	10	5.14	5.95	6.60	7.55	8.42
	30	3.86	4.47	4.96	5.67	6.33
	100	2.82	3.27	3.63	4.15	4.63

附 3 上游式尾矿坝的渗流计算简法

将计算条件下的滩长换算为化引滩长，从而得到高于计算库水位的化引库水位。

化引滩长可按下式计算。

放矿水覆盖绝大部分滩面时：

$$L_h = 3.3 L_{0.48}$$
（附 3.1）

放矿水覆盖部分滩面时：

$$L_h = 2.26 L_{0.645}$$
（附 3.2）

式中 L_h——化引滩长（m）；

L——计算滩长（m）。

按化引库水位和化引滩长，用二向均质渗流计算方法确定浸润线。取其下游坝坡范围内的线段作为坝下游坡部分的浸润线。

从下游坡浸润线上端点至计算库水位水边线用对数曲线连接成光滑曲线，即为沉积滩部分的浸润线。

附4 坝体尾矿的平均物理力学指标

物理力学指标 项目 \ 尾矿名称	尾中砂	尾细砂	尾粉砂	尾粉土	尾粉质黏土	尾黏土
平均粒径 d_p (mm)	0.35	0.2	0.075	0.05	0.035	<0.02
有效粒径 d_{10} (mm)	0.10	0.07	0.02	0.01	0.003	0.002
不均匀系数 $\dfrac{d_{60}}{d_{10}}$	3	3	4	6	10	5
天然容重 γ (g/cm³)	1.8	1.85	1.9	2	1.95	1.8
孔隙比 e (%)	0.8	0.9	0.9	0.95	1.0	1.4
内摩擦角 ϕ (°)	34	33	30	28	16	8
凝聚力 C (kPa)	7.84	7.84	9.8	9.8	10.78	13.72
压缩系数 α_{1-2} (1/kPa)	1.7×10^{-4}	1.7×10^{-4}	1.6×10^{-4}	2.1×10^{-4}	4.1×10^{-4}	9.2×10^{-4}
渗透系数 K (cm/s)	1.5×10^{-3}	1.3×10^{-3}	3.75×10^{-4}	1.25×10^{-4}	3×10^{-6}	2×10^{-7}

注：1. 表中指标均系从坝体取样试验所得的平均值。

2. C、ϕ 值为直剪（固结快剪）强度指标。

附5 名词解释

规范术语	尾矿界曾用语	解　释
尾矿库	尾矿池、尾矿场	筑坝拦截谷口或围地构成的用以贮存尾矿的场所
全库容		某坝顶标高时尾矿库的全部库容，包括有效库容、死水库容、蓄水库容、调洪库容和安全库容等五部分
有效库容		某坝顶标高时，初期坝内坡面、堆坝外坡面以里（对于下游式尾矿筑坝则为坝内坡面以里），沉积滩面以下，库底以上的空间，即容纳尾矿所占用的库容
调洪库容		某坝顶标高时，最高沉积滩面、库底、正常水位三者以上，最高洪水位以下的空间
总库容		根据设计生产年限内选厂排出的总尾矿量确定的最终堆积标高时的全库容
尾矿坝		挡尾矿和水用的尾矿库外围构筑物，常泛指初期坝和堆积坝
初期坝	基本坝、基坝	基建中用当地材料筑成的，作为堆积坝的排渗或支撑体的坝
堆积坝		生产过程中在初期坝坝顶以上用尾矿冲、堆积筑成的坝
上游式（尾矿筑坝法）	上游法	在初期坝上游方向冲、堆积尾矿的筑坝方式
中线式（尾矿筑坝法）	中线法	在初期坝轴线处用旋流粗砂冲积尾矿的筑坝方式
下游式（尾矿筑坝法）	下游法	在初期坝下游方向用旋流粗砂冲积尾矿的筑坝方式
沉积滩		水力冲积尾矿形成的沉积体表层，常指露出水面部分
滩顶		沉积滩面与堆积坝外坡面的交线，为沉积滩的最高点
滩长		由滩顶至库内水边的距离
尾矿库挡水坝		长期或较长期挡水的尾矿坝，包括不用尾矿堆坝的主坝及尾矿库侧、后部的副坝

规范术语	尾矿界曾用语	解　释
库　长		由滩顶（对初期坝为坝轴线）起，沿垂直坝轴线方向至尾矿库周边水边线的距离，对于多面堆坝的尾矿库则为各处堆坝坝顶至库内排水口的距离
坝　高		对初期坝和中线式、下游式筑坝为坝顶与坝轴线处坝底的高差，对上游式筑坝则为堆积坝坝顶与初期坝坝轴线处坝底的高差
总坝高		与总库容相对应的最终堆积标高时的坝高
堆坝高度或堆积高度		尾矿堆积坝坝顶与初期坝坝顶的高差
尾矿泵站	砂泵站	扬送尾矿用的泵站
矿浆泵	砂　泵	扬送尾矿用的设备
浓缩池（机）	浓密池（机）	尾矿脱水用的构筑物（设备）
管槽转角		指水流前进方向的偏转角
压力管道摩阻损失	水头损失、水力坡降、阻力损失	管道单位长度的水能损失
自流管槽水力坡降	自流坡度、水力坡度	管槽单位长度的水能损失

附录3 碾压式土石坝施工技术规范

关于颁发《碾压式土石坝施工技术规范》的通知
中华人民共和国水利电力部
（83）水电水建字第48号

为加强水利水电工程建设的技术管理和提高工程质量，我部组织有关单位对1962年颁发的《碾压式土坝施工技术规范》进行了修订。修订后的规范定名为《碾压式土石坝施工技术规范》（SDJ213—83），现予颁发，自1983年10月1日起执行，原规范同时作废。

各单位在执行本规范过程中，要注意总结经验、积累资料，如发现问题，请将意见和有关资料报部水利水电建设总局。

一九八三年三月十五日

碾压式土石坝施工技术规范

第一回 总 则

第1.0.1条 本规范适用于1、2、3级碾压式土石坝的施工，4、5级土石坝可参照执行。

坝高超过50米的碾压式土石坝，不论等级均应按本规范执行。

本规范所指碾压式土石坝包括均质土坝、由黏性土组成防渗体的砂卵石坝或堆石坝以及混合坝的土石坝部分。对由沥青混凝土、钢筋混凝土或其他材料组成防渗体的土石坝。其防渗体部分，应执行有关规范的规定。

第1.0.2条 针对碾压式土石坝的特点和技术要求，应按不同坝高采取相应的施工技术措施。本规范按下列标准划分坝高级别：最大坝高小于30米为低坝；30米至70米为中坝；大于70米为高坝。

第1.0.3条 施工前应根据已批准的初步设计（包括施工组织设计和概算）、国家和部颁发的有关标准以及本规范，编制本工程的施工技术措施与施工要求。

第1.0.4条 本规范内容是针对一般施工技术条件提出的；在特殊情况下，如需变更本规范某些规定时，应进行充分论证，并按隶属关系报请上级批准。

第1.0.5条 施工中必须建立健全各级技术责任制度，推行全面质量管理，建立专职质量检查机构。

第1.0.6条 施工中应积极开展技术革新，改进施工方法，推广先进技术。对新技术的采用，必须经过试验和鉴定。对某些关系重大者，并须报请上级机关批准后方可采用。

第1.0.7条 施工机械的选型配套，对于保证施工质量、加快施工进度和降低工程成本具有重要意义。因此，应根据工程规模、进度和质量等要求，结合具体情况，在可能的条件下选择适当的机型。同时，应使大中小机型配套、工序衔接配套，并注意通用性要求。在施工中应加强机械设备的管理与维修。尤其要经常保持运输道路与通讯良好。

第1.0.8条 必须充分重视料场复查和规划以及碾压试验，以确保工程质量和施工的顺利进行。

第1.0.9条 施工中应分项制定施工计划，妥善安排施工期度汛（事先采取措施，做好准备工作，确保安全度汛）。

第1.0.10条 施工过程中，设计、施工、科研以及管理单位应密切协作，妥善解决施工中的疑难问题。

第二回 测 量

第2.0.1条 开工前，设计单位应将勘测设计阶段所引用及测设的平面控制点、高程控制点、主要建筑物轴线方向桩和起点、坝址附近地形图等有关测量资料向施工单位交底，并对工地原设控制点进行复查及校测，补充不足或丢失部分。如原测控制网精度不符合本规范要求或妨碍建筑物施工以及受爆破震动影响者，均应重新测设。

第2.0.2条 定线须用符合精度要求的仪器进行。在坝轴线两端坝体以外不受施工、滑坡或爆破等影响的适当地点，测设永久性的标石，并标明桩号，架设标架。

设置坝轴线的同时，应设置若干纵横副线，作为坝体施工放线的主要控制线。根据三角网或导线点按设计定出轴线和副线点。

第2.0.3条 平面控制的测设精度：1、2级坝首级控制网按独立三等三角网精度要求。坝轴线、副线的测设按四等三角网或一级导线精度要求。1、2级坝轴线长度小于500米者及3级坝，其首级控制网按一级小三角网或一级导线精度要求；坝轴线、副线的测设按二级小三角网或二级导线精度要求。4、5级坝可采用经纬仪二级导线精度测量。主要技术要求见表2.0.3-1及表2.0.3-2。

表2.0.3-1 三角网（锁）主要技术要求

等 级	测角中误差（″）	起始边边长相对中误差	最弱边边长相对中误差	测回数 J_6	测回数 J_1	测回数 J_2	三角形最大闭合差（″）
三 等	±1.8	1:120000	1:70000		9	6	±7
四 等	±2.5	1:70000	1:40000		6	4	±9
一级小三角	±5.0	1:40000	1:20000	6	2		±15
二级小三角	±10.0	1:20000	1:10000	2	1		±30

表2.0.3-2 一、二级导线测量主要技术要求

等级	相对闭合差	平均边长（m）	测角中误差（″）	边长丈量较差相对误差	测回数 J_6	测回数 J_1	方位角闭合差（″）
一	1:10000	200	±6	1:20000	4	2	$\pm 12\sqrt{n}$
二	1:5000	100	±12	1:10000	2	1	$\pm 24\sqrt{n}$

注：1. J_1，J_2，J_6 分别为经纬仪的型号。

2. n 为测站数。

3. 其余有关技术要求详见《工程测量规范》（TJ 26—78）。

第2.0.4条 在坝体周围应测设足够数量的高程控制点，其精度：1、2级坝须符合三等水准精度；3级坝须符合四等水准精度；4、5级坝可参照图根水准精度施测。主要技术要求见表2.0.4。测设时，应与主要水准点相连接，高程采用1956年黄海高程系统。对于在已有高程控制网的地区进行测量时可沿用原高程系统。

第2.0.5条 坝体周围设置的平面和高程控制点，须分别编号，绘制平面图。施工期间必须妥善保护、且须定期校核（每年可复测1~2次）；如超过允许误差，及时更正；如有遗失，应即补设。若坝区遭受烈度5度以上地震时，对全测区的平面和高程控制点的相对关系，应全面校测，并沿用原有编号，不得任意修改。

表 2.0.4　水准网测量主要技术要求

等级	每公里高差中误差（mm）	附合路线长度（km）	水准仪的型号	水准尺	观测次数		往返较差、附合或环线闭合差	
					与已知点联测	附合或环线	平地（mm）	山地（mm）
三	±6	50	$\dfrac{S_1}{S_1}$	双面因瓦	往返各一次	往返各一次 往一次	$\pm 12\sqrt{L}$	$\pm 4\sqrt{n}$
四	±10	16	S	双面	往返各一次	往一次	$\pm 20\sqrt{L}$	$\pm 6\sqrt{n}$
图根	±20	5	S_{10}		往返各一次	往一次	$\pm 40\sqrt{L}$	$\pm 12\sqrt{n}$

注：1. 计算往返较差时，L 为水准点间的线长度（km）；计算附合或环线闭合差时，L 为附合环线的路线长度（km）；

2. n 为测站数。

3. 其余有关技术要求详见《工程测量规范》（TJ 26—78）。

第 2.0.6 条　平面和高程控制点（包括观测用的起测基点和工作基点）必须设置在下列位置：

（1）建筑物轮廓线以外，不碍施工，引测方便，易于保存和不受坝体沉降变形影响的地区。

（2）地下水位以上的基岩上；不被水淹没的平地或平缓的坡地上。

（3）不受爆破影响和不发生崩塌及无岩溶影响、风化破碎的岩石上。

（4）不易隆起、沉降、蠕变的土层上。

平面和高程控制点的设置不应在冰冻期间进行。

第 2.0.7 条　施工放样应以预加沉降量的土石坝断面为标准。

第 2.0.8 条　开工前，应施测坝基原始纵横断面，放定坝脚清基（考虑富裕宽度）及填筑起坡的边线。零点桩号从左岸开始，施工桩号应与设计采用的桩号一致。施测时，可按下列诸点进行：

（1）纵断面测量。沿轴线按设计图设置里程桩，一般宜用整数。桩距以 20～50 米为宜。坝端岸坡、渐变段和地形变化较大地段，桩距可适当加密，并相应施测横断面。高坝或坝宽较大时，应加测平行坝轴线的纵断面。

（2）横断面测量。施测范围以超出坝基（包括铺盖）上下游边线 20～50 米为宜。如坝轴线为圆弧曲线，则横断面应为径向。

在坝体填筑过程中，心墙、斜墙、坝壳每上一层料，必须进行一次边线测量。区分坝的各类填筑料的边线也应测出，并绘在断面图中。

横断面图比例尺，如供填筑坝体收方及作为竣工资料用，以 1∶200 为宜，若为便于测边放桩，则宜采用 1∶500 比例尺。

（3）开始填筑前，应测绘清基地形图和横断面，按清基完成后的地形测设填筑起坡桩。为防止填土时掩埋标桩，距清基边界桩和填筑起坡桩以外一定距离，可加引桩。

（4）坝体削坡前应定出放样控制桩，削坡后应施测断面并与相应的设计断面比较。

第 2.0.9 条　施工期间，应定期进行纵横断面进度测量，对各类填筑料加以区分，并将成果绘成图表，算出有效方量。

第2.0.10条 每个施工阶段结束时，宜测设坝址附近施工区域地形图一次，为下阶段施工提供资料。

第2.0.11条 每一分部工程竣工时，应即测绘平面图和纵横断面图，其比例尺不应小于施工详图。

第2.0.12条 各项测量工作应有专人负责检查。坝区所设之平面、高程控制点，须经校测检查无误后方可引用；施工过程中坝体各部放定的样桩，亦须不定期抽查，发现问题，应即复测订正。

为使测量样桩能及时指导施工，应加强管理防护，避免移动丢失。

第2.0.13条 施工期间所有施工定线、进度、方量、竣工等测量原始记录、计算成果和绘制的图幅，特别是隐蔽工程的资料，均应及时整理、校核、分类、整编成册，妥为保存。当工程全部完工后，由施工部门负责将上述资料及地面控制网点全部移交运行管理单位。

第三回　导流与度汛

第3.0.1条 施工导流、截流及度汛，应根据已批准的初步设计，制订施工技术措施，编制施工计划，报请上级审批。

第3.0.2条 施工期间，必须保证导流建筑物和泄水建筑物的正常运用，加强水文、气象预报工作，并考虑非常情况下的临时处理措施，确保工程及下游地区安全。

第一节　施工导流

第3.1.1条 导流工程的施工必须按计划进行，特别是导流泄水建筑物和截流后无法继续施工的工程必须如期建成，并进行验收，以免延误截流时刻，造成汛期抢险的严重局面。

第3.1.2条 导流建筑物与永久建筑物相结合的部分（如利用围堰作为坝体的一部分。导流隧洞与排砂、引水、泄洪建筑物相结合等），应满足永久建筑物的设计要求。

第3.1.3条 采用原河床导流时，应尽量减小后期工程量。但不能过分束窄河面宽度，以防止河床下切过深和对纵向围堰的冲刷；如有通航要求，尚需满足航运的流速要求。截水槽回填或防渗墙完成后，如需在其上导流，其填土面应有保护措施。

第3.1.4条 导流泄水建筑物的进出口与截流围堰之间应有足够的距离，以免回流淘刷使围堰闭气造成困难。布置在导流泄水建筑物出口附近的施工临时设施亦应有足够的防冲安全距离。

第3.1.5条 在围堰地基范围内，不得任意堆放弃渣。应重视和作好围堰地基清理，保证填筑质量，冬季施工尤需注意；当遇透水性较强地基时，应作好防渗处理，确保地基安全。

第3.1.6条 采用隧洞或涵管导流时，必须防止被木料、冰凌等漂浮物堵塞；过水前应将上游可能被冲走的临时排架、电杆等一律拆除。有散放木材的河道，在永久过木建筑物未投入运用前，应采取在上游拦截或转运木材的过坝措施，如需经导流隧洞流放，必须有专门设计。

第 3.1.7 条 导流建筑物过水部分的开挖与衬砌，必须保证体型和平整度符合设计要求。确保分流和避免截流时增大落差。

第二节 截 流

第 3.2.1 条 截流前必须将位于分流工程内的临时围堰全部拆除至规定高程，不得欠挖。

第 3.2.2 条 截流时刻的选择，取决于围堰、导流建筑物和库内工程的施工进度以及水文、气象等因素，并应考虑围堰或坝体有足够的施工时间，以保证能在汛前达到安全度汛高程。

第 3.2.3 条 截流方法、龙口位置及宽度的选择，应根据截流流量综合考虑河床抗冲刷性能、地形、施工条件等因素予以确定。对难度较大的截流工程，应进行必要的模型试验。

第 3.2.4 条 应建立统一的截流指挥机构，按批准的计划组织截流。截流前，应对有关工程及准备工作进行验收后，始准截流。

第 3.2.5 条 截流抛投料物的准备应有充分的备用量。截流开始后应快速连续施工。合龙过程中随时测定龙口水力特征值，适时改换抛投料物种类、强度和改进抛投技术，使能在计划时间内顺利合龙，并保证龙口上升速度高于上游水位上升速度。合龙后，应对戗堤及时加高培厚和闭气。

第三节 度 汛

第 3.3.1 条 截流后，应严格掌握工程进度，保证围堰或大坝在汛前达到度汛高程。

第 3.3.2 条 在中、高坝施工期各阶段，应根据其泄洪条件和工程级别等因素分别采用不同的度汛洪水标准。

1. 导流阶段，指自坝开工至截流后第一个汛期末的时段，其围堰的度汛洪水标准按表 3.3.2 - 1 确定；当围堰与坝体结合时，度汛洪水标准按表 3.3.2 - 2 确定。

表 3.3.2 - 1 导流建筑物度汛的洪水标准

建筑物级别	2	3	4	5
洪水重现期（年）	>50	50 ~ 30	30 ~ 20	20 ~ 10

表 3.3.2 - 2 坝体施工期度汛的洪水标准

拦洪库容（亿米³）	>1.0	1.0 ~ 0.1	>0.1
洪水重现期（年）	>100	100 ~ 50	50 ~ 20

2. 大坝主要施工阶段，指自截流后第一个汛期末至临时导流泄水建筑物封堵的时段。在此时段中，坝体逐年填高库容增大，要求度汛洪水标准随之提高，并按表 3.3.2 - 2 确定。

3. 施工运用阶段，指自导流泄水建筑物封堵至大坝全面填筑至设计高程及永久泄洪建设物具备设计泄洪能力的时段。此时段内的度汛洪水标准，应根据坝级别、坝高、库容和失事后造成灾害的程度等因素，应符合表 3.3.2 - 3 的标准。

表3.3.2－3 施工运用阶段大坝度汛的洪水标准

坝的级别	1	2
设计洪水重现期（年）	500～100	200～100
校核洪水重现期（年）	1000～500	500～200

特别重要的工程或下游有重要工业交通设施、居民城镇密集以及施工运用期长达2～3年以上时，尚应适当提高度汛标准，并报上级批准。

第3.3.3条 大坝合龙后的各年汛前，应根据确定的当年度汛洪水标准制订度汛技术措施，报上级审批。

度汛技术措施包括度汛标准论证、大坝及泄洪建筑物鉴定、库区及下游安排、水库调度方案、非常泄洪设施、防汛组织、水文气象预报、通讯、道路及防汛器材准备等内容，并应于汛流前逐项检查落实。

第3.3.4条 大坝施工期间，必须保证工程安全，严禁迁就暂时发挥工程效益的要求而降低度汛安全标准；并应妥善安排永久泄洪建筑物的施工，使其尽早达到泄洪要求。

第3.3.5条 施工期间，当遭遇非常洪水，大坝或泄洪设施的技术状况恶化，使工程的安全受到威胁时，必须及时向上级防汛机构准确报告险情，并提出紧急处理措施。在得到批准并对受影响地区作出妥善安排后方得实施。

第3.3.6条 高、中型土石坝施工期，汛前需按临时断面填筑时，其断面应有正式设计，并满足安全超高、稳定、防渗及顶部宽度能适应抢筑子堰等要求。临时断面的坝坡必要时应作适当防护，避免坡面受地表径流冲刷。

第3.3.7条 当封堵导流泄水建筑物时，应审慎确定封堵时间。封堵前应对包括土石坝在内的全部枢纽建筑物（包括导流建筑物）进行中间验收，制订封堵方案与技术措施，报请上级批准。封堵应严格按设计要求进行，保证施工质量。

第3.3.8条 在坝区内，应根据施工期间降雨强度建立排水系统，以保证雨水及时排泄。

第四回 坝基与岸坡处理

第4.0.1条 坝基与岸坡处理系属隐蔽工程，直接影响坝的安全。一旦发生事故，较难补救，因此，必须按设计要求认真施工。

第4.0.2条 施工单位应根据设计要求，充分研究工程地质和水文地质资料，借以制订有关技术措施。对于缺少或遗漏的部分，应会同设计单位补充勘探和试验。

第4.0.3条 清理坝基、岸坡及铺盖地基时，应将树木、草皮、树根、乱石、坟墓以及各种建筑物等全部清除，并认真做好水井、泉眼、地道、洞穴等的处理。

坝基和岸坡表层的粉土、细砂、淤泥、腐殖土、泥炭均应按设计要求清除。对于风化岩石、坡积物、残积物、滑坡体等按设计要求处理。

第4.0.4条 坝区范围内的地质勘探孔、竖井、平洞、试坑均应按图逐一检查。对处理质量不合设计要求或遗漏者，必须彻底处理，并经验收，记录备查。

第4.0.5条 坝肩岸坡的开挖清理工作，宜在填筑前完成；对高坝，如有困难，可按年度分阶段进行，禁止边填筑边开挖，清除出的废料，应全部运出坝外，并堆放在指定场地。

第 4.0.6 条　凡坝基和岸坡易风化、易崩解的岩石和土层，开挖后不能及时回填者，应留保护层。对岩层也可喷水泥砂浆或混凝土保护。

第 4.0.7 条　坝基和岸坡处理过程中，应有地质、设计人员参加，系统地进行地质描绘、编录，必要时，应进行摄影、取样和试验。

对于非岩石坝基，应布置方格网（边长 50～100 米），在每个角点取样（检验深度一般应深至清基表面以下 1 米）。若方格网中土层不同，亦应取样。对地质情况复杂的坝基，应加密布点取样检验。

第 4.0.8 条　坝基和岸坡处理过程中，如发现新的地质问题或检验结果与勘探有较大出入时，勘测设计单位应补充勘探，并提出新的设计，与施工单位共同研究处理措施。对于重大的设计修改，应按程序报请上级单位批准后执行。

第 4.0.9 条　设置在岩石地基上的防渗体（包括反滤过渡层）和均质坝体与岩石岸坡接合，必须采用斜面联结，不得有台阶、急剧变坡，更不得有反坡。岩石岸坡清理后的坡度，应符合设计要求。对于局部凹坑、反坡以及不平顺的岩面，可用混凝土填平补齐，使其达到设计坡度。

非黏性土的坝壳与岸坡岩石接合，亦不得有反坡。清理坡度按设计规定进行。

第 4.0.10 条　防渗体部位的坝基、岸坡岩面开挖，应使开挖面基本上平顺。开挖时可优先选用预裂爆破法。在接近设计岩面线，应尽量避免爆破，可使用机具、人工挖除，或采用小孔径、浅孔小炮爆破。

高坝防渗体坝基和岸坡的岩面，不应向河流下游方向倾斜过陡。对于基岩中的缓倾角泥化夹层，应按设计规定认真处理。

第 4.0.11 条　防渗体部位的坝基和岸坡岩面的处理，视其岩石节理、裂隙缝宽的大小、块体状况以及坝的高低等具体情况而定。一般采用下列处理方法：

1. 高坝及 1、2 级坝。应先将岩面节理、裂隙缝口冲洗干净，以水泥浆或水泥砂浆灌注，缝口用水泥砂浆或混凝土堵塞，并加以捣实，且必须在岩面上（包括反滤过渡区）浇注混凝土盖板或喷混凝土、喷水泥砂浆，并进行固结灌浆。

2. 低坝。当岩石较完整且裂缝细小时，可在清除节理、裂隙内的充填物后，冲洗干净，根据缝宽的大小，灌入水泥浆、水泥砂浆或混凝土，并加以捣实即可。

对于节理、裂隙发育、渗水严重的岩石，亦应浇注混凝土盖板；或喷混凝土、喷水泥砂浆，必要时进行固结灌浆。

3. 中坝。视地质情况，可根据高、低坝处理方法选用。

第 4.0.12 条　防渗体部位的坝基和岸坡岩面上的断层或构造破碎带，必须按设计要求慎重处理，不留后患，尤其是顺河方向的断层、破碎带更应特别注意。一般是将填充物挖除至一定的深度后，浇注混凝土塞，并进行固结和帷幕灌浆。

第 4.0.13 条　防渗体部位的岩石地基进行灌浆处理时，应先固结灌浆而后帷幕灌浆。所有灌浆工作，宜在水库蓄水前完成。

第 4.0.14 条　砂砾透水性坝基明挖截水槽时，应遵守下列规定：

（1）截水槽开挖中心线，必须符合设计规定。

（2）开挖断面应考虑施工排水的需要，可将设计断面适当加宽。

（3）开挖、回填过程中，必须作好地下水与地表径流的排除工作。排水设备应有足够的备用数量。施工中必须保证排水的电力供应。排水时应防止地基渗流破坏。

（4）截水槽底必须挖至不透水的基岩或相对不透水地层，其嵌入深度应符合设计要求。回填前对不透水层或相对不透水层的连续性、土层厚度及其性质应进行复查。有关岩面处理按照第4.0.9条~4.0.12条执行。

第4.0.15条 防渗体如与基岩直接结合时，岩面上的裂隙水、泉眼渗水均应处理。处理方法根据岩石节理、裂隙发育程度、泉眼大小、渗水量、渗水面积以及渗水压力等具体情况确定，严禁在水下填土。

第4.0.16条 截水槽底部如设置混凝土齿墙，每个仓号宜一次浇注完成，严禁先填土再挖槽的浇筑方法。混凝土浇注前，应将基岩面冲洗干净，以保证齿槽基座与岩石结合良好。墙体间工作缝的止水，应切实保证施工质量。

第4.0.17条 插入防渗体内的现浇混凝土防渗墙与水下浇注的墙体，必须结合良好，并应认真处理混凝土墙体所出现的缺陷。

第4.0.18条 人工覆盖地基按设计要求清理，表面应平整压实。砂砾石地层上，必须做好反滤过渡层。通上下游的砾石、卵石、漂石以及胶结不良的砾岩，应予清除或采取其他措施切断渗漏通道。

第4.0.19条 利用天然土层作铺盖时，应按设计要求检查土的颗粒组成、结构状态、容重、塑性指数、渗透系数、渗透稳定性能，对厚度、长度、分布是否连续、底部是否有强透水层以及根孔结构等亦应查明。凡不能满足设计要求的地段，应采取补强措施或作人工铺盖。

凡已确定为天然铺盖的区域，严禁取土，施工期间应予保护，不得破坏。

第4.0.20条 天然或人工铺盖建成后，应随即在表层设置保护层，以防止干缩开裂、冻裂及波浪冲刷。

第4.0.21条 天然黏性土作为坝基和岸坡时，其渗透系数、渗透稳定性能、抗剪强度以及压缩性能，均应满足设计要求。施工单位应根据设计所确定的范围、高程、土类进行清理。

第4.0.22条 天然黏性土岸坡的开挖坡度，应符合设计规定，岸坡与防渗体的结合应以斜面联结。并考虑可能发生的沉陷差，不致引起上部坝体的开裂。

天然黏性土坝基和岸坡，如与透水性坝壳结合时，应根据两种土的性质，设置反滤过渡层。

第4.0.23条 特殊岩石的坝基如软黏土、湿陷性黄土、中细砂、膨胀土、岩溶等等，应按设计要求认真处理。

第4.0.24条 坝基与岸坡处理施工中，有关岩石基础开挖、混凝土浇筑、喷混凝土或砂浆、固结灌浆、帷幕灌浆、混凝土防渗墙等项目的施工，应按有关规范进行。

第五回 料场复查与规划

第一节 料场复查

第5.1.1条 1、2级坝工程，在施工单位进入工地后，勘测设计单位应及时将所有料场（包括防渗体、反滤过渡区、坝壳、护坡、排水设备等所需的料场）以及枢纽建筑物开挖料的全部调查试验资料向施工单位交底。其勘察项目和精度应符合《水利水电工程天然建筑材料勘察规程》（SDJ 17—78）详查级的有关规定。3 级坝可参照执行。

第 5.1.2 条 施工单位对勘测设计单位所提供的各料场勘察报告和调查试验资料应进行认真核查。对批准的设计文件中选定的每个料场的储量与质量，应辅以适量的坑探和钻孔取样复核。如发现勘察项目和精度与规定不符，应及时提出意见，并会同勘测设计单位进行复查。

第 5.1.3 条 施工期间如发现有更合适的料场可供应用，或因设计施工方案变更，需要新辟料源或扩大料源时，施工单位可会同勘测设计单位进行补充调查。其调查、试验的项目和精度应符合《水利水电工程天然建筑材料勘察规程》（SDJ17—78）详查级的有关规定。

第 5.1.4 条 料场复查或补充调查工作，可根据料场的开采顺序分期分批进行，但主要料场必须在开工前完成，以便为料场规划提供可靠依据。

第 5.1.5 条 料场复查的内容如下：

（1）覆盖层厚度、料层的变化及夹层的分布情况。

（2）料场的分布、开采及运输条件。

（3）料场的水文地质条件与汛期水位的关系。

（4）根据料场的施工场面、地下水位、土质情况、施工方法及施工机械可能开采的深度等因素，复查料场的开采范围、占地面积、弃料数量以及可用土层厚度和有效储量。

（5）进行必要的室内和现场试验，核实坝料的物理力学性质及压实特性。

对复查的项目和工作量可按实际情况具体确定。

第 5.1.6 条 黏性土、砾质土的复查要求：

（1）重点复查天然含水量及其随季节的变化情况、颗粒组成（砾质土应复查大于 5 毫米的粗粒含量和性质）、土层情况、储量、覆盖层厚度和可开采土层的厚度。

（2）压实特性，即最大干容重、最优含水量。

（3）物理力学性质，如天然干容重、密度、流塑限、压缩性、渗透性、抗剪强度等。

（4）复查方法：黏性土料采用手摇钻或坑探进行取样；砾质土用坑探取样。布孔间距一般为 50～100 米。沿钻孔或坑深每 1 米应测定含水量一组，并同时鉴别土质和现场描述。对其他复查项目可在坑内取代表样进行试验。

第 5.1.7 条 砂砾料场应重点复查级配、含泥量、砾石含量、最大粒径、淤泥和细沙夹层、胶结层、覆盖层厚度、料场的分布与储量、水上与水下可开采的厚度和范围以及与河水位变化（或汛期）的关系、天然干容重、最大最小干容重等。并取少量代表样做密度、渗透系数、抗剪强度、管涌比降等物理力学性能试验。

对于反滤料场除上述要求外，尚应重点复查软弱颗粒含量、颗粒形状和成品率。

复查方法用坑探进行，坑距一般采用 50～100 米。

第 5.1.8 条 石料场应重点复查岩性、断层构造、节理和层理、强风化层厚度、软弱夹层分布、坡积物和覆盖层数量以及开采运输条件等。

复查方法可用钻孔、探洞或探槽进行。

第 5.1.9 条 对于已确定使用的每个料场，均应设置若干固定基桩，并在地形图上标明位置，以便在料场规划、开采和补充调查时有所依据。

料场调查地形图的比例尺一般可用 1/1000～1/2000，根据需要可适当放大或缩小。

第5.1.10条 施工前规划料场的实际可开采的总量时，应考虑料场调查精度、料场天然容重与坝面压实容重的差值，以及开挖与运输、雨后坝面清理、坝面返工及削坡等损失。其与坝体填筑数量的比例一般为：土料2~2.5；砂砾料1.5~2；水下砂砾料2~3；石料1.5~2；反滤料应根据筛取的有效方量确定，但一般不宜小于3。

第5.1.11条 料场复查后应写出报告。经过复查的料场必须提出料场地形图、试坑与钻孔平面图、地质剖面图（当土层简单时可省略）、含水量、地下水位随季节变化情况、试验分析成果、代表性土料样品、有效开采面积、实际可开采数量的计算书、料场全部或部分土料适用于填筑坝体某一部位的说明书与应否加工处理的结论，并说明开采和运输条件等。

第二节 料场规划

第5.2.1条 料场的使用规划，应根据坝型、料场地形、施工方法、导流方式和施工分期等具体条件，并按照施工方便、投资经济、保证质量以及在施工期间各种坝料综合平衡的原则进行编制。将符合设计要求的各种坝料按不同施工阶段分别确定其填筑部位。

第5.2.2条 规划料场时，应本着少占耕地的原则进行，宜多用库内淹没区的料场。

第5.2.3条 筑坝材料应充分利用符合设计要求的建筑物施工开挖料，以降低工程造价。使用时必须审慎研究开挖和填筑进度的配合及质量管理的措施。宜使开挖料能按指定的填筑部位直接上坝，必要时可在坝址附近设置加工厂和堆料场地，以保证填料质量。

第5.2.4条 在料场使用程序上，应考虑施工期间河水位与流量的变化以及由于导流而使上游水位升高的影响。在枯水季节应多用河滩料场。应有计划地保留一部分近料场供合龙段填筑和每年度汛拦洪的高峰强度时使用。

第5.2.5条 进行料场规划时，宜根据料场高程、位置、填筑部位作统一规划，尽可能做到高料高用，低料低用，合理使用上下游料场，尽量避免过坝及交叉运输等现象而减少干扰。

第5.2.6条 机械化施工程度较高的土石坝，应选择施工场面宽阔、料层厚、储量集中的大料场作为施工的土料场，其他料场配合使用，并考虑一定数量的备用料场。

第5.2.7条 在料场范围内计划修筑永久建筑物时，设计单位与施工单位应商定建筑物需用范围及开挖时应注意的事项。如根据总体布置要求，需在料场内布置施工场地、修建临时性建筑物时，应在施工组织设计及施工技术措施中统一考虑安排。

第5.2.8条 对黏性土、砾质土的使用规划，应优先选用土质均匀、含水量适当的料场，并考虑将天然含水量较高的料场用于干燥季节，天然含水量较低的料场用于多雨潮湿季节或冬季。

土层性质变化复杂的料场，应在规划前进行混合开采的工艺试验，经论证符合设计要求后方能使用。

第5.2.9条 对砂砾料的使用规划，应将筑坝料场及筛选混凝土骨料和反滤料统一安排。开采水下料场时，应根据开挖设备的机械性能以及在汛期便于防洪和撤退等施工条件进行规划。

对筛余料的利用应作全面考虑。

第5.2.10条 堆石料场应优先选用岩性单一、覆盖等剥离层较少。开采和运输条件较好。施工干扰少的料场。

距高坝区及水工建筑物或居民点较近的石料场，必须对爆破震动和飞石的影响进行论证。

第5.2.11条 反滤料及坝体过渡料应尽可能在天然料场筛选。如难以找到合适的天然料场，可考虑采用人工砂并通过技术经济比较后确定。

第5.2.12条 料场规划应考虑必要的坝料加工和储存场地。

第六回 施工试验与坝料加工

第一节 施 工 试 验

第6.1.1条 土石坝施工试验是施工前期的一项重要工作。其目的是：

（1）通过试验校核设计确定的有关技术指标。

（2）选择合适的施工机具。

（3）确定有关的施工方法和各种参数。

（4）提出有关质量控制的技术要求和检验方法。

（5）制订有关的施工技术规程。

第6.1.2条 土石坝施工试验的项目，一般有土料、砂砾料及石料的碾压试验；石料场的爆破试验；坝料加工试验；黏性土料含水量调整试验以及混凝土防渗墙、基础灌浆、震动水冲和砂井加固坝基、减压排水井和其他施工试验。

第6.1.3条 1、2级坝和高土石坝工程必须在开工前完成有关施工试验项目。

施工试验应编制试验大纲和试验计划，经施工技术负责人批准后，列入年度计划。

施工试验工作由施工单位、设计单位组织专人共同进行，必要时可邀请科研单位参加。

第6.1.4条 坝料的碾压试验，应根据坝料设计、筑坝材料调查报告、土工试验资料选择具有代表性的填料进行。

第6.1.5条 黏性土、砾质土的碾压试验，应针对大面积坝区填筑的情况进行。对狭窄、边角和岸坡接合的特殊地带，也应进行适当的试验。试验工作不得在坝内进行。

第6.1.6条 黏性土、砾质土碾压试验的资料，应系统地整理、分析、研究，对设计提出的各项技术指标进行验证，并优选合适的压实机具及其接触单位压力和重量，确定经济合理的压实参数和主要施工方法。

第6.1.7条 砂砾料的压实试验，应根据设计要求，校核不同粗粒含量情况下的压实标准和压实方法。

通过碾压试验确定压实机具、铺料方法、铺料厚度、压实方法、碾压（夯击）遍数、加水量和有效压实厚度等施工方法与参数。

第6.1.8条 石料碾压试验宜与石场爆破试验同时进行，试验条件应模拟施工情况。通过试验确定压实机械铺料方法、铺料厚度以及加水量。试验过程中应测定铺料的压实沉降量、压实干容重、级配、结构状况以及最大块径和小于5毫米的细粒含量。对于风化、弱风化石料还应测定压实过程中的破碎情况。

第6.1.9条 坝料碾压试验即将完成前，应用优选的机械和压实参数，结合实际情况进行较大面积的复核试验，并取一定数量的样品，进行物理、力学性能试验，检查压实质量的均匀性和可能获得的设计干容重合格率，同时还应检验层间的结合情况，并测定有关的施工工效。

第6.1.10条 石料的爆破试验工作，应在具有代表性的料场进行。试验前应根据石场的地质、地形条件和设计提出的石料块径与级配进行爆破设计。通过爆破试验选择最优的爆破方法和参数以及施工机械与火工材料。

每场爆破试验后，应测量爆破堆积的石料数量、级配和最大块径，并描绘堆积情况，以便判断爆破效果。

爆破试验时，应测定爆破对岩体及附近建筑物和施工活动场的影响。

爆破试验时，必须严格遵守有关的安全操作规程。

第6.1.11条 人工掺合料是在土料中人工掺入砂砾料等粗粒料。试验目的是调整坝料的级配和含水量，以适应设计与施工填筑的需要。对于黏性土料储料较少的地区，采用人工掺合料，可以扩大料源。

人工掺合料的试验工作，应先在室内进行掺料配比试验，以确定土料和粗粒料的级配以及掺合料的配合比与施工含水量控制的上下限值。

人工掺合料的野外试验（根据已选定的掺料及其配比和含水量进行掺合工艺试验），一般可采用分层平铺，立面或斜面挖掘拌和，以求得掺合均匀。野外试验工作还应进行碾压试验，以确定碾压机械、填筑方法和各种参数。

粗颗粒掺料可根据需要和材料来源，使用砂砾料、砾卵石、碎石等。

第6.1.12条 各种特殊筑坝材料，如风化石料、坡残积料、膨胀土料等，应根据料场的地质情况和设计要求，设计专门的施工试验计划，并参照本规范第6.1.6条至第6.1.8条进行施工试验。

第6.1.13条 如黏性土料的天然含水量高于或低于施工含水量的上下限值时，应进行含水量调整的工艺试验。

第二节 坝 料 加 工

第6.2.1条 坝址附近的筑坝材料，由于地质、水文、气候等条件的影响，很难同时满足设计和施工要求。为此，必须进行加工处理。坝料加工的项目有黏性土含水量的调整、人工掺合料的制备、反滤料的筛选、建筑物开挖料的加工处理等。

第6.2.2条 若黏性土料的天然含水量大于施工含水量的上限值时，必须采取措施降低其含水量。

若黏性土料的天然含水量小于施工含水量的下限值时，则应进行加水处理。

土料减水、加水工作应在坝外进行。

第6.2.3条 人工掺合料的制备，必须编制工艺规程。掺料应在指定的料场开采，其颗粒级配，必须符合设计要求，否则应进行筛选。

配制过程中应严格控制铺料的厚度，并对含水量按规定予以调整。铺料时应使运料车辆始终在粗粒料上行驶，因此土料应以后退法铺料，粗粒料应以进占法铺料，且料堆顶层必须是土料。

人工掺合料配制的场地，应设置排水系统。配制的料堆应采取防雨措施。配制工作宜在旱季进行。

第6.2.4条 人工掺和料的加工场地与规模，应根据各期填筑需用量进行规划。配制工作应列入施工计划，以与填筑工期相配合，掺和料应有一定的备用数量。

第6.2.5条 坝址附近缺少天然反滤材料时，应根据设计提出的各种反滤料的粒径要求，从砂砾料中筛选配制，也可用石料破碎而筛选成所需要的人工反滤料。

第6.2.6条 加工好的各种反滤材料经检验合格后，应分别堆放在干净的场地上，并采取适当措施，防止泥水和土块等杂物混入。堆料不宜过高，以免颗粒分离。卵石、碎石材料在转运时如有分离，应经过处理后，才可使用。

堆存的反滤料应标明编号、规格、数量、检验结果及拟铺筑的工程部位。

第6.2.7条 如确定利用建筑物施工开挖料应经过技术经济论证，不符合质量要求时，应进行加工处理。

开挖料的处理方法，应根据料的具体情况和用途以及质量要求，采取冲洗、淋洗或筛选等措施，以清除石粉、泥块、木料等杂物。

第七回 坝料的开采与运输

第一节 坝料开采

第7.1.1条 坝料必须在经过鉴定符合坝料设计要求的料场内开采，不合格的坝料不得上坝。

第7.1.2条 料场使用前，应根据施工组织设计提出分期分批用地计划并进行场地布置（包括开采工作面的划分、运输路线、风水电系统、排水系统、堆弃料场地及装料站台等）。布置时应充分考虑不同高程、不同施工阶段、不同施工坝段的运料路线。

第7.1.3条 开采工作面的划分，应与施工条件及填筑强度相适应。必要时，应划定部分备用开采工作面，供调节使用。

第7.1.4条 在料场开采之前应作好下列工作：

(1) 划定料场的边界线并埋设界标。

(2) 清除树根、乱石及妨碍施工的一切障碍物。

(3) 分区分期清除覆盖层或山坡堆积物和风化层等，清除物应按指定地点堆放。

(4) 排除料区积水。

第7.1.5条 选择开采方式时，应考虑填料性质、料场地形、开采机具、料层分布、料层厚度、黏性土（砾质土）天然含水量大小及水文地质等因素，确定采用立面开采或平面开采（包括外面开采）。

料层较厚而上下层土料性质不均匀时，宜采用立面开采。

第7.1.6条 黏性土料（或砾质土）开采时，一般应符合下列要求：

(1) 除在料场周围布置截水沟防止外水浸入外，并应根据地形、取土面积及施工期间降雨强度在料场内布置排水系统，及时宣泄径流。排水沟应保持通畅，沟底随料场开挖面下挖而降低。

(2) 当料场在土料天然含水量接近或小于控制含水量下限时，宜采用立面开挖，以减少含水量损失；如天然含水量值大，可采用平面开挖，分层取土。

（3）在冬季施工中，为防止土温散失，应采用立面开挖，工作面宜避风向阳，并选用含水量较低的料场，必要时，可采取坝前备料措施。

（4）雨季施工时，应优先选用含水量较低的料场，或储备足够数量的合格土料，加以覆盖保护，保证土料及时供应。

（5）应根据开采运输条件和天气等因素，经常观测料场含水量的变化，并作适当调整。一般天气干燥或风速较大时，应控制料场含水量稍高些；在夜间、雾天或湿度较大时，则应稍低。料场含水量的控制数值与填筑含水量的差值应通过试验确定。

第7.1.7条 砂砾料开采采用水下及水上两种方式。对有条件进行水下开采的料场，一般以水上和水下混合开采为宜，如水下开采有困难时，也可采取降低地下水位或引流改道等措施变水下为水上开采。

如用采砂船开采时，宜用静水开采方式。

第7.1.8条 石料开采应符合下列要求：

（1）石料开采应根据设计要求、料场地形（如山体高度、坡度、临空面条件、冲沟分布等）、地质条件（如裂隙、节理、断层、岩性、岩溶情况等）、水文地质特点、爆破试验参数以及总方量、日上坝强度、装运机具等进行爆破设计。

（2）石料开采方法，一般可采用钻孔爆破法和硐室爆破法。爆破参数应通过试验确定。

两种方法均宜采用分层台阶开采。爆破时应注意观测。爆破后的超径石料应在料场进行处理。

（3）石料开采工作面数量应满足上坝高峰强度要求。

（4）根据有关石料爆破安全规程，施工时应编制安全施工细则，充分注意雷电和量测地电对安全的影响。遇雷电时，应停止装药，已敷设的爆破网路必须短接，并与地绝缘，人员必须撤离到安全地区。

第7.1.9条 选用开采挖装机具与方法时，应考虑以下因素：

（1）坝料性质、料层厚度及储量大小。

（2）坝体填筑工程量及填筑强度。

（3）料场地形及作业条件（如水上开采或水下开采）。

（4）运输机具的种类。

（5）可能获得的开采、挖、装的机具设备。

第7.1.10条 土砂料场开采结束后，应注意平整还田，并应做好水土保持和环境保护工作，石料场应根据情况对危岩进行处理。

第二节 坝料运输

第7.2.1条 运输土的选择应考虑坝型、坝区地形、运距远近及运输机具种类等因素。当条件许可时，宜采用直接上坝方式，减少倒运。

运输方式应注意挖、装、运、卸四个环节的配合，组织好机械化联合作业，提高机械利用率。

第7.2.2条 选用运输机具时，应考虑下列因素：

（1）坝体总工程量、坝料性质和上坝强度。

（2）坝区地形、料场分布及运距等。

（3）开采、填筑的施工条件和设备应与运输设备配套。

（4）可能获得的运输设备、配件和机修条件等。

（5）运输机具的类型尽可能少些。

第7.2.3条 运输道路的路宽、路基、路面、坡度、弯道半径、线路布置、视距、排水等均应符合要求。汽车运输时，一般可采用泥结碎石路面或沥青路面。对通过重型运输机械的主要干线可采用混凝土路面。

第7.2.4条 运输道路的规划与使用，应根据运输机械类型、车辆吨级及行车密度等进行，并考虑以下原则：

（1）根据各施工阶段工程进展情况及时调整运输线路，使其与坝面填筑及料场开采情况相适应。

（2）根据施工计划，结合地形情况，合理安排线路运输任务，尽量提高线路利用率。

（3）充分利用地形，尽可能使重车下坡或减少上坡。

（4）运输道路应尽量采用环形线路，减少平面交叉，交叉路口应设置安全装置。

（5）必须加强道路养护工作，尤其是泥结碎石路面，应经常保持路面平整，排水沟通畅。为此，必须设立专业养护队。雨季施工时，应保证小雨及雨后能正常通车。

（6）运输道路通过原有桥涵时，应事先验算，并在必要时采取加固措施。

（7）施工期场内道路规划宜自成系统，并尽量与永久道路相结合。一般施工期道路干线的防洪标准宜为20年一遇。

（8）施工道路应设置良好的照明设施，避免夜间开灯行驶，影响会车和行车速度。

第7.2.5条 为了保证开采和运输设备的正常工作，必须加强设备的保养和维修，工地应设立适当的机修厂，有足够的备用设备和零部件。

第八回　填　　筑

第8.0.1条 坝体填筑必须在坝基处理及隐蔽工程验收合格后才能进行。

第8.0.2条 坝基、岸坡与刚性物结合的部位以及坝体接缝部位的填筑，应按本规范第九章的规定进行。

第8.0.3条 坝体各部位的填筑必须按设计断面进行，并保证防渗体和反滤层的设计厚度。

第8.0.4条 上坝坝料种类、级配、含水量、土块大小、超径颗粒、填筑部位以及相应的压实标准等，均须符合设计规定。

第8.0.5条 必须严格控制压实参数。压实机具的类型、规格等应符合施工规定。压实合格后始准铺筑上层新料。坝壳堆石料难以逐层检查，尤须严格控制填筑压实参数。

第8.0.6条 坝面施工应统一管理、严密组织，保证工序衔接，分段流水作业，层次清楚，大面平整，均衡上升，减少接缝。

第8.0.7条 分段填筑时，各段土层之间应设立标志，以防漏压、欠压和过压。上下层分段位置应错开。

第8.0.8条 填筑过程中，施工人员必须保证观测仪器埋设与测量工作的正常进行。并保护埋设仪器和测量标志完好。

第8.0.9条 软黏土地基上的土石坝和高含水量的宽厚防渗体以及均质土坝的填筑，必须按设计规定控制施工速度。

第8.0.10条 由于施工、气候等原因停工的坝面应加以保护，复工时必须仔细清理并经检验合格后始准填土，并作记录备查。

第一节 填 筑 施 工

第8.1.1条 当气候干燥，土层表面水分蒸发较快时，铺料与压实表面均应适当洒水润湿，以保持施工含水量。

第8.1.2条 对砂砾料和堆石，铺料后应充分加水。在无试验资料情况下，砂砾料的加水量，宜为其填筑方量的20%～40%；碾压堆石的加水量依其岩性、细粒含量而异，一般宜为填筑方量的30%～50%。中细砂压实时加水量，应按其最优含水量控制。

第8.1.3条 砂砾料和碾压堆石的加水，应在压实前进行一次，然后边加水、边碾压。加水必须均匀。对于软弱石料，碾压后也应适当洒水。尽量冲走表面岩粉，以利层间结合。

反滤料则应符合本规范第10.1.5条要求。

第8.1.4条 为保证土层之间结合良好，对于高坝防渗体或窄心墙，除用羊足碾压实者外，铺土前必须将压实结合层面洒水湿润并刨毛1～2厘米深。对于中、低坝，如不刨毛，应有充分论证。

第8.1.5条 为配合碾压施工，防渗体铺筑应平行坝轴线顺次进行，及时平料并应铺筑均匀、平整。

第8.1.6条 必须严格控制铺土厚度，不得超厚。

第8.1.7条 当用自卸汽车卸料时，对于防渗体土料、砾质土、掺合土，必须用进占法卸料；对于砂砾料和坝壳砾质土，可用后退法卸料；对于宜用综合法卸料（即先用后退法卸料，然后在上部再用进占法卸料）而达到要求的铺土厚度。

砂砾料、砾质土与堆石等粗粒土的卸料高度不宜过大，以防分离。如已分离，应混合均匀。

第8.1.8条 一般不宜用皮带机在坝面上卸料。如必须采用皮带机卸料时，机身与料堆所占填筑面，必须随坝面升高及时转移，并按规定清理、分层回填铺平，不得形成较大坑洼或留有虚土层。

第8.1.9条 不应在坝体填筑断面之内的岸坡上卸料。特殊情况下必须卸料时，则应采取有效措施，作好岸坡和卸料场地的清理。

第8.1.10条 机械碾压运行方法应符合下列规定：

（1）行车速度以1～2挡为宜（拖拉机碾压除外）。

（2）气胎碾、羊足碾、振动碾可采用进退错距法压实。

（3）夯板应采用连环套打法夯实。

第8.1.11条 黏性土的碾压应沿平行坝轴线方向进行，不得垂直坝轴线方向碾压。如特殊条件必须垂直坝线方向碾压时，需经施工技术负责人批准。但应对碾压操作人员进行专门训练，在碾压过程中施工与质检人员应严格控制，发现问题及时处理。当坝轴线呈弧形，并用重型机械压实时，应特别注意防止欠压、漏压。压实机械及其他重型机械在已压实土层上行驶时，不宜来往同走一辙。汽车上坝时应经常更换进入防渗体的路口，减少重复碾压遍数。

第8.1.12条 分段碾压时，相邻两段交接碾迹应彼此搭接，顺碾压方向，搭接长度应不小于0.3~0.5米；垂直碾压方向搭接宽度为1~1.5米。

第8.1.13条 黏性土的铺料与碾压工序必须连续进行。如需短时间停工，其表面风干土层应经常洒水湿润，保持含水量在控制范围以内。如需长时间停工，应根据气候条件铺设保护层，复工时予以清除，并检查填筑面。

第8.1.14条 心墙应同上下游反滤料及部分坝壳平起填筑，按顺序铺填各种坝料。优先采用先填反滤料后填土料的平起填筑法。

斜墙也应同下游反滤料及坝壳平起填筑。斜墙也可滞后于坝体填筑，但需预留斜墙施工场地，且紧靠斜墙的坝体必须削坡至合格面，方允许填筑。

第8.1.15条 如填土出现"弹簧"、层间光面、层间中空、松土层或剪力破坏等现象时，应根据具体情况认真处理并经检验合格后，始准铺填新土。

第8.1.16条 填筑面进料运输线路上散落的松土、杂物以及车辆行驶、人工践踏形成的干硬光面，特别是汽车经常进入防渗体的道路，应于铺土前清除或彻底处理。

第8.1.17条 为保证均质坝或砂砾料坝壳在设计断面内的压实干容重达到设计要求，铺土时上下游坝坡应留有余量，并在铺筑护坡垫层前按设计断面削坡。削坡后，临近坡面约30厘米（水平）范围内的压实干容重，允许低于设计标准，但不合格干容重不得低于设计干容重的98%。

第8.1.18条 碾压堆石上下游坝坡铺料时，不留削坡余量，只需按设计断面留有抛填块石护坡厚度。边填筑、边整坡。

第8.1.19条 防渗体上下游反滤层（或过渡层）的填筑，除遵守本规范第10.1.1条、第10.1.2条、第10.1.7条规定以外，尚应遵守下列规定：

（1）机械化施工时，反滤层的宽度应适应碾压机械宽度并不得侵占防渗体的有效断面。

（2）反滤层填筑应同防渗体平起施工，铺料时宜先砂后土，使碾压机具直接压实黏性土料。必须保证反滤层的有效厚度符合设计要求，且"犬牙交错"带宽度不得大于其每层铺土厚度的1.5~2.0倍。

第8.1.20条 截水槽回填应遵守下列规定：

（1）必须在槽基处理完成，将渗水排除，并经检查验收后方能回填。第一层填土应按本规范第9.0.6条、第9.0.7条规定进行。

（2）槽基填土应先从低洼处开始，并应保持填土面始终高出地下水位1.5米以上。只有当填土具有足够的长度、宽度和厚度时，始可用气胎碾、羊足碾等机械压实。

第8.1.21条 铺盖的填筑应符合下列规定：

（1）铺盖地基处应符合本规范第4.0.3条、第4.0.4条、第4.0.19条规定。第一层土填筑应符合本规范第9.0.7条的有关规定。

（2）在坝体以内与心墙或斜墙相连接的部分，应与心墙或斜墙同时铺筑。坝外铺盖的填筑，在任何情况下必须于库内充水前完成。

（3）铺盖填筑应尽量减少施工接缝。如必须分段填筑，其接缝部位应按本规范第9.0.4条的有关规定进行。

（4）为防止铺盖受到冲刷、冻结和干裂，铺盖完成后应及时铺设保护层，其厚度与材料应符合设计规定。

在坝体内铺盖上填筑坝壳时，必须经检验合格后方能进行。

（5）施工过程中，对已建成的铺盖应加强维护，避免打桩、挖坑、埋设电杆等。如无法避免时，应经技术负责人批准，且事后应妥善处理，并记录备查。

第二节　雨季填筑

第8.2.1条　心墙及斜墙的填筑面应稍向上游倾斜，宽心墙及均质坝填筑面可中央凸起向上下游倾斜，以利排泄雨水。

第8.2.2条　填筑过程中应做好下列防雨和保护措施：

（1）应作好雨情预报。雨前应用气胎碾（或载重汽车）、平碾等快速压实表层松土，并注意保持填筑面平整，以防雨水下渗，且避免积水。雨后填筑面应晾晒或处理经检查合格后，方可复工。

（2）狭窄场面防雨，宜用苫布覆盖。

（3）注意雾、露很大时可能使黏性土表面含水量增大。

（4）对于心墙与斜墙坝，在防渗体填筑面上的大型施工机械，雨前宜开出填筑面停放在坝壳区。

（5）作好坝面保护，下雨或雨后不许践踏坝面，禁止车辆通行。

第8.2.3条　均质土坝或砂壳坝的临时坡，应作好排水保护措施，以防降雨冲坏坡面。

第三节　负温下填筑

第8.3.1条　在负温下施工，应特别加强质量控制工作。施工前应详细编制施工计划，作好料场选择、保温、防冻措施以及机械设备、材料、燃料供应等准备工作。

第8.3.2条　负温下填筑范围内的坝基在冻结前应处理好，并预先填筑1～2米或采取其他防冻措施，以防坝基冻结。若部分地基被冻结时，须仔细检查。如黏性土地基含水量小于塑限、砂和砂砾地基冻结后无显著冰夹层和冻胀现象时，并经工地施工技术负责人批准后，方可填筑坝体，否则，未经处理不准填筑。

第8.3.3条　负温下露天土料的施工，应采取铺土、碾压、取样等快速连续作业，压实时土料温度必须在 −1℃ 以上。当日最低气温在 −10℃ 以下，或在 0℃ 以下且风速大于10 米/秒时，应停止施工。

第8.3.4条　负温下填筑要求黏性土含水量略低于塑限，防渗体土料含水量不应大于塑限的90%；砂砾料含水量（指粒径小于5毫米的细料含水量）应小于4%。

冬季各种坝料填筑应加大压实功能，采用重型碾压机械。

第8.3.5条　负温下填筑，应作好压实土层的防冻保温工作，避免土层冻结。均质坝体及心墙、斜墙等防渗体不得冻结，否则必须将冻结部分挖除。砂、砂砾料及堆石的压实层，如冻结后的干容重仍达到设计要求，可继续填筑。

第 8.3.6 条 填土中严禁夹有冰雪。土、砂、砂砾料与堆石，不得加水。如因雪停工，复工前须将坝面积雪清理干净，检查合格后方可复工。

第 8.3.7 条 当日最低气温低于 −10℃ 时，如必须进行土料填筑，宜搭建暖棚施工。土温过低时，可进行土料升温处理。

第九回 接缝处理

第 9.0.1 条 防渗体与坝基、岸坡、刚性建筑物（如混凝土防渗墙、混凝土齿墙、刺墙、廊道、坝下埋管等）的接合部位及防渗体内纵横接缝，必须严格处理，保证接合质量。

第 9.0.2 条 斜墙和窄心墙内不应留有纵向接缝。如因特殊情况（如临时度汛）需留纵缝时，应提出论证，取得设计单位同意，并报请上级批准后方可采用。

第 9.0.3 条 黏性土、砾质土纵横向接缝的设置应符合下列要求：

（1）防渗体（包括砾质土、黏性土）及均质坝的横向接缝之接合坡度，不应陡于 1：3，高差不宜超过 15 米。如在龙口其他特殊情况，需采用更陡的接合坡度与更大的高差时，应提出论证，经设计单位同意，并报请上级批准。

（2）均质土坝可设置纵向接缝（不包括高压缩性地基上的上坝）。但宜采用不同高度的斜坡和平台相间形式，坡度与平台宽度应根据施工组织设计要求确定，并满足稳定要求，平台间高差不宜大于 15 米。

第 9.0.4 条 铺盖纵横向接缝的接合坡度不应陡于 1：3，与岸坡之接合坡度应符合设计规定。

第 9.0.5 条 所有坝体接缝的坡面，在填土时必须按下列要求处理：

（1）必须配合填筑上升，陆续削坡，直到合格层为止。

（2）防渗体及均质坝黏性土（或砾质土）接合面削坡合格后，必须边洒水、边刨毛、边铺土压实，并控制其含水量为施工含水量范围的上限。

（3）防渗体及均质坝黏性土（或砾质土）的横向接坡，如陡于 1：3 时，在接合处应采取专门措施压实，压实宽度不应小于 1~2 米，且距接合面 2 米以内，不得用夯板（夯实）。

（4）心墙、斜墙内如留有纵向接缝，在接合处亦应采取专门措施压实。

第 9.0.6 条 防渗体（包括黏性土、砾质土）与岩石地基、岩石岸坡和混凝土接合时，必须按下列要求施工：

（1）混凝土面在填土前，必须用钢丝刷等工具清除其表面的乳皮、粉尘、油毡等，并用风枪吹扫干净。

（2）当填土与岩面直接接合时，应清除岩面上的泥土、污物、松动岩石等，并按第 4.0.11 条规定处理后才能填土。

（3）在混凝土或岩面上填土时，应洒水湿润，并边涂刷浓泥浆、边铺土、边夯实。泥浆涂刷高度必须与铺土厚度一致，并应与下部涂层衔接，严禁泥浆干固后铺土和压实。泥浆的重量比可为 1：（2.5~3.0）（土：水），涂层厚度 3~5 毫米。

（4）当在裂隙岩面上填土时，亦应先洒水，然后边涂刷浓水泥黏土浆或水泥砂浆，边铺土。过压实（砂浆初凝前必须碾压完毕）。涂层厚度可为 5~10 毫米。

第9.0.7条 基础结合面上防渗体土料的填筑应符合下列要求：

（1）对于黏性土、砾质土坝基应将其表层含水量调节至施工含水量上限范围，用与防渗体碾压相同的机械、参数压实，然后刨毛3~5厘米深，再铺土压实。

（2）对于无黏性土坝基也应先行压实，然后上第一层填土。铺土厚度可适当减薄，土料含水量调节至施工含水量上限，并用轻型机械压实，压实干容重可略低于设计要求。

（3）对于饱和抗压强度小于100公斤/厘米^{2}的软弱岩基，从表层第一层填土必须用轻型机具压实，1米以上方可用手足碾、气胎碾压实。

当基岩抗压强度大于100公斤/厘米^{2}或为混凝土盖板时，第一层填土可用轻型碾压机械（羊足碾除外）直接压实，0.5米以上方允许用羊足碾、重型气胎碾压。

（4）不论何种坝基，当其上填土2米后方可用夯板夯实。

第9.0.8条 防渗体与岸坡接合处的压实必须符合下列规定：

与岩石岸坡（或混凝土板）或土质岸坡结合处，宽度1.5~2.0米范围内或边角处，不得使用羊足碾、夯板等重型机具压实，应以小型或轻型机具压实，并保证与坝体碾压搭接宽度1.0米以上。如岸坡过缓，接合处碾压易出现"爬坡脱空"现象，应挖除补填。

第9.0.9条 防渗体与刚性建筑物的接合必须符合下列规定：

（1）应满足本规范第9.0.6条"（1）、（3）"的规定。

（2）混凝土齿墙周围及顶部0.5米范围内填土，必须用小型机具压实，2米以外方可用夯板夯实。齿墙两侧填土应保持平衡上升。

（3）坝下埋管管顶以上及两侧一定厚度的填土，亦需用小型机具压实，并保持平衡上升，其管顶最小填土厚度应根据埋管设计与碾压机械的重量确定。

第9.0.10条 混凝土防渗墙插入防渗体段之上下游及顶部填土，除必须符合第9.0.6条"（1）、（3）"、第9.0.9条"（2）"的规定外，其两侧填土与坝基接触带必须符合反滤要求。

第9.0.11条 负温下施工时，严禁在接合面或接坡处有冻层、冰块存在。

第9.0.12条 无黏性土料、堆石及其他坝壳纵横向接合部位，应优先选用台阶收坡法；如无条件时接缝的坡度应不陡于其稳定坡度。与岸坡接合时料物不得分离、架空，并应对边角处加强压实。

第9.0.13条 砾质土/人工掺和料作为防渗体时，与岩石、刚性建筑物衔接处，应按设计施工，避免与粗料接触。

第9.0.14条 土石坝扩建加高时，必须对原坝面按第4.0.3条、第4.0.4条进行清基处理，按坝基处理要求验收合格方可填土。

防渗体扩建加高时，应特别注意新老土体的接合面处理并应符合第9.0.7条"（1）"的规定。对于新老坝壳接合处理，应按照第9.0.12条进行。

第十回　反滤排水设备及护坡施工

第一节　反　滤　层

第10.1.1条 反滤层厚度、铺筑位置及反滤料的粒径、级配、不均匀系数、含泥量等，均应符合设计要求。

第10.1.2条 加工好的反滤层，应经检验合格方可使用并符合本规范第6.2.6条规定。

第10.1.3条 铺筑反滤层前，应做好排水工作，且不宜水下铺筑。

第10.1.4条 铺筑反滤层的地基，应按本规范第4.0.3条、第4.0.4条进行清理和处理。必要时，应取样试验，检查地基是否符合设计要求，并进行地质描述，经验收合格后方可填筑。

地基宜采用挖除法平整，如需填平时，须按下列要求之一进行：

（1）用与地基相同之土料，其压实干容重不应小于天然地基土。

（2）用反滤层的第一层料。

（3）用符合规定的过渡料。

第10.1.5条 在运输和铺筑过程中，应保持反滤料处于湿润状态以免颗粒分离，并防止杂物或不同规格料物混入。

铺筑反滤层须自底部向上进行，不得从坡面上向下倾倒。

第10.1.6条 铺筑反滤层，必须严格控制厚度，当层厚较薄时，应采用人工铺筑，一般宜每10米设样板一个，并经常进行检查。砂和砂砾料应适当洒水，相邻层面必须拍打平整，保证层次清楚，互不混杂。每层厚度的偏差值不得大于设计厚度的15%。

第10.1.7条 分段铺筑时，必须做好接缝处各层之间的连接，使接缝层次清楚，不得发生层间错位、折断、混杂。不论平面或斜面接头，都必须为阶梯状，即上层应当比下层缩进去一定宽度。在斜面上的横向接缝，尚应收成不小于1:2的斜坡。

第10.1.8条 对已铺好的反滤层应作必要的保护，禁止车辆行人通行、抛掷石料以及其他物件。防止土料混杂、污水浸入。

在反滤层上堆砌石料时，不得损坏反滤层。与反滤层接触的第一层堆石应仔细铺筑，其块径应符合设计要求，且应防止大块石集中。

第10.1.9条 负温下施工时，反滤料应呈松散状态，不得含有冻块，下雪应停止铺筑，并妥善遮盖。雪后复工时，应仔细清除积雪和其他杂物。堆筑排水设备的石料，不得沾有冻土或冰块。

第二节 排 水 设 备

第10.2.1条 排水设备所用的石料必须质地坚硬，其抗水性、抗冻性、抗压强度、几何尺寸均应满足设计要求。

第10.2.2条 堆石应分层进行，靠近反滤层处用较小的石料，外坡表面用较大的石料。人工堆筑时，每层厚度以0.5~1.0米为宜，并使其稳定、密实。

第10.2.3条 堆石的上下层面应犬牙交错，不得有水平通缝。相邻两段堆石的接缝，应逐层错缝，不得垂直相接。

第10.2.4条 露于排水设备表面（如滤水坝趾外坡或戗台，贴坡排水设备的外坡）的石料，应采用平砌法，力求平整美观。

第10.2.5条 坝内排水管、排水带和排水褥垫的底层或地基，必须按设计要求进行处理，并须有检查验收程序。

第10.2.6条 排水管的纵坡必须严格按设计要求进行施工。

第10.2.7条 坝内排水管路的地基必须夯实，排水管接头应接好，滤孔及接头部位均应铺设反滤层。坝外排水管的接头处应保证不漏水，并需采取防冻措施。

第10.2.8条 减压井的位置、井深、井距、结构尺寸及所用材料均应符合设计要素。

第10.2.9条 减压井和深式排水沟的施工应在库水位较低时期内进行。钻井时宜用清水固壁。

第10.2.10条 钻进过程中须随时取样，进行地质鉴定、描述、绘制柱状图。如发现与原地质资料有较大出入，应提请设计单位修改设计。

第10.2.11条 钻孔结束并验收后，方可安装井管，井管连接应牢靠，并封好管底。反滤料回填宜用导管法或分层套网法进行，避免分离。

第10.2.12条 装好井管后，应做好洗井工作。洗井宜采用鼓水和抽水法，水变清后，再连续抽水半小时，如清水保持不变，即可结束洗井作业。

第10.2.13条 洗井后尚应进行抽水试验，测量并记录其抽降、出水量、水的含砂量以及井底淤积。

抽水试验应按水文地质有关规定进行。

第10.2.14条 施工过程中和抽水结束后，必须及时做好井口保护设施。每眼井均应建立技术档案，并在工程验收后移交管理单位。

第三节 护 坡

第10.3.1条 砌筑护坡前，应按第8.1.17条进行坝坡整修工作，坡面应符合设计要求。

第10.3.2条 护坡石料须选用质地坚硬、不易风化之石料，其抗水性、抗冻性、抗压强度、几何尺寸等均应符合设计要求。

第10.3.3条 护坡下之垫层材料应按反滤层铺筑规定施工。铺砌块石或其他面层时，不得破坏垫层。

第10.3.4条 上游块石护坡的砌筑应做到：认真挂线，自下而上，错缝竖砌，紧靠密实，塞垫稳固，大块封边，表面平整，注意美观。当上游护坡采用砂浆勾缝时，必须注意预留排水孔。

第10.3.5条 抛石护坡的块径及厚度应符合设计要求，并与坝体填筑配合进行，随抛筑随整坡。

第10.3.6条 现浇混凝土护面宜用滑模浇注，并须按设计要求做好排水孔。

第10.3.7条 草皮护坡应选用易生根、能蔓延、耐旱的草类，铺植均匀，洒水护理。白毛根草易招白蚁，不得采用。无黏性土的护面，应先铺一层腐殖土，再种植草皮。

第10.3.8条 坝体与山坡交接处应按设计要求设置排水沟，以拦泄山体和坝坡的径流。排水沟布置及断面尺寸应根据设计确定。

第10.3.9条 坝坡、防浪墙与坝顶道路等，应做到实用、耐久、美观。

第十一回 观测设备埋设

第11.0.1条 在施工及运用期，为了监测土石坝的工作状态、及时发现异常现象、分析原因、防止发生事故以及为设计、施工及科学研究提供资料，必须对坝体进行系统的定期观测工作。

第11.0.2条 观测设备埋设与观测，必须纳入施工计划，设置专职人员，做到埋设及时、可靠，并做好相应的观测、分析与安全防护及保卫工作。

第11.0.3条 观测项目、观测设备的类型、规格与数量、埋设位置等，均应遵守设计规定。埋设前应按有关规程编制专门文件，规定各项设备的具体埋设、安装与观测方法，作为施工的依据。

第11.0.4条 观测设备必须性能可靠。埋设前应仔细检查、率定、编号。

第11.0.5条 施工期间，对观测设备必须采取有效保护措施，严防机械及人为损害。如有损坏，应及时补救或补设，并记录备查。

第11.0.6条 坝的表面变形观测标点与深式标点，应在坝体填筑至规定高程时即行埋设。

标点的形式及其埋设方法按设计要求进行。

观测用起测基点、工作基点的设置按本规范第2.0.6条进行，固定觇标的设置，按设计进行。

第11.0.7条 分层沉降管（固结管）的埋设，应随填筑分层进行。

埋设时，应使管身保持铅直、翼板（或底板）保持水平。套管与导管结合处必须保护良好，管口经常封盖。严防土石、杂物进入管中。管周与翼板上下的填土，应密合无隙，并应适当取样进行干容重、压缩等试验。

机械化施工时，沉降管的埋设宜采用分段（段长约1米）下埋式法，即每一段先填土后挖坑，安装沉降管后，再回填夯实。埋设后管顶至填筑面的距离，必须符合碾压机械通过的要求，或采取其他保护措施，保证碾压时沉降管不被损坏。

第11.0.8条 测压管宜在大坝蓄水前设置。管壁周围应与坝体结合良好，顶部管口应加盖，进水段顶部应做好止水，防止雨水流入。

斜墙下游踵部附近的测压管，必须在施工期埋设，并应严格控制埋设质量。

第11.0.9条 双管式孔隙水压力仪的埋设，应特别注意管路接头的严密性和管路的敷设与保护。

第11.0.10条 在坝体内埋设土压力盒、孔隙水压力仪等仪器时，应按设计选择适宜土料回填压实。测头附近1米内禁止重型机械通过。

第11.0.11条 在防渗体内敷设各种仪器电缆、管路时，必须保证有足够的防渗断面，严禁沿防渗体水平上下游贯穿。水平敷设段应设柔性阻渗板，并使其同电缆、管路牢固粘接。

电缆、管路应标明相应的测头编号，在防渗体内敷设时不得成束，其沿程并应呈蛇曲状。电缆、管路周围以黏性土或砂料回填（防渗体断面以外），严禁与砾石或硬物接触。

施工期间，电缆、管路应集中引入临时防护处予以保护，并经常检查电缆的导电性能。电缆接长后应予率定检验。

第11.0.12条 坝基、坝肩的渗流等其必须观测项目的设备埋设与观测，按有关设计进行。

第11.0.13条 在坝体内埋设测斜仪、水平位移计、应力计以及振动加速度仪、振动孔隙水压力计等仪器设备时，应按有关设计规定进行。

第 **11.0.14** 条　施工期间，所有观测项目，均应按时进行观测，及时整理分析资料。遇有异常情况，必须及时向技术负责人汇报。

第 **11.0.15** 条　所有观测设备的埋设安装记录、率定检验、回填土的检验试验和施工期观测记录以及高程与平面控制点的位置等，竣工后均必须编制正式文件，经技术负责人签署后，移交管理单位。

第十二回　施工质量控制

第 **12.0.1** 条　在土石坝施工中应积极推行全面质量管理，并加强人员培训，建立健全各级责任制，以保证施工质量达到设计标准、工程安全可靠与经济合理。

第 **12.0.2** 条　施工人员必须对质量负责，做好质量管理工作，实行自检、互检、交接班检查的制度。施工单位必须设立在施工主要负责人领导下的专职质量检查机构，可实行一级管理（即由工程局直接管到现场）；也可实行分级管理，但应有业务垂直领导关系。

第 **12.0.3** 条　质检人员与施工人员都必须树立"预防为主"和"质量第一"的观点；双方必须密切配合，控制每一道工序的操作质量，防止发生质量事故。

第 **12.0.4** 条　在制订施工技术措施、确定施工方法和施工工艺时，应根据现场实际情况同时制订每一工序的质量指标。施工中必须使前一工序向下一工序提交合格的产品，从而保证成品的总体质量。施工单位应组织施工、质检以及设计、地质等有关人员逐项落实施工技术措施后，方可开工。

第 **12.0.5** 条　质量控制应按国家和部颁的有关标准、工程的设计和施工图、技术要求以及工地制定的施工规程进行。质量检查部门对所有取样检查部位的平面位置、高程、检验结果等均应如实记录，并逐班、逐日填写质量报表，分送有关部门和负责人。质检资料必须妥善保存，防止丢失，严禁自行销毁。

第 **12.0.6** 条　质量检查部门应在验收小组领导下，参加施工期的分部验收工作，特别是隐蔽工程，应详细记录工程质量情况。必要时应照相或取原状样品保存。

第 **12.0.7** 条　施工过程中，对每班出现的质量问题、处理经过及遗留问题，应在现场交接班记录本上详细写明，并由值班负责人签署。针对每一质量问题，在现场做出的决定，必须由主管技术负责人签署，作为施工质控的原始记录。

发生质量事故时，施工部门应会同质检部门查清原因，提出补救措施，及时处理，并提出书面报告。

第 **12.0.8** 条　质量检验的仪器及操作方法，应按照部颁的《土工试验规程》（SDS01—79）进行。规程中未列入的快速含水层测定、现场容重试验以及其他试验方法，如测量精度能满足要求，施工单位技术负责人批准后也可使用。

第 **12.0.9** 条　试验及仪器使用应建立责任制，仪器应定期检查与校正。并作如下规定：

（1）环刀每半月校核一次重量和容积，发现损坏时应即停止使用。

（2）铝盒每月检查一次重量，检查时应擦洗干净并烘干。

（3）天平等衡器每班应校正一次，并随时注意其灵敏度。

（4）灌砂法使用的砂料应保证其级配与容重稳定，并每隔一定时间校正一次。

（5）工地使用的测量黏性土和砂容重的环刀体积应为500立方厘米以上，环刀直径应不小于100毫米，高度不小于64毫米。

第12.0.10条 在质量分析时，宜应用数理统计方法，定出质量指标，用质量管理图进行质量管理，以提高质量管理水平。

第一节 坝基处理质量控制

第12.1.1条 坝基处理过程中，必须严格按设计和有关规范要求，认真进行质量控制，并在事先明确检查项目和方法。

第12.1.2条 坝体填筑前，应按本规范第四章有关规定对坝基进行认真检查。

第二节 料场质量控制

第12.2.1条 必须加强料场的质量控制，并在料场设置质控站。

第12.2.2条 料场质量控制应按设计要求与本规范有关规定进行，主要内容包括：

（1）是否在规定的料区范围内开采，是否已将草皮、覆盖层等清除干净。

（2）开采、坝料加工方法是否符合有关规定。

（3）排水系统、防雨措施、负温下施工措施是否完善。

（4）坝料性质、含水量（指黏性土料、砾质土）是否符合规定。

（5）负温下施工应检查土温、冻土含量、开采方法等。

第12.2.3条 设计应对各种坝料提出一些易于现场鉴别的控制指标与项目，如表12.2.3所示。其每班试验次数可根据现场情况确定。试验方法应以目测、手试为主，并取一定数量的代表样进行试验。

表12.2.3 现场鉴别项目与指标

坝料类别		控制项目与指标	备 注
防渗土料	黏性土	含水量上、下限值	当土料渗透系数接近 1×10^{-5} cm/s 时，应提出对黏性土黏粒含量下限值的控制要求
		黏粒含量下限值	
	砾质土	允许最大粒径	
		含水量上、下限值；砾石含量的上、下限值	
反滤料		级配，含泥量上限值；风化软弱颗粒含量	
过渡料		级配：允许最大粒径，含泥量	
坝壳砂质土		小于5mm含量的上、下限值；含水量的上、下限值	
坝壳砂砾料		含泥量及砾石含量	
堆 石		允许最大块径；小于5mm粒径含量；风化软弱颗粒含量	

第12.2.4条 反滤料铺筑前应取样检查，规定每200～400立方米应取样一组，检查颗粒级配、含泥量。如不符合设计要求和规范规定时，应重新加工，经检验合格后方可使用。

第三节 坝体填筑质量控制

第12.3.1条 坝体填筑质量应按本规范第八章、第九章有关规定，重点检查以下项目是否符合要求：

（1）各填筑部位的坝料质量。

（2）防渗体每层铺土前，压实土体表面刨毛、洒水湿润情况。

（3）铺土厚度和碾压参数。

（4）碾压机具规格、重量、气胎压力等。

（5）随时检查碾压情况，以判断含水量、碾重等是否适当。

（6）有无层间光面、剪力破坏、弹簧土、漏压或欠压土层、裂缝等。

（7）坝体与坝基、岸坡、刚性建筑物等的结合；纵横向接缝的处理和结合；土砂结合的压实方法及施工质量。

（8）与防渗体接触的岩面上之石粉、泥土以及混凝土表面的乳皮等杂物的清除情况。

（9）与防渗体接触的岩面或混凝土面上是否涂刷浓泥浆或黏土水泥砂浆等。

（10）坝坡控制情况。

第12.3.2条 施工前应检查碾压机具的规格、重量。施工期间对碾重应每半年检查一次；气胎碾的气胎压力每周检查1~2次。

第12.3.3条 应对碾压、平土操作人员进行培训，统一施工操作方法，经考试合格后，方可操作。

第12.3.4条 防渗体压实控制指标采用干容重、含水量；反滤层、过渡层、砂砾料、堆石等的压实控制指标应用干容重，必要时应进行相对密度校核。

第12.3.5条 坝体压实检查项目及取样试验次数见表12.3.5。取样试坑必须按坝体填筑要求回填后，始可填筑。

表12.3.5 坝体压实检查

坝料类别及部位			试验项目	取样试验次数
防渗体	黏性土	边角夯实部位	干容重、含水量	2~3次/每层
		碾压部位	干容重、含水量、结合层描述	1次/100~200m³
		均质坝	干容重、含水量	1次/200~400m³
	砾质土	边角夯实部位	干容重、含水量、砾石含量	2~3次/每层
		碾压部位	干容重、含水量、砾石含量	1次/200~400m³
反滤料及过渡料			干容重、砾石含量	1次/1000m³
			颗粒分析、含泥量	1次/1~2m厚
坝壳砂砾料			干容重、砾石含量	1次/400~2000m³
			颗粒分析、含泥量	1次/5m厚
坝壳砾质土			干容重、含水量、<5mm含量上、下限值	1次/400~2000m³
碾压堆石			干容量、<5mm含量	1次/10000~50000m³
			颗粒分析	1次/5~10m厚

第12.3.6条　防渗体压实质量控制除在每个压实段有代表性地点取样检查外，尚必须在所有压实可疑处（如土料含水量过高过低、土质可疑、碾压不足、铺土厚度不匀等）及坝体所有结合处（如坝与基础、岸坡、刚性建筑物结合处、坝体纵横向接缝、观测仪器埋设处等）抽查取样，测定干容重、含水量。这类样品的试验结果应标明"可疑"或"结合"字样，但不作为数理统计和质量管理图的资料。

第12.3.7条　防渗体填筑时，一般每层经压实和取样测定干容重合格后（当压实土层厚度大于40厘米，应沿深度每20厘米取样一组，最后一组样应深入至结合层为止），方可继续铺土填筑，否则应补压至合格为止。个别情况，经采取措施，如补压无效但符合第12.3.11条有关规定，经技术负责人同意可不作处理，否则应进行返工，必要时，经工地技术负责人批准，可挖坑复查。

第12.3.8条　反滤层、过滤层、坝壳等无黏性土填筑，除按第12.3.5条的规定取样检查外，主要应控制压实参数，如不符合要求，施工人员应及时纠正。每层压实后，即可继续铺土填筑，其测定的铺土厚度、碾压遍数应经常进行统计分析，研究改进措施。

反滤料、过渡料级配应在筛分现场进行控制，填筑时应对接头、防护措施等加强检查。

第12.3.9条　汽车经常进入心墙或斜墙填筑面上的道路处，应取样检查土层有无剪力破坏等，一经发现必须彻底返工处理。

第12.3.10条　现场含水量对黏性土、砾质土以手试测定的同时，应取样用烘干法或其他方法测定，并以此来校正干容重。

取样时应注意操作上有无偏差，如有怀疑，应立即重新取样。测定容重时应取至压实层的底部，并测量压实土层的厚度。

第12.3.11条　按第12.3.5条取样所测定的干容重，其合格率应不小于90%，且不合格样不得集中，不合格干容重不得低于设计干容重的98%。

第12.3.12条　应根据坝址地形、地质及坝体填筑土料性质、施工条件，对防渗体选定若干个固定取样断面，沿坝高每5～10米取代表性试样（取样总数不宜小于30个）进行室内物理力学性能试验，作为核对设计及工程管理之依据。必要时应留样品蜡封保存，竣工后移交工程管理单位。

第12.3.13条　雨季施工，应检查施工措施落实情况。雨前应检查坝面松土表层是否已适当压实和平整；雨后复工前应检查填筑面上土料是否合格。

第12.3.14条　负温下施工应增加以下检查项目：

(1) 填筑面防冻措施。

(2) 冻块尺寸、冻土含量、含水量等。

(3) 坝基已压实土层有无冻结现象。

(4) 填筑土的冰雪是否清除干净。

同时每班应对气温、土温、风速等进行观测并作记录。在春季，应对去冬所完成的全部填土层质量进行复查。

第四节　护坡和排水反滤质量控制

第12.4.1条　砌石护坡应检查下列项目：

(1) 石料的质量及块体的重量、尺寸、形状是否符合设计要求。

（2）砌筑方法和砌筑质量、抛石护坡石料是否有分离、块石是否稳定等。

（3）垫层的级配、厚度、压实质量及护坡块石的厚度。

第12.4.2条　当采用混凝土板护坡时，应控制垫层的级配、厚度、压实质量、接缝以及排水孔质量等。

第12.4.3条　在开始铺筑反滤层前，应对坝基土进行下列试验分析：

（1）对于黏性土：天然干容重、含水量及塑性指数；当塑性指数小于7时，尚需进行颗粒分析。

（2）对于无黏性土：颗粒分析和天然干容重。

从坝基土中取样，一般应在25×25平方米的面积中取一个样；对于条形反滤层的坝基可每隔50米取一个或数个样。

第12.4.4条　在填筑排水反滤层过程中，每层在25×25平方米的面积内取样1~2个；对于条形反滤层，每隔50米作为取样断面，每个取样断面每层所取的样品不得少于4个（应均匀分布在断面不同部位）。各层间的取样位置应彼此相对应。对于所选取的样品，应做颗粒分析，以检查是否符合设计要求。在施工过程中，应对铺筑厚度、施工方法、接头、防护措施等进行检查。

第十三回　工　程　验　收

第13.0.1条　土石坝工程的验收工作应按照水利电力部有关基本建设工程验收办法及本规范办理。

第13.0.2条　土石坝工程的验收工作包括施工期间分部工程验收、阶段性的截流和蓄水验收以及竣工验收。分部工程的验收应按各分部工程竣工的先后依次进行。隐蔽工程的验收允许分段进行，即完工一段验收一段，在未经验收前，施工单位不得进行下一工序。阶段性验收和竣工验收应分别在阶段工程和全部工程完成后进行。

第13.0.3条　施工期间，必须对下列分部工程在其完成时进行验收：

（1）坝基和岩坡的开挖及表面处理、铺盖及截水槽的清基和开挖。

（2）混凝土防渗墙。

（3）固结和帷幕灌浆。

（4）混凝土齿墙、铺盖和截水槽回填。

（5）导流建筑物。

（6）坝体内永久性建筑物，如廊道、涵管等。

（7）坝体。

（8）排水设备。

（9）观测设施。

第13.0.4条　施工期间分部工程验收工作，可由建设、施工、设计、管理及建设银行等单位组成验收小组负责进行。

第13.0.5条　进行分部工程验收前，施工单位必须提出下列文件：

（1）竣工图纸。

（2）施工过程中有关设计变更的说明和记录。

（3）试验、质量检验及测量成果。

（4）质量事故记录和分析资料及其处理结果。

（5）隐蔽工程的检查记录和照片。

（6）竣工工程说明书和竣工清单（包括施工概况说明、实际工程量、开工日期、完工日期等）。

（7）施工大事日志。

上列文件须经工地技术负责人签署，作为全部工程竣工验收时重要依据之一。

第13.0.6条　进行坝基和岸坡验收时应有地质人员参加，在验收鉴定或验收报告书中要注明坝基的工程地质、水文地质条件及其与设计资料不符的情况。

对全部坝基工程地质、水文地质应测绘地质图，并连同所取岩石、土样妥为保存，作为全部工程竣工验收时重要依据之一。

第13.0.7条　施工单位应重视施工期间工程资料的搜集、整理和总结工作，建立健全技术档案制度，并指定专人负责。

第13.0.8条　验收时应进行下列工作：

（1）审查第13.0.5条所列规定的文件，并听取关于设计和施工情况的汇报。

（2）检查竣工工程或隐蔽工程的质量，并作出结论。

（3）对工程的遗留问题，提出处理意见并规定完成的期限。施工单位必须认真处理，按期完成。

（4）验收后，提出验收报告书或验收鉴定记录，并以第13.0.5条所规定各项文件作为附件。

第13.0.9条　建筑物竣工后未经验收移交前，应由施工单位负责管理和维护。

附件 1　基坑排水与渗水处理

一、基坑排水

土石坝基础开挖截水槽时，应做好基坑排水。当从地基土层表面直接排水而无破坏性渗透变形时，可采用导沟表面排水法，砂层特别是"流砂"等渗透性较小的地基应用井点排水；砂砾石强透水层地基宜用深层排水法。

（一）导沟表面渗水法

开挖截水槽之前，先在基坑上下游两侧开挖导沟，水由导沟引至集水井后直接抽水，在地下水位降低后再开挖。施工时宜始终控制导沟沟底低于开挖面 1.0 米，使截水槽的开始工作在水上进行。

当基坑开挖至覆盖层与岩基接触面时，可在基坑四周修筑截水墙，中途将渗水拦截，用水泵直接抽出，排于地面排水沟内，以减少下层开挖中的排水量。

导沟、集水井及泵房均应设置在截水槽黏土回填断面之外，因此基坑开挖断面应大于截水槽黏土的设计断面。

拦腰截水墙不宜用草袋，宜用浆砌块石或混凝土，以减少回填黏土时拆除或处理的工作量。

集水井深度一般为 1.0 ~ 1.5 米，井底面积随水泵台数而定（如装设一台 6 寸水泵时，需 1.0 平方米；装一台 4 寸水泵时为 0.5 平方米）。抽水时，集水井四周应作好反滤，防止地基中细小土料被携出；在回填黏土的过程中，应始终保持填筑的黏土高出水面 1.5 米，随填土的升高，逐井移泵抽水。迁移水泵时，先在下层井内提高龙头，回填块石，待水位升高至上层井底以上 0.6 米时，即可在上层井内抽水，同时停止下层井抽水，将下层井用块石回填至高出水 0.5 米后，用水泥砂浆封顶。回填时应埋设灌浆管，事后灌注水泥浆。

（二）深层排水法

深层排水法一般用深井泵。当采用深井泵时，每级井可降低地下水位 25 ~ 30 米，甚至 30 米以上。用一般离心式水泵时，每级井降低地下水位的深度小于 7 米，故只适用于浅井的排水。

截水槽开挖前，根据地基的工程地质及水文地质条件，特别是渗透系数大小，用水力计算和抽水试验，确定布置在截水槽上下游两侧之排水井的井距及井深。

截水槽开挖之前，应在其上、下游两侧（截水槽开挖断面之外），按照设计的井位，用冲击钻凿井（井内应设置预制混凝土井管和滤水管），同时开挖表面排水沟，使井内的抽水通过排水沟排出基坑之外，从而降低地下水位，使截水槽开挖能在水上进行。

（三）井点法

用井点法排水时，应在设计开挖线以外适当位置，每隔 1.5 ~ 3.0 米设置一封闭井点群。井管为 2 寸左右的钢管，管下端为花管，外包裹金属丝网和填反滤料，钢管的上部井管部分用黏土仔细填实，不得透气，所有井内抽水钢管用管路连接于干管，干管与泵站连接，一般一个泵站可接 20 多眼井。管路、阀门必须连接紧密，不得漏气。由于真空泵吸出高度的限制，这种井点法可降低地下水位 4 米左右。当挖深较大时，可采用多级井点。

井点施工采用高压水枪冲孔，并边冲孔边下套管，达到预计深度后，再下针管（即 2 英寸抽水管）、填反滤料、拔出套管，用黏土封堵井口部分，接好管路与泵站，即可抽水。

二、岩面裂隙及泉眼渗水处理

在截水槽回填不透水的黏性土之前，应对基坑岩面裂隙及泉眼的渗水进行处理。

渗水处理方法须根据基坑岩石节理裂隙发育程度、渗水量、渗水压力与泉眼大小而定。一般可采用下列方法。

（一）直接堵塞法

若岩面的裂隙不大、裂隙中的渗水不太严重，对于小面积的无压渗水，可用黏土快速压实堵塞。若局部堵塞困难，可采用水玻璃（硅酸钠）掺水泥拌成胶体状，用围堵办法，在渗水集中处从外向内逐渐缩小，最后封堵。水玻璃凝结速度较快（与配合比有关，有的工地使用的配合比为水:水玻璃:水泥 = 1:2:3），使用时可根据具体情况配制。

（二）箱填堵塞法

1. 水头较小之泉眼，可在泉眼四周开挖一方坑，底面积约 2×2 平方米，中间放一直径及高各约 0.75 米的混凝土管，然后在管内设一直径为 100~150 毫米的铁管，混凝土管与铁管间填以小砾石（其高度为混凝土管高的 3/4），在铁管末端连以水泵软管后，即可不断抽吸泉水。

混凝土管周围的方坑，填以不透水料（黏土或黏土三合土），分层细致夯实（每次填土厚度不大于 0.15~0.20 米）。

混凝土管上部 1/4 的高度灌注配合比为 1:2 的水泥砂浆，在水泥砂浆未硬化以前不断吸水，待其硬化后，停止抽水，将铁管堵塞最后填平方坑。

2. 水头较大之泉眼，泉水可能自堵塞处涌出时，铁管应高出混凝土管顶，在回填过程中继续抽水，以降低管内水位，并将铁管逐渐加高，直至管中水头高度与泉水水头平衡时再将管口堵塞。

（三）抽水灌浆堵塞法

岩面裂隙渗水分散、面积较大时，可在渗水比较集中的地方（如主要泉眼处）挖一个集水坑，并在渗水范围内挖几条导水沟，将分散的渗水全部集中引入集水坑，坑内填卵石，坑顶及导水沟内填以小砾石，在坑内预埋回填灌浆管和排水管，借助排水管用人力手压水泵不间断地抽水。坑顶浇注一层混凝土盖板，然后回填黏土，待黏土回填至一定厚度时，进行回填灌浆。灌浆压力不超过 2.0 公斤/厘米^2，水灰比自 2:1 至 0:1（即由稀变浓），灌至进浆量小于 1L/min 时停止灌浆。24 小时后作压水试验进行检验，如渗透系数小于 1×10^{-4} cm/s，即认为合格；否则需加孔补充灌浆。

附件2 坝料加工处理

土石坝筑坝土料的含水量或某些性能指标不能满足设计、施工要求时，应进行加工处理，使其达到质量标准。

一、低于含水量土料的加水处理

土料加水应符合以下要求：使土料含水量达到施工含水量控制范围；使加水后的土料含水量保持均匀。

土料加水，一般可采用下列方法。

（一）坝面洒水

当铺土与碾压相隔时间较长，土层表面水分蒸发需补充水量，或者当土料天然含水量与碾压施工含水量相差不大，仅需增加1%～2%左右时，可采用在坝面直接洒水的方式加水。

1. 用洒水汽车洒水，以压力水与压缩空气混合喷出，水呈雾状，可使洒水均匀。此法还可避免坝面铺设水管，减少施工干扰。因此，在有条件的情况下，宜优先采用。

2. 用胶管洒水在直径25～50毫米胶管上安装一扁口喷嘴，以3～4公斤/厘米²的压力水直接在铺好的土层表面洒水。

无论采用上述何种洒水方式，若要求将土料含水量提高1%～2%，洒水后应以拖拉机牵引圆盘耙使其掺和均匀。

（二）在开采掌子面加水

当土料的含水量比施工最优含水量低，可在挖土机开采时直接用上述水管加水，并适当用挖土机掺和，然后将土料另行堆置，间隔一定时间，使含水量均匀，然后用于填筑。但这种加水方式难以精确控制，一般仅在某些特殊情况下采用。

（三）土场加水

土场加水是提高土料含水量的最好方法，适宜于大面积的土场和土料天然含水量较施工含水量低得较多的情况。采用这种加水措施，不仅减少坝面施工工序、减少干扰，且易于控制土料含水量。其具体的加水方式与开采方法、料场地形、土料性质有关。

1. 土场筑畦灌水：当土场天然土料垂直渗透系数较大、地势平坦，且用立面开采时，可在土场筑畦灌水。采用此法时，应预先在土场进行灌水试验，以确定土场的可灌性、灌水深度、渗透时间（或灌水时间）、加水土层的有效厚度、土场加水后的平均含水量、灌水后可开采的时间等参数。

2. 喷灌灌水：喷灌灌水系用喷灌机进行。适宜于地形高差大的条件。此法易于掌握、节约用水，但喷灌时间应经试验决定。为保证喷灌的效果，应保持天然地面不受扰动，以免破坏其渗透性。草皮等的清理可待加水后进行。用此法灌水后需等一定时间，才能使水分均匀。

3. 土场表面喷水：在土场喷水时，并随时辅以齿耙耕田，使其混合均匀。此法适合于砂壤土、轻、中粉质壤土以及用铲运机、推土机平面开采的条件。此外尚需有较大面积的土场，以便部分土场大量喷洒水，并有足够的停置时间，使其含水量渗透均匀，其余已加水的土场可供开采，实现轮换作业。

二、高含水量土料降低含水量的措施

当土料天然含水量超过施工控制含水量时应采取降低含水量的措施。

（一）强制干燥

即利用回转烘干机烘烤土料，以降低含水量。烘烤时土料用皮带机送进回转烘干机内，经喷油嘴喷射燃油升温，土料由进口至出口的过程中被烘至所要求的含水量。

（二）翻晒法

土料天然含水量较高，且具有翻晒的条件，可以采用翻晒法降低含水量。对于当地用翻晒法降低含水量的效果，应预先进行翻晒试验，以确定翻晒铺土厚度、每天翻晒的适宜时间和翻晒的方法。

翻晒方法可采用拖拉机牵引多铧犁进行，也可采用人工翻晒。为使土料含水量均匀和加速翻晒过程，必须将土块耙碎。

翻晒合格的土料，应堆成土牛，并加防护。土牛在储备或使用期间，须经常检查，特别是雨前、雨中，应检查排水系统是否通畅、顶部有无因沉陷而形成的坑洼、防雨设施是否可靠等。

（三）掺料

掺料的目的是通过掺入含水量低的土料，吸收含水量高的土料中多余的水分，使土料含水量重新调整，以满足施工含水量的要求。

掺料可用碎石、砾石，也可用含水量较低的土料或风化岩石。掺料方法与坝料加工处理相同。

（四）综合措施降低含水量

当土料天然含水量稍高于施工含水量时，可在土料开挖、运输及装卸过程中采取措施降低含水量。如采用平面分层取土（用铲运机、推土机进行）、山坡溜土、皮带机运输等。当采用立面开采时，也可用向阳面开采或掌子面轮换开采等方法。

三、防渗土料掺和拌制方法

砾质土料中含有过多的砾石时，必须改变其含量，才能作为防渗土料；对高土石坝，有时需在土料中掺入一定数量的砂砾料，以改善土料的性质，减少其沉陷量。上述坝料可采取逐层铺筑——挖土机立面开采混合或推土机斜面开采混合的方法。

某土石坝高 165.6 米，其心墙砾质土系由黏土和砂砾料掺和而成。该砾质土掺和前、后的土砂砾料级配曲线，如附图2.1所示（图略）。设计规定掺和料中的最大卵石直径为50毫米（在料场设置筛分厂，以50毫米×50毫米方孔筛控制），允许5%的超径，但最大直径不得大于60毫米。根据室内试验和野外试验结果，砂砾料与黏土的掺和配比为50:50（以重量计），并用下式计算：

$$P_S = \frac{A}{A + B + C} \times 100\%$$

式中　P_S——大于5毫米粒径的砾、卵石占总土重的百分数；

A——砂砾料中大于5毫米粒径的砾卵石重量；

B——砂砾料中小于5毫米的砂粒重量；

C——黏土的重量。

掺和时黏土含水量控制在26% ~30%之间（掺和的黏土有两种，即红黏土，其流限54%、塑限34%、塑性指数20、62.5吨米/米³击实功能的最大干容重1.51克/厘米³、最优含水量29%；另一种掺和黏土为棕黄色黏土，其流限为41%、塑限24%、塑性指数17、同样功能的最大干容重1.59克/厘米³、最优含水量24.6%）。

料堆黏土层与砂砾层相应厚度是根据三次现场碾压试验结果，并考虑大面积施工、料堆各层厚度难于控制准确的实际情况，以及为减少误差和提高工效而确定砂砾料铺筑厚度为40厘米。然后用下式计算相应的黏土层厚为65厘米。

$$h_{\pm} = h_{砾} - \frac{\gamma_{d砾}}{\gamma_{d\pm}}n$$

式中　$h_{\pm}$——黏土层厚度（cm）；

$\gamma_{d砾}$——砂砾料层干容重，试验测得平均值为2.10t/m³；

$\gamma_{d\pm}$——黏土层干容重，试验测得平均值为1.33t/m³；

$h_{砾}$——砂砾料层厚度（cm）；

n——黏土与砂砾料的重量比，某土石坝采用$n=1$。

铺料时，第一层先铺砂砾料。铺料方法：铺黏土时汽车卸料，用后退法；铺砂砾料时汽车卸料，用进占法，其目的是使汽车始终在砂砾料层上行走，以免轮胎对土料层的直接压实。辅料平土均用S-120型液压推土机进行。各层厚度用水准仪测量控制。

铺料施工时，每层黏土及砂砾料均取10~20个试样测定含水量或颗粒级配曲线，以便进行质量控制。另一工程采用推土机斜面开采和装载机装料的混合方法。

附件 3　坝料的开采与运输

一、开采与运输机具选择

开采、运输机具可根据具体情况及机械的性能、特点选定。

(一) 开采机具

1. 单斗挖掘机：它有多种作业装置。正铲，可自挖自装，具有较大的挖掘能力，能铲装较密实的土壤和堆石，以配合自卸汽车、有轨运输为最适宜；反铲，可挖掘停机地面高程以下的土层；索铲，适宜用于开采砂砾料。在实际筑坝材料开采中，正铲和索铲应用较多，效率较高。

2. 斗轮挖掘机：是一种连续作业高效率的重型挖掘设备，但它庞大笨重、移动不便，适用于填筑方量大、料场集中、储量大、上坝强度高的土石坝施工，可与自卸汽车或皮带机配合使用。

3. 装载机：它挖装效率高、机动灵活，适宜于挖装土料、石料及砂砾料，与自卸汽车配合使用。

4. 铲运机：铲、装、运、卸连续作业，适合于一般土料的短距离铲运。拖式铲运机适用于 500 米以内，自行式铲运机适用于 500 ~ 3500 米范围，在 800 ~ 1500 米内效率最高，但需推土机助铲。

5. 推土机：适合于平面（或斜面）开采，推运距离以 50 米左右为宜，多用于料场集料和坝面散料。

6. 采砂船：适合于采挖水下砂砾料，配合窄轨矿车运输或驳船运输。

(二) 运输机具

1. 自卸汽车：运用、转移灵活，可直接上坝自动卸料，简化工序，施工管理较简便，为土石坝施工的主要运输方法。自卸汽车有后卸、底卸和侧卸之别。后卸式有较高的适应性，转弯半径小，装卸场地变换时不受限制，爬坡能力较强。各种筑坝材料均可运输；底卸式汽车往返散料可高速行驶。但只适用于运输粒径较小的坝料，不宜运卸大块径的漂石和堆石；侧卸式宜用于运输反滤料。

2. 有轨运输：运输量大，但一般不能直接上坝，其临建工程大，设备投资较高，对线路的坡度和转弯半径要求也高，宜在丘陵地区、料场集中、运输量大、运距远的工程中采用。有轨运输可以为窄轨和准轨。窄轨运输以机车牵引 3.5 立方米的矿车，轨距为 762 毫米；准轨运输以机车牵引 30 ~ 60 吨车皮，轨距为 1435 毫米。有轨运输不宜运输堆石。

3. 皮带机运输：系连续运输，运输量大，运费、设备费均较低，能适应不同的地形，对于地形高差大或崎岖不平的地区，尤为有利。它不仅可用作长距离水平运输，也可配合有轨运输用作转运上坝的垂直运输工具，其操作简便，管理人员少，易于维修养护，但运送线路固定，灵活性小，同时只能运送一种坝料，并需有可靠的电源供应。

有轨运输和皮带机运输均应考虑中转设备，中转站宜设在坝外。

4. 手推车运输：应用灵活，可直接上坝或用爬坡机牵引上坝。

几种主要运输机具的适宜运距如附表3.1所示。

二、开采机械与自卸汽车的配套

为了充分发挥自卸汽车的运输效能，应根据汽车斗容（或载重量）选择具有适当斗容的挖掘机械。同时，宜使汽车装料的时间为2~3分钟。附表3.2为一些工程开采机械与自卸汽车的配套情况。

附表3.1　运输机具的适宜运距

运输机具种类		适宜的运距（公里）
自卸汽车		<10
窄轨运输		5~15
准轨运输		>10
皮带机运输		<10
手推车运输		<1.0
铲运机运输	拖式	<0.5~1.0
	自行式	0.8~1.5

附表3.2　开采机械与自卸汽车配套实例

开采机械类型、斗容	运输车辆的种类与载重量
0.5、0.75、1.0m³ 挖掘机	3.5~4.0t 自卸汽车
2.0、2.5、3.0m³ 挖掘机	10t 自卸汽车
3.0、4.0m³ 挖掘机	15~20t 自卸汽车
4.0、6.0m³ 挖掘机	30~65t 自卸汽车

三、各种运输机具的线路布置

（一）各种运输机具对道路干线的一般要求（见附表3.3）

附表3.3　运输机具对道路干线的一般要求

运输工具	路面宽度（m）	道路坡度		弯道半径（m）
自卸汽车（20~30t）	6~7（单车道） 10~12或4倍车宽（往复道）	≤6%~8%		>50
窄轨铁路	6.4（双线）	重车上坡　<0.7%		干线 >150
		重车下坡　<1.0%		
	3.2（单线）	轻车上坡　<1.5%		支线 >90
		轻车下坡　<2.0%		
标准轨铁路	4~4.9（单线）	一般　<0.7‰~1.8‰		干线 >350
		最大　3‰		支线 >250
皮带运输机	2.5~3.0	1:3~1:3.5（当运输黏性土料时，可采用更陡坡度）		
铲运机	同自卸汽车	<10%		
手推车	4.0（双线）	一般　<2%		

（二）自卸汽车运输线路布置

（1）干线布置有环形线、往复线及环形与往复混合布置等。一条干线应尽可能沟通几个料场的支线。环形线为单车道专用线，宽6~7米，轻重车分道环形行驶。行车安全，运输效率高，一般可优先采用。但临建工程量较大。峡谷地区，运输受地形条件限制时，可采用往复线。轻重车在同一道路行驶，路宽应为车宽4倍。

（2）上坝线路的布置，应根据坝址两岸地形条件、枢纽布置、坝的高度、上坝强度等因素确定。处于峡谷地区的高坝，当道路与枢纽其他建筑物有干扰时，上坝公路宜直接布置在坝坡上，采取"之"字形往复线路；当坝址两岸地形平缓、河谷较窄时，应沿两岸修建多级上坝往复线路，路的级差可为 15～20 米左右。河谷较宽时，可采用环形线路。

（3）一般干线最大坡度宜为 6%～8%，最小曲率半径 50 米，能见距离最小为 100 米，支线最大纵坡宜为 8%，最小曲率半径 20 米，能见距离最小为 50 米。

四、汽车运输道路的质量标准

路基必须压实良好。泥结碎石道路一般由加强层、承重层、磨耗层、保护层组成，厚度根据汽车吨位确定，一般不宜小于 0.5～0.6 米、混凝土路面宜用 200 号混凝土浇注，厚度应不小于 30 厘米。

泥结碎石道路的加强层可用块径 20～30 厘米的块石（或卵石）铺砌，厚度约为 30～50 厘米；承重层为粒径约 8 厘米以下的碎石或砂砾料经压实而成，厚度约 10～20 厘米；磨耗层一般厚约 3 厘米，用粒径 0.5～2.0 厘米碎石和土、砂（土、砂为 0.4∶0.6）加水拌和压实而成；保护层可采用粗砂或土、砂（各 50%）拌和压实，视气候而定。泥结碎石路面必须组织专业养护队加强养护。

公路两侧排水沟大小，应根据一定的暴雨强度设计，路拱以 2%～4% 为宜。在山区尚应考虑泥石流的影响，设置相应断面的涵洞。

五、汽车运输道路的照明

施工道路应设置良好的照明设施，避免夜间开灯行驶。影响会车和行车速度。一般宜采用高压水银灯，灯的容量宜为每平方米 0.5 瓦。

附件 4　压实机械与碾压试验

压实是控制碾压式土石坝施工质量的关键工序。由于土料的离散特性，必须通过碾压试验确定施工参数与压实机械。1、2 级土石坝，即使有当地的土石坝施工经验可以借鉴，也应认真进行防渗土料的碾压试验。对于砂砾料等无黏性土料，在一般的压实标准（相对密度小于 0.75）条件下，可根据碾压机械、工程经验初步选定碾压参数，然后结合坝面填筑进行简单的复核试验。对强烈地震区（烈度大于 8°～9°）要求特殊的压实标准时，必须进行碾压试验。对于堆石，也应进行碾压试验。

一、压实机械选择

压实机械可分为下列三类：

（1）静力碾压机械，主要依靠碾的静力作用来压实，如羊足碾、气胎碾、平碾、肋型碾、尖齿碾等。

（2）夯实机械，主要依靠冲击能量压实，如夯板、蛙式打夯机等。

（3）振动压实机械，系利用静力与振动力的联合作用压实。

压实机械的选择应考虑以下原则：

（1）可能取得的设备类型。

（2）设计压实标准（压实结果应满足设计要求）。

（3）筑坝材料的性质。黏性土应优先选用气胎碾、羊足碾，砾质土宜用气胎碾、夯板；堆石与含有特大粒径（>600 毫米）的砂卵石宜用振动碾；块径较小的堆石（块径小于 500 毫米）、砂砾料可用振动碾、夯板，对于含有软弱岩石的土石料，宜用重型尖齿碾来压实。

（4）土料含水量大小。对于含水量高于最优含水量（或塑限）1%～2% 的土料，宜用气胎碾压实；低于最优含水量的重黏性土，宜用重型羊足碾、夯板来压实；当含水量很高且要求压实标准较低时，黏性土也可采用轻碾（如肋型碾、平碾）压实。

（5）原状土的结构状态。当原状土体天然干容重高并接近设计标准或有次生节理面或为团粒结构土体时，宜用重型羊足碾碾压。

（6）施工强度大小。气胎碾、振动碾压实遍数少、工效高，适用于高强度施工。

（7）施工场面大小与压实部位。与刚性建筑物、岸坡等的接触带、边角、拐角等部位，可用轻便夯夯实，狭窄场面填土可用夯板夯实。

（8）施工季节。冬季施工，应选择具有大功能的压实机械，如羊足碾、夯板；雨季施工应选择适应高含水量的压实机械，如气胎碾等。

（9）施工单位的经验。各种碾压机械的适应性如附表 4.1 所示。

根据我国目前碾压设备的制造情况，宜用 50 吨气胎碾压实黏性土、砾质土；9.0～16.4 吨的双联羊足碾压实黏性土；13.5 吨的振动碾压实堆石、砂砾料；直径 110 厘米、重 2.5 吨的夯板夯实砂砾料和狭窄场面的填土，边角及接触带黏性土、砾质土宜用 HW-01 型蛙式夯夯实。以上机械设备的性能见附表 4.2～附表 4.6。

附表4.1 各种碾压设备的适用情况

碾压设备＼土料种类	堆石	砂、砂砾料优良级配	砂、砂砾料均匀级配	砾质土	黏性土	黏土低中强度黏土	黏土高强度黏土	软弱风化土石混合料
5~10t 振动平碾	×	○	○	○	×	×	×	
10~15t 振动平碾	○	○	○	○	×	×	×	
振动凸块碾			×	×	○	○	○	×
振动羊足碾				×	○	○	○	×
气胎碾					○	○	○	○
羊足碾				×	○	○	○	○
夯板		○	○	○		×	×	
尖齿碾								○

注：×—可用；○—适用。

附表4.2 YTz－50气胎碾技术性能

项目	牵引设备	碾尺寸长	碾尺寸宽	碾尺寸高	轮胎数目	轮胎型号	车厢容积	碾重无填料	碾重有填料	碾压宽度	轮胎充气压力	最大工作速度
单位	马力	mm	mm	mm	只		m³	t	t	mm	MPa	km/h
指标	>180	6996	3530	2844	5	1700－32	14	15.0	50	3000	0.35~0.80	5.54

附表4.3 国产双联9.0~16.4t羊足碾技术指标

项目	牵引设备	碾尺寸总长度	碾尺寸总宽度	碾尺寸高度	碾重空碾	碾重有填划	滚筒尺寸直径（不包括羊足碾）	滚筒尺寸宽度	羊足碾排数	羊足碾总数	羊足碾长度	每个羊足碾压实面积	羊足碾单位压力无填料	羊足碾单位压力有填料
单位	马力	mm	mm	mm	t	t	mm	mm	只		mm	cm²	MPa	MPa
指标	80~100	4300	3160	1600	9.00	16.40	1220	1200	180		250	44.2	4.5~5.1	6.0~9.0

附表4.4 SD－80－13.5牵引式振动碾技术指标

项目	碾型	重量	碾滚尺寸长度	碾滚尺寸直径	振动频率	起振功率
单位		t	mm	mm	次/分	马力
指标	SD－80－13.5	13.5	2000	180	1500~1800	120

附表4.5 φ110－2.5型夯板技术指标

项目	夯板形式	起重机械	夯板重量	外形尺寸直径	外形尺寸高度	外形尺寸弓形高	外形尺寸底面积	单位静压力
单位			t	mm	mm	mm	cm²	MPa
指标	球面铸铁夯板	W－501或W－1001	2.5	1100	380	60	9500	0.0263

附表4.6　HW-01蛙式夯技术指标

项目	型号	外形尺寸			重量	功率	夯击能量	夯板面积	夯击次数
		长	宽	高					
单位		mm	mm	mm	kg	kW	kg·m	cm^2	次/分
指标	HW-01	1220	650	750	280	3.0		45	140~150

二、碾压试验

（一）碾压试验目的

（1）核实坝料设计标准的合理性。
（2）选择碾压机械的类型。
（3）选择相应的施工碾压参数。
（4）研究填筑的施工工艺与措施。

（二）碾压试验准备

碾压试验前必须对土场进行充分的调查，掌握各个土场筑坝材料的物理力学性质，以便选择代表性土场进行碾压试验，使其碾压试验得出的参数能代表各个料场。当土场土料性质差异很大，应考虑分别进行碾压试验。

此外，为了解各土场土料的压实性能，应进行充分的室内试验，以便根据设计要求初步选定压实功能与最优含水量。

（三）碾压试验的基本原理、方法与参数组合

试验前，应根据理论计算并结合各工程的经验，初步选定几种碾压设备和拟定若干个碾压参数。宜采用逐渐收敛法固定其他参数，变动一个参数，通过试验得出该参数的最优值，固定此最优参数和其他参数，变动另一个参数，用试验求得第二个最优参数。依此类推，使每一参数通过试验求得一最优参数，最后用全部最优参数，再进行一次复核试验，若碾压结果满足设计、施工要求，即可将其定为施工碾压参数。

用逐渐收敛法进行试验时，应先根据击实试验确定最优含水量。固定此含水量，当其他参数通过试验确定后，最后再变动含水量，以确定含水量的最优值。一般情况下，碾压试验的最优含水量基本是标准击实试验的最优含水量。当料场天然含水量与最优含水量一致或相近时，试验可采用天然含水量进行，这使碾压试验工作量简化。如土场含水量不在最优含水量范围内，应先处理土料含水量，使之合格后再进行碾压试验。

确定碾压试验压实标准的合格率时，应稍高于设计标准（一般可为5%左右），因为碾压试验不能完全与施工条件一致，所以必须留有余地。

按照逐渐收敛法，碾压试验参数组合可参考附表4.7进行。

（四）现场描述及取样试验

每一场碾压试验，均应进行以下描述与取样工作。

附表4.7 各种碾压设备的碾压参数组合

	平碾	羊足碾	气胎碾	夯板	振动碾 （压实堆石） （粗砂砾料）
机械参数	单宽压力或碾重（选择三种）	羊足碾接触压力或碾重（选择三种）	1. 轮胎的气压力 2. 碾重（各选择三种）	1. 夯板重量 2. 夯板直径（各选择三种）	碾重（每一种碾的碾重为定值）
施工参数	1. 选三种铺土厚度 2. 选三种碾压遍数 3. 选三种含水量	1. 选三种铺土厚度 2. 选三种碾压遍数 3. 选三种含水量	1. 选三种铺土厚度 2. 选三种碾压遍数 3. 选三种含水量	1. 选三种铺土厚度 2. 选三种夯实遍数 3. 选三种落距 4. 选三种含水量	1. 选三种铺土厚度 2. 选三种碾压遍数 3. 充分洒水③
复核试验参数	按最优参数进行	按最优参数进行	按最优参数进行	按最优参数进行	按最优参数进行
全部试验组数	13	13	16	19（16）①	10（17）②
每一参数试验单元大小（m²）	3×10	6×10	6×10	8×8	10×20

①夯板直径通常是固定的，故一般只有16组。

②碾重通常也是定值，一般只有17组。

③堆石的洒水量一般为其体积的30%～50%左右，砂砾料洒水量一般为其体积的20%～40%。

1. 现场描述：

（1）描述压实土体的结构状态，是否产生剪力破坏，并测量其破坏深度；描述原状土块结构破坏情况。

（2）对于压实黏性土，应观察羊足碾碾压的工作情况，如土料是否粘碾、表面土层随碾压的翻动情况等，对于气胎碾压实黏性土，应观察轮胎行走情况，有无弹簧、涌土及压实土体表面龟裂的情况。

（3）对黏性土，应观测上下压实土层的结合情况。

（4）对于堆石，应观察表面石料压碎及其堆石架空的情况。

2. 取样试验：

（1）当每一场试验土料铺好后，应测量铺土厚度、松土干容重与含水量。

（2）压实后应测定表层翻松土层的厚度与有效压实土层的厚度。

（3）测定压实后的干容重、含水量。

对于黏性土，应用200～500立方厘米的环刀取样；每一场试验测量坑点数不得少于25～30个，并应均匀分布于试验的土层上。

对于砾质土，用灌砂法或灌水法测定干容重，并同时测定砾石含量。

对于砂砾料、堆石，每一场试验取样数不得少于4个。

（4）试验过程中，还应取一定数量的代表性试样，进行室内物理力学性质试验。结合层应取代表性试样进行渗透试验，必要时应进行现场注水试验。

（五）堆石碾压试验

堆石碾压试验应有下列重型设备：斗容3～5立方米的装载机或挖土机一台；10～25吨的自卸汽车2台；推土机、振动碾各一台。

1. 试验场地布置：堆石碾压试验应根据碾压后量测的铺筑层厚度的压实变形（以铺料厚度的百分数计）和孔隙率进行评价。每一试验单元不小于10×20平方米，布置成(1.5～2.0)×(1.5～2.0)平方米的方格网，方格网点即为测点，且离高边缘线不小于3米。

2. 试验步骤：先平整、处理、压实地基，测量起始高程。堆石铺料采用进占法进行，推土机仔细平整。准确控制铺料厚度与平整度。用振动碾静压（不振动）一遍，以平整表面及凹凸点，然后用喷雾器将方格网点标以颜色，并对每一格点进行水准测量以确定其初始厚度。为了获得每一格点的代表性读数，宜将水准尺安放在约30×30平方厘米的钢板突出的大钉上，该钢板易从一点携带到另一点进行同样的测量。完成起始测量后，便可按要求的碾压遍数（如2、4、6遍）进行碾压，并分别量测各网点（预先作好编号）压实后的高程，它与对应点的高程差，便是其压缩变形。然后挖试坑，用灌水法测定容重并计算孔隙率。

（六）成果整理

试验完成后，应及时将试验资料进行系统整理分析、绘制成果图表、编写试验报告。

（1）平碾、羊足碾、气胎碾压黏性土、砾质土时，应绘制干容重、含水量与碾重、铺土厚度、碾压遍数、轮胎气压（气胎碾）等的关系曲线。对于砾质土（包括掺和土），应绘制砾石含量与压实干容重的关系。

当用夯板夯实黏性土时，应绘制干容重、含水量与夯实重量、落距、夯实遍数、铺土厚度、夯实直径以及取样深度的关系曲线，并应整理剪力破坏深度与各参数的关系。

（2）当用振动碾压实无黏性土、堆石时，应绘制相对密度（砂及砂砾料）、孔隙率（堆石）与碾重、压实遍数、铺土厚度的关系。用夯板夯实时，也应绘制与夯板重量、落距、铺土厚度、夯实遍数等的关系。

（3）绘制最优参数（包括复核试验）情况下的干容重、含水量的频率分配曲线与累积频率曲线（亦称合格率曲线），以确定设计干容重合格率。

然后根据以上成果，结合工程的具体条件，确定施工碾压参数及压实方法。在试验报告中应提出以下结论：

（1）设计标准的合理性。

（2）适宜各种坝料的压实机械类型及参数。

（3）黏性土最大干容重、最优含水量及其控制范围，并与室内击实试验成果比较，分析其合理性。

（4）确定压实干容重的合格率。

（5）压实土的物理力学性质、土体的结构状态、剪力破坏情况等。

（6）提出施工参数：铺土厚度、碾压遍数、落距（夯板）。

（7）上下土层的结合情况及其处理措施。

（8）其他施工措施与施工方法，如压实、铺土、刨毛等。

（七）碾压试验的注意事项

碾压试验所用方法及施工机械均应与施工时采用的相同，并注意下列问题：

（1）试验过程中，应严格控制土质、含水量以及各种试验参数，避免试验成果混乱。

（2）每组试验开始后应连续进行，避免时间过长土料含水量发生变化，影响试验成果。试验过程中所有操作人员宜全部固定。

（3）试验资料应有专人及时整理分析，找出成败原因，以便修订下一步试验计划及试验参数、方法等。

附件 5　压实质量检验与管理

土石坝压实质量的检验方法应遵守部颁的土工试验规程。施工单位可根据当地土料性质及现场快速测量的要求，制订若干补充规定。

一、含水量测定

现场快速判断土料是否适宜上坝、压实干容重是否合格，可用手试法测定含水量。但当检验压实填土含水量时，除用手试法估测外，尚应同时取样用烘干法测定，并据以及时校正压实干容重（在统计合格率时，应以校正后干容重为准）。一般采用的含水量快速测定法有酒精燃烧法、红外线烘干法、电炉烤干法、微波含水量测定仪等。酒精燃烧法、红外线烘干法多适用于黏性土；微波含水量测定仅适用于粒径小于 0.5 毫米、含水量为 0 ~ 30% 的黏性土，精度 1%；电炉烤干法适用于砾质土，也可用于黏性土。

红外线烘干法、电炉烤干法与温度、烘烤时间、土料性质有关，用其快速测定含水量时，应事先与标准烘干法进行对比试验，以定出烘烤时间、取土数量（即制定野外操作规程），并用统计法确定与标准烘干法的误差。实际含水量按下式改正：

$$W = W' \pm K$$

式中　W——恒温标准烘干法测定的含水量；

　　　W'——各种快速法测定的含水量；

　　　K——相应的改正值。

当电炉容量为 1500 瓦或红外线灯 250 瓦、土重 10 ~ 12 克时，其烘烤时间约为 10 ~ 15 分钟（黏土烘烤时间取大值），含水量测定误差约在 1% ~ 2% 之内。

微波含水量测定仪能自动示出含水量大小，试验时对黏性土仅需取代表性样 3 ~ 5 克、烘烤时间 3 ~ 5 分钟即可。该仪器重 6.5 公斤（包括电池），携带方便，适宜在工地或野外快速测定含水量，唯产品质量尚需进一步提高。

二、容重测定

黏性土一般可用体积 200 ~ 500 立方厘米的环刀测定（简称环刀法）；砂可用体积 500 立方厘米左右的环刀测定（以上环刀尺寸应符合本规范第 12.0.9 条 "（5）" 的规定）；砾质土、砂砾料、反滤料用灌水法或灌砂法测定；堆石因其空隙大，一般用灌水法测定。当砂砾料因缺乏细粒而有架空时，应用灌水法测定。

砂砾料、堆石、砾质土、反滤料的容重测定，宜优先采用灌水法，并按以下步骤进行：

（1）将地面用铁锹仔细铲平，并用水平尺检查坑面是否平整，当平整有困难时，应加套环进行。

（2）按预先估计的试坑大小（试坑的直径为土样最大粒径的 3 ~ 5 倍。其取样数量对于堆石不小于 2000 ~ 3000 公斤；砂砾料不少于 50 ~ 200 公斤；砾质土不少于 10 ~ 50 公斤）。将坑内的料物仔细挖除，注意使开挖面尽量平整，称其全部重量，并进行颗分。

（3）将塑料薄膜铺于坑内（尽量防止塑料薄膜过多的重叠一起）。

（4）向试坑内灌水至充满为止，记录每次加水的重量（重量法），并测量水温。当坑内水接近盛满时，需用小量筒仔细将水注入，防止溢出。全部水重被水的容重除，即可得试坑体积，从而求得湿容重。塑料薄膜的重量一般与试样重量相比可忽略不计。

冬天负温时塑料薄膜变硬、脆，应将水加温，以满足试验要求。

三、环刀体积的换算

环刀的体积一般宜为整数。即 200、300、…、500 立方厘米，目的为使容重计算简便。但实际环刀与上述整数体积略有差别。当差值不大时，可采用以下方法将环刀体积近似换算成整数值。

设环刀的实际体积为 V'，整数体积为 V，两者的差值为 ΔV，相应的环刀内土的重量为 g'、g、$\pm \Delta g$，则

$$V = V' \pm \Delta V \tag{A}$$

所以
$$\gamma_w V = \gamma_w V' \pm \gamma_w \Delta V$$

式中 γ_w——土的湿容重。

故
$$g = g' \pm \Delta g \tag{B}$$

由于 ΔV 为常数，且其值很小（当 ΔV 值较大时，这种方法的误差也较大），土的压实干容重一般也近似设计干容重，而含水量也被控制为施工含水量，故可令：

$$\Delta g = \gamma_d (1 + W\%) \times \Delta V$$

式中 γ_d——设计干容重；

$W\%$——施工平均含水量。

因此 Δg 将近似为一常数，这样每一环刀的体积可按照式（A）换算成整数值，而每次试验只需要按式（B）将实际环刀内湿土重减去或加上 Δg 即可，则土体的湿容重

$$\gamma_w = g/V$$

式中 V——换算环刀体积，对每一环刀预先确定；

g——按式（B）计算，并按每一环刀编号，说明其改正值 $\pm \Delta g$。

另一种精确计算湿容重的方法是预先对每一环刀绘制成 $\gamma_w - g$（即湿容重－湿土重）曲线，采用查图法确定湿容重。

四、现场质量管理图的绘制

为了便于现场施工控制、分析原因、随时掌握填土压实情况，可绘制干容重、含水量的质量管理图，在干容重管理图中，当填土压实不合格时，应绘制出现场补压前后的情况。含水量管理图是用填筑含水量 W_f 与最优含水量 W（设计或施工规定值）的差值表示。

附录4　冶金矿山尾矿设施管理规程

中华人民共和国冶金工业部
中国有色金属工业部公司
（90）冶矿字第185号
关于颁发《冶金矿山尾矿设施管理规程》的通知

有关单位：

　　尾矿设施管理是选矿生产管理的主要组成部分，是保证选矿厂正常生产的重要环节。1982年冶金部发布的《冶金矿山尾矿设施管理规程》对提高冶金矿山尾矿设施的管理水平起了积极的作用。随着技术的进步和生产管理水平的提高，原《规程》中的一些内容已不能满足当前生产管理的要求。冶金工业部和中国有色金属工业总公司委托冶金部建筑研究总院负责，会同研究设计、生产等单位共同对原《规程》作了修订。现将修订后的《冶金矿山尾矿设施管理规程》正式颁发并将有关事项通知如下：

　　1. 各单位要组织有关人员对新《规程》进行学习，认真执行新《规程》的各项规定，提高管理水平，保证尾矿设施安全生产。

　　2. 各单位要结合本单位的具体情况，制订出执行新《规程》的具体实施细则，一定要按设计和新《规程》的要求严格管理，不得违章作业。

　　3. 新《规程》自一九九〇年七月一日起实行，原《规程》同时废止。执行中的问题和意见，请及时报冶金部矿山司和中国有色金属工业总公司计划部。

　　4. 冶金部和中国有色金属工业总公司委托冶金部尾矿坝工程安全技术监督站（设在冶金部建筑研究总院）和中国有色金属工业总公司尾矿坝工程安全技术监督站（设在北京有色冶金设计研究总院）负责新《规程》的解释。

中华人民共和国冶金工业部
中国有色金属工业部公司
一九九〇年三月三十一日

冶金矿山尾矿设施管理规程

第一回 总   则

第1.0.1条 尾矿处理是冶金矿山生产的必要环节，为实现尾矿设施科学管理，确保矿山安全生产，特制定本规程。

第1.0.2条 尾矿设施管理的基本任务是做好尾矿的浓缩、分级、输送、回水和筑坝，进行尾矿库内水量调配、防汛、抗震和环境保护以及完成尾矿设施的检查维护监测等各项工作，保证尾矿设施的安全生产，防止发生事故或灾害。

第1.0.3条 本规程是冶金矿山尾矿设施管理中必须遵守的准则，其他矿山可参照执行。

第1.0.4条 尾矿设施管理尚应遵守国家其他的有关的现行标准规范，如有矛盾应以国家规范为准。

第1.0.5条 本规程是针对目前我国冶金矿山一般情况而制定的，对于特殊问题的处理必须经过技术论证，报上级主管部门批准后方可实施，并报监督站备查。

第1.0.6条 各矿山必须按本规程的规定和设计要求，结合本矿山的具体条件和长远规划，制定尾矿设施管理细则。

第1.0.7条 尾矿设施管理中，必须执行"安全第一、预防为主、防重于抢、有备无患"的方针。

第1.0.8条 凡涉及尾矿设施安全的工程措施，应严格按有关技术规定执行。在尾矿设施的安全措施中，应尽量采用新技术，但必须进行必要的试验研究和充分的技术经济比较，并通过技术鉴定，报上级主管部门批准后方可实施。重大工程措施必须报监督站备查。

第1.0.9条 各级领导必须把尾矿设施安全运行纳入生产计划。必要的工程项目不得无故缓建或停建。要尊重科学，按客观规律办事。凡尾矿设施的重大责任事故，必须追究有关人员的责任。

第1.0.10条 尾矿设施的管理和操作人员，在发现隐患或违反操作规定和设计要求的现象，应及时向上级主管部门报告，并同时采取应急措施。

第1.0.11条 各单位应积极向群众宣传安全生产的重要性，以及与他们切身利益的关系。向地方政府汇报尾矿设施管理的有关问题，以取得他们的理解和支持，共同搞好矿山安全。

第二回 组织机构及其职责

第一节 尾矿坝工程安全技术监督站

第2.1.1条 冶金工业部尾矿坝工程安全技术监督站和中国有色金属工业总公司尾矿

坝工程安全技术监督站是冶金工业部、有色金属工业总公司分别设立的尾矿设施安全检查监督机构。各级尾矿设施管理机构应向本系统监督站及时汇报尾矿设施管理工作及运行状态并接受其检查监督。

第2.1.2条　尾矿坝工程安全技术监督站的监督职责是：

一、分别代表冶金工业部、有色金属工业总公司，对本系统冶金矿山尾矿设施的安全进行监督检查。

二、组织尾矿设施管理技术培训，普及尾矿安全管理知识。

三、接受上级主管部门委托，组织制定或修改冶金矿山尾矿设施安全管理的技术文件。

四、组织尾矿处理技术和尾矿设施管理经验交流。

第二节　厅（局）、公司、厂矿级管理机构

第2.2.1条　各厅（局）、公司、厂矿均须有一名主管生产的领导负责尾矿设施安全管理工作。

第2.2.2条　各单位应根据所属尾矿设施的规模、数量、复杂性和重要性，设置相应的尾矿设施管理机构，负责尾矿设施的规划、建设、运行等管理工作。该机构至少有一名专业技术人员负责处理技术工作。

第2.2.3条　管理尾矿设施的专业技术人员应具备尾矿设施方面的基本专业知识，掌握尾矿设施设计文件的各项规定，了解尾矿处理的工艺流程，熟悉国家或部门有关的标准规范。

第2.2.4条　各级尾矿设施管理机构的基本职责为：

一、贯彻上级有关的方针、政策。

二、编制尾矿设施的长远规划和近期规划，审查所属尾矿库的年运行计划。

三、组织所属企业尾矿设施的设计、设计审查、技术鉴定和工程验收。

四、组织尾矿设施管理人员的技术培训。

五、及时妥善处理下级组织的有关报告和报表。

六、积累、分析、整编资料，建立健全各项档案，总结管理经验。

七、关心尾矿设施管理职工的生活，改善偏僻地区的生活设施及管理条件。

八、宣传尾矿设施安全的重要性及管理工作的意义，教育人民群众爱护工程设施、维护工程安全。

第三节　车间、工段级管理机构

第2.3.1条　尾矿车间、工段、班组等是冶金矿山具体负责尾矿设施管理的基层生产组织。

第2.3.2条　车间、工段管理机构应根据生产的需要设专业技术人员，负责全面的技术管理工作。

第2.3.3条　专业技术人员应符合本规程第2.2.3条的要求。第2.3.4条车间、工段级管理机构的基本职责应为：

一、认真贯彻上级下达的各项指令和任务，编制并实施本单位尾矿设施管理细则。

二、在岗位责任制的基础上，建立健全各种管理制度。

三、在上级指导下，按本规程和设计要求并结合工程实际情况，编制年、季度作业计划和详细运行图表。

四、根据尾矿设施的运行情况，统筹安排和实施尾矿的浓缩、分级及输送，进行尾矿坝回水和泄洪系统的管理工作。

五、按本规程要求，进行各项日常检查和观测。如发现不安全因素，应立即采取应急措施并及时报告上级。

六、整理尾矿设施的检查和监测记录。

七、保持尾矿设施管理队伍的相对稳定性，提高他们的技术和业务水平。

八、关心职工生活，改善劳动条件。

第三回　尾矿浓缩、分级与输送

第一节　尾矿浓缩与分级设施

第 3.1.1 条　尾矿浓缩与分级系统是尾矿设施中的重要环节，必须按设计与设备的要求，制定明确的安全管理规章制度，做好日常管理与定期维修工作，使设备保持良好状态，防止发生事故。

第 3.1.2 条　浓缩机是尾矿浓缩系统的核心部分，必须严格按设计要求和设备有关规定操作运行，做好日常维护和定期检修。

第 3.1.3 条　浓缩机不宜时停时开，以免发生堵塞或卡机事故。凡需开机或停机，应预先通知主厂房和泵站，采取相应的安全措施。停机前，应先停止给矿，并继续运转一定时间；恢复正常运行之前，应注意防止浓缩机超负荷运行。运行中应注意观察驱动电机的电流变化，防止压耙等事故发生。

第 3.1.4 条　给入和排出浓缩机的尾矿浓度、流量、粒度、密度和滋流水的水质、流量等，应按设计要求进行控制，并定时测定和记录。若上述某项指标不符合要求，且对下一道作业有影响时，应及时查明原因，采取措施予以调整，直至正常。

第 3.1.5 条　凡需浓缩而未浓缩的尾矿浆，非事故处理情况，不得送往泵站和尾矿库。

第 3.1.6 条　浓缩池给矿流槽进口和流槽出口处的格栅与挡板及排矿管（槽、沟）易发生尾矿沉积的部位，应定期冲洗清理。

第 3.1.7 条　浓缩池围边溢水挡板应保持平齐，以便均匀溢流，排水沟应经常清理。

第 3.1.8 条　浓缩池底部排矿阀门应定期检修，维持均匀排矿。发生堵塞时，可用高压水疏通。浓缩池底廊应保持通畅，不得放置备件等障碍物。必须经常检查廊道内电缆，防止发生事故。

第 3.1.9 条　寒冷地区必须做好防寒工作。冬季停止运行时，应采取保温措施或放空矿浆，以免冻裂浓缩池。

第 3.1.10 条　水力旋流器是尾矿分级系统的关键设备，必须严格按设计要求和设备有关规定操作运行，做好日常维护和定期检修。

第3.1.11条 给入和排出水力旋流器的尾矿浆压力、浓度、流量和粒度等，应按设计要求进行控制，并定时测定和记录。若上述某项指标不符合要求，且对下一道作业有影响时，应及时查明原因，采取措施，予以调整，直至正常。

第3.1.12条 凡需分级而未分级的尾矿浆，非事故处理情况，不得送往泵站和尾矿库。

第3.1.13条 应及时更换水力旋流器的易损件，以保证正常工作。

第二节 泵 站

第3.2.1条 泵站是安全、正常、连续输送尾矿的关键设施。应经常或定期检查维修，搞好安全生产，使泵站保持良好的运行状态，将矿浆稳定无漏损地送至尾矿库。

第3.2.2条 操作人员必须按安全生产条例和设备仪表的技术规定进行操作，严禁发生人身或设备事故。

第3.2.3条 注意观察设备和仪表的运转与变化情况，并做好记录。若发现异常，应查明原因，及时排除。

第3.2.4条 应加强配电室的安全管理，非值班人员不得进入配电室。对车间内配电设施，应有专门保护措施，以免因矿浆喷溅发生事故。

第3.2.5条 矿浆池来矿口处的格栅，应经常冲洗，池内液位指示器应定期维护。注意观察池内液位，当液位过低时，必须及时调整，保证液位高于排矿口足够高度，防止空气进入泵内。

第3.2.6条 地下或半地下式泵站内的排污泵必须保持良好状态，严防淹没泵站。

第3.2.7条 应适当储备必要的备品备件和备用的设备仪表，以满足检修需要。

第3.2.8条 当泵站发生事故停车后，操作人员应及时开启事故阀门实施事故放矿。待恢复生产时，事故池必须及时清理，使池内保持足够的储存容积。池内矿浆不得任意外排。

第3.2.9条 备用泵站应及时检修，使其尽快处于完好的状态。

第三节 尾矿输送线路

第3.3.1条 尾矿输送线路包括管、槽、沟、渠和洞，是输送矿浆的重要通道，必须加强管理和维护，保证畅通无阻。

第3.3.2条 应经常巡视检查输送线路，防止堵、漏、跑、冒。对易造成磨损和破坏的部位，应特别注意观察，若发现异常现象，要认真分析原因，及时排除。

第3.3.3条 对无浓缩设施的尾矿系统，应定期测定输送矿浆的流量、流速、浓度和密度，使其各项指标符合设计的要求。如有不符，需通知主厂房、浓缩池及上下级泵站，查明原因，采取措施以保证正常输送。

第3.3.4条 输送线路应保持矿浆的设计流量，维持水力输送的正常流速，以保证输送管道不堵塞。当流速低于正常流速时，应及时加水调节。

第3.3.5条 寒冷地区应加强管、阀的维护管理和防冻措施，尽量避免停产。如停产必须及时放空，严防发生冻裂事故。

第3.3.6条 当停产时，必须及时开启输送管路的放空阀门，排放矿浆，以免堵塞。

第3.3.7条 通过居民区、农田、交通线的管、槽、沟、渠及构筑物，应加强检查和维修管理，防止发生破管、喷浆和漏矿等事故。

第3.3.8条 输送渠槽磨损严重部位，在停产时应及时检修。衬铸石沟槽，如铸石板脱落，必须及时修补。

第3.3.9条 自流输送渠槽上设置的拦污栅，应定期维护和修缮，及时清除树枝、石块等杂物，防止发生堵塞漫溢矿浆的现象。设有盖板的沟槽，必须及时处理掉入沟槽的盖板。发现正在使用的沟槽中有液面高时，应立即查明原因，如有沉积杂物，应及时清除。

第3.3.10条 输送管路通过填土路堤处，应保持排水沟畅通，防止雨水冲刷路堤。发现塌落，应及时修补。

第3.3.11条 山区管路应加强巡视，保持沿线边坡稳定。发现塌方，应及时处理。

第3.3.12条 金属管道应定期翻转，延长使用年限，防止漏矿事故。备用管道应保持良好状态，能随时转换使用。

第3.3.13条 严禁在输送线路附近（包括线路上）采石、放炮、建房或堆料等危及线路安全的活动。

第3.3.14条 输送管路通过的隧洞，应加强巡视。发现衬砌破坏、围岩松动、冒顶或大量喷水漏砂及其他险情，必须及时采取措施，保持隧道内排水沟畅通。

第3.3.15条 输送管路通过的栈桥应加强巡视，防止洪水冲毁桥墩和破坏桥面。

第四回 尾矿库安全管理

第一节 尾矿库维护管理

第4.1.1条 在尾矿库运行过程中，必须严格按设计和有关技术规定认真做好放矿、筑坝及坝面的维护管理工作。

第4.1.2条 尾矿坝滩顶高程，在满足生产的同时，必须满足防汛、冬季冰下放矿和回水所需的库容，并确保足够的安全超高。

第4.1.3条 尾矿坝正常运行所需的沉积滩长度、沉积滩坡度、下游坝面坡度与回水所需的澄清距离，必须按设计控制。如不满足，应限期纠正，并记入技术档案。

第4.1.4条 在库区严禁爆破、采石、挖土、滥挖尾矿和炸鱼等危害尾矿库安全的活动。在企业需要回采或综合利用库区尾矿时，必须做开发工程设计并经上级主管部门批准后方可进行。

第4.1.5条 在已建尾矿库的下游，不宜再建住宅和其他设施。

第4.1.6条 未经技术论证和主管部门批准，下述涉及尾矿坝安全事宜不得变更：

一、最终坝轴线的位置、坝高、坝外坡的平均坡比。

二、放矿流量、浓度和筑坝方式。

三、排水、反滤层等重要措施。

四、非尾矿废料或废水进库与尾矿回采利用等。

第4.1.7条 为防止坝外坡受雨水冲刷和尾矿粉尘飞扬的污染，要做好坝体外坡维护工作：

一、根据雨水冲刷和地表径流情况，坝面应修筑人字沟或网格状排水沟，坝肩应修筑截水沟。

二、在坝坡面宜植草或植灌木类植物，不得种植乔木和农作物。

三、宜采用碎石、废石或山坡土覆盖坝坡。

四、下游坝面上，不得建立设计文件中没有的任何设施。

第4.1.8条 尾矿坝滩面及下游坡面上，不得有积水坑存在。

第4.1.9条 必须建立健全巡坝护坝制度。

第4.1.10条 尾矿库排水构筑物的善后封堵，必须严格按设计要求施工，并确保施工质量。井（塔）应在基础顶部或支隧洞的出口处封堵，由于坝下排水管道工作条件极其复杂，应综合考虑各种因素后确定封堵方案，并依照设计施工。

第二节 尾矿排放与筑坝

第4.2.1条 尾矿排放与筑坝，包括岸坡清理、尾矿排放、坝体堆筑和质量检验等环节，必须严格按设计要求和作业计划及操作技术规定精心施工。

第4.2.2条 每一期堆积坝冲填作业之前必须进行岸坡处理，将树木、草皮、树根、废石、坟墓及其他有害构筑物全部清除。若遇有泉眼、水井、地道或洞穴等，应作妥善处理。

清除物料不得就地堆积，应运到库外。在沉积滩内不得埋有块石、废管件、支架及混凝土管墩等杂物。

第4.2.3条 尾矿堆积体与岩石岸坡联结应符合设计要求。

第4.2.4条 岸坡清理应做隐蔽工程记录，经主管技术人员检验合格后方可冲填筑坝。

第4.2.5条 上游式尾矿筑坝法，应于坝前分散均匀放矿，不得任意在库后或一侧岸放矿（修子坝或移放矿管时除外）。应做到：

一、粗粒沉积于坝前，细颗排至库内，在沉积滩范围内不允许有大面积矿泥沉积。

二、沉积滩面应均匀平整。

三、沉积滩长度及其坡度等，应符合本规程第4.1.3条要求。

四、严禁矿浆沿子坝内坡趾流动冲涮坝体。

五、放矿管所排矿浆，不得冲涮初期坝坡和子坝。

六、放矿时应有专人管理，不得离岗。

第4.2.6条 坝体较长时应采用分段交替排矿作业，使坝体均匀上升。应避免滩面出现侧坡、扇形坡或细粒尾矿大量集中沉积于某端或某侧。

第4.2.7条 分散放矿支管的间距、位置、每次开放的管数与时间和水力旋流器使用的台数、移动周期与距离应按设计要求或作业计划调整。

第4.2.8条 分散放矿支管、导流槽出口和集中放矿管伸入库内的长度和距滩面的高度应该符合本规程第4.2.5条第四、五款的要求。

第4.2.9条 若同一尾矿库内，建有一座或几座尾矿堆积的坝体时，不得将细粒尾矿排至尾矿堆积坝前，以免影响尾矿堆积坝体的稳定性。

第4.2.10条 冰冻期、事故期或由某种原因确需长期集中放矿时，不得出现影响后续堆积坝体稳定的不利因素。

第4.2.11条 岩溶发育地区的尾矿库,可采用周边放矿,借以形成防渗垫层,减少渗漏和落水洞事故。

第4.2.12条 每期子坝堆筑完毕,应进行质量检验。检验记录与报告需经主管技术人员签字后存档备查。检验内容和要求如下:

一、子坝剖面尺寸、长度、轴线位置及坡比。

二、新筑子坝的坝顶及内坡趾滩面高程、库内水面高程。

三、滩内代表性试样的密度、含水量和颗粒组成等。试验方法可参照《土工试验规范》。

四、尾矿堆筑过程及堆筑质量的简要说明。

五、绘制尾矿坝及库区的平面图和剖面图。

第三节 尾矿库水位控制与度汛

第4.3.1条 必须严格控制尾矿库内水位,并按下列要求执行:

一、水边线应符合本规程第4.1.2及4.1.3条要求控制在远离坝顶的安全位置,不得逼近坝前,也不得偏于坝端一侧。

二、水边线应与坝轴线保持基本平行,与坝顶距离不宜变化太大。

三、在满足水质和回水量的要求下,尽量降低库内水位。

四、当回水与坝体安全对滩长的要求相互矛盾时,应确保坝体安全。

五、凡尾矿库实际情况与设计要求不符时,应在汛前进行调洪演算,以指导防洪工作。

第4.3.2条 汛前应按下列要求制定度汛方案:

一、对泄洪系统及坝体必须进行详细检查和可靠的维护,根据坝高等实际条件,确定泄洪口底坎高程,将泄洪口底坎以上1.5倍调洪高度内的堵板全部打开,确保排洪设施畅通。

二、库内应经常设置醒目、清晰和牢固的水位观测标尺,标明正常运行水位和度汛最警戒水位。

三、应疏浚库内截洪沟、坝面排水沟及下游泄洪河(渠)道。

四、应准备好必要的抢险、交通、通讯、供电及照明器材或设施,维护整修上坝道路,并确保安全畅通。

五、应加强值班和巡逻,设警报信号和组织抢险队伍,根据当地具体情况与地方政府一起制定下游居民撤离险区方案及实施办法。

六、应了解掌握汛期水情和气象预报。

第4.3.3条 泄空库内蓄水或大幅度降低水位时,应注意控制流量,非危急情况不宜高速骤降。骤降前应通知下游有关部门。

第4.3.4条 岩溶或裂隙发育地区的尾矿库,应控制库内水深,以减少落水洞事故。

第4.3.5条 不得在尾矿滩面或坝肩设置泄洪口。未经技术论证和上级主管技术部门的批准,子坝严禁用于抗洪挡水。

第4.3.6条 洪水过后应对坝体和排洪构筑物进行全面认真的检查与清理。若发现问题应及时修复，同时采取措施，降低库内水位，以防暴雨接踵而来。

第4.3.7条 有地形条件的尾矿库可设置非常泄洪口。

第四节 排渗设施管理与渗流控制

第4.4.1条 尾矿坝的排渗设施包括排渗棱体（含滤水初期坝）、排渗褥垫、排渗盲沟、贴坡反滤和各种排渗井（管井、虹吸式排渗井、轻型井点、垂直水平联合排渗体）等。尾矿坝在运行过程中若需加设或更新上述某种设施，应按本规程第1.0.8条，第4.1.6条的要求进行。

第4.4.2条 排渗设施为隐蔽工程，施工时必须按设计要求精心选料、精心施工，仔细填写隐蔽工程施工验收记录，并编制竣工图。排渗设施的施工，可参照《碾压式土石坝施工技术规范》第十章第二节或其他专门规范的规定。

第4.4.3条 为了保护初期坝的反滤层免受尾矿水冲涮，必须符合规程4.2.7条和4.2.8条的规定，并采用多管小流量放矿方式，以利尽快形成滩面。在初期坝顶标高以下，不得冲涮反滤层，以免造成漏矿。当大量渗漏浑水时，应采取措施，避免造成反滤体淤塞或破坏。

第4.4.4条 应防止坝肩、盲沟等异性材料接触处发生集中渗流，以免造成渗透破坏。

第4.4.5条 当发现坝面局部隆起、坍陷、流土、管涌、渗水量增大或渗透水浑浊等异常情况时，应立即采取处理措施，同时加强观察并报告有关部门。

第4.4.6条 在运行期间应注意坝体浸润线分布状态，严格按设计要求控制。若不满足要求时，应与有关单位研究解决。

第4.4.7条 排渗设施在运行中必须按设计要求制定管理、维护和运行细则，以确保设施完好，充分发挥其功能。

第五节 检查与观测

第4.5.1条 尾矿库检查与观测工作的目的是：

一、掌握各种设施的工作状态及其变化规律，为正确管理、处理事故、维修等提供依据。

二、及时发现不正常的迹象，分析原因，采取措施，防止事故发生。

三、对原设计的计算假定、结论和参数进行验证。

四、了解尾矿库对环境的影响。

第4.5.2条 尾矿库的检查工作可分为经常检查、定期检查、特别检查和安全鉴定。

一、经常检查由车间、工段级基层管理机构组织进行，检查项目可根据各矿具体情况自行决定。

二、定期检查由上级管理机构组织进行，每年汛前、汛后以及北方的冻融期，应对尾矿库进行全面检查。

三、特别检查：当发生特大洪水、暴雨、强烈地震及重大事故等非常情况后，基层管理单位应及时组织检查，必要时报上级有关单位会同检查。

四、安全鉴定：对大、中型及位于高烈度区的尾矿坝，当堆积总高度的一半至三分之二时，应根据具体情况按现行规范进行一至二次以抗洪、稳定为重点的安全鉴定，以指导筑坝管理工作。

第4.5.3条　各种构筑物的检查内容及基本要求应符合下列规定：

一、当尾矿设施遇到特殊运行情况或遭受严重外界影响时，例如放矿初期，暴风雨、温度骤变或地震等，对工程的薄弱部位和重要部位，应特别仔细检查，发现威胁工程安全的严重问题，必须昼夜连续监视，并采取有效措施。

二、对尾矿坝和其他土工构筑物的检查应注意它们有无裂缝、塌陷、隆起、流土、管涌、滑裂或滑落等现象，坝顶高程是否一致，滩面是否平整，滩长、坡比是否符合设计要求，坝坡有无冲刷，渗水是否出逸，排渗设施是否完善等。

三、对于混凝土和砖石构筑物应针对不同工程的结构特点，注意检查结构有无裂缝，表面有否剥蚀、脱落，有无冲刷、渗漏。对排水管道应特别注意检查伸缩缝，止水有无损坏，填充物是否流失。对于井、塔应着重检查是否倾斜，联结部位有无异常等。

四、对于金属构筑物应重点检查结构的变形、裂缝、锈蚀，焊缝是否开裂，铆钉、螺帽是否松动，管道是否磨损等。

第4.5.4条　尾矿库工程观测应满足下列基本要求：

一、尾矿库工程观测必须按设计和管理规定的内容和时间进行全面、系统和连续的观测，相关的观测项目应配合进行。

二、必须保证观测结果准确。

三、专业技术人员应对观测成果及时进行整编分析、绘制图表。如有异常现象时应进行复测，并根据复测结果提出处理意见。

第4.5.5条　尾矿设施的观测项目应根据运行要求、结构物特点、工程规模和技术水平等实际情况按下列要求确定：

一、对尾矿坝必须进行浸润线位置观测，渗漏严重的坝应定期观测渗水量，并对渗水挟沙量及水质进行分析。

二、必须对坝体表面进行位移观测。对深层位移和孔隙水压力等的观测，应按设计要求进行。

三、对排洪、回水等构筑物应根据设计和研究的需要，进行结构应力、变形和裂缝等结构观测及流量、流态等水力特性观测。

第4.5.6条　测定浸润线位置的同时，应测定滩顶高程、滩长、库水位，记录泄水建筑物堵板或塞子等开启状态。

第4.5.7条　检查观测都应详细记录，交专业技术人员审阅分析后存档。

第4.5.8条　定期检查、特别检查和安全鉴定的技术文件，观测结果的分析意见和主要参数，都应作出书面报告，除本单位存档外，同时报上级主管部门和监督站。

第六节　抗　　震

第4.6.1条　抗震工作应贯彻预防为主的方针。当接到震情预报时，应根据实际情况做出防震、抗震计划和安排，其内容应包括：

一、按照设计文件的要求进行尾矿库抗震检查，根据检查结果，采取预防措施。

二、做好人员组织、物资、交通、通讯、照明、报警、抢险和救护等各项抗震准备工作。

三、组织动员尾矿坝下游居民做好防震准备，以便发生险情时及时疏散，撤离险区。

四、加强震前值班、巡坝工作。

第4.6.2条 对于早期建设的尾矿库工程（包括闭库工程），如果目前抗震标准高于原设计标准时，可参照《水利工程抗震规范》进行复核。必要时进行加固工作。

第4.6.3条 严格控制库水位，确保抗震设计要求的安全滩长，满足地震条件下坝体稳定的要求。

第4.6.4条 震前应注意库区内岸坡的稳定性，防止滑坡破坏尾矿设施。

第4.6.5条 对于上游建有尾矿库，排土场或水库等工程设施的尾矿库，应了解上游所建工程的稳定情况，必要时应采取防范措施，避免造成更大损失。

第七节 尾矿库规划与闭库

第4.7.1条 应根据建设周期提前制订扩建或新建尾矿库的规划设计等工作；确保新、老库的生产衔接。在尾矿库使用到最终设计高程前三年，应做出闭库处理设计和安全维护方案，报上级主管部门审批实施。

第4.7.2条 闭库后的尾矿库，不经改造不得贮水蓄洪，且仍需做好防尘、防冲刷、防破坏的工作。

第4.7.3条 闭库后，应按本规程第6.0.9条做好环保、复垦等工作。

第4.7.4条 闭库后的尾矿库，无设计论证不得重新启用或改作他用。

第4.7.5条 闭库后，库内尾矿若作为资源回收利用，应提出开发工程设计，经主管部门批准后方可实施。严禁滥挖、乱采，以免发生溃坝和泥石流等事故。

第4.7.6条 闭库后的尾矿库，仍由原负责单位管理。如需更换管理单位，必须经企业主管部门批准和履行法律手续。

第五回 回 水

第5.0.1条 尾矿回水系统是保证选矿厂正常进行生产的重要设施，必须做好正常和定期的维护、检修与管理工作，使设备保持良好状态，保证安全与正常运行。

第5.0.2条 尾矿回水系统必须根据设计与生产的要求，做好尾矿库内水量调节；保持水量平衡，以满足生产对回水水量的需要。

第5.0.3条 尾矿库内取水设施，应在保证防洪和坝体安全要求的前提下调整库内水位，保证足够的澄清距离与澄清水深，以满足生产对回水水质的要求。

第5.0.4条 应通过计量仪表，做水量与水质的记录，实行定量管理。当回水水量、水质不符合生产要求时，应及时查清原因并采取有效措施。

第5.0.5条 应做好回水管（槽）的维护管理。冬季运行时，应特别注意防冻维护。

第5.0.6条 对于库内取水囤船的系缆固定设施和取水缆车的提升固定装置，必须做好日常维护和定期检查、维修，以保证安全运行。冬季运行时，必须采取措施，防止取水设施周围结冰。

第六回　环　　保

第 6.0.1 条　尾矿设施管理必须符合国家、地方及有关部门的有关环境保护法规和标准的规定。

第 6.0.2 条　应定期监测排入尾矿库的水质，并做好记录。凡超过设计规定水质标准的废水，不得排入尾矿库。

第 6.0.3 条　尾矿库澄清水的排放必须符合《污水综合排放标准》的有关规定，严禁超标的尾矿水向下游排放。

第 6.0.4 条　应定期监测尾矿坝渗透水的水质，并做好记录。当水质超标时，必须设置截渗设施，将渗透水返回库内，或经专门处理达标后，再排至下游。

第 6.0.5 条　应定期监测尾矿库下游水系的水质，并做好记录。如确认是尾矿水造成的污染，应及时采取有效的治理措施，消除污染。

第 6.0.6 条　凡利用尾矿水养鱼或灌溉，必须经有关环保部门的鉴定认可。

第 6.0.7 条　尾矿堆积坝的坝坡，应按本规程第 4.1.7 条保持平整美观。对于库内滩面，也应采取洒水和化学固沙等措施，防止粉尘飞扬。

第 6.0.8 条　库区范围内（不含尾矿坝）应植树造林，以利防风及水土保持，减少地面径流。严禁滥伐、滥垦、滥牧。

第 6.0.9 条　服务期满的尾矿坝，应采取植物法、化学法或物理法等有效措施使尾砂稳定，并按闭库设计的需求逐步使土地复垦，恢复良好的生态系统和自然景观。

第七回　奖励与惩罚

第 7.0.1 条　尾矿设施各级管理单位应加强思想政治工作，通过考核，对认真执行本规程，在安全管理方面成绩显著的单位、集体和个人，按其贡献大小，应给予表扬或奖励。奖励可以分为荣誉奖励和物质奖励。

第 7.0.2 条　凡违章运行者，或工作不负责任、擅离职守、虚报情况、伪造材料者均应根据其性质、情节轻重、损失大小，分别给予经济处罚、行政处分，严重的应追究其法律责任。

第 7.0.3 条　尾矿设施管理的单位和职工，对一切损害尾矿设施的行为有权监督、检举和控告，并应受到法律保护。

附录 5　上游法尾矿堆积坝工程地质勘察规程

中华人民共和国冶金工业部部标准
上游法尾矿堆积坝工程地质勘察规程
YBJ 11—86（试行）

关于《上游法尾矿堆积坝工程地质勘察规程》颁发试行的通知
（88）冶基设字第 123 号
（88）中色基高字第 159 号

冶金部勘察研究总院、沈阳、武汉、成都勘察研究院、勘察科研所，中国有色金属工业总公司西安、长沙、昆明勘察院：

《冶金工业建设上游法尾矿堆积坝工程地质勘察规程》YBJ 11—86，经有关单位审定，现颁发为冶金工业部及有色金属工业总公司所属各勘察单位的统一规程，自 1987 年 1 月 1 日起试行。在试行中，注意总结经验和积累资料，并将改进意见寄交冶金部勘察科学技术研究所。

冶金工业部基本建设局
中国有色金属工业总公司基本建设部
一九八六年七月七日

上游法尾矿堆积坝工程地质勘察规程

第一回　总　　则

第1.0.1条　本规程适用于冶金企业已建的上游法尾矿堆积坝的工程地质勘察工作。

第1.0.2条　勘察目的：

一、验证已建尾矿堆积坝的稳定性。

二、为已建尾矿堆积坝继续加高的可行性及设计提供依据。

三、为同类型的新建尾矿坝提供可资借鉴的工程地质资料。

第1.0.3条　勘察要求：

一、查明尾矿堆积体的组成、密实程度及其沉积条件。

二、查明尾矿堆积体的物理力学性质，包括动力性质及高应力状况下的强度与变形性质。

三、查明勘察期间浸润线的位置；当渗漏较严重或因渗漏而污染自然环境时，应查明渗漏途径。

四、研究尾矿坝基的稳定性，查明各种不稳定因素，提出相应的工程措施方案。

第1.0.4条　尾矿砂及尾矿土按颗粒组成分类。尾矿砂分为：尾砾砂、尾粗砂、尾中砂、尾细砂四种；尾矿土分为：尾矿泥、尾重亚泥、尾轻亚黏、尾亚砂、尾粉砂五种。判定标准见附4。可采用相近似的地基土图例。

第1.0.5条　尾矿库的分级按"选矿厂尾矿设施设计规程"（试行）中的规定，见本规程附1。

第二回　工程地质调查

第2.0.1条　工程地质调查以搜集研究已有资料并进行现场踏勘为主。当地质构造复杂，且存在不良地质现象时，进行工程地质测绘。

第2.0.2条　搜集资料，一般包括下列内容：

一、已有的工程地质资料，其中应注意老地形及水文地质条件的变化，有无不良地质现象，如：断裂及其活动性、岩溶、滑坡、泥石流、软弱土夹层、管涌等。

二、所在地区的地质资料及地震地质资料，地震和震害的历史记录，在强地震区还应包括主要构造带和强震震中分布图、强地震区预测图以及卫星照片等。

三、尾矿的来源（原矿石种类与放矿方法），全尾矿成分与粒度，放矿方式，放矿管位置，尾矿坝逐年上升高度，最终堆坝的设计高度，设计对堆坝的要求，实际堆坝状况与设计要求的对比等。

四、尾矿沉积的特点及粒度的变化，坝坡的稳定性，有无经受洪水、地震或其他原因致使坝体受损及其情况，其后如何修复，以及修复后的稳定性等。

第 2.0.3 条 现场踏勘与调查，一般包括：

一、尾矿坝的现状调查，如浸润线在坝前有无溢出点，降低坝体浸润线的措施和水位情况，坝体和尾矿库周边的变形等。

二、坝体和库容外围的地质与地质构造复查，在强震区重点研究断层及其活动性；在岩溶区重点调查渗漏，以及由于渗漏引起的坝基稳定等问题。

三、库区周边调查，有无塌岩引起库容壅塞、库水漫顶的可能性。

第 2.0.4 条 工程地质测绘：

一、测绘范围包括尾矿坝、库区及其有关的外围。观测点可按网状布置，但需照顾到重要的点（如代表性的岩石露头、地下水露头、陷穴、溶洞等）和线（如岩层界线、地貌界线、断层线、滑坡边缘等）测绘的比例尺及观测点的数量、间距参照表 2.0.4。

表 2.0.4 测绘观测点数与间距

测绘比例尺	观测点数（个/km²）	观测点间距（km）
1:2000	50～100	0.14～0.08
1:5000	20～50	0.22～0.14

二、在工程地质测绘中，为观察和描述新构造活动形迹和断层面特征，可进行井探、槽探工作。

三、当需查明隐伏断层线的位置、破碎带的宽度及水文地质条件等时，可进行物探工作。

第 2.0.5 条 根据工程地质调查的原始记录，整编工程地质调查说明书，内容注重于不良地质现象。进行工程地质测绘的结果，除上述说明书外，还应编成工程地质图，其上附有工程地质条件概要说明表。

第三回 勘探与原位测试

第一节 勘 探

第 3.1.1 条 勘探目的：

一、为坝体变形与稳定性分析以及加固方案取得地质岩性剖面。

二、选取各种土试料以进行试验。

三、测定地下水位。

四、查明坝与库区可能渗漏的途径。

第 3.1.2 条 勘探方法以钻探为主，可配合少量探井。

一、钻探宜采用 XU600、XU300 或 DPP100 型钻机，终孔直径一般不小于 108mm。

二、采取原状土应使用静力压入法，使用取土器的面积比不宜大于 20%。

三、标准贯入试验孔应采用套管护壁或泥浆护壁的回转钻进法；贯入冲击装置应采用自动脱钩以保证锤自由下落。

四、采用少量探井，所取得土的物理力学性质指标应与钻孔的进行对比。

五、初期坝上的钻孔完成后，应立即用原土回填夯实，以免影响坝的稳定性。

六、钻探操作应遵守本规程附2。

第3.1.3条 勘探点按勘探线布置。勘探线垂直于坝轴线的方向,其定位应考虑到放矿位置及方式对尾矿堆积体组成的影响。勘探线的间距应考虑原地形条件与堆积体的主要组成。勘探线的一端应从初期坝的下游坝前大约30m处开始,其另一端应到达水边线。应有不少于两条勘探线延伸到池内,每条长度不少于50m,取得水底地形坡度,并取水底扰动尾矿土样,作分类定名试验。

第3.1.4条 勘探线与勘探点间距除特殊要求外,一般可参照表3.1.4确定。

表3.1.4 勘探线、点间距

尾矿库等级	勘探线间距(m)		勘探点间距(m)
	堆积坝组成以尾矿土为主	堆积坝组成以尾矿砂为主	
一至三级	不大于200	不大于250	30~60 每条勘探线上不宜少于6个点
四至五级	不大于250	不大于300	40~80 每条勘探线上不宜少于5个点

注:1. 表中的勘探孔系指钻孔;

2. 在任何情况下,勘探线总数不少于3条;

3. 当发现软弱夹层时,应增加勘探孔,查明其分布,特别注意可能形成滑动面的各种夹层;

4. 重点勘探线上的勘探点间距取小值;一般勘探线上的勘探点间距在坝体部取小值,在沉积滩部分加大;

5. 当需查明初期坝的密实程度、物理力学性质的变化及地下水位时,应注意沿勘探线方向在初期坝位置上有足够的勘探孔。

第3.1.5条 一般勘探孔深度应到达原自然地面,深入1~2m;但每条勘探线上应有不少于3个控制性勘探孔,其深度以查明软弱带与可能的滑动面、管涌与渗漏等地基问题为准则。控制孔深度通常可参照表3.1.5确定。

表3.1.5 控制性勘探孔深度(原自然地面以下)

尾矿库等级	控制孔深度(m)	
	位于库区	位于坝体
一至三级	5~8	15~20
四至五级	3~5	10~15

注:1. 当在设计的勘探深度以内遇到基岩时,一般达基岩层顶;

2. 在强地震区(地震基本烈度≥7度)需进行动力反应分析时,每条勘探线上应有不少于3孔到达基岩或坚实地层,后者指标准贯入试验的锤击数 $N_{63.5} \geq 50$ 的土层;

3. 当场地内已有地质资料时,则上述深度可适当减少;

4. 当遇有岩溶等特殊问题时,勘探深度不受上述限制。

第3.1.6条 在所有钻孔中对黏性土都要采取原状土。取原状土的垂向间距一般不宜大于2~2.5m。取原状土的数量按以下原则:

一、对于需统计主要力学性质指标的每种地层,不宜少于10个。

二、对于每种呈夹层出现的或埋藏较深的软弱土层,不宜少于6个。

第二节 静力触探与标准贯入试验

第3.2.1条 进行静力触探孔之目的:

一、配合钻孔，进行力学分层。

二、指导从钻孔中采取原状土的深度。

第3.2.2条　用于指导从钻孔中取原状土的静力触探孔应在钻探工作之前进行。它与钻孔的距离不宜大于1.5m。

第3.2.3条　进行标准贯入试验之目的：

一、评价尾矿砂的密度。

二、判定在地震作用下尾矿砂产生液化的可能性。

尾矿砂的密度可参照表3.2.3评定。

表3.2.3　尾矿砂密度评定

尾矿砂密度分级	标准贯入试验锤击数 $N_{63.5}$
松散	<4
稍密	4~10
中密	>10~30
密	>30~50
很密	>50

注：本表适用于 $d_{50} > 0.074mm$ 的尾矿砂。

第三节　地震法波速测定

第3.3.1条　进行人工激震的波速测定，其目的是求动剪切模量和动泊松比，计算公式如下：

$$G_d = \rho V_s^2 \qquad (3.3.1-1)$$

$$\mu_d = [(V_p/V_s)^2 - 2]/[(2V_p/V_s)^2 - 2] \qquad (3.3.1-2)$$

式中　G_d——动剪切模具（kPa）；

μ_d——动泊松比；

V_p——纵波速度（m/s）；

V_s——横波速度（m/s）；

ρ——介质密度（t/m³）。

根据动剪切模量 G_d 和动泊松比 μ_d 可以计算动弹性模量 E_d，公式如下：

$$E_d = 2G_d(1 + \mu_d) \qquad (3.3.1-3)$$

第3.3.2条　测定波速可用检层法或跨孔法。

第3.3.3条　波速孔的位置应在有代表性的地段上，沿垂直于坝轴线的剖面布设，剖面数量不应少于2条。

波速是在不同的深度施测的。波速测点的位置一般设在地质岩性的分界面处。当遇到厚层时，可在层中部增加施测点，或按深度间距一般为2~4m进行施测。

第3.3.4条　波速测定完成后，应按不同深度提出各测孔下列成果的图表与说明：

一、纵、横波速，即 V_p 和 V_s。

二、相应的动力参数，即动剪切模量 G_d 和动泊松比 μ_d。

第四节　十字板剪力试验

第3.4.1条　当尾矿土或地基中的软土厚度大于0.5m时，可在钻孔中进行十字板剪力试验，其目的是测定抗剪强度。

第 3.4.2 条 测试次数按试验层厚度，每 1.0 ~ 1.5m 测一个点。对同一层位的软土，其测定总数不宜少于 3 个。

第 3.4.3 条 当试验深度较大时，必须注意安装好导正系统及测试设备，拧紧接箍，以消除人为的与机械的误差。

第五节 抽水与注水试验

第 3.5.1 条 进行抽水试验之目的，是获取综合的渗透系数，同时也获得涌水量、影响半径及下降漏斗形状。

第 3.5.2 条 钻孔抽水试验方法可按《供水水文地质勘察规范》TJ 27—78）进行。

第 3.5.3 条 进行注水试验之目的，是测定地层的垂直渗透系数。注水试验方法可按《冶金工业建设工程地质勘察技术规程及方法指南》进行。

第四回 室 内 试 验

第一节 物理及力学性质试验

第 4.1.1 条 室内土工试验一般包括下列指标：

一、尾矿砂：颗粒分析、天然容重、天然含水量、密度、饱和度、孔隙比、相对密度、抗剪强度、渗透系数、天然休止角、毛细上升高度（粉细砂）等。

二、尾矿土：天然容量、天然含水量、密度、饱和度、孔隙比、液限与塑限、塑性指数、液性指数、抗剪强度、渗透系数。

三、从探井中采取尾矿土原状样，进行垂直和水平两种渗透试验。

四、当坝基存在黏性土且需计算沉降时，应进行高压（垂直压力不少于 1.0MPa）固结试验，求压缩指数、固结系数和先期固结压力。

五、对尾矿土（尤其是软弱土）应进行固结不排水抗剪试验，测孔隙水压力，提供总应力法及有效应力法的抗剪强度指标。

六、为进行非线性静应力分析，作固结排水抗剪试验，提供主应力差 $(\sigma_1 - \sigma_3)$ 与轴向应变 ε_a 关系曲线以及体应变 ε_v 与轴向应变 ε_a 关系曲线。采用至少三种侧向主应力 σ_3；其中最大的 σ_3 值应与坝高大体相适应。

第 4.1.2 条 当需要综合研究尾矿性质时，可进行矿物化学分析及镜下鉴定。

第 4.1.3 条 为使试样尽量少受运输扰动影响，应在进行钻探的现场设立土工试验间，进行含水量、容重、直剪等项目的测定。

第二节 动力性质试验

第 4.2.1 条 当勘察场地地震基本烈度等于大于 7 度时，应进行动力性质试验，测定动模量、阻尼比以及液化应力比、动强度等项指标。

第 4.2.2 条 对黏性土试验应采用天然结构的原状样品。对砂类可使用按照规定密度要求的重塑样品，但在试验报告中必须注明制备试样的方法。

第 4.2.3 条 在尾矿堆积坝坝体上，应采取有代表性的尾矿砂样不少于两种，尾矿土样不少于一种以进行动三轴试验。试验方法应采取施加反压等措施保证试样饱和。每种试样的采取数量如下：

一、当动三轴试验的样品规格为 $\phi3.91\text{cm} \times 8\text{cm}$，野外取原状土的规格为 $\phi10\text{cm} \times 20\text{cm}$ 时，则：

抗液化及动强度试验，一般需用 20 个土柱；

动模量及阻尼比试验，一般需用 8 个土柱。

二、当需使用制备的样品进行试验时，每种土样应采取不少于 30kg。

第 4.2.4 条　对于送往试验室进行动三轴试验的土样，除应提出要求试验项目外，还必须说明进行试验的条件，包括：制备样品采取的密度、进行试验采用的主应力比和侧向主应力等。一般情形下，可参照以下条款：

一、均等固结条件适用于模拟水平地面下土体的静应力状态，主应力比 $K_c = 1$。非均等固结条件用于模拟倾斜地面下土体静应力状态，通常可选取主应力比 $K_c = 1.0$、1.5、2.0 三种。

二、侧向主应力通常可选用 $\sigma_3 = 100\text{kPa}$、150kPa、200kPa 三种。但当进行模量、阻尼试验时，应考虑坝高，尽可能选用较大的 σ_3 值。

三、当制备尾矿砂样品进行试验时，应在密度与力学性质呈线性关系（通常为相对密度 0.30~0.70）范围内，对 1~3 级坝采用两种控制性密度，一种高于，另一种低于平均密度，对 4~5 级坝采用一种有代表性的密度，或坝体实测的平均密度。

第 4.2.5 条　根据震级，试验的等效循环次数按表 4.2.5 采用。

表 4.2.5　等效循环次数

里氏震级	7	7.5	8
等效循环次数	10	20	30

第 4.2.6 条　动三轴试验完成后，一般情形应提出以下成果：

一、对于无初始剪应力的情形，用主应力比 $K_c = 1$，提出液化应力比 γ_d / σ_3 与循环周数（取对数）关系曲线，其中 γ_d 为液化剪应力，σ_3 为固结应力。

对于有初始剪应力情形，应采用不少于三个主应力比例如可用 $K_c = 1.0$、1.5、2.0，进行非均等固结后的振动试验，提出试验结果。当需要时，根据委托书，还可以提出液化破坏时的动剪应力 γ_d 与初始剪应力比 a_{sf} 的关系曲线。

二、根据试验结果，提出以下曲线：

动应力 σ_d—动应变 ε_d 关系曲线；

动模量 E_d—动应变 ε_d 关系曲线。

当需要时，根据委托书，还可以提出归一化的模量—动应变关系，以及表达动模量与平均主应力的指数关系的指标。

三、绘制每级动应力下的应力—应变滞回圈，从中算出阻尼比 λ。提出不同固结，应力下的阻尼比 λ—动应变 ε_d 关系曲线。

四、当需要时，根据委托书，还可以分别绘制总应力及有效应力莫尔圆，求出相应的动强度指标（见表 4.2.6）。

表 4. 2. 6 动强度指标

指 标	总应力法	有效应力法
动黏聚力	C_d	C_d
动内摩擦角	Φ_d	ϕ_d

第五回 长期观测点的设置

第一节 一 般 规 定

第5.1.1条 对三级以上以及四级以下但安全度较低的尾矿坝坝体，应有计划地设置长期观测系统，从而掌握坝的使用状态，以验证设计的正确性，保证尾矿坝的安全运行。

需进行长期观测的项目及其要求，应由设计单位提出。勘察单位根据委托，负责观测点的设置。有条件时，宜设置自动观测与记录系统。

第5.1.2条 观测工作应按专门合同进行。勘察单位将埋设各种观测点的数据资料，作为技术档案交给建设单位。建设单位将观测成果送交勘察及设计单位。

第5.1.3条 长期观测包括：位移与变形观测、浸润线观测、孔隙水压力观测以及渗透流量与浑浊度观测等。

第5.1.4条 观测时间分为日测、旬测、月测及季测等。应根据工程条件及设计要求，在合同内规定。遇有渗漏、裂隙等险情，应及时报告并处理。

第5.1.5条 在观测点和基点的四周宜设置砖石护栏，以资保护。

第二节 位移与变形观测

第5.2.1条 位移观测分为垂直位移和水平位移两种，两者可以合并埋设为一个标点。点的布设可按照垂直于和平行于坝轴线。基点应设在坚实不移的土中或岩石上，以防止变形或位移。观测点和基点都用水泥制品制成。观测点的埋深不应少于2m，同时亦不应少于地基土的冻结深度。

第5.2.2条 在观测位移期间，如果坝体出现裂缝，应分别记录其位置、大小、深度、宽度以及出现日期。对于规模较大的裂隙，应作出素描图。如果裂隙发展迅速，应及时报警。

第三节 浸润线观测

第5.3.1条 在坝体内设置水位观测管，以了解浸润线的变化规律。观测点应布设在垂直于坝轴线的断面上，一般情形可设三条。根据勘测期间已获知的浸润线数据，确定观测点的数量与间距，以能反映浸润线的形状及其变化为原则。

第5.3.2条 观测管内径不宜小于6.35cm，其埋设深度应考虑到地下水的变动，应使过滤管的下端位于最低水位以下3m，其下端应设置沉淀管，上端则将逐段接高。透水管段（一般长2~3m）应充填以过滤料。在管口上应加盖并紧固，以防止落物将管堵塞。

第四节 孔隙水压力观测

第5.4.1条 观测孔隙水压力是为了解其压力的分布和消散状况。观测点应布置在选定的横断面上，以便于绘制孔隙水压力等值线图。横断面位置应设在尾矿土分布的地段上。

第五节　渗透流量与浑浊度观测

第5.5.1条　在排水设施的下游或其他出现渗透水流处，设置渗透量与浑浊度观测点。点位按区段布设，当水量不太大时，可设堰观测流量。除记录水量外，对渗水的浑浊程度也应记录，并要查明其浑浊的原因及其他情况。

第六回　资料整理及报告书编写

第6.0.1条　下列原始资料由工程负责人整编后，由主任工程师或审核人验收，作为检查报告书与图件的依据：

一、钻孔记录。

二、勘探点坐标标高原始数据。

三、工程地质调查结果的说明书。

四、设计单位或建设单位提供的任务书及平面图。

第6.0.2条　勘察资料最终整理的结果，应根据工程的性质及所需说明的问题确定。一般情况应包括下列报告与图件：

一、工程地质勘察报告书。

二、勘探点平面位置图。

三、钻孔、探井柱状图。

四、地质剖面图。

五、勘探点主要数据一览表。

六、土试验结果报告表。

七、室内各种试验的曲线与图表。

八、原位测试曲线图表。

九、其他图表，如区域地质图等。

注：标准贯入试验锤击数，可表示于钻孔柱状图中；静力触探试验结果，可表示于地质剖面图中，亦可另提专门图表。

第6.0.3条　报告书内容一般应包括：尾矿沉积条件和分层特征、初期坝、堆积坝和坝基各部分土的物理力学性质、提供为设计使用的代表性数据、现有坝的稳定性及加高坝的可行性的初步评价、应采取的加固坝体以及降低浸润线等工程措施建议。

报告书的章节，可以安排如下：

一、序言。

二、场地位置及概述。

三、地貌及地质条件。

四、初期坝及尾矿堆积坝使用以来的稳定性情况。

五、初期坝坝体土质条件。

六、堆积坝土的组成、结构及其物理力学性质。

七、浸润线条件。

八、工程分析。

九、结论与工程建议。

注：工程分析一章是在需要的情况下根据委托书进行的，内容包括：地震稳定性分析、渗流分析等。

附1 尾矿库等级指标

级 别	库容（兆立方米）	坝高（m）	工程规模
二	>1.0	>100	大 型
三	1.0 ~0.1	100 ~60	中 型
四	0.1 ~0.10	<60 ~30	小一型
五	<0.01	<30	小二型

注：1. 库容系指校核洪水位以下尾矿库容积。

2. 坝高系指尾矿堆积标高与初期坝轴线处坝底标高的高度差。

3. 坝高与库容分级指标分属不同级别时，以其中高的级别为准，级别差二级时，以高的级别降一级为准。

4. 当有下列情况之一者，按上表确定的尾矿库等级可提高一级：

(1) 当尾矿库失事时，将使下游的重要的城镇、工矿企业与铁路干线遭受严重灾害者。

(2) 下游有重点保护历史文物、古迹且拆迁不易者。

(3) 当工程地质及水文地质条件特别复杂经地基处理后，尚认为不够彻底者（洪水标准不予提高）。

附2 尾矿堆积坝工程地质钻探细则

（一）总则

1. 本细则适用于冶金企业尾矿堆积坝工程地质钻探工作。

2. 根据勘察任务书对钻探工作的要求，编制钻探任务书及钻探施工方案。

当有一个以上的队同在一个现场作业时，应有统一的钻探施工方案，并有钻探负责人统一管理钻探技术。

（二）施工准备

1. 钻探负责人应参加现场踏勘，一同收集有关地层岩性资料，同时了解现场施工条件。

2. 钻探开工前，先由工程负责人向钻探人员传达工程技术要求（包括钻孔的平面位置），介绍地层岩性及钻孔的预计深度，钻探负责人传达钻探施工方案（包括工作量、钻探技术要求、开工竣工时间等）。

3. 对于易损、易耗件及必需的附属部件和材料必须充分准备。

4. 钻探开始前，应对钻机与泥浆泵进行严格检查，以确保安全与正常生产。

（三）技术要求与管理

1. 钻探过程中，需改变原钻探方案时，须经钻探负责人同意。当变动较大时，须经工程负责人或上级批准。

2. 当进行抽水试验或其他技术难度较大的试验项目时，必须有地质技术人员参加。

3. 井口的尾矿砂较为松散。在水、泥浆的作用下，加上机械振动，井口易坍塌，应加井口护壁管（管长 2 ~3m）。

4. 当用静力压入岩心管时，若反力不够或泥浆不能在提钻中迅速流入孔底时，可采用上下串动岩心管的方法进行钻进。

5. 下述几种情况是形成孔斜的主要原因，应加以预防及处理：

（1）机台的尾矿垫层有不均匀沉降。

（2）钻机重心偏斜。

（3）钻进压力或取土压力超过负荷，致使机台被顶起，压力不沿钻机中心线传递。

（4）变换孔径。

（5）不连续作业、塌孔或埋钻。

6. 钻探时要缓压慢提。泥浆要经常保持与孔口平。每次钻程不宜超过 1m，以减少孔中浮土。

7. 钻头与取土器不得长时间停留于孔底，以免尾矿沉淀或孔壁塌陷而埋钻。

8. 当钻进中或取土要提钻时，开始的速度应稍慢，并应马上加入泥浆，以确保孔内泥浆护壁压力。

9. 未见地下水之前，一般不应加浆钻进。

10. 由于尾矿堆积体比较松软且含水量大易于扰动，在钻进中容易发生翻砂及坍孔等现象，故水下钻进一般应采用泥浆支护孔壁。

11. 一般情况下，泥浆浓度为 $1m^3$ 水加白泥 $50 \sim 75kg$；对于松散地层或处于钻孔易塌的部位，可增加到 100kg 左右。

一般情况下，每立方米水加碱 $1 \sim 2kg$，夏季可用 1kg，冬季增多。当气温在负 25℃ 以下时，碱量可增加到 $3 \sim 4kg$。

12. 当用管钻（抽筒）钻进时，必须紧跟套管并在孔内注满水，以保护超前孔壁并压住翻砂。

13. 当地层变化复杂时，每回次进尺应取得全部岩心样。

（四）取样与描述要求

1. 应严格按照任务书所要求的深度取土。取土的操作要稳要准，注意防止土因受振而脱落。

2. 卸取土器的动作要迅速，并确保试样结构不受意外的因素而扰动。土样应由专人负责送到试验室。

3. 对于尾矿样的描述，建议参照《冶金工业建设工程勘察技术规程及方法指南》，按相近似的地基土类进行。应注意尾矿的特点，如微层理等，作好描述与分层。

（五）安全技术管理

1. 钻探安全技术管理应参照《冶金工业建设工程地质勘察技术规程及方法指南》中的安全守则进行。

2. 当需要在坝内沉积滩上进行钻探作业时，应事先充分了解放矿方法和放矿量的变动，以避免发生设备或人身事故。还应确定沉积滩的地基承载力是否能保证钻探作业。当沉积滩的承载力低时，必须采取安全防护措施。

3. 在尾矿钻探工程中，应对人员及设备提供规定的防护措施和劳动保护。当在有放射性或毒害的尾矿坝上进行作业时，更须加强这方面的措施。

附 3　根据标准贯入试验判定尾矿砂液化

1. 对于标准贯入试验的要求：

（1）地下水位（浸润线）以下的标准贯入试验钻孔，应用泥浆支护孔壁。

（2）进行试验处的孔底沉砂厚度不应大于 10cm。

（3）标准贯入试验应以自动落锤方式进行。

（4）在预打 15cm 之后，标准贯入试验的记录可分二挡，记录每贯入 15cm 的击数，也可分三挡，记录每贯入 10cm 的击数。

（5）对于尾粉砂、尾亚砂、尾轻亚黏，都应从标准贯入器中取代表性样品，进行颗粒分析（包括黏粒含量）。

2. 在沉积滩面以下，深度 15m 范围内，平均粒径大于 0.074mm，且黏粒含量小于 1% 的饱和砂，可按照工业与民用建筑抗震设计规范 TJ11—78 中的公式判定液化。

附4　尾矿分类

类　别	判定标准	名　称
尾矿砂	>2.0mm 占 10% ~ 50%	尾砾砂
	>0.50mm 占 >50%	尾粗砂
	>0.25mm 占 >50%	尾中砂
	>0.10mm 占 >75%	尾细砂
尾矿土	<0.005mm 占 >30%	尾矿泥
	<0.005mm 占 >15% ~ 30%	尾重亚黏
	<0.005mm 占 >10% ~ 15%	尾轻亚黏
	<0.005mm 占 >5% ~ 10%	尾亚砂
	<0.005mm 占 <5%	尾粉砂

附5　若干问题的说明

（一）关于勘察目的

本规程是针对自 70 年代以来对于已建成的上游法尾矿堆积坝所进行的工程地质勘察工作而编写的。这种勘察包括：

1. 对于已堆积到一定高度的坝，检验其稳定性，如果确系稳定，则还要研究其加高的可行性，并为加高设计提供依据。

2. 在已建尾矿堆积坝的附近，拟修建尾矿条件与其相类似的上游法新坝。对老坝进行勘探与试验的成果，可以为新坝的设计提供尾矿的物理力学性质以及可资比较的地质剖面图。

但是，老坝的地基条件一般说来不同于新坝。老坝与地基相关联的其他稳定性问题，只能作为新坝的参考，不能够取代新坝的全部勘察工作。

（二）关于尾矿分类

从选矿的观点所作的尾矿分类，显然不能适应工程地质工作。如果按地基分类法，对于尾矿（尤其是尾矿土）就不很确切，因为尾矿的分类原则，应以颗粒组成为主。

因此采用冶金建筑研究总院建议的以颗粒组成为依据的分类，但稍事修整，将五种尾矿砂归纳为四种，即：尾砾砂，尾粗砂、尾中砂、尾细砂；尾矿土仍保持原来的五种。这样修整后，大体上可与新近修订的地基规范中的土分类呈近似的对照。

（三）关于使用钻机的种类以及对取土器的要求

根据操作经验，为保证勘察工作质量，应对使用钻机的种类和取土器的主要规格给予规定。钻机种类的选择以保证下压力使能在尾矿堆积体中，从预定的深度顺利取样为主。以目前的品种而言，建议采用油压 600、油压 300 或汽车钻 DPP1100。

各单位研制的取土器正在陆续投产，目前尚无完整的系列，只能规定其主要参数：面积比。按照湛江取土技术会议（1980）的要求，根据国内现有的材质及加工条件，此值不应大于 20%。关于样土的操作，规定用静力压入法。

（四）关于勘探工作量

1. 通过勘探工作所取得的地质剖面图，应能够作为进行工程分析之用。故勘探线的一端应从坝前 30m 处开始，另一端应到达水边线。还应有少数勘探线向池内延伸，测出水下的地形断面，并取得水底的扰动土样，作分类定名试验。这样才能保证研究坝的稳定和渗流条件。

2. 尾矿库的等级划分是参照了水工标准。水工的库容为 1 兆立方米者为三级，属于中型。但是，这样的尾矿库已属于大型的。故在表 3.1.4 及表 3.1.6 中，尾矿库一至三级划为上挡，四至五级为下挡。

3. 根据勘探的经验数据，在表 3.1.4、表 2.1.6 中规定了勘探点的间距、深度等。但这都属于一般情况，如果设计单位有特殊要求则不受此限。

4. 控制性勘探孔的深度是以能够查明各种地基稳定性问题为准，例如：软弱带、管涌、渗漏、岩溶等，不应受表 3.1.6 限制，后者仅是一般情况的参考值。

5. 不能用静力触探孔取代钻孔。

（五）关于室内试验

1. 室内试验这一章的内容是说明：当地质（或岩土）人员取土送到试验室时，要求试验室做哪些试验项目，也包括试验室应向地质人员提供哪些成果。

2. 关于抗剪强度的部分，与国家各种规范相适应，规定以三轴试验为主。但在现场设置的试验间没有进行三轴试验的条件时，也还要进行直剪试验。

3. 静三轴试验应采用与坝高相适应的侧压力。动三轴的液化部分不必采用大的侧压力，因液化都发生在浅层。动三轴的模量、阻尼部分所能采取的侧压力受到现有各种设备的条件限制，只能说尽可能采用与坝高适应的较大的侧压力。

4. 对于尾矿砂一般仍使用制备的样品进行试验。对于一至三级坝，宜使用高、低两种密度，以便于在实际应用中取值。对于四至五级坝，为简化工作量，可采用一种代表性的或平均的密度。无论采用哪种密度，都应处于线性关系的范围（即相对密度为 0.3 ~ 0.7）以内。

（六）关于工程分析

工程分析的主要内容是指进行了动三轴试验之后，不仅是把它们当作一堆死的数据提出来，而且还要进行活的运用：地震反应分析，它的成果是能指明坝的哪些部位稳定、哪些部位尚不稳定，需要加固。工程分析还包括渗流试验与降低浸润线的措施。在国外，这项工作属于岩土工程公司的业务范围。在国内则通常由研究院、所或高等院校承担。他们是把土的动力性质试验与相应的计算当作统一的环节来实现的。

根据我国现行的勘察设计体制，关于地震稳定性以及其他各方面的稳定性工程措施都是由设计院负责的。因此对工程分析这项业务的归属尚难确定。国内已有一些勘察院、所，沿袭研究院、所的模式，把土的动力性质试验与动力分析计算当作不可分割的一项业务开展了，并且已经在南芬铁矿等重要的尾矿坝工程中应用于实际。

根据这些情况，"工程分析"的内容暂不列入本规程。但还应考虑到现实，在报告书章节中，安排有工程分析，其下注明：当需要时，根据委托书，可以进行这项工作，包括地震稳定性分析、渗流分析等。

（七）关于用标准贯入试验确定砂土液化

在本规程附三中提到"工业与民用建筑抗震设计规范"中多用标准贯入试验的锤击数 N 值判断砂土液化的方法，适用于水平地面的情形。这种情形大体上可以认为相当于尾矿坝的沉积滩的部分。

我国已建的尾矿坝大都具备有一段较长的干滩。已往地震时期观察到的喷砂冒水现象，往往发生在干滩末端近于水边的部位。因此用标准贯入试验锤击数判断液化的方法，对尾矿坝虽然有局限性，但仍然是有用的。

附录6 关于印发《总公司环境污染事故调查 程序暂行规定》的通知

（90）中色安字第 0471 号

各地区公司、有关直属企事业单位：

为加强环境管理、提高有色系统企事业单位的环境质量、防止环境污染事故的发生，建立环境污染事故调查程序。现将《中国有色金属工业总公司环境污染事故调查程序暂行规定》印发给你们，请组织学习并遵照执行。

在执行过程中有何问题，请及时告总公司安全环保部。

附：中国有色金属工业总公司环境污染事故调查程序暂行规定

一九九〇年六月十二日

中国有色金属工业总公司环境污染事故调查程序暂行规定

第一回　总　　则

第一条　为保证中国有色金属工业总公司所属单位发生环境污染事故的调查工作顺利进行，使其得到妥善处理，特制定本规定。

第二条　本规定是依据中华人民共和国国务院令第 34 号《特别重大事故调查程序暂行规定》（1989）制定。

第三条　环境污染事故是指由于人为因素或自然灾害等原因致使环境受到污染、人体健康受到危害、社会经济和人民财产受到损失，造成不良社会影响的环境事件。

第四条　本规定适用于中国有色金属工业总公司所属单位发生环境污染事故的调查。

第二回　环境污染事故的类型

第五条　水污染事故：主要指含有酸性、碱性、重金属离子，砷、氟化物、油类等有毒、有害物质的废水，突然大量排放，造成环境污染事故。

第六条　大气污染事故：主要指二氧化硫、三氧化硫、氯气、一氧化碳以及含有有害元素的各种粉尘、烟尘的废气，突然大量排放，造成环境污染事故。

第七条　固体废物污染事故：主要指废石、尾矿、赤泥、冶炼渣、粉煤灰等固体废物堆场因溃坝、决口，污染农田或渔塘、淤塞河道、破坏植被、损坏民用和公用设施等，造成环境污染事故。

第八条　放射性和有毒化学品污染事故

放射性污染是指含放射性的气体、液体和固体废弃物不按国家有关规定的办法处置，大量排放，造成环境污染事故。

有毒化学品污染是指强毒性或较强毒性物质，突然过量、集中、单独放散或随"三废"放散到环境中，造成环境污染事故。

第三回　环境污染事故的等级划分

第九条　一般环境污染事故

凡属下列情形之一者，为一般环境污染事故：

（一）由于环境污染事故造成直接经济损失在万元以上，20 万元以下（不含 20 万元）者。

（二）经县以上防疫部门确诊出现人员中毒症状者。

（三）经县级以上农林和环保部门现场调查，确认对农林牧渔造成危害者。

第十条　重大环境污染事故

凡属下列情形之一者，为重大环境污染事故：

（一）由于环境污染造成直接经济损失在 20 万元以上，50 万元（不含 50 万元）以下者。

（二）经地区级以上防疫部门确诊，发生明显的人群中毒症状或辐射损伤者。

（三）经地区级以上农林和环保部门现场调查，确认对农林牧渔和生态环境造成明显危害者。

第十一条 特大环境污染事故：

凡属下列情形之一者，为特大环境污染事故：

（一）由于环境污染造成直接经济损失在 50 万元以上者。

（二）经省级防疫部门确诊发生人群大面积中毒，并造成人员死亡者。

（三）经省级环保和有关部门现场调查，对当地生态环境造成严重危害，社会、经济受到严重影响者。

第四回　事故发生后责任单位必须做到

第十二条 事故发生后 4 小时内，将事故情况以电报、电话报告当地政府请求支援，同时报告总公司总值班室。如果属于急剧蔓延的事故，必须立即用电话报险，并派人到可能遭到危害的地区查险，制定紧急防范措施，减少损失。

第十三条 事故发生单位在事故发生后 24 小时内写出事故报告。函告内容：事故发生的时间、地点、简要经过、伤亡人数、直接经济损失的初步估计、事故发生原因的初步判断、事故发生后采取的应急措施及事故控制情况。报告送总公司主管专业局、安环部和当地政府的环保、计划、监察、劳动、工会、公安、检察等部门。

第十四条 事故发生单位除采取应急抢险措施外，必须保护事故现场。

第五回　环境污染事故调查

第十五条 总公司总值班室接到发生事故的报告后，立即报送主管环保工作的副总经理，召集监察、主管专业局、安环部等单位研究并组派现场工作组，如初步判断为事故重大者，应速报国务院办公厅。

第十六条 根据劳安字〔1990〕9 号文件提出的"事故发生单位直属于国务院归口管理部门的，一般应由国务院归口管理部门组织事故调查组"的精神，由主管环保工作的副总经理指定有关人员组成事故调查组。

第十七条 对于重大环境污染事故应以总公司名义邀请当地政府的环保、计划、监察、劳动、工会、公安、检察等部门派员参加事故调查工作。

第十八条 调查组应根据工作需要，聘请有关专家进行技术鉴定和经济损失评估。调查组和专家组成员必须具备与此有关的业务专长，并与所发生事故没有直接利害关系。

第十九条 特大事故调查组的职责如下：

（一）查明事故发生的原因、人员伤亡及财产损失情况。

（二）查明事故的性质和责任。

（三）提出事故处理及防止类似事故再次发生所应采取措施的建议。

（四）提出对事故责任者的处理建议。

（五）检查控制事故的应急措施可靠程度和落实情况。

（六）写出事故调查报告。

第二十条 事故调查组有权向事故发生单位、有关部门及有关人员了解事故的有关情况 并索取有关资料，任何单位和个人不得拒绝。

第二十一条 任何单位和个人不得阻碍、干涉事故调查组的正常工作。

第二十二条 事故调查组写出事故调查报告，报送主管环保工作的副总经理，经总公司有关部室共同研究同意后，调查工作即告结束。

第六回 附 则

第二十三条 本规定在执行过程中，如果出现与中华人民共和国国务院其他有关规定有抵触时，按国务院规定执行。

第二十四条 本规定由中国有色金属工业总公司负责解释。

第二十五条 本规定自一九九〇年七月十五日试行。

附录7　土地复垦规定

第一条　为加强土地复垦工作，合理利用土地，改善生态环境，制定本规定。

第二条　本规定所称土地复垦，是指对在生产建设过程中，因挖损、塌陷、压占等造成破坏的土地，采取整治措施，使其恢复到可供利用状态的活动。

第三条　本规定适用于因从事开采矿产资源、烧制砖瓦、燃煤发电等生产建设活动，造成土地破坏的企业和个人（以下简称企业和个人）。

第四条　土地复垦，实行"谁破坏、谁复垦"的原则。

第五条　土地复垦工作，任何部门、单位和个人不得阻挠。

第六条　各级人民政府土地管理部门负责管理、监督检查本行政区域的土地复垦工作。

各级计划管理部门负责土地复垦的综合协调工作；各有关行业管理部门负责本行业土地复垦规划的制定与实施。

第七条　土地复垦规划应当与土地利用总体规划相协调。

各有关行业管理部门在制定土地复垦规划时，应当根据经济合理的原则和自然条件以及土地破坏状态，确定复垦后的土地用途。在城市规划区内，复垦后的土地利用应当符合城市规划。

第八条　土地复垦应当与生产建设统一规划。有土地复垦任务的企业应当把土地复垦指标纳入生产建设计划，在征求当地土地管理部门的意见，并经行业管理部门批准后实施。

第九条　有土地复垦任务的建设项目，其可行性研究报告和设计任务书应当包括土地复垦的内容；设计文件应当有土地复垦的章节；工艺设计应当兼顾土地复垦的要求。

建设单位违反前款规定的，土地管理部门审批建设用地时不得批准。

第十条　土地复垦应当充分利用邻近企业的废弃物充填挖损区、塌陷区和地下采空区。

对利用废弃物进行土地复垦和在指定的土地复垦区倾倒废弃物的，拥有废弃物的一方和拥有土地复垦区的一方均不得向对方收取费用。

利用废弃物作为土地复垦充填物，应当防止造成新的污染。

第十一条　复垦后的土地达到复垦标准，并经土地管理部门会同有关行业管理部门验收合格后，方可交付使用。

复垦标准由土地管理部门会同有关行业管理部门确定。

第十二条　企业（不含乡村的集体企业和私营企业）在生产建设过程中破坏的集体所有土地，按下列情况分别处理：

（一）不能恢复原用途或者复垦后需要用于国家建设的，由国家征用。

（二）经复垦不能恢复原用途，但原集体经济组织愿意保留的，可以不实行国家征用。

（三）经复垦可以恢复原用途，但国家建设不需要的，不实行国家征用。

第十三条　在生产建设过程中破坏的土地，可以由企业和个人自行复垦，也可以由其他有条件的单位和个人承包复垦。

承包复垦土地，应当以合同形式确定承、发包双方的权利和义务。土地复垦费用，应当根据土地被破坏程度、复垦标准和复垦工程量合理确定。

第十四条　企业和个人对其破坏的其他单位使用的国有土地或者国家不征用的集体所有土地，除负责土地复垦外，还应当向遭受损失的单位支付土地损失补偿费。

土地损失补偿费，分为耕地的损失补偿费、林地的损失补偿费和其他土地的损失补偿费。耕地的损失补偿费，以实际造成减产以前三年平均年产量为计算标准，由企业和个人按照各年造成的实际损失逐年支付相应的损失补偿费；集体经济组织承包复垦其原有的土地，补偿年限应当按照合同规定的合理工期确定。其他土地的损失补偿费，参照上述原则确定。

地面附着物的损失补偿标准，由省、自治区、直辖市规定。

第十五条　土地损失补偿费的具体金额，由破坏土地的企业和个人与遭受损失的单位根据第十四条确定的原则商定；达不成协议的，由当地土地管理部门会同有关行业管理部门作出处理决定。

当事人对土地损失补偿费金额的处理决定不服的，可以在接到处理决定之日起十五日内，向人民法院起诉。

第十六条　基本建设过程中破坏的土地，土地复垦费用和土地损失补偿费从基本建设投资中列支。

生产过程中破坏的土地，土地复垦费用从企业更新改造资金和生产发展基金中列支；经复垦后直接用于基本建设的，土地复垦费用从该项基本建设投资中列支；由国家征用并能够以复垦后的收益形成偿付能力的，土地复垦费用还可以用集资或者向银行贷款的方式筹集。

生产过程中破坏的国家不征用的土地，土地损失补偿费可以列入或者分期列入生产成本。

第十七条　生产过程中破坏的国家征用的土地，企业用自有资金或者货款进行复垦的，复垦后归该企业使用；根据规划设计企业不需要使用的土地或者未经当地土地管理部门同意，复垦后连续两年以上不使用的土地，由当地县级以上人民政府统筹安排使用。

企业采用承包或者集资方式进行复垦的，复垦后的土地使用权和收益分配，依照承包合同或者集资协议约定的期限和条件确定；因国家生产建设需要提前收回的，企业应当对承包合同或者集资协议的另一方当事人支付适当的补偿费。

生产过程中破坏的国家不征用的土地，复垦后仍归原集体经济组织使用。

第十八条　生产建设过程中破坏的国家征用的土地，经复垦后土地使用权依法变更的，必须依照国家有关规定办理过户登记手续。

第十九条　国家鼓励生产建设单位优先使用复垦后的土地。

复垦后的土地用于农、林、牧、渔业生产的，依照国家有关规定减免农业税；用于基本建设的，依照国家有关规定给予优惠。

第二十条　对不履行或者不按照规定要求履行土地复垦义务的企业和个人，由土地管理部门责令限期改正；逾期不改正的，由土地管理部门根据情节，处以每亩每年二百元至一千元的罚款。对逾期不改正的企业和个人，在其提出新的生产建设用地申请时，土地管理部门可以不予受理。

罚款从企业业税后留利中支付，依照国家规定上交国库。

第二十一条　当事人对土地管理部门作出的罚款决定不服的，可以在接到罚款通知之日起十五日内，向作出罚款决定的土地管理部门的上一级机关申请复议；对复议决定不服的，可以在接到复议决定之日起十五日内向人民法院起诉。当事人也可以在接到罚款通告之日起十五日内，直接向人民法院起诉。当事人期满不申请复议也不向人民法院起诉又不执行罚款决定的，由作出罚款决定的土地管理部门申请人民法院强制执行。

第二十二条　扰乱、阻碍土地复垦工作或者破坏土地复垦工程设备，违反《中华人民共和国治安管理处罚条例》的，由当地公安机关给予治安管理处罚；构成犯罪的，由司法机关依法追究刑事责任。

第二十三条　负责土地复垦管理工作的国家工作人员玩忽职守、徇私舞弊的，由其所在单位或者上级主管机关给予行政处分；构成犯罪的，由司法机关依法追究刑事责任。

第二十四条　各省、自治区、直辖市人民政府可以根据本规定，结合本地区的实际情况，制定实施办法。

第二十五条　本规定由国家土地管理局负责解释。

第二十六条　本规定自 1989 年 1 月 1 日起施行。

附录 8 关于加强土地复垦工作制定土地复垦规划的通知

（89）中色计字第 0287 号

各地区公司、有关直属公司：

一九八八年十一月，国务院发布了《土地复垦规定》，并决定从一九八九年一月一日起在全国施行。有色金属矿山是占用土地的大户之一，随着生产的发展，废石和尾砂的堆存，剥离的排土，井下采矿造成的地表沉陷等，不同程度地破坏了土地资源和生产态平衡。因此，树立大环境观念，及时做好土地复垦工作，把破坏的土地资源重新利用起来，为经济建设服务，十分重要。为了贯彻执行《土地复垦规定》，现就加强土地复垦工作，制定土地复垦规划的有关事项通知如下：

一、各单位领导要认真组织学习《土地复垦规定》，深刻领会《规定》的精神，弄清有关政策界限，并根据各自的实际情况，确定承担土地复垦任务的部门和职责。

二、各单位要根据《规定》的要求，从实际情况出发，认真制定好土地复垦的规划。规划的内容包括本企业土地的占用情况，可复垦土地的数量，分年度的复垦进度计划，以及采取的技术组织措施和资金的安排等，并于一九八九年八月底前报送总公司计划部、安环部及有关专业局并抄送多种经营开发中心。

三、各矿山在编制年度采掘技术计划时，要同时编制土地复垦计划，连同采掘技术计划一并报告总公司审批。

附件：1. 国务院令《土地复垦规定》（略）。
2. 土地复垦规划表（略）。

中国有色金属工业总公司
一九八九年四月二十一日

附录9　国家安全监管总局文件

加强中小型金属非金属矿山（尾矿库）安全基础工作
改善安全生产条件的指导意见
安监总管一〔2009〕44号

各省、自治区、直辖市及新疆生产建设兵团安全生产监督管理局：

为了深入贯彻落实党的安全生产方针和国家关于安全生产的法律法规，促进中小型金属非金属矿山（含选矿厂尾矿库，下同）企业安全生产主体责任落实，继续降低事故总量，有效遏制重特大事故发生，努力实现金属非金属矿山安全生产形势稳定好转，现就进一步加强中小型金属非金属矿山安全基础工作、改善安全生产条件提出如下指导意见：

一、充分认识进一步加强中小型金属非金属矿山企业安全基础工作、改善安全生产条件的重要性和紧迫性

近年来，我国经济快速发展，作为重要基础产业的金属非金属矿山也进入了一个新的发展时期，尤其是经过几年的安全整治，整体安全生产水平有所提高。但许多中小型金属非金属矿山开采不正规，工艺技术和装备水平较差，从业人员素质和企业安全管理水平不高，安全保障能力较弱的状况还没有根本改变。

尽管经过各方面的努力，金属非金属矿山生产安全事故从2004年起呈持续下降趋势，但是事故总量仍然较大，重特大事故时有发生，特别是中小型金属非金属矿山事故多发，安全生产形势依然严峻。进一步加强中小型金属非金属矿山安全基础工作，大力改善安全生产条件，已迫在眉睫，势在必行。各级安全生产监管部门和中小型金属非金属矿山（选矿厂）企业要充分认识加强中小型金属非金属矿山安全基础工作、改善安全生产条件的重要性和紧迫性，增强责任感和使命感，切实采取有效措施，努力在落实安全生产"两个主体责任"方面取得新进展，在"治散"、"治乱"、"治差"方面取得新突破，在技术、管理、监督方面取得新成效，大力加强中小型金属非金属矿山的安全基础工作，大力改善中小型金属非金属矿山安全生产条件，大力提高中小型金属非金属矿山的安全保障能力，促进中小型金属非金属矿山企业安全发展。

二、进一步加强中小型金属非金属矿山安全基础工作、改善安全生产条件的主要内容

（一）中小型金属非金属地下矿山安全生产基本条件和要求

1. 设计建设合法

（1）依法立项审批。金属非金属地下矿山建设项目必须严格按照国家有关规定，履行建设项目审批、核准或备案手续，不得擅自开工建设。

（2）严格项目审查。地下矿山建设项目的勘察、设计、安全评价、施工等工作，必须由具有相应资质条件的单位承担。建设项目安全设施设计报经安全监管部门审查批准后，方可施工；建设项目安全设施必须严格按照经审查批准的设计施工；对已批准的建设项目安全设施设计作重大变更的，应当经原设计单位同意，并报经原审批部门批准。建设项目竣工后，必须经安全监管部门验收合格。

（3）严格安全许可。地下矿山建设项目竣工并经安全监管部门验收合格后，必须依法提出安全生产行政许可申请，经安全监管部门审核合格颁发安全生产许可证后，方可投入生产。

2．安全出口通畅

（4）确保两个出口。每个矿井至少要有两个独立的直达地面的安全出口，安全出口间距不小于30米；每个生产水平（中段）必须要有至少两个便于行人的安全通道，并要和通往地面的安全出口相通；每个采区必须有两个便于行人的安全出口，并经上、下巷道与通往地面的安全出口相通；所有井下作业人员都要熟悉安全出口。

（5）安全出口可靠。装有两部在动力上互不依赖的罐笼设备，且提升机均为双回路供电的竖井，可以作为安全出口，而不必设置梯子间；其他竖井作为安全出口时必须装备完好的梯子间；运输斜井作为安全出口时，必须保证人行道的有效净高不小于1.9米，有效宽度不小于1米；水平运输平巷作为安全出口时，必须保证人行道的有效净高不小于1.9米，有效宽度：人力运输的不小于0.7米，机车运输的不小于0.8米，带式输送机运输的不小于1.0米。报废的井巷必须及时封闭，并填图归档。

（6）避灾线路清晰。必须有井上井下对照图、井下避灾线路图。井巷的所有分道口要有醒目的路标，注明其所在地点及通往地面出口的方向。所有井下作业人员必须熟知井下逃生线路和逃生方法。

3．提升运输可靠

（7）提升系统可靠。提升系统必须符合设计要求，必须选择国家指定产品，严禁使用国家明令淘汰的提升设备设施。升降人员罐笼必须安装安全可靠的防坠器；提升系统必须安装过卷保护装置和信号装置。严禁使用带式制动器的提升绞车作为主提升设备。

（8）防护装置齐全。提升矿车的斜井，必须安装常闭式防跑车装置；斜井上部和中间车场，必须设阻车器或挡车栏；斜井下部车场要建有躲避硐室，并有明显的标志。

（9）严格运行管理。提升运行要由有资质的人员专人管理。同一层罐笼严禁同时升降人员和物料；升降爆破器材时，要有人跟罐监护。加强对提升系统的维护保养，建立定期检查维修制度，明确责任，狠抓落实。每天应由专职人员检查一次，每月应由企业组织有关人员检查一次，发现隐患立即停用，及时整改。要做好设备运转维修记录，对隐患排查不认真、隐患没有及时整改的，要追究责任。

（10）定期检测检验。主要提升装置、提升钢丝绳等要由有资质的检测检验机构严格按规定的检测周期进行检测检验。主要提升装置每年检测一次，提升钢丝绳每半年检测一次。检测不达标的，必须先整改，后使用。

4．通风系统完善

（11）实行机械通风。所有地下矿山必须安装主扇，形成完整的机械通风系统；每台主扇应具有相同型号和规格的备用电动机，并有能迅速调换电动机的设施；要有确保主扇能够在 10 分钟内使矿井风流反向的措施，每半年至少进行一次反风试验，并做到主要风路反风后的风量能够达标；采用多级机站通风系统的矿山，主通风系统的每一台通风机都要满足反风要求，以保证整个系统可以反风。通风构筑物（风门、风桥、风窗、挡风墙等）要规范达标，并由专人负责检查、维修，确保质量可靠，风门、挡风墙必须保持完好严密状态。井下炸药库及储存动力油的硐室要有独立的回风道。对于自然风压较大的矿井，只有当风质、风量、风速经检测达到要求并经矿山技术负责人签字批准时，才允许暂时用自然通风替代机械通风，未经审批，严禁采用自然通风。

（12）加强局部通风。掘进工作面和通风不良的采场必须安装局部通风设备，局扇应有完善的保护装置。风筒必须吊挂平直、牢固，接头严密，避免车碰和炮崩，并应经常维护，杜绝漏风，降低阻力。人员进入独头工作面前，必须先开动局部通风设备通风。独头工作面有人作业时，局部通风设备必须连续运转，不得随意关停。采场形成通风系统前，不得回采作业。

（13）确保风量充足。正常生产情况下，主扇必须连续运转；当完全无人作业时，允许暂时停止机械通风。矿井主要进风巷和回风巷不得堆放材料和设备；矿井主要进风流不得通过采空区和塌陷区，必须通过时，要先砌筑严密的通风假巷引流。局部通风风筒口与工作面的距离：压入式通风不超过 10 米；抽出式通风不超过 5 米；混合式通风，压入风筒出口不超过 10 米，抽出风筒入口要滞后压入风筒出口 5 米以上。

（14）及时密闭警示。采场回采完毕后，要将所有与采空区相通的影响正常通风的巷道及时密闭；停止作业并已撤除通风设备又无贯穿风流通风的采场、独头上山和独头巷道，必须设栅栏和警示标志，严禁人员进入。

5. 水火防范到位

（15）防止地表水灾。竖井、斜井、平硐等井口标高要高于当地历史最高洪水水位 1 米以上，特殊情况下达不到要求的，要以历史最高洪水位为标准修筑防洪堤，在井口必须筑人工岛，使井口高于最高洪水位 1 米以上。报废井口必须封闭，并在周围挖掘排水沟；地面塌陷、裂缝区的周围，要设截水沟或挡水围堤，严防向塌陷区漏水。每年汛期前必须组织一次防水检查，发现隐患及时整改。要编制防水计划，明确责任，加大投入，狠抓落实。需要维修或改建的防水工程，必须在汛期前完成；汛期要设专人检查巡视矿区防洪情况，发现问题必须及时处理。

（16）防范井下水害。井下主要排水设备至少要由同类型的 3 台泵组成。工作水泵要确保在 20 小时内排出一昼夜的正常涌水量；除检修泵外，其他水泵应能在 20 小时内排出一昼夜的最大涌水量。井筒内必须装设两条相同的排水管，一条工作，一条备用。由地面到井下主排水泵房的电源电缆，必须铺设两条来自不同母线段的独立线路。对积水的旧井巷、老采区、流砂层、强含水层、强岩溶带等不安全地带，必须留设防水矿（岩）柱。防水矿（岩）柱尺寸由设计确定，在设计规定保留期内不得开采或破坏。在井下主要泵房、中央变电所等特殊地点要设置防水门。

（17）坚持超前探水。掘进前，必须查明矿井水文地质情况，摸清矿井涌水与地下水、地表水、大气降水的水力联系，判断矿井突然涌水的可能性。要加强超前探水，对接近水体的地带或遇到断层、破碎带、采空区等可能与水体有联系的地段，必须坚持"有疑必探，先探后掘"原则，编制探水设计；探水前，应检查钻孔附近巷道的稳定性，准备水沟,在工作地点安装电话;钻凿探水孔时,如果发现岩石变软,或沿钻杆向外流水等超过正常凿岩供水量等现象,必须立即停止凿岩,撤人升井并派人监视水情。

(18)遇险及时撤离。掘进工作面或其他地点发现工作面"出汗"、顶板淋水加大、空气变冷、产生雾气、挂红、水叫、底板涌水等透水预兆时,必须立即停止工作,撤出所有可能受透水威胁的人员,采取安全措施。

(19)防范井下火灾。主要进风巷道、进风井筒及其井架和井口建筑物、主要扇风机房和压入式辅助扇风机房、风硐及暖风道,井下电机室、机修室、变压器室、变电所、电机车库、炸药库和油库等,应用非可燃性材料建筑,室内应有醒目的防火标志和防火注意事项,并配备相应的灭火器材;用木材支护的竖井、斜井及其井架和井口房、主要运输巷道、井底车场硐室,要设消防水管。井下各种油类,必须单独存放于安全地点,装油的铁桶必须有严密的封盖;井下柴油设备或油压设备一旦出现漏油,应及时处理。井下不得使用电炉、灯泡等进行防潮、烘烤和采暖;井下输电线路通过易燃材料的部位,必须采取有效的防止漏电或短路的措施;在井下进行动火作业,必须经企业负责人签字批准。

6. 顶板边帮稳固

(20)及时支护加固。在围岩松软不稳固的岩层中掘进井巷,必须进行支护,永久性支护至掘进工作面之间应架设临时支护;围岩不稳固的回采工作面、采准和切割巷道,应采取支护措施,因爆破或其他原因而受破坏的支护,应及时修复;围岩不稳固的矿山主要运输巷道、井底车场和主要硐室等必须采取永久性支护措施。对所有支护的井巷,应定期进行检查,井下安全出口和升降人员的井筒,每月至少检查一次,并由负责人签字。地压较大的井巷和人员活动频繁的采矿巷道,应每班进行检查,发现问题及时处理并做好记录。

(21)严格敲帮问顶。对顶板不稳固的采场,要制定有效的监控手段和处理措施。每班作业前,必须由班长和安全员共同进行敲帮问顶,处理顶板和边帮的浮石,确认安全后方可进入工作面作业;处理浮石时,必须停止其他妨碍处理浮石的作业,不得在同一采掘工作面同时凿岩和处理浮石。作业中发现冒顶预兆时,应立即通知作业人员撤离现场,并及时上报。

(22)加强空区管理。要摸清矿区范围内的采空区,禁止人员进入老窿及采空区采矿。采用留矿法、空场法采矿的矿山,要按照设计要求,及时采取充填、隔离或强制崩落围岩等措施对采空区进行处理,严禁出现大面积未处理的采空区;严禁擅自回采保安矿柱。地表塌陷区要设明显标志并设栅栏阻隔人员进入,通往塌陷区的井巷必须封闭,人员不得进入塌陷区。

(23)定期地压监测。有严重地压活动的矿山,要加强地压监测工作,设置专门机构或专职人员负责地压管理,发现大面积地压活动预兆时要立即停止作业,将人员撤至安全地点。

7. 安全管理规范

(24)设置安全机构。必须设置安全生产管理机构或者配备专职安全生产管理人员。安全生产管理人员必须经安全监管部门培训合格并取得安全资格证书后方可任职。

(25)健全规章制度。必须建立健全企业主要负责人对本单位安全生产工作全面负责的安全生产责任体系,把安全生产责任分解落实到各个层次、各个环节和各个岗位。建立严格明确的领导下井带班、安全教育培训、隐患排查治理、安全办公会议、交班前警示等规章制度；不断完善并严格执行岗位操作规程。

（26）保存基础资料。地下矿山企业应保存矿区地形地质和水文地质图、井上井下对照图、通风系统图、井下避灾线路图等图纸资料，并根据实际情况的变化及时更新。其中井上井下对照图每季度至少更新一次。应保存重要设备运行、维护、保养和检测记录。

（27）强化教育培训。企业要坚持经常对员工进行安全教育。矿长、安全管理人员、特种作业人员应经专门的安全培训，取得相应的资格证书后，方可上岗；新进地下矿山企业的作业人员，应接受不少于72小时的安全培训，考试合格后，方可上岗作业。安全教育培训情况和考核结果应记录存档，并做到一人一档。

（28）严格入井考勤。要建立出入井考勤登记制度，掌握井下作业人员数量和位置分布。有条件的企业应安装井下人员实时定位系统。

（29）加强放炮管理。爆破作业前应认真检查作业面的情况，确认作业通道和撤离路线安全畅通、爆破后能有效通风、现场其他人员已经全部撤离到安全地点后，方可实施爆破。爆破后，经通风吹散炮烟，确认空气合格后，作业人员方可进入爆破作业地点。作业前，要由技术人员认真检查作业面有无盲炮、支护是否破坏等情况。

（30）严防"三超"生产。要严格按照设计能力组织生产，严禁超能力采掘；要不断提高机械化生产水平，结合实际确定岗位人员数量，有效控制下井人数，严禁超定员组织生产；要贯彻以人为本要求，落实《劳动法》，严禁擅自延长劳动时间和提高工人的劳动强度。

（31）落实日常检查。要根据本单位的生产经营特点，认真执行安全检查制度，对安全生产状况进行经常性检查。对检查中发现的安全隐患，应立即处理；不能立即处理的，要及时报告有关负责人。检查及处理的情况要记录在案。

（32）严肃事故责任追究。矿山企业必须按照"四不放过"原则，严厉追究事故有关责任人的责任。要全面分析事故发生原因，认真总结经验教训，提出有针对性的措施，预防同类事故重复发生。

（33）确保应对有效。地下矿山企业应建立由专职或兼职人员组成的应急救援组织，制定事故应急预案，配备必要的器材和设备，每年至少组织一次应急救援演练。要建立与邻近应急救援组织协作联动机制。一旦发生事故，要立即启动应急预案，有效应对，减少损失。

（二）中小型金属非金属露天矿山安全生产基本条件和要求

1. 设计建设合法

（1）依法立项审批。金属非金属露天矿山建设项目必须严格按照国家有关规定，履行建设项目审批、核准或备案手续，不得擅自开工建设。

（2）规范开采设计。露天矿山必须由具有相应资质的设计单位进行设计，有设计单位提供的、规范的开采设计说明书、附图和安全专篇。小型露天采石场应由有建设部门认定资质的设计单位或者省级以上安全监管部门认定资质的采矿工程技术服务机构编制的书面开采方案。

（3）严格审查验收。建设项目安全设施设计报经安全监管部门审查批准后，方可开始施工；建设项目安全设施必须严格按照经审查批准的设计施工；对已批准的建设项目安全设施设计作重大变更的，应当经原设计单位同意，并报原审查部门审查批准；工程竣工后，经安全监管部门验收合格，取得安全生产许可证后，方可投入生产和使用。

2. 开采工艺先进

（4）落实分台阶（分层）开采。露天矿山企业必须遵循自上而下开采顺序，执行分台阶开采。要坚持"采剥并举，剥离先行"原则，严禁掏采或"一面墙"开采。小型露天采石场不能采用分台阶开采的，应当自上而下分层开采，实施浅眼爆破时，分层高度不得超过6米，实施中深孔爆破时，分层高度不得超过20米，最终边坡角由设计确定，但最大不得超过60度。

（5）确保边坡稳定。必须对边坡坡体表面和内部位移、地下水位动态、爆破震动等定点定期进行观测，对出现变形和滑动迹象的，要及时撤离人员和设备，并视情况采取设挡墙、削坡、减载、抗滑桩、锚杆（索）和护坡等措施。对采场工作帮必须由专业技术人员每季度检查一次，对高陡边帮必须每月检查一次，暴雨过后，要在开工前对不稳定区段进行专业检查，发现异常应立即处理。每班作业前，必须对工作帮坡面进行安全检查，发现坡面有裂痕，或者坡面上有浮石、危石和伞檐体可能塌落时，相关人员应当立即撤离至安全地点，采取措施处理；处理完毕前，严禁任何人在边坡底部停留。

（6）爆破技术先进。自然条件允许的露天矿山必须使用中深孔爆破技术；不具备使用中深孔爆破技术的小型露天采石场，必须经有资质的单位现场勘察鉴定，经安全监管部门批准方可使用浅孔爆破技术，但必须进行湿式凿岩。新建、改建和扩建的露天矿山必须使用中深孔爆破开采技术。

（7）采用机械装运。小型露天采石场企业应使用机械化铲装作业，严格控制、减少装运作业人员；定期对挖掘设备和运输车辆进行维护、检修，保证正常运行；矿区运输道路按设计参数施工，设置合格的路挡，转弯处必须设立明显警示标志。

3. 排土有序规范

（8）符合设计要求。排土场必须经有资质的单位设计才能建设使用，排土场的位置必须保证排弃土岩时不致因大块滚石、滑坡、塌方等威胁工业场地（厂区）、居民点、道路等设施的安全，其安全距离应在设计中规定。排土场的排土工艺、排土顺序、阶段高度、总堆置高度、安全平台宽度、总边坡角以及相邻阶段同时作业超前堆置距离应符合设计规定。未经设计或技术论证，任何单位不得在排土场内回采低品位矿石和石材。

（9）严格排土作业。严格按照设计要求进行排土作业，对排土场排土参数、变形、裂缝、底鼓、滑坡等相关情况每周至少进行一次检查，雨季必须每天进行一次巡查，做好记录，并由检查或巡视人员签字，出现异常情况及时向上级单位报告，并采取有效控制和处理措施。

（10）严禁违规捡矿。企业应加强排土场管理，圈定危险范围，并设立警戒标志，安排专人看护。排土场作业区或排土场危险区不得有捡矿石、捡石材和其他活动。

4. 安全管理到位

（11）设置安全机构。露天矿山企业必须设置安全生产管理机构或者配备专职安全生产管理人员。安全管理人员必须经安全监管部门培训，取得资格证书后方可上岗。

（12）健全规章制度。露天矿山企业必须建立健全主要负责人对本单位安全生产工作全面负责的安全生产责任体系，把安全生产责任分解落实到各个层次、各个环节和各个岗位；健全安全教育培训、隐患排查治理、安全办公会议等规章制度；不断完善并严格执行岗位操作规程。

（13）基础资料齐全。露天矿山企业应保存矿区地形地质图、采剥工程年末图等图纸资料，并根据实际情况的变化及时更新。

（14）严格教育培训。企业要坚持经常对员工进行安全教育。矿长、安全管理人员、特种作业人员应经专门的安全培训，取得相应的资格证书后，方可上岗；新进露天矿山企业的作业人员，应接受不少于40小时的安全培训，考试合格后，方可上岗作业。安全教育培训情况和考核结果应记录存档，并做到一人一档。

（15）加强爆破管理。露天矿边界必须设置醒目的警示标志，防止无关人员误入；爆破作业必须设立警戒线，爆破安全允许距离由设计确定，但最低不小于200米；爆破作业现场必须设置坚固的人员避炮设施，其设置地点、结构及拆移时间，要在采掘计划中规定，并经主管矿长批准。爆破前必须将钻机、挖掘机等移动设备开到安全地点，并切断电源；爆破后必须对爆区及相关坡面进行检查，发现工作面有裂痕可能塌落，或坡面有浮石、危石和伞檐体时，应立即撤离人员和设备；要由专业人员认真检查是否有盲炮，遇有盲炮，应在现场设立危险标志，采取相应的安全措施，由爆破员及时进行处理。

（16）完善防（排）洪系统。必须按照设计建设防排洪工程，排土场上游要有截洪沟，下游有拦挡坝，并留排水孔，以防发生泥石流；有滑坡可能的和深凹露天采场必须设置防洪、排洪设施及设备。

（17）做好防尘工作。应采用湿式凿岩方法，禁止打干眼；爆破后和铲装时，要对爆堆进行喷雾降尘；汽车运输道路要经常洒水抑尘或喷洒抑尘剂；破碎口和振动筛应实施喷雾降尘，必要时应设置除尘设备。

（18）强化日常检查。要根据本单位的生产经营特点，认真执行安全检查制度，对安全生产状况进行经常性检查，对检查中发现的事故隐患，应立即处理；不能立即处理的，应及时报告本单位有关负责人。检查及处理的情况应记录在案。

（19）严肃事故责任追究。矿山企业必须按照"四不放过"原则，严厉追究事故有关责任人的责任。要全面分析事故发生原因，认真总结经验教训，提出有针对性的措施，预防同类事故重复发生。

（20）确保应对有效。露天矿山企业应建立由专职或兼职人员组成的应急救援组织，制定并完善事故应急预案，配备必要的器材和设备，每年至少组织一次应急救援演练。生产规模较小的应指定兼职应急救援人员，并与邻近应急救援组织签订救援协议。一旦发生事故，要反应灵敏，有效应对，减少损失。

（三）尾矿库安全生产基本条件和要求

1. 建设规范

（1）立项审批合法。尾矿库建设项目应经发展改革部门立项核准或备案，经国土资源部门用地审批，经环保部门环评批复，经安全监管部门安全预评价，方可组织设计，严格履行立项审批程序。

（2）设计施工合规。尾矿库建设的勘察、设计、安全评价、施工及施工监理等工作必须由具有相应资质条件的单位承担。尾矿库工程初步设计应当包括安全专篇，安全专篇应当对尾矿库及尾矿坝稳定性、尾矿库防洪能力及排洪设施和安全观测设施的可靠性进行充分论证。尾矿库工程施工必须做好施工记录，建立尾矿库工程档案，特别是隐蔽工程档案，并长期保存；隐蔽工程必须经分段验收合格后，方可进行下一阶段施工。

（3）安全许可严格。尾矿库建设项目安全设施设计报经安全监管部门审查批准后，方可施工。尾矿库建设项目安全设施必须严格按照经审查批准的设计施工，施工中需要对设计进行局部修改的，应当经原设计单位认可；对涉及库址、等别、尾矿坝坝型、排洪方式等进行重大修改的，应当由原设计单位重新设计，并报原审批部门批准。尾矿库建设项目竣工后，必须经安全监管部门验收合格，取得安全生产许可证后，方可投入使用。

（4）整改措施到位。已经投入生产运营的尾矿库无正规设计的，必须立即停止使用，在安全监管部门规定的限期内进行必要的勘测，委托具备相应资质的设计单位补做工程设计，工程设计应包括安全专篇，安全专篇应认真分析尾矿库现状，对尾矿库及尾矿坝稳定性、尾矿库防洪能力及排洪设施和安全观测设施的可靠性进行充分论证，提出有针对性的整改方案。补做的工程设计安全专篇报经安全监管部门审查批准后，生产经营单位要严格按照设计进行整改；整改完毕经安全监管部门验收合格，并依法取得安全生产许可证后，方可继续投入生产运行。

2. 筑放合理

（5）确保筑坝质量。应确保筑坝材料、筑坝方式、子坝高度、内外边坡角、错台宽度等严格按设计要求进行。筑坝进度应按设计要求和年度排放计划进行。每期子坝堆筑前必须进行岸坡处理，将树木、树根、草皮、废石及其他有害构筑物全部清除，若遇有泉眼、水井、地道或洞穴等，应作妥善处理。每期子坝堆筑完毕，应对筑坝质量及子坝长度、剖面尺寸、轴线位置、内外坡比、库内水位等进行检查，检查记录需经主管技术人员签字后存档。尾矿坝下游坡面上不得有积水坑。

（6）坚持均匀放矿。采用上游式筑坝法的尾矿库，应于坝前均匀放矿，坝体较长时应采用分段交替作业，维持坝体均匀上升，不得任意在库后或一侧岸坡放矿，不得集中放矿、独管放矿；坝顶及沉积滩面应均匀平整，库内水边线与滩顶应保持基本平行，避免滩面出现侧坡、扇形坡或细粒尾矿大量集中沉积于某端或某侧。尾矿排放应按设计要求和年度排放计划进行，并做好记录，不得超强度排放。严禁尾矿库超高使用，严禁超能力排尾。

3. 排洪可靠

（7）完善排洪系统。尾矿库必须设置排水井、排水斜槽、排水涵管、隧洞、溢洪道、截洪沟等排洪设施，并满足防洪要求；宜采用排水井（斜槽）－排水管（隧洞）排洪系统，有条件时也可采用溢洪道或截洪沟等排洪设施；排洪设施的基础应避免设置在工程地质条件不良或需要填方的地段，无法避开时，应进行地基处理。库内应设有清晰醒目的水位观测标尺，标明正常运行水位和警戒水位。排洪设施停用后，必须严格按设计要求及时封堵，并确保施工质量，严禁在排水井井筒顶部封堵。

（8）复核泄洪能力。汛期前必须对尾矿库的泄洪能力进行复核，确保正常生产库水位与沉积滩滩顶高差、沉积滩干滩坡比、干滩长度满足设计要求，最小安全超高和最小干滩长度必须满足规范要求。非紧急情况，未经技术论证，不得用常规子坝挡水。汛期前必须把库内水位降到最低。

（9）检查维护设施。汛期前应对排水井、排水斜槽、排水涵管、隧洞、溢洪道、截洪沟等排洪构筑物有无变形、位移、损毁、淤堵等情况进行检查、维修和疏浚，确保排洪系统畅通。检查人员要记录、签字，检查维修情况要存档。要根据确定的排洪底坎高程，将排洪底坎以上 1.5 倍调洪高度内的挡板全部打开；清除排洪口前水面飘浮物。

（10）加强泄后检查。洪水过后应对坝体和排洪构筑物进行全面认真的检查与清理，发现问题及时修复，同时，采取措施降低库水位，防止连续降雨引发漫坝事故。排出库内蓄水或大幅度降低库内水位时，要注意控制流量，非紧急情况不宜骤降。

4. 监测有效

（11）完善监测设施。四等以上尾矿坝必须设置坝体位移和浸润线观测设施，五等尾矿坝，也要创造条件设置相应观测设施，监测设施不到位的，要加大人员监测的力度。

（12）加强日常监测。做好尾矿坝位移、裂缝、渗漏以及浸润线、排渗设施、周边山体滑坡等安全检查和监测工作，要有完整的监测记录。尾矿坝的位移监测每季度不少于 1 次，位移异常变化时应增加监测次数；尾矿坝的水位监测包括库水位监测和浸润线监测，水位监测每月不少于 1 次，暴雨期间和水位异常波动时应增加监测次数。

（13）做好信息反馈。应做好监测数据记录，确保监测数据连续可靠，并认真进行数据分析，发现重大问题报企业主要负责人及时进行处理。

5. 管理到位

（14）配备安全管理人员。尾矿库必须设置专、兼职安全管理人员。

（15）健全规章制度。尾矿库企业必须健全主要负责人对本单位安全生产工作全面负责的安全生产责任体系，把安全生产责任分解落实到各个层次、各个环节和各个岗位；建立健全汛期领导值班、隐患排查治理、安全交接班等规章制度；不断完善并严格执行岗位操作规程。

（16）严格教育培训。尾矿库企业负责人、安全管理人员和从事尾矿库放矿、筑坝、排洪和排渗设施操作的专职作业人员应经专门的安全培训，取得相应的资格证书后，方可上岗；新进企业的作业人员，应接受不少于 40 小时的安全教育，考试合格后，方可上岗作业。安全教育培训情况和考核结果应记录存档，并做到一人一档。

（17）加强安全检查。必须加强尾矿坝和库区安全检查，及时消除事故隐患，并做好安全检查记录。

尾矿坝安全检查的内容是：坝的外坡坡比；坝体有无裂缝，有无滑坡迹象；坝面浸润线出逸点位置、范围和形态；排渗设施是否完好、排渗效果及排水水质；坝体有无渗漏出逸点，出逸点的位置、形态、流量及含沙量；坝肩截水沟和坝坡排水沟等坝面保护设施是否完好。

尾矿库库区安全检查应包括：周边山体有无滑坡、塌方和泥石流等异常情况；库区范围内是否存在违章爆破、采石、建筑、尾矿回采、取水、排放废弃物等危及尾矿库安全的行为，未经尾矿库管理单位同意、技术论证及原尾矿库建设审批的安全监管部门批准，任何单位和个人不得在库区内从事爆破、采石、建筑等危及尾矿库安全的活动。

（18）加强应急管理。制定切实可行的事故应急救援预案，同时要与有关政府、下游村镇建立应急联动机制，每年在汛期前组织一次预案演练。尾矿库发生坝体坍塌、洪水漫顶等事故时，企业必须立即启动应急预案，进行事故抢救，防止事故扩大，避免和减少人员伤亡，同时要立即报告所在地安全监管部门。

（19）落实安全评价。尾矿库每3年至少进行一次安全评价，经过安全评价被确定为危库的，应当立即停产，进行抢险，并向上级单位和安全监管部门报告；确定为险库的，应当在限定的时间内消除险情；确定为病库的，应当在限定的时间内按照正常库标准进行整治，消除事故隐患。尾矿坝堆积到设计最终坝高的 $1/2 \sim 2/3$ 高度时，应对坝体进行一次全面的勘察，并进行坝体稳定性专项评价，否则不能进行生产。

（20）加强闭库管理。对于停用的尾矿库，应进行闭库安全评价、闭库整治设计，并按设计整治，闭库工程经验收合格后方能闭库，确保尾矿库防洪能力和尾矿坝稳定性满足安全要求，维持尾矿库闭库后长期安全稳定。未经论证和安全监管部门批准，不得在库内进行回采、排砂和蓄水等。尾矿库闭库及闭库后的安全管理工作由原生产经营单位负责；对关闭破产的生产经营单位，其已关闭或废弃的尾矿库的管理工作，由生产经营单位出资人或者其上级主管部门负责，无上级主管部门或者出资人不明确的，由县级以上人民政府指定管理单位。

三、工作要求

（一）切实加强组织领导。中小型金属非金属矿山安全生产工作基础差、领域广、难度大、任务重。各级安全监管部门和中小型金属非金属矿山企业要进一步提高认识，加强领导，切实把加强中小型金属非金属矿山安全基础、改善安全生产条件工作提上重要议事日程，在不断总结经验、剖析问题的基础上，强化对策措施，落实工作责任，建立有效机制，扎实推进中小型金属非金属矿山企业安全基础和安全标准化建设，不断改善安全条件，努力减少事故总量，遏制重特大事故发生。

（二）切实强化工作落实。各级安全监管部门和中小型金属非金属矿山企业要把本意见中的每项内容、每条要求落到实处，使安全生产基础建设和改善安全生产条件的各项任务都有对应的责任主体，逐项落实工作任务，切实做到重点突出、执行有力、工作扎实、注重实效。尤其要着眼基层、立足现场，加强推动，从细节入手、从小事抓起、从岗位做起，强基固本、提高水平、改善条件。

（三）切实搞好有机结合。要把加强基础工作、改善安全生产条件与相关安全生产专项行动及工作紧密结合。一是要与"治理行动"紧密结合，着力深化非煤矿山安全专项整治。要针对重点地区、重点范围、重点工艺、重点时段、重点问题，立足于解决影响中小型金属非金属矿山安全生产的深层次矛盾和突出问题，采取法律、经济、行政等手段，多管齐下，综合治理，做到标本兼治，重在治本。二是要与"执法行动"紧密结合，严厉打击非煤矿山领域非法违法生产行为。安全监管部门要与相关部门主动沟通，明确"打非"职责，各司其职、各负其责，加强协作，严厉打击未履行审批、许可程序，无证无照或证照不全进行建设和生产经营的各种活动和关闭取缔后又死灰复燃、乱采滥挖、超层越界开采、违规排放尾矿，蓄意谎报、瞒报事故，抗拒安全执法、拒不执行政府及有关部门下达的停产整顿、关闭取缔指令等严重违法违规行为。三是要与安全许可工作紧密结合，严格安全准入。对于未获取安全生产许可证、未通过安全生产设施"三同时"验收的金属非金属矿山、尾矿库，要依法责令立即停产整改，组织专家评估，提出整改措施，限期整改，整改后不合格的，要依法提请政府坚决依法予以关闭。四是要与隐患排查治理紧密结合。认真贯彻落实《安全生产事故隐患排查治理暂行规定》（国家安全监管总局令第16号），建立隐患排查治理长效机制，搞好隐患排查治理工作。要建立隐患排查治理台账，落实整改计划、责任、资金、期限、预案，分轻重缓急，逐项治理。对一时难以治理的，要加强监控，落实防范措施；经治理仍达不到安全生产要求的，要依法予以停产关闭。

（四）切实推进技术进步。推进矿山安全条件改善，必须立足于推进技术创新与进步。各类中小型金属非金属矿山企业要加强安全生产先进技术、工艺、设备的研发、引进和应用，发挥科学技术对提升中小型金属非金属矿山企业安全保障水平，尤其是本质安全水平的重要作用。要保证安全投入、加强科技攻关，在地下矿山采空区监控、地压监测、通风系统完善、露天边坡监测与治理、安全先进采矿工艺研究、应急救援等方面加强与科研院所之间的合作，搞好科技成果的转化与应用。要强力推行机械通风、中深孔爆破技术，广泛应用信息化、自动化、机械化生产及监测监控手段。

（五）切实加强监督检查。各级安全监管部门要加大工作力度，加强对中小型金属非金属矿山企业安全基础工作和改善安全生产条件情况的监督检查，督促、引导广大中小型金属非金属矿山企业认真做好安全基础工作，不断完善安全生产条件。对安全基础薄弱、安全生产条件较差的企业要重点监控，督促企业聘请专家指导工作，认真进行整改；对整改不认真、敷衍了事的，要依法予以处罚；对于导致事故发生的，要严厉追究责任。

（六）切实加强宣传引导。各级安全监管部门要在"宣教行动"和全程工作中，采取多种形式，广泛宣传，促使广大中小型金属非金属矿山企业经营者充分认识加强安全基础工作，改善安全生产条件的重要意义，增强做好工作的主动性、自觉性和创造性。要搞好安全教育培训，大力普及矿山安全知识，提高管理人员、作业人员的安全意识和能力。要加强安全文化建设，努力营造良好氛围。要培养选树典型，通过典型引路，引导中小型金属非金属矿山企业加强安全基础工作，改善安全生产条件。

国家安全生产监督管理总局
二〇〇九年三月九日

附录 10　尾矿库安全标准化评定标准（试行）❶

一、说明

为规范全国尾矿库安全标准化评定工作，合理确定评定等级，根据《金属非金属矿山安全标准化规范　尾矿库实施指南》（AQ2007.4—2006）的有关规定，借鉴国际上先进的评估方法和审核经验，结合国内尾矿库的实际制定本评定标准。

本评定标准作为各级安全生产监督管理部门和尾矿库开展安全标准化等级评定的依据。

本评定标准使用两个方面的指标来确定尾矿库安全标准化的评价结果。一是标准化得分，主要是评价标准化工作科学性、规范性和系统性的成效；二是安全生产实际成效，采用《金属非金属矿山安全标准化规范　导则》（AQ2007.1—2006）第4.5.1条中确定的百万工时伤害率及百万工时死亡率两个具体指标来衡量。

（一）标准化得分

尾矿库的安全标准化系统由9个元素组成，这些元素又划分为若干子元素，每一子元素详细规定了若干个问题，这些问题都是与提高企业安全绩效，保障安全生产条件，降低人员和财产损害的风险，减小工作中断等高度相关的。

本评定标准依据9个元素和相关子元素在安全标准化建设中的作用和对安全绩效的贡献，对元素和子元素赋予了不同的分值。同时，根据系统原理和持续改进的要求，对每个子元素的分值又按照策划、执行、符合、绩效四个方面分别赋予了不同的权重。将子元素所得的分值相加，即得到每个元素的分值，最后将9个元素所得分值相加，便得到尾矿库安全标准化系统得分。各分值分配明细表如下。

标准化规范系统元素及其分值分配明细表

元　素	分数分配
1. 安全生产组织保障	880
2. 危险源辨识与风险评价	480
3. 安全教育培训	360
4. 尾矿库建设	280
5. 尾矿库运行	600
6. 检查	480
7. 应急管理	400
8. 事故、事件报告、调查与分析	320
9. 绩效测量与评价	200
总分	4000

---

❶ 本标准自 2008 年 2 月起试行。

各子元素按照策划、执行、符合、绩效四个方面分配权重明细表

项　目	各项目权重（%）
元素的策划与资源、标准及程序的准备	10
系统、标准与程序的执行	20
对建立的系统、标准及程序的依从程度	30
安全生产绩效	40
合计	100

标准化工作评定得分总分为 4000 分，最终标准化得分换算成百分制。换算公式如下：

标准化得分（百分制）＝标准化工作评定得分 ÷4000 ×100

（二）安全生产实际成效

安全生产实际成效的评定采用了量化的相对指标，即百万工时伤害率及百万工时死亡率两个指标。

（三）标准化等级

尾矿库安全标准化的评定工作每三年至少进行一次。发生死亡事故或具有重大影响的其他事故后，应重新进行安全标准化评定。

标准化等级共分为五个等级，一级为最高等级。评级的指标为同时满足标准化得分、百万工时伤害率和百万工时死亡率的规定，取三个指标的最低等级来确定标准化等级。

评定等级	标准化得分	百万工时伤害率	百万工时死亡率
一级	≥95	≤5	≤0.5
二级	≥80	≤10	≤1.0
三级	≥65	≤15	≤1.5
四级	≥55	≤20	≤2.0
五级	≥45	≤25	≤2.5

二、尾矿库安全标准化评定标准

1. 安全生产组织保障（880 分）

1.1　目标（80 分）

策划（8 分）

● 是否针对安全生产目标与指标的设立、沟通、回顾等确定了人员与职责？

　1—是（4 分）

　2—部分（1 分）

　3—否（0 分）

● 是否有安全生产目标和指标监测的规定？

　（分数　是—4 分；否—0 分）

执行（16分）

- 是否设立了文件化的安全生产目标与指标？
  （分数 是—4分；否—0分）
- 是否为安全生产目标与指标的实现提供了下列资源：
  （分数 是—2分；最高分—8分）
  ◇ 人力资源；
  ◇ 财力资源；
  ◇ 物力资源；
  ◇ 技术资源。
- 是否制定了安全生产目标和指标的实施计划？
  （分数 是—2分；否—0分）
- 是否对安全生产目标和指标的实施计划执行情况进行监测、修正或更新？
  （分数 是—2分；否—0分）

符合性（24分）

- 尾矿库安全生产目标是否包含于企业安全生产目标？
  （分数 是—6分；否—0分）
- 安全生产目标是否包含：
  （分数 是—3分；最高分—6分）
  ◇ 改进安全生产管理的努力和行动；
  ◇ 事件的影响，如频率、严重性和其他损失。
- 对安全生产目标与指标的完成情况进行监测的比例？
  （分数 选择一个答案）
  1—80%～100%（12分）
  2—60%～80%（6分）
  3—60%以下（0分）

绩效（32分）

- 安全生产目标和指标的有效性？
  （分数 选择一个答案）
  1—最佳（32分）
  2—较好（22分）
  3—中等（15分）
  4—一般（8分）
  5—最低（0分）

1.2 安全生产法律法规与其他要求（160分）
1.2.1 法律法规意识（30分）

策划（3分）

- 是否对员工安全生产法律法规意识的识别、提升、跟踪做出了规定？
  1—是（3分）
  2—部分（1分）
  3—否（0分）

续表

执行（6 分）

* 是否对员工的安全生产法律法规意识情况进行了调查？
（分数　是—2 分；否—0 分）
* 是否制定了员工安全生产法律法规意识的提升计划？
（分数　是—2 分；否—0 分）
* 是否对员工安全生产法律法规意识提升计划进行了跟踪？
（分数　是—2 分；否—0 分）

符合性（9 分）

* 安全生产法律法规意识情况的调查是否涉及所有员工？
（分数　选择一个答案）
1—是（3 分）
2—部分（1 分）
3—否（0 分）
* 按计划实施安全生产法律法规意识提升的比例？
（分数　选择一个答案）
1—80%～100%（3 分）
2—60%～80%（1 分）
3—60% 以下（0 分）
* 是否所有的安全生产法律法规意识提升行动都得到有效跟踪？
（分数　选择一个答案）
1—是（3 分）
2—部分（1 分）
3—否（0 分）

绩效（12 分）

* 安全生产法律法规意识调查是否有效？
（满分 6 分　选择一个答案）
1—最佳（6 分）
2—较好（4 分）
3—中等（3 分）
4—最低（0 分）
* 安全生产法律法规意识提升的效果如何？
（分数　选择一个答案）
1—最佳（6 分）
2—较好（4 分）
3—中等（3 分）
4—一般（0 分）

1.2.2　需求识别与获取（40 分）

策划（4 分）

* 是否建立了有效途径，获取员工或部门对安全生产法律法规与其他要求的需求？
（分数　是—2 分；否—0 分）
* 是否建立识别、获取、评审与更新影响安全生产的法律法规与其他要求的制度？
（分数　选择一个答案）
1—是（2 分）
2—部分（1 分）
3—否（0 分）

执行（8分）

- 是否识别了对安全生产法律法规与其他要求的需求？
  （分数 是—3分；否—0分）
- 是否建立了获取安全生产法律法规与其他要求的渠道？
  （分数 是—2分；否—0分）
- 员工是否可以获取相关的安全生产法律法规与其他要求？
  （分数 是—3分；否—0分）

符合性（12分）

- 是否有适用的安全生产法律法规与其他要求清单？
  （分数 是—3分；否—0分）
- 已识别的安全生产法律法规与其他要求是否包括：
  （分数 是—1.5分；最高分—9分）
  ◇ 法律；
  ◇ 行政法规；
  ◇ 地方法规；
  ◇ 部门规章；
  ◇ 国家和行业标准；
  ◇ 规范性文件及其他要求。

绩效（16分）

- 识别并获取的安全生产法律法规与其他要求的充分性？
  （分数 选择一个答案）
  1—最佳（10分）
  2—较好（8分）
  3—中等（5分）
  4——般（3分）
  5—最低（0分）
- 所识别的安全生产法律法规与其他要求适用程度？
  （分数 选择一个答案）
  1—是（6分）
  2—部分（3分）
  3—否（0分）

1.2.3 融入（60分）

策划（6分）

- 是否对安全生产法律法规与其他要求的融入进行了规定？
  （分数 是—3分；否—0分）
- 上述规定是否明确了部门、人员及其职责？
  （分数 是—3分；否—0分）

执行（12分）

- 是否已将识别的安全生产法律法规与其他要求融入标准化系统？
  （分数 是—6分；否—0分）
- 是否按所识别的需求为员工提供了安全生产法律法规与其他要求的培训？
  （分数 是—6分；否—0分）

符合性（18分）

- 安全生产法律法规与其他要求融入标准化系统的比例？

  （分数 选择一个答案）

  1—80%～100%（6分）

  2—60%～80%（3分）

  3—60%以下（0分）

- 相关员工接受安全生产法律法规与其他要求培训的比例？

  （分数 选择一个答案）

  1—90%～100%（12分）

  2—70%～90%（9分）

  3—60%～70%（6分）

  4—40%～60%（3分）

  5—20%～40%（1分）

  6—20%以下（0分）

绩效（24分）

- 安全生产法律法规与其他要求融入的有效性？

  （分数 选择一个答案）

  1—最佳（12分）

  2—较好（8分）

  3—中等（5分）

  4——般（3分）

  5—最低（0分）

- 相关员工对安全生产法律法规与其他要求的掌握程度？

  （分数 选择一个答案）

  1—最佳（12分）

  2—较好（8分）

  3—中等（5分）

  4——般（3分）

  5—最低（0分）

1.2.4 评审与更新（30分）

策划（3分）

- 是否有制度，确保安全生产法律法规与其他要求的变化得到识别、获取、评审、更新？

  （分数 选择一个答案）

  1—是（3分）

  2—部分（1分）

  3—否（0分）

执行（6分）

- 是否按制度对安全生产法律法规与其他要求的变化进行识别、获取、评审与更新？

  （分数 是—3分；否—0分）

- 当变化发生时，是否及时更新安全生产法律法规与其他要求的清单并将其融入标准化系统？

  （分数 是—3分；否—0分）

符合性（9分）

- 新的或修订的安全生产法律法规与其他要求得到识别、获取、评审与更新的比例？
  （分数 选择一个答案）
  1—80%～100%（5分）
  2—60%～80%（3分）
  3—60%以下（0分）
- 当变化发生时，与变化的安全生产法律法规与其他要求相关的标准化系统得以更新的比例？
  （分数 选择一个答案）
  1—80%～100%（4分）
  2—60%～80%（3分）
  3—60%以下（0分）

绩效（12分）

- 安全生产法律法规与其他要求的有效性？
  （分数 选择一个答案）
  1—最佳（12分）
  2—较好（9分）
  3—中等（5分）
  4—一般（3分）
  5—最低（0分）

1.3 安全机构设置与人员任命（80分）

策划（8分）

- 是否有制度，对安全管理机构的设置与人员任命要求等做出了规定？
  （分数 选择一个答案）
  1—是（8分）
  2—部分（4分）
  3—否（0分）

执行（16分）

- 是否依据安全生产法律法规与其他要求配备安全生产管理人员。
  （分数 是—8分；否—0分）
- 最高管理者是否已书面任命尾矿库负责人与安全管理人员？
  （分数 是—8分；否—0分）

符合性（24分）

- 安全生产管理机构、人员的配置是否满足安全生产管理需要？
  （分数 是—4分；否—0分）
- 所有任命书是否由最高管理者和接受任命的人员签字？
  （分数 是—4分；否—0分）
- 根据培训需求分析，被任命的人员是否参加了下列培训：
  （分数 是—2分；最高分—12分）
  《金属非金属矿山安全标准化规范》培训；
  ◇ 安全生产管理培训；
  ◇ 标准化系统内部评审人员培训；
  ◇ 危险源辨识和风险评价培训；
  ◇ 安全生产岗位职责培训；
  ◇ 事故、事件调查技术培训。
- 依据安全生产法律法规与其他要求，被任命的人员是否持有相应的资格证？
  （分数 是—4分；否—0分）

绩效（32 分）

- 被任命人员是否清楚理解并履行其职责与义务？
  （分数　选择一个答案）
  1—是（12 分）
  2—部分（6 分）
  3—否（0 分）
- 被任命人员接受培训的效果？
  （分数　选择一个答案）
  1—最佳（20 分）
  2—较好（12 分）
  3—中等（8 分）
  4—一般（6 分）
  5—最低（0 分）

1.4　安全生产责任制（160 分）

策划（16 分）

- 是否针对安全生产责任制的制定、沟通、培训、评审与绩效测量等环节建立了管理制度并明确了人员及职责？
  （分数　选择一个答案）
  1—是（16 分）
  2—部分（8 分）
  3—否（0 分）

执行（32 分）

- 是否规定了尾矿库负责人、安全生产管理人员、其他岗位的安全生产责任制？
  （分数　是—7 分；否—0 分）
- 尾矿库负责人是否以实际行动履行对安全生产的承诺？包括：
  （分数　是—3 分；最高分—9 分）
  ◇ 人员的配置；
  ◇ 安全费用；
  ◇ 安全生产重大活动的参与。
- 各级人员是否接受了相关的安全生产职责与权限的培训？
  （分数　是—8 分；否—0 分）
- 是否对各级安全生产责任制的执行情况进行考核、评审与更新？
  （分数　是—8 分；否—0 分）

符合性（48 分）

- 安全生产责任制内容是否明确、具体、可操作、可考核？
  （分数　选择一个答案）
  1—是（10 分）
  2—部分（5 分）
  3—否（0 分）
- 最高管理者是否参与下列安全生产活动：
  （分数　是—2.5 分；最高分—27.5 分）
  ◇ 制定安全生产目标；
  ◇ 确保实现目标所需资源；
  ◇ 在日常会议讨论有关的安全生产问题；
  ◇ 与员工一起讨论安全生产问题；

◇ 风险评估；

◇ 标准化系统评价；

◇ 安全培训；

◇ 认可安全表现；

◇ 安全检查；

◇ 事件、事故调查；

◇ 纠正行动的回顾。

- 是否每年对安全生产责任制进行回顾与更新？

（分数 选择一个答案）

1—是（10.5分）

2—部分（5分）

3—否（0分）

绩效（64分）

- 安全生产责任制是否简单适用并满足安全生产法律法规与其他要求？

（分数 选择一个答案）

1—是（24分）

2—部分（12分）

3—否（0分）

- 负责人参与安全生产活动的效果？

（分数 选择一个答案）

1—最佳（20分）

2—较好（16分）

3—中等（10分）

4——般（8分）

5—最低（0分）

- 各类人员履行安全生产责任制的效果？

（分数 选择一个答案）

1—最佳（20分）

2—较好（16分）

3—中等（10分）

4——般（8分）

5—最低（0分）

1.5 文件与资料控制（120分）

策划（12分）

- 是否有文件与资料的识别控制制度？

（分数 是—6分；否—0分）

- 是否有安全记录控制制度？

（分数 是—6分；否—0分）

执行（24分）

- 是否依据安全生产管理需求建立了标准化系统文件？

（分数 是—2分；否—0分）

- 是否每年评审标准化系统文件？

（分数 是—2分；否—0分）

续表

- 出现变化时是否及时修订或废除标准化系统文件？
  （分数　是—2 分；否—0 分）
- 标准化系统文件是否分发到相应的员工？
  （分数　是—2 分；否—0 分）
- 下列安全生产记录是否得到有效保留：
  （分数　是—1 分；最高分—16 分）
  ◇ 事故、事件记录；
  ◇ 风险评价记录；
  ◇ 培训记录；
  ◇ 标准化系统评价报告；
  ◇ 事故调查报告；
  ◇ 检查记录；
  ◇ 职业卫生检查与健康监护记录；
  ◇ 安全活动记录；
  ◇ 检验监测记录；
  ◇ 任务观察记录；
  ◇ 许可文件；
  ◇ 应急演习信息；
  ◇ 纠正与预防行动记录；
  ◇ 承包商信息；
  ◇ 维护和校验记录；
  ◇ 技术资料图纸。

符合性（36 分）

- 是否制定了下列安全生产规章制度：
  （分数　是—1.5 分；最高分—15 分）
  ◇ 安全生产检查制度；
  ◇ 安全教育培训制度；
  ◇ 重大危险源监控制度；
  ◇ 重大隐患整改制度；
  ◇ 职业危害预防制度；
  ◇ 特殊工种管理制度；
  ◇ 事故和事件管理制度；
  ◇ 设备和设施安全管理制度；
  ◇ 安全生产档案管理制度；
  ◇ 安全生产奖惩制度。
- 标准化系统文件制定、评审与修订过程是否有员工参与？
  （分数　选择一个答案）
  1—是（8 分）
  2—部分（4 分）
  3—否（0 分）
- 文件与资料控制制度的执行情况如何？
  （分数　选择一个答案）
  1—好（6 分）
  2—一般（4 分）
  3—差（0 分）
- 记录控制制度的执行情况如何？
  （分数　选择一个答案）
  1—好（7 分）
  2—一般（4 分）
  3—差（0 分）

绩效（48分）

- 文件管理的效力与效率，包括：
  （分数　是—16分；最高分—48分）
  ◇ 文件需求响应及时；
  ◇ 文件产生的流程畅通；
  ◇ 文件的分发充分。

1.6　外部联系与内部沟通（80分）

策划（8分）

- 是否已指定人员与外部沟通，协调安全生产事项？
  （分数　是—4分；否—0分）
- 是否有内部沟通制度与外部联系制度？
  （分数　是—4分；否—0分）

执行（16分）

- 是否已识别外部联系对象？
  （分数　是—2分；否—0分）
- 是否就下述安全生产事项进行沟通：
  （分数　是—2分；最高分—6分）
  ◇ 外部关注的安全生产事项；
  ◇ 外部团体或个人的抱怨；
  ◇ 直接的社会要求。
- 是否保存外部所有的安全投诉记录？
  （分数　是—2分；否—0分）
- 主要负责人是否在合理的时间范围内召开了会议、讨论安全生产事项并保存会议记录？
  （分数　是—2分；否—0分）
- 合理化建议箱或建议表格是否放置于醒目位置并方便获取？
  （分数　是—2分；否—0分）
- 是否及时向外界披露重大安全生产事项？
  （分数　是—2分；否—0分）

符合性（24分）

- 外部联系与内部沟通制度的执行程度？
  （分数　选择一个答案）
  1—好（8分）
  2—一般（4分）
  3—差（0分）
- 确保所有安全投诉已报告并进行了调查的比例？
  （分数　选择一个答案）
  1—90%～100%（8分）
  2—60%～90%（4分）
  3—60%以下（0分）
- 所有员工都熟悉合理化建议制度的详细内容，了解建议的渠道、格式、接受的比例？
  （分数　选择一个答案）
  1—90%～100%（8分）
  2—60%～90%（4分）
  3—60%以下（0分）

绩效（32分）

- 合理化建议的有效性，包括：

  （分数　是—6分；最高分—18分）

  ◇ 以公平的方式评审提出的各项建议；

  ◇ 员工对建议机制的信心；

  ◇ 有效地发现并处理问题。

- 外部联系与内部沟通制度的效力，包括：

  （分数　是—3.5分；最高分—14分）

  ◇ 理解沟通的目的；

  ◇ 理解沟通的内容并作出积极反应；

  ◇ 掌握抱怨程序；

  ◇ 对抱怨信息反馈的满意度。

1.7　承包商的选择与管理（80分）

策划（8分）

- 是否有承包商选择、评价与管理制度？

  （分数　是—4分；否—0分）

- 是否已指定与承包商协调或联系的人员？

  （分数　是—4分；否—0分）

执行（16分）

- 是否已识别承包商可能带来的风险？

  （分数　是—4分；否—0分）

- 备选承包商是否能够提供下列信息：

  （分数　是—1分；最高分—4分）

  ◇ 许可；

  ◇ 制度；

  ◇ 能力；

  ◇ 安全绩效。

- 合同是否明确双方的安全生产责任与义务？

  （分数　是—4分；否—0分）

- 是否对承包商作业现场进行检查，以识别及纠正可能的风险？

  （分数　是—4分；否—0分）

符合性（24分）

- 承包商的选择是否遵循下列标准：

  （分数　是—2分；最高分—6分）

  ◇ 既往的安全表现；

  ◇ 遵守法律法规与其他要求的能力；

  ◇ 满足企业的安全生产要求的能力。

- 所有承包商的选择是否遵循有关要求？

  （分数　选择一个答案）

  1—是（4分）

  2—部分（2分）

  3—否（0分）

- 对承包商检查的执行情况？

  （分数 选择一个答案）

  1—好（6分）

  2——般（3分）

  3—差（0分）

- 协调或联系人员与承包商沟通的情况？

  （分数 选择一个答案）

  1—好（4分）

  2——般（2分）

  3—差（0分）

- 对承包商安全表现进行评估的比例？

  （分数 选择一个答案）

  1—90%～100%（4分）

  2—60%～90%（2分）

  3—60%以下（0分）

绩效（32分）

- 选择的承包商提供服务的能力？

  （分数 选择一个答案）

  1—最佳（12分）

  2—较好（8分）

  3—中等（5分）

  4——般（2分）

  5—最低（0分）

- 是否因承包商的原因导致事故、事件的发生？

  （分数 是—0分；否—8分）

- 承包商在合同期内的安全生产表现？

  （分数 选择一个答案）

  1—最佳（12分）

  2—较好（8分）

  3—中等（5分）

  4——般（2分）

  5—最低（0分）

1.8 安全投入（80分）

策划（8分）

- 是否制定了确保安全生产费用投入并有效管理的制度？

  （分数 是—3分；否—0分）

- 安全生产经费使用管理制度是否包括：

  （分数 是—1分；最高分—5分）

  ◇ 按照规定足额提取经费；

  ◇ 专款专用；

  ◇ 专门账户管理；

  ◇ 安全措施计划的编制要求；

  ◇ 责任部门、人员及其职责。

执行（16 分）

- 是否依据风险评价的结果为以下几个方面投入了安全费用：

  （分数　是—2 分；最高分—14 分）

  ◇ 安全工程；

  ◇ 安全管理；

  ◇ 安全设备设施；

  ◇ 劳动防护用品；

  ◇ 安全标志；

  ◇ 安全奖励；

  ◇ 安全教育培训。

- 在确定安全经费投入时是否进行了充分论证？

  （分数　是—2 分；否—0 分）

符合性（24 分）

- 安全措施计划费用落实到位的比例？

  （分数　选择一个答案）

  1—90% ~ 100%（24 分）

  2—60% ~ 90%（18 分）

  3—60% ~ 40%（12 分）

  4—40% ~ 20%（8 分）

  5—20% 以下（0 分）

绩效（32 分）

- 安全投入费用是否足额提取？

  （分数　是—7 分；否—0 分）

- 安全投入的有效性，包括：

  （分数　是—5 分；最高分—25 分）

  ◇ 尾矿坝坝体稳定；

  ◇ 排洪设施满足要求；

  ◇ 相关方满意；

  ◇ 相关人员能力得到提升；

  ◇ 安全标志清晰齐全。

1.9　工伤保险（40 分）

策划（4 分）

- 是否建立了职工工伤保险保障制度？

  （分数　是—4 分；否—0 分）

执行（8 分）

- 是否为员工缴纳足额的工伤保险费？

  （分数　是—8 分；否—0 分）

符合性（12 分）

- 工伤保险是否覆盖所有员工的比例？

  （分数　选择一个答案）

  1—90% ~ 100%（12 分）

  2—60% ~ 90%（8 分）

  3—60% 以下（0 分）

绩效（16分）

- 所有工伤员工都能得到医疗救治和经济补偿的比例？

 （分数 选择一个答案）

 1—90%～100%（16分）

 2—60%～90%（10分）

 3—60%～40%（6分）

 4—40%～20%（2分）

 5—20%以下（0分）

2. 危险源辨识与风险评价（480分）

2.1 辨识与评价要求（100分）

策划（10分）

- 是否建立了危险源辨识与风险评价管理制度？

 （分数 是—4分；否—0分）

- 制度是否明确风险评价的方法、流程及风险层次控制原则？

 （分数 是—3分；否—0分）

- 制度是否明确了持续风险评价的要求？

 （分数 是—3分；否—0分）

执行（20分）

- 是否进行危险源辨识和风险评价，以确定重大的风险？

 （分数 是—5分；否—0分）

- 是否已通过初始、基于问题及持续的风险评价，实现对风险评价的动态、闭环的管理？

 （分数 是—5分；否—0分）

- 是否定期并及时对危险源辨识与风险评价进行回顾？

 （分数 是—5分；否—0分）

- 风险评价的结果是否已文件化？

 （分数 是—5分；否—0分）

符合性（30分）

- 是否全体员工均已参与了危险源辨识与风险评价过程？

 （分数 选择一个答案）

 1—是（5分）

 2—部分（3分）

 3—否（0分）

- 危险源辨识与风险评价的范围是否涵盖所有的过程、活动、场所及周边环境？

 （分数 选择一个答案）

 1—是（5分）

 2—部分（3分）

 3—否（0分）

- 危险源辨识与风险评价过程是否考虑了生产场所以外的活动、装置及相关方的活动？

 （分数 选择一个答案）

 1—是（5分）

 2—部分（3分）

 3—否（0分）

- 是否要求认定并评估工作或活动的次生风险？
  （分数 选择一个答案）
  1—是（5分）
  2—部分（3分）
  3—否（0分）
- 是否有要求考虑正常和非正常的情况以及潜在的事故和紧急情况？
  （分数 选择一个答案）
  1—是（5分）
  2—部分（3分）
  3—否（0分）
- 是否要求考虑内部和外部的变化？
  （分数 选择一个答案）
  1—是（5分）
  2—部分（3分）
  3—否（0分）

绩效（40分）

- 危险源辨识与风险评价制度规定的职责是否明确？
  （分数 是—7分；否—0分）
- 制度规定的风险评价流程是否清楚？
  （分数 是—7分；否—0分）
- 风险评价方法是否合理？
  （分数 是—7分；否—0分）
- 风险控制措施是否符合相关原则？
  （分数 是—7分；否—0分）
- 持续风险评价的有效性？
  （分数 是—7分；否—0分）
- 员工对风险评价过程的认可程度？
  （分数 选择一个答案）
  1—最佳（5分）
  2—较好（3分）
  3—最低（0分）

2.2 尾矿库风险评价（220分）

策划（22分）

- 是否制定了下列风险评价的计划：
  （分数 是—1.5分；最高分—16.5分）
  ◇ 暴雨风险；
  ◇ 山体泥石流风险；
  ◇ 喀斯特地貌导致的风险；
  ◇ 地震风险；
  ◇ 外来尾矿、废水风险；
  ◇ 库区周围作业风险；

◇ 库内采、选尾矿风险；

◇ 运行工艺导致的风险；

◇ 尾矿设施导致的风险；

◇ 法律、法规、标准需求；

◇ 相关方的观点。

- 是否针对上述计划配备了相应的资源？

（分数 选择一个答案）

1—是（5.5分）

2—部分（3.5分）

3—否（0分）

执行（44分）

- 是否已对生产流程进行了辨识，并建立了关键流程及其关键设备设施清单？

（分数 是—8分；否—0分）

- 是否对识别的关键流程及其关键设备设施进行风险评价，分析与之相关的安全及故障模型，并根据分析结果制定针对性措施？

（分数 是—8分；否—0分）

- 是否进行了风险评价的计划列举的主要风险的评价？

（分数 选择一个答案）

1—全部（18分）

2—大部分（10分）

3—小部分（5分）

4—否（0分）

- 初始风险评价结果是否已经文件化？

（分数 是—10分；否—0分）

符合性（66分）

- 对尾矿库建设过程进行风险评价的比例？

（分数 选择一个答案）

1—90%~100%（12分）

2—60%~90%（8分）

3—40%~60%（4分）

4—40%以下（0分）

- 暴雨风险评价时是否考虑了所有天气条件及尾矿库的现状？

（分数 选择一个答案）

1—是（9分）

2—部分（4分）

3—否（0分）

- 周围山体泥石流风险评价时是否分析了周围所有山体？

（分数 选择一个答案）

1—是（9分）

2—部分（4分）

3—否（0分）

- 地震风险评价时是否分析了所有坝体？

  （分数　选择一个答案）

  1—是（9分）

  2—部分（4分）

  3—否（0分）

- 是否对所有库区周围作业风险进行了风险评价？

  （分数　选择一个答案）

  1—是（9分）

  2—部分（4分）

  3—否（0分）

- 是否已分析所有与尾矿库运行关键流程相关的风险？

  （分数　选择一个答案）

  1—是（9分）

  2—部分（4分）

  3—否（0分）

- 在对关键尾矿设施进行风险评价时是否包括下列内容：

  （分数　是—3分；最高分—9分）

  ◇ 可靠性；

  ◇ 安全性；

  ◇ 经济性。

绩效（88分）

- 对尾矿库建设和运行全过程潜在风险识别与评价的有效性？

  （分数　选择一个答案）

  1—最佳（10分）

  2—较好（8分）

  3—中等（4分）

  4——般（2分）

  5—最低（0分）

- 对暴雨风险评价的危害及其风险识别与评价的充分性？

  （分数　选择一个答案）

  1—最佳（10分）

  2—较好（8分）

  3—中等（4分）

  4——般（1分）

  5—最低（0分）

- 周围山体泥石流风险识别与评价的充分性？

  （分数　选择一个答案）

  1—最佳（10分）

  2—较好（8分）

  3—中等（4分）

  4——般（2分）

  5—最低（0分）

- 对周围喀斯特地层和地震调查与评价的全面、有效性？

  （分数 选择一个答案）

  1—最佳（10分）

  2—较好（8分）

  3—中等（4分）

  4——般（2分）

  5—最低（0分）

- 对库区周围作业风险和库内采、选尾矿风险评价的有效性？

  （分数 选择一个答案）

  1—最佳（10分）

  2—较好（8分）

  3—中等（4分）

  4——般（2分）

  5—最低（0分）

- 与尾矿库运行关键流程相关风险评价的充分、有效性？

  （分数 选择一个答案）

  1—最佳（10分）

  2—较好（7分）

  3—中等（4分）

  4——般（1分）

  5—最低（0分）

- 对关键尾矿设施进行风险评价的充分、有效性？

  （分数 选择一个答案）

  1—最佳（10分）

  2—较好（8分）

  3—中等（4分）

  4——般（2分）

  5—最低（0分）

- 上述所有评估结果与现实情况的一致性的比例？

  （分数 选择一个答案）

  1—90%～100%（9分）

  2—60%～90%（5分）

  3—40%～60%（3分）

  5—40%以下（0分）

- 员工对自身及其相关风险识别和预防措施了解的程度？

  （分数 选择一个答案）

  1—最佳（9分）

  2—较好（5分）

  3—中等（3分）

  4——般（1分）

  5—最低（0分）

2.3　关键任务识别与控制（160 分）

策划（16 分）

- 是否建立了关键任务识别与分析制度？

  （分数　是—4 分；否—0 分）

- 是否有制度确保作业指导书用于下列活动：

  （分数　是—1 分；最高分—4 分）

  ◇ 员工培训；

  ◇ 任务分工；

  ◇ 与员工沟通；

  ◇ 小组会议。

- 是否建立任务观察制度，确保在所需现场，按照计划执行完整任务观察与局部任务观察？

  （分数　是—3 分；否—0 分）

- 当需要许可时，制度是否保证：

  （分数　是—1 分；最高分—5 分）

  ◇ 申请与批准许可的人员已确定；

  ◇ 许可申请正确完成并递交；

  ◇ 满足报告、通知的要求；

  ◇ 保持报告、监测数据记录；

  ◇ 识别并满足新的或修订的许可需求。

执行（32 分）

- 是否实施任务分析并编制关键任务清单？

  （分数　是—4 分；否—0 分）

- 执行任务分析与观察的人员是否接受相关的培训？

  （分数　是—4 分；否—0 分）

- 是否已依据关键任务分析和作业实际情况，编写作业指导书？

  （分数　是—8 分；否—0 分）

- 是否按计划执行了完整或局部的任务观察？

  （分数　是—4 分；否—0 分）

- 是否根据观察结果确定训练与培训的特殊需求？

  （分数　选择一个答案）

  1—是（6 分）

  2—部分（3 分）

  3—否（0 分）

- 是否针对观察发现的问题提出针对性的改正意见？

  （分数　选择一个答案）

  1—是（6 分）

  2—部分（3 分）

  3—否（0 分）

符合性（48 分）

- 已完成关键任务分析的工种的比例？

  （分数　选择一个答案）

  1—90%～100%（12 分）

  2—60%～90%（8 分）

  3—40%～60%（4 分）

  4—40%以下（0 分）

● 已编写作业指导书的关键任务的比例？

　（分数　选择一个答案）

　1—90%～100%（12分）

　2—60%～90%（8分）

　3—40%～60%（4分）

　5—40%以下（0分）

● 执行关键任务分析与观察的人员接受相关培训的比例？

　（分数　选择一个答案）

　1—90%～100%（12分）

　2—60%～90%（8分）

　3—40%～60%（4分）

　4—40%以下（0分）

● 按计划执行了任务观察的任务比例？

　（分数　选择一个答案）

　1—90%～100%（12分）

　2—60%～90%（8分）

　3—40%～60%（4分）

　4—40%以下（0分）

绩效（64分）

● 关键任务分析过程的有效性？

　（分数　选择一个答案）

　1—最佳（15分）

　2—较好（10分）

　3—中等（5分）

　4——般（2分）

　5—最低（0分）

● 编写的作业指导书是否符合下列要求：

　（分数　是—2分；最高分—10分）

　◇ 简明扼要；

　◇ 步骤清楚、完整；

　◇ 危险源辨识全面；

　◇ 关键步骤确定准确；

　◇ 安全措施齐全。

● 作业指导书的执行效果？

　（分数　选择一个答案）

　1—最佳（15分）

　2—较好（10分）

　3—中等（5分）

　4——般（2分）

　5—最低（0分）

● 任务观察的有效性如何，包括：

　（分数　是—2分；最高分—10分）

◇ 在观察的同时辨识危险源和评估风险；

◇ 及时指出观察中发现的可能导致损失的行为；

◇ 了解员工的工作习惯；

◇ 检查现有的工作方法与制度；

◇ 跟踪当前培训效果。

- 工作许可的有效性？

  （分数　选择一个答案）

  1—最佳（10 分）

  2—较好（8 分）

  3—中等（4 分）

  4—一般（2 分）

  5—最低（0 分）

- 是否因作业指导书的原因而导致事件、事故的发生？

  （分数　是—0 分；否—4 分）

3. 安全教育培训（360 分）

3.1 员工安全意识（160 分）

策划（16 分）

- 是否建立了识别、监测、提升员工的安全意识的机制或制度？

  （分数　选择一个答案）

  1—全部（16 分）

  2—大部分（10 分）

  3—小部分（5 分）

  4—否（0 分）

执行（32 分）

- 是否对员工安全意识进行了识别？

  （分数　是—8 分；否—0 分）

- 是否制定了安全意识提升计划？

  （分数　是—8 分；否—0 分）

- 新员工、转岗和返岗员工进入企业后是否首先接受安全意识的培训？

  （分数　是—8 分；否—0 分）

- 是否利用各种方式来提升安全意识？

  （分数　是—8 分；否—0 分）

符合性（48 分）

- 辨识安全意识时是否参考员工对以下方面的掌握与熟练程度：

  （分数　是—2 分；最高分—20 分）

  ◇ 操作规程；

  ◇ 应急程序；

  ◇ 工作场所特定的安全要求；

  ◇ 事故、事件报告程序；

  ◇ 岗位职责；

  ◇ 特定风险；

◇ 相关的法律法规要求；

◇ 个人防护用品配备和使用；

◇ 人身安全的有关知识；

◇ 防止伤害的纠正行动。

- 新员工、转岗和复岗员工接受安全意识培训的比例？

（分数　选择一个答案）

1—90%~100%（14分）

2—60%~90%（8分）

3—60%以下（0分）

- 安全意识提升计划的执行的比例？

（分数　选择一个答案）

1—90%~100%（14分）

2—60%~90%（8分）

3—60%以下（0分）

绩效（64分）

- 为提升员工安全意识提供的资源充分性？

（分数　选择一个答案）

1—最佳（25分）

2—较好（15分）

3—中等（10分）

4——般（5分）

5—最低（0分）

- 安全意识提升的效果？

（分数　选择一个答案）

1—最佳（25分）

2—较好（15分）

3—中等（10分）

4——般（5分）

5—最低（0分）

- 是否存在由于安全意识原因而发生的事件、事故？

（分数　是—0分；否—14分）

3.2　培训（200分）

策划（20分）

- 是否建立制度识别培训需求，并对培训需求进行分析？

（分数　是—7分；否—0分）

- 针对已识别的培训需求，是否有正式的培训计划，内容包括：

（分数　是—1分；最高分—7分）

◇ 培训目标；

◇ 培训大纲；

◇ 培训时间；

◇ 培训内容；

◇ 培训方式；

　　◇ 培训教材；

　　◇ 考核方式。

- 是否建立了培训适宜性的评估机制？

　　（分数　是—6 分；否—0 分）

执行（40 分）

- 负责人是否就下列内容接受了培训：

　　（分数　是—3 分；最高分—24 分）

　　◇ 事故调查分析技术；

　　◇ 危险源辨识、风险评估和风险控制技术；

　　◇ 沟通技巧；

　　◇ 检查、审核技术；

　　◇ 法律依从性管理；

　　◇ 应急管理；

　　◇ 职业卫生管理；

　　◇ 变化管理。

- 是否对特种作业人员进行了专门培训？

　　（分数　是—6 分；否—0 分）

- 是否使用了适当的方式测试学员的能力，同时评估培训效果？

　　（分数　是—6 分；否—0 分）

- 是否保留了培训记录？

　　（分数　是—4 分；否—0 分）

符合性（60 分）

- 已确定培训需求的工种占全部工种的比例？

　　（分数　选择一个答案）

　　1—80% ~ 100%（15 分）

　　2—50% ~ 80%（10 分）

　　3—20% ~ 50%（5 分）

　　4—20% 以下（0 分）

- 应持证上岗人员按规定接受培训、考试合格并取得资格证书员工的比例？

　　（分数　选择一个答案）

　　1—80% ~ 100%（15 分）

　　2—50% ~ 80%（10 分）

　　3—20% ~ 50%（5 分）

　　4—20% 以下（0 分）

- 培训时间是否满足下列要求：

　　（分数　是—5 分；最高分—15 分）

　　◇ 主要负责人不少于 40 学时；

　　◇ 安全管理人员不少于 120 学时；

　　◇ 员工不少于 32 学时。

- 是否通过下列途径对培训效果进行评估：

　　（分数　是—3 分；最高分—15 分）

　　◇ 学员反馈；

　　◇ 绩效改善；

◇ 管理层反馈；

◇ 测试结果的分析；

◇ 现场应用能力。

绩效（80 分）

- 培训需求分析的有效性？

  （分数　选择一个答案）

  1—最佳（15 分）

  2—较好（10 分）

  3—中等（8 分）

  4——般（3 分）

  5—最低（0 分）

- 培训计划的适宜性？

  （分数　选择一个答案）

  1—最佳（15 分）

  2—较好（10 分）

  3—中等（8 分）

  4——般（3 分）

  5—最低（0 分）

- 培训数量的充分性？

  （分数　选择一个答案）

  1—最佳（20 分）

  2—较好（15 分）

  3—中等（10 分）

  4——般（5 分）

  5—最低（0 分）

- 培训效果如何？

  （分数　选择一个答案）

  1—最佳（20 分）

  2—较好（15 分）

  3—中等（10 分）

  4——般（5 分）

  5—最低（0 分）

- 是否存在由于安全培训的原因而导致事件、事故发生？

  （分数　是—0 分；否—10 分）

4. 尾矿库建设（280 分）

4.1　尾矿库勘查、设计、施工与验收（160 分）

策划（16 分）

- 是否有尾矿库建设安全管理制度？

  （分数　是—2.5 分；否—0 分）

- 制度是否包括：

  （分数　是—1.5 分；最高分—13.5 分）

  ◇ 建设项目"三同时"的要求；

  ◇ 建设项目"安全预评价"和"验收评价"的要求；

续表

◇ 对承担勘察、设计、施工的单位的资质审核；

◇ 所有阶段和活动各单位的任务、职责和权力；

◇ 各单位的各阶段和活动的流程衔接；

◇ 勘察、设计、施工、验收和批准的资源分配；

◇ 各单位各阶段验收程序；

◇ 参与勘察、设计、施工单位的管理衔接；

◇ 资料、图纸及施工纪录的保存。

执行（32 分）

- 是否由有资质的单位承担勘察、设计、施工任务？

  （分数　是—2 分；否—0 分）

- 勘察、设计、施工是否满足法律法规及安全、健康要求？

  （分数　是—2 分；否—0 分）

- 工程地质与水文地质勘察是否符合有关国家、行业标准及设计要求？

  （分数　是—2 分；否—0 分）

- 尾矿库库址选择是否遵守了下列原则：

  （分数　是—1 分；最高分—5 分）

  ◇ 不宜位于工矿企业、大型水源地、水产基地和大型居民区上游；

  ◇ 不应位于全国和省重点保护名胜古迹的上游；

  ◇ 应避开地质构造复杂、不良地质现象严重区域；

  ◇ 不宜位于有开采价值的矿床上面；

  ◇ 汇水面积小，有足够的库容和初、终期库长。

- 尾矿库设计文件是否明确了下列安全运行控制参数：

  （分数　是—1 分；最高分—4 分）

  ◇ 尾矿库设计最终堆积高程、最终坝体高度、总库容；

  ◇ 尾矿坝堆积坡比；

  ◇ 尾矿坝不同堆积标高时，库内控制的正常水位、调洪高度、安全超高及最小干滩长度等；

  ◇ 尾矿坝浸润线控制。

- 尾矿库初步设计是否编制了安全专篇，且主要内容包括：

  （分数　是—1 分；最高分—4 分）

  ◇ 库区存在的安全隐患及对策；

  ◇ 初期坝和堆积坝的稳定性分析；

  ◇ 尾矿库动态监测和通讯设备配置的可靠性分析；

  ◇ 尾矿库的安全管理要求。

- 设计是否考虑到了所有自然灾害、外来因素和内部因素对尾矿库溃坝造成的风险？

  （分数　选择一个答案）

  1—是（3 分）

  2—部分（1 分）

  3—否（0 分）

- 设计过程是否包括了变化管理？

  （分数　是—3 分；否—0 分）

- 尾矿库初期坝、副坝、排洪设施、观测设施等安全设施的施工及验收是否参照《尾矿设施施工及验收规程》和其他有关规程进行？

  （分数　是—3 分；否—0 分）

- 隐蔽工程是否经分段验收合格后，才进行下一阶段施工？

  （分数　是—2分；否—0分）

- 尾矿库建设项目是否由有资质的中介机构进行了安全评价？

  （分数　是—2分；否—0分）

符合性（48分）

- 承担勘察、设计、施工任务的单位资质是否完全满足建设需要？

  （分数　选择一个答案）

  1—全部（8分）

  2—部分（5分）

  3—否（0分）

- 尾矿库库址选择是否完全遵守了选址原则？

  （分数　选择一个答案）

  1—全部（10分）

  2—部分（5分）

  3—否（0分）

- 尾矿库设计文件内容是否完全符合有关规程要求？

  （分数　选择一个答案）

  1—全部（10分）

  2—部分（5分）

  3—否（0分）

- 是否妥善保存了所有勘察、设计、施工纪录和验收文件和图纸？

  （分数　选择一个答案）

  1—全部（10分）

  2—部分（5分）

  3—否（0分）

- 安全设施是否与主体工程同时设计、同时施工、同时投入生产和使用？

  （分数　选择一个答案）

  1—全部（10分）

  2—部分（5分）

  3—否（0分）

绩效（64分）

- 尾矿库建设项目完成后是否满足下列要求：

  （分数　是—16分；最高分—48分）

  ◇ 项目预期的功能及安全要求；

  ◇ 法律法规及其他要求；

  ◇ 保持了校验结果的记录和相关改进措施的记录。

- 是否因建设原因而导致事故或事件的发生？

  （分数　选择一个答案）

  1—较多（0分）

  2—较少（10分）

  3—否（16分）

4.2　尾矿库的闭库与再利用（120 分）

策划（12 分）

- 是否有尾矿库闭库管理制度？
  （分数　是—4 分；否—0 分）
- 闭库尾矿库需要重新启用或改作他用时是否制定了相关制度？
  （分数　是—4 分；否—0 分）
- 对在用尾矿库或对闭库尾矿库进行回采再利用时是否制定了有关制度？
  （分数　是—4 分；否—0 分）

执行（24 分）

- 是否请有资质的中介机构进行了闭库安全评价？
  （分数　是—2 分；否—0 分）
- 是否请有资质的中介机构进行了闭库整治设计？
  （分数　是—2 分；否—0 分）
- 是否根据闭库设计对尾矿坝和排洪设施进行了整治？
  （分数　是—3 分；否—0 分）
- 是否闭参照《尾矿设施施工及验收规程》和其他有关规程对闭库工程施工及验收？
  （分数　是—2 分；否—0 分）
- 闭库后的尾矿库，是否对坝体及排洪设施进行了维护？
  （分数　是—2 分；否—0 分）
- 闭库后的尾矿库，未经论证和批准，是否储水？
  （分数　是—0 分；否—2 分）
- 闭库尾矿库重新启用或改作他用时是否聘请有资质的单位进行了技术论证？
  （分数　是—2 分；否—0 分）
- 对在用尾矿库或对闭库尾矿库进行回采再利用时，是否聘请有资质的单位进行了技术论证、工程设计和安全评价？
  （分数　是—2 分；否—0 分）
- 对在用尾矿库或对闭库尾矿库进行回采再利用时，是否严格按照批准的设计规划在库内进行回采、排沙和排水？
  （分数　是—3 分；否—0 分）
- 对在用尾矿库或对闭库尾矿库进行回采再利用时，继续使用原尾矿坝和排洪设施的，是否影响尾矿坝和原排洪设施的安全？
  （分数　是—2 分；否—2 分）
- 尾矿库再利用生产完成后，是否按尾矿库闭库的规定，进行闭库？
  （分数　是—2 分；否—0 分）

符合性（36 分）

- 闭库安全评价报告如实反映尾矿库安全状况的比例？
  （分数　选择一个答案）
  1—80% ~ 100%（4 分）
  2—50% ~ 80%（2 分）
  3—50% 以下（0 分）
- 尾矿坝整治内容是否充分？
  （分数　是—4 分；否—0 分）
- 排洪设施整治内容是否充分？
  （分数　是—4 分；否—0 分）

- 提交的尾矿库闭库工程安全设施验收申请报告是否完善?
  (分数 是—4分;否—0分)
- 闭库后的尾矿库,对坝体及排洪设施进行维护的情况?
  (分数 选择一个答案)
  1—经常进行维护 (4分)
  2—偶尔进行维护 (2分)
  3—没有维护 (0分)
- 闭库尾矿重新启用或改作他用时聘请有资质的单位进行技术论证的程度?
  (分数 选择一个答案)
  1—全面、深入 (4分)
  2—不太全面、深入 (2分)
  3—不全面、深入 (0分)
- 对在用尾矿库或对闭库尾矿库进行回采再利用时,聘请有资质的单位进行了技术论证、工程设计和安全评价的程度?
  (分数 选择一个答案)
  1—全面、深入 (4分)
  2—不太全面、深入 (2分)
  3—不全面、深入 (0分)
- 对在用尾矿库或对闭库尾矿库进行回采再利用时,按照批准的设计规划库内进行回采的程度?
  (分数 选择一个答案)
  1—严格按照设计规划进行 (4分)
  2—没有严格按照设计规划进行 (2分)
  3—没有按照设计规划进行 (0分)
- 尾矿库再利用生产完成后,按尾矿库闭库的规定进行闭库的情况?
  (分数 选择一个答案)
  1—严格按照规定进行 (4分)
  2—没有严格按照规定进行 (2分)
  3—没有按照规定进行 (0分)

绩效 (48分)

- 尾矿库闭库管理制度的有效性?
  (分数 选择一个答案)
  1—最佳 (16分)
  2—较好 (10分)
  3—中等 (6分)
  4—最低 (0分)
- 闭库尾矿库重新启用或改作他用制度的有效性?
  (分数 选择一个答案)
  1—最佳 (16分)
  2—较好 (10分)
  3—中等 (6分)
  4—最低 (0分)
- 对在用尾矿库或闭库尾矿库进行回采再利用的制度的有效性?
  (分数 选择一个答案)
  1—最佳 (16分)
  2—较好 (10分)
  3—中等 (6分)
  4—最低 (0分)

5. 尾矿库运行（600 分）

5.1　尾矿输送、筑坝与排放（150 分）

策划（15 分）

- 是否建立下列安全管理制度：

　（分数　是—2.5 分；最高分—10 分）

　◇ 尾矿浓缩设施；

　◇ 尾矿输送；

　◇ 筑坝；

　◇ 排放。

- 管理制度是否明确了下列管理要求：

　（分数　是—1 分；最高分—5 分）

　◇ 操作人员的要求；

　◇ 维护要求；

　◇ 检验、测试及试验要求；

　◇ 报废要求；

　◇ 技术资料、图纸和记录管理要求。

执行（30 分）

- 是否加强了尾矿输送的管理，防止输送设备、线路损坏，导致堵、漏、跑、冒？

　（分数　是—3 分；否—0 分）

- 是否编制年、季作业计划和详细运行图表，统筹安排和实施尾矿输送、分级、筑坝和排放的管理工作？

　（分数　是—3 分；否—0 分）

- 尾矿坝滩顶高程是否满足生产、防汛、冬季冰下放矿和回水要求？

　（分数　是—3 分；否—0 分）

- 每期子坝堆筑前是否进行岸坡处理并作隐蔽工程记录？

　（分数　是—3 分；否—0 分）

- 上游式筑坝法，是否于坝前均匀放矿，维持坝体均匀上升，不得任意在库后或一侧岸坡放矿？

　（分数　是—3 分；否—0 分）

- 坝体较长时是否采用分段交替作业，使坝体均匀上升？

　（分数　是—3 分；否—0 分）

- 是否采取了措施保护初期坝上游坡及反滤层免受尾矿浆冲刷？

　（分数　是—3 分；否—0 分）

- 坝外坡面维护工作是否按设计要求进行？

　（分数　是—3 分；否—0 分）

- 每期子坝堆筑完毕，是否进行质量检查，检查记录是否经主管技术人员签字后存档备查？

　（分数　是—3 分；否—0 分）

- 坝体出现冲沟、裂缝、塌坑和滑坡等现象时，是否及时妥善处理？

　（分数　是—3 分；否—0 分）

符合性（45 分）

- 尾矿输送管理的执行的比例？

　（分数　选择一个答案）

　1—80%～100%（5 分）

　2—50%～80%（3 分）

　3—50% 以下（0 分）

- 编制的年、季作业计划和详细运行图表与尾矿库状态对应程度？

  （分数　选择一个答案）

  1—完全对应（5分）

  2—基本对应（3分）

  3—不对应（0分）

- 尾矿坝堆积坡比陡于设计规定的程度？

  （分数　选择一个答案）

  1—没有一处（5分）

  2—个别地方（3分）

  3—多处（0分）

- 每期子坝堆筑前进行岸坡处理并作隐蔽工程记录的情况？

  （分数　选择一个答案）

  1—全部处理并记录（5分）

  2—部分处理并记录（3分）

  3—未处理无记录（0分）

- 上游式筑坝，于坝前均匀放矿，坝体较长时采用分段交替作业，维持坝体均匀上升的程度？

  （分数　选择一个答案）

  1—均匀（5分）

  2—基本均匀（3分）

  3—不均匀（0分）

- 采取措施保护初期坝上游坡及反滤层免受尾矿浆冲刷的程度？

  （分数　选择一个答案）

  1—未受冲刷（5分）

  2—部分冲刷（3分）

  3—完全冲刷（0分）

- 坝外坡面维护工作按设计要求进行的程度？

  （分数　选择一个答案）

  1—完全按设计要求进行（5分）

  2—部分未按设计要求进行（3分）

  3—未按设计要求进行（0分）

- 每期子坝堆筑完毕，进行质量检查，检查记录经主管技术人员签字后存档备案的情况？

  （分数　选择一个答案）

  1—签字记录全面（5分）

  2—只有部分记录（3分）

  3—没有记录（0分）

- 坝体出现冲沟、裂缝、塌坑和滑坡等现象时，妥善处理的程度？

  （分数　选择一个答案）

  1—完全处理（5分）

  2—部分处理（3分）

  3—未处理（0分）

绩效（60分）

- 尾矿输送工艺及安全管理制度的有效性：

  （分数　是—10分；最高分—30分）

  ◇ 输送设备、线路没有损坏，导致堵、漏、跑、冒？

  ◇ 设备、设施处于安全状态？

◇ 输送量符合要求？
- 尾矿筑坝与排放工艺及安全管理制度的有效性？
（分数　选择一个答案）
1—最佳（30 分）
2—较好（20 分）
3—中等（10 分）
4—一般（5 分）
5—最低（0 分）

5.2　水位控制与防汛（150 分）

策划（15 分）

- 是否建立水位控制安全管理制度？
（分数　是—7 分；否—0 分）
- 是否建立防汛措施和排洪设施安全管理制度？
（分数　是—8 分；否—0 分）

执行（30 分）

- 控制尾矿库内水位是否遵循了如下原则：
（分数　是—2 分；最高分—12 分）
◇ 在满足回水水质和水量要求前提下，尽量降低库内水位；
◇ 在汛期必须满足设计对库内水位控制的要求；
◇ 当尾矿库实际情况与设计不符时，应在汛前进行调洪演算；
◇ 当回水与尾矿库安全对滩长和超高的要求有矛盾时，必须保证尾矿库安全；
◇ 水边线应与坝轴线基本保持平行；
◇ 岩溶或裂隙发育地区的尾矿库，应控制库内水深，防止落水洞漏水事故。
- 汛期前是否对排洪设施进行检查、维修和疏浚，确保排洪设施畅通？
（分数　是—4 分；否—0 分）
- 排出库内蓄水或大幅度降低库内水位时，是否注意控制流量，非紧急情况不宜骤降？
（分数　是—4 分；否—0 分）
- 是否用常规子坝挡水？
（分数　是—0 分；否—4 分）
- 是否采取了防止连续降雨后发生垮坝的措施？
（分数　是—4 分；否—0 分）
- 尾矿库排水构筑物停用后，是否严格按设计要求及时封堵，并确保施工质量？
（分数　是—2 分；否—0 分）

符合性（45 分）

- 水位控制制度的落实程度？
（分数　选择一个答案）
1—最佳（15 分）
2—较好（10 分）
3—中等（6 分）
4—一般（2 分）
5—最低（0 分）

- 汛期前对排洪设施进行检查、维修和疏浚，确保排洪设施畅通的程度？

  （分数　选择一个答案）

  1—全面进行了检查、维修和疏浚（15分）

  2—部分进行了检查、维修和疏浚（8分）

  3—没有进行检查、维修和疏浚（0分）

- 防止连续降雨发生垮坝的措施的落实程度？

  （分数　选择一个答案）

  1—全面进行了检查、清理、修复（15分）

  2—进行了部分检查、清理、修复（8分）

  3—没有进行检查、清理、修复（0分）

绩效（60分）

- 水位控制与防汛制度的有效性？

  （分数　选择一个答案）

  1—最佳（60分）

  2—较好（40分）

  3—中等（20分）

  4—一般（10分）

  5—最低（0分）

5.3　尾矿坝渗流与防震、抗震（100分）

策划（10分）

- 是否建立渗流控制和排渗设施安全管理制度？

  （分数　是—5分；否—0分）

- 是否建立尾矿库防震与抗震安全管理制度？

  （分数　是—5分；否—0分）

执行（20分）

- 尾矿库运行期间坝体浸润线是否严格按设计要求观测？

  （分数　是—3分；否—0分）

- 坝体浸润线超过控制线，是否增设或更新了排渗设施？

  （分数　是—4分；否—0分）

- 当坝面或坝肩出现集中渗流、流土、管涌、大面积沼泽化、渗水量增大或渗水变浑等异常现象时，是否采取相应的措施处理？

  （分数　是—4分；否—0分）

- 尾矿库原设计抗震标准低于现行标准时，是否进行了安全技术论证？

  （分数　是—3分；否—0分）

- 上游建有尾矿库、排土场或水库等工程设施时，是否了解上游所建工程的稳定情况，采取防范措施？

  （分数　是—3分；否—0分）

- 震后是否进行检查，对被破坏的设施及时修复？

  （分数　是—3分；否—0分）

符合性（30分）

- 尾矿库运行期间坝体浸润线严格按设计要求观测的程度？
  （分数　选择一个答案）
  1—严格按设计要求进行观测（6分）
  2—只进行了部分观测（3分）
  3—没有进行观测（0分）
- 坝体浸润线超过控制线，增设或更新了排渗设施的程度？
  （分数　选择一个答案）
  1—按技术论证增设更新了排渗设施（6分）
  2—只进行了部分增设或更新（3分）
  3—没有增设或更新（0分）
- 尾矿库原设计抗震标准低于现行标准时，安全技术论证的充分性？
  （分数　选择一个答案）
  1—进行了充分论证（6分）
  2—论证不充分（3分）
  3—没有论证（0分）
- 上游建有尾矿库、排土场或水库等工程设施时，了解上游所建工程的稳定情况的程度和采取防范措施的有效性？
  （分数　选择一个答案）
  1—全面进行了解，采取了有效的防范措施（6分）
  2—进行了部分了解，采取了较有效的防范措施（3分）
  3—没有了解（0分）
- 震后进行检查，对被破坏的设施及时修复的程度？
  （分数　选择一个答案）
  1—完全进行了修复（6分）
  2—修复了一部分（3分）
  3—没有修复（0分）

绩效（40分）

- 渗流控制程序和排渗设施安全管理制度的有效性？
  （分数　选择一个答案）
  1—最佳（20分）
  2—较好（10分）
  3——般（5分）
  4—最低（0分）
- 尾矿库防震与抗震程序和安全管理制度的有效性？
  （分数　选择一个答案）
  1—最佳（20分）
  2—较好（10分）
  3——般（5分）
  4—最低（0分）

5.4 作业现场安全管理（100分）

策划（10分）

- 是否基于风险评价建立了下列安全管理制度：
  （分数 是—1分；最高分—4分）
  ◇ 电力线路管理制度；
  ◇ 照明管理制度；
  ◇ 危险地段安全警示标志管理制度；
  ◇ 职业卫生管理制度。
- 是否针对体检要求制定了体检计划？
  （分数 是—2分；否—0分）
- 是否建立了职业危害控制制度？
  （分数 是—2分；否—0分）
- 是否建立了劳动防护用品管理制度？
  （分数 是—2分；否—0分）

执行（20分）

- 夜间作业时，所有作业点及危险点是否有足够的照明？
  （分数 是—2分；否—0分）
- 库区内的电力线路，是否按安全规程要求敷设整齐，无乱搭乱接现象？
  （分数 是—2分；否—0分）
- 在库区内陡峭的山坡、坝体、深水区等危险地段，是否设明显的警示标志？
  （分数 是—2分；否—0分）
- 针对下列职业危害所采取的措施是否得到实施：
  （分数 是—0.5分；最高分—2分）
  ◇ 粉尘；
  ◇ 高温与低温；
  ◇ 辐射；
  ◇ 照度不良。
- 是否有职业危害检测和控制结果记录？
  （分数 是—2分；否—0分）
- 是否建立员工职业健康监护档案并保密？
  （分数 是—2分；否—0分）
- 是否为下列人员提供适合的劳动防护用品：
  （分数 是—1分；最高分—2分）
  ◇ 员工；
  ◇ 承包商。
- 在发放劳动防护用品时，是否提供了正确使用的培训？
  （分数 是—2分；否—0分）
- 是否保存劳动防护用品的发放及培训记录？
  （分数 是—2分；否—0分）
- 提供劳动防护用品的供应商是否具备相应的资质？
  （分数 是—2分；否—0分）

符合性（30分）

- 作业地点照明符合规定的比例？
  （分数 选择一个答案）
  1—90%～100%（5分）
  2—60%～90%（2分）
  3—60%以下（0分）

续表

- 库区电力线路符合规定的比例？

  （分数　选择一个答案）

  1—90%~100%（5分）

  2—60%~90%（2分）

  3—60%以下（0分）

- 库区危险点安全标志符合规定的比例？

  （分数　选择一个答案）

  1—90%~100%（5分）

  2—60%~90%（2分）

  3—60%以下（0分）

- 建立员工职业卫生监护档案的比例？

  （分数　选择一个答案）

  1—90%~100%（5分）

  2—60%~90%（2分）

  3—60%以下（0分）

- 职业危害控制的比例？

  （分数　选择一个答案）

  1—90%~100%（5分）

  2—60%~90%（2分）

  3—60%以下（0分）

- 获得了合适的劳动防护用品的人员比例？

  （分数　选择一个答案）

  1—90%~100%（5分）

  2—60%~90%（2分）

  3—60%以下（0分）

绩效（40分）

- 作业环境的控制效果？

  （分数　选择一个答案）

  1—最佳（10分）

  2—较好（6分）

  3—中等（3分）

  4—最低（0分）

- 职业危害的控制效果？

  （分数　选择一个答案）

  1—最佳（10分）

  2—较好（6分）

  3—中等（3分）

  4—最低（0分）

- 健康监护的有效性？

  （分数　选择一个答案）

  1—最佳（10分）

  2—较好（6分）

  3—中等（3分）

  4—最低（0分）

- 劳动防护用品的有效性?

  （分数 选择一个答案）

  1—最佳（10 分）

  2—较好（6 分）

  3—中等（3 分）

  4—最低（0 分）

5.5 变化管理（100 分）

策划（10 分）

- 是否建立了变化的管理制度并确定了部门、人员及其职责?

  （分数 是—10 分；否—0 分）

执行（20 分）

- 是否识别了下列变化:

  （分数 是—0.5 分；最高分—3.5 分）

  ◇ 周围环境引起的变化；

  ◇ 尾矿库上下游工程引起的变化；

  ◇ 周围地质条件引起的变化；

  ◇ 人员引起的变化；

  ◇ 法律法规与其他要求引起的变化；

  ◇ 机构引起的变化；

  ◇ 相关方引起的变化。

- 变化过程实施前，是否进行了:

  （分数 是—1 分；最高分—3 分）

  ◇ 风险识别；

  ◇ 风险评价；

  ◇ 风险控制。

- 变化管理是否考虑了下列事项:

  （分数 是—1 分；最高分—7 分）

  ◇ 流程要求；

  ◇ 坝体结构安全；

  ◇ 排洪设施；

  ◇ 排渗设施；

  ◇ 监测设施；

  ◇ 应急要求；

  ◇ 设施和设备的使用期限。

- 变化管理的输出是否包括下列内容:

  （分数 是—1 分；最高分—4 分）

  ◇ 危险源；

  ◇ 风险及其分级；

  ◇ 风险监测措施；

  ◇ 风险控制措施。

- 对执行变化管理的人员是否进行了培训?

  （分数 是—2.5 分；否—0 分）

符合性（30 分）

- 在变化的可行性研究阶段实施了变化评估的比例？

  （分数　选择一个答案）

  1—90%～100%（10 分）

  2—60%～90%（5 分）

  3—60% 以下（0 分）

- 在变化的最终设计阶段实施了评估的比例？

  （分数　选择一个答案）

  1—90%～100%（10 分）

  2—60%～90%（5 分）

  3—60% 以下（0 分）

- 变化影响的信息是否得到充分更新？

  （分数　选择一个答案）

  1—是（10 分）

  2—部分（5 分）

  3—否（0 分）

绩效（40 分）

- 变化管理是否有效？

  （分数　选择一个答案）

  1—最佳（30 分）

  2—较好（20 分）

  3—中等（10 分）

  4—最低（0 分）

- 是否因变化管理的原因而导致事件、事故的发生？

  （分数　是—0 分；否—10 分）

6. 检查（480 分）

6.1　一般要求（80 分）

策划（8 分）

- 是否针对下列检查要求制定了安全检查制度？

  （分数　是—1 分；最高分—5 分）

  ◇ 检查内容；

  ◇ 检查频率；

  ◇ 检查的范围；

  ◇ 检查结果的处置；

  ◇ 检查人员要求。

- 是否针对不同的检查对象配备了胜任的检查人员？

  （分数　是—3 分；否—0 分）

执行（16 分）

- 安全检查的频率是否依据风险水平确定？

  （分数　是—2 分；否—0 分）

- 是否针对不同的检查对象制定了满足下列要求的检查表?

  （分数　是—2分；最高分—6分）

  ◇ 反映特定危害；

  ◇ 对象明确、标准具体；

  ◇ 文字精练、含义准确。

- 是否针对下列培训内容对执行检查的人员进行了培训?

  （分数　是—1分；最高分—4分）

  ◇ 危害识别；

  ◇ 危害分类；

  ◇ 有效的补救技术；

  ◇ 报告要求。

- 是否建立了安全检查信息收集、传递、处理和反馈的渠道?

  （分数　是—2分；否—0分）

- 是否有变化发生时对检查表进行了回顾和更新?

  （分数　是—2分；否—0分）

符合性（24分）

- 各项安全检查制度满足要求的比例?

  （分数　选择一个答案）

  1—90%～100%（8分）

  2—60%～90%（4分）

  3—60%以下（0分）

- 检查人员接受了培训的比例?

  （分数　选择一个答案）

  1—90%～100%（8分）

  2—60%～90%（4分）

  3—60%以下（0分）

- 各类安全检查表按要求进行回顾和更新的比例?

  （分数　选择一个答案）

  1—所有（8分）

  2—50%以上（4分）

  3—50%以下（0分）

绩效（32分）

- 各项安全检查制度的有效性?

  （分数　选择一个答案）

  1—最佳（12分）

  2—较好（8分）

  3—中等（4分）

  4—最低（0分）

- 各类安全检查人员的胜任程度?

  （分数　选择一个答案）

  1—最佳（12分）

  2—较好（8分）

  3—中等（4分）

  4—最低（0分）

- 检查发现的问题是否得到完整处理?

  （分数　选择一个答案）

  1—是（8分）

  2—部分（4分）

  3—否（0分）

6.2　日常巡检和定期观测（80分）

策划（8分）

- 是否建立包括如下内容的日常巡检和定期观测制度：

  （分数　是—0.5分；最高分—5分）

  ◇ 识别并纠正尾矿工不当的行为；

  ◇ 识别输送、排放设备、设施的状况；

  ◇ 识别尾矿坝有无不良的状况；

  ◇ 识别排渗设施有无不良的状况；

  ◇ 浸润线的高低；

  ◇ 识别排洪设施有无不良的状况；

  ◇ 识别周围地质环境是否变化；

  ◇ 识别周围是否有滥采滥挖现象；

  ◇ 识别有无外来尾矿影响；

  ◇ 识别纠正和预防行动的效力。

- 是否针对上述内容制定了检查表?

  （分数　是—3分；否—0分）

执行（16分）

- 是否依据程序实施了日常巡检和定期观测?

  （分数　是—2分；否—0分）

- 检查和定期观测频率是否根据风险水平而确定?

  （分数　是—2分；否—0分）

- 是否对执行检查和定期观测的人员提供了培训，且培训内容包括：

  （分数　是—0.5分；最高分—2分）

  ◇ 危害识别；

  ◇ 危害分类；

  ◇ 补救行为；

  ◇ 报告要求。

- 是否保持了所有检查和定期观测的记录，并可获取?

  （分数　是—2分；否—0分）

- 是否对超规定风险立即报告并采取了行动?

  （分数　是—2分；否—0分）

- 所有检查和定期观测报告是否经汇总后提交给了主管部门?

  （分数　是—2分；否—0分）

- 管理层是否对检查和定期观测报告内容及建议作出了回应及行动?

  （分数　是—2分；否—0分）

- 是否对检查和定期观测清单进行了回顾和更新?

  （分数　是—2分；否—0分）

符合性 (24分)

- 检查和定期观测人员接受了培训的比例?
  (分数 选择一个答案)
  1—90%~100% (6分)
  2—60%~90% (3分)
  3—60%以下 (0分)
- 日常巡检和定期观测的依执行比例?
  (分数 选择一个答案)
  1—90%~100% (6分)
  2—60%~90% (3分)
  3—60%以下 (0分)
- 所有的超规定风险都立即报告并采取了行动的比例?
  (分数 选择一个答案)
  1—90%~100% (6分)
  2—60%~90% (3分)
  3—60%以下 (0分)
- 检查和定期观测报告及建议已由管理层作出了回应及行动的比例?
  (分数 选择一个答案)
  1—90%~100% (6分)
  2—60%~90% (3分)
  3—60%以下 (0分)

绩效 (32分)

- 日常巡检和定期观测标准有效性?
  (分数 选择一个答案)
  1—最佳 (8分)
  2—较好 (6分)
  3—中等 (3分)
  4—最低 (0分)
- 检查表是否有可操作性?
  (分数 是—8分; 否—0分)
- 检查是否及时地发现了问题?
  (分数 是—8分; 否—0分)
- 检查发现的问题是否得到闭环处理?
  (分数 选择一个答案)
  1—是, 所有都得到闭环处理 (8分)
  2—是, 但只是部分 (4分)
  3—否 (0分)

6.3 防洪安全检查 (80分)

策划 (8分)

- 是否建立包括如下内容的防洪安全检查制度:
  (分数 是—0.5分; 最高分—4分)

◇ 尾矿库水位；

◇ 尾矿库滩顶高程；

◇ 尾矿库干滩长度；

◇ 尾矿库沉积滩干滩的平均坡度；

◇ 尾矿库水位上升不同高程时的调洪库容；

◇ 是否进行调洪演算，确定尾矿库最高洪水位；

◇ 在最高洪水时坝的安全超高和最小干滩长度；

◇ 排洪构筑物。

• 是否针对上述内容制定了标准的检查表，并且反映了排洪系统特定的危害？

（分数　是—4 分；否—0 分）

执行（16 分）

• 是否实施了防洪安全检查？

（分数　是—3 分；否—0 分）

• 是否对执行检查的人员提供了培训，包括：

（分数　是—0.5 分；最高分—2 分）

◇ 危害识别；

◇ 危害分类；

◇ 补救行为；

◇ 报告要求。

• 是否对超规定风险立即报告并采取了行动？

（分数　是—3 分；否—0 分）

• 所有检查报告是否经汇总后提交给了主管部门？

（分数　是—3 分；否—0 分）

• 管理层是否对检查报告内容及建议作出了回应及行动？

（分数　是—3 分；否—0 分）

• 是否保持了已完成的专项检查记录，并且这些记录方便获取？

（分数　是—2 分；否—0 分）

符合性（24 分）

• 防洪安全检查的执行比例？

（分数　选择一个答案）

1—90%～100%（8 分）

2—60%～90%（4 分）

3—60% 以下（0 分）

• 所有的超规定风险都立即报告并采取了行动的比例？

（分数　选择一个答案）

1—90%～100%（8 分）

2—60%～90%（4 分）

3—60% 以下（0 分）

• 检查报告及建议已由管理层作出了回应及行动的比例？

（分数　选择一个答案）

1—90%～100%（8 分）

2—60%～90%（4 分）

3—60% 以下（0 分）

绩效（32 分）

- 防洪安全检查表的设计是否有可操作性？

  （分数 选择一个答案）

  1—是，全部（10 分）

  2—是，但只是部分（5 分）

  3—否（0 分）

- 检查发现的问题是否得到闭环处理？

  （分数 选择一个答案）

  1—是，所有都得到闭环处理（10 分）

  2—是，但只是部分（5 分）

  3—否（0 分）

- 现场排洪系统是否处于正常工作状态，并能有效地发挥作用？

  （分数 选择一个答案）

  1—是，全部（12 分）

  2—是，但只是部分（6 分）

  3—否（0 分）

6.4 坝体安全检查（80 分）

策划（8 分）

- 是否建立包括如下内容的尾矿坝安全检查制度：

  （分数 是—0.5 分；最高分—4 分）

  ◇ 坝的外坡坡比；

  ◇ 坝体位移；

  ◇ 坝体有无纵、横向裂缝；

  ◇ 坝体滑坡状况；

  ◇ 坝体浸润线的位置；

  ◇ 坝体排渗设施；

  ◇ 坝体渗漏状况；

  ◇ 坝面保护设施。

- 是否针对上述内容制定了检查表？

  （分数 是—4 分；否—0 分）

执行（16 分）

- 是否实施了尾矿坝安全检查？

  （分数 是—2 分；否—0 分）

- 检查频率是否根据尾矿坝的风险水平而确定？

  （分数 是—2 分；否—0 分）

- 是否对执行检查的人员提供培训，且培训内容包括：

  （分数 是—0.5 分；最高分—2 分）

  ◇ 危害识别；

  ◇ 危害分类；

  ◇ 补救行为；

  ◇ 报告要求。

- 是否对超规定风险立即报告并采取了行动？

  （分数 是—2 分；否—0 分）

- 所有检查报告是否经汇总后提交给了主管部门？

（分数　是—2 分；否—0 分）

- 管理层是否对检查报告内容及建议作出了回应及行动？

（分数　是—2 分；否—0 分）

- 是否对检查表进行了回顾和更新？

（分数　是—2 分；否—0 分）

- 是否保持了已完成的专项检查记录，并且这些记录方便获取？

（分数　是—2 分；否—0 分）

符合性（24 分）

- 检查人员接受了培训的比例？

（分数　选择一个答案）

1—90% ~100%（6 分）

2—60% ~90%（3 分）

3—60% 以下（0 分）

- 尾矿坝安全检查的执行比例？

（分数　选择一个答案）

1—90% ~100%（6 分）

2—60% ~90%（3 分）

3—60% 以下（0 分）

- 所有的超规定风险都立即报告并采取了行动的比例？

（分数　选择一个答案）

1—90% ~100%（6 分）

2—60% ~90%（3 分）

3—60% 以下（0 分）

- 检查报告及建议已由管理层作出了回应及行动的比例？

（分数　选择一个答案）

1—90% ~100%（6 分）

2—60% ~90%（3 分）

3—60% 以下（0 分）

绩效（32 分）

- 尾矿坝安全检查表的设计是否有可操作性？

（分数　选择一个答案）

1—是，全部（10 分）

2—是，但只是部分（5 分）

3—否（0 分）

- 检查发现的问题是否得到闭环处理？

（分数　选择一个答案）

1—是，所有都得到闭环处理（10 分）

2—是，但只是部分（5 分）

3—否（0 分）

- 尾矿坝是否处于正常状态，并能有效地发挥作用？

（分数　选择一个答案）

1—是，全部（12 分）

2—是，但只是部分地段（6 分）

3—否（0 分）

6.5 库区安全检查（80分）

策划（8分）

- 是否建立包括如下内容的尾矿库库区安全检查制度：

（分数 是—1分；最高分—5分）

◇ 周边山体滑坡、塌方、泥石流和溶洞等情况；

◇ 周边违章爆破、采石和建筑；

◇ 违章进行尾矿回采、取水；

◇ 外来尾矿、废石、废水和废弃物排入；

◇ 周边放牧和开垦等。

- 是否针对上述内容制定了检查表？

（分数 是—3分；否—0分）

执行（16分）

- 是否实施了尾矿库库区安全检查？

（分数 是—2分；否—0分）

- 检查频率是否根据库区对尾矿库的风险水平而确定？

（分数 是—2分；否—0分）

- 是否对执行检查的人员提供了培训，且培训内容包括：

（分数 是—0.5分；最高分—2分）

◇ 危害识别；

◇ 危害分类；

◇ 补救行为；

◇ 报告要求。

- 对超规定风险是否立即报告并采取了行动？

（分数 是—2分；否—0分）

- 所有检查报告是否经汇总后提交给了主管部门？

（分数 是—2分；否—0分）

- 管理层对检查报告内容及建议是否作出了回应及行动？

（分数 是—2分；否—0分）

- 是否对检查表进行了回顾和更新？

（分数 是—2分；否—0分）

- 是否保存了专项检查记录，并且这些记录方便获取？

（分数 是—2分；否—0分）

符合性（24分）

- 检查人员接受了培训的比例？

（分数 选择一个答案）

1—90%～100%（6分）

2—60%～90%（3分）

3—60%以下（0分）

- 尾矿库库区检查的执行比例？

（分数 选择一个答案）

1—90%～100%（6分）

2—60%～90%（3分）

3—60%以下（0分）

- 超规定风险都立即报告并采取了行动的比例？

　（分数　选择一个答案）

　1—90%~100%　（6 分）

　2—60%~90%　（3 分）

　3—60% 以下（0 分）

- 检查报告及建议已由管理层作出了回应及行动的比例？

　（分数　选择一个答案）

　1—90%~100%　（6 分）

　2—60%~90%　（3 分）

　3—60% 以下（0 分）

绩效（32 分）

- 尾矿库库区安全检查表的设计是否有可操作性？

　（分数　选择一个答案）

　1—是，全部（10 分）

　2—是，但只是部分（5 分）

　3—否（0 分）

- 检查发现的问题是否得到闭环处理？

　（分数　选择一个答案）

　1—是，所有都得到闭环处理（10 分）

　2—是，但只是部分（5 分）

　3—否（0 分）

- 现场尾矿库库区是否处于正常状态？

　（分数　选择一个答案）

　1—是，全部（12 分）

　2—是，但只是部分（6 分）

　3—否（0 分）

6.6　纠正和预防措施（80 分）

策划（8 分）

- 是否建立了纠正和预防措施管理制度？

　（分数　是—1.5 分；否—0 分）

- 纠正和预防措施管理制度是否包括：

　（分数　是—0.5 分；最高分—3 分）

　◇ 纠正措施要求；

　◇ 纠正措施的负责部门、人员及其职责；

　◇ 纠正措施执行情况的反馈要求；

　◇ 上级主管领导对纠正措施的执行情况报告的审阅要求；

　◇ 纠正措施效果的检验要求；

　◇ 纠正措施的评估要求。

- 纠正和预防措施管理制度是否对下列过程、活动出现的问题提出了纠正要求：

　（分数　是—0.5 分；最高分—3.5 分）

　◇ 培训程序评估；

　◇ 变化管理流程；

◇ 检查系统;

◇ 职业卫生监测;

◇ 事故调查;

◇ 风险评价;

◇ 系统评价。

执行 (16 分)

● 是否针对标准化运行过程中出现的问题采取了纠正和预防行动?

（分数　选择一个答案）

1—是（4 分）

2—部分（2 分）

3—否（0 分）

● 纠正和预防行动是否确定了下列内容:

（分数　是—1 分；最高分—4 分）

◇ 责任人员;

◇ 行动步骤;

◇ 时间要求;

◇ 地点及行动的跟踪要求。

● 没有按计划执行的纠正和预防行动是否有跟进计划或解释?

（分数　选择一个答案）

1—是（4 分）

2—部分（2 分）

3—否（0 分）

● 是否保持了纠正和预防行动的记录，并可获取?

（分数　选择一个答案）

1—是（4 分）

2—部分（2 分）

3—否（0 分）

符合性 (24 分)

● 纠正和预防措施按计划实施、完成的比例?

（分数　选择一个答案）

1—80%～100%（12 分）

2—50%～80%（8 分）

3—20%～50%（4 分）

4—20%以下（0 分）

● 实施纠正和预防措施满足要求的比例?

（分数　选择一个答案）

1—80%～100%（12 分）

2—50%～80%（8 分）

3—20%～50%（4 分）

4—20%以下（0 分）

绩效 (32 分)

● 纠正和预防措施管理的有效性?

（分数　选择一个答案）

1—最佳（8分）

2—较好（6分）

3—中等（4分）

5—最低（0分）

• 纠正和预防措施的有效性？

（分数 选择一个答案）

1—最佳（8分）

2—较好（6分）

3—中等（4分）

5—最低（0分）

• 相关人员对其部门的纠正和预防行动落实情况的了解、掌握程度？

（分数 选择一个答案）

1—最佳（8分）

2—较好（6分）

3—中等（4分）

5—最低（0分）

• 是否因纠正和预防措施的失效导致事件、事故的发生？

（分数 是—0分；否—8分）

7. 应急管理（400分）

7.1 应急准备（60分）

策划（6分）

• 是否建立了包括下列要求的应急管理及响应制度：

（分数 是—0.5分；最高分—3分）

◇ 紧急事件认定要求；

◇ 应急预案编写要求；

◇ 紧急事件组织准备要求；

◇ 应急装置配置要求；

◇ 紧急事件演习要求；

◇ 相互支援识别与协调要求。

• 是否设立应急管理机构并指定专人负责应急管理工作？

（分数 是—3分；否—0分）

执行（12分）

• 是否依据风险确定潜在的紧急事件？

（分数 是—2分；否—0分）

• 确定的紧急事件是否包括企业周围的情况？

（分数 是—1分；否—0分）

• 针对潜在的紧急事件是否收集了相关的地理、人文、地质、气象等信息？

（分数 是—1分；否—0分）

• 针对潜在的紧急事件是否预测了可能发生的时间与性质，并考虑人员密集度及影响？

（分数 是—1分；否—0分）

• 是否针对确定的紧急事件编写了应急预案？

（分数 是—2分；否—0分）

- 是否确定了可能参与应急响应的外部机构?

  （分数　是—1 分；否—0 分）

- 是否确定了应急的培训需求?

  （分数　是—1 分；否—0 分）

- 是否对员工进行了应急培训?

  （分数　是—1 分；否—0 分）

- 当设备、设施或流程发生变化是否对应急预案进行回顾和更新?

  （分数　是—1 分；否—0 分）

- 是否在生产场所的显著处张贴了紧急疏散提示和设有紧急联系电话?

  （分数　是—1 分；否—0 分）

符合性（18 分）

- 在确定紧急事件时是否考虑了下列类型:

  （分数　是—1 分；最高分—10 分）

  ◇ 洪水;

  ◇ 泥石流;

  ◇ 地震;

  ◇ 外来尾矿、废水;

  ◇ 周围采矿作业;

  ◇ 库内采、选尾矿;

  ◇ 水位超过警戒线;

  ◇ 排洪设施损毁;

  ◇ 排洪系统堵塞;

  ◇ 坝体深层滑动。

- 确定紧急事件时是否考虑法律法规与其他要求及以往事故、事件和紧急状况?

  （分数　是—2 分；否—0 分）

- 针对确定的紧急事件编写了应急预案的比例?

  （分数　选择一个答案）

  1—80%～100%（6 分）

  2—50%～80%（3 分）

  3—50%以下（0 分）

绩效（24 分）

- 确定的紧急事件是否全面、合理并与风险相对应?

  （分数　是—3 分；否—0 分）

- 收集的与潜在的紧急事件相关的地理、人文、地质、气象信息是否准确?

  （分数　选择一个答案）

  1—全部（5 分）

  2—50%以上（2 分）

  3—50%以下（0 分）

- 指定的应急管理负责人员能够胜任的程度?

  （分数　选择一个答案）

  1—全部（5 分）

  2—50%以上（2 分）

  3—50%以下（0 分）

- 紧急疏散路线和紧急联系电话是否畅通？

  （分数　选择一个答案）

  1—全部（3 分）

  2—50%以上（2 分）

  3—50%以下（0 分）

- 应急培训需求满足要求的比例？

  （分数　选择一个答案）

  1—全部（3 分）

  2—50%以上（2 分）

  3—50%以下（0 分）

- 员工对应急预案的熟悉程度？

  （分数　选择一个答案）

  1—最佳（5 分）

  2—较好（5 分）

  3—最低（0 分）

7.2　应急计划（120 分）

策划（12 分）

- 是否针对识别的紧急事件配备了编写应急预案的人员？

  （分数　是—3 分；否—0 分）

- 是否针对应急预案任命了相关的责任人员？

  （分数　是—3 分；否—0 分）

- 任命的责任人员是否清楚其职责及履行方法？

  （分数　是—3 分；否—0 分）

- 是否为任命的责任人员配备了相应的应急工具？

  （分数　是—3 分；否—0 分）

执行（24 分）

- 针对识别的紧急事件是否编制了应急预案？

  （分数　是—12 分；否—0 分）

- 是否将应急预案分发给了相关的部门与人员？

  （分数　是—6 分；否—0 分）

- 是否就应急预案与员工、承包商、其他合适人员进行培训或沟通？

  （分数　是—6 分；否—0 分）

符合性（36 分）

- 应急预案是否包括下列内容：

  （分数　是—2 分；最高分—28 分）

  ◇ 接警与通知；

  ◇ 指挥与控制；

  ◇ 警报和紧急公告；

  ◇ 应急资源；

  ◇ 通讯；

  ◇ 事态监测与评估；

◇ 警戒与治安；

◇ 人员疏散；

◇ 医疗与卫生；

◇ 公共关系；

◇ 应急人员安全；

◇ 搜索和救援；

◇ 泄漏物控制；

◇ 恢复。

• 识别的紧急事件编写了应急预案的比例？

（分数 选择一个答案）

1—所有（4分）

2—50%以上（2分）

3—50%以下（0分）

• 相关的部门与人员获得应急预案的比例？

（分数 选择一个答案）

1—所有（4分）

2—50%以上（2分）

3—50%以下（0分）

绩效（48分）

• 应急预案内容是否简单、明了、易实施？

（分数 是—8分；否—0分）

• 应急预案是否符合实际，可操作性强？

（分数 是—8分；否—0分）

• 应急预案是否有计划地利用了有效的资源？

（分数 是—4分；否—0分）

• 应急预案是否覆盖关键场所、要害部位、重大危险设施等？

（分数 是—8分；否—0分）

• 应急预案是否按要求进行了备案？

（分数 是—8分；否—0分）

• 应急预案是否与政府部门预案相衔接？

（分数 是—8分；否—0分）

• 制定应急预案时是否与员工沟通并确保理解？

（分数 是—4分；否—0分）

7.3 应急响应（60分）

策划（6分）

• 是否有紧急事件发生时的应急预案？

（分数 是—3分；否—0分）

• 是否设立应急指挥机构？

（分数 是—3分；否—0分）

执行（12分）

• 当紧急事件发生时，企业是否能够做到下列事项：

（分数 是—1分；最高分—12分）

◇ 及时发出警报并通知有关人员；

◇ 及时启动并做出响应；

◇ 应急响应人员到场；

◇ 各响应小组有人指挥并控制好现场；

◇ 提供有效的应急设备设施；

◇ 应急通讯畅通；

◇ 实施现场警戒；

◇ 疏散相关人员；

◇ 救治受伤人员；

◇ 应急人员安全；

◇ 搜救失踪人员；

◇ 控制泄漏物。

符合性（18分）

● 应急指挥中心是否依照需要配备了下列必要的设备、设施：

（分数　是—2分；最高分—18分）

◇ 通信设备；

◇ 必要电脑设备；

◇ 应急服务电话；

◇ 交通工具；

◇ 紧急、备用电源及设备；

◇ 应急处理方案；

◇ 周围地区主要干线和支线道路的交通图；

◇ 摄影设备；

◇ 应急人员安全保障设备和设施。

绩效（24分）

● 对紧急事件响应的及时性？

（分数　选择一个答案）

1—最佳（6分）

2—较好（4分）

3—中等（2分）

4—最低（0分）

● 应急响应人员的有效性？

（分数　选择一个答案）

1—最佳（6分）

2—较好（4分）

3—中等（2分）

4—最低（0分）

● 应急过程中设备的有效性？

（分数　选择一个答案）

1—最佳（6分）

2—较好（4分）

3—中等（2分）

4—最低（0分）

- 应急过程中组织的协调性?

  (分数 选择一个答案)

  1—最佳（6 分）

  2—较好（4 分）

  3—中等（2 分）

  4—最低（0 分）

7.4 应急保障（100 分）

策划（10 分）

- 是否针对识别的紧急事件配置了满足要求的应急队伍?

  （分数 是—1 分；否—0 分）

- 在配置应急队伍时是否考虑了下列人员：

  （分数 是—0.5 分；最高分—4 分）

  ◇ 应急指挥；

  ◇ 抢修与生产恢复；

  ◇ 医疗救护；

  ◇ 搜索与救援；

  ◇ 泄漏清除和抑制；

  ◇ 保安；

  ◇ 通讯；

  ◇ 后勤保障。

- 是否任命了急救员?

  （分数 是—2 分；否—0 分）

- 是否依据风险明确救护人员?

  （分数 是—1 分；否—0 分）

- 是否针对紧急事件进行了应急能力评估，以确定所需的应急装备?

  （分数 是—1 分；否—0 分）

- 是否针对紧急事件进行了应急能力评估，从而识别所需的相互支援来源?

  （分数 是—1 分；否—0 分）

执行（20 分）

- 是否为应急人员提供了完成应急工作所需的知识和技能的培训?

  （分数 是—2 分；否—0 分）

- 应急知识和技能培训是否包括下列内容：

  （分数 是—0.5 分；最高分—4 分）

  ◇ 应急培训；

  ◇ 撤离演习；

  ◇ 泄漏清除和抑制演习；

  ◇ 急救演习；

  ◇ 逃离演习；

  ◇ 响应时间演习；

  ◇ 模拟演习；

  ◇ 区域隔离的流程和位置。

- 任命的急救员是否具备相应的能力或资质？
  （分数　是—2 分；否—0 分）
- 急救员是否得到应急响应的急救培训？
  （分数　是—2 分；否—0 分）
- 是否按要求安装、配置了应急准备系统及设备？
  （分数　是—2 分；否—0 分）
- 是否对安装的应急系统与装置实施了检查与维护？
  （分数　是—2 分；否—0 分）
- 为应急预案配备的应急装备是否得到有效的管理？
  （分数　是—2 分；否—0 分）
- 每年是否对应急装置需求的评估进行回顾和更新？
  （分数　是—1 分；否—0 分）
- 对已识别的相互支援是否建立了正式的支援关系？
  （分数　是—2 分；否—0 分）
- 是否实施演习来测试相互支援关系的效力？
  （分数　是—1 分；否—0 分）

符合性（30 分）

- 应急人员得到相应培训的比例？
  （分数　选择一个答案）
  1—80%～100%（5 分）
  2—50%～80%（3 分）
  3—50% 以下（0 分）
- 每一班次都有急救员的比例？
  （分数　选择一个答案）
  1—80%～100%（5 分）
  2—50%～80%（3 分）
  3—50% 以下（0 分）
- 参加急救培训的员工比例？
  （分数　选择一个答案）
  1—80%～100%（5 分）
  2—50%～80%（3 分）
  3—50% 以下（0 分）
- 安装、配置了所需的应急系统与装置的比例？
  （分数　选择一个答案）
  1—80%～100%（5 分）
  2—50%～80%（3 分）
  3—50% 以下（0 分）
- 应急系统、设备按计划实施了检查与维护的比例？
  （分数　选择一个答案）
  1—80%～100%（5 分）
  2—50%～80%（2 分）
  3—50% 以下（0 分）
- 建立的相互支援关系按要求进行了演练的比例？
  （分数　选择一个答案）
  1—80%～100%（5 分）
  2—50%～80%（2 分）
  3—50% 以下（0 分）

绩效（40 分）

- 应急响应人员设置是否全面、充分？
  （分数 是—5 分；否—0 分）
- 应急响应人员的配备是否合理、充分？
  （分数 是—5 分；否—0 分）
- 应急人员能力是否能胜任，包括：
  （分数 是—2 分；最高分—8 分）
  ◇ 响应能力；
  ◇ 设备的操作能力；
  ◇ 现场问题处理能力；
  ◇ 救护能力。
- 应急响应人员是否熟悉潜在风险并了解适宜的风险控制措施？
  （分数 选择一个答案）
  1—所有（5 分）
  2—50% 以上（2 分）
  3—50% 以下（0 分）
- 应急设备与装置是否具有：
  （分数 是—3 分；最高分—12 分）
  ◇ 针对性；
  ◇ 合理性；
  ◇ 经济性；
  ◇ 充分性。
- 相互支援的有效性，包括：
  （分数 是—1 分；最高分—5 分）
  ◇ 沟通畅通；
  ◇ 支援及时；
  ◇ 人员与设备类型与数量充分；
  ◇ 支援人员胜任；
  ◇ 支援设备有效。

7.5 应急评审与改进（60 分）

策划（6 分）

- 是否建立了规范应急演练及对应急预案评审的制度？
  （分数 是—1 分；否—0 分）
- 制度是否明确下列内容：
  （分数 是—1 分；最高分—5 分）
  ◇ 应急预案评审的频率；
  ◇ 应急预案评审的组织要求；
  ◇ 应急演练的方法；
  ◇ 应急演练的频率；
  ◇ 应急演练的策划要求。

执行（12 分）

- 是否对应急预案进行了评审？
  （分数 是—2 分；否—0 分）

- 是否对应急演练进行了培训和训练？
  （分数 是—2 分；否—0 分）
- 是否对应急预案进行了演习？
  （分数 是—2 分；否—0 分）
- 是否依据应急演习中事故与事件的经验及时改进了应急准备工作？
  （分数 是—2 分；否—0 分）
- 修订后的应急预案是否及时发放给相关人员，并对其提供了必要的培训？
  （分数 是—2 分；否—0 分）
- 基于安全考虑应急预案是否适度保密？
  （分数 是—2 分；否—0 分）

符合性（18 分）

- 应急评审是否考虑下列信息：
  （分数 是—1 分；最高分—3 分）
  ◇ 紧急情况响应和应急演练的结果；
  ◇ 外部应急经验；
  ◇ 设备、设施或流程的变化。
- 对应急预案的回顾是否包括下列活动：
  （分数 是—1 分；最高分—5 分）
  ◇ 邀请外部机构参观和巡察现场；
  ◇ 向外部机构提供现场布置图；
  ◇ 与外部机构沟通并介绍应急准备有关事宜；
  ◇ 向消防和应急响应单位提供相关信息；
  ◇ 实施联合演习。
- 依据计划实施演习的应急预案的比例？
  （分数 选择一个答案）
  1—全部（2 分）
  2—50% 以上（1 分）
  3—50% 以下（0 分）
- 在进行应急演习时是否包括下列事项：
  （分数 是—1 分；最高分—8 分）
  ◇ 确定了演习时间、目标和演习范围；
  ◇ 编写了演习方案和演习方式；
  ◇ 确定演习现场规则；
  ◇ 指定了演习效果评价人员；
  ◇ 安排了相关的后勤工作；
  ◇ 编写了书面报告；
  ◇ 演习人员进行了自我评估；
  ◇ 针对不足及时制定改正措施并确保实施。

绩效（24 分）

- 应急预案的演习是否达到下列效果：
  （分数 是—2 分；最高分—12 分）
  ◇ 检验了人员配置的合理性、充分性；
  ◇ 检验了参与人员的反应能力与处理能力；
  ◇ 检验了应急设备的充分性、可用性与有效性；

◇ 检验了应急预案的组织协调性；

◇ 检验了外部机构响应的及时性；

◇ 检验了应急预案的经济性及有效性。

• 应急评审是否达到下列目的：

（分数 是—6分；最高分—12分）

◇ 确保应急预案的充分性；

◇ 确保应急设备的保障能力和应急人员的操作能力。

8. 事故、事件报告、调查与分析（320分）

8.1 报告（60分）

策划（6分）

• 是否制定了包括下列内容的事故、事件报告制度：

（分数 是—0.5分；最高分—3分）

◇ 事故、事件定义；

◇ 事故、事件类别；

◇ 报告范围；

◇ 报告的时间；

◇ 报告的方式；

◇ 事故、事件的响应程序。

• 是否为事故、事件的报告提供了畅通的渠道？

（分数 是—1.5分；否—0分）

• 是否根据报告制度制定事故、事件登记表及相关的报告、表格标准格式？

（分数 是—1.5分；否—0分）

执行（12分）

• 是否对报告的事故、事件进行登记管理？

（分数 是—6分；否—0分）

• 是否按照规定的范围报告事故、事件？

（分数 是—6分；否—0分）

符合性（18分）

• 下列事故、事件是否按要求报告：

（分数 是—3分；最高分—18分）

◇ 人身事故、事件；

◇ 职业病；

◇ 设备事故、事件；

◇ 设施事故、事件；

◇ 相关方的投诉；

◇ 未遂、违章。

绩效（24分）

• 事故、事件报告程序的有效性，包括：

（分数 是—2分；最高分—6分）

◇ 定义、类别清楚；

◇ 报告的时间、方式明确；

◇ 渠道畅通。

- 事故、事件登记册是否清楚、完整？

  （分数　是—4 分；否—0 分）
- 事故、事件报告的有效性，包括：

  （分数　是—2 分；最高分—6 分）

  ◇ 报告及时；

  ◇ 报告对象准确、全面；

  ◇ 内容齐全。
- 员工对事故、事件报告程序的认可程度？

  （分数　选择一个答案）

  1—最佳（4 分）

  2—中等（2 分）

  3—最低（0 分）
- 是否存在事故、事件隐瞒不报的现象？

  （分数　是—0 分；否—4 分）

8.2　调查（120 分）

策划（12 分）

- 是否制定了事故、事件的调查制度？

  （分数　是—4 分；否—0 分）
- 调查制度是否包括以下要点：

  （分数　是—1 分；最高分—8 分）

  ◇ 事故、事件类型；

  ◇ 调查机构及人员；

  ◇ 调查内容；

  ◇ 调查方法；

  ◇ 时间要求；

  ◇ 现场调查要求；

  ◇ 事故证据、资料的收集整理；

  ◇ 事故、事件信息沟通的方式、对象和时间。

执行（24 分）

- 报告的事故、事件是否依据制度进行调查？

  （分数　是—6 分；否—0 分）
- 员工及其代表是否参与了事故、事件调查？

  （分数　是—3 分；否—0 分）
- 在形成事故、事件调查报告前是否将调查结果与相关的员工进行交流？

  （分数　是—3 分；否—0 分）
- 是否根据事故、事件性质和结案权限按时完成结案工作？

  （分数　是—2 分；否—0 分）
- 是否跟进防范措施的落实情况及其有效性？

  （分数　是—6 分；否—0 分）
- 是否按照要求将事故、事件调查结果报送相关部门？

  （分数　是—2 分；否—0 分）
- 与事故、事件相关的文件资料是否整理归档？

  （分数　是—2 分；否—0 分）

符合性（36 分）

- 调查的事故、事件的比例？

  （分数 选择一个答案）

  1—80% ~ 100%（10 分）

  2—50% ~ 80%（5 分）

  3—50%以下（0 分）

- 事故、事件调查是否符合下列要求：

  （分数 是—3 分；最高分—21 分）

  ◇ 查明事故经过及后果；

  ◇ 查明直接原因；

  ◇ 查明间接原因；

  ◇ 查明标准化规范系统暴露问题；

  ◇ 分析事故再次发生的可能性；

  ◇ 确定防范措施；

  ◇ 为制定防范措施确定负责部门、人员及其职责和完成时间。

- 事故、事件信息得到沟通的比例？

  （分数 选择一个答案）

  1—80% ~ 100%（5 分）

  2—50% ~ 80%（3 分）

  3—50%以下（0 分）

绩效（48 分）

- 事故、事件调查程序是否有效？

  （分数 是—10 分；否—0 分）

- 事故、事件调查分析找出了所有原因的比例？

  （分数 选择一个答案）

  1—80% ~ 100%（15 分）

  2—50% ~ 80%（10 分）

  3—50% ~ 20%（5 分）

  4—20%以下（0 分）

- 根据事故、事件原因找出了标准化系统缺陷的比例？

  （分数 选择一个答案）

  1—80% ~ 100%（15 分）

  2—50% ~ 80%（10 分）

  3—50% ~ 20%（5 分）

  4—20%以下（0 分）

- 是否重复发生过相似的事故、事件？

  （分数 是—0 分；否—8 分）

8.3 统计与分析（100 分）

策划（10 分）

- 是否规定了事故、事件统计分析要求，包括：

  （分数 是—2 分；最高分—8 分）

  ◇ 指标要求；

◇ 内容要求；

◇ 统计方法；

◇ 时间要求。

- 是否为事故、事件的统计分析提供了足够的资源？

（分数　是—2 分；否—0 分）

执行（20 分）

- 是否对事故、事件进行了统计分析？

（分数　是—5 分；否—0 分）

- 是否对职业病症进行评估，辨识非职业病或职业病？

（分数　是—5 分；否—0 分）

- 是否按要求公布统计分析结果？

（分数　是—5 分；否—0 分）

- 是否向管理层汇报了事故、事件统计分析结果？

（分数　是—5 分；否—0 分）

符合性（30 分）

- 对记录的事故、事件进行统计分析的比例？

（分数　选择一个答案）

1—80% ~ 100%（20 分）

2—50% ~ 80%（12 分）

3—50% ~ 20%（6 分）

4—20% 以下（0 分）

- 每年是否对事故、事件统计进行了回顾，并与上年度比较？

（分数　是—10 分；否—0 分）

绩效（40 分）

- 统计过程的有效性：

（分数　是—4 分；最高分—16 分）

◇ 统计项目齐全；

◇ 统计范围全面；

◇ 数据准确、真实、完整；

◇ 统计方法合理。

- 数据分析的有效性：

（分数　是—4 分；最高分—12 分）

◇ 数据合理、有针对性；

◇ 数据有可比性；

◇ 确定了规律、趋势。

- 管理层及员工是否了解统计分析结果及其趋势？

（分数　是—6 分；否—0 分）

- 分析结果是否为纠正行动提供有效的信息？

（分数　是—6 分；否—0 分）

8.4　事故、事件回顾（40 分）

策划（4 分）

- 是否对事故、事件的回顾作出规定？

  （分数　是—4 分；否—0 分）

执行（8 分）

- 员工、班组是否依据要求进行事故、事件的回顾？

  （分数　是—3 分；否—0 分）

- 回顾时是否讨论已发生的事故、事件的原因和防范措施？

  （分数　是—3 分；否—0 分）

- 是否保留了回顾记录？

  （分数　是—2 分；否—0 分）

符合性（12 分）

- 员工、班组实施了事故、事件回顾的比例？

  （分数　选择一个答案）

  1—80% ~ 100%（4 分）

  2—50% ~ 80%（2 分）

  3—50% 以下（0 分）

- 已发生的事故、事件得到回顾的比例？

  （分数　选择一个答案）

  1—80% ~ 100%（4 分）

  2—50% ~ 80%（2 分）

  3—50% 以下（0 分）

- 回顾中员工是否积极参与讨论？

  （分数　是—4 分；否—0 分）

绩效（16 分）

- 员工对事故、事件回顾的认可程度？

  （分数　选择一个答案）

  1—最佳（4 分）

  2—中等（2 分）

  3—最低（0 分）

- 员工参与讨论的程度？

  （分数　选择一个答案）

  1—最佳（4 分）

  2—中等（2 分）

  3—最低（0 分）

- 员工对已发生的事故、事件原因的了解程度？

  （分数　选择一个答案）

  1—最佳（4 分）

  2—中等（2 分）

  3—最低（0 分）

- 员工是否知道如何预防事故、事件的重复发生？

  （分数　选择一个答案）

  1—是（4 分）

  2—部分（2 分）

  3—否（0 分）

9. 绩效测量与评价（200 分）

9.1 绩效测量（100 分）

策划（10 分）

- 是否制定了包括下列内容的安全绩效监测制度：

（分数　是—1 分；最高分—5 分）

  ◇ 监测内容与计划；
  ◇ 监测人员能力要求；
  ◇ 监测过程要求；
  ◇ 记录要求；
  ◇ 沟通与回顾要求。

- 制定的监测制度是否包括：

（分数　是—1 分；最高分—5 分）

  ◇ 监测频率；
  ◇ 监测范围与位置；
  ◇ 监测程序与标准；
  ◇ 资源配备；
  ◇ 监测方法与技术。

执行（20 分）

- 是否按监测计划对下列内容进行了安全绩效监测：

（分数　是—1.5 分；最高分—18 分）

  ◇ 目标；
  ◇ 个人防护用品的使用与管理；
  ◇ 职业危害监测；
  ◇ 事故、事件调查完成率；
  ◇ 纠正和预防行动完成率及其效果效率；
  ◇ 安全、健康有关数据统计、分析情况；
  ◇ 任务分析及任务观察情况执行情况；
  ◇ 变化管理回顾情况；
  ◇ 培训情况；
  ◇ 法律法规依从程度；
  ◇ 持续改进安全标准化系统效力的情况；
  ◇ 安全投入。

- 是否对收集的监测数进行分析，并用分析结果说明标准化系统的适宜性和有效性?

（分数　是—2 分；否—0 分）

符合性（30 分）

- 安全目标的测量按计划实施的比例?

（分数　选择一个答案）

1—90%～100%（4 分）

2—60%～90%（1 分）

3—60%以下（0 分）

- 各项安全检查按计划实施的比例?

（分数　选择一个答案）

1—90%～100%（4 分）

2—60%～90%（2 分）

3—60%以下（0 分）

- 设备检验按计划实施的比例?

  (分数 选择一个答案)

  1—90%~100% (3分)

  2—60%~90% (1分)

  3—60%以下 (0分)

- 正确使用劳动防护用品的比例?

  (分数 选择一个答案)

  1—90%~100% (3分)

  2—60%~90% (1分)

  3—60%以下 (0分)

- 职业危害监测按计划实施的比例?

  (分数 选择一个答案)

  1—90%~100% (3分)

  2—60%~90% (1分)

  3—60%以下 (0分)

- 事件、事故调查按计划实施的比例?

  (分数 选择一个答案)

  1—90%~100% (3分)

  2—60%~90% (1分)

  3—60%以下 (0分)

- 纠正与预防行动及其效果测量按计划实施的比例?

  (分数 选择一个答案)

  1—90%~100% (3分)

  2—60%~90% (1分)

  3—60%以下 (0分)

- 对任务分析及任务观察执行情况测量按计划实施的比例?

  (分数 选择一个答案)

  1—90%~100% (4分)

  2—60%~90% (1分)

  3—60%以下 (0分)

- 持续改进标准化系统测量按计划实施的比例?

  (分数 选择一个答案)

  1—90%~100% (3分)

  2—60%~90% (1分)

  3—60%以下 (0分)

绩效 (40分)

- 监测频率是否合适?

  (分数 选择一个答案)

  1—是 (6分)

  2—部分 (3分)

  3—否 (0分)

- 监测范围是否充分、合理?

  (分数 选择一个答案)

  1—是 (6分)

  2—部分 (3分)

  3—否 (0分)

- 监测内容是否全面？
  （分数　选择一个答案）
  1—是（6分）
  2—部分（3分）
  3—否（0分）
- 监测方法与技术是否正确？
  （分数　选择一个答案）
  1—是（6分）
  2—部分（3分）
  3—否（0分）
- 监测过程是否有效？
  （分数　选择一个答案）
  1—是（6分）
  2—部分（3分）
  3—否（0分）
- 监测人员是否胜任？
  （分数　选择一个答案）
  1—是（5分）
  2—部分（2分）
  3—否（0分）
- 监测记录保存是否有效？
  （分数　选择一个答案）
  1—是（5分）
  2—部分（2分）
  3—否（0分）

9.2　系统评价（100分）

策划（10分）

- 是否制定了包括下列内容的标准化系统内部评价制度：
  （分数　是—2分；最高分—10分）
  ◇ 组织要求；
  ◇ 时间与人员要求；
  ◇ 评价方法与技术要求；
  ◇ 过程要求；
  ◇ 评价报告与分析要求。

执行（20分）

- 是否按计划执行了内部评价？
  （分数　是—5分；否—0分）
- 内部评价是否由胜任的人员进行？
  （分数　是—5分；否—0分）
- 是否保留了内部评价记录？
  （分数　是—5分；否—0分）
- 内部评价发现的问题是否采取了纠正措施？
  （分数　是—5分；否—0分）

符合性（30 分）

- 内部评价人员是否具备下列能力：

  （分数 是—2 分；最高分—12 分）

  ◇ 熟悉相关的安全、健康法律法规、标准；

  ◇ 接受过安全标准化规范评价技术培训；

  ◇ 具备与评审对象相关的技术知识和技能；

  ◇ 具备操作内部评价过程的能力；

  ◇ 具备辨别危险和评估风险的能力；

  ◇ 具备安全标准化规范评价所需的语言表达、沟通及合理的判断能力。

- 进行内部评价的频率？

  （分数 选择一个答案）

  1—1 年（1 分）

  2—半年（2 分）

- 评价时是否重点关注了重要的活动？

  （分数 是—2 分；否—0 分）

- 内部评价时是否使用下列方法：

  （分数 是—2 分；最高分—6 分）

  ◇ 尽可能询问最了解所评估问题的具体人员；

  ◇ 通过记录回顾；

  ◇ 现场情况检查。

- 内部评价是否包含标准化系统所有内容？

  （分数 是—2 分；否—0 分）

- 评价结果是否包括下列分析：

  （分数 是—2 分；最高分—6 分）

  ◇ 标准要求得分分析；

  ◇ 策划、执行、符合性与绩效得分分析；

  ◇ 工伤事故率与百万工时死亡率趋势分析。

绩效（40 分）

- 通过内部评价是否确定了下列事项：

  （分数 是—5 分；最高分—40 分）

  ◇ 系统运作的效力和效率；

  ◇ 系统运行中存在的问题与缺陷；

  ◇ 系统与其他管理系统的兼容能力；

  ◇ 安全资源使用的效力和效率；

  ◇ 系统运作的结果和期望值的差距；

  ◇ 绩效监测系统的适宜性和监测结果的准确性；

  ◇ 纠正行动；

  ◇ 与相关方的关系。

附录 11　相　关　政　策

工业和信息化部关于印发《金属尾矿综合利用
专项规划（2010～2015 年）》的通知
工信部联规〔2010〕174 号

工信部联规〔2010〕174 号

　　各省、自治区、直辖市及计划单列市、新疆生产建设兵团工业和信息化主管部门、科技厅、国土资源厅、安全监管局，有关行业协会、中央企业：

　　为深入贯彻落实科学发展观，大力发展循环经济，提高资源综合利用率，解决金属尾矿大量堆存带来的资源、环境、土地等方面的影响和问题，工业和信息化部、科技部、国土资源部、国家安全监管总局等有关部门组织编制了《金属尾矿综合利用专项规划（2010～2015）》。现印发你们，请遵照执行。

工业和信息化部　科学技术部

国土资源部　国家安全生产监督管理总局

二〇一〇年四月十一日

金属尾矿综合利用专项规划
（2010～2015 年）

一、前言

　　随着我国经济快速发展，传统粗放型的经济增长方式使得我国资源短缺的矛盾越来越突出，环境压力越来越大。走中国特色新型工业化道路、大力发展循环经济、提高资源利用率，是解决当前我国资源、环境对经济发展制约的必由之路。

　　金属尾矿综合利用难度大、牵涉面广，既关系企业和行业生存与发展，又影响环境与安全，是社会关注的热点。与粉煤灰、煤矸石等固体废弃物相比，尾矿的综合利用技术更复杂、难度更大。目前，我国工业固体废弃物综合利用率在 60% 左右，而金属尾矿的综合利用率平均不到 10%，相比之下，尾矿的综合利用大大滞后于其他大宗固体废弃物。尾矿已成为我国工业目前产出量最大、综合利用率最低的大宗固体废弃物。

　　做好尾矿的综合利用是落实科学发展观，统筹人与自然和谐发展，发展生态文明，建设资源节约型、环境友好型社会的具体表现。依据《中华人民共和国循环经济促进法》、

《中华人民共和国国民经济和社会发展第十一个五年规划纲要》，研究制定金属尾矿综合利用专项规划，规划期为 2010~2015 年。

本规划中所涉及的尾矿系指金属矿山选矿过程中排出的固体废弃物。

二、我国尾矿基本现状及综合利用情况

（一）我国尾矿基本现状

我国现有尾矿库 12718 座，其中在建尾矿库为 1526 座，占总数的 12%，已经闭库的尾矿库 1024 座，占总数的 8%，截至 2007 年，全国尾矿堆积总量为 80.46 亿吨。仅 2007 年，全国尾矿排量近 10 亿吨。尾矿的大量堆存带来资源、环境、安全和土地等诸多问题。

1. 占用土地

尾矿堆存需要占用大量土地。截至 2005 年，我国尾矿堆放占用土地达 1300 多万亩，随着老的尾矿库闭库，新的尾矿库不断增加，必将占用更多的土地。

2. 浪费资源

我国矿产资源 80% 为共伴生矿，由于我国矿业起步晚，技术发展不平衡，不同时期的选冶技术差距很大，大量有价值资源存留于尾矿之中。例如，我国铁矿尾矿的全铁品位平均为 8%~12%，有的甚至高达 27%。以当前铁尾矿总堆存量 45 亿吨计算，尾矿中相当于存有铁 5 亿吨左右。我国黄金尾矿中含金一般在 0.2~0.6 克/吨，以当前总堆存量 5 亿吨计算，其中尚含有黄金 300 吨左右。尾矿中的非金属矿物不但存量巨大，而且有些已经具备高附加值应用的潜在特性。随着技术的进步其潜在价值将远远超过金属元素的价值。这些尾矿资源如不能综合回收利用，将造成巨大浪费。

3. 环境污染

矿石选矿过程中有的需要加入药剂，这些药剂会残留在尾矿中。尾矿所含重金属离子，甚至砷、汞等污染物质，会随尾矿水流入附近河流或渗入地下，严重污染河流及地下水源。自然干涸后的尾砂，遇大风形成扬尘，吹到周边地区，对环境造成危害。

4. 安全隐患

很多尾矿库超期或超负荷使用，甚至违规操作，使尾矿库存在极大安全隐患，对周边地区人民财产和生命安全造成严重威胁。建国以来，我国多次发生过尾矿库溃坝事故，造成大量人员伤亡。2008 年 "9·8" 山西襄汾新塔矿业有限公司尾矿库溃坝，造成 270 多人死亡，更是一次血的教训。

尾矿综合利用不仅有利于提高资源综合利用率，减少占用土地，保护环境，也是消除尾矿库安全隐患的治本之策。

（二）我国尾矿综合利用情况

1. 尾矿再选

开展尾矿再选，从尾矿中回收有价成分，是提高资源利用率的重要措施。近几年由于国内外金属矿产品价格快速攀升，我国尾矿再选的规模发展非常迅速。一些特大型矿山企业在尾矿再选技术开发方面已经进行了很多探索，不仅提高了资源回收率，也给企业带来巨大的经济效益。但目前我国尾矿再选整体存在着规模小、技术落后、回收率低、能耗

高、成本高等问题。由于缺乏统一的规划和管理，有的甚至造成严重的二次污染，或对尾矿库安全造成危害。

2. 尾矿生产建筑材料

尾矿的主要组分是富含 SiO_2、Al_2O_3、$CaCO_3$ 等资源的非金属矿物，可以通过现有的成熟工艺生产一种或若干种建筑材料。目前尾矿生产建筑材料已有一些成熟技术，但主要是借鉴建材行业已有的成熟工艺，原始创新性不足，产品附加值低，销售半径小，没有显示出生产成本、运输成本和产品质量的综合优势，难以大范围推广。一些尾矿高值利用技术，如尾矿制备微晶玻璃、超耐久性尾矿高强混凝土技术等，已经在关键技术和工艺方面取得了突破，有望成为将来大量利用尾矿的有效技术。

3. 尾矿用于制作肥料

有些尾矿中含有植物生长所需的多种微量元素，经过适当处理可制成用于改良土壤的微量元素肥料。20世纪90年代马鞍山矿山研究院将磁化尾矿加入到化肥中制成磁化尾矿复合肥，并建成一座年产1万吨的磁化尾矿复合肥厂，起到了变废为宝的效果。但这些只是停留在对少量尾矿的利用上，还无法减少大宗尾矿的堆存。

4. 充填矿山采空区

矿山采空区回填是直接利用尾矿最行之有效的途径之一。尤其对于无处设置尾矿库的矿山企业，利用尾矿回填采空区就具有更大的环境和经济意义。胶结充填采矿法目前已属于成熟技术，可以使地下采矿回采率提高20%～50%，并使原来根本无法开采的位于水体下面、重要交通干线下面和居民区下的矿体能够被开采出来。理想的胶结充填采矿法可完全避免地表塌陷和基本避免破坏地下水平衡造成重大危害。

5. 尾矿库复垦

尾矿库复垦是解决尾矿库表面沙化的重要措施。尾矿库复垦不仅防止扬沙，而且美化环境，减少污染，兼具经济效益、社会效益和环境效益。尾矿库复垦为我国矿山企业废弃尾矿库治理探索出了一条经济、可行的新路子。

（三）我国尾矿综合利用存在的问题

1. 尾矿利用率低

目前我国绝大多数尾矿尚未被综合利用，综合利用率不足10%，尤其是铁尾矿和有色金属尾矿的利用率更低。随着我国矿产资源开采力度的不断加大，尾矿排出量会每年不断递增，加快尾矿的综合利用已迫在眉睫。

2. 基础工作薄弱，缺乏数据支撑

在我国经济发展统计体系中还没有关于资源综合利用的基础数据统计，更没有关于尾矿综合利用的数据统计。不利于提出科学的政策措施，更不利于根据实际情况对政策措施做出实时调整。尾矿污染防治技术标准体系不健全，阻碍了相关污染治理工作的有效开展。

3. 尾矿综合利用技术攻关投入不足

目前，企业缺少投资开发尾矿综合利用重大关键技术的动力和积极性。同时国家在尾矿综合利用的前瞻性技术开发方面投入不足，导致大多数尾矿综合利用工艺只停留在简单易行的技术上，缺乏能够使尾矿高效利用和大宗高值利用的原创性技术研发。

4. 现有政策支持力度不够

尽管与原矿采选相比，尾矿综合利用社会效益好，但资源品位低，利用成本高，经济效益差。现有资源综合利用政策缺乏针对性，支持力度不够，企业利用尾矿的积极性不高。

三、指导思想和发展目标

（一）指导思想

以邓小平理论和"三个代表"重要思想为指导，深入贯彻科学发展观，贯彻落实资源节约和保护环境基本国策，以提高尾矿利用率和效益为目标，以技术创新为动力，以企业为实施主体，以税收优惠政策为杠杆，政府资金引导为手段，加强法制建设，建立标准体系，完善政策措施。逐步建立政府大力推进、市场有效驱动、全社会积极参与的适合我国国情的尾矿综合利用管理体系和发展模式，促进循环经济发展，建设资源节约型、环境友好型社会。

（二）基本原则

1. 坚持技术创新的原则。鼓励技术创新，加大基础性、共性技术研发力度，开发一批具有针对性的自主知识产权技术，加强先进适用技术的推广应用。

2. 坚持减量化的原则。采取源头控制措施，降低全国尾矿排出总量增加速度，促使全国尾矿排放总量逐年减少，年综合利用量逐渐增加，最终实现年综合利用量超过排放量，堆存总量逐年减少。

3. 坚持安全清洁的原则。选择堆存量大、资源化潜力大的尾矿为重点，以坚持尾矿库安全为前提，鼓励掺入比例大、低耗能和无二次污染的技术和项目快速发展，实现经济效益、社会效益和环境效益的有机统一。

4. 坚持因地制宜的原则。充分考虑尾矿特性、排放条件、存储条件，考虑区域产业结构的合理性与市场需求，因地制宜，实施符合具体尾矿特征、适应当地条件的高效的尾矿综合利用方案。

5. 坚持政策激励原则。在现有资源综合利用的各项激励政策的基础上，对于目前尾矿整体、高效利用和大宗利用的项目和技术给予特殊优惠政策，调动市场主体开展尾矿综合利用的积极性。

6. 坚持市场导向原则。尾矿综合利用的激励政策应保证在现有的经济技术与社会条件下，企业在尾矿综合利用环节有一定经济效益。充分发挥市场配置资源的基础性作用，激发企业开展尾矿综合利用的内在原动力。

（三）发展目标到2015年全国尾矿综合利用率达到20%，尾矿新增贮存量增幅逐年降低，已实现安全闭库的尾矿库50%完成复垦。攻克一批具有原创性、前瞻性和自主知识产权的尾矿综合利用重大共性关键技术，在尾矿综合利用各重点领域建成一批具有带动效应的示范项目。

四、尾矿综合利用的重点领域、重点技术与重点项目

(一) 重点领域

1. 铁尾矿的综合利用

重点攻克铁尾矿伴生多金属的高效提取、富铁老尾矿低成本再选、传统尾矿建材的低成本高效率生产、低铁富硅尾矿高值整体利用、低成本充填、铁尾矿农用和用于生态环境治理等方面的共性关键技术难题,建成一批具有带动效应的示范项目。重点支持一批具有原始创新和集成创新特色的产品的产业化及其工程应用。初步建成3~5个具有鲜明循环经济特征和清洁生产特征的铁尾矿综合利用示范基地。

2. 有色金属尾矿的综合利用

重点攻克有色金属尾矿中残余有用组分和伴生有用组分高效分离提取、非金属矿物高值利用、低成本高效胶结充填、尾矿酸性废水减排和尾矿库高效复垦等共性关键技术难题,建成一批具有带动效应的示范工程。重点支持资源濒临枯竭的矿区以尾矿综合利用为突破口建成新的综合资源基地。形成2~3个具有无废矿山特色的循环经济产业基地。

3. 黄金尾矿的综合利用

重点攻克残留贵金属高效再选、氰化法替代技术、伴生有色金属综合回收、硫资源高效回收、非金属矿物高值利用、低成本高效胶结充填采矿、酸性污染物排放控制、尾矿库高效复垦等共性关键技术难题,建成一批具有带动效应的示范项目。重点支持3~5个以胶结法充填采矿技术为龙头,以高标准清洁生产工艺为基础的无废矿山的建设。

(二) 重点技术

1. 多金属伴生铁矿尾矿有价元素综合利用技术

推广钒钛磁铁矿型尾矿中残余钒、钛、铁及其他有价金属元素高效分离回收的产业化技术;推广白云鄂博型铁尾矿中残余的铌、稀土及其他伴生金属元素的高效分离回收的产业化技术;开展尾矿中有价非金属矿物的高效分离提取实验室及中试关键技术研究,因地制宜推广部分成熟技术。

2. 有色多金属矿尾矿中有价元素综合利用技术

推广有色多金属尾矿中有价元素高效分离回收的产业化技术,攻克生物技术综合回收有色多金属矿尾矿中有价元素的共性关键技术。攻克多元素回收产业化过程中的污染源头减排技术、流程节能关键技术和有价组分梯级回收关键技术。

3. 铁尾矿老尾矿库中可选铁矿物的高效分选技术

推广大型尾矿库尾矿高效安全回采技术;尾矿的高效输送与磁选分离技术。攻克铁尾矿低能耗再磨再选工业试验技术;高铁难选铁尾矿高效联选和深度还原再选中试技术,闪速焙烧再选工业化技术。解决新药剂合成、矿物表面作用、硅酸铁还原与控制及物料与耐火材料粘连等技术基础问题。

4. 贵金属尾矿中多元素综合回收利用技术

推广贵金属尾矿中黄铁矿及其他单矿物高效分选与高值利用产业化技术。攻克尾矿中

残余贵金属提取过程中氰化替代技术，特别是低污染生物选矿关键技术。攻克贵金属尾矿中伴生有价金属再选工业生产过程中的短流程技术、能源梯级利用技术和废水循环利用关键技术。

5. 赤泥综合利用技术

推广赤泥中回收铁技术，赤泥生产耐火材料技术，赤泥生产建筑材料和路基技术。研发赤泥脱碱关键技术、赤泥生产充填胶结剂技术、循环流化床锅炉赤泥脱硫技术和赤泥生产陶瓷材料、CBC复合材料技术并产业化。

6. 富硅尾矿生产超耐久性尾矿高强混凝土技术

攻克"微磨球效应"优化技术；粗细尾矿高效分级技术；级配与活性双重协同优化技术。攻克超耐久性尾矿混凝土生产成套装备技术。攻克富硅尾矿制备超耐久性大跨度桥梁预制件、超高强铁路轨枕、地铁盾构管片、管桩和大孔洞率人工鱼礁关键技术。

7. 尾矿生产微晶玻璃技术

攻克尾矿微晶玻璃大规模生产过程中的熔料控制技术、结晶控制技术、着色控制技术。攻克尾矿微晶玻璃一次结晶连续生产和能源梯级利用技术。攻克尾矿微晶玻璃大规模生产成套装备技术，特别是自动控制技术。开发尾矿微晶玻璃在工业领域及尖端科技领域的应用技术及新产品检测技术。

8. 尾矿低成本生产建筑砌块技术

推广生产铺地砌块、建筑砌块过程中减少胶凝材料用量技术；免烧免蒸尾矿砌块大规模工业化生产过程中的快硬早强技术及耐久性改进技术。攻克大孔洞率、低成本和高强尾矿空心砌块大规模工业化生产技术。攻克尾矿透水砖的高透水率、高强度和抗冻融技术。攻克各种尾矿砌块生产的大规模成套设备及自动控制技术。

9. 尾矿高效回填采空区技术

推广尾矿干排技术。攻克尾矿高效回填采空区大规模工程化过程中尾矿低成本浓缩技术、尾矿高浓度大泵量井下输送技术、采空区快速充填关键技术和井下充填污染控制技术。攻克选矿尾矿不入库、连续回填采空区技术。攻克尾矿高效回填采空区成套装备及自动控制技术。研究尾矿回填采空区的低下含水层技术。

10. 尾矿胶结充填采矿技术

因地制宜推广现有全尾砂胶结充填采矿技术。攻克尾矿胶结充填用低成本高效新型胶凝材料大规模生产技术、似膏体胶结充填料高效制备技术、似膏体胶结充填料大泵量高效输送技术。攻克复杂采空区高效密闭技术。攻克尾矿胶结充填料在采空区快速充填、快速固化技术。攻克尾矿胶结充填采矿成套装备关键技术。

11. 尾矿农用技术

研究尾矿大规模农用过程中生态影响评价技术、尾矿农用过程中与其他植物营养组分协同作用关键技术。攻克尾矿农用成套装备关键技术。

12. 尾矿库闭库后的高效复垦技术

因地制宜推广现有尾矿库复垦生态相容性快速植被技术、干旱及半干旱地区复垦保水技术；生态相容性经济林复垦技术。研究开发复垦安全评价技术、复垦生态效应评价技术；尾矿库表层土壤增肥增效技术、污染物生物控制技术及生物水土保持技术。

(三) 重点项目

1. 尾矿中有价金属及其他高值组分的回收

分别在铁尾矿、有色金属尾矿和黄金尾矿综合利用的项目中选择一批技术成熟或基本成熟，工艺装备先进、管理水平高、产品市场前景好、在区域可持续发展中具有带动作用并有大范围推广价值的尾矿再选有价金属及其他高值组分的项目。重点规划建设 30 ~ 40 个项目，总投资约 100 亿元。

2. 尾矿整体利用生产建筑材料

选择有较好技术基础、经济效益较好、实力强的特大型企业并与大型科研机构和高等院校建立产业联盟，解决整体利用尾矿生产建筑材料的共性关键技术问题并进行工程示范及推广应用。重点规划建设 130 ~ 150 个项目，总投资约 180 亿元。

3. 尾矿充填采空区及露天矿坑

选择具有较好技术基础的矿山分别在地下采空区非胶结充填、露天矿坑回填和胶结充填采矿三个方面进行工程示范，使充填成本不断下降，充填效率和质量不断提高。重点规划建设 150 ~ 180 个项目，总投资约 150 亿元。

4. 尾矿的农用

选择在尾矿农用方面已经有较好基础的实验室成果和大田试验成果，在逐步扩大试验面积的基础上对各种农作物生长数据，土壤性能数据和环境生态效应数据进行深入调研和系统总结。在此基础上进行各种因素相互作用和相互影响的机理研究，提出系统的理论，并进一步扩大范围，逐步推广。重点规划建设 15 ~ 20 个项目，总投资约 10 亿元。

5. 尾矿库复垦

分别在铁矿山、黄金矿山和有色金属矿山具有典型尾矿成分特征和区域特征的尾矿库中选择具有较好绿化复垦基础的尾矿库作为示范项目，进行系统的植物学、土壤学以及综合生态学研究，提出进一步改进绿化复垦的具体措施，逐步推广。重点规划建设 200 ~ 300 个项目，总投资约 100 亿元。

本规划重点项目约 500 ~ 700 个，总投资约 540 亿元。

五、保障措施

(一) 开展统计调查工作，加强尾矿综合利用统计与评价能力建设

1. 建立基础数据统计体系和报表制度。建立尾矿资源综合利用信息网络平台，逐步建立起尾矿的数据收集、整理和统计体系，建立尾矿排放、贮存及资源综合利用状况公报制度。重点掌握不同行业、不同特点的尾矿产生、贮存、排放情况和综合利用的重点领域、重点行业、重点企业及重点利用途径的基本情况和基础数据，为尾矿综合利用工作的长期开展和分阶段重点实施提供决策依据。开展金属尾矿环境污染现状调查工作，为开展尾矿污染治理工作提供决策依据。

2. 建立尾矿资源综合利用评价系统和评价机构。针对尾矿信息的复杂性、海量性、异质性、不确定性和动态性特点，采用系统设计方法，通过过程控制、数据驱动、层次分析等技术手段，研究构建集尾矿库信息管理、综合利用安全评价、综合利用方法和方案选

择于一体的尾矿综合利用评价决策支持系统，对尾矿的资源性、综合利用的经济性、合理性、安全性和环境生态友好进行综合评价。

（二）加强政府的政策引导和资金支持

1. 加强中央和地方财政对尾矿综合利用支持力度，研究制定尾矿综合利用专项扶持政策；推动将符合标准的、与政府采购密切相关的尾矿综合利用产品纳入政府采购政策扶持范围，拉动尾矿综合利用产品的消费市场；进一步体现"生产者责任制"原则，建立矿山环境治理和生态恢复责任机制，矿山企业按照规定足额提取矿山环境治理恢复保证金，加强尾矿库治理及环境修复。

2. 启动尾矿综合利用示范项目。分别选择若干个资源濒临枯竭的大型矿山、生态环境破坏严重的大型矿山集中区域、尾矿库安全闭库后复垦已经有较好基础的矿山作为示范项目，进行复垦级别及高附加值大宗利用技术应用试点，国家从财政现有资金渠道、投融资政策等方面给予支持。

3. 对于尾矿综合利用效率高的企业或项目在资源配置和土地使用等方面给予适当的鼓励。加大尾矿综合利用技术改造支持力度。通过国债专项资金、世界银行贷款、外国政府贷款和其他政策性银行贷款等多渠道融资，促进尾矿综合利用先进技术和成套设备的产业化，促进适用成熟技术的推广，特别是扶持高新技术产品的原创性开发、试验和生产。

4. 建立尾矿减排责任制体系。对于已经建成的矿山，其尾矿新增贮存量增幅要逐年降低；对于新建矿山企业，其尾矿的综合利用率应大于20%；有条件的地方，要逐步做到尾矿综合利用与矿山开采和生态恢复"三同时"。鼓励将尾矿减排的任务纳入对企业绩效的考核；对于尾矿产出集中区和生态环境脆弱地区，将尾矿减排管理纳入对各级政府工作的考核体系。

5. 出台尾矿库闭库后的复垦强制性措施，研究出台对于新建尾矿库征用土地更严格的限制措施和对消纳尾矿后腾空土地及复垦后所增加土地资源的优惠使用政策。

（三）加强尾矿综合利用的前瞻性、基础性科学技术研究，建立尾矿综合利用产品标准体系

1. 以源头控制为导向，将尾矿综合利用若干基础科学问题纳入国家科学技术理论研究和基础研究项目重点范畴。夯实尾矿综合利用中的理论基础与技术基础，加强我国在尾矿资源综合利用方面的自主创新能力和原始创新能力。

2. 通过国家高科技发展计划、国家科技支撑计划等渠道，加大对制约我国尾矿综合利用技术进步的基础理论问题、原始创新问题和重大共性关键技术研发的支持力度，建立尾矿综合利用科技支撑体系。

3. 以原始创新带动集成创新，开发尾矿综合利用成套技术与成套装备。加强适用先进技术的引进、消化和吸收，形成自主创新与引进、吸收相结合。大力推进尾矿综合利用成套技术与成套装备示范与推广应用。

4. 大力推进尾矿综合利用产品标准体系建设工作，建立健全尾矿综合利用产品的质量监督检测体系和污染防治技术标准体系，积极推进尾矿综合利用产品的推广应用工作。

（四）实施有效的监督管理

加强立法，明确尾矿产生企业的责任、义务，落实"生产者责任制"，建立有效的政府监督管理机制。规范尾矿综合利用项目的审批制度，防止短期行为及其他不良后果。加大环境监督力度，防止二次污染。有关部门应相互协调、配合，推动规划的实施。地方主管部门应制定适合本地区情况的尾矿综合利用专项规划。对于限制开采矿种的尾矿中提取的金属量应纳入矿产资源规划确定的总规模进行统筹考虑，再确定开发利用方向。

建立尾矿综合利用后评估制度，不断总结经验，促进技术开发和先进适用技术的推广应用，提升尾矿综合利用水平，研究建立尾矿综合利用奖惩机制。

（五）加强宣传，提高尾矿综合利用意识

通过新闻媒体和社会舆论工具，广泛宣传有关尾矿综合利用的法律、行政法规及有关知识，转变企业生产观念，提高尾矿综合利用意识。对尾矿综合利用成绩突出的企业和项目大力宣传，发挥示范和带动效应。

（六）加大国内外交流力度

加强国内外交流与合作，引进和吸纳国外先进经验和适用技术，建立尾矿综合利用方面的技术和经验交流推广机制，促进尾矿综合利用产业良性循环，提升尾矿资源综合利用水平。

我国尾矿库现状及安全对策的建议

1 前言

我国是一个矿业大国，现有各类金属非金属矿山约11万座，其中金属矿山1.2万座，非金属矿山9.8万座。矿山为维持选矿厂正常生产、保护环境和资源储备需设置尾矿库，以堆存选矿厂矿石选别后排出的尾矿。目前全国已建和在建尾矿库12600多座，堆存各类尾矿约70亿吨。尾矿库既是重要的生产设施，同时从安全上来说也是重大的污染源和危险源。我国自建国以来曾发生多起尾矿库泄漏、溃坝事故，造成人民生命财产的重大损失。近几年来尾矿库事故率有上升趋势，尤其是2009年发生的山西省襄汾县新塔矿业公司"9.8"特别重大尾矿溃坝事故，损失惨重，教训深刻。根据最新调查统计显示，目前我国尾矿库的安全状况相当严峻，因此，抓好尾矿库安全生产尽快使尾矿库安全生产面临的严峻形势得到根本好转至关重要。

2 我国尾矿库现状

2.1 尾矿库数量及分布

（1）尾矿库数量及尾矿堆存量。根据数据统计，截至2008年7月31日（以下简称"2008年中"），除天津市、上海市没有尾矿库，全国共上报各类尾矿库（含矿山企业自

备电厂灰渣库）共 7919 座，堆存各类尾矿总量约 70 亿吨。另根据国家安监局 2008 年底统计（以下简称"2008 年底"），全国尾矿库总计 12655 座。

（2）地理分布情况（2008 年底）。全国尾矿库在地理位置上分布不均，主要集中在华北、东北、华中地区，尾矿库数量最多的是河北省、山西省、辽宁省。

（3）企业性质分布情况（2008 年中）。按照国家对企业性质的分类标准，尾矿库所属企业性质共分为 7 大类，普查中填报企业性质的共 6848 座尾矿库。统计结果表明，国营企业尾矿数量仅占 8.28%，私营和集体企业占近 60%，是尾矿库数量上的主体。

（4）行业分布情况（2008 年中）。全国尾矿按行业划分为冶金、有色、黄金、建材、化工、核工业和其他。在本次调查中共有 6877 座尾矿库填报行业，其中有色、冶金和黄金三大行业占 89.66%。

2.2 尾矿库规模（2008 年中）

（1）尾矿库等别情况。根据我国现行尾矿等别划分标准（《选矿厂尾矿设施设计规范》），本次调查统计已登记等别的尾矿库共 5877 座，其中大中型（三等及以上）尾矿库数量仅占 6%，而小型尾矿库（四、五等）数量占 94%。另外尚有 2042 座库未登记等别或情况不明，此类库数量多属小型尾矿库，因此可以认为全国尾矿库至少 96% 以上为小型库。

（2）库容情况。本次调查统计共有 4310 座尾矿库填报了库容。按照尾矿库等别标准库容分类，库容在 1000 万立方米以下的尾矿库占 98%，100m³ 以下的尾矿库占 88.6%。

（3）坝高情况。本次调查统计共有 4472 座尾矿库填报了尾矿坝坝高。按照尾矿库等别标准中坝高分类，坝高在 60m 以下的尾矿库占 95.9%。

2.3 安全生产许可证（2008 年底）

在 8798 座在尾矿库中，已领取安全生产许可证的 5199 座，占在用尾矿库的 59.1%。未取得安全生产许可证的尾矿库 3599 座，占总数的 40.9%。

2.4 排污许可证领取情况（2008 年中）

在登记的尾矿库中，已领取排污许可证的尾矿库 1735 座，占总数的 21.91%，没有取得排污许可证的尾矿库 6184 座。占总数的 78.09%。

2.5 设计状况（2008 年中）

在登记的尾矿库中经过设计单位设计的尾矿库 5132 座，占总数的 64.81%，未经设计单位设计的尾矿库 2787 座，占总数的 35.19%，

2.6 服务年限情况（2008 年中）

在登记的 4174 座尾矿库中将服务年限分为 5 个类别：服务年限大于等于 20 年、10～20 年、5～10 年、小于 5 年及不明情况，尾矿库数量分别为 625 座（占 14.97%）、147 座（占 3.52%）、2166 座（占 51.89%）、1236 座（占 29.62%）。

2.7 筑坝方式（2008 年中）

在登记的 5795 座尾矿库中采用上游式筑坝的 3689 座（占 63.66%），采用中线式筑

坝的 136 座（占 2.35%），采用下游式筑坝的 229 座（占 3.95%），采用干式堆存的 361 座（占 6.23%），采用其他方式筑坝的 190 座（占 3.28%）。

2.8 尾矿库安全度状况（2008 年底）

在统计的 12655 座尾矿库中正常库 7745 座（占 61.20%），危库 613 座（占 4.84%），险库 1265 座（占 10%），病库 3032 座（占 23.96%）。全国尾矿库正常使用率有明显提高。

2.9 应急预案编制情况（2008 年中）

在调查的 5428 座尾矿库中，编制了安全事故应急预案的 5208 座，占 96%；未编制安全事故应急预案的尾矿库 220 座，占 4%。

2.10 环保事故应急预案编制情况（2008 年中）

在调查中的 4310 座尾矿库中，编制了环保应急预案的 4010 座，占 93%；未编制环保应急预案的 300 座，占 7%。

2.11 安全评价状况（2008 年中）

在调查的 7919 座尾矿库中，已进行过安全现状评价的有 4485 座，占 56.64%，未经过安全现状评价的 6434 座，占 43.36%。

2.12 环境评价状况（2008 年中）

在调查的 7919 座尾矿库中，已进行过环境评价的有 2885 座，占 36.43%；未进行过环境评价的有 5034 座，占 63.57%。

2.13 排洪设施完好情况（2008 年中）

在调查的 4998 座尾矿库中，排洪设施情况是：完好的 3117 座（占 62.37%）、一般的 1852 座（占 37.05%）、差的 26 座（占 0.52%）、严重损坏的 3 座（占 0.06%）。

2.14 下游情况（2008 年中）

（1）下游居民情况。在调查的 1015 座尾矿库中，下游居民人数 100 人以上的 538 座，30～100 人的 210 座，30 人以下的 267 座。

（2）下游建筑物情况。在调查的 786 座尾矿库中，下游建筑物 50 栋以上的 57 座，15～50 栋的 215 座，15 栋以下的 514 座。

2.15 库区的违章情况（2008 年中）

（1）违章建筑。在调查的 5606 座尾矿库中，有违章建筑物的 57 座；无违章建筑物的 5549 座。

（2）采矿现象。在调查的 5527 座尾矿库中，有采矿作业的 69 座；无采矿作业的 5458 座。

（3）爆破现象。在调查的 5562 座尾矿库中，有爆破作业的 90 座；无爆破作业的 5472 座。

3 我国尾矿库的特点及存在的主要问题

3.1 基本特点

3.1.1 数量多规模小

自 2000 年以来，由于矿产品价格连续上扬，民营矿山和其他非国有制矿山得到飞跃式发展，这些刚起步的民营矿山一般都规模较小、设备简陋、工艺落后、安全环保投入不足。非国有制矿山的发展，使我国矿山企业和尾矿库数量猛增，据估计，目前我国尾矿库总数约 12000～15000 座，约占世界总数的 50% 以上，其中已闭库或停用的约占 20%，我国尾矿库数量之多可以堪称世界之最。但尾矿库规模之小也是一突出特点，总库容在 100 万立方米以下或总坝高在 60m 以下的四、五等小型库占 95% 以上，平均库容不超过 40 万立方米。在民营矿业集中地区，小选厂、小尾矿库几乎是"遍地开花"。这些小型矿山基础薄弱，内部管理松弛，工艺技术落后，安全条件较差，从业人员素质低。特别是随着矿产品价格上涨，重效益、轻安全的现象仍然严重。其尾矿库不仅占据大量土地资源，严重污染环境，而且普遍未经正规设计、管理极不规范、尾矿库安全度较低，2000 年以来发生的尾矿库事故多属于这种小型尾矿库。同时，尾矿库数量多也给政府监管工作带来极大困难，在客观上容易造成监管不到位。

3.1.2 普遍采用上游式筑坝

尾矿坝筑坝方式主要有上游式筑坝、下游式筑坝、中线式筑坝、一次性筑坝、干式堆积和浓缩堆积等筑坝方式。由于上游式筑坝具有建设费和运营费低、生产管理方便等明显优点，被广泛采用，我国有 70% 以上的尾矿库采用上游式筑坝。但这种筑坝方式也具有明显的缺点：生产中进行水力充填易形成细粒夹层，垂向渗透性能差、浸润线高；尾矿堆积坝"上粗下细"，结构不尽合理，相对下游式和中线式筑坝稳定性较差。近年来发生的尾矿库溃坝事故也多由上游式筑坝的堆积坝稳定性不足而导致的。

3.1.3 尾矿库安全度低

根据尾矿库防洪能力及尾矿坝坝体稳定性的安全可靠程度将尾矿库安全度分为危库、险库、病库和正常库四级。危库、险库是指不具备安全生产基本条件的尾矿库，病库是指具备安全生产的基本条件但不完全满足尾矿库安全技术规程要求的尾矿库，正常库是指完全满足安全生产要求的尾矿库，是企业申领尾矿库安全生产许可证的前提。

本次调查，在全国确定了安全度的 5112 座（尾矿库总数减去没有填写安全度的尾矿库数和不明的尾矿库数）尾矿库中，危库和险库 80 座，占 1.56%，病库 445 座，占 8.71%，正常库 4587 座占 89.73%。同比来看，全国尾矿库正常库率有所提高，非正常库率有所降低，尤其危、险库率有显著降低，这是近两年来加大尾矿库安全生产整治力度工作取得的明显成效。但还必须看到，一方面全国仍有 10.27% 的尾矿库处于不安全状态，由于基数大，这一数量也是相当可观的，不可轻视。另一方面，此次调查中尾矿库安全度主要是依据安全评价的结论确定的，但目前受诸多因素限制，相当多的尾矿库评价结论是不符合实际的，将病库甚至危库、险库定也为正常库。

此外，还有相当数量的尾矿库未经安全评价仅通过一般检查或查看就确定其安全度。因此，实际上全国尾矿库正常库率要远低于上述统计数字，笔者认为，目前我国尾矿库安全度总体看来仍处于较低水平，全国尾矿库正常库率在50%以下。

3.1.4 尾矿库下游居民多

尾矿库是一人工泥石流危险源，一旦溃坝，尾矿浆下泄，巨大的冲击力势不可挡。国外的尾矿库规模大、数量少，一般都远离居民区。但由于我国人口密度大，尾矿库数量多，尾矿库选址就难以完全避开居民区，这也是我国尾矿库的一大特点。尤其在人口多、尾矿库数量大的省份几乎难以选择完全避开居民区的库址建设尾矿库。

3.1.5 尾矿库技术力量薄弱

尾矿库是选矿厂辅助设施，就其工程本身来说应是一项类似水库的水工构筑物，但又不同于一般的水库，它是以尾矿本身筑坝形成库容用以堆存尾矿的专门水工构筑物，实际上尾矿坝的堆筑过程就是选矿厂排放与堆存尾矿过程。因此，从事尾矿库设计与生产管理人员不仅应懂得矿山专业基本知识，同时又必须掌握一定的水工专业技术。由于我国高等院校从未设立过培养尾矿库专门人才的学科，致使设计、评价、企业单位以及安监部门的尾矿库专业人员十分短缺，这也是造成我国尾矿库安全状况不理想的原因之一。

（1）目前全国专门从事尾矿库专业技术人员主要集中于冶金、有色、黄金、化工、建材和核工业等行业矿山设计院和部分研究院，多为水工专业毕业生，具有较好的水工专业基础，同时经过多年实践又能掌握尾矿库的特点，能够较好地胜任尾矿库专业设计和研究工作，但这部分专业人员数量极少。近十年来由于矿业迅速发展，尾矿库数量猛增了五倍，原有的专业人员已远远不能满足尾矿库建设的需要，因此，各种形式的尾矿库设计单位纷纷建立，承接一些中小型尾矿库设计任务。但这些设计单位一般来说规模小、技术力量薄弱、缺少设计经验、设计水平较低，设计不满足规范要求，甚至给工程留下安全隐患，造成先天不足。有的设计单位不具备尾矿库设计资质或者由不了解尾矿库的设计人员也进行尾矿库设计。有的尾矿库是由水利设计院进行设计的，但实践证明，如果不了解尾矿库的特点或从未进行过尾矿库设计的，也难以做好尾矿库设计。总之，目前全国尾矿库设计人员的数量和设计水平都不能满足尾矿库建设的需要。

（2）矿山企业缺少尾矿库专业人员尤为突出，这是造成我国矿山尾矿库管理总体水平较低的重要原因。目前除个别大型矿山配备既有水工专业基础又懂矿山的专业人员管理尾矿库外，大多数矿山企业是由选矿专业或其他非水工专业人员管理尾矿库，受专业限制，难以从理论和实践结合上做好尾矿库安全生产管理。实践证明，具有水工专业基础的人员比非水工专业人员更适于管好尾矿库。

（3）尾矿库安全评价属必须有尾矿库专业人员参加的专项评价，是对尾矿库安全运行管理和安全监管至关重要的。但目前从事尾矿库安全评价的大多数中介机构虽具有评价资质，但由于缺少尾矿库专业人员，致使尾矿库安全评价质量不高，不能满足或不完全满足尾矿库安全评价要求，评价方法不合适，评价结论不符合实际，实际上起到错误导向作用，这是比较普遍的现象。此外，在尾矿库安全评价评审和尾矿库初步设计安全专篇评审工作中，许多省市由于缺少尾矿库专业人员，参加评审的专家全部或多数是非尾矿库专业人员，甚至同尾矿库完全不相关的人员，起不到安全技术审查把关作用。

目前，尾矿库技术力量薄弱问题已十分突出，成为制约尾矿库建设、尾矿库安全管理和尾矿库安全监管工作的"瓶颈"，应采取有力对策，尽快解决。

3.2 安全上存在主要问题

3.2.1 企业主体责任不落实

许多矿山企业主体责任不落实，特别是民营小型矿山尤为突出，主要表现：①对尾矿库安全生产的重要性认识不足，主体责任观念薄弱，缺少社会责任感；②以岗位责任制为中心的规章制度不健全，责权不明确，管理混乱；③安全投入不足；④办矿标准低，建设标准低，安全生产基本条件没有保障；⑤违反"三同时"要求，未经设计、评价、验收擅自新建、改建、扩建尾矿库；⑥不按设计和《尾矿库安全技术规程》要求进行尾矿库安全管理，存在麻痹和侥幸思想；⑦未制定应急预案或应急预案流于形式。

3.2.2 尾矿库建设"三同时"不落实

《矿山安全法》明确规定：矿山建设工程安全设施必须和主体工程同时设计、同时施工、同时投入生产使用。尾矿库作为矿山生产中重大危险源必须认真贯彻"三同时"。但在尾矿库建设中还存在许多问题，主要表现如下：

（1）三分之一以上的尾矿库未经正规设计。从安全意义上看，尾矿库是矿山企业重大危险源，事关矿山企业、下游居民以及工农业设施的安全，一旦出现溃坝事故，必然造成人员伤亡、经济损失。因此要求对尾矿库工程必须由有资质设计单位按照国家有关规范、规程和标准的要求进行正规设计，并须报经有关部门批准，避免尾矿库建设出现"先天不足"，埋下安全隐患。但根据本次统计，目前全国有36%的尾矿库未经设计单位设计而由企业自行建造。这些无正规设计的尾矿库极不规范，往往选址不当，在关系尾矿库安全的坝体稳定性和尾矿库防洪能力方面存在严重的安全隐患。

（2）库址选择不当，尾矿库下游居民和设施集中；地形条件不利，沟短坡陡，纵深不足，不能满足安全超高和干滩长度要求。

（3）设计资质不合格，设计水平低，尾矿库设计不合理，不能满足规范要求，留下先天隐患。

（4）尾矿库未经立项和土地审批、正规设计、安全评价、安全设施设计与审查、验收评价和正式验收，擅自建设投产，或"先斩后奏"，严重违反建设"三同时"规定。

（5）安全投入不足，有的业主为节省投资，在尾矿库施工中未经批准，擅自修改设计，甚至取消尾矿库排洪设施；施工质量差、偷工减料，成为"豆腐渣工程"，留下先天隐患。

3.2.3 尾矿库运行不规范

企业应按照设计和《尾矿库安全技术规程》的要求做好尾矿库规范化运行管理，但相当多的尾矿库管理仍不够规范，存在较为普遍、较为突出的安全问题如下：

（1）尾矿库管理机构和管理人员配备不健全，尤其缺少懂尾矿库专业技术的人员；规章制度不健全或不符合实际；尾矿库年、季度作业计划和运行图表编制不完善、不规范；安全投入不足；尾矿库特种作业人员未经专门培训，做不到持证上岗。

（2）上游式尾矿库未实行坝前均匀放矿、维持坝顶平整，而采用独管放矿，坝顶高低不平；每级子坝高度过大，不进行碾压，边坡过陡稳定性不足；排渗设施不完善或失效，坝体浸润线过高；坝坡排水沟不完善，出现严重冲沟。

（3）为片面追求库容，擅自修改设计，尤其普遍存在尾矿坝总堆积坡比陡于设计坡比，坝体稳定性不足，严重者导致溃坝事故。

（4）未根据库内实际情况、回水要求和设计规定的通过调洪演算确定应控制的汛前正常水位，而是仅凭经验确定库内水位，对尾矿库防洪能力心中无数；片面追求回水，尾矿库实行高水位运行，调洪库容、安全超高或干滩长度不足，致使坝体稳定性和尾矿库防洪能力大大降低，甚至导致溃坝事故。

（5）未及时对尾矿库排洪设施进行检查、维修，排洪设施损坏严重，排洪通道堵塞或不够畅通。

（6）尾矿库巡视人员责任心不强，技术水平较低，不能及时发现和判断安全隐患。

（7）尾矿库监测设施不完善，监测记录不完整，对检测记录整理分析不够。

（8）尾矿库库区及周边存在乱采滥挖、非法爆破和违章建筑。

（9）不按规定进行勘察、现状安全评价、申领安全生产许可证，进行非法生产。

（10）未经论证、设计和批准，擅自加高扩容或进行尾矿回采再利用，安全无保障。

3.2.4 尾矿库安全评价不能满足要求

根据国家规定，尾矿库应在不同阶段分别进行相应的安全评价，通过对尾矿库存在的各种危险有害因素分析，作出符合实际的评价结论，并提出相应对策。尾矿库安全评价是对特定尾矿库存在的危险、有害因素进行的专项安全评价。尾矿库安全评价至关重要，是尾矿库设计、验收、安全生产和安全监管的重要依据。但目前尾矿库安全评价工作还普遍存在质量不高的问题，多数尾矿库安全评价不能满足或不完全满足尾矿库专项安全评价要求。集中表现如下：

（1）尾矿库建设项目的安全预评价不能对尾矿库建设方案的安全性进行分析、复核和评价，起不到方案把关作用。甚至有的项目虽经预评价确定了建设方案，但由于仍存在严重不合理问题而被否定或被修改，需重做或补做预评价。

（2）验收安全评价未能对每项施工单元的施工记录尤其隐蔽工程记录进行逐项检查，对施工质量做出评价，评价深度不能满足要求，甚至评价结论与实际不符，不能为工程正式安全验收提供可靠依据。

（3）尾矿库现状安全评价缺少对尾矿坝稳定性和尾矿库防洪能力的定量分析，致使评价结论不能准确反映尾矿库实际安全状况，个别安全评价结论完全不符合实际。

（4）评价单位缺少尾矿库工程专业人员，评价报告一般化，缺乏针对性和专业性，一个评价报告版本可用于多座尾矿库，不能反映所评价的尾矿库的特点。

（5）个别评价机构缺少职业道德，责任心不强，甚至为满足业主需要作出完全不符合实际的错误结论，给安全生产管理和安全监管都造成误导。

（6）由于目前尾矿库专业技术人员十分短缺，多数评价单位参加尾矿库评价人员的评价员和技术专家不掌握尾矿库专业技术，难以保证评价质量。

当前，尾矿库安全评价质量不高的问题已十分突出，直接制约了尾矿库的建设、安全管理和安全监管工作的有效性，应尽快解决。

3.2.5 部分尾矿库无证运行

尾矿库作为矿山企业一项危险源，必须按照国家规定具备安全生产条件并取得安全生产许可证，才能进行生产活动，未取得安全生产许可证的企业不得从事生产活动。根据调查统计，目前，全国尚有近一半的尾矿库未取得安全生产许可证，其中不少仍在非法生产。这些尚未取证的尾矿库基本不具备安全生产条件，存在不同程度的安全隐患，具有发生安全事故的可能。同时，对于已取得安全生产许可证的尾矿库也不容乐观，有的因已有证而产生麻痹松懈思想，放松管理，安全生产条件明显下降；有的是在有关机构未严格按照安全生产条件严格审查的情况下取得了许可证，其中不少是不完全具备安全生产条件的。

3.2.6 不按规定闭库

目前全国已建有尾矿库在 12000 座以上，其中约有 20% 的尾矿库已由于各种原因停用。停用后的尾矿库仍存在一定的危险因素，仍是一个重大危险源，国家规定停用库应进行安全现状评价、闭库设计和闭库整治，经安监部门验收合格后方可闭库，保证尾矿库闭库后具备长期安全稳定的条件，并规定必须落实闭库后尾矿库责任主体，进行安全管理和安全监管。但实际状况很不理想，主要表现如下：

（1）仅有少数库（不超过停用库的 10%）履行了闭库程序，大部分停用库未履行正规闭库程序而停用，不同程度存在安全隐患，或坝体稳定性不足，或防洪能力不够，或安全设施不完善，不具备或不完全具备长期安全稳定的条件，安全隐患逐渐加剧，存在发生事故的可能。

（2）有不少民营矿山停产关闭后，尾矿库处于无人管理状态，甚至被乱采滥挖，使坝体和排洪设施受到严重破坏，有的还造成人员伤亡事故。

（3）由于监管力量不足，有的地区对停用尾矿库的监管力度不够。有的地方政府对企业停产关闭后遗留的尾矿库未能及时落实其管理责任单位。

3.2.7 擅自进行尾矿库再利用

近几年来，由于矿业产品价格持续上扬，矿山效益大幅增加，全国范围内掀起了尾矿和尾矿库再利用高潮。在经济利益驱动下，也出现不少违法违规现象，威胁了尾矿库安全。主要表现如下：

（1）在用尾矿库维持正常生产的同时，未经论证、设计、评价和批准，擅自在库内进行尾矿回采，影响了坝体稳定和尾矿库防洪安全。

（2）未经论证、设计、评价和批准，擅自对停用尾矿库进行加高扩容，坝高和库容超过原设计，尾矿库处于"超期服役"状态，安全没有可靠保障。

（3）未经论证、设计、评价和批准，擅自对停用的尾矿库进行尾矿回采，或进行土地开发再利用等。

3.2.8 应急预案不完善

目前，多数尾矿库的应急救援预案不够完善，缺少针对性和有效性，达不到应急救援的要求。

（1）尾矿库预警系统不完善。尾矿库发生事故种类很多，如坝体深层滑动、地震液化、大面积沼泽化、严重的管涌或流土等都可导致尾矿坝溃坝，汛期出现排水设施损坏或堵塞可导致洪水漫坝。对于事故发生前出现的这些险情，理应采取相应的减缓和消除险情的防范预警措施。但多数尾矿库预警类型和相应的预警措施不够完善。

（2）尾矿库应急预案中对下游的人员分布和工业经济设施不清楚，若遇险情或发生事故，如何联系，如何组织人员撤离、安置和财产转移等内容缺乏有效的应急措施。

（3）尾矿库是涉及到公共安全的危险源，因此除企业需编制应急预案外，政府也需编制相应的应急预案，且进行有效地衔接。目前有相当多的尾矿库尚未制定政府级的应急预案。

3.2.9　行政执法不严监管不到位

尾矿库作为危险源一直是国家安监部门的监管重点，但仍存在执法不严、监管不到位和监管力度不足的问题。

（1）对一些无证或证照不齐的非法经营企业未能及时提请政府予以关闭；处罚方式上以罚代停，以停代关；对于企业以停代整，明停暗开等反复违法处罚不到位。

（2）监管力量薄弱，监管人员缺少尾矿库专业知识，难以满足监管需要。有的地区由于尾矿库数量多，监管力量不足，给监管工作带来很大困难。有的县建有几百座尾矿库，而负责非煤矿监管人员仅五、六人，交通不便，难以监管到位，对已关闭停用的尾矿库存在监管空白。

（3）有的监管人员依法行政观念不强，做出一些不完全符合国家有关尾矿库现行法规和标准的规定，在一定程度上限制了矿业的健康发展。

（4）有的监管人员缺少尾矿库专业知识，对尾矿库监管抓不住重点和关键，现场检查走马观花，不能及时发现安全隐患。

（5）有的地区由于评价单位和评审专家技术力量不足，难以为安监部门严格把关，也给安监部门的审批和决策工作造成一定的失宜或失误，对一些不具备安全生产条件的尾矿库企业发放了安全生产许可证。

（6）安全许可制度执行不到位，把关不严。目前，全国尚有近半数的尾矿库未取得安全生产许可证，其中不少的尾矿库仍在非法生产。有的已取得安全许可证的尾矿库仍存在重大安全隐患，不具备安全生产条件，仍在进行生产。

（7）个别监管人员责任感不强，不是依法行政进行监管，而是片面强调业主的困难，为其开脱责任，降低要求，使安全隐患未能及时有效地消除。

4　对策建议

为尽快使我国尾矿库安全生产面临的严峻形势得到根本好转，根据整治行动总体要求和本次调查统计反映的我国尾矿库现状特点与存在的主要问题，提出如下建议。

4.1　提高尾矿库建设准入门槛关，闭小型尾矿库，强化尾矿库整合力度

（1）提高尾矿库建设规模的准入标准，新建尾矿库总库容不得低于50万立方米，服务年限不得低于5年。

（2）现有低于上述标准的尾矿库应予以关闭并进行闭库，或进行整合。

（3）抓住当前进行矿业整合的有利时机，加大尾矿库整合力度，将一条沟内几家企业的尾矿库按照准入标准整合为一座库，或选厂较集中的地区集中建设一座尾矿库。

4.2　加强尾矿库建设市场的整顿

（1）尾矿库属于危险源工程设施，建设部门应专门制定尾矿库设计资质条件，对2000年以后开始从事尾矿库设计的单位进行重新考核认定，对不具备设计能力的应坚决

取缔。

（2）安全监管部门应专门制定尾矿库安全评价资质条件，对从事尾矿库安全评价的中介机构进行重新考核认定，对不具备尾矿库专项评价条件的应坚决取缔。

（3）在尾矿库工程施工中应制止层层转包，充分发挥施工监理和安全验收评价的作用，防止偷工减料出现"豆腐渣"工程，避免为工程留下先天隐患。

4.3 加强尾矿库专业培训

（1）尽快在有条件（设有水工结构专业）的高等院校增设尾矿库专业（或专门化），为从事尾矿库科研、设计、评价、企业管理和安全监管部门培养高级专业人才；同时还可以在一些有条件的中等专业学校为矿山企业培养尾矿库技术管理人员。

（2）加强对尾矿库设计人员的培训与考核，使他们能熟练掌握尾矿库设计规范，提高设计水平，做到尾矿库的工程设计技术可行、安全可靠、经济合理。

（3）加强对尾矿库评价人员的培训，使他们能熟练地掌握尾矿库的特殊性，了解尾矿库各种评价的目的、范围、内容和方法，做到评价结论符合实际，满足评价要求。

（4）加强对企业负责尾矿库安全管理的技术人员的培训，使他们不仅从理论到实践上了解尾矿库一般知识，而且能全面掌握本企业尾矿库的勘察、设计、施工和运行情况，能编制尾矿库年度计划，科学合理地做好放矿筑坝和库内水位、坝体浸润线控制，能及时发现安全隐患并掌握一定的处理技术。

（5）安全监管人员不仅应掌握国家有关政策和法规，做到依法行政，还应进行一定的技术培训，掌握尾矿库安全法规和技术标准，提高监管水平。

4.4 完善尾矿库建设标准

（1）工程建设标准不完全是技术问题，它也必须符合国家的经济实力，国家的建设标准应随着经济实力的增长而逐步提高的。目前，我国尾矿库建设标准主要执行1990年12月30日原建设部发布的《选矿厂尾矿设施设计规范》（ZBJ1—90）。改革开放后我国经济实力已大大提高，尾矿库建设标准也应相应提高，目前国家城建部已制定了《选矿厂尾矿设施设计规范》（国标）编制计划，并正在编制中。从尾矿库安全上看尾矿坝稳定性标准至关重要。关于尾矿坝抗滑稳定性标准，原规范基本上是引用水电系统《碾压式土石坝设计规范》标准。碾压式土石坝是水工坝常用的坝型，其筑坝质量容易控制，满足设计要求。而尾矿坝除初期坝是由当地材料一次筑成外，其主体尾矿堆积坝则是由生产企业边生产边放矿堆筑而成，不可控制因素很多，难以保证筑坝质量。因此，尾矿坝的稳定性标准应高于同坝高的水工土石坝，有必要适当提高尾矿坝稳定性标准。

（2）原设计规范中缺少中线式筑坝、下游式筑坝和干式堆坝的内容，而这几种筑坝方法更有利于尾矿坝的安全，在国外应用较广，故新规范中应予以补充完善。

4.5 加强尾矿库科研

国家应支持并加强尾矿库工程科研工作，结合我国现状，首先应开展如下研究：

（1）尾矿库溃坝机理研究。收集和分析国内外尾矿库溃坝案例，通过试验研究和理论分析，摸索掌握不同类型和不同规模尾矿库在各种地形、地质条件下发生坝体自身失稳溃坝和洪水漫顶溃坝的规律，为尾矿库下游安全范围的制定提供科学依据。

（2）尾矿库远程动态监测系统研究。近年来国内已开展尾矿库动态监测系统研究，并在个别尾矿库进行了试点，取得一定效果，但还应进一步完善。当前存在的主要问题，一是监测设备的可靠性和耐用性尚需提高；二是监测数据精度较低；三是投资和运行费用高，一般企业难以承受，推广较困难。建议继续这方面的研究，在吸收国内外大坝监测技术基础上，结合我国尾矿库的实际研究建立符合国情的尾矿库远程动态监测系统。

（3）中线式和下游式尾矿坝研究。中线式和下游式筑坝结构合理，安全度高，国外采用较多，国内已开始推广。应在总结国内外经验基础上，研究更符合我国国情的中线式和下游式尾矿坝筑坝方法，为进一步推广此筑坝方法和制定我国建设标准提供依据。

（4）干式堆坝研究。干式尾矿库具有安全和环保方面的重要意义，应在总结国内外经验基础上，研究更符合我国国情的干式尾矿库筑坝方法，为进一步推广此筑坝方法和制定我国干式尾矿库建设标准提供依据。目前，尾矿脱水设备的能力小与效率低以及费用高已成为干式尾矿库推广的主要障碍。此外，高浓度（膏体）排放的尾矿库也在我国开始推广，这种排尾方式在安全和环保以及节约水资源方面具有重要意义，在北方干旱缺水地区具有推广价值，应开展此方面研究。

（5）尾矿综合利用研究。我国在尾矿综合利用方面起步较早并已取得可喜成绩，但由于成本高、效益低，难以广泛推广。推广尾矿综合利用不仅可以减少尾矿堆存量，节约土地资源，保护环境，而且可以提高资源利用率，意义重大。因此仍需继续开展尾矿综合利用研究。

4.6　提高尾矿库安全评价质量

尾矿库安全评价属专项评价，它直接关系到尾矿库设计、施工、运行和安全监管的质量和水平，至关重要。目前，提高尾矿库安全评价质量是当务之急，建议采取以下对策：

（1）制定尾矿库安全评价细则，分别对尾矿库安全预评价、安全验收评价和安全现状评价的目的、范围、方法、内容及深度、结论和评价报告编写等作出明确规定，规范尾矿库安全评价工作。

（2）制定尾矿库专项安全评价资质条件；对从事尾矿库安全评价的中介机构进行考核认定并专门发证，对不具备尾矿库专项评价条件的坚决取缔。

（3）制定尾矿库安全评价人员从业资质。

（4）鉴于目前尾矿库预评价单位专业技术水平普遍低于尾矿库专业设计单位，为保证尾矿库安全预评价能对尾矿库建设方案真正起到把关作用，建议短期内可由编制尾矿库可研报告同等级或以上的尾矿库设计单位进行预评价。目前大多数尾矿库设计单位未取得评价资质，安监部门对经考核认定具备能力的可发尾矿库预评价临时资质。这样可改善尾矿库安全预评价力量不足和质量不高的状况。

（5）按照尾矿库安全评价人员从业资质的标准和要求，对现有尾矿库评价人员进行专业培训。

（6）尾矿库安全现状评价是安监部门发放安全许可证的主要依据。目前，尾矿库安全现状评价仅通过对现状尾矿库防洪能力验算和现状坝体稳定分析做出相应结论，这种静态结论只反映尾矿库评价当时的安全状况，不能代表尾矿库坝体继续加高后的安全状况。按有关规定，安全生产许可证有效期不超过3年，需延期的应当再次进行安全现状评价，符合条件的方能延期3年。因此建议，尾矿库安全现状评价除对现状尾矿库进行评价做出结论外，尚应对3年后（根据矿山生产计划）的尾矿库防洪能力和坝体稳定性进行定性定量分析和评价，并做出结论。预评价3年后的状态是有条件的，评价报告中应提出明确要求，如放矿、子坝堆筑、堆积坡比控制、浸润线控制、库内水位控制等。这样，一次评价可保3年，可与下次评价衔接。

4.7 完善尾矿库数据库

尾矿库数据库是加强尾矿库安全监管的基础。目前全国尾矿库数据库虽已初步建立，但由于各种原因，其准确性和可靠程度还不够理想，尤其在数量、规模、安全状况以及对下游居民、工农业设施的威胁等方面的资料还需进一步完善。

4.8 完善尾矿库安全分析

关系到尾矿库安全生产的最基本条件，一是尾矿坝坝体稳定性，二是尾矿库防洪能力和排洪设施可靠性。这两项基本条件本应在尾矿库安全现状评价报告中进行分析和结论，但鉴于目前全国尾矿库有半数以上尚未进行安全评价，已进行过安全评价的也有较多数量未满足定量分析要求，因此，建议对投产以来从未进行过尾矿坝稳定性分析和尾矿库防洪能力验算的尾矿库，应限期一年内补做。

4.9 改进尾矿库安全监管工作

尾矿库安全监管的目的在于监督企业按照国家法规、标准做好尾矿库建设、运行和闭库，避免发生安全事故。鉴于目前存在尾矿库数量多而监管力量不足的矛盾提出如下建议：

（1）调整尾矿库监管范围。原则上应对那些构成危险源的尾矿库列入监管范围，而对一些不构成危险源的尾矿库（如平地挖坑周边不建筑坝的尾矿池）可不列入监管范围。

（2）简化小型尾矿库监管程序。对于小型尾矿库（如四、五等尾矿库）一般可不经可行性研究阶段直接进行初步设计（或方案设计），因此，从安全监管方面可考虑不进行安全预评价及备案，直接对尾矿库安全设施设计（安全专篇）进行审批。

后　记

　　本书经过众多矿山企业尾矿专家的大量调查研究，历时20多年，取得了丰富翔实的第一手资料，前期曾出一本内部版的小册子，其后又经过许多矿山生产企业的实践，又进行了专家讨论和反复修改，终于正式出版。《尾矿库手册》的出版填补了我国此类书籍的空白。

　　希望广大读者提出宝贵意见，以求此书得到不断地充实和提高，为我国尾矿库建设和技术创新做出更大贡献。